[redacted]

Rasch · Herrendörfer
Handbuch der Populationsgenetik
und Züchtungsmethodik

Herausgegeben von
D. Rasch und G. Herrendörfer

Unter Mitwirkung von

T. Adamski, N. Z. Basovski, K. E. Biebler, W. Bonitz,
B. Ceranka, G. Dietl, A. Dobeck, J. Dohy, A. Fuchs,
B. Geißler, H. Herdam, K. Hischer, B. Jäger,
Z. Kaczmarek,
H. Kielczewska, G. Klautschek, W. Krüger,
M. Matschew, N. Mielenz, J. Müller, G. Nürnberg,
J. Pešek, H. Peterka, W. Pilarsczyk,
J. Přibyl, M. Pröseler, J. Rod, W. Saar,
G. Schönmuth, L. Schüler,
G. Seeland, R. Šiler, K. Skiebe,
J. Spielke, M. Surma,
A. Thärigen, E. Thomas, J. Váchal,
J. Vondraček, J. Wolf

Handbuch

der Populationsgenetik und Züchtungsmethodik

Ein wissenschaftliches Grundlagenwerk
für Pflanzen- und Tierzüchter

Deutscher Landwirtschaftsverlag Berlin

1. Auflage

DDR – 1040 Berlin, Reinhardtstraße 14
Lizenznummer 101-175-413/90
LSV 4405/1325
Grafische Gestaltung: Karl-Heinz Bergmann
Printed in the GDR
Satz: Graphischer Großbetrieb Pößneck GmbH
Repro, Druck und
buchbinderische Weiterverarbeitung:
Mitteldeutsches Druckhaus Halle
Bestellnummer: 559 584 5
ISBN: 3-331-00432-4

Autorenverzeichnis

Adamski, Tadeusz, Dr. , Institut für Pflanzengenetik der PAN, Poznan
Basovski, Nikolai Zacharowitsch, Prof. Dr. sc., Lehrstuhl für Tierzucht, Belaja Zerkow, Bezirk Kiew
Biebler, Karl-Ernst, Dr. sc., Ernst-Moritz-Arndt-Universität Greifswald
Bonitz, Winfried, Prof. Dr. sc., Institut für Geflügelwirtschaft Merbitz
Ceranka, Borisław, Doz. Dr., Landwirtschaftliche Akademie Poznan
Dietl, Gerhard, Dr. sc., Forschungszentrum f. Tierproduktion Dummerstorf-Rostock
Dobek, Anita, Dr., Landwirtschaftliche Akademie Poznan
Dohy, Janos, Prof. Dr. sc., Universität für Agrarwissenschaften Gödöllö
Fuchs, Armin, Prof. Dr. sc., Karl-Marx-Universität Leipzig
Geissler, Bernd, Dr. sc., WTZ für Rinderzucht Paretz
Herdam, Hagen, Prof. Dr. sc., Institut f. Züchtungsforschung Quedlinburg
Herrendörfer, Günter, Dr. sc., Forschungszentrum f. Tierproduktion Dummerstorf-Rostock
Hischer, Karin, Dr., Forschungszentrum f. Tierproduktion Dummerstorf-Rostock
Jäger, Bernd, Dipl.-Math., Ernst-Moritz-Arndt-Universität Greifswald
Kaczmarek, Zygmut, Dr. sc., Institut für Pflanzengenetik der PAN Poznan
Kielczewska, Hanna, Dr., Landwirtschaftliche Akademie Poznan
Klautschek, Gunter, Doz. Dr. sc., Universität Rostock
Krüger, Wolfgang, Dr., Karl-Marx-Universität Leipzig
Matschew, Michail, Prof. Dr. sc., Institut für Getreidewirtschaft Kostinbrod
Mielenz, Norbert, Dr., Institut für Geflügelwirtschaft Merbitz
Müller, Jochen, Dr. sc., Institut für Geflügelwirtschaft Merbitz
Nürnberg, Gerd, Dr., Forschungszentrum f. Tierproduktion Dummerstorf-Rostock
Pešek, Josef, Dr. sc., Forschungsinstitut für Veterinärmedizin Brno

Peterka, Herbert, Dr., Institut für Züchtungsforschung, Quedlinburg
Pilarsczyk, Wiesław, Dr., Zentralstelle für Sortenprüfung Stupia Wielka
Přibyl. Josef, Dr., Forschungsinstitut für Tierzucht Prag
Pröseler. Martin, Dr., Institut für Getreideforschung Bernburg
Rasch, Dieter, Prof. Dr. sc., Forschungszentrum für Tierproduktion Dummerstorf-Rostock
Rod, Jan, Doz. Dr. sc., Forschungs- und Züchtungsinstitut für Futterpflanzen Troubsko
Saar, Werner, Dr., Karl-Marx-Universität Leipzig
Schönmuth, Georg, Prof. Dr. sc., Humboldt-Universität zu Berlin
Schüler, Lutz, Doz. Dr. sc., Karl-Marx-Universität Leipzig
Seeland, Gerhard, Dr. sc., Humboldt-Universität zu Berlin
Šiler, Rudolf †, Doz. Dr. sc., Forschungsinstitut für Tierzucht Prag, verstorben am 15. 3. 1988
Skiebe, Kurt, Dr. sc., Institut f. Züchtungsforschung Quedlinburg
Spielke, Joachim, Doz. Dr. Martin-Luther-Universität Halle-Wittenberg
Surma, Maria, Dr. sc., Institut für Pflanzengenetik der PAN, Poznan
Thärigen, Albrecht, Institut für Züchtungsforschung Quedlinburg
Thomas, Erhardt, Doz. Dr., Humboldt-Universität zu Berlin
Váchal, Jan, Prof. Dr. sc., Forschungsinstitut für Tierzucht Prag
Vondráček, Jiří, Dr., Mathematisches Institut der tschechoslowakischen Akademie der Wissenschaften Prag
Wolf, Jochen, Dr., Forschungsinstitut für Tierzucht Prag

Symbolik

Wir verwenden generell die im wissenschaftlichen Schrifttum verbindlichen „Biometrie-Symbole", die wir auszugsweise angeben.

Allgemeine Symbolik:

- Zufallsvariable werden unterstrichen, ihre Realisationen haben das gleiche aber nicht unterstrichene Symbol oder das entsprechende nicht unterstrichene Symbol mit Indizes versehen. So sind $\underline{y}$, $\underline{F}$ $\underline{\chi}^2$ $\underline{A}$ Zufallsvariable und y, F, χ^2, A irgendeine Realisation aber $A_1, A_2, \ldots, A_k$ spezielle Realisationen von $\underline{A}$.
- Sind $\underline{x}$ und $\underline{y}$ zwei Zufallsvariable, so ist $\mu_x = E(\underline{x})$ der Erwartungswert von $\underline{x}$

σ_x^2	$= V(\underline{x})$ die Varianz von $\underline{x}$
σ_{xy}	$= cov(\underline{x}, \underline{y})$ bzw. $COV(\underline{x}, \underline{y})$ die Kovarianz zwischen $\underline{x}$ und $\underline{y}$
ϱ_{xy}	der Korrelationskoeffizient zwischen $\underline{x}$ und $\underline{y}$
β	Regressionskoeffizient
$E(\underline{y}/\underline{x})$	bedingter Erwartungswert, Regressionsfunktion von $\underline{y}$ auf $\underline{x}$ im Modell II
$E_y(\underline{x})$	der Erwartungswert von $\underline{x}$ nach Stutzung bezüglich $\underline{y}$
$V_y(\underline{x})$	die Varianz von $\underline{x}$ nach Stutzung bezüglich $\underline{y}$
$cov_y(\underline{x}, \underline{y})$	die Kovarianz nach Stutzung bezüglich $\underline{y}$
$\underline{u}$	Zufallsvariable mit $E(\underline{u}) = 0$, $V(\underline{u}) = 1$
y_s	Stutzungspunkt der Verteilung von $\underline{y}$ mit $E(\underline{y}) = \mu_y$, $V(\underline{y}) = \sigma_y^2$
u_s	standardisierter Stutzungspunkt $u_s = \dfrac{y_s - \mu_y}{\sigma_y}$
P(A)	Wahrscheinlichkeit des Ereignisses A
P(A/B)	Wahrscheinlichkeit von A unter der Bedingung B
Δx	Differenz zwischen zwei x-Werten (siehe aber ΔG in der speziellen Symbolik)
$1 - \alpha$	Konfidenzkoeffizient

γ_1	Maßzahl der Schiefe γ_2 Maßzahl des Exzesses
$\underline{y}_{(i)}$	i-te Ordnungsmaßzahl
$y_{(i)}$	i-te realisierte Ordnungsmaßzahl
$\underline{u}_{(i)}$	i-te Ordnungsmaßzahl der standardisierten Verteilung von $\underline{u}$
N	Umfang von Populationen, in Kapitel 4 auch Gesamtstichprobenumfang
A^{-1}	Inverse der Matrixe A
Rg(A)	Rang der Matrix A
MLS	Maximum Likelihood Schätzung
MKQ	Methode der kleinsten Quadrate
VMKQ	verallgemeinerte Methode der kleinsten Quadrate
BLES	beste lineare erwartungstreue Schätzung
BV	beste Vorhersage
BLV	beste lineare Vorhersage
BLEV	beste „lineare" erwartungstreue Vorhersage
EPM	einfaches populationsgenetisches Modell
GUW	Genotyp–Umwelt–Wechselwirkung
ϑ	Parameter $\underline{\hat{\vartheta}}$ Schätzfunktion von ϑ $\hat{\vartheta}$ Schätzwert von ϑ

Oft wird nur eine Indexebene bei mehrfacher Indizierung verwendet, und z. B. A_{ka} statt A_{k_a} geschrieben.

Spezielle Symbolik:

$\underline{A}, \underline{B}, \ldots$	Gene
$A_1, A_2, \ldots, A_{ka}, B_1, B_2, \ldots, B_{kb}, \ldots$	Allele der Gene $\underline{A}, \underline{B}, \ldots$
A_iA_j	lokusbezogener Genotyp eines diploiden Individuums
$A_iA_jB_lB_m$	auf zwei Loci bezogener Genotyp eines Individuums
$N(\mu, \sigma^2)$	Normalverteilung mit Erwartungswert μ und Varianz σ^2
$\Phi(u)$	Verteilungsfunktion der standardisierten Normalverteilung
$\varphi(u)$	Dichtefunktion der standardisierten Normalverteilung
d	Selektionsdifferenz, Dominanzeffekt
e	Epistasieeffekt
d_s	standardisierte Selektionsdifferenz
d_{sE}	standardisierte Selektionsdifferenz in endlichen Gesamtheiten
d_s^N	standardisierte Selektionsdifferenz in Normalverteilungen
ΔG	Selektionserfolg, genetische Selektionsdifferenz
$\underline{I}$	Selektionsindex
$\underline{H}$	Gesamtzuchtwert, Zuchtzielvariable
h^2	Heritabilitätskoeffizient
[i], [j], [l]	spezielle Komponenten der nichtadditiven Allelwirkung
RS	rückgreifende Selektion
RRS	reziproke rückgreifende Selektion
SKE	spezifische Kombinationseignung
AKE	allgemeine Kombinationseignung
F_x	Inzuchtkoeffizient des Individuums X
r_{xy}	Verwandtschaftskoeffizient zwischen X und Y
CC-Test	Vergleich gleichzeitiger gleichaltriger Individuen

Vorwort

Die Autoren dieses Buches haben viele Jahre in einer internationalen Forschungsgemeinschaft zusammengewirkt und mit Erfolg Grundprinzipien der Populationsgenetik bearbeitet, die sowohl für die Tierzüchtung als auch für die Pflanzenzüchtung von großem Nutzen sind. Es lag daher nahe, bei der Texterarbeitung den Inhalt nicht auf tierzüchterische Fragestellungen zu begrenzen, zumal Bücher über Populationsgenetik für Pflanzenzüchter äußerst selten sind (Wricke 1986).

Vor allem in den drei ersten Kapiteln werden Grundprobleme der Populationsgenetik weitgehend unabhängig vom Zuchtobjekt dargestellt. Im vierten und noch stärker im fünften und sechsten Kapitel werden auch spezielle Verfahren beschrieben, die nur bei bestimmten Tier- oder Pflanzenarten angewendet werden können.

Das Buch wendet sich an einen breit gefächerten, wissenschaftlich ausgebildeten Leserkreis. Wir erwarten aber nicht, daß ein einzelner Leser durch alle Teile des Buches in gleicher Weise angesprochen wird. So ist das erste Kapitel „Grundbegriffe der Genetik" vorwiegend für Mathematiker gedacht, die sich mit Populationsgenetik befassen und sich über die biologischen Grundlagen der Vererbung informieren möchten. Das zweite Kapitel „Populationsgenetische Modelle" nimmt eine Schlüsselstellung ein, da in ihm die populationsgenetischen Modelle der Merkmalsausprägung und der Vererbung beschrieben werden, die den folgenden Kapiteln als Grundlage dienen. Deshalb wurde dieses Kapitel auf einem mathematischen Niveau abgefaßt, daß wir beim Leser als Minimum voraussetzen. Wir gehen davon aus, daß der potentielle Leser etwa die Kenntnisse besitzt, die im Fach Biometrie an den landwirtschaftlichen Sektionen der Universitäten und Hochschulen vermittelt werden und dem Inhalt des Lehrbuches „Biometrie – Einführung in die Biostatistik" (Rasch u. a. 1989) entsprechen.

Das dritte Kapitel „Selektionstheorie" dagegen erfordert weitergehende mathematische Kenntnisse (Matrizenrechnung, Integralrechnung). Dasselbe gilt für Teile des fünften Kapitels „Selektionsindex, Zuchtwertvorhersage und Stammprüfung", da eine Darstellung moderner Methoden der Zuchtwertschätzung ohne Matrizenrechnung nicht empfehlenswert ist. Das vierte Kapitel „Schätzung populationsgenetischer Parameter" dagegen kann jeder lesen, der Grundkenntnisse der Regressions- und Varianzanalyse besitzt und das zweite Kapitel durchgearbeitet hat. Dem Tier- und Pflanzenzüchter wird vor allem das sechste Kapitel „Züchtungsmethodik bei Haustieren und Kulturpflanzen" von Nutzen sein.
Wir wenden uns mit diesem Handbuch folglich an Lesergruppen mit recht unterschiedlichen Voraussetzungen und Arbeitsgebieten. Auch die Autoren vertreten unterschiedliche Spezialisierungsrichtungen.
Bei der Erarbeitung des Inhalts haben wir die einzelnen Abschnitte nicht einfach aneinandergefügt, sondern Überarbeitungen und Adaptationen dort vorgenommen, wo es bei Autoren anderer Richtungen Verständnisschwierigkeiten gab. Das gesamte Manuskript wurde in vielen Beratungen diskutiert und mehrfach abgeändert, so daß die meisten Autoren nicht nur an den von ihnen entworfenen Abschnitten beteiligt sind. Wesentlich war auch der Einfluß der gutachterlichen Berater auf die Endfassung des Manuskriptes. Sie haben schon in der Erarbeitungsphase mitgewirkt und an den Autorenberatungen teilgenommen.
Wir danken allen Autoren und Gutachtern für die konstruktive Zusammenarbeit sowie der Leitung des Forschungszentrums für Tierproduktion Dummerstorf-Rostock für die Unterstützung unserer Arbeit. Schließlich danken wir auch dem Verlag für das unserem Vorhaben entgegengebrachte verlegerische Interesse.

Dieter Rasch
Günter Herrendörfer

Inhaltsverzeichnis

1

Grundbegriffe der Genetik

1.1. Einführung

In diesem Buch verstehen wir unter einer Population eine Gesamtheit fortpflanzungsfähiger Individuen, die als Träger vererbbarer Merkmale angesehen werden. Die Gesamtheit vermehrt sich vorwiegend durch die Erzeugung von Nachkommen, deren Eltern beide der Population angehören. Die Selektion ungeeigneter Individuen (d. h. schlecht angepaßter und damit der natürlichen Selektion unterworfener Individuen bzw. von Trägern unerwünschter Merkmalswerte, die durch künstliche Selektion ausgeschieden werden) ist zugelassen. Für die meisten populationsgenetischen Modelle reicht eine solche Charakterisierung der Population jedoch nicht aus. Vielmehr gehört zur Kennzeichnung der Population die Beschreibung ihrer Lebensverhältnisse, die wir kurz als Umwelt bezeichnen wollen.

Bei Tieren gehört zur Umwelt vor allem die Haltung und die Fütterung, bei Pflanzen vor allem das Klima und der Boden, die Düngung und die Anbaubedingungen.

Die populationsgenetischen Modelle beschreiben stets Merkmale idealisierter Populationen – wobei allerdings davon ausgegangen wird, daß die wichtigsten Merkmale von realen Populationen durch diese Modelle gut beschreibbar sind. So gelten viele Modelle nur für unendlich große idealisierte Populationen, damit sie anwendbar sind, sollte die reale Population nicht zu klein sein. (Für einige kleine Hunderassen z. B. sind viele Methoden der Populationsgenetik nicht anwendbar.)

Aus dem oben Dargelegten folgt auch, daß verschiedene Merkmale einer Population durch unterschiedliche populationsgenetische Modelle beschrieben werden könnten. Das wird sofort klar, wenn wir sowohl qualitative als auch quantitative Merkmale betrachten. Aber auch zwei quantitative Merkmale können un-

terschiedlich modelliert werden, wenn sich z. B. nur bei einem die Einbeziehung von Genotyp-Umwelt-Wechselwirkungen erforderlich macht.
Eine Aufgabe der Populationsgenetik ist es also, für Merkmale einer im obigen Sinne zu verstehenden idealisierten Population Modelle aufzustellen, Methoden zur Schätzung der Modellparameter bereitzustellen und die zeitliche Veränderung von Modellparametern oder des Modells insgesamt zu beschreiben. Außerdem sind optimale (hinsichtlich eines wohldefinierten Zuchtzieles) Reproduktions- und Züchtungsmethoden bereitzustellen. Äußerst wichtig sind die Fragen der Modellwahl. Hierunter verstehen wir die Frage nach dem passenden Modell für ein Merkmal (eine Merkmalskombination) in einer realen Population. Merkmale können sich nicht nur von Generation zu Generation, sondern auch als Funktion der Zeit am gleichen Individuum verändern. Zum Beispiel ist die Körpermasse eines Tieres eine Funktion des Alters, und von Interesse sind vor allem die Parameter der zugehörigen Wachstumsfunktion (oft definiert man aber eingeschränkt als Merkmal die Körpermasse im Alter t_0).
In diesem Abschnitt wollen wir etwas näher auf das Verhältnis von Tier- und Pflanzenzüchtung einerseits und der Populationsgenetik andererseits eingehen. Dabei wollen wir zunächst einige Begriffe so darstellen, wie sie in diesem Buch verwendet werden.

Definition 1.1.:
Merkmal:
Als Merkmal wollen wir eine zumindest an einem Teil der Population eindimensional erfaßte Eigenschaft der Individuen der Population bezeichnen. Ist die Eigenschaft nicht eindimensional erfaßbar, so ordnen wir ihr einen Merkmalsvektor zu.
Bleiben wir beim Beispiel der Körpermasse. Ohne Zusatz würde die Masse jedes Tieres einer Population am Untersuchungstag erfaßt, unabhängig davon, wie alt jedes Tier ist. In eingeschränktem Sinne könnte man aber die Masse von Rindern bei Geburt bzw. mit 18 Monaten betrachten. Diese drei Merkmale haben verschiedene Mittelwerte und Varianzen, obwohl sie fälschlich häufig mit dem gleichen Namen „Körpermasse" belegt werden. Wir sollten daher, um Mißverständnisse zu vermeiden, das Merkmal, das wir analysieren, so genau wie möglich beschreiben. Häufig kommt es vor, daß bestimmte Merkmalswerte nicht an einer ausreichenden Anzahl von Individuen ermittelt werden können. Beispielsweise liegen nicht für alle Tiere einer Kuhherde 300-Tage-Milchmengenleistungen der ersten Laktation vor, dafür aber Teillaktationsleistungen. Dann werden häufig Umrechnungen auf volle Laktationsleistungen vorgenommen und die umgerechneten Werte werden wie Meßwerte behandelt. Hierzu benutzt man die Methoden von Abschnitt 2.5. Mathematisch werden Merkmale durch Zufallsvariable modelliert.

Definition 1.2.:
Populationsgenetik:
Der Begriff Population wurde eingangs erläutert. Die mathematische Theorie der Vererbung in Populationen heißt theoretische Populationsgenetik. Die Parameter von Modellen einer Population können als zeitlich veränderlich angese-

hen werden – dann haben wir dynamische Methoden anzuwenden. Andere Parameter werden zumindest über kleinere Zeiträume (zwei bis drei Generationen) als zeitunabhängig angesehen – dann genügen statische Methoden (Momentaufnahmen). Methoden zur Überprüfung von Modellen, Hypothesen, Voraussetzungen und Schlußfolgerungen der theoretischen Populationsgenetik rechnen wir zur experimentellen Populationsgenetik. Letztere verwendet u. a. Praxismaterial, Labortiere oder simulierte Populationen. Zur experimentellen Populationsgenetik gehört auch die empirische Optimierung von Zuchtmethoden durch simulierte Selektion.

Definition 1.3.:
Die Züchtungsmethodik ist die Strategie der Züchtung, deren Ziel die Veränderung einer oder mehrerer Populationen auf ein vorgegebenes Zuchtziel hin (oder auch die Erhaltung von Populationen – Genreserve) ist.
Der Zusammenhang zwischen den Gebieten theoretische und experimentelle Populationsgenetik, Züchtungsmethodik und Züchtung ist im Prinzip der gleiche wie zwischen theoretischer Physik, Experimentalphysik, Technologie und Technik. Daß der Entwicklungsstand der Populationsgenetik weit hinter dem der Physik zurück ist, liegt am stärker ausgeprägten stochastischen Charakter der Vererbung und einer größeren Umweltbeeinflußbarkeit. Parallel mit der Entwicklung der Physik wurden ihre mathematischen Hilfsmittel (Differential- und Integralrechnung u. a.) bereitgestellt. Das trifft auch für die in diesem Jahrhundert entstandene Populationsgenetik zu, deren mathematische Hilfsmittel statistischer Natur sind und ebenfalls aus diesem Jahrhundert stammen.
Moderne Tier- und Pflanzenzüchtung ist ohne die Anwendung der Populationsgenetik nicht denkbar, da letztere die Methoden bereitstellt, mit denen Rassen und Sorten in kürzester Zeit vorgegebene Zuchtziele erreichen.
Wir können daher mit Recht behaupten, daß die theoretische Populationsgenetik die (oder zumindest ein wichtiger Teil der) Theorie der Züchtung ist. Moderne Züchtungsmethoden zumindest basieren auf populationsgenetischen Modellen und Erkenntnissen. Grundlage für die Modellierung in der Populationsgenetik sind natürlich die aus der Genetik bekannten Fakten. Diese sind den Mathematikern, an die sich dieses Buch auch wendet, oft unbekannt. Deshalb und auch um vieldeutige Begriffe für die Verwendung in diesem Buch eindeutig festzulegen, werden die Grundbegriffe der Genetik in diesem Kapitel beschrieben. Da dieses Kapitel nicht der eigentliche Gegenstand dieses Buches ist, werden nur Übersichtsarbeiten und die Arbeiten, aus denen Beispiele stammen, zitiert.

1.2. Idiotyp, Genotyp und Phänotyp

Zur Erfüllung von Aufgaben der Züchtungsforschung und Züchtung sind genetische Kenntnisse eine wichtige Voraussetzung. Dies betrifft vor allem die Genetik der zu bearbeitenden Merkmale und das erbliche Verhalten der verschiedenen Populationsstrukturen, die in der Züchtung entwickelt werden.

Auf dieser Grundlage lassen sich dann realistische Zuchtziele aufstellen, zweckmäßige methodische Bearbeitungsweisen ableiten und Rationalisierungseffekte erzielen. Aus diesem Grunde muß der erarbeitete Erkenntnisstand verfügbar sein, und vorhandene Lücken sind zu schließen. Die verschiedenen Arten bei Haustieren und Kulturpflanzen unterscheiden sich durch ihre erblichen Systeme.
In den folgenden Definitionen genetischer Grundbegriffe wollen wir den Sprachgebrauch von Biologen und Statistikern vereinen und versuchen, Unklarheiten zu vermeiden und bei unvermeidlichen – weil allgemein in Anwendung befindlichen – Mehrdeutigkeiten der Begriffe (z. B. Locus und Genotyp) auf solche Mehrdeutigkeiten in den Definitionen hinweisen.

Definition 1.4.:
Gene sind auf Chromosomen angeordnet, die im Zellkern (Kernchromosom) in den Mitochondrien (Mitochondrienchromosom) oder in den Plastiden (Plastidenchromosom) lokalisiert sind. Kernchromosomen, auf denen sich die gleichen Gene realisieren, heißen homologe Chromosomen. Organismen können über mehrere Chromosomensätze verfügen, deren Anzahl t wird Ploidiegrad genannt. Wir fassen die Chromosomen des Kerns so zu t Mengen zusammen, daß von t homologen Kernchromosomen genau eines in jede dieser Mengen fällt, eine jede dieser Mengen heißt ein Chromosomensatz. Ist $t=1$, heißt das Individuum (bzw. die Art) mono- oder haploid, und ist $t=2$, heißt es diploid. Ist $t>2$ sind die Individuen polyploid ($t=3$ triploid, $t=4$ tetraploid, usw.).

Definition 1.5.:
Wir modellieren ein Gen in der mathematischen Genetik durch eine Zufallsvariable z. B. $\underline{A}$, die einer k-Punktverteilung ($k \geq 1$) folgt und die k Allele $A_1, A_2, \ldots, A_k$ mit den Wahrscheinlichkeiten $p_1, p_2, \ldots, p_k$ annimmt. Ein Allel ist also die Realisierung oder Zustandsform eines Gens und das Gen $\underline{A}$ ist durch die Verteilung

$$\begin{pmatrix} A_1, A_2, \ldots, A_k \\ p_1, p_2, \ldots, p_k \end{pmatrix}$$

charakterisiert und wir sagen, es liegt für das Gen $\underline{A}$ k-fache Allelie vor. Ist $k>2$, so sprechen wir von multipler Allelie.

Definition 1.6.:
Die Stelle des Kernchromosoms, an der sich ein bestimmtes Gen realisiert, heißt der Locus dieses Gens, der Genlocus, Genort oder kurz der Locus. Auch die Gesamtheit der dem gleichen Gen zugeordneten t Genloci der t homologen Chromosomen wird oft als Locus bezeichnet (d. h. an einem Locus im engeren Sinne befindet sich ein Allel und an einem Locus im weiteren Sinne ein locusbezogener Genotyp im Sinne der folgenden Definition).

Definition 1.7.:
Die Gesamtheit aller in den Zellen vorhandenen Gene, die man als Zufallsvektor ($\underline{A}$, $\underline{B}$, ...) auffassen kann, heißt Genom. Die Gene des Zellkerns bilden das Kern-

genom, die in den Mitochondrien das Mitochondriengenom oder Chondrom und die in den Plastiden das Plastidengenom oder Plastom. Plastom und Chondrom zusammen nennt man Plasmon. Die Gesamtheit aller im Individuum vorhandenen Realisierungen des Genoms, d. h. die Gesamtheit aller vorhandenen Zustandsformen heißt Idiotyp. Die Realisierungen (Zustandsformen) des Kerngenoms bilden den Genotyp, die Zustandsform des Plasmons heißt Plasmotyp. Betrachten wir einen Locus (oder zwei Loci) des Kerngenoms unter Vernachlässigung aller übrigen, so müßten wir exakt von locusbezogenen Genotypen sprechen. Wir wollen aber, da die spezielle Bedeutung stets aus dem Zusammenhang hervorgeht, auch dann kurz vom Genotyp (A_1A_2 oder $A_1A_1B_1B_2$) sprechen.
Im Verlaufe der Zellteilungen im somatischen Gewebe (Mitosen) und in den Zellteilungen, die zu Geschlechtszellen führen (Meiosen) wird in der Regel an der Zuordnung von Genloci zu bestimmten Chromosomen und an der Reihenfolge auf denselben nichts geändert. Die Zellen von Haustieren und Kulturpflanzen haben einen Zellkern. Er wird bei den Zellteilungen auf neue Zellen weitergegeben. Dies gilt sowohl bei den Mitosen als auch bei den Meiosen.
Die Zellen bei Kulturpflanzen besitzen etwa 10–120 Plastiden (Hagemann u. a. 1984). Plastiden gehen nur aus Teilungen hervor. Sie werden bei den Zellteilungen zufällig auf die Tochterzellen bzw. Gameten verteilt.
Haustiere und Kulturpflanzen verfügen über eine große Anzahl von Mitochondrien. Sie kann bis zu 700 betragen (Hagemann u. a. 1984). Mitochondrien entstehen nur aus Teilungen ihresgleichen. Sie werden bei den Zellteilungen zufällig auf die sich bildenden Zellen übertragen. In der Regel erhalten Tiere und Pflanzen bei der Befruchtung das Plasmon nur über die Eizelle. In der Spermazelle befindet sich meistens nur der Zellkern und damit keine plasmatischen Erbelemente. In einigen Arten, wie bei Pelargonien, haben beide Gameten Kern- und Plasmagenome. Solche Organismen besitzen daher nach generativen Hybridisierungen neben den Kernchromosomen auch Mitochondrienchromosomen, die sich von beiden Eltern herleiten (Hagemann 1979). Bei somatischen Zellhybridisierungen setzen sich die Fusionsprodukte aus Kern und Plasma der Elternprotoplasten zusammen.
Jede Art hat in Mitochondrien und Plastiden ein Chromosom. Im Zellkern gibt es zahlreiche Chromosomen. Die Anzahl ist arttypisch und teilweise gewebetypisch. In den Geschlechtszellen besitzt z. B. das Hausschwein jeweils einen Satz von 19 und die Saatgerste jeweils einen von 7 Kernchromosomen.
Haustiere und Kulturpflanzen unterliegen im Zusammenhang mit der sexuellen Reproduktion einem Kernphasenwechsel. Bei diploiden Organismen verfügen daher die Körperzellen in der Regel über zwei Chromosomensätze und die Geschlechtszellen (Gameten) über einen Chromosomensatz. Tetraploide Individuen haben dementsprechend in den Körperzellen vier und in den Gameten zwei Chromosomensätze.

Definition 1.8.:
Bei Polyploiden unterscheidet man zwischen Auto- und Allopolyploiden. Autopolyploide haben nur homologe, also strukturell gleichartige Chromosomensätze. Ihre Chromosomen sind deshalb in der Meiose auch paarungsfähig. Allopolyploide besitzen in den Gameten nur nichthomologe, strukturell verschie-

dene Chromosomensätze. In den Körperzellen (Somazellen) sind die Chromosomensätze paarweise homolog. Zwischen verschiedenen Chromosomensatzpaaren liegt keine Homologie vor. Bei Anorthoploiden sind die Chromosomensatzpaare nicht komplett.
In manchen Fällen, so bei quantitativen Merkmalen, wird bisher der Plasmotyp nicht besonders berücksichtigt. Dann entspricht der Idiotyp dem Genotyp.
Die Allele bei Haustieren und Kulturpflanzen sind chemisch betrachtet Desoxyribonukleinsäure (DNS). Setzt sich eine Gesamtheit von Individuen aus den gleichen Genotypen zusammen, handelt es sich um eine isogene Linie. Verfügt eine Population über mehrere Genotypen, dann ist dies auch entsprechend zu kennzeichnen. Keinesfalls ist es dann gerechtfertigt, von einem Genotyp als Synonym für Population zu sprechen, wie es z. B. in der Rinderzucht mitunter geschieht.

Definition 1.9.:
Die Veränderung einer Zustandsstufe eines Gens in eine andere wird als Genmutation bezeichnet.

Definition 1.10.:
Eine Änderung der Reihenfolge von Genen mit ihren jeweiligen Zustandsformen auf dem Chromosom wird als Chromosomenmutation bezeichnet. Man unterscheidet dabei Deletionen, Inversionen, Duplikationen und Translokationen.
Bei Duplikationen (Chromosomensegment-Verdoppelung), Inversionen (Chromosomensegment-Umkehrung) und Deletionen (Chromosomensegment-Verlust) erfolgt nur eine Reihenfolgeänderung der Loci mit ihren jeweiligen Allelen auf dem Chromosom. Handelt es sich um Translokationen (Chromosomensegment-Verlagerung) kommt es zu anderen Reihenfolgen auf den Chromosomen, an denen auch nichthomologe beteiligt sein können.

Definition 1.11.:
Ein Chiasma ist eine Überkreuzung von Chromatiden der Chromosomen. Dadurch können die Allele der einzelnen Genorte in andere Gruppierungen kommen. Diesen Vorgang bezeichnet man als crossing over. Ein ungleiches crossing over führt zu einem Positionseffekt. Er ergibt in der generativen Nachkommenschaft Genotypen mit einem verdoppelten Allel und solche, denen ein Allel fehlt (kleine Deletion).

Definition 1.12.:
DNS-Elemente ohne strenge chromosomale Zuordnung zu bestimmten Allelloci werden als transponible Elemente bezeichnet.
Transponible DNS-Elemente werden häufig als springende Allele charakterisiert.
Die DNS des Zellkernes und der Plastiden bzw. Mitochondrien ist nicht identisch (Hagemann u. a. 1984). Die DNS-Menge in den Zellen ist zu etwa
93–99% Kern-DNS,

Tabelle 1.1. Erblich bedingte Paarungsausfälle der homologen Chromosomen in der Meiose (Asynapsis oder Desynapsis) bei Kulturpflanzen

Species
Avena strigosa Schreber
Avena sativa L.
Brassica cleracea L.
Capsicum frutescens L.
Capsicum annuum L.
Carthamus tinctorius L.
Corchorus oliforious L.
Datura stramonium L.
Glycine max (L.) Merr.
Hordeum vulgare L.
Lolium perenne L.
Lycopersicon esculentum Mill.
Oryza sativa L.
Pennisetum typhoides S. u. H.
Pennisetum orientale Zich
Phleum nodosum L.
Pisum sativum L.
Secale cereale L.
Solanum tuberosum
Sorghum bicolor (L.) Moench
Sternbergia fischeriana (Herb.) Roem.
Triticum durum Desf.
Triticum aestivum L.
Vicia faba L.
Zea mays L.

1– 5% Plastiden-DNS und
1– 2% Mitochondrien DNS (GÜNTHER 1978).

Die reihenweise geordneten DNS-Elemente unterscheiden sich voneinander durch die Struktur ihrer N-haltigen Basen. Entsprechend ist ihre Wirkung. Jeweils drei aufeinanderfolgende Mononukleotide bilden unter Berücksichtigung der Polarität im Molekülaufbau ein Triplett, und ein Triplett codiert die Bildung einer Aminosäure. So ergibt sich aus der Triplettsequenz die Aminosäuresequenz in den Polypeptiden. Die genetische Begriffsbestimmung erfolgt in Anlehnung an RIEGER u. a. (1976), GÜNTHER (1978) sowie HAGEMANN u. a. (1984). Nur wenn keine Termini zur Verfügung standen, mußte eine geeignete Bezeichnung verwendet werden.
Eine Tier- oder Pflanzenart ist charakterisiert durch einen bestimmten Bestand an Genorten. Die Variabilität innerhalb einer Art beruht in erster Linie auf der unterschiedlichen Wirkung von Allelen. Die Allelverschiedenheiten gehen auf Mutationen zurück. Die Formenmannigfaltigkeit einer Art wird durch Rekombinationsvorgänge gefördert. Dazu schaffen insbesondere die Meiosen

gute Voraussetzungen. Während dieser Vorgänge kann es zu inter- und intrachromosomalen Rekombinationen kommen. Dies gilt aber nur, wenn sich im Verlauf der Meiosen die homologen Chromosomen auch uneingeschränkt paaren bzw. Chiasmata bilden. Mitunter ist das nicht der Fall. So kann es modifikativ bedingt zu einem Paarungsausfall kommen. Erfolgt er sehr früh in der Meiose und damit gänzlich, spricht man von Asynapsis. Findet die Paarungsbeeinflussung etwas später in der Prophase I statt und unterbleiben insbesondere die Chiasmata-Bildungen, handelt es sich um Desynapsis. Es gibt auch eine genetisch bedingte Beeinträchtigung der Chromosomenpaarung (Tab. 1.1.).

Die Rekombination in der Meiose ist ferner an eine Reduktion der Chromosomenzahl (Valenz) gebunden. Entstehen keine reduzierten sondern unreduzierte Gameten und werden diese schon im Verlaufe der ersten meiotischen Teilung gebildet, dann sind die Geschlechtszellen erbgleich mit der Mutter.

Definition 1.13.:
Unter einer Amphimixis wird eine Embryoentwicklung nach einer Verschmelzung einer Eizelle mit einer Spermazelle verstanden. Bei einer Apomixis (Parthenogenese) entwickelt sich der Embryo aus der Eizelle ohne Fusion mit einer Spermazelle. Eine Amphimixis fördert die Rekombination. Tritt eine apomiktische Embryoentwicklung auf und ist diese verbunden mit einer Bildung von unreduzierten Gameten in der ersten meiotischen Teilung, dann unterbleibt eine Rekombination. Die Nachkommen sind muttergleich. Die Rekombination wird auch durch eine Allogamie (Fremdbefruchtung) begünstigt. Daraus resultiert ein Selektionsvorteil, der im Laufe der Evolution zur Geltung kommt. Die wirksamste Voraussetzung für eine Allogamie ist die Mehrhäusigkeit. Sie ist bei allen Haustieren und bei vielen Kulturpflanzen realisiert. Bei Pflanzen gibt es noch andere Mechanismen zur Allogamiesicherung wie die Heterostylie, die Protandrie, die Protogynie und die Inkompatibilität.
Bei einer Heterostylie erschwert eine räumliche Trennung von Narbe und Antheren in der Blüte eine Selbstbestäubung und damit auch eine Befruchtung. Liegt eine Protogynie vor, sind die weiblichen Geschlechtsorgane in einer Blüte früher funktionsfähig als die männlichen und es wird daher eine Befruchtung in der Regel unmöglich gemacht.
Bei einer Inkompatibilität sind genetisch gleichwirkende Gameten und weibliche Geschlechtsorgane unverträglich. Es kommt daher zu einer Verhinderung der Pollenkeimung auf der Narbe oder zu einer Hemmung des Pollenschlauchwachstums im Griffel. Eine Allogamie bei genetisch gleichen homozygoten Eltern kann keine Rekombination herbeiführen. Um bei Autogamen (Selbstbefruchtern) die Rekombination zusätzlich zu fördern, bedarf es künstlich vorgenommener Kreuzungen.
Der Allelbestand und die Allelgruppierung läßt sich durch Maßnahmen der Gentechnik verändern. Dabei gelangt fremdartige genetische Information in ein genetisches System. Diese Maßnahmen können die mutativen und rekombinativen Potenzen eines genetischen Systems stark erhöhen. Sie erlangen aber erst dann eine evolutionistische und züchterische Bedeutung, wenn es gelingt, die oft damit verbundenen genetischen Störungen zu überwinden.

Definition 1.14.:
Die Erbelemente des Idiotyps realisieren zusammen mit den Umweltbedingungen die Merkmale, welche man als Phänotyp charakterisiert. Dies gilt für einzelne Merkmale, für eine Gruppe von Merkmalen und auch für alle Merkmale. Dabei kann der Einfluß von Idiotyp und Umwelt bei den einzelnen Merkmalen unterschiedlich groß sein.

Definition 1.15.:
Eine Variabilität im Rahmen der idiotypisch bedingten Reaktionsnorm, die nur auf Umwelteinflüsse zurückzuführen ist, wird als Modifikation bezeichnet.
Liegt eine enge Reaktionsnorm vor, dann ist es verhältnismäßig einfach, vom Phänotyp auf den Idiotyp zu schließen. Die jeweiligen Umweltbedingungen bedürfen keiner besonderen Berücksichtigung. Bei einer weiten idiotypisch bedingten Reaktionsnorm ist es sehr schwer, den Idiotyp über phänotypische Merkmalsrealisierung zu ermitteln. Unter konkreten, gleichgehaltenen Umweltbedingungen werden die spezifischen Idiotyp-Umwelt-Beziehungen bei einer weiten Reaktionsnorm nicht voll erfaßt. Daher ist man gezwungen, die phänotypische Merkmalsrealisierung unter kontrollierten, reproduzierbaren aber verschiedenen Umweltbedingungen zu analysieren. Es handelt sich bei den Umweltbedingungen nicht um einfache Faktoren, sondern um kompliziert aufgebaute Systeme. Dies hat Konsequenzen, weil die Merkmalsausbildungen eine dynamische, ontogenetisch differenzierte Entwicklung durchlaufen und die Umweltbedingungen dabei auch nicht gleichbleibend sind.
Liegt keine Umweltabhängigkeit vor, d. h. gibt es keine Modifikationen, so ist der Idiotyp am Phänotyp zu erkennen. Andernfalls gehört zu jedem Idiotyp eine Klasse von Phänotypen, so z. B. Farbschattierungen einer Grundfarbe. So lange sich die Phänotypenklassen einzelner Idiotypen nicht überlappen, ist der Idiotyp eindeutig aus dem Phänotyp erkennbar. Oft treten jedoch Überlappungen der Phänotypenklassen auf, vor allem bei Merkmalen mit einer weiten, umweltsensiblen Reaktionsnorm. Dann wird mit Hilfe biometrischer Methoden auf phänotypischer Ebene ein Rückschluß auf das genetische System gemacht. Dabei wird die mittlere Wirkung des Idiotyps erfaßt. Eine Untergliederung in Allele ist nicht möglich. Es gelingt auch nicht, die genetische Veränderung einer Population nach stattgefundenen Kombinations- oder Selektionsmaßnahmen zu bestimmen. Um auf diesem Gebiet Fortschritte zu erzielen, kann man sich der Marker-Merkmale bedienen. Bei ihnen müssen ihre genetischen Grundlagen bekannt sein. Sie dürfen keine überlappenden Phänotypenklassen haben, und es müssen sich Beziehungen zu den Merkmalen mit breiter idiotypisch bedingter Reaktionsnorm herstellen lassen.

1.3. Allelwirkungen und Allelbeziehungen einzelner Gene

1.3.1. Charakterisierung

Die verschiedenen Zustandsformen der Gene, die Allele, entstehen auf mutativem Wege. Es sind Änderungen von Basensequenzen der DNS. Dieser Vorgang ist in einem Gen nicht einmalig. Zweifache Allelie ist daher nicht der Normalfall und multiple Allelie ist weit verbreitet.

Definition 1.16.:
Die kombinierte Wirkung von zwei oder mehreren Allelen des gleichen Gens auf die Merkmalsausprägung nennen wir Allelbeziehungen. Sind die Allele verschieden, können Wechselwirkungen auftreten. Allelwechselwirkungen heißen auch Dominanz.
Die Allelbeziehungen lassen sich durch einen Vergleich zwischen den Trägern der gleichen Allele in verschiedener Dosis oder der verschiedenen Allele in gleicher Dosis ermitteln. Handelt es sich um gleiche Allele, können sie sich in ihrer Wirkung verstärken. Bei diploiden Organismen gibt es bei der Analyse eines Gens jeweils zwei Allele und eine heterozygote Allelkonfiguration im Genotyp. Es kann daher auch nur jeweils eine Allelwechselwirkung geben. Bei polyploiden Genotypen können zwei bzw. mehrere Allelwechselwirkungen gleichzeitig auftreten. Bei dem für die Allelbeziehungen verwendeten Begriff Dominanz besteht die Schwierigkeit, daß er aus der klassischen Genetik qualitativer Merkmale stammt, aber auch in der Populationsgenetik bei quantitativen Merkmalen verwendet wird. Betrachtet man bei Diploiden zwei Allele (A_i, A_j) eines Gens mit k-facher Allelie ($k \geq 2$), welche eine qualitative Merkmalsdifferenz steuern, dann liegt nach klassischer Auffassung Dominanz vor, wenn A_iA_i- und A_iA_j-Genotypen phänotypisch gleich sind. A_i ist in diesem Fall dominant über A_j und A_j ist gegenüber A_i rezessiv.
Betrachtet man die drei möglichen Allelkonfigurationen A_iA_i, A_iA_j und A_jA_j, ergeben sich $K=2$ nicht überlappende Phänotypenklassen. Werden $K=3$ Klassen gebildet, dann führt jede der drei Allelkonfigurationen zu einer eigenen Phänotypenklasse und es liegt keine Dominanz vor. Bei nominalskalierten Merkmalen gibt es nur die Fälle „Dominanz" oder „keine Dominanz". Bei fehlender Dominanz treten mitunter Erscheinungen auf, die mit Co-Dominanz bezeichnet werden. Lassen sich Allelbeziehungen bei höher skalierten Merkmalen analysieren, dann wird „keine Dominanz" weiter unterteilt in Superdominanz, unvollständige Dominanz und additive Allelwirkung. Damit sprachlich keine Verwirrung auftritt, sprechen wir an Stelle von Dominanz von vollständiger Dominanz.
Die Bezeichnung Dominanz übernahm Correns von Mendel und sie wurde so gebräuchlich. Sie ist aber schon im 18. Jahrhundert durch den französischen Astronomen Maupertius für Vererbungsphänomene eingeführt worden (Crosby 1963).
Für das Vorhandensein von Allelwechselwirkungen lassen sich nur dann eindeutige Aussagen machen, wenn genau definiert ist, welches Merkmal in welcher Weise betrachtet wird. Dazu gehört auch die Festlegung des Skalentyps. Im folgenden sei P_{ij} der Phänotyp eines Individuums mit dem Genotyp A_iA_j

(i, j = 1...k). Nach Abschnitt 2.2. gibt es bei diploiden Organismen (auf solche beschränken wir uns hier) bei k-facher Allelie ${}^{w}C_2^k = \frac{1}{2}\,k\,(k+1)$ Genotypen. Falls keine Umwelteinflüsse die Anzahl möglicher Phänotypen vergrößern, ist das auch die Anzahl der möglichen Phänotypen. Diese Voraussetzung wird bei den folgenden Definitionen stets gemacht. Es sei K die Anzahl verschiedener Phänotypen.

Definition 1.17.:
Ist bei diploiden Organismen die Anzahl K verschiedener Phänotypen kleiner als $\frac{1}{2}\,k\,(k+1)$, so liegt vollständige Dominanz vor. Ist $K = \frac{1}{2}\,k\,(k+1)$, so hängt eine weitere Fallunterscheidung vom Skalierungstyp ab.

1.3.2. Nominalskalierung

Definition 1.18.:
Bei Nominalskalierung sind vollständige Dominanz und Dominanz synonyme Begriffe.

Ein Beispiel für Dominanz bei nominalskalierten Merkmalen ist die Haarfarbe beim Hausrind. Die A_1A_1- und die A_1A_2-Genotypen sind schwarz. Dagegen sind A_2A_2-Individuen rot, d. h. A_1 dominiert über A_2 (SAAR u. a. 1983).

Ein Beispiel für K = 3 Phänotypenklassen bei zweifacher Allelie, also fehlende Dominanz, gibt CORRENS (1905). Er beschreibt, daß die Blütenfarbe von *Mirabilis jalapa*, für die Phänotypen P_{11} = rot, P_{22} = weiß und P_{12} = rosa ist.

Ist P_{12} die gleichzeitige Repräsentanz von P_{11} und P_{22}, so wird dieser Spezialfall von K = 3 als Co-Dominanz bezeichnet. Ein Beispiel dafür ist das Merkmal Farbfleckenmuster auf den Petalen der Godetien (HIORTH 1940). Hier hat P_{11} einen anthocyangefärbten Zentralfleck, P_{22} einen Basalfleck, während P_{12} beide Flecken gleichzeitig aufweist (Abb. 1.1.).

1.3.3. Ordinalskalierung

Ein Beispiel für vollständige Dominanz bei Ordinalskalierung geben BARTON u. a. (1955) bei dem Merkmal Internodienauftreten bei der Tomate mit den Merkmalswerten viel und wenig.

A_1A_1- sowie A_1A_2-Genotypen haben viele und A_2A_2-Individuen wenig Internodien.

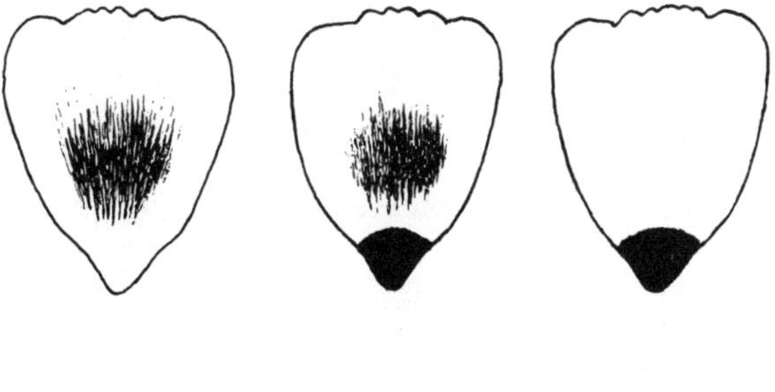

Abbildung 1.1. Superdominanz bei dem Farbfleckenmuster auf den Petalen der Godetien
Von links nach rechts: A_1A_1; A_1A_2; A_2A_2

Abbildung 1.2. Vollständige Dominanz beim Blütenzeichnungsareal der Chinesischen Primel
Von links nach rechts:
A_1A_1; A_2A_2; A_3A_3
A_1A_2 A_2A_3
A_1A_3

Vollständige Dominanz liegt auch beim Blütenzeichnungsareal der Chinesischen Primel vor, wobei es drei Allele gibt, die auf dieses Merkmal einwirken. A_1A_1- und A_1A_2-Genotypen führen zu einem großen Farbfleckenareal auf den Petalen. Demgegenüber ist dieses bei A_2A_2-Genotypen nur ein kleinerer Teil der Petalen. A_1 ist also vollständig dominant über A_2. A_2A_2- und A_2A_3-Genotypen haben die gleiche Merkmalsausprägung, während bei A_3A_3-Genotypen die Petalenfläche keine Färbung bedingt. A_2 ist deshalb vollständig dominant über A_3. A_1A_3-Genotypen haben das große Farbfleckenareal, daher ist A_1 auch vollständig dominant über A_3 (Abb. 1.2.). Damit ist $K = 3 < \frac{1}{2}\,3\,(3+1) = 6$.

Gilt bei ordinalskalierten Merkmalen mit zweifacher Allelie $K = 3$, so liegt keine vollständige Dominanz vor. Die Fälle $[P_{12} > P_{11},\ P_{12} > P_{22}$ bzw. $P_{12} < P_{11},\ P_{12} < P_{22}]$ werden als Superdominanz bezeichnet. Ein solcher Fall kommt bei Triticale beim Merkmal Kornmasse mit den Merkmalswerten niedrig, mittel und hoch vor (Skiebe 1983). Hier ist P_{11} niedrig, P_{22} mittel und P_{12} hoch. Den Fall $K = 3$, aber keine Superdominanz findet man bei den Blattesterasen der Gerste (Peterka u. a. 1983). Die Autoren stellten fest, daß das A_1-Allel die V_2-Bandenausprägung codiert und das A_2-Allel zu keiner Bandenausprägung führt. In A_1A_2-Genotypen ist die V_2-Bande nur etwa halb so stark nachzuweisen, wie bei A_1A_1-Individuen.

1.3.4. Intervall- oder Verhältnisskalierung

Ein Beispiel für vollständige Dominanz bei Intervall- und Verhältnisskalierung wird den Untersuchungen von Schrader (1975) beim Löwenmaul entnommen. Dabei ist bei dem Merkmal Samenmasse $P_{11} = P_{12} = 11{,}8$ mg und $P_{22} = 8{,}0$ mg. Liegen zusätzliche Informationen über die Wirkungen der einzelnen Allele vor, aus denen abgeleitet werden kann, daß sie nicht als gleichsinnig zu bewerten sind, dann läßt sich von einer unvollständigen Dominanz ausgehen. Von unvollständiger Dominanz sprechen wir bei diploiden Organismen und zweifacher Allelie, wenn keine vollständige Dominanz, keine Superdominanz im Sinne von 1.3.3. vorliegt und wenn P_{12} nicht gleich $\frac{1}{2}(P_{11} + P_{22})$ ist. Wir sagen in der Populationsgenetik ferner, daß bei $P_{12} = \frac{1}{2}(P_{11} + P_{22})$ additive Allelwirkung bzw. intermediäre Vererbung vorliegt.

Unvollständige Dominanz gibt es für die Farbausprägung der Blüten beim Löwenmaul. Dort führt das A_1-Allel zu einer Anthocyanausprägung und das A_2-Allel zu einer Anthocyanaufhellung. A_1A_1-Genotypen haben deshalb, bezogen auf die Flächeneinheit, einen (durchschnittlichen kolorimetrischen) Absorptionswert von 90,08. A_2A_2-Genotypen weisen einen Absorptionswert von 12,29 auf und A_1A_2-Formen von 23,00 (Seyffert 1957).
Ein Beispiel für Superdominanz gibt es beim Gartenleimkraut *Silene armeria* L. Dort bewirkt das A_1A_1-Allelpaar „rosea" einen kolorimetrischen Absorptionswert von 42,3. Das Allelpaar A_2A_2 „albida" hat einen Absorptionswert von 19,6 und die heterozygote A_1A_2-Form „rubra" einen Absorptionswert von 93,6 (Seyffert 1959).
Bei den dargestellten Allelbeziehungen wird von dem jeweiligen Verhalten eines bestimmten Allelpaares ausgegangen. Liegt Homozygotie vor, können sich die beiden gleichen Allele in ihrer Wirkung addieren.
Bei Heterozygotie haben die co-dominanten und superdominanten Allelwechselwirkungen in manchen Fällen Gemeinsamkeiten. Dies läßt sich an dem Godetienbeispiel (Abb. 1.1.) gut demonstrieren. Pro Blütenblatt ist die Anthocyanmenge oder die gefärbte Fläche eindeutig superdominant. Wird aber die Musterbildung betrachtet, muß man von Co-Dominanz sprechen.
Bei diploiden Organismen und zweifacher Allelie gibt es bei einem Allelpaar jeweils nur eine Allelbeziehung. Handelt es sich um autopolyploide Objekte, sind bei einem Allelpaar eines Genortes gleichzeitig zwei Allelbeziehungen möglich. Das gilt erst recht bei drei oder vier verschiedenen Allelen, die in einem autopolyploiden Idiotyp ($A_1A_2A_3A_4$) gleichzeitig vereinigt sein können.

1.3.5. Spaltungsverhältnisse

Geht man von reinerbigen (homozygoten) Individuen aus, so ist bei Kreuzungen mit einem Allelunterschied in der Regel eine einheitliche F_1-Generation zu erwarten. In der F_2-Generation kommt es bei diploiden Organismen, von wenigen Ausnahmen abgesehen, zu einer phänotypischen Aufspaltung ($P_{11}:P_{12}:P_{22}$) von 1:2:1, wenn keine vollständige Dominanz vorliegt und von 3:1 bei vollständiger Dominanz von A_1 über A_2.
Bei autopolyploiden Pflanzen sind die Spaltungen immer etwas beeinflußt durch das Auftreten aneuploider Gameten und Organismen. Selbst wenn die Individuen euploid sind, können sie noch aneusom sein.

Definition 1.19.:
Bei Euploidie verfügt die Zelle oder das Individuum über die normale Chromosomenzahl, die Genome sind hinsichtlich der Chromosomenzahl komplett.

Definition 1.20.:
Bei Aneuploidie besitzt die Zelle oder das Individuum nicht die normale Chromosomenzahl; es fehlt ein Chromosom oder es fehlen mehrere Chromosomen bzw. es ist ein Chromosom zuviel oder es sind mehrere Chromosomen zuviel.

Definition 1.21.:
Bei Aneusomie sind in den Zellen oder Individuen die einzelnen Chromosomen

des Genoms nicht in der gleichen, dem Ploidiegrad entsprechenden Vermehrungszahl vorhanden.
Hinzu kommt, daß es bei Autopolyploiden eine Chromatiden- oder Chromosomenspaltung und alle Übergänge zwischen beiden Paarungsvorgängen geben kann. So liegt bei Euploidie, Eusomie und vollständiger Dominanz bei völliger Chromosomenspaltung in der F_2 eine 35:1 und bei ausschließlicher Chromatidenspaltung eine 20,8:1-Relation vor.
Des weiteren kann man bei Polyploiden und Aneuploiden nicht nur mit jeweils einer Allelwechselwirkung rechnen. Selbst wenn nur Dominanz vorliegt, ist manchmal das Maximum der Merkmalsausprägung schon mit einem dominanten Allel erreicht. Liegen genaue Kenntnisse vor, dann treten die theoretisch zu erwartenden Spaltungsverhältnisse auch tatsächlich auf. Da aber vielfach Informationen fehlen, muß man mit Abweichungen von der Norm rechnen.

1.3.6. Wechselwirkungsveränderungen und Idiotyp-Umwelt-Wechselwirkungen

Im allgemeinen bleiben bestimmte Allelbeziehungen in genetischen Systemen erhalten. Diese Konstanz ist allerdings nicht absolut. So konnte gelegentlich ein Dominanzwechsel beobachtet werden. Wie mancher der genetischen Begriffe wird auch dieser nicht konsequent, mitunter sogar falsch verwendet. Vielfach wird von Dominanzwechsel gesprochen, wenn es sich um variable Allelmanifestierung handelt. Zu einem Wechsel der Allelbeziehungen kann es allerdings bei einer Veränderung des genetischen Hintergrundes kommen. So fand Hesemann (1973), daß bei der Gerste durch Einlagerung eines dominanten Allels in einen neuen genetischen Hintergrund ein unvollständig dominantes und teilweise sogar rezessives Verhalten resultierte.
Zu einer Veränderung der Wechselwirkungen kann es auch durch veränderte Dosisbeziehungen bei den Allelen kommen. So ist beim 2x-Spinat die Virusresistenz in den A_1A_2-Genotypen vollständig dominant. Für 3x-Genotypen der Konfiguration $A_1A_1A_2$ gilt das gleiche. In $A_1A_2A_2$-Genotypen wird aus der vollständigen eine unvollständige Dominanz (Skiebe u. Schmelzer 1967).
Die Allelbeziehung kann auch geschlechtsspezifisch verschieden ausgeprägt sein. Beim Rind ist ein Fall bekannt, wo eine Haarfarben-Scheckung keine korrespondierende Wechselwirkung in den beiden Geschlechtern zeigt. So ergibt die Kreuzung von rotweißen Kühen mit mahagoniweißen Bullen bei gleicher genetischer Zusammensetzung rotweiße Kühe und mahagoniweiße Bullen.
Der Idiotyp und seine Komponenten, bis hin zu dem einzelnen Allel, besitzt eine bestimmte Konstanz. Diese ist aber nicht absolut. Durch Einflüsse von „außen", also durch das genetische Milieu, das jeweilige Ontogenesestadium und durch Umweltfaktoren im engeren Sinne, kann eine genetische Wirkung beeinflußt werden.
Mitunter kommen sogar bestimmte Allele nicht zur Geltung, obwohl die genetischen Bedingungen dafür vorliegen, also z. B. Homozygotie. So bewirken bei den Petunien bestimmte Licht- und Temperaturkonstellationen eine charakteristische Blütenzeichnung sowie Blütenfarbe. A_1A_1-Genotypen haben bei abgeschwächtem Licht und bei 30 °C blaue Blüten. Werden die Petunien bei 20 °C

kultiviert und erhalten sie 30 Tage hohe Lichtintensitäten (Sonnenlicht) sind die Blüten blau, besitzen aber weiße Sektoren auf den Petalen. Bei den gleichen Temperaturen (20 °C) und einer längeren, intensiven Belichtung (48 d), sind die Blüten weiß und haben blaue Sektoren. Wird bei den gleichen Temperaturen noch länger intensiv belichtet (64 d), blühen die Petunien weiß (Kühn 1950).

Bei der Levkoje zeigen A_2A_2-Genotypen unter Kurztagbedingungen und bei niedrigen Temperaturen charakteristische Chlorophyllschädigungen an den Keimblättern. Bei Langtag und hohen Temperaturen treten diese Anomalien nicht auf (Kappert 1953).

Nur eine relative Konstanz ist auch bei den Allelbeziehungen festzustellen. Dies gilt beispielsweise für zwei Allele eines Gens beim Spinat, welche die Geschlechtsausprägung kontrollieren. Dabei bewirkt das A_2-Allel eine monözische und das A_3-Allel eine gynözische Geschlechtsausprägung. A_2A_3-Genotypen zeigen bei mittleren Tageslängen und Temperaturen eine unvollständige Dominanz. Unter Kurztagbedingungen und bei niedrigen Temperaturen ist das A_3-Allel vollständig dominant über das A_2-Allel. Werden die A_2A_3-Genotypen unter Langtagbedingungen bei hohen Temperaturen kultiviert, wird demgegenüber eine vollständige Dominanz des A_2-Allels über das A_3-Allel konstatiert.

Bei der Levkoje findet man bei einem Subletalitätsgen je nach den herrschenden Konditionen unvollständige oder vollständige Dominanz. Das A_1-Allel bedingt dabei eine normale Keimung und Jugendentwicklung. Demgegenüber senkt das A_2-Allel die Keimfähigkeit sowie Triebkraft und hemmt die Jugendentwicklung. Zwischen den beiden Allelen liegt unter den normalen Aussaat- und Aufzuchtbedingungen eine unvollständige Dominanz vor. Dabei ist die Wirkung von A_1 stärker als von A_2. Unter optimalen Bedingungen für die Aussaat und Jugendentwicklung und einem „passenden" genetischen Milieu wird demgegenüber in A_1A_2-Genotypen eine fast vollständige Dominanz von A_2 beobachtet.

Bei der Tomate führt das A_1-Allel zu einer rassenunspezifischen Erhöhung der Widerstandsfähigkeit gegenüber dem Erreger der Samtfleckenkrankheit (*Cladosporium fulvum* Cooke).

Das A_2-Allel bewirkt Anfälligkeit. Im genetischen Milieu der Sorte „Moneymaker" wird zwischen beiden Allelen eine unvollständige Dominanz beobachtet. Demgegenüber zeigt die A_1A_2-Allelverbindung im genetischen Milieu der Sorte „Grit" Superdominanz hinsichtlich der Anfälligkeit. Unter diesen Bedingungen werden auf A_1A_2-Genotypen signifikant mehr Sporen des Erregers festgestellt, als auf A_2A_2-Pflanzen (Skiebe und Kiessling 1986).

Die relative Konstanz betrifft nicht nur einzelne Allele sowie einzelne Allelbeziehungen bei einzelnen Merkmalen. Es kommt mitunter auch zu einer Beeinflussung mehrerer Merkmale sowie mehr als nur den Allelen eines Gens. Damit unterliegen auch die Genbeziehungen manchen Modifikationen. In diesem Zusammenhang sei nur noch darauf hingewiesen, daß man in Unkenntnis der Sachlage gelegentlich falsche Schlüsse gezogen hat. Ein treffendes Beispiel findet man bei den Zwergzikaden. Bei diesen Zikaden, die pflanzenpathogene Viren übertragen, wurden verschiedene Arten gebildet, die in Wirklichkeit nur Modifikationen sind. So entwickelt sich bei einem Langtag (17–24 h) *Euscelis plebejus* Fall., eine große Zwergzikade mit heller Färbung und einem relativ großen charakteristisch geformten Penis. Bei geringen Tageslichtlängen (12–15 h) kommt die kleine, dunkelgefärbte Zwergzikade zur Entwicklung, die sich durch einen kleinen, einfach geformten Penis auszeichnet. Sie wurde nahezu 100 Jahre unter der Artenbezeichnung *Euscelis incisus* KBM. geführt (MÜLLER 1965).

1.3.7. Variable Allelmanifestierung, Idiotyp-Umweltwechselwirkung, Genotyp-Umwelt-Wechselwirkung

Allgemein ist festzustellen, daß genetische Aussagen nicht unter allen Umweltbedingungen, allen Ontogenesestadien und nicht für alle genetischen Hintergründe gelten. Siehe auch Abschnitt 2.4.3.

Definition 1.22.:
Wir sagen, es liegen Idiotyp-Umweltwechselwirkungen vor, wenn der zu einem Idiotyp gehörende Phänotyp nicht in allen Umwelten aus einer Gesamtheit von Umwelten gleich ist. Eine variable Allelmanifestierung ist die Ursache.
Sie wird bei den einzelnen Individuen als Expressivität und bei Populationen mit Penetranz bezeichnet. Expressivität und Penetranz lassen sich getrennt erfassen (Abb. 1.3.). In der Regel überlagern sie sich aber in Populationen.
Intensiv wurde die variable Allelmanifestierung beim Löwenmaul untersucht (ROTHE 1951). Bei der Keimblattbildung führt das Allel „subconnata I" je nach Umweltbedingungen zu einer unterschiedlichen Ausbildung der Keimblätter und zwar:

2 Keimblätter	= pseudonormal
2 Keimblätter angenähert	= hemisynkotyl
1 Keimblatt	= monokotyl
1 Schlauchblatt	= unifazial.

Neben diesen Abstufungen in der Merkmalsausprägung wird auch bei den Typen ein unterschiedlicher Anteil beobachtet. So treten die monokotylen Individuen meistens häufiger auf als die pseudonormalen oder unifazialen.
Verhältnismäßig häufig entstehen variable Allelmanifestierungen bei unvollständiger Dominanz. Ein typisches Beispiel dafür liefert die Geschlechtsausprägung beim Spinat (SKIEBE und SCHMELZER 1967). Zwischen zwei der drei Allele (A_2A_3) im Geschlechtsrealisator-Locus liegt eine unvollständige Dominanz vor. Je nach Umweltbedingungen prägt sich diese verschieden aus. Es sind besonders die Tageslängen und die Temperatur die wirksam werden. Dies kann so weit führen, daß bei hohen Temperaturen und langen Tagen eine Dominanz von A_2 auf-

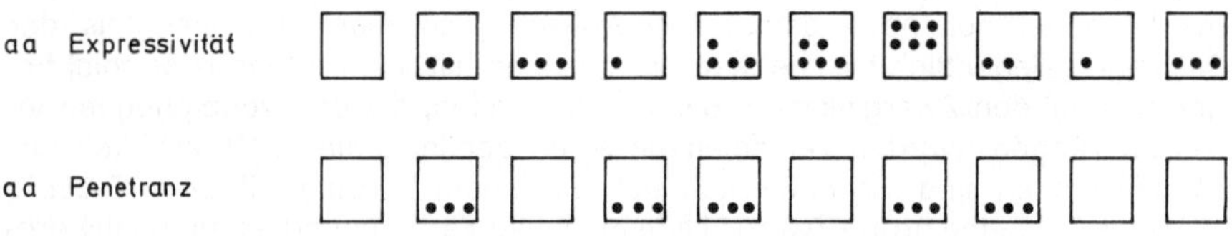

Abbildung 1.3. Schematische Darstellung von Expressivität und Penetranz

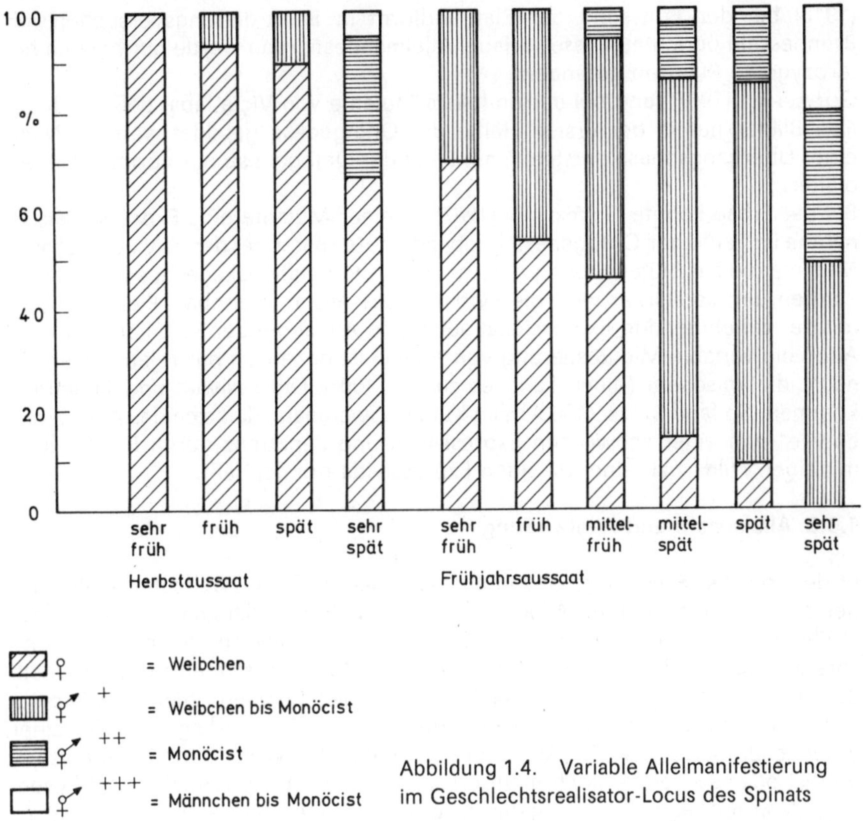

Abbildung 1.4. Variable Allelmanifestierung im Geschlechtsrealisator-Locus des Spinats

tritt. Demgegenüber kommt es unter niedrigen Temperaturen und unter kurzen Tageslängen zur Entwicklung von Weibchen (Abbildung 1.4.).

Bei der Levkoje gibt es ein unvollständig rezessives Allel mit einer gonischen Letal- und einer sporophytischen Subletal-Wirkung. A_1A_2-Genotypen haben deshalb kurze Schoten und kleine Samen mit einer gesenkten Keimfähigkeit. Dies führt insbesondere bei mehrere Jahre alten Samen bzw. bei ungünstigen Keimungsbedingungen zu einer stärkeren Expressivität und Penetranz des A_2-Allels in A_1A_2-Genotypen. A_1A_2-Samen keimen dann ganz schlecht und A_1A_2-Pflanzen entwickeln sich nur vereinzelt.

Bei der Erbse zeigen die I_2-Allele, welche die grüne Kotyledonenfarbe bedingen, in Gegenwart von O_2-Allelen eine ausgeprägte variable Allelmanifestierung. In Verbindung mit O_1-Allelen weist dagegen das I_2-Allelpaar eine 100%ige Expressivität und Penetranz auf (Skiebe und Schreyer 1990).

Die variable Allelmanifestierung führt auch im Verlauf der Ontogenese zu einer unterschiedlichen Expressivität und Penetranz. Darüber hat schon Correns

(1918) bei der Erfassung der Blattrandform in Bastardierungsversuchen mit Brennesseln berichtet. Diese variable Allelmanifestierung wurde nur bei den heterozygoten Pflanzen gefunden.
Gottschalk (1967) fand bei der unifoliata Mutante von Vicia faba, daß die unifoliata Blätter nur in der ersten Hälfte der Ontogenese gebildet werden. Nach einer Übergangsphase entstehen am Ende der Ontogenese nur normale Fiederblätter.
Bei der Erbse konnte Gottschalk (1967) an einer Mutante eine Expressivitätszunahme im Laufe der Ontogenese beobachten. Je später bei der calyx carpellaris-Mutante die zur Blütenbildung determinierten Vegetationskegel ausdifferenziert werden, um so stärker wird die Wirkung des Allels erkennbar. Pleiotrop geht mit der zunehmenden Expressivität auch eine Abnahme der Fertilität konform.
Auch die variable Manifestierung von Allelen ist genetisch nur relativ fixiert. Je nach idiotypischem Milieu kann es zu fast 100% Expressivität und Penetranz kommen. So fand Stubbe (1963) beim Kultur-Löwenmaul, daß sich das Allel „Polycotylie" von einer schwachen Expressivität und Penetranz durch Einkreuzung mit einer Wildart zu einer 97%igen Expressivität bringen läßt.

1.3.8. Allelanzahl und Allelwirkung

In den meisten Fällen wird davon ausgegangen, daß die zweifache Allelie vorherrscht und die multiple Allelie nur einen Sonderfall darstellt. Dabei hat die multiple Allelie bereits bei den umfangreichen Erbanalysen an Drosophila entsprechende Würdigung gefunden. Eine Gen-Mutation ist mehrmals innerhalb der genortspezifischen DNS möglich und wird nicht in allen Fällen vom Reparaturmechanismus reguliert. Zweifache Allelie ist ein nicht vorliegender Fall einer potentiellen Serie multipler Allele, die auf mutativem Wege noch nicht entstanden ist oder als solche noch nicht erkannt wurde. Multiple Allelie wird besonders dann auftreten bzw. ausgelesen, wenn sie einen Selektionsvorteil besitzt. Bei zweifacher Allelie werden in der Regel größere Differenzen in ihrer Wirkungsweise vorliegen als bei multipler Allelie.
Tritt in einem Locus eine Mutation auf, die zu einer großen Differenz in der Merkmalsausprägung führt, ist damit meistens eine vollständige Rezessivität verbunden. Wird das mutierte rezessive Allel homozygot, kommt es zunächst wegen des großen Wirkungsunterschiedes häufig zu negativen Beeinträchtigungen bei anderen Merkmalen vor allem mit Fitness-Charakter.
Finden demgegenüber in einem Locus mehrere Mutationen statt, die zu kleinen Wirkungsunterschieden führen, ist damit in der Regel keine vollständige Rezessivität verbunden. Die Allele können sich dann sofort manifestieren. Es kommt auch selten zu Störungen im genetischen System. Zwischen den Endgliedern liegt daher häufig eine vollständige Dominanz vor. Dies gilt beispielsweise für die

- Blattachsel-Zeichnungs-Serie bei der Erbse,
- sulfurea-Serie bei der Tomate,
- cycloidea-Serie beim Löwenmaul,
- Geschlechtsrealisator-Serie beim Spinat und
- ml-o-Serie bei der Gerste.

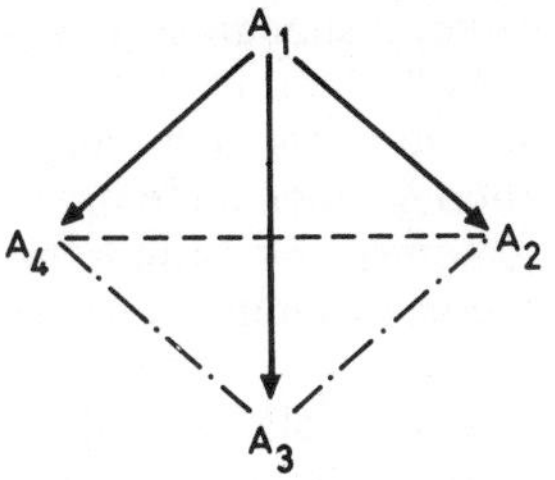

Abbildung 1.5. Schematische Darstellung über Rangordnungen und Allel-Wechselwirkungen beim cycloidea Locuspaar des Löwenmauls
Zeichenerklärung:
A_1 ——— A_2 = $\underline{A}_1A_2$ vollständig dominant
A_2 - - - - A_4 = A_2/A_4 unvollständig dominant
A_2 -.-.-.- A_3 = A_2A_3 superdominant

Zu den diesbezüglichen Ausnahmen zählt die Samenfarb-Serie (bzw. R-Serie) bei der Bohne. Bei dieser Serie gibt es unvollständige Dominanz zwischen dem Wildallel und dem Endallel der Serie. Die Verschiedenartigkeit in den Allelbeziehungen bei einer Serie multipler Allele kann noch weitergehen. So gibt es bei der cycloidea-Serie beim Löwenmaul zwischen dem Wildallel und den drei Mutantenallelen

A_2 = hemiradialis,
A_3 = neohemiradialis und
A_4 = radialis

vollständige Dominanz. Die Glieder der Serie radialis und neohemiradialis sowie hemi- und neohemiradialis verhalten sich zueinander superdominant. Die Allele hemiradialis und radialis verhalten sich unvollständig dominant (Schrader 1975). Die Verhältnisse werden in Abbildung 1.5. noch einmal schematisch dargestellt.
Gibt es innerhalb der Serie multipler Allele vollständige Dominanzbeziehungen, lassen sich auf dieser Grundlage Rangordnungen aufstellen. Ist beispielsweise, wie bei dem Blütenzeichnungsareal der Chinesischen Primel (Abb. 1.2.), das A_1-Allel vollständig dominant über A_2 sowie A_3 und das A_2-Allel vollständig dominant über A_3, ist eine entsprechende Rangordnung gegeben ($A_1 > A_2 > A_3$).
Solche eindeutigen Dominanzreihen gibt es auch bei anderen Serien multipler Allele, wie der Blattachsel-Zeichnungsserie der Erbse und der sulfurea-Serie der Tomate. Bei der cycloidea-Serie des Löwenmauls hat lediglich das Wildallel Priorität über die drei anderen Allele. Zwischen diesen gibt es keine Rangordnung.
Noch diffiziler sind die Dominanzbeziehungen bei den vielen Allelen des Inkompatibilitätsgens des Kohls (Fabig und Nowak 1972). Dort läßt sich nur bei einigen Allelen der Serie eine Rangordnung aufstellen.
Multiple Allelie ist auch bei Isoenzymen weit verbreitet. Allerdings sind dabei die Allelbeziehungen meistens noch nicht aufgeklärt. Dies gilt beispielsweise für die Amylase (α-Amy-B1-Genort) beim Saatweizen, wo man von dem entsprechenden Gen bisher 8 Allele kennt (Ainsworth u. a. 1984).
Populationen, insbesondere bei ausgeprägter Allogamie, enthalten in ihrem Genpool nicht nur Allele verschiedener Gene, sondern auch zahlreiche Allele eines Gens. Wird eine Population einer strengen Inzucht und damit einer Selbstung unterzogen, dann gehen zahlreiche Allele verloren, da man nicht soviel Linien herstellen kann, wie es Allele pro Gen in einer Population gibt. Damit es zu

keiner genetischen Erosion kommt, müssen daneben die Populationen in geeigneter Weise als genetische Reserve erhalten bleiben.
Autogame Organismen-Gruppen unterscheiden sich von allogamen u. a. durch den Verlust von Allelen multipler Serien. Aus diesem Grunde ist bei ihnen multiple Allelie seltener anzutreffen als bei Allogamen. Die eingetretene genetische Erosion läßt sich bei Autogamen durch eine Induktion von Genmutanten teilweise wieder rückgängig machen.
Die Allele bedingen die Merkmalsausprägung in ganz unterschiedlicher Weise. Handelt es sich um primäre Allelwirkungen, also um die Ausprägung eines bestimmten Enzyms oder Isoenzyms und um niedere Organismen, kann es „ein Allel-ein Enzym"-Beziehungen geben. Bei höheren Organismen also Haustieren und Kulturpflanzen findet man bei primären Allelwirkungen auch noch diese einfachen Beziehungen.

Definition 1.23.:
Beeinflußt ein Allel die Ausprägung von mehreren Merkmalen, wird dieses genetische Phänomen mit Pleiotropie bezeichnet. Derartige Allelwirkungen sind weit verbreitet (Timofeeff-Ressovsky u. a. 1975). Besonders konfrontiert wird man mit ihnen bei neu auftretenden Mutationen. Dabei zeigen sich insbesondere bei großen Allelwirksamkeits-Veränderungen zumeist negative Nebenwirkungen auf Merkmale, welche die Vitalität betreffen (Gaul und Lind 1974).
So berichtet Kaul (1978) bei Erbsen, deren mutierte Allele zu einer Steigerung von 6 bis 9% Rohprotein führen, über eine pleiotrope negative Beeinflussung der Samenproduktion. Allele, welche bei Getreidearten die Kurzhalmigkeit bedingen, verursachen eine geringere Pollenfertilität und einen niedrigeren Samenansatz (Jain und Kulshrestha 1976). Eine mutative Allelveränderung bei einem Gen, welches bei der Gerste die Ährenstruktur kontrolliert, zeigt ebenfalls einen geringeren Samenertrag (Zali und Allard 1976).
Solche negativen pleiotropen Nebenwirkungen können daher zu einem verminderten Auftreten der Träger des betreffenden Allels in Populationen führen. Komplikationen bei genetischen Analysen sind eine Folge.
Negative pleiotrope Nebenwirkungen müssen aber nicht immer vorkommen. Dies gilt vor allem für Merkmale, die keinen Fitness-Charakter tragen. So bewirkt bei der Gemüseerbse *Pisum sativum* L. das rezessive Allel „a" für weiße Blütenfarbe auch einen erhöhten Zuckergehalt. Entsprechendes gilt für die beiden rezessiven Allele „p" und „v", welche als Hauptwirkung zu Membranlosigkeit in den Hülsen führen.
Die pleiotrope Merkmalsbezogenheit eines Allels ist zwar relativ konstant, aber nicht unveränderbar. So führt die Mutante „eramosa" beim Löwenmaul nicht nur zu einstengeligen Pflanzen sondern auch zu Blütenanomalien sowie Fertilitätsstörungen (Stubbe 1966). Diese negativen Begleiterscheinungen können nach Einlagerung in ein entsprechendes genetisches Milieu eliminiert werden (Abbildung 1.6.).
Wenigstens eine Abschwächung der negativen pleiotropen Nebenwirkungen fand Hentrich (1979) bei Allelen des ml-o-Locus der Gerste, die eine Mehltauresistenz bedingen.
Innerhalb des Pleiotropiekomplexes müssen die Allelwechselwirkungen bei den

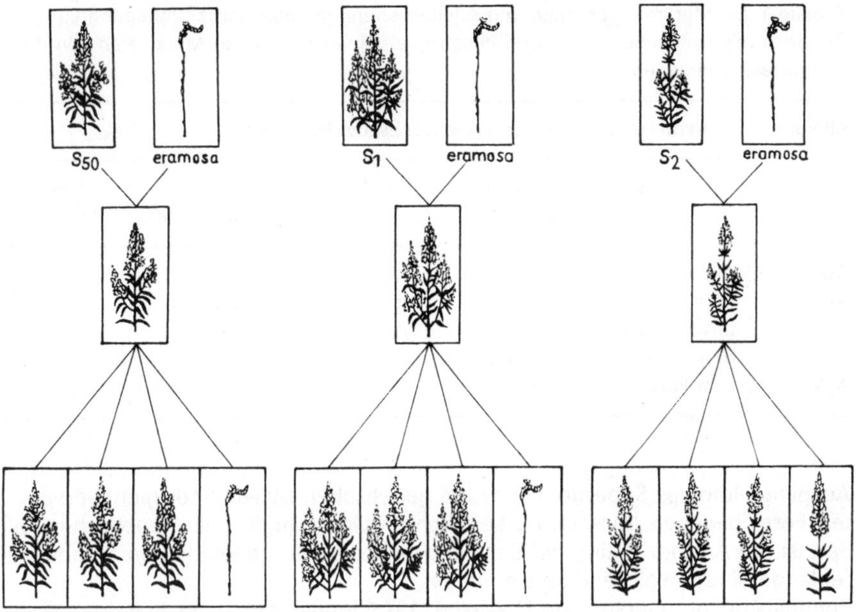

Abbildung 1.6. Primärwirkung und Pleiotropie des eramosa-Allels unter Berücksichtigung des genetischen Hintergrundes beim Löwenmaul

einzelnen Merkmalen nicht korrespondieren. So ließ sich bei Triticale zeigen, daß die Allelwechselwirkungen bei pleiotrop beeinflußten Merkmalen teilweise sehr stark voneinander abweichen (Tab. 1.2.).

Hentrich (1971) fand bei der Saatgerste, daß die Allele des V-Gens sich pleiotrop auf die Halmlänge und Ährenlänge auswirken. Dominanz bei der Zeiligkeit („V^+V^+") entspricht dabei Dominanz bei der Ährenlänge und Rezessivität bei der Halmlänge. Die heterozygoten („V^+v")-Genotypen zeigen in der Zeiligkeit unvollständige Dominanz, in der Ährenlänge Dominanz und in der Halmlänge Superdominanz.

Das pleiotrope Verhalten kann auch abhängig von der Allel-Dosis sein. So wird bei der Ziege von einem Genort berichtet, dessen rezessives Allel in homozygoter Form die Behornung bedingt. In der heterozygoten Konfiguration tritt Hornlosigkeit auf. Dies gilt auch für die homozygot dominante Form. In dieser Konfiguration kommt es allerdings pleiotrop zu einer additiven Allelwirkung. Bei den Männchen tritt eine Pseudo-Zwitterbildung auf und bei den Weibchen kommt es zu einer Hodenentwicklung (Brandsch u. a. 1983).

Bei dem pleiotropen Verhalten ist noch zu beachten, daß die Allelbeziehungen je nach idiotypischem Milieu verschieden sein können. Dies konnte Schreiber (1976) bei einer großkörnigen monogenen Mutante der Sommergerste demonstrieren. Das Allel verhält sich in bezug auf die Kornlänge rezessiv. Hinsichtlich der pleiotropen Auswirkung auf die Halmlänge wird im genetischen Milieu des

Tabelle 1.2. Merkmalsverhalten und Allelbeziehungen unter Berücksichtigung eines Genortes mit zweifacher Allelie und Pleiotropie bei verschiedenen Merkmalen von drei 6x-Triticale-Genotypen

Allelpaar	Merkmalsausprägung und Allelwechselwirkungen bei:				
	Halmlänge	Kornmasse Einzelpfl.	TKM	Rohprotein-gehalt t/TM	$\frac{\text{g Lysin}}{\text{16 g N}}$
A_2A_2	mittellang	mittel	mittel	hoch	hoch
A_1A_2	kurz unvollständig dominant	hoch super-dominant	mittel dominant	mittel dominant	hoch dominant
A_1A_1	sehr kurz	niedrig	niedrig	mittel	mittel

Ausgangs-Idiotyps Superdominanz, im genetischen Milieu einer nicht verwandten Form dagegen Rezessivität beobachtet. Unabhängig vom genetischen Milieu ist die Allelbeziehung bei der gleichfalls pleiotrop beeinflußten Spindelstufenlänge eine unvollständige Dominanz.
Ebenfalls bei der Gerste fand Hesemann (1973) im Rahmen eines Pleiotropiekomplexes einen Dominanzwechsel, hervorgerufen durch ein verändertes genetisches Milieu. Damit wird deutlich, daß Allele in ihrer Wirkung und in ihren Allelbeziehungen nur eine relative Konstanz besitzen. Sie sind abhängig vom genetischen Milieu. Auf diesen Tatbestand hat besonders Mayr (1975) hingewiesen. Er argumentierte deshalb gegen die Überbetonung eines isolierten Allelbetrachtens und für eine stärkere Berücksichtigung des genetischen Systems.

1.4. Allelwirkungen, Allelkombinationen und Allelbeziehungen mehrerer Gene

1.4.1. Charakterisierung

Die Wirkungen von Allelen mehrerer Gene auf die Merkmalsausprägung werden nachfolgend der Einfachheit halber an zwei Genen (m = 2) bei Diploiden (t = 2) und jeweils zwei Allelen (k = 2) betrachtet. Dabei ergeben sich neun Genotypen. Die beiden Gene werden mit A und B und die Allele mit $._1$ und $._2$ bezeichnet. In Tabelle 1.3. sind die neun möglichen Genotypen für m = 2, t = 2 und k = 2 dargestellt. Die Wahrscheinlichkeiten dieser Genotypen werden in Tabelle 2.19. angegeben. Diese Genotypen können zu charakteristischen Phänotypen führen.

Definition 1.24.:
Bei fehlender Idiotyp-Umwelt-Wechselwirkung ist das phänotypische Spaltungsverhältnis das Verhältnis der Summe der relativen Häufigkeiten der Genotypen

Allele des B-Gens / Allele des A-Gens	B_1B_1	B_1B_2	B_2B_2
A_1A_1	$A_1A_1B_1B_1$ $= G_{1111}$	$A_1A_1B_1B_2$ $= G_{1112}$	$A_1A_1B_2B_2$ $= G_{1122}$
A_1A_2	$A_1A_2B_1B_1$ $= G_{1211}$	$A_1A_2B_1B_2$ $= G_{1212}$	$A_1A_2B_2B_2$ $= G_{1222}$
A_2A_2	$A_2A_2B_1B_1$ $= G_{2211}$	$A_2A_2B_1B_2$ $= G_{2212}$	$A_2A_2B_2B_2$ $= G_{2222}$

Tabelle 1.3. Genotypen bei zweifacher Allelie bei zwei Genen

der einzelnen Phänotypenklassen. Die Berechnung ist für $p = q = r = s = 0{,}5$ in Tabelle 2.19. dargestellt.

1.4.2. Genkombinationen

Bei einer Kombination von zwei oder mehr verschiedenen Genen bleiben in der Merkmalsausbildung nicht nur die elterlichen Phänotypenklassen erhalten, sondern es kommt auch zu charakteristischen Neubildungen. Dies geht nach bestimmten Regeln vonstatten. Maßgebend dafür sind die Allelkonfigurationen in den elterlichen Genotypen und die Beziehungen zwischen den Allelen der einzelnen Gene. Bei zwei Genen in diploiden Organismen ($t = 2$) und jeweils zwei Allelen ($k = 2$) gibt es nach Kreuzung homozygoter Eltern in der F_2-Generation drei verschiedene Kombinationstypen. Sie werden nachfolgend charakterisiert, wobei die Dominanzbeziehungen als Einteilungsprinzip fungieren.
Anhand von Beispielen erfolgt eine Erläuterung. Soweit diese tabellarisch zur Darstellung kommen, wird die Dominanz eines Allels durch ein Unterstreichen gekennzeichnet.
– Vollständige Dominanz in beiden Genen führt zu $K = 4$ Klassen, und zwar:

Phänotyp	Frequenz	Genotyp
langwachsend geradhülsig	9	$A_1A_1B_1B_1$; $A_1A_1\underline{B_1}B_2$; $\underline{A_1}A_2B_1B_1$; $\underline{A_1}A_2\underline{B_1}B_2$
langwachsend krummhülsig	3	$A_1A_1B_2B_2$; $\underline{A_1}A_2B_2B_2$
buschig wachsend geradhülsig	3	$A_2A_2B_1B_1$; $A_2A_2\underline{B_1}B_2$
buschig wachsend krummhülsig	1	$A_2A_2B_2B_2$

Dominante Allele sind unterstrichen

Tabelle 1.4. Vererbung von Wuchstyp und Hülsentyp (nach Kooistra 1962)

Phänotyp	Frequenz	Genotyp
normal, gesund, graubraun	3	$A_1A_1B_1B_1$; $\underline{A}_1A_2B_1B_1$
normal, gesund, marderfarben	6	$A_1A_1B_1B_2$; $\underline{A}_1A_2B_1B_2$
normal, gesund, Russenschecke	3	$A_1A_1B_2B_2$; $\underline{A}_1A_2B_2B_2$
Schüttellähme, graubraun	1	$A_2A_2B_1B_1$
Schüttellähme, marderfarben	2	$A_2A_2B_1B_2$
Schüttellähme, Russenschecke	1	$A_2A_2B_2B_2$

Tabelle 1.5. Vererbung von Haarfarbe und Schüttellähme (nach Saar u. a. 1983)

$\{G_{1111}, G_{1112}, G_{1211}, G_{1212}\}$ $\{G_{2211}, G_{2212}\}$
$\{G_{1122}, G_{1222}\}$ $\{G_{2222}\}$

Das phänotypische Spaltungsverhältnis beträgt 9:3:3:1 (vgl. Tab. 1.4.).

– Vollständige Dominanz in einem Gen (A) und fehlende Dominanz im anderen Gen (B) führt zu K = 6 Klassen, und zwar:

$\{G_{1111}, G_{1211}\}$ $\{G_{1122}, G_{1222}\}$ $\{G_{2212}\}$
$\{G_{1112}, G_{1212}\}$ $\{G_{2211}\}$ $\{G_{2222}\}$

Die Relation zwischen den sechs Klassen beträgt 3:6:3:1:2:1 (vgl. Tab. 1.5.).

Phänotyp	Frequenz	Genotyp
expansa, fadenlos	1	$A_1A_1B_1B_1$
ambigua, fadenlos	2	$A_1A_2B_1B_1$
restricta, fadenlos	1	$A_2A_2B_1B_1$
expansa, schwach fädig	2	$A_1A_1B_1B_2$
ambigua, schwach fädig	4	$A_1A_2B_1B_2$
restricta, schwach fädig	2	$A_2A_2B_1B_2$
expansa, fädig	1	$A_1A_1B_2B_2$
ambigua, fädig	2	$A_1A_2B_2B_2$
restricta, fädig	1	$A_2A_2B_2B_2$

Tabelle 1.6. Vererbung der Teilfarbigkeit der Testa und der Fädigkeit der Hülse bei der Bohne (nach Schreiber 1940 und Kooistra 1962)

– Keine vollständige Dominanz an beiden Genen führt zu K = 9 Klassen. In diesem Fall wird jeder Genotyp durch einen eigenständigen Phänotyp repräsentiert. Die Relation zwischen den neun Klassen beträgt 1:2:1:2:4:2:1:2:1 (vgl. Tab. 1.6.).

1.4.3. Genbeziehungen

1.4.3.1. Charakterisierung

Definition 1.25.:
Die kombinierten Wirkungen von zwei oder mehr Genen auf die Merkmalsausprägung werden als Genbeziehungen bezeichnet. Sie werden von der Genetik qualitativer Merkmale ausgehend, mit den Begriffen additive Genwirkung und Epistasie untersetzt.
Den Gegensatz zur Epistasie stellt die Hypostasie dar. Die Epistasie läßt sich spezifizieren in vollständige Epistasie, Co-Epistasie, Superepistasie (Komplementärwirkung, komplementäre Polygenie) und unvollständige Epistasie (Kompromißwirkung, Kompensationswirkung). Der Epistasiebegriff spielt aber heute auch in der Populationsgenetik bei quantitativen Merkmalen eine große Rolle. Zu diesem Zweck wird für die Genotypen der beiden Gene in Tab. 1.3. der Begriff Randgenotypen in Analogie zu den Randverteilungen der Wahrscheinlichkeitsrechnung eingeführt. Es gibt dann die Randgenotypen A_1A_1, A_1A_2 und A_2A_2 des A-Gens und die entsprechenden Randgenotypen des B-Gens. Bezüglich dieser Randgenotypen wird das Dominanzverhalten berücksichtigt und das Epistasieverhalten untersucht.
Ein Randgenotyp A_iA_j heißt in der klassischen Genetik epistatisch über die Allele des B-Gens, wenn die Phänotypen aller A_iA_j...-Genotypen (z. B. $A_1A_1B_1B_1$, $A_1A_1B_1B_2$ und $A_1A_1B_2B_2$) identisch sind. Die Allele des B-Gens sind dann hypostatisch. Dies läßt sich bei der Vererbung der Stengelfarbe der Jute treffend demonstrieren. Bei diesem Beispiel (vgl. Tab. 1.9.) sind die Randgenotypen B_1B_1 und B_1B_2 epistatisch über die Allele des A-Gens.
Sowohl in der klassischen Genetik als auch in der Populationsgenetik wird der Epistasiebegriff allgemeiner verwendet. In der nachfolgenden Definition sollen dabei die Genbeziehungen von gesamten Populationen mit erfaßt werden. Dies gelingt allerdings nur mit Einschränkungen. Sonderfälle lassen sich dabei nicht berücksichtigen. Es kann dabei mitunter bei Populationen auch auf eine Epistasie geschlossen werden, obwohl einzelne Genotypen innerhalb derselben andere Genbeziehungen aufweisen.
Für die Erfassung der Genbeziehungen von Populationen sind die Kenntnisse über die Allelbeziehungen in den beteiligten Genen eine Voraussetzung. Auf dieser Grundlage dient die Anzahl möglicher Phänotypenklassen K_{max} zur Identifizierung der Genbeziehungen. Bei t = 2, k = 2 und m = 2 ergeben sich folgende maximale Phänotypenklassen:
– Keine vollständige Dominanz in beiden Genen, $K_{max} = 9$
– Vollständige Dominanz in einem Gen, $K_{max} = 6$
– Vollständige Dominanz in beiden Genen, $K_{max} = 4$.

Definition 1.26.:
Ist die Anzahl an Phänotypenklassen K kleiner als K_{max}, so liegt für die Population vollständige Epistasie vor.
Nachfolgend sollen, wie bei den Allelbeziehungen, Beispiele für Genbeziehungen unter Berücksichtigung der verschiedenen Skalentypen betrachtet werden. Epistasie wird dabei durch ein Überstreichen der Gene gekennzeichnet. Es sei noch darauf hingewiesen, daß aus der Sicht der Genetik qualitativer Merkmale die weitergehende Charakterisierung der Genbeziehungen möglich ist. So läßt sich bei einzelnen Genotypen und Nominalskalierung zwischen Epistasie und fehlender Epistasie differenzieren, wobei es sich bei fehlender Epistasie mitunter um Co-Epistasie handeln kann. Werden die Genbeziehungen bei höher skalierten Merkmalen analysiert, dann wird vollständige Epistasie einer fehlenden vollständigen Epistasie gegenübergestellt. Die fehlende vollständige Epistasie läßt sich in Superepistasie, unvollständige Epistasie und additive Genwirkung untergliedern.

1.4.3.2. Nominalskalierung

Beispiel 1.1.:
Die Gefiederfarbe des Haushuhns wird von den Allelen zweier Gene gesteuert (Saar u. a. 1983). An beiden Genen liegt Dominanz vor.
Das dominante A_1-Allel ist ein Pigmentinhibitor, während das A_2-Allel diese Wirkung nicht hat. Das dominante B_1-Allel bewirkt eine Pigmentierung der Befiederung und das B_2-Allel führt zu einer weißen Befiederung. Da Genotypen mit dem A_1-Allel epistatisch über B. sind, haben die sechs Genotypen, die mindestens ein A_1-Allel besitzen, eine weiße Gefiederfarbe. Die zwei Genotypen mit dem B_1-Allel sind in Gegenwart der A_2A_2-Allele pigmentiert. Entsprechendes gilt für den $A_2A_2B_2B_2$-Genotyp. Es werden also zwei Phänotypenklassen gefunden. Da $K_{max} = 4$ und K kleiner als vier ist, haben wir nach Definition 1.26. Epistasie vorliegen (Tab. 1.7.).

Beispiel 1.2.:
Dominanz bei den Allelen der beiden Genorte liegt bei der Hülsenform von Erbsen vor (Lamprecht 1961). Dabei werden geradhülsige, konvex gekrümmte und konkav gekrümmte gebildet. Das dominante A_1-Allel bewirkt eine gerade Hülse, während das A_2-Allel zu einer konvex gekrümmten Hülse führt. Das dominante

Tabelle 1.7. Vererbung der Gefiederfarbe des Haushuhns (Saar u. a. 1983)

Phänotyp	Genotyp
weiß	$\overline{A_1A_1}B_1B_1$; $\overline{A_1A_1}B_1B_2$; $\overline{A_1A_1}B_2B_2$; $\overline{\underline{A_1}A_2}B_1B_1$; $\overline{\underline{A_1}A_2}B_1B_2$; $\overline{\underline{A_1}A_2}B_2B_2$; $A_2A_2B_2B_2$
pigmentiert	$A_2A_2B_1B_1$; $A_2A_2\underline{B_1}B_2$

Epistatische Loci sind überstrichen, dominante Allele sind unterstrichen

Tabelle 1.8. Vererbung der Hülsenform bei der Erbse (Lamprecht 1961)

Phänotyp	Genotyp
gerade Hülse	$A_1A_1B_1B_1$; $A_1A_1\underline{B_1}B_2$; $\underline{A_1}A_2B_1B_1$; $\underline{A_1}A_2\underline{B_1}B_2$; $A_2A_2B_2B_2$
konkave Hülse	$A_1A_1\overline{B_2B_2}$; $\underline{A_1}A_2\overline{B_2B_2}$
konvexe Hülse	$\overline{A_2A_2}B_1B_1$; $\overline{A_2A_2}\underline{B_1}B_2$

B_1-Allel bedingt wieder eine Geradhülsigkeit und das B_2-Allel eine Konkavkrümmung. Geradhülsig ist der $A_2A_2B_2B_2$-Genotyp als Ergebnis einer fehlenden Epistasie. Da B_2B_2 epistatisch über Randgenotypen mit dem A_1-Allel ist, sind die $A_1A_1B_2B_2$- und $A_1A_2B_2B_2$-Genotypen konkav gekrümmt. A_2A_2 ist wiederum epistatisch über Randgenotypen mit dem B_1-Allel. Deshalb zeigen die $A_2A_2B_1B_1$- und $A_2A_2B_1B_2$-Genotypen eine Konvexkrümmung. Die übrigen fünf Genotypen haben eine gerade Hülse (Tab. 1.8.). Da drei Phänotypenklassen gebildet werden und $K_{max} = 4$ ist, liegt entsprechend der Definition 1.26. Epistasie vor.

Beispiel 1.3.:
Ein Beispiel für vollständige Dominanz in einem Genort und fehlende Dominanz im anderen Genort liefert die Jute (Lu u. a. 1983). Das A_1-Allel bewirkt eine rote Stengelfarbe, das A_2-Allel eine rosa. Zwischen dem A_1-Allel und dem A_2-Allel liegt keine Dominanz vor. Das B_1-Allel fungiert als Rotfärbungsinhibitor und ist dominant über das B_2-Allel. Die Phänotypen $P_{11\,22}$ sind rot, während $P_{12\,22}$ eine rosarote und $P_{22\,22}$ eine rosa Stengelfarbe haben. Bei diesen drei Phänotypen kommen nur die A-Allele zur Geltung und die B_2-Allele führen zu keiner Wirkung. Die übrigen sechs Genotypen weisen in ihren sechs Phänotypen ($P_{11\,11}$, $P_{11\,12}$, $P_{12\,11}$, $P_{12\,12}$, $P_{22\,11}$, $P_{22\,12}$) eine grüne Stengelfarbe auf (Tab. 1.9.).
Die Anzahl der Phänotypenklassen $K = 4$ ist kleiner als $K_{max} = 6$, so daß auf Epistasie geschlossen wird.

Beispiel 1.4.:
Dominanz an einem Genort und fehlende Dominanz an dem anderen Genort findet man auch bei der Genetik der Blütenform des Löwenmauls (Schrader 1975). Das A_1-Allel (hier wird eine andere Bezeichnung benutzt) bewirkt eine he-

Tabelle 1.9. Vererbung der Stengelfarbe bei der Jute (Lu u. a. 1983)

Phänotyp	Genotyp
rot	$A_1A_1B_2B_2$
rosarot	$A_1A_2B_2B_2$
rosa	$A_2A_2B_2B_2$
grün	$A_1A_1\overline{B_1B_1}$; $A_1A_1\overline{\underline{B_1}B_2}$; $A_1A_2\overline{B_1B_1}$; $A_1A_2\overline{\underline{B_1}B_2}$; $A_2A_2\overline{B_1B_1}$; $A_2A_2\overline{\underline{B_1}B_2}$

Phänotyp	Genotyp
hemiradial, ungeschlitzt	$A_1A_1B_1B_1$; $A_1A_1\underline{B_1}B_2$
zygomorph, ungeschlitzt	$A_1A_2B_1B_1$; $A_1A_2\underline{B_1}B_2$
hemiradial, geschlitzt	$A_1A_1B_2B_2$
zygomorph, geschlitzt	$A_1A_2B_2B_2$
nahezu radial, ungeschlitzt	$A_2A_2B_1B_1$; $A_2A_2\underline{B_1}B_2$
nahezu radial, geschlitzt	$A_2A_2B_2B_2$

Tabelle 1.10. Vererbung der Blütenform des Löwenmauls (SCHRADER 1975)

miradiale, das A_2-Allel eine nahezu radiale Blüte. Am A-Locus liegt keine Dominanz vor. Die Allele komplementieren sich und deshalb haben A_1A_2-Genotypen zygomorphe Blüten. Das B_1-Allel bedingt eine ungeschlitzte Blüte. Es ist vollständig dominant gegenüber dem B_2-Allel, welches eine geschlitzte Blüte bewirkt. $G_{11\,11}$ und $G_{11\,12}$ haben hemiradiale, ungeschlitzte Blüten. $G_{12\,11}$ und $G_{12\,12}$ sind zygomorph und ungeschlitzt. $G_{11\,22}$ weisen hemiradiale geschlitzte Blüten auf. $G_{12\,22}$ ist ebenfalls geschlitzt, aber zygomorph. $G_{22\,11}$ sowie $G_{22\,12}$ sind nahezu radial aber ungeschlitzt und $G_{22\,22}$ sind nahezu radial sowie geschlitzt (Tab. 1.10.). Da mit $K = 6$ Phänotypenklassen der K_{max}-Wert von 6 nicht unterboten wird, liegt keine Epistasie vor.

1.4.3.3. Ordinalskalierung

Beispiel 1.5.:
Bei der Gartenbohne ergibt vollständige Dominanz in einem Genort und fehlende Dominanz im anderen Genort vier Merkmalsabstufungen in der Färbung der Samenschale (SCHREIBER 1940). Das A_1-Allel führt zu einer vollen Flavonoid-Farbausprägung und ist vollständig dominant. Das A_2-Allel bedingt eine weiße Samenfarbe.
Das B_1-Allel bewirkt eine starke Teilfärbung und das B_2-Allel nur eine schwache. Zwischen den beiden Allelen herrscht in den Heterozygoten keine Dominanz vor. In den ersten drei Klassen (wenig bis stark gefärbt) ist das B-Allelpaar epistatisch über die beiden A_2-Allele. Es handelt sich dabei um folgende Phänotypen: $G_{22\,22}$, $G_{22\,12}$, $G_{22\,11}$.
In der vierten Klasse hingegen (voll gefärbt) ist das A_1-Allel vollständig epistatisch über alle drei Allelkonfigurationen im B-Locus. Dies betrifft alle übrigen

Phänotyp	Genotyp
wenig gefärbt	$A_2A_2\overline{B_2B_2}$
mittel gefärbt	$A_2A_2\overline{B_1B_2}$
stark gefärbt	$A_2A_2\overline{B_1B_1}$
voll gefärbt	$\overline{A_1A_1}B_1B_1$; $\overline{A_1A_1}\underline{B_1}B_2$; $\overline{A_1A_1}B_2B_2$ $\overline{\underline{A_1}A_2}B_1B_1$; $\overline{\underline{A_1}A_2}B_1B_2$; $\overline{\underline{A_1}A_2}B_2B_2$

Tabelle 1.11. Vererbung der Testa-Anthocyanfärbung bei der Bohne

sechs Genotypen (Tab. 1.11.). Mit den $K = 4$ Phänotypenklassen wird der K_{max}-Wert von 6 unterboten, so daß auf Epistasie geschlossen wird.

Beispiel 1.6.:
Ein weiteres Beispiel mit Dominanz am A-Locus und fehlender Dominanz am B-Locus ist die Resistenz gegen die Fuß- und Fleckenkrankheit bei der Erbse. Dabei ließen sich fünf Phänotypenklassen bilden, die von einer starken Resistenz bis zu einer völligen Anfälligkeit reichen. Die Resistenz nimmt mit der Anzahl der wirksamen A_1- und B_1-Allele zu (Tab. 1.12.). Da mit $K = 5$ Phänotypenklassen gebildet werden und der K_{max}-Wert für diesen Fall bei 6 liegt, wird von Epistasie ausgegangen.

Beispiel 1.7.:
In einem weiteren Beispiel führen fehlende Dominanz am A-Locus und Dominanz am B-Locus zu sechs Phänotypenklassen. Es handelt sich um den Anteil

Tabelle 1.12. Vererbung der Resistenz gegen die Fuß- und Fleckenkrankheit der Erbse

Phänotyp	Genotyp
stark resistent	$A_1A_1B_1B_1$; $\underline{A_1}A_2B_1B_1$
mittel resistent	$A_1A_1B_1B_2$; $\underline{A_1}A_2B_1B_2$
schwach resistent	$\overline{A_1A_1}B_2B_2$; $\overline{\underline{A_1}A_2}B_2B_2$; $A_2A_2\overline{B_1B_1}$
sehr schwach resistent	$A_2A_2\overline{B_1B_2}$
nicht resistent	$A_2A_2B_2B_2$

Tabelle 1.13 Vererbung der Geschlechtsausprägung der Gurke

Phänotyp	Genotyp
nur weibliche Geschlechtsorgane	$A_1A_1B_1B_1$; $A_1A_1\underline{B_1}B_2$
mehr weibliche als männliche Geschlechtsorgane	$A_1A_2B_1B_1$; $A_1A_2\underline{B_1}B_2$
genau soviel weibliche wie männliche Geschlechtsorgane	$A_1A_1B_2B_2$
etwas mehr männliche als weibliche Geschlechtsorgane	$A_1A_2B_2B_2$
sehr viel mehr männliche als weibliche Geschlechtsorgane	$A_2A_2B_1B_1$; $A_2A_2\underline{B_1}B_2$
nur männliche Geschlechtsorgane	$A_2A_2B_2B_2$

weiblicher oder männlicher Geschlechtsorgane bei der Gurke (Skiebe 1974). Das A_1-Allel bedingt fast nur weibliche und kaum männliche Geschlechtsorgane. Das A_2-Allel (hier wird eine andere Bezeichnung verwandt) codiert fast nur männliche und lediglich vereinzelt weibliche Geschlechtsorgane. Das B_1-Allel begünstigt das Auftreten weiblicher, das B_2-Allel männlicher Geschlechtsorgane. Es dominiert B_1 über B_2 (Tab. 1.13.). Der Merkmalskomplex gliedert sich in sechs Klassen, wobei eine Abstufung von ausschließlich weiblichen bis zu ausschließlich männlichen Geschlechtsorganen vorgenommen werden kann. $G_{11\,11}$ und $G_{11\,12}$ zeigen dabei nur weibliche Geschlechtsorgane. Dies demonstriert eine komplementäre Genwirkung (die auch als Superepistasie bezeichnet werden könnte). Die gleiche Genbeziehung wird bei $G_{12\,11}$ und $G_{12\,12}$ beobachtet. Beide Phänotypen weisen weit mehr weibliche als männliche Geschlechtsorgane auf. Da der K_{max}-Wert nicht unterboten wird, liegt keine Epistasie vor.

Beispiel 1.8.:
In einem weiteren Beispiel liegt an beiden Genorten keine Dominanz vor. Es handelt sich um die Vererbung der Teilfärbung der Samenschalen bei der Gartenbohne (Schreiber 1940). Das A_1-Allel bewirkt eine sehr starke, das A_2-Allel nur eine geringfügige Teilfärbung. Am B-Locus führt das B_1-Allel zu einer Farblöschung, während das B_2-Allel keine Löschung von Anthocyanfarben bewirkt. Aus dem Zusammenspiel der vier Allele ließen sich sieben Farbabstufungen sicher erkennen. Dabei wurden allerdings zwei Klassen gebildet, die sich aus je zwei Genotypen zusammensetzen. Es handelt sich um eine starke Teilfärbung mit $G_{11\,12}$ und $G_{12\,22}$ sowie um eine angedeutete Teilfärbung mit $G_{22\,11}$ und $G_{22\,12}$ (Tab. 1.14.). Dabei ist einzukalkulieren, daß sich die beiden Genotypen in den beiden Merkmalsklassen nur wegen der Ordinalskalierung, die ja noch relativ grob ist, nicht trennen lassen. Ist dies der Fall, dann würde bei $K=7$ fälschlich auf Epistasie erkannt werden, da der Wert unter $K_{max}=9$ liegt.
Möglicherweise würde man bei einem Übergang zu einer Intervallskalierung die beiden Genotypen in den beiden Klassen noch trennen können und dann zu $K=9$ Phänotypenklassen kommen. In diesem Falle würde dann richtig auf fehlende Epistasie geschlossen werden. Hinsichtlich der Intervallskalierung verweisen wir auf Abschnitt 2.4.1.

Tabelle 1.14. Vererbung der Teilfärbung der Testa bei den Bohnen (Schreiber 1940)

Phänotyp	Genotyp
schwach (marginata)	$A_1A_1B_1B_1$
stark (ambigua)	$A_1A_1B_1B_2$; $A_1A_2B_2B_2$
sehr stark (expansa)	$A_1A_1B_2B_2$
sehr schwach (laciniata)	$A_1A_2B_1B_1$
mittel (intermedia)	$A_1A_2B_1B_2$
angedeutet (erasa)	$A_2A_2B_1B_1$; $A_2A_2B_1B_2$
mäßig (restricta)	$A_2A_2B_2B_2$

Objekt	Merkmal	Aufspaltungsverhältnis in der F_2 bei difaktoriellem Erbgang
Bohne	Testa, Teilfärbung	1:4:1:2:4:3:1
Gurke	Geschlechtsausprägung	3:6:1:2:3:1
Hafer	Spelzenfarbe	1:4:6:4:1
Erbse	Fußkrankheit	3:6:4:2:1
Bohne	Testafärbung	12:1:2:1
Huhn	Kammform	9:3:3:1
Schwein	Borstenfarbe	9:6:1
Hund	Haarfarbe	12:3:1
Roggen	Pollenfertilität	1:8:7
Erbse	Hülsenform	10:3:3
Huhn	Gefiederfarbe	7:6:3
Huhn	Gefiederfarbe	13:3
Huhn	Läufebefiederung	15:1
Huhn	Gefiederfarbe	9:7

Tabelle 1.15 Aufspaltungsverhältnisse bei zwei Genorten auf diploider Valenzstufe

1.4.3.4. Spaltungsverhältnisse

Zieht man Spaltungsverhältnisse in der F_2-Generation heran, um Hinweise über die vorliegenden Genbeziehungen zu bekommen, so ist das nur bedingt möglich. Beispielsweise kann eine 9:3:3:1-Aufspaltung auf einer Co-Epistasie basieren. Dafür liefert die Fruchtform beim Pfirsich ein Beleg (Crane und Lawrence 1952). Das gleiche Aufspaltungsverhältnis findet man bei der Vererbung der Kammform des Haushuhnes (Kappert 1953). Dabei kommt es zu vollständig epistatischen und nicht vollständig epistatischen Wechselwirkungen.
Eine Co-Epistasie kann auch zu einer 3:6:1:2:3:1-Aufspaltung führen. Dies wurde bei der Blütenform des Löwenmauls festgestellt (Schrader 1975).
Das gleiche Aufspaltungsverhältnis tritt bei der Geschlechtsausprägung der Gurke auf, wobei Superepistasie und unvollständige Epistasie die Grundlage dafür sind (Skiebe 1974). Im übrigen hat sich gezeigt, daß im Laufe der Zeit immer mehr Aufspaltungsverhältnisse festgestellt werden. Einen Ausschnitt von den bisher bekannten 21 Relationen zeigt Tabelle 1.15.

1.5. Kopplung

Die Aufspaltungsverhältnisse gelten nur, wenn zwischen den Genen keine Koppelung vorliegt. Handelt es sich bei der Localisation von zwei Genen um die gleiche Koppelungsgruppe, dann wird das Aufspaltungsverhältnis und die freie Rekombinierbarkeit der Allele um so mehr beeinflußt, je näher die entsprechenden Gene nebeneinander liegen. Dies gilt vor allem deshalb, weil bei enger

Nachbarschaft die Wahrscheinlichkeit des Auftretens von crossing over gering ist. Die Häufigkeit eines Allelaustausches von Genen ist eine Funktion ihres Abstandes.
Auf experimentellem Wege gelang es Rieger und Mitarbeitern bei Vicia faba und bei Hordeum vulgare die Koppelungsgruppen der jeweiligen Kern-Genome durch Translokationen sehr stark zu verändern. Es entstanden völlig neuartige Karyotypen (Rieger u. a. 1977).
Im allgemeinen bleibt aber ein bestimmtes Gen einer Koppelungsgruppe zugehörig. So liegen 3 wichtige Genorte für die Mehltauresistenz bei der Gerste auf dem Chromosom 5 und sind eng benachbart. Zwei weitere Genorte für dieses Merkmal sind auf Chromosom 4 zu finden. Von den bisher bekannten und lokalisierten 5 Esteraseloci liegen allein 3 (A, B und C) nebeneinander auf dem 3. Chromosom (Sogaard u. a. 1983).
Die Austauschhäufigkeit beträgt dabei zwischen A und B 0,0023, zwischen B und C 0,0059 und zwischen A und C 0,0048 (Allard u. a. 1971, Nielsen und Frydenberg 1971).
Die genaue Kenntnis der Zugehörigkeit zu bestimmten Koppelungsgruppen erlaubt es, Vorhersagen über die Rekombination von Allelen bestimmter Genorte zu machen. Dies ist bei einer Reihe von Tieren und Pflanzen möglich, da schon seit Jahren relativ viel Gene bestimmten Koppelungsgruppen zugeordnet werden konnten. Besonders gute Kenntnisse liegen beispielsweise bei der Erbse (Lamprecht 1961) und bei der Gerste (Sogaard u. a. 1983) vor.
Veränderungen von Koppelungsgruppen durch Translokationen führen bei Pflanzen nur zu geringen oder keinen Veränderungen in der Merkmalsausprägung. So zeigen bei der Gerste einfache bis vierfache Translokations-Linien gegenüber dem Ausgangsmaterial keine merklichen Abweichungen in der Ausprägung morphologischer oder physiologischer Merkmale. Bei den Kornerträgen scheint lediglich eine schwache Tendenz für Ertragsminderungen zu bestehen (Künzel und Scholz 1976).
Demgegenüber haben Veränderungen von Koppelungsgruppen unter Beteiligung von nicht homologen Chromosomen bei Tieren meistens einen großen Einfluß auf die Merkmalsausprägung (Saar u. a. 1983). Es kommt vielfach zu cytologischen Instabilitäten und Fertilitätsstörungen. Durch Translokationen wird mitunter auch die relative Häufigkeit des Auftretens an Chiasmata beeinflußt. So fand man bei der Baumwolle die Chiasmaanzahl im translozierten Abschnitt des Chromosoms niedrig, im homologen Abschnitt hoch vorliegen (Lee 1972).
Die Voraussetzung für ein crossing over ist ein Chiasma. Die Chiasmatabildung hängt sehr stark von den Umweltbedingungen und vom idiotypischen Hintergrund ab. Bei besonderer Chiasmata-Sensibilität ist es daher sehr schwer, die Reihenfolge und den Genort-Abstand zu bestimmen. Dies trifft beispielsweise für eine Koppelung bei der Levkoje zu. Bei dieser Kulturpflanze ist das Allel für einfache Blütenbildung A_1 mit den Allelen für eine Letalwirkung B_2 und für eine normale Chlorophyllausbildung C_1 gekoppelt (Kappert 1951). Die entsprechende Koppelungskonfiguration verbindet das Allel für eine gefüllte Blüte (ergibt Sterilität) A_2, mit den Allelen für normale Vitalität B_1 und etwas gestörte Chlorophyllausbildung C_2.
Bei diesem Kopplungsverband kommt es bei verschiedenen Umweltbedingun-

		$A_2 B_1 C_1$ $A_2 B_1 C_1$	
$A_1 B_2 C_1$ einfaches $A_2 B_1 C_2$ crossing over	$A_1 B_2 C_2$ $A_2 B_1 C_1$	$A_2 B_1 C_1$ $A_1 B_2 C_2$	$A_2 B_1 C_1$ $A_2 B_1 C_1$
			$A_2 B_1 C_1$ $A_1 B_2 C_2$
		$A_2 B_1 C_1$ $A_2 B_1 C_1$	
$A_1 C_1 B_2$ doppeltes $A_2 C_2 B_1$ crossing over	$A_1 C_2 B_2$ $A_2 C_1 B_1$	$A_2 B_1 C_1$ $A_1 B_2 C_2$	$A_2 B_1 C_1$ $A_2 B_1 C_1$
			$A_2 B_1 C_1$ $A_1 B_2 C_2$
		$B_1 A_2 C_1$ $B_1 A_2 C_1$	
$B_2 A_1 C_1$ einfaches $B_1 A_2 C_2$ crossing over	$B_2 A_1 C_2$ $B_1 A_2 C_1$	$B_1 A_2 C_1$ $B_2 A_1 C_2$	$B_1 A_2 C_1$ $B_1 A_2 C_1$
			$B_1 A_2 C_1$ $B_2 A_1 C_2$

Tabelle 1.16 Auswirkung eines somatischen crossing over bei einer verschiedenen Reihenfolge der gekoppelten Allele und einer teilweise verschiedenen Bruchstelle auf die Aufspaltung in den nächsten zwei Generationen nach autogamer Befruchtung bei Levkojen

Allelcharakterisierung:
A_1 = einfache Blüte, fertil
A_2 = gefüllte Blüte, steril
B_1 = normale Vitalität
B_2 = gonische Letalität im männlichen Geschlecht sporophytische Subletalität
C_1 = normale Chlorophyllausbildung
C_2 = etwas gestörte Chlorophyllausbildung

gen oder bei einem verschiedenen genetischen Hintergrund, zu einer ungewöhnlich starken Variabilität im Auftreten von Koppelungsbrüchen. Das genotypische bzw. phänotypische Verhalten in den nächsten Generationen als zusätzliches Kriterium für die Allel-Reihenfolge heranzuziehen, nutzt wenig, da bei unterschiedlichen Allel-Reihenfolgen bzw. Koppelungsbruchstellen gleiche Aufspaltungen auftreten können. Diese Sachlage wird in Tabelle 1.16. verdeutlicht. Um die Darstellung zu vereinfachen, wird dabei von einem somatischen crossing over ausgegangen. Außerdem werden von den 6 möglichen Konfigurationen nur drei berücksichtigt, da die anderen drei lediglich die umgekehrte Reihenfolge haben.
Eine besondere Bedeutung hat die Koppelung auf den Geschlechtschromosomen erlangt. Seit CORRENS (1912) geht man davon aus, daß die Mehrhäusigkeit auf der Basis einer bisexuellen Potenz in der Regel durch einen einzigen Geschlechtsrealisator-Locus gesteuert wird. Er ist im Genotyp verankert. Das Chromosom, auf welchem der Geschlechtsrealisator lokalisiert ist, wird als Geschlechtschromosom bezeichnet. Es ist bei den Pflanzen homomorph und unterscheidet sich nicht besonders von den übrigen Chromosomen.
Bei den Haustieren ist das Geschlechtschromosomenpaar heteromorph. Der eigentliche Realisatorlocus liegt auf dem größeren, dem x-Chromosom.

Bei Pflanzen ist bei Gurken ein zweiter Genort gefunden worden, welcher bei der Geschlechtsausprägung neben dem Geschlechtsrealisator mitwirkt. Er ist verantwortlich dafür, daß neben Weibchen, Männchen und Einhäusigen auch Zwitter entstehen können (Skiebe 1974).
Bei den Haustieren ist die Genetik der Geschlechtsvererbung im einzelnen noch nicht völlig aufgeklärt, während es bei den mehrhäusigen Pflanzen schon gute Kenntnisse gibt (Skiebe 1974). In der Regel liegt bei Pflanzen im Geschlechtsrealisator-Locus multiple Allelie vor. Allerdings bewirken die einzelnen Allele in den jeweiligen Arten eine ganz verschiedene Geschlechtsausprägung.
Entsprechend dieser Sachlage sind die Koppelungen auf dem Geschlechtschromosom zwischen Kulturpflanzen und Haustieren verschieden. Bei Pflanzen gibt es keine Abweichungen von den Kopplungen zu den übrigen Chromosomen bzw. zu anderen Genorten.
Bei den Haustieren dagegen haben die Kopplungen auf dem Geschlechtschromosom einen anderen Charakter. Dabei ist zu berücksichtigen, daß beim Geflügel wie bei den übrigen Vögeln, die Weibchen die xy- und die Männchen die xx-Chromosomen tragen. Bei den großen Haustieren, wie bei den übrigen Säugetieren, haben die Weibchen die xx- und die Männchen die xy-Chromosomen. Bei den Haustieren kann es beim y-Chromosom kaum eine Kopplung geben. Das x-Chromosom wird gegenüber dem y-Chromosom als inhomolog betrachtet. Vom x-Chromosom können daher keine Allele bzw. Gene durch crossing over auf das y-Chromosom gelangen. Es werden praktisch auch keine Chiasmata zwischen beiden Chromosomen gebildet.
Beim x-Chromosom sind zahlreiche Koppelungen beobachtet worden. Dabei ist zu beachten, daß die Koppelungsgruppe des x-Chromosoms an beide Geschlechter weitergegeben wird. Die xy-Konfiguration stellt dann eine Hemizygotie dar, wobei jedes Allel ohne Interaktion zur Geltung kommt. Aus der von Saar u. a. (1983) gegebenen Übersicht ergibt sich, daß beim Huhn bisher die meisten Kenntnisse über die x-gekoppelten Allele verschiedener Loci vorliegen. Bemerkenswert ist, daß in der Koppelungsgruppe des x-Chromosoms auch Allele mit Letal- oder Subletalwirkung einbegriffen sind.

1.6. Letalfaktoren

1.6.1. Soma

Definition 1.27.:
Führen Allele eines Genortes oder mehrerer Genorte zu einem Absterben der Gameten, Zygoten oder Individuen, wird von Letalfaktoren gesprochen. Beeinträchtigen die Allele die Lebensfähigkeit sehr stark, handelt es sich um eine Subletalitätswirkung.
Das Manifestieren genetischer Information in Gameten oder Organismen wird mitunter durch subletal- oder letalwirkende Allele bzw. genetische Konstellationen beeinflußt. Eine derartige Vitalitätsminderung oder Nichtlebensfähigkeit kann in ganz verschiedenen Ontogenesestadien zur Geltung kommen. Solche

Phänomene haben nicht nur eine große Auswirkung auf die Veränderung von Spaltungsverhältnissen sondern auch auf die Allelfrequenzen in Populationen.
Eine schwache Subletalität weisen pleiotrop die meisten Genmutanten auf. Es ist zu beachten, daß sich die Heterozygoten derartiger Mutanten mitunter durch eine besondere Fitness auszeichnen können. Dabei handelt es sich nicht um konstante Größen. Vielmehr ist sowohl eine Subletalität der homozygoten Mutanten wie auch eine Fitness bei den Heterozygoten abhängig vom jeweiligen genetischen Hintergrund.
Derartige Beziehungen findet man aber auch mitunter bei stark subletalen oder letalen rezessiven Allelen. Dies gilt beispielsweise für Chlorophyllmutanten beim Löwenmaul und bei der Erbse (STUBBE 1966, SHUMNY u. a. 1971).
Es gibt aber auch Beispiele, wo die homozygot rezessive Allelkonfiguration zur Letalität und die heterozygote zur Subletalität führt. So wurde von BAUR (zit. KAPPERT 1953) beim Löwenmaul die Sippe „aurea" beschrieben, welche heterozygot ist und in 25% Normalgefärbte, 50% Aureagefärbte und 25% Letale spaltet. ENDLICH (1959) analysierte die unvollständig dominante Mutante „Subsistens" bei der Tomate. Sie zeigt in der heterozygoten Konfiguration variable Allelmanifestierung und Subletalität. Homozygot ist sie letal. Ein solches Verhalten kann auch zwei Gene betreffen, die dann ein partiell balanciertes System bilden.
So berichten GAIRDNER und HALDANE (1929) über zwei unabhängige Letalfaktoren beim Löwenmaul, die sporophytisch wirken und die Pigmentbildung beeinflussen. Gelbe, niemals das Keimlingsstadium überlebende Individuen haben die Konfiguration A_1A_1. A_2A_2-Pflanzen sind normal grün. Zwischen A_1 und A_2 liegt keine vollständige Dominanz vor, daher sind A_1A_2-Individuen lebensfähig. Im anderen Genort sind die B_1B_1-Pflanzen normal und führt die B_2B_2-Konfiguration zu weißblättrigen, letalen Pflanzen. Die Loci A und B sind gekoppelt. Der Austauschwert beträgt 10,37%.
Über einen anderen Fall eines Systems partiell balancierter Letalfaktoren berichtet GRÖBER (1959) bei der Tomate. Er postulierte einen Genort mit drei Allelen, wobei A_1 normale Entwicklung, A_2 starke Subletalität und A_3 Letalität bewirkt. Zwischen A_2 und A_3 liegt eine Superdominanz vor, welche zur Lebensfähigkeit führt. Dieser hypothetische A-Locus ist mit einem B-Locus gekoppelt. Während B_1 normal grüne Blätter bildet, sind B_2B_2-Pflanzen chlorophyllgestört und daher blaßgelb. Sie sterben in Abhängigkeit von der Belichtung 8 bis 10 Tage nach der Keimung ab. Das Zusammenwirken der Allele beider Loci führt zu einem Defizit an grünen Pflanzen. Außerdem entsteht ein weitspaltender Typ, dessen grüne Individuen fast nur heterozygot sind.
Vielfach sind die Letalfaktoren rezessiv und schon die Heterozygoten ähnlich vital wie die Homozygoten. In allogamen Populationen lassen sich dann eine Letalität bewirkende Allele schwer eliminieren. Es sei hier auf den rezessiven Letalfaktor „amputated" verwiesen, der beim Rind das pleiotrope Schädigungsmuster Acroteriasis congenita hervorruft. Er wurde durch den schwedischen Bullen „Gallus" in der schwedischen Rinderzucht stark verbreitet (WRIEDT und MOHR 1928). Ein ebenfalls rezessiver, pleiotrop wirkender Letalfaktor wurde beim Pferd beobachtet. Es handelt sich um eine Darmmißbildung („Atresia coli"), die offensichtlich unabhängig voneinander in Europa und Ostasien aufgetreten ist (YAMANE 1928).

Sind die Letalfaktoren nicht rezessiv, was seltener ist, kann es zu additiven Allelwirkungen kommen. Ein Beispiel dafür liefert der Achondroplasie(A_1)-Locus beim Rind. Homozygot dominante A_1A_1-Genotypen ergeben letale „Bulldog"-Kälber. Die heterozygoten A_1A_2-Genotypen haben verkürzte Extremitäten und werden als „Dexter-Rind" bezeichnet. Die homozygot Rezessiven sind normal (Brandsch u. a. 1983).
Dominante Sub-Letalfaktoren gibt es auch bei der Bohne. Die dominanten Allele sind auf verschiedenen Genorten lokalisiert, kommen aber allein nicht zur Wirkung. Nur A_1B_1-Genotypen sind subletal (Singh und Gutierrez 1984).
Letalfaktoren können auch, obwohl vorhanden, unwirksam gemacht werden. Ein Beispiel dafür liefert die Tomate. Diese Kulturpflanze verfügt über einen Locus mit multipler Allelie, der sich auf die Chlorophyllbildung auswirkt (Hagemann 1963). Eines der mutierten Allele (yv) führt zu Chlorophyllschäden. Im Keimblattstadium sind die Pflanzen gelb, erst später werden sie gelbgrün, mitunter auch grün. Ein weiteres Allel (yv^{ms}) bedingt ebenfalls Gelbfärbung im Keimlingsstadium, daneben aber auch noch, als pleiotrope Auswirkung, männliche Sterilität. Neben den Formen, die zuerst gelb sind, gibt es auch solche, die sofort gelbgrün gescheckt werden. Diese besitzen in den grünen Pflanzenteilen ein Chromosomenfragment mit dem dominanten Allel. Sie sind deshalb männlich fertil. Aus yv^{ms} yv^{ms}-Fragmentlinien (yv^+) lassen sich laufend nach Selektion im Keimblattstadium männlich sterile oder fertile Pflanzen selektieren.
Letalität wird auch bei Allopolyploiden festgestellt. Genetische Analysen ergaben, daß sie auf einer Superepistasie (vgl. 1.4.3.) beruhen. Diese Sachlage ist bei Weizen-Roggen-Allopolyploiden gegeben. Man spricht hier von Hybridnekrosen, weil die Letalität nach Kreuzungen auftritt. Bei Allopolyploiden aus Weizen und Roggen ist dieses Phänomen im Detail analysiert. Beim Weizenelter sind es die Allele der beiden Genorte Ne 1 und Ne 2, welche an einer derartigen Komplementärwirkung beteiligt sind (Hermsen 1963). Die Roggenkomponente verfügt ebenfalls über zwei Genorte, deren dominante Allele zu einer Letalität beitragen. Es handelt sich um Ner 1_1 und um Ner 2_1. Hybridnekrosen bewirken die Allele von zwei Ne –, von zwei Ner – und von zwei kerngenomverschiedenen Genorten (Ren 1988).
Durch Letalfaktoren wird die Komplexheterozygotie bei Oenothera aufrecht erhalten (Renner 1917). Bestimmte Chromosomen-Komplexe enthalten entweder gametophytisch oder sporophytisch wirkende Letalfaktoren. Sie verhindern, daß homozygote Individuen entstehen (Stübbe 1980).
Subletalität oder Letalität ist häufig bei Alloplasmie zu beobachten, insbesondere wenn es sich um eine komplette handelt. Letalität tritt aber mitunter schon bei einer partiellen Alloplasmie auf. Dabei kann es sich um eine allgemeine Depression des Wachstums handeln. Manchmal führen die Genotyp-Plasmotyp-Interaktionsstörungen lediglich zu einem Nichtfunktionieren der Plastiden. In diesem Falle spricht man dann von einer Bastardbleiche.
Besonders gut wurden die Genotyp-Plasmotyp-Störungen beim Saatweizen untersucht. Dabei führt die Verbindung der Genotypen mit den A^uA^uBBDD-Genomen und den Plasmotypen von

Triticum boeoticum (A^b),
Aegilops biuncialis (C^uM^b),

Aegilops columnaris (C^uM^c),
Aegilops umbellulata (C^u) und
Aegilops bicornis (S^b)

zu einer sehr stark ausgeprägten Subletalität (Gocov und Panajotov 1979). Eine deutliche Subletalität zeigt auch die Kombination der Saatweizen-Genotypen mit dem Plasmotypen des Saatroggens (Maan und Lucken 1971).

1.6.2. Gameten

Die Letalität kann sich auch nur auf die Gameten und dabei entweder auf beide oder nur auf eine der beiden geschlechtsspezifischen Gameten beziehen.
Einen besonderen Fall mit sporophytischer Determination beschreiben Wilson und Driscoll (1983) beim Saatweizen (z = 42). Dort führt eine kleine Deletion auf dem Chromosom 4A zu einer sich als rezessiv erweisenden männlichen Letalität. Gene auf einem zusätzlichen Chromosom des Roggens oder der Gerste restaurieren diese gametische Letalität, und es kommt zu einer Bildung funktionsfähiger Pollen. Dies betrifft nicht nur die 22-chromosomigen (21 I) sondern auch die 21-chromosomigen Gameten, welche Träger dieser gametischen Letalität sind.
Ein typisches Beispiel für eine geschlechtsspezifische Wirkung eines Letalfaktors mit gametophytischer Determination einer Klasse von Gameten findet man bei der Levkoje (Kappert 1953). Bei ihr ist ein gametophytisch, nur im männlichen Geschlecht wirkender rezessiver Letalfaktor mit dem dominanten Allel für eine einfache Blüte gekoppelt. Die Folge davon ist ein „Immerspalten". Aus einfachblühenden, heterozygoten Pflanzen entstehen wieder zu 50% einfachblühende fertile und zu 50% gefüllt blühende, sterile Individuen (vgl. Tab. 1.16.).
In vielen Fällen kommt es geschlechtsspezifisch nicht nur zum Ausfall bestimmter Pollengenotypen, sondern zu einem Totalausfall aller Gonen eines Geschlechtes. Dabei kann es sich um allein wirkende rezessive Allele handeln. Es ist auch möglich, daß eine derartige Letalität durch ein Zusammenwirken von Allelen bestimmter Gene des Genotyps mit Erbelementen des Plasmotyps zustandekommt. Schließlich gibt es auch eine nur plasmotypisch bedingte männliche Letalität. Liegt eine genotypische, männliche Letalität vor, die durch ein rezessives Allel verursacht ist, dann wird durch ein dominantes Allel die Letalität wieder aufgehoben.
In seltenen Fällen läßt sich die Wirkung des homozygot rezessiven Genotyps auf modifikativem Wege wieder restaurieren. So gibt es bei der Tomate rezessive Allele, die in homozygoter Form männlich letal sind. Werden die Pflanzen mit Gibberellin behandelt, kommt es zur Bildung funktionsfähiger Antheren und Pollen (Schmidt 1977).
Eine Gametenletalität im Ergebnis eines Zusammenwirkens zwischen Genotyp und Plasmotyp ist sehr vielfältig. Ein besonders instruktives Beispiel findet man bei der Möhre. Dabei ist die Pollenletalität (brown-Typ) das Ergebnis eines zur Sterilität beitragenden Plasmotyps und der Allele von vier Genen des Genotyps (Banga u. a. 1964). Um Letalität hervorrufen zu können, bedarf es verschiedener Allelkonfigurationen. So sind zunächst $A_2A_2B_2B_2C_2C_2D_2D_2$-Genotypen letal. $A_2.B_1.C..D..$-Genotypen sind ebenfalls letal. Liegt von den Genen C oder D ein

Allelpaar in rezessiver Konfiguration vor, dann tritt auch Letalität auf, wobei die Gene A und B mit beliebigen Allelen besetzt sein können.
Auch Genotyp-Plasmotyp-Störungen können sich auf die Funktionsfähigkeit von Gameten auswirken. So sind beispielsweise alloplasmatische Formen bei Streptocarpus mit einem Rexii-Plasmotyp und mit Wendlandii-Genotyp weiblich letal (Oehlkers 1953). Genotypen mit den A^uBD-Genomen des Saatweizens ergeben in alloplasmatischen Idiotypen mit den Plasmotypen von Triticum timopheevi männliche Letalität (Wilson und Ross 1962). Männliche Letalität und weibliche Subletalität wurden in alloplasmatischen Idiotypen in einer Verbindung der Genotypen des Saatweizens mit den Plasmotypen von Aegilops aucheri beobachtet (Gocov und Panajotov 1979).

1.6.3. Letalfaktoren und Züchtung von Hybriden

Intensiv wird die Letalität des männlichen Gametophyten im Rahmen der Züchtung von Hybriden bei Pflanzen genutzt (vgl. 6.3.). Dies betrifft die genotypische, plasmotypische und die genotypisch-plasmotypisch bedingte Pollensterilität (Tab. 1.17.).
Genotypisch bedingte Pollensterilität tritt spontan auf, wird häufig aber auch, wie z. B. bei der Tomate und der Gerste, mit Hilfe von Mutagenen induziert. Sie zeigt fast immer die für Genmutationen typischen negativen Pleiotropieeffekte. Genetisch ist die männliche Sterilität meistens rezessiv und monogen bedingt. Beim Reis fand man aber neben einer monogenen auch eine trigene (Pavithran und Mohandas 1976) Pollensterilität. Bei Möhren sind die Allele von vier Genorten an der Pollensterilität beteiligt (vgl. 1.6.2.).
Ist die genische Pollensterilität monogen und rezessiv, führt sie nur zu 25% Pollensterilen in der F_2. Kreuzt man eine pollensterile Form mit einem Partner, der hinsichtlich der Pollensterilität heterozygot ist, entstehen in der Nachkommenschaft 50% pollensterile Pflanzen. Diesen Anteil kann man auf verschiedene

Tabelle 1.17. Schematische Darstellung verschiedener Formen der genetisch bedingten Pollensterilität

Generation	genotypisch bedingt			plasmotypisch bedingt			genotypisch-plasmotypisch bedingt		
P	A_2 A_2 steril	×	A_1 A_1 fertil	S/·· steril	×	N/·· fertil	S/A_2A_2 steril	×	N/A_2A_2 fertil
F_1		A_1 A_2 fertil			S/·· steril			S/A_2A_2 steril	
F_2	A_1 : A_1 fertil	A_1 : A_2 fertil	A_2 A_2 steril		S/·· steril			S/A_2A_2 steril	

Tabelle 1.18. Markierung der Ms-15-Allele bei der Tomate mit Hilfe von eng gekoppelten Allelen der Sproßfärbung

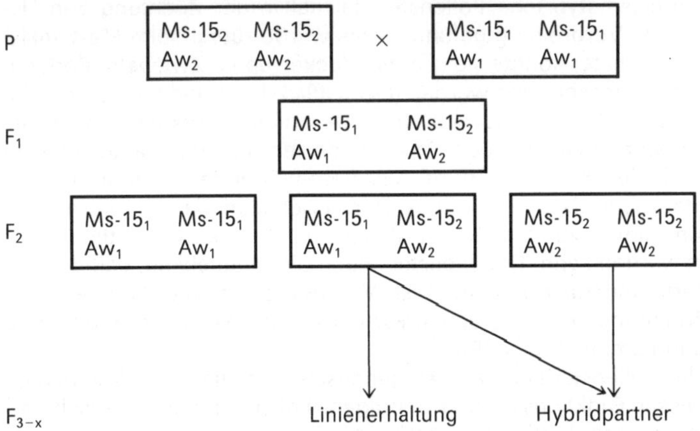

Weise erhöhen. Es eignet sich dafür eine genetische Markierung der rezessiv bedingten Pollensterilität.

Beispiel 1.9.:
So gibt es beispielsweise bei der Tomate die Möglichkeit einer Markierung durch die Koppelung eines Ms-Allels mit einem anderen Allel, welches die Keimpflanzenfarbe bedingt. Dies gelingt bei dem Ms-15-Gen. Es gehört zur Chromosomengruppe 2 und ihm eng benachbart ist das Aw-Gen, welches die Hypokotyl- bzw. Sproßbasisfarbe kontrolliert (Barton u. a. 1955). Es ist dann die Konstellation so zu gestalten, daß Ms-15_2 mit Aw_2 und Ms-15_1 mit Aw_1 gekoppelt sind. Ist dies der Fall, sind die grünen Pflänzchen pollensteril und die anthocyangefärbten pollenfertil.
Aus den heterozygot Anthocyangefärbten spalten die grünen, pollensterilen Pflanzen heraus, die man selektieren kann und einen 100% pollensterilen Hybridpartner ergeben. Diese Genotypen dienen außerdem der Linienerhaltung (Tab. 1.18.).
Eine andere Möglichkeit die genotypisch bedingte, rezessive Pollensterilität im Rahmen der Züchtung von Hybriden zu nutzen, wird beim Saatweizen bearbeitet. Dabei wird eine Linie mit monogen rezessiv bedingter Pollensterilität mit einer fertilen Linie gekreuzt. Die fertile Linie trägt auch die beiden Ms-Allele. Sie kommen aber nicht zur Wirkung, weil es sich bei diesem Partner um eine monosome Additionslinie handelt, wobei das zusätzliche Chromosom über genetische Information verfügt, welche die Pollensterilität hypostatisch werden läßt. Das zusätzliche Chromosom kann vom Roggen oder von der Gerste stammen. Kreuzt man eine pollensterile Linie mit einer monosomen Additionslinie, so wird das zusätzliche Chromosom im Pollen nicht übertragen. Es entstehen daher 100% pollensterile Pflanzen. Diese dienen als mütterlicher Hybridpartner

für die Hybridsaatguterzeugung. Als väterlicher Partner fungiert eine pollenfertile euploide Weizenlinie (WILSON und DRISCOLL 1983).

Eine genotypisch-plasmotypische Pollensterilität hat in der Züchtung von Hybridsorten eine weite Verbreitung gefunden. Sie wurde zuerst beim Mais analysiert (RHOADES 1931). Später konnte sie u. a. bei Zuckerrüben, Zwiebeln, Roggen, Möhren und Luzerne beschrieben werden (OWEN 1945, JONES und EMSWELLER 1936, BANGA u. a. 1964, GEIGER 1971, STEUCKARDT 1971). Derartige Interaktionen sind wieder restaurierbar, wenn man entweder über mindestens ein dominantes Allel im Kern oder ein normales Plasmon verfügt. Aus diesem Grunde macht diese Form der Pollensterilität züchterisch nur geringe Schwierigkeiten, da sie, sofern sogenannte Ergänzungslinien zur Verfügung stehen, wahlweise zur Fertilität oder Sterilität geführt werden kann. Dabei besteht auch die Möglichkeit, daß der Pollen zur Hälfte fertil und zur Hälfte steril ist. Voraussetzung dafür ist allerdings, daß bei der Befruchtung vom väterlichen Partner nur der Kern übertragen wird bzw. zur Wirkung kommt (Tab. 1.19.).

Bei dieser Art der Pollensterilität kann es genetisch verschiedene Plasmotypen geben, die zu dieser Funktionsstörung beitragen. Entsprechend genetisch verschieden sind dann auch die Ergänzungslinien.

Tabelle 1.19. Funktionsfähigkeit des Pollens bei monogenisch-plasmotypischer Pollensterilität und uniparentaler Plasmonübertragung

Plasmotyp/Genotyp Mutter	Vater	Nachkommenschaft	Pollenverhalten
S/R_1R_1	N/R_1R_1	S/R_1R_1	fertil
S/R_1R_1	N/R_1R_2	$S/R_1R_1 : S/R_1R_2$	fertil
S/R_1R_1	N/R_2R_2	S/R_1R_2	fertil
S/R_1R_1	S/R_1R_1	S/R_1R_1	fertil
S/R_1R_1	S/R_1R_2	$S/R_1R_1 : S/R_1R_2$	fertil
S/R_1R_2	N/R_1R_1	$S/R_1R_1 : S/R_1R_2$	fertil
S/R_1R_2	N/R_1R_2	$S/R_1R_1 : S/R_1R_2 : S/R_2R_2$	75% fertil
S/R_1R_2	N/R_2R_2	$S/R_1R_2 : S/R_2R_2$	50% fertil
S/R_1R_2	S/R_1R_1	$S/R_1R_1 : S/R_1R_2$	fertil
S/R_1R_2	S/R_1R_2	$S/R_1R_1 : S/R_1R_2 : S/R_2R_2$	75% fertil
S/R_2R_2	N/R_1R_1	S/R_1R_2	fertil
S/R_2R_2	N/R_1R_2	$S/R_1R_2 : S/R_2R_2$	50% fertil
S/R_2R_2	N/R_2R_2	S/R_2R_2	steril
S/R_2R_2	S/R_1R_1	S/R_1R_2	fertil
S/R_2R_2	S/R_1R_2	$S/R_1R_2 : S/R_2R_2$	50% fertil

Zeichenerklärung:

S/ = Plasmotyp welcher mit bestimmten Allelen zur Pollensterilität führt

N/ = normaler Plasmotyp

R_1 = Allel welches Fertilität bewirkt

R_2 = Allel welches mit S-Plasmotyp Pollensterilität bedingt

So sind beim Mais bisher drei Formen bekannt. Es handelt sich bei den Plasmotypen um den

Texastyp,
den Moldautyp und
den Bolivientyp.

Für den Texastyp gibt es zwei Gene, deren rezessive Allele die Pollensterilität mitbewirken und deren dominante Allele restaurieren. Es handelt sich um die beiden Gene Rf-1 und Rf-2. Da besonders das Rf-1_2-Allel im Sortiment weit verbreitet ist, nahm man gelegentlich einen monogenen Erbgang an.
Zu dem Moldautyp gehört das Rf-3-Gen. Auf ihn wird jetzt in der Hybridzüchtung zum Aufbau eines Funktionssystems stark zurückgegriffen, nachdem der Texastyp anfällig gegen die Rasse T von Helminthosporium maydis ist.
Da die Loci Rf-1 und Rf-3 auf verschiedenen Chromosomen liegen, lassen sich Ergänzungslinien für beide Plasmone relativ leicht schaffen.
Die genotypisch-plasmotypische Pollensterilität vom Texas- und Moldautyp ist relativ stabil. Gelegentlich treten aber doch noch fertile Formen auf. Dies ist beim Bolivientyp mit seinem Rf-3_2-Allel so stark ausgeprägt, daß er als instabil zu charakterisieren ist. Zum Bolivientyp gehört nicht nur das Rf-Gen (Gontarovsky 1980). Es gibt weitere Genorte, deren Allele auf die Ausprägung der Pollensterilität Einfluß nehmen.
Beim Roggen sind bisher zwei verschiedene Plasmotypen bekannt geworden, die zur männlichen Sterilität führen können. Der eine wurde in der VIR-Weltkollektion in Leningrad gefunden (Kobyljanski 1962), der andere in der argentinischen Landsorte „Pampa" (Geiger 1971).
Die Pollensterilität vom „Pampa-Typ" wird durch die rezessiven Allele von zwei Genen mitbedingt, wobei die Allele unabhängig voneinander wirken (Madej 1976). Beim VIR-Typ kommt es durch die Interaktion zwischen einem spezifischen Plasmotyp und der Komplementärwirkung von mindestens drei rezessiven Allelen zweier Gene zur männlichen Sterilität (Grabow 1977). Unter diesem Aspekt fungieren Idiotypen mit zwei dominanten Allelen und zwei rezessiven Allelen teilweise als Restorer und als Ergänzer. Formen mit drei dominanten Allelen sind partielle Restorer und solche mit drei rezessiven Allelen partielle Ergänzungs-Idiotypen. Vollständige Restorer haben vier dominante Allele und vollständige Ergänzungs-Idiotypen vier rezessive Allele (Tab. 1.20.).
Für ein Funktionssystem zur Hybridsaatgutgewinnung läßt sich am besten die Pollensterilität über vollständige Ergänzungsidiotypen erhalten. Die daraus resultierenden pollensterilen Idiotypen sind, wenn möglich, mit vollständigen Restoreridiotypen zu kombinieren. Auf diese Weise wird das Hybridsaatgut erzeugt.
Von plasmotypisch bedingter Pollensterilität ist u. a. bei Tomate, Gerste, Rettich und Weizen berichtet worden. Sie läßt sich erreichen, wenn Genotypen fremder Genome mit einem bestimmten Plasmotyp assoziiert werden. Hierbei handelt es sich um solche Formen, die in der Genotyp-Plasmotyp-Interaktion gestört sind. Diese Störung führt dann zur Sterilität der männlichen Geschlechtszellen.
Ganz allgemein wirken sich Störungen im genetischen System auf sensitiv re-

Tabelle 1.20. Genotyp-Plasmotyp-Interaktion beim Roggen hinsichtlich des Fertilitäts-Sterilitätsverhaltens am Pollen (GRABOW 1977)

Plasmotyp/ Genotyp	Merkmalsausprägung	Charakteristik
$S/A_2A_2B_2B_2$	männlich steril	vollständige, männliche Sterilitäts-Idiotypen
$S/A_1A_2B_2B_2$	männlich steril	vollständige, männliche Sterilitäts-Idiotypen
$S/A_2A_2B_1B_2$	männlich steril	vollständige, männliche Sterilitäts-Idiotypen
$S/A_1A_1B_2B_2$	männlich fertil	partielle Restorer-Idiotypen partielle Ergänzungs-Idiotypen
$S/A_2A_2B_1B_1$	männlich fertil	partielle Restorer-Idiotypen partielle Ergänzungs-Idiotypen
$S/A_1A_2B_1B_2$	männlich fertil	partielle Restorer-Idiotypen partielle Ergänzungs-Idiotypen
$S/A_1A_1B_1B_2$	männlich fertil	partielle Restorer-Idiotypen
$S/A_1A_2B_1B_1$	männlich fertil	partielle Restorer-Idiotypen
$S/A_1A_1B_1B_1$	männlich fertil	vollständige Restorer-Idiotypen
$N/A_2A_2B_2B_2$	männlich fertil	vollständige Ergänzungs-Idiotypen
$N/A_1A_2B_2B_2$	männlich fertil	partielle Ergänzungs-Idiotypen
$N/A_2A_2B_1B_2$	männlich fertil	partielle Ergänzungs-Idiotypen
$N/A_1A_1B_2B_2$	männlich fertil	partielle Ergänzungs-Idiotypen partielle Restorer-Idiotypen
$N/A_2A_2B_1B_1$	männlich fertil	partielle Restorer-Idiotypen partielle Ergänzungs-Idiotypen
$N/A_1A_2B_1B_2$	männlich fertil	partielle Restorer-Idiotypen partielle Ergänzungs-Idiotypen
$N/A_1A_1B_1B_2$	männlich fertil	partielle Restorer-Idiotypen
$N/A_1A_2B_1B_1$	männlich fertil	partielle Restorer-Idiotypen
$N/A_1A_1B_1B_1$	männlich fertil	vollständige Restorer-Idiotypen

agierende Eigenschaften, wie die Fertilität, aus. Da die männlichen Geschlechtsorgane besonders empfindlich sind, zeigen die Pollen zuerst Sterilitätserscheinungen, während die Eizellen noch leidlich fertil sind. In vielen Fällen sind bei einer derartigen Alloplasmie auch die weiblichen Gametophyten nicht funktionsfähig. Bei besonders krassen Störungen zwischen den beiden genetischen Teilsystemen kommt es auch zu Defekten in anderen Merkmalen.
Plasmotypisch bedingte pollensterile Linien lassen sich in der Regel durch eine Befruchtung mit einer genotypisch gleichen aber plasmotypisch verschiedenen Linie erhalten. Auf diese Weise werden auch häufig die mütterlichen Linien für eine Hybridsaatgutproduktion entwickelt. Mitunter wird aber auch die mütterliche Linie durch Kombination mit einem plasmotypisch und genotypisch verschiedenen Partner entwickelt. Ist dies der Fall, kommen F_1-Bastarde als mütterliche Linien im Funktionssystem zum Einsatz.
Eine plasmotypisch bedingte Pollensterilität läßt sich teilweise oder ganz wieder aufheben. Für ihre Nutzung in der Hybridzüchtung beim Saatweizen muß eine

vollständige Restauration der Pollenfertilität vollzogen werden. Außerdem darf dafür nur ein Kreuzungsschritt notwendig sein. Wie dies gelingt, wird am Beispiel von pollensterilen Saatweizen mit dem Plasmon von Triticum timopheevi dargelegt.

T. timopheevi ist ein 4x-Weizen, der die Genome A^b und G trägt und das G-Plasmon besitzt. WILSON und ROSS (1962) haben Timopheevi-alloplasmonischen Weizen hergestellt und fanden außer der Pollensterilität keine Störungen.

Als potentielle Restorer von G/A^uA^uBBDD 6x-Weizen kommen besonders solche Varietäten in Frage, die wenigstens über zwei Restorergene verfügen. Außerdem müssen die Restorerallele eine möglichst starke Wirkung haben. An dieser Stelle seien nur die beiden bekannten Restorer „Wk2" und „Lot2" genannt. Sie genügen nicht allen Ansprüchen, sind aber genetisch gut analysiert. Bei „Wk2" restaurieren die A_3- sowie die B_1-Allele und bei „Lot2" erfüllen diese Aufgabe A_3- und D_1-Allele.

Auch im Sortiment des Saatweizens fand man neben „Minirestorern" Gene, deren Allele zu einer Restauration befähigt sind (AURIAU u. a. 1973). Zwei dieser Restorer sind genetisch analysiert worden. Es handelt sich um „Prof. Marchal" und „Primepi". Dabei wurde festgestellt, daß „Prof. Marchal" zumindest über das restaurierende B_1-Allel verfügt. Da sich aber für den B-Locus multiple Allelie postulieren läßt, ist wahrscheinlich noch mit einem restaurierenden B_2-Allel zu rechnen. Vielleicht gibt es sogar noch weitere Restorerallele in diesem Locus. „Primepi" verfügt über die Restorerallele C_2 und D_1.

Aus diesen genetischen Analysen ist abzuleiten, daß man mindestens mit vier „Majorrestorer" rechnen muß. Im Gen A liegt multiple Allelie vor. Es restauriert wahrscheinlich A_3 unter der Annahme, daß es sich hierbei um das Endglied der Allelserie handelt. Genealogisch wird es T. timopheevi zugeordnet. Die in der Rangordnung höher liegenden A-Allele sollen sich von T. aestivum ableiten. Sie verhalten sich gegenüber dem restaurierenden A-Allel unvollständig dominant. Restaurierende Allele im B-Locus besitzt sowohl „Wk2" mit der G/-Plasmonkonstitution als auch „Prof. Marchal" mit dem B/-Plasmon. Es restaurieren die ranghöheren B-Allele. Sie verhalten sich gegenüber dem nichtrestaurierenden Endglied der Serie unvollständig dominant. Für den Genort C wird von zwei Allelen ausgegangen. Das C_2-Allel restauriert und ist unvollständig rezessiv gegenüber C_1.

Vom Genort D kennt man bisher auch nur zwei Allele. Das D_1-Allel restauriert und zeigt additive Allelwirkung.

Die Genbeziehungen sind bisher nur teilweise aufgeklärt. Wichtig ist, daß das B_1-Allel die Restauration der A_3- und C_2-Allele fördert.

Für eine Hybridsaatgut-Produktion müssen die mütterlichen Linien möglichst 100% pollensteril sein. Sie dürfen daher über keine Restorer verfügen. Die väterlichen Linien müssen sich durch eine hohe und stabile Restauration auszeichnen. Dies ist erreichbar, wenn bei den Restorern von homozygoten Genotypen ausgegangen wird. Daraus ergibt sich bei den Hybridsorten eine heterozygote Restorerallel-Konfiguration. Für diesen Status wurde fast immer eine unvollständige Dominanz und eine variable Allelmanifestierung festgestellt. Liegen für eine Restauration ungünstige Umweltbedingungen vor, kommt es zu einer unvollständigen Restauration. Ist der Weizen vor allem auf autogame Bestäubungen angewiesen, geht sie zu Lasten des Kornertrages. Unter sehr günstigen Umweltbdingungen kann bereits die Restauration des B_1-Allels ausreichen. Vielfach wird es notwendig sein, wenigstens zwei Restorerallele in den väterlichen Linien eingelagert zu haben. Dabei sollte es sich aber möglichst um $A_1A_1B_3B_3C_2C_2D_1D_1$-Genotypen handeln. Ein höheres und stabileres Restaurationsvermögen läßt sich bei drei Restorerallelen erreichen. Dies gilt beispielsweise für $A_3A_3B_1B_1C_1C_1D_1D_1$- und für $A_1A_1B_1B_1C_2C_2D_1D_1$-Genotypen (Albrecht u. a. 1984). Mit Hilfe eines derartigen Funktionssystems lassen sich Einfachbastarde als Hybridsaatgut erzeugen. Es ist aber auch möglich, Bastarde aller F-Generationen als mütterlichen Partner zu verwenden.

1.7. Inkompatibilität

1.7.1. Genetik

Definition 1.28.:
Bei einer Inkompatibilität kommt es trotz Funktionsfähigkeit der Geschlechtszellen zu einer genetisch bedingten Unverträglichkeit und deshalb zu keiner Bildung funktionsfähiger Samen. Die Inkompatibilität ist bei den Kulturpflanzen weit verbreitet. Es handelt sich bei ihr um eine homomorphe Unverträglichkeit, da immer gleich reagierende Geschlechtszellen oder Gewebe inkompatibel sind. In den Inkompatibilitäts-Loci liegt multiple Allelie vor, wobei viele Genotypen heterozygot sind. Dabei werden bis zu drei Allel-Beziehungen beobachtet, die Dominanz, die Co-Dominanz und die unvollständige Dominanz.

Tabelle 1.21.
Inkompatibilität bei 2x-Formen, einem Locus, gametophytischer Determination und korrespondierender Co-Dominanz

Griffel	Pollen	Ergebnis
$A_1:A_2$	A_1	0
	A_2	0
$A_1:A_2$	A_2	0
	A_3	+
$A_1:A_2$	A_3	+
	A_4	+

Zeichenerklärung:
.:. = Co Dominanz
0 = inkompatibel
+ = kompatibel

Tabelle 1.22. Progames Inkompatibilitätsverhalten bei zwei Genorten mit komplementärer Wirkung und Co-Dominanz bei den Allelen unter Verwendung von $\overline{A_1A_1B_3:B_4}$-; $\overline{A_2A_2B_3:B_4}$-; $\overline{A_1:A_2B_3B_3}$- und $\overline{A_1:A_2B_4B_4}$-Genotypen als Mutter sowie als Vater

Pollen / Griffel	A_1A_1 A_1B_3	$B_3:B_4$ A_1B_4	A_2A_2 A_2B_3	$B_3:B_4$ A_2B_4	$A_1:A_2$ A_1B_3	B_3B_3 A_2B_3	$A_1:A_2$ A_1B_4	B_4B_4 A_2B_4
$\overline{A_1A_1B_3:B_4}$	0	0	+	+	0	+	0	+
$\overline{A_2A_2B_3:B_4}$	+	+	0	0	+	0	+	0
$\overline{A_1:A_2B_3B_3}$	0	+	0	+	0	0	+	+
$\overline{A_1:A_2B_4B_4}$	+	0	+	0	+	+	0	0

Zeichenerklärung:
$\overline{..\quad..}$ = Superepistasie mit komplementierender Genwirkung
.:. = Co-Dominanz
0 = inkompatibel
\+ = kompatibel

Bei der am meisten verbreiteten Inkompatibilität, der progamen, kommt es entweder zu keiner Pollenkeimung oder zu keinem Pollenschlauchwachstum. Dabei ist zwischen einer gametophytischen und einer sporophytischen Determination zu unterscheiden.
In vielen Fällen steuert die Inkompatibilität nur die Allele eines Genortes. Mitunter sind zwei Genorte für die Inkompatibilität verantwortlich und gelegentlich sind es mehr als zwei Genorte (LUNDQVIST 1975). Bei zwei und mehr Genorten wirken die Allele der verschiedenen Genorte komplementär. Liegt eine gametophytische Determination vor, ist als Allelinteraktion vor allem die Co-Dominanz zu konstatieren. Die gametophytische Determination ist für die Rosaceen typisch und wird durch einen Genort repräsentiert. Die Identität zwischen Pollen und Griffel ergibt eine Inkompatibilität (Tabelle 1.21.).
Zu einem gleichen Ergebnis käme man auch bei anderen Allelinteraktionen im Pollen. Sie können sich bei Diploiden und gametophytischer Determination in den 1x-Pollen aber nicht auswirken.
Eine gametophytische Determination tritt ebenfalls bei den Poaceen auf. Allerdings wird sie bei den Arten dieser Familie durch zwei Genorte bewirkt, wobei bei den Allelen wieder Co-Dominanz vorliegt. So sind bei Roggen beispielsweise $A_1:A_2$ $B_3:B_4$ Genotypen im Griffel für alle möglichen Pollen dieser Genotypen mit diesen Allelen inkompatibel. Sind Pflanzen in einem Locus homozygot, im anderen heterozygot, also beispielsweise A_1A_1 $B_3:B_4$ und treten als Pollenspender auf, so ergibt sich zu den entsprechenden Griffeln mit Ausnahme von $A_1:A_2$ $B_3:B_4$- und den identischen Genotypen Kompatibilität. Sie ist allerdings in jeweils zwei Fällen nur zu 50% gegeben (Tab. 1.22.).
An dem Ergebnis würde sich nichts ändern, wenn im Pollen andere Wechselwirkungen auftreten. So könnte z. B. eine unvollständige Dominanz im Pollen wegen der 1x Valenz und gametophytischer Determination nicht zur Geltung kommen.

Tabelle 1.23. Interaktionstypen bei sporophytischer Determination der Inkompatibilität und einem Genort auf diploider Grundlage

Inter-aktionstyp	Allelwechselwirkung im Griffel	im Pollen
I	$\underline{A_1}A_2$	$\underline{A_1}A_2$
II	$A_1:A_2$	$\underline{A_1}A_2$
III	$\underline{A_1}A_2$	$A_1:A_2$
IV	$A_1:A_2$	$A_1:A_2$
V	$\underline{A_1}A_2$	$A_1\underline{A_2}$
VI	A_1/A_2	A_1/A_2
VII	A_1/A_2	$\underline{A_1}A_2$
VIII	$\underline{A_1}A_2$	A_1/A_2
IX	A_1/A_2	$A_1:A_2$
X	$A_1:A_2$	A_1/A_2

Zeichenerklärung:
$\underline{A_1}A_2$ = Dominanz
$A_1:A_2$ = Co-Dominanz
A_1/A_2 = unvollständige Dominanz

Für die sporophytische Determination ist ein Genort typisch. Als Allelwechselwirkung treten die Dominanz, die Co-Dominanz und die unvollständige Dominanz auf. Sehr häufig wird für den Griffel und die Pollen eine nicht korrespondierende Allelbeziehung beobachtet. Die sporophytisch determinierte Inkompatibilität kommt bei den Brassicaceen vor. Die verschiedenen Allelwechselwirkungen unter Berücksichtigung ihres Auftretens im Griffel und im Pollen werden seit über 30 Jahren (Bateman 1952) in Typen eingeteilt. Bateman (1952) ging von vier aus. Diese Einteilung mußte etwas ergänzt werden (Fabig und Nowak 1972) und wird nachfolgend noch einmal erweitert (Tab. 1.23.).
Die Interaktionstypen I–IV sind bei den Brassica-Arten und -Varietäten besonders stark verbreitet, bei denen die Allogamie noch stark vorherrschend ausgeprägt ist, wie z. B. beim Kopfkohl. Selbstung innerhalb dieser vier Interaktionstypen und Kreuzung zwischen diesen führt zur Inkompatibilität (Tab. 1.24.).
Demgegenüber sind bei fakultativ Allogamen, wie dem Blumenkohl, die höheren Interaktionstypen zu finden, wie z. B. der Interaktionstyp X. Innerhalb der Interaktionstypen VI und X und zwischen ihnen sind Kreuzungen teilweise kompatibel (Tab. 1.24.). Im übrigen geht aus der Darstellung in Tabelle 1.24. hervor, daß eine Co-Dominanz mehr Genotypen von ihrer Manifestierung ausschließt als eine unvollständige Dominanz.
Bei den dominanten Allelinteraktionen gibt es bei den Allelen keine ausgeprägten Dominanzreihen (Fabig und Nowak 1972, Ockendon 1975). Je nach idiotypischem Milieu und nach dem jeweiligen Allel bzw. den jeweiligen Allelkonfigurationen, kommt es auch zu variablen Allelmanifestierungen.
Insbesondere die Temperatur und die Luftfeuchtigkeit können sowohl bei gametophytischer wie auch bei sporophytischer Determination zu einer unterschiedlichen Expressivität oder Penetranz führen. Dies gilt auch für die Ontogenese.

Tabelle 1.24. Progames Inkompatibilitätsverhalten bei sporophytischer Determination und der Valenz 2× unter Berücksichtigung von zehn Interaktionstypen

		G: $\underline{A_1}A_2$ I P: $\underline{A_1}A_2$	G: $A_1:A_2$ II P: $\underline{A_1}A_2$	G: $\underline{A_1}A_2$ III P: $A_1:A_2$	G: $A_1:A_2$ IV P: $A_1:A_2$	G: $\underline{A_1}A_2$ V P: $A_1\underline{A_2}$	G: A_1/A_2 VI P: A_1/A_2	G: A_1/A_2 VII P: $\underline{A_1}A_2$	G: $\underline{A_1}A_2$ VIII G: A_1/A_2	G: A_1/A_2 IX P: $A_1:A_2$	G: $A_1:A_2$ X P: A_1/A_2
I	G: $\underline{A_1}A_2$ P: $\underline{A_1}A_2$	0	0	0	0	+	+	0	+	0	+
II	G: $A_1:A_2$ P: $\underline{A_1}A_2$	0	0	0	0	0	+	0	+	0	+
III	G: $\underline{A_1}A_2$ P: $A_1:A_2$	0	0	0	0	+	+	0	+	0	+
IV	G: $A_1:A_2$ P: $A_1:A_2$	0	0	0	0	0	+	0	+	0	+
V	G: $\underline{A_1}A_2$ P: $A_1\underline{A_2}$	0	0	0	0	+	+	0	+	0	+
VI	G: A_1/A_2 P: A_1/A_2	+	+	+	+	+	0	+	0	+	0
VII	G: A_1/A_2 P: $\underline{A_1}A_2$	+	+	+	+	+	0	+	0	+	0
VIII	G: $\underline{A_1}A_2$ P: A_1/A_2	0	0	0	0	+	+	0	+	0	+
IX	G: A_1/A_2 P: $A_1:A_2$	+	+	+	+	+	0	+	0	+	0
X	G: $A_1:A_2$ P: A_1/A_2	0	0	0	0	0	+	0	+	0	+

Zeichenerklärung:
G = Griffel, P = Pollen
$\underline{A_1}A_2$ = Dominanz; $A_1:A_2$ = Co-Dominanz
A_1/A_2 = unvollständige Dominanz
+ = kompatibel; 0 = inkompatibel

So sind bei der sporophytischen Determination sehr junge und alte Blüten bei inkompatiblen Konstellationen zumindest teilweise kompatibel (Attia 1950, Kroh 1956, Nishi 1967, Hoffmann 1969, Fabig und Nowak 1972, Linskens 1975 u. a.). Nach einer modifikativen Umgehung der progamen Inkompatibilität treten sowohl bei gametophytischer wie auch bei sporophytischer Determination je nach Interaktionstyp charakteristische Nachkommenschaften auf. So kommt es beispielsweise bei sporophytischer Determination und korrespondierender Unabhängigkeitswirkung, also beim Typ IV, in der zweiten Generation zu einem ausschließlichen Auftreten des Ausgangsgenotyps. Die dritte Generation ist wieder absolut inkompatibel (Tab. 1.25.).

Beim Interaktionstyp I bis III dagegen tritt in der zweiten und dritten Generation nicht nur der heterozygote Ausgangsgenotyp auf, sondern auch der homozygote A_2-Genotyp. Während in der zweiten Generation das Verhältnis dieser beiden Genotypen noch 3:1 ist, verengt es sich in der dritten Generation auf 1:1 (Tab. 1.25.).

Auf autopolyploider Basis sind die Inkompatibilitätsverhältnisse entsprechend der vermehrten Allelzahl komplizierter, aber im Prinzip nicht verändert (Lundqvist 1969, Sevkov 1973, Lundqvist 1975). Dies gilt insbesondere für die sporophytische Determination, weil dabei schon die 1x-Pollen verschiedene Allelinteraktionen repräsentieren können. Weitgehende Übereinstimmung zwischen

Tabelle 1.25. Progames Inkompatibilitätsverhalten bei 2×-Formen sowie bei sporophytischer Determination und den Interaktionstypen I–IV in den nächsten Generationen nach einer modifikativen Umgehung der Inkompatibilität

Interaktionstyp	Ausgangstyp mit Allelbeziehung		Genotyp in der 1. Generation mit Allelbeziehung		Genotyp in der 2. Generation mit Allelbeziehung		Genotyp in der 3. Generation mit Allelbeziehung	
	Griffel	Pollen	Griffel	Pollen	Griffel	Pollen	Griffel	Pollen
I	$\underline{A_1}A_2$	$\underline{A_1}A_2$	A_1A_1 $\underline{A_1}A_2$ A_2A_2	A_1A_1 $\underline{A_1}A_2$ A_2A_2	$\underline{A_1}A_2$ A_2A_2	$\underline{A_1}A_2$ A_2A_2	$\underline{A_1}A_2$ A_2A_2	$\underline{A_1}A_2$ A_2A_2
II	$A_1:A_2$	$\underline{A_1}A_2$	A_1A_1 $A_1:A_2$ A_2A_2	A_1A_1 $\underline{A_1}\,A_2$ A_2A_2	$A_1:A_2$ A_2A_2	$\underline{A_1}A_2$ A_2A_2	$A_1:A_2$ A_2A_2	$\underline{A_1}A_2$ A_2A_2
III	$\underline{A_1}A_2$	$A_1:A_2$	A_1A_1 $\underline{A_1}A_2$ A_2A_2	A_1A_1 $A_1:A_2$ A_2A_2	$\underline{A_1}A_2$ A_2A_2	$A_1:A_2$ A_2A_2	$\underline{A_1}A_2$ A_2A_2	$A_1:A_2$ A_2A_2
IV	$A_1:A_2$	$A_1:A_2$	A_1A_1 $A_1:A_2$ A_2A_2	A_1A_1 $A_1:A_2$ A_2A_2	$A_1:A_2$	$A_1:A_2$	0	

Zeichenerklärung:
$\underline{A_1}A_2$ = Dominanz, $A_1:A_2$ = Co-Dominanz; 0 = inkompatibel

Tabelle 1.26. Progames Inkompatibilitätsverhalten bei gametophytischer Determination bei einem Genort von 2×- und 4×-Formen

2×-Formen	$A_1:A_2$		A_1/A_2		$A_2:A_3$		A_2/A_3		$A_3:A_4$		A_3/A_4	
Griffel \ Pollen	A_1	A_2	A_1	A_2	A_2	A_3	A_2	A_3	A_3	A_4	A_3	A_4
$A_1:A_2$	0	0	0	0	0	+	0	+	+	+	+	+
$A_2:A_3$	+	0	+	0	0	0	0	0	0	+	0	+
$A_3:A_4$	+	+	+	+	+	0	+	0	0	0	0	0

4×-Formen	$A_1A_1:A_2A_2$			A_1A_1/A_2A_2			$A_2A_2:A_3A_3$			A_2A_2/A_3A_3		
Griffel \ Pollen	A_1A_1	$A_1:A_2$	A_2A_2	A_1A_1	A_1/A_2	A_2A_2	A_2A_2	$A_2:A_3$	A_3A_3	A_2A_2	A_2/A_3	A_3A_3
$A_1A_1:A_2A_2$	0	0	0	0	+	0	0	0	+	0	+	+
$A_2A_2:A_3A_3$	+	0	0	+	+	0	0	0	0	0	+	0
$A_3A_3:A_4A_4$	+	+	+	+	+	+	+	0	0	+	+	0

4×-Formen	$A_3A_3:A_4A_4$			A_3A_3/A_4A_4		
Griffel \ Pollen	A_3A_3	$A_3:A_4$	A_4A_4	A_3A_3	A_3/A_4	A_4A_4
$A_1A_1:A_2A_2$	+	+	+	+	+	+
$A_2A_2:A_3A_3$	+	+	+	+	+	+
$A_3A_3:A_4A_4$	0	0	0	0	+	0

Zeichenerklärung:
.:. = Co-Dominanz; ./. = unvollständige Dominanz

den Valenzstufen 2x und 4x gibt es auch bei der gametophytischen Determination und dem 2-Gen-System.

Differenzen kann es bei einer gametophytischen Determination geben, wenn die Inkompatibilität nur von einem Gen gesteuert wird. Dann findet man, wie beim Löwenmaul, bei Petunien und beim Klatschmohn nach der Polyploidisierung auch einen Zusammenbruch der Inkompatibilität (Straub 1948).

Dieser Wechsel in dem Verträglichkeitsverhalten ist verständlich, wenn man unterstellt, daß schon in den inkompatiblen Diploiden zwischen Griffel und Pollen eine nicht korrespondierende Allelinteraktion vorlag, also beispielsweise Co-Dominanz und unvollständige Dominanz. Die unvollständige Dominanz kann bei gametophytischer Determination und 1x-Pollen nicht zur Geltung kommen. Dies ist aber sofort nach einer Polyploidisierung der Fall (Tab. 1.26.).

1.7.2. Inkompatibilität und Züchtung von Hybriden oder Semihybriden

Bei der Inkompatibilität wird vor allem die sporophytisch determinierte zur Erzeugung von Hybriden ausgenutzt. Dies geschieht bei verschiedenen Subspecies von Brassica oleracea L. Die Inkompatibilität zeichnet sich gegenüber der Pollensterilität dadurch aus, daß eine direkte Linienreproduktion der Hybridpartner möglich ist. Außerdem gestattet ein Funktionssystem auf der Grundlage einer Inkompatibilität eine zweiseitige Samenernte, d. h. die mütterliche Linie kann mitunter gleichzeitig als väterliche fungieren und umgekehrt.
Eine modifikative Umgehung der Inkompatibilität läßt sich durch Knospen-Selbstungen oder -Kreuzungen erreichen. Bei allen Typen der Allelbeziehungen bzw. der Interaktion treten zunächst die üblichen 1:2:1-Aufspaltungen auf. In der darauf folgenden Generation unterscheiden sich dann die Allelkonfigurationen je nach den vorliegenden Allelbeziehungen. So entstehen bei sporophytischer Determination und korrespondierender Co-Dominanz in der 2. Generation wieder die gleichen Alleltypen wie bei den Großeltern. Demgegenüber bilden sich bei korrespondierender Dominanzwirkung neben den Ausgangsallelen auch die homozygot rezessiven Genotypen. Diese Feststellung ist für eine Linienreproduktion wichtig. Sie läßt sich bei dem Interaktionstyp IV mit Co-Dominanz im Griffel und Pollen relativ leicht durchführen.
Eine unvollkommene Expressivität und Penetranz der Inkompatibilitätsallele liegt besonders bei unvollständiger Dominanz vor. Sie tritt bei den Interaktionstypen VI bis X auf (vgl. 1.7.1.). Ist man mangels vollständiger Dominanz oder Co-Dominanz auf unvollständige Dominanz angewiesen, dann ist mit einer unvollständigen sowie nicht stabilen Inkompatibilität zu rechnen. Liegt sie vor, dann setzen sich die zu erzeugenden Hybridsorten nicht nur aus Bastarden zusammen. Die Hybridsorten sind daher unausgeglichen. Mit ihnen lassen sich die Hybrideffekte nicht voll nutzen. Wie hoch mitunter der Nichtbastardanteil in manchen Hybriden sein kann, zeigen vorgenommene Stichproben (Arus u. a. 1982). So fanden die Autoren, daß der Bastardanteil bei Broccoli 98 bis 63%, bei Blumenkohl 96 bis 90% und bei Kopfkohl 72 bis 60% beträgt.

Tabelle 1.27. Schematische Darstellung einer Hybridzüchtung auf der Grundlage einer sporophytisch determinierten Inkompatibilität mit Dominanz

1. Kreuzungsschritt	$S_1S_1 \times S_1S_1$		$S_2S_2 \times S_2S_2$		$S_3S_3 \times S_3S_3$		$S_4S_4 \times S_4S_4$
2. Kreuzungsschritt	S_1S_1	×	S_2S_2		S_3S_3	×	S_4S_4
3. Kreuzungsschritt		$\underline{S}_1S_2$		×		$\underline{S}_3S_4$	
				$S_1\,S_3 : S_1\,S_4 : S_2\,S_3 : \underline{S}_2\,S_4$			

Tabelle 1.28. Schematische Darstellung einer Hybridzüchtung auf der Grundlage einer sporophytisch determinierten Inkompatibilität mit Co-Dominanz

1. Kreuzungsschritt	$S_1S_1 \times S_1S_1$		$S_2S_2 \times S_2S_2$		$S_3S_3 \times S_3S_3$		$S_4S_4 \times S_4S_4$		$S_5S_5 \times S_5S_5$		$S_6S_6 \times S_6S_6$
manuell											
in-vitro-Vermehrung	S_1S_1		S_2S_2		S_3S_3		S_4S_4		S_5S_5		S_6S_6
2. Kreuzungsschritt	S_1S_1	×	S_2S_2		S_3S_3		S_4S_4	×	S_5S_5		S_6S_6
und											
in-vitro-Vermehrung											
3. Kreuzungsschritt		$S_1:S_2$	×		S_3S_3			$S_4:S_5$	×		S_6S_6
4. Kreuzungsschritt			$S_1:S_3$	$S_2:S_3$		×			$S_4:S_6$	S_5S_6	
					S_1S_4	S_1S_5	S_1S_6				
					S_2S_4	S_2S_5	S_2S_6				
					S_3S_4	S_3S_5	S_3S_6				

Bei den Interaktionstypen I bis IV, also bei vollständiger Dominanz oder Co-Dominanz, erweist sich die sporophytisch determinierte Inkompatibilität als ein wirksames Mittel zur Absicherung der Fremdbefruchtung. Sie läßt sich in solchen Fällen auch gut als Funktionssystem für eine Hybridsaatguterzeugung nutzen. Aus den zahlreichen Möglichkeiten sollen hier einige Verfahren demonstriert werden. Dabei sind für die Erhaltung und Reproduktion von Linien mit bestimmten Inkompatibilitätsallelen in-vitro-Vermehrungen zu nutzen. Dies wird besonders bei den Objekten empfohlen, wo nicht zu große Pflanzenzahlen erforderlich sind.

Beispiel 1.10.:
Lassen sich die vegetativen Vermehrungen nicht durchführen, sind die identischen Reproduktionen auf dem Wege von Inzuchten vorzunehmen. Dies ist beim Kohl möglich, wenn Knospen-Kreuzungen bzw. -Selbstungen durchgeführt werden. Dabei sind strenge Inzuchten also Selbstungen, wenn möglich, zu vermeiden. Es ist angebrachter, auf Voll- oder Halbgeschwisterpaarungen zu orientieren. Sie führen zu einer höheren Reproduktionsrate und in der Regel zu höheren Hybrideffekten.
Kann vegetativ vermehrt werden und wird wenig Saatgut benötigt, dann genügt eine Kombination von zwei verschiedenen Klonen. So läßt sich beispielsweise kreuzen: $S_1 : S_2$ mit $\underline{S}_3 S_4$. Die Hybriden verfügen dann über die S-Allelkombination S_1S_3, S_1S_4, S_2S_3 und S_2S_4. In diesem Falle ist eine zweiseitige Saatguternte möglich. Wird wenig Saatgut benötigt, genügen also wenig Kreuzungsschritte, kann die Linienerhaltung auch über Knospenkreuzungen erfolgen. Es bedarf dann dreier Kreuzungsschritte.
In Tabelle 1.27. ist eine Hybridsaatgutproduktion schematisch dargestellt. Sie basiert auf einer Dominanz im Griffel und Pollen. Das Verfahren gestattet eine zweiseitige Saatguternte.
Wie dieses Beispiel zeigt, ist in der Regel mit mindestens vier S-Allelen zu arbeiten. Es ist deshalb erforderlich, diese mit Hilfe von Testkreuzungen zu ermitteln. Einfacher ist es, die S-Allele auf biochemischem Wege zu identifizieren. Zu diesem Zweck wird das S-Allel-spezifische Protein analysiert (Nishio und Hinata 1977). Derartige Bestimmungen sind auch deshalb von Vorteil, weil in der Züchtung mit mehr als vier Inkompatibilitätsallelen gearbeitet werden muß, wenn in einer Sorte mehr als vier Allele Eingang finden.
Wenn es notwendig ist, noch mehr Saatgut zu produzieren, ist das Funktionssystem um einen weiteren Kreuzungsschritt auszudehnen. Außerdem wird man in der Regel wenigstens teilweise mit in-vitro-Vermehrungen arbeiten. Ein derartiges Verfahren ist in der Tabelle 1.28. schematisch dargestellt.
Ist der Aufwand zu groß oder stehen nicht genug geeignete Linien mit den verschiedenen Inkompatibilitätsallelen zur Verfügung, dann ist das Funktionssystem auf eine einseitige Saatguternte auszulegen. In diesem Falle fungiert eine Inkompatibilitätslinie als Mutter und eine Sorte, eine Varietät bzw. ein Klon als Vater, der über keine spezifische Inkompatibilitätskonstitution verfügen muß.

1.8. Mehrhäusigkeit

1.8.1. Genetik

Wir unterscheiden bei Organismen folgende Geschlechtstypen:
zwittrige oder synözische,
einhäusige oder monöcische,
zweihäusige oder diöcische.

Bei diöcischen Pflanzen gibt es nicht nur Weibchen und Männchen, sondern auch Kombinationen mit den anderen Geschlechtstypen. Es ist davon auszugehen, daß alle Organismen eine bisexuelle Potenz besitzen. Darunter ist eine genetisch bedingte Reaktionsnorm zu verstehen, welche die Möglichkeit, beide Geschlechter auszubilden, in sich vereinigt. Diese in der Regel alternative Reaktionsnorm kann für beide Geschlechter gleich stark vorliegen. Es kommt auch vor, daß sie die Tendenz zur Weiblichkeit oder zur Männlichkeit hat. Die Ausbildung des weiblichen oder des männlichen Geschlechtes bzw. beider Geschlechter gleichzeitig ist in jedem Organismus möglich, wird aber nicht ohne weiteres realisiert. Dazu bedarf es eines Realisatorsystems. Es leitet nicht nur die Geschlechtsausprägung an sich ein, sondern entscheidet auch darüber, welcher Art diese Ausprägung sein soll. Dieses System ist bei zwittrigen und einhäusigen Pflanzen von nichtgenetischer Natur und von Umweltfaktoren im weitesten Sinne abhängig. Dagegen fungiert bei zweihäusigen Arten (z. B. Hanf, Hopfen, Majoran, Spinat, Erdbeeren und Spargel) ein genetisches System als Geschlechtsrealisator. Es ist im Genotyp lokalisiert. Für das Realisatorsystem sind mitunter mehrere Gene verantwortlich, wobei allerdings die Hauptsteuerung von einem einzigen Gen aus geschieht. Seine Allele entscheiden, welche Geschlechtsausprägung der jeweilige Organismus hat.
Aus den umfangreichen Untersuchungen bei Pflanzen ergeben sich im Realisatorlocus verschiedene Allelinteraktionen. Es wird vielfach eine vollständige Dominanz festgestellt. Mitunter wird aber auch eine unvollständige Dominanz gefunden. In diesem Falle wirken bei einem heterozygoten Zustand beide Allele etwa gleich stark. Ist das eine Allel für die Ausprägung des weiblichen und das andere Allel für die des männlichen Geschlechts verantwortlich, so kommt es häufig zur Entstehung von Zwittern oder einhäusigen Pflanzen. Die unvollständige Dominanz ist meistens mit einer variablen Allelmanifestierung verbunden.
In zweihäusigen Populationen unterliegen die Geschlechtstypen in der Regel einer 1:1-Verteilung. Es treten etwa 50% weibliche und etwa 50% männliche Individuen auf. Gelegentlich gibt es auch andere Formen der Zweihäusigkeit, z. B. rein weibliche und einhäusige Pflanzen. Die 1:1-Verteilung kommt bei der Kreuzung einer heterozygoten mit einer homozygot rezessiven diploiden Form zustande.
Im Realisatorlocus sind häufig die Weibchen homozygot, die Männchen und die Monözisten heterozygot. In Ausnahmefällen sind die Weibchen heterozygot, so bei der Erdbeere.
Zwischen den beiden genetischen Teilsystemen, der bisexuellen Potenz und den Realisatoren, besteht eine einfache Beziehung. Sie läßt sich am Beispiel des

Spargels (*Asparagus officinalis* L.) gut demonstrieren. Bei dieser Kulturpflanze sind die Männchen heterozygot im Realisatorlocus, und es besteht in diesem ein vollständiges Dominanzverhältnis. Die Weibchen sind homozygot rezessiv. Die bisexuelle Potenz besitzt dann eine weibliche Tendenz. Die doppelt rezessive Konstitution im Realisatorlocus vermag diese Tendenz nicht zu verändern und es kommt bei einer $F_{e_2}F_{e_2}$-Konstitution zur Ausbildung von Weibchen. Besitzt dagegen ein Idiotyp im Realisatorlocus eine $F_{e_1}F_{e_2}$-Zusammensetzung, also ein dominantes Allel, dann bewirkt dieses eine Umstimmung der bisexuellen Potenz mit der weiblichen Tendenz und es kommt zur Ausbildung von Männchen.
Im Prinzip herrschen solche einfachen Beziehungen zwischen bisexueller Potenz und dem Realisatorlocus immer vor, selbst wenn die Geschlechtsausprägung vielfältiger als beim Spargel ist.
Bei der Gurke liegen folgende Verhältnisse vor (Kubicki 1965, Skiebe 1974):
Der Geschlechtsrealisator ist durch multiple Allelie gekennzeichnet. Er verfügt über folgende vier Allele, wobei das Weiblichkeitsrealisatorallel unvollständig dominiert:

St_1 = Weibchen,
St_2 = Einhäusige,
St_3 = Einhäusige mit etwas mehr männlichen Blüten,
St_4 = Einhäusige mit überwiegend männlichen Blüten.

Zu der Komplikation einer multiplen Allelie mit vier Allelen gesellt sich eine weitere. Neben dem Realisatorlocus fungiert noch ein Modifikationsgen, dessen vollständig dominantes Allel M_1 die Weiblichkeit verstärkt, während das rezessive M_2-Allel die männliche Geschlechtsausprägung unterstützt. Kreuzt man Weibchen mit Männchen, so entstehen in der F_1 Einhäusige mit einem etwas stärker ausgeprägten Weiblichkeitsanteil. In der F_2 ist dann eine starke Aufspaltung festzustellen, wobei neben Weibchen, Männchen und Einhäusigen auch noch echte Zwitter auftreten.
Kreuzt man nicht nur Weibchen und Männchen miteinander, sondern werden auch noch andere Geschlechtstypen in die Experimente mit einbezogen, dann ist die Aufspaltung vielfältiger. Zwitter entstehen dann, wenn mindestens ein St_1-Allel und zwei M_2-Allele vorhanden sind. Es gibt auch einen zwittrigen Typ mit männlichen Blüten. In diesem Falle handelt es sich um $St_1St_3M_2M_2$-Pflanzen, wobei das St_1-Allel nur unvollständig dominant über das St_3-Allel ist. Solche Zwitter haben wegen einer vermehrten Pollenproduktion eine Bedeutung. Die Wirkungsweise der Realisatoren geht über den Phytohormonhaushalt vonstatten. Es gelingt, durch Applikation von Agenzien die Geschlechtsausprägung zu modifizieren. Vereinfacht man die Phytohormoneinflüsse, so ist davon auszugehen, daß Gibberelline die Männlichkeit und Auxine die Weiblichkeit fördern (Galun 1959). Daher lassen sich bei Gurken aus Weibchen nach Gibberellinapplikation Monöcisten entwickeln.

1.8.2. Mehrhäusigkeit und Züchtung von Hybriden

Auf der Grundlage der Geschlechtsvererbung und modifikativen Geschlechtsveränderung sind bei verschiedenen Kulturpflanzen Verfahren der Hybridzüchtung entwickelt worden. Sie variieren vor allem je nach Saatgutbedarf und je nach Zuchtzielen. Am weitesten fortgeschritten sind die Verfahren bei der Gurke.

Beispiel 1.11.:
Im einfachsten Falle werden weibliche Linien erzeugt und über eine Gibberellinbehandlung teilweise zu Monöcisten umgewandelt. Auf diese Weise lassen sich die weiblichen Linien erhalten bzw. für die Hybridsaatgutproduktion als mütterlicher Partner bereitstellen. Je nach dem, ob parthenokarpe weibliche Hybriden oder monöcische Einlegegurken entwickelt werden sollen, sind die väterlichen Hybridpartner zu wählen (Tab. 1.29.).

Beispiel 1.12.:
Geht es darum, größere Saatgutmengen zu erzeugen, sind drei Kreuzungsschritte notwendig. Auch in diesem Falle ist es möglich, nicht nur monöcische, sondern auch weibliche Hybriden zu entwickeln. Dies ist dann erforderlich, wenn Sorten mit parthenokarpen also samenlosen Früchten gezüchtet werden sollen. In Tabelle 1.30. ist ein entsprechendes züchterisches Vorgehen schematisch dargestellt.

Tabelle 1.29. Schematische Darstellung von Verfahren zur Hybridsaatgutproduktion in zwei Kreuzungsschritten bei Gurken

1. Kreuzungsschritt	$M_1M_1St_1St_1$ ♀	$M_1M_1St_1St_1$ umgew. ♀–⚥	$M_1M_1St_1St_1$ ♀
2. Kreuzungsschritt	$M_1M_1St_1St_1$ ♀	$M_1M_1St_3St_3$ ♂–⚥	$M_1M_1St_1St_3$ ♀–⚥
1. Kreuzungsschritt	$M_1M_1St_1St_1$ ♀	$M_1M_1St_1St_1$ umgew. ♀–⚥	$M_1M_1St_1St_1$ ♀
2. Kreuzungsschritt	$M_1M_1St_1St_1$ ♀	$M_2M_2St_1St_1$ ☿	$M_1M_2St_1St_1$ ♀

Tabelle 1.30. Schematische Darstellung eines Verfahrens zur Hybridsaatgutproduktion in drei Kreuzungsschritten bei Gurken

1. Kreuzungsschritt	$M_1M_1St_1St_1$ ♀	$M_1M_1St_1St_1$ umgew. ♀–⚥	$M_1M_1St_1St_1$ ♀
2. Kreuzungsschritt	$M_1M_1St_1St_1$ ♀	$M_2M_2St_1St_1$ ☿	$M_1M_2St_1St_1$ ♀
3. Kreuzungsschritt	$M_1M_2St_1St_1$ ♀	$M_1M_1St_2St_2$ ♀–⚥	$M_1M_1St_1St_2$ ♀ $M_1M_2St_1St_2$ ♀

Bei autopolyploiden Kulturpflanzen verläuft die Geschlechtsvererbung im Prinzip wie bei den diploiden. Dies soll am Spargel demonstriert werden. Bei dieser Kulturart kennt man bisher im Geschlechtsrealisator nur zwei Allele. Weibchen besitzen die Konfiguration $F_{e_2}F_{e_2}F_{e_2}F_{e_2}$. Das F_{e_2}-Allel ist nicht in allen Fällen vollständig rezessiv. $F_{e_1}F_{e_2}F_{e_2}F_{e_2}$-Genotypen sind deshalb nur in der Regel Männchen. In manchem genetischen Milieu haben $F_{e_1}F_{e_2}F_{e_2}F_{e_2}$-Genotypen auch einige weibliche Blüten, sind also Männchen bis Monöcisten. Bei $F_{e_1}F_{e_1}F_{e_2}F_{e_2}$ und $F_{e_1}F_{e_1}F_{e_1}F_{e_2}$ nimmt die Tendenz zur Bildung von weiblichen Blüten ab. $F_{e_1}F_{e_1}F_{e_1}F_{e_1}$-Pflanzen sind immer reine Männchen. Beim Spargel benötigt man die Weibchen für die Herstellung von Hybriden. Das läßt sich relativ leicht über eine Elimination der Männchen in zweihäusigen Populationen erreichen. Außerdem ist es möglich, Weibchen über eine in-vitro-Vermehrung zu verklonen, so daß man 100% weibliche Linien erhält. Als Vater können normale Simplex-Genotypen verwendet werden. Dann setzt sich die Hybridsorte zu 50% aus Weibchen und zu 50% aus Männchen zusammen. Es wird aber auch angestrebt 100% rein männliche Hybriden zu erstellen, weil sie ertraglich zweihäusigen Sorten überlegen sind. Eine derartige 100% männliche Hybride ist am ehesten über ein Nulliplex-Weibchen und ein Quadruplex-Männchen ($F_{e_1}F_{e_1}F_{e_1}F_{e_1}$) zu erreichen, da die entstehenden Duplex-Bastarde ($F_{e_1}F_{e_1}F_{e_2}F_{e_2}$) selten Männchen bis Monöcisten sein werden. Es sind auch nach Kreuzungen zwischen Nulliplex-Weibchen und Triplex-Männchen ($F_{e_1}F_{e_1}F_{e_1}F_{e_2}$) 100% männliche Nachkommenschaften zu erwarten. Bei den dabei entstehenden Simplex-Männchen ($F_{e_1}F_{e_2}F_{e_2}F_{e_2}$) ist aber das Auftreten von weiblichen Blüten, also eine gewisse Monöcietendenz, zu befürchten. Ist dies der Fall, dann weisen derartige Typen geringere Erträge auf. Ertragsdepressionen und eine Unausgeglichenheit derartiger Hybriden sind die Folge.

1.9. Mutationen

Bei der Replikation der DNS in den Zellen kann es zu Fehlern kommen, die nicht repariert werden. Daraus resultieren Genmutationen (vgl. Definition 1.9.). Fehler können auch im Verlaufe der Zellteilungen auftreten, welche die Zuordnung der Gene mit ihren jeweiligen Allelen auf den Chromosomen verändern. Hierbei handelt es sich um Chromosomenmutationen (vgl. Definition 1.10.). Treten Gen- und Chromosomenmutationen in meristematischen Zellen auf, kommen sie ontogenetisch bei den einzelnen Individuen zur Geltung. Werden diese vegetativ vermehrt, bleiben sie in den Klonen erhalten. Handelt es sich um Geschlechtszellen, werden die beiden Mutationstypen für die generativen Vermehrungen bedeutungsvoll. Gen- und Chromosomenmutationen verändern die aktuelle genetische Zusammensetzung von Populationen. Kommen die Mutationen in den Geschlechtszellen zur Geltung, verändern sie auch den Genpool von Populationen.
Die Bedeutung der Mutationen für die Populationen hängt von der Wahrscheinlichkeit ihres Auftretens (der Mutationsrate) ab. Im allgemeinen handelt es sich dabei um seltene Ereignisse. Dies ist bei Genen vor allem auf eine Reparatur

von „Fehlern" bei der Replikation der DNS zurückzuführen. Handelt es sich nicht um mutationssensible Gene oder Chromosomen, so ist in der Regel mit einer Mutationsfrequenz von $1 \cdot 10^{-4}$ bis $1 \cdot 10^{-7}$ zu rechnen. Mutationen sind in ihrem Wirksamwerden in Populationen im allgemeinen durch eine geringere Fitness der Mutanten gekennzeichnet. Das kann sich ändern, wenn sie in einen Rekombinationsprozeß einbezogen werden, wozu in allogamen Populationen entsprechende Voraussetzungen gegeben sind. Aus Mutanten auf diese Weise entstandene Rekombinanten können in den durch die Mutation kontrollierten Merkmalen einen Selektionsvorteil besitzen. Handelt es sich dabei um Fitness-Merkmale, werden sie die Population im Laufe der Generationen stark verändern. Erweist sich eine Genmutation auch in einem anderen genetischen Hintergrund als nicht überlegen, so ist es möglich, daß sie eliminiert wird. Die Selektion wirkt so einem Mutationsdruck entgegen und verhindert, daß die „Mutationslast" einer Population zu groß wird (s. auch 2.2.2.3.).
Instruktiv sind die Beziehungen zwischen Mutation und Selektion bei den Wirt:Parasitbeziehungen, insbesondere wenn es sich um obligate Parasiten handelt. Die Auslese von krankheitsresistenten Mutationen beim Wirt hat die Auslese von virulenten Mutanten beim Erreger zur Folge, die dann wieder den Wirt befallen können. Aus diesem Tatbestand wurden die Allel-für-Allel-Beziehungen abgeleitet, die einem Schloß:Schlüsselprinzip entsprechen (Schreiber 1968, Flor 1971, Mac Key 1980).

Beispiel 1.13.:
Gut analysiert wurde der Einfluß von Gen-Mutationen und Selektion auf die Veränderung von Populationen bei der Saaterbse. So ist die Blütenfarbe bei den Futtererbsen wie bei den Wildformen bunt. Dafür ist vor allem ein Genort verantwortlich. Das dominante Allel (A_1) bewirkt bunte Blüten und in Pleiotropie dazu bunte Samen, einen niedrigen Zuckergehalt in den unreifen Samen und eine hohe Resistenz gegen die Erreger der Fußkrankheit.
Die Allele A_2 und A_3 führen zu helleren Fahnenflügeln bzw. gefleckten Blüten. Das A_4-Allel bedingt eine weiße Blütenfarbe, eine farblose Samenschale, mehr Zucker in den unreifen Samen und eine geringere Widerstandsfähigkeit gegen die Fußkrankheits-Erreger. Mit Hilfe zahlreicher artifizieller, allogamer Befruchtungen bildeten sich auf der Grundlage der Mutation in diesem Locus die Gemüse- und Trockenspeiseerbsen heraus.
Die Wilderbsen, die Futtererbsen und die Trockenspeiseerbsen besitzen Samen in einer mehr oder minder runden Form. Dabei ist in den Kotyledonen das Verhältnis zwischen Amylose und Amylopektin etwa 1:3. Durch eine rezessive Mutation entstehen Genotypen mit einem umgekehrten Verhältnis zwischen den beiden Polysacchariden. Die Samen schrumpfen und haben eine runzelige Oberfläche. Es handelt sich dabei um Markerbsen. Diese Mutation erhöht den Zuckergehalt in den unreifen Samen und senkt die Widerstandsfähigkeit gegen die Erreger der Fußkrankheit. Vielfach kombiniert lieferte diese Mutation die Grundlage für das heutige Sortiment der Gemüseerbsen.
In den Wilderbsen und den Futtererbsen ist die Kotyledonen-Farbe gelb. Durch zwei rezessive Mutationsschritte kann eine grüne Kotyledonenfarbe auftreten. Damit verbunden ist wieder eine Erhöhung des Zuckergehaltes in den unreifen

Schalerbse
RR

○ gelbe Kotyledonen

● grüne Kotyledonen

buntblühend

weißblühend (W○W)

Hülse mit Membran

Hülse ohne Membran

Markerbse
r r

□ JJOO

■ iioo

AA

aa (W□W)

PPVV

ppvv

——— ein Mutationsschritt

=== zwei Mutationsschritte

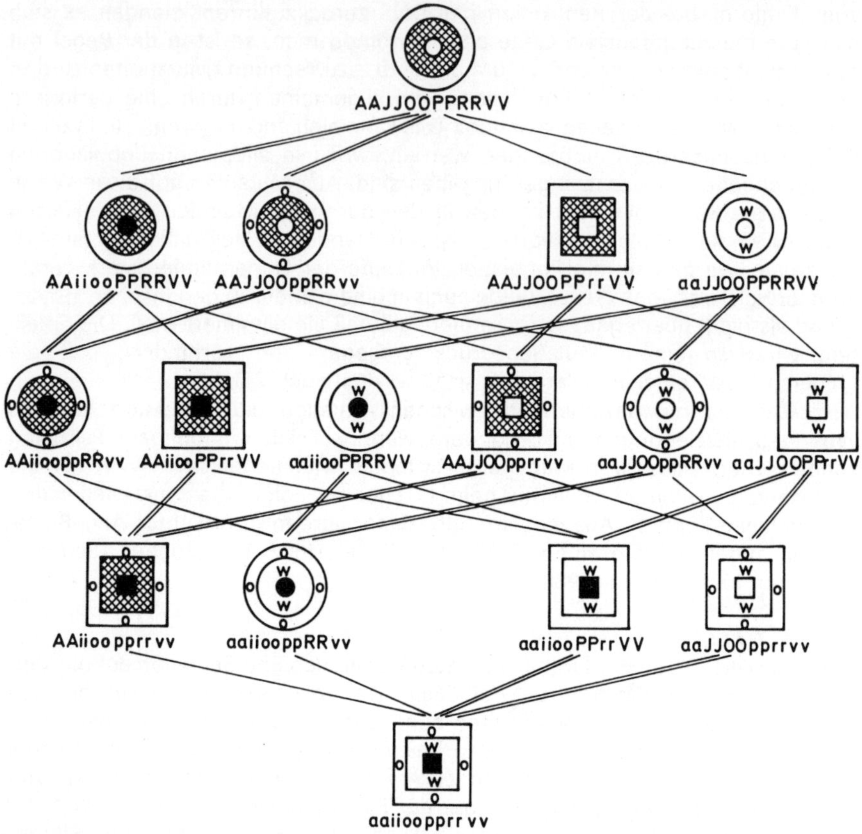

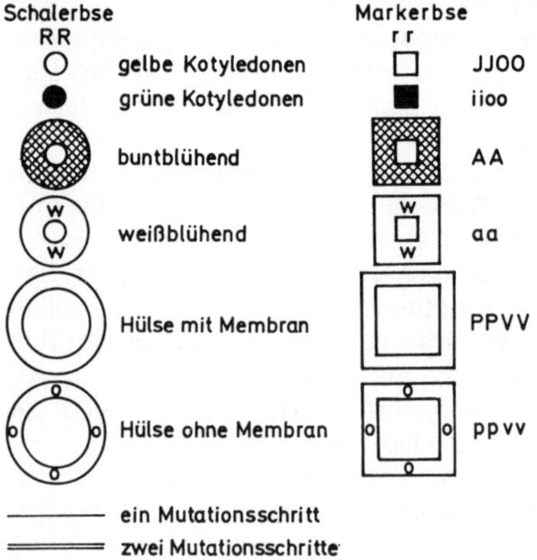

Abbildung 1.7. Schematische Darstellung der züchterischen Entwicklung der Erbse unter dem Einfluß von rezessiven Genmutationen

Erbsen und eine Zunahme der Anfälligkeit gegenüber der Fußkrankheit. Durch Erzeugung von zahlreichen Rekombinanten wurden diese Mutanten zur vollen züchterischen Wirksamkeit gebracht. Die heutigen Gemüseerbsen sind fast ausnahmslos nicht nur weißblühend mit runzeligem Korn, sondern haben wegen der besseren Qualität grüne Kotyledonen.

Wilderbse, Futtererbse, Trockenspeiseerbse und Gemüseerbse haben eine starke Membran an der Innenseite der Hülse. Durch zwei rezessive Mutationen in zwei Genen entstehen Hülsen ohne Membran. Daher können die unreifen Samen mit den Hülsen gegessen werden. Ihre unreifen Samen haben mehr Zukker als die Genotypen mit den beiden dominanten Allelen, sind aber auch anfälliger gegen die Erreger der Fußkrankheit. Diese beiden Mutationen begründeten in Verbindung mit Kombinationen das Sortiment der heutigen Zuckererbsen.

An dem Beispiel der Evolution bei den Erbsen läßt sich die große Bedeutung von Genmutationen für die Züchtung gut demonstrieren (Abb. 1.7.). Diese Mutanten haben sich in der Züchtung nicht durchgesetzt, weil sie eine höhere Fitness besitzen, sondern vor allem weil sie wegen qualitativer Veränderungen selektiert worden sind.

Die Chromosomenmutationen führen nach ihrem Auftreten bei Tieren und Pflanzen meistens zu Paarungs-Komplikationen in der Meiose. Daraus resultieren häufig weniger funktionsfähige Gameten. Eine geringere generative Reproduktionsrate ist die Folge. Werden die Chromosomenmutationen homozygot, entfallen diese Nachteile wieder. Bei Pflanzen muß es dann in der Merkmalsausprägung gegenüber den nicht chromosomal Veränderten keine Abweichungen geben (Künzel und Scholz 1976).

Bei Duplikationen gibt es Hinweise für Merkmalsverstärkungen. Sie können daher, soweit es sich um positive Merkmale handelt, züchterisch bedeutungsvoll sein (Hagberg 1967). Indizien für stattgefundene Duplikationen sind bei der Gerste gefunden worden (Sogaard u. a. 1983).

Bei Tieren ist dies meistens etwas anders. Eine Übersicht über das Auftreten und die Auswirkung von Chromosomenmutationen bei Haustieren geben Saar u. a. (1983). Daraus ist ersichtlich, daß homozygot gewordene Chromosomenmutationen bei ihren Trägern Fertilitätsbeeinflussungen oder Anomalien hervorrufen können.

Wie bei vielen genetischen Phänomenen, gibt es auch bei den Chromosomen-Mutationen Beziehungen zu anderen Vorgängen. So führen Chromosomenmutationen, insbesondere Inversionen und Translokationen zu einer Herabsetzung der Chiasmatafrequenz und damit auch der crossing over-Rate (Rieger und Michaelis 1967).

Nach Chromosomenmutationen ist das Auftreten von Koppelungsbrüchen verringert. Die genetische Stabilität von Populationen wird dadurch gesteigert, die Flexibilität gesenkt.

1.10. Paramutationen und transponible Elemente

Populationen können durch metastabile Gensysteme beeinflußt werden, bei denen sich Allele gleichartig und häufig verändern. Das beruht auf transponiblen DNS-Sequenzen (Definition 1.12.) oder auf mutagenen Allelen (Hagemann und Berg 1977).

Definition 1.29.:
Paramutationen sind regelmäßige Mutationen, welche bei heterozygoten Allelverbindungen auftreten, wobei sich paramutable Allele durch paramutagene Allele verändern.
Paramutationen gibt es bei der Tomate, am Sulfurea-Locus, dessen Wildtyp-Allel grüne Blätter bedingt und dominant ist über die variegata- und die pura-Allelgruppe. Die variegata-Allele führen zu gelbgrünen Blättern und sind dominant über die pura-Allele, die gelbe Blätter bewirken. Die Dominanz eines Wildtyp-Allels über drei Mutanten-Allele bzw. eines variegata-Allels über drei pura-Allele ist auch auf dem 4x-Niveau gegeben. Unter dem Einfluß von variegata- oder pura-Allelen wird das Wildtyp-Allel instabil und es kommt zur Herausbildung von Mutanten.
Die Paramutagenität der pura-Allele ist deutlich „stärker" als die der variegata-Allele. Dabei entstehen aus dem Wildtyp-Allel eher variegata- als pura-Phänotypen, unabhängig davon, ob ein variegata- oder ein pura-Allel gegenwärtig ist.
Das Auftreten von Paramutationen ist abhängig von der jeweils vorliegenden Alleldosis. Duplex-Genotypen sind wesentlich stabiler als Simplex-Pflanzen (Hagemann und Berg 1977).
Beim Löwenmaul sind verschiedene Fälle einer genetischen Instabilität bekannt geworden (Stubbe 1966). An dieser Stelle ist die Sachlage bei der deficiens-Serie besonders erwähnenswert. Auf einer homozygoten def^{gli} def^{gli}-Linie entstehen oft Triebe mit der Konfiguration def^{+} def^{gli}. Aus diesen heterozygoten Genotypen entwickeln sich in einem zweiten Mutationsschritt homozygote def^{+} def^{+}-Äste. Es gibt auch def^{gli} def^{gli}-Linien, welche diese Instabilität nicht zeigen (Hagemann und Berg 1977). Es ist daher fraglich, ob es sich bei der def^{gli}-Instabilität um eine Paramutation handelt.
Neben dieser vorwiegend gerichtet verlaufenden Instabilität, gibt es eine mehr ungerichtet wirkende Variante. Es handelt sich um die Effekte von transponierbaren DNS-Elementen. Sie wurden sowohl bei Tieren als auch bei Pflanzen beobachtet. Man nimmt an, daß sie durch Stresskonstellationen der verschiedensten Art entstehen (Hagemann und Hagemann 1987).
Transponible Elemente bewirken mitunter Chromosomenbrüche. Sie können auch in DNS-Sequenzen von Chromosomen eingebaut werden. Handelt es sich um codierende DNS, bleibt deren Basensequenz erhalten, es kommt aber zu Veränderungen in der Wirksamkeit dieser Allele. Das kann soweit gehen, daß die betroffenen Allele zu keiner Merkmalsexpression befähigt sind. Verlassen die transponiblen Elemente die Einbaustelle, so können die wieder ledig gewordenen Allele meistens ihre alte Funktion ausüben.
Allerdings haben die transponierbaren Elemente durch das Hineinspringen an den der Einbaustelle benachbarten DNS-Sequenzen Verdoppelungen bewirkt.

Sie betreffen beim Mais 3 bis 10 Basenpaare und beim Löwenmaul 3–8 Basenpaare. Darüber hinaus kann es zu weiteren insertionsbedingten, mutativen Veränderungen kommen (Hagemann und Hagemann 1987). Diese DNS-Umbauten und Verdoppelungen treten auch auf, wenn die transponierbaren Elemente in nicht codierende DNS-Bezirke hineinspringen. Transponierbare Elemente können unterschiedlich groß sein. Sie sind selbst nicht frei von Umbauten, Defizienzen und Deletionen. Mitunter enthalten sie auch codierende Sequenzen. Das ist beispielsweise bei der Taufliege schon nachgewiesen worden.

Nicht alle transponierbaren Elemente sind in der Lage, das Hinein- und Hinausspringen selbst herbeizuführen. Sie bedürfen dazu der Gegenwart autonomer Elemente. Im übrigen können aber nicht autonome Elemente die gleichen oben bereits erwähnten genetischen Veränderungen bewirken. Beim Mais beispielsweise setzt sich das Ac-Ds-System aus dem autonomen Activator- und dem nicht autonomen Dissoziationselement zusammen. Bekannt geworden ist ferner das Enhancer:Inhibitorsystem. Das Element En ist hierbei autonom. Es kann die nicht autonome Komponente I aktivieren und ist auch selbst transponierfähig. Das unselbständige I-Element läßt sich aber nicht vom Aktivator des Ac-Ds-Systems aktivieren. Entsprechendes gilt für En bei Ds. Die Aktivierung innerhalb eines Systems ist dosisabhängig. So wurde für das Ac-Element festgestellt, daß seine Wirkung auf das Ds-Element um so später erfolgt, je mehr Kerngenome mit Ac vorhanden sind (Mc Clintock 1955; Peterson 1970 u. a.).

Es ist von Bedeutung, daß die transponierbaren Elemente im Kerngenom nicht völlig zufällig springen. Sie bevorzugen spezifische Regionen in bestimmten Chromosomen und wandern seltener in Positionen anderer Chromosomen. Sie sind aber nicht nur auf die Allele eines Genortes spezialisiert (Hagemann und Hagemann 1987).

Die Verlagerung und damit die Wirkung transponierbarer Elemente ist auch abhängig von den jeweils herrschenden Umweltbedingungen. Dies konnte beim Löwenmaul nachgewiesen werden.

Bei diesem Objekt sind bisher drei transponierbare Elemente bekannt geworden. Es handelt sich um Tam1, Tam2 und Tam3. Höhere Temperaturen bewirken eine niedrigere Beweglichkeit dieser Elemente und damit eine höhere Stabilität bei den einer Einwanderung ausgesetzten Allelen. Im übrigen ist Tam1 und Tam3 autonom. Tam2 bedarf also der Gegenwart eines dieser Elemente, um umherspringen zu können (Wienand u. a. 1982; Hagemann und Hagemann 1987).

Ein transponierbares Element ist auch schon bei der Sojabohne analysiert worden. Es trägt die Bezeichnung Tgm1 und besitzt eine mittlere Größe. Mit transponiblen Elementen ist bei weiteren Objekten zu rechnen. Es wird hier nur noch auf die Petunien verwiesen (Doodeman u. a. 1984; Hagemann und Hagemann 1987).

Aus den „footprints"-Wirkungen der transponierbaren DNS-Elemente läßt sich ableiten, daß sie mutagen sind. Durch sie werden also relativ gezielt Duplikationen (vgl. 1.9.) ausgelöst. Aus den Darlegungen ergibt sich ferner, daß transponible Elemente ein gutes Analyseinstrument sind. Mit ihrer Hilfe kann die Wirkung bestimmter Allele „ab"- und „angeschaltet" werden. Es kommt hinzu, daß sich Allele spezifischer Genorte mit transponierbaren Elementen an verschiedene Orte im Kerngenom befördern und somit studieren lassen. Dies gilt zumindest bisher für die Taufliege.

Von Rassen und Sorten sind aber transponierbare DNS-Elemente wegen der mit ihnen verbundenen genetischen Instabilität möglichst fern zu halten. Das bedeutet sie ins Kalkül zu ziehen, besonders dann, wenn sich im Laufe des Zuchtprozesses „Stresskonstellationen" ergeben. Dazu gehört beispielsweise das Arbeiten mit Röntgenstrahlen und die Infektion von Pflanzen mit für sie „fremden" Viren (HAGEMANN und HAGEMANN 1987).

1.11. Polyploidie

Die genetische Struktur von diploiden Populationen kann auch durch eine Vermehrung der DNS verändert werden. Bei höheren Tieren und Pflanzen spricht man in solchen Fällen von Polyploidie (Definition 1.6.). Kommt es zu einer Chromosomenverdoppelung bei Mitosen, dann wird sie, von Ausnahmen abgesehen, züchterisch nur dann bedeutungsvoll, wenn sich daraus Geschlechtszellen mit einer verdoppelten Kerngenom-Valenz bilden. Bei Pflanzen müssen solche Polyploidisierungen daher in der subepidermalen Schicht der Sproß-Vegeta-

Tabelle 1.31. Charakteristik von Auto- und Allopolyploiden bei Roggen, Einkornweizen und einem Roggen-Einkornweizen-Allopolyploid

Chromosomen	Genome RR	Chromosomen	Genome RA^b	Chromosomen	Genome A^bA^b
1–	:	1–	: –1	1–	:
2–	:	2–	: –2	2–	:
3–	:	3–	: –3	3–	:
4–	:	4–	: –4	4–	:
5	:	5–	: –5	5–	:
6	:	6–	: –6	6–	:
7	:	7–	: –7	7–	:
	Diploid Roggen		Gattungsbastard Roggen-Einkornweizen		Diploid Einkornweizen
	z = 14		z = 14		z = 14

Tabelle 1.31. Fortsetzung

Chromo-somen	Genome RR	RR	Chromo-somen	Genome RR	A^bA^b	Chromo-somen	Genome A^bA^b	A^bA^b
1–	∷	∷	1–	∷	∷ –1	1–	∷	∷
2	∷	∷	2–	∷	∷ –2	2–	∷	∷
3	∷	∷	3–	∷	∷ –3	3–	∷	∷
4	∷	∷	4–	∷	∷ –4	4–	∷	∷
5	∷	∷	5–	∷	∷ –5	5–	∷	∷
6	∷	∷	6–	∷	∷ –6	6–	∷	∷
7	∷	∷	7–	∷	∷ –7	7–	∷	∷
	Autopolyploid Roggen			Allopolyploid Roggen-Einkornweizen			Autopolyploid Einkornweizen	
	z = 28			z = 28			z = 28	

tionspunkte auftreten, damit sich kerngenomverdoppelte Gameten bilden können.

Bedeutungsvoll sind Kerngenom-Vermehrungen im Verlaufe von Meiosen. Polyploidisierungen sind fast nur mit Allelvermehrungen verbunden, wenn gleiche Kerngenome verdoppelt worden sind. In diesem Falle spricht man von Autopolyploidie. Werden nicht homologe Genome vermehrt, handelt es sich um eine Allopolyploidie, wobei es in erster Linie zu einer Zunahme von Genorten kommt (Tab. 1.31.). Genomvermehrungen führen auch zu einer Vermehrung genetischer Information in Plastiden und Mitochondrien. Die Frequenz von DNS-Vermehrungen ist abhängig von Idiotyp und Umwelt und schwankt sehr stark.

Von Ausnahmen abgesehen (Skiebe 1970), liegt die Bildungsfrequenz an unreduzierten Gameten bei Pflanzen in der Größenordnung von etwa $1 \cdot 10^{-3} - 1 \cdot 10^{-5}$. Längst nicht alle gebildeten Geschlechtszellen nach einer Polyploidisierung können sich manifestieren. Dafür ist eine hohe Sensitivität bestimmter Gewebe verantwortlich und es kann zum Abort kommen. Bei Pflanzen ist es das Endosperm in den Samen.

Die Manifestierungsfrequenz an unreduzierten Gameten variiert sehr stark. Im günstigsten Falle können sich einmal fast alle der gebildeten teilweise oder gänzlich unreduzierten Gameten manifestieren. Vielfach ist aber der Anteil sehr

niedrig. Mitunter manifestieren sich auch gar keine unreduzierten Geschlechtszellen.
Entstehen polyploide Organismen spontan, dann sind sie in der Regel auf Vorgänge in der Meiose zurückzuführen. Solchen meiotischen Polyploidisierungen ist inhärent, daß die sich manifestierenden Gameten in vielen Genorten heterozygot sind (SKIEBE 1966). Dies begünstigt die Fitness.
Bei Autopolyploiden kommt es in der Meiose zu Quadrivalentbildungen. Daraus resultieren oft aneuploide und aneusome Gameten und Individuen. So fand SENF (JAHR u. a. 1973) bei einer autopolyploiden Population der Fliederprimel in der Nachkommenschaft von euploiden Pflanzen einen hohen Prozentsatz von Aneuploiden (Definition 1.20.). Beläßt man aneuploide Pflanzen in einer Population, so nimmt der Aneuploidiegrad zu.
Dieses Phänomen hat Auswirkungen auf die genetische Zusammensetzung von Populationen und auf die Merkmalsausprägung bei den einzelnen Individuen. Hinzu kommt, daß die zahlenmäßig euploiden Organismen die jeweiligen Chromosomen nicht immer in der gleichen Vermehrungszahl besitzt. So fand SENF (JAHR u. a. 1973) in einer 4x-Population bei den einzelnen euploiden Pflanzen (z = 36) eine unterschiedliche Zusammensetzung bei den jeweiligen Chromosomen (Tab. 1.32.).
Eine derartige Aneusomie (Definition 1.21.) gilt nach den Feststellungen von SCHLEGEL u. a. (1985) beim Roggen wahrscheinlich nicht als eine Quelle für Meiosestörungen.
Bei neuen Allopolyploiden kommt es in der Meiose trotz des Vorhandenseins von jeweils zwei homologen Genomen zwischen den homologen Chromosomen nicht immer zu einer Synapsis und zu einem störungsfreien Ablauf der Zellteilung. Die Meiose-Aberrationen nehmen dabei in der Regel mit der Genomanzahl zu. So sind die Störungen bei 8x-Weizen-Roggen-Allopolyploiden größer als bei dem gleichen Allopolyploidie-Typ mit der Valenz 6x (POHLER 1977). Die Folge davon sind Gameten mit beeinträchtigter Funktionsfähigkeit.

Tabelle 1.32. 10 euploide Karyotypen (z = 36) bei der Fliederprimel in ihrer Zusammensetzung bei den einzelnen Chromosomen (nach JAHR u. a. 1973) A–I

4A	4B	8C	2D	5E	4F	4G	2H	3I
5A	3B	5C	2D	6E	4F	4G	3H	4I
3A	2B	4C	3D	5E	4F	5G	4H	6I
4A	4B	5C	3D	6E	4F	4G	4H	2I
4A	4B	4C	2D	4E	4F	4G	4H	6I
4A	4B	5C	4D	5E	4F	2G	3H	5I
4A	5B	5C	4D	4E	4F	3G	3H	4I
4A	4B	4C	5D	5E	4F	4G	3H	3I
4A	5B	4C	4D	4E	4F	3G	4H	4I
4A	4B	4C	4D	4E	4F	4G	4H	4I

Tabelle 1.33. Meiose-Störungen bei Weizen-Roggen-Allopolyploiden (nach POHLER 1977)

Vers. Glied Nr.	Valenz	% Pollenmutterzellen mit Univalenten Diakinese	Metaphase I	% Pollenmutterzellen mit laggards	% Mikrosporen mit Mikronuclei
36	6×	2,97	36,96	6,94	9,37
39	6×	3,98	45,89	13,93	14,63
57	6×	5,08	63,96	18,35	10,81
33	8×	8,66	87,70	24,86	23,19
193	8×	18,56	95,24	35,43	22,69
194	8×	17,02	95,25	28,10	16,58

Valenz	Chromosomenzahltyp	Aneuploidenfrequenz %	hypoploid %	hyperploid %
6×	euploid	10	7	3
6×	hypoploid	77	76	1
6×	hyperploid	33	8	25
8×	euploid	40	34	6
8×	hypoploid	96	96	0
8×	hyperploid	70	26	44

Tabelle 1.34. Anteil aneuploider Nachkommen aus euploiden und aneuploiden Weizen-Roggen-Allopolyploiden verschiedener Valenz (nach TSUCHIYA 1974)

Ein Ausdruck für die Störungen sind Univalente, Laggards und Mikronuclei (Tab. 1.33.).

Die Folge solcher cytogenetisch gestörten Gameten ist ein verhältnismäßig hoher Grad an Aneuploiden (Tab. 1.34.).

Auch bei etablierten, natürlichen Allopolyploiden wie dem Saatweizen, dem Saathafer, der Baumwolle und den Gracilis-Begonien gibt es meiotische Unregelmäßigkeiten und Aneuploidie, aber der Prozentsatz dieser Störungen ist sehr viel geringer. Entsprechendes gilt für die natürlichen Autopolyploiden wie dem Knaulgras, dem Alpenveilchen und der Fliederprimel.

Bei Pflanzen sind polyploide Populationen, insbesondere allopolyploide verbreitet. Ihr Anteil wächst. Bei den Haustieren gibt es keine polyploiden Populationen. Polyploidie stellt bei ihnen eine Aberration dar und führt in der Regel zum Abort. Kommt es zur Geburt, dann sterben die polyploiden Organismen früh und sind zumindest steril (SHOFFNER 1974).

1.12. Inzucht und Kreuzung

In der Evolution der Organismen haben sich Faktoren, welche die Kombination fördern, als vorteilhaft herausgestellt. Dazu gehören:

Meiose,
Amphimiktische Befruchtung,
Mehrhäusigkeit und
Allogamie.

Vor allem eine Allogamie hat außerdem zur Folge, daß die Organismen in vielen Genen heterozygot bleiben. Daher wurden in der Evolution auch die Allelinteraktionen selektiert, welche bei Allelverschiedenheit zu einer hohen Fitness führen.
Um diese Allel-Konstellationen voll nutzen zu können, wurden zusätzlich genetische Systeme selektiert, welche, bezogen auf die Populationen, eine möglichst 100% Allogamie sichern. Dazu gehört zum Beispiel die Inkompatibilität. Allogamie und Heterozygotie führen zu einer genetischen Variabilität. Diese ist nicht von Nachteil, da sie durch Selektion und Elimination in einem für die jeweilige Population günstigen Rahmen gehalten wird.
Allogamie und Heterozygotie wurden im Verlaufe der Züchtung eingeschränkt. Dies geschah zunächst wahrscheinlich unbewußt aber später auch bewußt. Wegen des vorherrschend einhäusigen Status konnte das bei den Kulturpflanzen teilweise bis zur Selbstbefruchtung geführt werden. Bei den Haustieren war das wegen der ausschließlich verbreiteten Mehrhäusigkeit nicht möglich. Immerhin sind mitunter auch Geschwister- bzw. Eltern-Nachkommen-Befruchtungen vorgenommen worden.

Definition 1.30.:
Eine Paarung von Individuen, die näher miteinander verwandt sind, als der Durchschnitt der Population aus der sie hervorgehen, wird als Inzucht bezeichnet.
Die extreme Inzucht bei Pflanzen, die Selbstbefruchtung, sichert in den Gebieten, wo eine Pollenübertragung durch Insekten oder Wind ungünstig sind, die Bestäubung und damit die generative Reproduktion. Das trifft beispielsweise für die Tomate zu, die in ihrem Ursprungsterritorium Amerika, zumindest ein fakultativer Fremdbefruchter war. Nach Europa gebracht, mußte sie mangels Pollenvektoren zum Selbstbefruchter werden.
Die Selbstbefruchtung ermöglicht es, die Pollenproduktion einzuschränken. Die so frei werdende „Energie" ist für die verstärkte Produktion nutzungsfähiger Organe einsetzbar. So bildet der allogame Roggen beispielsweise pro Anthere etwa 20000 Pollen, der autogame kornertragreichere Weizen dagegen nur 1000–2000 (Kison 1979).
Mit Hilfe von Selbstbefruchtung ist es leichter möglich, einen erreichten evolutionistischen Fortschritt zu erhalten als bei einer Allogamie (Mac Key 1974).
Für die Selbstbefruchtung ist charakteristisch, daß sie zu homozygoten Allelkonfigurationen führt, die für manche Merkmalsausprägungen notwendig oder vorteilhaft sind. Eine Homozygotie in bestimmten Genen läßt sich auch bei Alloga-

men und zudem ohne Inzucht erreichen. Dies hat NAETHER (1971) für den progamen Inkompatibilitätslocus beim Kohl überzeugend demonstriert. Zu diesem Zweck werden Träger identischer Allele miteinander kombiniert, die sich im genetischen Hintergrund deutlich unterscheiden.
Durch eine Autogamie werden im Laufe der Evolution oder der Züchtung entstandene genetisch balancierte allogame Systeme zerstört. Dies hat mannigfache Auswirkungen. So geht mit diesem drastischen Wechsel im Befruchtungsmodus, auch das Pufferungsvermögen gegen Chromosomen-Aberrationen verloren. Die Folge davon ist ein erblich kontrolliertes, gesteigertes Auftreten an Chromosomen-Mutationen (REES 1962).
Schließlich kann eine Selbstbefruchtung zu einer Erosion genetischer Information führen. Dies tritt aber nicht auf, wenn spezielle Maßnahmen zur Reservehaltung von Allelen vorgenommen werden.
Die Autogamie stellt die extremste Form der Inzucht dar. Zwischen ihr und weniger strengen Inzuchtmaßnahmen ist zu differenzieren. So führen Selbstungen immer zu Homozygotisierungen. Bei Voll- und Halbgeschwisterpaarungen muß das nicht der Fall sein.
Es ist außerdem notwendig, die Inzucht auch hinsichtlich ihrer Auswirkung auf die Merkmalsausprägung nicht global zu betrachten. Man hat dabei zwischen zwei Merkmalsgruppen zu unterscheiden. Es gibt besonders inzuchtsensible Merkmale, wozu vor allem die Fitness-Merkmale gehören. Außerdem kennt man inzuchttolerante Merkmale. Dazu sind in erster Linie Farb-, Habitus- und Formausprägungen sowie sekundäre Inhaltsstoffe einschließlich dem Resistenzverhalten zu rechnen.
Inzuchtsensible Merkmale werden häufig polygen vererbt. Bei den sie bedingenden Allelen herrschen vielfach keine dominanten Allelwirkungen vor, die Allele kommen simultan zur Wirkung (z. B. Superdominanz, unvollständige Dominanz).
Inzuchttolerante Merkmale sind meistens oligogen bedingt. Bei den dafür verantwortlichen Allelen sind in erster Linie Dominanz und additive Allelie verbreitet.
Diese etwas vereinfachte genetische Charakterisierung der Inzucht schließt unter Berücksichtigung der Pleiotropie ein, daß Allele sowohl auf inzuchtsensible als auch auf inzuchttolerante Merkmale wirken können. Sie zeigen dann bei den inzuchtsensiblen Merkmalen meistens eine superdominante oder unvollständig dominante und bei den inzuchttoleranten Merkmalen eine dominante oder eine additive Allelwirkung.
Eine polygene Grundlage für die inzuchtsensiblen Merkmale zu postulieren bedeutet nicht, daß sie dem klassischen Polygenkonzept von MATHER (1949) in allen Details entspricht. Dies ist allein schon deshalb hervorzuheben, weil es in seinem Allel- und Gen-Wirkungsteil inzuchttoleranten Merkmalen entlehnt worden ist.
WRICKE (1973) stellte bei seinen Untersuchungen am Roggen keine signifikanten Abweichungen von der linearen Beziehung zwischen Abfall der Merkmalsausprägung und Zunahme des Inzuchtkoeffizienten fest. Er fand auch keine Hinweise für Epistasieeffekte, wohl aber für Majorfaktoren.
Andere Untersuchungen an inzuchtsensiblen Merkmalen des Roggens ergaben

Abweichungen zwischen Homozygotenzunahmen und Abnahme der Merkmalsausprägung (Wolski 1970). Für andere Objekte, wie z. B. dem Gartenkohl, gilt dies auch (Fabig und Nowak 1972). Wird eine Inzucht so betrieben, daß es zu einer zunehmenden Homozygotisierung kommt, verändern sich die genetischen Systeme der Populationen. Dies führt in der Regel zu einer Senkung der Merkmalsausprägung, die als Inzuchtdespression bezeichnet wird. Sie ist bei den Fitness-Merkmalen zu beobachten (Tab. 1.35.). Bei wenig inzuchtsensiblen Merkmalen, wie z. B. dem Fettgehalt von Samen, ist eine Inzuchtdepression wesentlich schwächer ausgeprägt. Zahlreiche Merkmale sind entsprechend ihrer genetischen Grundlage und ihren Allel- sowie Genbeziehungen überhaupt nicht inzuchtsensibel. Bei ihnen führt Inzucht vielfach zu einer Merkmalserhöhung. Dies ist beispielsweise beim Glykosidgehalt von Blättern festgestellt worden. Wir sprechen daher allgemein vom Inzuchteffekt, der positiv, negativ oder Null sein kann.

In diesem Zusammenhang sei darauf hingewiesen, daß es sich in der Regel bei den Merkmalen um Komplexe handelt. Nicht alle nachgeordneten Merkmale sind wie das übergeordnete in inzuchtsensibel oder inzuchttolerant einzustufen. So ist beispielsweise die gesamte Pflanzenmasse immer als inzuchtsensibel, die Pflanzenhöhe nicht in jedem Falle als inzuchtsensibel und die Internodienlänge stets als weitgehend inzuchttolerant zu charakterisieren (Wexelsen 1945).

Nach einigen Inzucht-Generationen wird eine bestimmte Plateaubildung erreicht, die als Inzuchtniveau bezeichnet wird. Dieses kann je nach Inzuchtintensität, Idiotyp und Merkmal ganz verschieden liegen. Im Prinzip gilt das auch für die Selbstbefruchter bei Pflanzen. Sorten und Rassen dieses Befruchtungstyps haben in den Fitness-Merkmalen Einbußen aufzuweisen, besitzen aber in den inzuchttoleranten Merkmalen eine höhere Ausprägung. Artifiziell erzeugte allogame Populationen bei Autogamen demonstrieren diesen Tatbestand eindeutig.

Dabei ist bemerkenswert, daß bei Kreuzungsnachkommenschaften auch die zytologischen Störungen geringer und die Rekombinationspotenz höher ausgeprägt ist als in den homozygoteren Linien (Tab. 1.36.).

Tabelle 1.35. Ausprägung verschiedener Merkmale bei der Sonnenblume unter dem Einfluß zahlreicher Inzuchtschritte (nach Angaben von Schuster 1970)

Generation	Pflanzenhöhe		Ertrag		TKM		Fettgehalt
	cm	rel.	dz/ha	rel.	g	rel.	%
I_0	130	100	28,6	100	75,8	100	54,8
I_1	120	92	19,4	68	68,5	90	52,4
I_2	111	85	16,5	58	64,1	85	51,5
I_3	107	82	14,2	50	64,1	85	51,1
I_4	107	82	12,4	43	61,2	81	50,1
I_5	107	82	13,0	45	59,0	78	50,4
I_{10}	96	74	9,2	32	64,1	85	49,3
I_{15}	107	82	10,1	35	54,7	72	51,0

Tabelle 1.36. Ausprägung verschiedener cytologischer Merkmale und des Samenertrages bei Eltern, Bastard und F_4-Nachkommen der Bohne (nach Angaben von SRIVASTAVA 1980)

Versuchsglied	Generation	mittlere Chiasmatafrequenz pro Zelle	Bivalentverteilung mit verschiedener Anzahl v. Chiasmata 1+2	3+4	Univalente pro Zelle Metaphase I	Samenertrag g/Pfl.	Samenertrag Effizienz (g/Tag)
Pijao	P_1	7,82	90,2	9,8	2,1	8,46	0,113
Duva	P_1	5,96	89,6	10,4	2,7	9,56	0,141
Pijao·PI 613653	F_1	11,24	36,1	63,9	0,6	16,28	0,254
Duva·PI 312004	F_1	10,06	34,0	56,0	0,8	14,56	0,234
Pijao·PI 613653	F_4	9,56	59,8	40,2	2,5	10,09	0,160
Duva·PI 312004	F_4	9,62	65,5	34,5	2,1	13,30	0,198

Die Homozygotisierung geht bei Autopolyploiden nach einer Inzucht etwas langsamer vonstatten. Im Prinzip sind aber auch bei ihnen die stärkeren Inzuchteffekte bei den in dieser Beziehung sensiblen Merkmalen festzustellen.
Ein Nebeneffekt der Inzucht auf allen Valenzstufen ist das Homozygotwerden von Subletal- oder Letal-Allelen. Sie manifestieren sich auf diese Weise und können eliminiert werden. Dies muß nicht unbedingt ein Vorteil sein, vor allem dann nicht, wenn die heterozygoten Träger dieser Allele besonders vital sind, was mitunter beobachtet worden ist (STUBBE 1966).
Werden ingezüchtete oder nicht ingezüchtete Populationen miteinander gekreuzt, kann es zu Hybrideffekten kommen. Eine der dabei auftretenden Phänomene ist die Heterosis. Handelt es sich um intervall- oder verhältnisskalierte Merkmale, wird die Abweichung des Nachkommenmittels von einem Bezugspunkt mit Heterosiseffekt bezeichnet. Der Bezugspunkt kann das Elternmittel oder die durchschnittliche Leistung eines der beiden Eltern sein. In der Tierzüchtung wird vorwiegend vom Elternmittel ausgegangen. So wird auch in dieser Darstellung verfahren, soweit es sich um Tiere handelt. In der Pflanzenzüchtung wird unterschiedlich vorgegangen. Heterosiseffekte treten vor allem bei den generativen, den Fitness-Merkmalen auf. Man spricht in diesem Falle auch von heterotischen Merkmalen. Es sind nahezu die gleichen, die auch inzuchtsensibel sind. Dem gegenüber treten bei den anderen Merkmalen, die auch meistens inzuchttolerant sind, keine erhöhten Merkmalsausprägungen auf. Sie werden nicht als heterotisch charakterisiert.
Alle Gen- und Allel-Interaktionen können im Einzelfalle an Heterosiseffekten beteiligt sein. So findet man beispielsweise bei den klassischen Hirse-Experimenten von QUINBY und KARPER (1946), daß sich gesteigerte Merkmalsausprägungen in der F_1-Generation sowohl auf Superepistasie- als auch auf Superdominanzwirkungen zurückführen lassen (Tab. 1.37.). In die genetischen Grundlagen von Heterosiseffekten sind auch Einflüsse des Plasmotyps einzubeziehen.
Durch die Untersuchungen von MICHAELIS (1951) und von RUEBENBAUER (1967) ist dies belegt worden.

Genotyp	Phänotyp	
	Tage bis zur Anthese	Masse der Ähren (g)
$A_1A_1B_1B_1$	95,5	149,7
$A_2A_2B_1B_1$	49,8	90,7
$A_1A_2B_1B_1$	93,3	240,4
$A_1A_1B_2B_2$	70,2	129,9
$A_2A_2B_2B_2$	51,2	93,6
$A_1A_2B_2B_2$	83,2	148,9

Tabelle 1.37. Entwicklungszeit und Ährenmasse bei Hirse unter Berücksichtigung verschiedener Allel- und Geninteraktionen (nach Werten von Quinby und Karper 1946)

Soweit es die Genotypen betrifft, wird bei einer vorsichtigen Verallgemeinerung davon auszugehen sein, daß Allel-Interaktionen häufiger die Ursache von positiven Hybrid-Effekten sein werden, als Gen-Interaktionen. Bei den Allel-Interaktionen führen vor allem Co-Dominanz und Superdominanz zu positiven Hybrideffekten.

Die Zuordnung der verschiedenen Allel-Interaktionen ist differenziert zu betrachten. So kann es bei einem nachgeordneten aber heterotischen Merkmal unvollständige Dominanz und bei einem anderen, nachgeordneten Merkmal, welches nicht heterotisch ist, Dominanz geben.

Es ist auch möglich, daß es sich ausschließlich um heterotische Merkmale handelt, die bei einem nachgeordneten Merkmal Superdominanz, und bei dem übergeordneten Merkmal unvollständige Dominanz aufweisen (Skiebe 1981).

Zu den genetischen Systemen, die zu Heterosiseffekten führen, können auch Allele gehören, die sich pleiotrop auf nicht heterotische Merkmale auswirken. Ihre Allel-Interaktionen sind dann beispielsweise superdominant bei den heterotischen und dominant bei den nicht heterotischen Merkmalen.

Bei den genetischen Ursachen von Heterosiseffekten ist davon auszugehen, daß die einzelnen Allele nicht nur eine Wirkung sui generis haben, sondern dabei auch vom idiotypischen Milieu abhängen. Dies konnte Schrader (1975) beim Löwenmaul zeigen. Er analysierte das Verhalten von zwei Genen, deren Allele sich auf die Blütenform, einem nicht heterotischen Merkmal, auswirken. Pleiotrop beeinflussen sie aber auch das heterotische Merkmal Samenmasse.

In Gegenwart des homozygot dominanten Allels B_1 zeigt $\underline{A_1}A_4$ nicht nur in der Blütenform, sondern auch in der Samenmasse Dominanz. In der Gesellschaft von B_2B_2-Genotypen tritt bei A_1A_4 in der Blütenform wieder Dominanz, in der Samenmasse Superdominanz auf.

Obwohl für die Heterosiseffekte Allele zahlreicher Genorte verantwortlich sein werden, läßt sich das Polygen-Konzept von Mather (1949) nicht uneingeschränkt zur Anwendung bringen. Eine Reihe von Experimenten haben bei verschiedenen Objekten monogen bedingte positive Hybrideffekte nachgewiesen. Den Genorten dieser Allel-Konfigurationen ist deshalb eine Majorgen-Funktion zuzuordnen.

Bei den genetischen Ursachen von Heterosiseffekten ist zu berücksichtigen, unter welchem Befruchtungsmodus das Ausgangsmaterial für die Hybridpartner

auf Leistung selektiert worden ist. Selbstbefruchter und schon lange ingezüchtetes Zuchtmaterial bei Tier und Pflanze sind zu unterscheiden von allogamen Populationen (Grant 1975; Skiebe 1975).
Eine wichtige Ursache für Heterosiseffekte bei Autogamen sind simultane Wirkungen von Allelen. Sie können sonst in samenechten Formen kaum zur Geltung kommen. Allerdings werden sie selten in Verbindung mit der multiplen Allelie auftreten. Ferner ist zu beachten, daß es trotz Autogamie gelang, im Laufe der Evolution eine relativ hohe und stabile Leistung auf homozygoter Basis zu erreichen. Dieses Resultat macht verständlich, daß bei Hybriden autogamer Eltern selten neben einer erhöhten Merkmalsausprägung auch eine hohe Merkmalsstabilität erreicht wird.
Die genetischen Ursachen von Heterosiseffekten bei Fremdbefruchtern stellen sich etwas anders dar, weil bei ihnen die Heterozygotie weit verbreitet ist. Allerdings ist im Laufe der Evolution und Züchtung auch manches Allelpaar homozygot geworden, obwohl es heterozygot zu einer höheren Leistung führen würde. Liegt aber eine zweifache Allelie vor und zeigt die eine der beiden homozygoten Formen eine sehr geringe oder subletale Merkmalsausprägung, muß gegen die Heterozygotie selektiert werden. Noch gravierender wird die Situation, wenn sich die Rezessiven oder Dominanten negativ pleiotrop auf wichtige züchterische Eigenschaften auswirken. Dann sind sie erst recht zu eliminieren. Daraus ergibt sich, daß zu den genetischen Ursachen von Heterosiseffekten bei Fremdbefruchtern, wenn auch nicht so stark wie bei Selbstbefruchtern, ebenfalls die nicht vollständig dominanten Allelwirkungen gerechnet werden müssen.
In fremdbefruchteten Populationen liegt Heterozygotie nicht nur in Verbindung mit zweifacher Allelie, sondern auch mit multipler Allelie vor. Diese Serien multipler Allele wurden selektiert. Sie tragen zu einer hohen und stabilen Leistung bei (Skiebe 1975). So haben die heterozygoten Konfigurationen bei multipler Allelie nicht nur eine stärkere Merkmalsausprägung, sondern auch die bessere Anpassung an die Umwelt zur Folge. Das gilt selbst bei einem variablen genetischen Hintergrund. Dem multiplen Allelsystem ist inhärent, daß die Allelkonfigurationen laufend wechseln, und daß sich auch ein gelegentliches Auftreten von homozygoten Formen nicht ganz vermeiden läßt. Es wird dabei auf eine optimale Allelbesetzung im Genpool der Population selektiert, trotzdem ist es unmöglich, daß eine samenechte Sorte in all ihren Pflanzen eine optimale Allelbesetzung aufweist. Das läßt sich nur bei Hybriden erreichen. Zu den bereits genannten genetischen Ursachen von Heterosiseffekten kommt also die optimale Allelbesetzung bei multipler Allelie hinzu, bei der es sich meistens um keine vollständig dominante Allelwirkung handelt. Außerdem muß es nicht so sein wie East (1936) vermutete, daß, eine Dominanzreihe vorausgesetzt, entfernter stehende Allele leistungsstärker sind als näherstehende.
Zweitrangig tritt bei Fremdbefruchtern als genetische Ursache von Heterosiseffekten die Kopplung von Leistungsfaktoren auf. Schwierigkeiten bei der Abtrennung bzw. Herauslösung einzelner Allele aus einer Kopplungsgruppe werden wegen der verbreiteten Heterozygotie weniger vorkommen. Es wird daher möglich sein, bereits in samenechten Sorten günstige Allelbesetzungen auf den Chromosomen zu erreichen. Wichtig ist aber der Hinweis, daß bei Allogamen eine Selektion auf Leistungsstabilität durch eine jahrhundertelange natürliche

und künstliche Auslese auf diese Eigenschaft begünstigt wird. Hybriden bei Fremdbefruchtern werden sich daher nicht nur durch eine hohe, sondern in der Regel auch durch eine stabile Leistung auszeichnen.

Die bisherigen Darstellungen bezogen sich auf diploide Formen. Prinzipiell gelten sie auch für Polyploide. Handelt es sich um Allopolyploide gibt es gegenüber den Diploiden keine größeren Unterschiede. Anders ist es bei den Autopolyploiden, die es leistungsfähig nur bei Allogamie gibt. Geht man davon aus, daß bei diesem Befruchtungsmodus ein simultanes Wirken von Allelen als genetische Ursache von positiven Hybrideffekten stark beteiligt sind, dann erweitert Autopolyploidie die Potenzen für dieses Phänomen erheblich. Das gilt sowohl für die zweifache Allelie als auch für die multiple Allelie. Allerdings entsteht bei 4x-Formen eine aus züchterischer Sicht große Schwierigkeit. Bei ihnen ist es sehr kompliziert, die Hybridpartner mit der optimalen genetischen Konstellation auszustatten. Außerdem ist es auch schwierig, diese zu erhalten, damit man dann laufend in Hybriden einen hohen Heterosiseffekt realisieren kann.

Zwischen Inzucht- und Heterosiseffekten gibt es bestimmte Beziehungen. Heterozygotie in einer F_1 muß auch nicht zur gleichen Merkmalsausprägung führen, wie eine Heterozygotie nach einer Inzucht, obwohl die gleiche Allelkonfiguration vorliegt. Darauf hat schon Baur (1919) aufmerksam gemacht.

Peterka (1973) konnte beim Löwenmaul zeigen, daß die Heterozygoten in der F_1 und F_2 in dem heterotischen Merkmal Pflanzenlänge nicht gleich zu bewerten sind. Von den 8 Chromosomen des Löwenmaul-Genoms hat er 2 markiert. Die Differenz in der Merkmalsausprägung beruht demnach auf der Zusammensetzung des genetischen Hintergrundes bei den übrigen 6 Chromosomen. Zumindest im Heterozygotiegrad hat von der F_1 zur F_2 eine Abnahme stattgefunden.

Peterka (1973) hat gleichzeitig nachgewiesen, daß bei dem Merkmal Pflanzenlänge der Heterosiseffekt bezogen auf den jeweils besseren Elter nicht gleich bleibt. Er steigt zunächst an und nimmt dann kontinuierlich ab. Dabei wechselt der Bezugspartner (Tab. 1.38.).

Starke Inzuchtdepressionen erschweren nicht nur eine Hybridzüchtung, sondern führen mitunter auch zu geringeren Heterosiseffekten. Dies konnte beispielsweise von Grebenscikov (1968) beim Mais gezeigt werden (Tab. 1.39.).

Auch Fabig und Nowak (1970) fanden insbesondere beim Wirsingkohl, daß be-

Tabelle 1.38. Heterosiseffekte in der relativen Pflanzenlänge beim Löwenmaul im Laufe der Ontogenese bei heterozygoten Genotypen in der F_1 und F_2 bezogen auf den jeweils besseren Elter (= 100) (nach Peterka 1973)

Genotyp	Generation	Meßdatum 1	2	3	4	5	6	7	8	9	10	11
$A_1A_1B_2B_2$	P_1	89	93	89	82	77	78	94	100	100	100	100
$A_2A_2B_1B_1$	P_2	100	100	100	100	100	100	100	92	85	83	84
$A_1A_2B_1B_2$	F_1	146	156	154	148	148	135	131	120	109	107	108
$A_1A_2B_1B_2$	F_2	122	100	126	121	117	110	113	107	99	97	97

Generation	Pflanzen-höhe cm	Pflanzen-masse kg	Korn-masse kg
starke Inzucht			
P_1 u. P_2	140	6,1	0,52
F_1	171	10,1	1,23
F_2	144	6,5	0,63
mittlere Inzucht			
P_1 u. P_2	143	7,6	0,61
F_1	180	11,6	1,25
F_2	153	7,1	0,62
schwache Inzucht			
P_1 u. P_2	156	9,1	0,76
F_1	189	12,3	1,35
F_2	159	8,0	0,70

Tabelle 1.39. Beziehungen zwischen Inzucht und Hybrideffekten beim Mais (nach GREBENSCIKOV 1968)

reits durch eine Inzuchtgeneration die Frühertragsleistung bei F_1-Bastarden negativ beeinflußt wird.

Wenn ingezüchtet wird, dann ist eine schwächere Form derselben günstiger. Anstelle von Selbstungen sind beispielsweise Geschwister-Kreuzungen vorzunehmen. Dies hat sich beim Mais bereits bewährt und dafür haben auch KOVACIK und SKALOUD (1980) bei der Sonnenblume Belege geliefert.

Das Phänomen der Heterosiseffekte läßt sich vor allem darauf zurückführen, daß in Bastarden mehr effektive erbliche Information zur Geltung kommt als in den Eltern. Dazu trägt vor allem die Heterozygotie zahlreicher Loci der Genome bei. Dies ist nicht nur so, weil es häufig ein simultanes Wirken von Allelen gibt, sondern weil auch bestimmte Geninteraktionen sich erst in Gegenwart eines heterozygoten Allelenpaares ausprägen. Schließlich sind auch Plasmone in den Komplex einzubeziehen, deren genetische Information erweiterte Genotyp-Plasmotyp-Interaktionen gestattet. Es werden also genetische Systeme konstruiert, die in ihren quantitativen und qualitativen Zusammensetzungen ein Optimum darstellen oder diesem zumindest nahe kommen.

Dies ist allerdings diffizil. Aus diesem Grunde treten vielfach nach Bastardierungen keine Heterosiseffekte, mitunter auch Minderleistungen gegenüber den Eltern auf. Heterosiseffekte und insbesonders hohe, müssen aus genetischer Sicht selten sein.

2

Populationsgenetische Modelle

2.1. Einführung

Modelle von Populationen umfassen oft weit mehr als nur die genetische Komponente und werden in vielen Monografien auch viel allgemeiner dargestellt. Wir betrachten in diesem Buch Modelle nur insoweit, als sie für die Beschreibung von Selektions-, Prüf- und Reproduktionssystemen in der Tier- und Pflanzenzüchtung benötigt werden. So beschränken wir uns vorwiegend auf eindimensionale Darstellungen, vernachlässigen die Altersstruktur der Populationen oder Fragen des ökologischen Gleichgewichtes (Räuber-Beute-Modelle). Meist wird auch davon ausgegangen, daß die Modellparameter nicht von der Zeit oder der Anzahl der Generationen abhängen.
Viele volkswirtschaftlich wichtige Merkmale von Kulturpflanzen und landwirtschaftlichen Nutztieren weisen eine kontinuierliche Variabilität auf. Diese Merkmale mit kontinuierlicher Variabilität wollen wir als quantitative Merkmale bezeichnen. Sie können innerhalb gewisser Grenzen jeden beliebigen Zwischenwert annehmen. In die Definition des quantitativen Merkmals muß man auch noch zählbare Merkmale einbeziehen (z. B. Anzahl der Körner/Ähre). Merkmale, die in einer Nominalskala erfaßt werden, sind auf jeden Fall qualitative Merkmale, ihre Vererbung wird meist durch wenige Loci modelliert.
Zur genauen Definition von quantitativen und qualitativen Merkmalen siehe Rasch u. a. (1978a).
Relativ häufig benutzt man in der Literatur den Begriff „polygen bedingtes Merkmal" als Synonym für „quantitatives Merkmal". Unserer Meinung nach ist diese Gleichsetzung nicht gerechtfertigt. Wie z. B. Vanderplank (1978) anführt, bezieht sich der Begriff „quantitatives Merkmal" auf den Phänotyp, der Begriff „polygen bedingtes Merkmal" aber auf den Idiotyp bzw. Genotyp. Während man die kontinuierliche Variabilität direkt feststellen und so das Merkmal auf dieser Grund-

lage eindeutig als quantitatives identifizieren kann, ist die polygene Vererbung eine zunächst unbewiesene Hypothese; sie sollte folglich nicht in die Definition des quantitativen Merkmals eingehen.

Im folgenden soll die Polygenhypothese und andere Vorstellungen über die Entstehung der kontinuierlichen Variabilität vorgestellt und diskutiert werden. MATHER (1949) definierte Polygene als Gene mit relativ kleiner und annähernd gleicher Wirkung. Sie sollen in großer Anzahl vorkommen. Er bezeichnete die Polygene auch als Minorgene und stellte sie den Majorgenen, den Genen mit großer Wirkung, gegenüber. Da die Wirkung der einzelnen Polygene sehr ähnlich sei und von Umwelteinflüssen überlagert werden soll, wäre die Identifizierung einzelner Gene nicht mehr möglich. Polygene dieser Art müssen zu einer kontinuierlichen Variabilität des entsprechenden Merkmals führen, aber die Umkehrung dieser Schlußfolgerung ist allgemein nicht zulässig.

Die MATHERschen Vorstellungen gelten vielleicht für einige einfache Merkmale auf niedriger Organisationsstufe. So existieren bei allen untersuchten höheren Organismen mehrere hundert fast identische DNS-Sequenzen für die Synthese ribosomaler RNS, die auf mehrere Chromosomen verteilt sind (KOURILSKY und GACHELIN 1984). Die pro Zeiteinheit synthetisierte RNS-Menge könnte man folglich als ein im MATHERschen Sinne polygen bedingtes quantitatives Merkmal ansehen.

Die meisten quantitativen Merkmale, die volkswirtschaftliche Bedeutung besitzen, sind aber komplexer Natur, d. h. sie setzen sich aus einer Reihe einfacherer Merkmale zusammen. (Als solche Merkmale kann man auch die Selektionsindizes von Kapitel 5 auffassen). Hier müssen wir davon ausgehen, daß verschiedenste Gene (Loci) mit unterschiedlicher Wirkung sowie die Umweltbedingungen die Ausbildung dieser Merkmale beeinflussen. Die Gesamtzahl der Gene, die auf ein solches Merkmal wirkt, wird im allgemeinen sehr groß sein. Wir müssen dabei aber zwei Fragestellungen auseinanderhalten (THOMPSON und THODAY 1979). Die erste Frage betrifft die Anzahl der Loci, die im betrachteten Material spalten. Die zweite Frage betrifft alle Loci, die das betrachtete Merkmal beeinflussen.

Von Interesse ist in der Regel die erste Frage. Dabei kann man davon ausgehen, daß die Anzahl der praktisch bedeutsamen Loci oder besser der effektiven Faktoren nicht übermäßig groß ist. Bei den effektiven Faktoren kann es sich um feste Kopplungsgruppen, um Polygensysteme oder auch um einzelne Gene handeln. Da der Anteil der einzelnen effektiven Faktoren an der Ausbildung des quantitativen Merkmals im allgemeinen unterschiedlich sein dürfte, können eventuell einige wenige dieser Faktoren herausgefiltert werden. Es müßte dann möglich sein, den Erbgang eines solchen Systems mit hinreichender Genauigkeit durch ein oligogenes Modell zu beschreiben (GINZBURG und NIKORO 1982).

Im Gegensatz zu den ursprünglichen MATHERschen Vorstellungen ist es möglich, einzelne effektive Faktoren mit Hilfe von Markergenen zu lokalisieren (ZUCENKO 1978, THODAY 1979, MAYO und HOPKINS 1985).

Zusammenfassend können wir also feststellen, daß kontinuierliche Variabilität nicht automatisch polygene Vererbung im Sinne MATHERS bedeutet. Wenn die Umweltbedingungen die Genwirkung genügend modifizieren, reicht es, wenn

eine Population in einem Gen spaltet oder sogar homozygot ist, um eine kontinuierliche Variabilität zu erhalten.
Obwohl also quantitative Merkmale häufig von einer Vielzahl von Loci gesteuert werden, basieren die Grundideen für ihre Modellierung auf der Mendelgenetik weniger Loci. Das wird z. B. bei der Einführung der Dominanzeffekte deutlich. Aus diesem Grunde wird eingangs der Ein-Locus-Fall ausführlich behandelt. Trotz aller dieser Vereinfachungen, die zu einer relativ großen Diskrepanz zwischen Modell und Realität (modellierter Population) führen, erweisen sich die Modelle als hinreichend adäquat für die auf ihrer Basis durchgeführte Optimierung züchterischer Maßnahmen. Wir verzichten daher hier ganz bewußt auf die zur Zeit bekannten allgemeinsten Darstellungen, einmal weil sie in die Züchtungsgenetik bisher kaum Eingang gefunden haben und andererseits das mathematische Niveau der Darstellung erheblich erhöhen würden, was der Lesbarkeit des Textes abträglich wäre.
Wir bezeichnen Loci mit großen Buchstaben wie A, B, ... und die dort möglichen Allele in den theoretischen Darstellungen mit den entsprechenden indizierten Buchstaben $A_1, A_2, \ldots A_{k_a}, B_1, B_2, \ldots, B_{k_b}, \ldots$, ähnlich wie man in faktoriellen Versuchen Faktoren und Faktorstufen bezeichnet. Die Anzahl der Allele am Locus X wird k_x ($k_A, k_B, \ldots$) genannt, wird nur ein Locus betrachtet, so schreiben wir kurz k statt z. B. k_A und sprechen von k-facher Allelie am Locus A. Für spezielle Merkmale sind für die Loci von den Genetikern oft ganz spezielle Buchstaben vorgegeben worden, und die Allele werden durch hochgestellte Buchstaben unterschieden. So werden beispielsweise durch die Allelreihe A, A^{dcchi}, A^{chi}, A^{n} und a die bei Homozygotie der entsprechenden Allele auftretenden Kaninchenfarben wildfarbig, dunkelchinchilla, Chinchilla, Himalaja und Albino beschrieben. Durch das kleine a für den Albinofaktor wird hier zusätzlich zum Ausdruck gebracht, daß dieses Allel gegenüber allen anderen Allelen rezessiv ist. Hier wäre also $A_1 = A$, $A_2 = A^{dcchi}$, $A_3 = A^{chi}$, $A_4 = A^{n}$ und $A_5 = a$ sowie $k = 5$. Bei zweifacher Allelie erscheint es einfacher, große und kleine (nichtindizierte) Buchstaben zu verwenden. Einmal wäre das aber ein Bruch in der Schreibweise beim Übergang zur mehrfachen Allelie, und andererseits wird mit kleinen Buchstaben meist die Vorstellung einer rezessiven Wirkung dieses Allels verbunden. Wir wenden diese Symbolik daher nur in Beispielen bei vollständiger Dominanz an.

2.2. Modelle für Merkmale, die von einem Locus gesteuert werden

Am Locus A mögen die k Allele $A_1, A_2, \ldots, A_k$ ($k \geq 2$) vorkommen. Dann ist ein Genotyp von t-ploiden Organismen bei k-facher Allelie ein ungeordnetes t-Tupel mit Elementen aus einer Menge k verschiedener Allele. Die Anzahl verschiedener Genotypen ist durch die Formel für Kombinationen mit Wiederholungen gegeben und beträgt

$$^{w}C_t^k = \binom{k+t-1}{t}.$$

Anzahl vorhandener Allele k	Polyploidiegrad t 1	2	3	4
2	2	3	4	5
3	3	6	10	15
4	4	10	20	35
5	5	15	35	70
6	6	21	56	126

Tabelle 2.1. Anzahl möglicher Genotypen bei k-facher Allelie und t-ploiden Organismen

Ist $k=2$, so spricht man von zweifacher Allelie, $t=1$ bedeutet z. B. haploid, $t=2$ diploid, $t=4$ tetraploid. Tabelle 2.1. enthält die Anzahl möglicher Genotypen.
Die drei diploiden Genotypen bei zweifacher Allelie sind A_1A_1, A_1A_2, A_2A_2 (A_1A_2 und A_2A_1 werden als gleich betrachtet).
Die sechs diploiden Genotypen bei dreifacher Allelie sind A_1A_2, A_1A_3, A_2A_3, A_1A_1, A_2A_2, A_3A_3.
Die 5 tetraploiden Genotypen bei zweifacher Allelie sind $A_1A_1A_1A_1$, $A_1A_1A_1A_2$, $A_1A_1A_2A_2$, $A_1A_2A_2A_2$, $A_2A_2A_2A_2$.
Wir wollen in den Modellen davon ausgehen, daß die Reihenfolge der Allele für den Genotyp unbedeutend ist ($A_iA_j = A_jA_i$), und das bedeutet bei diploiden Organismen, daß es für die genotypische Wirkung gleichgültig ist, welches der beiden Allele vom Vater oder von der Mutter stammt. Analoge Annahmen werden wir im Mehr-Locus-Fall machen. Bevor Allel- und Genotypeneffekte modelliert werden, betrachten wir Wahrscheinlichkeitsmodelle der Allel- und Genotypenhäufigkeiten.
Wenn nicht ausdrücklich anders festgelegt, gehen wir davon aus, daß die Vereinigung der Allele der Elterngeneration bei der Erzeugung von Nachkommen zufällig erfolgt, d. h., daß die Wahrscheinlichkeit dafür, daß ein Allel der Vätergenotypen mit einem Allel der Müttergenotypen kombiniert wird, nur von den Allelwahrscheinlichkeiten abhängt. Wenn jede mögliche Elternpaarbildung gleich-wahrscheinlich ist, sprechen wir von Zufallspaarung. Zusätzlich nehmen wir meist noch an, daß aus jeder möglichen Paarung mit gleicher Wahrscheinlichkeit Nachkommen hervorgehen (gleiche Fruchtbarkeit).

2.2.1. Allel- und Genotypenwahrscheinlichkeiten, Hardy-Weinberg-Gesetz

Das Wort Häufigkeit wird in diesem Buch in unterschiedlicher Bedeutung verwendet. Wir unterscheiden absolute und relative Häufigkeiten in endlichen Populationen oder in Stichproben aus Populationen. Vor allem durch die verwendete Symbolik wird klar, was im Einzelfall gemeint ist. Im folgenden wird vorwiegend der Kürze halber von Diploidie ausgegangen, für andere Ploidiegrade können analoge Definitionen und Formeln angegeben werden.

Definition 2.1.:
Die Wahrscheinlichkeit $P(A_i)$ dafür, daß am Locus A eines zufällig aus der Population entnommenen Chromosoms, das Träger von A ist, das Allel A_i auftritt,

heißt Wahrscheinlichkeit des Allels A_i ($i = 1, \ldots, k$), in endlichen Populationen aber auch (relative) Allelhäufigkeit von A_i. Mitunter spricht man auch von (relativen) Allelhäufigkeiten ohne Rücksicht darauf, ob die Population endlich ist oder nicht. Mathematisch kann man das so formulieren, daß in unendlichen Populationen die Allele A_i Realisationen einer Zufallsvariablen $\underline{A}$ sind, die ihre Werte mit den Wahrscheinlichkeiten $P(A_i)$ annimmt, wobei

$$\sum_{i=1}^{k} P(A_i) = 1 \quad (2.1)$$

gilt.

Im Falle der zweifachen Allelie ($k = 2$) haben wir es mit einer Binomialverteilung mit den Wahrscheinlichkeiten $P(A_1) = p$, $P(A_2) = q$, $p + q = 1$ zu tun. Ist $N(A_i)$ in endlichen t-ploiden Populationen vom Umfang N die absolute Häufigkeit des Allels A_i, so gilt für nicht geschlechtsgekoppelte Merkmale

$$P(A_i) = \frac{N(A_i)}{t \cdot N} = h(A_i) \qquad (i = 1, \ldots, k) \quad (2.2).$$

Speziell ist bei Diploidie und zweifacher Allelie ($t = 2$, $k = 2$)

$$P(A_1) = \frac{N(A_1)}{2N} = p, \quad P(A_2) = \frac{N(A_2)}{2N} = q \quad (2.3),$$

da jedes Individuum 2 Chromosomen mit dem Locus A hat.

Da $\sum_{i=1}^{k} N(A_i) = t \cdot N$ ist, folgt (2.1) sofort aus (2.2).

Die absolute Häufigkeit bestimmter Allele ist fast ausschließlich nur im Zusammenhang mit dem Auftreten von Neumutationen und der gezielten Ausnutzung (z. B. Mutationsnerzzucht) bzw. der Eliminierung unerwünschter Allele von Interesse.

Für X-chromosomale Gene zweigeschlechtlicher diploider Organismen ist im heterogameten Geschlecht (2.2) mit $t = 1$ zu verwenden. Die bisherigen Ausführungen beziehen sich auf Populationen, in denen die Allelwahrscheinlichkeiten bei männlichen ($P_M(A_i)$) und weiblichen ($P_W(A_i)$) Individuen gleich sind, d. h. es soll

$$P_M(A_i) = P_W(A_i) = P(A_i) \quad (i = 1, \ldots, k) \quad (2.4)$$

gelten. Nur wenn $P_M(A_i) \neq P_W(A_i)$ ist, verwenden wir die Suffixe M und W.

Definition 2.2.:
Erfolgt bei der Erzeugung von Individuen der nächsten Generation (Nachkommen) die Vereinigung der Allele der Ausgangsgeneration (Eltern) in der Weise, daß jede im Rahmen des Fortpflanzungsgeschehens mögliche Allelkombination mit gleicher Wahrscheinlichkeit auftritt, so sprechen wir von zufälliger Vereinigung der Allele (Gameten). Von Panmixie (Zufallspaarung) wollen wir bei Fremd-

befruchtern immer dann sprechen, wenn alle möglichen Elternkombinationen (Paare männlicher und weiblicher Individuen) bei der Paarung gleich wahrscheinlich sind. Panmixie und gleichzeitige gleiche Befruchtungsfähigkeit aller Gametentypen ist identisch mit der zufälligen Vereinigung der Allele.

Definition 2.3.:
Der Quotient

$$P(A_{i_1},\ldots,A_{i_t}) = \frac{N(A_{i_1},\ldots,A_{i_t})}{N} \tag{2.5}$$

$$i_1,\ldots,i_t \in \{1,\ldots,k\}$$

in endlichen t-ploiden Populationen vom Umfang N bei k-facher Allelie, in der die absolute Häufigkeit des Genotyps $A_{i_1}\ldots A_{i_t}$ gleich $N(A_{i_1}\ldots A_{i_t})$ ist, heißt relative Genotypenhäufigkeit oder Genotypenwahrscheinlichkeit. In unendlichen Populationen heißt die Wahrscheinlichkeit $P(A_{i_1}\ldots A_{i_t})$, daß ein zufällig aus der Population entnommenes Individuum den Genotyp $A_{i_1}\ldots A_{i_t}$ besitzt, Genotypenwahrscheinlichkeit (genauer Wahrscheinlichkeit des Genotyps $A_{i_1}\ldots A_{i_t}$).

Speziell ist in haploiden Gesamtheiten die Genotypenwahrscheinlichkeit gleich der Allelwahrscheinlichkeit. In diploiden Populationen mit zweifacher Allelie verhalten sich x-chromosomal gekoppelte Gene im heterogameten Geschlecht wie Haploide. Wir setzen daher im folgenden bei diploiden Populationen stets voraus, daß wir autosomale Gene untersuchen.
Für sie setzen wir

$$P(A_1A_1) = P$$
$$P(A_1A_2) = 2Q = P(A_1 \cap A_2) + P(A_2 \cap A_1) = Q + Q$$
$$P(A_2A_2) = R$$

und beachten, daß

$$P + 2Q + R = 1 \tag{2.6}$$

gilt. Wir beweisen den *Satz 2.1* (Hardy-Weinberg-Gesetz):

In unendlichen diploiden Populationen gilt für autosomale Gene mit zweifacher Allelie bei gleicher Fruchtbarkeit und Vitalität der Genotypen, fehlender Mutation und Selektion, daß sich die Allelwahrscheinlichkeiten $p = P(A_1)$, $q = P(A_2)$ einer Generation, die durch Zufallspaarung aus einer Ausgangspopulation mit den Genotypenwahrscheinlichkeiten P, 2Q und R hervorgegangen ist, aus

$$p = P + Q, \quad q = Q + R \tag{2.7}$$

errechnen, und die Genotypenwahrscheinlichkeiten gleich

$$\begin{aligned} P(A_1A_1) &= p^2 \\ P(A_1A_2) &= 2pq \\ P(A_2A_2) &= q^2 \end{aligned} \tag{2.8}$$

sind. Gilt bereits in der Ausgangspopulation

$$P = p^2, \quad Q = pq, \quad R = q^2, \tag{2.9}$$

so sind die Allelwahrscheinlichkeiten bei Zufallspaarung in allen Generationen stabil.

Beweis:
Unter den Voraussetzungen des Satzes ist $P+Q$ die Wahrscheinlichkeit dafür, daß ein Allel, daß ein Nachkomme erhält, A_1 und $Q+R$ die Wahrscheinlichkeit dafür, daß dieses Allel A_2 ist.
Wegen der vorausgesetzten Zufallspaarung folgt die Unabhängigkeit von A_i und A_j $(i, j = 1, 2)$ der beiden Eltern, und für die Genotypen-Wahrscheinlichkeiten P', $2Q'$ und R' der Nachkommenpopulation folgt aus dem Multiplikationssatz der Wahrscheinlichkeitsrechnung

$$\begin{aligned} P' &= (P+Q)^2 = p^2 \\ 2Q' &= 2(P+Q)(Q+R) = 2pq \\ R' &= (R+Q)^2 = q^2. \end{aligned}$$

Gilt andererseits bereits $P = p^2$, $2Q = 2pq$ und $R = q^2$, so ist wegen $p+q=1$ schon in der Ausgangspopulation

$$P + Q = p^2 + pq = p(p+q) = p$$

und analog

$$Q + R = q.$$

Korollar:
Unter den Voraussetzungen von Satz 2.1 gilt für die Nachkommengeneration

$$Q^2 = P(A_1A_2)^2 = P(A_1A_1)\,P(A_2A_2) = PR \tag{2.10}$$

(beachte, daß sich P, Q, R hier auf die Nachkommen beziehen!) Satz 2.1 läßt sich analog auf von mehreren Loci gesteuerte Merkmale übertragen.

Definition 2.4.:
Eine t-ploide Population mit k-facher Allelie befindet sich im stabilen genetischen Gleichgewicht (ist eine Gleichgewichtspopulation), falls die Allelwahrscheinlichkeiten und die Genotypenwahrscheinlichkeiten aufeinanderfolgender Generationen identisch sind, sofern weder Mutation, Migration und Selektion wirksam werden. Unter den Voraussetzungen von Satz 2.1 befindet sich eine Population nach einer Generation Zufallspaarung im Gleichgewicht.
Wir bezeichnen solche Spezialfälle von Gleichgewichtspopulationen als Hardy-Weinberg-Populationen oder als Populationen im Hardy-Weinberg-Gleichgewicht. Die durch (2.10) definierte Parabel (Abb. 2.1.) heißt Hardy-Weinberg-Parabel (Hardy 1908, Weinberg 1908). Weitere Gleichgewichtspopulationen findet man in 2.2.6.3.
In Tabelle 2.2. sind fünf Populationen ausgewiesen, die durch unterschiedliche genotypische Spaltungsverhältnisse gekennzeichnet sind. Da beide homozygote Genotypen stets gleich häufig sind, haben sie alle Allelwahrscheinlichkeiten von $p = q = 0{,}5$. Davon befindet sich aber nur die erste im Gleichgewicht.

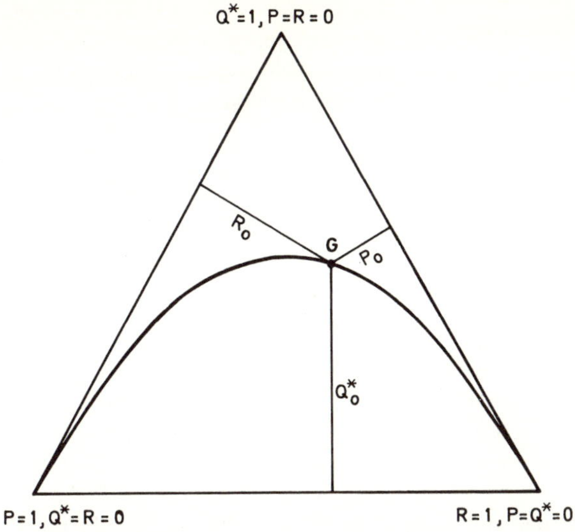

Abbildung 2.1. Darstellung einer beliebigen Population G mit den Genotypenhäufigkeiten P_0, Q_0^*, R_0 und der HARDY-WEINBERG-Parabel

Das Verhältnis der Genotypenwahrscheinlichkeiten für Gene mit Hardy-Weinberg-Gleichgewicht ist für die Allelwahrscheinlichkeiten $p = 1 - q = 0\ (0,1)\ 1$ in Tabelle 2.3. zusammengestellt.

Gilt $p = 1 - q$ (d. h. zweifache Allelie), tritt für p und $1 - p$ derselbe Anteil Heterozygoter auf. Die Homozygotenwahrscheinlichkeiten sind aber vertauscht. Der bei Gleichgewicht maximal mögliche Anteil an Heterozygotie beträgt 50%.

Bei diploiden Organismen und zweifacher Allelie kann man die Genotypenwahrscheinlichkeiten graphisch einfach veranschaulichen.

Mit $P = P(A_1A_1)$ $2Q' = Q = P(A_1A_2)$ und $R = P(A_2A_2)$ können wegen $P + Q + R = 1$ und $P \geq 0$, $Q \geq 0$ und $R \geq 0$ die drei Genotypenwahrscheinlichkeiten in einem gleichseitigen Dreieck, dessen Höhen gleich 1 sind und dessen Eckpunkte E_1, E_2 bzw. E_3 den Kombinationen $P = 1$, $Q = R = 0$, $Q = 1$, $P = R = 0$ bzw. $R = 1$, $P = Q = 0$ entsprechen, dargestellt werden. Eine (P, Q, R)-Kombination entspricht dann einem Punkt im Dreieck, dessen Lote auf die drei Dreieckseiten gerade die Längen P, Q bzw. R haben. Dabei entspricht P dem Lot der E_1, Q dem Lot der E_2 und R dem Lot der E_3 gegenüberliegenden Seite. Abbildung 2.1 veranschaulicht das für eine Population mit $P_o = 0,12$, $Q_o = 0,54$ und $R_o = 0,34$.

Tabelle 2.2. Fünf hypothetische Populationen mit $p = q = 0,5$

Genotyp	Populationen 1	2	3	4	5
A_1A_1	0,25	0,20	0,50	—	0,40
A_1A_2	0,50	0,60	—	1,00	0,20
A_2A_2	0,25	0,20	0,50	—	0,40

		Wahrscheinlichkeit von		
A_1	A_2	A_1A_1	A_1A_2	A_2A_2
p	q	p^2	2pq	q^2
0	1	0	0	1,00
0,1	0,9	0,01	0,18	0,81
0,2	0,8	0,04	0,32	0,64
0,3	0,7	0,09	0,42	0,49
0,4	0,6	0,16	0,48	0,36
0,5	0,5	0,25	0,50	0,25
0,6	0,4	0,36	0,48	0,16
0,7	0,3	0,49	0,42	0,09
0,8	0,2	0,64	0,32	0,04
0,9	0,1	0,81	0,18	0,01
1,0	0	1,00	0	0

Tabelle 2.3. Genotypenwahrscheinlichkeiten bei unterschiedlichen Wahrscheinlichkeiten p des Allels A_1 (zweifache Allelie)

Wir wollen nun annehmen, daß mindestens eine der Wahrscheinlichkeiten P, Q, R in (2.6) für männliche und weibliche Individuen einer Population verschieden sind. Dann gilt

Satz 2.2. Unter den Bedingungen von Satz 2.1 seien P_M, Q_M und R_M bzw. P_w, Q_w und R_w die Werte von P, Q und R im männlichen bzw. weiblichen Geschlecht. Dann befindet sich die Population nach zwei durch Zufallspaarung entstandenen Generationen im Hardy-Weinberg-Gleichgewicht.

Beweis: Wegen der vorausgesetzten Zufallspaarung sind die Genotypenwahrscheinlichkeiten in der 1. Nachkommengeneration

$$P' = (P_M + Q_M)(P_W + Q_W), \quad 2Q' = (P_M + Q_M)(Q_W + R_W) + (P_W + Q_W)(Q_M + R_M)$$

und

$R' = (Q_M + R_M)(Q_W + R_W)$ in beiden Geschlechtern gleich.

Damit erfüllt die 1. Nachkommengeneration die Voraussetzungen von Satz 2.1 und das komplettiert den Beweis, wobei

$$p^2 = (P' + Q')^2$$
$$2pq = 2(P' + Q')(Q' + R')$$
$$q^2 = (R' + Q')^2$$

bzw. nach einigen Umformungen

$$p = 1/2\,(P_M + P_W + Q_M + Q_W)$$

bzw.

$$q = 1/2\,(R_M + R_W + Q_M + Q_W)$$

ist.

Wir haben bisher meist unterstellt, daß alle Individuen der Nachkommengeneration mit gleicher Wahrscheinlichkeit die Geschlechtsreife erreichen und gleich fruchtbar sind, also mit gleicher Wahrscheinlichkeit zur Bildung der nächsten Generation beitragen. Davon wollen wir jetzt abgehen und unterschiedliche Vitalität und Fruchtbarkeit, die wir mit dem Begriff Fitness bezeichnen, für die einzelnen Genotypen und Allelmutationen zulassen. Im Abschnitt 2.2.5. wird außerdem der Effekt der Endlichkeit von Populationen beschrieben.

2.2.2. Die Wirkung von Selektion, Migration und Mutation auf die Genotypen- bzw. Allelwahrscheinlichkeiten und dadurch bedingte Störungen des genetischen Gleichgewichts

Die Darstellung der Auswirkungen der Evolution oder systematischer züchterischer Maßnahmen auf die genetische Struktur von Populationen erfolgt im allgemeinen auf der Grundlage der Veränderung der Allelwahrscheinlichkeiten. Meist sind damit auch veränderte Genotypenwahrscheinlichkeiten zu erwarten, die jedoch unter Berücksichtigung des jeweiligen Paarungssystems leicht ermittelt werden können. Mit $\Delta p = p_t - p_o$ bezeichnen wir die Veränderung der Wahrscheinlichkeit des Allels A_1 (Allelfrequenzänderung) von der 0-ten bis zur t-ten Generation.

Wegen $p + q = 1$ gilt für den Fall zweifacher Allelie

$$\Delta p = -\Delta q.$$

Damit ist nur bei multipler Allelie die Veränderung jeder Allelhäufigkeit getrennt zu betrachten.

Auf die Behandlung spezieller züchterischer Maßnahmen, auch über mehrere Generationen, wird im Folgenden eingegangen.

2.2.2.1. Selektion

Unabhängig von der genetischen und züchterischen Zielstellung ist unter künstlicher Selektion stets die Auswahl bestimmter Phäno- bzw. Genotypen zu verstehen. Eine Selektion der Allele ist (bis auf wenige Ausnahmen, wie z. B. geschlechtschromosomal gekoppelte Gene im heterogameten Geschlecht) nicht möglich. Das Ziel der Selektion kann sein:

– Veränderung der Genotypenhäufigkeiten,
– Veränderung der Allelhäufigkeiten.

Die natürliche Selektion als Evolutionsfaktor kann in gleicher Weise wie die künstliche Selektion behandelt werden, wir sprechen daher kurz von Selektion.

Änderungen der Allelwahrscheinlichkeiten durch Selektion können ihre Ursache in einer unterschiedlichen Fortpflanzungsfähigkeit der Individuen haben (natürliche Selektion) oder durch die Absicht des Züchters (künstliche Selektion) willkürlich herbeigeführt werden. Der Grad, mit dem Individuen eines bestimmten Genotyps $A_i A_j$ von der Zucht ausgeschlossen werden, heißt Selektionskoeffizient $s_{ij} = s_{ji}$ $(0 \leq s_{ij} \leq 1)$. So bedeutet beispielsweise $s_{ij} = 0{,}8$, daß 80% der Individuen des betreffenden Genotyps von der Zucht ausgeschlossen und damit nicht verpaart werden.

Mit $1-s_{ij}=0{,}2$ kann die Wahrscheinlichkeit des Beitrages des Genotyps für die Zucht angegeben werden. Wir nennen $1-s_{ij}=f_{ij}$ die Eignung (Fitness) des Genotyps. Dabei wird jedoch für jeden zur Zucht eingesetzten Elter eine gleich große Verpaarungshäufigkeit und gleiche Anzahl von Nachkommen unterstellt. Ist es erforderlich, die unterschiedliche Zuchtbenutzung und genotypenspezifische Fruchtbarkeitsleistungen zu berücksichtigen, wählt man den Genotyp als Bezugswert, der die maximale Anzahl Nachkommen je Elter aufweist. Seine Zuchteignung wird gleich 1 bzw. 100% gesetzt. Damit bedeutet $s_{ij}=0{,}8$, daß die Tiere des betrachteten Genotyps im Durchschnitt nur ein Fünftel so viele Nachkommen haben wie die Genotypen mit maximaler Fitness:

$$s_{ij} = 1 - \frac{n_{ij}}{h_{ij}}$$

n_{ij} = mittlere Anzahl Nachkommen je Elter des betrachteten Genotyps
h_{ij} = mittlere Anzahl Nachkommen je Elter des Genotyps mit maximaler Fitness.

Wir wollen diploide zweigeschlechtliche Organismen mit zweifacher Allelie betrachten.
Für männliche Individuen seien p_0 bzw. q_0 wieder die Wahrscheinlichkeiten für die Allele A_1 bzw. A_2, die entsprechenden Wahrscheinlichkeiten weiblicher Individuen seien r_0 bzw. s_0.
Die Wahrscheinlichkeiten, daß der Genotyp A_iA_j an der Erzeugung der Nachkommengeneration beteiligt ist (d. h. die Geschlechtsreife erreicht und mindestens einen Nachkommen erzeugt), sind folgender Übersicht zu entnehmen, wobei wir die f_{ij} für männliche Individuen m_{ij} und für die weiblichen Individuen w_{ij} setzen.

	A_1A_1	A_1A_2	A_2A_2
männlich	m_{11}	m_{12}	m_{22}
weiblich	w_{11}	w_{12}	w_{22}

Es gilt der
Satz 2.3.
Unter den Voraussetzungen und mit den Bezeichnungen dieses Abschnittes sind die Genotypen A_iA_j der Elterngeneration mit folgenden Wahrscheinlichkeiten an der Erzeugung von Nachkommen beteiligt:

	A_1A_1	A_1A_2	A_2A_2
männlich	$a_{11}p_0r_0$	$a_{12}(p_0s_0+q_0r_0)$	$a_{22}q_0s_0$
weiblich	$b_{11}p_0r_0$	$b_{12}(p_0s_0+q_0r_0)$	$b_{22}q_0s_0$

Dabei ist

$$a_{ij} = \frac{m_{ij}}{M}, \quad b_{ij} = \frac{w_{ij}}{W} \tag{2.11}$$

$$\left.\begin{aligned} M &= m_{11}p_0r_0 + m_{12}(p_0s_0+q_0r_0) + m_{22}q_0s_0 \\ W &= w_{11}p_0r_0 + w_{12}(p_0s_0+q_0r_0) + w_{22}q_0s_0 \end{aligned}\right\} . \tag{2.12}$$

Beweis:
Nach dem Satz von Bayes [siehe z. B. Rasch (1989) S. 55 Formel (3.15)] gilt, wenn B den Eintritt der Geschlechtsreife bedeutet, für die bedingte Wahrscheinlichkeit $P(A_iA_j/B)$ (lies Wahrscheinlichkeit des Genotyps A_iA_j unter den fortpflanzungsfähigen Individuen)

$$P(A_iA_j/B) = \frac{P(A_iA_j) \cdot P(B/A_iA_j)}{\sum_{i \le j} P(A_iA_j) \cdot P(B/A_iA_j)}, \quad (i, j = 1,2).$$

Nun ist

$$P(B/A_iA_j) = \begin{cases} m_{ij} \text{ für männliche Individuen} \\ w_{ij} \text{ für weibliche Individuen} \end{cases}$$

und

$$\frac{P(B/A_iA_j)}{\sum_{i \le j} P(A_iA_j)\, P(B/A_iA_j)} = \begin{cases} a_{ij} \text{ für männliche Individuen} \\ b_{ij} \text{ für weibliche Individuen} \end{cases}.$$

Ferner ist, wenn wieder $P(A_1)$ bei männlichen Individuen p_0 $(q_0 = 1 - p_0)$ und bei weiblichen r_0 $(s_0 = 1 - r_0)$ gesetzt wird

$$P(A_1A_1) = p_0r_0$$
$$P(A_1A_2) = p_0s_0 + q_0r_0$$
$$P(A_2A_2) = q_0s_0$$

und damit folgt die Behauptung.

Die Allelwahrscheinlichkeiten p_1 bzw. r_1 dafür, daß männliche bzw. weibliche fortpflanzungsfähige Individuen in der Nachkommengeneration das Allel A_1 an die nächste (2. Generation) weitergeben, ist

$$\left.\begin{array}{l} p_1 = a_{11}p_0r_0 + \frac{1}{2} a_{12}(p_0s_0 + q_0r_0) \\ \text{bzw.} \\ r_1 = b_{11}p_0r_0 + \frac{1}{2} b_{12}(p_0s_0 + q_0r_0) \end{array}\right\} . \qquad (2.13)$$

Für diesen allgemeinen Fall sind die Gleichgewichtsbedingungen ($p_1 = p_0$, $r_1 = r_0$) nicht explizit ableitbar, aber genetisches Gleichgewicht ist nur erreichbar, wenn entweder

$$a_{11} > b_{11} \text{ und } a_{22} < b_{22} \text{ oder}$$
$$a_{11} < b_{11} \text{ und } a_{22} > b_{22}$$

gilt.

O. B. d. A. sei $a_{11} > b_{11}$ und $a_{22} < b_{22}$ (anderenfalls vertausche man A_1 und A_2). Es tritt folgender Spezialfall auf:

$$\left.\begin{array}{l} m_{11} = 1,\ m_{12} = 1 - \frac{m}{2},\ m_{22} = 1 - m \\ w_{11} = 1 - w,\ w_{12} = 1 - \frac{w}{2},\ w_{22} = 1 \end{array}\right\}, \qquad (2.14)$$

wobei $m > 0$ sein soll. Mit (2.14) wird

$$\begin{aligned} M &= p_0r_0 + (p_0s_0 + q_0r_0)\left(1 - \frac{m}{2}\right) + q_0s_0\,(1 - m) \\ &= p_0 + q_0 - \frac{m}{2}\,(p_0s_0 + q_0r_0 + 2q_0s_0) \\ &= 1 - \frac{m}{2}\,[s_0(p_0 + q_0) + q_0(r_0 + s_0)] \\ &= 1 - \frac{m}{2}\,(s_0 + q_0) \end{aligned}$$

und analog

$$W = 1 - \frac{w}{2}\,(p_0 + r_0).$$

Damit wird (2.13) in unserem Spezialfall zu

$$p_1 = \frac{2p_0r_0 + \frac{1}{2}(2-m)(p_0s_0 + q_0r_0)}{2 - m\,(s_0 + q_0)} = \frac{p_0 + r_0 - \frac{m}{2}\,(p_0s_0 + q_0r_0)}{2 - m\,(s_0 + q_0)} \qquad (2.15)$$

und

$$r_1 = \frac{p_0 + r_0 - \frac{w}{2}\,(p_0r_0 + q_0r_0)}{2 - w\,(p_0 + r_0)}\,. \qquad (2.16)$$

Ist speziell $f_{ij} = m_{ij} = w_{ij}$, so sind die Spezialfälle der Tabelle 2.4. möglich.

Tabelle 2.4. Eignung f_{ij} der Genotypen eines autosomalen Locus

Nr.	Genotyp A_1A_1	A_1A_2	A_2A_2
1	1	1	1
2	1	1	$1-s_{22}$
3	1	$1-s_{12}$	1
4	$1-s_{11}$	1	1
5	1	$1-s_{12}$	$1-s_{22}$
6	$1-s_{11}$	1	$1-s_{22}$
7	$1-s_{11}$	$1-s_{12}$	1
8	$1-s_{11}$	$1-s_{12}$	$1-s_{22}$

Tabelle 2.5. Bedingte Wahrscheinlichkeiten des Allels A_1 und deren Änderung Δp durch Selektion für die Fälle der Tabelle 2.4. ($q_0 = 1 - p_0$)

Nr. von Tab. 2.4.	Allelwahrscheinlichkeit p_1 allgemein	bei genotyp. Gleichgewicht	$\Delta p = p_1 - p_0 = -\Delta q$	Werte von p_0, für die $\Delta p = 0$ ist
1	$p_0 + Q_0$	p_0	0	$0 \leq p_0 \leq 1$
2	$\frac{P_0 + Q_0}{1 - sR_0}$	$\frac{p_0}{1 - sq_0^2}$	$\frac{sp_0q_0^2}{1 - sq_0^2}$	$p_0 = 0$; (1)
3	$\frac{P_0 + (1 - s)Q_0}{1 - 2sQ_0}$	$\frac{p_0 - sp_0q_0}{1 - 2sp_0q_0}$	$\frac{sp_0q_0(p_0 - q_0)}{1 - 2sp_0q_0}$	$p_0 = 0{,}5$
4	$\frac{(1 - s)P_0 + Q_0}{1 - sP_0}$	$\frac{p_0 - sp_0^2}{1 - sp_0^2}$	$-\frac{sp_0^2q_0}{1 - sp_0^2}$	$p_0 = 1$; (0)
5	$\frac{P_0 + (1 - s_{11})Q_0}{1 - 2s_{11}Q_0 - s_{12}R_0}$	$\frac{p_0 - s_{11}p_0q_0}{1 - 2s_{11}p_0q_0 - s_{12}q_0^2}$	$\frac{p_0q_0[s_{11}(p_0 - q_0) + s_{12}q_0]}{1 - 2s_{11}p_0q_0 - s_{12}q_0^2}$	$\frac{q_0}{q_0 - p_0} = \frac{s_{11}}{s_{12}}$
6	$\frac{(1 - s_{11})P_0 + Q_0}{1 - s_{11}P_0 - s_{12}R_0}$	$\frac{p_0 - s_{11}p_0^2}{1 - s_{11}p_0^2 - s_{12}q_0^2}$	$\frac{p_0q_0(s_{12}q_0 - s_{11}p_0)}{1 - s_{11}p_0^2 - s_{12}q_0^2}$	$\frac{q_0}{p_0} = \frac{s_{11}}{s_{12}}$
7	$\frac{(1 - s_{11})P_0 - (1 - s_{12})Q_0}{1 - s_{11}P_0 - 2s_{12}Q_0}$	$\frac{p_0 - s_{11}p_0^2 - s_{12}p_0q_0}{1 - s_{11}p_0^2 - 2s_{12}p_0q_0}$	$\frac{p_0q_0[s_{12}(p_0 - q_0) - s_{11} - p_0]}{1 - s_{11}p_0^2 - 2s_{12}p_0q_0}$	$\frac{p_0 - q_0}{p_0} = \frac{s_{11}}{s_{12}}$
8	$\frac{(1 - s_{11})P_0 + (1 - s_{12})Q_0}{1 - s_{11}P_0 - 2s_{12}Q_0 - s_{22}R_0}$	$\frac{p_0 - s_{11}p_0^2 - s_{12}p_0q_0}{1 - s_{11}p_0^2 - 2s_{12}p_0q_0 - s_{22}q_0^2}$	$\frac{p_0q_0[s_{22}q_0 + s_{12}(p_0 - q_0) - s_{11}p_0]}{1 - s_{11}p_0^2 - 2s_{12}p_0q_0 - s_{22}q_0^2}$	$\frac{s_{22}q_0 - s_1p_0}{q_0 - p_0} = s_{12}$

In Spalte 2 der Tabelle 2.5. sind die Formeln zur Berechnung der Allelwahrscheinlichkeit $p_1 = P(A_1)$ nach der Selektion zusammengestellt, die bei zweifacher Allelie für beliebige Populationen mit $p_0 = r_0$ gelten. Dabei bezeichnen im allgemeinen Fall $P_0 \cdot Q_0$ und R_0 die durch (2.9) definierten Genotypenwahrscheinlichkeiten vor der Selektion. Nur für Generationen, bei denen vor dem betrachteten Selektionsschritt genotypisches Gleichgewicht vorliegt – das ist häufig nicht der Fall –, können auch die Formeln aus Spalte 3 verwendet werden. Δp kann nun nach den Formeln aus Spalte 4 berechnet werden. Erfolgt die Selektion unter den in Spalte 5 formulierten Bedingungen, tritt keine Veränderung der Allelwahrscheinlichkeiten ein. Damit stimmen auch (bei Panmixie) die Genotypenwahrscheinlichkeiten der unselektierten Eltern- und Nachkommengeneration überein. Die Genotypenwahrscheinlichkeiten der zur Zucht eingesetzten Teilpopulation sind jedoch verändert (mit Ausnahme von Variante 1).
Die Δp-Werte der Varianten 2 und 4 der Tabelle 2.5. sind praktisch bedeutungslos, da der zu selektierende Genotyp gar nicht existieren würde.
Auf die relative Häufigkeit des Allels A_2 und deren Veränderung wird nicht besonders eingegangen, da sie sich im hier beschriebenen Fall zweifacher Allelie aus $q_0 = 1 - p_0$ bzw. $\Delta p_0 = -\Delta q_0$ ergeben.
Bei Vorliegen multipler Allelie sind die Formeln in Spalte 1 so zu ergänzen, daß im Zähler stets die Gesamtanzahl des betrachteten Allels $N(A_j)$ und im Nenner die doppelte Anzahl von Individuen steht.
Von besonderer Bedeutung ist die qualitative Selektion zur Verringerung der relativen Häufigkeit unerwünschter rezessiver Allele entsprechend Variante 2, auf die deshalb näher eingegangen wird. Im folgenden Abschnitt muß jedoch davon ausgegangen werden, daß $R = P(A_2A_2) = q^2$ ist, was stets für Gleichgewichtspopulationen gilt.
Bei vollständigem Zuchtausschluß aller Genotypen A_2A_2 über eine Generation ist wegen $s = 1$ bei Variante 2 in Tabelle 2.5 und wegen

$$1 - q_0^2 = (1 - q_0)(1 + q_0) = p_0(1 + q_0) \text{ stets}$$

$$\Delta q = \frac{-p_0 q_0^2}{1 - q_0^2} = \frac{-q_0^2}{1 + q_0}$$

bzw.

$$q_1 = \frac{q_0}{1 + q_0}.$$

Analog folgt bei ständiger Merzung von A_2A_2 über t Generationen

$$q_t = \frac{q_0}{1 + tq_0},$$

da z. B.

$$q_2 = \frac{q_1}{1 + q_1} = \frac{\dfrac{q_0}{1 + q_0}}{1 + \dfrac{q_0}{1 + q_0}} = \frac{q_0}{1 + 2q_0} \quad \text{ist.}$$

Tabelle 2.6. Wahrscheinlichkeit q_t des Allels A_2 und deren Verringerung Δq_t nach t Generationen vollständiger Selektion des Genotyps A_2A_2 bei unterschiedlicher Ausgangssituation q_0

t =	q_0 1	0,9	0,8	0,7	0,6	0,5	0,4	0,3	0,2	0,1	0,05	0,01
1	0,5000	0,4737	0,4444	0,4118	0,3750	0,3333	0,2857	0,2308	0,1667	0,0909	0,0476	0,0099
2	0,3333	0,3214	0,3077	0,2917	0,2727	0,2500	0,2222	0,1875	0,1429	0,0833	0,0455	0,0098
3	0,2500	0,2432	0,2353	0,2258	0,2143	0,2000	0,1818	0,1579	0,1250	0,0769	0,0435	0,0097
4	0,2000	0,1957	0,1905	0,1842	0,1765	0,1667	0,1538	0,1364	0,1111	0,0714	0,0417	0,0096
5	0,1667	0,1636	0,1600	0,1556	0,1500	0,1429	0,1333	0,1200	0,1000	0,0667	0,0400	0,0095
	$\Delta q_0 = (q_{t-1} - q_t) \cdot 10000$											
2	1667	1523	1367	1201	1023	833	635	433	238	76	21	1
3	833	762	724	659	584	500	404	296	179	64	20	1
4	500	475	448	416	378	333	280	215	139	55	18	1
5	333	321	305	286	265	238	205	164	111	47	17	1
	$q_0 - q_t$											
1	0,5000	0,4263	0,3556	0,2882	0,2250	0,1667	0,1143	0,0692	0,0333	0,0091	0,0024	0,0001
2	0,6667	0,5786	0,4923	0,4083	0,3273	0,2500	0,1778	0,1125	0,0571	0,0167	0,0045	0,0002
3	0,7500	0,6568	0,5647	0,4742	0,3857	0,3000	0,2182	0,1421	0,0750	0,0231	0,0065	0,0003
4	0,8000	0,7043	0,6095	0,5158	0,4235	0,3333	0,2462	0,1636	0,0889	0,0286	0,0083	0,0004
5	0,8333	0,7364	0,6400	0,5444	0,4500	0,3571	0,2667	0,1800	0,1000	0,0333	0,0100	0,0005

In Tabelle 2.6. sind die Wahrscheinlichkeiten q_t des Allels A_2 ausgewiesen, die in Abhängigkeit von q_0 nach 1 bis 5 Generationen zu erwarten sind. Die daraus resultierenden Selektionserfolge im Gesamtzeitraum t bzw. für zwei aufeinanderfolgende Generationen sind dem unteren Teil der Tabelle zu entnehmen.
Für die Selektion nach Variante 2 ergeben sich folgende Schlußfolgerungen:

- Der mögliche Selektionserfolg je Generation ist proportional der Anfangswahrscheinlichkeit q_0 von A_2 (vor der Selektion).
- Bei fortgesetzter Selektion wird die je Generation erreichbare Abnahme des unerwünschten Allels immer kleiner.
- Eine vollständige Eliminierung rezessiver Allele ist allein durch Selektion nach Variante 2 nicht zu erwarten, sie kann jedoch im Ergebnis der zusätzlich wirkenden genetischen Drift auftreten.

Ursache für diesen abnehmenden Selektionserfolg ist der sich mit kleiner werdender Wahrscheinlichkeit q_t auch verringernde Anteil rezessiver Allele, der in Homozygotie vorliegt. Die Wahrscheinlichkeit, daß ein Allel A_2 im heterozygoten Genotyp auftritt und damit bei vollständiger Dominanz phänotypisch nicht erkennbar ist und somit auch nicht der Selektion unterworfen werden kann, ist p_t.
Diese Aussagen werden durch Tabelle 2.7. belegt, aus der die erforderliche Anzahl Generationen t zu ersehen ist, um eine Ausgangswahrscheinlichkeit q_o bis zu einer angestrebten Größe q_t zu verringern. t erhält man aus

$$t = \frac{1}{q_t} - \frac{1}{q_0}.$$

Wenn durch spezielle Prüfverfahren zum Test auf Heterozygotie (= Anlagenträger) oder im Ergebnis einer Stammbaumanalyse die heterozygoten Genotypen vollständig oder teilweise erkannt werden, kann durch Anwendung der Variante 5 die Wirksamkeit der Selektion erhöht werden.

q_0	q_t ≥0,5	0,4	0,3	0,2	0,1	0,05	0,01	0,001
1	1	2	3	4	9	19	99	999
0,9	1	2	3	4	9	19	99	999
0,8	1	2	3	4	9	19	99	999
0,7	1	2	2	4	9	19	99	999
0,6	1	1	2	4	9	19	99	999
0,5		1	2	3	8	18	98	998
0,4			1	3	8	18	98	998
0,3				2	7	17	97	997
0,2					5	15	95	995
0,1						10	90	990
0,05							80	980
0,01								900

Tabelle 2.7. Erforderliche Anzahl Generationen zur Erreichung eines Zuchtzieles q_t bei unterschiedlicher Ausgangssituation q_0

Wenn für das betrachtete Gen kein genotypisches Gleichgewicht vorliegt, kann Δp berechnet werden, indem p_1 für die betreffende Variante nach Tab. 2.6., Spalte 2, berechnet wird.

2.2.2.2. Migration

Unter Migration versteht man allgemein den Austausch von Tieren zwischen verschiedenen Populationen und unterscheidet die Zuwanderung (Immigration) und die Abwanderung (Emigration). Mit der Emigration aus einer Population ist auch eine Immigration in eine andere Population verbunden. Bei der Betrachtung nur einer Population sind jedoch die Auswirkungen der Emigration und Selektion identisch, so daß wir uns auf die Probleme der Immigration beschränken können.

Aus populationsgenetischer Sicht ist nur der Anteil zur Befruchtung gelangender Gameten von Bedeutung, die aus der Fremdpopulation stammen. Er wird als Migrationsrate m bezeichnet. Dadurch werden auch die Immigration durch Spermazukauf, ein unterschiedlich starker Zuchteinsatz beispielsweise der Vatertiere und eine eventuelle Bestandsveränderung mit berücksichtigt.

Der Einfluß der Immigration auf die Allelhäufigkeiten hängt von der Migrationsrate m und der genetischen Divergenz zwischen den einheimischen (p_A) und den immigrierten (p_B) Gameten ab:

$$\Delta p = m\,(p_B - p_A).$$

Hierbei ist genotypisches Gleichgewicht nicht erforderlich.

Beispiel:

In einer Population mit $p_A = 0{,}6$ werden 20% der Mütter mit zugekauftem Sperma homozygoter Väter ($p_B = 1$) besamt. Da nur Mütter der einheimischen Population zum Einsatz kommen, beträgt der Anteil immigrierter Gameten $m = \frac{0{,}2}{2} = 0{,}1$. Es wird eine Änderung der Allelhäufigkeit von

$$\Delta p = 0{,}1\,(1 - 0{,}6) = 0{,}04$$

erreicht; in der Nachkommenschaft beträgt

$$p_1 = p_A + \Delta p = 0{,}64.$$

2.2.2.3. Mutation

Obwohl die Mutation die entscheidende Grundlage für die genetische Variabilität darstellt, ist ihre Auswirkung auf die Änderung der Allelhäufigkeiten wegen der sehr niedrigen Mutationsraten u und Rückmutationsraten v ohne praktische Bedeutung.

Damit die Ergebnisse nach

$$\Delta p = up - vq$$

eine erforderliche Zuverlässigkeit erreichen, müßten die Allelhäufigkeiten außerdem an sehr großen Populationen bestimmt werden.

Auf mutativ bedingte Veränderungen der Allelhäufigkeiten und auf die häufig beschriebene Gleichgewichtssituation zwischen Mutation und Selektion bei unterschiedlichen Erbgängen wird hier aus diesem Grunde nicht näher eingegangen.

2.2.3. Modelle für den phänotypischen Wert

Mit P_{ij} wollen wir den phänotypischen Wert des Genotyps A_iA_j $(i, j = 1, \ldots, k, i \leq j)$ bezeichnen. Wir setzen in diesem Abschnitt voraus, daß diese Werte reelle Zahlen bzw. in solche Zahlen transformierte Größen sind, d. h. daß das Merkmal bzw. seine Transformierte intervallskaliert ist. Für qualitative oder ordinalskalierte Merkmale haben die Modelle dieses Abschnittes ohne Transformation keinen Sinn. Wir wissen, daß der phänotypische Wert P irgendeines Genotyps G eine Funktion f(G, U) von diesem Genotyp und der Umwelt, in der der Genotyp existiert, ist. Das einfachste populationsgenetische Modell hat die Form

$$P = \mu(G, U) + g(G) + u(U) \qquad (2.17),$$

wobei $\mu(G, U)$ der Mittelwert aller phänotypischen Werte der Population in ihrer Umwelt, g(G) die durch G bedingte und u(U) die durch die Umwelt von G bedingte Abweichung von diesem Mittelwert bezeichnet.
Wir wollen dieses Modell zunächst für den Fall $u(U) = 0$, d. h. für ein Modell ohne Umwelteffekte der Form

$$P = \mu + g \qquad (2.18)$$

betrachten. Dann setzen wir $P_{ij} = G_{ij}$ und nennen G_{ij} den genotypischen Wert von A_iA_j. (Beachte, daß die G_{ij} in Kap. 1 die Genotypen selbst bezeichneten.)

Die ersten Modellvorstellungen für die G_{ij} stammen von R. A. Fisher aus dem Jahre 1918. Zunächst beschränken wir uns auf den Fall $k = 2$ und setzen $P = P(A_1A_1)$, $2Q = P(A_1A_2)$ und $R = P(A_2A_2)$.

Definition 2.5.:
Die Größe

$$\mu = PG_{11} + 2QG_{12} + RG_{22} \qquad (2.19)$$

heißt Populationsmittel, und der Ausdruck

$$\sigma_g^2 = P(G_{11} - \mu)^2 + 2Q(G_{12} - \mu)^2 + R(G_{22} - \mu)^2 \qquad (2.20)$$

ist die genotypische Varianz.

Die in Definition 2.5. eingeführten Größen μ und σ_g^2 sind Erwartungswert und Varianz einer Zufallsvariablen $\underline{y}$, die mit den Wahrscheinlichkeiten P, 2Q bzw. R die drei Werte G_{11}, G_{12} bzw. G_{22} annehmen kann, d. h. $\underline{y}$ folgt einer Dreipunktverteilung.

In Gleichgewichtspopulationen ($P(A_1) = p$, $P(A_2) = q$) gilt speziell

$$\mu = p^2 G_{11} + 2pqG_{12} + q^2 G_{22} \tag{2.21}$$

bzw.

$$\sigma_g^2 = p^2(G_{11} - \mu)^2 + 2pq(G_{12} - \mu)^2 + q^2(G_{22} - \mu)^2 . \tag{2.22}$$

Wir wollen ein Modell dafür aufstellen, wie die G_{ij} von sogenannten Alleleffekten α_i der A_i und von durch Dominanz bedingten Abweichungen d_{ij} von der Additivität der Alleleffekte abhängen. Wir transformieren dabei die Zufallsvariable $\underline{y}$, indem wir sie als Summe

$$\underline{y} = \mu + \underline{a} + \underline{d} \tag{2.23}$$

schreiben mit μ aus (2.19) bzw. (2.21). Die Zufallsvariable $\underline{a}$ folgt ebenfalls einer Dreipunktverteilung und kann die Werte $a_1 = 2\alpha_1$, $a_2 = \alpha_1 + \alpha_2$, $a_3 = 2\alpha_2$ mit den Wahrscheinlichkeiten P, 2Q bzw. R annehmen ($P + 2Q + R = 1$). Die Zufallsvariable $\underline{d}$ folgt einer Dreipunktverteilung mit den Werten $d_1 = d_{11}$, $d_2 = d_{12}$ bzw. $d_3 = d_{22}$, die ebenfalls mit den Wahrscheinlichkeiten P, 2Q bzw. R angenommen werden. Die Zerlegung (2.23) ist nicht eindeutig. Sie soll so vorgenommen werden, daß die Varianz $\sigma_D^2 = V(\underline{d})$ ein Minimum wird, d. h. so, daß möglichst viel durch additive Alleleffekte erfaßt wird.

Von R. A. Fisher (1918) wurde ein etwas modifiziertes Modell gewählt, daß durch Translation aus dem hier verwendeten entsteht. Bilden wir transformierte genotypische Werte

$$G'_{ij} = G_{ij} - \frac{1}{2}(G_{11} + G_{22}),$$

so ist $G'_{11} = -G'_{22}$, und Fisher setzte $G'_{11} = -a$, $G'_{12} = d$ und $G'_{22} = a$.

Da sich bei Addition einer Konstanten die Varianzen nicht ändern, bleiben alle Aussagen in diesem Kapitel über Varianzen auch für das Fisher'sche Modell gültig.

Definition 2.6.:
Die Größen

$$g_{ij} = G_{ij} - \mu \tag{2.24}$$

heißen genotypische Abweichungen und die Größen α_1 und α_2, die den Ausdruck $S = P(g_{11} - 2\alpha_1^*)^2 + 2Q(g_{12} - \alpha_1^* - \alpha_2^*)^2 + R(g_{22} - 2\alpha_2^*)^2$ minimieren, heißen die Effekte der Allele A_1 bzw. A_2. Ferner heißen die Größen

$$\begin{aligned} d_{11} &= g_{11} - 2\alpha_1 \\ d_{12} &= g_{12} - \alpha_1 - \alpha_2 \\ d_{22} &= g_{22} - 2\alpha_2 . \end{aligned} \tag{2.25}$$

Dominanzabweichungen der entsprechenden Genotypen (A_iA_j).

Das Minimum von S

$$V(\underline{d}) = Pd_{11}^2 + 2Qd_{12}^2 + Rd_{22}^2 \tag{2.26}$$

heißt Dominanzvarianz. Den Quotienten $V(\underline{d})\% = \frac{V(\underline{d})}{\sigma_g^2} \cdot 100\%$ bezeichnen wir als Dominanzanteil.

Leitet man S nach α_1^* und α_2^* ab, so erhält man folgende Bestimmungsgleichungen für die α_i

$$\begin{aligned} Pg_{11} + Qg_{12} &= (2P + Q)\,\alpha_1 + Q\alpha_2 \\ Rg_{22} + Qg_{12} &= Q\alpha_1 + (2R + Q)\,\alpha_2 \end{aligned} \tag{2.27}$$

Wir beschränken uns nun auf den Fall von Gleichgewichtspopulationen mit $P = p^2$, $Q = pq$, $R = q^2$ und erhalten

$$\left.\begin{aligned} pg_{11} + qg_{12} &= (1 + p)\,\alpha_1 + q\alpha_2 \\ pg_{12} + qg_{22} &= p\alpha_1 + (1 + q)\,\alpha_2 \end{aligned}\right\} \tag{2.28}$$

mit den Lösungen

$$\begin{aligned} \alpha_1 &= \frac{1}{2}\,[p\,(1 + q)\,g_{11} + 2q^2g_{12} - q^2g_{22}] \\ \alpha_2 &= \frac{1}{2}\,[-p^2g_{11} + 2p^2g_{12} + q\,(1 + p)\,g_{22}] \end{aligned} \tag{2.29}$$

Aus (2.21) folgt

$$p^2g_{11} + 2pqg_{12} + q^2g_{22} = 0. \tag{2.30}$$

Ersetzt man q^2g_{22} in der Gleichung für α_1 und p^2g_{11} in der Gleichung für α_2 mittels (2.30), so reduziert sich (2.29) zu

$$\begin{aligned} \alpha_1 &= pg_{11} + qg_{12} \\ \alpha_2 &= pg_{12} + qg_{22} \end{aligned} \tag{2.31}$$

und daraus folgt

$$p\alpha_1 + q\alpha_2 = 0 \tag{2.32}$$

und das hat

$$E(\underline{a}) = 2p^2\alpha_1 + 2pq\,(\alpha_1 + \alpha_2) + 2q^2\alpha_2 = 0$$

zur Folge.

Wegen $E(\underline{y}) = \mu$ ist daher nach (2.25) auch $E(\underline{d}) = 0$.
Aus (2.25) und (2.31) folgt

$$pd_{11} + qd_{12} = pd_{12} + qd_{22} = 0 \tag{2.33}$$

Ferner ist wegen (2.31) und (2.30)

$$d_{11} = g_{11} - 2\alpha_1 = g_{11} - 2pg_{11} - 2qg_{12}$$
$$= q^2(g_{11} - 2g_{12} + g_{22}) = q^2D,$$

wobei $1 - 2p + p^2 = q^2$ verwendet wurde. Analog ergibt sich

$$d_{22} = p^2D$$

und

$$d_{12} = -pqD$$

und das führt zu

$$d_{12}^2 = d_{11}d_{22} \quad (2.34).$$

Wir wissen bereits, daß die Varianz von $\underline{d}$

$$V(\underline{d}) = \text{Min}(S) = p^2d_{11}^2 + 2pqd_{12}^2 + q^2d_{22}^2 \quad (2.35)$$

ist. Wegen $E(\underline{a}) = 0$ ist

$$V(\underline{a}) = 4p^2\alpha_1^2 + 2pq(\alpha_1 + \alpha_2)^2 + 4q^2\alpha_2^2 \quad (2.36)$$

und das wird wegen (2.32) zu

$$V(\underline{a}) = 2p\alpha_1^2 + 2q\alpha_2^2 \quad (2.37).$$

Ferner ist

$$2\text{cov}(\underline{a}, \underline{d}) = V(\underline{y}) - V(\underline{a}) - V(\underline{d})$$
$$= 4\left[\alpha_1 d_{11}p^2 + pq(\alpha_1 d_{12} + \alpha_2 d_{12}) + q^2\alpha_2 d_{22}\right].$$

Wegen (2.32), $E(d) = p^2d_{11} + 2pqd_{12} + q^2d_{22} = 0$ und (2.31) folgt, daß dieser Ausdruck Null ist. Damit gilt folgender

Satz 2.4.:

Unter der Voraussetzung von Modell (2.23) und dessen Nebenbedingungen sind die Zufallsvariablen $\underline{a}$ und $\underline{d}$ in Gleichgewichtspopulationen unter Verwendung der in Definition 2.6 eingeführten Größen unkorreliert und mit den Erwartungswerten $E(\underline{a}) = E(\underline{d}) = 0$ und den Varianzen (2.36) bzw. (2.35) verteilt. Aus dem Vorhergehenden geht klar hervor, daß alle Parameter der Verteilungen von $\underline{a}$ und $\underline{d}$ ausschließlich von den g_{ij}, p und q abhängen. Damit ändern sich in Gleichgewichtspopulationen die Parameter (z. B. Varianzen) über die Generationen nicht. Liegt intermediäre Merkmalsausprägung vor, d. h. gilt

$$G_{12} = \frac{1}{2}(G_{11} + G_{22}),$$

so verschwindet die im Anschluß an (2.33) eingeführte Größe D und somit sind d_{11}, d_{12}, d_{22} und $V(\underline{d})$ gleich Null. Andererseits folgt aus dem Fehlen von Dominanzeffekten ($d_{11} = d_{12} = d_{22} = 0$), daß auch $D = 0$ ist und damit intermediäre Merkmalsausprägung vorliegt. Interessanterweise gilt das für alle möglichen Werte von p.

Wir gehen nun zu Modellen mit Umwelteffekten über. Dann gilt

$$\underline{P}_{ij} = \mu + \underline{g}_{ij} + \underline{u}_{ij} \qquad (2.38).$$

Dabei erhält man μ aus (2.19) bzw. (2.21), wenn man dort die G_{ij} durch die P_{ij} ersetzt. Wirkt die Umwelt im Falle qualitativer Merkmale so, daß sich die Phänotypen von unterschiedlichen Genotypen nicht überlappen, d. h. disjunkte Klassen bilden und damit die Genotypen erkennbar und unterscheidbar sind, so kann man auf ein Modell mit Umwelteffekten verzichten, indem man die ganze Phänotypenklasse eines Genotyps auf einen reellen Wert abbildet und das Modell für $P_{ij} = G_{ij}$ verwenden. In allen anderen Fällen und bei quantitativen Merkmalen muß man von (2.38) oder komplizierteren Modellen ausgehen. Wir verweisen wegen der völligen Analogie auf den Abschnitt 2.3.

Beispiel 2.1.:
Die Blütenfarbe einer Pflanzenart werde durch einen Locus A mit zwei Allelen A_1 und A_2 gesteuert. Es sei $p = P(A_1) = 0{,}7$ und $q = P(A_2) = 0{,}3$. Die Genotypen A_1A_1 seien weiß, die A_1A_2 seien rosa und die A_2A_2 seien rot. Damit kann man die Genotypen klar unterscheiden. Wir benutzen z. B. folgende Transformation in reelle Zahlen:

weiß $\rightarrow -1$
rosa $\rightarrow \ \ 0$
rot $\rightarrow \ \ 1$.

Diese Werte sind wegen $u(U) = 0$ die G_{ij}, d. h. es gilt $G_{11} = -1$, $G_{12} = 0$, $G_{22} = 1$. Wir wollen die Parameter der Verteilung von $\underline{a}$ und $\underline{d}$ berechnen. Zunächst ist nach (2.21)

$$\mu = 0{,}49(-1) + 0{,}42 \cdot 0 + 0{,}09 \cdot 1 = -0{,}4.$$

Damit wird

$$g_{11} = -0{,}6$$
$$g_{12} = +0{,}4$$
$$g_{22} = \ \ 1{,}4.$$

Ferner ist nach (2.31)

$$\alpha_1 = 0{,}7(-0{,}6) + 0{,}3 \cdot 0{,}4 = -0{,}3$$
$$\alpha_2 = 0{,}7 \cdot 0{,}4 + 0{,}3 \cdot 1{,}4 = 0{,}7$$

Zur Probe prüft man am besten, ob α_1 und α_2 die Bedingung (2.32) erfüllt, was hier offenbar der Fall ist.
Aus (2.25) erhalten wir

$$d_{11} = -0{,}6 - 2(-0{,}3) = 0$$
$$d_{12} = \ \ 0{,}4 - (-0{,}3) - 0{,}7 = 0$$

und

$$d_{22} = \ \ 1{,}4 - 2(0{,}7) = 0.$$

Damit ist $V(d) = 0$ und $V(\underline{a}) = V(\underline{y})$ und

$$V(\underline{a}) = 1{,}4 \cdot 0{,}3^2 + 0{,}6 \cdot 0{,}7^2 = 0{,}42.$$

Um zu zeigen, daß bei einer anderen Transformation von Null verschiedene Dominanzeffekte auftreten können, transformieren wir

$$\begin{aligned} &\text{weiß} \rightarrow -1 \\ &\text{rosa} \rightarrow \ \ 0 \\ &\text{rot} \ \ \rightarrow \ \ 2. \end{aligned}$$

Dann ist

$$\begin{aligned} \mu &= -0{,}31 \\ g_{11} &= -0{,}69 \\ g_{12} &= \ \ 0{,}31 \\ g_{22} &= \ \ 2{,}31 \end{aligned}$$

und

$$\begin{aligned} \alpha_1 &= -0{,}39 \\ \alpha_2 &= \ \ 0{,}91. \end{aligned}$$

Die Rechenprobe über (2.32) stimmt. Nun ist

$$\begin{aligned} d_{11} &= -0{,}69 - 2(-0{,}39) &&= \ \ 0{,}09 \\ d_{12} &= \ \ 0{,}31 + 0{,}39 - 0{,}91 &&= -0{,}21 \\ d_{22} &= \ \ 2{,}31 - 182 &&= \ \ 0{,}49. \end{aligned}$$

Zur Probe stellen wir fest, daß

$$p^2 \cdot 0{,}09 + 2pq\,(-0{,}21) + q^1\, 0{,}49 = 0 \text{ ist.}$$

Wir erhalten weiter

$$V(\underline{a}) = 1{,}4 \cdot 0{,}39^2 + 0{,}6 \cdot 0{,}91^2 = 0{,}7098$$

und

$$V(\underline{d}) = 0{,}49 \cdot 0{,}09^2 + 0{,}42 \cdot 0{,}21^2 + 0{,}09 \cdot 0{,}49^2 = 0{,}0441.$$

Das Beispiel zeigt deutlich, daß der Dominanzanteil bei nominal oder ordinal skalierten Merkmalen von der Art der Transformation in reelle Zahlen abhängt. Bei qualitativen Merkmalen sollte man daher vom Phänomen der Dominanz nur sprechen, wenn zwei Genotypen phänotypisch gleich sind oder bei ordinal skalierten Merkmalen P_{12} nicht zwischen P_{11} und P_{22} liegt. In allen anderen Fällen ist Dominanz eine rein rechnerische (von der Art der Transformation abhängige) Größe. Wir geben in diesem Zusammenhang das

Beispiel 2.2.:

Wir betrachten den Locus A, der die Blütenfarbe wie in Beispiel 2.1. steuert. Jetzt führen aber sowohl A_1A_1 als auch A_1A_2 zur weißen Blütenfarbe. Dann gilt bei der Transformation

weiß $\rightarrow 0$
rot $\rightarrow 1$
$\mu = (0{,}49 + 0{,}42) \cdot 0 + 0{,}09 \cdot 1 = 0{,}09$

und

$$g_{11} = g_{12} = -0{,}09$$
$$g_{22} = 0{,}91.$$

Ferner ist $\alpha_1 = -0{,}09$ und $\alpha_2 = 0{,}21$ und wir erhalten

$$d_{11} = 0{,}09$$
$$d_{12} = -0{,}21$$
$$d_{22} = 0{,}49.$$

Damit erhalten wir die gleiche Dominanzvarianz wie im zweiten Teil des vorherigen Beispiels.

Die additive Varianz ist

$$V(\underline{a}) = 0{,}0374.$$

Der Anteil der Dominanzvarianz an der Gesamtvarianz ist

$$V(d)\,\% = \frac{V(\underline{d})}{V(\underline{a}) + V(\underline{d})} \cdot 100\,\% = 54{,}11\,\%.$$

Während die Dominanzeffekte, die Dominanzvarianz und $V(\underline{d})\,\%$ im vorigen Beispiel wesentlich von der Art der Transformation abhingen, ist es bei dem Fall der „vorliegenden Dominanz" dieses Beispiels für $V(\underline{d})\,\%$ gleichgültig, wie weiß und rot in zwei reelle Zahlen transformiert werden. Um das zu zeigen, gehe weiß in x und rot in z über.
Dann gilt

$$\mu = (0{,}49 + 0{,}42)\,x + 0{,}09\,z = 0{,}91\,x + 0{,}09\,z$$
$$g_{12} = g_{11} = 0{,}09\,x - 0{,}09\,z = 0{,}09\,(x - y)$$
$$g_{22} = 0{,}91\,z - 0{,}91\,x = -0{,}91\,(x - z)$$

und

$$\alpha_1 = 0{,}09\,(x - z)$$
$$\alpha_2 = -0{,}21\,(x - z)$$

und auch die d_{ij} unterscheiden sich um den Faktor $(x - z)$ von den d_{ij} bei der Transformation in $x = 0$ und $z = 1$. Die Zufallsvariablen $\underline{y}$, $\underline{a}$ und $\underline{d}$ gehen in Zufallsvariable $(x - z)\underline{y}$, $(x - z)\underline{a}$ und $(x - z)\underline{d}$ über, wenn 0 in x und 1 in z übergeht. Da alle Varianzen um den Faktor $(x - z)^2$ verändert werden, ist $V(\underline{d})\,\%$ von der Transformation unabhängig.

Im ersten Beispiel dagegen können Dominanzanteile $V(\underline{d})\,\%$ zwischen Null und dem Wert dieses Beispiels erhalten werden, solange rosa eine Zahl zwischen

denen für weiß und rot zugeordnet wird, was aber nicht zwingend ist. Gibt man rosa eine Zahl außerhalb des Intervalls für weiß und rot, können auch höhere Dominanzgrade erreicht werden.
Unter diesem Gesichtspunkt sind die Beispiele aus Kapitel 1 zu betrachten.

2.2.4. Die Modellierung der Vererbung

Wir wollen ein Modell dafür aufstellen, wie sich die genetische Varianz (additive und Dominanzvarianz) in Nachkommenschaften ermitteln läßt. Wir betrachten den autogamen Locus A mit den Allelen A_1 und A_2 in unendlichen Populationen, wobei $p = P(A_1)$ und $q = P(A_2)$ in beiden Geschlechtern gleich sein sollen. Dann sind bei Panmixie Paarungen der einzelnen Vatergenotypen mit den Wahrscheinlichkeiten der Tabelle 2.8. möglich.
In Tabelle 2.8. ist die Summe der Wahrscheinlichkeiten für jeden Vatergenotyp gleich 1. Wir wollen genetische Modelle innerhalb der drei Vatergenotypennachkommenschaften und für die gesamte Population aufstellen. Mit μ_{ij} bezeichnen wir den Mittelwert der Nachkommen der Väter mit dem Genotyp A_iA_j. Aus Tabelle 2.8. und Definition 2.6. und wegen (2.32) erhält man

$$\begin{aligned}\mu_{11} &= p^2G_{11} + pq\,G_{11} + pq\,G_{12} + q^2\,G_{12}\\ &= p\,(\mu + 2\alpha_1 + d_{11}) + q\,(\mu + \alpha_1 + \alpha_2 + d_{12})\\ &= \mu + \alpha_1 + pd_{11} + qd_{12}\,,\end{aligned}$$

und es ist wegen (2.33)

$$\mu_{11} = \mu + \alpha_1. \tag{2.39}$$

Analog ergeben sich

$$\begin{aligned}\mu_{12} &= \left(\frac{1}{2}\,p^2 + \frac{1}{2}\,pq\right) G_{11} + \left(\frac{1}{2}\,p^2 + pq + \frac{1}{2}\,q^2\right) G_{12} + \left(\frac{1}{2}\,pq + \frac{1}{2}\,q^2\right) G_{22}\\ &= \mu + \frac{1}{2}\,[\alpha_1 + \alpha_2 + pd_{11} + d_{12} + qd_{22}] = \mu + \frac{1}{2}\,(\alpha_1 + \alpha_2)\end{aligned} \tag{2.40}$$

Genotyp d. Mutter	Genotyp des Vaters A_1A_1	A_1A_2	A_2A_2
A_1A_1	A_1A_1 (p^2)	A_1A_1 ($0{,}5p^2$) A_1A_2 ($0{,}5p^2$)	A_1A_2 (p^2)
A_1A_2	A_1A_1 (pq) A_1A_2 (pq)	A_1A_1 ($0{,}5pq$) A_1A_2 (pq) A_2A_2 ($0{,}5pq$)	A_1A_2 (pq) A_2A_2 (pq)
A_2A_2	A_1A_2 (q^2)	A_1A_2 ($0{,}5q^2$) A_2A_2 ($0{,}5q^2$)	A_2A_2 (q^2)

Tabelle 2.8. Genotypen von Nachkommen der Vätergenotypen und deren bedingte Wahrscheinlichkeiten

bzw.

$$\mu_{22} = \mu + \alpha_2 \qquad (2.41),$$

d. h. es gilt $\mu_{12} = \frac{1}{2}(\mu_{11} + \mu_{22})$ und $\mu = p^2\mu_{11} + 2pq\,\mu_{12} + q^2\,\mu_{22}$.

Die Varianz σ^2_{zw} zwischen den Vätern ist definiert durch

$$\sigma^2_{zw} = p^2(\mu_{11} - \mu)^2 + 2pq(\mu_{12} - \mu)^2 + q^2(\mu_{22} - \mu)^2$$

und das ist

$$\sigma^2_{zw} = p^2\alpha_1^2 + 2pq \cdot \frac{1}{4}(\alpha_1 + \alpha_2)^2 + q^2\alpha_2^2$$

und das ergibt wegen (2.35)

$$\sigma^2_{zw} = \frac{1}{4}V(\underline{a}) \qquad (2.42).$$

Die Varianz σ^2_{inn} innerhalb der Väter ist definiert durch

$$\sigma^2_{inn} = p^2\sigma^2_{11} + 2pq\sigma^2_{12} + q^2\sigma^2_{22}.$$

Mit

$$\begin{aligned}\sigma^2_{11} &= (p^2 + pq)(\mu + 2\alpha_1 + d_{11} - \mu_{11})^2 + (q^2 + pq)(\mu + \alpha_1 + \alpha_2 + d_{12} - \mu_{11})^2\\ &= p(\alpha_1 + d_{11})^2 + q(\alpha_2 + d_{12})^2,\end{aligned}$$

$$\sigma^2_{12} = \frac{1}{2}\left[p\left(\frac{3}{2}\alpha_1 - \frac{\alpha_2}{2} + d_{11}\right)^2 + \left(\frac{\alpha_1}{2} + \frac{\alpha_2}{2} + d_{12}\right)^2 + q\left(\frac{3\alpha_2}{2} - \frac{\alpha_1}{2} + d_{12}\right)^2\right]$$

und

$$\sigma^2_{22} = p(\alpha_1 + d_{12})^2 + q(\alpha_2 + d_{22})^2.$$

Da

$$\sigma^2_g = \sigma^2_{zw} + \sigma^2_{inn},$$

folgt

$$\sigma^2_{inn} = \frac{3}{4}V(\underline{a}) + V(\underline{d}). \qquad (2.43)$$

Es sei darauf verwiesen, daß für nominal skalierte Merkmale hier wieder die gleichen Probleme beim (willkürlichen) Übergang zur metrischen Skalierung auftreten, wie sie in Beispiel 2.1 aufgezeigt wurden.
Wir wollen nun die Gesamtvarianz entsprechend einer zweifachen hierarchischen Varianzanalyse mit den Faktoren Väter und Mütter innerhalb der Väter unterteilen. Dann gilt

$$\sigma^2_g = \sigma^2_{zw\ \text{Väter}} + \sigma^2_{zw.\ \text{Müttern in Vätern}} + \sigma^2_{\text{Rest}}.$$

Tabelle 2.9. Mittelwerte $\mu_{rs/ij}$ der Nachkommen einer Mutter mit dem Genotyp A_rA_s innerhalb eines Vaters mit dem Genotyp A_iA_j und deren Wahrscheinlichkeiten (in der Vorspalte)

	Vatergenotyp A_1A_1	A_1A_2	A_2A_2
A_1A_1 p^2	$\mu_{11/11} = \mu + 2\alpha_1 + d_{11}$	$\mu_{11/12} = \mu + \frac{1}{2}[3\alpha_1 + \alpha_2 + d_{11} + d_{12}]$	$\mu_{11/12} = \mu + \alpha_1 + \alpha_2 + d_{12}$
A_1A_2 $2pq$	$\mu_{12/11} = \mu + \frac{1}{2}[3\alpha_1 + \alpha_2 + d_{11} + d_{12}]$	$\mu_{12/12} = \mu + \alpha_1 + \alpha_2 + \frac{1}{2} d_{12} + \frac{1}{4}(d_{11} + d_{22})$	$\mu_{12/22} = \mu + \frac{1}{2}[\alpha_1 + 3\alpha_2 + d_{22} + d_{12}]$
A_2A_2 q^2	$\mu_{22/11} = \mu + \alpha_1 + \alpha_2 + d_{12}$	$\mu_{22/12} = \mu + \frac{1}{2}[\alpha_1 + 3\alpha_2 + d_{22} + d_{12}]$	$\mu_{22} = \mu + 2\alpha_2 + d_{22}$

Die Varianz $\sigma^2_{zw\,Väter}$ ist gleich der Varianz σ^2_{zw} nach (2.42). Für die Varianz zwischen den Müttern innerhalb der Väter benötigen wir zunächst die Mittelwerte der Mütter innerhalb der Väter. Mit $\mu_{rs/ij}$ wird der Mittelwert der Nachkommen mit dem Genotyp A_rA_s innerhalb eines Vaters mit dem Genotyp A_iA_j bezeichnet. Die $\mu_{rs/ij}$ findet man in Tabelle 2.9.
Es gilt

$$\sigma^2_{MIV} = \sigma^2_{zw\,Müttern\,in\,Vätern} = p^2c^2_{11} + 2pqc^2_{12} + q^2c^2_{22}$$

mit

$$c^2_{ij} = p^2(\mu_{11/ij} - \mu_{ij})^2 + 2pq(\mu_{12/ij} - \mu_{ij})^2 + q^2(\mu_{22/ij} - \mu_{ij})^2.$$

Wir erhalten wegen (2.39) bis (2.41) und Tabelle 2.9

$$c^2_{11} = p^2(\alpha_1 + d_{11})^2 + \frac{pq}{2}(\alpha_1 + \alpha_2 + d_{11} + d_{12})^2 + q^2(\alpha_2 + d_{12})^2$$

$$c^2_{12} = p^2\left(\alpha_1 + \frac{d_{11}}{2} + \frac{d_{12}}{2}\right)^2 + \frac{pq}{2}\left(\alpha_1 + \alpha_2 + d_{12} + \frac{d_{11}}{2} + \frac{d_{22}}{2}\right)^2 + q^2\left(\alpha_2 + \frac{d_{22}}{2} + \frac{d_{12}}{2}\right)^2$$

und

$$c^2_{22} = p^2(\alpha_1 + d_{12})^2 + \frac{pq}{2}(\alpha_1 + \alpha_2 + d_{12} + d_{22})^2 + q^2(\alpha_2 + d_{22})^2.$$

In jedem dieser Ausdrücke ist die Größe

$$p^2\alpha_1^2 + \frac{pq}{2}(\alpha_1+\alpha_2)^2 + q^2\alpha_2^2 = \frac{1}{4}V(\underline{a})$$

enthalten und damit wegen $p^2+2pq+q^2=1$ auch in α^2_{MIV}.

Wir betrachten nun die Glieder, die nur die d_{ij} enthalten. Das führt zu

$$p^2\left[p^2d_{11}^2 + \frac{1}{2}pq(d_{11}+d_{12})^2 + q^2d_{12}^2\right] + 2pq\left[\frac{p^2}{4}(d_{11}+d_{12})^2 + \right.$$
$$\left.\frac{1}{2}pq\left(d_{12}+\frac{1}{2}d_{11}+\frac{1}{2}d_{22}\right)^2 + \frac{q^2}{4}\left[(d_{12}+d_{22})^2\right]\right] +$$
$$q^2\left[p^2d_{12}^2 + \frac{1}{2}pq(d_{12}+d_{22})^2 + q^2d_{22}^2\right].$$

Sammeln wir die quadratischen Glieder, so erhalten wir die Teilsummen

$$Q_{11} = p^2d_{11}^2\left(p^2+pq+\frac{q^2}{4}\right)$$

$$Q_{12} = 2pq\,d_{12}^2\left[\frac{p^2}{2}+\frac{3}{2}pq+\frac{q^2}{2}\right]$$

$$Q_{22} = q^2d_{22}^2\left[\frac{p^2}{4}+pq+q^2\right]$$

und außerdem die gemischten Glieder

$$P_1 = d_{11}d_{12}(2p^3q+p^2q^2)$$

$$P_2 = d_{11}d_{22}\frac{p^2q^2}{2}$$

und

$$P_3 = d_{12}d_{22}(p^2q^2+2pq^3).$$

Wir verwenden die Beziehungen (2.33) und (2.34) mehrfach, wobei wir jeweils für die Hälfte der Glieder P_1 und P_2 die linke und die rechte Seite von (2.33) anwenden. Man erhält dann für die Teilsumme

$$Q_{11}+Q_{12}+Q_{22}+P_1+P_2+P_3 = \frac{1}{4}V(\underline{d}).$$

Jetzt fehlen noch die gemischten Glieder zwischen den α_i und den d_{lk}. Diese verschwinden jedoch und damit gilt

$$\sigma^2_{MIV} = \frac{1}{4}\left[V(\underline{a})+V(\underline{d})\right] = \frac{1}{4}\sigma_g^2 \qquad (2.44)$$

Da außerdem $\sigma^2_{\text{zw Väter}} = \frac{1}{4}V(\underline{a})$ war, folgt

$$\sigma^2_{Rest} = \sigma^2_g - \frac{1}{4} V(\underline{a}) - \frac{1}{4}\left[V(\underline{a}) + V(\underline{d})\right]$$

$$= \frac{1}{2} V(\underline{a}) + \frac{3}{4} V(\underline{d}) = \frac{1}{2} \sigma^2_g + \frac{1}{4} V(\underline{d}) \qquad (2.45).$$

Damit können wir folgendes Modell für die Abhängigkeit zwischen dem genotypischen Effekt $\underline{g}_N$ eines Nachkommen von den genotypischen Effekten $\underline{g}_V$ bzw. $\underline{g}_M$ seiner Eltern aufstellen, wenn die Indizes a bzw. d die additiven bzw. durch Dominanz bedingten Effekte bezeichnen.
Es ist

$$\underline{g}_{Nijk} = \frac{1}{2} \underline{a}_{Vi} + \frac{1}{2} \underline{a}_{Mij} + \frac{1}{2} \underline{d}_{Mij} + \underline{Z}_{Vijk} + \underline{Z}_{Mijk} \qquad (2.46)$$

$$(i = 1,\ldots,v,\ j = 1,\ldots,m_i,\ k = 1,\ldots,n_{ij})$$

Hierbei sind analog zu (2.23)

$\underline{g}_{Nijk}$: genotypische Abweichung des k-ten Nachkommen aus der Paarung des Vaters i mit der Mutter j
a_{Vi}: additiver Effekt des Vaters i
$\underline{a}_{Mij}$: additiver Effekt der j-ten dem Vater i angepaarten Mutter
$\underline{d}_{Mij}$: Dominanzabweichung der j-ten dem Vater i angepaarten Mutter
$\underline{Z}_{Vijk}$, $\underline{Z}_{Mijk}$: Zufallsabweichungen bei der Meiose von den genotypischen Abweichungen bei den Eltern.

Bei Zufallspaarung kann vorausgesetzt werden, daß alle Größen der rechten Seite von (2.46) unabhängig sind. Wegen (2.42) bis (2.45) gilt dann

$$V(\underline{g}_{Nijk}) = \sigma^2_g = \frac{1}{4} V(\underline{a}) + \frac{1}{4} V(\underline{a}) + \frac{1}{4} V(\underline{d}) + V(\underline{Z}_{Vijk} + \underline{Z}_{Mijk}).$$

Damit ist

$$V(\underline{Z}_{Vijk} + \underline{Z}_{Mijk}) = \frac{1}{2} V(\underline{a}) + \frac{3}{4} V(\underline{d}).$$

Hierzu muß man bemerken, daß analoge Modelle mit den Müttern als übergeordneter Faktor aufgestellt werden können, die aber praktisch keine Bedeutung haben. Die Zerlegung von $\underline{Z}_{Vijk} + \underline{Z}_{Mijk}$ ist nicht notwendig, die beiden Größen $\underline{Z}_V$ und $\underline{Z}_M$ könnten abhängig sein.
Für den Fall, daß $n_{ij} = 1$ ist, kann man die Größe

$$\underline{e}_{ij1} = \underline{e}_{ij} = \frac{1}{2} \underline{a}_{Mij} + \frac{1}{2} \underline{d}_{Mij} + \underline{Z}_{Vij} + \underline{Z}_{Mij} \qquad (2.47)$$

nicht aufspalten, und wir erhalten das spezielle Modell

$$g_{Nij} = \frac{1}{2} \underline{a}_{Vi} + \underline{e}_{ij}\,. \qquad (2.48)$$

Modellgleichung (2.46) werden wir später bei Hühnern, Schweinen und anderen multiparen Tieren und Modellgleichung (2.48) bei Rindern und Schafen verwenden.

2.2.5. Dynamik in Populationen, genetische Drift

Wir wollen in diesem Abschnitt ganz kurz ein sehr umfassendes Gebiet der mathematischen Evolutionstheorie, die Diffusionstheorie zur Beschreibung der Veränderung in Populationen skizzieren. Die Kürze der Darstellung hat zwei Gründe. Einmal gibt es eine sehr umfangreiche Spezialliteratur auf diesem Gebiet (die wichtigsten Monografien werden wir zitieren), zum anderen aber benötigt man für eine moderne Beschreibung die Theorie der stochastischen Prozesse, die wir für dieses Buch nicht generell als bekannt voraussetzen wollen. Hier müssen wir aber auf Resultate dieser Theorie zurückgreifen.
Der Sinn dieses Abschnittes ist es, dem interessierten Leser Hinweise auf weiterführende Literatur zu geben und andererseits die systematischen und zufälligen Komponenten der Evolution zu diskutieren. Es versteht sich von selbst, daß wir uns lediglich mit genetischen Aspekten der Populationsdynamik beschäftigen werden, andererseits enthalten die meisten Bücher über Populationsdynamik auch genetische Abschnitte (Bartlett 1960, Charlesworth 1980, Cushing 1977, Elandt-Johnson, 1971, Gilpin 1975, Goel und Richter-Dyn 1974, Hoppenstead 1982, Iosifescu and Tautu 1973, Nisbet and Curney 1982, Ludwig 1974, Moran 1962). Sehr ausführlich wird die Problematik in den Arbeiten von Kimura (1964) und von Ewens (1979) erörtert.

Der Begriff der Populationsdynamik umfaßt verschiedene Phänomene. Einerseits wird die Verteilung der Individuen der Population im Raum-Zeit-Kontinuum erfaßt, das ist ein Aspekt, der vor allem bei wildlebenden Populationen von Bedeutung ist (Ökologie). Andererseits können aber auch die Veränderungen innerhalb einer Population betrachtet werden und hier vor allem die Veränderungen der Allel- und Genotypenwahrscheinlichkeiten, und darauf wollen wir uns hier beschränken. Wir werden nur einfachste Fälle betrachten, d. h. wir gehen von einer sogenannten „idealen" Population aus. Abweichungen von solchen idealen Populationen und die Folgen dieser Abweichungen können in der umfangreichen Spezialliteratur verfolgt werden. An der Ausarbeitung der heutigen Theorie haben vor allem Fisher, Wright, Haldane, Malecot, Kimura und Crow großen Anteil. Die mathematischen Aspekte der Diffusionstheorie kann man z. B. bei Chiang (1968), Mandl (1968) oder Freedman (1971) nachlesen. Unter einer idealen Population wollen wir eine Population nachfolgender Definition verstehen.

Definition 2.7.:
Eine „ideale Population" ist eine Population, die folgende Bedingungen erfüllt:
- die Population ist eine Gleichgewichtspopulation, d. h. sie verhält sich wie eine zweigeschlechtliche Population, und die Wahrscheinlichkeit für jede der möglichen (♂, ♀)-Paarungen ist gleichgroß. Jede dieser Paarungen ergibt mit gleicher Wahrscheinlichkeit Nachkommen mit gleicher Fitness;
- die Generationen überlappen sich nicht, alle Prozesse wirken nur innerhalb

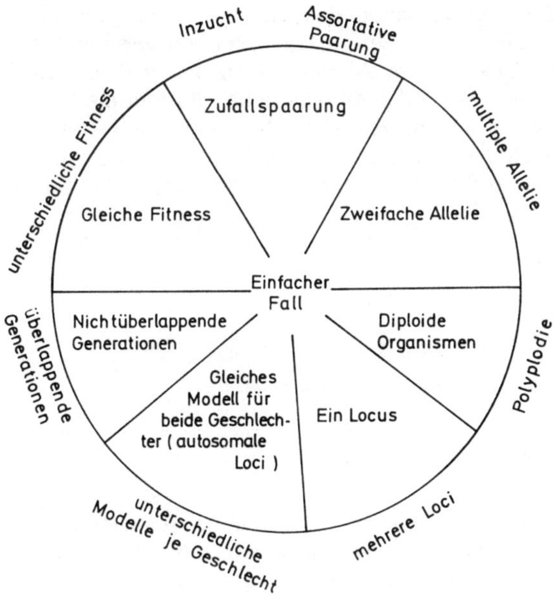

Abbildung 2.2. Einfachster Fall einer Population

der einzelnen Generationen. Das bedeutet, daß die möglichen Paarungen der ersten Bedingung immer nur Paarungen innerhalb einer Generation sind.

Ferner:
- es liegt Diploidie und zweifache Allelie vor,
- es gibt keine Unterschiede zwischen den Geschlechtern bezüglich der Dynamik der Allelwahrscheinlichkeiten,
- das betrachtete Merkmal wird von einem Locus gesteuert,
- die Population besteht aus N Individuen.

Wir werden diesen einfachsten Fall in Form eines Kreisdiagrammes darstellen (Abb. 2.2.).

Im Unterschied zu den bisherigen Abschnitten werden wir den diskreten Prozeß der Entwicklung der Population von einem Zeitpunkt zum anderen durch einen in der Zeit kontinuierlichen Diffusionsprozeß approximieren. Wir betrachten eine Population für den einfachsten Fall im Zeitpunkt $t = 0$, in dem das Allel A_1 die Wahrscheinlichkeit oder relative Häufigkeit p_0 hat, seine Häufigkeit zum Zeitpunkt t sei $p = p(t) = p_t$, wir lassen aber für den Zustand der Population p alle Werte zwischen 0 und 1 zu, gehen also zu einer kontinuierlichen Zustandsvariablen, der Wahrscheinlichkeit p des Allels A_1 über. Dadurch geht der diskrete (Markow'sche) Prozeß in einen kontinuierlichen Prozeß (oder Diffusionsprozeß) über, da gleichzeitig $\Delta t = t_j - t_i \rightarrow 0$ strebt. Wir verzichten hier auf die mathematischen Details, die z. B. bei Kimura (1964) oder bei Ewens (1979) nachgelesen werden können und skizzieren den Übergang nur grob, ohne die Voraussetzungen anzuführen, unter denen die Approximation des diskreten Prozesses durch einen Diffusionsprozeß möglich ist. Mit $P(p_0, p, t)$ bezeichnen wir die Wahrscheinlichkeit dafür, daß ein Allel, das im Zeitpunkt $t=0$ die relative Häufigkeit p hat, im Zeitpunkt t die relative Häufigkeit $p(t)=p$ hat. Besteht die Population aus N Individuen, so gibt es in unserem Fall 2N Allele. Für festes p ist $P(p_0, p, t)$ die Wahrscheinlichkeit dafür, daß die relative Allelhäufigkeit zum Zeitpunkt t gleich p ist. Durch $P(p_0, p, t)$ ist eine Verteilung gegeben, wobei für unendliche Populationen

$$\int_0^1 P(p_0, p, t)\,dp = 1$$

sein muß. In endlichen Populationen kann p in (0,1) nur die Werte $\frac{1}{2N}, \frac{2}{2N}, \ldots, \frac{2N-1}{2N}$ annehmen, und wir schreiben

$$f(p_0, p, t) = \frac{1}{2N} P(p_0, p, t) \quad 0 < p < 1.$$

Wir interessieren uns nun vor allem für die Änderungen in der relativen Häufigkeit von A_1 (und damit von A_2), behandeln aber zunächst nur den Fall $0<p<1$, denn $p=0$ oder $p=1$ bedeutet das Verschwinden eines Allels aus der Population. Die Änderung von p kann durch systematische Ursachen wie

- Selektion,
- Mutation,
- Migration,

die wir in Abschnitt 2.1.5.2. behandeln, oder durch reine Zufallsabweichungen, die vor allem für kleine N bedeutend ist (zufällige Drift), hervorgerufen werden. (Trotz des zufälligen Charakters der Mutation zählen wir letztere zu den systematischen Ursachen und nicht zu den „reinen" Zufallsabweichungen).

Definition 2.8.:
Die Veränderung der relativen Allelhäufigkeiten in der Zeit wird, sofern sie bei Fehlen der (systematischen) Komponenten Migration, Selektion und Mutation erfolgt, als genetische Drift bezeichnet.
Sie entsteht in endlichen Populationen auf Grund der Zufälligkeiten bei der Bildung der Gesamtheit der Gameten für die Nachkommenschaft. Die genetische Drift wirkt sich besonders auf die genetische Struktur von kleinen Populationen aus. Für lange Zeiträume können Wahrscheinlichkeitsaussagen über gerichtete Veränderungen getroffen werden.
Mit $g(\Delta p, p, \Delta t, t)$ wird die Wahrscheinlichkeit bezeichnet, daß sich p um Δp ändert, wenn sich t um Δt ändert. Für den Fall sich nichtüberlappender Generationen, den wir hier betrachten, ist Δt die Zeiteinheit zwischen zwei aufeinanderfolgenden Generationen, und wir können in erster Näherung folgende Differentialgleichung erhalten, die den Zusammenhang zwischen der Ableitung von $P(p_0, p, t)$ nach der Zeit t und der ersten bzw. zweiten Ableitung des Mittelwertes $E(\underline{\Delta p})$ bzw. der Varianz $V(\underline{\Delta p})$ der Änderung von p je Generation multipliziert mit $P(p_0, p, t)$ wie folgt beschreibt:

$$\frac{\partial P(p_0 p, t)}{\partial t} = \frac{1}{2} \frac{\partial^2 V(\underline{\Delta p})\, P(p_0, p, t)}{\partial p^2} - \frac{\partial E(\underline{\Delta p})\, P(p_0, p, t)}{\partial p} \qquad (2.49).$$

Diese Differentialgleichung ist in der Physik als FOKKER-PLANCK-Gleichung und in der Stochastik als KOLMOGOROV'sche Differentialgleichung bekannt, wenn $V(\underline{\Delta p})$ durch $E[\underline{\Delta p}^2]$ ersetzt wird. In obiger Form wurde sie von KIMURA (1955) vorgeschlagen. Wir wollen hier den einfachen Fall unterstellen, daß $E(\underline{\Delta p})$ und $V(\underline{\Delta p})$ für alle t gleich sind (also für alle Generationen gleich sind). Wir müssen noch die Fälle $p=0$ und $p=1$ betrachten. Durch

$$Q(p_0, p, t) = -\frac{1}{2} \frac{\partial V(\underline{\Delta p})\, P(p_0, p, t)}{\partial p} + E(\underline{\Delta p})\, P(p_0, p, t) \qquad (2.50)$$

wird die Änderung pro Generation der Wahrscheinlichkeit des Wertes $p (0 \leq p \leq 1)$ angegeben. $Q(p_0, p, t)$ in (2.50) erfüllt die Beziehung

$$\frac{\partial P(p_0, p, t)}{\partial t} = -\frac{\partial Q(p_0, p, t)}{\partial p} \quad (0 \leq p \leq 1).$$

Sind $p=0$ oder $p=1$ absorbierende Grenzwerte (das ist näherungsweise der Fall bei sehr kleinen Mutationsraten, exakt ist es der Fall bei fehlender Mutation und Immigration), so folgt für die Wahrscheinlichkeit $f(p_0, 0, t)$ und $f(p_0, 1, t)$, daß das Allel A_1 im Zeitpunkt t den Zustand $p=0$ bzw. $p=1$ erreicht:

$$\frac{\partial f(p_0, 0, t)}{\partial t} = -Q(p_0, 0, t)$$

und

$$\frac{\partial f(p_0, 1, t)}{\partial t} = Q(p_0, 1, t).$$

Es reicht aus, den Fall $p=0$ zu betrachten, denn $p=1$ ergibt sich durch Vertauschen von A_1 und A_2, sowie p_0 mit $1-p_0$. Sind $P(p_0, p, t)$ und dessen erste Ableitungen nach p für $p=0$ endlich und sind Erwartungswert und Varianz von $\underline{\Delta p}$ für $p=0$ gleich Null, so gilt

$$-Q(p_0, 0, t) = \frac{1}{2} \frac{d}{dp} |V(\underline{\Delta p})|_{p=0}\, P(p_0, 0, t).$$

Im Falle der Binomialverteilung ist

$$V(\underline{\Delta p}) = \frac{p(1-p)}{2N} = \sigma_p^2, \quad \frac{d}{dp}\sigma_p^2 = \frac{1-2p}{2N}$$

und

$$\left| \frac{d}{dp}\sigma_p^2 \right|_{p=0} = \frac{1}{2N}.$$

Dann erhalten wir bei N Individuen mit 2N Allelen

$$\frac{d\,f(p_0, 0, t)}{dt} = \frac{1}{2}\,P(p_0, 0, t) \cdot \frac{1}{2N} \tag{2.51}$$

bzw. analog

$$\frac{d\,f(p_0, 1, t)}{dt} = \frac{1}{2}\,P(p_0, 1, t)\,\frac{1}{2N}\,. \tag{2.52}$$

Ist $Q(p_0, p, t) = c$ eine Konstante, so haben wir eine stationäre Veränderung, die für $c = 0$ einer stabilen Verteilung entspricht.

Satz 2.5:
Für eine ideale Population gilt für genetische Drift

$$E(\underline{\Delta p}) = 0$$
$$V(\underline{\Delta p}) = \frac{p(1-p)}{2N}\,,$$

sofern je N weibliche und männliche Individuen zur Bildung der nächsten Generation beitragen. Ferner gilt in erster Näherung für die Lösung der Differentialgleichung (2.49)

$$P(p_0, p, t) \approx 6p_0(1-p_0)\,e^{-\frac{t}{2N}} + 30p_0(1-p_0)(1-2p_0)(1-2p)\,e^{-\frac{3t}{2N}} +$$
$$84p_0(1-p_0)\,[1-5p_0(1-p_0)] \cdot [1-5p(1-p)]\,e^{-\frac{5t}{2N}} + 180p_0(1-p_0)$$
$$\cdot\,[1-9p_0+21p_0^2-14p_0^3] \cdot \left[1-9p+21p^2-14p^3\,e^{-\frac{10t}{2N}}\right]. \tag{2.53}$$

Der erste Teil der Behauptung folgt aus bekannten Formeln für die Binomialverteilung. Die exakte Lösung der Differentialgleichung (2.49), aus der die zweite Aussage des Satzes als Summe der ersten vier Glieder einer Reihenentwicklung erhalten wurde, wird z. B. von KIMURA (1964) abgeleitet.

Aus (2.53) ist klar ersichtlich, daß $P(p_0, p, t)$ nur über den Quotienten $z = \frac{t}{2N}$ von t und N abhängt, und das gilt auch für die folgenden Glieder der unendlichen Reihe, die als exakte Lösung auftritt.
Die Varianz der relativen Allelhäufigkeit bzw. deren Änderung ist proportional dem Anteil Heterozygoter. Der maximale Heterozygotenanteil tritt bei $p = 0{,}5$ auf. Dadurch ist bedingt, daß eine im Ergebnis der genetischen Drift eingetretene zufällige Veränderung der Allelhäufigkeit in den nachfolgenden Generationen nicht mit der gleichen Wahrscheinlichkeit, mit der sie auftrat, rückgängig gemacht werden kann (Abb. 2.3.). Das bedeutet, daß eine endliche Population, in der keine systematischen Einflüsse auf die relativen Allelhäufigkeiten wirken, bei Panmixie gegen einen der beiden homozygoten Zustände strebt. Die Geschwindigkeit, mit der dieser Zustand erreicht wird, hängt von der relativen Allelhäufigkeit p am Anfang und von der Populationsgröße ab. Sie ist umso geringer, je näher p an 0,5 liegt und je größer N ist. Treten nur noch Allele A_1 (oder

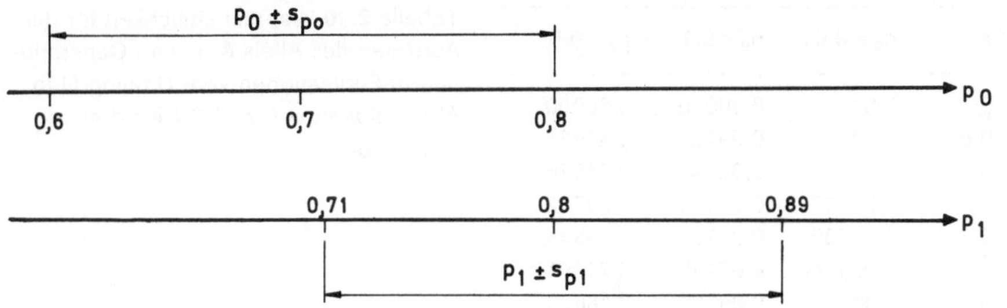

Abbildung 2.3. Schematische Darstellung der irreversiblen Veränderungen der relativen Allelhäufigkeiten durch genetische Drift (für $2\,N = 22$, $s_{po} = 0{,}1$ und $p = 0{,}7$)

A_2) auf, so ist das Gen in der Population fixiert. Zufällige Drift führt (bei fehlenden systematischen Einflüssen) also früher oder später zur Fixierung der Gene. Die Veränderung der Allelhäufigkeit hat natürlich auch veränderte Genotypenhäufigkeiten zur Folge.

Satz 2.6:
Die relative Häufigkeit von Heterozygoten bzw. die Wahrscheinlichkeit dafür, daß ein Individuum in einem betrachteten Locus bei zweifacher Allelie und zufälliger Drift heterozygot ist, ist durch

$$H(p, t) = \int_0^1 2p(1-p)\, P(p_0, p, t)\, dp = 2p_0(1-p_0)\, e^{-\frac{t}{2N}} \qquad (2.54)$$

gegeben.

Die Wahrscheinlichkeit für die Abnahme der relativen Häufigkeit der Heterozygoten in t Generationen beträgt $e^{-\frac{t}{2N}}$. Um den gleichen Betrag nehmen beide Homozygoten gemeinsam zu. Wir wollen die Ergebnisse dieses Abschnittes etwas veranschaulichen und betrachten einmal die Fälle von $p_0 = 0{,}01$; 0,1 und 0,5. Außerdem setzen wir $\frac{t}{2N} = z$. In Tabelle 2.10. sind die erwarteten Allelwahrscheinlichkeiten von A_1 nach t Generationen in Abhängigkeit von z enthalten. Da bei Zufallspaarung der maximale Heterozygotenanteil bei $p_0 = 0{,}5$ auftritt, ist im Ergebnis der driftbedingten Änderung der Allelwahrscheinlichkeiten auch eine Veränderung der Genotypenhäufigkeiten vorhanden. In Tabelle 2.11. sind die Wahrscheinlichkeiten für das Auftreten des heterozygoten Genotyps als Folge der genetischen Drift ausgewiesen.
Der Tabelle ist zu entnehmen, daß der theoretische Gleichgewichtswert für unendlich große Populationen von $2p(1-p)$, der unter $z = 0$ zu finden ist, für jeden endlichen Umfang N einer Population für alle p gegen Null strebt, wenn t bzw. z groß genug wird. Ist die Zahl der Generationen gleich dem Populationsumfang ($t = N$ bzw. $z = 0{,}5$), so kann die Wahrscheinlichkeit für Heterozygotie im günstigsten Falle ($p = 0{,}5$) 30,33% betragen. Sie beträgt für alle p stets 61% (0,6065..)

z	$p_0 = 0,01$	$p_0 = 0,1$	$p_0 = 0,5$
0	0,01000	0,10000	0,50000
0,05	0,00951	0,09495	0,38958
0,1	0,00904	0,08943	0,34575
0,2	0,00817	0,08010	0,28712
0,3	0,00739	0,07183	0,24545
0,4	0,00668	0,06449	0,21291
0,5	0,00604	0,05794	0,18636
0,6	0,00546	0,05211	0,16415
0,7	0,00494	0,04689	0,14524
0,8	0,00447	0,04222	0,12896
0,9	0,00404	0,03804	0,11483
1.0	0,00366	0,03428	0,10247

Tabelle 2.10. Wahrscheinlichkeit für das Auftreten des Allels A_1 nach t Generationen in Populationen vom Umfang N in Abhängigkeit von $z = {}^t/2N$ für drei Werte von p_0

z	$p_0 = 0,01$	$p_0 = 0,1$	$p_0 = 0,25$	$p_0 = 0,5$
0	0,01980	0,1800	0,3750	0,5000
0,01	0,01960	0,1782	0,3713	0,4950
0,02	0,01941	0,1764	0,3676	0,4901
0,05	0,01883	0,1712	0,3567	0,4756
0,0625	0,01860	0,1691	0,3523	0,4697
0,0833	0,01822	0,1656	0,3450	0,4600
0,10	0,01792	0,1628	0,3393	0,4524
0,125	0,01747	0,1588	0,3309	0,4412
0,25	0,01542	0,1402	0,2921	0,3894
0,50	0,01201	0,1092	0,2274	0,3033
1,00	0,00728	0,0662	0,1380	0,1839
2,00	0,00268	0,0244	0,0508	0,06778
10,00	0,0000009	0,000008	0,000017	0,0000227

Tabelle 2.11. Werte von H(p,t) in Abhängigkeit von $z = \frac{t}{2N}$ für $p_0 = 0,01$, $p_0 = 0,1$, $p_0 = 0,25$ und $p_0 = 0,5$ (Anfangswerte für $z = 0$)

des Ausgangswertes ($= e^{-z}$). Endliche Populationen tendieren nur dann nicht zur Homozygotie und Fixation eines Allels, wenn dem Prozeß der zufälligen Drift Selektion, Mutation oder Migration entgegenwirken.

2.2.6. Modelle bei Nicht-Zufallspaarung

Bisher haben wir vorausgesetzt, daß in den Populationen Zufallspaarung herrscht. Im Ein-Locus-Fall bedeutet das Folgende: Wir nehmen an, daß in der Ausgangsgeneration die Genotypen A_1A_1, A_1A_2 bzw. A_2A_2 mit den Wahrscheinlichkeiten $P_1 = p^2$, $P_2 = 2pq$ bzw. $P_3 = q^2$ auftreten. Tabelle 2.12. enthält die Wahrscheinlichkeiten der Paarung der an den Rändern stehenden Eltern.
Den Grad der Abweichung von der Zufallspaarung zweier Individuen mißt man mit dem in Abschnitt 2.7. definierten Inzuchtkoeffizienten ihrer Nachkommen.

		Genotyp des Vaters		
		$G_1 =$ A_1A_1	$G_2 =$ A_1A_2	$G_3 =$ A_2A_2
Genotyp	$A_1A_1 = G_1$	P_{11}	P_{12}	P_{13}
der	$A_1A_2 = G_2$	P_{21}	P_{22}	P_{23}
Mutter	$A_2A_2 = G_3$	P_{31}	P_{32}	P_{33}

Tabelle 2.12. Matrix der Paarungswahrscheinlichkeiten

Bei Zufallspaarung ist $P_{ij} = P_iP_j$. Da die Paarungswahrscheinlichkeiten die Werte eines zweidimensionalen Wahrscheinlichkeitsmaßes sind, und die P_i $(i = 1, 2, 3)$ die Randwahrscheinlichkeiten dieses Maßes darstellen, bedeutet Zufallspaarung die unabhängige Paarung von Vater und Mutter. Andere Paarungssysteme sind durch mehr oder weniger große Abhängigkeiten zwischen den Eltern gekennzeichnet. Ein anderes Extrem wäre also die ausschließliche Paarung identischer Genotypen, wie sie bei der Selbstung auftritt. Das bedeutet, daß nur die P_{ii} in der Hauptdiagonale von Null verschieden sind.
Bei Selbstung gilt:

$$P_{ii} = p_i \quad (i = 1, 2, 3) \qquad\qquad P_{ij} = 0 \quad \text{für } i \neq j.$$

Extrem ist außerdem z. B. die Paarung von A_1A_1 mit A_2A_2, für die

$$P_{31} = P_{13} = \frac{1}{2}$$

und alle übrigen P_{ij} gleich Null sind. Dies entspricht der Kreuzung reiner Linien. Jede Belegung der Matrix mit 9 nichtnegativen Zahlen, deren Summe 1 ergibt, stellt ein spezielles Paarungssystem dar. Wir geben einige wichtige Beispiele an.

2.2.6.1. Selbstung

Selbstung von diploiden Individuen bedeutet bezüglich eines Locus mit zweifacher Allelie die Paarung der Genotypen A_1A_1, A_1A_2 und A_2A_2 in sich. Aus A_1A_1 entstehen nur A_1A_1-Nachkommen. Aus A_1A_2 entstehen mit Wahrscheinlichkeit 1/4 Nachkommen vom Typ A_1A_1, mit Wahrscheinlichkeit 1/2 Nachkommen vom Typ A_1A_2 und mit Wahrscheinlichkeit 1/4 Nachkommen vom Typ A_2A_2. Aus A_2A_2 entstehen nur A_2A_2-Nachkommen. Damit erhalten wir (im Sinne von Abschnitt 2.9.) folgende Übergangsmatrix (die Zeilen entsprechen dem Eltergenotyp in der Reihenfolge A_1A_1, A_1A_2, A_2A_2 und die Spalten in gleicher Reihenfolge dem Nachkommengenotyp) einer Markowkette mit den zwei absorbierenden Zuständen A_1A_1 und A_2A_2:

$$T = \begin{pmatrix} 1 & 0 & 0 \\ \frac{1}{4} & \frac{1}{2} & \frac{1}{4} \\ 0 & 0 & 1 \end{pmatrix}$$

Fortgesetzte Selbstung ergibt in der n-ten Generation die Übergangsmatrix

$$T_n = T^n$$

z. B. ist

$$T^2 = \begin{pmatrix} 1 & 0 & 0 \\ 3/8 & 1/4 & 3/8 \\ 0 & 0 & 1 \end{pmatrix}$$

$$T^3 = \begin{pmatrix} 1 & 0 & 0 \\ 7/16 & 1/8 & 7/16 \\ 0 & 0 & 1 \end{pmatrix}$$

und allgemein ist

$$T^n = \begin{pmatrix} 1 & 0 & 0 \\ \dfrac{2^n - 1}{2^{n+1}} & 1/2^n & \dfrac{2^n - 1}{2^{n+1}} \\ 0 & 0 & 1 \end{pmatrix} = \begin{pmatrix} 1 & 0 & 0 \\ \dfrac{1 - \dfrac{1}{2^n}}{2} & \dfrac{1}{2^n} & \dfrac{1 - \dfrac{1}{2^n}}{2} \\ 0 & 0 & 1 \end{pmatrix}$$

Damit ist

$$T_\infty = \lim_{n \to \infty} T^n = \begin{pmatrix} 1 & 0 & 0 \\ 1/2 & 0 & 1/2 \\ 0 & 0 & 1 \end{pmatrix} \tag{2.55}$$

Tabelle 2.13. Veränderung von $P(t) = P(A_1A_1)$, $2Q(t) = P(A_1A_2)$ und $R(t) = P(A_2A_2)$ bei fortgesetzter Selbstung, in Abhängigkeit von der Anzahl t von Generationen für drei Ausgangsverteilungen P(0), R(0), Q(0).

	Verteilung 1			Verteilung 2			Verteilung 3		
t	P(t)	2Q(t)	R(t)	P(t)	2Q(t)	R(t)	P(t)	2Q(t)	R(t)
0	0,80	0,20	0	0,60	0,20	0,20	0,25	0,5	0,25
1	0,85	0,10	0,05	0,65	0,10	0,25	0,375	0,25	0,375
2	0,875	0,05	0,075	0,675	0,05	0,275	0,4375	0,125	0,4375
3	0,8875	0,025	0,0875	0,6875	0,025	0,2875	0,46875	0,0625	0,46875
4	0,89375	0,0125	0,09375	0,69375	0,0125	0,29375	0,48448	0,03125	0,48438
5	0,89688	0,00625	0,09688	0,69688	0,00625	0,29688	0,49219	0,01562	0,49219
6	0,89844	0,00312	0,09844	0,69844	0,00312	0,29844	0,49609	0,00781	0,49609
10	0,89990	0,00020	0,09990	0,69990	0,00020	0,29990	0,49976	0,00049	0,49976
∞	0,9	0	0,1	0,7	0	0,3	0,5	0	0,5

Die Ausgangswahrscheinlichkeiten $P_1 = p$, $P_2 = 2Q$ und $P_3 = R$ streben bei fortgesetzter Selbstung gegen $P_1(\infty) = P + Q$, $P_2(\infty) = 0$, $P_3(\infty) = R + Q$.
Die Geschwindigkeit mit der diese Grenzwahrscheinlichkeiten erreicht werden, in Abhängigkeit von P, entnimmt man der Tab. 2.13.

2.2.6.2. Weitere Paarungssysteme

Die folgenden Paarungssysteme sind dadurch gekennzeichnet, daß bestimmte Teilmengen der 9 Nachkommentypen, deren Wahrscheinlichkeiten in Tabelle 2.12. angeführt wurden, unter sich nach dem Zufallspaarungsprinzip vermehrt werden. Bei Vollgeschwisterpaarung wird jeder der 9 Typen in sich vermehrt, bei Halbgeschwisterpaarung wird z. B. innerhalb jeder Vaternachkommenschaft durch Zufallspaarung vermehrt.
Sind P, 2Q bzw. R wieder die Wahrscheinlichkeiten für das Auftreten der drei Genotypen A_1A_1, A_1A_2 bzw. A_2A_2 innerhalb einer Paarungsgruppe, so treten bei Zufallspaarung diese drei Genotypen in der nächsten Generation nach (2.8) mit den Wahrscheinlichkeiten

$$P' = (P + Q)^2,$$
$$2Q' = 2(P + Q)(R + Q) \text{ und}$$
$$R' = (Q + R)^2$$

auf.

2.2.6.2.1. Fortgesetzte Vollgeschwisterpaarung

Wir führen in der Ausgangspopulation Zufallspaarung zur Erzeugung von Vollgeschwistergruppen durch. Dabei ergeben sich sechs Typen von Vollgeschwistergruppen, die die drei möglichen Genotypen mit unterschiedlichen Wahrscheinlichkeiten enthalten. Tabelle 2.14. enthält die Vollgeschwistergruppen

Tabelle 2.14. Vollgeschwistergruppen und Typennummer (Z_l) bei Zufallspaarung einer Ausgangspopulation mit $P = p^2$. In Klammern stehen die jeweiligen Wahrscheinlichkeiten.

Vatergenotyp	Muttergenotyp	Genotypen der Vollgeschwistergruppe	Typ
$A_1A_1(p^2)$	$A_1A_1(p^2)$	$A_1A_1(1)$	$Z_1(p^4)$
$A_1A_1(p^2)$	$A_1A_2(2pq)$	$A_1A_1(1/2)$, $A_1A_2(1/2)$	$Z_4(2p^3q)$
$A_1A_1(p^2)$	$A_2A_2(q^2)$	$A_1A_2(1)$	$Z_3(p^2q^2)$
$A_1A_2(2pq)$	$A_1A_1(p^2)$	$A_1A_1(1/2)$, $A_1A_2(1/2)$	$Z_4(2p^3q)$
$A_1A_2(2pq)$	$A_1A_2(2pq)$	$A_1A_1(1/4)$, $A_1A_2(1/2)$, $A_2A_2(1/4)$	$Z_6(4p^2q^2)$
$A_1A_2(2pq)$	$A_2A_2(q^2)$	$A_1A_2(1/2)$, $A_2A_2(1/2)$	$Z_5(2pq^3)$
$A_2A_2(q^2)$	$A_1A_1(p^2)$	$A_1A_2(1)$	$Z_3(p^2q^2)$
$A_2A_2(q^2)$	$A_1A_2(2pq)$	$A_1A_2(1/2)$, $A_2A_2(1/2)$	$Z_5(2pq^3)$
$A_2A_2(q^2)$	$A_2A_2(q^2)$	$A_2A_2(1)$	$Z_2(q^4)$

und ihre Typenbezeichnung ($Z_1, \ldots, Z_6$). Die Zahlen in Klammern sind die Wahrscheinlichkeiten des Auftretens des davorstehenden Symbols.

Wenn wir fortgesetzte Vollgeschwisterpaarung durchführen, werden automatisch nur Paarungen innerhalb der 6 Typen durchgeführt. Dabei können auch nur immer wieder diese Typen entstehen. Paart man z. B. Vollgeschwister des Types Z_4, so entsteht, wenn beide Paarungspartner A_1A_1-Individuen sind, der Typ Z_1, ist ein Partner A_1A_1, der andere A_1A_2, so entsteht der Typ Z_4 und sind beide Partner A_1A_2, so entsteht der Typ Z_6. Diese Typen entstehen mit genau den Wahrscheinlichkeiten aus Z_4, mit denen in Z_4 die Paarungspartner aufeinandertreffen, also mit den Wahrscheinlichkeiten 1/4, 1/2 und 1/4. Andere Typen entstehen aus Z_4 nicht.

Analog berechnen wir die anderen Übergangswahrscheinlichkeiten:

Paarung in	führt zu (Übergangswahrscheinlichkeit)
Z_1	$Z_1(1)$
Z_2	$Z_2(1)$
Z_3	$Z_6(1)$
Z_4	$Z_1\left(\frac{1}{4}\right),\ Z_4\left(\frac{1}{2}\right),\ Z_6\left(\frac{1}{4}\right)$
Z_5	$Z_2\left(\frac{1}{4}\right),\ Z_5\left(\frac{1}{2}\right),\ Z_6\left(\frac{1}{4}\right)$
Z_6	$Z_1\left(\frac{1}{16}\right), Z_2\left(\frac{1}{16}\right), Z_3\left(\frac{1}{8}\right), Z_4\left(\frac{1}{4}\right), Z_5\left(\frac{1}{4}\right), Z_6\left(\frac{1}{4}\right)$

Damit bildet die Menge der Zustände $\{Z_1, \ldots, Z_6\}$ eine Markow-Kette im Sinne von Abschnitt 2.9. mit den absorbierenden Zuständen Z_1 und Z_2. Nach Satz 2.12. gilt für die Wahrscheinlichkeiten x_l und y_l dafür, daß Z_l ($l = 3, 4, 5, 6$) in $M = \{Z_1\}$ bzw. in $M = \{Z_2\}$ überführt wird

$$\left.\begin{aligned} x_l &= \sum_{n=1}^{\infty} x_l(n) \\ y_l &= \sum_{n=1}^{\infty} y_l(n) \end{aligned}\right\} \quad l = 3, 4, 5, 6 \qquad (2.56),$$

wobei $x_l(n)$ die Wahrscheinlichkeit dafür ist, daß Z_l in der n-ten Generation in Z_1 übergeht und $y_l(n)$ die Wahrscheinlichkeit dafür ist, daß Z_l in der n-ten Generation in Z_2 übergeht.
Nun ist

$$x_l(1) = p_{l1} \quad \text{bzw.} \quad y_l(1) = p_{l2} \quad (l = 3, 4, 5, 6)\,.$$

Die Matrix der Übergangswahrscheinlichkeiten ist

$$T = \begin{pmatrix} 1 & 0 & 0 & 0 & 0 & 0 \\ 0 & 1 & 0 & 0 & 0 & 0 \\ 0 & 0 & 0 & 0 & 0 & 1 \\ \frac{1}{4} & 0 & 0 & \frac{1}{2} & 0 & \frac{1}{4} \\ 0 & \frac{1}{4} & 0 & 0 & \frac{1}{2} & \frac{1}{4} \\ \frac{1}{16} & \frac{1}{16} & \frac{1}{8} & \frac{1}{4} & \frac{1}{4} & \frac{1}{4} \end{pmatrix} \tag{2.57}$$

und $x_l(n)$ ist das Element der l-ten Zeile und der ersten Spalte von T^n und $y_l(n)$ das Element der l-ten Zeile und der zweiten Spalte von T^n.

Wegen

$$\left.\begin{aligned} P^2 &= P(Z_1) = p^4,\ R^2 = P(Z_2) = q^4 \\ 2PR &= P(Z_3) = 2p^2q^2 \\ 4PQ &= P(Z_4) = 4p^3q \\ 4QR &= P(Z_5) = 4pq^3 \\ 4Q^2 &= P(Z_6) = 4p^2q^2 \end{aligned}\right\} \tag{2.58}$$

erhalten wir die Wahrscheinlichkeit von A_1A_1 (bzw. A_2A_2) nach n Generationen Vollgeschwisterpaarung, indem wir den Vektor

$$(p^4,\ q^4,\ 2p^2q^2,\ 4p^3q,\ 4pq^3,\ 4p^2q^2)$$

mit der ersten (bzw. zweiten) Spalte von $T_n = T^n$ multiplizieren. In der ersten Spalte von T_n steht aber gerade an erster Stelle eine 1, dann folgt eine Null und dann die Größen $\sum\limits_{t=1}^{n} x_l(t)$.

Nach der n-ten Generation Vollgeschwisterpaarung ist folglich

$$\begin{aligned} P(Z_1|n) = p^4 &+ 2p^2q^2 \sum_{t=1}^{n} x_3(t) + 4p^3q \sum_{t=1}^{n} x_4(t) \\ &+ 4pq^3 \sum_{t=1}^{n} x_5(t) + 4p^2q^2 \sum_{t=1}^{n} x_6(t). \end{aligned} \tag{2.59}$$

und analog

$$\begin{aligned} P(Z_2|n) = q^4 &+ 2p^2q^2 \sum_{t=1}^{n} y_3(t) + 4p^3q \sum_{t=1}^{n} y_4(t) \\ &+ 4pq^3 \sum_{t=1}^{n} y_5(t) + 4p^2q^2 \sum_{t=1}^{n} y_6(t) \end{aligned} \tag{2.60}$$

Wir erhalten z. B. $x_3(1) = 0$, $x_3(2) = 1/16$ usw.
Es gilt das Korollar 1 zu Satz 2.12 von Kap. 2.9.

Korollar 1:
Bei fortgesetzter Paarung innerhalb von Vollgeschwistergruppen (die aus Zufallspaarung entstanden sind) erhält man, wenn die Anzahl der Generationen gegen unendlich strebt

$$x_3 = 0{,}5,\ x_4 = 0{,}75,\ x_5 = 0{,}25 \text{ und } x_6 = 0{,}5$$

und

$$y_3 = 0{,}5,\ y_4 = 0{,}25,\ y_5 = 0{,}75 \text{ und } y_6 = 0{,}5$$

und damit gilt

$$\lim_{n \to \infty} T^n = \begin{pmatrix} 1 & 0 & 0 & 0 & 0 & 0 \\ 0 & 1 & 0 & 0 & 0 & 0 \\ \frac{1}{2} & \frac{1}{2} & 0 & 0 & 0 & 0 \\ \frac{3}{4} & \frac{1}{4} & 0 & 0 & 0 & 0 \\ \frac{1}{4} & \frac{3}{4} & 0 & 0 & 0 & 0 \\ \frac{1}{2} & \frac{1}{2} & 0 & 0 & 0 & 0 \end{pmatrix} \qquad (2.61).$$

Man kann nun mit Hilfe dieses Satzes berechnen, wie stark die beiden Homozygoten A_1A_1 und A_2A_2 in der Grenzpopulation (für $n \to \infty$) vertreten sind. Die Grenzverteilung ist nämlich allgemein $(P^2, R^2, 2PR, 4PQ, 4QR, 4Q^2)\, T^n$ und das führt zu einer Grenzwahrscheinlichkeit von $P^2 + PR + 3PQ + QR + 2Q^2$ für A_1A_1 und von $R^2 + PR + PQ + 3QR + 2Q^2$ für A_2A_2. Für $P^2 = p^4$ usw. entsprechend (2.58) folgt dann aber

$$\lim_{n \to \infty} P(A_1A_1 \mid n) = P^2 + PR + 3PQ + QR + 2Q^2 = p^4 + p^2q^2 + 3p^3q + pq^3 + 2p^2q^2$$

Wegen $(p+q)^2 = p^2 + 2pq + q^2 = 1$ wird das zu $p^2 + pq = p(p+q) = p$
Folglich gilt

$$\lim_{n \to \infty} P(A_1A_1 \mid n) = p$$

und analog

$$\lim_{n \to \infty} P(A_2A_2 \mid n) = q$$

und wegen $p + q = 1$ strebt dieses Paarungssystem gegen vollständige Homozygotie. Für $n = 0, 1, \ldots, 5$ findet man die Wahrscheinlichkeiten der 3 Genotypen in Tabelle 2.16.

Tabelle 2.15. Übergangsmatrizen zwischen $Z_1, \ldots, Z_6$ bei fortgesetzter Vollgeschwisterpaarung über 2 bis 5 Generationen

	1	0	0	0	0	0
	0	1	0	0	0	0
$T^2 =$	0,0625	0,0625	0,125	0,25	0,25	0,25
	0,390625	0,015625	0,03125	0,3125	0,0625	0,1875
	0,015625	0,390625	0,03125	0,0625	0,1875	0,1875
	0,140625	0,140625	0,03125	0,1875	0,3125	0,3125
	1	0	0	0	0	0
	0	1	0	0	0	0
$T^3 =$	0,140625	0,140625	0,03125	0,1875	0,1875	0,3125
	0,480469	0,042969	0,023438	0,203125	0,078125	0,171875
	0,042969	0,480469	0,023438	0,078125	0,203125	0,171875
	0,207031	0,207031	0,039062	0,171875	0,171875	0,203125
	1	0	0	0	0	0
	0	1	0	0	0	0
$T^4 =$	0,207031	0,207031	0,039062	0,171875	0,171875	0,203125
	0,541992	0,073242	0,021484	0,144531	0,082031	0,136719
	0,073242	0,541992	0,021484	0,082031	0,144531	0,136719
	0,262695	0,262695	0,025391	0,136719	0,136719	0,175781
	1	0	0	0	0	0
	0	1	0	0	0	0
$T^5 =$	0,262695	0,262695	0,025391	0,136719	0,136719	0,175781
	0,586670	0,102295	0,01709	0,106445	0,075195	0,112305
	0,102295	0,586670	0,01709	0,075195	0,106445	0,112305
	0,307861	0,307861	0,021972	0,112305	0,112305	0,137695

2.2.6.2.2. Fortgesetzte Halbgeschwisterpaarung

Wir setzen weiter $P = p^2$, $2Q = 2pq$ und $R = q^2$ und erhalten durch Zufallspaarung von Vatertieren der Genotypen A_1A_1, A_1A_2 und A_2A_2 mit den weiblichen Tieren der Population ($p♂ = p♀$) die Halbgeschwistergruppen der Tabelle 2.17. Paarung innerhalb der drei Gruppen, die mit den Wahrscheinlichkeiten p^2, $2pq$ bzw. q^2 auftreten, führen mit Wahrscheinlichkeit

$$p^2(1) = p^2 + \frac{pq}{8} \tag{2.62}$$

nach einer Generation Halbgeschwisterpaarung zu dem Genotyp A_1A_1.

Der Genotyp A_1A_2 tritt mit Wahrscheinlichkeit ($q(1) = 1 - p(1)$)

$$2p(1)q(1) = \frac{7}{4}\,pq \tag{2.63}$$

Tabelle 2.16. Wahrscheinlichkeiten des Auftretens von $Z_1, \ldots, Z_6$ und der Genotypen A_1A_1, A_1A_2 bzw. A_2A_2 bei fortgesetzter Vollgeschwisterpaarung und p = 0,1, 0,3 bzw. 0,5

p	n	$P(Z_1)$	$P(Z_2)$	$P(Z_3)$	$P(Z_4)$	$P(Z_5)$	$P(Z_6)$	$P(A_1A_1)$	$P(A_1A_2)$	$P(A_2A_2)$
0,1	0	0,0001	0,6561	0,0162	0,0036	0,2916	0,0324	0,01	0,18	0,81
	1	0,003025	0,731025	0,00405	0,0099	0,1539	0,0981	0,02935	0,1377	0,8325
	2	0,011631	0,775631	0,012263	0,029475	0,101475	0,069525	0,04375	0,1125	0,8437
	3	0,023345	0,805345	0,008691	0,032119	0,068119	0,062381	0,055	0,09	0,855
	4	0,035274	0,826274	0,007798	0,031655	0,049655	0,049345	0,063438	0,073126	0,863438
	5	0,046272	0,841772	0,006168	0,028164	0,037164	0,040161	0,07047	0,05906	0,87047
	∞	0,1	0,9	0	0	0	0	0,1	0	0,9
0,3	0	0,0081	0,2401	0,0882	0,0756	0,1764	0,1764	0,09	0,42	0,49
	1	0,038025	0,354025	0,02205	0,0819	0,2499	0,2541	0,1425	0,315	0,5425
	2	0,074381	0,432381	0,031762	0,104475	0,188475	0,168525	0,16875	0,2625	0,56875
	3	0,137031	0,490033	0,021066	0,094369	0,136369	0,147131	0,195	0,215	0,595
	4	0,143820	0,533321	0,0183914	0,083967	0,104967	0,115533	0,214687	0,170625	0,614688
	5	0,172033	0,566783	0,014442	0,070867	0,081367	0,094508	0,231094	0,137813	0,631094
	∞	0,3	0,7	0	0	0	0	0,3	0	0,7
0,5	0	0,0625	0,0625	0,125	0,25	0,25	0,25	0,25	0,50	0,25
	1	0,140625	0,140625	0,03125	0,1875	0,1875	0,3125	0,3125	0,375	0,3125
	2	0,207031	0,207031	0,039062	0,171875	0,171875	0,203125	0,34275	0,3125	0,34375
	3	0,262695	0,262695	0,025391	0,136719	0,136719	0,175781	0,375	0,25	0,375
	4	0,307861	0,307861	0,021973	0,112305	0,112305	0,137695	0,398437	0,203125	0,398437
	5	0,344543	0,344543	0,017212	0,090576	0,090576	0,112549	0,417968	0,164062	0,417968
	∞	0,5	0,5	0	0	0	0	0,5	0	0,5

Nachkommen von A_1A_1:	$A_1A_1(p)$, $A_1A_2(q)$
Nachkommen von A_1A_2:	$A_1A_1\left(\frac{p}{2}\right)$, $A_1A_2(1/2)$, $A_2A_2\left(\frac{q}{2}\right)$
Nachkommen von A_2A_2:	$A_1A_2(p)$, $A_2A_2(q)$

(Man beachte, daß $p^2 + pq = p(p+q) = p$ gilt)

Tabelle 2.17a Halbgeschwistergruppen als Nachkommen der drei Genotypen einer diploiden Population mit zweifacher Allelie bezüglich eines Locus A

Tabelle 2.17b Wahrscheinlichkeit der 3 Genotypen eines diploiden Locus mit zweifacher Allelie bei fortgesetzter Halbgeschwisterpaarung für drei Werte von $p = P(A_1)$ in der Ausgangspopulation

	$p = 0{,}1$			$p = 0{,}3$			$p = 0{,}5$	
n	$P(A_1A_1)$	$P(A_1A_2)$	$P(A_2A_2)$	$P(A_1A_1)$	$P(A_1A_2)$	$P(A_2A_2)$	$P(A_1A_1) = P(A_2A_2)$	$P(A_1A_2)$
0	0,01	0,18	0,81	0,09	0,42	0,49	0,25	0,5
1	0,2125	0,1575	0,82125	0,11625	0,3675	0,51625	0,28125	0,4375
2	0,03109	0,13781	0,83109	0,13922	0,32156	0,53922	0,30859	0,38281
3	0,03971	0,12059	0,83971	0,15932	0,28137	0,55932	0,33252	0,33496
4	0,04724	0,10551	0,84724	0,17690	0,24620	0,57690	0,35345	0,29309
5	0,05384	0,09232	0,85384	0,19229	0,21542	0,59229	0,37177	0,25645
10	0,07632	0,04735	0,87632	0,24475	0,11049	0,64475	0,43423	0,13154
20	0,09378	0,01246	0,89378	0,28547	0,02907	0,68547	0,48270	0,03460
∞	0,1	0	0,9	0,3	0	0,7	0,5	0

und der Genotyp A_2A_2 mit der Wahrscheinlichkeit

$$q^2(1) = q^2 + \frac{pq}{8} \tag{2.64}$$

auf. Damit gilt

$$(p^2, 2pq, q^2) \cdot \begin{pmatrix} 1 & 0 & 0 \\ 1/16 & 7/8 & 1/16 \\ 0 & 0 & 1 \end{pmatrix} = (p^2(1), 2p(1)q(1), q^2(1)),$$

der Prozeß ist folglich eine MARKOWkette mit der Matrix der Übergangswahrscheinlichkeiten

$$T = \begin{pmatrix} 1 & 0 & 0 \\ 1/16 & 7/8 & 1/16 \\ 0 & 0 & 1 \end{pmatrix},$$

die MARKOWkette hat daher zwei absorbierende Zustände.

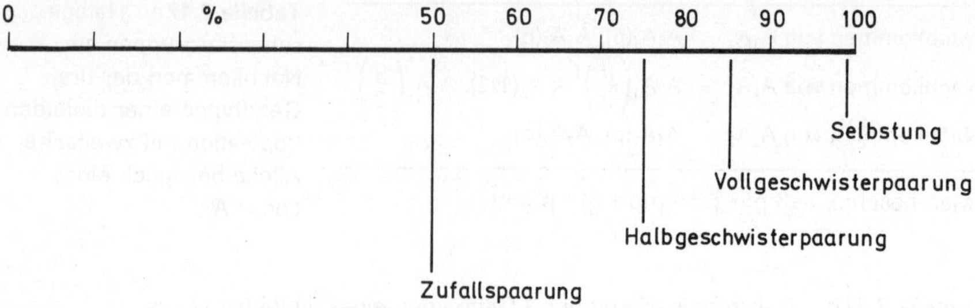

Abbildung 2.4. Anteil der Homozygoten (A_1A_1 bzw. A_2A_2) an der Population nach 5 Generationen Paarung in vier Paarungssystemen

Da $x_2(1) = y_2(1) = 1/16$ und K in (2.165) nur das Element Z_2 enthält (nur Z_2 ist nicht wiederkehrend), ergibt sich

$$x_2(n) = p_{22}x_2(n-1) = p_{22}^{\,n-1} \cdot 1/16 = 1/16 \cdot (7/8)^{n-1} = y_2(n)\,.$$

Nun ist aber

$$\lim_{n\to\infty} 1/16 \sum_{n=1}^{\infty} (7/8)^{n-1} = 1/16\left[1 + \sum_{n=1}^{\infty} (7/8)^n\right] = \frac{1}{16}\,\frac{1}{1-7/8} = \frac{1}{2}\,.$$

Folglich gehen die Heterozygoten je zur Hälfte in die beiden Homozygoten über, die Geschwindigkeit, mit der das geschieht, findet man in Tabelle 2.17b. Damit ist

$$p^2(\infty) = p^2 + pq = p(p+q) = p$$

und

$$q^2(\infty) = q^2 + pq = q$$

die Wahrscheinlichkeit von A_1A_1 bzw. A_2A_2 bei fortgesetzter Halbgeschwisterpaarung.

In Abbildung 2.4. ist aufgetragen, wie groß die Wahrscheinlichkeit (oder der Anteil) der Homozygoten in einer Population nach 5 Generationen Selbstung, Vollgeschwisterpaarung, Halbgeschwisterpaarung und Zufallspaarung für $p = 0{,}5$ ist.
Die Zahlenwerte findet man in den Tabellen 2.13., 2.16. und 2.17. Aus den Tabellen ersieht man, daß man sich den Grenzwahrscheinlichkeiten (bei $n \to \infty$) umso schneller nähert, je weiter p von 0,5 entfernt ist, d. h. der Fall $p = q$ ist für die Erzeugung von Homozygoten der ungünstigste Fall.

2.2.6.3. Gleichgewichtspopulationen

In Satz 2.1, speziell nach Formel (2.8) gilt für Populationen mit Zufallspaarung, daß $P_1 = p^2$, $P_2 = 2pq$ und $P_3 = q^2$ ist. Fortgesetzte Zufallspaarung verändert diese

Genotypenwahrscheinlichkeiten nicht. Die Population befindet sich im Gleichgewicht.
Bei Selbstung befindet sich eine Population im Gleichgewicht, wenn $P_2 = 0$ ist. Wie wir gesehen haben, befindet sich eine Population bei fortgesetzter Vollgeschwisterpaarung im Gleichgewicht, falls $P_1 = p$, $P_2 = 0$ und $P_3 = q$ ist (Tab. 2.15.). Auch bei fortgesetzter Halbgeschwisterpaarung befindet sich die Population im Gleichgewicht, falls $P_1 = p$, $P_2 = 0$ und $P_3 = q$ ist. Diese Bedingungen gelten für alle Allelwahrscheinlichkeiten $0 < p < 1$. Wir sehen, daß die Geschwindigkeit, mit der der Gleichgewichtszustand erreicht wird, abnimmt, je weniger eng die Verwandtenpaarung ist. Aus den Tabellen 2.13., 2.16. und 2.17. wird ersichtlich, wie schnell sich die Population bei unterschiedlichen Paarungsplänen der Gleichgewichtsverteilung annähert (Abb. 2.4.). Wie man aus den Grenzverteilungen ersieht, führt für $0 < p < 1$ jedes der betrachteten Verwandtenpaarungssysteme zu homozygoten Teilpopulationen (Linien).

2.2.6.4. Bemerkungen zum Fall multipler Allelie

In diesen Modellbetrachtungen sind wir von zweifacher Allelie ausgegangen. Wir müssen aber berücksichtigen, daß in den uns interessierenden Genloci multiple Allelie die Regel ist. Häufig treten bis zu 50 Allele auf. Das wirkt sich natürlich, außer bei der Selbstung, auf das Gleichgewicht und auf die Geschwindigkeit, mit der man sich ihm nähert, aus.
Wir wollen im Interesse der leichteren Lesbarkeit auf eine durchaus mögliche allgemeine mathematische Darstellung für k-fache Allelie ($k > 2$) verzichten und die Probleme nur andeuten. Bei der Inzucht als Zuchtmethode werden wir auf die folgenden Bemerkungen zurückkommen.
Geht man von Heterozygoten aus, so tritt bei den beiden Geschwisterpaarungssystemen bei zweifacher Allelie entweder Gleichheit in einem oder in zwei Allelen zwischen Mutter und Vater auf, liegt aber multiple Allelie vor, kann es darüber hinaus zur Verschiedenheit in beiden Allelen kommen. Geht man beispielsweise von A_1A_2-Müttern und A_3A_4-Vätern aus, so haben die Nachkommen A_1A_3-, A_1A_4-, A_2A_3- und A_2A_4-Allele. Zu den Vollgeschwisterpaarungen gehört dementsprechend auch die Kombination $A_1A_3 \times A_2A_4$. Vollgeschwisterpaarung ergibt wieder eine vollständig heterozygote Nachkommenschaft mit den Allelpaare A_1A_2, A_1A_4, A_2A_3 und A_3A_4. Auch in diese Vollgeschwister-Kombination sind wieder Paarungskonstellationen einbegriffen, die zu einer völligen Heterozygotie führen. Es handelt sich dabei um die Kombination $A_1A_2 \times A_3A_4$, von der wir ausgegangen sind. Es gibt also immer Vollgeschwisterpaarungen, deren Partner vollständig heterozygot sind und wieder vollständig heterozygote Nachkommen hervorbringen.
Betrachtet man die Genotypen aller Vollgeschwister, so entstehen in der ersten Generation nach der Kreuzung von zwei heterozygoten Eltern ausschließlich heterozygote Nachkommen. In der zweiten Generation ergibt die Vollgeschwisterpaarung noch zu 5/6 Heterozygotie. Die unter 2.1.6.2.1. getroffene Feststellung trifft deshalb nur unter den Bedingungen einer zweifachen Allelie zu. Sie ist bei multipler Allelie etwas zu verändern. Vor allen Dingen gilt nicht mehr:
„Die mögliche Abnahme der Heterozygoten ist im wesentlichen schon nach

zwei Generationen Vollgeschwisterpaarung erreicht". Die multiple Allelie führt bei einer Halbgeschwisterpaarung zu einer stark veränderten Konstellation gegenüber einer zweifachen Allelie. Davon ist besonders dann auszugehen, wenn eine große Allelvielfalt vorliegt, und sie auch in eine fortgesetzte Halbgeschwisterpaarung einbezogen wird. In diesem Fall bleibt sogar über zahlreiche Generationen eine vollständige Heterozygotie erhalten. So läßt sich beispielsweise eine A_1A_2-Mutter nicht nur mit einem A_3A_4-Vater, sondern auch noch mit einem A_5A_6-Vater kombinieren.

Im Ergebnis entstehen, die Allele in einem Genort betrachtet, folgende Halbgeschwister:

A_1A_3, A_1A_4, A_2A_3, A_2A_4,
A_1A_5, A_1A_6, A_2A_5, A_2A_6.

Wird dieses Beispiel in der nächsten Generation mit A_7A_8- und A_9A_{10}-Vätern fortgeführt, so resultiert daraus wieder eine vollständige Heterozygotie bei allen Nachkommen und auch eine große genetische Variabilität.

2.3. Modelle für Merkmale, die von zwei Loci gesteuert werden

Bei der Untersuchung von Merkmalen, die von einem Locus gesteuert und daher auch monofaktoriell genannt werden, haben wir die Gesamtzahl aller Gameten in k Klassen eingeteilt, wobei die i-te Klasse die A_i tragenden Gameten erhielt. Alle Gameten diploider Organismen sind jedoch dadurch gekennzeichnet, daß sie ein Heterosom (= Geschlechtschromosom) und von jedem homologen Autosomenpaar ein Chromosom und damit von jedem nicht geschlechtschromosomal gekoppelten Gen stets genau ein Allel aufweisen. Die anderen in den Gameten enthaltenen Erbanlagen blieben bis jetzt unberücksichtigt, da sie das jeweilige Merkmal nicht beeinflußten. Trotzdem waren sie stets als genetischer Hintergrund vorhanden. Für die Beziehungen zwischen den Allel- und Genotypenhäufigkeiten und für die Berechnung von Spaltungsverhältnissen gelten deshalb bei difaktoriellen (d. h. von zwei Loci gesteuerten) Erbgängen die gleichen Grundlagen wie bei Monogenie. Es sind nur die Allele A_i und ihre Häufigkeiten durch die Gameten A_iB_j und deren Häufigkeiten zu ersetzen und die Einflüsse von Kopplung und Faktorenaustausch zu beachten. Wir bezeichnen die beiden Loci mit A und B und für $k_A = k_B = 2$ (zweifacher Allelie an beiden Loci) und für diploide Organismen treten die Gameten A_1B_1, A_1B_2, A_2B_1 und A_2B_2 auf. Bei der Beschreibung mehrfaktorieller Erbgänge werden im allgemeinen solche Merkmale behandelt, bei deren Ausprägung mehr als eine Kopplungsgruppe beteiligt sind. Für die gemeinsame Analyse mehrerer monogener Eigenschaften gelten jedoch die gleichen Zusammenhänge. Mit r und s werden in diesem Abschnitt die relativen Allelhäufigkeiten des Gens B bei zweifacher Allelie bezeichnet ($r + s = 1$).

2.3.1. Gameten- und Genotypenwahrscheinlichkeiten

Wegen der in der Meiose auftretenden zufälligen Aufteilung der Chromosomen mütterlicher und väterlicher Herkunft gilt für alle Gameten eines Individuums, ebenso wie für die Gameten einer Population, daß die Wahrscheinlichkeit eines Gametentyps gleich dem Produkt der Wahrscheinlichkeiten der in ihm enthaltenen (bzw. betrachteten) Allele ist. Diese Wahrscheinlichkeiten für das Auftreten der zweifaktoriellen Gameten gelten also, wenn beide Gene nicht gekoppelt sind. Wir setzten daher voraus:

$$P(A_1B_1) = pr,\ P(A_1B_2) = ps$$
$$P(A_2B_1) = qr,\ P(A_2B_2) = qs$$
$$(P(B_1) = r,\ P(B_2) = s).$$

Der Einfluß unterschiedlicher Gametenhäufigkeiten auf die in Gleichgewichtspopulationen entstehenden Genotypenhäufigkeiten wird durch das PUNNETT'sche Quadrat (1905) veranschaulicht (Tab. 2.18.). Dabei sind in der Kopfzeile und der ersten Spalte die Gameten und ihre Wahrscheinlichkeiten jeweils in gleicher Reihenfolge aufgeführt. Durch Multiplikation dieser Randwerte erhält man die Wahrscheinlichkeiten für jede der 16 Gametenkombinationen.

Durch die gewählte Reihenfolge der Gameten wurde ein symmetrischer Aufbau der Genotypenmatrix erreicht:

- Alle Kombinationen auf der Hauptdiagonalen sind genetisch verschieden und in beiden Genen homozygot.
- Alle Kombinationen auf der Nebendiagonalen sind in beiden Genen heterozygot. Damit ist $P(A_1A_2B_1B_2) = 4\ pqrs$.
- Die transponierten Matrixelemente (1,2) und (2,1), (1,3) und (3,1), (2,3) und (3,2) bzw. (3,4) und (4,3) ergeben ebenfalls jeweils einen gleichen Genotyp, in dem ein Gen hetero- und das andere homozygot ist.

Die Zusammenfassung genetisch gleicher Gametenkombinationen ergibt das für Gleichgewichtspopulationen allgemein gültige genotypische Spaltungsverhältnis. Durch Einsetzen von 0,5 für alle vier Allelwahrscheinlichkeiten

	A_1B_1 (pr)	A_1B_2 (ps)	A_2B_1 (qr)	A_2B_2 (qs)
A_1B_1 (pr)	$A_1A_1B_1B_1$ (p^2r^2)	$A_1A_1B_1B_2$ (p^2rs)	$A_1A_2B_1B_1$ (pqr^2)	$A_1A_2B_1B_2$ ($pqrs$)
A_1B_2 (ps)	$A_1A_1B_1B_2$ (p^2rs)	$A_1A_1B_2B_2$ (p^2s^2)	$A_1A_2B_1B_2$ ($pqrs$)	$A_1A_2B_2B_2$ (pqs^2)
A_2B_1 (qr)	$A_1A_2B_1B_1$ (pqr^2)	$A_1A_2B_1B_2$ ($pqrs$)	$A_2A_2B_1B_1$ (q^2r^2)	$A_2A_2B_1B_2$ (q^2rs)
A_2B_2 (qs)	$A_1A_2B_1B_2$ ($pqrs$)	$A_1A_2B_2B_2$ (pqs^2)	$A_2A_2B_1B_2$ (q^2rs)	$A_2A_2B_2B_2$ (q^2s^2)

Tabelle 2.18. Punnett-Quadrat für einen zweifaktoriellen Erbgang mit Berücksichtigung unterschiedlicher Gametenwahrscheinlichkeiten (in Klammern)

Genotyp	S	h	h für $p=q=r=s=0{,}5$
$A_1A_1B_1B_1$	1	p^2r^2	0,0625
$A_1A_1B_1B_2$	2	$2p^2rs$	0,1250
$A_1A_1B_2B_2$	1	p^2s^2	0,0625
$A_1A_2B_1B_1$	2	$2pqr^2$-	0,1250
$A_1A_2B_1B_2$	4	$4pqrs$	0,2500
$A_1A_2B_2B_2$	2	$2pqs^2$	0,1250
$A_2A_2B_1B_1$	1	q^2r^2	0,0625
$A_2A_2B_1B_2$	2	$2q^2rs$	0,1250
$A_2A_2B_2B_2$	1	q^2s^2	0,0625
	16	1	1

Tabelle 2.19. Anzahl genetisch gleicher Kombinationen (S) und Genotypenwahrscheinlichkeit h

Tabelle 2.20. Wahrscheinlichkeiten für das Auftreten des Phänotyps A_1-B_1-(x 1000) (oben) und zugehörige Spaltungszahlen (unten) bei unterschiedlichen Allelfrequenzen für einen zweifaktoriellen Erbgang mit komplementärer Genwirkung

p \ r	0	0,1	0,2	0,3	0,4	0,5	0,6	0,7	0,8	0,9	1,0
0	0	0	0	0	0	0	0	0	0	0	0
0,1		0361	0684	0969	1216	1425	1596	1729	1824	1881	1900
0,2			1296	1836	2304	2700	3024	3276	3456	3564	3600
0,3				2601	3264	3825	4284	4641	4896	5049	5100
0,4					4096	4800	5376	5824	6144	6336	6400
0,5						5625	6300	6825	7200	7425	7500
0,6							7056	7644	8064	8316	8400
0,7								8281	8736	9009	9100
0,8									9216	9504	9600
0,9										9801	9900
1,0											10000

p \ r											
0	0	0	0	0	0	0	0	0	0	0	0
0,1		0,58	1,09	1,55	1,95	2,28	2,55	2,77	2,92	3,01	3,04
0,2			2,07	2,94	3,69	4,32	4,84	5,24	5,53	5,70	5,76
0,3				4,16	5,22	6,12	6,85	7,43	7,83	8,08	8,16
0,4					6,55	7,68	8,60	9,32	9,83	10,14	10,24
0,5						9,00	10,08	10,92	11,52	11,88	12,00
0,6							11,29	12,23	12,90	13,31	13,44
0,7								13,25	13,98	14,41	14,56
0,8									14,75	15,21	15,36
0,9										15,69	15,84
1,0											16,00

($p = q = r = s = 0{,}5$) sind alle Kombinationen gleich häufig, und das genotypische Spaltungsverhältnis ergibt sich dann aus der Anzahl genetisch gleicher Kombinationen (Tab. 2.19.).
Wie aus der Tabelle 2.19. zu erkennen ist, können mehrfaktorielle Erbgänge auch als Zufallskombination der Genotypen der beteiligten Gene betrachtet werden, sofern zwischen diesen keine Kopplung vorliegt. Mit jedem der drei Genotypen des Gens A treten die drei B-Genotypen gemeinsam auf. Diese Reihe kann für andere Loci fortgesetzt werden, so daß für die meisten Merkmale 3^n (n = Anzahl nicht gekoppelter Gene) Genotypen auftreten. Auf den Einfluß von Kopplung, besonders mit den Geschlechtschromosomen, und multipler Allelie wurde bereits eingegangen.
Die Auswirkungen unterschiedlicher Allel- bzw. Gametenwahrscheinlichkeiten auf das phänotypische Spaltungsverhältnis soll an einem zweifaktoriellen Erbgang mit komplementärer Genwirkung dargestellt werden. Dabei treten zwei Phänotypen auf, bei denen 9 oder 16 Kombinationen zu A_1-B_1- gehören und die restlichen 7 den anderen Phänotyp ergeben. Bei gleicher Häufigkeit aller Allele tritt also ein Spaltungsverhältnis von 9:7 auf, und der komplementäre Phänotyp hat die Wahrscheinlichkeit von 0,5625.
In Tabelle 2.20. sind für verschiedene Allelwahrscheinlichkeiten p; r = 0(0,1) 1 die Wahrscheinlichkeiten für das Auftreten des komplementären Phänotyps nach

$$P(A_1\text{-}B_1\text{-}) = p^2r^2 + 2pqr^2 + 4pqrs + 2p^2rs = (1 - s^2)(1 - q^2)$$

zusammengestellt. Die im unteren Teil der Tabelle ausgewiesenen Spaltungszahlen beziehen sich auf die 16 Kombinationen und ergeben sich aus 16 $P(A_1\text{-}B_1\text{-})$.
Für die ganzzahligen Spaltungszahlen 0 (1) 16 sind in Tabelle 2.21. die dafür möglichen Kombinationen der Allelwahrscheinlichkeiten q und s beider Gene in Abhängigkeit von q = 0 (0,1) 1 ausgewiesen. Das für diesen Erbgang „charakteristische" Spaltungsverhältnis von 9:7 kann demnach immer dann auftreten, wenn mindestens eines der beiden komplementär wirkenden Allele A_1 oder B_1 mit einer Häufigkeit von p bzw. r größer 0,66 vorliegt.
Aus Abbildung 2.5. sind für vorgegebene r- und kontinuierliche p-Werte die möglichen Spaltungsverhältnisse bzw. die Wahrscheinlichkeit für das Auftreten von A_1-B_1- abzulesen.
Diese Tabellen lassen deutlich werden, daß beobachtete phänotypische Spaltungsverhältnisse allein keine Schlußfolgerung über den zugrundeliegenden Erbgang gestatten. Außerdem kann im betrachteten Beispiel das beobachtete Spaltungsverhältnis nicht zur Ermittlung der Allelhäufigkeiten verwendet werden.
Die Ermittlung der Allelwahrscheinlichkeiten für einen zweifaktoriellen Erbgang, bei dem alle 9 Genotypen phänotypisch unterscheidbar sind, bereitet jedoch keine Probleme, da jedes Gen für sich bearbeitet werden kann. Die Gleichungen für den Ein-Locus-Fall lassen sich leicht auf die gemeinsame Betrachtung beider Gene anwenden.
Mit dem Auftreten intra- und intergenischer Wechselwirkungen muß, wie bereits bei vollständiger Dominanz gezeigt wurde, davon ausgegangen werden,

Tabelle 2.21. Mögliche Kombinationen der Allelwahrscheinlichkeit q und s bei gleichem phänotypischen Spaltungsverhältnis (q vorgegeben 0(0,1)1; s ist tabelliert)

	Spaltungszahl für A_1-B_1-:															
q	0	1	2	3	4	5	6	7	8	9	10	11	12	13	14	15	16
0	1,00	0,97	0,94	0,90	0,87	0,83	0,79	0,75	0,71	0,66	0,61	0,56	0,50	0,43	0,35	0,25	0
0,1	1,00	0,97	0,93	0,90	0,86	0,83	0,79	0,75	0,70	0,66	0,61	0,55	0,49	0,42	0,34	0,23	—
0,2	1,00	0,97	0,93	0,90	0,86	0,82	0,78	0,74	0,69	0,64	0,59	0,53	0,47	0,39	0,30	0,15	—
0,3	1,00	0,97	0,93	0,89	0,85	0,81	0,77	0,72	0,67	0,62	0,56	0,49	0,42	0,33	0,20	—	—
0,4	1,00	0,96	0,92	0,88	0,84	0,79	0,74	0,69	0,64	0,57	0,51	0,43	0,33	0,18	—	—	—
0,5	1,00	0,96	0,91	0,87	0,82	0,76	0,71	0,65	0,58	0,50	0,41	0,29	0,00	—	—	—	—
0,6	1,00	0,95	0,90	0,84	0,78	0,72	0,64	0,56	0,47	0,35	0,15	—	—	—	—	—	—
0,7	1,00	0,94	0,87	0,80	0,71	0,62	0,51	0,38	0,14	—	—	—	—	—	—	—	—
0,8	1,00	0,91	0,81	0,69	0,55	0,36	—	—	—	—	—	—	—	—	—	—	—
0,9	1,00	0,82	0,58	0,11	—	—	—	—	—	—	—	—	—	—	—	—	—
1,0	1,00	—	—	—	—	—	—	—	—	—	—	—	—	—	—	—	—

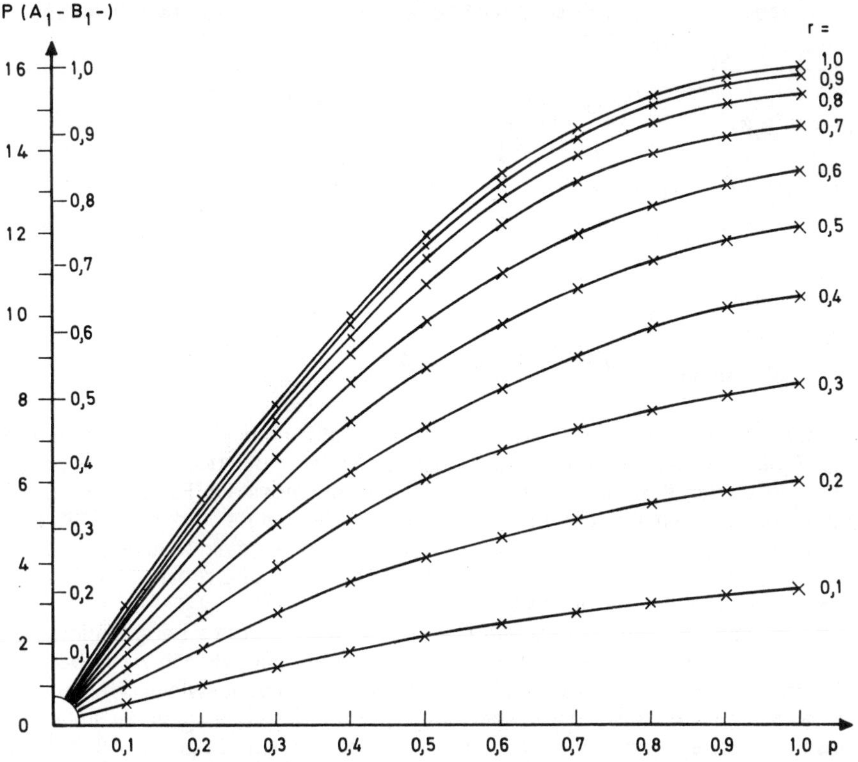

Abbildung 2.5. Auswirkungen unterschiedlicher Allelhäufigkeiten p und r auf das Spaltungsverhältnis eines zweifaktoriellen Erbganges mit komplementärer Genwirkung (9:7)

daß die beobachteten relativen Häufigkeiten der jeweiligen Phänotypen einer Gleichgewichtspopulation entsprechen. Bei Einhaltung dieser Voraussetzung können die relativen Allelhäufigkeiten für solche Merkmale eindeutig geschätzt werden, bei denen mindestens 3 Phänotypen auftreten. Dabei sind zunächst solche Phänotypen bzw. Phänotypensummen auszuwählen, deren Wahrscheinlichkeiten in Abhängigkeit von nur einer Allelhäufigkeit dargestellt werden können.

Beispiel 2.3.:
Für ein zweifaktorielles Merkmal, von dem bekannt ist, daß beide Gene dominant wirken („klassische" Spaltung ist 9:3:3:1), wurden die vier Phänotypenwahrscheinlichkeiten auf Seite 148 oben ermittelt.
Da die Wahrscheinlichkeit für das Auftreten von P_3 oder P_4 $q^2 (r^2 + 2rs + s^2) = q^2$ ist, gilt

$$\hat{q} = \sqrt{\frac{1456 + 144}{10000}} = 0{,}4 \text{ und damit } \hat{p} = 0{,}6$$

Phänotyp	Wahrscheinlichkeiten der Genotypen	Anzahl Individuen
$P_1 = A_1\text{-}B_1\text{-}$	$p^2r^2 + 2p^2rs + 2pqr^2 + 4pqrs$	7644
$P_2 = A_1\text{-}B_2B_2$	$p^2s^2 + 2pqs^2$	756
$P_3 = A_2A_2B_1\text{-}$	$q^2r^2 + 2q^2rs$	1456
$P_4 = A_2A_2B_2B_2$	q^2s^2	144
		10000

und analog

$$\hat{s} = \sqrt{\frac{144 + 756}{10000}} = 0{,}3 \text{ und damit } \hat{r} = 0{,}7.$$

Dieser Erbgang wurde erstmals von Johannsen (1926) bearbeitet. Die Verfahren zur Schätzung der Allelwahrscheinlichkeiten anderer difaktorieller Eigenschaften wurden von Brandsch u. Krüger (1977) zusammengestellt. Für Erbgänge, bei denen nur zwei Phänotypen auftreten (z. B. komplementäre Wirkung von A_1 und B_1 und Wirkungslosigkeit von A_2 und $B_2 = 9:7$), kann keine eindeutige Schätzung erfolgen, da zur Ermittlung der beiden Unbekannten p und r (bzw. q und s) nur eine Gleichung zur Verfügung steht.
Zur Erzeugung des genotypischen Gleichgewichts genügt es bei gemeinsamer Betrachtung zweier Gene nicht, in einer Generation panmiktisch zu verpaaren. Dadurch wird zwar für das Gen A und auch für B Gleichgewicht erreicht, der Anteil der 4 Gametensorten ist aber noch gestört. Das Gleichgewicht stellt sich deshalb erst asymptotisch nach mehreren Generationen ein (Stern, 1968). Ausgehend von der Verpaarung $A_1A_1B_1B_1 \times A_2A_2B_2B_2$ erhält man beispielsweise bei Panmixie in jeder folgenden Generation die Gametenwahrscheinlichkeiten:

Generation	Wahrscheinlichkeit für			
	A_1B_1	A_1B_2	A_2B_1	A_2B_2
1	0,5	–	–	0,5
2	0,375	0,125	0,125	0,375
3	0,3125	0,1875	0,1875	0,3125
4	0,28125	0,21875	0,21875	0,28125
5	0,26563	0,23438	0,23438	0,26563

Die Allelwahrscheinlichkeiten betragen dabei in allen Generationen für jedes Allel unverändert 0,5.

Bei beliebigen Allelwahrscheinlichkeiten und Panmixie treten für alle 4 Gameten betragsmäßig die gleichen Differenzen D in zwei aufeinanderfolgenden Generationen auf:

$$D = 0{,}5\,[P(A_1B_2)\,P(A_2B_1) - P(A_1B_1)\,P(A_2B_2)].$$

Die Gametenwahrscheinlichkeiten P′ der nachfolgenden Generation erhält man aus

$$P'(A_1B_1) = P(A_1B_2) + D$$
$$P'(A_2B_2) = P(A_2B_2) + D$$
$$P'(A_1B_2) = P(A_1B_2) - D$$
$$P'(A_2B_1) = P(A_2B_2) - D.$$

2.3.2. Modellierung des genotypischen Wertes
2.3.2.1. Allgemeine Theorie

Wir betrachten die ungekoppelten Loci A und B für diploide Organismen mit zweifacher Allelie und Zufallspaarung.
Aus Tabelle 2.22. erhalten wir die Wahrscheinlichkeiten für die neun möglichen Genotypen, die aus den an den Rändern stehenden Genotypen der einzelnen Loci kombiniert werden können.
Wir verwenden wieder die Abkürzungen $p = P(A_1)$, $q = 1 - p$, $r = P(B_1)$, $s = 1 - r$.

Definition 2.9.:
Die Größe

$$\mu = \sum_{i=1}^{3} \sum_{j=1}^{3} P_{ij}\,G_{ij} \tag{2.65}$$

heißt Populationsmittel, und mit

$$g_{ij} = G_{ij} - \mu$$

werden die genotypischen Abweichungen bezeichnet.

Ferner heißen die Größen α_1 bzw. α_2, die mit

	B_1B_1	B_1B_2	B_2B_2	
A_1A_1	G_{11} $P_{11} = p^2r^2$	G_{12} $P_{12} = 2p^2rs$	G_{13} $P_{13} = p^2s^2$	$\overline{G}_{1.} = g_{1.} + \mu$
A_1A_2	G_{21} $P_{21} = 2pqr^2$	G_{22} $P_{22} = 4pqrs$	G_{23} $P_{23} = 2pqs^2$	$\overline{G}_{2.} = g_{2.} + \mu$
A_2A_2	G_{31} $P_{31} = q^2r^2$	G_{32} $P_{32} = 2q^2rs$	G_{33} $P_{33} = q^2s^2$	$\overline{G}_{3.} = g_{3.} + \mu$
	$\overline{G}_{.1} = g_{.1} + \mu$	$\overline{G}_{.2} = g_{.2} + \mu$	$\overline{G}_{.3} = g_{.3} + \mu$	

Tabelle 2.22.
Genotypische Werte, Randerwartungswerte und die Wahrscheinlichkeiten ihres Auftretens im Zwei-Locus-Fall

$$g_{i.} = \frac{1}{P_{i.}} \sum_{j=1}^{3} g_{ij} P_{ij} \text{ und } g_{.j} = \frac{1}{P_{.j}} \sum_{i=1}^{3} g_{ij} P_{ij}$$

den Ausdruck (man beachte $P_{1.} = p^2$, $P_{2.} = 2pq$, $P_{3.} = q^2$)

$$S_A = p^2(g_{1.} - 2\alpha_1^*)^2 + 2pq(g_{2.} - \alpha_1^* - \alpha_2^*)^2 + q^2(g_{3.} - 2\alpha_2^*)^2$$

minimieren, die Effekte der Allele A_1 bzw. A_2 und analog die Größen β_1 bzw. β_2, die den Ausdruck (man beachte $P_{.1} = r^2$, $P_{.2} = 2rs$, $P_{.3} = s^2$)

$$S_\beta = r^2(g_{.1} - 2\beta_1^*)^2 + 2rs(g_{.2} - \beta_1^* - \beta_2)^2 + s^2(g_3 - 2\beta_2^*)^2$$

minimieren, die Effekte der Allele B_1 bzw. B_2.
Ferner heißen die Größen

$$\left.\begin{aligned} d_{1.} &= g_{1.} - 2\alpha_1 = g_{1.} - a_{A1} \\ d_{2.} &= g_{2.} - \alpha_1 - \alpha_2 = g_{2.} - a_{A2} \\ d_{3.} &= g_{3.} - 2\alpha_2 = g_{3.} - a_{A3} \end{aligned}\right\} \quad (2.66)$$

die Dominanzeffekte des Locus A, und analog heißen die Größen

$$d_{.i} = g_{.j} - a_{Bj} \quad (2.67)$$

mit $a_{B1} = 2\beta_1$, $a_{B2} = \beta_1 + \beta_2$ und $a_{\beta 3} = 2\beta_2$
die Dominanzeffekte des Locus B.

Die in Definition 2.9. eingeführten Effekte sind mit denen des Ein-Locus-Falles identisch, wenn z. B. für den Locus A

$g_{1.} = g_{11}$ $g_{2.} = g_{12}$ und $g_{3.} = g_{22}$ gesetzt wird.

Folglich gilt der

Satz 2.7.:
Die in Definition 2.9. eingeführten Effekte der Allele sind durch

$$\begin{aligned} \alpha_1 &= pg_{1.} + qg_{2.} \\ \alpha_2 &= pq_{2.} + qg_{3.} \end{aligned} \text{ bzw. } \begin{aligned} \beta_1 &= rg_{.1} + sg_{.2} \\ \beta_2 &= rg_{.2} + sg_{.3} \end{aligned} \quad (2.68)$$

gegeben. Ferner gilt

$$\begin{aligned} &E(\underline{a}_A) = E(\underline{a}_B) = E(\underline{d}_A) = E(\underline{d}_B) = 0 \\ &V(\underline{a}_A) = 2p\alpha_1^2 + 2q\alpha_2^2 = \sigma^2 a_A \\ &V(\underline{a}_B) = 2r\beta_1^2 + 2s\beta_2^2 = \sigma^2 a_B && (2.69) \\ &V(\underline{d}_A) = p^2 d_{1.}^2 + 2pqd_{2.}^2 + q^2 d_{3.}^2 = \sigma^2 d_A && (2.70) \\ &V(\underline{d}_B) = r^2 d_{.1}^2 + 2rsd_{.2}^2 + s^2 d_{.3}^2 = \sigma^2 d_B \end{aligned}$$

sowie cov $(\underline{a}_A, \underline{d}_A) =$ cov $(\underline{a}_B, \underline{d}_B) = 0$.

Wegen der vorausgesetzten Unabhängigkeit der Loci A und B ist auch cov $(\underline{a}_A, \underline{a}_B) =$ cov $(\underline{a}_A, \underline{d}_B) =$ cov $(\underline{a}_B, \underline{d}_A) =$ cov $(\underline{d}_A, \underline{d}_B) = 0$. Hierbei sind $\underline{a}_A$ und

$\underline{d}_A$ Zufallsvariable, die mit den Wahrscheinlichkeiten $P_{i.}$ die Werte a_{Ai} bzw. d_{Ai} bzw. d_{Ai} (i = 1, 2, 3) annehmen.
Der Beweis des Satzes folgt aus Satz 2.1.
Wir benutzen zur Darstellung von Wechselwirkungen zwischen Loci für die G_{ij} aus Tabelle 2.22 ein Modell der vierfachen Varianzanalyse mit den vier Faktoren A_A, B_A, A_D bzw. B_D, die die additiven (A) bzw. dominanten (D) Wirkungen der Loci A und B charakterisieren.
Dabei sind die Wechselwirkungen zwischen A und D am gleichen Locus auf Grund der Definition der Dominanzabweichungen als Null vorauszusetzen und das bedeutet, daß keine Wechselwirkungen zwischen drei bzw. vier Faktoren auftreten. Damit gilt für G_{ij} das Modell

$$\begin{aligned}\underline{G}_{ij} &= \mu + \underline{a}_{Ai} + \underline{a}_{Bj} + \underline{d}_{Ai} + \underline{d}_{Bj} + \underline{W}_{AA(ij)} + \underline{W}_{AD(ij)} + \underline{W}_{DA(ij)} + \underline{W}_{DD(ij)} \\ &= \mu + \underline{a}_{Ai} + \underline{a}_{Bj} + \underline{d}_{Ai} + \underline{d}_{Bj} + \underline{e}_{ij}\,. \end{aligned} \quad (2.71)$$

Es gilt wegen Satz 2.3.

$$\sigma_g^2 = V(\underline{G}_{ij}) = \sigma_{aA}^2 + \sigma_{aB}^2 + \sigma_{dA}^2 + \sigma_{dB}^2 + \sigma_e^2 \quad (2.72)$$

Wir wollen die Varianzkomponente σ_e^2 mit Hilfe von (2.71) näher analysieren. Wir verwenden dafür eine Vorgehensweise, wie sie z. B. bei Ewens (1979) beschrieben ist. Es sei $P' = (P_{11}, \ldots, P_{33})$ der Vektor der Wahrscheinlichkeiten von Tabelle 2.12. und $\mathrm{Diag}(P) = A$ eine Diagonalmatrix mit dem Vektor P als Diagonale, d. h. es ist $P = Ae_g$ (e_g ist ein Vektor mit 9 Einsen als Elementen).
Ist $G' = (G_{11}, \ldots, G_{33})$ der Vektor der genotypischen Werte aus Tabelle 2.2., dann läßt sich (2.65) in der Form

$$\mu = P'G = e_9' AG$$

(da $A = A'$ ist) schreiben.

Wir bezeichnen mit

$$G_{i.} = \sum_{j=1}^{3} P_{ij} G_{ij} \quad (2.73)$$

$$G_{.j} = \sum_{i=1}^{3} P_{ij} G_{ij} \quad (2.74)$$

die mittleren genotypischen Werte von Individuen mit dem i-ten Gentoyp am Locus A bzw. mit dem j-ten Genotyp des Locus B.

Dann gilt (z. B. nach Rasch (1989) Formel (4.18)) und Satz 5.6. ff.

$$\sigma_g^2 = G'AG - \mu^2 = G'AG - G'Ae_9e_9' AG = G'(A - PP')G \quad (2.75).$$

Da A für $0 < p < 1$, $0 < r < 1$ positiv definit ist, existiert stets eine Matrix T^{-1} derart (Rasch 1989, Satz 1.16.), daß $A = T^{-1}(T^{-1})'$ bzw. $A = (T^{-1})' T^{-1}$ bzw. TAT' E_9 (E_9 ist eine Einheitsmatrix der Ordnung 9) gilt.
Setzen wir dann

$$Q = TAG,$$

so ist

$$\sum_{l=1}^{9} q_l^2 = Q'Q = G'A'T'TAG = G'AG$$

und

σ_g^2 in (2.75) läßt sich in der Form

$$\sigma_g^2 = \sum_{l=1}^{9} q_l^2 - \mu^2 = G'(A - PP')G \qquad (2.76)$$

schreiben. Die Matrix $A - PP'$ hat den Rang 8, da die Summe aller Elemente von A und von PP' gleich 1 ist.
Damit kann σ_g^2 als Summe von 8 Gliedern geschrieben werden, indem man z. B. die letzte Zeile von T mit Einsen besetzt, so daß $q_g^2 = \mu^2$ wird. Wir wollen T so vereinbaren. Dann ist

$$\sigma_g^2 = \sum_{l=1}^{8} q_l^2. \qquad (2.77)$$

Da die Elemente von T nicht eindeutig bestimmt sind, andererseits aber (2.72) und (2.77) gleich sein müssen, wählen wir die vier ersten Zahlen von T so, daß

$q_1^2 = \sigma_{aA}^2$, $q_2^2 = \sigma_{aB}^2$, $q_3^2 = \sigma_{dA}^2$ und $q_4^2 = \sigma_{dB}^2$ ist.

Damit ist

$$\sigma_e^2 = \sum_{l=5}^{8} q_l^2.$$

Nun ist aber wegen der Ableitung von (2.34) σ_{dA}^2 in (2.70) auch in der Form

$$\sigma_{dA}^2 = p^2q^2D^2 = p^2q^2(2g_{2.} - g_{1.} - g_{3.})^2 \qquad (2.78)$$

darstellbar, und damit kann σ_{aA}^2 in der Form

$$\sigma_{aA}^2 = 2pq\,\{p\,g_{1.} + (1-2p)\,g_{2.} - qg_{3.}\}^2 \qquad (2.79)$$

geschrieben werden. Damit dies gleich q_1^2 ist, müssen wir die Elemente t_{ij} der ersten Zeile von T wie folgt wählen:

$$\left.\begin{aligned} t_{11} = t_{12} = t_{13} &= \frac{\sqrt{2pq}}{p} \\ t_{14} = t_{15} = t_{16} &= \frac{1-2p}{\sqrt{2pq}} \\ t_{17} = t_{18} = t_{19} &= -\frac{\sqrt{2pq}}{q} \end{aligned}\right\} \qquad (2.80).$$

Damit $\sigma^2_{dA} = q_3^2$ wird, sind ferner die Elemente t_{ij} der zweiten Zeile von T wie folgt zu wählen:

$$\left.\begin{array}{l} t_{31} = t_{32} = t_{33} = -\dfrac{q}{p} \\[2ex] t_{34} = t_{35} = t_{36} = 1 \\[2ex] t_{37} = t_{38} = t_{39} = \dfrac{p}{q} \end{array}\right\} \qquad (2.81).$$

Analog wählt man die zweite und die vierte Zeile so, daß $\sigma^2_{aB} = q_2^2$ und $\sigma^2_{dB} = q_4^2$ ist, indem man in (2.80) die t_{1j} durch t_{2j} und in (2.81) t_{3j} durch t_{4j} und p durch r und q durch s ersetzt. Die weiteren Zeilen mit den Elementen t_{ij} ($i = 5, 6, 7, 8$) wählen wir wie folgt:

$$\begin{array}{ll} t_{5j} = t_{1j} \cdot t_{2j} & (j = 1, \ldots, 9) \\ t_{6j} = t_{1j} \cdot t_{4j} & (j = 1, \ldots, 9) \\ t_{7j} = t_{1j} \cdot t_{3j} & (j = 1, \ldots, 9) \\ t_{8j} = t_{3j} \cdot t_{4j} & (j = 1, \ldots, 9)\,. \end{array}$$

Man kann nun zeigen, daß damit mit $t_{9j} = 1$ für alle j eine Matrix T gefunden wurde, die der Bedingung $TAT' = E_9$ genügt und σ^2_g in der Form (2.72) darstellt, wobei σ^2_e eine Summe von vier Varianzkomponenten ist, die die Varianzen der vier w-Glieder in (2.71) sind, wenn die paarweisen Kovarianzen dieser w-Glieder gleich Null gesetzt werden. Setzen wir nun noch

$$\begin{array}{l} \sigma^2_{aA} + \sigma^2_{aB} = \sigma^2_a \\ \sigma^2_{dA} + \sigma^2_{dB} = \sigma^2_d \\ V(\underline{w}_{AD(ij)}) + V(w_{DA(ij)}) = \sigma^2_{AD} \\ V(\underline{w}_{AA(IJ)}) = \sigma^2_{AA} \end{array}$$

und

$$V(\underline{w}_{DD(IJ)}) = \sigma^2_{DD},$$

so wird (2.72) zu

$$\sigma^2_g = \sigma^2_a + \sigma^2_d + \sigma^2_e = \sigma^2_a + \sigma^2_d + \sigma^2_{AA} + \sigma^2_{AD} + \sigma^2_{DD} \qquad (2.82).$$

Definition 2.10.:
Die Varianzkomponenten in (2.82) werden folgendermaßen benannt:

σ^2_a : additive genetische Varianz
σ^2_d : Dominanzvarianz
σ^2_e : epistatische Varianz
σ^2_{AA}: Varianzkomponente additiv × additiv
σ^2_{AD}: Varianzkomponente additiv × dominant
σ^2_{DD}: Varianzkomponente dominant × dominant.

Es gilt in Verallgemeinerung von (2.42), (2.44) und (2.45)

Satz 2.8.:
Für den Fall zweier diploider Loci mit zweifacher Allelie erhält man unter den Voraussetzungen, die zu (2.82) führten, folgende Kovarianzen zwischen Verwandten:

$$\text{cov (Vater, Sohn)} = \frac{1}{2}\sigma_a^2 + \frac{1}{4}\sigma_{AA}^2$$

und zwar für gekoppelte und für unabhängige Loci.

Im Gegensatz zu der eingangs von 2.3.1. gemachten Voraussetzung, setzen wir verallgemeinernd voraus, daß die beiden Loci mit der Wahrscheinlichkeit $1-2R$ gekoppelt sind, d. h. $1-2R$ ist die Wahrscheinlichkeit dafür, daß mit dem bei der Meiose in eine Gamete gelangenden Allel des Locus A auch das Allel des B-Locus für diese Gamete feststeht (R heißt Rekombinationswert), so gilt

$$\left.\begin{aligned}&\text{cov (Vollgeschwister)} = \frac{1}{2}\sigma_a^2 + \frac{1}{4}\sigma_D^2 + \frac{1}{8}(3-4R+4R^2)\,\sigma_{AA}^2\\ &\qquad + \frac{1}{4}(1-2R+2R^2)\,\sigma_{AD}^2 + \frac{1}{4}(1-2R+2R^2)\,\sigma_{DD}^2\\ &\text{und}\\ &\text{cov (Halbgeschwister)} = \frac{1}{4}\sigma_a^2 + \frac{1}{4}\left(\frac{1}{2}-R+R^2\right)\sigma_{AA}^2\,.\end{aligned}\right\}\quad (2.83)$$

In Verallgemeinerung von (2.69) schreiben wir daher für den Zwei-Locus-Fall

$$\begin{aligned}\underline{g}_{Nijk} = {}& \frac{1}{2}\underline{a}_{V_i} + \frac{1}{2}\underline{a}_{M_{ij}} + \frac{1}{2}\underline{d}_{ij} + \frac{1}{2}\sqrt{\frac{1}{2}-R+R^2}\,\underline{W}_{AA,i}\\ &+ \frac{1}{2}\sqrt{1-R+R^2}\,\underline{W}_{AA,ij} + \frac{1}{2}\sqrt{1-2R+2R^2}\,\underline{W}_{Adij}\\ &+ \frac{1}{2}\sqrt{1-2R+2R^2}\,\underline{W}_{DD,ij}\end{aligned}\qquad (2.84).$$

2.3.2.2. Der Spezialfall $p=q=r=s=0{,}5$

Ist $p=q=0{,}5$, so folgt aus (2.32)

$$\alpha_1 = -\alpha_2 \qquad (2.85)$$

und berücksichtigt man zusätzlich (2.25), so ergibt sich

$$d_{12} = g_{12}$$

bzw.

$d_{12} = -\frac{1}{2}(g_{11}+g_{22})$ und da (2.30) jetzt die Form

$\sigma = \frac{1}{4}g_{11} + \frac{1}{2}g_{12} + \frac{1}{4}g_{22}$ bzw. $g_{12} = -\frac{1}{2}(g_{11}+g_{22})$ hat, wird daraus

$$d_{11} = d_{22} = -d_{12}. \qquad (2.86)$$

Analoge Beziehungen erhalten wir für den B-Locus für $r = s = 0{,}5$. Der Spezialfall $p = q = r = s = 0{,}5$ tritt auf, wenn zwei homozygote Linien z. B. mit $A_1A_1B_1B_1$ und $A_2A_2B_2B_2$ gekreuzt werden. Er wurde von MATHER (1949) und MATHER und JINKS (1977) untersucht. Da die Bezeichnungen von MATHER weit verbreitet sind, werden wir sie hier verwenden. Die Parameter, die am A- bzw. B-Locus die additive Genwirkung charakterisieren, definieren wir unter Verwendung von (2.85) als

$$\begin{aligned} a_A &= d_a = \alpha_1 - \alpha_2 = 2\alpha_1 \\ a_B &= d_b = \beta_1 - \beta_2 = 2\beta_1 \end{aligned} \qquad (2.87)$$

mit den α_i und β_i aus (2.68).

Die Dominanzabweichungen an den beiden Loci sind

$$\left.\begin{aligned} d_A &= h_a = d_{1.} \\ d_B &= h_b = d_{.2} \end{aligned}\right\} \qquad (2.88)$$

mit den Bezeichnungen von (2.66) bzw. (2.67).
Weiterhin benennen wir die Wechselwirkungen zwischen den Loci in (2.71) wie folgt:

$$\begin{aligned} W_{AA(i,j)} &= i_{ab} \\ W_{AD(i,j)} &= j_{ab} \\ W_{DA(i,j)} &= j_{ba} \\ W_{DD(i,j)} &= l_{ab}{}^{1)} \end{aligned} \qquad (2.89).$$

Aus $p = q = r = s$ folgt, daß diese Komponenten für alle i und j ($i = 1,2$; $j = 1,2$) gleich sind. Neben der Darstellung des genotypischen Wertes in der Form (2.71) (das F_∞-Modell nach MATHER and JINKS (1977), SMITH and ROBSON (1959)) gibt es weitere Möglichkeiten, die bei Wahl anderer Matrizen T im Anschluß an (2.75) entstehen. Wir beschreiben das F_2-Modell (KEMPTHORNE (1957), HAYMAN (1958)) und ein gemischtes Modell (HAYMAN and MATHER (1955), JINKS and JONES (1958)).
Die unterschiedlichen Modelle, die in der Literatur verwendet werden, führen zu unterschiedlichen Formeln für die Schätzung der genetischen Parameter. Wir beschreiben deshalb hier alle drei Modelle und geben, VAN DER VEEN (1959) folgend, an, wie die Modelle ineinander überführt werden können. Die in (2.71) auftretenden Größen in den Bezeichnungen dieses Abschnittes fassen wir zu einem Parametervektor

$$\mathfrak{g}' = (\mu, d_a, d_b, h_a, h_b, i_{ab}, j_{ba}, l_{ab}) \qquad (2.90)$$

zusammen.

1) Die Umbenennungen erfolgen, um mit der für diesen Spezialfall international üblichen Symbolik arbeiten zu können.

Die drei Modelle unterscheiden sich nun durch die Wahl eines Vektors von Konstanten, mit dem Vektor $\mathfrak{g}$ zu multiplizieren ist. Das Produkt ist dann der genetische Wert G_{ij} für den entsprechenden Genotyp. Wir bezeichnen die drei Vektoren mit $\mathfrak{C}_\infty$ (für das F_∞-Modell) mit $\mathfrak{C}_2$ (für das F_2-Modell) und mit $\mathfrak{C}_G$ (für das gemischte Modell).
Die Umbezeichnungen erfolgen, um mit der für diesen Spezialfall international üblichen Symbolik arbeiten zu können.
Es sei am Locus A

$$c_a = \begin{cases} 1 & \text{für } A_1A_1 \\ 0 & \text{für } A_1A_2 \\ -1 & \text{für } A_2A_2 \end{cases}$$

und entsprechend am Locus B

$$c_b = \begin{cases} 1 & \text{für } B_1B_1 \\ 0 & \text{für } B_1B_2 \\ -1 & \text{für } B_2B_2\,. \end{cases}$$

Die drei Vektoren $\mathfrak{C}_\infty$, $\mathfrak{C}_2$ und $\mathfrak{C}_G$ haben dann die Form

$$\left.\begin{aligned} \mathfrak{C}'_\infty &= [1,\, c_ac_b,\, 1-c_a^2,\, 1-c_b^2,\, c_ac_b,\, c_a(1-c_b^2),\, c_b(1-c_a^2),\, (1-c_a^2)\cdot(1-c_b^2)] \\ \mathfrak{C}'_2 &= \left[1,\, c_ac_b,\, \frac{1}{2}-c_a^2,\, \frac{1}{2}-c_b^2,\, c_ac_b,\, c_a\left(\frac{1}{2}-c_b^2\right),\, c_b\left(\frac{1}{2}-c_a^2\right),\, \left(\frac{1}{2}-c_a^2\right)\left(\frac{1}{2}-c_b^2\right)\right] \\ \mathfrak{C}'_G &= \left[1,\, c_ac_b,\, 1-c_a^2,\, 1-c_b^2,\, c_ac_b,\, c_a\left(\frac{1}{2}-c_b^2\right),\, c_b\left(\frac{1}{2}-c_a^2\right),\, \left(\frac{1}{2}-c_a^2\right)\left(\frac{1}{2}-c_b^2\right)\right] \end{aligned}\right\} \tag{2.91}$$

und es gilt

$$G = \mathfrak{C}'\mathfrak{g}, \tag{2.92}$$

wobei $\mathfrak{C}$ entweder $\mathfrak{C}_\infty$, $\mathfrak{C}_2$ oder $\mathfrak{C}_G$ gesetzt wird. Die Parameter haben in jedem Modell eine andere Bedeutung. Die Umrechnung der Parameter von einem Modell in das andere wird durch Tabelle 2.23. erleichtert.

Beispiel 2.4.:
Wir wollen den genotypischen Wert G_{12} von einem Individuum mit dem Gentyp $A_1A_2B_1B_1$ in den drei Modellen darstellen. Für A_1A_2 ist $c_a = 0$ und für B_1B_1 ist $c_b = 1$. Damit werden die drei $\mathfrak{C}$-Vektoren in (2.91) zu

$$\mathfrak{C}'_\infty = (1, 0, 1, 0, 0, 0, 1, 0)$$

$$\mathfrak{C}'_2 = \left(1, 0, \frac{1}{2}, -\frac{1}{2}, 0, 0, \frac{1}{2}, -\frac{1}{4}\right)$$

$$\mathfrak{C}'_G = \left(1, 0, 1, 0, 0, 0, \frac{1}{2}, -\frac{1}{4}\right),$$

und wir erhalten für G_{12} nach (2.92) die drei Modelle

Tabelle 2.23. Beziehungen zwischen den Parametern der drei Modelle für den genotypischen Wert

Parameter	Transformation von F_∞ in das		Transformation des gemischten Modells in das		Transformation des F_2-Modells in das	
	gemischte Modell	F_2-Modell	F_∞-Modell	F_2-Modell	F_∞-Modell	gemischte Modell
μ	$\mu + \frac{1}{4} l_{ab}$	$\mu - \frac{1}{2}(h_a + h_b) + \frac{1}{4} l_{ab}$	$\mu - \frac{1}{4} l_{ab}$	$\mu - \frac{1}{2}(h_a + h_b)$	$\mu + \frac{1}{2}(h_a + h_b) + \frac{1}{4} l_{ab}$	$\mu + \frac{1}{2}(h_a + h_b)$
d_a	d_a	$-\frac{1}{2} j_{ab}$	$d_a + \frac{1}{2} j_{ab}$	d_a	$d_a + \frac{1}{2} j_{ab}$	d_a
d_b	d_b	$-\frac{1}{2} j_{ba}$	$d_b + \frac{1}{2} j_{ba}$	d_b	$d_b + \frac{1}{2} j_{ba}$	d_b
h_a	h_a	$-\frac{1}{2} l_{ab}$	$h_a + \frac{1}{2} l_{ab}$	h_a	$h_a + \frac{1}{2} l_{ab}$	h_a
h_b	h_b	$-\frac{1}{2} l_{ab}$	$h_b + \frac{1}{2} l_{ab}$	h_b	$h_b + \frac{1}{2} l_{ab}$	h_b
i_{ab}		i_{ab}	i_{ab}	i_{ab}	i_{ab}	i_{ab}
j_{ab}		j_{ab}	j_{ab}	j_{ab}	j_{ab}	j_{ab}
j_{ba}		j_{ba}	j_{ba}	j_{ba}	j_{ba}	j_{ba}
l_{ab}		l_{ab}	l_{ab}	l_{ab}	l_{ab}	l_{ab}
l_{ba}		l_{ba}	l_{ba}	l_{ba}	l_{ba}	l_{ba}

$$G_{12,\infty} = \mu + d_b + h_a + j_{ba}$$

$$G_{12,2} = \mu + d_b + \frac{1}{2} h_a - \frac{1}{2} h_b + \frac{1}{2} j_{ba} - \frac{1}{4} l_{ab}$$

$$G_{12,G} = \mu + d_b + \frac{1}{2} h_a + \frac{1}{2} j_{ba} - \frac{1}{4} l_{ab}.$$

Wir wollen $G_{12,\infty}$ in $G_{12,2}$ überführen und verwenden dafür Tabelle 2.23.

$$G_{12,\infty} = \mu + d_b + h_a + j_{ba}$$

$$= \left[\mu - \frac{1}{2}(h_a + h_b) + \frac{1}{4} l_{ab}\right] + \left[d_b - \frac{1}{2} j_{ba}\right] + \left[h_a - \frac{1}{2} l_{ab}\right] + j_{ba}$$

$$= \mu + d_b + \frac{1}{2} h_a - \frac{1}{2} h_b + \frac{1}{2} j_{ba} - \frac{1}{4} l_{ab} = G_{12,2}.$$

Prinzipiell ist es gleichgültig, welches Modell man verwendet. Wir haben die in der Literatur üblichen Modelle hier gegenübergestellt, um dem Leser die Umrechnung von Komponenten des genotypischen Wertes bzw. von Schätzwerten dieser Parameter von Literaturstellen mit unterschiedlichen Modellen zu erleichtern. Häufig ist dem Leser nicht klar, daß verschiedene Autoren unterschiedliche Modelle verwenden und die Schätzwerte damit nicht unmittelbar vergleichbar sind.

Wir verwenden das F_∞-Modell, also Modell (2.71) für den Spezialfall dieses Abschnittes. In Tabelle 2.24. werden für $\mathfrak{C} = \mathfrak{C}_\infty$ die neun genotypischen Werte nach (2.92) angegeben, in der zweiten Zeile finden wir das Ergebnis von Beispiel 2.4. wieder.

Hat man die genotypischen Werte auf diese Weise definiert, so kann man untersuchen, ob und wie Epistasie (also Wechselwirkungen zwischen den Loci) wirkt. Dies wurde allgemein von Mather (1967) demonstriert, dessen Argumentation wir folgen wollen.

In der klassischen Genetik gibt es bei allen Arten von Dominanz vollständiger Epistasie (s. Kap. 1) u. a. die Epistasie eines dominanten Allels und die Epistasie

Genotyp	Wahrscheinlichkeit	Genotypischer Wert
$A_1A_1B_1B_1$	1/16	$\mu + d_a + d_b + i_{ab} = G_{11}$
$A_1A_2B_1B_1$	2/16	$\mu + h_a + d_b + j_{ba} = G_{21}$
$A_1A_1B_1B_2$	2/16	$\mu + d_a + h_b + j_{ab} = G_{12}$
$A_1A_1B_2B_2$	1/16	$\mu + d_a - d_b - i_{ab} = G_{13}$
$A_2A_2B_1B_1$	1/16	$\mu - d_a + d_b - i_{ab} = G_{31}$
$A_1A_2B_1B_2$	4/16	$\mu + h_a + h_b + l_{ab} = G_{22}$
$A_1A_2B_2B_2$	2/16	$\mu + h_a - d_b - j_{ba} = G_{23}$
$A_2A_2B_1B_2$	2/16	$\mu - d_a + h_b - j_{ab} = G_{32}$
$A_2A_2B_2B_2$	1/16	$\mu - d_a - d_b + i_{ab} = G_{33}$

Tabelle 2.24. Genotypische Werte G_{ij} im Zwei-Locus-Fall und deren Wahrscheinlichkeiten in einer F_2-Generation entstanden aus der Kreuzung reiner Linien ($p = q = r = s = 0{,}5$) (F_∞-Modell)

Phänotyp von	Wahrscheinlichkeiten	Genotypischer Wert
$A_1A_1B_1B_1$		$\mu + d_a + d_b + i_{ab}$
$A_1A_2B_1B_1$		$= \mu + h_a + d_b + j_{ba}$
$A_1A_2B_1B_2$	12/16	$= \mu + h_a + h_b + l_{ab}$
$A_1A_1B_1B_2$		$= \mu + d_a + h_b + j_{ab}$
$A_1A_1B_2B_2$		$= \mu + d_a - d_b - i_{ab}$
$A_1A_2B_2B_2$		$= \mu + h_a - d_b - j_{ba}$
$A_2A_2B_1B_1$	3/16	$\mu - d_a + d_b - i_{ab}$
$A_2A_2B_1B_2$		$= \mu - d_a + h_b - j_{ab}$
$A_2A_2B_2B_2$	1/16	$\mu - d_a - d_b + i_{ab}$

Tabelle 2.25. Genotypische Werte und Wahrscheinlichkeiten der Phänotypen im Falle vollständiger Epistasie des dominanten A-Allels

eines rezessiven Allels. Im ersteren Fall unterdrückt ein dominantes, im zweiten Fall ein rezessives Allel z. B. am A-Locus die Wirkung der B-Allele.

Aus Tabelle 2.25. ersieht man, daß bei Epistasie des dominanten A-Allels (ist A_1 am A-Locus vorhanden, so wird die Ausprägung am B-Locus unterdrückt) gelten muß

$$\left.\begin{array}{l} d_a = h_a = -i_{ab} = -j_{ba} \\ d_b = h_b = -j_{ab} = -l_{ab}\,. \end{array}\right\} \tag{2.93}$$

Ist speziell noch $d_a = d_b$ und $h_a = h_b$, d. h. haben die Allele beider Loci die gleichen Effekte, so tritt als Spezialfall eine vollständige Epistasie auf mit einem Spaltungsverhältnis von 15:1. Bei diesem Typ der Wechselwirkung zwischen zwei Loci haben alle Genotypen außer $A_2A_2B_2B_2$ den gleichen Phänotyp. Aus Tabelle 2.24. folgt dann, daß

$$\begin{aligned} d_a + d_b + i_{ab} &= h_a + d_b + j_{ab} \\ &= d_a + h_b + j_{ab} \\ &= -d_a + d_b - i_{ab} \\ &= -d_a + h_b - j_{ab} \\ &= d_a - d_b - i_{ab} \\ &= h_a - d_b - j_{ba} \\ &= h_a + h_b + l_{ab} \end{aligned}$$

gelten muß. Damit diese Gleichungen erfüllt sind, muß notwendig

$$d_a = d_b = h_a = h_b = -i_{ab} = -j_{ab} = -j_{ba} = -l_{ab} \tag{2.94}$$

gelten.

Aus Tabelle 2.26. folgt für den Fall der vollständigen Epistasie des rezessiven A-Allels, daß

Phänotyp von	Wahrscheinlichkeit	Genotypischer Wert
$A_1A_1B_1B_1$		$\mu + d_a + d_b + i_{ab}$
$A_1A_1B_1B_2$	9/16	$= \mu + d_a + h_b + j_{ab}$
$A_1A_2B_1B_1$		$= \mu + h_a + d_b + j_{ba}$
$A_1A_2B_1B_2$		$= \mu + h_a + h_b + l_{ab}$
$A_1A_1B_2B_2$	3/16	$\mu + d_a - d_b - i_{ab}$
$A_1A_2B_2B_2$		$= \mu + h_a - d_b - j_{ba}$
$A_2A_2B_1B_1$		$\mu - d_a + d_b + i_{ab}$
$A_2A_2B_1B_2$	4/16	$= \mu - d_a + h_b - j_{ab}$
$A_2A_2B_2B_2$		$= \mu - d_a - d_b + i_{ab}$

Tabelle 2.26. Genotypische Werte und Wahrscheinlichkeiten der Phänotypen im Falle vollständiger Epistasie des rezessiven A-Allels

$$\left.\begin{array}{l} d_a = h_a = j_{ba} = i_{ab} \\ d_b = h_b = j_{ab} = l_{ab} \end{array}\right\} \qquad (2.95)$$

gelten muß. Außer der vollständigen Epistasie des rezessiven A-Allels gibt es auch eine nicht vollständige Epistasie. Ein Spezialfall ist dabei die Superepistasie (s. Kap. 1). Im 2-Locus-Fall gibt es dabei 2 Merkmalsklassen, z. B. mit einem Spaltungsverhältnis von 9:7 (in der F_2).

Zu der ersten gehören die Genotypen der oberen Genotypenklasse der Tabelle 2.26. und zur zweiten alle übrigen Genotypen. Zu diesem Fall folgt dann nach Tabelle 2.24., daß notwendige Bedingungen für komplementäre Epistasie durch

$$\begin{aligned} d_a + d_b + i_{ab} &= h_a + d_b + j_{ba} \\ &= d_a + h_b + j_{ab} \\ &= h_a + h_b + l_{ab}, \end{aligned} \qquad (2.96)$$

und

$$\begin{aligned} d_a - d_b - i_{ab} &= -d_a + d_b - i_{ab} \\ &= h_a - d_b - j_{ba} \\ &= -d_a + h_b - j_{ab} \\ &= -d_a - d_b + i_{ab} \end{aligned} \qquad (2.97)$$

gegeben sind. Diese Bedingungen sind erfüllt, falls

$$d_a = d_b = h_a = h_b = i_{ab} = j_{ab} = j_{ba} = l_{ab} \qquad (2.98)$$

gilt. Wegen (2.94) und (2.98) wird klar, daß eine Untersuchung von Wechselwirkungen zwischen mehreren Loci nur im Falle (auf mehrere Loci sinngemäß übertragener) obiger Spezialfälle aussichtsreich ist.

2.4. Polygen bedingte Merkmale

Die allgemeinen Probleme der Modellierung sollen am Beispiel der Modellierung der phänotypischen Leistung P_i einer Beobachtungseinheit i (z. B. eines Tieres oder einer Parzelle) demonstriert werden. Die Grundvorstellung der Genetik besteht darin, daß die phänotypische Leistung P_i von einer vererbbaren Komponente G_i (Gesamtheit der Chromosomen und des Plasmas) und einer Umweltkomponente U_i, in der die gesamten Existenzbedingungen der Beobachtungseinheit i erfaßt sind, abhängt, also in der Form

$$P_i = f(G_i, U_i) \quad (P_i \in \{P_i\} = P)$$

geschrieben werden kann. Unter der Funktion f verstehen wir eine ganz allgemeine Zuordnung von Elementen einer Menge auf Elemente einer anderen Menge. Die Ausgangsmenge enthält n Kombinationen (G_i, U_i) aus Elementen einer Menge $G = \{G_j\}$ von vererbbaren Komponenten und einer Menge $U = \{U_k\}$ von Umweltkomponenten, und die Funktionswerte P_i sind reelle Zahlen. Durch die n P_i-Werte ist das Mittel einer endlichen Population vom Umfang n

$\mu = \frac{1}{n} \sum_{i=1}^{n} P_i$ definiert und die P_i können in der Form

$$P_i = \mu + r_i \quad (i = 1, \ldots, n) \tag{2.99}$$

geschrieben werden. Es ist damit klar, daß μ von allen n vorliegenden Kombinationen (G_i, U_j) abhängt. Die r_i sind das Resultat einer speziellen Kombination (G_i, U_i) relativ zu μ, deren Effekt wir daher als $r_i = g_i + u_i$ schreiben, wobei wir g_i als genetischen Effekt und u_i als Umwelteffekt bezeichnen.

Wir müssen allerdings klarstellen, daß die Aufspaltung von r_i in zwei Komponenten nur als Erklärung eines Summeneffektes r_i anzusehen ist, u_i und g_i lassen sich so nicht definieren, sie sind nicht eindeutig bestimmt. In (2.99) ist also μ eine Funktion $\mu(\{G_i, U_i\}_{i=1,\ldots,n})$ und r_i eine Funktion $r(G_i, U_i, \mu)$. Damit hat (2.99) die Form

$$P_i = \mu(\{G_i, U_i\}_{i=1,\ldots,n}) + r(G_iU_i, \mu) \tag{2.100}.$$

Das sieht zunächst sehr kompliziert aus, soll aber darauf hinweisen, daß die Abweichung r_i eines speziellen phänotypischen Wertes P_i vom Populationsmittel einerseits von der speziellen Kombination (G_i, U_i) abhängt, aber auch davon, welche anderen Kombinationen aus den Mengen G und U zur Mittelwertbildung beigetragen haben. Das bedeutet mit anderen Worten, daß die Abweichung r_i nicht die gleiche bleiben muß, wenn die Menge der P_i verkleinert oder vergrößert wird.

Nehmen wir für P z. B. die Milchmenge von Kühen einer Herde von 5 Tieren, für die $P_1 = 4200$ kg, $P_2 = 3200$ kg, $P_3 = 3600$ kg, $P_4 = 3700$ kg und $P_5 = 3800$ kg ist. Dann ist $\mu = 3700$ und die r_i ergeben die Werte in Tabelle 2.27. für Herde 1.

	Herde 1		Herde 2 = Herde 1 + Tier P_6	
i	P_i	r_i	P_i	r_i
1	4200	500	4200	400
2	3200	−500	3200	−600
3	3600	−500	3600	−200
4	3700	0	3700	−100
5	3800	100	3800	0
6			4300	500
μ	3700		3800	

Tabelle 2.27. Komponenten μ und r_i für zwei Rinderherden

Schließt eine weitere Kuh ihre Laktation mit $P_6 = 4300$ kg ab, und erweitert die Herde zur Herde 2, so steigt μ auf 3800 kg und wir erhalten die r_i für Herde 2. Zusammenfassend stellen wir das in Tabelle 2.27. dar.

Sind die Herden sehr groß, wirken sich Zu- und Abgang weniger (bis 5%) Tiere kaum aus.

Das Modell (2.99) ist sehr allgemein und für die Lösung praktischer Aufgaben nicht geeignet. Speziellere Modelle, wie wir sie in diesem Buch verwenden, erfordern aber zusätzliche Voraussetzungen. Nur unter diesen Voraussetzungen sind diese Modelle zunächst anwendbar, es sei denn, daß Robustheitsuntersuchungen gewisse Verletzungen der Voraussetzungen als vernachlässigbar ausweisen.

Eine Modellbildung ist nur dann zur Lösung einer Aufgabe zugelassen, wenn die daraus abgeleiteten Schlußfolgerungen in guter Übereinstimmung mit Beobachtungen stehen. Die Modellüberprüfung muß an Praxismaterial erfolgen. Das ist entweder über einen speziell zu diesem Zweck durchgeführten Versuch oder durch Ausnutzung eines Datenspeichers möglich.

Die Mehrzahl der genetischen Modelle, vor allem für quantitative Merkmale, geht von unendlichen Mengen G, U und P aus und sind für große G, U und P der Realität auch gut angepaßt. Wir sehen dann P als Grundgesamtheit an. Wir können unter diesen Annahmen gar nicht alle P_i beobachten und müssen uns deshalb mit Stichproben begnügen. Wir setzen voraus, daß aus einer betrachteten Grundgesamtheit P eine einfache Zufallsstichprobe $\underline{P}^* = \{\underline{P}_1, \ldots, \underline{P}_n\}$ entnommen wird (siehe Kapitel 5 aus Rasch 1987/b). Die $\underline{P}_i$ sind dann Zufallsvariable, deren Verteilung durch P festgelegt ist und der Mittelwert μ jedes der $\underline{P}_i$ ist gerade gleich dem μ der gesamten Grundgesamtheit P, wie er in (2.56) eingeführt wurde. Aus (2.99) wird dann

$$\underline{P}_i = \mu + \underline{q}_i + \underline{u}_i \quad (i = 1, \ldots, n) \qquad (2.101).$$

Wir wollen vereinbaren, daß in $\underline{u}_i$ auch Meßfehler enthalten sein können. Dann gilt wegen

$$E(\underline{P}_i) = \mu,$$

daß $E(\underline{r}_i) = E(\underline{g}_i + \underline{u}_i) = 0$ ist.

Der historisch älteste und am einfachsten zu behandelnde Spezialfall von (2.100) ist das sogenannte „einfache populationsgenetische Modell", das die Form (2.101) hat und zusätzlich folgende Forderungen enthält:

$$\begin{aligned} &E(\underline{g}_i) = E(\underline{u}_i) = 0 \\ &\operatorname{cov}(\underline{g}_i, \underline{u}_i) = 0 \\ &V(\underline{g}_i) = \sigma_g^2,\ V(\underline{u}_i) = \sigma_u^2 \text{ für alle } i. \end{aligned} \tag{2.102}$$

Die Zeichen E (Erwartungswert), V (Varianz) und cov (Kovarianz) wurden mit den Formeln (4.28), (4.30) bzw. (4.35) in RASCH u. a. 1983 erklärt.
Das einfache populationsgenetische Modell erkauft seine Struktur und Handhabbarkeit mit sehr starken Einschränkungen. Wenn sehr unterschiedliche Umweltbedingungen in die $\underline{P}_i$ eingehen, ist die Annahme der Unkorreliertheit von $\underline{g}_i$ und $\underline{u}_i$ kaum aufrecht zu erhalten. Wir sagen, es können Genotyp-Umwelt-Wechselwirkungen auftreten. Dann ist

$$V(\underline{g}_i + \underline{u}_i) = V(\underline{g}_i) + V(\underline{u}_i) + 2\operatorname{cov}(\underline{g}_i, \underline{u}_i).$$

Wir können dann immer drei unkorrelierte Summanden $\underline{g}_i^*$, $\underline{u}_i^*$ und $\underline{w}_i = (\underline{g, u})_i$ finden, so daß

$$\underline{g}_i + \underline{u}_i = \underline{g}_i^* + \underline{u}_i^* + \underline{w}_i$$

ist und $V(\underline{g}_i + \underline{u}_i) = V(\underline{g}_i) + V(\underline{u}_i) + 2\operatorname{cov}(\underline{g}_i, \underline{u}_i)$

$$= V(\underline{g}_i^* + \underline{u}_i^* + \underline{w}_i) = V(\underline{g}_i^*) + V(\underline{u}_i^*) + V(\underline{w}_i)$$

ist. Wir nennen die so definierte Komponente $\underline{w}_i$ die Genotyp-Umwelt-Wechselwirkung und das zugehörige Modell hat die Form

$$\underline{P}_i = \mu + \underline{g}_i^* + \underline{w}_i + \underline{u}_i^* \tag{2.103}$$

mit den Voraussetzungen

$$E(\underline{g}_i^*) = E(\underline{u}_i^*) = E(\underline{w}_i) = 0$$

und der Unabhängigkeit der Komponenten der rechten Seite. Andererseits muß man bei dem einfachen Modell (2.101) mit (2.102) eine Population $G = \{G_j\}$ voraussetzen, die über mehrere Generationen in sich relativ geschlossen vermehrt wurde. Ein populationsgenetisches Modell nützt uns wenig, wenn wir kein Modell für die Übertragung der Effekte auf die Nachkommen haben. Für das einfache populationsgenetische Modell und für einige erweiterte Modelle setzen wir voraus, daß der genotypische Effekt $\underline{g}_N$ eines Nachkommen aus der zufälligen Anpaarung eines Vaters mit dem Effekt $\underline{g}_V$ mit einer Mutter mit dem Effekt $\underline{g}_M$ (beide aus der gleichen Population) wie folgt von $\underline{g}_V$ und $\underline{g}_M$ abhängt

$$\underline{g}_N = \frac{1}{2}\underline{g}_V + \frac{1}{2}\underline{g}_M + \underline{Z}_V + \underline{Z}_M \tag{2.104}$$

und alle Komponenten auf der rechten Seite von (2.104) unabhängig sind. Dann ist nach Regeln für das Rechnen mit Varianzen

$$V(\underline{g}_N) = \frac{1}{4} V(\underline{g}_V) + \frac{1}{4} V(\underline{g}_M) + V(\underline{Z}_V) + V(\underline{Z}_M).$$

In Populationen ohne künstliche und mit vernachlässigbarer natürlicher Selektion folgt aus (2.102) für autosomale Erbgänge

$$\sigma_g^2 = V(\underline{g}_N) = V(\underline{g}_V) = V(\underline{g}_M)$$

und damit

$$\sigma_g^2 = \frac{1}{2} \sigma_g^2 + V(\underline{Z}_V) + V(\underline{Z}_M)$$

bzw.

$$V(\underline{Z}_V) + V(\underline{Z}_M) = \frac{1}{2} \sigma_g^2.$$

In (2.104) sollen $\underline{Z}_V$ bzw. $\underline{Z}_M$ die zufälligen (durch Meiose verursachten) Abweichungen von $\underline{g}_V$ bzw. $\underline{g}_M$ sein. Wir setzen voraus, daß $\underline{Z}_V$ und $\underline{Z}_M$ voneinander unabhängig sind und die gleiche Varianz haben. Dann muß aber

$$V(\underline{Z}_V) = V(\underline{Z}_M) = \frac{1}{4} \sigma_g^2$$

sein.

Wir kommen nun zu der Charakterisierung der in den genetischen Modellen auftretenden Zufallsgrößen. Eine Zufallsvariable ist bekanntlich durch ihre Verteilung charakterisiert und damit auch definiert. Im Spezialfall der Normalverteilung reichen Erwartungswert μ und Varianz σ^2 zur Charakterisierung dieser Verteilung aus, wir sagen kurz, eine Zufallsvariable $\underline{y}$ ist $N(\mu, \sigma^2)$ verteilt. Da man bei quantitativen Merkmalen üblicherweise normalverteilte und unabhängige Modellkomponenten voraussetzt, werden als Modellparameter lediglich die Erwartungswerte und Varianzen dieser Komponenten angegeben und Modelle so konstruiert, daß Unabhängigkeit vorliegt, wie wir es beim Modell (2.103) demonstriert haben. Dabei dürfen wir nicht übersehen, daß viele züchterisch bearbeitete quantitative Merkmale nicht normalverteilt sind, wie aus den Arbeiten zur Robustheit (siehe z. B. Rasch und Tiku, ed. 1984) hervorgeht. Folglich muß geklärt werden, ob die aus Modellen mit Normalverteilungsannahme abgeleiteten Schlüsse hinreichend gut mit der Realität übereinstimmen. Wir werden das für solche Probleme, für die derartige Robustheitsuntersuchungen vorliegen, demonstrieren und im Abschnitt 3. die Methoden der Robustheitsforschung kurz beschreiben. Wir gehen aber bei der Modellbildung in diesem Buch davon aus, daß die beiden ersten Momente unsere Verteilungen hinreichend beschreiben. Damit enthalten unsere Modelle als unbekannte Parameter $E(\underline{P}_i) = \mu$ und die Varianzen der zufälligen Komponenten der rechten Seite der Modellgleichungen. Die Erwartungswerte dieser zufälligen Komponenten sind Null und damit bekannt. Aus den unbekannten Primärparametern können weitere (Sekundärparameter) definiert werden, Beispiele dafür sind $\sigma_p^2 = V(\underline{P}_i)$ bzw. $h^2 = \frac{\sigma_g^2}{\sigma_p^2}$.

Bevor wir einzelne Modelle im Detail besprechen, wollen wir darauf verweisen, daß in einer Population für verschiedene Merkmale durchaus verschiedene Modelle angesetzt werden können.

2.4.1. Das einfache populationsgenetische Modell (EPM)

Definition 2.11.:
Die Modellgleichung

$$\underline{P}_i = \mu + \underline{g}_i + \underline{u}_i \quad (i = 1, \ldots, n) \tag{2.105}$$

mit den Nebenbedingungen

$$\begin{array}{ll} E(\underline{g}_i) = E(\underline{u}_i) = 0,\ \operatorname{cov}(\underline{g}_i, \underline{u}_i) = 0, & \text{für alle } i \\ V(\underline{g}_i) = \sigma_g^2,\ V(\underline{u}_i) = \sigma_u^2 & \text{für alle } i \\ \operatorname{cov}(\underline{u}_i, \underline{u}_j) = 0 & \text{für alle } i \neq j. \end{array} \tag{2.106}$$

und der Beziehung

$$\underline{g}_N = \frac{1}{2}\underline{g}_V + \frac{1}{2}\underline{g}_M + \underline{Z}_V + \underline{Z}_M \tag{2.107}$$

für den Zusammenhang zwischen dem genetischen Effekt $\underline{g}_N$ eines Nachkommen und den genetischen Effekten $\underline{g}_V$ bzw. $\underline{g}_M$ seiner Eltern bei Zufallspaarung und Normalverteilung aller Komponenten von (2.105) und (2.107) unter der Nebenbedingung

$$V(\underline{Z}_V) = V(\underline{Z}_M) = \frac{1}{4}\sigma_g^2$$

heißt einfaches populationsgenetisches Modell (EPM) oder Modell 1. Wir wollen im folgenden klar machen, daß dieses Modell eine sehr starke Einschränkung zur Folge hat.
Zunächst bedeutet, daß $V(\underline{g}_i)$ für alle Individuen der Population gleich (und zwar gleich σ_g^2) sein soll, z. B. daß es zwischen Generationen und Geschlechtern keinen Unterschied in der genetischen Variabilität gibt. Damit ist

$$V(\underline{g}_V) = V(\underline{g}_M) = V(\underline{g}_N) = \sigma_g^2$$

und

$$V(\underline{g}_N) = \frac{1}{4}V(\underline{g}_V) + \frac{1}{4}V(\underline{g}_M) + \frac{1}{2}\sigma_g^2 = \sigma_g^2.$$

Außerdem impliziert das Modell, daß keine Mutation, Migration oder Selektion stattfindet, die die genetische Variabilität und die $E(\underline{g}_i)$ bzw. $E(\underline{u}_i)$ des betrachteten Merkmals verändern. Mit diesem Modell sind gleichzeitig die Zusammenhänge zwischen Merkmalswerten P_i verwandter Individuen erklärt.
Die folgenden Modelle ergeben sich aus dem einfachen populationsgenetischen Modell durch den Verzicht auf einen Teil der Voraussetzungen. Natürlich sind weitere Modelle ableitbar, indem auf weitere Voraussetzungen verzichtet wird (siehe Abbildung 2.6.).

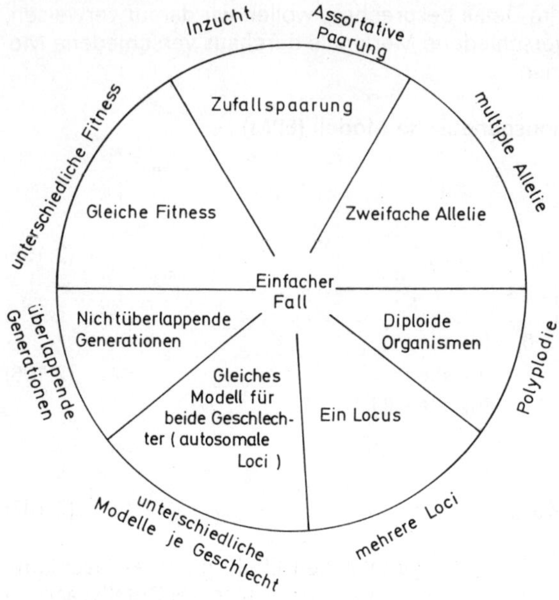

Abbildung 2.6. Einfaches populationsgenetisches Grundmodell (EPM) und seine möglichen Erweiterungen

Der Fall, daß keine Zufallspaarung sondern die Kreuzung homozygoter Linien in der Gesamtpopulation vorgenommen wird, wird in Abschnitt 8.3. behandelt.

2.4.2. Modelle mit Maternaleffekten
2.4.2.1. Umweltmaternaleffekte

Das einfache populationsgenetische Modell (2.105) mit den Bedingungen (2.106) (EPM) ist in dieser Form zur Beurteilung der genetischen Varianz ungeeignet. Dazu müssen die Beobachtungswerte nach einem oder auch mehreren Faktoren gruppiert sein, und mindestens ein Faktor muß eine Varianzkomponente aufweisen, die genetisch interpretierbar ist. Bei Rindern hat das Beobachtungsmaterial meist eine reine Halbgeschwisterstruktur, bei Schweinen ist es dagegen immer eine Halb- und Vollgeschwisterstruktur. Zur Schätzung der genetischen Varianz wird die Varianzkomponente Vater und bei Schweinen auch die Varianzkomponente Mutter verwendet. Nun ist es aber bei multiparen Tieren so, daß Wurfgeschwister die gleiche Mutter aufweisen und außerdem zusammen aufgezogen werden, d. h. aber, die Umweltvariabilität innerhalb der Vollgeschwistergruppe ist erheblich kleiner als zwischen den Vollgeschwistergruppen. Diese geringere Umweltvariabilität der Vollgeschwistergruppe führt zu einer größeren Einheitlichkeit der Tiere in der Vollgeschwistergruppe als sie über das EPM erklärbar ist. Die Varianzkomponente „Mutter“ ist größer als die Varianzkomponente „Vater“ in einer entsprechenden Varianzanalyse. Dieses Phänomen führte dazu, das EPM zu erweitern. Wir setzen

$$\underline{u} = \underline{u}_M + \underline{u}_R \tag{2.108}$$

und bezeichnen mit $\underline{u}_M$ den sogenannten Umweltmaternaleffekt, der keinesfalls nur die Mutter als Ursache besitzt, sondern auch durch die gemeinsame Aufzucht bedingt ist. $\underline{u}_M$ ist bei allen Mitgliedern einer Vollgeschwistergruppe gleich.
Betrachtet man (2.107) und verwendet für den Vater den Index i (i = 1, 2, ..., v), für die Mutter den Index j (j = 1, 2, ..., m_i) und für die Mitglieder der Vollgeschwistergruppe den Index k, so wird (2.105) zu

$$\underline{P}_{ijk} = \mu + \frac{1}{2}\underline{g}_{vi} + \frac{1}{2}\underline{g}_{Mij} + \underline{Z}_{vijk} + \underline{Z}_{Mijk} + \underline{u}_{Mij} + \underline{u}_{Rijk}. \tag{2.109}$$

Wir wollen über die Voraussetzungen des EPM hinaus annehmen, daß

$$\mathrm{cov}(\underline{u}_{Mij}, \underline{u}_{Rijk}) = 0 \tag{2.110}$$

gilt. Ausdrücklich sei hier nochmals darauf hingewiesen, daß alle genetischen Effekte von allen umweltbedingten Effekten unabhängig (unkorreliert) sind. In diesem Modell ist $\frac{1}{2}\underline{g}_{Mij}$ von $\underline{u}_{Mij}$ nicht zu trennen, und dieser Teil der Umweltvariabilität geht in die Varianzkomponente Mutter ein. (2.109) ist mit allen Nebenbedingungen das Modell einer zweifachen hierarchischen Varianzanalyse (Modell II). Schreibt man dieses Modell in der üblichen Form

$$\underline{P}_{ijk} = \mu + \underline{\alpha}_i + \underline{\beta}_{ij} + \underline{e}_{ijk}, \tag{2.111}$$

so gilt

$$\underline{\alpha}_i = \frac{1}{2}\underline{g}_{vi} \tag{2.112}$$

$$\underline{\beta}_{ij} = \frac{1}{2}\underline{g}_{Mij} + \underline{u}_{Mij} \tag{2.113}$$

$$\underline{e}_{ijk} = \underline{Z}_{vijk} + \underline{Z}_{Mijk} + \underline{u}_{Rijk}. \tag{2.114}$$

Auf Grund dieser Entsprechung und unter Beachtung der Voraussetzungen können die Varianzkomponenten einer zweifachen hierarchischen Varianzanalyse folgendermaßen interpretiert werden:

$$\sigma_\alpha^2 = \frac{1}{4}\sigma_g^2 \tag{2.115}$$

$$\sigma_\beta^2 = \frac{1}{4}\sigma_g^2 + \sigma_{uM}^2 \tag{2.116}$$

$$\sigma_e^2 = \frac{1}{2}\sigma_g^2 + \sigma_{uR}^2$$

und es gilt

$$\sigma_P^2 = \sigma_g^2 + \sigma_u^2 = \sigma_g^2 + \sigma_{uM}^2 + \sigma_{uR}^2. \tag{2.117}$$

Modelle mit Umweltmaternaleffekten haben nur bei multiparen Tieren einen Sinn, da anderenfalls die Trennung der beiden Umweltkomponenten nicht möglich ist und daher bei der Modellierung auch nicht berücksichtigt zu werden braucht. Insbesondere ist die Vergrößerung der Varianzkomponente σ_β^2 von Bedeutung und muß bei der Anwendung berücksichtigt werden.
Modelle dieser Art können auch verwendet werden, wenn der dem Vater untergeordnete Faktor nicht die Mutter ist, sondern ein reiner Umweltfaktor. In solchem Falle kann aber (2.116) nicht verwendet werden, und das Modell muß neu überdacht werden. Nur im oben beschriebenen Falle sprechen wir von „Umweltmaternaleffekten".
Wird insbesondere die Unabhängigkeit zwischen $\underline{g}$ und $\underline{u}$ in (2.105) aufgegeben, so gelingt eine etwas andere Interpretation des obigen Effektes. Die Modelle dazu werden nachfolgend vorgestellt.

2.4.2.2. Das einfache populationsgenetische Modell mit Maternaleffekten

Das einfache populationsgenetische Modell (2.105) unterscheidet zwischen dem Gesamteffekt aller genetischen Faktoren des Zuchtobjektes und dem Gesamteffekt aller sonstigen Faktoren (Umweltfaktoren). Beide Gesamteffekte lassen sich weiter spezifizieren, und ein Teil der Voraussetzungen (2.106) läßt sich abbauen. Das führt zu Erweiterungen des einfachen populationsgenetischen Modells. Bei einigen züchterisch relevanten Merkmalen ist das mütterliche Individuum ein wesentlicher Umweltfaktor für die phänotypische Leistung seines Nachkommen. So beeinflußt beispielsweise die Sau mit ihrer Milchleistung den Körpermassezuwachs ihrer Ferkel entscheidend. Wir bezeichnen die Wirkung, die die Mutter als Umweltfaktor in der phänotypischen Leistung hervorruft, als Maternaleffekt. Geben wir ihm das Symbol u_M und dem Gesamteffekt aller restlichen Umweltfaktoren das Symbol u_{R1}, so ist folgende Erweiterung der Modellgleichung für eine phänotypische Leistung möglich:

$$\begin{aligned}\underline{P} &= \mu + \underline{g} + \underline{u} \\ &= \mu + \underline{g} + \underline{u}_R + \underline{u}_M .\end{aligned} \tag{2.118}$$

Eine Besonderheit des Umweltfaktors „Mutter" besteht darin, daß er als biologischer Faktor ebenfalls in genetische Faktoren und in Umweltfaktoren weiter aufspaltbar ist, und wir somit bezüglich des Maternaleffektes eine genetische ($\underline{g}_{MM}$) und eine umweltbedingte Komponente unterscheiden können. Gelten die Voraussetzungen der Definition 2.11. des einfachen populationsgenetischen Modells auch für den Maternaleffekt, dann folgt:

$$\underline{P}_i = \mu + \underline{g}_i + \underline{u}_{Ri} + \underline{g}_{MMi} + \underline{u}_{MMi} . \tag{2.119}$$

Definition 2.12.:
Wir definieren (2.119) mit den Nebenbedingungen

$$E(\underline{g}_i) = E(\underline{u}_{Ri}) = E(\underline{g}_{MMi}) = 0 ;$$

$$\operatorname{cov}(\underline{g}_i, \underline{u}_{Ri}) = \operatorname{cov}(\underline{g}_i, \underline{u}_{MMi}) = \operatorname{cov}(\underline{g}_{MMi}, \underline{u}_{Ri}) = 0 ;$$

$$\mathrm{cov}(\underline{g}_{MMi}, \underline{u}_{MMi}) = \mathrm{cov}(\underline{u}_{Ri}, \underline{u}_{Rj}) = \mathrm{cov}(\underline{u}_{Ri}, \underline{u}_{MMj}) = 0;$$

$$V(\underline{g}_i) = \sigma_g^2; \quad V(\underline{u}_{Ri}) = \sigma_{uR}^2;$$

$$V(\underline{g}_{MMi}) = \sigma_{gM}^2; \quad V(\underline{u}_{MMi}) = \sigma_{uM}^2 \text{ für alle } i \neq j$$

$$\mathrm{cov}(\underline{g}_{MMi}; \underline{g}_{MMj}) = \begin{cases} \sigma_{ggM} & \text{für } i = j \\ 0 & \text{für } i \neq j \end{cases}$$

einschließlich der Beziehung (2.107) und der Voraussetzung der Normalverteilung aller aufgeführten Zufallskomponenten als einfaches populationsgenetisches Modell mit Maternaleffekt (EPMM).

Wir wollen im folgenden einige Unterschiede zum einfachen populationsgenetischen Modell deutlich machen:

- Die Nebenbedingung „Alle Umweltkovariabilitäten sind Null" in (2.106) kann hier nur in obiger eingeschränkter Weise gefordert werden. So gilt für alle Nachkommen einer Mutter (z. B. Wurfgeschwister), die damit dem gleichen Maternaleinfluß unterliegen

  $$\mathrm{cov}(\underline{u}_{MMi}, \underline{u}_{MMj}) = V(\underline{u}_{MM}) = \sigma_{uM}^2.$$

- Wir schreiben (2.118) unter Beachtung von (2.117) und (2.119) um und erhalten

  $$\underline{P} = \mu + \underline{g} + \underline{u}$$

  $$= \mu + \frac{1}{2}\underline{g}_V + \frac{1}{2}\underline{g}_M + \underline{Z}_V + \underline{Z}_M + \underline{u}_R + \underline{g}_{MM} + \underline{u}_{MM}.$$

  Wir stellen mit

  $$\mathrm{cov}(\underline{g}, u) = \mathrm{cov}\left(\frac{1}{2}\underline{g}_M, \underline{g}_{MM}\right) = \frac{1}{2}\sigma_{ggM}$$

  fest, daß derartige Modelle mit Maternaleffekten implizit Modelle für spezielle Genotyp-Umwelt-Kovariabilitäten sind.
- Das einfache populationsgenetische Modell mit Maternaleffekt erweitert die Palette der Primär- und Sekundärparameter um weitere Kenngrößen.

  $$V(\underline{g}_{MM}) = \sigma_{gM}^2; \; V(\underline{u}_{MM}) = \sigma_{uM}^2; \; \mathrm{cov}(\underline{g}_M, \underline{g}_{MM}) = \sigma_{ggM};$$

  $$h_M^2 = \sigma_{gM}^2/\sigma_p^2; \; \varrho_{gM} = \sigma_{ggM} \Big/ \sqrt{\sigma_{gM}^2\,\sigma_g^2};$$

  $$\mathrm{cov}(\underline{u}_R, \underline{u}_{MM}) = \sigma_{uuM}; \; \varrho_{uuM} = \sigma_{uuM} \Big/ \sqrt{\sigma_{uM}^2\,\sigma_{uR}^2}$$

- Die phänotypische Leistung eines Nachkommen wird, wie das Pfaddiagramm der Abbildung 2.7. veranschaulicht, durch Genotypen zweier Individuen, durch den Genotyp der Mutter und den Genotyp des Nachkommen direkt gesteuert.
- Das einfache populationsgenetische Modell mit Maternaleffekt spaltet die phänotypische Varianz und die Kovarianzen zwischen Leistungen verwandter

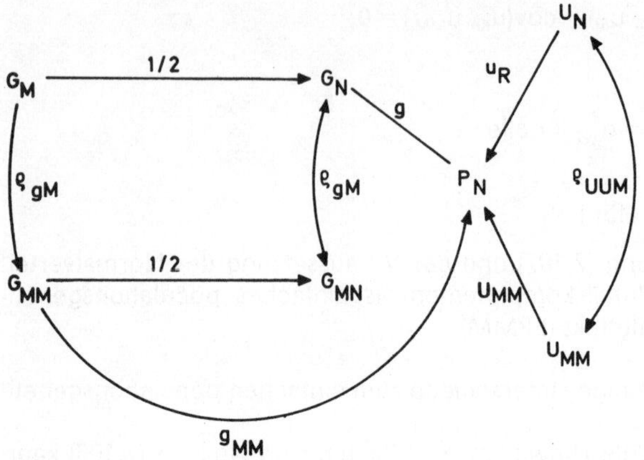

Abbildung 2.7. Pfadkoeffizientendiagramm zwischen Mutter und Nachkomme
G_M, G_N – genotypischer Wert der Mutter bzw. des Nachkommen
G_{MM}, G_{MN} – maternaler genotypischer Wert der Mutter bzw. des Nachkommen
U_{MM} – maternaler Umweltwert der Mutter
P_N – phänotypischer Wert des Nachkommen
U_N – Umweltwert des Nachkommen

Tabelle 2.28. Aufspaltung der phänotypischen Varianz bzw. Kovarianz in ihre Komponenten

Varianz/Kovarianz	Einfaches populationsgen. M.		Einfaches populationsgen. Modell mit Maternaleffekt					
	σ^2_g	σ^2_u	σ^2_g	σ^2_{gM}	σ^2_{ggM}	σ^2_{uR}	σ^2_{uM}	σ^2_{uuM}
Phänotypische Varianz	1	1	1	1	1	1	1	1
Kovarianz zwischen								
Mutter : Nachkomme	1/2	0	1/2	1/2	5/4	0	0	0
Vater : Nachkomme	1/2	0	1/2	0	1/4	0	0	0
Vollgeschwistern	1/2	0	1/2	1	1	0	1	0
väterl. Halbgeschwistern	1/4	0	1/4	0	0	0	0	0
mütterl. Halbgeschwistern	1/4	0	1/4	1	1	0	1	0

Individuen in weitere Komponenten auf. Die Tabelle 2.28. zeigt die Unterschiede zum einfachen populationsgenetischen Modell.

2.4.3. Modelle mit Genotyp-Umwelt-Wechselwirkungen (GUW)

Das einfache populationsgenetische Modell setzt voraus, daß alle Tiere einer Population unter gleichen Makroumweltbedingungen leben. Diese Voraussetzung kann häufig nicht eingehalten werden. Insbesondere Prüftiere leben unter einer erheblich besseren Umwelt als Tiere, die zur Produktion vorgesehen sind. Der unter Prüfbedingungen erzielte Zuchtfortschritt muß sich aber stets in der Produktion realisieren. Schon frühzeitig wurde festgestellt, daß für viele Merkmale die Voraussage des Zuchtfortschrittes auf der Grundlage des einfachen po-

	U_1	U_2
V_i	y_{111}	y_{121}
	y_{112}	y_{122}
	⋮	
	$y_{11n_{11}}$	$y_{12n_{12}}$
Väter	⋮	⋮
V_a	y_{a11}	y_{a21}
	y_{a12}	y_{a22}
	⋮	
	$y_{a1n_{a1}}$	$y_{a2n_{a2}}$

Tabelle 2.29. Versuchsanlage mit zwei Umwelten

pulationsgenetischen Modells und den Parametern, geschätzt an Prüftieren, viel zu groß ausfällt. Etwa 1/3 dieses Zuchtfortschrittes fand man in der Praxis wieder. Eine Ursache für diese schlechte Voraussage kann das Vorhandensein einer größeren Genotyp-Umwelt-Wechselwirkung sein. Unter Genotyp wird hier stets der Genotyp eines Tieres ($\underline{g}$) verstanden, nicht etwa seine Rasse. Daher ist es auch möglich, von Tier-Umwelt-Wechselwirkung zu sprechen. Zur Erfassung der GUW gibt es zwei Modelle:
- Varianzanalysemodell,
- Modell nach FALCONER (1952).

Diese beiden Modelle werden auf der Grundlage väterlicher Halbgeschwistergruppen, die in verschiedenen Umwelten leben, erklärt. Betrachtet man zwei Umwelten, so ergibt sich die Versuchsanlage in Tabelle 2.29.
Es handelt sich also allgemein um eine Kreuzklassifikation mit vollständiger, aber ungleicher Klassenbesetzung.

2.4.3.1. Das Varianzanalysemodell

Für die y_{ijk} in der Versuchsanlage der Tabelle 2.1. wird das übliche Modell einer Kreuzklassifikation mit dem festen Faktor Umwelt und dem zufälligen Faktor Vater verwendet, das folgende Form hat:

$$\underline{y}_{ijk} = \mu + \underline{v}_i + u_j + \underline{w}_{ij} + \underline{e}_{ijk} \quad i = 1, \ldots, a; \; j = 1, 2; \; k = 1, \ldots, n_{ij} \qquad (2.120)$$

Hierbei bedeuten

μ – Mittel der Nachkommen aller Väter über beide Umwelten
$\underline{v}_i$ – mittlerer zufälliger Effekt des i-ten Vaters über beide Umwelten
u_j – mittlerer Effekt der j-ten Umwelt

$\underline{w}_{ij}$ – zufälliger Effekt der Wechselwirkung zwischen dem i-ten Vater und der j-ten Umwelt
$\underline{e}_{ijk}$ – zufälliger Resteffekt.

Zur eindeutigen Festlegung dieser Effekte wählen wir die Nebenbedingungen

$$\sum_{j=1}^{2} u_j = 0$$

$$\sum_{j=1}^{2} \underline{w}_{ij} = 0.$$

Zu weiteren Nebenbedingungen und Voraussetzungen verweisen wir auf RASCH/HERRENDÖRFER (1982, 1985). Für die $\underline{y}_{ijk}$ in (2.120) gilt dann

$$E(\underline{y}_{ijk}) = \mu + u_j \qquad (2.121)$$
$$V(\underline{y}_{ijk}) = \sigma_v^2 + \sigma_w^2 + \sigma_R^2 = \sigma_p^2 \qquad (2.122).$$

Die Wechselwirkung zwischen Genotyp (Vater) und Umwelt bildet die Varianzkomponente σ_w^2.
Man kann sich leicht vorstellen, daß die Größe der Wechselwirkungsvarianzkomponente entscheidend von der Wahl der Stufen des festen Faktors (Umwelt) abhängt. Ist der feste Faktor lediglich ein Scheinfaktor, d. h., unterscheiden sich die Stufen des festen Faktors nicht, so kann natürlich auch keine Wechselwirkung auftreten ($\sigma_w^2 = 0$). Wählt man dagegen nur zwei extreme Stufen, so muß im allgemeinen mit einer sehr hohen Wechselwirkung gerechnet werden. Will man die Frage beantworten, ob eine Wechselwirkung größeren Umfangs vorhanden ist, dann müssen die Stufen des festen Faktors entsprechend gewählt werden, und die Aussage gilt natürlich auch nur für diese ausgewählten Stufen und kann nicht auf weitere extrapoliert werden. Diese Bedingungen sind für feste Faktoren allgemein bekannt und müssen bei der Verwendung eines solchen Modells zur Erfassung der GUW beachtet werden.
Als wesentliche Folgerung aus diesem Modell erhält man die Varianzgleichheit in beiden Umwelten und die Gleichheit der Heritabilitätskoeffizienten in beiden Umwelten. Bei Anwendung dieses Modelles müßte also stets geprüft werden, ob diese Bedingungen erfüllt sind.

2.4.3.2. Das Modell von FALCONER

Im Gegensatz zum Varianzanalysemodell der Kreuzklassifikation setzt FALCONER (1952) in den einzelnen Umwelten das Modell einer einfachen Varianzanalyse an. Damit können im FALCONER-Modell die phänotypischen Varianzen und die Heritabilitätskoeffizienten in beiden Umwelten verschieden sein. Gleichzeitig wird in diesem Modell davon ausgegangen, daß ein Merkmal, unter zwei Umwelten gemessen, als zwei verschiedene Merkmale interpretierbar ist. Der Zusammenhang zwischen diesen zwei Merkmalen wird durch die genetische Korrelation (ϱ_g) beschrieben. Zusammen mit den Heritabilitätskoeffizienten und den phänotypischen Varianzen in beiden Umwelten stellt ϱ_g ein Maß für die Genotyp-Umwelt-Wechselwirkung dar. Bei fehlender Genotyp-Umwelt-Wechselwirkung (GUW) muß ϱ_g nahe 1 liegen. Weitere Ausführungen zur Schätzung der Parameter beider Modelle, der dazu gehörenden Versuchsplanung, sowie zur Beschreibung des Einflusses der GUW auf den Zuchtfortschritt, werden in den Kapiteln 3.2.5. und 5.5. gemacht.

2.4.4. Modelle mit Dominanz und Epistasieeffekten für unabhängige Loci mit zweifacher Allelie und allen Allelwahrscheinlichkeiten gleich 0,5

Falls Dominanz und Epistasie bei der Ausprägung polygen bedingter Merkmale eine Rolle spielen, ist es im allgemeinen Fall schwierig, die Übertragung der Allel- und Geneffekte von den Vorfahren auf die Nachkommen analog zu (2.107) zu modellieren. In den allgemeinen Modellen wird daher formal (d. h. ohne Bezug auf die Effekte der einzelnen Loci zu nehmen) eine Unterteilung von $\underline{g}_i$ von (2.105) in additive Effekte, Dominanzabweichungen und epistatische Abweichungen, vorgenommen. Unter der Voraussetzung, daß diese Komponenten von $\underline{g}_i$ unkorreliert sind, ergibt sich dann eine Aufteilung von σ_g^2 in entsprechende Varianzkomponenten. Für den Zwei-Locus-Fall können wir in (2.71) $a_A + a_B = g_a$, $d_A + d_B = d$ und die epistatischen Abweichungen gleich e setzen.* Genauso bezeichen wir die Summen aus k Gliedern im Falle von k auf das Merkmal wirkende Loci mit g_a (additiv), d (Dominanz) und e (Epistasie). Analog zu (2.71) erhalten wir für den genotypischen Wert G eines Individuums

* Auch hier werden neue Symbole für die Symbole in (2.71) analog zu Abschnitt 2.3.2.2. eingeführt.

$$\underline{G} = \mu + \underline{g}_a + \underline{d} + \underline{e}$$

und unter der Voraussetzung, daß die zufälligen Komponenten von $\underline{G}$ paarweise unabhängig sind, gilt für die Varianz von $\underline{G}$

$$V(\underline{G}) = \sigma_g^2 = V(\underline{g}_a) + V(\underline{d}) + V(\underline{e}) = \sigma_{ga}^2 + \sigma_d^2 + \sigma_e^2 \qquad (2.123).$$

Die Varianzkomponenten in (2.123) heißen additive genotypische Varianz (σ_{ga}^2), Dominanzvarianz (σ_d^2) und epistatische Varianz (σ_e^2).
Für den Fall von $k > 2$ unabhängig segregierenden Loci mit zwei Allelen, die jeweils mit einer Wahrscheinlichkeit von 0,5 auftreten, ist von MATHER und JINKS (1977) eine detailliertere und auf die einzelnen Loci zurückgehende Theorie entwickelt worden, bei deren Darstellung wir uns auf KACZMAREK, SURMA und ADAMSKI (1984) stützen. Zunächst verallgemeinern wir die für den Zwei-Locus-Fall in 2.3.2.2. eingeführten Effekte d. h. i, j und l.

2.4.4.1. Der Parameter g_a als Verallgemeinerung von d_a

Für diese Verallgemeinerung nehmen wir zunächst an, daß genetisch differenzierte homozygote Genotypen vorliegen, und daß von den k Genen eines solchen Genotyps (o. B. d. A. für den Elter P_1) k_1 Gene o. B. d. A. die k_1 ersten den

Merkmalswert verringern und $k_2 = k - k_1$ Gene den Merkmalswert erhöhen. Gene, die keinen Einfluß auf den Merkmalswert haben, wurden nicht in die k Loci einbezogen. Ferner sei S^- die Summe der Effekte der k_1 Loci mit negativer und S^+ die Summe der Effekte der k_2 Loci mit positiver Einwirkung auf das Merkmal. Als additiven genetischen Effekt g_a bezeichnen wir dann die Größe

$$g_a = (S^+ - S^-).$$

Ist $S = S^+ + S^-$ die Gesamtsumme der Effekte d_i ($i = 1, \ldots, k$) aller Loci, so kann g_a wegen $S^+ = S - S^-$ auch in der Form

$$g_a = (S - 2S^-)$$

geschrieben werden.

Bezeichnen wir die additiven Genwirkungen am Locus i mit

d_i (z. B. ist $d_1 = 2\alpha_1$, $d_2 = 2\beta_1$ usw.), so ist

$\overline{d} = \frac{1}{k} \sum_{i=1}^{k} d_i = \frac{1}{k} S$, und wir schreiben die d_i in der Form

$$d_i = \overline{d} + \overline{d}\, c_i \tag{2.124}$$

mit geeignet gewählten Konstanten c_i. Da $\sum d_i = k\overline{d}$ ist, muß $\sum_{i=1}^{k} c_i = 0$ sein.

Andererseits ist, da die k_1 ersten Loci ($i = 1, \ldots, k_1$) den Merkmalswert verringern,

$$S^- = k_1\overline{d} + \overline{d} \sum_{i=1}^{k_1} c_i$$

und damit folgt

$$g_a = k\overline{d} - 2\left[k_1\overline{d} + \overline{d} \sum_{i=1}^{k_1} c_i\right] = \overline{d}\left(k_2 - k_1 - 2 \sum_{i=1}^{k_1} c_i\right). \tag{2.125}$$

Führen wir, Mather und Jinks (1977) folgend, den Allelverteilungskoeffizienten γ mittels

$$\gamma = \frac{g_a}{S} \tag{2.126}$$

ein, so erhalten wir

$$\gamma = \frac{k_2 - k_1 - 2 \sum_{i=1}^{k_1} c_i}{k} \tag{2.127}$$

bzw. für g_a den Ausdruck

$$g_a = \gamma\, k\overline{d} \tag{2.128}.$$

Haben alle Loci, wie wir im folgenden nun annehmen wollen, den gleichen Effekt auf ein Merkmal, d. h. gilt $d_1 = d_2 = \ldots = d_k = d$, dann ist wegen (2.124) $c_i = 0$ für alle i, sowie

$$g_a = \gamma\, kd \tag{2.129}$$

bzw. wegen (2.127) und $c_i = 0$

$$\gamma = \frac{k_2 - k_1}{k} = \frac{k - 2k_1}{k}. \tag{2.130}$$

Da $0 \le k_1 \le k$ gilt, ist nach (2.130) stets

$$-1 \le \gamma \le 1.$$

Ist $\gamma = -1$, $(k_2 = 0,\ k_1 = k)$, so finden wir bei dem Elter P_1 ausschließlich solche Allele (homozygot) vor, die den Merkmalswert verringern. Ist $\gamma = 1$ $(k_2 = k,\ k_1 = 0)$, so finden wir bei P_1 nur den Merkmalswert erhöhende Allele vor. g_a in (2.129) ist damit gleich der Summe der additiven Effekte an allen Loci multipliziert mit dem Allelverteilungskoeffizienten γ und nimmt damit für $|\gamma| = 1$ den betragsmäßig größten Wert an, d. h. dann, wenn alle das Merkmal erhöhenden Allele bei dem gleichen Elter (P_1 oder P_2) auftreten. Ist k geradzahlig und treten bei P_1 und P_2 je k/2 das Merkmal erhöhende Allele auf, so ist $\gamma = 0$ und $g_a = 0$. Das bedeutet fehlende phänotypische Unterschiede zwischen P_1- und P_2-Genotypen, wenn genetische Unterschiede bestehen. MATHER bezeichnet die Größe g_a mit [d].

2.4.4.2. Der Parameter d als Verallgemeinerung von h

Zunächst läßt sich eine zweifache Vergabe des Symbols d_i nicht vermeiden, da es sowohl in der MATHER-Theorie als auch in den allgemeinen populationsgenetischen Modellen standardmäßig in dieser unterschiedlichen Weise benutzt wird. Im ersteren Falle sind die d die additiven Effekte, im zweiten Fall die Dominanzeffekte (die bei MATHER h_i genannt werden). Kreuzen wir zwei homozygote Eltern P_1 und P_2, so sind die Nachkommen (F_1-Hybriden) an allen k Loci heterozygot. Bezeichnen wir mit h_i $(i = 1, \ldots, k)$ die k Dominanzeffekte, so können wir mit

$$\bar{h} = \frac{1}{k} \sum_{i=1}^{k} h_i$$

$$h_i = \bar{h} + \Delta_i \bar{h}$$

schreiben, wobei die Δ_i reelle Konstanten mit $\sum_{i=1}^{k} \Delta_i = 0$ sind.

Dann gilt

$$\sum_{i=1}^{k} h_i = \sum_{i=1}^{k} \bar{h}(1 + \Delta_i) = k\,\bar{h}$$

und wir nennen

$$d = \bar{h}\, k$$

den Dominanzeffekt des Merkmals. Bei Mather wird $d = [h]$ geschrieben.

2.4.4.3. Die Parameter [i], [l] und [j]

Wirken k Loci auf ein Merkmal, so gibt es $\frac{k(k-1)}{2}$ Locuspaare. Wir nehmen an, es mögen Genpaare, die jeweils beide das erste der beiden Allele oder beide das zweite der beiden Allele an jedem Locus homozygot enthalten (Typ I), die Wechselwirkung $+i$ und in allen anderen Fällen (Typ II) die Wechselwirkung $-i$ zum genotypischen Wert beitragen.
Man kann nun, da man wieder Gleichheit der Wechselwirkungseffekte an allen Locuspaaren voraussetzt, analog zu den Überlegungen in 2.3.3.2. zeigen, daß die durch homozygote Individuen erzeugte Wechselwirkungskomponente des Merkmals

$$[i] = \frac{1}{2}\, k\, (k\, \gamma^2 - 1)\, i \qquad (2.131)$$

mit γ aus (2.130) ist.

Den Parameter [l] definieren wir wieder über die F_1-Hybriden als die Wechselwirkung zwischen heterozygoten Loci, wobei wir wieder voraussetzen, daß für jedes solches Locuspaar der Wechselwirkungseffekt gleich l ist. Dann ist

$$[l] = \frac{k(k-1)}{2}\, l\, . \qquad (2.132)$$

Schließlich bleibt noch die Wechselwirkung [j] zwischen homozygoten und heterozygoten Loci, die weder in den homozygoten Eltern noch bei den F_1-Hybriden auftreten kann. Setzen wir alle Wechselwirkungen zwischen einem heterozygoten und einem homozygoten Locus gleich j, dann kann man zeigen, daß

$$[j] = \frac{1}{4}\, k \cdot \gamma (k-1)\, j \qquad (2.133)$$

mit γ aus (2.130) ist.

Der Parameter $\underline{e}$ ist nun natürlich

$$\underline{e} = [\underline{i}] + [\underline{l}] + [\underline{j}]$$

bzw.

$$\underline{e} = \frac{1}{2}\, k \left[(k\, \gamma^2 - 1)\, \underline{i} + (k-1)\, \underline{l} + \frac{1}{4}\, \gamma (k-1)\, \underline{j} \right] \qquad (2.134)$$

und es gilt wegen $\underline{G} = \mu + \underline{g}a + \underline{d} + \underline{e}$

$$\underline{G} = \mu + k \left\{ \gamma\, \underline{\bar{d}} + \underline{\bar{h}} + \frac{1}{2} \left[(k\gamma^2 - 1)\, \underline{i} + (k-1)\, \underline{l} + \frac{1}{4}\, \gamma (k-1)\, \underline{j} \right] \right\} \qquad (2.135).$$

Man beachte dabei, daß stets vorausgesetzt wurde, daß die entsprechenden Effekte für alle Loci und Locuspaare als jeweils gleich vorausgesetzt wurden.
Wir haben gesehen, daß außer d und l alle Komponenten von G von der Allelverteilung zwischen P_1 und P_2 (über γ) abhängen. Folglich sind diese Parameter nur Null, wenn die Dominanzeffekte oder die Wechselwirkungseffekte zwischen heterozygoten Loci sämtlich gleich Null sind.
Bei den Komponenten g_a, [i] und [j], die von γ abhängen, ist das anders. So ist $g_a = 0$, falls $d = 0$ bzw. $\gamma = 0$ ist, und [j] ist Null, wenn $j = 0$ bzw. wenn $\gamma = 0$ ist. [i] dagegen ist Null, wenn $i = 0$ bzw. $\gamma^2 = \frac{1}{k}$ ist. Somit kann man aus der Tatsache, daß [i] oder [j] gleich Null sind, nicht auf fehlende Epistasie schließen.
In Kapitel 4. werden wir sehen, wie wir die Ergebnisse dieses Abschnitts zur Schätzung der Anzahl k der ein Merkmal beeinflussenden Loci verwenden. Weitere Ausführungen findet man bei Kaczmarek u. a. 1983 bzw. Surma u. a. 1984.

2.5. Modelle nach Elimination störender Einflüsse und Durchführung von Umrechnungsverfahren

Es wäre für populationsgenetische Untersuchungen ideal, wenn die Population unter weitestgehend einheitlichen Umweltbedingungen lebt, d. h. wenn die in 1.2. eingeführte Menge U nur ein Element enthält. In solch einem Fall könnte man eine Zufallsstichprobe erheben und daraus statistische Schlüsse für die genetischen Parameter ableiten. Leider liegt dieser ideale Fall so gut wie nie vor. Pflanzen werden an verschiedenen Orten mit unterschiedlichen Böden und in verschiedenen Jahren angebaut. Tiere leben in verschiedenen Ställen zu unterschiedlichen Jahreszeiten mit stark variierendem Futterangebot. Das wäre im Sinne unserer in Kapitel 1. gegebenen Definition nun nicht so schlimm, wenn stets ein geeignetes Zufallsstichprobenverfahren (z. B. geschichtete Stichprobe) angewendet würde. Meist kann oder will (aus ökonomischen Gründen) man diese Verfahren nicht anwenden sondern zieht die Stichprobe lediglich aus einem Teil der möglichen Umwelten. Daraus folgt, daß die Umweltvarianz und der Anteil der genetischen Varianz nicht erwartungstreu geschätzt werden, und das ist eine Ursache dafür, daß geschätzte Heritabilitätskoeffizienten für das gleiche Merkmal stark schwanken, da verschiedene Autoren verschiedene Mengen U gewählt haben.
Wenn wir aber Modelle ohne Genotyp-Umweltwechselwirkungen unterstellen (aber auch nur dann!), gibt es Verfahren, die trotz der ungünstigen Stichprobenerhebung zu Aussagen über die genetischen Effekte der Gesamtpopulation führen. Sie sollen in diesem Abschnitt beschrieben werden.
Wir unterscheiden folgende Gruppen von Korrekturen auf störende Einflüsse:

- Zentrierung,
- Standardisierung,
- Ausschaltung durch Regression bzw. Kovarianzanalyse sowie
- Einbeziehung störender Einflüsse in Modelle der Varianzanalyse.

Meist sind diese Methoden zu kombinieren, eine von ihnen wird man fast immer anwenden müssen.
Verteilungsvoraussetzungen und andere Modellvoraussetzungen beziehen sich immer auf die korrigierten Größen. Wir wollen annehmen, daß Beobachtungsmerkmal y werde in k Gruppen $G_1, \ldots, G_k$ erfaßt und habe in jeder Gruppe bis auf Mittelwert und möglicherweise auch Varianz den gleichen Verteilungstyp.

2.5.1. Zentrierung

Unter Zentrierung versteht man die Transformation von Zufallsvariablen $\underline{y}_i$ $(i = 1, \ldots, k)$ die den k Gruppen mit Erwartungswerten $E(\underline{y}_i) = \mu_i$ auf Zufallsvariable $\underline{z}_i = \underline{y}_i - \mu_i$ mit Erwartungswert Null entsprechen. Das hat aber nur Sinn, wenn die $\underline{y}_i - \mu_i$ die gleiche Verteilung besitzen, d. h. vor allem, daß die $\underline{y}_i$ alle die gleiche Varianz σ^2 haben. Im populationsgenetischen Modell bedeutet diese Voraussetzung, daß sich die unterschiedlichen Umwelten nur auf den Erwartungswert auswirken. Die Zentrierung $\underline{z}_i = \underline{y}_i - \mu_i$ ist nur möglich, wenn die μ_i bekannt sind.
Das ist aber so gut wie nie der Fall und folglich sind die μ_i zunächst zu schätzen. Die beste lineare erwartungstreue Schätzung bei unabhängigen $\underline{y}_i$ aus Zufallsstichproben $(\underline{y}_{i1}, \ldots, \underline{y}_{in_i})$ zu $\underline{y}_i$ sind unter den obigen Voraussetzungen die arithmetischen Mittel

$$\underline{\hat{\mu}}_i = \underline{\bar{y}}_i:$$

mit denen eine Stichprobenzentrierung

$$\underline{\hat{z}}_{ij} = \underline{y}_{ij} - \underline{\bar{y}}_i \tag{2.136}$$

durchgeführt werden kann. Setzt man für die $\underline{y}_i$ zusätzlich Normalverteilung voraus, so sind die $\underline{\bar{y}}_i$, sogar beste erwartungstreue Schätzungen und die Zentrierung (2.136) ist die beste Zentrierung.

2.5.2. Standardisierung

Unter Standardisierung versteht man die Transformation von Zufallsvariablen $\underline{y}_i$ $(i = 1, \ldots, k)$ mit Erwartungswerten μ_i und Varianzen σ_i^2 auf Zufallsvariable

$$\underline{u}_i = \frac{1}{\sigma_i}(\underline{y}_i - \mu_i) \tag{2.137}$$

mit Erwartungswert 0 und Varianz 1.

2.5.3. Studentisierung

Die Standardisierung ist praktisch kaum verwendbar, da die μ_i und σ_i^2 meist unbekannt sind. Man schätzt sie daher oft aus Zufallsstichproben $(\underline{y}_{i1}, \ldots, \underline{y}_{in_i})$ vom Umfang $n_i \geq 3$ zu $\underline{y}_i$ über die arithmetischen Mittel $\underline{\bar{y}}_{i.}$ und die Stichprobenvarianzen $\underline{s}_i^2$. Analog zu (2.137) bildet man dann für kontinuierliche Verteilungen mit $P(s_i^2 > 0) = 1$ die Größen

$$\underline{t}_{ij} = \frac{1}{\underline{s}_i}(\underline{y}_{ij} - \overline{\underline{y}}_{i\cdot}) \tag{2.138}$$

Im Falle diskreter Verteilungen mit endlichem Spektrum ist eine solche Studentisierung problematisch, da $P(\underline{s}_i^2 = 0) > 0$ ist.
Der Fall abhängiger Stichproben wird in Kapitel 5 beschrieben.

2.5.4. Normierung mehrdimensionaler Zufallsvariabler

Die Begriffe Zentrierung, Standardisierung und Studentisierung werden unter dem Begriff Normierung zusammengefaßt. Wir wollen jetzt den Vektor $\underline{\mathfrak{y}}' = (\underline{y}_1, \ldots, \underline{y}_k)$ betrachten, dessen Komponenten wir gerade einzeln normiert haben. Falls die $\underline{y}_i$ abhängig sind, ist es erforderlich, eine mehrdimensionale Normierung durchzuführen. Es sei $E(\underline{\mathfrak{y}}') = \mu' = (\mu_1, \ldots, \mu_k)$ der Erwartungswertvektor von $\underline{\mathfrak{y}}'$ und

$$\Sigma = V(\underline{\mathfrak{y}})$$

die Kovarianzmatrix von $\underline{\mathfrak{y}}$.

Es gilt

$$\Sigma = \begin{pmatrix} \sigma_1^2 & \sigma_{12} & \ldots & \sigma_{1k} \\ \sigma_{21} & \sigma_2^2 & & \sigma_{2k} \\ \vdots & \vdots & & \vdots \\ \sigma_{k1} & \sigma_{k2} & \ldots & \sigma_k^2 \end{pmatrix},$$

wobei die σ_i^2 wie bisher die Varianzen der Komponenten $\underline{y}_i$ sind und $\sigma_{ij} = \mathrm{cov}(\underline{y}_i, \underline{y}_j) = \sigma_{ji}$ ist.

Jetzt versteht man unter Zentrierung die Transformation

$$\underline{\mathfrak{z}} = \underline{\mathfrak{y}} - \mu$$

mit $E(\underline{\mathfrak{z}}) = 0_k$, wobei 0_k ein Spaltenvektor mit k Nullen darstellt. Existiert eine Inverse Σ^{-1} von Σ und schreiben wir diese in der Form $\Sigma^{-1} = \Sigma^{-1/2}\,\Sigma^{-1/2}$ so heißt die Transformation

$$\underline{\mathfrak{u}} = \underline{\mathfrak{z}}' \quad \Sigma^{-1/2} = (\underline{\mathfrak{y}} - \mu)^{\mathfrak{z}'} \quad \Sigma^{-1/2}$$

Standardisierung. Es gilt

$$E(\underline{\mathfrak{u}}) = 0_k$$

und

$$V(\underline{\mathfrak{u}}) = E_k$$

wobei E_k eine Einheitsmatrix (Hauptdiagonale Einsen und sonst Nullen) der Ordnung k ist. Die Standardisierung überführt also den Vektor $\underline{\mathfrak{y}}$ mit k (unter Umständen abhängigen) Komponenten $\underline{y}_i$ mit dem Erwartungswert μ in einen Vektor $\underline{\mathfrak{u}}' = (\underline{u}_1, \ldots, \underline{u}_k)$ von k unkorrelierten Komponenten mit Varianz 1 und Erwartungswert Null. Wenn wir eine Zufallsstichprobe (eine Matrix) von $\underline{\mathfrak{y}}$ erheben,

d. h. wenn

$$\underline{\mathfrak{Y}} = \begin{pmatrix} \underline{y}_{11} & \cdots & \underline{y}_{1n} \\ \vdots & & \vdots \\ \underline{y}_{k1} & \cdots & \underline{y}_{kn} \end{pmatrix}$$

ist, ist

$$\bar{\underline{\mathfrak{y}}}' = \frac{1}{n}\left(\sum_{j=1}^{n} \underline{y}_{1j}, \ldots, \sum_{j=1}^{n} \underline{y}_{kj}\right) = (\bar{\underline{y}}_{1\cdot}, \ldots, \bar{\underline{y}}_{k\cdot})$$

der Stichprobenmittelwert von $\mathfrak{Y}'$. Ferner ist

$$\underline{S} = \begin{pmatrix} \underline{s}_1^2 & \underline{s}_{12} & \cdots & \underline{s}_{1k} \\ \underline{s}_{21} & \underline{s}_2^2 & \cdots & \underline{s}_{2k} \\ \vdots & \vdots & & \vdots \\ \underline{s}_{k1} & \underline{s}_{k2} & \cdots & \underline{s}_k^2 \end{pmatrix}$$

mit $\underline{s}_{ij} = \frac{1}{n-1} \sum_{k=1}^{n} (\underline{y}_{ik} - \bar{\underline{y}}_{i.})(\underline{y}_{jk} - \bar{\underline{y}}_{j.})$

die Stichprobenkovarianzmatrix. Dann bezeichnet man die Transformation

$$\hat{\underline{\mathfrak{z}}} = \underline{\mathfrak{y}} - \bar{\underline{\mathfrak{y}}}$$

als Stichprobenzentrierung und die Transformation

$$\underline{\mathfrak{t}} = \hat{\underline{\mathfrak{z}}}' \quad \underline{S}^{-1/2} = (\underline{\mathfrak{y}} - \bar{\underline{\mathfrak{y}}})' \quad S^{-1/2}$$

als Studentisierung, wobei $S^{-1} = S^{-1/2}\, S^{-1/2}$ geschrieben wurde.

2.5.5. Die Auswirkungen von Stichprobenzentrierung und Studentisierung auf die statistische Auswertung

Wenn wir davon ausgehen, daß die nichtkorrigierten Beobachtungswerte in den k Gruppen Realisationen von unabhängigen normalverteilten Zufallsvariablen sind, so kann man innerhalb jeder Gruppe die üblichen Auswertungsverfahren verwenden. Will man das Gesamtmaterial ohne Korrektur gemeinsam auswerten, müssen die Gruppeneffekte in die Auswertung einbezogen werden.

Das ist rechentechnisch oft sehr aufwendig und geht weit über die verfügbare Standardsoftware hinaus, wenn nicht besondere Strukturen (z. B. Blockpläne) vorliegen. Der Sinn der oben beschriebenen Korrekturverfahren besteht darin, das Gesamtmaterial einheitlich mit einfachen Verfahren auswerten zu können. Das ist in den theoretisch denkbaren Fällen der Zentrierung und der Standardisierung auch ohne weiteres möglich. In den praktisch bedeutsamen Fällen der Stichprobenzentrierung und der Studentisierung kommt es zu Abhängigkeiten der korrigierten Daten innerhalb der Gruppen und damit zur Verletzung einer Grundvoraussetzung vieler einfacher statistischer Verfahren (t-Test, F-Test u. a.)

Z. B. ist für $\sigma_i^2 = \sigma^2$ ($i = 1, \ldots, k$) im Falle der Stichprobenzentrierung die Abhängigkeit leicht anzugeben.

Da $E(\underline{y}_{ij}) = \mu_i$, $V(\underline{y}_{ij}) = \sigma^2$ ist, gilt

$$V(\underline{\bar{y}}_{i.}) = \frac{\sigma^2}{n_i} \text{ und}$$

$$\text{cov}(\underline{z}_{ij}, \underline{z}_{il}) = \text{cov}(\underline{y}_{ij} - \underline{\bar{y}}_{i.}, \underline{y}_{il} - \underline{\bar{y}}_{i.})$$

$$= \text{cov}(\underline{y}_{ij}, \underline{y}_{il}) - \text{cov}(\underline{y}_{ij}, \underline{\bar{y}}_{i.}) - \text{cov}(\underline{\bar{y}}_{i.}, \underline{y}_{il}) + \text{cov}(\underline{\bar{y}}_{i.}, \underline{\bar{y}}_{i.})$$

Nun ist das erste Glied nach Voraussetzung Null, das dritte und vierte Glied heben sich weg und damit wird

$$\text{cov}(\underline{z}_{ij}, \underline{z}_{il}) = -\text{cov}(\underline{y}_{ij}, \underline{\bar{y}}_{i.}) = \frac{-\sigma^2}{n_i}$$

Für $n \to \infty$ (also asymptotisch) strebt die Kovarianz gegen Null und die Auswertungsverfahren sind asymptotisch auch für die korrigierten Werte richtig. Oft sind die Stichprobenumfänge in den Gruppen aber klein und man möchte wissen, von welchem n ab bestimmte Verfahren anwendbar sind. Wir geben hier die Empfehlung, $n > 20$ zu wählen.

2.5.6. Methoden der Vereinheitlichung heterogenen Materials

Wir wollen annehmen, daß ein Merkmal y für p verschiedene Genotypen unterschiedlich verteilt ist. Uns interessieren hier nur die unterschiedlichen Mittelwerte und Varianzen. Bezüglich dieses Merkmals soll aus allen Genotypen gemeinsam selektiert werden. Eine Möglichkeit, Individuen verschiedener Genotypen zu vergleichen, besteht darin, sie für jeden Genotyp zu zentrieren, zu standardisieren oder zu studentisieren. Der Züchter möchte aber nicht mit Leistungen arbeiten, die um den Mittelwert Null verteilt sind, sondern mit solchen, die im natürlichen Leistungsbereich liegen.
Es werde das Merkmal y im Genotyp $j = 1, \ldots, p$ durch eine Zufallsvariable $\underline{y}_j$ mit $E(\underline{y}_j) = \mu_j$ und $V(\underline{y}_j) = \sigma_j^2$ modelliert. Der Züchter gibt einen Mittelwert μ und eine Varianz σ^2 vor, mit denen die transformierten Zufallsvariablen verteilt sein sollen. Als μ und σ^2 kann er beliebige Zahlen oder z. B. eines der Wertpaare (μ_j, σ_j^2) vorgeben. Dann ist wie folgt zu transformieren:

$$\underline{y}_j^* = \mu + \frac{\sigma}{\sigma_j}(\underline{y}_j - \mu_j) \tag{2.139}$$

Dann gilt

$$E(\underline{y}_j^*) = \mu \quad \text{und} \quad V(\underline{y}_j^*) = \sigma^2,$$

und Beobachtungswerte y_{jk} sind nach der Umrechnung

$$y_{jk}^* = \mu + \frac{\sigma}{\sigma_j}(\underline{y}_{jk} - \mu_j)$$

direkt vergleichbar. Analog kann man (2.139) anwenden, wenn μ_j und σ_j durch $\bar{y}_{j.}$ und s_j^2 geschätzt wurden, dann gilt

$$\underline{y}_{jk}^{**} = \mu + \frac{\sigma}{\underline{s}_j}(\underline{y}_{jk} - \bar{\underline{y}}_{j.})$$

2.5.7. Korrektur störender Einflüsse über Regressionsanalyse

Während wir uns bisher nur auf das interessierende Merkmal selbst aber unter Umständen in verschiedenen Gruppen oder Klassen bezogen haben, also nur eine qualitative Zusatzinformation hatten, wollen wir jetzt annehmen, daß der Einfluß quantiativ erfaßter Störgrößen eliminiert werden soll. Beispiele für solche Störgrößen sind das Alter (Erstkalbealter, Zwischenkalbezeit), die Masse, der Düngeraufwand, die Anzahl der Fehlstellen bzw. die Wurfgröße. Wir wollen die Störgröße mit x bezeichnen und dabei zulassen, das x ein Vektor ist, also z. B. die Komponenten Körpermasse und Lebensalter enthält. Es wäre nicht sinnvoll, die einzelnen Komponenten nacheinander auszuschalten (Tandemkorrektur), da dann etwaige Wechselwirkungen nicht berücksichtigt werden. Das züchterisch interessierende Merkmal wurde durch eine Zufallsvariable $\underline{y}$ modelliert, durch $\underline{y}(x)$ charakterisieren wir seine Abhängigkeit von x. Die geschätzte Regressionsfunktion an der Stelle x sei $\hat{y}(x)$. Ziel der Korrektur ist es, den Einfluß von x auszuschalten, indem alle Leistungen auf einen Standardwert x_0 umgerechnet werden. Das geschieht mit folgenden Möglichkeiten:

– Zentrierung durch Regression

$$\hat{e} = y(x) - \hat{y}(x) \qquad \text{(Residuen)}$$

– Umrechnung auf x_0

$$\hat{z} = y(x) - \hat{y}(x) + \hat{y}(x_0)$$

– Studentisierung

$$e^* = \frac{1}{s_x}[y(x) - \hat{y}(x)]$$

$$z^* = \frac{1}{s_x}[y(x) - \hat{y}(x) + \hat{y}(x_0)]$$

Dabei ist s_x^2 die geschätzte Varianz von $\underline{y}(x)$. Häufig wird $\sigma_x^2 = \sigma^2$ vorausgesetzt, dann ist $\hat{\underline{y}}(x)$ die gewöhnliche Regressionsschätzung und $\underline{s}_x^2 = \underline{s}^2$ die Restvarianz der Regressionsanalyse.

2.5.8. Ausschaltung von Störgrößen mittels Varianzanalyse

Störgrößen können durch feste Faktoren (im Sinne von Modell I) oder durch zufällige Faktoren (im Sinne von Modell II) modelliert werden. Oft kommen beide Typen in einer Analyse gemeinsam vor. Die Störfaktoren vergrößern die Ordnung des Varianzanalysemodells und können nur in dem Maße ausgeschaltet werden, in dem Software vorliegt. Generell ist dies die gegenüber den vorher

beschriebenen Methoden vorzuziehende Vorgehensweise. Denn hier können die Abhängigkeiten voll berücksichtigt werden. Wir verweisen hier auf die wichtigsten Anwendungsfälle:
Zuchtwertschätzung: Die Störgrößen sind feste Faktoren wie Jahreszeit, Betrieb und Herde und das Ziel besteht in der Vorhersage zufälliger Effekte (siehe Kapitel 5.)
Stammprüfung (Blockversuche): Die Störgrößen sind zufällige Faktoren wie Jahr und Anbauort und das Ziel besteht in der Schätzung von Effekten. (siehe Kapitel 5.)

2.5.9. Ein Beispiel für die Ausschaltung störender Einflüsse mittels Clusteranalyse

Im folgenden soll demonstriert werden, wie man bei der Ausschaltung störender Einflüsse auch weitere statistische Verfahren einsetzen kann. Hier handelt es sich um ein Verfahren der mehrdimensionalen Analyse, nämlich um die Clusteranalyse. Die Clusteranalyse gestattet es, mit einer Vielzahl von Algorithmen, für die leistungsfähige EDV-Programme verfügbar sind, ein heterogenes Material in eine noch zu bestimmende Anzahl von Klassen (auch Gruppen oder Clustern) zu unterteilen, so daß innerhalb dieser Klassen eine relativ große Homogenität vorliegt. Natürlich muß man sagen, bezüglich welcher Störgröße über Hetero- oder Homogenität gesprochen wird. Im folgenden Beispiel handelt es sich um die Wechselwirkung Sorte x Orte bei der Sortenprüfung. In der Sortenprüfung mögen a Sorten $S_1, \ldots, S_a$ an verschieden Orten $O_1, \ldots, O_b$ in verschiedenen Jahren $J_1, \ldots, J_c$ mit je n Wiederholungen angebaut werden. Das Gesamtmittel der i-ten bzw. j-ten Sorte werde mit $\underline{\bar{y}}_i$ bzw. $\underline{\bar{y}}_j$ bezeichnet. Dann ist die Varianz der Differenz $\underline{\bar{y}}_i - \underline{\bar{y}}_j$ durch

$$V(\underline{\bar{y}}_i - \underline{\bar{y}}_j) = 2\left(\frac{\sigma^2}{bcn} + \frac{\sigma^2_{SJO}}{bc} + \frac{\sigma^2_{OJ}}{c} + \frac{\sigma^2_{SO}}{b}\right)$$

gegeben, wenn σ^2 die Restvarianz (innerhalb der Sorten × Orte × Jahre)-Kombinationen und σ^2_{SJO}, σ^2_{OJ} bzw. σ^2_{SO} die Varianzkomponenten der Wechselwirkungen zwischen Sorten, Jahren und Orten, zwischen Orten und Jahren bzw. zwischen Sorten und Orten sind.
Pilarczyk (1977) zeigte, wie die für die Einhaltung bestimmter Genauigkeitsforderungen erforderliche Wiederholungszahl n von der Größe der Wechselwirkung Sorte × Orte abhängt. Man kann Sortenversuche mit kleinerem n durchführen, wenn sich diese Varianzkomponente verringern läßt. Zunächst ist in Sortenversuchen die Anzahl c der Jahre meist kleiner als fünf, so daß sich die Komponente σ^2_{SJ} kaum verringern läßt. Es bleibt aber die Möglichkeit, σ^2_{SO} durch Einteilung der Versuchsorte in Gruppen relativ homogener Umwelteffekte zu beeinflussen. Zahlreiche Vorschläge für ein derartiges Vorgehen wurden bereits von Horner und Frey (1957), Krzymuski (1975), Lubkowski (1968) oder Mc Cain und Schultz (1959) gemacht. Dabei handelt es sich entweder um heuristische Verfahren (Lubkowski) oder die Summe der Abweichungsquadrate der Sorten × Orte – Wechselwirkungen wurde für jedes Ortepaar berechnet und danach wurde

Abbildung 2.8. Ergebnis der Einteilung der Versuchsstationen in Polen in drei Klassen

ebenfalls intuitiv eine Gruppierung vorgenommen. Die höchste Reduktion von σ_{SO}^2 konnte jedoch durch die Anwendung der Clusteranalyse erreicht werden (Abou-El-Fittouh u. a. 1969 a, b). Hierfür muß zwischen den Orten ein Abstand definiert werden (darunter verstehen wir im allgemeinen nicht die geographische Entfernung, sondern ein Maß dafür, wie stark die Orte in ihrer Umweltwirkung unterschiedlich sind). Um diesen Abstand zu definieren, berechnen wir aus den mittleren Erträgen $x_{ijk} = \bar{y}_{ijk.}$ der i-ten Sorte am j-ten Ort im k-ten Jahr $(i = 1, \ldots, a,\ j = 1, \ldots, b,\ k = 1, \ldots, c)$ die Wechselwirkungsabweichungen.

$$z_{ij} = \bar{x}_{ij.} - \bar{x}_{i..} - \bar{x}_{.j.} + \bar{x}\ldots$$

$$\left(\text{mit } \bar{x}_{ij} = \frac{1}{c}\sum_{k=1}^{c} x_{ijk} \text{ usw.}\right)$$

Jeder Ort kann als Punkt in einem a-dimensionalen Raum interpretiert werden, wobei wir als Abstand zwischen den Orten O_u und O_v die Größe

$$d_{u,v} = \sqrt{\frac{1}{a} \sum_{i=1}^{a} (z_{iu} - z_{iv})^2} \quad (u, v = 1, \ldots, b)$$

definieren, wie es von Calinski u. a. (1982, 1983) vorgeschlagen wurde.

Die Zusammenfassung der Orte zu Klassen (oder Clustern) kann nun wie folgt vorgenommen werden:
(i) es sei

$$d_{r,s} = \underset{u,v}{\text{Min}}\, d_{u,v}$$

und O_r, O_s sind die ersten Elemente einer neuen Klasse
(ii) Zu der in (i) gebildeten Klasse werden alle Orte zugeordnet, die folgende Bedingungen erfüllen:
– die Abstände zwischen allen Orten der Klasse sind nicht größer als $d_{u,v} + \Delta$,
– der mittlere Abstand eines Ortes von den anderen Orten der Klasse ist kleiner als der Abstand dieses Ortes zu jedem anderen Ort.

(iii) mit den noch nicht einer bestehenden Klasse zugeordneten Orten werden die Schritte (i) bis (ii) wiederholt, bis keine Orte mehr übrig bleiben.
Dann werden alle so gebildeten Klassen durch ihren Mittelpunkt, der durch die Koordinatenmittelwerte der Elemente der Klasse definiert ist, repräsentiert und für die Klassen wird der obige Algorithmus erneut durchgeführt (mit den Klassen anstelle der Orte), es entstehen neue (weniger Klassen). Dieser Prozeß wird so lange fortgesetzt, bis nur noch eine Klasse übrig bleibt. Anschließend ist zu entscheiden, welche Ebene in der Hierarchie gebildeter Klassen schließlich zur entgültigen Definition der Einteilung der Orte in Klassen benutzt werden soll und damit auch gleichzeitig in wieviele Klassen eingeteilt werden soll. Abbildung 2.9. veranschaulicht die verschiedenen Stufen des Algorithmus.
Die Wahl von Δ ist ein wichtiger Teil des Algorithmus. Für $\Delta = 0$ werden immer nur Klassen von zwei Elementen auf jeder Stufe gebildet. Je größer Δ ist, umso schneller endet das Clusterverfahren. Abou-El-Fittouh (1969a) gibt empirische Regeln zur Wahl von Δ an.
Wie Sokal und Sneath (1963) zeigten, ist der Einfluß von Δ relativ gering, wenn man nur wenige Klassen anstrebt. Im analysierten Material aus den Jahren 1974–1977 wurde $\Delta = 25$ gewählt. Vom Forschungszentrum für Sortenprüfung in Słupia Wielka (Polen) wurden die 12 Kartoffelsorten Flisak, Janka, Lenino, Liwia, Merkur, Narew, Noteč, Nysa, Prosna, Ryš, Tarpan und Uran mit je $n = 4$ Wiederholungen an $b = 37$ Orten in $c = 4$ Jahren geprüft. Für die Klassenbildung wurde das Merkmal Ertrag in dt/ha gewählt. Die 37 Orte findet man in Abb. 2.8. und eine Zusammenfassung der Prüfergebnisse in Tabelle 2.30.
Tabelle 2.31. ist die Varianztabelle für das gesamte Material und Tabelle 2.32. enthält die Varianztabelle für jede der drei gebildeten Regionen. Für die Bildung der Regionen wurde in jedem der vier Jahre eine Clusteranalyse mit $\Delta = 25$ zu zwei Klassen, die mit N (Nord-West-Teil von Polen) und S (Süd-Ost-Teil von Po-

Tabelle 2.30. Mittlere Erträge (dt/ha) von 12 Kartoffelsorten aus den Jahren 1974–1977 in Polen

Nr	Sorten Orte	Flisak	Janka	Lenino	Liwia	Merkur	Narew	Noteć	Nysa	Prosna	Ryś	Tarpan	Uran
1	Białogard	372	390	365	389	410	379	379	373	358	394	372	366
2	Karzniczka	290	323	322	298	315	320	318	326	317	332	270	270
3	Wyczechy	372	350	359	367	346	346	366	355	328	400	390	369
4	Prusim	347	344	364	350	374	344	379	323	348	372	353	343
5	Wrocikowo	318	337	314	255	304	307	330	325	296	330	243	321
6	Nikutowo	277	296	290	260	318	258	295	274	287	286	308	266
7	Rychliki	393	409	368	366	429	381	388	395	383	428	306	336
8	Lubań	310	317	280	314	330	295	338	274	282	324	354	322
9	Słupia W.	357	358	358	357	364	378	390	354	346	377	339	331
10	Bojanowo	400	376	376	376	409	375	394	362	362	396	417	364
11	Nowawieś Uj.	348	367	346	339	374	339	380	363	338	370	332	348
12	Lubinicko	303	320	305	302	341	322	311	316	318	327	390	375
13	Chrzestowo	380	398	378	380	407	373	379	382	364	418	390	375
14	Davrówka	363	348	352	345	384	330	354	339	311	397	378	366
15	Głebokie	366	400	372	385	418	365	379	403	363	438	376	359
16	Kościelec	419	399	386	383	426	366	413	387	359	437	413	387
17	Głogowa	456	496	475	480	500	417	472	484	470	527	464	426
18	Falęcin	312	364	326	340	335	302	334	342	313	372	280	272
19	Cicibór	312	337	316	323	356	309	330	325	324	332	314	308
20	Uhnin	286	319	274	308	322	279	298	300	290	344	282	274
21	Zielona	278	324	286	276	348	279	310	284	272	310	296	297
22	Marianowo	304	344	337	302	348	323	322	309	317	354	311	314
23	Seroczyn	313	338	312	286	346	305	315	306	305	357	329	303
24	Kraśnik D.	222	229	230	230	246	250	236	230	217	217	218	236
25	Nysa	346	403	364	368	376	380	406	390	370	422	374	343
26	Szczawno	297	315	273	242	266	278	293	273	278	300	292	290

27	Lućmierz	346	374	312	339	364	318	370	311	320	372	370	314
28	Słupia J.	288	378	292	290	345	290	304	340	322	371	291	282
29	Sulejów	297	332	327	332	343	302	327	324	307	382	315	318
30	Masłowice	248	308	243	282	303	254	298	274	266	330	265	246
31	Przecław	266	313	276	278	306	270	280	324	314	315	218	242
32	Bezek	255	272	272	253	288	273	270	306	286	319	236	244
33	Lubliniec N.	336	311	347	334	324	316	308	350	332	338	287	306
34	Zadąbrowie	269	376	327	346	314	291	348	350	329	354	240	286
35	Bogusławice	324	426	345	363	355	333	360	372	326	414	305	302
36	Wegrzce	311	407	358	383	343	352	336	367	368	404	308	304
37	Puńców	196	258	224	200	226	220	239	244	230	257	183	190
	Mittelwert	321	350	326	325	349	319	339	334	322	363	319	314

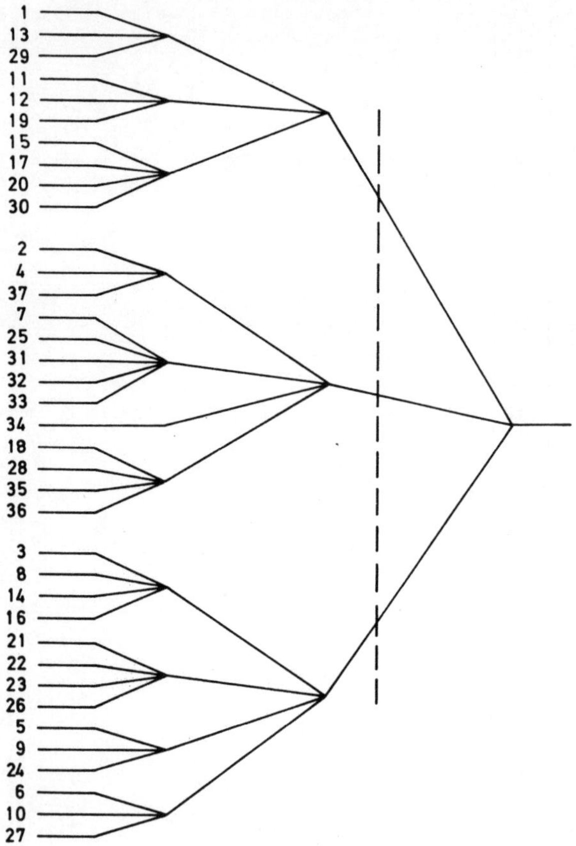

Abbildung 2.9. Dendrogramm als Ergebnis der Gruppierung der Versuchsstationen auf der Basis 4jähriger Mittelwerte ($\Delta = 25$)

Variationsursache	FG	SQ	MQ	$\hat{\sigma}^2$
Orte	36	4053543,5	112598,43	
Jahre	3	1337711,5	445903,82	
Orte × Jahre	108	3592872,0	32267,33	
Sorten	11	379687,4	34517,04	
Sorten × Orte	396	628430,7	1586,95	174,24
Sorten × Jahre	33	525962,10	15938,25	406,71
Sorten × Orte × Jahre	1188	1057310,6	889,99	

Tabelle 2.31. Varianztabelle für die Ergebnisse von Tabelle 2.30.

Tabelle 2.32. Varianztabelle für die Ergebnisse von Tabelle 2.30. für drei Regionen

Variationsursache	Region 1			Region 2			Region 3		
	FG	MQ	$\hat{\sigma}^2$	FG	MQ	$\hat{\sigma}^2$	FG	MQ	$\hat{\sigma}^2$
Orte	13	101267,88		12	136370,87		9	74502,94	
Jahre	3	181349,37		3	136154,69		3	211565,11	
Orte × Jahre	39	25847,80		36	38108,81		27	35972,51	
Sorten	11	6880,51		11	19542,88		11	23871,97	
Sorten × Orte	143	1119,57	49,35	132	1248,27	99,06	99	1274,58	132,60
Sorten × Jahre	33	6613,96	406,56	33	7100,21	480,63	33	5610,30	486,61
Sorten × Orte × Jahre	429	922,16		396	852,03		297	744,18	

len) bezeichnet wurden. In Abb. 2.8. sind die Ergebnisse zu finden. So bedeutet z. B. die Buchstabenfolge NNSN bei Słupia Wielka, daß dieser Ort 1974, 1975 und 1977 zur Klasse N, aber 1976 zur Klasse S zugeordnet wurde.
Anhand dieser Ergebnisse wurden dann die drei Regionen, die in Abbildung 2.8. zu erkennen sind, gebildet. Dabei enthält Region 1 Orte mit vorwiegender Zuordnung zu N, Region 3 Orte mit vorwiegender Zuordnung zu S und Region 2 die übrigen Orte unter der Nebenbedingung, daß die Regionen zusammenhängend sind. Tabelle 2.32. zeigt, daß die Schätzwerte der Varianzkomponente für die Wechselwirkung Sorte × Orte innerhalb der Regionen geringer ist als für das Gesamtmaterial und die Regionenbildung damit effektiv und sinnvoll ist.

2.6. Diallelmodelle

2.6.1. Einfaches Diallelmodell

In der Kreuzungszüchtung können die Beobachtungseinheiten nicht nur einzelne Tiere oder Pflanzen, sondern selbst ganze Populationen (Sorten, Rassen, Stämme, Linien) sein. Diese werden wir als Parentalpopulationen bezeichnen. Bei dieser Betrachtungsweise kann auch innerhalb einer Beobachtungseinheit noch genetische Variabilität vorhanden sein. Weitgehende genetische Homogenität innerhalb einer Parentalpopulation liegt zum Beispiel bei der Verwendung von Inzuchtlinien als Kreuzungseltern vor (s. aber 2.2.6.3.). Wir wollen uns die Verhältnisse zunächst am einfachsten Fall eines Locus diploider Individuen veranschaulichen. Entsprechend Abschn. 2.2. betrachten wir einen Locus A und a Parentalpopulationen. In der i-ten Parentalpopulation mögen die Allele $A_1^{(i)}$, $A_2^{(i)}$, ... vorkommen ($i = 1, \ldots, a$). Kreuzung der i-ten mit der j-ten Parentalpopulation bedeute, daß sich zufällig Gameten aus der i-ten mit Gameten aus der j-ten Parentalpopulation vereinen.

Die Nachkommenschaft besteht dann aus den Genotypen $A_k^{(i)}A_l^{(j)}$. Da unsere Beobachtungseinheiten nicht die einzelnen Genotypen, sondern die gesamten Parentalpopulationen und deren Kreuzungsnachkommenschaften sind, benötigen wir für die Modellierung „mittlere" genetische Parameter, welche die durchschnittlichen genetischen Effekte der Parentalpopulationen beschreiben. Die Beobachtung der einzelnen Allele $A_k^{(i)}$ bzw. Genotypen $A_k^{(i)}A_l^{(j)}$ ist auch praktisch oft unmöglich.
Damit kommen wir zum Begriff der Kombinationseignung. Entsprechend der Aufteilung der genotypischen Abweichung in Alleleffekte und Dominanzabweichung (vgl. Abschnitt 2.2.3.) unterscheiden wir allgemeine und spezifische Kombinationseignung.

Definition 2.13.:
Als allgemeine Kombinationseignung (AKE) (general combining ability) einer Parentalpopulation bezeichnen wir ihren mittleren additiven Effekt in einem Satz von Kreuzungen mit verschiedenen anderen Parentalpopulationen. Sie stellt also einen durchschnittlichen Alleleffekt der Parentalpopulation dar.
Die spezifische Kombinationseignung (SKE) (specific combining ability) zweier Parentalpopulationen ist die Abweichung der Leistung ihrer Kreuzung von dem zu erwartenden Wert, den man bei Annahme reiner Additivität der AKE erhalten würde. Sie hängt nicht davon ab, welche Parentalpopulation als Mutter bzw. als Vater auftritt. Ein eventuell auftretender Unterschied, der durch Vertauschen von Vater und Mutter entsteht, wird als reziproker Effekt bezeichnet.
Entsprechend Modell I bzw. Modell II der Varianzanalyse wollen wir nun zwei Fälle unterscheiden. Im ersten Fall seien die Parentalpopulationen bewußt ausgewählt sowie spezielle Kreuzungen zwischen ihnen ausgeführt. Alle vom Modell abgeleiteten Aussagen beziehen sich auf die konkret ausgewählten Eltern. Im zweiten Falle stellen die Parentalpopulationen eine zufällige Stichprobe aus einer (unendlich) großen Grundgesamtheit (Superpopulation) von Parentalpopulationen dar. Ziel solch eines Versuches ist eine Aussage über die Gesamtheit aller Parentalpopulationen, indem die Gesamtvarianz in Varianzkomponenten zerlegt wird, die den Einflußfaktoren AKE, SKE und reziproken Effekten entsprechen.

2.6.1.1. Modell I (feste Effekte)

Wir betrachten a bewußt ausgewählte Parentalpopulationen P_i ($i = 1, \ldots, a$). Für die k-te Wiederholung einer Kreuzung zwischen P_i und P_j sei der beobachtete phänotypische Wert eines Merkmals $\underline{y}$ mit $\underline{y}_{ijk}$ bezeichnet.

Dann gelte das folgende Modell:

$$\underline{y}_{ijk} = \mu + g_i + g_j + s_{ij} + r_{ij} + \underline{e}_{ijk}; \quad s_{ij} = s_{ji} \tag{2.140}$$

mit

$$E(\underline{e}_{ijk}) = 0, \quad V(\underline{e}_{ijk}) = \sigma^2$$

für alle betrachteten i, j und k.

Hierbei ist

μ – das Gesamtmittel,
g_i – der Effekt der allgemeinen Kombinationseignung der i-ten Parentalpopulation,
s_{ij} – der Effekt der spezifischen Kombinationseignung für die Kreuzung zwischen i-ter und j-ter Parentalpopulation, so daß $s_{ij} = s_{ji}$,
r_{ij} – der Effekt der reziproken Kreuzung zwischen i-ter und j-ter Parentalpopulation,
$\underline{e}_{ijk}$ – der Zufallsfehler, der alle nicht durch AKE, SKE sowie reziproke Effekte erklärbaren Einflüsse erfaßt.

Die $\underline{e}_{ijk}$ seien paarweise unabhängige Zufallsvariable. Das bedeutet unabhängige Beobachtung der Merkmalswerte $\underline{y}_{ijk}$. Der Erwartungswert von $\underline{y}_{ijk}$ sei $E(\underline{y}_{ijk}) = G_{ij}$. Das entspricht dem genotypischen Wert der Kreuzung zwischen P_i und P_j, die wir kurz mit (i, j) bezeichnen. Wegen $E(\underline{e}_{ijk}) = 0$ folgt aus (2.140) unmittelbar $G_{ij} = \mu + g_i + g_j + s_{ij} + r_{ij}$. Dann seien die Effekte in Modellgleichung (2.140) derart definiert, daß nacheinander die folgenden Bedingungen erfüllt sind:

$$\sum_{(i,j)} (G_{ij} - \mu)^2 \to \min,$$

$$\sum_{(i,j)} (G_{ij} - \mu - g_i - g_j)^2 \to \min, \qquad (2.141)$$

$$\sum_{(i,j)} (G_{ij} - \mu - g_i - g_j - s_{ij})^2 \to \min,$$

wobei über alle betrachteten Kreuzungen zu summieren ist. Zunächst sei bemerkt, daß durch diese Bedingungen die Effekte als Minimalpunkt einer konvexen Funktion eindeutig definiert sind. Für das Gesamtmittel ergibt sich einfach $\mu = \frac{1}{N} \sum_{(i,j)} G_{ij}$, wenn N die Anzahl der betrachteten Kreuzungen darstellt. Weiterhin beachte man, daß bei Vorhandensein reziproker Kreuzungen das letzte Minimum i. a. auch wirklich größer Null ist, da i. a. $G_{ij} \neq G_{ji}$, aber $s_{ij} = s_{ji}$ gilt. Es folgt dann $r_{ij} = \frac{1}{2}(G_{ij} - G_{ji})$. Sind reziproke Kreuzungen nicht vorhanden, entfällt in (2.140) der reziproke Effekt r_{ij}, und damit wird in (2.141) die dritte Bedingung überflüssig. Der Definition der Effekte durch (2.141) liegt der Gedanke zugrunde, möglichst viel von der genotypischen Abweichung durch additive Effekte zu erfassen.

2.6.1.2. Modell II (zufällige Effekte)

Wir betrachten eine Population P, welche aus unendlich vielen Parentalpopulationen besteht. Aus der Population P wählen wir zufällig a Parentalpopulationen $\underline{P}_i$ ($i = 1, \ldots, a$) aus. Es sei wieder $\underline{y}_{ijk}$ der Beobachtungswert eines Merkmals $\underline{y}$ für die k-te Wiederholung einer Kreuzung zwischen $\underline{P}_i$ und $\underline{P}_j$. Dann gelte das folgende Modell:

$$\underline{y}_{ijk} = \mu + \underline{g}_i + \underline{g}_j + \underline{s}_{ij} + \underline{r}_{ij} + \underline{e}_{ijk}; \quad \underline{s}_{ij} = \underline{s}_{ji} \tag{2.142}$$

mit

$$E(\underline{g}_i) = E(\underline{s}_{ij}) = E(\underline{r}_{ij}) = E(\underline{e}_{ijk}) = 0$$
$$V(\underline{g}_i) = \sigma_g^2, \quad V(\underline{s}_{ij}) = \sigma_s^2, \quad V(\underline{r}_{ij}) = \sigma_r^2, \quad V(\underline{e}_{ijk}) = \sigma^2$$

für alle i, j und k.

Sämtliche Zufallsvariablen auf der rechten Seite seien paarweise unabhängig. Das bedeutet insbesondere, daß die Parentalpopulationen gegenseitig unverwandt sein müssen. Im Falle eines Locus hieße das gerade, daß die Allele $A_k^{(i)}$ von den Allelen $A_l^{(j)}$ herkunftsverschieden sind für $i \neq j$. Die Effekte in (2.142) haben die gleiche inhaltliche Bedeutung wie in (2.140), nur das sie jetzt wegen der zufälligen Auswahl der Eltern Zufallsvariable darstellen. Deshalb interessieren auch deren konkrete Realisierungen weniger, sondern vor allem deren Varianzen als Komponenten der Gesamtvarianz $V(\underline{y}_{ijk})$. Wichtigste Aufgabe einer Analyse nach Modell II ist somit die erwartungstreue Schätzung der Varianzkomponenten. Grundlage jeglichen Schätzverfahrens ist der Kreuzungsplan, nach welchem die ausgewählten Parentalpopulationen miteinander kombiniert werden. Der umfangreichste Plan ist das vollständige Diallel, ein Kreuzungsplan, der entsprechend einer (axa)-Matrix alle a^2 Kreuzungen der a Parentalpopulationen umfaßt. Der Begriff Diallel selbst wurde von SCHMIDT (1919) im Zusammenhang mit der Prüfung des allgemeinen Zuchtwertes von Elternlinien eingeführt. GRIFFING (1956) unterscheidet drei weitere Kreuzungspläne.
Für die Eltern nehmen wir ebenfalls Modellgleichung (2.140) bzw. (2.142) an. Dabei wird $\underline{s}_{ii}$ aus rein formalen Gründen eingeführt, biologisch hat es wenig Sinn, von der spezifischen Kombinationseignung einer Elternlinie zu sprechen. Die $\underline{s}_{ii}$ stellen lediglich die Abweichung der mittleren Leistung einer Parentalpopulation von dem durch ihre allgemeine Kombinationseignung erklärbaren Wert $\mu + \underline{g}_i + \underline{g}_i = \mu + 2\underline{g}_i$ dar. Diese Abweichung ist in der Regel tatsächlich von Null verschieden, da die allgemeine Kombinationseignung einer Elternlinie nicht nur durch ihre eigene Leistung, sondern vor allem durch ihr Wirken in den Kombinationen mit allen anderen Linien bestimmt wird. Der formale reziproke Effekt $\underline{r}_{ii}$ ist stets gleich Null.

Abschließend betrachten wir die Kovarianzstruktur des Vektors aller Beobachtungen $\underline{y}_{ijk}$ unter der Annahme von Modell II. Aus (2.142) folgt für die Varianzen der Beobachtungen

$$V(\underline{y}_{iik}) = 4\sigma_g^2 + \sigma_s^2 + \sigma_r^2 + \sigma^2,$$
$$V(\underline{y}_{ijk}) = 2\sigma_g^2 + \sigma_s^2 + \sigma_r^2 + \sigma^2 \qquad (i \neq j),$$

für die Kovarianzen zwischen Vollgeschwistern

$$\mathrm{cov}(\underline{y}_{iik}, \underline{y}_{iik'}) = 4\sigma_g^2 + \sigma_s^2 + \sigma_r^2 \qquad (k \neq k'),$$
$$\mathrm{cov}(\underline{y}_{ijk}, \underline{y}_{ijk'}) = 2\sigma_g^2 + \sigma_s^2 + \sigma_r^2 \qquad (i \neq j,\ k \neq k'),$$

für die Kovarianzen zwischen Halbgeschwistern

$$\mathrm{cov}(\underline{y}_{iik}, \underline{y}_{ii'k'}) = 2\sigma_g^2 \qquad (i \neq i')$$
$$\mathrm{cov}(\underline{y}_{ijk}, \underline{y}_{ij'k'}) = \sigma_g^2 \qquad (i \neq j, i \neq j', j \neq j'),$$

sowie für die Kovarianz zwischen Unverwandten

$$\mathrm{cov}(\underline{y}_{ijk}, \underline{y}_{i'j'k'}) = 0 \qquad (i \neq i', i \neq j', j \neq i', j \neq j').$$

Die durch die Eltern verursachte Varianz ist bei gesicherter allgemeiner Kombinationseignung größer als die durch ihre Kreuzungsnachkommenschaften verursachte Varianz. Entsprechendes gilt für die Kovarianzen. Dieser wesentliche Unterschied zum einfachen populationsgenetischen Modell entsteht vor allem dadurch, daß im Modell (2.142) Zufallsabweichungen $\underline{Z}_v$ bzw. $\underline{Z}_M$ bei der Meiose nicht berücksichtigt werden. Ein weiterer Unterschied zum EPM liegt in der Gleichberechtigung der Eltern, unabhängig vom Geschlecht. Es gibt keine hierarchische Klassifikation von Müttern innerhalb der Väter. Der wichtigste Unterschied zum EPM dürfte aber der folgende sein. Die Kreuzungsnachkommenschaften der Parentalpopulationen $\underline{P}_i$ und $\underline{P}_j$ gehören nicht mehr zur ursprünglich betrachteten Population P. Sie stellen etwas Neues dar. Weiterhin ist die Wiederverwendung dieser Nachkommenschaft als Eltern im Modell nicht vorgesehen. Deshalb wird vor allem die Diallelanalyse in der Hybridzüchtung angewendet.

2.6.2. Diallelmodell unter Einbeziehung mehrerer Umwelten

Bei der Modellierung und Auswertung eines Diallels als einzelnes Experiment erhält man die Ergebnisse unter den aktuellen Bedingungen des Versuches. Um den Aussagebereich nicht nur auf eine konkrete Umwelt zu beschränken, werden gleiche Experimente in verschiedenen Umwelten durchgeführt. Das können z. B. in der Tierzüchtung unterschiedliche Haltungsformen oder in der Pflanzenzüchtung verschiedene Orte sein. Analysiert man eine derartige Serie von Diallelen über mehrere Umwelten, so erhält man einerseits Aussagen über die Kombinationseignung, die weitgehend frei von Umwelteinflüssen sind, andererseits über die Wechselwirkung mit der Umwelt. Es sei darauf hingewiesen, daß es sich hier i. a. nicht um eine Wechselwirkung zwischen Genotyp und Umwelt handelt, da unsere Beobachtungseinheiten nicht einzelne Pflanzen oder Tiere sind, sondern ganze Linien oder Rassen oder dergleichen. Es handelt sich streng genommen um eine Wechselwirkung zwischen der Kombinationseignung einer Parentalpopulation und der Umwelt.
Wir betrachten nun wieder eine (unendliche) Population P, aus der wir zufällig a Parentalpopulationen $\underline{P}_1, \ldots, \underline{P}_a$ auswählen. Weiterhin wählen wir aus einer (unendlich) großen Menge von Umwelten p Umwelten $\underline{U}_1, \ldots, \underline{U}_p$ zufällig aus. Dann sei $\underline{y}_{ijkl}$ der Beobachtungswert eines Merkmals $\underline{y}$ für die Kreuzung zwischen $\underline{P}_i$ und $\underline{P}_j$ in der k-ten Umwelt in der l-ten Wiederholung. Es gelte das folgende Modell:

$$\underline{y}_{ijkl} = \mu + \underline{g}_i + \underline{g}_j + \underline{s}_{ij} + \underline{r}_{ij} + \underline{p}_k + \underline{gp}_{ik} + \underline{gp}_{jk} + \underline{sp}_{ijk} + \underline{rp}_{ijk} + \underline{e}_{ijkl} \qquad (2.143)$$
$$\underline{s}_{ij} = \underline{s}_{ji}, \underline{sp}_{ijk} = \underline{sp}_{jik}$$

mit

$$E(\underline{g}_i) = E(\underline{s}_{ij}) = \ldots = E(\underline{rp}_{ijk}) = E(\underline{e}_{ijkl}) = 0,$$

$$V(\underline{g}_i) = \sigma_g^2,\ V(\underline{s}_{ij}) = \sigma_s^2,\ V(\underline{r}_{ij}) = \sigma_r^2,\ V(\underline{p}_k) = \sigma_p^2,\ V(\underline{gp}_{ik}) = \sigma_{gp}^2,$$

$$V(\underline{sp}_{ijk}) = \sigma_{sp}^2,\ V(\underline{rp}_{ijk}) = \sigma_{rp}^2,\ V(\underline{e}_{ijkl}) = \sigma^2$$

für alle i, j, k und l.

Die Parameter der rechten Seite der Modellgleichung seien (bis auf μ) paarweise unabhängige Zufallsvariable.
Im einzelnen haben sie folgende Bedeutung:

μ – Gesamtmittel der Versuchsserie
$\underline{g}_i$ – allgemeine Kombinationseignung der Parentalpopulation $\underline{P}_i$
$\underline{s}_{ij}$ – spezifische Kombinationseignung der Kreuzung $(\underline{P}_i, \underline{P}_j)$,
$\underline{r}_{ij}$ – reziproker Effekt der Kreuzung $(\underline{P}_i, \underline{P}_j)$
$\underline{p}_k$ – Effekt der k-ten Umwelt,
$\underline{gp}_{ik}$ – Wechselwirkungseffekt der k-ten Umwelt auf die allgemeine Kombinationseignung der i-ten Parentalpopulation,
$\underline{sp}_{ijk}$ – Wechselwirkungseffekt der k-ten Umwelt auf die spezifische Kombinationseignung der Kreuzung zwischen $\underline{P}_i$ und $\underline{P}_j$,
$\underline{rp}_{ijk}$ – Wechselwirkungseffekt der k-ten Umwelt auf den reziproken Effekt der Kreuzung zwischen $\underline{P}_i$ und $\underline{P}_j$,
$\underline{e}_{ijkl}$ – Zufallsfehler der Beobachtung $\underline{y}_{ijkl}$.

Wir haben hier das Modell für den Fall zufälliger Eltern und zufälliger Umwelten angegeben. Damit erstreckt sich der Aussagebereich z. B. auf ein ganzes Anbaugebiet, wenn die einbezogenen Umwelten repräsentative Orte dieses Gebietes darstellen.

Ebenso sind Modelle mit festen Eltern und festen Umwelten sowie gemischte Modelle (z. B. feste Eltern, zufällige Umwelten) denkbar. Alle diese Modelle kann man als Grenzfälle eines allgemeineren Modells, welches endliche Stufengesamtheiten voraussetzt, erhalten. Für die hier betrachteten Serien dialleler Kreuzungen verweisen wir dazu auf Pröseler (1985).

2.7. Maße für Inzucht und Verwandtschaft

Der Grad der Inzucht bei der Verpaarung von verwandten Tieren ist wesentlich vom Verwandtschaftsverhältnis der Paarungspartner abhängig.

Definition 2.14.:
Ein Individuum ist ingezüchtet, wenn die Eltern einen oder mehrere gemeinsame Ahnen besitzen. Als Maß für den Inzuchtgrad dient der von Wright (1921) eingeführte Inzuchtkoeffizient.

$$F_X = \sum_{i=1}^{n} \left(\frac{1}{2}\right)^{n_{1_i} + n_{2_i} + 1} (1 + F_{A_i}), \tag{2.144}$$

wobei

n_{1_i} – Anzahl der Generationen vom Vater zum i-ten Ahnen
n_{2_i} – Anzahl der Generationen von der Mutter zum i-ten Ahnen
F_{A_i} – Inzuchtkoeffizient des i-ten Ahnen

ist.

Bei der Anwendung dieser Formel ist zu beachten, daß sich n auf die Anzahl der sich gegenseitig ausschließenden Verbindungen zwischen den Eltern über gemeinsame Ahnen des Probanden bezieht. In komplizierten Fällen kann es über einen Ahnen durchaus mehrere unabhängige Verbindungen zwischen den Eltern geben, so daß die Anzahl der Verbindungen größer ist als die Zahl der gemeinsamen Ahnen. Der gleiche Vorfahre geht dann mit seinem Inzuchtkoeffizienten mehrmals in die Berechnung ein.
Der Inzuchtkoeffizient wurde von WRIGHT als die Korrelation zwischen den additiven genotypischen Werten der männlichen und weiblichen Gameten definiert, die sich zur Zygote vereinigen. Er wird von MALECOT (1948) bei Diploiden als die Wahrscheinlichkeit interpretiert, daß die zwei Allele eines locusbezogenen Genotyps des ingezüchteten Tieres abstammungsgleich sind. Abstammungsgleich heißt, daß die beiden Allele Kopien ein und desselben Allels von einem gemeinsamen Vorfahren sind. Neben durch abstammungsgleiche Allele erzeugter Homozygotie gibt es die nicht durch Inzucht entstandene Homozygotie, von der wir in den vorhergehenden Abschnitten über Panmixie gesprochen haben. Die beiden Allele werden in diesem Fall als nur wirkungsgleich bezeichnet. Natürlich haben auch abstammungsgleiche Allele gleiche Wirkung, sie sind also sowohl abstammungs- als auch wirkungsgleich. Andererseits haben streng genommen auch wirkungsgleiche Allele den gleichen Ursprung, wenn man die gesamte Evolution der entsprechenden Art in die Betrachtung einbezieht. Eine Ausnahme bilden nur die Parallelmutationen. Für den Inzuchtgrad wird aber die Abstammungsgleichheit der Allele nur für die Anzahl der in die Formel von F_X einbezogenen Generationen berücksichtigt.
Die Verbindungen in Formel (2.144) geben die möglichen Übertragungswege für die abstammungsgleichen Allele an. Sie können sehr gut einem Pfaddiagramm entnommen werden, das anhand der Ahnentafel aufgestellt wird.

Beispiel 2.5.:
In Abbildung 2.10. ist der Stammbaum eines Individuums X angegeben, von dessen Vorfahren wir voraussetzen, daß sie nicht ingezüchtet sind. Der Berechnung liegt das Pfaddiagramm der Abbildung 2.10. und die Hilfstabelle 2.33. zugrunde. Es ergibt sich $F_X = 0{,}305$.
Der Inzuchtkoeffizient erlaubt in Abhängigkeit von der Betrachtungsweise verschiedene Interpretationen. Die erste ist als die Wahrscheinlichkeit der Identität der beiden Allele eines Genortes des ingezüchteten Individuums bereits erwähnt worden. Betrachtet man alle Loci des Individuums, so ist er der Erwar-

tungswert des Anteiles der Loci, die durch abstammungsgleiche Allele infolge der Inzucht homozygot geworden sind. Damit wird gleichzeitig die erwartete relative Abnahme der Heterozygotie des Individuums zum Ausdruck gebracht. Da es sich bei der Zunahme der Homozygotie um einen Erwartungswert handelt, kann es beim einzelnen Individuum zu erheblichen Abweichungen kommen. Die erwartete Abnahme trifft demnach nur im Mittel einer großen Gruppe von Individuen mit gleichem Inzuchtgrad annähernd zu.

Eine weitere Interpretationsmöglichkeit bezieht sich auf die Betrachtung eines bestimmten Locus aller Individuen einer Population. Hier ist der Inzuchtkoeffizient der erwartete Anteil von Individuen mit abstammungsgleichen Allelen.

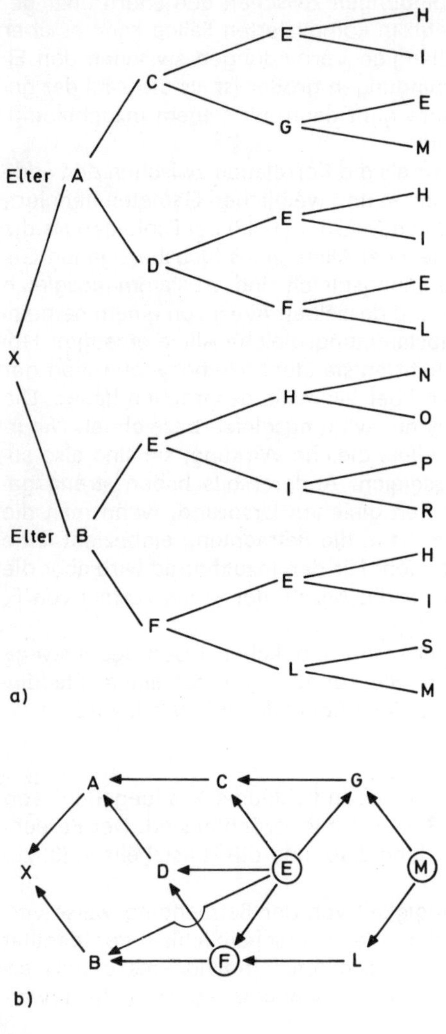

Abbildung 2.10. Ahnentafel (a) und Pfaddiagramm (b) eines ingezüchteten Individuums X mit mehreren gemeinsamen Ahnen (gleiche Buchstaben entsprechen gleichen Individuen)

Tabelle 2.33 Berechnung des Inzuchtkoeffizienten für das Individuum X Abb. 2.10

	n_{1_i}	n_{2_i}	F_{A_i}	$\left(\frac{1}{2}\right)^{n_{1_i}+n_{2_i}+1}(1+F_{A_i})$
A – C – [E] – B	2	1	0	$\left(\frac{1}{2}\right)^4=\frac{8}{128}$
A – C – G – [E] – B	3	1	0	$\left(\frac{1}{2}\right)^5=\frac{4}{128}$
A – D – [E] – B	2	1	0	$\left(\frac{1}{2}\right)^4=\frac{8}{128}$
A – D – [E] – F – B	2	2	0	$\left(\frac{1}{2}\right)^5=\frac{4}{128}$
A – C – G – [E] – F – B	3	2	0	$\left(\frac{1}{2}\right)^6=\frac{2}{128}$
A – C – [E] – F – B	2	2	0	$\left(\frac{1}{2}\right)^5=\frac{4}{128}$
A – D – [F] – B	2	1	0	$\left(\frac{1}{2}\right)^4=\frac{8}{128}$
A – C – G – [M] – L – F – B	3	3	0	$\left(\frac{1}{2}\right)^7=\frac{1}{128}$
				$F_x=\frac{39}{128}=0{,}305$

Sofern es sich um quantitative Merkmale handelt, ist in züchterischer Hinsicht die relative Zunahme der Homozygotie der Loci eines Individuums von Bedeutung, während die Interpretationen bezüglich des Zustandes eines Locus für die Analyse der Vererbung qualitativer Merkmale von größerem Interesse ist.

Ein Maß für den Verwandtschaftsgrad zweier Individuen ist der ebenfalls von Wright eingeführte Verwandtschaftskoeffizient. Er gibt im Gegensatz zum Inzuchtkoeffizienten die Korrelation zwischen den additiven genotypischen Werten zweier Individuen wieder.

Man unterscheidet zwischen kollateraler und direkter Verwandtschaft. Während der kollaterale Verwandtschaftskoeffizient den Grad der genetischen Ähnlichkeit von zwei Individuen mit gemeinsamen Ahnen widerspiegelt, bringt der direkte Verwandtschaftskoeffizient den Grad der genetischen Übereinstimmung zwischen einem Nachkommen und einem seiner Ahnen zum Ausdruck.

Zuerst soll der kollaterale Verwandtschaftskoeffizient betrachtet werden. Die Ähnlichkeit zwischen den Individuen beruht auf abstammungsgleichen Allelen, die von gemeinsamen Ahnen stammen, weshalb die Berechnung des Verwandtschaftskoeffizienten gewisse Parallelen zur Ermittlung des Inzuchtkoeffizienten zeigt.

Definition 2.15.:
Der kollaterale Verwandtschaftskoeffizient R zwischen den Individuen X und Y ist durch

$$R_{XY} = \frac{\sum_{i=1}^{n} \left(\frac{1}{2}\right)^{n_{1_i} + n_{2_i}} (1 + F_{A_i})}{\sqrt{(1 + F_X)(1 + F_Y)}} \tag{2.145}$$

mit folgenden Symbolen gegeben:

n_{1_i} – Anzahl der Generationen zwischen dem Individuum X und dem i-ten gemeinsamen Ahnen
n_{2_i} – Anzahl der Generationen zwischen dem Individuum Y und dem i-ten gemeinsamen Ahnen
F_{A_i} – Inzuchtkoeffizient des i-ten gemeinsamen Ahnen
F_X – Inzuchtkoeffizient von X
F_Y – Inzuchtkoeffizient von Y

Sind die Individuen X und Y Eltern des ingezüchteten Nachkommen Z, so folgt aus (2.144) und (2.145) sofort zwischen dem Inzuchtkoeffizienten F_Z und dem Verwandtschaftskoeffizienten der Eltern die Beziehung:

$$F_Z = \frac{1}{2} R_{XY} \sqrt{(1 + F_X)(1 + F_Y)}\ .$$

Falls die Eltern nicht ingezüchtet sind ($F_X = F_Y = 0$), beträgt der Inzuchtkoeffizient des Nachkommen die Hälfte des Verwandtschaftskoeffizienten der Eltern. Das läßt sich auch leicht aus der Übertragungsweise der Allele von den Eltern auf die Nachkommen erklären.
Der direkte Verwandtschaftsgrad zwischen einem Nachkommen X und einem seiner Ahnen (A) läßt sich im Prinzip ebenfalls nach der Formel (2.145) berechnen, wenn man $(n_{1_i} + n_{2_i}) = n_{0_i}$ setzt und damit den in Generationen gemessenen Abstand zwischen dem Nachkommen und seinem Ahnen in der i-ten Verbindung bezeichnet. Die Anzahl der Verbindungen sei wieder mit n benannt. Im Nenner der Formel ist F_Y durch F_A zu ersetzen, da der Verwandtschaftsgrad zwischen X und A gemessen werden soll. Berücksichtigt man weiterhin, daß bei mehrfachen Verbindungen F_A bei dieser Form der Verwandtschaft konstant bleibt, da es sich immer um den gleichen Ahnen handelt und somit der Index wegfällt, wird (2.145) im Falle der direkten Verwandtschaft zu

$$R_{XA} = \frac{(1 + F_A) \sum_{i=1}^{n} \left(\frac{1}{2}\right)^{n_{0_i}}}{\sqrt{(1 + F_X)(1 + F_A)}}\ ,$$

woraus man durch Umformung

$$R_{XA} = \sqrt{\frac{1 + F_A}{1 + F_X}} \sum_{i=1}^{n} \left(\frac{1}{2}\right)^{n_{0_i}}$$

erhält.

Als ein weiteres Maß für die Verwandtschaft ist der von MALECOT (1948) eingeführte Abstammungskoeffizient anzusehen. Er ist die Wahrscheinlichkeit für die Abstammungsgleichheit von zwei Allelen, die zufällig am gleichen Locus von zwei Individuen betrachtet werden. Nimmt man die Individuen X und Y, die an einem bestimmten Locus die Allele a und b bzw. c und d tragen, so ergeben sich bei zufälliger Betrachtung von je einem Allel beider Individuen vier mögliche Kombinationen mit gleichen Wahrscheinlichkeiten. Der Abstammungskoeffizient r_{XY} von X und Y ergibt sich aus der durchschnittlichen Abstammungsgleichheit der möglichen Allelkombinationen

$$r_{XY} = \frac{1}{4} [P(a = c) + P(a = d) + P(b = c) + P(b = d)] \quad (2.146).$$

Nach dieser Definition entspricht der Abstammungskoeffizient von X und Y dem Inzuchtkoeffizienten eines beliebigen gemeinsamen Nachkommen beider Eltern. Für den Nachkommen Z gilt somit

$$r_{XY} = F_Z.$$

Die Anwendung des Abstammungskoeffizienten wird zur Kontrolle der Inzucht in kleinen Populationen empfohlen, da er eine einfache Darstellung der verwandtschaftlichen Beziehungen zwischen den Generationen erlaubt. Der Abstammungskoeffizient zwischen zwei Individuen entspricht dem Mittel aus den Koeffizienten, die sich aus den im allgemeinen vier Eltern zweier Individuen ergeben. Sind A und B die Eltern von X sowie C und D die Eltern von Y (Abb. 2.12.), folgt daraus:

$$r_{XY} = \frac{1}{4} (r_{AC} + r_{AD} + r_{BC} + r_{BD}) \quad (2.147).$$

Formal ist auch eine Definition des Abstammungskoeffizienten eines Individuums mit sich selbst möglich. Sind a und b die Allele des Individuums an einem Genort, so ist der Abstammungskoeffizient dieses Individuums X

$$r_{XX} = \frac{1}{2} [P(a = a) + P(a = b)] \quad (2.148).$$

Da die Wahrscheinlichkeit der Abstammungsgleichheit eines Allels mit sich selbst 1 ist und die Wahrscheinlichkeit, daß a und b abstammungsgleich sind, dem Inzuchtkoeffizienten des Tieres entspricht, erhält man

$$r_{XX} = \frac{1}{2} (1 + F_X) \quad (2.149).$$

Entsprechend der Definition ist diese Größe auch der Inzuchtkoeffizient eines Nachkommen von X, der durch Selbstbefruchtung entstanden ist.

Weiterhin gilt, daß der Abstammungskoeffizient zweier Individuen gleich dem Mittel der Koeffizienten des einen Individuums und dem der Eltern des anderen Individuums ist. Diese Beziehung wird für die Berechnung des Abstammungskoeffizienten zwischen Eltern und ihrem direkten Nachkommen benötigt. Für die

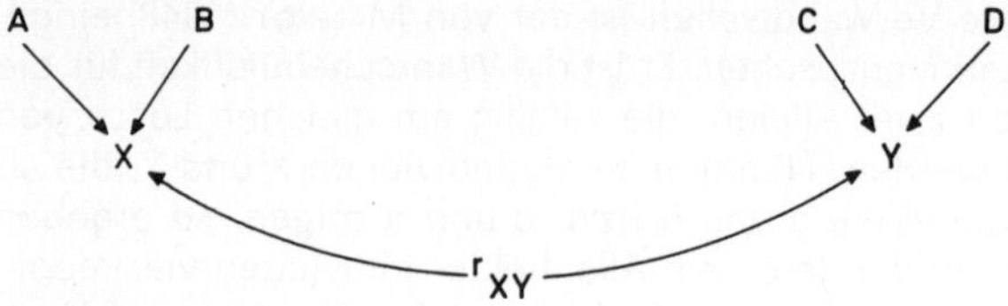

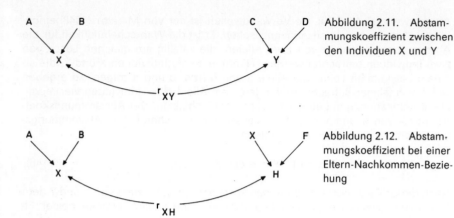

Abbildung 2.11. Abstammungskoeffizient zwischen den Individuen X und Y

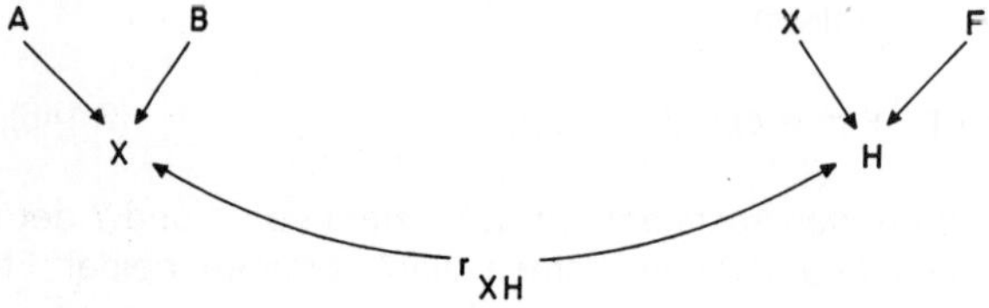

Abbildung 2.12. Abstammungskoeffizient bei einer Eltern-Nachkommen-Beziehung

Verwandtschaftsverhältnisse der Individuen nach Abbildung 2.11. ergibt sich daraus

$$r_{XY} = \frac{1}{2}(r_{XX} + r_{CD}) = \frac{1}{2}(r_{AB} + r_{YY}).$$

Notwendig ist diese Beziehung beispielsweise für die Berechnung von r_{XH} nach Abbildung 2.12.

$$r_{XH} = \frac{1}{2}(r_{XX} + r_{XF}).$$

2.8. Die wichtigsten Populationsparameter

Populationsparameter sind stets nur in Zusammenhang mit einem Modell definiert.

Wie für das einfache populationsgenetische Modell nach Definition 2.11 demonstriert wurde, besteht ein Modell aus Modellgleichungen (z. B. (2.105), (2.106), (2.107)) und aus Voraussetzungen über die gemeinsame Verteilung aller in den Modellgleichungen auftretenden Zufallsvariablen. Die Parameter dieser Verteilung und daraus abgeleitete Größen heißen Modellparameter oder Populationsparameter.

Bisher haben wir Modelle vorwiegend für ein Merkmal betrachtet. In den Anwendungen sind aber stets mehrere Merkmale gleichzeitig züchterisch zu bearbeiten. Wir müssen daher Modelle für mehrdimensionale Beobachtungen definieren. Das bedeutet, daß man nun neben den Parametern der eindimensionalen Komponenten z. B. auch die Kovarianzen zu den Modellparametern zählen muß. Wir beschränken uns hier auf die mehrdimensionale Erweiterung des EPM nach Definition 2.11. und geben die

Definition 2.17.:
Es seien $\underline{y}_1, \underline{y}_2, \ldots, \underline{y}_r$ r Merkmale, die wir als Merkmalsvektor $\underline{\mathfrak{y}}' = (\underline{y}_1, \ldots, \underline{y}_r)$ schreiben. Jede Komponente folge dem EPM der Definition 2.11.
Für jedes $\underline{y}_j$ gilt damit analog zu (2.105)

$$\underline{y}_{ji} = \mu_j + \underline{g}_{ji} + \underline{u}_{ji} \quad \begin{matrix}(j = 1, \ldots, r)\\(i = 1, \ldots, n)\end{matrix} \tag{2.150}$$

bzw. unabhängig von der Nummer i des beobachteten Individuums

$$\underline{y}_j = \mu_j + \underline{g}_j + \underline{u}_j \tag{2.151},$$

und die Größen in (2.106) nennen wir σ^2_{gj} bzw. σ^2_{uj}.

Der Vektor $\begin{pmatrix}\underline{\mathfrak{g}}\\\underline{\mathfrak{u}}\end{pmatrix}$ mit $\underline{\mathfrak{g}}' = (\underline{g}_1, \ldots, \underline{g}_r)$ bzw. $\underline{\mathfrak{u}}' = (\underline{u}_1, \ldots, \underline{u}_r)$ soll 2r-dimensional (nichtsingulär) normalverteilt sein (siehe hierzu z. B. Rasch 1989). Außerdem sollen $\underline{\mathfrak{g}}$ und $\underline{\mathfrak{u}}$ unabhängig sein. Unter all diesen Voraussetzungen sagen wir, für den Vektor $\underline{\mathfrak{y}}' = (\underline{y}_1, \ldots, \underline{y}_r)$ gelte das einfache populationsgenetische Modell, das auch kurz EPM genannt wird.
Aus Definition 2.17. folgt

$$E(\underline{\mathfrak{y}}) = \mu \tag{2.152}$$

mit $\mu' = (\mu_1, \ldots, \mu_r)$,

$$E\left[\begin{pmatrix}\underline{\mathfrak{g}}\\\underline{\mathfrak{u}}\end{pmatrix}\right] = O_{2r},$$

$$V\left[\begin{pmatrix}\underline{\mathfrak{g}}\\\underline{\mathfrak{u}}\end{pmatrix}\right] = \begin{pmatrix}G & O_{r,r}\\ O_{r,r} & U\end{pmatrix} \tag{2.153}$$

sowie

$$V(\underline{\mathfrak{y}}) = G + U = P \tag{2.154}.$$

Definition 2.18.:
Die Matrix

$$G = (\mathrm{cov}(\underline{g}_j \underline{g}_k)) = (\sigma_{gjk}) \quad j, k = 1, \ldots, r$$

in (2.153) heißt genetische Kovarianzmatrix, die σ_{gjk} heißen genetische Kovarianzen (für j = k genetische Varianzen). Die Matrix

$$P = (\mathrm{cov}(\underline{y}_j, \underline{y}_k)) = (\sigma_{pjk}) = (\sigma_{yjk}) \quad j, k = 1, \ldots, r$$

in (2.154) heißt phänotypische Kovarianzmatrix, die σ_{pjk} heißen phänotypische Kovarianzen (für j = k phänotypische Varianzen).
Mit

$$\sigma_{gjj} = \sigma^2_{gj}, \ \sigma_{pjj} = \sigma^2_{pj}, \ U = (\sigma_{ujk})$$

und

$$\sigma_{ujj} = \sigma^2_{uj}$$

heißt

$$\varrho_{gjk} = \frac{\sigma_{gjk}}{\sigma_{gj}\,\sigma_{gk}} \qquad (2.155)$$

der genetische Korrelationskoeffizient zwischen dem Merkmal j und dem Merkmal k. Analog dazu heißt

$$\varrho_{pjk} = \frac{\sigma_{pjk}}{\sigma_{pj}\,\sigma_{pk}} \qquad (2.156)$$

der phänotypische Korrelationskoeffizient und

$$\varrho_{ujk} = \frac{\sigma_{ujk}}{\sigma_{uj}\,\sigma_{uk}} \qquad (2.157)$$

der Umweltkorrelationskoeffizient.

Ferner heißt

$$h_j^2 = \frac{\sigma_{gj}^2}{\sigma_{pj}^2} = \frac{\sigma_{gj}^2}{\sigma_{gj}^2 + \sigma_{uj}^2} \qquad (2.158)$$

der Heritabilitätskoeffizient des Merkmals j.

Wenn die n Individuen in (2.150) verwandt sind oder sich andere Formen der Abhängigkeit zwischen den Beobachtungen ergeben, wird der Sachverhalt komplizierter und es kann die Einbeziehung weiterer Parameter wie z. B. der in 2.7. definierten Inzucht- und Verwandtschaftsmaße erforderlich sein. Wie die Verwandtschaftsstruktur zur Schätzung der hier definierten Parameter verwendet wird, ist in Kapitel 4. beschrieben worden.

2.9. Markowketten

In diesem Kapitel traten Gene und Genome und andere variable genetische Größen auf, die wir als Zufallsvariable aufgefaßt haben. Ihre Realisationen waren dadurch gekennzeichnet, daß sie mit gewissen Wahrscheinlichkeiten ineinander überführt werden. So können sich die Allele eines Gens durch Mutation ineinander umwandeln, die Wahrscheinlichkeiten für den Übergang von einem Zustand in einen anderen sind die Mutationsraten. Liegt für ein Gen $\underline{A}$ zweifache Allelie vor und sind A_1 und A_2 die beiden Allele und ist p_{12} die Mutationsrate für die Mutation von A_1 in A_2 und p_{21} die Übergangswahrscheinlichkeit von A_2 zu A_1 (pro Zeiteinheit), so lassen sich die Allelwahrscheinlichkeiten nach einer Zeiteinheit mit Hilfe folgender Matrix T der Übergangswahrscheinlichkeiten berechnen:

$$T = \begin{pmatrix} 1-p_{12} & p_{12} \\ p_{21} & 1-p_{21} \end{pmatrix}.$$

Dabei ist $1 - p_{12} = p_{11}$ die Wahrscheinlichkeit dafür, daß das Allel A_1 nicht mutiert, und analog ist $1 - p_{21} = p_{22}$ definiert. Die Matrix T hat die Eigenschaft, daß ihre Zeilensummen gleich 1 sind. Sind $p = P(\underline{A} = A_1)$ und $q = P(\underline{A} = A_2)$ die Allelwahrscheinlichkeiten, so ist der Vektor der Allelwahrscheinlichkeiten p', q' nach einer Zeiteinheit bei Mutation mit der Übergangsmatrix T durch

$$\begin{pmatrix} p' \\ q' \end{pmatrix} = (p, q)\, T$$

gegeben, d. h. es gilt

$$p' = p(1 - p_{12}) + qp_{21}$$

und

$$q' = p \cdot p_{12} + q(1 - p_{21}).$$

Um die Allelwahrscheinlichkeiten p'', q'' nach einer weiteren Zeiteinheit zu erhalten, müßte man

$$\begin{pmatrix} p'' \\ q'' \end{pmatrix} = (p', q')\, T = (p, q)\, T \cdot T$$

berechnen usw.. Hierfür ist maßgebend, daß die Mutationsraten für alle Zeiteinheiten gleich sind und unabhängig davon waren, in welchem Zustand sich das System in den vorhergehenden Zeiteinheiten befand. Wir wollen diesen Sachverhalt allgemeiner formulieren und annehmen, ein System könne k verschiedene Zustände Z_i $(i = 1, \ldots, k)$ annehmen.
Zu einem bestimmten Zeitpunkt t_0 sei die Wahrscheinlichkeit dafür, daß der Zustand Z_i auftritt $p_i^{(0)}$ $(i = 1, \ldots, k)$, wobei $\sum_{i=1}^{k} p_i^{(0)} = 1$ ist. Im folgenden teilen wir einige klassische Ergebnisse über Markowketten mit.

Definition 2.10.:
Eine endliche Menge $Z_1^{(t)}, \ldots, Z_k^{(t)}$ von k Zuständen werde in aufeinanderfolgenden Zeiteinheiten $t = 0, 1, 2, \ldots$ betrachtet, von Zeiteinheit t zu Zeiteinheit t + 1 möge der Zustand Z_j mit der Wahrscheinlichkeit $p_{jl}^{(t+1)} \geq 0$ in den Zustand Z_l überführt werden.
Sind die $p_{jl}^{(t)}$ für alle t unabhängig von dem Zustand des Systems $Z_1^{(t)}, \ldots, Z_k^{(t)}$ in den Zeitpunkten $t-1, t-2, t-3, \ldots$, so bildet die Folge der $Z_1^{(t)}, \ldots, Z_k^{(t)}$ eine Markowsche Kette. Speziell spricht man von einer homogenen Markowschen Kette, wenn die sogenannten Übergangswahrscheinlichkeiten von t unabhängig sind, d. h. wenn

$$p_{jl}^{(t)} = p_{jl} \quad (t = 0, 1, 2, \ldots), \qquad \sum_{l=1}^{k} p_{jl} = 1$$

gilt. Wir betrachten hier ausschließlich homogene Markowsche Ketten und nennen sie kurz Markowketten.
Die Matrix T der Übergangswahrscheinlichkeiten einer Markowkette

$$T = \begin{pmatrix} p_{11}, & \dots, & p_{1k} \\ \vdots & & \\ p_{k1}, & \dots, & p_{kk} \end{pmatrix}, \quad \sum_{l=1}^{k} p_{jl} = 1, \quad j = 1, \dots, k \tag{2.159}$$

heißt stochastische Matrix oder Übergangsmatrix.
Wir bezeichnen mit $p_{jl}^{(n)}$ die Wahrscheinlichkeit dafür, daß nach n Zeiteinheiten der Zustand Z_j in den Zustand Z_l überführt wird,

(d. h., daß $Z_j^{(t)}$ in $Z_l^{(t+n)}$ übergeht).

Eine Menge $M \subset \{Z_1, \dots, Z_k\}$ heißt abgeschlossen, falls jeder Zustand in M durch jeden Zustand in M erreicht werden kann, d. h. wenn die Übergangswahrscheinlichkeiten zwischen allen Elementen von M positiv sind.
Besteht eine abgeschlossene Menge aus genau einem Zustand Z_l, dann heißt Z_l absorbierender Zustand.
Es folgt sofort, daß für einen absorbierenden Zustand Z_l notwendig und hinreichend ist, daß $p_{ll} = 1$ gilt.

Satz 2.9.:
Die Matrix der Wahrscheinlichkeiten $p_{jl}^{(n)}$ ist für jedes $n \geq 1$ durch

$$T_n = \begin{pmatrix} p_{11}^{(n)}, & \dots, & p_{1k}^{(n)} \\ \vdots & & \\ p_{k1}^{(n)}, & \dots, & p_{kk}^{(n)} \end{pmatrix} = \underbrace{T \cdot T \dots \cdot T}_{\text{n mal}} = T^n \tag{2.160}$$

gegeben.

Satz 2.10.:
Sind für ein bestimmtes $r > 0$ die Elemente wenigstens einer Spalte von T_r sämtlich ungleich Null, d. h. gibt es ein i $(1 \leq i \leq k)$ derart, daß

$$p_{ji}^{(r)} > 0 \quad \text{für alle } j = 1, \dots, k$$

ist, dann ist die Markowkette ergodisch, d. h. es existieren die Grenzwerte

$$\lim_{n \to \infty} p_{jl}^{(n)} = P_l \quad (j, l = 1, \dots, k) \tag{2.161},$$

die nicht von j abhängen. Die Größen $P_1, \dots, P_k$ sind die einzigen nichtnegativen Lösungen des Gleichungssystems

$$P_l = \sum_{j=1}^{k} P_j p_{jl} \quad (l = 1, \dots, k) \tag{2.162}$$

die der Bedingung

$$\sum_{l=1}^{k} P_l = 1$$

genügen. Die Menge $\{P_1, \dots, P_k\}$ der Grenzwahrscheinlichkeiten definiert die stationäre Verteilung (den Gleichgewichtszustand, wie man in der Genetik sagt) der Markowkette.

Beispiel 2.6.:
Wir betrachten einen Locus A eines diploiden Individuums mit zweifacher Allelie mit den Allelen A_1 und A_2. Die locusbezogenen Genotypen A_1A_1, A_1A_2 und A_2A_2 mögen die $k=3$ Zustände des Systems bilden. Wir betrachten das System über die Generationen ($t=0, 1, \ldots$). Im Zeitpunkt $t=0$ sei $P(\underline{A}=A_1)=p$ und $P(\underline{A}=A_2)=q$ und $P=P(A_1A_1)=p^2$, $2Q=P(A_1A_2)=2pq$ und $R=P(A_2A_2)=q^2$.
Unter bestimmten Voraussetzungen (Zufallspaarung, keine Mutation, Migration, Selektion, gleiche Fitness) trifft dann der Genotyp A_1A_1 eines Elters mit Wahrscheinlichkeiten P, $2Q$ bzw. R mit einem A_1A_1, A_1A_2 bzw. A_2A_2-Partner zusammen.
Bei der Paarung $A_1A_1 \times A_1A_1$ entstehen A_1A_1 Nachkommen mit Wahrscheinlichkeit 1, aus $A_1A_1 \times A_1A_2$ mit Wahrscheinlichkeit 0,5 und aus $A_1A_1 \times A_2A_2$ mit Wahrscheinlichkeit 0. Folglich ist

$$p_{11} = 1 \cdot P + \frac{1}{2} \cdot 2Q + 0 \cdot R = P + Q = p(p+q) = p\,.$$

Analog erhält man

$$p_{12} = \frac{1}{2} \cdot 2Q + 1 \cdot R = q(p+q) = q$$
$$p_{13} = 0\,.$$

Weiter gilt

$$p_{21} = \frac{1}{2}P + \frac{1}{4}2Q = \frac{1}{2}p(p+q) = \frac{1}{2}p$$

$$p_{22} = \frac{1}{2}[P + 2Q + R] = \frac{1}{2}$$

$$p_{23} = 0 \cdot P + \frac{1}{4} \cdot 2Q + \frac{1}{2}R = \frac{1}{2} \cdot q(p+q) = \frac{1}{2}q$$

und schließlich erhält man

$$p_{31} = 0$$
$$p_{32} = 1 \cdot P + \frac{1}{2}2Q = p(p+q) = p$$

$$p_{33} = 0 \cdot P + \frac{1}{2} \cdot 2Q + 1 \cdot R = q(p+q) = q\,.$$

Damit ist die Matrix T, wenn A_1A_1 der ersten A_1A_2 der zweiten und A_2A_2 der dritten Zeile bzw. Spalte entspricht, durch

$$T = \begin{pmatrix} p & q & 0 \\ p/2 & 1/2 & q/2 \\ 0 & p & q \end{pmatrix}$$

gegeben. Wie man sofort sieht, enthält die Spalte 2 nur positive Elemente, wenn $p>0$ und $q>0$ vorausgesetzt wird, d. h. wenn wir voraussetzen, daß wirklich beide Allele und damit alle drei Genotypen auftreten. Nach Satz 2.10 ist diese

Matrix ergodisch. Wir erhalten nach zwei Generationen nach dem oben vorausgesetzten Paarungssystem

$$T_2 = T^2 = TT = \begin{pmatrix} p^2 + \frac{1}{2} pq & pq + \frac{1}{2} q & \frac{1}{2} q^2 \\ \frac{1}{2} p^2 + \frac{1}{4} p & pq + \frac{1}{4} & \frac{1}{4} q + \frac{1}{2} q^2 \\ \frac{1}{2} p^2 & \frac{1}{2} p + pq & \frac{1}{2} pq + q^2 \end{pmatrix}.$$

Die Grenzwahrscheinlichkeiten bei fortgesetzter Zufallspaarung erhält man nach Satz 2.10 als nichtnegative Lösungen des Gleichungssystems

$$P_1 = P_1 p_{11} + P_2 p_{21} + P_3 p_{31} = P_1 p + \frac{1}{2} P_2 p$$

$$P_2 = P_1 q + \frac{1}{2} P_2 + P_2 p$$

$$P_3 = \frac{1}{2} P_2 q + P_3 q.$$

Außerdem soll $P_1 + P_2 + P_3 = 1$ gelten.
Die eindeutige nichtnegative Lösung dieser vier Gleichungen erhält man z. B., indem man $P_1 = 1 - P_2 - P_3$ und die aus der dritten Gleichung erhaltene Beziehung

$$P_3 = P_2 \frac{q}{2p} \tag{2.163}$$

in die zweite Gleichung einsetzt. Diese wird zu

$$P_2 = q - P_2 q + \frac{1}{2} P_2 + P_3 (p - q) = q - P_2 q + \frac{1}{2} P_2 + P_2 \frac{q(p - q)}{2p}$$

und das ergibt

$$P_2 \left(1 + q - \frac{1}{2} - \frac{q(p - q)}{2p}\right) = q.$$

Wir erweitern mit $2p$ und erhalten

$$P_2 (2p + 2pq - p - pq + q^2) = 2pq$$

bzw.

$$P_2 (p + pq + q^2) = 2pq$$

und das wird wegen $q^2 + pq = q(q + p) = q$
zu

$$P_2 = 2pq.$$

Aus (2.163) folgt dann

$$P_3 = q^2$$

und aus $P_1 + P_2 + P_3$ schließlich $P_1 = p^2$. Folglich ist

$$\lim_{n \to \infty} T^n = \begin{pmatrix} p^2 & 2pq & q^2 \\ p^2 & 2pq & q^2 \\ p^2 & 2pq & q^2 \end{pmatrix}$$

die Matrix, die die Population in den Gleichgewichtszustand überführt.

Beispiel 2.7.:

Wir betrachten den Fall der Mutationsmatrix T, die wir einführend diskutiert haben.

Diese Matrix ist ebenfalls ergodisch und wir müssen zur Bestimmung der Grenzwahrscheinlichkeiten das Gleichungssystem

$$P_1 = P_1 (1 - p_{12}) + P_2 p_{21}$$
$$P_2 = P_1 p_{12} + P_2 (1 - p_{21})$$

lösen, wobei $P_1 = 1 - P_2$ sein soll. Setzen wir diese Bedingung in die zweite Gleichung ein, ergibt sich

$$P_2 = p_{12} - P_2 p_{12} + P_2 - P_2 p_{21}$$

bzw.

$$P_2 = \frac{p_{12}}{p_{12} + p_{21}}$$

und

$$P_1 = \frac{p_{21}}{p_{12} + p_{21}}.$$

Dies führt insofern zu einem Gleichgewichtszustand, da

$$(p, q) \begin{pmatrix} \frac{p_{12}}{p_{12} + p_{21}} & \frac{p_{21}}{p_{12} + p_{21}} \\ \frac{p_{12}}{p_{12} + p_{21}} & \frac{p_{21}}{p_{12} + p_{21}} \end{pmatrix} = \left(\frac{p_{12}}{p_{12} + p_{21}}, \quad \frac{p_{21}}{p_{12} + p_{21}} \right)$$

unabhängig von den Ausgangsallelwahrscheinlichkeiten p und q gilt. Wenn $p = \frac{p_{12}}{p_{12} + p_{21}}$ ist, ändern sich die Allelwahrscheinlichkeiten nicht.

Für die Ableitungen in Abschnitt 2.2.6. benötigen wir

Satz 2.12.:

Eine MARKOWkette bestehe aus mindestens einer abgeschlossenen Menge M und mindestens einem nicht wiederkehrenden Zustand Z_l. Die Wahrscheinlichkeit x_l dafür, daß ein nicht wiederkehrender Zustand Z_l in einen Zustand aus M (kurz in die Menge M) übergeht, ist die Lösung des Gleichungssystems

$$x_l = \sum_{n=1}^{\infty} x_l(n) \tag{2.164}$$

wenn $x_l(n)$ die Wahrscheinlichkeit dafür ist, daß Z_l im Zeitpunkt n in die Menge M übergeht. Diese Lösung ist eindeutig.

Die $x_l(n+1)$ ergeben sich rekursiv aus

$$x_l(n+1) = \sum_{K} P_{l\nu}\, x_\nu(n), \tag{2.165}$$

wobei ν die Indizes der Menge K aller nicht wiederkehrenden Zustände durchläuft.

2.10. Abschließende Bemerkungen

In diesem Kapitel haben wir eine Reihe von Modellen zusammengestellt, die in der Populationsgenetik benutzt werden. Dabei haben wir bewußt die Frage nach der Anwendbarkeit oder gar nach der „Richtigkeit" solcher Modelle nicht diskutiert – das soll den Kapiteln 5. und 6. vorbehalten bleiben.
Für populationsgenetische Modelle gilt das, was für mathematische Modelle ganz allgemein zu sagen ist. Wir stehen auf dem Standpunkt, daß mathematische Modelle als Abbildungen der objektiven Realität anzusehen sind. Bei diesen Abbildungen vernachlässigen wir gewisse Komponenten dieser Realität, denn wir streben ja nach möglichst einfachen Modellen. Damit verbietet sich die Frage, ob ein Modell „richtig" ist. Richtig in diesem Sinne wäre dann nur die identische Abbildung, also die Realität selbst, d. h. wir würden auf ein Modell verzichten. Sinnvoll ist dagegen die Frage, ob das Modell passend (adäquat) ist. Dabei muß man natürlich sagen, für welchen Zweck man das Modell verwendet. Nehmen wir einmal an, wir wollen die Körpermasse beim Rind (für eine Rasse, ein bestimmtes Alter und ein spezielles Fütterungsregime) modellieren. Wir können als Modell eine Zufallsvariable $\underline{y}$ wählen, die mit Mittelwert μ und Varianz σ^2 normal verteilt ist. Sofort könnte man nun einwenden, daß das nicht gut gehen könne, da ja Körpermassen stets positiv seien, normalverteilte Zufallsvariable aber Werte zwischen $-\infty$ und ∞ annehmen können.
Prinzipiell ist dieser Einwand (wie übrigens für alle Meßwerte wie Längen oder Massen) berechtigt. Trotzdem kann das Modell passend sein. Liegt nämlich μ um mehr als 4σ über Null (d. h. ist $\mu - 4\sigma > 0$), so ist $P(\underline{y} < 0)$ verschwindend klein. Wenn die empirische Verteilung von Meßwerten der Körpermasse aus anderen Gründen stark von einer Normalverteilung abweicht, ist das Modell für die Prüfung der Hypothese $H_0: \mu = \mu_0$ mit dem t-Test trotzdem passend. Das liegt daran, daß der t-Test extrem robust gegenüber Abweichungen von der zu seiner Herleitung benutzten Normalverteilung ist.
Wie wir in Kapitel 3. sehen werden, ist aber das gleiche Modell nicht passend, wenn wir mit den für den Fall von Normalverteilungen abgeleiteten Formeln zur Berechnung von Selektionsdifferenzen den Selektionserfolg berechnen wollen,

weil diese Formeln nicht robust sind. Die Brauchbarkeit eines Modells kann folglich nicht abstrakt, sondern nur in engem Zusammenhang mit einer Aufgabenstellung bewertet werden. .Deshalb können wir auch erst in den Kapiteln 5. und 6. sagen, ob wir z. B. Maternaleffekte oder GUW in die Modelle einbeziehen sollen oder nicht.
Auch nicht normalverteilte Merkmale können mit dem EPM oder einem anderen populationsgenetischen Modell hinreichend genau modelliert werden. In dieser Hinsicht ist das Modell einigermaßen robust. Bei vorhandener Normalverteilung gelten aber viele Formeln wenigstens in der Modellebene exakt. Ein Vergleich der verschiedenen Schätzmethoden gibt Aufschluß über das anzuwendende Modell. Die Prüfung der Linearität der Beziehung zwischen Eltern und unselektierten Nachkommen sollte stets im Vordergrund der Untersuchung stehen. Ist diese Beziehung linear, so ist eine Voraussetzung für eine züchterisch begründete Definition des Heritabilitätskoeffizienten gegeben.
Die später behandelten linearen Selektionsindizes können auch ohne diese Voraussetzungen konstruiert werden. Dazu müssen lediglich die Parameter in der Elternebene definiert und geschätzt werden. Das kann über ein Modell II der Varianzanalyse geschehen. Ist jedoch die Linearität zwischen Eltern und Nachkommen nicht gegeben, so kann zwar die genetische Selektionsdifferenz richtig ermittelt werden, nicht jedoch der genetische Selektionserfolg.

3

Selektionstheorie

3.1. Einführung

Unter Selektion soll in diesem Kapitel die künstliche Selektion nach quantitativen Merkmalen verstanden werden. Das Ziel dieser Selektion besteht in der Veränderung der Verteilung der genotypischen Werte einer Population, meist zielt sie in erster Linie auf die Veränderung des Mittelwertes und/oder der Varianz dieser Verteilung hin. Das Problem besteht darin, daß die genotypischen Werte der Tiere und Pflanzen unbekannt sind, die Selektion also nach den phänotypischen Werten vorgenommen werden muß.

Bei qualitativen Merkmalen, die von einem Locus gesteuert werden und bei denen die Genotypen zumindest teilweise erkennbar sind (etwa bei einigen Letalfaktoren oder Modifikatorgenen), kann die künstliche Selektion mit den für die natürliche Selektion in Kapitel 2. beschriebenen Modellen behandelt werden. Deshalb wird dieser Fall hier ausgeklammert. Zunächst gehen wir von einer phänotypischen Größe $P = y$ aus, die ein Merkmalswert oder eine Funktion mehrerer Merkmalswerte (z. B. der Wert eines Selektionsindex) sein kann. Hier setzen wir voraus, daß die Funktion gegeben ist. Wir modellieren $P = y$ durch eine Zufallsvariable $\underline{P} = \underline{y}$, und es gelte das Grundmodell

$$\underline{P} = \underline{y} = f(\underline{G}, \underline{U}), \tag{3.1}$$

wonach $\underline{P}$ von einer genetischen Komponente $\underline{G}$ und einer Umweltkomponente $\underline{U}$ abhängt. $\underline{P}$ kann dabei ein Einzelmerkmal oder ein Merkmalsvektor sein.

Die Population, die züchterisch bearbeitet werden soll, besteht aus einer Menge $P_1, P_2, \ldots$ von Realisationen von $\underline{P}$. In der Selektionstheorie gibt es Modelle für unendliche (sehr große) Populationen, aber auch Modelle für endliche (kleinere) Populationen. Zunächst wollen wir definieren, was wir unter künstlicher Selektion verstehen.

Definition 3.1.:
Künstliche Selektion der Individuen einer Population besteht in der Einteilung der Individuen dieser Population an Hand der Beobachtungen der phänotypischen Werte oder manchmal auch an Hand der Genotypen in $k \geq 2$ Klassen und der Festlegung unterschiedlicher Wahrscheinlichkeiten, mit denen jede Klasse in die Erzeugung der nächsten Generation einzubeziehen ist. Meist ist $k = 2$, und eine Klasse wird von der Erzeugung von Nachkommen ausgeschlossen, während die Individuen der anderen Klasse die nächste Generation erzeugen. Man sagt dann auch, die erstgenannte Klasse werde eliminiert oder negativ selektiert, die andere Klasse dagegen werde positiv selektiert.
Modelliert wird die Selektion auf quantitative Merkmale oft durch die Stutzung des Modells (der theoretischen Verteilung) für die empirische Verteilung des Merkmals, vor allem dann, wenn das Merkmal kontinuierlich ist.
In Abbildung 3.1. werden drei mögliche Typen für den Fall $k = 2$ und für ein kontinuierliches Merkmal dargestellt. Die einseitige Stutzung bezeichnet man als gerichtete Selektion (a). Sie führt unter anderem zu einer Veränderung des Mittelwertes in eine gewünschte Richtung und bei vielen praktischen Verteilungen zur Verringerung der Varianz. Die zweiseitige Stutzung wird als stabilisierende Selektion (b) bezeichnet, wenn die zur Zucht verwendeten Individuen dem mittleren Teil der Verteilung entsprechen, die beiden Enden der Verteilung entsprechen den zuchtuntauglichen Individuen. Diese Art der Selektion führt zur Verringerung der phänotypischen Variabilität und zielt meist nicht auf die Veränderung des Mittelwertes sondern auf die Fixierung des Mittelwertes auf eine vorgegebene Konstante hin.
Die distruptive Selektion (c), bei der der mittlere Teil von der Vermehrung ausgeschlossen wird, führt zur Erhöhung der Variabilität, sie hat geringe züchterische Bedeutung, kann aber zur Beurteilung von Modellen und zur Schätzung von Parametern dienen. Generell muß man aber davon ausgehen, daß die Selektion alle Momente bzw. Parameter des Merkmals (bzw. der Zufallsvariablen mit der das Merkmal modelliert wird) beeinflussen kann.
Da die künstliche Selektion durch die Stutzung von Verteilungen modelliert wird, werden wir die entsprechenden Ergebnisse aus der Wahrscheinlichkeits-

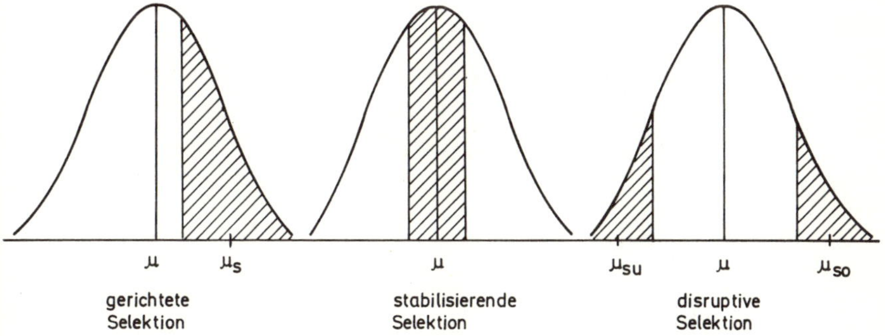

Abbildung 3.1. Typen der Selektion durch Stutzung für den Fall $k = 2$

theorie und der Mathematischen Statistik ausnutzen. Zuvor wollen wir aber die Fragestellung noch näher präzisieren. Das Ziel der Selektion besteht in einer Veränderung der Verteilung der genotypischen und phänotypischen Werte $\underline{G}$ bzw. $\underline{y}$. Da wir nur Realisationen von $\underline{P} = \underline{y}$ kennen, wird die Selektion nach den phänotypischen Werten P vorgenommen. Die Frage besteht also darin, wie sich für eine zweidimensionale Zufallsvariable $(\underline{G}, \underline{P}) = (\underline{x}, \underline{y})$ die Stutzung bezüglich $\underline{y}$ auf die Randverteilung von $\underline{x}$ auswirkt.
Bevor wir darauf näher eingehen, wollen wir zunächst einige Grundbegriffe zweidimensionaler Verteilungen erläutern und uns dabei auf zweidimensionale kontinuierliche Zufallsvariable $(\underline{x}, \underline{y})$ beschränken, also auf Zufallsvariable, die eine Dichtefunktion f(x, y) besitzen.
Außerdem werden wir uns, wie bereits erwähnt, auf die Stutzung der Randverteilung der dem phänotypischen Wert entsprechenden Zufallsvariablen $\underline{P} = \underline{y}$ beschränken und die Auswirkungen dieser Stutzung (Selektion) auf die Verteilung von $(\underline{x}, \underline{y})$ betrachten. Einzelheiten findet man z. B. bei Rasch (1989, S. 39ff, 1984 S. 322ff). In letzterer Arbeit sind auch Maximum-Likelihood-Schätzungen für die Parameter gestutzter Verteilungen zu finden. Die gleichzeitige Stutzung nach $\underline{x}$ und $\underline{y}$ ist als Spezialfall in Abschnitt 3.5. enthalten.

Satz 3.1.:
Ist

$$F(x, y) = \int_{-\infty}^{x} \int_{-\infty}^{y} f(s, t)\, dt\, ds$$

die Verteilungsfunktion von $(\underline{x}, \underline{y})$ und wird die Randverteilung von $\underline{y}$ in den Punkten $y_{s1} = a$ und $y_{s2} = b$ zweiseitig gestutzt (d. h., wir betrachten die Verteilung von $(\underline{x}, \underline{y})$ für $a \leq y \leq b$), so ist die Verteilungsfunktion $F_y(x, y)$ der bezüglich y gestutzten Verteilung durch

$$F_y(x, y) = \begin{cases} 0 & \text{, falls} \quad y < a \\ \dfrac{F(x, y) - F(x, a)}{F(\infty, b) - F(\infty, a)} = \dfrac{F(x, y) - F(x, a)}{F_2(b) - F_2(a)}, & \text{sonst} \end{cases} \tag{3.2}$$

gegeben, wenn

$$F_2(y) = F(\infty, y)$$

die Randverteilung der Komponente $\underline{y}$ von $(\underline{x}, \underline{y})$ ist. Für die Dichtefunktion der gestutzten Verteilung gilt

$$f_y(x, y) = \begin{cases} 0 & \text{, falls} \quad y < a \text{ oder } y > b \\ \dfrac{f(x, y)}{F_2(b) - F_2(a)}, & \text{sonst} \end{cases} \tag{3.3}$$

Folgerung aus Satz 3.1.:
Bei einseitiger Stutzung $(b = \infty)$ wird (3.2) zu

$$F_y(x, y) = \begin{cases} 0 & , \text{falls} \quad y < a \\ \dfrac{F(x, y) - F(x, a)}{1 - F_2(a)} & , \text{falls } y \geq a \end{cases} \tag{3.4}$$

und (3.3) zu

$$f_y(x, y) = \begin{cases} 0 & , \text{falls } y < a \\ \dfrac{f(x, y)}{1 - F_2(a)} & , \text{falls } y \geq a \end{cases} \tag{3.5}.$$

In der Selektionstheorie interessiert man sich vor allem für den Erwartungswert $E_y(\underline{G})$ und für die Varianz $V_y(\underline{G})$ des genotypischen Wertes ($\underline{G}$) nach der Selektion bezüglich $\underline{P} = \underline{y}$. Mitunter können auch höhere Momente von Interesse sein, wir beschränken uns hier jedoch auf Momente erster und zweiter Ordnung. Es gilt der

Satz 3.2.:

Es sei $\begin{pmatrix} \underline{x} \\ \underline{y} \end{pmatrix} = \begin{pmatrix} \underline{G} \\ \underline{P} \end{pmatrix}$ zweidimensional

normal verteilt mit Erwartungswert $\begin{pmatrix} \mu_x \\ \mu_y \end{pmatrix}$ und der Kovarianzmatrix $\sum = \begin{pmatrix} \sigma_x^2 & \sigma_{xy} \\ \sigma_{xy} & \sigma_y^2 \end{pmatrix}$ d. h. $\begin{pmatrix} \underline{x} \\ \underline{y} \end{pmatrix}$ besitzt mit $\varrho = \dfrac{\sigma_{xy}}{\sigma_x \sigma_y}$ die Dichtefunktion ($|\sum| \neq 0$)

$$f(x, y) = \frac{1}{2\pi \sigma_x \sigma_y \sqrt{1 - \varrho^2}} \exp\left\{\frac{-1}{2(1 - \varrho^2)} \left[\frac{(x - \mu_x)^2}{\sigma_x^2} - 2\varrho \frac{x - \mu_x}{\sigma_x} \frac{y - \mu_y}{\sigma_y} + \frac{(y - \mu_y)^2}{\sigma_y^2}\right]\right\}$$

$E_y(\underline{x})$ und $E_y(\underline{y})$ bzw. $V_y(\underline{x})$, $V_y(\underline{y})$, $cov_y(\underline{x}, \underline{y})$ bezeichnen die Erwartungswerte bzw. die zentralen zweiten Momente (Varianzen und Kovarianzen) der Verteilung von $\begin{pmatrix} \underline{x} \\ \underline{y} \end{pmatrix}$ nach der Stutzung (Selektion) im Punkt $y_s = a$ und es sei

$$u_s = \frac{y_s - \mu_y}{\sigma_y}$$

der standardisierte Stutzungspunkt, $d_s^N = \dfrac{\varphi(u_s)}{1 - \Phi(u_s)}$, φ die Dichtefunktion und Φ die Verteilungsfunktion der standardisierten Normalverteilung. Dann gilt

$$E_y(\underline{x}) = \mu_x + \varrho d_s^N \sigma_x \tag{3.7}$$

$$E_y(\underline{y}) = \mu_y + d_s^N \sigma_y \tag{3.8}$$

$$V_y(\underline{x}) = \sigma_x^2 \left[1 + d_s^N \varrho^2 (u_s - d_s^N)\right] \tag{3.9}$$

$$V_y(\underline{y}) = \sigma_y^2 \left[1 + d_s^N (u_s - d_s^N)\right] \tag{3.10}$$

$$\text{cov}_y(\underline{x}, \underline{y}) = \sigma_{xy}\left[1 + d_s^N(u_s - d_s^N)\right] \qquad (3.11).$$

Für $\mu_x = \mu_y = 0$ und $\sigma_x^2 = \sigma_y^2 = 1$ ist Satz 3.2 ein Spezialfall von Satz 3.8.

Häufig setzen wir in den populationsgenetischen Modellen $E(P) = E(\underline{G}) = \mu$ und $\text{cov}(\underline{P}, \underline{G}) = V(\underline{G}) = \sigma_g^2$. Mit $\underline{P} = \underline{y}$, $\underline{G} = \underline{x}$ und $V(\underline{G}) = \sigma_g^2$ ergibt sich damit die

Folgerung aus Satz 3.2.:
Setzen wir in Satz 3.2. $\underline{P} = \underline{y}$, $\underline{G} = \underline{x}$ und gilt $E(\underline{P}) = E(\underline{G}) = \mu$, $V(\underline{G}) = \text{cov}(\underline{P}, \underline{G}) = \sigma_g^2$ und $V(\underline{P}) = \sigma_p^2$, so erhalten wir mit h^2 aus (2.158)

$$\varrho_{GP} = \frac{\sigma_g^2}{\sigma_g \sigma_p} = \frac{\sigma_g}{\sigma_p} = h = \sqrt{h^2}$$

$$E_y(\underline{P}) = \mu + d_s^N \sigma_p \qquad (3.12)$$

$$E_y(\underline{G}) = \mu + h^2 \sigma_p d_s^N \qquad (3.13)$$

$$V_y(\underline{P}) = \sigma_p^2\left[1 + d_s^N(u_s - d_s^N)\right] \qquad (3.14)$$

$$V_y(\underline{G}) = \sigma_g^2\left[1 + h^2 d_s^N(u_s - d_s^N\right] \qquad (3.15)$$

$$\text{cov}_y(\underline{P}, \underline{G}) = \sigma_g^2\left[1 + d_s^N(u_s - d_s^N)\right] \qquad (3.16).$$

Satz 3.2. und die Folgerung sind sehr formal und sollen für Leser, die im Umgang mit Formeln weniger geübt sind, durch einige Rechenbeispiele erläutert werden.

Beispiel 3.1.:
Wir setzen voraus, daß

$$\mu_x = \mu_y = 1000$$
$$\sigma_{gp} = \sigma_g^2 = 10000$$

und

$$\sigma_p^2 = 40000 \quad \text{ist.}$$

$\begin{pmatrix}\underline{P}\\ \underline{G}\end{pmatrix}$ wird als zweidimensional normalverteilt vorausgesetzt.

Wir wollen die Auswirkung der Selektion auf die Momente der Verteilung untersuchen und wählen für den Selektionspunkt $y_s = a$ verschiedene Werte, die in Tabelle 3.1. zu finden sind. Für jeden a-Wert haben wir u_s, $\varphi(u_s)$, $1 - \Phi(u_s)$, d_s^N und die Werte der Größen in (3.12) bis (3.16) angegeben. Die Wahl $y_s = -\infty$ bedeutet keine Selektion. Wir können der Tabelle entnehmen, wie schärfere Selektion (größere y_s-Werte) die Vergrößerung der Mittelwerte und die Verringerung der Varianzen verstärkt. Durch Selektion werden, wie wir sehen, Unterschiede zwischen $E_y(\underline{G})$ und $E_y(\underline{P})$ und zwischen $\text{cov}_y(\underline{G}, \underline{P})$ und $V_y(\underline{G})$ hervorgerufen und damit Modellvoraussetzungen der Populationsgenetik verletzt, die folglich allenfalls für unselektiertes Material streng gelten (siehe hierzu aber die Bemerkungen in 2.7.).

Tabelle 3.1. Effekt verschiedener Selektionspunkte auf die Parameter (3.12) bis (3.16) der Verteilung nach der Selektion bei normaler Ausgangsverteilung ($y_s = -\infty$ bedeutet keine Selektion)

Selektionspunkt $y_s = a$	u	$\varphi(u)$	$1-\Phi(u)$	d_s^N	$E_u(\underline{P})$	$E_y(\underline{G})$	$V_y(\underline{P})$	$V_y(\underline{G})$	$cov_y(\underline{P}, \underline{G})$
$-\infty$	$-\infty$	0	1	0	1000	1000	40000	10000	10000
400	−3	0,0044	0,9987	0,0044	1000,9	1000,2	39467	9947	9967
600	−2	0,0540	0,9772	0,0552	1011,0	1002,2	35458	9546	8865
800	−1	0,2420	0,8413	0,2876	1057,5	1011,5	25187	8519	6297
1000	0	0,3985	0,5000	0,7979	1159,6	1031,9	14535	7454	3634
1200	1	0,2420	0,1587	1,5251	1305,0	1061,0	7964	6796	1991
1400	2	0,0540	0,0228	2,3732	1474,6	1094,9	4570	6457	1143
1600	3	0,0044	0,0013	3,2829	1656,6	1131,3	2846	6285	712

3.2. Die einfache Grundsituation

Wir wollen hier eine einfache Grundsituation der Selektion beschreiben, die einige Einschränkungen für den Selektionsprozeß bedeutet. Dazu gehört die Beschränkung auf ein Merkmal (Selektionskriterium). Zwar wird selten nur nach einem Merkmal selektiert, aber wie wir später sehen werden, ist es kompliziert, nach vielen Merkmalen gleichzeitig ohne Hilfsmittel zu selektieren. Ein solches Hilfsmittel ist ein Selektionsindex, das ist eine reelle Bewertungsfunktion aller Selektionsmerkmale. Stellen wir uns k Selektionsmerkmale als Achsen eines Koordinatensystems vor, so entspricht jedem Zuchtobjekt, für das diese k Merkmale ermittelt wurden, ein Punkt im k-dimensionalen Raum, für $k=2$ also ein Punkt in einer Ebene, für $k=3$ ein Punkt im dreidimensionalen Raum. Die Bewertungsfunktion transformiert diese Punkte auf die Zahlengerade. Die Funktion wird so gewählt, daß das Zuchtobjekt A besser genannt werden kann als das Zuchtobjekt B, wenn der Wert der Bewertungsfunktion von A größer als der von B ist. Diese Funktion kann daher wie ein Merkmal das gerichtet selektiert werden soll, behandelt werden. Daß man den Funktionswert aus den k Merkmalswerten erst berechnen muß, interessiert hier nicht. Diese Berechnung kann wie ein Teil der Meßvorschrift behandelt werden. Das ist eine (allerdings nicht vermeidbare) Einschränkung der ursprünglich vorhandenen Information, wie sie immer entsteht, wenn Einzelinformationen zu Maßzahlen zusammengefaßt werden. Wir gehen folglich von einem Merkmal $\underline{y} = \underline{P}$ aus, das gerichtet selektiert werden soll. Wenn ein Merkmal $\underline{z}$ stabilisierender Selektion unterworfen werden soll, kann man diesen Fall auf die gerichtete Selektion zurückführen. Wir geben hierfür Möglichkeiten an.

Angenommen, ein Merkmalswert z_i heißt umso besser, je näher er an einer Zahl c liegt, d. h. besonders große und besonders kleine z-Werte sollten zum Ausschluß vom Reproduktionsprozeß bzw. von der Zucht führen.

Dann kann man z. B.

$$y = -(z - c)^2 \tag{3.17}$$

als neuen Merkmalswert definieren und nur die Zuchtobjekte mit $y_i > y_s$ verwenden. Anstelle von (3.17) kann auch

$$y = -|z - c| \tag{3.18}$$

bzw. allgemein eine Funktion benutzt werden, deren Wert umso größer ist, je näher y_i an c liegt, wobei Abweichungen nach oben oder unten unterschiedlich bewertet werden. Damit sind die Ergebnisse dieses Abschnittes grundlegend für folgenden Fall.

Zuchtobjekte sollen nach k Merkmalen $z_1, \ldots, z_k$ selektiert werden ($k = 1, 2, \ldots$), für die Beobachtungswerte vorliegen.

$$y = f(z_1, \ldots, z_k)$$

sei eine solche Bewertungsfunktion, daß ein Zuchtobjekt umso besser heißt, je größer sein y-Wert ist. Für $k = 1$ kann y z. B. durch (3.17) oder (3.18) gegeben sein. Bewertungsfunktionen für $k > 1$ werden in Kapitel 5 beschrieben. Wir wollen hier y als gegeben annehmen und betrachten y als unser „Selektionsmerkmal". Selbstverständlich kann y auch ein unmittelbar beobachtetes Merkmal wie ha-Ertrag beim Weizen oder Milchmengenleistung bei der Kuh sein.

Ähnlich wie im zweiten Kapitel wird also auch für die künstliche Selektion zunächst ein möglichst einfaches Modell betrachtet, das in unterschiedliche Richtungen verallgemeinerungsfähig ist. In Abbildung 3.2. ist dies veranschaulicht. Die dort im Innern des Kreises angegebene Grundsituation bedeutet folgendes:

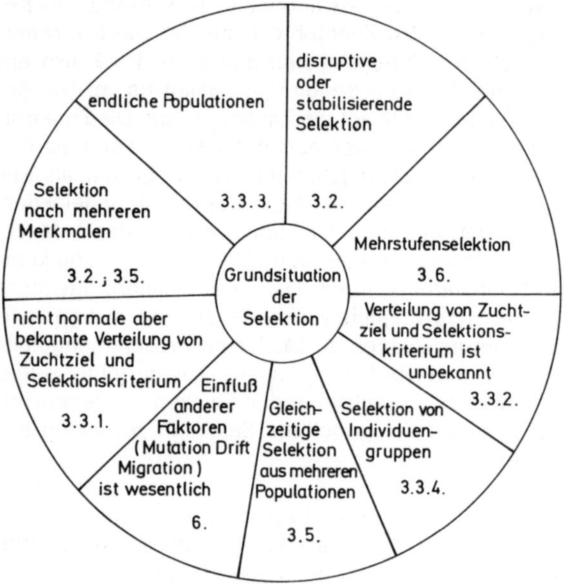

Abbildung 3.2. Abweichung von der Grundsituation der Selektion nach Definition 3.2. (Die Nummern bedeuten die Abschnitte im Buch, hier 3.4. statt 3.5.)

Definition 3.2.:
Wir sagen, es liege die Grundsituation der künstlichen Selektion vor, wenn folgende Bedingungen erfüllt sind:

- Es werden alle Individuen von der Vermehrung (Erzeugung der nächsten Generation) ausgeschlossen, für die das Selektionskriterium y Werte unter einer Grenze y_s annimmt, alle übrigen Individuen sind mit Wahrscheinlichkeit 1 an der Erzeugung von Nachkommen beteiligt (d. h. gerichtete Selektion). Dabei ist gewöhnlich y der phänotypische Wert eines Individuums. Ohne größere Schwierigkeiten kann y aber auch der phänotypische Wert von verwandten Individuen oder Individuengruppen sein, dann muß Satz 3.2. direkt (und nicht seine Folgerung) angewendet werden. Die Voraussetzung bedeutet auch, daß Einzelindividuen selektiert werden.
- Die Selektion erfolgt nach einem Merkmal.
- Die Population ist unendlich groß (zumindest sehr groß, d. h. umfaßt mehr als 10000 Individuen).
- Die gemeinsame Verteilung von Selektionskriterium und Zuchtziel ist eine zweidimensionale Normalverteilung.
- Mutation, Migration und zufällige Drift haben einen vernachlässigbar kleinen Einfluß auf die gemeinsame Verteilung von Zuchtziel und Selektionskriterium (z. B. keine Einkreuzung aus fremden Populationen).
- Die Population wird als Einheit gezüchtet.
  Es gibt keine bezüglich der Selektion relevante Unterteilung in Teilpopulationen (Zuchtlinien, Stammzuchten o. a.), d. h. die Selektion erfolgt nur aus einer Population.
- Die Selektion erfolgt in einem Schritt (einstufig).

In den folgenden Abschnitten und Kapiteln soll gezeigt werden, welchen Einfluß der Abbau bestimmter Bedingungen der Grundsituation auf den Selektionserfolg hat, wobei in diesem Kapitel nur einige einfache Alternativen behandelt werden sollen.

Definition 3.3.:
Die Zufallsvariable $\underline{y}$ mit der Verteilungsfunktion F(y) sei ein Modell (siehe hierzu 2.7.) für ein Merkmal y, nach dem gerichtet (Vergrößerung des Mittelwertes) zu selektieren ist.

Ist $E(\underline{y}) = \mu$ und $V(\underline{y}) = \sigma^2$ und erfolgt die Selektion durch Stutzung der Verteilung von $\underline{y}$ im Punkte $a = y_s$, so heißt a Selektionspunkt.

$$u_s = \frac{y_s - \mu}{\sigma} = \frac{a - \mu}{\sigma}$$

heißt standardisierter Selektionspunkt und der Anteil $F(y_s)$ der von der Reproduktion ausgeschlossenen Individuen heißt Selektionsintensität. Ist $E_y(\underline{y})$ der Erwartungswert von $\underline{y}$ nach der Selektion, so heißt

$$d = E_y(\underline{y}) - \mu \tag{3.19}$$

Selektionsdifferenz und

$$d_s = \frac{d}{\sigma} = \frac{E_y(\underline{y}) - \mu}{\sigma} \tag{3.20}$$

(s wie standardisiert) heißt standardisierte Selektionsdifferenz. Ist $\underline{G}$ der genotypische Wert des Merkmals $\underline{y}$, so heißt, wenn $E_y(\underline{G})$ den Erwartungswert von $\underline{G}$ nach der Selektion bezeichnet

$$\Delta G = E_y(\underline{G}) - E(G)$$

der Selektionserfolg oder genetische Fortschritt oder genetische Selektionsdifferenz. Hängt ΔG linear von d ab, so wird $h^2_{real} = \Delta G/d$ realisierter Heritabilitätskoeffizient genannt.
Gilt für ein Merkmal das EPM, so ist $h^2_{real} = h^2$.
Die in dieser Definition eingeführten Bezeichnungen werden in der Literatur nicht einheitlich verwendet. Es sollte aber gesichert sein, daß Selektionsintensität so definiert wird, daß eine Erhöhung der Selektionsintensität zu einer Vergrößerung von d bzw. d_s führt. Die standardisierte Selektionsdifferenz spielt eine zentrale Rolle in der Selektionstheorie. Ihre Berechnung ist für manche Verteilungen sehr einfach, besonders einfach ist sie im Falle der Normalverteilung. Mitunter wird die sich bei Normalverteilung ergebende Formel sogar zur Definition der Selektionsdifferenz verwendet, was natürlich im allgemeinen nicht richtig ist. Nur wenn die Populationen, in denen wir selektieren, sehr groß sind, das soll heißen, wenn sie zumindestens 10000 fortpflanzungsfähige Individuen (gegebenenfalls beiderlei Geschlechtes) umfassen, können wir eine kontinuierliche Zufallsvariable $\underline{y}$ als adäquates Modell des Selektionsmerkmals und die Stutzung der Verteilung als adäquates Modell der Selektion betrachten.
In kleinen Populationen wird die Selektion wie in 3.3.3. beschrieben, durchgeführt. Zunächst sollen die Selektionen von einzelnen Individuen aus einer Population mit Zufallspaarung betrachtet werden.
Herrscht in einer Population Zufallspaarung und kann das Selektionsmerkmal durch eine normalverteilte Zufallsvariable modelliert werden, so gilt

Satz 3.3.:
Ist $\underline{y}$ nach $N(\mu, \sigma^2)$ (d. h. mit Mittelwert μ und Varianz σ^2) normal verteilt, so gilt für d_s in (3.20) bei gerichteter Selektion mit dem Selektionspunkt y_s unter Verwendung der Symbole von Satz 3.2. die Beziehung

$$d_s = d_s^N = \frac{\varphi(u_s)}{1 - \Phi(u_s)} \tag{3.21}$$

(d_s^N heißt kurz standardisierte Selektionsdifferenz bei Normalverteilung).
Man kann d_s^N aus Tabellen ablesen und zwar entweder in Abhängigkeit von u_s – wir wollen den Wert dann d_s^{N1} nennen – oder in Abhängigkeit von $1 - \Phi(u_s)$, dem Prozentsatz zur Zucht ausgewählter Individuen. Dann wollen wir den Wert mit d_s^{N2} bezeichnen. Liegt wirklich eine Normalverteilung vor, gilt natürlich

$$d_s^{N1} = d_s^{N2} = d_s^N.$$

Die Abweichung von der vorausgesetzten Normalverteilung wirkt sich aber, wie wir in Abschnitt 3.3. sehen werden, auf beide Ableseweisen unterschiedlich

Tabelle 3.2. Werte von d_s^{N1} in Abhängigkeit von u_s

u_s	0,00	0,01	0,02	0,03	0,04	0,05	0,06	0,07	0,08	0,09
−4,0	0,00013	0,00013	0,00012	0,00012	0,00011	0,00011	0,00011	0,00011	0,00010	0,00009
−3,9	0,00020	0,00019	0,00018	0,00018	0,00017	0,00016	0,00016	0,00015	0,00014	0,00014
−3,8	0,00029	0,00028	0,00027	0,00026	0,00025	0,00024	0,00023	0,00022	0,00021	0,00021
−3,7	0,00042	0,00041	0,00039	0,00038	0,00037	0,00035	0,00034	0,00033	0,00031	0,00030
−3,6	0,00061	0,00059	0,00057	0,00055	0,00053	0,00051	0,00049	0,00047	0,00046	0,00044
−3,5	0,00087	0,00084	0,00081	0,00079	0,00076	0,00073	0,00071	0,00068	0,00066	0,00063
−3,4	0,00123	0,00119	0,00115	0,00111	0,00107	0,00104	0,00100	0,00097	0,00094	0,00090
−3,3	0,00172	0,00167	0,00161	0,00156	0,00151	0,00146	0,00141	0,00136	0,00132	0,00127
−3,2	0,00239	0,00231	0,00224	0,00217	0,00210	0,00203	0,00197	0,00190	0,00184	0,00178
−3,1	0,00327	0,00317	0,00307	0,00298	0,00289	0,00280	0,00271	0,00263	0,00254	0,00246
−3,0	0,00444	0,00431	0,00418	0,00405	0,00393	0,00381	0,00370	0,00359	0,00348	0,00337
−2,9	0,00596	0,00579	0,00563	0,00546	0,00531	0,00515	0,00500	0,00485	0,00471	0,00457
−2,8	0,00793	0,00771	0,00750	0,00729	0,00709	0,00689	0,00669	0,00650	0,00632	0,00614
−2,7	0,01046	0,01018	0,00990	0,00964	0,00937	0,00912	0,00887	0,00863	0,00839	0,00816
−2,6	0,01365	0,01329	0,01295	0,01261	0,01228	0,01196	0,01165	0,01134	0,01104	0,01074
−2,5	0,01764	0,01720	0,01677	0,01635	0,01594	0,01553	0,01514	0,01475	0,01438	0,01401
−2,4	0,02258	0,02204	0,02151	0,02099	0,02048	0,01998	0,01949	0,01901	0,01855	0,01809
−2,3	0,02863	0,02797	0,02733	0,02669	0,02607	0,02546	0,02486	0,02427	0,02370	0,02313
−2,2	0,03597	0,03518	0,03439	0,03363	0,03287	0,03213	0,03141	0,03069	0,02999	0,02931
−2,1	0,04478	0,04383	0,04289	0,04198	0,04107	0,04018	0,03931	0,03845	0,03761	0,03679
−2,0	0,05525	0,05412	0,05301	0,05192	0,05085	0,04980	0,04876	0,04774	0,04674	0,04575
−1,9	0,06755	0,06624	0,06494	0,06366	0,06240	0,06116	0,05994	0,05874	0,05756	0,05639
−1,8	0,08189	0,08036	0,07885	0,07737	0,07590	0,07446	0,07304	0,07164	0,07025	0,06889
−1,7	0,09844	0,09668	0,09494	0,09323	0,09154	0,08988	0,08824	0,08662	0,08502	0,08345

Tabelle 3.2. (Fortsetzung)

u_s	0,00	0,01	0,02	0,03	0,04	0,05	0,06	0,07	0,08	0,09
−1,6	0,11735	0,11535	0,11337	0,11142	0,10949	0,10759	0,10571	0,10385	0,10202	0,10022
−1,5	0,13879	0,13653	0,13429	0,13209	0,12990	0,12775	0,12562	0,12351	0,12143	0,11938
−1,4	0,16288	0,16035	0,15785	0,15537	0,15292	0,15050	0,14810	0,14573	0,14339	0,14108
−1,3	0,18974	0,18692	0,18414	0,18138	0,17866	0,17596	0,17329	0,17064	0,16803	0,16544
−1,2	0,21944	0,21634	0,21327	0,21022	0,20721	0,20423	0,20127	0,19834	0,19545	0,19258
−1,1	0,25205	0,24865	0,24529	0,24196	0,23865	0,23538	0,23213	0,22891	0,22572	0,22257
−1,0	0,28760	0,28391	0,28025	0,27662	0,27302	0,26945	0,26591	0,26240	0,25892	0,25547
−0,9	0,32611	0,32213	0,31817	0,31425	0,31035	0,30649	0,30265	0,29884	0,29507	0,29132
−0,8	0,36756	0,36328	0,35904	0,35482	0,35063	0,34647	0,34234	0,33824	0,33416	0,33012
−0,7	0,41192	0,40736	0,40282	0,39831	0,39383	0,38938	0,38496	0,38057	0,37620	0,37187
−0,6	0,45915	0,45430	0,44948	0,44468	0,43992	0,43518	0,43047	0,42579	0,42114	0,41652
−0,5	0,50916	0,50404	0,49894	0,49387	0,48883	0,48381	0,47882	0,47386	0,46893	0,46402
−0,4	0,56188	0,55649	0,51113	0,54579	0,54047	0,53519	0,52993	0,52470	0,51949	0,51431
−0,3	0,61722	0,61157	0,60596	0,60035	0,59478	0,58923	0,58371	0,57821	0,57274	0,56730
−0,2	0,67507	0,66918	0,66331	0,65746	0,65164	0,64584	0,64007	0,63432	0,62859	0,62289
−0,1	0,73533	0,72920	0,72309	0,71701	0,71095	0,70491	0,69889	0,69290	0,68694	0,68099
−0,0	0,79788	0,79153	0,78520	0,77888	0,77260	0,76633	0,76008	0,75386	0,74766	0,74149
0,0	0,79788	0,80426	0,81066	0,81708	0,82352	0,82999	0,83647	0,84298	0,84950	0,85605
0,1	0,86262	0,86921	0,87582	0,88245	0,88910	0,89577	0,90246	0,90917	0,91590	0,92265
0,2	0,92942	0,93620	0,94301	0,94984	0,95669	0,96355	0,97044	0,97734	0,98427	0,99121
0,3	0,99817	1,00510	1,01210	1,01920	1,02620	1,03320	1,04030	1,04740	1,05450	1,06160
0,4	1,06880	1,07590	1,08310	1,09030	1,09750	1,10470	1,11190	1,11920	1,12650	1,13380
0,5	1,14110	1,14840	1,15570	1,16310	1,17050	1,17790	1,18530	1,19270	1,20010	1,20760

0;6	1,21500	1,22250	1,23000	1,23750	1,24500	1,25260	1,26010	1,26770	1,27530	1,28290
0,7	1,29050	1,29810	1,30580	1,31340	1,32110	1,32880	1,33650	1,34420	1,35190	1,35970
0,8	1,36740	1,37520	1,38290	1,39070	1,39850	1,40640	1,41420	1,42200	1,42990	1,43780
0,9	1,44560	1,45350	1,46140	1,46940	1,47730	1,48520	1,49320	1,50120	1,50910	1,51710
1,0	1,52510	1,53320	1,54120	1,54920	1,55730	1,56530	1,57340	1,58960	1,58960	1,59770
1,1	1,60580	1,61390	1,62210	1,63020	1,63840	1,64650	1,65470	1,66290	1,67110	1,67930
1,2	1,68760	1,69580	1,70400	1,71230	1,72050	1,72880	1,73710	1,74540	1,75370	1,76200
1,3	1,77030	1,77870	1,78700	1,79530	1,80370	1,81210	1,82050	1,82880	1,83720	1,84560
1,4	1,85410	1,86250	1,87090	1,87940	1,88780	1,89630	1,90470	1,91320	1,92170	1,93020
1,5	1,93870	1,94720	1,95570	1,96420	1,97280	1,98130	1,98990	1,99840	2,00700	2,01550
1,6	2,02410	2,03270	2,04130	2,04990	2,05850	2,06710	2,07580	2,08440	2,09310	2,10170
1,7	2,11040	2,11900	2,12770	2,13640	2,14510	2,15370	2,16240	2,17120	2,17990	2,18860
1,8	2,19730	2,20600	2,21480	2,22350	2,23230	2,24100	2,24980	2,25860	2,26740	2,27620
1,9	2,28490	2,29370	2,30260	2,31140	2,32020	2,32900	2,33780	2,34670	2,35550	2,36440
2,0	2,37320	2,38210	2,39090	2,39980	2,40470	2,41760	2,42650	2,43540	2,44430	2,45320
2,1	2,46210	2,47100	2,47990	2,48880	2,49780	2,50670	2,51570	2,52460	2,53360	2,54250
2,2	2,55150	2,56050	2,56940	2,57840	2,58740	2,59640	2,60540	2,61440	2,62340	2,63240
2,3	2,64140	2,65050	2,65950	2,66850	2,67750	2,68660	2,69560	2,70470	2,71370	2,72280
2,4	2,73190	2,74090	2,75000	2,75910	2,76820	2,77720	2,78630	2,79540	2,80450	2,81360
2,5	2,82270	2,83190	2,84100	2,85010	2,85920	2,86630	2,87750	2,88660	2,89580	2,90490
2,6	2,91410	2,92320	2,93240	2,94150	2,95070	2,95990	2,96900	2,97820	2,98740	2,99660
2,7	3,00580	3,01500	3,02420	3,03340	3,04260	3,05180	3,06100	3,07020	3,07940	3,08860
2,8	3,09790	3,10710	3,11630	3,12560	3,13480	3,14400	3,15330	3,16250	3,17180	3,18110
2,9	3,19030	3,19960	3,20880	3,21810	3,22740	3,23670	3,24590	3,25520	3,26450	3,27380
3,0	3,28310	3,29240	3,30170	3,31100	3,32030	3,32960	3,33890	3,34820	3,35760	3,36690
3,1	3,37620	3,38550	3,39490	3,40420	3,41350	3,42290	3,43220	3,44150	3,45090	3,46020
3,2	3,46960	3,47890	3,48830	3,49770	3,50700	3,51640	3,52580	3,53510	3,54450	3,55390
3,3	3,56330	3,57260	3,58200	3,59140	3,60080	3,61020	3,61960	3,62900	3,63840	3,64780

Tabelle 3.2. (Fortsetzung)

u_s	0,00	0,01	0,02	0,03	0,04	0,05	0,06	0,07	0,08	0,09
3,4	3,65720	3,66660	3,67600	3,68540	3,69480	3,70430	3,71370	3,72310	3,73250	3,74200
3,5	3,75140	3,76080	3,77030	3,77970	3,78910	3,79860	3,80800	3,81750	3,82690	3,83640
3,6	3,84580	3,85530	3,86470	3,87420	3,88360	3,89310	3,90260	3,91200	3,92150	3,93100
3,7	3,94050	3,94990	3,95940	3,96890	3,97840	3,98790	3,99740	4,00690	4,01630	4,02580
3,8	4,03530	4,04480	4,05430	4,06380	4,07330	4,08280	4,09230	4,10180	4,11130	4,12080
3,9	4,13030	4,13980	4,14940	4,15890	4,16840	4,17790	4,18750	4,19700	4,20650	4,21600
4,0	4,22560	4,23510	4,24460	4,25410	4,26370	4,27320	4,28270	4,29240	4,30200	4,31150

Tabelle 3.3. Werte von d_s^{N2} in Abhängigkeit von $1-\Phi(u_s)$

$1-\Phi(u_s)$	0,000	0,001	0,002	0,003	0,004	0,005	0,006	0,007	0,008	0,009
0,00	0,00000	3,76710	3,17010	3,04970	2,96180	2,89190	2,88380	2,78390	2,73990	2,70070
0,01	2,66520	2,63280	2,60280	2,57500	2,54910	2,52470	2,50170	2,48000	2,45930	2,43970
0,02	2,42090	2,40290	2,38570	2,36910	2,35320	2,33780	2,32290	2,30860	2,29470	2,28120
0,03	2,26810	2,25530	2,24300	2,23090	2,21920	2,20770	2,19650	2,18560	2,17500	2,16450
0,04	2,15430	2,14440	2,13460	2,12500	2,11560	2,10640	2,09730	2,08840	2,07970	2,07110
0,05	2,06270	2,05440	2,04630	2,03820	2,03040	2,02260	2,01490	2,00740	1,99990	1,99260
0,06	1,98540	1,97830	1,97120	1,96430	1,95740	1,95070	1,94400	1,93740	1,93090	1,92450
0,07	1,91810	1,91180	1,90560	1,89950	1,89340	1,88740	1,88150	1,87560	1,86980	1,86400
0,08	1,85830	1,85270	1,84710	1,84160	1,83610	1,83070	1,82530	1,82000	1,81470	1,80950
0,09	1,80430	1,79920	1,79410	1,78910	1,78410	1,77910	1,77420	1,76940	1,76450	1,75970
0,10	1,75500	1,75030	1,74560	1,74090	1,73630	1,73180	1,72720	1,72270	1,71830	1,71380
0,11	1,70940	1,70500	1,70070	1,69640	1,69210	1,68780	1,68360	1,67940	1,67530	1,67110
0,12	1,66700	1,66290	1,65890	1,65480	1,65080	1,64680	1,64290	1,63890	1,63500	1,63110

0,13	1,62730	1,62340	1,61960	1,61580	1,61200	1,60830	1,60460	1,60080	1,59720	1,59350
0,14	1,58980	1,58620	1,58260	1,57900	1,57540	1,57190	1,56830	1,56480	1,56130	1,55790
0,15	1,55440	1,55090	1,54750	1,54410	1,54070	1,53730	1,53400	1,53060	1,52730	1,52400
0,16	1,52070	1,51740	1,51420	1,51090	1,50770	1,50440	1,50120	1,49800	1,49490	1,49170
0,17	1,48860	1,48540	1,48320	1,47920	1,47610	1,47300	1,46990	1,46690	1,46380	1,46080
0,18	1,45780	1,45480	1,45180	1,44880	1,44580	1,44290	1,43990	1,43700	1,43410	1,43110
0,19	1,42820	1,42530	1,42250	1,41960	1,41670	1,41390	1,41110	1,40820	1,40540	1,40260
0,20	1,39980	1,39700	1,39420	1,39150	1,38870	1,38600	1,38320	1,38050	1,37780	1,37510
0,21	1,37240	1,36970	1,36700	1,36430	1,36170	1,35900	1,35640	1,35370	1,35110	1,34850
0,22	1,34590	1,34330	1,34070	1,33810	1,33550	1,33290	1,33040	1,32780	1,32530	1,32270
0,23	1,32020	1,31770	1,31520	1,31270	1,31020	1,30770	1,30520	1,30270	1,30020	1,29780
0,24	1,29530	1,29290	1,29040	1,28800	1,28550	1,28310	1,28070	1,27830	1,27590	1,27350
0,25	1,27110	1,26870	1,26630	1,26400	1,26160	1,25930	1,25690	1,25460	1,25220	1,24990
0,26	1,24760	1,24520	1,24290	1,24060	1,23830	1,23600	1,23370	1,23140	1,22920	1,22690
0,27	1,22460	1,22230	1,22010	1,21780	1,21560	1,21340	1,21110	1,20890	1,20670	1,20440
0,28	1,20220	1,20000	1,19780	1,19560	1,19340	1,19120	1,18900	1,18690	1,18470	1,18250
0,29	1,18040	1,17820	1,17600	1,17390	1,17170	1,16960	1,16750	1,16530	1,16320	1,16110
0,30	1,15900	1,15690	1,15480	1,15260	1,15060	1,14850	1,14640	1,14430	1,14220	1,14010
0,31	1,13800	1,13600	1,13390	1,13180	1,12980	1,12770	1,12570	1,12360	1,12160	1,11960
0,32	1,11750	1,11550	1,11350	1,11150	1,10940	1,10740	1,10540	1,10340	1,10140	1,09940
0,33	1,09740	1,09540	1,09340	1,09150	1,08950	1,08750	1,08550	1,08360	1,08160	1,07960
0,34	1,07770	1,07570	1,07380	1,07180	1,06990	1,06790	1,06600	1,06410	1,06210	1,06020
0,35	1,05830	1,05640	1,05440	1,05250	1,05060	1,04870	1,04680	1,04490	1,04300	1,04110
0,36	1,03920	1,03730	1,03540	1,03360	1,03170	1,02980	1,02790	1,02610	1,02420	1,02230
0,37	1,02050	1,01860	1,01670	1,01490	1,01300	1,01120	1,00930	1,00750	1,00570	1,00380
0,38	1,00200	1,00020	0,99833	0,99650	0,99468	0,99286	0,99104	0,98922	0,98741	0,98560
0,39	0,98379	0,98199	0,98019	0,97839	0,97659	0,97479	0,97300	0,97121	0,96942	0,96764
0,40	0,96586	0,96408	0,96230	0,96052	0,95875	0,95698	0,95521	0,95345	0,95168	0,94992
0,41	0,94816	0,94641	0,94465	0,94290	0,94115	0,93940	0,93766	0,93592	0,93417	0,93244
0,42	0,93070	0,92897	0,92723	0,92550	0,92378	0,92205	0,92033	0,91861	0,91689	0,91517
0,43	0,91345	0,91174	0,91003	0,90832	0,90661	0,90491	0,90321	0,90150	0,89981	0,89811

Tabelle 3.3. (Fortsetzung)

$1-\Phi(u_s)$	0,000	0,001	0,002	0,003	0,004	0,005	0,006	0,007	0,008	0,009
0,44	0,89641	0,89472	0,89303	0,89134	0,88965	0,88797	0,88628	0,88460	0,88292	0,88124
0,45	0,87957	0,87789	0,87622	0,87455	0,87288	0,87121	0,86955	0,86788	0,86622	0,86456
0,46	0,86290	0,86125	0,85959	0,85794	0,85629	0,85464	0,85299	0,85134	0,84970	0,84805
0,47	0,84641	0,84477	0,84313	0,84150	0,83986	0,83823	0,83660	0,83497	0,83334	0,83171
0,48	0,83009	0,82846	0,82684	0,82522	0,82360	0,82198	0,82036	0,81875	0,81713	0,81552
0,49	0,81391	0,81230	0,81070	0,80909	0,80748	0,80588	0,80428	0,80268	0,80108	0,79948
0,50	0,79788	0,79629	0,79470	0,79310	0,79151	0,78992	0,78833	0,78675	0,78516	0,78358
0,51	0,78199	0,78041	0,77883	0,77725	0,77567	0,77410	0,77252	0,77095	0,76937	0,76780
0,52	0,76623	0,76466	0,76309	0,76153	0,75996	0,75840	0,75683	0,75527	0,75371	0,75215
0,53	0,75059	0,74903	0,74748	0,74592	0,74437	0,74281	0,74126	0,73971	0,73816	0,73661
0,54	0,73507	0,73352	0,73197	0,73043	0,72888	0,72734	0,72580	0,72426	0,72272	0,72118
0,55	0,71965	0,71811	0,71657	0,71504	0,71351	0,71197	0,71044	0,70891	0,70738	0,70585
0,56	0,70432	0,70280	0,70127	0,69975	0,69822	0,69670	0,69518	0,69366	0,69214	0,69062
0,57	0,68910	0,68758	0,68606	0,68455	0,68303	0,68152	0,68000	0,67849	0,67698	0,67547
0,58	0,67396	0,67245	0,67094	0,66943	0,66792	0,66641	0,66491	0,66340	0,66190	0,66040
0,59	0,65889	0,65739	0,65589	0,65439	0,65289	0,65139	0,64989	0,64839	0,64690	0,64540
0,60	0,64390	0,64241	0,64091	0,63942	0,63793	0,63644	0,63494	0,63345	0,63196	0,63047
0,61	0,62898	0,62749	0,62601	0,62452	0,62303	0,62154	0,62006	0,61857	0,61709	0,61561
0,62	0,61412	0,61264	0,61116	0,60967	0,60819	0,60671	0,60523	0,60375	0,60227	0,60079
0,63	0,59932	0,59784	0,59636	0,59488	0,59341	0,59193	0,59046	0,58898	0,58751	0,58603
0,64	0,58456	0,58309	0,58161	0,58014	0,57867	0,57720	0,57573	0,57425	0,57278	0,57131
0,65	0,56984	0,56838	0,56691	0,56544	0,56397	0,56250	0,56103	0,55957	0,55810	0,55663
0,66	0,55517	0,55370	0,55224	0,55077	0,54931	0,54784	0,54638	0,54491	0,54345	0,54198
0,67	0,54052	0,53906	0,53759	0,53613	0,53467	0,53321	0,53174	0,53028	0,52882	0,52736
0,68	0,52590	0,52444	0,52298	0,52152	0,52006	0,51859	0,51713	0,51567	0,51421	0,51275
0,69	0,51129	0,50984	0,50838	0,50692	0,50546	0,50400	0,50254	0,50108	0,49962	0,49816
0,70	0,49670	0,49525	0,49379	0,49233	0,49087	0,48941	0,48795	0,48649	0,48504	0,48358

0,71	0,48212	0,48066	0,47920	0,47774	0,47628	0,47483	0,47337	0,47191	0,47045	0,46899
0,72	0,46753	0,46607	0,46461	0,46316	0,46170	0,46024	0,45878	0,45732	0,45586	0,45440
0,73	0,45294	0,45148	0,45002	0,44856	0,44710	0,44564	0,44418	0,44272	0,44125	0,43979
0,74	0,43833	0,43687	0,43541	0,43395	0,43248	0,43102	0,42956	0,42809	0,42663	0,42517
0,75	0,42370	0,42224	0,42077	0,41931	0,41784	0,41638	0,41491	0,41344	0,41198	0,41051
0,76	0,40904	0,40758	0,40611	0,40464	0,40317	0,40170	0,40023	0,39876	0,39729	0,39582
0,77	0,39435	0,39288	0,39140	0,38993	0,38846	0,38698	0,38551	0,38403	0,38256	0,38108
0,78	0,37961	0,37813	0,37665	0,37517	0,37370	0,37222	0,37074	0,36926	0,36778	0,36629
0,79	0,36481	0,36333	0,36185	0,36036	0,35888	0,35739	0,35590	0,35442	0,35293	0,35144
0,80	0,34995	0,34846	0,34697	0,34548	0,34399	0,34250	0,34100	0,33951	0,33801	0,33652
0,81	0,33502	0,33352	0,33202	0,33052	0,32902	0,32752	0,32602	0,32452	0,32301	0,32151
0,82	0,32000	0,31849	0,31698	0,31548	0,31397	0,31245	0,31094	0,30943	0,30792	0,30640
0,83	0,30488	0,30337	0,30185	0,30033	0,29881	0,29729	0,29576	0,29424	0,29271	0,29118
0,84	0,28966	0,28813	0,28660	0,28506	0,28353	0,28200	0,28046	0,27892	0,27739	0,27585
0,85	0,27430	0,27276	0,27122	0,26967	0,26812	0,26658	0,26503	0,26347	0,26192	0,26037
0,86	0,25881	0,25725	0,25569	0,25413	0,25257	0,25100	0,24944	0,24787	0,24630	0,24473
0,87	0,24316	0,24158	0,24000	0,23842	0,23684	0,23526	0,23368	0,23209	0,23050	0,22891
0,88	0,22732	0,22572	0,22413	0,22253	0,22093	0,21932	0,21772	0,21611	0,21450	0,21289
0,89	0,21128	0,20966	0,20804	0,20642	0,20479	0,20317	0,20154	0,19991	0,19827	0,19664
0,90	0,19500	0,19336	0,19171	0,19006	0,18841	0,18676	0,18510	0,18345	0,18178	0,18012
0,91	0,17845	0,17678	0,17511	0,17343	0,17175	0,17006	0,16838	0,16669	0,16499	0,16329
0,92	0,16159	0,15989	0,15818	0,15647	0,15475	0,15303	0,15131	0,14958	0,14785	0,14611
0,93	0,14437	0,14263	0,14088	0,13913	0,13737	0,13561	0,13384	0,13207	0,13029	0,12851
0,94	0,12673	0,12494	0,12314	0,12134	0,11953	0,11772	0,11590	0,11407	0,11224	0,11041
0,95	0,10856	0,10671	0,10486	0,10300	0,10113	0,09925	0,09737	0,09548	0,09358	0,09168
0,96	0,08976	0,08784	0,08591	0,08397	0,08203	0,08007	0,07811	0,07613	0,07415	0,07215
0,97	0,07015	0,06813	0,06610	0,06406	0,06201	0,05994	0,05786	0,05577	0,05367	0,05154
0,98	0,04941	0,04725	0,04508	0,04289	0,04068	0,03845	0,03619	0,03392	0,03161	0,02928
0,99	0,02692	0,02453	0,02210	0,01962	0,01711	0,01453	0,01189	0,00918	0,00635	0,00337

aus. Die Werte d_s^{N1} und d_s^{N2} wurden von Stahl u. a. (1969–1973) und d_s^{N2} von Rasch u. a. (1978) tabelliert. Diese Tabellen sind nicht sehr genau, da sie aus Tabellenwerten für φ und Φ berechnet wurden. Wir geben hier in Tabelle 3.2. neue und genauere Werte für d_s^{N1} und in Tabelle 3.3. für d_s^{N2} an.

3.3. Die standardisierte Selektionsdifferenz bei Abweichungen von der Grundsituation der Selektion

Für den Züchter ist es vor allem wichtig, die standardisierte Selektionsdifferenz und den Übertragungsmechanismus der Selektionsdifferenz auf das Zuchtziel (z. B. ϱ_{xy} bei linearer Abhängigkeit zwischen Selektionskriterium $\underline{y}$ und Zuchtziel $\underline{x}$) zu kennen. Wir werden uns hier darauf beschränken, wie man die standardisierte Selektionsdifferenz berechnen kann, wenn Abweichungen von der Grundsituation der Definition 3.2. vorliegen.

3.3.1. Die Verteilung des Selektionskriteriums ist nicht die Normalverteilung

Ist das Selektionskriterium $\underline{y}$ nicht normal verteilt, so ist Formel (3.21) zur Berechnung von d_s nach (3.20) nicht anwendbar. Für folgende Verteilungen haben Rasch (1985) bzw. Rasch und Pierer (1984, 1986) die standardisierten Selektionsdifferenzen abgeleitet:
Wir setzen zur Abkürzung

$$P_s = F(y_s) \qquad (3.22).$$

3.3.1.1. Die Gleichverteilung in $\langle 0,1 \rangle$

Eine Zufallsvariable $\underline{y}$ mit der Dichtefunktion

$$f(y) = \begin{cases} 1, & \text{falls } 0 \le y \le 1 \\ 0, & \text{sonst} \end{cases}$$

heißt in $\langle 0,1 \rangle$ gleichverteilt.

Sie hat den Erwartungswert $\mu = 1/2$ und die Varianz $\sigma^2 = \frac{1}{12}$. Die Verteilungsfunktion ist

$$F(y) = \begin{cases} 0, & \text{falls } y \le 0 \\ y, & \text{falls } 0 \le y \le 1 \\ 1, & \text{sonst} \end{cases} .$$

Ferner ist die Schiefe $\gamma_1 = 0$ und der Exzeß $\gamma_2 = -1{,}2$. Es gilt der

Satz 3.4.:
Die standardisierte Selektionsdifferenz d_s^G für eine in $\langle 0,1 \rangle$ gleichverteilte Zufallsvariable $\underline{y}$ hängt vom Selektionspunkt y_s nach

$$d_s^G = \sqrt{3}\ y_s = \sqrt{3}\ P_s \tag{3.23}$$

ab.

3.3.1.2. Eine Familie von Dreieckverteilungen in ⟨0,1⟩

Eine Zufallsvariable $\underline{y}$ mit der Dichtefunktion

$$f_{a,b,x}(y) = \begin{cases} 0 & \text{, falls } y \leq 0,\ y \geq 1 \\ ay & \text{, falls } 0 \leq y \leq x \\ b(1-y) & \text{, sonst} \end{cases}$$

hat für $0 \leq x \leq 1$ und reelle a und b eine Dreieckverteilung in ⟨0,1⟩ mit dem Gipfel x, wenn $ax = b(1-x)$ gilt und

$$F(1) = \int_0^1 f_{a,b,x}(y)\,dy = 1$$

ist. Das bedeutet aber wegen

$$F(1) = \int_0^x ay\,dy + \int_x^1 b(1-y)\,dy = 1,$$

daß neben

$$ax = b(1-x)$$

noch $ax^2 + b(x-1)^2 = 2$
gelten muß und das bedeutet, daß

$$a = \frac{2}{x}$$

und

$$b = \frac{2}{1-x}$$

ist.

Folglich ist die Familie der Dreieckverteilungen in ⟨0,1⟩ durch die Dichten

$$f_x(y) = \begin{cases} 0 & \text{, falls } y \leq 0,\ y \geq 1 \\ \dfrac{2y}{x} & \text{, falls } 0 \leq y \leq x \\ \dfrac{2(1-y)}{1-x} & \text{, sonst} \end{cases} \tag{3.24}$$

mit $0 \leq x \leq 1$ gegeben.

Die Verteilungsfunktion ist dann

$$F_x(y) = \begin{cases} 0 & \text{, falls } y \leq 0 \\ \dfrac{y^2}{x} & \text{, falls } 0 \leq y \leq x \\ \dfrac{y(2-y)-x}{1-x} & \text{, falls } x \leq y \leq 1 \\ 1 & \text{, sonst} \end{cases} .$$

Es gilt der

Satz 3.5.:
Die durch (3.24) definierte Familie von Verteilungen hat den Erwartungswert

$$\mu = \frac{1+x}{3},$$

die Varianz

$$\sigma^2 = \frac{1}{18}(x^2+1-x),$$

die Schiefe

$$\gamma_1 = \frac{\sqrt{2}\,(2x^3-3x^2-3x+2)}{5\,(x^2+1-x)^{3/2}}$$

und den Exzeß

$$\gamma_2 = -0{,}6.$$

Ihre standardisierte Selektionsdifferenz ist

$$d_s = \begin{cases} \dfrac{\sqrt{2}\,y_s^2(1+x-2y_s)}{(x-y_s^2)\sqrt{x^2+1-x}} = \dfrac{\sqrt{2}\,P_s\left(1+x-2\sqrt{xP_s}\right)}{(1-P_s)\sqrt{x^2+1-x}}, & \text{falls } y_s \leq x \ (P_2 \leq x) \\ \dfrac{\sqrt{2}\,(2y_s-x)}{\sqrt{x^2+1-x}} = \dfrac{\sqrt{2}\,(2\sqrt{P_s x}-x)}{\sqrt{x^2+1-x}}, & \text{falls } y_s > x \ (P_s > x) \end{cases} \quad (3.25).$$

3.3.1.3. Die Familie der χ^2-Verteilungen und die Exponentialverteilung

Eine Zufallsvariable $\underline{y}$ mit der Dichtefunktion

$$f(y/n) = \frac{1}{\Gamma\left(\frac{n}{2}\right)2^{\frac{n}{2}}}\, y^{\frac{n}{2}-1}\, e^{-\frac{y}{2}}, \text{ falls } y > 0$$

und sonst Null heißt mit n Freiheitsgraden χ^2-verteilt oder CQ(n)-verteilt.

Es gilt $\mu = E(\underline{y}) = n$, $V(\underline{y}) = \sigma^2 = 2n$,

$$\chi_1 = \frac{2\sqrt{2}}{\sqrt{n}} \text{ und } \chi_2 = \frac{12}{n}.$$

Für n = 2 erhält man die Exponentialverteilung mit dem Parameter $\lambda = \frac{1}{2}$, die die Dichte

$$f_\lambda(y) = \lambda e^{-\lambda y}, \text{ falls } y > 0$$

hat mit

$$\mu = \frac{1}{2}, \quad \sigma^2 = \frac{1}{\lambda^2}, \quad \gamma_1 = 2, \quad \gamma_2 = 6.$$

Es gilt der

Satz 3.6.:
Die standardisierte Selektionsdifferenz der CQ(n)-Verteilung ist

$$d_s = \frac{\mu_s - n}{\sqrt{2n}} = \sqrt{\frac{n}{2}} \, \frac{F(y_s\,|\,n) - F(y_s\,|\,n+2)}{1 - F(y_s\,|\,n)}, \tag{3.26}$$

speziell ist für die Exponentialverteilung

$$d_s = \lambda y_s = -\ln(1 - P_s) \tag{3.27}$$

3.3.2. Unbekannte Verteilung des Selektionskriteriums – Robustheit der Selektionsdifferenz

Es stellt sich nun die Frage, inwieweit die als d_s^{N1} bzw. d_s^{N2} berechneten Werte der standardisierten Selektionsdifferenz für nicht normal verteilte Merkmale verwendbar sind. Aus d_s^N werden Vorausschätzungen für den Zuchterfolg und über die zukünftig zu erwartende Menge tierischer bzw. pflanzlicher Produkte gemacht. Es ist daher wichtig zu wissen, ob zwischen d_s^{N1} bzw. d_s^{N2} und dem tatsächlichen aber unbekannten d_s (u_s ist nur zu berechnen, wenn die Verteilungsfunktion F(y) bekannt ist, aber gerade das ist ja nicht der Fall) große Unterschiede bestehen. Mit dieser Frage haben sich Rasch und Pierer (1984, 1986) beschäftigt.

Definition 3.4.:
Die Berechnung der standardisierten Selektionsdifferenz einer auf $\underline{y}$ gerichteten Selektion nach (3.21) heißt ϵ – robust, sofern

$$\Delta(\cdot) = \frac{|d_s(\cdot) - d_s|}{d_s} \cdot 100\% < \epsilon \cdot 100\% \tag{3.28}$$

gilt. Mit $d_s(\cdot) = d_s^{N1}$ wird $\Delta(\cdot)$ zu Δ_{N1} und mit $d_s(\cdot) = d_s^{N2}$ wird $\Delta(\cdot)$ zu Δ_{N2}.

Welcher Wert von ϵ vertretbar ist, hängt vom Ziel der weiteren Berechnungen ab. Beispielsweise könnte ϵ = 0,05; 0,10 oder 0,20 gesetzt werden.

Nr. der Verteilung	Verteilung	γ_1	γ_2
1	Normal	0	0
2	0,5-Dreieck	0	−0,6
3	Gleichverteilung	0	−1,2
4	0,4-Dreieck	0,1912	−0,6
5	0,6-Dreieck	−0,1912	−0,6
6	0,3-Dreieck	0,3561	−0,6
7	0,7-Dreieck	−0,3561	−0,6
8	0,172-Dreieck	0,5	−0,6
9	Potenztransformation	0,5	0,5
10	Potenztransformation	0,5	1,0
11	Potenztransformation	0,5	2,0
12	Potenztransformation	0,5	3,0
13	Potenztransformation	0,5	4,0
14	Potenztransformation	0,5	5,0
15	Potenztransformation	0,5	6,0
16	Potenztransformation	0,5	7,0
17	0,828-Dreieck	−0,5	−0,6
18	Potenztransformation	−0,5	0,5
19	Potenztransformation	−0,5	1,0
20	Potenztransformation	−0,5	2,0
21	Potenztransformation	−0,5	3,0
22	Potenztransformation	−0,5	4,0
23	Potenztransformation	−0,5	5,0
24	Potenztransformation	−0,5	6,0
25	Potenztransformation	−0,5	7,0
26	0-Dreieck	0,5657	−0,6
27	1-Dreieck	−0,5657	−0,6
28	Potenztransformation	1,0	1,5
29	Potenztransformation	1,0	3,0
30	Potenztransformation	1,0	7,0
31	Potenztransformation	−1,0	1,5
32	Potenztransformation	−1,0	3,0
33	Potenztransformation	−1,0	5,0
34	Potenztransformation	−1,0	7,0
35	Chiquadrat $\upsilon = 4$	1,4142	3,0
36	Chiquadrat $\upsilon = 3$	1,6330	4,0
37	Exponential	2,0	6,0
38	Chiquadrat $\upsilon = 1$	2,8284	12,0
39	Potenztransformation	−2,0	7,0

Tabelle 3.4. Liste der Verteilungen für die Untersuchung der Robustheit zweier Methoden (Approximation durch Normalverteilung und ROSE) zur Berechnung der standardisierten Selektionsdifferenz

Robustheitsuntersuchungen können auf mehreren Wegen durchgeführt werden. Für uns kommen hier folgende Möglichkeiten in Betracht:
– die mathematisch-analytische Methode,
– die Simulationsmethode.

Für Verteilungen, für die d_s nicht analytisch berechnet werden kann, kann man d_s empirisch approximieren, indem man die entsprechende Verteilung über Pseudozufallszahlen generiert und u_s nach erfolgter Stutzung empirisch ermittelt.
Wir ermittelten aus 100000 Zufallszahlen näherungsweise die u_s-Werte für 99 y_s-Werte, die den empirischen Prozentilen der jeweiligen Verteilung entsprechen, d. h., wir wählten $P_s = 0{,}01\ (0{,}01)\ 0{,}99$. Da wir $\mu = 0$, $\sigma^2 = 1$ setzten, ist hier

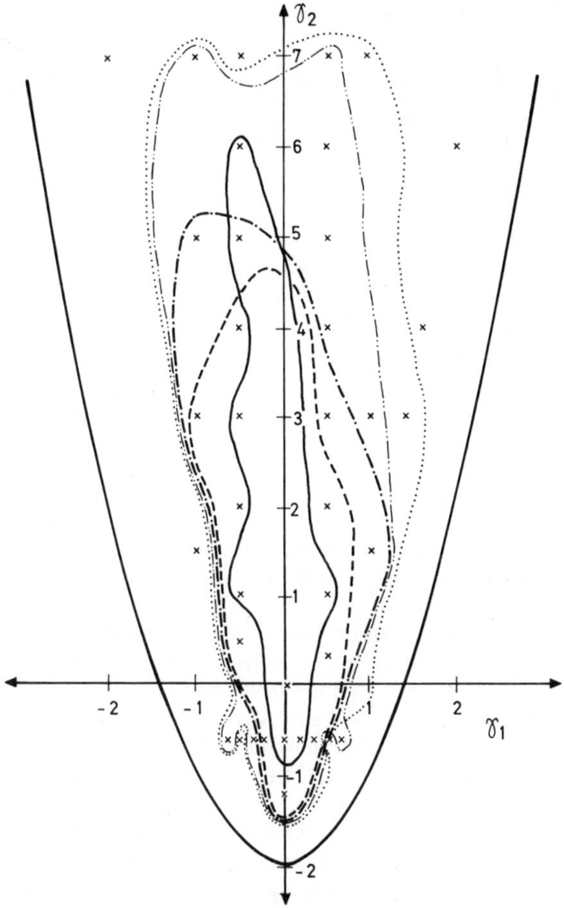

Abbildung 3.3. Bereiche in der (γ_1, γ_2)-Ebene der 20%-Robustheit für Δ^N ——, $\Delta_R(50)$ – –, $\Delta_R(100)$ –·–, $\Delta_R(200)$ –··–, $\Delta_R(500)$.....

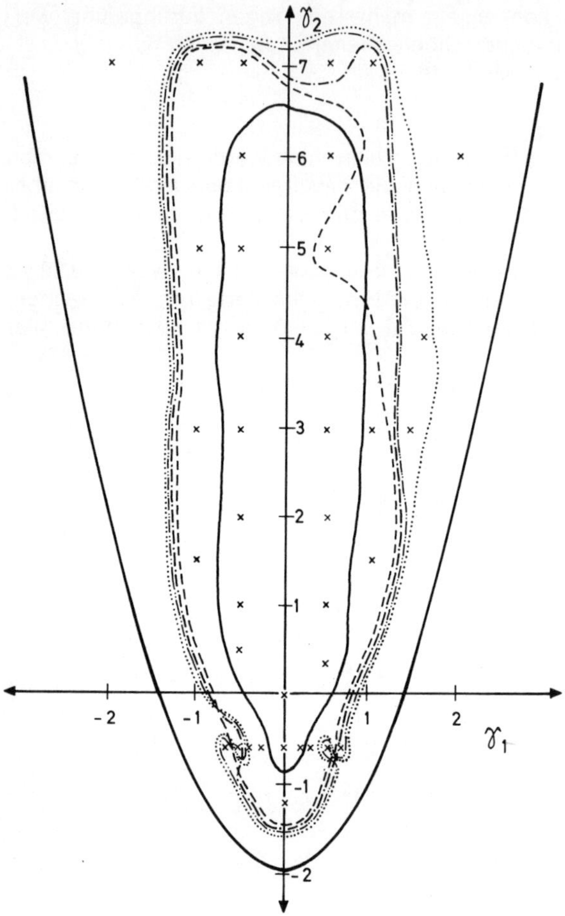

Abbildung 3.4. Bereiche in der (γ_1, γ_2)-Ebene der 15%-Robustheit für Δ^N ——, $\Delta_R(50)$ - - -, $\Delta_R(100)$ -·-, $\Delta_R(200)$ -··-, $\Delta_R(500)$ .....

$\mu_s = d_s$. Wir erzeugten so die Verteilungen mit vorgegebenen (γ_1, γ_2)-Werten, bei denen in der Spalte „Art der Verteilung" in Tabelle 3.4. der Begriff Potenztransformation steht.

Wenn wir den Selektionserfolg nach einer auf der Voraussetzung normalverteilter Merkmalswerte basierenden Methode, d. h., entweder über d_s^{N1} oder über d_s^{N2} berechnen, müssen wir den Fehler eines solchen Vorgehens für den Fall abschätzen, daß eine andere Verteilung zugrunde liegt. Aus den bisher publizierten Arbeiten zur Robustheit der standardisierten Selektionsdifferenz, RASCH und PIERER (1984, 1986), RASCH (1985) ergab sich, daß d_s^{N1} bei den meisten Verteilungen zu weit größeren Abweichungen führt als d_s^{N2}.

Aus Gründen der Platzeinsparung wird hier daher nur das d_s^{N2}-Verfahren behandelt, das wir ab jetzt einfach d_s^N nennen wollen $(d_s^N = d_s^{N2})$. Wenn d_s^{N2} nicht robust und damit für nichtnormale Verteilungen ungeeignet ist, so gilt das für d_s^{N1}

erst recht. Wir haben die Robustheit von d_s^N gegenüber 38 Verteilungen untersucht, die in Tabelle 3.4. die Nummern 2 bis 39 tragen. In den Abbildungen 3.3. und 3.4. finden wir die Gebiete der (γ_1, γ_2)-Ebene, in denen 15%- bzw. 20%-Robustheit von d_s^N bezüglich der Verteilungen von Tabelle 3.4. und P_s-Werte von 0.05 (0.05) 0,95 festgestellt wurden.
Wenn wir bedenken, daß wir z. B. bei der Selektion von Besamungsebern mit hohen P_s-Werten arbeiten müssen, benötigen wir für sinnvolle Vorhersagen von Zuchterfolgen mindestens eine 20%-Robustheit auch für $P_s = 0{,}95$. Damit haben aber unsere Untersuchungen ganz klar gezeigt, daß d_s^N für nichtnormale Verteilungen in weiten Teilen der (γ_1,γ_2)-Ebene unbrauchbar ist. Aus diesem Grunde haben wir ein neues robustes Verfahren zur Berechnung der Selektionsdifferenz entwickelt, das Verfahren ROSE.
ROSE liegt als Modul des Modulkomplexes Populationsgenetik des Expertensystems CADEMO (Computer Aided Design of Experiments and Modelling – siehe z. B. Rasch und Jansch 1989) vor. Dieses Verfahren ist adaptiv und benötigt n Beobachtungswerte des Merkmals, dessen Selektionsdifferenz berechnet werden soll, aus der unselektierten Population. Voraussetzung ist dabei, daß die Population mindestens 1000 Individuen umfaßt.
Die einzelnen Schritte dieses EDV-Programmes sind folgende:
- $n > 10$ Beobachtungswerte des Merkmals, nach dem selektiert werden soll, werden im Computer bereitgestellt.
- Der Wert von P_s bzw. y_s wird vorgegeben.
- Das Programm ROSE wird gestartet.
- Als Ergebnis wird der gesuchte d_s-Wert ausgegeben.

Wie robust das Verfahren ROSE im Mittel ist, kann den Abbildungen 3.3. und 3.4. für $n = 50$, 100, 200 und 500 entnommen werden. Die Abbildungen beziehen sich auf mittlere Δ-Werte für das Verfahren ROSE aus 1000 Simulationen. In jeder Simulation wurden n Beobachtungswerte für je eine der 39 Verteilungen der Tabelle 3.4. erzeugt und der d_s-Wert für die jeweilige Verteilung nach ROSE berechnet. Die Mittelwerte der 1000 so erhaltenen d_s-Werte wurden zur Berechnung von $\Delta_R(n)$ benutzt.
Die Abbildungen zeigen, daß für nicht zu extreme Verteilungen bereits $n = 50$ meist zu besseren Werten als d_s^N führt (natürlich nicht im Falle der Normalverteilung, in dem Δ per Definitionen Null ist) und damit ROSE gegenüber der traditionellen Methode vorzuziehen ist, falls Beobachtungswerte aus unselektiertem Material erhoben werden können.

3.3.3. Selektion aus endlichen Populationen

Wir modellieren das Selektionskriterium durch eine Zufallsvariable $\underline{y}$, die mit der Verteilungsfunktion F(y) verteilt ist und fassen die den Individuen einer endlichen Population vom Umfang N zugeordneten Merkmalswerte als Realisationen einer Zufallsstichprobe vom Umfang N auf.
Mit $\underline{y}_{(1)}, \underline{y}_{(2)}, \ldots, \underline{y}_{(N)}$ wollen wir die Ordnungsmaßzahlen dieser Zufallsstichprobe bezeichnen. Diese sind so definiert, daß für ihre Realisationen $y_{(i)}$

$$y_{(1)} \leq y_{(2)} \leq \ldots \leq y_{(N)}$$

gilt, d. h., die $y_{(i)}$ sind die der Größe nach geordneten Werte der Population. In dieser Situation kann die in Definition 3.3. eingeführte Selektionsintensität natürlich nur solche Werte annehmen, die ganzzahlige Vielfache von $\frac{1}{N}$ sind. Werden nun die $n < N$ Individuen mit den n größten Zuchtzielwerten $y_{(N-n+1)}, \ldots, y_{(N)}$ zur Weiterzucht selektiert, so ist die Selektionsintensität

$$P_s = \frac{N-n}{N} = 1 - \frac{n}{N}$$

und für die standardisierte Selektionsdifferenz ergibt sich (E wie endliche Population)

$$d_{sE} = \frac{1}{\sigma_p} (\mu_{sE} - \mu) \quad \text{mit} \tag{3.29}$$

$$\mu_{sE} = \frac{1}{n} E\left(\sum_{i=N-n+1}^{N} \underline{y}_{(i)}\right) = \frac{1}{n} \sum_{i=N-n+1}^{N} E(\underline{y}_{(i)}).$$

Für die Berechnung von μ_{sE} und d_{sE} benötigen wir die Größen $E(\underline{y}_{(i)})$, also die Erwartungswerte der Ordnungsmaßzahlen einer Verteilung.
Die Standardisierungstransformation

$$\underline{u} = \frac{\underline{y} - \mu}{\sigma_p}$$

überführt die $\underline{y}_i$ in Zufallsvariable $\underline{u}_i$, für die $E(\underline{u}_i) = 0$, $V(\underline{u}_i) = 1$, $i = 1, \ldots, N$ gilt. Für die Ordnungsmaßzahlen $\underline{u}_{(1)}, \ldots, \underline{u}_{(N)}$ gilt

$$E(\underline{u}_{(i)}) = \frac{E(\underline{y}_{(i)}) - \mu}{\sigma_p}$$

so daß

$$E(\underline{y}_{(i)}) = E(\underline{u}_{(i)})\, \sigma_p + \mu$$

gilt. Wir benötigen für die Berechnung von d_{SE} folglich weder Kenntnisse über μ noch über σ_p sondern nur den Umfang N der Population, die Anzahl n der zur Zucht vorgesehenen Individuen und die Größen $E(\underline{u}_{(i)})$. Letztere hängen von der Verteilung ab. Es gilt der

Satz 3.7,:
Sind die Komponenten $\underline{y}_i$ einer Zufallsstichprobe $\underline{\mathfrak{y}}$ vom Umfang N mit der Verteilungsfunktion F(y) und mit der Dichtefunktion f(y) verteilt, so ist der Erwartungswert $E(\underline{y}_{(i)})$ der i-ten Ordnungsmaßzahl durch

$$E[\underline{y}_{(i)}] = \frac{N!}{(i-n)!(N-i)!} \int_{-\infty}^{\infty} [F(t)]^{i-1} [1 - F(t)]^{N-i} f(t) t dt \tag{3.30}$$

(i = 1, …, N) gegeben.

Beispiel 3.2.:
Ist $\underline{y}$ im Intervall (0,1) gleichverteilt (siehe 3.3.1.), so erhalten wir

$$E[\underline{y}_{(i)}] = \frac{N!}{(i-1)!(N-i)!} \int_0^1 t^i(1-t)^{N-i}\,dt = \frac{i}{N+1}.$$

Da $E(\underline{y}) = \frac{1}{2}$, $V(\underline{y}) = \frac{1}{12}$ ist, wird
wegen $\sqrt{12} = \sqrt{4 \cdot 3} = 2\sqrt{3}$

$$d_{sE}^G = \frac{\sqrt{12}}{n(N+1)} \sum_{i=N-n+1}^{N} i - \sqrt{3}\,.$$

Nun ist aber

$$\sum_{i=N-n+1}^{N} i = \frac{N(N+1)}{2} - \frac{(N-n)(N-n+1)}{2} = \frac{n\,[2N-n+1]}{2}$$

und damit

$$d_{sE}^G = \frac{N-n}{N+1}\sqrt{3} = \sqrt{3}\,P_s \frac{N}{N+1} \qquad (3.31).$$

Vergleicht man (3.31) mit (3.23), so sieht man, daß schon für relativ kleine N-Werte $d_s^G \approx d_{sE}^G$ ist.
Anders liegen die Verhältnisse bei folgendem

Beispiel 3.3.:
Ist $\underline{u}$ nach N(0,1) verteilt, so ist

$$E[\underline{u}_{(i)}] = \frac{N!}{(i-1)!(N-i)!} \frac{1}{\sqrt{2\pi}} \int_{-\infty}^{\infty} \left[\int_{-\infty}^{t} \frac{1}{\sqrt{2\pi}} e^{\frac{-x^2}{2}} dx \right]^{i-1} \cdot \qquad (3.32)$$

$$\left[1 - \int_0^t \frac{1}{\sqrt{2\pi}} e^{\frac{-x^2}{2}} dx \right]^{N-i} \cdot e^{\frac{-t^2}{2}} dt\,.$$

Dieses Integral ist nicht geschlossen berechenbar. Daher sind Tabellen der Erwartungswerte z. B. von Harter (1961), Sarhan und Greenberg (1962), Rasch u. a. (1978) veröffentlicht worden. Im Forschungszentrum für Tierproduktion Dummerstorf/Rostock, Abteilung Biomathematik, liegen die $E(\underline{u}_{(i)})$ für N = 2 (1) 1000 und $i = 1, \ldots, \frac{N}{2}$ vor. (Siehe hierzu auch Herrendörfer, 1971). Tabelle 3.10. enthält die d_{sE}^N nach (3.29) für mehrere n und N.

Beispiel 3.4.:
Ist $\underline{y}$ mit der Dichtefunktion

$$f(y) = a\,e^{-a(y-b)}$$

Tabelle 3.5. Betrag der Differenz zwischen standardisierter Selektionsdifferenz für endliche und unendliche Populationen für drei Verteilungen und $N = 25$ (die Differenzen wurden aus den ungerundeten standardisierten Selektionsdifferenzen berechnet und können daher von den Differenzen der tabellierten Werte abweichen)

	Gleichverteilung				Normalverteilung			Exponentialverteilung		
n	P_S	d_S^G	d_{SE}^G	Diff.	d_S^N	d_{SE}^N	Diff.	d_S^E	d_{SE}^E	Diff.
24	0,04	0,0693	0,0666	0,0027	0,0898	0,1063	0,0165	0,0408	0,0400	0,0008
23	0,08	0,1386	0,1332	0,0053	0,1616	0,1772	0,0156	0,0834	0,0817	0,0017
22	0,12	0,2078	0,1999	0,0080	0,2273	0,2432	0,0159	0,1278	0,1251	0,0027
21	0,16	0,2771	0,2665	0,0107	0,2897	0,3050	0,0153	0,1744	0,1706	0,0038
20	0,20	0,3464	0,3331	0,0133	0,3500	0,3655	0,0155	0,2231	0,2182	0,0049
19	0,24	0,4157	0,3997	0,0160	0,4090	0,4249	0,0159	0,2744	0,2682	0,0062
18	0,28	0,4850	0,4663	0,0187	0,4675	0,4839	0,0164	0,3285	0,3209	0,0077
17	0,32	0,5543	0,5329	0,0213	0,5259	0,5430	0,0171	0,3857	0,3764	0,0093
16	0,36	0,6235	0,5996	0,0240	0,5846	0,6024	0,0178	0,4463	0,4352	0,0111
15	0,40	0,6928	0,6662	0,0266	0,6439	0,6628	0,0189	0,5108	0,4977	0,0131
14	0,44	0,7621	0,7328	0,0293	0,7043	0,7244	0,0201	0,5798	0,5644	0,0154
13	0,48	0,8314	0,7994	0,0320	0,7663	0,7894	0,0232	0,6539	0,6358	0,0181
12	0,52	0,9007	0,8660	0,0346	0,8301	0,8064	0,0237	0,7340	0,7127	0,0212
11	0,56	0,9699	0,9326	0,0373	0,8964	0,8687	0,0277	0,8210	0,7961	0,0249
10	0,60	1,0392	0,9993	0,0400	0,9659	0,9356	0,0303	0,9163	0,8870	0,0293
9	0,64	1,1085	1,0659	0,0426	1,0392	1,0059	0,0333	1,0217	0,9870	0,0347
8	0,68	1,1778	1,1325	0,0453	1,1175	1,0806	0,0369	1,1394	1,0981	0,0413
7	0,72	1,2471	1,1991	0,0480	1,2022	1,1607	0,0415	1,2730	1,2231	0,0500
6	0,76	1,3164	1,2657	0,0506	1,2953	1,2480	0,0473	1,4271	1,3660	0,0612
5	0,80	1,3856	1,3323	0,0533	1,3998	1,3448	0,0550	1,6094	1,5326	0,0768
4	0,84	1,4549	1,3990	0,0560	1,5207	1,4548	0,0659	1,8326	1,7326	0,1000
3	0,88	1,5242	1,4656	0,0586	1,6670	1,5881	0,0789	2,1203	1,9826	0,1376
2	0,92	1,5935	1,5322	0,0613	1,8583	1,7448	0,1135	2,5257	2,3160	0,2098
1	0,96	1,6628	1,5988	0,0640	2,1543	1,9653	0,1890	3,2189	2,8160	0,4029

($y > 0$, $a > 0$) und sonst Null exponentialverteilt, so ist (Sarhan und Greenberg, 1962)

$$E(\underline{u}_{(i)}) = \sum_{j=1}^{i} \frac{1}{N-j+1} - 1 \tag{3.33}$$

und folglich

$$d_{SE}^E = \frac{1}{n} \sum_{i=N-n+1}^{N} \sum_{j=1}^{i} \frac{1}{N-j+1} - 1 \tag{3.34}$$

In Tabelle 3.5. werden für $N = 25$ die Auswirkungen endlicher Populationen auf die Selektionsdifferenz verdeutlicht. Dabei verwendeten wir die Verteilungen der Beispiele 3.2. bis 3.4. Es wird deutlich, daß die Auswirkungen der Endlichkeit der Population auf die standardisierte Selektionsdifferenz von der zugrundeliegenden Verteilung abhängt.

3.3.4. Selektion von Individuengruppen

Wir gehen in diesem Abschnitt davon aus, daß die Selektionseinheiten nicht einzelne Individuen, sondern Individuengruppen vom gleichen Umfang m sind. Wie wir sehen werden, ist eine solche Selektion nicht so effektiv, wie die Einzelauslese. Mitunter hat man aber keine andere Wahl, weil Informationen nur gruppenweise zur Verfügung stehen, wie das beim Merkmal Futterverwertung bei Gruppenfütterung der Fall ist, oder es gibt andere technisch-organisatorische Gründe, ganze Gruppen unabhängig von der individuellen Leistung der Gruppenmitglieder zu selektieren.
Wir betrachten hier den Fall, daß wir Gruppen verwandter Individuen selektieren und demonstrieren am Beispiel der Voll- und der Halbgeschwistergruppenselektion, wie das Ergebnis von Satz 3.2. angewendet werden kann.

Beispiel 3.5.:
Selektion von Vollgeschwistergruppen aus Normalverteilungen
Gegeben sei eine unendliche Population mit Vollgeschwistergruppen vom Umfang m. Für das Selektionsmerkmal $\underline{y} = \underline{P}$ jedes Individiums gelten die Gleichungen (2.101), (2.102), und für die Übertragung der Erbmasse von den Eltern auf die Nachkommen gelte (2.104).
Die Eltern der Vollgeschwister seien unverwandt.

$$\overline{\underline{y}}_{VG_i} = \frac{1}{m} \sum_{j=1}^{m} \underline{y}_{ij} = \overline{\underline{G}}_{VG_i} + \frac{1}{m} \sum_{j=1}^{m} \underline{u}_{ij} \tag{3.35}$$

ist der Mittelwert der i-ten Vollgeschwistergruppe mit dem genotypischen Vollgeschwistermittelwert

$$\overline{\underline{G}}_{VGi} = \frac{1}{2} (\underline{G}_{Vi} + \underline{G}_{Mi}) + \frac{1}{m} \sum_{j=1}^{m} (\underline{Z}_{V_{ij}} + \underline{Z}_{M_{ij}}) \tag{3.36}.$$

In (3.36) sind $\underline{G}_{Vi}$ und $\underline{G}_{Mi}$ die genotypischen Werte der Eltern der i-ten Vollgeschwistergruppe und $\underline{Z}_{V_{ij}}$ bzw. $\underline{Z}_{M_{ij}}$ die entsprechenden Komponenten nach (2.104).

Nun ist bei unverwandten Eltern

$$V(\overline{\underline{G}}_{VGi}) = \frac{m+1}{2m} \sigma_g^2 = \mathrm{cov}(\overline{\underline{G}}_{VGi}, \overline{\underline{y}}_{VGi})$$

und folglich

$$V(\overline{\underline{y}}_{VGi}) = \frac{m+1}{2m} \sigma_g^2 + \frac{1}{m} \sigma_u^2 .$$

Setzen wir nun in Satz 3.2. $\underline{x} = \overline{\underline{G}}_{VG}$ und $\underline{y} = \overline{\underline{y}}_{VG}$ und verwenden alle Vollgeschwistergruppen mit $\overline{y}_{VGi} > y_0$ zur Weiterzucht, so ist mit den Bezeichnungen (3.6), h^2 und d_s^N aus Satz 3.2.

$$E_s(\underline{\overline{G}}_{VG}) = \mu + \frac{\frac{m+1}{2m}\sigma_g^2}{\sqrt{\frac{m+1}{2m}\sigma_g^2 + \frac{1}{m}\sigma_u^2}} d_s^N = \mu + \frac{h^2(m+1)}{\sqrt{2m\,[(m-1)h^2+2]}}\sigma_p\, d_s^N .$$

Für normalverteilte Merkmale hängt die Selektionsdifferenz bei Vollgeschwisterselektion d_{sVG} von der standardisierten Selektionsdifferenz d_s^N bei Individualselektion folglich wie folgt ab:

$$d_{sVG}^N = \frac{E_s(\underline{\overline{G}}_{VG}) - \mu}{\sigma_p} = \frac{h^2(m+1)}{\sqrt{2m\,[(m-1)h^2+2}} d_s^N \qquad (3.37).$$

Beispiel 3.6.:
Selektion von Halbgeschwistergruppen aus Normalverteilungen
Unter den Voraussetzungen von Beispiel 3.5. wollen wir jetzt (väterliche) Halbgeschwistergruppen betrachten. Einem Vater mögen s weibliche Tiere angepaart werden, die je m Nachkommen erzeugen.

Wir haben an Stelle von (3.36) vom genotypischen Halbgeschwistergruppenmittelwert

$$\underline{\overline{G}}_{MGi} = \frac{1}{2}\underline{G}_{Vi} + \frac{1}{s}\sum_{j=1}^{s}\left[\frac{\underline{G}_{Mij}}{2} + \frac{1}{m}\sum_{l=1}^{m}(\underline{Z}_{Vil} + \underline{Z}_{Mijl})\right]$$

auszugehen und erhalten für die Selektionsdifferenz d_{sHG}^N bei Halbgeschwistergruppenselektion analog zu Beispiel 3.5 aus Satz 3.2

$$d_{sHG}^N = \frac{h^2\,[m(s+1)+2]}{\sqrt{4sm\,\{h^2\,[m(s+1)-2]+4\}}} d_s^N \qquad (3.38).$$

Den Beweis für ungleiche Nachkommenzahlen je Mutter findet man z. B. bei RASCH (1984, S. 315).

3.4. Gleichzeitige Selektion aus mehreren Populationen

In den vorhergehenden Kapiteln wurde stets nur in einer Population selektiert. In der Praxis können aber große Bestände aus mehreren Populationen zusammengesetzt sein. Für diese Populationen wird jeweils das einfache populationsgenetische Modell unterstellt. Wir lehnen uns im folgenden an die Arbeit von HERRENDÖRFER (1976) an. Die Parameter μ_i, σ_i^2 und h_i^2 ($i = 1$ bis k) können sich von Population zu Population unterscheiden.
Die Selektion soll in einer derartig strukturierten Gesamtheit erfolgen, dabei können folgende Problemstellungen auftreten:

1. Problemstellung:
Bei vorgegebener Gesamtselektionsintensität soll der genetische Mittelwert der selektierten Individuen aller Populationen maximal werden.
Unter dem genetischen Mittelwert einer Population versteht man die Summe aus dem Populationsmittel (μ) und der genetischen Selektionsdifferenz ($h^2 d_s\sigma$). In (3.42) ist die Formel zur Berechnung des genetischen Mittelwertes aller Populationen nach Selektion für den Gesamtbestand angegeben.
Unter praktischen Bedingungen tritt eine solche Fragestellung bei der Selektion eines großen Rinderbestandes auf, der sich aus mehreren genetischen Konstruktionen zusammensetzt (z. B. SMR, verschiedene F_1- und R_1-Kreuzungen).

Die Lösung der 1. Problemstellung führt aber nicht zur höchsten phänotypischen Leistung der selektierten Tiere und ihrer Nachkommen.

2. Problemstellung:
Die Selektion soll so erfolgen, daß der genetische Gewinn bei den Nachkommen maximal wird. Diese Problemstellung wird noch weiter modifiziert durch die Tatsache, daß nicht jede Population die gleiche Reproduktionsfähigkeit besitzt. Die Reproduktionsfähigkeit der l-ten Population wird mit a_l bezeichnet. Für die Reproduktionsfähigkeit einer Population kann man z. B. die mittlere Anzahl lebend geborener Tiere je Wurf einsetzen, oder aber auch die mittlere Anzahl aufgezogener weiblicher Tiere bis zur Zuchtverwendung je Wurf. So beträgt die mittlere Wurfgröße in Abhängigkeit von der genetischen Konstruktion bei Labormäusen 6 bis 15 Tiere. Ähnliche Differenzen treten auch bei Nutztieren, wie z. B. beim Schwein, Kaninchen, Pelztier und bei Pflanzen auf (Keimfähigkeit).
Das Ziel der Problemstellung 2 besteht darin, daß Nachkommenmittel bei vorgegebener Gesamtselektionsintensität im Selektionskriterium zu maximieren. Sie entspricht der Hauptaufgabenstellung der praktischen Zucht.

3. Problemstellung:
Für eine feste Selektionsintensität soll der phänotypische Mittelwert der selektierten Individuen maximal sein. Hierbei wird die Selektion auf der Grundlage der phänotypischen Merkmale durchgeführt, ohne die Vererbung des Merkmals zu berücksichtigen. Den phänotypischen Mittelwert der selektierten Individuen erhält man analog zu (3.42), wobei h_i^2 durch 1 zu ersetzen ist. Diese Problemstellung tritt bei der Optimierung von Bestandsstrukturen auf.

4. Problemstellung:
Bei vorgegebener Selektionsintensität für den gesamten Bestand soll der phänotypische Mittelwert in der nachfolgenden Leistungsperiode maximiert werden. Mit w_i wird der Wiederholbarkeitskoeffizient in der i-ten Population (hier z. B. i-te Wurf usw.) bezeichnet.
Unter praktischen Bedingungen treten sowohl die Problemstellungen 1 bis 3 und gleichzeitig die Problemstellung 4 im Bestand auf. Die Lösung derartig vernetzter Probleme soll hier nicht dargelegt werden.
Zur Lösung der 1. Problemstellung setzen wir voraus, daß die betrachtete Ge-

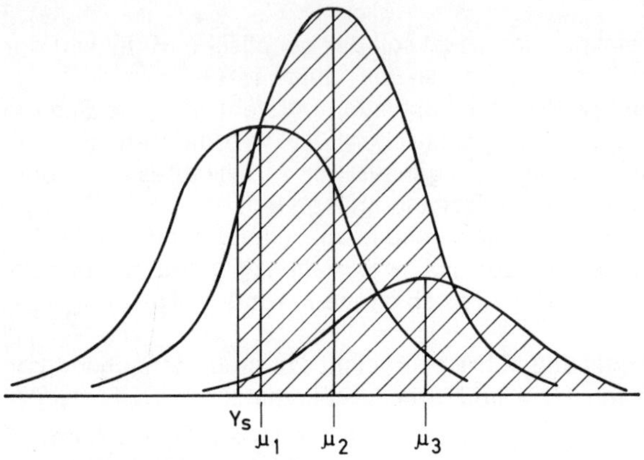

Abbildung 3.5. Selektion aus drei Populationen

samtheit von Zuchtobjekten aus $N = \sum_{i=1}^{k} n_i$ Individuen besteht, wobei die i-te Population n_i Individuen enthält. Aus diesen N Zuchtobjekten sind NP Objekte mit $0 < P < 1$ zur Zucht zu selektieren, die n_i seien so groß, daß das betrachtete Merkmal in der i-ten Population durch eine $N(\mu_{i.}\ \sigma_i^2)$-Verteilung approximiert werden kann. In Abb. 3.5. ist der Fall von $k = 3$ Populationen veranschaulicht. Aus

$$\sum_{i=1}^{k} n_i \Phi \left[\frac{u_1 \sigma_1 h_1^2 + \mu_1 - \mu_i}{\sigma_i h_i^2} \right] = (1 - P)N \tag{3.39}$$

wird durch systematisches Suchen u_1 ermittelt. Hier ist Φ wieder die Verteilungsfunktion der N(0,1)-Verteilung.

Die linke Seite von (3.39) ist eine monoton wachsende Funktion von u_1, alle weiteren Parameter sind bekannt, so daß (3.39) genau eine Lösung hat. u_1 stellt den standardisierten Stutzungspunkt der 1. Population dar und es gilt

$$u_1 = \frac{y_{s1} - \mu_1}{\sigma_1}. \tag{3.40}$$

Daraus kann nun der Selektionspunkt y_{s1} der ersten Population berechnet werden. Da wir wünschen, daß die genetischen Mittelwerte aller Populationen gleich werden sollen, erhält man die weiteren u_i aus

$$u_i = \frac{u_1 \sigma_1 h_1^2 + \mu_1 - \mu_i}{\sigma_i h_i^2} \tag{3.41}$$

und die y_{si} aus einer zu (3.40) analogen Formel. Damit ist Problemstellung 1 vollständig gelöst, und der genetische Mittelwert (μ_g) der selektierten Individuen wird nach

$$\mu_g = \sum_{i=1}^{k} \frac{(\mu_i + h_i^2 d_{si} \sigma_i) n_i [1 - \Phi(u_i)]}{NP} \quad \text{bestimmt.} \tag{3.42}$$

Für die 2. Problemstellung wird angenommen, daß in beiden Geschlechtern gleich stark selektiert wird. Zur Lösung dieser Problemstellung unterstellt man

$$a_i \cdot n_i = n_i^*$$

$$N^* = \sum_{i=1}^{k} a_i n_i = \sum_{i=1}^{k} n_i^* \tag{3.43}$$

und verwendet die Formeln (3.39) bis (3.42) mit n_i^* für n_i und N^* für N.
Die Lösung der 3. Problemstellung erhält man mit $h_i^2 = 1$ aus der Lösung der Problemstellung 1.
Die Lösung der Problemstellung 4 ergibt sich für $h_i^2 = W_i$. Zur Demonstration der Anwendung dieser Theorie soll die gleichzeitige Selektion aus zwei Populationen untersucht werden. Eine Erweiterung auf $k > 2$ Population ist dann leicht möglich.

Beispiel 3.7.:
Folgende Parameter sind für die beiden Populationen gegeben:

Population	n_i	μ_i	h_i^2	σ_i
1	500	150	0,4	25
2	1500	140	0,2	50

Die Selektionsintensität wird mit $1 - P = 0{,}5$ festgelegt. Problemstellung 1 soll gelöst werden.
Formel (3.39) hat für diese Parameter die Form:

$$500\,\Phi(u_1) + 1500\,\Phi\left[\frac{u_1 \cdot 25 \cdot 0{,}4 + 150 - 140}{50 \cdot 0{,}2}\right] = 0{,}5 \cdot 2000.$$

Nach einigen Umformungen erhält man daraus

$$\Phi(u_1) + 3\Phi(u_1 + 1) = 2. \tag{3.44}$$

Da etwa 50% der Zuchtobjekte selektiert werden sollen, wählt man als ersten Näherungswert $u_1 = 0$. Aus einer Tabelle der standardisierten Normalverteilung ermittelt man

$$0{,}5 + 3 \cdot 0{,}8413 = 3{,}02239 > 2.$$

Da die linke Seite von (3.44) eine monoton wachsende Funktion von u_1 ist, wird nun ein kleinerer Wert von u_1 gewählt ($u_1 = -0{,}5$) und man erhält

$$0{,}30854 + 3 \cdot 0{,}69146 = 2{,}38292 > 2.$$

Für $u_1 = -1$ ergibt sich

$$0{,}15866 + 3 \cdot 0{,}5 = 1{,}65866 < 2.$$

Damit liegt die Lösung für u_1 zwischen -1 und $-0{,}5$. Als nächster Wert wird $u_1 = -0{,}75$ untersucht und ein Wert von

$$0{,}22663 + 3 \cdot 0{,}598706 = 2{,}02275 > 2$$

erhalten. Nun liegt die Lösung zwischen -1 und $-0{,}75$, aber sehr nahe bei $-0{,}75$. Daher wird mit $u_1 = -0{,}76$ gerechnet, und man erhält

$$0{,}22363 + 3 \cdot 0{,}594835 = 2{,}00813 > 2.$$

Dieser Wert ist noch etwas zu groß. Für $\mu_1 = -0{,}77$ gilt

$$0{,}22065 + 3 \cdot 0{,}590954 = 1{,}99351 < 2.$$

Somit liegt der gesuchte Wert u_1 zwischen $-0{,}77$ und $-0{,}76$. Auf dem gleichen Weg kann die Iteration weitergeführt werden. Für unser Beispiel soll $u_1 = -0{,}77$ gelten.

Nach (3.40) wird y_{s1} berechnet.

$$150 - 0{,}77 \cdot 25 = 130{,}75 = y_{s1}.$$

Alle Zuchtobjekte der ersten Population mit einem phänotypischen Wert $> 130{,}75$ werden zur Zucht verwendet.

Nach (3.41) erhält man u_2 aus

$$u_2 = u_1 + 1 = -0{,}77 + 1 = 0{,}23$$

und nach (3.40) für $y_{s2} = 151{,}50$, d. h., alle Zuchtobjekte der zweiten Population mit Werten $>151{,}50$ werden zur Zucht verwendet. Als Probe der bisher durchgeführten Berechnungen soll der genetische Wert von Individuen an den Selektionsgrenzen bestimmt werden. Dieser Wert muß für die Population 1 und 2 identisch sein. Ein Individuum mit dem phänotypischen Wert von 130,75 in Population 1 hat eine Selektionsdifferenz von $-19{,}25$. Den genetischen Fortschritt erhält man durch Multiplikation mit 0,4 und das ergibt $-7{,}7$.

Zieht man diesen Wert von 150 ab, so erhält man 142,3.

Entsprechend führt man die Rechnung für die zweite Population durch. Die Selektionsdifferenz beträgt 11,5 und der genetische Fortschritt 2,3. Somit ergibt sich für ein Zuchtobjekt der Population 2 mit diesem phänotypischen Wert der gleiche genetische Mittelwert von 142,3.

Abschließend wird noch die Anzahl der selektierten Individuen für beide Populationen bestimmt. Für $u_1 = -0{,}77$ gilt $1 - \Phi(u_1) = 0{,}77935$ und aus den 500 Individuen der Population 1 sind $0{,}77935 \cdot 500 = 390$ Individuen auszuwählen. Entsprechend sind aus der zweiten Population 613 Zuchtobjekte von 1500 zu selektieren ($0{,}409046 \cdot 1500 = 613$). Zusammen werden also 1003 Individuen selektiert, obwohl aus $P = 0{,}5$ folgt, daß nur 1000 Individuen ausgewählt werden dürfen. Die Differenz ist ein Ergebnis der unzureichenden Iteration für u_1 und der erforderlichen Rundung auf ganze Zahlen.

In entsprechender Weise lassen sich auch die Problemstellungen zwei bis vier lösen.

3.5. Selektion nach mehreren Merkmalen

Wir wollen davon ausgehen, daß gleichzeitig mehrere Merkmale von züchterischem Interesse sind. Die Selektion soll nicht nach einem Selektionsindex, sondern so vorgenommen werden, daß nur solche Individuen zur Zucht zugelassen werden, die für einige oder auch für jedes dieser Merkmale gewisse Mindestanforderungen erfüllen.

3.5.1. Allgemeine Theorie

Im folgenden gehen wir davon aus, daß n Merkmale durch einen Zufallsvektor $\underline{\mathfrak{y}}' = (\underline{y}_1, \ldots, \underline{y}_n)$ mit n Komponenten modelliert werden können.
Wir geben zunächst folgende Verallgemeinerung von Definition 3.3.:

Definition 3.5.:

Die Zufallsvariable $\underline{\mathfrak{y}}' = (\underline{y}_1, \ldots, \underline{y}_n)$, $n \geq 1$ sei mit der Verteilungsfunktion $F(\mathfrak{y}) = F(y_1, \ldots, y_n)$ verteilt und ein Modell für einen Merkmalsvektor $\mathfrak{y}$, nach dessen Komponenten y_i gerichtet selektiert wird, indem nur Individuen mit $y_i > y_{is} = a_i$ zur Zucht zugelassen werden. Für jedes $\underline{y}_i$ gelte eine zu (3.1) analoge Beziehung

$$y_i = f_i\,(G_i, U_i), \quad (i = 1, \ldots, n) \tag{3.45}$$

Der Vektor $\mathfrak{a}' = (a_1, \ldots, a_n)$ heißt Selektionspunkt. Ist $V = V(\underline{\mathfrak{y}})$ und $\mu = E(\underline{\mathfrak{y}})$, so heißt der Vektor $\mathfrak{u} = (u_1, \ldots, u_n)$
mit

$$\mathfrak{u} = V^{-1/2}(\mathfrak{u} - \mu)$$

standardisierter Selektionspunkt. Der Anteil $F(\mathfrak{a}) = F(a_1, \ldots, a_n)$ der von der Reproduktion ausgeschlossenen Individuen heißt Selektionsintensität.

Ist $E_{\mathfrak{a}}(\underline{\mathfrak{y}}) = (E_{\mathfrak{a}}(\underline{y}_1), \ldots, E_{\mathfrak{a}}(\underline{y}_n)]'$ der Erwartungswert von $\underline{\mathfrak{y}}$ nach der Selektion durch Stutzung im Selektionspunkt $\mathfrak{a}$, so heißt mit

$$\mu' = (\mu_1, \ldots, \mu_n)$$
$$d = E_{\mathfrak{a}}(\underline{\mathfrak{y}}) - \mu \tag{3.46}$$

der Vektor der Selektionsdifferenzen und

$$d_s' = \left[\frac{E_{\mathfrak{a}}(\underline{y}_1) - \mu_1}{\sigma_1}, \ldots, \frac{E_{\mathfrak{a}}(\underline{y}_n) - \mu_n}{\sigma_n}\right] \tag{3.47}$$

der Vektor der standardisierten Selektionsdifferenzen.

Ist $E_{\mathfrak{a}}(\underline{G}_i)$ der Erwartungswert von $\underline{G}_i$ nach der Selektion im Punkte $\mathfrak{a}$, so heißt

$$\Delta G = (\Delta G_1, \ldots, \Delta G_n)' = [E_{\mathfrak{a}}(\underline{G}_1) - E(\underline{G}_1), \ldots, E_{\mathfrak{a}}(\underline{G}_n) - E(\underline{G}_n)]'$$

der Selektionserfolg (-vektor) oder der genetische Fortschritt. Wir wollen anneh-

men, die Selektion erfolge nur nach einem der n Merkmale, z. B. nach dem Merkmal y_1. Das bedeutet dann, daß $a_2 = \ldots = a_n = -\infty$ (keine Stutzung bezüglich $\underline{y}_2, \ldots, \underline{y}_n$) ist und wir schreiben statt $E_\mathfrak{a}$ einfach E_1 oder E_{y1}.
In diesem Fall verwendet man auch folgende Sprechweisen:

$$E_1(\underline{y}_1) - \mu_1 = d_1 \tag{3.48}$$

heißt die direkte Selektionsdifferenz, $\frac{d_1}{\sigma_1}$ die direkte standardisierte Selektionsdifferenz und

$$\Delta G_1 = E_1(\underline{G}_1) - E(\underline{G}_1)$$

heißt direkter Selektionserfolg der Selektion nach $\underline{y}_1$. Dagegen heißen für

$$j = 2, \ldots, n$$
$$d_j = E_1(y_j) - \mu_j$$

$$\frac{d_j}{\sigma_j} \quad \text{bzw. } \Delta G_j = E_1(\underline{G}_j) - E(\underline{G}_j) \tag{3.49}$$

indirekte Selektionsdifferenz, indirekte standardisierte Selektionsdifferenz bzw. indirekter Selektionserfolg des Merkmales y_j bei Selektion nach y_1.
In den Anwendungen kommt eine weitere Verallgemeinerung vor, z. B. bei der Selektion nach einem Selektionsindex.

Definition 3.6.:
Eine reellwertige Funktion $I = h(\mathfrak{y})$ des Merkmalsvektors $\mathfrak{y}$ oder auch die entsprechende Zufallsvariable $\underline{I} = h(\underline{\mathfrak{y}})$ wird Selektionsindex genannt, wenn die Selektion nach $\underline{I}$ vorgenommen wird, d. h. z. B. zur Zucht alle Individuen mit $I > I_0$ zugelassen werden.
Dann ist es zweckmäßig, folgende weitere Verallgemeinerung von Definition 3.3. zu geben:

Definition 3.7.:
Die Zufallsvariable $\underline{I}$ mit der Verteilungsfunktion $\psi(I)$ sei ein Modell für das Selektionsmerkmal (Selektionsindex) $I = h(\mathfrak{y})$ nach dem im Punkte I_0 gerichtet selektiert wird. I_0 heißt Selektionspunkt und

$$u_I = \frac{I_0 - E(\underline{I})}{\sqrt{V(\underline{I})}} \tag{3.50}$$

heißt standardisierter Selektionspunkt. Der Anteil $\psi(I_s)$ der von der Reproduktion ausgeschlossenen Individuen heißt Selektionsintensität. Ferner sei $E_I(\underline{I})$ der Erwartungswert von $\underline{I}$ nach der Selektion nach I. Dann heißt

$$d = E_I(\underline{I}) - E(\underline{I})$$

die Selektionsdifferenz und

$$d_s = \frac{d}{\sqrt{V(\underline{I})}}$$

die standardisierte Selektionsdifferenz der Indexselektion. Ist $\underline{\mathfrak{y}}' = (\underline{y}_1, \ldots, \underline{y}_n)$, gilt für jede Komponente (3.45) und bezeichnen $E_I(\underline{y}_i)$ bzw. $E_I(\underline{G}_i)$ die Erwartungswerte von $\underline{y}_i$ bzw. $\underline{G}_i$ nach der Selektion nach I, so nennen wir

$$d_i = E_I(\underline{y}_i) - E(\underline{y}_j) = E_I(\underline{y}_i) - \mu_i$$

die indirekte Selektionsdifferenz des Merkmals $\underline{y}_i$ und mit $V(\underline{y}_i) = \sigma_i^2$

$$d_{si} = \frac{d_i}{\sigma_i} \tag{3.51}$$

die standardisierte indirekte Selektionsdifferenz des Merkmals y_i.

$$\Delta G_i = E_I(\underline{G}_i) - E(\underline{G}_i) \tag{3.52}$$

heißt der indirekte Selektionserfolg bezüglich y_i.
Zwischen den Definitionen 3.3., 3.5. und 3.7. bestehen folgende Zusammenhänge:

- Definition 3.3. ist ein Spezialfall von Definition 3.5. für $n = 1$, hier gibt es keine indirekten Selektionsdifferenzen oder -erfolge.
- Definition 3.3. ist ein Spezialfall von Definition 3.7. für $n = 1$ und $h(\mathfrak{y}) = h(y_1) = y_1$.
- Der Spezialfall von Definition 3.5. mit (o. B. d.) $a_1 > -\infty$, $a_2 = \ldots = a_n = -\infty$ ist ein Spezialfall von Definition 3.7. für $h(\mathfrak{y}) = y_1$.

Im allgemeinen lassen sich die Definitionen 3.5. und 3.7. nicht aufeinander zurückführen. Zwar kann man für jeden konkreten Selektionspunkt eine eindeutige Zuordnung eines Wertes I_0 für alle Individuen mit $y_i > y_{is}$ so vornehmen, daß $I > I_0$ und $y_i > y_{is}$ die gleiche Individuenmenge definiert, allgemein können die Probleme aber nicht ineinander überführt werden.
Wir wollen nun analog zu Satz 3.2 Sätze angeben, mit deren Hilfe die Momente erster und zweiter Ordnung (d. h. die Erwartungswerte, Varianzen und Kovarianzen) nach der Selektion berechnet werden können. Hierbei muß einige mathematische Technik verwendet werden. Ein Leser, der diesen Beschreibungen nicht folgen kann, sollte direkt zu den Beispielen übergehen. Wir setzen im folgenden voraus, daß $\underline{\mathfrak{y}}$ einer n-dimensionalen Normalverteilung mit $E(\underline{\mathfrak{y}}) = \mu = 0_n$ (0_n ist ein Vektor mit n Nullen) und der Kovarianzmatrix $\sum = R$ folgt, wobei $R = (\varrho_{ij})$ die Korrelationsmatrix des Vektors $\underline{\mathfrak{y}}$, d. h. ϱ_{ij} der Korrelationskoeffizient zwischen $\underline{y}_i$ und $\underline{y}_j$ ist. Mit anderen Worten folgt $\underline{\mathfrak{y}}$ einer in den Randverteilungen standardisierten n-dimensionalen Normalverteilung, für die $E(\underline{y}_i) = 0$, $V(\underline{y}_i) = 1$ ($i = 1, \ldots, n$) gilt. Die Dichtefunktion dieser Verteilung ist

$$f_n(y_1, \ldots, y_n/R) = (2\pi)^{-\frac{n}{2}} |R|^{-\frac{1}{2}} \exp\left(-\frac{1}{2}\mathfrak{y}' R^{-1} \mathfrak{y}\right) \tag{3.53}.$$

Fordern wir, daß für zuchttaugliche Individuen $y_i \geq y_{io} = a_i = u_i$ ist, so ist die Selektionsintensität mit $\mathfrak{a}' = (u_1, \ldots, u_n)$

$$1 - P = 1 - P_n(\mathfrak{a}/R) = F_n(\mathfrak{a}/R) = 1 - \int_{u_1}^{\infty} \ldots \int_{u_n}^{\infty} f(y_1, \ldots, y_n/R)\, dy_n \ldots dy_1 .$$

Ist $\mu \neq 0_n$, so muß man von dem sich unter dieser Voraussetzung ergebendem d wegen (3.46) μ subtrahieren und falls $V(y_i) = \sigma_i^2 \neq 1$ ist, müßte man die Komponenten von d_s (nach Subtraktion der μ_i) durch die σ_i entsprechend (3.47) dividieren.
Die Voraussetzung standardisierter Randverteilungen vereinfacht aber die ohnehin schon langen Formeln.
Der folgende Satz stammt von BIRNBAUM und MEYER (1953), sein Beweis wurde vereinfacht.

Satz 3.8 (BIRNBAUM und MEYER, 1953):
Wird die Normalverteilung von $\mathfrak{y}$ im Punkt $\mathfrak{a}' = (u_1, \ldots, u_n)$ gestutzt, so gilt für die Erwartungswerte $E_{\mathfrak{a}}$ von $\underline{y}_i$ bzw. von $\underline{y}_i \cdot \underline{y}_j$ nach der Stutzung mit $P = F(\mathfrak{a}R)$

$$E_{\mathfrak{a}}(\underline{y}_i) = \frac{1}{P} \sum_{l=1}^{n} \varrho_{il}\, f_1(u_l)\, P_{n-1}(\mathfrak{z}_l / R_l) \quad (i = 1, \ldots, n) \tag{3.54}$$

bzw.

$$E_{\mathfrak{a}}(\underline{y}_i\, \underline{y}_j) = \varrho_{ij} + \frac{1}{P} \sum_{l=1}^{n} \varrho_{li}\, \varrho_{lj}\, u_l\, f_1(u_l)\, P_{n-1}(\mathfrak{z}_l / R_l)$$

$$+ \sum_{l=1}^{n} \varrho_{li} \sum_{r \neq l} f_2(u_l u_r / \varrho_{lr})\, P_{n-2}(\mathfrak{v}_{lr} / R_{lr})\, (\varrho_{rj} - \varrho_{lr}\, \varrho_{lj}) \quad (i, j = 1, \ldots, n) \tag{3.55}$$

mit

$$f_1(u_l) = \frac{1}{\sqrt{2\pi}} \exp\left(-\frac{u_l^2}{2}\right),$$

$$f_2(u_l, u_r / \varrho_{lr}) = \frac{1}{2\pi} \exp\left(-\frac{(u_l^2 - 2\varrho_{lr}\, u_l\, u_r + u_r^2)}{2(1 - \varrho_{lr}^2)}\right)$$

aus (3.53) für n = 1 bzw. n = 2

$$\mathfrak{z}_l = (z_{l,1}, \ldots, z_{l,n-1}),$$

$$z_{lt} = \frac{u_t - \varrho_{lt}\, u_l}{\sqrt{1 - \varrho_{lt}^2}}, \quad (t \neq l)$$

$$\mathfrak{v}_{lr}' = (v_{lr}, \ldots, v_{lr}^{n-2}) \quad \text{und}$$

$$v_{lr}^t = \frac{u_t - \beta_{tl \cdot r}\, u_l - \beta_{tr \cdot l} \cdot u_r}{\sqrt{(1 - \varrho_{tl}^2)(1 - \varrho_{tr \cdot 1}^2)}}, t \neq l \neq r,$$

wobei $\beta_{ij \cdot k}$ der partielle Regressionskoeffizient zwischen $\underline{y}_i$ und $\underline{y}_j$ in der gemeinsamen Verteilung von $(\underline{y}_i, \underline{y}_j, \underline{y}_k)$ und $\varrho_{ij \cdot k}$ der entsprechende partielle Korrelationskoeffizient ist. Die Matrix R_l ist die Matrix der partiellen Korrelationskoeffizienten erster Ordnung der $\underline{y}_i$, $i \neq l$ nach Ausschaltung von $\underline{y}_k$. Die Matrix R_{lr} ist die Matrix der partiellen Korrelationskoeffizienten zweiter Ordnung der $\underline{y}_i$, $i \neq l$, $i \neq r$ nach Ausschaltung von $\underline{y}_l$ und $\underline{y}_r$.

Satz 3.8 ist eine Verallgemeinerung von Satz 3.2 auch für $n=2$, da hier sowohl bezüglich $\underline{x}$ als auch bezüglich $\underline{y}$ selektiert wird. Andererseits werden in Satz 3.8 zunächst nur die phänotypischen Werte berücksichtigt. Setzt man aber $n=2k$ und $y_1=P_1, \ldots, y_k=P_k, y_{k+1}=G_1, \ldots, y_n=G_k$, wobei G_i bzw. P_i die genotypischen bzw. phänotypischen Werte des i-ten Merkmals sind, und setzt man weiter $u_{k+1}=\ldots=u_n=-\infty$, so kann Satz 3.8 ähnlich wie Satz 3.2 für die Berechnung der Veränderung in den einzelnen genotypischen Werten verwendet werden. Wenn $u_1=-\infty$ gesetzt wird, so wird $f_1(-\infty)=0$ und Glieder mit diesem Faktor verschwinden. Man muß für diesen Fall ($u_l=-\infty$) festlegen, daß z_{lt} und v_{lr}^t den Wert $-\infty$ annehmen. In Satz 3.8 werden die $E_a(\underline{y}_i \cdot \underline{y}_j)$ der gestutzten Verteilungen angegeben. Es muß darauf hingewiesen werden, daß die gestutzten Verteilungen keine Normalverteilungen mehr sind und damit durch die Momente erster und zweiter Ordnung noch nicht vollständig beschrieben sind. Das hat unmittelbare Auswirkungen bei der Anwendung statistischer Verfahren, die Normalverteilung voraussetzen, auf selektiertes Material. Man darf nur solche Verfahren benutzen, die gegenüber der Stutzung robust sind (siehe hierzu Rasch und Tiku 1984, 1985).

Außerdem entsteht nach der Stutzung eine Verteilung, die nicht mehr standardisiert ist. Ihre Erwartungswerte sind von Null verschieden, die Varianzen sind ungleich 1 und im allgemeinen voneinander verschieden. Daher ist

$$\operatorname{cov}_a(\underline{y}_i, \underline{y}_j) = E_a(\underline{y}_i \cdot \underline{y}_j) - E_a(\underline{y}_i)\, E_a(\underline{y}_j) \tag{3.56}$$

zu beachten, wenn aus Satz 3.7 Varianzen $V_a(\underline{y}_i)=\operatorname{cov}_a(\underline{y}_i, \underline{y}_i)$ und Kovarianzen $\operatorname{cov}_a(y_i, y_j)$ $(i \neq j)$ der gestutzten Verteilung berechnet werden sollen.

Für den Fall, daß nach einem linearen Selektionsindex der Form

$$I = h(\mathfrak{y}) = \mathfrak{b}'\mathfrak{y} = b_1 y_1 + \ldots + b_n y_n$$

selektiert wird, benötigen wir den von Tallis (1965) stammenden

Satz 3.9:

Mit den Bezeichnungen dieses Abschnittes und für standardnormalverteilte Zufallsvektoren $\underline{\mathfrak{y}}$ werde die Verteilung von $\underline{\mathfrak{y}}$ unter der Bedingung

$$I = h(\mathfrak{y}) = \mathfrak{b}'\mathfrak{y} \geq I_0$$

(I_0 reell, $\mathfrak{b}'=(b_1, \ldots, b_n)$ mit reellen b_i) betrachtet.

Für die entsprechende bedingte Verteilung ist der Erwartungswertvektor durch

$$E_I(\underline{\mathfrak{y}}) = \frac{R\,\mathfrak{b}\,\varphi(u_I)}{[1-\Phi(u_I)]\sqrt{\mathfrak{b}' R \mathfrak{b}}} \tag{3.57}$$

und die Kovarianzmatrix

$$\Sigma = R + \frac{Rbb'R \cdot \varphi(u_I)}{1-\Phi(u_I) b' Rb}\left[u_I - \frac{\varphi(u_I)}{1-\Phi(u_I)}\right] \quad \text{gegeben} \tag{3.58}$$

Hierbei ist u_I durch (3.50) gegeben und φ bzw. Φ sind wie gewöhnlich die Dichte- bzw. Verteilungsfunktion der N(0,1)-Verteilung.

Der Selektionserfolg bezüglich I ist durch

$$E_I(\underline{l}) = b'E_I(\mathfrak{y})$$

gegeben.
Eine weitere Form der gleichzeitigen Selektion nach mehreren Merkmalen tritt vor allem in der Pflanzenzüchtung auf.
Es sollen wieder n Merkmale durch Selektion verbessert werden. Damit die Wahrscheinlichkeit erwünschter Allele für jedes Merkmal noch hinreichend groß ist, wird die Population in r etwa gleich große Teile zerlegt und in jedem der Teile nach genau einem der n Merkmale selektiert. In der nächsten Generation wird in der Nachkommenschaft jedes Populationsteiles das Selektionsmerkmal gewechselt. Ist $r = 1$, so heißt diese Selektionsart Tandemselektion. In Kapitel 6. wird der Fall $r = n$ behandelt. Die Tandemselektion spielt in der praktischen Züchtung keine Rolle.

3.5.2. Wichtige Spezialfälle

In diesem Abschnitt sollen die Spezialfälle $n = 2$, $n = 3$ und $n = 4$ behandelt werden. Einmal deshalb, um die allgemeinen Formeln zu veranschaulichen, vor allem aber auch deshalb, weil diesen Spezialfällen eine eigenständige Bedeutung in den Anwendungen zukommt und sie im weiteren Text benötigt werden.

3.5.2.1. Der Fall n = 2

Es soll nach den Merkmalen x und y selektiert werden. Wir wollen annehmen, der Merkmalsvektor $\begin{pmatrix} x \\ y \end{pmatrix}$ könne durch eine nach einer zweidimensionalen Normalverteilung verteilten Zufallsvariable $\begin{pmatrix} \underline{x} \\ \underline{y} \end{pmatrix}$ modelliert werden, wobei $E(\underline{x}) = \mu_x$, $E(\underline{y}) = \mu_y$), $V(\underline{x}) = \sigma_x^2$, $V(\underline{y}) = \sigma_y^2$, und $\mathrm{cov}(\underline{x}, \underline{y}) = \sigma_{xy}$ ist. Um Satz 3.7 anwenden zu können, setzen wir

$$y_1 = \frac{x - \mu_x}{\sigma_x} \quad \text{und} \quad y_2 = \frac{y - \mu_y}{\sigma_y} .$$

Dann folgt $\begin{pmatrix} \underline{y}_1 \\ \underline{y}_2 \end{pmatrix}$ einer zweidimensionalen Standardnormalverteilung, es ist $|R| = 1 - \varrho^2$ und aus Satz 3.8 folgt die

Folgerung von Satz 3.8:

Setzen wir in Satz 3.8 $n = 2$, so ergibt sich mit dem Selektionspunkt

$$\mathfrak{a}' = (u_1, u_2), \quad u_1 = \frac{a_1 - \mu_x}{\sigma_x}, \quad u_2 = \frac{a_2 - \mu_y}{\sigma_y}$$

$$E_{\mathfrak{a}}(\underline{y}_1) = \frac{1}{P}\left[f_1(u_1)P_1\left(\frac{u_2 - \varrho u_1}{\sqrt{1-\varrho^2}}\right) + \varrho f_1(u_2)P_1\left(\frac{u_1 - \varrho u_2}{\sqrt{1-\varrho^2}}\right)\right] \tag{3.59}$$

$$E_a(\underline{y}_2) = \frac{1}{P}\left[f_1(u_2)\,P_1\left(\frac{u_1-\varrho u_2}{\sqrt{1-\varrho^2}}\right) + \varrho f_1(u_1)\,P_1\left(\frac{u_2-\varrho u_1}{\sqrt{1-\varrho^2}}\right)\right] \tag{3.60}$$

$$E_a(\underline{y}_1^2) = \frac{1}{P}\left[u_1 f_1(u_1)\,P_1\left(\frac{u_2-\varrho u_1}{\sqrt{1-\varrho^2}}\right) + \varrho^2 u_2 f_1(u_2)\,P_1\left(\frac{u_1-\varrho u_2}{\sqrt{1-\varrho^2}}\right)\right.$$
$$\left. + \varrho(1-\varrho^2)\cdot f_2(u_1, u_2/\varrho) + P\right] \tag{3.61}$$

$$E_a(\underline{y}_2^2) = \frac{1}{P}\left[u_2 f_1(u_2)\,P_1\left(\frac{u_1-\varrho u_2}{\sqrt{1-\varrho^2}}\right) + \varrho^2\cdot u_1 f_1(u_1)\,P_1\left(\frac{u_2-\varrho u_1}{\sqrt{1-\varrho^2}}\right)\right.$$
$$\left. + \varrho(1-\varrho^2)\, f_2(u_1, u_2/\varrho) + P\right] \tag{3.62}$$

$$E_a(\underline{y}_1\underline{y}_2) = \frac{1}{P}\left\{\varrho\left[u_1 f_1(u_1)\,P_1\left(\frac{u_2-\varrho u_1}{\sqrt{1-\varrho^2}}\right) + u_2 f_1(u_2)\,P_1\left(\frac{u_1-\varrho u_2}{\sqrt{1-\varrho^2}}\right) + P\right]\right.$$
$$\left. + (1-\varrho^2)\, f_2(u_1, u_2/\varrho)\right\} \tag{3.63}$$

Ferner gilt

$$V_a(\underline{y}_1) = E_a(\underline{y}_1^2) - [E_a(\underline{y}_1)]^2 \tag{3.64}$$

$$V_a(y_2) = E_a(y_2^2) - [E_a(\underline{y}_2)]^2 \tag{3.65}$$

$$\text{cov}_a(y_1, y_2) = E_a(\underline{y}_1\cdot\underline{y}_2) - E_a(\underline{y}_1)\,E_a(\underline{y}_2) \tag{3.66}$$

Wir wollen zeigen, wie man diese Folgerung anwenden kann, um die Erwartungswerte und Varianzen sowie die Kovarianz der Ausgangsvariablen $\binom{\underline{x}}{\underline{y}}$ nach der Selektion zu berechnen und den Satz 3.2 dann als Spezialfall herleiten. Zunächst wissen wir, daß wegen

$$\underline{x} = \underline{y}_1\,\sigma_1 + \mu_1$$

und

$$\underline{y} = \underline{y}_2\,\sigma_2 + \mu_2$$

bzw.

$$u_1 = a_1\,\sigma_1 + \mu_1 \quad \text{und} \quad u_2 = a_2\,\sigma_2 + \mu_2$$

mit dem ursprünglichen Selektionspunkt $\mathfrak{a}' = (a_1, a_2)$ folgendes gilt:

$$E_a(\underline{x}) = E_a(\underline{y}_1\,\sigma_1 + \mu_1) = \sigma_1\,E_a(\underline{y}_1) + \mu_1 \tag{3.67}$$
$$E_a(\underline{y}) = E_a(\underline{y}_2\,\sigma_2 + \mu_2) = \sigma_2\,E_a(\underline{y}_2) + \mu_2 \tag{3.68}$$
$$V_a(\underline{x}) = V_a(\sigma_1 y_1 + \mu_1) = \sigma_1^2\,V_a(\underline{y}_1) \tag{3.69}$$
$$V_a(\underline{y}) = \sigma_2^2\,V_a(\underline{y}_2) \tag{3.70}$$

und

$$\text{cov}_a(\underline{x}, \underline{y}) = \text{cov}_a(\sigma_1 y_1 + \mu_1, \sigma_2 y_2 + \mu_2) = \sigma_1\sigma_2 \text{cov}_a(\underline{y}_1, \underline{y}_2) \tag{3.71}$$

In Satz 3.2 wurde nur nach $\underline{y}$ selektiert, d. h. $a_1 = u_1 = -\infty$. Wir schreiben daher kurz

$$u_s = u_2 = \frac{a_2 - \mu_2}{\sigma_2}.$$

Aus $u_1 = -\infty$ folgt

$$f_1(u_1) = f_1(-\infty) = 0$$

$$P_1\left(\frac{u_1 - \varrho u_2}{\sqrt{1-\varrho^2}}\right) = P_1(-\infty) = 1$$

$$P_1\left(\frac{u_2 - \varrho u_1}{\sqrt{1-\varrho^2}}\right) = \begin{cases} P_1(\infty) = 0 & \text{, falls } \varrho < 0 \\ P_1(-\infty) = 1 & \text{, falls } \varrho > 0 \\ P_1(u_2) & \text{, falls } \varrho = 0 \end{cases}$$

und

$$f_2(u_1, u_2/\varrho) = 0.$$

Ferner ist $f_1(u_s) = \varphi(u_s)$. Statt E_a schreiben wir E_x und verwenden die Abkürzung (3.21). Aus (3.67) und (3.59) folgt dann

$$E_x(\underline{x}) = \mu_x + \frac{\sigma_x}{P} \varrho f_1(u_s) = \mu_x + \varrho d_s\, \sigma_x = \mu_x + \beta d_s$$

mit dem Regressionskoeffizienten $\beta = \frac{\sigma_{xy}}{\sigma_y}$ von x auf y.

Analog erhält man unter Verwendung der Formeln (3.59) bis (3.71)

$$E_y(\underline{y}) = u_y + \frac{\sigma_y}{P} f_1(u_s) = \mu_y + d_s\, \sigma_y$$

$$V_y(\underline{x}) = \sigma_x^2(1 + \varrho^2 u_s d_s) - \varrho d_s^2\, \sigma_x^2 = \sigma_x^2\,[1 + \varrho^2 d_s(u_s - d_s)]$$

$$V_y(\underline{y}) = \sigma_y^2(1 + u_s d_s) - d_s^2\, \sigma_y^2 = [1 + d_s(u_s - d_s)]\, \sigma_y^2$$

$$\begin{aligned} \text{cov}_y(\underline{x}, \underline{y}) &= \sigma_x\, \sigma_y\, \varrho(1 + u_s d_s) - \varrho\, d_s^2\, \sigma_x\, \sigma_y \\ &= \sigma_{xy}\,[1 + d_s(u_s - d_s)]\,, \end{aligned}$$

und das sind gerade die Formeln (3.7) bis (3.11).

3.5.2.2. Der Fall n = 3

Soll nach drei Merkmalen x, y, z selektiert werden, deren Vektor durch eine dreidimensional normalverteilte Zufallsvariable $(\underline{x}, \underline{y}, \underline{z})$ modelliert werden kann, so erhalten wir aus dem Satz 3.7. mit

$$\underline{y}_1 = \frac{x - \mu_x}{\sigma_x}, \quad \underline{y}_2 = \frac{y - \mu_y}{\sigma_y} \quad \text{und} \quad y_3 = \frac{z - \mu_z}{\sigma_z}.$$

Folgerung aus Satz 3.7:
Ist in Satz 3.7 $n = 3$, so erhalten wir z. B. für

$$E_a(\underline{y}),\quad E_a(\underline{y}_1^2)\quad \text{und}\quad E_a(\underline{y}_1 \cdot \underline{y}_2)$$

$$E_a(\underline{y}_1^2) = [f_1(u_1)\, P_2(z_{12}, z_{13}/\varrho_{23.1}) + \varrho_{12} f_1(u_2)\, P_2(z_{21}, z_{23}/\varrho_{13.2}) + \varrho_{13} f_1(u_3)\, P_2(z_{31}, z_{32}/\varrho_{12.3})] \cdot \frac{1}{P} \tag{3.72}$$

$$\begin{aligned} E_a(\underline{y}_1^2) &= 1 + \frac{u_1}{P} f_1(u_1)\, P_2(z_{12}, z_{13};/\varrho_{23.1}) + \frac{u_2}{P} \varrho_{12}^2 f_1(u_2) \cdot P_2(z_{21}, z_{23}/\varrho_{13.2}) \\ &+ \frac{u_3}{P} \varrho_{13}^2 f_1(u_3)\, P_2(z_{31}, z_{32}/\varrho_{12.3}) + \frac{1}{P} \varrho_{12}(1 - \varrho_{12}^2)\, f_2(u_1, u_2/\varrho_{12})\, P_1(v_{21}^3) \\ &+ \varrho_{13}(1 - \varrho_{13}^2)\, f_2(u_1, u_3/\varrho_{13})\, P_1(v_{31}^2) \\ &+ f_2(u_2, u_3/\varrho_{23})\, \{P_1(v_{23}^1)\, \varrho_{12}(\varrho_{13} - \varrho_{12}\,\varrho_{23}) + P_1(v_{32}^1) \\ &\cdot \varrho_{13}(\varrho_{12} - \varrho_{23}\,\varrho_{13})\} \end{aligned} \tag{3.73}$$

$$\begin{aligned} E_a(\underline{y}_1 \cdot \underline{y}_2) &= \varrho_{12} + \frac{\varrho_{12}}{P} u_1 f_1(u_1)\, P_2(z_{12}, z_{13}/\varrho_{23.1}) + \frac{\varrho_{12}}{P} u_2 \cdot f_1(u_2)\, P_2(z_{21}, z_{23}/\varrho_{13.2}) \\ &+ \frac{\varrho_{13}}{P} \varrho_{23} u_3 f_1(u_3)\, P_2(z_{31}, z_{32}/\varrho_{12.3}) + \left(\frac{1 - \varrho_{12}^2}{P}\right) f_2(u_1, u_2/\varrho_{12})\, P_1(v_{12}^3) \\ &+ \frac{\varrho_{13}}{P} (1 - \varrho_{23}^2)\, f_2(u_2, u_3/\varrho_{23})\, P_1(v_{32}^1) \\ &+ f_2 \frac{(u_1, u_3/\varrho_{13})}{P} \{(\varrho_{23} - \varrho_{13}\,\varrho_{12})\, P_1(v_{13}^2) \\ &+ \varrho_{13}(\varrho_{12} - \varrho_{13}\,\varrho_{23})\, P_1(v_{21}^3)\} \end{aligned} \tag{3.74}$$

Analog ergeben sich die übrigen Momente.

Die Formeln für $E_a(\underline{x}), \ldots, \mathrm{cov}_a(\underline{y}, \underline{z})$ für diesen allgemeinen Fall sind sehr unübersichtlich. Daher betrachten wir im folgenden nur zwei Spezialfälle als Beispiele.

Beispiel 3.8.:
Wir wollen annehmen, es werde ausschließlich nach dem Merkmal x im standardisierten Selektionspunkt $u_s = u_1$ selektiert. Dann sind $u_2 = u_3 = -\infty$ und folglich ergibt sich

$$f_1(u_2) = f_1(u_3) = 0,$$
$$f_2(u_1, u_2) = f_2(u_1, u_3) = f_2(u_2, u_3) = 0$$

und die Faktoren P_2 bei $f_1(u_1)$ werden gerade gleich 1.

Damit erhalten wir unter Verwendung von analogen Formeln zu (3.64) bis (3.71) auch für die Variable $\underline{z}$ wenn wir für $E_a = E_x$ (im Index steht wie im vorigen Abschnitt gerade die Variable, nach der selektiert wurde – dort war es die Variable $\underline{y}$) und $\varrho_{12} = \varrho_{xy}, \ldots, \varrho_{23} = \varrho_{yz}$ schreiben

$$E_x(\underline{x}) = \mu_x + d_s\, \sigma_x \tag{3.75}$$

$$E_x(\underline{y}) = \mu_y + \varrho_{xy}\, d_s\, \sigma_y \tag{3.76}$$
$$E_x(\underline{z}) = \mu_z + \varrho_{xz}\, d_s\, \sigma_z \tag{3.77}$$
$$V_x(\underline{x}) = \sigma_x^2 \left[1 + d_s(u_s - d_s)\right] \tag{3.78}$$
$$V_x(\underline{y}) = \sigma_y^2 \left[1 + \varrho_{xy}^2\, d_s(u_s - d_s)\right] \tag{3.79}$$
$$V_x(\underline{z}) = \sigma_z^2 \left[1 + \varrho_{xz}^2\, d_s(u_s - d_s)\right] \tag{3.80}$$
$$\mathrm{cov}_x(\underline{x}, \underline{y}) = \sigma_{xy} \left[1 + d_s(u_s - d_s)\right] \tag{3.81}$$
$$\mathrm{cov}_x(\underline{x}, \underline{z}) = \sigma_{xz} \left[1 + d_s(u_s - d_s)\right] \tag{3.82}$$
$$\mathrm{cov}_x(\underline{y}, \underline{z}) = \frac{\sigma_{xy}\,\sigma_{xz}}{\sigma_x^2} \left[1 + d_s(u_s - d_s)\right] \tag{3.83}.$$

Aus diesem Beispiel kann man leicht sehen, wie die Wirkung der Selektion nach einer Komponente einer n-dimensionalen Zufallsvariablen allgemein beschrieben werden kann, ohne Satz 3.8 direkt zu verwenden.

Beispiel 3.9.:
Wir wollen annehmen, es werde nach den Merkmalen $\underline{x}$ und $\underline{y}$ selektiert. Dann ist $u_3 = -\infty$ und $f_1(u_3) = f_2(u_1, u_3) = f_2(u_2, u_3) = 0$. Der Faktor P_2 bei $f_1(u_1)$ bzw. $f_2(u_2)$ wird zu $P_1(z_{ij}/\ldots)$ mit $i \neq 3$, $j \neq 3$. Der Faktor bei $f_2(u_1, u_2)$ wird stets 1. Damit erhalten wir mit

$$d_s^{(x)} = \frac{\varphi(u_1)}{1 - \Phi(u_1)} \quad \text{und} \quad d_s^{(y)} = \frac{\varphi(u_2)}{1 - \Phi(u_2)}$$

und $E_a = E_{x,y}$ für die Erwartungswerte nach der Selektion

$$E_{x,y}(\underline{x}) = \mu_x + \sigma_x d_s^{(x)} \left[1 - \Phi\left(\frac{u_2 - \varrho_{xy} u_1}{\sqrt{1 - \varrho_{xy}^2}}\right)\right] + \varrho_{xy}\, \sigma_x d_s^{(y)} \left[1 - \Phi\left(\frac{u_1 - \varrho_{xy} u_2}{\sqrt{1 - \varrho_{xy}^2}}\right)\right] \tag{3.84}$$

$$E_{x,y}(\underline{y}) = \mu_y + \sigma_y\, \varrho_{xy}\, d_s^{(x)} \left[1 - \Phi\left(\frac{u_2 - \varrho_{xy} u_1}{\sqrt{1 - \varrho_{xy}^2}}\right)\right] + \sigma_y d_s^{(y)} \left[1 - \Phi\left(\frac{u_1 - \varrho_{xy} u_2}{\sqrt{1 - \varrho_{xy}^2}}\right)\right] \tag{3.85}$$

$$E_{x,y}(\underline{z}) = \mu_z + \sigma_z\, \varrho_{xz} d_s^{(x)} \left[1 - \Phi\left(\frac{u_2 - \varrho_{xy} u_1}{\sqrt{1 - \varrho_{xy}^2}}\right)\right] + \sigma_z\, \varrho_{yz} d_s^{(y)} \left[1 - \Phi\left(\frac{u_1 - \varrho_{xy} u_2}{\sqrt{1 - \varrho_{xy}^2}}\right)\right] \tag{3.86}.$$

Die Formeln für die Varianzen und Kovarianzen werden zu unübersichtlich.

3.5.2.3. Ein Spezialfall für n = 4

Wenn wir zwei Merkmale $x = P_x$ und $y = P_y$ betrachten und voraussetzen, daß für $\underline{P}_x$ und $\underline{P}_y$ das einfache populationsgenetische Modell (2.101) gilt, und

$$E(\underline{P}_x) = E(\underline{G}_x) = \mu_x, \quad E(\underline{P}_y) = E(\underline{G}_y) = \mu_y$$

sind, so gilt

$$\begin{aligned} \operatorname{cov}(\underline{P}_x, \underline{G}_x) &= V(\underline{G}_x) \\ \operatorname{cov}(\underline{P}_y, \underline{G}_y) &= V(\underline{G}_y) \end{aligned}$$

und

$$\operatorname{cov}(\underline{P}_x, \underline{P}_y) = \operatorname{cov}(\underline{G}_x, \underline{P}_y) = \operatorname{cov}(\underline{P}_x, \underline{G}_y) = \operatorname{cov}(\underline{G}_x, \underline{G}_y).$$

Setzen wir weiter voraus, daß $(\underline{P}_x, \underline{P}_y, \underline{G}_x, \underline{G}_y)$ vierdimensional normalverteilt ist und selektieren nur nach $\underline{x} = \underline{P}_x$, so ergibt sich für die Erwartungswerte nach der Selektion nach Beispiel 3.9

$$E_x(\underline{P}_x) = \mu_x + d_s\,\sigma_x$$

$$E_x(\underline{P}_y) = \mu_y + \varrho_{xy} d_s\,\sigma_y$$

$$E_x(\underline{G}_x) = \mu_x + d_s \frac{\operatorname{cov}(\underline{P}_x, \underline{G}_x)}{\sigma_x}$$

$$E_s(\underline{G}_y) = \mu_y + d_s \frac{\operatorname{cov}(\underline{P}_x, \underline{G}_y)}{\sigma_x}$$

3.5.2.4. Indexselektion für n = 2

Wir nehmen an, daß $\underline{I} = h(\underline{\mathfrak{y}})$ für den Vektor $\underline{\mathfrak{y}}' = (\underline{y}_1, \underline{y}_2) = (\underline{x}, \underline{y})$ die Form

$$I = b_1\underline{y}_1 + b_2\underline{y}_2 = b_1\underline{x} + b_2\underline{y} \tag{3.87}$$

hat. Wir wollen folglich solche Individuen auswählen, die Merkmalswerte (x, y) besitzen, die im (x, y)-Koordinaten-System oberhalb der durch $I_0 = b_1x_0 + b_2y_0$ definierten Geraden liegen (Abb. 3.6.). Wir setzen voraus, daß b_1 und b_2 vorgegebene Konstanten sind und $\underline{\mathfrak{y}}' = (\underline{x}, \underline{y})$ zweidimensional normalverteilt ist mit $E(\underline{x}) = \mu_x$, $E(\underline{y}) = \mu_y$, $V(\underline{x}) = \sigma_x^2$, $V(\underline{y}) = \sigma_y^2$, $\operatorname{cov}(\underline{x}, \underline{y}) = \sigma_{xy}$. Um Satz 3.8 anwenden zu können, formen wir die Bedingung $b'\mathfrak{y} \geq I_0$ so um, daß in ihr standardnormalverteilte Größen auftreten. Wir subtrahieren

$$E(\underline{I}) = b_1E(\underline{x}) + b_2E(\underline{y}) = b_1\,\mu_x + b_2\,\mu_y$$

auf beiden Seiten der Ungleichung und dividieren anschließend durch $\sigma_x\sigma_y$. Das ergibt mit

$$u_x = \frac{x - \mu_x}{\sigma_x} \quad \text{und} \quad u_y = \frac{y - \mu_y}{\sigma_y}$$

sowie

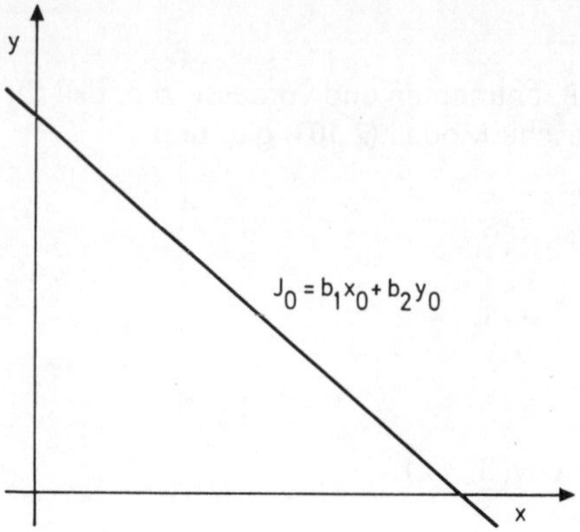

Abbildung 3.6. Veranschaulichung des Selektionsindex (3.87)

$$c_1 = \frac{b_1}{\sigma_y} \quad \text{und} \quad c_2 = \frac{b_2}{\sigma_x}$$

$$I^* = c_1 u_x + c_2 u_y \geq \frac{I_0 - E(\underline{I})}{\sigma_x\, \sigma_y} \tag{3.88}$$

Aus (3.57) folgt dann für die Erwartungswerte $E_I(\underline{u}_x)$ bzw. $E_I(\underline{u}_y)$ von $\underline{u}_x$ bzw. $\underline{u}_y$ nach der Selektion nach I wegen

$$R = \begin{pmatrix} 1 & \varrho \\ \varrho & 1 \end{pmatrix} \quad \text{mit} \quad \varrho = \varrho_{xy'}$$

$$\begin{pmatrix} E(\underline{u}_x) \\ E(\underline{u}_y) \end{pmatrix} = \begin{pmatrix} 1 & \varrho \\ \varrho & 1 \end{pmatrix} \begin{pmatrix} \dfrac{b_1}{\sigma_y} \\ \dfrac{b_2}{\sigma_x} \end{pmatrix} \cdot \frac{\varphi(u_{I^*})\, \sigma_x\, \sigma_y}{[1 - \Phi(u_{I^*})]\, \sqrt{b_1^2\, \sigma_x^2 + b_2^2\, \sigma_y^2 + 2 b_1 b_2\, \sigma_{xy}}}$$

$$= K\, \sigma_x\, \sigma_y \begin{pmatrix} \dfrac{b_1}{\sigma_y} + \varrho\, \dfrac{b_2}{\sigma_x} \\ \varrho\, \dfrac{b_1}{\sigma_y} + \dfrac{b_2}{\sigma_x} \end{pmatrix}.$$

Dabei bedeutet

$$u_{I^*} = \frac{I_0^* - E(\underline{I}^*)}{\sqrt{V(\underline{I}^*)}} = \frac{I_0 - b_1\, \mu_x - b_2\, \mu_y}{\sqrt{b_1^2\, \sigma_x^2 + b_2^2\, \sigma_y^2 + 2 b_1 b_2\, \sigma_{xy}}}$$

und

$$K = \frac{\varphi(u_{I^*})}{[1-\Phi(u_{I^*})]\sqrt{b_1^2\sigma_x^2 + b_2^2\sigma_y^2 + 2b_1b_2\sigma_{xy}}}.$$

Hieraus lassen sich die Erwartungswerte $E_I(\underline{x})$ bzw. $E_I(\underline{y})$ von $\underline{x}$ bzw. $\underline{y}$ nach der Selektion nach I berechnen.

$$\left.\begin{aligned} E_I(\underline{x}) &= \mu_x + (b_1\sigma_x^2 + b_2\sigma_{xy})K \\ E_I(\underline{y}) &= \mu_y + (b_1\sigma_{xy} + b_2\sigma_y^2)K \end{aligned}\right\} \qquad (3.89)$$

Aus (3.58) folgt für die Elemente $V_I(\underline{x})$, $V_I(\underline{y})$ und $\mathrm{cov}_I(\underline{x}, \underline{y})$ der Kovarianzmatrix nach der Selektion

$$\sum = R + \frac{R\mathfrak{C}\,\mathfrak{C}'R}{\mathfrak{C}'R\mathfrak{C}}\, d_s^{I^*}(u_{I^*} - d_s^{I^*})$$

$$\text{mit } d_s^{I^*} = \frac{\varphi(u_{I^*})}{1-\Phi(u_{I^*})}$$

wegen

$$R\mathfrak{C} = \begin{pmatrix} 1 & \varrho \\ \varrho & 1 \end{pmatrix} \begin{pmatrix} \dfrac{b_1}{\sigma_y} \\[2ex] \dfrac{b_2}{\sigma_x} \end{pmatrix} = \begin{pmatrix} \dfrac{b_1}{\sigma_y} + \varrho\dfrac{b_2}{\sigma_x} \\[2ex] \varrho\dfrac{b_1}{\sigma_y} + \dfrac{b_2}{\sigma_x} \end{pmatrix}$$

und

$$\mathfrak{C}'R\mathfrak{C} = c = \frac{b_1^2}{\sigma_y^2} + 2\sigma_{xy}b_1b_2 + \frac{b_2^2}{\sigma_x^2}$$

$$V_I(\underline{x}) = \sigma_x^2\left[1 + \frac{1}{c}\left(\frac{b_1}{\sigma_y} + \frac{b_2}{\sigma_x}\right)^2 d_s^{I^*}(u_{I^*} - d_s^{I^*})\right] \qquad (3.90)$$

$$V_I(\underline{y}) = \sigma_y^2\left[1 + \frac{1}{c}\left(\varrho\frac{b_1}{\sigma_y} + \frac{b_2}{\sigma_x}\right)^2 d_s^{I^*}(u_{I^*} - d_s^{I^*})\right] \qquad (3.91)$$

$$\mathrm{cov}_I(\underline{xy}) = \sigma_x\sigma_y\left[\varrho + \frac{1}{c}\left(\frac{b_1}{\sigma_y} + \varrho\frac{b_2}{\sigma_x}\right)\left(\varrho\frac{b_1}{\sigma_y} + \frac{b_2}{\sigma_x}\right) d_s^{I^*}(u_{I^*} - d_s^{I^*})\right] \qquad (3.92).$$

Setzen wir in I für $b_1 = 0$ und für $b_2 = 1$, so ist $\underline{I} = \underline{y}$, Selektion nach $\underline{I}$ bedeutet also Selektion nach $\underline{y}$ und folglich ergeben sich aus (3.89) bis (3.92), wenn wir dort $b_1 = 0$ und $b_2 = 1$ setzen, die Formeln (3.7) bis (3.11), da $d_s^{I^*} = d_s^N$ wird.

3.5.3. Numerische Beispiele

Wir betrachten den Merkmalsvektor $\mathfrak{y}' = (x, y)$ mit x = Milchmengenleistung und y = Milchfettmengenleistung in der 1-Laktation beim schwarzbunten Milchrind. Es sei

$$\mu_x = 4000 \text{ kg}, \quad \sigma_x^2 = 640000 \text{ kg}^2$$
$$\mu_y = 180 \text{ kg}, \quad \sigma_y^2 = 1600 \text{ kg}^2$$

und

$$\sigma_{xy} = 25600 \text{ kg}^2$$

Das bedeutet, daß

$$\varrho_{xy} = \frac{25600}{40 \cdot 800} = 0{,}8$$

ist.

An diesem Zahlenbeispiel wollen wir verschiedene Selektionsmethoden, für die in 3.5.2. spezielle Formeln bereitgestellt wurden, veranschaulichen. Wir wollen 50% der Population selektieren und folgende Fälle betrachten:
- gleichzeitige Selektion nach x und y (Beispiel 3.10),
- Selektion nach einem Selektionsindex (Beispiel 3.11).

Beispiel 3.10.: Gleichzeitige Selektion nach Milchmenge und Fettmenge. Zunächst müssen wir in Abschnitt 3.5.1. aus $F_2(\mathfrak{a}, R) = 0{,}5$ für $n = 2$ die Werte von u_1 und u_2 berechnen. Dabei ist also $\mathfrak{a}' = (u_1, u_2)$ und die Korrelationsmatrix

$$R = \begin{pmatrix} 1 & 0{,}8 \\ 0{,}8 & 1 \end{pmatrix}.$$

Die Dichtefunktion (3.53) hat jetzt wegen $|R| = 1 - 0{,}64 = 0{,}36$, und da $R^{-1} = \frac{1}{0{,}36}\begin{pmatrix} 1 & -0{,}8 \\ -0{,}8 & 1 \end{pmatrix}$ und damit

$$\mathfrak{y}'R^{-1}\mathfrak{y} = \frac{1}{0{,}36}(y_1^2 - 1{,}6\, y_1 y_2 + y_2^2) \text{ ist, die Form}$$

$$2(y_1, y_2) = \frac{1}{2\pi \cdot 0{,}6} e^{-\frac{1}{0{,}72}(y_1^2 - 1{,}6\, y_1 y_2 + y_2^2)}.$$

Folglich müssen wir die standardisierten Selektionspunkte u_1 und u_2 so festlegen, daß

$$F(\mathfrak{a}, R) = 1 - P = \frac{1}{1{,}2\pi} \int_{u_1}^{\infty} \int_{u_2}^{\infty} e^{-\frac{1}{0{,}72}(y_1^2 - 1{,}6 y_1 y_2 + y_2^2)} dy_2 dy_1 = 0{,}5 \qquad (3.93)$$

wird.

Die Festlegung von u_1 und u_2 ist nicht eindeutig.
Wir gehen so vor, daß wir für y_2 eine Selektionsintensität festlegen und dann u_1 und u_2 aus (3.93) mit Hilfe des Programmes SELG (Selektionsgrenzen), das Lösungen für $n = 1$, 2 und $n = 3$ gestattet, berechnen. In der hier benötigten Version für $n = 2$ wird dieses Programm im folgenden angegeben. Die ausführliche Version (HISCHER 1987) kann bei den Federführenden angefordert werden.

Tabelle 3.6. Vier Varianten der gleichzeitigen Selektion nach Milchmenge und Fettmenge bei einer Gesamtselektionsintensität von 50%

Selektionsintensität für y_2 in %	u_2	u_1	a_2	a_1	$E_a(\underline{y}_2)$	$E_a(\underline{y}_1)$	$V_a(\underline{y}_2)$	$V_a(\underline{y}_1)$	$cov_a(\underline{y}_1, \underline{y}_2)$
0	$-\infty$	0	$-\infty$	180,00	0,6383	0,7979	0,5926	0,3634	0,2907
10	−1,2816	0,0030	2974,76	179,88	0,6439	0,7979	0,5797	0,3640	0,2881
20	0,8416	0,0276	332670	178,89	0,6621	0,7921	0,5424	0,3700	0,2814
30	0,5244	0,0908	3580,48	176,37	0,6952	0,7776	0,4892	0,3860	0,2729
40	0,2534	0,2475	3797,36	170,10	0,7419	0,7431	0,4276	0,4262	0,2679
50	0.	$-\infty$	4000,00	$-\infty$	0,7979	0,6383	0,3634	0,5926	0,2907

Für unser Beispiel rechnen wir fünf Varianten durch, indem wir als Selektionsintensität für y_2 (Fettmenge) die Werte 10%, 20%, 30% und 40% wählen. Die zugehörigen (u_1, u_2)-Wertepaare findet man in Tabelle 3.6.
Dann erhalten wir nach (3.64) bis (3.66) die weiteren Größen in Tabelle 3.6. Für 10% soll der Rechengang ausführlich demonstriert werden.
Wenn die Selektionsintensität für y_2 0,1 betragen soll, muß y_1 mit der Intensität 0,445 selektiert werden bei der gegebenen Gesamtselektionsintensität $P=0.5$.
Der standardisierte Stutzungspunkt u_2 ist somit als 0,1-Quantil der eindimensionalen Normalverteilung zu bestimmen, d. h.

$$u_2 = -1.2816.$$

Der standardisierte Stutzungspunkt u_1 wurde nun aus der Gleichung (3.93) bestimmt und man erhält

$$u_1 = -.00297.$$

Mit u_2, u_1 und $\varrho=0{,}8$ ergibt sich dann

$$f_1(u_2) = 0.1759$$
$$f_1(u_1) = 0.3989$$

$$1 - P_1\left(\frac{u_1 - \varrho u_2}{\sqrt{1-\varrho^2}}\right) = 0.0441$$

$$1 - P_1\left(\frac{u_2 - \varrho u_1}{\sqrt{1-\varrho^2}}\right) = 1.2294$$

$$f_2(u_1, u_2/\varrho) = 0.0273.$$

Die Formeln (3.59)–(3.63) können jetzt mittels der vorherigen Größen berechnet werden, und wir erhalten

$$E_a(\underline{y}_2) = 0.6439,$$
$$E_a(\underline{y}_1) = 0.7979,$$
$$E_a(\underline{y}_2^2) = 0.9944,$$
$$E_a(\underline{y}_1^2) = 1.0007,$$
$$E_a(\underline{y}_1\underline{y}_2) = 0.8019.$$

Für die Berechnung der Varianzen von $\underline{y}_1$ und $\underline{y}_2$ und der Kovarianz werden die Formeln (3.64)–(3.66) angewendet, es sind somit

$$V_a(\underline{y}_2^2) = .5797,\ V_a(\underline{y}_1^2) = 0.3640 \text{ und } \operatorname{cov}_a(\underline{y}_1, \underline{y}_2) = 0.2881.$$

Beispiel 3.11.:
Für unser Selektionsproblem mit den Merkmalen Milchmenge und Fettmenge und einer Selektionsintensität von 50%, soll die Indexselektion veranschaulicht werden.
I in (3.87) hat jetzt die Form ($n=2$)

$$I = b_1 y_1 + b_2 y_2 = b_1 x + b_2 y$$

Tabelle 3.7. Veranschaulichung der Indexselektion nach Milchmenge und Fettmenge bei einer Selektionsintensität von 50%

					$\varphi = 0{,}4$			$\varphi = 0{,}8$		
c_1	c_2	b_1	b_2	I_0	$10^8 K$	$E_I(\underline{x})$	$E_I(\underline{y})$	$10^8 K$	$E_I(\underline{x})$	$E_I(\underline{y})$
0	1	0	800	144000	2493	4255,3	211,9	2493	4510,7	211,9
0,1	0,9	4	720	145600	2640	4310,9	211,8	2540	4533,1	211,9
0,2	0,8	8	640	147200	2774	4369,3	211,2	2577	4504,2	211,7
0,3	0,7	12	560	148800	2883	4428,1	210,3	2605	4573,6	211,4
0,4	0,6	16	480	150400	2955	4484,1	208,8	2622	4590,8	210,9
0,5	0,5	20	400	152000	2980	4534,1	206,7	2628	4605,6	210,3
0,6	0,4	24	320	153600	2955	4574,9	204,2	2622	4617,6	209,5
0,7	0,3	28	240	155200	2883	4605,2	201,4	2605	4626,9	208,7
0,8	0,2	32	160	156800	2774	4624,9	198,5	2577	4633,4	207,7
0,9	0,1	36	80	158400	2640	4635,3	195,5	2540	4637,1	206,7
1,0	0	40	0	160000	2493	4638,3	192,8	2493	4638,3	205,5

In Tabelle 3.7. sind die durchgerechneten Varianten durch verschiedene Wertepaare (b_1, b_2) charakterisiert. Da u_I in (3.50) wegen der vorgegebenen Selektionsintensität von 50% gleich Null ist, ist

$$I_0 = b_1\mu_x + b_2\mu_y = 4000b_1 + 180b_2$$

Die Werte von I_0 für die verschiedenen Varianten enthält Tabelle 3.7.
Werden also alle Tiere mit $I \geq I_0$ zur Zucht zugelassen, so beträgt die Selektionsintensität 50% und die Erwartungswerte von $\underline{x}$ bzw. $\underline{y}$ nach der Selektion nach I berechnen sich aus (3.89). Dabei ist wegen

$$c_1 = \frac{b_1}{40} \quad \text{und} \quad c_2 = \frac{b_2}{800}$$

$$I = \frac{b_1(x-4000)}{40 \cdot 800} + \frac{b_2(y-180)}{40 \cdot 800} \quad \text{oder}$$

$$I = \frac{1}{32000} \left[b_1(x-4000) + b_2(y-180)\right].$$

Weiter ist wegen $u_{I^*} = 0$

$$K = \frac{\varphi(o)}{\frac{1}{2}\sqrt{640000b_1^2 + 1600b_2^2 + 51200b_1b_2}} = \frac{0{,}7978846}{10\sqrt{6400b_1^2 + 16b_2^2 + 512b_1b_2}}.$$

Wir wollen die Werte c_1 und c_2 nicht negativ so wählen, daß $c_1 + c_2 \geq 0$ ist und von 0 bis 1 in Schritten von 0,1 abstufen. Tabelle 3.7. enthält die entsprechenden b_1, b_2 und K-Werte und $E_{I(\underline{x})}$ bzw. $E_{I(\underline{y})}$ für $\varrho = 0{,}8$ und für den hypothetischen Fall $\varrho = 0{,}4$, um den Einfluß von ϱ zu veranschaulichen.

Wenn $c_1 = 0$ ist, bedeutet das ausschließliche Selektion nach y. Der dabei erhaltene Wert von $E_I(\underline{y})$ ist von ϱ unabhängig, da sowohl in $E_I(\underline{y})$ als auch in K der Faktor bei ϱ (bzw. bei σ_{xy}) gleich Null ist. Entsprechendes gilt bei $c_1 = 1$, $c_2 = 0$ für $E_I(\underline{x})$. Die für diese Grenzfälle errechneten $E_I(\underline{y})$ bzw. $E_I(\underline{x})$ sind die maximal erreichbaren Werte bei der gegebenen Selektionsintensität.

3.6. Mehrstufenselektion

3.6.1. Einführung

Eine Erweiterung der in den vorgehenden Abschnitten dargestellten einstufigen Selektion stellt die mehrstufige Selektion dar.

Definition 3.8.:
Wendet man auf die Elemente von mindestens einer der k Klassen, die durch Selektion nach Definition 3.1. entstanden sind, eine weitere Selektionsregel an, so spricht man von einer zweistufigen Selektion. Wird wenigstens eine der dabei entstehenden Klassen erneut einer Selektion unterworfen, so liegt dreistufige Selektion vor usw. Allgemein sprechen wir von r-stufiger (mehrstufiger) Selektion mit $r = 2, 3, \ldots$, wenn sequentiell r Selektionsentscheide nacheinander auf die gleiche Population angewendet werden.
Es ist klar, daß die Definition 3.8. ein Spezialfall von Definition 3.1. ist, da am Ende der letzten Stufe eine Einteilung der Population in eine bestimmte Anzahl von Klassen vorliegt, die unterschiedlich zu behandeln sind. Man sollte daher in Anlehnung an Verfahren der mathematischen Statistik besser von sequentieller Selektion sprechen. Abbildungen 3.7. und 3.8. veranschaulichen den Prozeß.
In der dreistufigen Selektion der Abbildung 3.7. bleiben am Ende vier Klassen (A bis D) im Sinne der Definition 3.1. übrig. Im folgenden wird wieder $k = 2$ gewählt.
In der Tierzüchtung wird gewöhnlich nach verschiedenen Informationsquellen

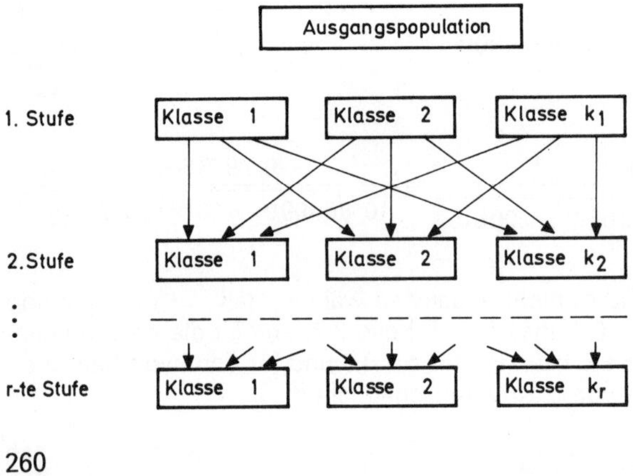

Abbildung 3.7. Veranschaulichung der allgemeinen mehrstufigen oder sequentiellen Selektion

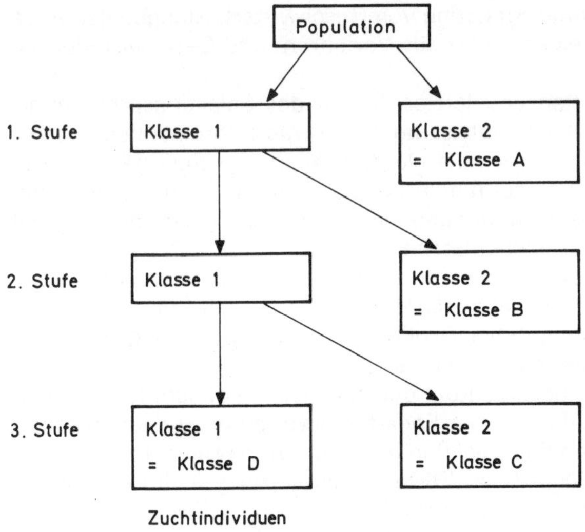

Abbildung 3.8. Veranschaulichung der dreistufigen Selektion mit $k_1 = k_2 = k_3 = 2$

und mehreren Merkmalen selektiert, die in einem Index zusammengefaßt sind. Häufig sind Informationen über die einzelnen Merkmale zu unterschiedlichen Zeitpunkten verfügbar. Da es im allgemeinen sehr kostspielig ist, alle Prüftiere bis zum Ende der Prüfung zu halten, bietet es sich an, vorzeitig nach Teilleistungen zu selektieren, um einerseits die Kosten pro Prüftier zu senken und andererseits bei begrenzter Prüfkapazität mehr Tiere in die Prüfung aufnehmen zu können.

Es gibt Selektionsstufen, auf denen die Kandidaten selbst getestet werden und Stufen, auf denen Verwandte der Kandidaten, z. B. Vollgeschwister, Halbgeschwister, Reinzuchtnachkommen und Kreuzungsnachkommen getestet werden.

Teilweise werden Informationen aus vorausgehenden Stufen mit zur Selektion herangezogen, teilweise auch nicht. Das in der Tierzüchtung klassische Beispiel ist wohl die Zweistufenselektion der Bullen beim Zweinutzungsrind. In der ersten Selektionsstufe erfolgt eine Vorselektion der Jungbullen nach dem Ergebnis einer Eigenleistungsprüfung auf Mastleistung.

Im zweiten Selektionsschritt werden die vorselektierten Bullen auf Grund einer Nachkommenschaftsprüfung auf Milchleistung selektiert. Anwendungen für die Zwei- und Dreistufenselektion lassen sich auch bei anderen Tierarten finden. So wird in der Geflügelzüchtung bei der Selektion der Hähne ein zweistufiges Selektionsprogramm eingesetzt. Auf der ersten Stufe werden nur von vorselektierten Müttern Hähne erzeugt. In der zweiten Stufe werden die selektierten Tiere in einer Nachkommenschaftsprüfung bei begrenzter Prüfkapazität getestet und die zur Zucht benötigten Hähne ausgewählt. Dieses Selektionsprogramm kann nun auf 3 Stufen dahingehend erweitert werden, daß in der ersten Stufe neben der Mutterleistung weitere Vorfahrenleistungen Berücksichtigung finden. Der

zweite Selektionsschritt könnte auf Grund von Geschwisterleistungen der vorselektierten Hähne bzw. aus einem Index aus Vorfahren- und Geschwisterleistungen erfolgen.
Als Selektionsindex im dritten und letzten Schritt des Selektionsprogrammes könnte ein Index aus Nachkommenleistungen, der die Informationen aus vorausgehenden Stufen enthält, verwendet werden. Allerdings muß gewährleistet sein, daß die Indexkonstruktion auf fundierten Schätzungen für die genetischen und phänotypischen Parameter beruht und daß sich weiterhin störende Umwelteinflüsse weitestgehend ausschalten lassen.
Das Ziel einer Selektion besteht in der Verbesserung einer genotypischen Größe $\underline{H}$, die gewöhnlich Zuchtziel genannt wird. Zur Einschätzung von $\underline{H}$ wird ein Vektor meßbarer phänotypischer Größen $\underline{\mathfrak{y}}' = (\underline{y}_1, \ldots, \underline{y}_k)$ herangezogen, da $\underline{H}$ selbst ja nicht direkt bestimmt werden kann.
Als Maß für den Erfolg der Selektion gilt der genetische Fortschritt ΔH analog zu Definition 3.3, der die Differenz der Erwartungswerte von $\underline{H}$ nach Abschluß der Selektion und vor Beginn der Selektion darstellt. Wir nehmen an, daß in der unselektierten Population $E(\underline{H}) = 0$ ist. (Diese Voraussetzung stellt keine mathematische Einschränkung dar).
Es soll also die Population, genauer gesagt der Stichprobenraum Y von $\mathfrak{y}$, so in zwei elementfremde Klassen S_1 und S_2 zerlegt werden, daß in der einen, mit der Wahrscheinlichkeit $\alpha = P(\underline{\mathfrak{y}} \in S_1)$ ausgewählten Klasse S_1 der genetische Fortschritt maximal wird. Setzt man voraus, die gemeinsame Dichtefunktion von $\underline{H}$ und $\underline{\mathfrak{y}}$ $f(H, \mathfrak{y})$ sei bekannt, dann kann das Problem als Maximierung eines bedingten Erwartungswertes unter der Bedingung (3.95) formuliert werden:

$$\max_{S_1} E(\underline{H} / \mathfrak{y} \in S_1) = \max_{S_1} \frac{1}{\alpha} \int_{R_1} \int_{S_1} H \cdot f(H, \mathfrak{y})\, d\mathfrak{y}\, dH \tag{3.94}$$

$$\int_{S_1} f_1(\mathfrak{y})\, d\mathfrak{y} = \alpha \tag{3.95}$$

mit $f_1(\mathfrak{y})$ als Dichtefunktion von $\mathfrak{y}$.

Mit

$$\underline{I}(\mathfrak{y}) = E(\underline{H} / \underline{\mathfrak{y}} = \mathfrak{y}) = \int_{R_1} H\, f_2(H / \mathfrak{y})\, dH$$

wird (3.94) zu

$$\max_{S_1} \frac{1}{\alpha} \int_{R_1} \int_{S_1} H\, f(H, \mathfrak{y})\, d\mathfrak{y}\, dH = \max_{S_1} \frac{1}{\alpha} \int_{S_1} f_1(\mathfrak{y})\, I(\mathfrak{y})\, d\mathfrak{y} \tag{3.96}$$

mit $f_2(H/\mathfrak{y})$ als bedingte Dichte von H bezüglich $\mathfrak{y}$.

Das Maximierungsproblem läßt sich also umformulieren in die Aufgabe der Bestimmung des gleichmäßig besten α-Signifikanztestes k unter der Hypothese H_0, der die Verteilung P_0 mit der Dichtefunktion $f_1(\mathfrak{y})$ entspricht, gegen die einfache Alternative H_1, der die Verteilung P_1 mit der Dichtefunktion $\frac{1}{\alpha} f_1(\mathfrak{y})\, I(\mathfrak{y})$ entspricht.

Die Verallgemeinerung des in der Testtheorie grundlegenden Lemmas von NEYMAN-PEARSON liefert für kontinuierliche $\underline{\mathfrak{y}}$ die Lösung (siehe LEHMANN (1959), S. 83–87)

$$k(\mathfrak{y}) = \begin{cases} 1, \text{ wenn } I(\mathfrak{y}) \geq c_\alpha \\ 0, \text{ wenn } I(\mathfrak{y}) < c_\alpha, \end{cases} \qquad (3.97)$$

wobei c_α der Selektionspunkt aus

$$P_0(I(\underline{\mathfrak{y}}) \geq c_\alpha) = \alpha \qquad (3.98)$$

bestimmt wird.

Somit ist $S_1 = \{\mathfrak{y} \in Y, I(\mathfrak{y}) \geq c_\alpha\}$, d. h. alle Individuen für deren $\mathfrak{y}$ die Selektionsregel $I(\mathfrak{y}) \geq c_\alpha$ gilt, werden selektiert. $I(\mathfrak{y})$ – die Regression von $\underline{H}$ auf $\underline{\mathfrak{y}}$ ist somit der optimale Selektionsindex, wenn man die gesamte phänotypische Information mit einem Selektionsschritt ausnutzt.
Aus den schon erwähnten Gründen kann man gezwungen sein, die phänotypische Information in $r = k$ Selektionsschritten ausnutzen. Selektionsindizes auf den einzelnen Stufen mit den Teilvektoren $\underline{\mathfrak{y}}_j' = (\underline{y}_1, \ldots, \underline{y}_{t_j})$ von $\underline{\mathfrak{y}}$ $(t_j < t_{j+1};\ j = 1, \ldots, r)$ wären dann die Regressionen $\underline{I}_j = \underline{I}(\mathfrak{y}_j)$ von $\underline{H}$ auf $\underline{\mathfrak{y}}_j$.
Es seien $1 - \alpha_i$ $(i = 1, \ldots, r)$ die gegebenen Selektionsintensitäten auf den einzelnen Stufen, auf denen man dann also immer die Individuen mit $I_i \geq c_{i\alpha}$ selektieren würde. Man kann zeigen, daß die Selektionspunkte $c_{i\alpha_i}$ dann wie folgt bestimmt werden:

$$\alpha_1 = \int\limits_{I_1(\mathfrak{y}) \geq C_{1\alpha_1}} f^{(1)}(\mathfrak{y}_1)\, d\mathfrak{y}_1 \qquad (3.99)$$

$$\alpha_1 \alpha_2 = \int\limits_{\substack{I_2(\mathfrak{y}) \geq C_{2\alpha_2} \\ I_1(\mathfrak{y}) \geq C_{1\alpha_1}}} f^{(2)}(\mathfrak{y}_1, \mathfrak{y}_2)\, d\mathfrak{y}_1\, d\mathfrak{y}_2 \qquad (3.100)$$

usw.

mit $f^{(i)}(\mathfrak{y}_1, \ldots, \mathfrak{y}_i)$ $(i = 1, \ldots, r)$ – gemeinsame Dichtefunktion von $(\underline{\mathfrak{y}}_1, \ldots, \underline{\mathfrak{y}}_i)$. Es sei $1 - \alpha$ die Gesamtselektionsintensität nach r Schritten, dann muß gelten

$$\alpha = \alpha_1 \cdot \alpha_2 \cdot \ldots \cdot \alpha_r, \quad 0 \leq \alpha \leq \alpha_i \leq 1 \qquad (3.101).$$

Für den genetischen Fortschritt gilt bei der angegebenen Vorgehungsweise

$$\Delta H = \frac{1}{\alpha_1 \alpha_2 \ldots \alpha_r} \int\limits_{-\infty}^{\infty} \int\limits_{I_r \geq C_{r\alpha}} \ldots \int\limits_{I_1 \geq C_{1\alpha}} Hf(H, \mathfrak{y}_1, \ldots \mathfrak{y}_r)\, d\mathfrak{y}_1 \ldots d\mathfrak{y}_r\, dH \qquad (3.102)$$

Bei der Mehrstufenselektion ist also für die Bestimmung des genetischen Fortschritts ΔH in (3.102) und der dazu erforderlichen Lösungen der Integralgleichungen (3.99), (3.100) usw. die Berechnung von Mehrfachintegralen notwendig.

3.6.2. Mehrstufenselektion in normalverteilten Populationen

Als erste Voraussetzung fordern wir, daß ($\underline{H}, \underline{I}_1, \ldots, \underline{I}_r$) nach einer (r + 1)-dimensionalen Normalverteilung mit Erwartungswertvektor $\mu = 0_{r+1}$ und Korrelationsmatrix R verteilt ist. Es ist bekannt, daß die Regressionsfunktionen dann folgende Gestalt haben:

$$I_i = \sum_{j=1}^{i} b_j^i\, y_j . \tag{3.103}$$

Diese Normalverteilungsvoraussetzung ist z. B. erfüllt, wenn

$$\underline{H} = \sum_{j=1}^{p} c_j\, \underline{G}_j \tag{3.104}$$

gilt und alle $\underline{y}_i$ und $\underline{G}_i$ normalverteilt sind.

Die Koeffizienten b_j^i werden entsprechend der Indextheorie bestimmt. Die c_j in (3.104) sind Gewichte, die man z. B. ökonomisch festlegen kann.
Die zweite Voraussetzung besteht in der Forderung, daß auf jeder Stufe eine unbegrenzte Anzahl von Probanden vorhanden ist. Die zweite Voraussetzung kann natürlich in der praktischen Zucht nur über sehr große Tierzahlen näherungsweise erfüllt werden. Untersuchungen zur Zweistufenselektion bei endlicher Kandidatenzahl findet man bei Mielenz, Müller (1986). In Verallgemeinerung der Vorgehensweise von Cochran (1951) läßt sich unter den obigen Voraussetzungen folgende Formel für ΔH ableiten (vgl. Jain und Amble (1962), Young (1972).

$$\Delta H = \frac{\sqrt{V(\underline{H})}}{\alpha} \sum_{i=1}^{r} \operatorname{cov}(\underline{H}, \underline{I}_i)\, f_1(u_{0i})\, N_i \tag{3.105}$$

mit

$$u_{0i} = \frac{k_i}{\sqrt{V(\underline{I}_i)}}$$

$$N_i = P_{n-1}\left(\frac{u_{01} - \varrho_{1i} u_{0i}}{\sqrt{1 - \varrho_{1i}^2}}, \frac{u_{02} - \varrho_{2i} u_{0i}}{\sqrt{1 - \varrho_{2i}^2}}, \ldots, \right.$$

$$\left. \frac{u_{0,i-1} - \varrho_{i-1,i} u_{0i}}{\sqrt{1 - \varrho_{i-1,i}^2}}, \frac{u_{0i+1} - \varrho_{i+1,i} u_{0i}}{\sqrt{1 - \varrho_{i+1,i}^2}}, \ldots, \frac{u_{0n} - \varrho_{ni} u_{0i}}{\sqrt{1 - \varrho_{ni}^2}} \Big/ R_i \right)$$

$$R_i = (\varrho_{lj \cdot i});\ \begin{matrix} l, j = 1, \ldots, r, \\ l, j \neq i \end{matrix}\quad \varrho_{l,j \cdot i} = \frac{\varrho_{lj} - \varrho_{li} \cdot \varrho_{ji}}{\sqrt{1 - \varrho_{li}^2}\, \sqrt{1 - \varrho_{ji}^2}},$$

mit $P_n(u_1, \ldots, u_n / R) = \int\limits_{u_1}^{+\infty} \ldots \int\limits_{u_n}^{+\infty} f_n(y_1, \ldots, y_n / R)\, dy_n \ldots dy_1$ und $f_n(y_1, \ldots, y_n / R)$ aus (3.53).

Für die Einstufenselektion würde (3.105) bedeuten:

$$\Delta H = \frac{1}{\alpha} \frac{\operatorname{cov}(\underline{H}, \underline{I}_1)}{\sqrt{V(\underline{I}_1)}} \cdot \frac{1}{\sqrt{2\pi}} \exp\left(-\frac{u_{01}^2}{2}\right) \tag{3.106}$$

$$\text{mit } \alpha = \alpha_1 = \frac{1}{\sqrt{2\pi}} \int_{u_{01}}^{+\infty} \exp\left(-\frac{u_1^2}{2}\right) du_1 .$$

Für die Zweistufenselektion bedeutet (3.105)

$$\Delta H = \left\{ \frac{1}{\alpha_1 \cdot \alpha_2} \frac{\operatorname{cov}(\underline{H}, \underline{I}_1)}{\sqrt{V(\underline{I}_1)}} f_1(u_{01}) \left[1 - P_1\left(\frac{u_{02} - u_{01}\,\varrho_{12}}{\sqrt{1-\varrho_{12}^2}}\right)\right] \right.$$
$$\left. + \frac{\operatorname{cov}(\underline{H}, \underline{I}_2)}{\sqrt{V(\underline{I}_2)}} f_1(u_{02}) \left[(1 - P_1)\left(\frac{u_{01} - u_{02}\,\varrho_{12}}{\sqrt{1-\varrho_{12}^2}}\right)\right]\right\} \tag{3.107}$$

$$\alpha_1 = \int_{u_{01}}^{+\infty} \frac{1}{\sqrt{2\pi}} \exp\left(-\frac{u_1^2}{2}\right) du_1$$

Tabelle 3.8. Die Abhängigkeit von ΔH bei der Dreistufenselektion von den Selektionsintensitäten α_1, α_2, α_3 bzw. standardisierten Stutzungspunkten u_{01}, u_{02}, u_{03}

α_1	α_2	α_3	u_{01}	u_{02}	u_{03}	ΔH
0,2077	0,0000	0,0000	−0,8144	$-\infty$	$-\infty$	1,8194
0,1558	0,1201	0,0000	−1,0120	−0,6521	$-\infty$	2,2003
0,1558	0,0901	0,0483	−1,0120	−0,7333	−0,6328	2,2652
0,1558	0,0600	0,0936	−1,0120	−0,8219	−0,5820	2,3744
0,1558	0,0300	0,1360	−1,0120	−0,9311	−0,5469	2,4623
0,1558	0,0000	0,1759	−1,0120	$-\infty$	−0,5117	2,5510
0,1039	0,2263	0,0000	−1,2599	−0,5054	$-\infty$	2,5662
0,1039	0,1697	0,0998	−1,2599	−0,6559	−0,4414	2,7400
0,1039	0,1131	0,1869	−1,2599	−0,8230	−0,3750	2,9179
0,1039	0,0566	0,2635	−1,2599	−1,0180	−0,3125	3,0940
0,1039	0,0000	0,3386	−1,2599	$-\infty$	−0,2500	3,2727
0,0519	0,3208	0,0000	−1,6265	−0,3690	$-\infty$	2,9331
0,0519	0,2406	0,1547	−1,6265	−0,5824	−0,2734	3,2022
0,0519	0,1604	0,2798	−1,6265	−0,8274	−0,1836	3,4702
0,0519	0,0802	0,3832	−1,6265	−1,1358	−0,0938	3,7445
0,0519	0,0000	0,4699	−1,6265	$-\infty$	−0,0078	4,0254
0,0000	0,4055	0,0000	$-\infty$	−0,2391	$-\infty$	3,3051
0,0000	0,2028	0,3725	$-\infty$	−0,8318	0,0000	4,0443
0,0000	0,1014	0,4958	$-\infty$	−1,2737	0,1172	4,4343
0,0000	0,0000	0,5940	$-\infty$	$-\infty$	0,2383	4,8436

Dabei sind $\operatorname{cov}(\underline{I}_1, \underline{H}) = 25{,}3445$, $\operatorname{cov}(\underline{I}_2, \underline{H}) = 25{,}6817$, $\operatorname{cov}(\underline{I}_3, \underline{H}) = 25{,}7163$, $\sigma_{I_1} = 5{,}0343$, $\sigma_{I_2} = 5{,}0677$, $\sigma_{I_3} = 5{,}0711$, $\varrho_{12} = 0{,}9934$, $\varrho_{13} = 0{,}9927$, $\sigma_{23} = 0{,}9993$.

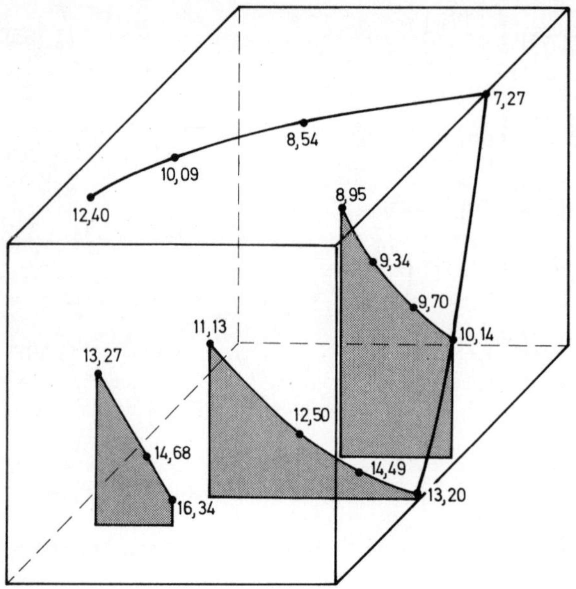

Abbildung 3.9. Räumliche Darstellung der in Tabelle 3.8. gewählten α_1, α_2, α_3 Punkte mit den Werten des genetischen Fortschritts

$$\alpha_1\alpha_2 = \int_{u_{01}}^{+\infty}\int_{u_{02}}^{+\infty} \frac{1}{2\pi\sqrt{1-\varrho_{12}^2}} \exp\left[-\frac{1}{2}(1-\varrho_{12}^2)\right](u_1^2 - 2u_1u_2\,\varrho_{12} + u_2^2)\,du_1\,du_2$$

Für die Dreistufenselektion würde (3.105) lauten:

$$\Delta H = \left\{\frac{1}{\alpha_1\alpha_2\alpha_3}\left[\frac{\operatorname{cov}(\underline{I}_1 \cdot \underline{H})}{\sqrt{V(\underline{I}_1)}} \cdot f(u_{01}) \cdot \int_{\frac{u_{02}-u_{01}\,\varrho 21}{\sqrt{1-\varrho_{12}^2}}}^{+\infty}\int_{\frac{u_{03}-u_{01}\,\varrho 31}{\sqrt{1-\varrho_{13}^2}}}^{+\infty} f_2(u_1, u_2/\varrho_{23})\,du_1\,du_2\right.\right.$$

$$+\frac{\operatorname{cov}(\underline{I}_2, \underline{H})}{\sqrt{V(\underline{I}_2)}} \cdot f(u_{02}) \int_{\frac{u_{01}-u_{02}\,\varrho 21}{\sqrt{1-\varrho_{12}^2}}}^{+\infty}\int_{\frac{u_{03}-u_{02}\,\varrho 32}{\sqrt{1-\varrho_{23}^2}}}^{+\infty} f_2(u_1, u_2/\varrho_{31})\,du_1\,du_2$$

$$\left.\left.+\frac{\operatorname{cov}(\underline{I}_3, \underline{H})}{\sqrt{V(\underline{I}_3)}}\, f(u_{03}) \int_{\frac{u_{01}-u_{03}\,\varrho 13}{\sqrt{1-\varrho_{13}^2}}}^{+\infty}\int_{\frac{u_{02}-u_{03}\,\varrho 23}{\sqrt{1-\varrho_{23}^2}}}^{+\infty} f_2(u_1, u_2/\varrho_{12})\,du_1\,du_2\right]\right\} \tag{3.108}$$

mit

$$\alpha_1 = \int_{u_{01}}^{+\infty} f_1(u_1)\,du_1$$

$$\alpha_1\alpha_2 = \int_{u_{01}}^{+\infty}\int_{u_{02}}^{+\infty} f_2(u_1, u_2/\varrho_{12})\, du_1\, du_2$$

$$\alpha_1\alpha_2\alpha_3 = \int_{u_{01}}^{+\infty}\int_{u_{02}}^{+\infty}\int_{u_{03}}^{+\infty} f_3(u_1, u_2, u_3/R)\, du_1\, du_2\, du_3 .$$

In der Tabelle 3.8. ist die Abhängigkeit des genetischen Fortschritts ΔH von den Selektionsintensitäten α_1, α_2, α_3 bzw. den standardisierten Stutzungspunkten u_{01}, u_{02}, u_{03} bei der Dreistufenselektion angegeben worden.
Methoden und Lösungsvorschläge zur numerischen Berechnung der auftretenden Mehrfachintegrale sind in den Arbeiten von CURNOW, DUNNETT (1961), UTZ (1969) und BARTELS (1979) zu finden.
Sollen neben dem Gesamtselektionserfolg auch partielle Selektionserfolge in gewissen Merkmalen berechnet werden, so ist in obigen Formeln stets der genotypische Effekt G_i des betreffenden Merkmals an die Stelle von $\underline{H}$ zu setzen. Die Integrale, sowie die standardisierten Stutzungspunkte u_{01} sind nur von den α_i und den $\varrho_{ij} = \varrho(\underline{I}_i, \underline{I}_j)$, i, j = 1, ..., r abhängig und brauchen deshalb nicht wieder neu berechnet zu werden.

3.6.3. Demonstration der Zweistufenselektion an einem praktischen Züchtungsbeispiel

Betrachten wir ein einfaches fiktives, aber den praktischen Bedingungen entsprechendes Beispiel aus der Geflügelzüchtung. Angenommen, die Selektion von Hähnen erfolgt zweistufig. Auf der ersten Stufe wird nach einem linearen Index aus Mutterleistungen in den 3 Merkmalen Einzeleimasse (EEM), Körpermasse (KM) und Eianzahl 240. Lebenstag (EZ) vorselektiert. Die so vorselektierten Hähne werden auf der zweiten Stufe einer Nachkommenschaftsprüfung bei begrenzter Prüfkapazität (PK) unterzogen, wobei die oben angeführten 3 Merkmale auch an den Nachkommen ermittelt werden.

Die Selektion auf der zweiten Stufe erfolgte nach einem linearen Index aus Mutterleistungen und mittleren Nachkommenleistungen in allen 3 Merkmalen. Der Index auf der zweiten Stufe enthält also die Informationen der ersten Stufe. Die Anzahl N der Kandidaten, die für die Selektion zur Verfügung stehen, sei 1000 und die Anzahl der endgültig zu selektierenden Hähne sei 20. Für die Nachkommenschaftsprüfung auf der zweiten Stufe seien 4000 Prüfplätze vorhanden. Offensichtlich ist dann die Gesamtselektionsintensität $1 - \alpha = 1 - 0{,}02 = 0{,}98$ und die relative Prüfkapazität PK_r, definiert als Quotient aus Prüfkapazität und Anzahl endgültig selektierter Kandidaten, gleich 200. Zwischen PK_r, α_2 und der Nachkommenzahl n besteht der Zusammenhang

$$\alpha_2 = n/PK_r \text{ mit } \alpha PK_r \le n \le PK_r .$$

Das Zuchtziel $\underline{H}$ besitze die Gestalt

$$\underline{H} = c_1G_1 + c_2G_2 + c_3G_3,$$

wobei G_i den genetischen Effekt des Probanden im i-ten Merkmal bezeichnet. Um ausgewogene partielle Selektionserfolge (SE) in allen drei Merkmalen zu erhalten, wählen wir im angeführten fiktiven Beispiel speziell

$$c_1 = c_{EEM} = \frac{\sigma_{g_{EZ}}}{\sigma_{g_{EEM}}}; \quad c_2 = c_{KM} = -\frac{\sigma_{g_{EZ}}}{\sigma_{g_{KM}}}; \quad c_3 = c_{EZ} = 1$$

mit $\sigma^2_{g_{EEM}}$, $\sigma^2_{g_{EZ}}$, $\sigma^2_{g_{KM}}$ – genotypische Varianzen der entsprechenden Merkmale.

Unter Verwendung der genetischen Varianzen und Kovarianzen, die in Kap. 5. aufgeführt sind, ergibt sich dann

$$c = (c_1, c_2, c_3)' = (3{,}0596; -0{,}057075; \underline{1})'$$

sowie

$$V(\underline{H}) = \sigma^2_H = 85{,}828\,.$$

(Der ökonomische Wichtungsfaktor für die Körpermasse wurde negativ gewählt, um eine Verringerung der Körpermasse in der Population zu erreichen).

Es stellt sich nun die Frage nach der Anzahl der Tiere, die auf der ersten Stufe zu selektieren ist bzw. nach der Nachkommenzahl, mit der auf der zweiten Stufe zu prüfen ist. Diese Fragestellung soll mit einer Variantenrechnung für die Nachkommenzahl entschieden werden. In die Untersuchungen werden 10 Auswahlvarianten einbezogen (siehe Tabelle 3.9.). Um die Selektionserfolge für die einzelnen Varianten nach Formel (3.105) berechnen zu können, müssen die Korrelationskoeffizienten ϱ_{12}, $\varrho(\underline{I}_2, \underline{H})$ und $\varrho(\underline{I}_2, \underline{H})$ ermittelt werden. Dazu ist es notwendig, folgende Kovarianzen zu berechnen: Bezeichnen wir mit ML_i die Mutterleistung und mit NK_i die mittlere Nachkommenleistung vom Umfang n im Merkmal i, dann erhält man unter Verwendung des einfachen populationsgenetischen Modells:

$$\mathrm{cov}(\underline{ML}_i, \underline{ML}_j) = \sigma_{pij}$$

$$\mathrm{cov}(\underline{ML}_i, \underline{NK}_j) = \frac{1}{4}\sigma_{gij}$$

$$\mathrm{cov}(\underline{NK}_i, \underline{NK}_j) = \frac{1}{n}\left(\sigma_{pij} + (n-1)\frac{1}{4}\sigma_{gij}\right)$$

sowie

$$\mathrm{cov}(\underline{ML}_i, G_j) = \frac{1}{2}\sigma_{gij}$$

$$\mathrm{cov}(\underline{NK}_i, G_j) = \frac{1}{2}\sigma_{gij}$$

mit σ_{pij}, σ_{gij} – phänotypische bzw. genotypische Kovarianz zwischen den Merkmalen i und j.

Für die konkreten Werte von σ_{gij} und σ_{pij} bereitet es nun insbesondere auf einer EDV-Anlage keine Schwierigkeiten, die Indexkonstruktion vorzunehmen und die Korrelationen $\varrho(\underline{I}_1, \underline{H})$, $\varrho(\underline{I}_2, \underline{H})$ und ϱ_{12} für die einzelnen Nachkommenvarianten zu berechnen (siehe Tabelle 3.9.).
Die Berechnung der standardisierten Stutzungspunkte u_{01} und u_{02} erfolgt zweckmäßig mit Hilfe einer EDV-Anlage wie z. B. bei BARTELS (1979) beschrieben. Die standardisierten Stutzungspunkte für die 10 zu untersuchenden Auswahlvarianten sind in der nachfolgenden Tabelle 3.9. mit aufgeführt.
Der Gesamtselektionserfolg und die partiellen Selektionserfolge nach 2 Stufen für die 10 Nachkommenvarianten sind aus Tabelle 3.9. zu entnehmen. Es sei bemerkt, daß zur Berechnung der partiellen Selektionserfolge noch die Berechnung der Korrelationen $\varrho(\underline{I}_1, \underline{G}_i)$ und $\varrho(\underline{I}_2, \underline{G}_i)$ erforderlich ist. Dagegen müssen die standardisierten Stutzungspunkte nicht noch einmal bestimmt werden, weil sie nur von α_1, α_2 und ϱ_{12} abhängen (siehe auch Abb. 3.8.).
Aus Tabelle 3.10. wird ersichtlich:
Für das konstruierte Beispiel mit $\alpha = 0{,}02$, $PK_r = 200$ und dem definierten Zuchtziel liegt die optimale Nachkommenzahl zwischen 16 und 25. Unter den angeführten Varianten liefert eine Selektion von $0{,}2 \cdot 1000$ Tieren auf der ersten Stufe und die anschließende Prüfung dieser 200 Tiere mit 20 Nachkommen den größten Selektionserfolg. Soll der jährliche Selektionserfolg berechnet werden, den eine Zweistufenselektion ausschließlich im männlichen Geschlecht erwarten läßt, so sind die partiellen Selektionserfolge aus Tabelle 3.10. noch durch 4 zu dividieren. Eine Änderung von α und PK_r aber auch schon von einzelnen relativen ökonomischen Gewichten c_i erfordert neue Variantenrechnungen. Deshalb ist es zweckmäßig, auf Großrechenanlagen Programme zu erstellen die es gestatten, den Selektionserfolg nach 2 Stufen für verschiedene Indexvarianten bei vorgegebener Gesamtselektionsintensität und relativer Prüfkapazität PK_r zu berechnen. Analoge Variantenrechnungen zur Zweistufenselektion von Hähnen in der Hybridzucht findet man bei MÜLLER und MIELENZ (1986).

Tabelle 3.9. Selektionsintensitäten, Korrelationen und standardisierte Stutzungspunkte in Abhängigkeit von der Nachkommenzahl

Anzahl Nachk.	α_1	α_2	corr($\underline{I}_1$, $\underline{H}$)	corr($\underline{I}_2$, $\underline{H}$)	corr($\underline{I}_1$, $\underline{I}_2$)	u_{01}	u_{02}
4	1	0,02	0,32352	0,60643	0,53348	$-\infty$	2,0538
8	0,5	0,04	0,32352	0,71463	0,45271	0	2,0018
10	0,4	0,05	0,32352	0,74852	0,43222	0,25335	1,9578
16	0,25	0,08	0,32352	0,81401	0,39744	0,67449	1,8249
20	0,2	0,1	0,32352	0,84134	0,38453	0,84162	1,7442
25	0,16	0,125	0,32352	0,86589	0,37363	0,99446	1,6526
40	0,1	0,2	0,32352	0,90829	0,35619	1,2816	1,4208
50	0,08	0,25	0,32352	0,92422	0,35005	1,4051	1,2888
80	0,05	0,4	0,32352	0,95016	0,34049	1,6449	0,94215
100	0,04	0,5	0,32352	0,95941	0,33721	1,7507	0,72596

Anzahl Nachk.	α_1	α_2	ΔH	ΔG_{EEM}	ΔG_{KM}	ΔG_{EZ}
4	1	0,02	13,60	1,44	−66,54	5,40
8	0,5	0,04	15,79	1,64	−77,23	6,37
10	0,4	0,05	16,32	1,68	−79,76	6,61
16	0,25	0,08	16,99	1,73	−82,92	6,96
20	0,2	0,1	17,09	1,74	−83,29	7,02
25	0,16	0,125	17,03	1,72	−82,93	7,02
40	0,1	0,2	16,41	1,65	−79,79	6,80
50	0,08	0,25	15,88	1,60	−77,17	6,59
80	0,05	0,4	14,25	1,44	−69,19	5,89
100	0,04	0,5	13,19	1,34	−64,04	5,43

Tabelle 3.10. Gesamtselektionserfolg (ΔH) und partielle Selektionserfolge (ΔG_i) nach 2 Stufen in Abhängigkeit von der Nachkommenzahl

Übersicht 3.1.:

```
      SUBROUTINE SELG(SIGI,COV12,
      COVH1,COVH2,*PA,PBC,KEY,
      DH,S,DSI)
      DOUBLE PRECISION SIGI(2),COV12,
      COVH1,COVH2,S(2),DSI(2),*PA,PBC,
      DH(2),X(2),H(2),B(2),A(2),WRHO12
C     HILFSGROESSEN
      DOUBLE PRECISION HG1,HG2,HG3,
      HG4,HG7,HG9,HG10,HG11
      DIMENSION NH(2)
      KEX=0
      IF(PA.LT.1.D-6.OR.PBC.LT.1.D-6)
      GOTO 999
      GOTO 1
999   KEY=6
      RETURN
C     BERECHNUNG DELTA H1
1     IF(SNGL(PA)-.99997)12,11,11
11    X(1)=-4.2D0
      GOTO 13
12    HG1=1.D0-PA
      CALL NV01(HG1,X(1))
13    DSI(1)=DNV1(X(1))
14    DH(1)=DSI(1)*COVH1/(SIGI(1)*PA)
      S(1)=X(1)*SIGI(1)
C     BERECHNUNG DELTA H12
2     H(1)=COV12/(SIGI(1)*SIGI(2))
      WRHO12=1.D0-H(1)*H(1)
      IF(SNGL(PBC)-.99997)22,21,21
21    X(2)=-4.2D0
      GOTO 25
22    A(1)=0.D0
      A(2)=X(1)
      IF(X(1).GE.6.DO)A(2)=6.0D0
      B(1)=6.D0
      B(2)=B(1)
      HG4=PA*PBC
      I=0
      I11=0
      HG9=A(1)
      HG10=0.5D0
      IHG8=0
23    IF(I-20)231,201,201
231   I=I+1
      IF(A(1).GE.6.D0)A(1)=6.0D0
      CALL VORNV2(A,B,X(1),WRHO12,
      H(1),1,-1,15,1.D-6,KEY,HG1)
      IF(KEY)41,241,41
41    KEY=10*KEY
      GOTO 40
241   HG1=HG1-HG4
      IF(I.EQ.1)HG11=HG1
      IF(DABS(HG1)-DABS(HG11))269,269,
      230
269   HG9=A(1)
      HG11=HG1
230   IF(DABS(HG1)-10.D-5)24,24,268
268   HG2=X(1)-H(1)*A(1))/WRHO12
```

```
      IF(I11.GT.O)GOTO 296
      CALL NVUB(HG3,1.D-6,KEY)
      IF(KEY)40,240,40
240   HG3=(1.D0-HG3)*DNV1(A(1))
      IF(HG3.LE.0.D0)GOTO 204
      GOTO 297
204   HG1=HG11
      HG7=HG1
      A(1)=HG9
296   IF(HG1)290,24,291
290   MI=-1
      GOTO 295
291   MI=1
295   IF(DABS(HG1)-DABS(HG11))299,299,
      298
299   HG9=A(1)
      HG11=HG1
298   IF(IHG8.GT.0)GOTO 293
      IF(HG1*HG7)292,24,2940
292   IHG8=1
293   HG10=HG10*0.5D0
2940  IHG9=0
294   I11=I11+1
      IF(I11.GT.20)GOTO 201
205   A(1)=A(1)+MI*HG10
      HG7=HG1
      IF(DABS(A(1))-6.0D0)231,202,202
202   IF(IHG9.EQ.1)GOTO 2020
      A(1)=HG9
      IHG8=0
      HG1=HG11
2020  HG10=HG10*0.5D0
      IHG9=1
      HDIF=DABS(A(1))-DABS(HG9)
      IF(HDIF.LT..1E-5)GOTO 201
      GOTO 294
201   A(1)=HG9
      KEX=4
      GOTO 24
297   A(1)=A(1)+HG1/HG3
      HG7=HG1
      GOTO 23
24    A(1)=HG9
      X(2)=A(1)
      HG1=HG11
25    S(2)=X(2)*SIGI(2)
      HG1=(X(2)-H(1)*X(1))/WRHO12
```

```
      HG2=(X(1)-H(1)*X(2))/WRHO12
      CALL NVUB(HG1,HG3,1.D-6,KEY)
      CALL NVUB(HG2,HG4,1.D-6,KEY1)
      IF(KEY+KEY1)271,27,271
271   KEY=1
      GOTO 40
27    DSI(2)=DNV1(X(2))
      DH(2)=COVH2*DSI(2)*(1.D0-HG4)/
      (PA*SIGI(2))
28    DH(2)=(DH(2)+DH(1)*(1.D0-HG3))
      /PBC)
37    DSI(1)=(DIS(1)*(1.D0-HG3))
      /PA*PBC)
      DSI(2)=(DSI(2)*(1.D0-HG4))
      /PA*PBC)
40    IF((KEX.NE.0).AND.(KEY.EQ.0))
      KEY=KEX
      RETURN
      END
      SUBROUTINE VORNV2(A,B,H2,
      WRHO,RHO,LI,LJ,NH,DEL,*KEY,P)
      DOUBLE PRECISION A(2),B(2),RHO,
      P,P1,DEL,H2*AA(15),V(15),RHO2,
      A1H(2),WRHO
      REAL RHO1
      DIMENSION NH(1),A1(2),B1(2)
      M=15
      AL=1.5
      A1(1)=SNGL(A(1))
      A1(2)=SNGL(A(2))
      B1(1)=SNGL(B(1))
      B1(2)=SNGL(B(2))
      RHO1=SNGL(RHO)
10    DEL1=SNGL(DEL)
      KEY=0
2     IF(RHO1.LT..1E-5.AND.RHO1.
      GT.-.1E-5)GOTO 21
      GOTO 20
21    CALL NVUB(A(1),P1,DEL,KEY)
      IF(KEY.NE.0)GOTO 201
      CALL NVUB(A(2),P,DEL,KEY)
      IF(KEY.NE.0)GOTO 201
      P=(1.D0-P1)*(1.DO-P)
      GOTO 200
20    IF(RHO1.GE.-1..AND.RHO1.
      LE.-.99999)GOTO 3
      GOTO 6
```

```
3      IF(A1(1)+A1(2))4,5,5
5      P=0.D0
       GOTO 200
4      CALL NVUB(A(1),P1,DEL,KEY)
       IF(KEY.NE.O)GOTO 201
       CALL NVUB(A(2),P,DEL,KEY)
       IF(KEY.NE.O)GOTO 201
       P=1.DO-P-P1
       GOTO 200
6      IF(RHO1.LE.1..AND.RHO1.
       GE..99999)GOTO 7
       GOTO 30
7      IF(A1(1)-A1(2))9,8,8
8      CALL NVUB(A(1),P,DEL,KEY)
       IF(KEY.NE.O)GOTO 201
       P=1.D0-P
       GOTO 200
9      CALL NVUB(A(2),P,DEL,KEY1)
       IF(KEY.NE.O)GOTO 201
       P=1.DO-P
       GOTO 200
30     IF(A1(1).LT..1E-5.AND.A1(1).GT.-.
       1E-5.AND.A1(2).LT..1E-5*.AND.
       A1(2).GT.-.1E-5)GOTO 1
       GOTO 11
1      P=1.DO-RHO*RHO
       P=RHO/DSQRT(P)
       P=DATAN(P)*.1591549431D0+.
       25D0
       GOTO 200
11     CALL INT1DIM(A,B,NH,AL,M,DEL1,
       H2,WRHO,RHO,LI,LJ,P,KEY,
       *AA,V,L)
       GOTO 200
201    KEY=3
200    IF(P.LE..1D-5)P=0.D0
       IF(P.GE..99999DO)P=1.D0
       RETURN
       END
       SUBROUTINE NVO1(ZZ,ZZN)
       REAL*8 P(5),Q(5),ZZ,ZZN,ZERO,
       ONE,HALF,ALI,PS
       DATA P/-.3222324311D+00,-1.D-00,
       1-.3422420885D+00,
       2-.2042312102D-01,
       3-.4536422101D-04/
       DATA Q/.993484626-/01,
       1.5885815705D+00,
       2.5311034624D+00,
       3.1035377529D+00,
       4.3856070063D-02/
       DATA ZERO/0.D+00/
       DATA ONE/1.D+00/
       DATA HALF/.5D+00/
       DATA ALI/1.D-20/
       ZZN=ZERO
       PS=ZZ
       IF(PS.GT.HALF)PS=ONE-PS
       IF(PS.LT.ALI)GOTO 99
       IF(PS.EQ.HALF)GOTO 99
       ZZN=DSQRT(DLOG(ONE/(PS*PS)))
       ZZN=ZZN+((((ZZN*P(5)+P(4))*ZZN
       +P(3))*ZZN+P(2))*ZZN+P(1))/
       *((((ZZN*Q(5)+Q(4))*ZZN+Q(3))*
       ZZN+Q(2))*ZZN+Q(1))
       IF(ZZ.LT.HALF)ZZN=-ZZN
99     RETURN
       END
       SUBROUTINE NVUB(X,PX,AC1,NFC)
       DOUBLE PRECISION X,PX,C(3),Z,Z2,
       PXA,AC1
       DIMENSION NS(70)
       DATA C/0.707106781D0,
       1.1283791671D0,0.5641895835D0/
       DATA NS/4*3,2*4,2*5,3*6,2*7,2
       *8,3*9,2*10,*2*11,2*12,2
       *13,2*14,2*16,2*17,2*18,2
       *19,2*20,*21,2*22,23,24,2
       *25,26,27,2*28,29,*30,31,32,2
       *33,34,35,36,37,38,10*45/
       X1=SNGL(X)
       Z=X
       IF(X1)1,2,3
1      Z=0.D0-X
       GOTO 3
2      PX=.5D0
       GOTO 100
3      I1=0
       PXA=.1D9
       IF(Z-7.D0)72,72,611
611    PX=1.D0
       GOTO 101
72     NFC=Z*10.D0
       Z=Z*C(1)
```

```
      Z2=Z*Z
      IF(NFC.EQ.O)GOTO 20
5     N=NS(NFC)
      GOTO 6
20    IF(X.LT..1D-9.AND.X.GT.-.1D-9)
      GOTO 2
      N=3
6     N1=N+N
      PX=N1+1
      J=(N/2)*2-N
      IF(J.EQ.0)J=1
      DO 61 I=N1,2,-2
      K=I*J
      PX=(Z2/PX)*K+I-1
61    J=O-J
      PX=(Z/PX)*C(2)
      PX=PX DEXP(-Z2)
      K=1
      GOTO 8
7     PX=Z+(N+1)/2
      DO 71 I=N,1,-1
71    PX=(I/2)/PX+Z
      PX=1.D0-DEXP(-Z2)*C(3)/PX
      K=2
8     IF(DABS(PX-PXA)-AC1)10,10,9
9     CONTINUE
91    I1=I1+1
      N=N+1
      PXA=PX
      IF(I1-50)11,11,102
11    GOTO 6
10    PX=.5DO+PX*5D0
101   IF(X1.LT.O)PX=1.D0-PX
100   NFC=0
      IF(PX.GT.1.D0)PX=1.D0
      RETURN
102   NFC=1
      RETURN
      END
      SUBROUTINE INT1DIM(A,B,NH,AL,
      M,E,H2,WRHO,RHO,*LI,LJ,
      AINT,KEY,AA,V,L)
      REAL*8 V(15),A(1),B(1),C(9),G(9),P(9),
      AA(15),RHO,AINTI,H2,WRHO,
      H3,X(1),D(9),AINT,U,DEL12,
      E1,EN,EH
      DIMENSION K(15),NH(1),NN(9)
      DATA K(1),K(2)/1,2/
      DATA TOL/1.E-9/
      N=1
      E1=E*.01D0
      L=0
2     D(1)=A(1)
      EE=AMAX1(E,TOL)
      MM=MINO(M,15)
      DO 1 I=N,8
      P(I+1)=0.D0
      NN(I+1)=1
1     D(I+1)=0.D0
10    L=1
20    C(1)=B(1)-D(1)
21    U=0.D0
      NN(1)=NH(1)*K(L)
22    P(1)=C(1)/NN(1)
      NN1=NN(1)
      DO 30 I1=1,NN1
      X(1)=D(1)+P(1)*(I1-.5D0)
      H3=(H2-RHO*X(1))/WRHO
      CALL NVUB(H3,AINTI,E1,NC)
      H3=DNV1(X(1))
      AINTI=H3*LI+LJ*AINTI)
      U=U+AINTI
      IF(NC.NE.1)GOTO 30
      KEY=3
      RETURNE
30    CONTINUE
40    U=U*P(1)
      V(L)=U
      IF(L-1)43,43,44
43    AA(1)=V(1)
      L=L+1
      GOTO 21
44    EN=K(L)
      DO 45 LL=2,L
      I=L+1-LL
      EH=EN/K(I)
45    V(I)=V(I+1)+(V(I+1)-V(I))
      /EH*EH-1.)
      AINT=V(1)
      AA(L)=AINT
      KEY=0
      DEL12=DABS(AINT-AA(L-1))
      DEL2=SNGL(DEL12)
      IF(DEL2.LT.EE)RETURN
```

```
      KEY=+1
      IF(L.EQ.MM)RETURN
      IF(L.LT.4) GOTO 3
      KEY=2
      IF(DEL2.GT.DEL1)RETURN
    3 DEL1=DEL2
      L=L+1
      K(L)=AL*K(L-1)
      GOTO 21
      END
```

Tabelle 3.11. Standardisierte Selektionsdifferenz für endliche Populationen, die durch Zufallsauswahl aus Normalverteilungen entstanden sind (n Anzahl zur Zucht selektierter Individuen, N Populationsumfang)*)

n	2	3	4	5	6	7	8
1	0,56419	0,84628	1,02938	1,16296	1,26721	1,35218	1,42360
2		0,42314	0,66320	0,82899	0,95449	1,05478	1,13791
3			0,34313	0,55266	0,70351	0,82075	0,91621
4				0,29074	0,47724	0,61557	0,72529
5					0,25344	0,42191	0,54973
6						0,22536	0,37930
7							0,20337
8							
9							
10							
11							
12							
13							
14							

*) Ab $N=50$ sind nur die d_{SE}^{N}-Werte für $n \leq \frac{N}{2}$ tabelliert. Man kann sich aber die restlichen d_{SE}^{N}-Werte leicht nach folgender Formel ausrechnen:

Benötigt man $d_{SE}^{N}=x_{N-n}$ für die Auswahl der $N-n$ besten (aus N) mit $N-n>\frac{N}{2}$, so ergibt sich dieser Wert aus dem Wert $d_{SE}^{N}=y_n$ nach

$$x_{N-n}=\frac{n}{N-n}\,y_n\,.$$

Tabelle 3.11. Fortsetzung 1

N

n	9	10	11	12	13	14	15
1	0,48501	1,53875	1,58644	1,52923	1,66799	1,70338	1,73591
2	1,20866	1,27006	1,32418	1,37248	1,41604	1,45564	1,49193
3	0,96643	1,06539	1,12573	1,17927	1,22730	1,27080	1,31051
4	0,81592	0,89280	0,95980	1,01866	1,07119	1,11854	1,16161

Tabelle 3.11. Fortsetzung 1

N

n	9	10	11	12	13	14	15
5	0,65276	0,73892	0,81281	0,87738	0,93462	0,98595	1,03242
6	0,49821	0,59532	0,67735	0,74825	0,81060	0,86617	0,91624
7	0,34533	0,45660	0,54845	0,62670	0,69480	0,75503	0,80896
8	0,18563	0,31751	0,42215	0,50933	0,58414	0,64963	0,70784
9		0,17097	0,29426	0,39309	0,47608	0,54775	0,61082
10			0,15864	0,27450	0,36819	0,44742	0,51621
11				0,14811	0,25746	0,34658	0,42240
12					0,13900	0,24261	0,32763
13						0,13103	0,22953
14							0,12399

Tabelle 3.11. Fortsetzung 2

N

n	16	17	18	19	20	21	22
1	1,76599	1,79394	1,82003	1,84448	1,86748	1,88917	1,90969
2	1,52537	1,55636	1,58522	1,61221	1,63754	1,66140	1,68393
3	1,34700	1,38073	1,41206	1,44129	1,46868	1,49442	1,51870
4	1,20104	1,23739	1,27107	1,30243	1,33175	1,35927	1,38517
5	1,07484	1,11380	1,14982	1,18327	1,21448	1,24371	1,27119
6	0,96173	1,00339	1,04178	1,07734	1,11045	1,14140	1,17044
7	0,85774	0,90222	0,94307	0,98081	1,01586	1,04855	1,07917
8	0,76018	0,80769	0,85116	0,89118	0,92824	0,96274	0,99497
9	0,66713	0,71795	0,76423	0,80668	0,84588	0,88226	0,91617
10	0,57704	0,63155	0,68092	0,72602	0,76749	0,80587	0,84155
11	0,48856	0,54730	0,60014	0,66001	0,69208	0,73261	0,77018
12	0,40035	0,46409	0,52089	0,59412	0,61883	0,66169	0,70130
13	0,31085	0,38074	0,44224	0,52813	0,54700	0,59245	0,63427
14	0,21791	0,29587	0,36316	0,46172	0,47591	0,52428	0,56856
15	0,11773	0,20751	0,28241	0,39442	0,40483	0,45656	0,50361
16		0,11212	0,19815	0,27024	0,33294	0,38866	0,43891
17			0,10706	0,18967	0,25918	0,31983	0,37388
18				0,10247	0,18195	0,24907	0,30782
19					0,09829	0,17488	0,23979
20						0,09446	0,16839
21							0,09094

Tabelle 3.11. Fortsetzung 3

N

n	23	24	25	26	27	28	29
1	1,92916	1,94767	1,96531	1,98216	1,99827	2,01371	2,02852
2	1,70527	1,72553	1,74481	1,76320	1,78077	1,79758	1,81370
3	1,54166	1,56343	1,58412	1,60383	1,62265	1,64063	1,65786
4	1,40964	1,43280	1,45479	1,47571	1,49566	1,51472	1,53295
5	1,29710	1,32160	1,34483	1,36691	1,38794	1,40800	1,42719
6	1,19778	1,22359	1,24804	1,27124	1,29332	1,31436	1,33447
7	1,10795	1,13508	1,16073	1,18506	1,20817	1,23018	1,25118
8	1,01066	1,05368	1,08056	1,10601	1,13016	1,15314	1,17504
9	0,92254	0,97777	1,00590	1,03249	1,05770	1,08165	1,10446
10	0,84110	0,90616	0,93557	0,96335	0,98964	1,01458	1,03831
11	0,76463	0,83794	0,86871	0,89770	0,92511	0,95108	0,97575
12	0,70091	0,77243	0,80461	0,83489	0,86345	0,89048	0,91613
13	0,64700	0,70903	0,74272	0,74434	0,80412	0,83226	0,85892
14	0,59306	0,64725	0,68256	0,71562	0,74669	0,77598	0,80370
15	0,53902	0,58662	0,62372	0,65832	0,69076	0,72129	0,75012
16	0,48473	0,52684	0,56582	0,60209	0,63601	0,66786	0,69787
17	0,42274	0,46739	0,50850	0,54661	0,58214	0,61540	0,64668
18	0,36031	0,40786	0,45140	0,49156	0,52885	0,56366	0,59629
19	0,29677	0,34779	0,39412	0,43660	0,47586	0,51236	0,54648
20	0,23125	0,28656	0,33621	0,38137	0,42286	0,46126	0,49701
21	0,16241	0,22335	0,27710	0,32546	0,36952	0,41006	0,44763
22	0,08769	0,15687	0,21602	0,26831	0,31544	0,35846	0,39810
23		0,08468	0,15172	0,20920	0,26012	0,30609	0,34812
24			0,08189	0,14693	0,20283	0,25245	0,29733
25				0,07929	0,14246	0,19688	0,24527
26					0,07686	0,13828	0,19129
27						0,07458	0,13435
28							0,07245

Tabelle 3.11. Fortsetzung 4

N

n	30	31	32	33	34	35	36
1	2,04276	2,05646	2,06967	2,08241	2,09471	2,10661	2,11812
2	1,82918	1,84406	1,85840	1,87221	1,88554	1,89842	1,91087
3	1,67439	1,69027	1,70555	1,72026	1,73445	1,74815	1,76139
4	1,55043	1,56721	1,58334	1,59887	1,61383	1,62827	1,64221
5	1,44556	1,46318	1,48011	1,49640	1,51208	1,52720	1,54180
6	1,35370	1,37219	1,38983	1,40684	1,42321	1,43899	1,45421

Tabelle 3.11. Fortsetzung 4

N

n	30	31	32	33	34	35	36
7	1,27127	1,29049	1,30894	1,32665	1,34369	1,36010	1,37593
8	1,19596	1,21598	1,23517	1,25358	1,27128	1,28831	1,30472
9	1,12623	1,24703	1,16696	1,18606	1,20442	1,22207	1,23907
10	1,06093	1,08254	1,10320	1,12301	1,14202	1,16029	1,17787
11	0,99924	1,02166	1,04308	1,06359	1,08326	1,10216	1,12033
12	0,94052	0,96376	0,98595	1,00718	1,02753	1,04705	1,06582
13	0,88423	0,90833	0,93132	0,95329	0,97432	0,99449	1,01385
14	0,82998	0,85497	0,87878	0,90151	0,92324	0,94407	0,96405
15	0,77742	0,80333	0,82799	0,85150	0,87397	0,89547	0,91609
16	0,72624	0,75312	0,77867	0,80300	0,82623	0,84843	0,86970
17	0,67618	0,70409	0,73058	0,75577	0,77978	0,80272	0,82466
18	0,62701	0,65602	0,68349	0,70959	0,73646	0,75812	0,78077
19	0,57851	0,60869	0,63722	0,66427	0,69577	0,71447	0,73785
20	0,53047	0,56191	0,59157	0,61964	0,65548	0,67161	0,69576
21	0,48267	0,51549	0,54638	0,57553	0,60315	0,62938	0,65435
22	0,43490	0,46924	0,50146	0,53180	0,56047	0,58765	0,61349
23	0,38691	0,42295	0,45664	0,48827	0,51808	0,54629	0,57305
24	0,33843	0,37639	0,41172	0,44477	0,47584	0,50515	0,53291
25	0,28911	0,32931	0,36650	0,40114	0,43359	0,46411	0,49294
26	0,23853	0,28138	0,32073	0,35718	0,39116	0,42302	0,45303
27	0,18604	0,23218	0,27410	0,31263	0,34837	0,38172	0,41302
28	0,13066	0,18110	0,22619	0,26721	0,30497	0,34003	0,37278
29	0,07044	0,12718	0,17644	0,22053	0,26070	0,29772	0,33212
30		0,06855	0,12389	0,17203	0,21518	0,25453	0,29084
31			0,06676	0,12079	0,16785	0,21010	0,24868
32				0,06508	0,11785	0,16389	0,20528
33					0,06348	0,11506	0,16013
34						0,06196	0,11240
35							0,06052

Tabelle 3.11. Fortsetzung 5

N

n	37	38	39	40	41	42	43
1	2,12928	1,14009	2,15059	2,16078	2,17068	2,18032	2,18969
2	1,92294	1,93462	1,94595	1,95695	1,96763	1,97802	1,98812
3	1,77421	1,78661	1,79864	1,81031	1,82163	1,83264	1,84333
4	1,65570	1,66874	1,68139	1,69365	1,70554	1,71710	1,72832
5	1,55591	1,56956	1,58277	1,59558	1,60800	1,62006	1,63177

Tabelle 3.11. Fortsetzung 6

n \ N	37	38	39	40	41	42	43
6	1,46891	1,48312	1,49688	1,51020	1,52312	1,53566	1,54782
7	1,39120	1,40596	1,42024	1,43406	1,44746	1,46045	1,47306
8	1,32056	1,33585	1,35064	1,36495	1,37881	1,39224	1,40528
9	1,25546	1,27128	1,28656	1,30135	1,31568	1,32954	1,34299
10	1,19481	1,21116	1,22694	1,24220	1,25697	1,27128	1,28514
11	1,13782	1,15469	1,17098	1,18671	1,20193	1,21666	1,23094
12	1,03887	1,10127	1,11806	1,13426	1,14993	1,16510	1,17978
13	1,03248	1,05041	1,06770	1,08439	1,10051	1,11611	1,13121
14	0,98326	1,00174	1,01954	1,03671	1,05330	1,06933	1,08484
15	0,93589	0,95492	0,97325	0,99092	1,00800	1,02444	1,04037
16	0,89011	0,90971	0,92858	0,94675	0,96428	0,98200	0,99756
17	0,84570	0,86589	0,88530	0,90399	0,92200	0,93939	0,95618
18	0,80246	0,82326	0,84324	0,86246	0,88097	0,89883	0,91607
19	0,76022	0,78166	0,80223	0,82200	0,84102	0,85936	0,87706
20	0,71884	0,74093	0,76211	0,78245	0,80202	0,82085	0,83902
21	0,67818	0,70096	0,72278	0,74371	0,76382	0,78318	0,80183
22	0,63811	0,66161	0,68410	0,70565	0,72634	0,74758	0,76538
23	0,59850	0,62278	0,64597	0,66817	0,68946	0,71379	0,72958
24	0,55926	0,58434	0,60828	0,63117	0,65309	0,68033	0,69434
25	0,52026	0,54622	0,57094	0,59455	0,61714	0,64716	0,65957
26	0,48139	0,50828	0,53385	0,55823	0,58152	0,61422	0,62520
27	0,44252	0,47043	0,49691	0,52211	0,54615	0,58145	0,59114
28	0,40354	0,43256	0,46003	0,48611	0,51095	0,54881	0,55734
29	0,36429	0,39453	0,42308	0,45013	0,47583	0,51623	0,52371
30	0,32461	0,35623	0,38597	0,41407	0,44071	0,48365	0,49019
31	0,28431	0,31748	0,34855	0,37781	0,40547	0,45100	0,45669
32	0,24311	0,27808	0,31068	0,34124	0,37003	0,41823	0,42314
33	0,20069	0,23781	0,27216	0,30419	0,33426	0,38524	0,38944
34	0,15655	0,19632	0,23276	0,26651	0,29800	0,32759	0,35550
35	0,10988	0,15314	0,19216	0,22794	0,26111	0,29209	0,32121
36	0,05915	0,10748	0,14989	0,18818	0,22333	0,25594	0,28643
37		0,05784	0,10519	0,14678	0,18438	0,21893	0,25100
38			0,05659	0,10300	0,14381	0,18075	0,21471
39				0,05540	0,10090	0,14097	0,17726
40					0,05427	0,09890	0,13825
41						0,05318	0,09698
42							0,05214

Tabelle 3.11. Fortsetzung 7

N

n	44	45	46	47	48	49	50
1	2,19882	2,20772	2,21639	2,22486	2,23312	2,24119	2,24907
2	1,99794	2,00753	2,01686	2,02596	2,03484	2,04350	2,05197
3	1,85374	1,86388	1,87375	1,88337	1,89276	1,90192	1,91086
4	1,73924	1,74987	1,76022	1,77030	1,78013	1,78972	1,79908
5	1,64315	1,65423	1,66502	1,67552	1,68576	1,69574	1,70548
6	1,55965	1,57116	1,58235	1,59324	1,60386	1,61421	1,62431
7	1,48531	1,49722	1,50880	1,52007	1,53105	1,54176	1,55219
8	1,41794	1,43024	1,44220	1,45384	1,46517	1,47621	1,48697
9	1,35605	1,36874	1,38107	1,39306	1,40473	1,41610	1,48718
10	1,29859	1,31166	1,32435	1,33669	1,34870	1,36039	1,37178
11	1,24478	1,25822	1,27127	1,28396	1,29630	1,30831	1,32001
12	1,19402	1,20783	1,22123	1,23427	1,24694	1,25927	1,27127
13	1,14583	1,16002	1,17379	1,18716	1,20016	1,21280	1,22511
14	1,09986	1,11442	1,12855	1,14227	1,15559	1,16855	1,18116
15	1,05579	1,07074	1,08523	1,09929	1,11295	1,12622	1,13913
16	1,01338	1,02871	1,04357	1,05798	1,07197	1,08557	1,09878
17	0,97242	0,98814	1,00337	1,01813	1,03246	1,04638	1,05991
18	0,93272	0,94884	0,96445	0,97958	0,99425	1,00849	1,02233
19	0,89415	0,91067	0,92666	0,94216	0,95718	0,97176	0,98591
20	0,85655	0,87349	0,88988	0,90575	0,92112	0,93604	0,95052
21	0,81981	0,83719	0,85398	0,87023	0,88597	0,90124	0,91605
22	0,78384	0,80165	0,81886	0,83551	0,85163	0,86724	0,88239
23	0,74853	0,76680	0,78444	0,80149	0,81799	0,83397	0,84946
24	0,71379	0,73254	0,75062	0,76810	0,78499	0,80135	0,81719
25	0,67955	0,69879	0,71734	0,73525	0,75255	0,76929	0,78550
26	0,64573	0,66549	0,68452	0,70288	0,72061	0,73774	0,75433
27	0,61226	0,63256	0,65210	0,67092	0,68909	0,70664	0,72362
28	0,57908	0,59994	0,62000	0,63932	0,65795	0,67593	0,69331
29	0,54610	0,56756	0,58818	0,60801	0,62712	0,64555	0,66334
30	0,51327	0,53537	0,55657	0,57694	0,59655	0,61545	0,63368
31	0,48051	0,50329	0,52511	0,54605	0,56619	0,58558	0,60427
32	0,44776	0,47126	0,49374	0,51529	0,53598	0,55589	0,57506
33	0,41493	0,43921	0,46240	0,48460	0,50588	0,52634	0,54601
34	0,38194	0,40707	0,43103	0,45391	0,47583	0,49686	0,51708
35	0,34870	0,37476	0,39954	0,42318	0,44577	0,46742	0,48820
36	0,31510	0,34218	0,36788	0,39232	0,41564	0,43796	0,45934
37	0,28100	0,30924	0,33593	0,36127	0,38539	0,40841	0,43044
38	0,24626	0,27580	0,30362	0,32993	0,35492	0,37872	0,40145
39	0,21066	0,24172	0,27081	0,29822	0,32417	0,34862	0,37231
40	0,17392	0,20678	0,23735	0,26601	0,29303	0,31862	0,34295
41	0,13564	0,17072	0,20305	0,23316	0,26140	0,28804	0,31328
42	0,09514	0,13313	0,16764	0,19947	0,22912	0,25696	0,28323

Tabelle 3.11. Fortsetzung 8

N

n	44	45	46	47	48	49	50
43	0,05114	0,09337	0,13073	0,16468	0,19602	0,22524	0,25268
44		0,05018	0,09168	0,12841	0,16183	0,19270	0,22150
45			0,04925	0,09004	0,12618	0,15909	0,18950
46				0,04837	0,08847	0,12404	0,15644
47					0,04751	0,08696	0,12997
48						0,06669	0,08550
49							0,04590

Tabelle 3.11. Fortsetzung 9

N

n	51	52	53	54	55	56	57	58	59	60
1	2,2568	2,2643	2,2717	2,2789	2,2860	2,2929	2,2997	2,3064	2,3129	2,3193
2	2,0602	2,0683	2,0763	2,0840	2,0916	2,0990	2,1063	2,1134	2,1204	2,1272
3	1,9196	1,9281	1,9365	1,9446	1,9526	1,9605	1,9681	1,9756	1,9830	1,9902
4	1,8082	1,8172	1,8259	1,8344	1,8428	1,8509	1,8589	1,8668	1,8745	1,8820
5	1,7150	1,7243	1,7334	1,7422	1,7509	1,7594	1,7677	1,7759	1,7838	1,7916
6	1,6342	1,6438	1,6532	1,6624	1,6714	1,6801	1,6887	1,6972	1,7054	1,7135
7	1,5624	1,5723	1,5820	1,5915	1,6008	1,6098	1,6187	1,6274	1,6359	1,6442
8	1,4975	1,5077	1,5177	1,5275	1,5370	1,5464	1,5555	1,5644	1,5732	1,5818
9	1,4380	1,4485	1,4588	1,4689	1,4787	1,4883	1,4977	1,5068	1,5158	1,5246
10	1,3829	1,3937	1,4043	1,4146	1,4247	1,4345	1,4442	1,4536	1,4628	1,4718
11	1,3314	1,3425	1,3534	1,3640	1,3743	1,3844	1,3943	1,4039	1,4134	1,4226
12	1,2830	1,2944	1,3055	1,3163	1,3269	1,3373	1,3474	1,3572	1,3669	1,3764
13	1,2371	1,2488	1,2602	1,2713	1,2821	1,2927	1,3030	1,3132	1,3230	1,3327
14	1,1934	1,2054	1,2170	1,2284	1,2395	1,2503	1,2609	1,2712	1,2814	1,2912
15	1,1517	1,1639	1,1759	1,1875	1,1988	1,2099	1,2207	1,2313	1,2416	1,2517
16	1,1116	1,1242	1,1364	1,1483	1,1598	1,1712	1,1822	1,1930	1,2035	1,2138
17	1,0731	1,0859	1,0983	1,1105	1,1223	1,1339	1,1452	1,1562	1,1969	1,1775
18	1,0358	1,0489	1,0616	1,0740	1,0861	1,0979	1,1094	1,1207	1,1317	1,1424
19	0,9997	1,0130	1,0261	1,0387	1,0511	1,0631	1,0749	1,0864	1,0976	1,1085
20	0,9646	0,9783	0,9916	1,0045	1,0171	1,0294	1,0414	1,0531	1,0645	1,0757
21	0,9304	0,9444	0,9580	0,9712	0,9841	0,9966	1,0089	1,0208	1,0325	1,0438
22	0,8971	0,9114	0,9252	0,9387	0,9519	0,9647	0,9772	0,9893	1,0012	1,0128
23	0,8645	0,8791	0,8933	0,9070	0,9205	0,9335	0,9463	0,9587	0,9708	0,9826
24	0,8325	0,8475	0,8619	0,8760	0,8897	0,9030	0,9160	0,9287	0,9410	0,9530
25	0,8012	0,8165	0,8312	0,8456	0,8596	0,8732	0,8864	0,8993	0,9119	0,9242
26		0,7860	0,8011	0,8158	0,8300	0,8439	0,8574	0,8706	0,8834	0,8959
27				0,7868	0,8010	0,8151	0,8289	0,8423	0,8554	0,8681

Tabelle 3.11. Fortsetzung 9

N

n	51	52	53	54	55	56	57	58	59	60
28						0,7868	0,8009	0,8145	0,8278	0,8408
29								0,7872	0,8007	0,8140
30										0,7875

Tabelle 3.11. Fortsetzung 10

N

n	61	62	63	64	65	66	67	68	69	70
1	2,3256	2,3317	2,3378	2,3437	2,3496	2,3553	2,3610	2,3665	2,3720	2,3774
2	2,1339	2,1405	2,1470	2,1534	2,1596	2,1658	2,1718	2,1777	2,1836	2,1893
3	1,9973	2,0042	2,0110	2,0177	2,0243	2,0307	2,0371	2,0433	2,0494	2,0555
4	1,8894	1,8966	1,9037	1,9107	1,9175	1,9243	1,9309	1,9374	1,9438	1,9500
5	1,7993	1,8068	1,8142	1,8214	1,8285	1,8355	1,8423	1,8491	1,8557	1,8622
6	1,7214	1,7292	1,7368	1,7443	1,7516	1,7588	1,7659	1,7728	1,7796	1,7863
7	1,6524	1,6604	1,6682	1,6759	1,6835	1,6909	1,6982	1,7053	1,7124	1,7193
8	1,5902	1,5984	1,6065	1,6144	1,6221	1,6297	1,6372	1,6446	1,6518	1,6589
9	1,5332	1,5417	1,5500	1,5581	1,5661	1,5739	1,5815	1,5891	1,5965	1,6037
10	1,4807	1,4893	1,4978	1,5061	1,5143	1,5223	1,5302	1,5379	1,5454	1,5529
11	1,4317	1,4405	1,4492	1,4577	1,4661	1,4743	1,4823	1,4902	1,4979	1,5055
12	1,3856	1,3947	1,4036	1,4123	1,4208	1,4292	1,4374	1,4455	1,4534	1,4612
13	1,3422	1,3515	1,3605	1,3694	1,3782	1,3867	1,3951	1,4033	1,4114	1,4193
14	1,3009	1,3104	1,3197	1,3287	1,3377	1,3464	1,3549	1,3633	1,3716	1,3797
15	1,2616	1,2712	1,2807	1,2900	1,2991	1,3080	1,3167	1,3253	1,3337	1,3419
16	1,2239	1,2338	1,2434	1,2529	1,2622	1,2712	1,2801	1,2889	1,2974	1,3058
17	1,1877	1,1978	1,2076	1,2173	1,2267	1,2360	1,2451	1,2540	1,2627	1,2712
18	1,1529	1,1631	1,1732	1,1830	1,1926	1,2021	1,2113	1,2204	1,2292	1,2379
19	1,1192	1,1297	1,1399	1,1499	1,1597	1,1693	1,1787	1,1879	1,1970	1,2058
20	1,0866	1,0973	1,1077	1,1179	1,1279	1,1376	1,1472	1,1566	1,1658	1,1748
21	1,0549	1,0658	1,0764	1,0868	1,0970	1,1069	1,1167	1,1262	1,1356	1,1447
22	1,0241	1,0352	1,0460	1,0566	1,0669	1,0770	1,0870	1,0967	1,1062	1,1155
23	0,9941	1,0054	1,0164	1,0271	1,0377	1,0480	1,0581	1,0680	1,0776	1,0871
24	0,9648	0,9763	0,9875	0,9984	1,0091	1,0196	1,0299	1,0399	1,0498	1,0594
25	0,9361	0,9478	0,9592	0,9704	0,9813	0,9920	1,0024	1,0126	1,0226	1,0324
26	0,9080	0,9199	0,9316	0,9429	0,9540	0,9649	0,9755	0,9859	0,9961	1,0060
27	0,8805	0,8926	0,9045	0,9160	0,9273	0,9384	0,9491	0,9597	0,9701	0,9802
28	0,8535	0,8658	0,8778	0,8896	0,9011	0,9123	0,9233	0,9340	0,9446	0,9549
29	0,8269	0,8394	0,8517	0,8636	0,8753	0,8868	0,8979	0,9088	0,9195	0,9300
30	0,8007	0,8135	0,8259	0,8381	0,8500	0,8616	0,8730	0,8841	0,8950	0,9056
31		0,7879	0,8006	0,8130	0,8251	0,8369	0,8485	0,8597	0,8708	0,8816

Tabelle 3.11. Fortsetzung 10

n \ N	61	62	63	64	65	66	67	68	69	70
32				0,7882	0,8005	0,8125	0,8243	0,8358	0,8470	0,8580
33						0,7885	0,8004	0,8121	0,8235	0,8347
34								0,7887	0,8003	0,8117
35										0,7890

Tabelle 3.11. Fortsetzung 11

n \ N	71	72	73	74	75	76	77	78	79	80
1	2,3827	2,3879	2,3939	2,3980	2,4030	2,4079	2,4127	2,4175	2,4222	2,4268
2	2,1949	2,2005	2,2059	2,2113	2,2166	2,2218	2,2270	2,2320	2,2370	2,2420
3	2,0614	2,0672	2,0730	2,0786	2,0842	2,0896	2,0950	2,1003	2,1056	2,1107
4	1,9562	1,9623	1,9682	1,9741	1,9799	1,9856	1,9912	1,9967	2,0022	2,0076
5	1,8686	1,8749	1,8810	1,8871	1,8931	1,8890	1,9048	1,9105	1,9162	1,9217
6	1,7929	1,7994	1,8058	1,8121	1,8182	1,8243	1,8303	1,8362	1,8420	1,8477
7	1,7261	1,7327	1,7393	1,7457	1,7521	1,7583	1,7645	1,7705	1,7765	1,7824
8	1,6658	1,6727	1,6794	1,6860	1,6926	1,6990	1,7053	1,7115	1,7176	1,7236
9	1,6109	1,6179	1,6248	1,6316	1,6383	1,6448	1,6513	1,6576	1,6639	1,6701
10	1,5602	1,5674	1,5744	1,5814	1,5882	1,5949	1,6015	1,6080	1,6144	1,6207
11	1,5130	1,5204	1,5276	1,5347	1,5416	1,5485	1,5553	1,5619	1,5684	1,5749
12	1,4688	1,4763	1,4837	1,4909	1,4980	1,5050	1,5119	1,5187	1,5254	1,5320
13	1,4271	1,4348	1,4423	1,4497	1,4569	1,4641	1,4711	1,4780	1,4848	1,4915
14	1,3876	1,3954	1,4031	1,4106	1,4180	1,4253	1,4325	1,4395	1,4464	1,4533
15	1,3500	1,3580	1,3658	1,3734	1,3810	1,3884	1,3957	1,4029	1,4099	1,4169
16	1,3141	1,3222	1,3301	1,3380	1,3456	1,3532	1,3606	1,3679	1,3751	1,3822
17	1,2796	1,2879	1,2960	1,3039	1,3117	1,3194	1,3270	1,3344	1,3417	1,3489
18	1,2465	1,2549	1,2631	1,2712	1,2792	1,2870	1,2947	1,3022	1,3097	1,3170
19	1,2145	1,2231	1,2315	1,2397	1,2478	1,2557	1,2635	1,2712	1,2788	1,2862
20	1,1837	1,1924	1,2009	1,2093	1,2175	1,2256	1,2335	1,2413	1,2490	1,2565
21	1,1537	1,1626	1,1712	1,1798	1,1881	1,1963	1,2044	1,2123	1,2201	1,2278
22	1,1247	1,1337	1,1425	1,1511	1,5966	1,1680	1,1761	1,1842	1,1921	1,1999
23	1,0964	1,1056	1,1145	1,1233	1,1319	1,1404	1,1487	1,1569	1,1649	1,1728
24	1,0689	1,0782	1,0873	1,0962	1,1050	1,1136	1,1220	1,1303	1,1385	1,1465
25	1,0421	1,0515	1,0607	1,0698	1,0787	1,0874	1,0960	1,1044	1,1127	1,1209
26	1,0158	1,0254	1,0348	1,0440	1,0530	1,0619	1,0706	1,0791	1,0875	1,0958
27	0,9901	0,9998	1,0094	1,0187	1,0279	1,0369	1,0458	1,0544	1,0630	1,0713
28	0,9649	0,9748	0,9845	0,9940	1,0033	1,0125	1,0214	1,0302	1,0389	1,0474
29	0,9402	0,9503	0,9601	0,9698	0,9792	0,9885	0,9976	1,0065	1,0153	1,0239
30	0,9160	0,9262	0,9362	0,9460	0,9556	0,9650	0,9742	0,9833	0,9922	1,0010

Tabelle 3.11. Fortsetzung 12

N

n	71	72	73	74	75	76	77	78	79	80
31	0,8922	0,9025	0,9127	0,9226	0,9324	0,9419	0,9513	0,9605	0,9695	0,9784
32	0,8687	0,8792	0,8895	0,8996	0,9095	0,9192	0,9287	0,9381	0,9472	0,9562
33	0,8456	0,8563	0,8667	0,8770	0,8870	0,8969	0,9065	0,9160	0,9253	0,9344
34	0,8228	0,8336	0,8442	0,8547	0,8648	0,8748	0,8846	0,8942	0,9037	0,9127
35	0,8003	0,8113	0,8221	0,8327	0,8430	0,8532	0,8631	0,8728	0,8824	0,8918
36		0,7892	0,8002	0,8109	0,8214	0,8317	0,8418	0,8517	0,8614	0,8709
37				0,7895	0,8002	0,8106	0,8208	0,8309	0,8407	0,8504
38						0,7897	0,8001	0,8103	0,8202	0,8300
39								0,7899	0,8000	0,8100
40										0,7901

Tabelle 3.11. Fortsetzung 13

N

n	81	82	83	84	85	86	87	88	89	90
1	2,4313	2,4358	2,4403	2,4446	2,4490	2,4532	2,4574	2,4616	2,4657	4,4697
2	2,2468	2,2516	2,2563	2,2610	2,2656	2,2701	2,2746	2,2790	2,2833	2,2876
3	2,1158	2,1208	2,1258	2,1307	2,1355	2,1402	2,1449	2,1495	2,1541	2,1586
4	2,0128	2,0181	2,0232	2,0283	2,0333	2,0382	2,0431	2,0479	2,0526	2,0573
5	1,9272	1,9326	1,9379	1,9431	1,9483	1,9534	1,9584	1,9634	1,9683	1,9731
6	1,8534	1,8589	1,8644	1,8698	1,8751	1,8803	1,8855	1,8906	1,8957	1,9006
7	1,7882	1,7939	1,7995	1,8050	1,8105	1,8159	1,8212	1,8264	1,8316	1,8367
8	1,7296	1,7354	1,7412	1,7469	1,7525	1,7580	1,7634	1,7688	1,7741	1,7793
9	1,6762	1,6821	1,6880	1,6938	1,6996	1,7052	1,7108	1,7163	1,7217	1,7270
10	1,6269	1,6331	1,6391	1,6450	1,6509	1,6567	1,6623	1,6680	1,6735	1,6789
11	1,5812	1,5875	1,5936	1,5997	1,6057	1,6115	1,6173	1,6231	1,6287	1,6343
12	1,5384	1,5448	1,5511	1,5572	1,5633	1,5693	1,5753	1,5811	1,5868	1,5925
13	1,4981	1,5046	1,5110	1,5173	1,5235	1,5296	1,5357	1,5416	1,5475	1,5532
14	1,4600	1,4666	1,4731	1,4795	1,4858	1,4921	1,4982	1,5042	1,5102	1,5161
15	1,4237	1,4304	1,4371	1,4436	1,4500	1,4564	1,4626	1,4687	1,4748	1,4808
16	1,3891	1,3960	1,4027	1,4093	1,4159	1,4223	1,4287	1,4349	1,4411	1,4472
17	1,3560	1,3629	1,3698	1,3765	1,3832	1,3897	1,3962	1,4025	1,4088	1,4150
18	1,3241	1,3312	1,3382	1,3450	1,3518	1,3584	1,3650	1,3715	1,3778	1,3841
19	1,2935	1,3007	1,3078	1,3147	1,3216	1,3283	1,3350	1,3416	1,3480	1,3544
20	1,2639	1,2712	1,2784	1,2855	1,2925	1,2993	1,3061	1,3127	1,3193	1,3257
21	1,2353	1,2427	1,2500	1,2572	1,2643	1,2712	1,2781	1,2848	1,2915	1,2980
22	1,2075	1,2151	1,2225	1,2298	1,2369	1,2440	1,2510	1,2578	1,2646	1,2712
23	1,1806	1,1882	1,1958	1,2032	1,2104	1,2176	1,2247	1,2316	1,2384	1,2452
24	1,1544	1,1621	1,1698	1,1773	1,1846	1,1919	1,1991	1,2061	1,2131	1,2199

Tabelle 3.11. Fortsetzung 14

N

n	81	82	83	84	85	86	87	88	89	90
25	1,1288	1,1367	1,1445	1,1521	1,1596	1,1669	1,1742	1,1813	1,1884	1,1953
26	1,1039	1,1119	1,1197	1,1275	1,1351	1,1425	1,1499	1,1571	1,1643	1,1713
27	1,0796	1,0877	1,0956	1,1035	1,1112	1,1187	1,1262	1,1335	1,1408	1,1479
28	1,0558	1,0640	1,0720	1,0800	1,0878	1,0955	1,1030	1,1105	1,1178	1,1250
29	1,0324	1,0407	1,0489	1,0570	1,0649	1,0727	1,0803	1,0879	1,0953	1,1026
30	1,0096	1,0180	1,0263	1,0344	1,0425	1,0504	1,0581	1,0658	1,0733	1,0807
31	0,9871	0,9957	1,0041	1,0124	1,0205	1,0285	1,0363	1,0441	1,0517	1,0592
32	0,9651	0,9737	0,9823	0,9906	0,9989	1,0070	1,0150	1,0228	1,0305	1,0381
33	0,9434	0,9522	0,9608	0,9693	0,9777	0,9859	0,9939	1,0019	1,0097	1,0174
34	0,9220	0,9309	0,9397	0,9483	0,9568	0,9651	0,9733	0,9813	0,9892	0,9970
35	0,9010	0,9100	0,9189	0,9277	0,9362	0,9447	0,9529	0,9611	0,9691	0,9770
36	0,8803	0,8894	0,8984	0,9073	0,9160	0,9245	0,9329	0,9412	0,9493	0,9573
37	0,8598	0,8691	0,8783	0,8872	0,8960	0,9047	0,9132	0,9215	0,9298	0,9379
38	0,8396	0,8491	0,8583	0,8674	0,8763	0,8851	0,8937	0,9022	0,9105	0,9187
39	0,8197	0,8293	0,8386	0,8478	0,8569	0,8658	0,8745	0,8831	0,8915	0,8998
40	0,8000	0,8097	0,8192	0,8285	0,8377	0,8467	0,8555	0,8642	0,8727	0,8811
41		0,7903	0,7999	0,8094	0,8187	0,8278	0,8367	0,8455	0,8542	0,8627
42				0,7905	0,7999	0,8091	0,8182	0,8271	0,8359	0,8445
43						0,7906	0,7998	0,8088	0,8177	0,8264
44								0,7908	0,7998	0,8086
45										0,7910

Tabelle 3.11. Fortsetzung 16

N

n	91	92	93	94	95	96	97	98	99	100
1	2,4737	2,4776	2,4815	2,4854	2,4892	2,4930	2,4967	2,5004	2,5040	2,5076
2	2,2919	2,2961	2,3002	2,3043	2,3084	2,3123	2,3163	2,3202	2,3241	2,3279
3	2,1630	2,1674	2,1718	2,1760	2,1803	2,1845	2,1886	2,1927	2,1967	2,2007
4	2,0619	2,0664	2,0709	2,0754	2,0798	2,0841	2,0884	2,0926	2,0968	2,1010
5	1,9779	1,9826	1,9872	1,9918	1,9963	2,0008	2,0052	2,0096	2,0139	2,0182
6	1,9055	1,9104	1,9152	1,9199	1,9246	1,9292	1,9337	1,9382	1,9426	1,9470
7	1,8418	1,8467	1,8516	1,8565	1,8613	1,8660	1,8707	1,8753	1,8798	1,8843
8	1,7845	1,7896	1,7946	1,7996	1,8044	1,8093	1,8141	1,8188	1,8234	1,8281
9	1,7233	1,7375	1,7427	1,7477	1,7527	1,7577	1,7626	1,7674	1,7722	1,7769
10	1,6843	1,6896	1,6949	1,7001	1,7052	1,7102	1,7152	1,7201	1,7250	1,7298
11	1,6398	1,6452	1,6505	1,6558	1,6610	1,6662	1,6713	1,6763	1,6812	1,6861
12	1,5981	1,6036	1,6091	1,6145	1,6198	1,6250	1,6302	1,6353	1,6403	1,6453
13	1,5589	1,5646	1,5701	1,5756	1,5810	1,5863	1,5916	1,5968	1,6019	1,6070

Tabelle 3.11. Fortsetzung 17

N

n	91	92	93	94	95	96	97	98	99	100
14	1,5219	1,5276	1,5332	1,5388	1,5443	1,5497	1,5551	1,5604	1,5656	1,5708
15	1,4867	1,4925	1,4982	1,5039	1,5095	1,5150	1,5205	1,5258	1,5311	1,5364
16	1,4532	1,4591	1,4649	1,4707	1,4763	1,4819	1,4875	1,4929	1,4983	1,5036
17	1,4211	1,4271	1,4330	1,4388	1,4446	1,4503	1,4549	1,4614	1,4669	1,4723
18	1,3903	1,3964	1,4024	1,4083	1,4142	1,4199	1,4256	1,4313	1,4368	1,4423
19	1,3607	1,3668	1,3730	1,3790	1,3849	1,3908	1,3966	1,4023	1,4079	1,4135
20	1,3321	1,3384	1,3446	1,3507	1,3567	1,3627	1,3685	1,3743	1,3800	1,3857
21	1,3045	1,3109	1,3172	1,3234	1,3295	1,3355	1,3414	1,3473	1,3531	1,3588
22	1,2778	1,2842	1,2906	1,2969	1,3031	1,3092	1,3152	1,3212	1,3270	1,3328
23	1,2518	1,2584	1,2648	1,2712	1,2775	1,2837	1,2898	1,2958	1,3018	1,3076
24	1,2266	1,2333	1,2398	1,2463	1,2526	1,2589	1,2651	1,2712	1,2772	1,2832
25	1,2021	1,2089	1,2155	1,2220	1,2285	1,2348	1,2411	1,2473	1,2534	1,2594
26	1,1782	1,1850	1,1917	1,1984	1,2049	1,2113	1,2177	1,2239	1,2301	1,2362
27	1,1549	1,1618	1,1686	1,1753	1,1819	1,1885	1,1949	1,2012	1,2075	1,2137
28	1,1321	1,1391	1,1460	1,1528	1,1595	1,1661	1,1726	1,1790	1,1854	1,1916
29	1,1098	1,1169	1,1239	1,1307	1,1375	1,1442	1,1508	1,1573	1,1637	1,1700
30	1,0880	1,0952	1,1022	1,1092	1,1161	1,1228	1,1295	1,1361	1,1426	1,1490
31	1,0666	1,0739	1,0810	1,0881	1,0950	1,1019	1,1086	1,1153	1,1219	1,1283
32	1,0456	1,0530	1,0602	1,0673	1,0744	1,0813	1,0882	1,0949	1,1015	1,1081
33	1,0250	1,0324	1,0398	1,0470	1,0541	1,0611	1,0681	1,0749	1,0816	1,0882
34	1,0047	1,0122	1,0197	1,0270	1,0342	1,0413	1,0483	1,0552	1,0620	1,0687
35	0,9848	0,9924	0,9999	1,0073	1,0146	1,0218	1,0289	1,0359	1,0428	1,0496
36	0,9651	0,9729	0,9805	0,9880	0,9954	1,0026	1,0098	1,0169	1,0238	1,0307
37	0,9458	0,9537	0,9614	0,9689	0,9764	0,9838	0,9910	0,9982	1,0052	1,0122
38	0,9267	0,9347	0,9425	0,9501	0,9577	0,9652	0,9725	0,9797	0,9868	0,9939
39	0,9080	0,9160	0,9239	0,9317	0,9393	0,9469	0,9543	0,9616	0,9688	0,9759
40	0,8894	0,8975	0,9055	0,9134	0,9211	0,9288	0,9363	0,9437	0,9510	0,9581

4

Schätzung populationsgenetischer Parameter

4.1. Grundlagen der Parameterschätzung

4.1.1. Statistische Grundlagen

Die Schätzung populationsgenetischer Parameter basiert wie die Schätzung jeglicher Parameter auf der Grundlage von Stichproben und Modellen für die Beobachtungswerte. In Kapitel 2. sind einige solcher Modelle dargestellt und deren Voraussetzungen beschrieben worden. Populationsgenetische Parameter sind nur im Zusammenhang mit solchen Modellen definiert und können auch nur im Rahmen dieser Modelle verwendet werden. Die Schätzung der Parameter wird unter Beachtung der entsprechenden Modelle vorgenommen, indem spezifische Schätzfunktionen abgeleitet werden. Diese Schätzfunktionen sind modellabhängig, wie später gezeigt werden wird. Deshalb bilden Modell, Schätzfunktion und deren Interpretation stets eine Einheit. Dieser Zusammenhang muß immer beachtet werden, um sowohl den biologischen Gegebenheiten zu entsprechen als auch die richtigen züchterischen Konsequenzen aus den Schätzwerten ableiten zu können.
Zum statistischen Modell für die Merkmale gehört auch eine Annahme über deren Verteilung. Erst dadurch werden die Parameter statistisch definiert. Sehr häufig wird die Normalverteilung vorausgesetzt. Diese Verteilung kann mittels zweier Parameter (Mittelwert, Varianz) vollständig beschrieben werden. Die entsprechenden populationsgenetischen Parameter in solchen Modellen beziehen sich dann auf Mittelwert und Varianz. Mit den so definierten populationsgenetischen Parametern kann aber die Verteilung nur bei normalverteilten Merkmalen beschrieben werden. Anderenfalls sind höhere Momente dazu erforderlich. Diese strenge statistische Betrachtungsweise wird aber in der Praxis der Parameterschätzung nicht immer beachtet. Auch bei nicht normalverteilten Merk-

malen begnügt man sich mit populationsgenetischen Parametern, die unter der Normalverteilungsannahme definiert wurden und verläßt sich auf eine gewisse Robustheit dieser Parameter. Eine Methode zur Bestimmung von Abweichungen von der Normalverteilung ist durch die simulierte Selektion gegeben.
Jede statistische Schätzung genetischer Parameter basiert auf einer Stichprobe festen Umfanges. Man kann nicht erwarten, daß der Schätzwert gleich dem Parameterwert ist. Bei der Schätzung populationsgenetischer Parameter ist immer die Genauigkeit der Schätzung mit anzugeben. Dabei handelt es sich um eine Genauigkeitsangabe unter Annahme der Richtigkeit des Modells. Ist diese Annahme nicht gegeben, so kommen zu den statistischen Fehlern noch Modellfehler hinzu, die auch durch große Stichprobenumfänge nicht zu beseitigen sind.
Die populationsgenetische Analyse von Merkmalen, die erstmalig zu bewerten sind, sollte in folgender Reihenfolge durchgeführt werden:
- Prüfung auf Normalverteilung bzw. Nachweis der Robustheit,
- Wahl des populationsgenetischen Modells,
- Parameterschätzung mit Genauigkeitsangabe nach verschiedenen Methoden,
- Vergleich der Ergebnisse der verschiedenen Schätzmethoden.

Daraus folgt, daß mehrere Schätzungen am gleichen Material vorgenommen werden müssen, wobei zur Robustheits- und Modellüberprüfung die simulierte Selektion immer einbezogen werden muß.
Auch nicht normalverteilte Merkmale können mit dem EPM oder einem anderen populationsgenetischen Modell hinreichend genau modelliert werden. In dieser Hinsicht ist das Modell einigermaßen robust. Bei vorhandener Normalverteilung gelten aber viele Formeln wenigstens in der Modellebene exakt. Ein Vergleich der verschiedenen Schätzmethoden gibt Aufschluß über das anzuwendende Modell. Die Prüfung der Linearität der Beziehung zwischen Eltern und unselektierten Nachkommen sollte stets im Vordergrund der Untersuchung stehen. Ist diese Beziehung linear, so ist eine Voraussetzung für eine züchterisch begründete Definition des Heritabilitätskoeffizienten gegeben.
Die später behandelten linearen Selektionsindizes können auch ohne diese Voraussetzungen konstruiert werden. Dazu müssen lediglich die Parameter in der Elternebene definiert und geschätzt werden. Das kann über ein Modell II der Varianzanalyse geschehen. Ist jedoch die Linearität zwischen Eltern und Nachkommen nicht gegeben, so kann zwar die genetische Selektionsdifferenz richtig ermittelt werden, nicht jedoch der genetische Selektionserfolg.

4.1.2. Züchterische Zielstellungen

Die Schätzung populationsgenetischer Parameter dient der Erreichung von Zuchtzielen, die für die einzelnen Zuchtobjekte festgelegt sind. Populationsgenetische Parameter werden für Merkmale geschätzt, die genau zu definieren sind. Der Züchter gibt an, in welcher Richtung und in welcher Höhe ein Merkmal zu verändern ist. Das gestellte Zuchtziel für die Merkmale wird durch unterschiedliche züchterische Methoden über die Generationen kumulativ realisiert.
Die Zuchtmethoden basieren auf der Nutzung der additiven und nichtadditiven

Genwirkungen. Sie bestimmen, ob innerhalb einer Population oder zwischen Populationen die benötigten Parameter zu schätzen sind.
Auf der Grundlage des einfachen populationsgenetischen Modells und vorausgesetzter Normalverteilung der Merkmale sind folgende populationsgenetische Parameter zu bestimmen:
- Populationsmittelwerte und Linearkombinationen davon (Populationseffekte),
- Varianzen und Kovarianzen (phänotypische und genetische),
- Funktionen der Varianz- und Kovarianzkomponenten (genetische Korrelation, Heritabilitätskoeffizient u. ä.).

Unter der Voraussetzung von erweiterten populationsgenetischen Modellen dehnt sich das Parameterspektrum um solche Parameter, die durch die Modellerweiterung bestimmt werden, aus. Diese können sein:
- Verschiedene Formen der Maternaleffekte,
- Genotyp-Umwelt-Wechselwirkungen,
- Nichtadditive Genwirkungen.

Darüber hinaus wurden spezielle Modelle zur Beurteilung der verschiedensten Formen der Kreuzung entwickelt. Sie gestatten die Ermittlung von Kreuzungseffekten wie z. B.
- allgemeine Kombinationseignung,
- spezielle Kombinationseignung,
- nichtadditive Genwirkungen,
- maternale und paternale Populationseffekte,
- heterotische und Rekombinationseffekte,
- Stellungseffekte.

Es ist aber auch möglich, daß eine Kombination von derartigen Parametersätzen für eine erfolgreiche Zuchtarbeit benötigt wird. Das ist der Fall, wenn sowohl innerhalb einer Population als auch zwischen Populationen, im Sinne der Kreuzung, züchterisch gearbeitet wird.

4.1.3. Ebenen der Schätzung

4.1.3.1. Genetisch-erkenntnistheoretische Ebene

Die stürmische Entwicklung der genetischen Forschung bis hin zu den modernsten Methoden der Entwicklungsbiologie und der Molekulargenetik führen dazu, daß fast täglich neue Merkmale auf ihre züchterische Verwendbarkeit hin geprüft werden müssen. Diese Prüfung kann nach Rasch, Herrendörfer (1972) auf unterschiedlichen Ebenen erfolgen.
Die Prüfung mittels experimenteller Selektion liefert dabei komplexe Aussagen. So werden nicht nur die genetischen Parameter ermittelt, sondern diese Methode gestattet auch den Vergleich von modelltheoretischen Vorhersagen und biologisch-genetischer Realität. Das gilt sowohl für die direkten als auch für die indirekten Selektionserfolge. Allerdings beschränken sich derartige Selektionsexperimente im wesentlichen auf ein eng begrenztes Merkmalsspektrum. In Ab-

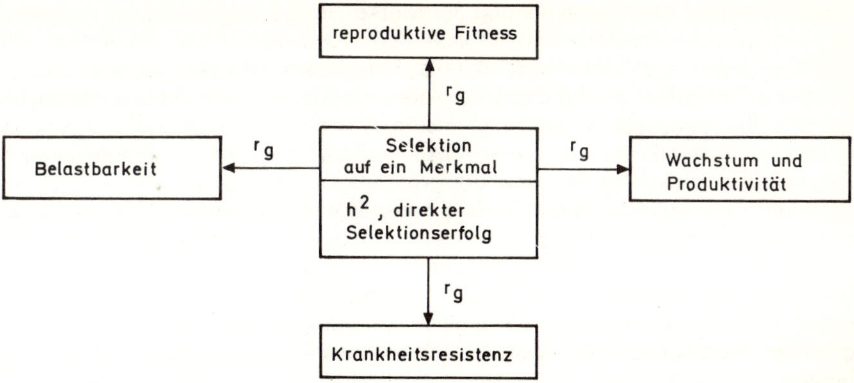

Abbildung 4.1. Selektion nach einem Merkmal und deren Auswirkungen auf die Merkmalskomplexe

bildung 4.1. sind diese Beziehungen an einem Beispiel demonstriert. Aus Abbildung 4.1. ist zu entnehmen, daß bei Selektion auf ein Merkmal der direkte Selektionserfolg und daraus der realisierte Heritabilitätskoeffizient ermittelt werden können. Diese Informationen sind ausreichend, wenn neue Merkmale auf ihre genetische Determination hin geprüft werden und zunächst nur dieses Merkmal selbst interessiert. Diesem ersten Schritt sollte sich ein zweiter anschließen, indem das betrachtete Merkmal innerhalb seines Merkmalskomplexes untersucht wird. Eine solche Analyse liefert die genetische Einordnung des Merkmals in seinen Merkmalskomplex. Dabei sind neben den o. g. Parametern die indirekten Selektionserfolge und die genetischen Korrelationen zu berücksichtigen (Herrendörfer, Schüler 1984). Die erkenntnistheoretische Beurteilung eines Merkmals kann aber auf dieser Stufe noch nicht abgeschlossen werden. Es müssen die Auswirkungen der Selektion auch auf die anderen Merkmalskomplexe bekannt sein. Die Selektion betrifft nämlich nicht Merkmale, sondern Individuen, so daß stets das Tier als Einheit zu betrachten ist.

4.1.3.2. Genetisch-züchterische Ebene

Die Schätzwerte aus der genetisch-erkenntnistheoretischen Ebene gestatten erste Aussagen über die züchterische Relevanz des Merkmals. Bei der genetisch-züchterischen Beurteilung eines Merkmals können folgende Zielstellungen eine Rolle spielen:
- Zuordnung zu den Merkmalen des Zuchtzieles und des Selektionsindexes,
- Einbeziehung in die Zuchtwertvorhersage,
- Nutzung zur Beurteilung von Zuchtsystemen.

Die genannten Zielstellungen sollen nachfolgend weiter erläutert werden. Heuristische Methoden zur Bestimmung der Merkmale des Zuchtzieles wurden von Schüler (1982) bei Modelltieren sowie von Schaaf, Herrendörfer, Ritter (1985) für das Schwein dargestellt, die prinzipiell auch auf andere Zuchtobjekte umgesetzt werden können. Bei der Festlegung der Merkmale des Zuchtzieles sollte beachtet werden, daß alle Merkmalskomplexe vertreten sind und daß die Anzahl der Merkmale gering gehalten wird. Daraus folgt, daß nicht jedes züchterisch bedeutsame Merkmal im Zuchtziel vertreten sein muß. Über Selektionsindizes werden die Zuchtziele in der Selektionspraxis realisiert. In den Selektionsindex gehen solche Merkmale ein, die erstens in hoher genetischer Beziehung zu den Zuchtzielmerkmalen stehen und die zweitens in der Zuchtpraxis durch Leistungsprüfung objektiv und zuverlässig erfaßt werden können. Daraus ergibt sich, daß Zuchtziel- und Indexmerkmale in vielen Fällen nicht identisch sind. Auf der Grundlage der Indextheorie werden nicht nur Merkmale des zu beurteilenden Tieres verknüpft, sondern auch Merkmale, die an verwandten Tieren erhoben werden. Diese Informationsquellen sind ebenso wie die direkten und indirekten Selektionserfolge über den Selektionsindex zur Zuchtverbesserung nutzbar.

Ein einmal festgelegtes Zuchtziel ist über verschiedene Zuchtstrategien zu erreichen. In der Zuchtarbeit spielen Reinzucht, Kreuzung und deren Kombination eine grundlegende Rolle. In Verbindung mit den Verpaarungssystemen und der Selektion sind verschiedene Möglichkeiten zur Zuchtzielerreichung gegeben. Diese Möglichkeiten müssen entsprechend den praktischen und volkswirtschaftlichen Bedingungen bestimmt und bewertet werden.

Die Bewertung von Reproduktionssystemen ist ohne die Kenntnis der genetischen Parameter der Zuchtziel- und Indexmerkmale nicht möglich.

Wenn die Merkmale des Zuchtzieles und ihre Zusammenfassung im sogenannten aggregierten Genotyp ($\underline{H}$) festgelegt sind, geht es darum, eine Zuchtwertvorhersage für $\underline{H}$ durchzuführen. Dazu dienen die verschiedenen Varianten der Indextheorie. Die Zuchtobjekte werden nach ihren Zuchtwerten (Indexwerte) gerangordnet und selektiert. Der Züchter interessiert sich häufig aber nicht nur für den Indexwert eines Tieres, sondern auch für die Zuchtwertvorhersage jedes einzelnen Merkmals des Zuchtzieles. Die Indextheorie gestattet die Lösung beider Aufgaben in einem Rechengang (Herrendörfer, Schüler 1984; Schaaf, Herrendörfer 1984). Zur Zuchtwertvorhersage werden stets alle Merkmale des Selektionsindexes verwendet. Das bedeutet aber, daß für alle Indexmerkmale die genetischen Parameter bekannt sein müssen. Insbesondere ist diese Methode auch geeignet, den Zuchtwert bezüglich solcher Merkmale vorherzusagen, die im Zuchtziel, aber nicht im Selektionsindex enthalten sind (durch Ausnutzung der indirekten Information).

4.1.3.3. Schlußfolgerungen für die Parameterschätzung

Die Bedeutung der genetischen Parameter für die beiden Ebenen ihrer Anwendung ist genannt worden. Daraus ergeben sich einige Schlußfolgerungen für die Schätzung.

Auf genetisch-erkenntnistheoretischer Ebene ist eine hohe Komplexität in der Parameterschätzung anzustreben. Das bedeutet u. a., nicht nur die direkten Selektionserfolge, sondern auch die indirekten innerhalb und zwischen den Merkmalskomplexen zu analysieren (Abb. 4.1.). Nur so kann eine umfassende genetische Beurteilung eines Merkmals erfolgen. Die züchterische Anwendung der

genetischen Parameter basiert vor allem auf einer exakten Festlegung der Merkmale des Zuchtzieles und des Selektionsindex. Dadurch ist die Menge der zu schätzenden genetischen Parameter festgelegt. Als Konsequenz ergibt sich z. B. damit der Aufbau von entsprechenden Datenbanken, die diese Schätzung gestatten.
Die simulierte Selektion mittels Datenbanken kann dann sowohl zur Schätzung der genetischen Parameter eingesetzt werden, als auch zur Vorhersage des zu realisierenden Selektionserfolges. Die Ergebnisse der Parameterschätzung hängen entscheidend vom Umfang der Datenbanken ab. Unter Beachtung der Anforderungen der Versuchsplanung können Schätzwerte mit hinreichender Genauigkeit ermittelt werden. Z. B. wurde in früheren Jahren (GABRIS u. STANIK 1970) auf der Grundlage von nur 17 bzw. 36 Tochter-Mutter-Paaren ein Heritabilitätskoeffizient von 0,33 und 0,34 für die Wurfgröße bei Schweinen geschätzt, während LEUKKUNEN (1984) für eine entsprechende Schätzung vier verschiedene Datensätze mit 5150, 3733, 34093 bzw. 1470 Würfen verwendete und Werte zwischen 0,16 ±0,05 und 0,22 ±0,07 erhielt. Ähnliche Schätzwerte für die Wurfmerkmale beim Schwein ermittelten KRAUSE, RITTER, AREND (1983) unter Verwendung sehr großen Datenmaterials.
Bei der Anwendung der Indextheorie auf die einzelnen Zuchtobjekte wird man schnell feststellen, daß viele genetische Parameter innerhalb und zwischen einzelnen Merkmalskomplexen noch nicht bzw. nicht hinreichend genau geschätzt worden sind. Derartige Lücken müssen geschlossen werden, um die Indextheorie zur vollen Anwendung zu bringen und somit die Zuchtziele schnell zu erreichen.

4.1.3.4. Stabilisierende Selektion und Transformation

Der Züchter ist in seiner Arbeit nicht immer allein an einer Mittelwertverschiebung durch Selektion interessiert. Es gibt Merkmale, bei denen es hauptsächlich darauf ankommt, ihre Varianz einzuengen oder aber die Population um einen Idealwert zu konzentrieren. Typische Beispiele für derartige Merkmale in der Tierzucht sind Euterformmerkmale und Merkmale der Fleischqualität. In einen linearen Selektionsindex mit linearem Zuchtziel gehen stets nur Merkmale der gerichteten Selektion ein. Daraus folgt, daß Merkmale der stabilisierenden Selektion durch geeignete Transformationen in Merkmale der gerichteten Selektion umgewandelt werden müssen. Die Grundlagen solcher Transformationen bei der stabilisierenden Selektion wurden bereits in Kapitel 3. behandelt.
Wie aus der Abbildung 4.2. ersichtlich ist, wird bei der stabilisierenden Selektion sowohl die Varianz als auch der Mittelwert der Population verändert. Allgemein ist bei der Anwendung der stabilisierenden Selektion ein Idealwert K anzugeben, um den das Merkmal konzentriert werden soll. Die Anwendung der stabilisierenden Selektion empfiehlt sich nur, wenn K um weniger als zwei σ von μ abweicht. Anderenfalls unterscheiden sich die Wirkungen der gerichteten Selektion und der stabilisierenden Selektion nur unwesentlich. Die bereits genannten Merkmalsgruppen haben die Eigenschaft, daß der Idealwert innerhalb der Ein-σ-Grenze um μ liegt. Bei ihnen kommt es nur auf eine geringe Mittelwertverschiebung aber auf eine kleine Varianz an. Daher können diese Merkmale

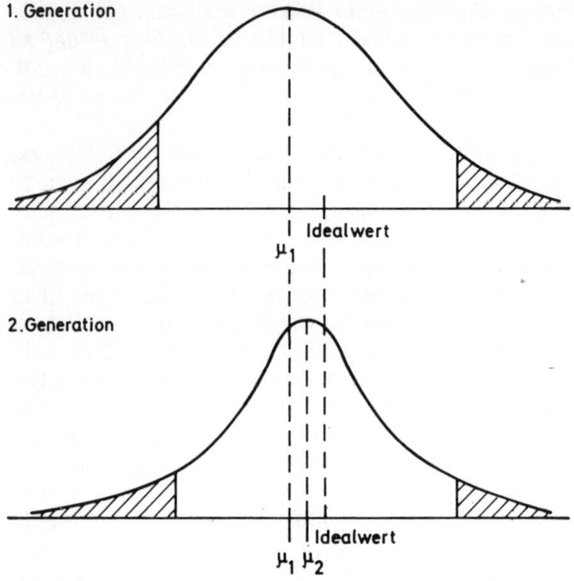

Abbildung 4.2. Stabilisierende Selektion

nicht in ihrer gemessenen Form in den linearen Selektionsindex eingehen. Sie müssen durch eine geeignete Transformation in ein Merkmal der gerichteten Selektion umgewandelt werden. Diese Überlegungen sollten stets vor der Schätzung aller Parameter durchgeführt werden, da neben den Parametern für das Merkmal selbst auch die genetischen und phänotypischen Korrelationen zu anderen Merkmalen durch die Transformation beeinflußt werden.

Im folgenden werden einige Angaben über mögliche Transformationen gemacht. HERRENDÖRFER/SCHÜLER (1984) betrachteten die nachfolgenden, z. T. bereits in Kapitel 3. [(3.17.), (3.18.)] erwähnten Beispiele für Transformationen:

$$X^* = -(X - K)^2 \tag{4.1}$$

$$X^* = -|X - K| \tag{4.2}$$

$$X^* = -\ln|X - K| \tag{4.3}$$

Es können weitere Transformationen betrachtet werden. Welche Art der Transformation zu bevorzugen ist, kann nicht allein theoretisch entschieden werden. Hauptkriterium für die Auswahl einer passenden Transformation ist die lineare Beziehung zwischen Elter und Nachkomme in einem simulierten Selektionsexperiment. Im Ergebnis eines solchen Selektionsexperimentes wird die realisierte Heritabilität geschätzt. Die Schätzung von h^2 muß mittels mehrerer Selektionsintensitäten geschehen, um die Linearität der Beziehungen der Selektionsdifferenz zum Selektionserfolg zu überprüfen. Aus der Menge der untersuchten Transformationen ist diejenige auszuwählen, die am besten die Linearität realisiert. Über die Voraussetzungen der simulierten Selektion und die Bewertung von solchen Experimenten wurde von SCHÜLER und HERRENDÖRFER (1985) ausführ-

lich berichtet. Die Ergebnisse sind zusammenfassend bei HERRENDÖRFER und SCHÜLER (1987) dargestellt. Nach diesen prinzipiellen Überlegungen soll anhand der Transformation (4.1) die Wirkung der Selektion nach X* auf die Parameter der Verteilung von $\underline{X}$ untersucht werden.
Wie oben bemerkt, wirkt sich die gerichtete Selektion hauptsächlich auf den Mittelwert von $\underline{X}^*$ aus. Der Mittelwert von $\underline{X}^*$ kann einfach bestimmt werden. Es gilt

$$\underline{X}^* = -(\underline{X} - E(\underline{X}) + E(\underline{X}) - K)^2 \tag{4.4}$$

$$= -\left[(\underline{X} - E(\underline{X}))^2 + \left(E(\underline{X}) - K\right)^2 + 2(\underline{X} - E(\underline{X}))\,(E(\underline{X}) - K)\right]. \tag{4.5}$$

Daraus folgt

$$E(\underline{X}^*) = -V(\underline{X}) - (E(\underline{X}) - K)^2 \tag{4.6}$$

Der Erwartungswert von $\underline{X}^*$ kann also als Summe aus der Varianz von $\underline{X}$ und dem Quadrat der Abweichung des Idealwertes vom Mittelwert dargestellt werden. Die Transformation wurde hier so gewählt, daß die Selektion nach X* zu einer Vergrößerung des Mittelwertes von $\underline{X}$ führt. Wegen der beiden Minuszeichen in (4.6) bedeutet eine Vergrößerung des Mittelwertes von $\underline{X}$ eine Verschiebung von μ_x in Richtung auf K und eine Verkleinerung der Varianz von $\underline{X}$. Diese Transformation erfüllt also genau das Ziel des Züchters.
Es ist allerdings zu beachten, daß sie nicht in allen Fällen zur Anwendung kommen kann, da die Forderung der Linearität (Selektionsdifferenz–Selektionserfolg) nicht immer erfüllt ist. Der Erwartungswert der Transformationen (4.2) und (4.3) läßt sich nicht in so einfacher Form ermitteln. Prinzipiell hat er aber die gleichen Eigenschaften.
Aus dem bisher Gesagten bezüglich der stabilisierenden Selektion ergibt sich für die Umsetzung in die praktische Zuchtarbeit die Konsequenz, daß es nicht ausreicht, für die bereits genannten Merkmale in nicht transformierter Form die genetischen Parameter zu ermitteln.
Eine Form der stabilisierenden Selektion ist auch durch Anwendung restriktiver Selektionsindizien gegeben. Die Einbeziehung transformierter Merkmale in einen Selektionsindex wirft erhebliche Probleme bei der Wahl der ökonomischen Gewichte auf, da der Selektionserfolg im untransformierten Merkmal interessiert.

4.2. Quantitative Merkmale

4.2.1. Schätzung innerhalb einer Population (Reinzucht)

4.2.1.1. Populationsgenetische Parameter

Wie bereits ausgeführt, lassen sich die folgenden Aufgaben ohne Kenntnis der genetischen Parameter nicht lösen:
– Zuchtwertvorhersage,

– Indexkonstruktion,
– Beurteilung von Zuchtsystemen,
– Reproduktion von Zuchtbeständen.

Die Lösung dieser Aufgaben auf der Grundlage des einfachen populationsgenetischen Modells erfordert die Schätzung folgender Parameter mit hinreichender Genauigkeit (siehe auch 2.8.):
– Phänotypische Varianz (σ_x^2 im Merkmal X),
– Genetische Varianz (σ_{gx}^2 im Merkmal X),
– Heritabilitätskoeffizient (h_x^2 im Merkmal X),
– Phänotypische Korrelation ($\varrho_{Px_1x_2}$),
– Genetischer Korrelationskoeffizient ($\varrho_{gx_1x_2}$).

Auf die Schätzung des Populationsmittels wird hier nicht ausführlich eingegangen.
Die zu verwendenden Schätzfunktionen hängen entscheidend von den Strukturen vorliegender Daten ab. Zunächst wird ein Überblick über die wichtigsten Datenstrukturen gegeben.

4.2.1.2. Datenstrukturen

Aufgrund der Reproduktion vieler Pflanzenarten und der Tierarten Rind und Schwein und der bei diesen Individuen üblichen Merkmalserfassung und Zuchtwertprüfung lassen sich typische reine Datenstrukturen ableiten, die in drei große Klassen eingeteilt werden können:
– Geschwisterstrukturen,
– Eltern-Nachkommen-Strukturen,
– gemischte Strukturen.

Diese Klassen von Datenstrukturen findet man aber auch bei anderen Tierarten. Nachfolgend wird die Strukturierung des Datenmaterials nur aus genetischer Sicht vorgenommen. Umweltfaktoren werden nicht in die Betrachtung einbezogen, sie müssen aber bei der Auswertung stets berücksichtigt werden. Sie beeinflussen meist nur die Größe des Modells, nicht aber die prinzipielle Möglichkeit der Auswertung. Zunächst werden wir uns auf nicht wiederholte Merkmale beschränken.

4.2.1.2.1. Geschwisterstrukturen

Die Klasse der Geschwisterstrukturen ist weiter zu unterteilen. Man unterscheidet drei Strukturen:
– Halbgeschwisterstrukturen,
– Voll- und Halbgeschwisterstrukturen,
– Vollgeschwisterstrukturen.

Halbgeschwisterstrukturen

Bei den Halbgeschwisterstrukturen lassen sich in Abhängigkeit von der Vollständigkeit der Merkmalserfassung drei Fälle unterscheiden, die nachfolgend in Abbildung 4.3. dargestellt sind.

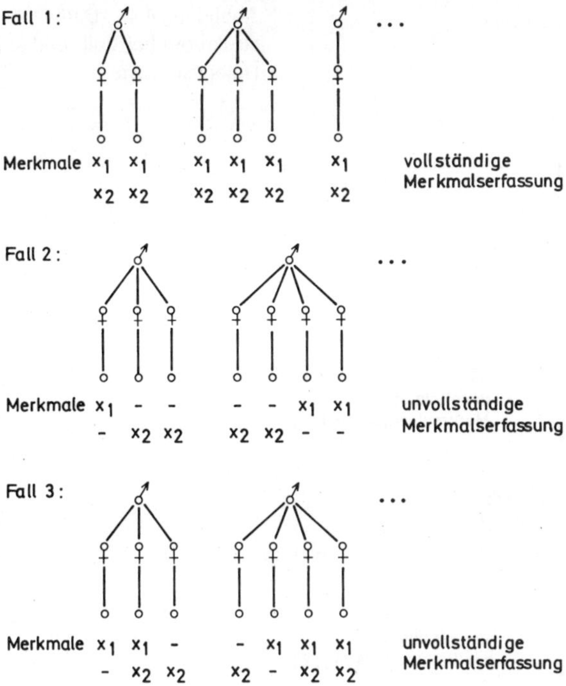

Abbildung 4.3. Datenstrukturen bei Halbgeschwistern

Voll- und Halbgeschwisterstrukturen
Bei diesen Datenstrukturen gibt es noch mehr Fälle als bei den Halbgeschwisterstrukturen. Nur die wichtigsten werden in Abbildung 4.4. zusammengestellt

Vollgeschwisterstrukturen
Die Vollgeschwisterstrukturen treten insbesondere bei Modelltieren auf. Sie sind aber auch für Spezialpopulationen von Nutztieren (z. B. Genreservepopulationen) von Interesse. In Abbildung 4.5. sind alle möglichen Fälle dargestellt, wenn Meßwerte von mindestens zwei Vollgeschwistern vorliegen.

4.2.1.2.2. Eltern-Nachkommen-Strukturen

Eltern-Nachkommen-Strukturen sind in zwei Gruppen einteilbar.

Ein Elter – ein Nachkomme
Diese Datenstruktur ist dadurch gekennzeichnet, daß die Merkmale lediglich an einem Elter gemessen werden.

Zwei Eltern – ein Nachkomme
Bei diesen Strukturen werden die Merkmale an beiden Eltern ermittelt.

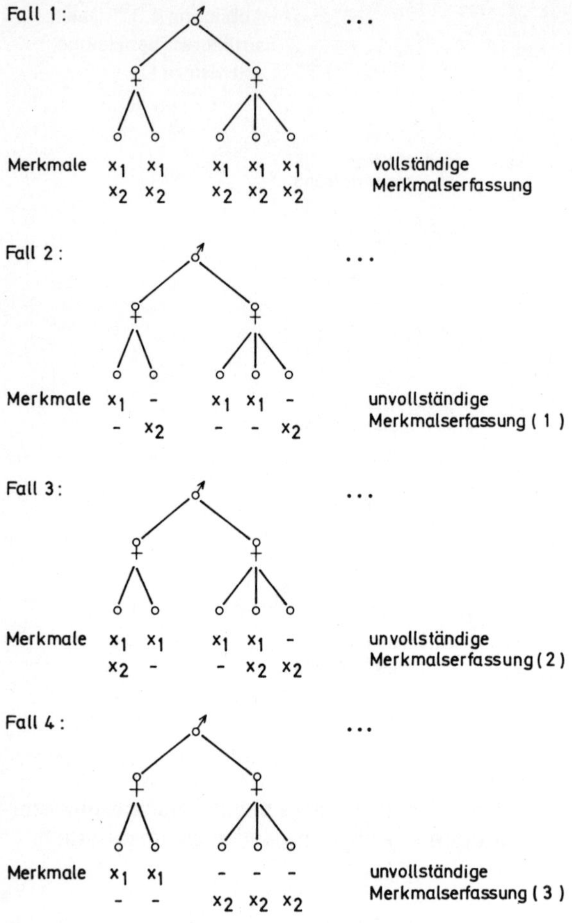

Abbildung 4.4. Datenstrukturen bei Voll- und Halbgeschwistern

Tabelle 4.1. Datenstrukturen für einen Elter mit einem Nachkommen

		Merkmal X_1	X_2	
Fall 1	Elter	x	x	vollständige
	Nachkomme	x	x	Merkmalserfassung
Fall 2	Elter	x	–	unvollständige
	Nachkomme	–	x	Merkmalserfassung (1)
Fall 3	Elter	x	–	unvollständige
	Nachkomme	x	x	Merkmalserfassung (2)

Tabelle 4.2. Datenstrukturen für zwei Eltern mit einem Nachkommen

		Merkmal X_1	X_2	
Fall 1	Vater	x	x	vollständige Merkmalserfassung
	Mutter	x	x	
	Nachkomme	x	x	
Fall 2	Vater	x	x	unvollständige Merkmalserfassung (1) bei den Nachkommen
	Mutter	x	x	
	Nachkomme	x	–	
Fall 3	Vater	x	x	unvollständige Merkmalserfassung (2) bei den Eltern
	Mutter	x	–	
	Nachkomme	x	x	
Fall 4	Vater	x	–	unvollständige Merkmalserfassung (3) bei den Eltern
	Mutter	–	x	
	Nachkomme	x	x	
Fall 5	Vater	x	–	unvollständige Merkmalserfassung (4) bei Eltern und Nachkomme
	Mutter	–	x	
	Nachkomme	x	–	

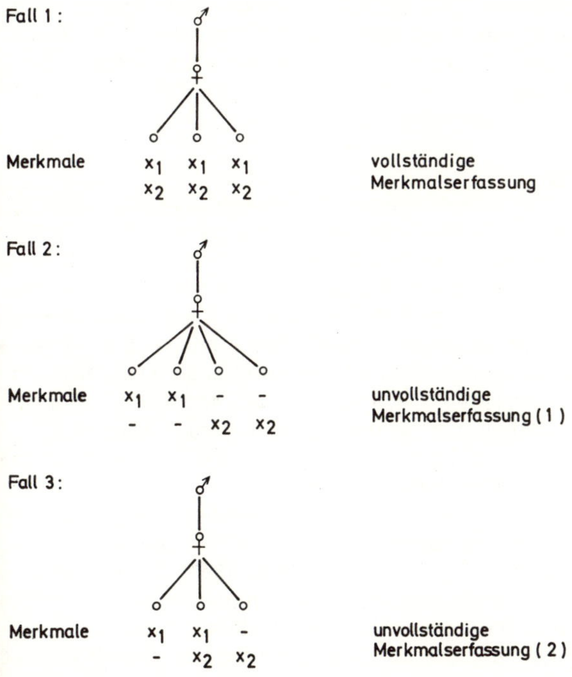

Abbildung 4.5. Datenstrukturen bei Vollgeschwistern

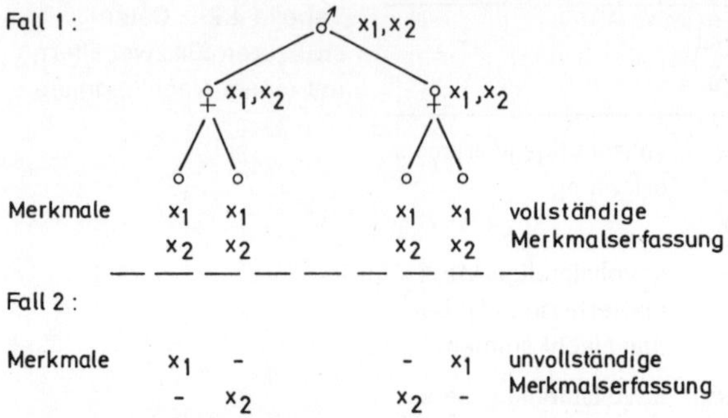

Abbildung 4.6. Gemischte Datenstrukturen

4.2.1.2.3. Gemischte Strukturen

In gemischten Strukturen erfolgt die Datenerfassung über die Generationen und an mehreren Nachkommen. Damit kann man bei der Auswertung sowohl wie bei den Geschwisterstrukturen als auch wie bei den Eltern-Nachkommen-Strukturen verfahren. Eine Darstellung all dieser Strukturen in Form von Abbildungen und Tabellen ist nicht notwendig, da sie sich aus der Kombination der bereits beschriebenen reinen Strukturen ergeben.

Hat man zum Beispiel nur einen Elter und mehrere Nachkommen zu betrachten, so kann die Merkmalserfassung bei diesem Elter voll- oder unvollständig sein. Außerdem kann es die Mutter oder der Vater sein. Diese vier Möglichkeiten sind mit denen aus den Abbildungen 4.3. bis 4.6. zu kombinieren. Analog erhält man auch alle Datenstrukturen, wenn die Merkmalserfassung voll- oder unvollständig bei beiden Eltern erfolgt. Als Beispiel wird hier eine vollständige und unvollständige Merkmalserfassung bei den Nachkommen kombiniert mit einer vollständigen bei beiden Eltern angegeben.

4.2.1.3. Parameterschätzung

Die Beschreibung der einzelnen Schätzmethoden basiert grundsätzlich darauf, daß das Datenmaterial einer direkten Analyse zugänglich ist. In vielen Fällen ist eine Korrektur des Datenmaterials notwendig, um störende Effekte auszuschalten. Derartige Effekte können sowohl genetischer aber vor allem auch umweltbedingter Natur sein. Da im praktischen Material stets mehrere Störfaktoren wirken, sind diese zum Teil zu korrigieren und andererseits als Klassifikationsfaktoren in die Analyse einzubeziehen. Letzteres führt zu modifizierten Schätzmethoden, die wegen ihrer Vielfalt hier nicht dargestellt werden können.

4.2.1.3.1. Versuchsplanung – allgemeine Bemerkungen

Der Umfang eines Versuches ist stets ein Kompromiß zwischen den gegebenen Bedingungen der Versuchsdurchführung und der gewünschten Genauigkeit der Versuchsergebnisse. Näheres siehe bei Rasch u. a. (1978, 1981). Die mathematische Statistik stellt eine große Anzahl von Methoden zur Versuchsplanung zur Verfügung. In diesem Abschnitt wird eine praktikable Methode durchgängig auf die verschiedenen Schätzungen angewendet, sofern nur die Varianz der Schätzfunktion angegeben werden kann. Bisher ist eine derartige Ermittlung der Varianz nur für die Schätzung über Varianzkomponenten und die Regression möglich. Die Varianz von Quotienten wurde über eine Reihenentwicklung bestimmt, somit sind es stets Näherungsformeln. Die notwendigen Ableitungen wurden u. a. von Herrendörfer (1967) und von Guiard (1977) zusammengestellt. Die Beurteilung der Varianz der Schätzfunktionen bei der simulierten Selektion ist bisher nur in wenigen Fällen möglich.

Um dem Leser die Anwendung dieser Methode der Versuchsplanung zu erleichtern, sollen nachfolgend die allgemeinen Prinzipien dargestellt werden.

Grundlage der Versuchsplanung bildet die Beschränkung der Varianz der Schätzfunktion durch eine vorgegebene Konstante C. Die Schwierigkeit der Anwendung liegt zunächst in der Wahl der Konstanten C. Dabei kann man von folgender heuristischer Vorstellung ausgehen, wenn ein Schätzwert vorliegt. Es wird ein Intervall angegeben, in dem dieser Schätzwert mit einer Wahrscheinlichkeit von 0,95 liegen soll. Die Breite dieses Intervalls teilt man durch die Zahl 4. Das Ergebnis stellt die Standardabweichung der Schätzfunktion dar. Sein Quadrat kann als C gewählt werden.

Die Zahl 4 erhält man aus der Vorstellung, daß die Schätzfunktion normalverteilt ist und somit $\mu \pm 2\sigma$ ein 95%-Intervall darstellt.

Beispiel 4.1.:

Die Varianz der Wurfgröße bei der Labormaus beträgt etwa $\sigma^2 = 2{,}5$. Der Schätzwert der Varianz soll in das Intervall 2,0 bis 3,0 fallen. Die Intervallbreite ist 1 und daraus erhält man als Standardabweichung 0,25, die zu einem C von 0,0625 führt.

Für die varianzanalytischen Methoden werden durch die Versuchsplanung a (Anzahl der Stufen) und n (Anzahl der Meßwerte je Stufe) festgelegt. Dazu steht nur eine Bedingung zur Verfügung, aus der eine Menge von Kombinationen $a \cdot n$ bestimmt werden kann. Durch eine zusätzliche Bedingung wie z. B. Minimierung des Gesamtumfanges oder der Versuchskosten usw. kann aus dieser Menge die gewünschte Kombination herausgesucht werden. Entsprechende Tabellen zur Umfangsbestimmung findet man u. a. bei Schüler und Herrendörfer (1984). Als Richtwert für den Umfang von Versuchen zur Schätzung des Heritabilitätskoeffizienten kann $a \cdot n = 2000$ gewählt werden. Versuche mit weniger als 1000 Tieren führen zu sehr ungenauen Schätzwerten. Außerdem verringert sich bei einem Datenumfang ≥ 2000 der Einfluß der Unbalanciertheit, so daß mit mittleren Besetzungszahlen gerechnet werden kann (Caro u. a. 1985).

In den nachfolgenden Abschnitten werden für die wichtigsten Datenstrukturen die verschiedenen Schätzmethoden zusammengestellt. Die Varianzen der Schätzfunktionen werden, soweit vorhanden, angegeben und eine Versuchsplanung wird beschrieben.

Die Ergebnisse dieser Versuchsplanung beziehen sich stets auf einen orthogonalen Versuch, d. h. auf einen Versuch mit gleicher Besetzung. Da in der Praxis solche Versuche selten realisiert werden können, muß man versuchen, ein größeres Datenmaterial in die Auswertung einzubeziehen. Das kann dadurch erreicht werden, daß die Klassenbesetzung n als Mindestklassenbesetzung angesehen wird und ebenso die Anzahl der Stufen a.

Datenstrukturen	Auswertungsverfahren		
	Varianz-analyse	Regressions-analyse	simulierte Selektion
Geschwister	x	–	x
Eltern-Nackommen	–	x	x
gemischte	x	x	x

Tabelle 4.3. Auswertungsverfahren für drei Klassen von Datenstrukturen

In Tabelle 4.3. wird ein Schema über die allgemeinen Auswertungsverfahren für die Klassen von Datenstrukturen dargestellt.

4.2.1.3.2. Geschwisterstrukturen

Im Abschnitt 4.2.1.2.1. sind die Geschwisterstrukturen beschrieben worden. Sie bilden die Grundlage für die verschiedenen Auswertungsverfahren. In diesem Abschnitt werden die einzelnen Fälle der Halbgeschwister-, Halb- und Vollgeschwister- und Vollgeschwisterstrukturen entsprechend Tab. 4.3. beschrieben.

Halbgeschwister

Bei dieser Struktur werden wie in Abb. 4.3. drei Fälle unterschieden. Die Methoden der Varianzanalyse und anschließend die der simulierten Selektion werden getrennt beschrieben.

Fall 1 – Varianzanalyse:

Die Auswertung erfolgt mit Hilfe einer einfachen Varianz-Kovarianzanalyse (Modell II) mit dem Faktor Vater und es werden die Varianz- und Kovarianzkomponenten innerhalb und zwischen den Vätern geschätzt. Daraus ermittelt man die genetischen Parameter folgendermaßen:

$$s_{xi}^2 = s_{ai}^2 + s_{ei}^2 \quad (i = 1, 2) \tag{4.7}$$

$$s_{gi}^2 = 4\, s_{ai}^2 \tag{4.8}$$

$$\widehat{h_i^2} = \frac{4\, s_{ai}^2}{s_{ai}^2 + s_{ei}^2} \tag{4.9}$$

$$\widehat{\mathrm{cov}(\underline{x}_1, \underline{x}_2)} = \widehat{\mathrm{cov}}_a + \widehat{\mathrm{cov}}_e = s_{12} \tag{4.10}$$

$$\widehat{\mathrm{cov}(\underline{g}_1, \underline{g}_2)} = 4 \cdot \widehat{\mathrm{cov}}_a = s_{g12} \tag{4.11}$$

$$r_{12} = \frac{\widehat{\mathrm{cov}}_a + \widehat{\mathrm{cov}}_e}{\sqrt{\left(s_{a1}^2 + s_{e1}^2\right)\left(s_{a2}^2 + s_{e2}^2\right)}} \tag{4.12}$$

$$r_{g12} = \frac{\widehat{\mathrm{cov}}_a}{s_{a1} \cdot s_{a2}}\,. \tag{4.13}$$

In (4.7) bis (4.13) wird mit dem Index a die Vaterkomponente und mit dem Index e die Restkomponente gekennzeichnet.
Die Varianz der Schätzung dieser genetischen Parameter kann über folgende Formeln angegeben werden:

$$\widehat{V(\underline{s}_x^2)} = \frac{2}{N}\left(\frac{MQ_a^2}{n} + MQ_e^2\right) \tag{4.14}$$

$$\widehat{V(\underline{s}_g^2)} = \frac{32}{nN}\left(MQ_a^2 + \frac{MQ_e^2}{n}\right) \tag{4.15}$$

$$\widehat{V(\widehat{\underline{h}^2})} = \frac{32}{nN}\left(1 - \frac{1}{4}\hat{h}^2\right)^2\left(1 + (n-1)\frac{1}{4}\hat{h}^2\right)^2 \tag{4.16}$$

$$\widehat{V(\underline{s}_{12})} = \frac{1}{N}\left(\frac{MP_a^2 + MQ_{a1}\cdot MQ_{a2}}{n} + MP_e^2 + MQ_{e1}\cdot MQ_{e2}\right) \tag{4.17}$$

$$\widehat{V(\underline{s}_{g12})} = \frac{16}{nN}\left(MP_a^2 + MQ_{a1}\cdot MQ_{a2} + \frac{MP_e^2 + MQ_{e1}\cdot MQ_{e2}}{n}\right) \tag{4.18}$$

Die Varianz der Schätzung der phänotypischen Korrelation führt zu einer sehr unübersichtlichen Formel, die wegen ihrer Länge hier nicht vorgestellt wird. Die Varianz für die geschätzte genetische Korrelation wurde näherungsweise von Robertson (1959) angegeben:

$$\widehat{V(\underline{r}_{g12})} = \frac{(1 - r_{g12}^2)^2}{2\,\widehat{h_1^2}\,\widehat{h_2^2}}\sqrt{\widehat{V(\underline{h}_1^2)}\,\widehat{V(\underline{h}_2^2)}}\,. \tag{4.19}$$

Die Formeln (4.14) bis (4.19) sind auch für den balancierten Fall Approximationsformeln und gelten nur für große n und große a (Anzahl Väter).
Die Wahl der Konstanten C muß für jede der sieben Schätzfunktionen extra erfolgen. Die Versuchsplanung kann nach folgenden Formeln vorgenommen werden:

Phänotypische Varianz

$$a = \frac{2}{Cn}\left(\frac{MQ_a^2}{n} + MQ_e^2\right) \tag{4.20}$$

Genetische Varianz

$$a = \frac{32}{Cn^2}\left(MQ_a^2 + \frac{MQ_e^2}{n}\right) \tag{4.21}$$

Heritabilitätskoeffizienten

$$a = \frac{32}{Cn^2}\left(1 - \widehat{\frac{1}{4}h^2}\right)^2\left(1 + (n-1)\widehat{\frac{1}{4}h^2}\right)^2 \tag{4.22}$$

Phänotypische Kovarianz

$$a = \frac{1}{Cn}\left(\frac{MP_a^2 + MQ_{a1} \cdot MQ_{a2}}{n} + MP_e^2 + MQ_{e1}^2 \cdot MQ_{e2}\right) \tag{4.23}$$

Genetische Kovarianz

$$a = \frac{16}{Cn^2}\left(MP_a^2 + MQ_{a1} \cdot MQ_{a2} + \frac{MP_e^2 + MQ_{e1} \cdot MQ_{e2}}{n}\right) \tag{4.24}$$

Genetische Korrelation

$$a = \frac{(1 - r_{g12}^2)^2}{C\,2\,\widehat{h_1^2}\,\widehat{h_2^2}} \cdot \frac{32}{n^2}\left(1 - \frac{1}{4}\widehat{h_1^2}\right)\left(1 - \frac{1}{n}\widehat{h_2^2}\right)$$

$$\cdot\left(1 + (n-1)\frac{\widehat{h_1^2}}{4}\right)\left(1 + (n-1)\frac{\widehat{h_2^2}}{4}\right) \tag{4.25}.$$

Zur Anwendung dieser Formeln sind Schätzwerte für die Varianz- und Kovarianzkomponenten notwendig. Ist darüber hinaus n vorgegeben, so wird daraus

$$MQ_e = s_e^2 \qquad MP_e = cov_e$$
$$MQ_a = s_e^2 + n\,s_a^2; \quad MP_a = cov_e + n\,cov_a \tag{4.26}$$

berechnet und in (4.20) bis (4.25) eingesetzt. Ist n nicht vorgegeben, so wähle man einige n und verfahre wie oben beschrieben. Aus den berechneten Kombinationen $n \cdot a$ muß eine Variante ausgewählt werden.

Fall 1 ; Simulierte Selektion:
Die Methode der simulierten Selektion dient vor allem der Schätzung des Heritabilitätskoeffizienten und der genetischen Korrelation. Die anderen Parameter werden besser mittels der Varianzanalyse geschätzt. Anders als bei der Varianzanalyse können hier nur Väter mit mindestens zwei Nachkommen berücksichtigt werden, da die Halbgeschwistergruppen nach einem Zufallsprinzip in zwei Teile aufgeteilt werden müssen. In jedem dieser Teile wird der Mittelwert für jedes Merkmal über die Nachkommen eines Vaters berechnet. Als Ergebnis entsteht die Tabelle 4.4.
Bei der simulierten Selektion wird in Teil 1 selektiert und in Teil 2 der Erfolg der Selektion gemessen.

Vater	Teil 1		Teil 2	
1	$\bar{x}_{111}$	$\bar{x}_{211}$	$\bar{x}_{121}$	$\bar{x}_{221}$
2	$\bar{x}_{112}$	$\bar{x}_{212}$	$\bar{x}_{122}$	$\bar{x}_{222}$
⋮	⋮	⋮	⋮	⋮
a	$\bar{x}_{11a}$	$\bar{x}_{21a}$	$\bar{x}_{12a}$	$\bar{x}_{22a}$

Tabelle 4.4. Grundlage zur Durchführung einer simulierten Selektion

Tabelle 4.5. Ergebnisse der simulierten Selektion

	Selektion nach $\bar{X}_1$ in Teil 1	Selektion nach $\bar{X}_2$ in Teil 1
Selektionsdifferenz in Teil 1	$\widehat{\Delta\bar{X}_1}$	$\widehat{\Delta\bar{X}_2}$
Selektionserfolge in Teil 2	$\widehat{\Delta G_{1/1}}$ $\widehat{\Delta G_{2/1}}$	$\widehat{\Delta G_{2/2}}$ $\widehat{\Delta G_{1/2}}$

Die Deutung der Ergebnisse eines derartigen Experimentes setzt voraus, daß nach einem eindeutig definierten Merkmal selektiert wird. Will man in Teil 1 selektieren, so kann $\bar{x}$ nur dann als eindeutiges Merkmal bezeichnet werden, wenn die Anzahl der Halbgeschwister aus denen die Mittelwerte gebildet werden, für alle Väter gleich ist (n). Wird dieses Prinzip nicht beachtet, so folgen unterschiedliche Varianzen für die einzelnen Mittelwerte, und dadurch wird die Rangfolge der Väter beeinflußt. In Tabelle 4.5. sind die Ergebnisse eines derartigen Selektionsexperimentes zusammengestellt.

Die Größen der Tabelle 4.5. bilden den Ausgangspunkt zur Schätzung der o. g. Parameter. Es ist dabei zu beachten, daß nach Mittelwerten selektiert wurde. Dadurch können nicht mehr die in vielen Büchern angegebenen einfachen Schätzfunktionen benutzt werden.
Es gilt allgemein

$$\Delta G_{1/1} = \frac{\text{cov}(\underline{\bar{X}}_{111}; \underline{\bar{X}}_{121})}{V(\underline{\bar{X}}_{111})} \cdot \Delta\bar{X}_1 . \tag{4.27}$$

Die Kovarianz zwischen Halbgeschwistermitteln ist stets $\frac{1}{4}$ der genetischen Varianz und es gilt

$$V(\underline{\bar{X}}_{111}) = \sigma_{x1}^2 \left(\frac{1}{4} h_1^2 + \frac{1 - \frac{1}{4} h_1^2}{n} \right) . \tag{4.28}$$

Aus (4.27) und (4.28) folgt

$$\frac{\Delta G_{1/1}}{\Delta\bar{X}_1} = \frac{\frac{1}{4} h_1^2}{\frac{1}{4} h_1^2 + \frac{1 - \frac{1}{4} h_1^2}{n}} \qquad (4.29).$$

(4.29) ist nach h_1^2 auflösbar:

$$h_1^2 = 4 \cdot \frac{\Delta G_{1/1}}{\Delta \bar{X}_1} \cdot \frac{1}{n - \frac{\Delta G_{1/1}}{\Delta \bar{X}_1}(n-1)}. \tag{4.30}$$

Für $n = 1$ erhält man eine schon lange bekannte Formel. h_1^2 wird geschätzt, indem die Größen in (4.30) durch die der Tabelle 4.5. ersetzt werden. Zur Schätzung der genetischen Korrelation wird $\bar{X}$ nicht direkt benötigt. Die übliche Formel zur Schätzung dieses Parameters, die auf HAZEL (1943) zurückgeht, hat die Form

$$r_{g12}(1) = \sqrt{\frac{\widehat{\Delta G_{1/2}} \cdot \widehat{\Delta G_{2/1}}}{\widehat{\Delta G_{1/1}} \cdot \widehat{\Delta G_{2/2}}}}, \tag{4.31}$$

da wegen der Selektion nach einem Halbgeschwistermittel für die Größen der Tab. 4.5. $(i, j = 1, 2;\ i \neq j)$

$$\Delta G_{i/j} = \frac{1}{4} \varrho_{g12} h_1 h_2 \sigma_{xi} \frac{d_{sj}}{\sqrt{\frac{1}{4} h_j^2 + \frac{1 - \frac{1}{4} h_j^2}{n_j}}}, \tag{4.32}$$

$$\Delta G_{i/i} = \frac{1}{4} h_i^2 \sigma_{xi} \frac{d_{si}}{\sqrt{\frac{1}{4} h_i^2 + \frac{1 - \frac{1}{4} h_i^2}{n_i}}} \tag{4.33}$$

und

$$\Delta \bar{x}_i = d_{si} \sigma_{xi} \sqrt{\frac{1}{4} h_i^2 + \frac{1 - \frac{1}{4} h_i^2}{n_i}} \tag{4.34}$$

gilt.

Brauchbare Formeln zur Einschätzung der Varianz der Schätzfunktionen (4.30) und (4.31) liegen nicht vor. Daher kann eine Planung für die simulierte Selektion auf dem bisher beschriebenen Wege nicht durchgeführt werden. Da bei der simulierten Selektion das gleiche Datenmaterial wie bei der Varianzanalysemethode verwendet wird, sollte letztere zur Versuchsplanung benutzt werden. Bei der vorliegenden Methode hat man den Vorteil, daß die Parameter für verschiedene Selektionsintensitäten geschätzt werden können. Dadurch ist eine gewisse Modellüberprüfung möglich, indem der lineare Zusammenhang zwischen Selektionsdifferenz und Selektionserfolg überprüft wird.
Durch diese Überprüfung kann auch beurteilt werden, ob die Schätzwerte nach der Varianzanalysemethode sinnvoll sind. Daraus ergibt sich die Schlußfolgerung, stets beide Schätzmethoden anzuwenden, um mit hoher Sicherheit brauchbare Schätzwerte zu erhalten.

Fall 1 – Bemerkungen zur Interpretation:
Alle angegebenen Schätzfunktionen genetischer Parameter beruhen darauf, daß die Beziehungen zwischen Halbgeschwistergruppen durch $\frac{1}{4}$ der genetischen Varianz bzw. $\frac{1}{4}$ der genetischen Kovarianz charakterisiert werden. Das ist jedoch nur der Fall, wenn die Väter nicht selektiert sind. Eine geringe Vorselektion verkleinert diese Komponenten nur unwesentlich (HERRENDÖRFER, SCHÜLER 1984) und kann daher vernachlässigt werden. Diesen Anforderungen entsprechen z. B. die Ergebnisse von Nachkommenprüfungen beim Rind, wenn alle Nachkommenschaften vorliegen. COCHRAN (1951) gab eine Formel an, mit deren Hilfe die Selektion der Väter in der Halbgeschwisteranalyse berücksichtigt werden kann. Bei HERRENDÖRFER und SCHÜLER (1984) wurde der Einfluß der Selektion in einem und in beiden Geschlechtern auf die Heritabilität in der Nachkommengeneration beschrieben. RÖNNINGEN (1972) führte ein umfangreiches Simulationsexperiment zur Untersuchung des Einflusses der Selektion der Väter und der Nachkommen auf h^2 durch. Mit Hilfe der Ergebnisse dieser Arbeiten kann der Einfluß einer stärkeren Selektion auf die Schätzung berücksichtigt werden. Maternale Effekte beeinflussen diese Schätzergebnisse nicht. Dagegen führen Genotyp-Umwelt-Wechselwirkungen zu ganz erheblichen Verzerrungen. So sollte die Nachkommenprüfung unter möglichst einheitlichen Bedingungen durchgeführt werden.

Fall 2 – Varianzanalyse:
In dieser Struktur, in der die einzelnen Merkmale an unterschiedlichen Individuen innerhalb einer Halbgeschwistergruppe erfaßt werden, können alle genetischen Parameter, die sich nur auf ein Merkmal beziehen, wie im Fall 1 geschätzt werden. Die phänotypische Kovarianz und damit die phänotypische Korrelation lassen sich nicht schätzen. Dagegen gibt es eine Möglichkeit zur Schätzung der genetischen Kovarianz.

Die Meßwerte werden mit X_{ijk} bezeichnet. Der Index i gibt die Nummer des Merkmals an ($i = 1, 2$), der Index j die Nummer des Vaters ($j = 1, \ldots, a$) und der Index k die Nummer des Nachkommen innerhalb eines Vaters und Merkmals ($k = 1, \ldots, n_{ij}$).
Als Schätzfunktion der genetischen Kovarianz kann

$$\widehat{\mathrm{cov}(\underline{g}_1, \underline{g}_2)} = \frac{4}{a-1} \sum_{j=1}^{a} (\overline{X}_{1j.} - \overline{X}_{1..})(\overline{X}_{2j.} - \overline{X}_{2..}) \tag{4.35}$$

mit

$$\overline{X}_{ij.} = \frac{1}{n_{ij}} \sum_{k=1}^{n_{ij}} X_{ijk} \tag{4.36}$$

und

$$\overline{X}_{i..} = \frac{1}{a} \sum_{j=1}^{a} \overline{X}_{ij.} \qquad (4.37)$$

benutzt werden.

Die genetische Korrelation ergibt sich dann aus

$$r_{g12} = \frac{\widehat{\mathrm{cov}\,(\underline{g}_1, \underline{g}_2)}}{4\, s_{a1}\, s_{a2}} \qquad (4.38).$$

Die Varianzen der Schätzfunktionen der genetischen Parameter eines Merkmals ermittelt man nach den Formeln (4.14) bis (4.16). Die entsprechende Versuchsplanung für diese Parameter kann nach den Formeln (4.20) bis (4.22) durchgeführt werden. Die Varianzen der genetischen Kovarianz und der Korrelation sind sehr kompliziert zu ermitteln. Man findet sie bei GUIARD (1977) und GUIARD und HERRENDÖRFER (1977). In diesen Arbeiten sind ebenfalls Tabellen zur Versuchsplanung angegeben. Die Genauigkeit der Schätzung dieser beiden Parameter ist geringer als im Fall 1. Daher sind noch höhere Anforderungen an den Versuchsumfang zu stellen.

Fall 2 – Simulierte Selektion:
Zur Anwendung der simulierten Selektion müssen die Größen der Tabelle 4.5. bestimmt werden. Zur Ermittlung von $\Delta G_{1/1}$ kommen alle die Väter in Frage, von denen mindestens zwei Nachkommen mit dem Merkmal X_1 vorhanden sind. Zur Bestimmung von $\Delta G_{2/1}$ wird mindestens ein zusätzlicher Nachkomme mit dem Merkmal X_2 benötigt. Eine analoge Datenstruktur ist für die Selektion nach X_2 erforderlich. Die Schätzung der Parameter erfolgt nach (4.30) und (4.31). Für die simulierten Selektionsexperimente mit dieser Datenstruktur sind alle Grundsätze der Versuchsplanung und Selektion von Fall 1 zu beachten. Auch für die Bemerkungen zur Interpretation trifft dieses zu.

Fall 3 – Varianzanalyse:
Im Fall 3 liegt eine Mischung von Fall 1 und Fall 2 vor. Die Schätzung genetischer Parameter eines Merkmales kann wie im Fall 1 erfolgen. Prinzipiell lassen sich hier die genetische Kovarianz und Korrelation wie im Fall 2 schätzen, wenn man die Nachkommen, an denen beide Merkmale vorhanden sind, eliminiert.

Die phänotypische Kovarianz und die phänotypische Korrelation können hier wie im Fall 1 geschätzt werden, wenn nur die Tiere in die Analyse einbezogen werden, an denen beide Merkmale gemessen wurden. Bei der Durchführung der Varianzanalyse muß man aber nicht wie oben erwähnt alle Tiere mit beiden Merkmalen streichen, sondern man vernachlässigt von diesen Tieren nur jeweils ein Merkmal. Somit reduziert man Fall 3 auf Fall 2, wobei möglichst die gleiche Anzahl von Merkmalswerten je Vater anzustreben ist. Dieses Verfahren ist nur anzuwenden, wenn wenige Tiere mit beiden Merkmalen vorhanden sind. Haben mehr als die Hälfte der Tiere beide Merkmale, so kann Fall 3 auf Fall 1 zurückgeführt werden.

Fall 3 – Simulierte Selektion:

Bei der simulierten Selektion geht man analog zur Varianzanalyse vor, indem der Fall 3 auf Fall 2 bzw. 1 zurückgeführt wird. Daher treffen auch die Angaben zur Versuchsplanung und Interpretation zu.

Voll- und Halbgeschwister

In Abbildung 4.4. wurden vier verschiedene Fälle vorgestellt, die getrennt zu behandeln sind.

Fall 1 – Varianzanalyse:

Liegt ein vollständiger Datensatz vor, so können alle Parameter ermittelt werden. Die Auswertung erfolgt mit Hilfe einer zweifachen hierarchischen Varianz-Kovarianzanalyse mit den Faktoren Vater und Mutter. Es werden die Varianz- und Kovarianzkomponenten dieser beiden Faktoren und des Restes geschätzt. Daraus können die genetischen Parameter folgendermaßen bestimmt werden, wenn die Varianzkomponente Vater mit s_a^2 und die der Mutter mit s_b^2 bezeichnet werden:

$$s_{xi}^2 = s_{ai}^2 + s_{bi}^2 + s_{ei}^2 \quad (i = 1, 2) \qquad (4.39)$$

$$s_{gi(1)}^2 = 4\, s_{ai}^2 \qquad (4.40)$$

$$s_{gi(2)}^2 = 4\, s_{bi}^2 \qquad (4.41)$$

$$s_{gi(3)}^2 = 2(s_{ai}^2 + s_{bi}^2) \qquad (4.42)$$

$$\widehat{h_{xi(j)}^2} = \frac{s_{x1(j)}^2}{s_{xi}^2} \qquad (4.43)$$

$$\widehat{\text{cov}(\underline{x}_1, \underline{x}_2)} = \widehat{\text{cov}}_a + \widehat{\text{cov}}_b + \widehat{\text{cov}}_e \qquad (4.44)$$

$$\widehat{\text{cov}(\underline{g}_1, \underline{g}_2)}(1) = 4 \cdot \widehat{\text{cov}}_a \qquad (4.45)$$

$$\widehat{\text{cov}(\underline{g}_1, \underline{g}_2)}(2) = 4 \cdot \widehat{\text{cov}}_b \qquad (4.46)$$

$$\widehat{\text{cov}(\underline{g}_1, \underline{g}_2)}(3) = 2\,(\widehat{\text{cov}}_a + \widehat{\text{cov}}_b) \qquad (4.47)$$

$$r_{12} = \frac{\widehat{\text{cov}}_a + \widehat{\text{cov}}_b + \widehat{\text{cov}}_e}{\sqrt{(s_{a1}^2 + s_{b1}^2 + s_{e1}^2)\,(s_{a2}^2 + s_{b2}^2 + s_{e2}^2)}} \qquad (4.48)$$

$$r_{g12(j)} = \frac{\widehat{\text{cov}(\underline{g}_1, \underline{g}_2)}\,(j)}{\sqrt{s_{g1(j)}^2 \cdot s_{g2(j)}^2}} \qquad (4.49)$$

Wenn es mehrere Schätzfunktionen für den gleichen Parameter gibt, wurde die Nummer der Schätzfunktion jeweils in Klammern angefügt. Die Genauigkeit der Schätzung dieser Populationsparameter kann näherungsweise über folgende Formeln angegeben werden:

$$\widehat{V(\underline{s}_x^2)} = \frac{2}{N}\left(\frac{1}{nm} MQ_a^2 + \frac{1}{n} MQ_b^2 + MQ_e^2\right) \qquad (4.50)$$

$$\widehat{V(\underline{s}_{g(1)}^2)} = \frac{32}{Nmn}\left(MQ_a^2 + \frac{MQ_b^2}{m}\right) \qquad (4.51)$$

$$\widehat{V(\underline{s}^2_{g(2)})} = \frac{32}{Nn}\left(MQ_b^2 + \frac{MQ_a^2}{n}\right) \tag{4.52}$$

$$\widehat{V(\underline{s}^2_{g(3)})} = \frac{8}{Nn}\,\frac{MQ_a^2}{m} + MQ_b^2 + \frac{MQ_e^2}{n}\,. \tag{4.53}$$

Darin wurde mit n die Anzahl der Nachkommen in jeder Vollgeschwistergruppe und mit m die Anzahl der Vollgeschwistergruppen in jeder Halbgeschwistergruppe bezeichnet. v gibt die Anzahl der Halbgeschwistergruppen an. N steht für die Gesamtanzahl der Nachkommen ($h_i^2 = h^2$).

$$\begin{aligned}\widehat{V(\underline{\widehat{h^2}}(1)} = \frac{32}{n^2m^2}\Bigg(&\frac{m(n-1)}{v}\left(1-\frac{1}{2}\widehat{h^2}\right)^2\left(\frac{1}{4}\widehat{h^2}\right)^2\\ &+\frac{\left(1+(n-2)\frac{1}{4}\widehat{h^2}\right)^2\left(1+(m-1)\frac{1}{4}\widehat{h^2}\right)^2}{(m-1)\,v}\\ &+\frac{\left(1+(nm+n-2)\frac{1}{4}\widehat{h^2}\right)^2\left(1-\frac{1}{4}\widehat{h^2}\right)^2}{v-1}\Bigg)\end{aligned} \tag{4.54}$$

$$\begin{aligned}\widehat{V(\underline{\widehat{h^2}}(2)} = 32\Bigg(&\frac{\left(1-\frac{1}{2}\widehat{h^2}\right)^2\left(1+(n-1)\frac{1}{4}\widehat{h^2}\right)^2}{v\cdot m\cdot n^2\,(n-1)}\\ &+\frac{\left(1+(n-2)\frac{1}{4}\widehat{h^2}\right)^2\left(m-(m-1)\frac{1}{4}\widehat{h^2}\right)^2}{v\,n^2\,m^2\,(m-1)}\\ &+\frac{\left(1+(nm+n-2)\frac{1}{4}\widehat{h^2}\right)^2\left(\frac{1}{4}\widehat{h^2}\right)^2}{n^2\,m^2\,(v-1)}\Bigg)\end{aligned} \tag{4.55}$$

$$\begin{aligned}\widehat{V(\underline{\widehat{h^2}}(3)} = 8\left(1-\frac{1}{2}\widehat{h^2}\right)^2\Bigg(&\frac{\left(1+(n-1)\frac{1}{2}\widehat{h^2}\right)^2}{v\cdot m\,n^2\,(n-1)}+\frac{\left(1+(n-2)\frac{1}{4}\widehat{h^2}\right)^2(m-1)}{v\,m^2\,n^2}\\ &+\frac{\left(1+(nm+n-2)\frac{1}{4}\widehat{h^2}\right)^2}{(v-1)\,m^2\,n^2}\Bigg)\end{aligned} \tag{4.56}$$

$$\begin{aligned}\widehat{V(\underline{s}_{12})} &= \frac{1}{N}\Bigg(\frac{1}{nm}\left(MP_a^2 + MQ_{a1}\cdot MQ_{a2}\right)\\ &\quad+\frac{1}{n}\left(MP_b^2 + MQ_{b1}\cdot MQ_{b2} + MP_e^2 + MQ_{e1}\cdot MQ_{e2}\right)\Bigg)\end{aligned} \tag{4.57}$$

$$\widehat{V(\underline{s}_{g12})}\,(1) = \frac{16}{Nmn}\left(MP_a^2 + MQ_{a1}\cdot MQ_{a2} + \frac{1}{m}\left(MP_b^2 + MQ_{b1}\cdot MQ_{b2}\right)\right) \tag{4.58}$$

$$\widehat{V(\underline{s}_{g12})}\,(2) = \frac{16}{Nn}\left(MP_b^2 + MQ_{b1}\cdot MQ_{b2} + \frac{1}{n}\,(MP_e^2 + MQ_{e1}\cdot MQ_{e2})\right) \tag{4.59}$$

$$\widehat{V(\underline{s}_{g12})}\,(3) = \frac{4}{Nn}\left(\frac{1}{m}\,(MP_a^2 + MQ_{a1}\cdot MQ_{a2}) + MP_b^2 + MQ_{b1}\cdot MQ_{b2} + \frac{1}{n}\,(MP_e^2 + MQ_{e1}\cdot MQ_{e2})\right) \tag{4.60}$$

Eine praktikable Formel zur Berechnung der Varianz der phänotypischen Korrelation (4.48) liegt zur Zeit nicht vor. Für die Varianz der genetischen Korrelation (4.49) kann die Approximationsformel von ROBERTSON (1959) als grobe Näherung für alle drei Schätzfunktionen verwendet werden.

$$V(\underline{r}_{g12})\,(j) = \frac{(1 - r_{g12}^2)^2}{2\,\widehat{h_1^2}\,\widehat{h_2^2}} \cdot \sqrt{s^2{}_{h^21} \cdot s^2{}_{h^22}} \tag{4.61}$$

Auch für diese Datenstruktur gibt es nur Näherungsformeln zur Schätzung der Varianz der Schätzfunktionen (4.50) bis (4.53). Sie können zu Fall 1 der Halbgeschwister in analoger Weise zur Versuchsplanung genutzt werden.
Dazu benötigt man die folgenden Formeln:

$$\begin{aligned} MQ_e &= s_e^2 \\ MQ_b &= s_e^2 + n\,s_b^2 \\ MQ_a &= s_e^2 + n\,s_b^2 + nm\,s_a^2 \end{aligned} \tag{4.62}$$

$$\begin{aligned} MP_e &= \widehat{cov}_e \\ MP_b &= \widehat{cov}_e + \widehat{cov}_b \\ MP_a &= \widehat{cov}_e + n\,\widehat{cov}_b + nm\,\widehat{cov}_a\,. \end{aligned}$$

Fall 1 – Simulierte Selektion:
Das Prinzip der simulierten Selektion besteht in der Aufteilung der Nachkommenschaft eines Vaters in zwei Teile. Anders als bei der Halbgeschwisterstruktur ergeben sich hier zwei generelle Möglichkeiten:
- den Teilen werden ganze Vollgeschwistergruppen zugeordnet,
- jedem Teil wird die Hälfte einer Vollgeschwistergruppe zugeordnet.

Unabhängig von diesen beiden Möglichkeiten besteht auch hier die Forderung, daß in Teil 1, in dem selektiert wird, die gleiche Struktur für die Mütter vorliegen muß. An Teil 2 wird eine derartige Forderung nicht erhoben, jedoch muß auch hier je Vater ein Nachkomme vorhanden sein. Je Teil und Merkmal werden für jeden Vater die Mittelwerte analog zu Tabelle 4.4. errechnet. Es ist jedoch zu beachten, daß in die Halbgeschwistermittel auch Vollgeschwister eingehen. Als Ergebnis der Selektion nach den Halbgeschwistermitteln erhält man die Tabelle 4.5.
Ausgangspunkt der weiteren Untersuchungen ist wieder (4.27). Die Kovarianz

zwischen den Halbgeschwistermitteln ist stets $\frac{1}{4}$ der genetischen Varianz. Unterstellt man, daß in Teil 1 m Vollgeschwistergruppen mit n Nachkommen je Vater vorliegen, so gilt

$$V(\underline{\overline{X}}_{11i}) = \sigma^2_{x1}\left(\frac{1}{4}h_1^2 + \frac{\frac{1}{4}h_1^2}{m} + \frac{1-\frac{1}{2}h_1^2}{m\,n}\right). \tag{4.63}$$

Aus (4.27) und (4.63) folgt

$$Q = \frac{\Delta G_{1/1}}{\Delta\overline{X}_1} = \frac{\frac{1}{4}h_1^2}{\left(\frac{1}{4}h_1^2 + \frac{\frac{1}{4}h_1^2}{m} + \frac{1-\frac{1}{2}h_1^2}{m\,n}\right)}; \tag{4.64}$$

(4.64) kann nach h_1^2 aufgelöst werden und man erhält

$$h_1^2 = \frac{4\,Q}{n\cdot m\left(1 - Q - \frac{Q}{m} + \frac{2Q}{nm}\right)}. \tag{4.65}$$

Für n = 1 entsteht daraus (4.30) und für n = m = 1 die bekannte Formel für h^2 bei simulierter Selektion mit Einzelwerten. h^2 wird geschätzt, indem die Größen in (4.65) durch die Größen der Tab. 4.5. ersetzt werden. Zur Schätzung der genetischen Korrelation kann wieder nur die Formel (4.31) benutzt werden.
Ordnet man die Nachkommen eines Vaters nach der zweiten Möglichkeit den beiden Teilen zu, d. h. die Vollgeschwistergruppen innerhalb der Halbgeschwistergruppe werden auf Teil 1 und Teil 2 aufgeteilt, beachtet man, daß in beiden Teilen jedem Vater m Mütter zugeordnet sein müssen und in Teil 1 aus jeder Vollgeschwistergruppe n Tiere vorhanden sind, so gilt

$$\operatorname{cov}(\overline{X}_{11i}, \underline{\overline{X}}_{12i}) = \frac{1}{4}\sigma_g^2\left(1 + \frac{1}{m}\right). \tag{4.66}$$

Dabei wurden die Mittelwerte analog zu Tab. 4.4. bezeichnet. Die Varianz des Mittelwertes entspricht (4.63), wobei aber die Bedeutung von m und n zu beachten ist.
Der Quotient aus Selektionserfolg und Selektionsdifferenz ergibt

$$Q_1 = \frac{\Delta Q_{1/1}}{\Delta\overline{X}_1} = \frac{\frac{1}{4}h_1^2\left(1 + \frac{1}{m}\right)}{\left(\frac{1}{4}h_1^2 + \frac{\frac{1}{4}h_1^2}{m} + \frac{1-\frac{1}{2}h_1^2}{m\,n}\right)} \tag{4.67}.$$

Löst man (4.67) nach h_1^2 auf, folgt

$$h_1^2 = \frac{4\,Q_1}{n\,(m+1)\,(1-Q_1)+2Q_1}\,. \tag{4.68}$$

Der Wert von Q_1 wird mit Hilfe der Ergebnisse der Tab. 4.5. geschätzt. Für die Schätzung der genetischen Korrelation ist auch hier die Formel (4.31) zu verwenden.

Die hier beschriebene Art der simulierten Selektion in Voll- und Halbgeschwisterstrukturen erfordert die Durchführung von geplanten Datenerhebungen. Andernfalls ist die Forderung der Balanciertheit in Teil 1 kaum zu erreichen. Weicht man von dieser Forderung ab, so ist die Schätzung der genetischen Parameter verfälscht.

Fall 2: Die Datenstruktur im Fall 2 ist typisch für geschlechtsgebundene Merkmale, oder Merkmale, die in verschiedenen Prüfverfahren erhoben werden. Die Schätzung der genetischen Parameter mittels der Methode der Varianzanalyse und der simulierten Selektion erfolgt nach den gleichen Verfahren wie im Fall 1, wenn man nur ein Merkmal betrachtet. Die entsprechenden Formeln sind zu übernehmen. Die phänotypische Kovarianz und die phänotypische Korrelation lassen sich nicht schätzen. Für die entsprechenden genetischen Beziehungen zwischen zwei Merkmalen müssen die Formeln von Fall 1 entsprechend interpretiert werden.

Es können analog zu (4.62) MP_b und MP_a berechnet werden. Da die Merkmale stets an verschiedenen Tieren erhoben werden, fällt cov_e aus den Formeln heraus. Die genetische Interpretation von cov_b und cov_a entspricht derjenigen des Falles 1 und (4.45) bis (4.47) sind zur Schätzung der genetischen Kovarianz nutzbar. Die genetische Korrelation wird nach (4.49) geschätzt.

Die Versuchsplanung wird wie im Fall 1 durchgeführt, soweit sie sich auf Parameter für ein Merkmal bezieht.

Eine simulierte Selektion mit einem derartigen Datenmaterial kann in gleicher Weise vorgenommen werden wie für den Fall 1. Auch hier ergeben sich die dort beschriebenen zwei Möglichkeiten. Man muß lediglich beachten, daß die Balanciertheitsforderung für Teil 1 sich sowohl auf das Merkmal X_1 als auch auf X_2 getrennt bezieht.

Fall 3: Diese Datenstruktur ist mit Hilfe der Varianz-Kovarianzkomponentenschätzung unter Beachtung der ungleichen Merkmalsbesetzung wie Fall 1 auswertbar. Ein Selektionsexperiment bezüglich nur eines Merkmals bereitet keine Schwierigkeiten und erfolgt wie bereits beschrieben. Für die Schätzung der genetischen Korrelation gelten die Bemerkungen zu Fall 2 für die Balanciertheit.

Fall 4: Die Auswertung mittels Varianzanalyse für ein Merkmal geschieht wie in Fall 1. Die genetische Kovarianz kann nur über die Vaterkomponente bestimmt werden.

Es gilt

$$\widehat{cov(\underline{g}_1, \underline{g}_2)} = \frac{4}{a-1} \sum_{j=1}^{a} (\overline{X}_{1j..} - \overline{\overline{x}}_{1...})\,(\overline{X}_{2j..} - \overline{\overline{x}}_{2...}) \tag{4.69}$$

mit

$$\overline{X}_{ij..} = \frac{\sum_{kl} X_{ijkl}}{\sum_{k=1}^{m} n_k} \quad \text{und} \quad \overline{\overline{x}}_{i...} = \frac{\sum_{j=1}^{a} \overline{X}_{ij..}}{a}.$$

Ein simuliertes Selektionsexperiment nach der ersten Möglichkeit kann nur durchgeführt werden, wenn je Vater und Merkmal mindestens zwei Vollgeschwistergruppen vorliegen. Das Datenmaterial wird so aufgeteilt, daß in jedem Teil Vollgeschwistergruppen mit den Merkmalen X_1 und X_2 vorhanden sind. Dann können die Tabellen 4.4. und 4.5. ermittelt werden und neben den üblichen Balanciertheitsforderungen für den Teil 1 gibt es keine weiteren Besonderheiten. Die zweite Möglichkeit der Teilung des Datenmaterials ist auch gegeben, wenn je Vater nur zwei Vollgeschwistergruppen mit verschiedenen Merkmalen vorliegen und zwei Tiere je Vollgeschwistergruppe vorhanden sind.
Zusammenfassend kann festgestellt werden, daß z. B. unter den praktischen Bedingungen der Schweinezucht alle vier Fälle von Datenstrukturen vorliegen. Für die Auswertung müssen daher alle angegebenen Methoden in Anspruch genommen werden.

Vollgeschwister
In Abbildung 4.5. sind die drei möglichen Datenstrukturen für Vollgeschwister dargestellt. Die Auswertung eines derartigen Datenmaterials kann wieder wie bei der Halbgeschwisteranalyse erfolgen, wenn man beachtet, daß es sich um Vollgeschwister handelt.
Fall 1: Es liegt eine Struktur entsprechend einer einfachen Varianz-Kovarianzanalyse vor, aus der die Komponenten geschätzt werden.
Ersetzt man in (4.8), (4.9) und (4.11) den Faktor 4 durch 2, so ergeben sich die benötigten Schätzfunktionen für alle genetischen Parameter.
Mit n wird die Anzahl der Vollgeschwister und mit a die Anzahl der Paarungen bezeichnet ($N = a \cdot n$). Die Varianz der Schätzwerte wird nach folgenden Formeln berechnet:

$$\widehat{V(\underline{s}_x^2)} = \frac{2}{N}\left(\frac{MQ_a^2}{n} + MQ_e^2\right) \tag{4.70}$$

$$\widehat{V(\underline{s}_g^2)} = \frac{8}{n \cdot N}\left(MQ_a^2 + \frac{MQ_e^2}{n}\right) \tag{4.71}$$

$$\widehat{V(\widehat{\underline{h}^2})} = \frac{8}{nN}\left(1 - \frac{1}{4}\widehat{h^2}\right)^2\left(1 + (n-1)\frac{1}{4}\widehat{h^2}\right)^2 \tag{4.72}$$

$$\widehat{V(s_{12})} = \frac{1}{N}\left(\frac{MP_a^2 + MQ_{a1} \cdot MQ_{a2}}{n} + MP_e^2 + MQ_{e1} \cdot MQ_{e2}\right) \tag{4.73}$$

$$\widehat{V(\underline{s}_{g12})} = \frac{4}{nN}\left(MP_a^2 + MQ_{a1} \cdot MQ_{a2} + \frac{MP_e^2 + MQ_{e2} \cdot MQ_{e2}}{n}\right) \tag{4.74}$$

$$\widehat{V(\underline{r}_{g12})} = \frac{(1 - r_{g12}^2)^2}{2\, h_1^2\, h_2^2} \sqrt{\widehat{V(\underline{h}_1^2)}\ \widehat{V(\underline{h}_2^2)}}\ . \tag{4.75}$$

Unter Beachtung der Veränderung gegenüber (4.14) bis (4.19) kann die Versuchsplanung nach (4.20) bis (4.25) vorgenommen werden. Bei der simulierten Selektion mit Vollgeschwistergruppen wird wie im Fall 1 der Halbgeschwistergruppen vorgegangen. Die Teilung erfolgt hier innerhalb der Vollgeschwistergruppe und man erhält die Ergebnisse der Tabellen 4.4. und 4.5.
In den Formeln (4.27) bis (4.30) ist die 4 durch eine 2 zu ersetzen und man erhält den Ausdruck zur Schätzung von h^2. Zur Bestimmung der genetischen Korrelation kann nur (4.31) benutzt werden.
Fall 2: Der Fall 2 der Vollgeschwisterstruktur läßt sich nur auswerten, wenn für jedes Merkmal mindestens zwei Meßwerte vorliegen. Die Auswertung über die Varianzanalyse entspricht dem Fall 2 der Halbgeschwisterstruktur, wobei die Varianz- und Kovarianzkomponenten als $\frac{1}{2}$ der genetischen Varianz bzw. Kovarianz zu interpretieren sind. Das simulierte Selektionsexperiment wird wie im Fall 2 der Halbgeschwisterstruktur durchgeführt. In (4.30) ist zur Bestimmung von h^2 die Zahl 4 durch eine 2 zu ersetzen. (4.31) kann in angegebener Form zur Ermittlung der genetischen Korrelation genutzt werden.
Fall 3: Dieser Fall der Vollgeschwisterstruktur entspricht Fall 3 der Halbgeschwisterstruktur und kann unter Beachtung der o. g. Änderungen abgeleitet werden, d. h. Ersatz von 4 durch 2 in der Formel (4.30).

4.2.1.3.3. Eltern-Nachkommen-Strukturen

Zur Auswertung derartiger Strukturen kann neben den Methoden der Regression zwischen Eltern und Nachkommen auch die der simulierten Selektion benutzt werden. Nachfolgend sollen diese Methoden an den dargestellten Datenstrukturen demonstriert werden.

Ein Elter – ein Nachkomme

In Tabelle 4.1. sind alle möglichen Strukturen für zwei Merkmale angegeben.

Fall 1 – Regression:

In der Symbolik wird zur Unterscheidung zwischen Merkmalen an Eltern und Nachkommen ein E und ein N als Index verwendet. Wie aus der Tab. 4.1. ersichtlich, lassen sich vier verschiedene Kovarianzen und vier verschiedene Varianzen schätzen. Mit n_p wird die Anzahl der Eltern-Nachkommen-Paare bezeichnet.
Es gilt

$$\widehat{\text{cov}(\underline{X}_{Ni}, \underline{X}_{Ej})} = \frac{1}{n_p - 1} \sum_{k=1}^{n_p} (X_{Nik} - \overline{X}_{Ni.})(X_{Ejk} - \overline{X}_{Ej.}) \quad i, j = 1, 2 \tag{4.76}$$

$$s_{XEj}^2 = \frac{1}{n_p - 1} \sum_{k=1}^{n_p} (X_{Ejk} - \overline{X}_{Ej.})^2 \tag{4.77}$$

$$s^2_{XNj} = \frac{1}{n_p - 1} \sum_{k=1}^{n_p} (X_{Njk} - \overline{X}_{Nj.})^2 . \tag{4.78}$$

Die Eltern-Nachkommen-Kovarianz kann für $i = j$ als $\frac{1}{2}$ der entsprechenden genetischen Varianz und für $i \neq j$ als $\frac{1}{2}$ der genetischen Kovarianz interpretiert werden, wenn alle Voraussetzungen des einfachen populationsgenetischen Modells erfüllt sind. Als Schätzfunktionen ergeben sich

$$s^2_{xi}(1) = s^2_{XEi} \tag{4.79}$$

$$s^2_{Xi}(2) = s^2_{XNi} \tag{4.80}$$

$$s^2_{gi} = 2\,\widehat{\mathrm{cov}(\underline{X}_{Ni}, \underline{X}_{Ei})} \tag{4.81}$$

$$\widehat{h^2_i} = 2\,\frac{\widehat{\mathrm{cov}(\underline{X}_{Ni}, \underline{X}_{Ei})}}{s^2_{xEi}} \qquad i = 1, 2 \tag{4.82}$$

$$\widehat{\mathrm{cov}(\underline{X}_1, \underline{X}_2)}(1) = \frac{1}{n_p - 1} \sum_{k=1}^{n_p} (X_{E1k} - \overline{X}_{E1.})(X_{E2k} - \overline{X}_{E2.}) = s_{12}(1) \tag{4.83}$$

$$\widehat{\mathrm{cov}(\underline{X}_1, \underline{X}_2)}(2) = \frac{1}{n_p - 1} \sum_{k=1}^{n} (X_{N1k} - \overline{X}_{N1.})(X_{N2k} - \overline{X}_{N2.}) = s_{12}(2) \tag{4.84}$$

$$\widehat{\mathrm{cov}(\underline{g}_1, \underline{g}_2)}(1) = 2\,\widehat{\mathrm{cov}(\underline{X}_{E1}, \underline{X}_{N2})} = s_{g12}(1) \tag{4.85}$$

$$\widehat{\mathrm{cov}(\underline{g}_1, \underline{g}_2)}(2) = 2\,\widehat{\mathrm{cov}(\underline{X}_{E2}, \underline{X}_{N1})} = s_{g12}(2) . \tag{4.86}$$

Da die phänotypische Korrelation durch

$$\varrho_{12} = \frac{\widehat{\mathrm{cov}(\underline{X}_1, \underline{X}_2)}}{\sqrt{\widehat{V(\underline{X}_1)} \cdot \widehat{V(\underline{X}_2)}}}$$

definiert ist, ergeben sich die entsprechenden Schätzmöglichkeiten unter Berücksichtigung von (4.79), (4.80), (4.83) und (4.84). Die genetische Korrelation ermittelt man aus

$$r_{g12}(1) = \sqrt{\frac{\widehat{\mathrm{cov}(\underline{g}_1, \underline{g}_2)}(1) \cdot \widehat{\mathrm{cov}(\underline{g}_1, \underline{g}_2)}(2)}{s^2_{g1} \cdot s^2_{g2}}} \tag{4.87}$$

$$r_{g12}(2) = \frac{\widehat{\mathrm{cov}(\underline{g}_1, \underline{g}_2)}(1) + \widehat{\mathrm{cov}(\underline{g}_1, \underline{g}_2)}(2)}{2\sqrt{s^2_{g1} \cdot s^2_{g2}}} \tag{4.88}$$

$$r_{g12}(3) = \frac{\widehat{\mathrm{cov}(\underline{g}_1, \underline{g}_2)}(1)}{\sqrt{s^2_{g1} \cdot s^2_{g2}}} \tag{4.89}$$

$$r_{g12}(4) = \frac{\widehat{\operatorname{cov}(\underline{g}_1, \underline{g}_2)}\,(2)}{\sqrt{s_{g1}^2 \cdot s_{g2}^2}}. \qquad (4.90)$$

Die Varianzen für die Schätzfunktionen (4.79) bis (4.90) können nach folgenden Formeln bestimmt werden:

$$\widehat{V(\underline{s}_{Xi}^2\,(1))} = \frac{2\,s_{XE1}^4}{n_p - 1} \qquad (4.91)$$

$$\widehat{V(\underline{s}_{Xi}^2\,(2))} = \frac{2\,s_{XNi}^4}{n_p - 1} \qquad (4.92)$$

$$\widehat{V(\underline{s}_{gi}^2)} = 4\,\frac{\left(\widehat{\operatorname{cov}(\underline{X}_{Ni}, \underline{X}_{Ei})}\right)^2 + s_{XEi}^2\,s_{XNi}^2}{n_p - 1} \qquad (4.93)$$

$$\widehat{V(\underline{h}_i^2)} = \frac{4 - \widehat{h^4}}{n_p - 3} \qquad (4.94)$$

$$\widehat{V(\underline{s}_{12}\,(1))} = \frac{\left(\widehat{\operatorname{cov}(\underline{X}_1, \underline{X}_2)}\,(1)\right)^2 + s_{XE1}^2\,s_{XE2}^2}{n_p - 1} \qquad (4.95)$$

$$\widehat{V(\underline{s}_{12}\,(2))} = \frac{\left(\widehat{\operatorname{cov}(\underline{X}_1, \underline{X}_2)}\,(2)\right)^2 + s_{XN1}^2 \cdot s_{XN2}^2}{n_p - 1} \qquad (4.96)$$

$$\widehat{V(\underline{s}_{g12}\,(1))} = \frac{\left(\widehat{\operatorname{cov}(\underline{X}_{E1}, \underline{X}_{N2})}\right)^2 + s_{XE1}^2\,s_{XN2}^2}{n_p - 1} \qquad (4.97)$$

$$\widehat{V(\underline{s}_{g12}\,(2))} = 4\,\frac{\left(\widehat{\operatorname{cov}(\underline{X}_{E2}, \underline{X}_{N1})}\right)^2 + s_{XE2}^2\,s_{XN1}^2}{n_p - 1} \qquad (4.98)$$

$$\widehat{V(\underline{r}_{1,2})} = \frac{\left(1 - r_{12}^2\right)^2}{n_p - 3}. \qquad (4.99)$$

In (4.99) setzt man in die rechte Seite die Schätzung ein, für die man in der linken Seite die Varianz bestimmt. Zur Vereinfachung der nachfolgenden Formeln werden die folgenden Abkürzungen als Indizes benutzt:

$X_{E1} = 1$
$X_{E2} = 2$
$X_{N1} = 3 \qquad X_{N2} = 4.$

Ein s mit zwei Indizes wird als Abkürzung für eine Kovarianz verwendet, z. B. $s_{12} = \operatorname{cov}(\underline{X}_{E1}, \underline{X}_{E2})$. Die Varianzen der Schätzfunktionen (4.87) und (4.88) haben die Form:

$$s_{rg}^2 = \frac{r_g^2}{4(n_p-1)}\left(\frac{s_1^2 s_4^2}{s_{14}^2}+\frac{s_2^2 s_3^2}{s_{23}^2}+\frac{s_1^2 s_3^2}{s_{13}^2}+\frac{s_2^2 s_4^2}{s_{24}^2}\right.$$
$$+\frac{2\,s_{12}\,s_{34}}{s_{14}\,s_{23}}+\frac{2\,s_{13}\,s_{24}}{s_{14}\,s_{23}}-\frac{2\,s_1^2\,s_{34}^2}{s_{14}\,s_{13}}-\frac{2\,s_{12}\,s_4^2}{s_{14}\,s_{24}}$$
$$\left.-\frac{2\,s_{12}\,s_3^2}{s_{23}\,s_{13}}-\frac{2\,s_2^2\,s_{34}}{s_{23}\,s_{24}}+\frac{2\,s_{12}\,s_{34}}{s_{13}\,s_{24}}+\frac{2\,s_{14}\,s_{23}}{s_{13}\,s_{24}}-4\right) \quad (4.100).$$

Entsprechend erhält man für (4.89)

$$s_{rg}^2 = \frac{r_g^2}{n_p-1}\left(\frac{s_1^2 s_4^2}{s_{14}^2}+\frac{s_1^2 s_3^2}{s_{13}^2}+\frac{s_2^2 s_4^2}{4\,s_{24}^2}-\frac{s_1^2\,s_{34}}{s_{14}\,s_{13}}-\frac{s_{12}^2\,s_4^2}{s_{14}\,s_{24}}\right.$$
$$\left.+\frac{s_{12}\,s_{34}+s_{14}\,s_{23}}{2\,s_{13}\,s_{24}}-\frac{1}{2}\right) \quad (4.101)$$

und für (4.90)

$$s_{rg}^2 = \frac{r_g^2}{n_p-1}\left(\frac{s_2^2 s_3^2}{s_{23}^2}+\frac{s_1^2 s_3^2}{4\,s_{13}^2}+\frac{s_2^2 s_4^2}{4\,s_{24}^2}-\frac{s_{12}\,s_3^2}{s_{23}\,s_{13}}\right.$$
$$\left.-\frac{s_2^2\,s_{34}}{s_{23}\,s_{24}}+\frac{s_{12}\,s_{34}+s_{14}\,s_{23}}{2\,s_{13}\,s_{24}}-\frac{1}{2}\right). \quad (4.102)$$

Die Formeln findet man schon bei Reeve (1955).
Die Formeln für die Genauigkeit der Schätzfunktionen lassen sich entsprechend denen des Abschnittes 4.2.1.3.2.1. auch zur Versuchsplanung verwenden. Für die Eltern-Nachkommen-Struktur ist lediglich die Anzahl der Elter-Nachkomme-Paare zu bestimmen. Hierzu ist es erforderlich, die Formeln (4.91) bis (4.102) nach n_p aufzulösen, wenn man die Varianz durch eine Konstante C beschränkt, wie in 4.2.1.3.1. beschrieben.
Aus (4.91) und (4.92) erhält man für jedes einzelne Merkmal mit $x_i = x$

$$n_p = \frac{2\,s_x^4}{C}+1 \quad (4.103)$$

und aus (4.96)

$$n_p = 4\,\frac{\left(\widehat{\mathrm{cov}(\underline{x}_{Ni},\,\underline{x}_{Ei})}\right)^2 + s_{XEi}^2\,s_{XNi}^2}{C}+1\,. \quad (4.104)$$

Der Stichprobenumfang zur h^2-Schätzung kann nach

$$n_p = \frac{3-\widehat{h^4}}{C}+3 \quad (4.105)$$

bestimmt werden.

(4.95) und (4.96) haben die gleiche Struktur und führen zu

$$n_p = \frac{\left(\widehat{cov(\underline{X}_1, \underline{X}_2)}\right)^2 + s_{X1}^2 s_{X2}^2}{C} + 1 \qquad (4.106)$$

und (4.97) und (4.98) zu

$$n_p = 4 \frac{\left(\widehat{cov(X_{E1}, X_{N2})}\right)^2 + s_{SE1}^2 s_{EN2}^2}{C} + 1 . \qquad (4.107)$$

Die Versuchsplanung zur Schätzung der phänotypischen Korrelation erfolgt entsprechend

$$n_p = \frac{\left(1 - r_{x1x2}^2\right)^2}{C} + 3 \qquad (4.108).$$

Analog können auch die Formeln zur Bestimmung des n_p für die Schätzung der genetischen Korrelation angegeben werden. Hierzu werden (4.100) bis (4.102) durch eine Konstante C beschränkt und nach n_p aufgelöst. Als Anzahl der in den Versuch einzubeziehenden Versuchseinheiten wählt man üblicherweise das Maximum aller n_p-Werte.

Fall 1 – Simulierte Selektion:
Die Daten der Eltern-Nachkommen-Struktur lassen sich in Form der Tabelle 4.4. darstellen, wobei in Teil 1 die Meßwerte der Eltern und in Teil 2 die der Nachkommen einzutragen sind. In der Spalte „Vater" steht die Nummer der entsprechenden Paare bis n_p. Die vorliegende Struktur stellt die typische Grundlage eines simulierten Selektionsexperimentes dar. Als Ergebniss erhält man wieder die Tabelle 4.5. Dabei ist allerdings zu beachten, daß nach Einzelwerten selektiert wird. (4.27) läßt sich unter diesen Bedingungen folgendermaßen deuten, wenn das Merkmal j untersucht wird (j = 1, 2):

$$\Delta G_{j/j} = \frac{1}{2} h_j^2 \Delta X_j \qquad (4.109)$$

und daraus kann die Schätzfunktion

$$\widehat{\underline{h}_j^2} = 2 \frac{\widehat{\underline{\Delta G}_{j/j}}}{\widehat{\underline{\Delta X}_j}} \qquad (4.110)$$

abgeleitet werden.

Die Schätzung des genetischen Korrelationskoeffizienten erfolgt nach (4.31).
Die Varianz der Schätzung des Heritabilitätskoeffizienten nach (4.110) wurde von Prout (1962) abgeleitet.
Sie hat die Form

$$s^2{}_{h^2} = \left[\frac{\widehat{h^2}\,(1 - \widehat{h^2})\, s_E^2}{m_p} + \frac{s_N^2}{n_p}\right] \frac{4}{D^2} \qquad (4.111).$$

m_p gibt die Anzahl ausgewählter Eltern an ($D = \Delta x$). Bei der Versuchsplanung gehen wir von einem konstanten Auswahlsatz $\frac{m_p}{n_p}$ aus.
Die Varianzen der Schätzfunktionen der genetischen Korrelationskoeffizienten sind nicht bekannt. Eine Versuchsplanung für n_p unter Beachtung der Vorgabe der Konstanten C für $s^2_{h^2}$ ergibt sich als

$$n_p = \frac{\widehat{h^2}(1 - \widehat{h^2})\, s_E + s_N^2 \frac{m_p}{n_p}}{C \frac{D^2}{4} \cdot \frac{m_p}{n_p}} . \qquad (4.112)$$

Bei der Wertung dieses Verfahrens muß beachtet werden, daß zur Ableitung von (4.109) und (4.110), aber auch zur Schätzung der genetischen Korrelation, angenommen wurde, daß zwischen Elter und Nachkomme nur eine genetische Kovarianz besteht. Diese Voraussetzung ist praktisch kaum realisierbar, da Elter und Nachkomme stets unter ähnlichen Umweltbedingungen leben, und sich daraus eine positive Umweltkovarianz ergibt. Die Schätzung von h^2 nach (4.110) führt dann zu einer Überschätzung. Trotzdem sollte diese Methode nicht aus diesem Grunde vernachlässigt werden, da sie gut geeignet ist, die lineare Beziehung zwischen Elter und Nachkomme durch die Wahl mehrerer Selektionsintensitäten zu überprüfen. Gleiches gilt auch für die genetische Korrelation. Besteht das Datenmaterial aus Mutter-Tochter-Paaren, so stören (4.110) zusätzlich Maternaleffekte. Sie führen insbesondere bei Merkmalen der reproduktiven Fitness zu einer Unterschätzung von h^2.
Fall 2: Hier liegt eine unvollständige Datenstruktur vor. An einem Elter wird das Merkmal X_1 und am Nachkommen das Merkmal X_2 oder umgekehrt ermittelt. Diese Strukturen sind nicht geeignet zur Schätzung der Heritabilitätskoeffizienten und auch nicht zur Schätzung der genetischen Korrelation. Es kann lediglich die genetische Kovarianz nach (4.85) bzw. (4.86) geschätzt werden. Die Auswertung einer derartigen Datenstruktur liefert nur wenige Schätzwerte.
Fall 3: Liegen im Gegensatz zu Fall 2 bei dem Nachkommen beide Merkmale vor, so können die entsprechenden Formeln (4.79) bis (4.90) verwendet werden, bei denen nicht X_{E2} benutzt wird. Gleiches gilt auch für das simulierte Selektionsexperiment. Die Versuchsplanung entspricht der des Falles 1.

Zwei Eltern – ein Nachkomme
Die in Tabelle 4.2. dargestellten Fälle dieser Datenstruktur lassen sich prinzipiell auf zwei Wegen auswerten:
- Ein Elter wird vernachlässigt und die Auswertung erfolgt wie beschrieben.
- Das Elternmittel wird gebildet, wenn an beiden Eltern das gleiche Merkmal gemessen wurde.

Fall 1 – Regression:
Die nachfolgenden Ausführungen beziehen sich auf die Verwendung des Elternmittels zur Schätzung. Dadurch wird die Schätzung der genetischen Parameter in einigen Fällen leicht verändert. Das gilt nicht für all diejenigen Formeln, die

sich nur auf Merkmale der Nachkommen beziehen, wie z. B. (4.78), (4.80) und (4.84). Unter Berücksichtigung der Eigenschaften des Elternmittels erhält man

$$s^2_{\underline{X}Ej} = \frac{1}{n_p - 1} \sum_{k=1}^{n_p} (\overline{X}_{Ejk} - \overline{X}_{Ej.})^2 \tag{4.113}$$

$$s^2_{gi} = 2\,\widehat{\mathrm{cov}(\underline{X}_{Ni}, \underline{X}_{Ei})} \tag{4.114}$$

$$\widehat{h^2_i} = \frac{\widehat{\mathrm{cov}(\underline{X}_{Ni}, \underline{X}_{Ei})}}{s^2_{\underline{X}Ei}} \tag{4.115}$$

$$\widehat{\mathrm{cov}(\underline{X}_1, \underline{X}_2)}\,(1) = \frac{2}{n_p - 1} \sum_{k=1}^{n_p} (\overline{X}_{E1k} - \overline{X}_{E1.})\,(\overline{X}_{E2k} - \overline{X}_{E2.})\,. \tag{4.116}$$

Die Schätzung der genetischen Kovarianz kann nach (4.85) und (4.86) vorgenommen werden, indem $\underline{X}_{Ei}$ durch $\overline{X}_{Ei}$ ersetzt wird. Da die Schätzung der genetischen Kovarianz und der Varianz durch die Mittelwertbildung nicht beeinflußt wird, können zur Schätzung der genetischen Korrelation die Formeln (4.87) bis (4.90) benutzt werden.
Für die Schätzfunktionen (4.113) bis (4.116) lassen sich die folgenden Varianzschätzfunktionen bestimmen:

$$\widehat{V(\underline{s}^2_{\underline{X}Ej})} = 8\,\frac{s^4_{\underline{X}Ej}}{n_p - 1} \tag{4.117}$$

$$\widehat{V(\underline{s}^2_{gi})} = 4\,\frac{\left(\widehat{\mathrm{cov}(\underline{X}_{Ni}, \underline{X}_{Ei})}\right)^2 + s^2_{\underline{X}Ni} \cdot s^2_{\underline{X}Ei}}{n_p - 1} \tag{4.118}$$

$$\widehat{V(\underline{h}^2)} = \frac{2\left(1 - h^2 \cdot \dfrac{h^2}{2}\right)}{n_p - 1} \tag{4.119}$$

$$\widehat{V(\underline{s}_{12})} = 4 \cdot V\left(\widehat{\mathrm{cov}(\overline{\underline{X}}_{E1}, \overline{\underline{X}}_{E2})}\right) = 4 \cdot \frac{\left(\widehat{\mathrm{cov}(\overline{\underline{X}}_{E1}, \overline{\underline{X}}_{E2})}\right)^2 + s^2_{XE1}\, s^2_{XE2}}{n_p - 1} \tag{4.120}$$

Die Varianz der genetischen Kovarianz ermittelt man nach (4.97) bzw. (4.98), indem wieder $\underline{X}_{Ei}$ durch $\overline{X}_{Ei}$ ersetzt wird.
Die Varianz des phänotypischen Korrelationskoeffizienten wird stets nach (4.99) geschätzt. Bei der Nutzung der Formeln (4.100) bis (4.102) muß beachtet werden, daß

$$\overline{X}_{E1} = 1$$
$$\overline{X}_{E2} = 2$$
$$\overline{X}_{N1} = 3$$
$$\overline{X}_{N2} = 4$$

gesetzt wurden, um die Varianz der genetischen Korrelation zu ermitteln. Aus den angegebenen Formeln der Varianzen der Schätzfunktionen können leicht die entsprechenden Formeln zur Ermittlung der Anzahl der Eltern-Nachkommen-Paare n_p abgeleitet werden.

Fall 1 – Simulierte Selektion:
Ein Datenmaterial der vorliegenden Struktur ist analog Tab. 4.4. zu ordnen, wobei in Teil 1 die Mittelwerte der beiden Merkmale der Eltern stehen.
Als Ergebnis einer Selektion ist die Tab. 4.5. aufstellbar. (4.27) läßt sich unter diesen Bedingungen folgendermaßen deuten, wenn das Merkmal j untersucht wird ($j = 1, 2$):

$$\Delta G_{j/j} = h_j^2 \, \Delta \overline{X}_j \, . \tag{4.121}$$

Die entsprechende Schätzfunktion für h_j^2 hat die Form

$$\widehat{\underline{h}_j^2} = \frac{\widehat{\Delta G}_{j/j}}{\widehat{\Delta \overline{X}}_j} \tag{4.122}$$

Die Schätzung der genetischen Korrelation ist nach (4.31) möglich. Eine Versuchsplanung zur Ermittlung der Anzahl Wertepaare liegt nicht vor. Als orientierende Hilfe kann man auf die Formel (4.112) zurückgreifen.
Fall 2: Liegt nur ein Merkmal beim Nachkommen vor, so können auch nur alle die Schätzwerte ermittelt werden, die nicht auf das zweite Merkmal beim Nachkommen zurückgreifen müssen. Die phänotypische Varianz der Merkmale kann nach (4.113) bzw. für das eine Merkmal der Nachkommen nach (4.78) ermittelt werden. Die genetische Varianz läßt sich nur für das vorhandene Merkmal bei den Nachkommen nach (4.112) schätzen. Für die Heritabilität gilt das gleiche. Die Schätzung der phänotypischen Kovarianz gelingt nach (4.116). Zur Schätzung der genetischen Kovarianz kann entweder (4.85) oder (4.86) verwendet werden, wobei dort das Elternmittel einzusetzen ist. Der phänotypische Korrelationskoeffizient wird über die Elternmittelwerte bestimmt. Der genetische Korrelationskoeffizient kann nicht geschätzt werden, da eine genetische Varianz fehlt. Mit den zu diesen Schätzfunktionen gehörenden Formeln läßt sich eine Versuchsplanung durchführen. Die simulierte Selektion unterliegt den gleichen Einschränkungen wie die Regression.
Fall 3: Dieser Fall ist dadurch gekennzeichnet, daß nur bei einem Elter ein Merkmal ausfällt. Eine einfache Möglichkeit ergibt sich dadurch, daß man auch das andere Merkmal bei dem Elter vernachlässigt und damit die Struktur auf Fall 1 – Ein Elter – Ein Nachkomme – zurückführt. Andererseits können aber auch alle Formeln des Falles 1 verwendet werden, die nur auf den Mittelwert in einem Merkmal bei den Eltern zurückgreifen. Auf die Angabe von Schätzfunktionen, die in einem Merkmal von einem Elternmittel und im anderen Merkmal von der Beobachtung an einem Elter ausgehen, soll hier verzichtet werden. Diese Aussagen gelten sowohl für die Methode der Regression als auch der simulierten Selektion.
Fall 4: Die Besonderheit dieses Falles besteht darin, daß an einem Elter das eine Merkmal und am anderen Elter das andere Merkmal gemessen wird. Die Kova-

rianz zwischen beiden Merkmalen läßt sich über die Eltern nicht ermitteln und damit auch nicht die phänotypische Korrelation. Bis auf diese Einschränkung liegt eigentlich Fall 1 der Struktur – Ein Elter – Ein Nachkomme – vor. Die Auswertung erfolgt nach den dort angegebenen Formeln.
Fall 5: Die Datenstruktur 5 sollte nach Möglichkeit nicht zur Schätzung herangezogen werden. Durch das Fehlen eines Merkmals beim Nachkommen kann weder die Heritabilität dieses Merkmals noch der genetische und phänotypische Korrelationskoeffizient geschätzt werden. Man kann lediglich die phänotypischen Varianzen an den Eltern, den Heritabilitätskoeffizienten des einen Merkmals und dessen genetische Varianz schätzen. Zusätzlich ist die genetische Kovarianz ebenfalls ermittelbar. Dazu werden die Formeln von Fall 1 der Datenstruktur – Ein Elter – Ein Nachkomme – benutzt.

4.2.1.3.4. Gemischte Strukturen

Gemischte Datenstrukturen setzen sich aus Eltern-Nachkommen-Strukturen und aus Geschwister-Strukturen zusammen. Für diese gemischten Strukturen gibt es keine spezifischen Auswertungsmethoden. Eine Auswertung kann entweder für die Nachkommendaten allein oder die Geschwisterdaten als Mittelwert und die Elterndaten als Mittelwert über die Regression erfolgen. Dabei wird die gemischte Struktur immer auf eine bereits beschriebene Struktur reduziert. Diese gilt in analoger Weise für die simulierte Selektion. In der Literatur ist kein brauchbarer Effizienzvergleich zwischen der Methode der Varianzanalyse und der Regression bekannt, mit dessen Hilfe eine Entscheidung getroffen werden könnte, welches Auswertungsverfahren zu bevorzugen ist. Wegen der verschiedenen Auswirkungen von Modellabweichungen auf die Schätzwerte ist eine allgemeingültige Entscheidung auch nicht möglich. Daher muß hier empfohlen werden, stets mehrere Auswertungsverfahren am gleichen Material durchzuführen und die Ergebnisse populationsgenetisch zu interpretieren. Diese Vorgehensweise gilt ebenso für die simulierte Selektion, die stets ein Bestandteil der Auswertung sein sollte.
Durch die Anzahl der Väter ist eine Entscheidung über die Methoden der Halbgeschwisteranalyse und die Einbeziehung der Väter in die Regressionsanalyse möglich. Bei geringer Anzahl sollte auf die Vaterinformation verzichtet werden.
Die genannten Datenstrukturen und die daraus resultierenden Schätzmethoden erfassen bis auf zwei Ausnahmen alle möglichen Datenstrukturen in gemischten Strukturen. Die beiden Ausnahmen sind:
– Ein Elter – mehrere Nachkommen,
– Zwei Eltern – mehrere Nachkommen.

Sie werden nachfolgend ausgewertet.

Ein Elter – mehrere Nachkommen
Fall 1 – Regression:
Die Regressionsmethode sollte nur dann angewendet werden, wenn je Elter die gleiche Nachkommenstruktur vorliegt (balancierter Fall). Außerdem ist sie nur zu empfehlen beim Vorhandensein weniger Nachkommen. Das praktische Material ist häufig bezüglich der Eltern vorselektiert. Aus den genannten Gründen

werden wir an dieser Stelle nur diejenigen Verfahren angeben, die die darauf beruhenden Nachteile nicht zeigen.
Für die nachfolgenden Betrachtungen wird davon ausgegangen, daß je Vater m Vollgeschwistergruppen und je VG-Gruppe n Nachkommen vorliegen. Allgemein kann unter diesen Bedingungen ein Nachkommenmittel gebildet werden. Dieses Nachkommenmittel ist entweder ein Halbgeschwistermittel, wenn der Elter mit den Merkmalswerten der Vater ist oder es ist ein Vollgeschwistermittel, wenn der Elter mit den Merkmalswerten die Mutter ist. Analog zu (4.76) können auf der Grundlage vorliegender Werte vier Kovarianzen bestimmt werden:

$$\widehat{\mathrm{cov}(\underline{X}_{Ei}, \underline{\overline{X}}_{Nj})} = \frac{1}{n_p - 1} \left(\sum_{k=1}^{n_p} (\underline{X}_{Eik} - \overline{X}_{Ei.}) (\overline{X}_{Njk} - \overline{X}_{Nj.}) \right)$$

$$(i, j = 1, 2). \qquad (4.123)$$

Die phänotypischen Varianzen für die beiden Merkmale werden am besten aus den Nachkommenwerten über eine entsprechende Varianzanalyse geschätzt. Dabei wird von der analogen Struktur (VG-Struktur, HG-Struktur, VG und HG-Struktur) ausgegangen, die bereits beschrieben wurde (VG = Vollgeschwister, HG = Halbgeschwister).
Zur Schätzung der genetischen Varianz können mehrere Möglichkeiten genutzt werden. Unabhängig davon, ob der Vater oder die Mutter der Elter mit den Merkmalswerten ist, aber unter Beachtung des entsprechenden Mittelwertes der Nachkommen gilt

$$s_{gi}^2 = 2\, \widehat{\mathrm{cov}(\underline{X}_{Ei}, \underline{\overline{X}}_{Ni})}. \qquad (4.124)$$

Weitere Möglichkeiten zur Bestimmung von s_{gi}^2 bestehen über die Varianzanalyse. Daraus wiederum können die Schätzungen des Heritabilitätskoeffizienten abgeleitet werden.

$$\widehat{h_i^2} = 2\, \frac{\widehat{\mathrm{cov}(\underline{X}_{Ei}, \underline{\overline{X}}_{Ni})}}{s_{Xi}^2} \qquad (4.125).$$

Die phänotypische Kovarianz zwischen den Merkmalen bestimmt man am einfachsten unter Verwendung der Nachkommeninformationen nach einer entsprechenden Kovarianzanalyse, wie sie z. B. unter 4.2.1.3.2. dargestellt ist. Analog zur Schätzung der genetischen Varianz ergeben sich mehrere Möglichkeiten zur Schätzung der genetischen Kovarianz.

$$\widehat{\mathrm{cov}(\underline{g}_1, \underline{g}_2)} = 2\, \widehat{\mathrm{cov}(\underline{X}_{Ei}, \underline{\overline{X}}_{Nj})}, \quad (i \neq j) \qquad (4.126)$$

Mit der Schätzung der phänotypischen und genetischen Varianzen und Kovarianzen erhält man verschiedene Möglichkeiten zur Schätzung der phänotypischen und genetischen Korrelation, wie z. B. in (4.82) bis (4.90) dargestellt.
Neben den angegebenen Möglichkeiten der Schätzung des Heritabilitätskoeffizienten sind bei einer solchen Datenstruktur noch weitere gebräuchlich. Dabei

wird vom Eltern-Nachkommen-Regressionskoeffizienten ausgegangen. Solche Fälle betrachteten z. B. KEMPTHORNE und TANDON (1953). Zur Berechnung der Regression wird das Nachkommenmittel benutzt. Weiterhin ist es möglich, die Methode der Regression innerhalb von Gruppen, in unserem Fall – Vater, zu verwenden, die in bestimmten Situationen zu einer höheren Genauigkeit der Schätzung führt. Betrachtungen dazu wurden von HERRENDÖRFER (1967) angestellt. In den vorangegangenen Abschnitten sind die Schätzungen der Varianzen der Schätzfunktion und die darauf basierende Versuchsplanung für die Methoden der Varianzanalyse bereits ausführlich behandelt. Für die Methode der Regression sind die speziellen Fälle – Elter gleich Mutter und Elter gleich Vater – getrennt zu betrachten. Für den Fall – Mutter gleich Elter – gab HERRENDÖRFER (1967) eine Versuchsplanung zur Schätzung des Heritabilitätskoeffizienten an. Die Varianz dieses Heritabilitätskoeffizienten lautet

$$s^2_{h^2} = 4\,\frac{\left(1-\frac{\widehat{h^2}}{2}\right)\left(1+n\,\frac{\widehat{h^2}}{2}\right)}{n\,(n_p-1)}\,. \tag{4.127}$$

Beschränkt man $s^2_{h^2}$ durch C und löst dann nach n_p auf, so folgt

$$n_p = 4\,\frac{\left(1-\frac{\widehat{h^2}}{2}\right)\left(1+n\,\frac{\widehat{h^2}}{2}\right)}{n\cdot C}+1\,.$$

Zur Schätzung der genetischen Korrelation steht keine brauchbare Versuchsplanung zur Verfügung.

Fall 1 – Simulierte Selektion:
Bei der simulierten Selektion sollten die Vorteile der Geschwisterähnlichkeiten genutzt werden. Diese sind bereits ausführlich in den vorhergehenden Punkten behandelt. Eine simulierte Selektion nach den Eltern mit Ermittlung des Selektionserfolges wurde in (4.109) und (4.110) dargestellt. Dabei sind dort statt des einen Nachkommen die Nachkommenmittel einzusetzen.

Fall 2 – Regression:
Im Fall 2 liegt neben den Informationen bei einem Elter eine unvollständige Datenerhebung bei den Nachkommen vor. Von besonderer Bedeutung sind hierbei diejenigen Datenstrukturen, bei denen ein Teil der Nachkommengruppe z. B. einer Nachkommenprüfung und ein anderer Teil einer Eigenleistungsprüfung unterzogen wurde. Ähnliche Strukturen erhält man bei geschlechtsgebundenen Merkmalen. Nur auf diese Datenstrukturen wird hier weiter eingegangen. Zunächst kann man auf die Informationen der Eltern verzichten und eine entsprechende varianzanalytische Auswertung vornehmen. Andererseits kann wie bei einer vollständigen Datenstruktur vom Nachkommenmittel ausgegangen werden und wie im Fall 1 verfahren werden.

Fall 2 – Simulierte Selektion:
Eine extra Beschreibung dieser Schätzmethode kann entfallen, da sie analog dem Fall 1 durchgeführt wird. Jedoch sind hier die Eltern-Nachkommen-Beziehungen zu bevorzugen.

Zwei Eltern – mehrere Nachkommen
Eine allgemeine Behandlung dieser Struktur ist nicht ohne großen rechnerischen Aufwand möglich. Daher werden hier nur einige Hinweise gegeben. Zunächst wird davon ausgegangen, daß die Nachkommenschaft eine reine Vollgeschwisterstruktur besitzt. Die Regression zwischen dem Nachkommenmittel und dem Elternmittel kann interpretiert werden wie die entsprechende Regression zwischen dem Elternmittel und einem Nachkommen. Liegt eine Voll- und Halbgeschwisterstruktur der Nachkommen vor, sollte auf die Information des Vaters verzichtet werden und wie im vorhergehenden Abschnitt verfahren werden. Gleiches gilt auch für eine reine Halbgeschwisterstruktur.

4.2.1.3.5. Wiederholbarkeitskoeffizient
Im Verlaufe seines Lebens kann ein Zuchtobjekt eine Leistung mehrfach hervorbringen, wie z. B. Laktationen, Würfe, Legeleistung, Erträge, Ernten usw. Für den Züchter ist es wichtig, den Zusammenhang zwischen jeweils zwei Leistungen zu erkennen. Insbesondere soll von einer zeitlich früheren Leistung auf eine zeitlich spätere Leistung geschlossen werden. Der Zusammenhang zwischen zwei Leistungen wird durch den Korrelationskoeffizienten zwischen diesen Leistungen beschrieben. Der phänotypische Korrelationskoeffizient wird dann gleich dem Quadrat des Wiederholbarkeitskoeffizienten gesetzt. Es gilt

$$w_{ij}^2 = \frac{\operatorname{cov}(\underline{X}_i, \underline{X}_j)}{\sqrt{\sigma_{xi}^2\, \sigma_{xj}^2}}\,. \qquad (4.128)$$

Durch (4.128) wird allgemein die Wiederholbarkeit definiert, wobei für die einzelnen Leistungen des Zuchtobjektes unterschiedliche Varianzen zugelassen werden. Außerdem kann bei mehreren Leistungen die Wiederholbarkeit zwischen diesen verschieden sein, je nach dem wie nahe die betrachteten Leistungen in der zeitlichen Folge liegen. Kann man andererseits davon ausgehen, daß die Varianzen der einzelnen Leistungen gleich sind, und daß die Wiederholbarkeit zwischen jeweils zwei Leistungen gleich ist, so läßt sich der Wiederholbarkeitskoeffizient auch über Varianzkomponenten definieren. Dabei wird eine einfache Varianzanalyse mit dem Faktor Zuchtobjekt durchgeführt. Verwendet man die Bezeichnungen von (4.29) so gilt

$$w^2 = \frac{\sigma_a^2}{\sigma_a^2 + \sigma_e^2} \qquad (4.129).$$

In beiden Fällen kann der Wiederholbarkeitskoeffizient geschätzt werden, indem die einzelnen Komponenten von (4.128) und (4.129) ermittelt werden.
In der praktischen Züchtung hat sich gezeigt, daß man eigentlich nicht von (4.129) ausgehen darf, weil der Zusammenhang zeitlich weiter auseinander lie-

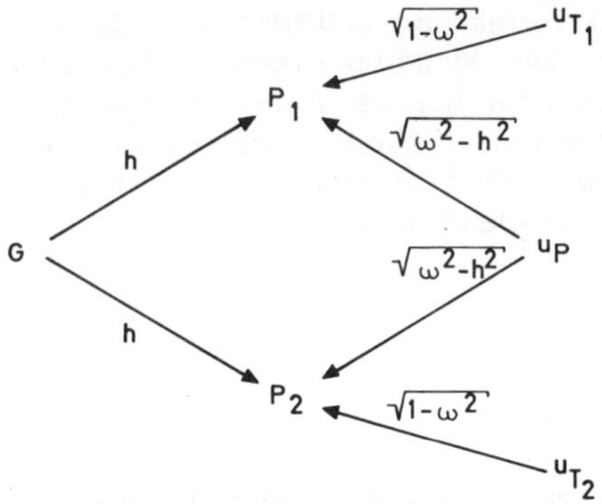

Abbildung 4.7. Pfadkoeffizientendiagramm für die Beziehungen zwischen wiederholten Leistungen
G – genotypischer Wert
P_1, P_2 – phänotypischer Wert der 1. bzw. wiederholten Leistung
u_p – Wert der permanenten Umwelt
u_{T_1}, u_{T_2} – Wert der temporären Umwelt der 1. bzw. wiederholten Leistung

gender Leistungen erheblich geringer ist, als zeitlich benachbarter Leistungen. Die Versuchsplanung für eine Schätzung des Parameters w_{ij}^2 erfolgt über die Versuchsplanung zur Schätzung eines Korrelationskoeffizienten. Die Varianz von $\underline{w}_{ij}^2$ berechnet man nach (4.99) und daraus kann auf dem üblichen Wege der Stichprobenumfang bestimmt werden.
Das Modell, das in (4.129) benutzt wurde, kann auch populationsgenetisch interpretiert werden. Wenn man eine gleichbleibende Wirkung des Genotyps voraussetzt, so ist festzustellen, daß alle wiederholten Leistungen eines Individuums einen gleichen genetischen Effekt, einen gleichen permanenten Umwelteffekt (u_p) und unterschiedliche temporäre Umwelteffekte (u_t) aufweisen, und wir schreiben die j-te wiederholte Leistung des i-ten Individuums in der Form

$$\underline{P}_{ij} = \mu + \underline{\gamma}_{\iota} + \underline{\vartheta}_{\pi\iota} + \underline{\vartheta}_{\tau\iota\xi} \tag{4.130}$$

mit den Nebenbedingungen

$$E(\underline{g}_i) = E(\underline{u}_{pi}) = E(\underline{u}_{tij}) = 0;$$
$$cov(\underline{g}_i, \underline{u}_{pi}) = cov(\underline{g}_i, \underline{u}_{tij}) = cov(\underline{u}_{pi}, \underline{u}_{tij}) = 0;$$
$$V(\underline{g}_i) = \sigma_g^2; \quad V(\underline{u}_{pi}) = \sigma_{up}^2; \quad V(\underline{u}_{tij}) = \sigma_{ut}^2 \text{ für alle i und j;}$$
$$cov(\underline{u}_{pi}, \underline{u}_{pi'}) = cov(\underline{u}_{tij}, \underline{u}_{ti'j'}) = 0 \text{ für alle } i \neq i' \text{ und } j \neq j'$$

und den üblichen Voraussetzungen über die Verteilung.

Die Abbildung 4.7. zeigt in einem Pfadkoeffizientendiagramm die modellierten Beziehungen zwischen zwei wiederholten Leistungen. (4.129) geht unter den obigen Bedingungen in

$$w^2 = \frac{\sigma_g^2 + \sigma_{up}^2}{\sigma_g^2 + \sigma_{up}^2 + \sigma_{ut}^2} \tag{4.131}$$

über.

Bei Gültigkeit der genannten Voraussetzungen entspricht das Quadrat des Wiederholbarkeitskoeffizienten dem Korrelationskoeffizienten zwischen zwei wiederholten Leistungen bzw. dem Intraklasskorrelationskoeffizienten bei Betrachtung mehrerer wiederholter Leistungen. Der Wiederholbarkeitskoeffizient für wiederholte Leistungen kennzeichnet somit den relativen Anteil der phänotypischen Varianz an der Gesamtvarianz, den wiederholte Leistungen gemeinsam haben. Da dieser Anteil nicht kleiner als der Anteil der genetischen Varianz ausfallen kann, ergeben sich nachfolgende Ungleichungen für die Parameter h^2 und w^2.

$$0 \leq h^2 \leq w^2$$

4.2.1.4. Schätzung in erweiterten Modellen

In diesem Abschnitt erfolgt eine Einschränkung auf die Umweltmaternaleffekte und die Genotyp-Umwelt-Wechselwirkung. Zusätzlich wird hier auf einige Aspekte der Anwendung eingegangen. Die Schätzung der Dominanzvarianz wird im Zusammenhang mit den Kreuzungsplänen von Comstock und Robinson (1952) in 4.2.2.5. behandelt.

4.2.1.4.1. Umweltmaternaleffekte

In Abschnitt 2.4.2.1. wurde das Modell der Umweltmaternaleffekte vorgestellt. Es ist nur für multipare Zuchtobjekte sinnvoll, da anderenfalls die Schätzung der entsprechenden Varianzkomponente nicht gelingt. In (2.116) wurde die Interpretation der Varianzkomponenten einer zweifachen hierarchischen Varianzanalyse auf der Grundlage des erweiterten Modells vorgestellt. Darauf basiert auch die Schätzung der entsprechenden Varianz von $\underline{u}_{Mij}$.
Es gilt

$$s_{uM}^2 = s_b^2 - s_a^2, \qquad (4.132)$$

wobei s_a^2 und s_b^2 die Varianzkomponenten für die Väter und die Mütter sind.

Das Modell der Umweltmaternaleffekte unterscheidet sich erheblich von Modellen, die genetische und umweltbedingte Maternaleffekte definieren. So gaben Dickerson (1947) und Willham (1973) sowohl entsprechende Modelle als auch die darauf basierenden Schätzverfahren an. Die Beschreibung der Modelle und die Schätzverfahren werden hier nicht angegeben. Eine Aufteilung der Maternaleffekte in prä- bzw. postnatale ist durch die Methoden des Kreuzungsammenexperiments möglich. Mit dieser Methode wurden derartige Effekte sowohl für Wachstumsmerkmale als auch für Fruchtbarkeitsmerkmale bei multiparen Tieren ermittelt. Eine Zusammenstellung derartiger Schätzwerte findet man bei Schüler (1982). Diese Umwelteffekte werden in der praktischen Tierzucht durch Wurfgrößenstandardisierung bzw. -ausgleich reduziert, was insbesondere für die postnatalen Effekte gilt.

4.2.1.4.2. Genotyp-Umwelt-Wechselwirkungen (GUW)

Genetische Grundlagen

Die genetischen Ursachen für die Genotyp-Umwelt-Wechselwirkungen sind vielfältiger Natur und theoretisch kaum detailliert aufgeklärt. Einzelne Untersu-

chungen auf dem Gebiet der biochemischen Genetik (hauptsächlich an Mikroorganismen durchgeführt) zeigten, daß bestimmte Veränderungen der Umwelt eine Aktivierung oder Blockierung bestimmter Elemente, die den Charakter des Geneinflusses auf ein Merkmal entsprechend verändern, herbeiführen (KUSCHNER 1975). Damit zeigt sich deutlich, daß die Lebensbedingungen nicht ein Passivum hinsichtlich der Entfaltung des Genotyps sind, sondern eine ebenso wichtige Komponente bei der Ausbildung definitiver Merkmale wie das Genmaterial selbst darstellen. Daraus entsteht die Hypothese, daß für die verschiedenen Umweltbedingungen auch unterschiedliche Genotypen jeweils am besten geeignet sind. Es ist jedoch nicht mit einer Konstanz der Umweltbedingungen zu rechnen. Die Umweltbedingungen sind mit der Zeit veränderlich und nicht einheitlich. Deshalb gibt es keinen „besten" Genotyp (KUSCHNER 1975). Unter bestimmten Bedingungen ist ein Genotyp der beste, unter anderen jener. Der zeitliche Anpassungswert der Gene ist relativ und unterliegt Veränderungen.
Nach PIRCHNER (1964) lassen genetische Korrelationen zwischen gleichen Merkmalen von Nachkommen gleicher Eltern, die jedoch in unterschiedlichen Umwelten leben, Rückschlüsse auf die genetischen Wirkungen zu. Je stärker die genetischen Korrelationen zwischen den Nachkommengruppen von 1 abweichen, desto sicherer kann man schlußfolgern, daß Gene, die in einer Umwelt wirksam sind, in anderen Umwelten wesentlich weniger zur Ausprägung des Merkmals beitragen.
Die Aufdeckung der Ursachen von Genotyp-Umwelt-Wechselwirkungen, die Gegenstand der Physiologie, Biochemie und Entwicklungsgenetik ist, stellt unumstritten eines der schwierigsten und wichtigsten Probleme der weiteren Forschung auf den genannten Gebieten dar. Der Züchter steht jedoch vor der Aufgabe, trotz geringer Kenntnis über die Ursache dieser Wechselwirkungen auf der Basis phänotypischer Merkmalswerte, Rassen und Sorten mit hohen und unter mannigfaltigen Umweltbedingungen überlegenen Leistungen zu züchten.
Für qualitative Merkmale ist der Nachweis von Genotyp-Umwelt-Wechselwirkungen in einzelnen Experimenten erbracht. So kann die Ausbildung einer durch ein Gen bedingten Eigenschaft wie etwa die Haarfarbe durch extreme Umweltverhältnisse radikal verändert werden. In Versuchen konnte gezeigt werden, daß beim Russenkaninchen eine Steigerung der Schwärzung einzelner Körperregionen durch Kälte entsteht. Ähnliche Beispiele einer solchen Wechselwirkung zwischen Genotyp und Umwelt bei Blütenfarben und anderen gleichermaßen von Majorgenen abhängigen Eigenschaften ließen sich für die Pflanzenwelt anführen (BRESCH 1964, COLIN 1956, WRICKE 1965).
Für diese durch verschiedene Umwelteinflüsse bedingten unterschiedlichen Ausprägungen ein und desselben Genotyps prägte bereits BAUR (1930) den Terminus Modifikation. Dem Vererbungsforscher wie auch dem Züchter bereiten die Modifikationen bei ihrer Arbeit oft große Schwierigkeiten. Modifikationen von Eigenschaften, die qualitativ sind, konnten teilweise in ihren chemischen Grundlagen und damit in ihren kausalen Zusammenhängen zwischen Umweltbedingungen und phänotypischer Ausprägung aufgeklärt werden. Das gilt besonders für Beispiele aus der Pflanzengenetik (WRICKE 1965).
Nicht so klar überschaubar liegen die Verhältnisse bei den Modifikationen quantitativer Eigenschaften wie etwa beim Wachstum, der Fruchtbarkeit, Ertragsei-

genschaften oder den reproduktiven Leistungen. Wir haben bis heute nur vage Vorstellungen über den Wirkungsmechanismus solcher Ertrags- oder Leistungsgene bei quantitativen Eigenschaften unserer Haustiere. Feststehend ist nur, daß diese Merkmale von einer Vielzahl von Genen abhängen. Wir müssen auch annehmen, daß die Art der Vererbung für jedes Gen grundsätzlich der von qualitativen Eigenschaften entspricht. Den Einfluß jedes einzelnen Gens und somit auch den Einfluß der Umwelt auf die Wirkung jedes Gens zu ermitteln, erscheint mit bisherigen Mitteln unmöglich.
Ein weiterer Grund für das Auftreten von Genotyp-Umwelt-Wechselwirkungen liegt neben der Modifikation der Einzelgene, wie oben angedeutet, in der Natur der Ausprägung quantitativer Eigenschaften selbst begründet. Die durch die Umwelt bedingten Veränderungen bei der Ausprägung des Phänotypes sind gleitend; innerhalb einer gewissen Variationsbreite sind alle quantitativen Abstufungen des in Frage stehenden Genotyps realisierbar. Beide Variationsursachen, sowohl die genetisch vorgegebene als auch die rein umweltbedingt modifizierende, bewirken keine diskontinuierliche, sondern eine kontinuierliche Verteilung der Phänotypen. Das bedeutet, daß man sich zum Studium und zur Beschreibung quantitativer Eigenschaften und deren Wechselwirkungen statistischer Betrachtungsweisen und Methoden bedienen muß.
Bei der Diskussion des genetischen Hintergrundes für die Genotyp-Umwelt-Wechselwirkung muß man bedenken, daß die einzelnen Rassen, Sorten und Linien stets unter konkreten Bedingungen gezüchtet wurden und somit auch Produkt ihrer Zuchtumwelt oder „Produkt ihrer Scholle" sind. Durch die natürliche Selektion, unterstützt durch die Bemühungen des Züchters, sind die Rassen an ihr Zuchtgebiet gut angepaßt. Versetzt man die Rassen oder Linien aus ihren Ursprungsgebieten in neue Territorien, so findet eine neue Anpassung statt, die unterschiedlich erfolgreich sein kann. Die Anpassung, die Akklimatisation, macht sich besonders bemerkbar, wenn mehrere Rassen oder Sorten aus verschiedenen Ländern an gleichen Standorten geprüft werden. Im Ergebnis der Prüfung werden Genotyp-Umwelt-Wechselwirkungen sichtbar, da die einzelnen Rassen den verschiedenen Prüforten unterschiedlich gut angepaßt sind.
Die Anpassung unterteilt sich jedoch in eine genotypische und eine phänotypische. Die phänotypische ist unmittelbar vom genetischen Reaktionsspektrum der einzelnen Objekte der importierten Population abhängig und kann eher erkannt werden als die genotypische Anpassung. Die genotypische Anpassung ist die Folge eines Selektionsvorganges: Aus einer Population werden diejenigen Genotypen bevorzugt, die einen hohen Anpassungswert besitzen. Sie zeichnen sich durch eine höhere reproduktive Leistungsfähigkeit aus und bewirken dadurch den Anpassungsvorgang. Es handelt sich um einen durch die Selektion bestimmten Vorgang, nicht um ein sich „aktiv Anpassen".
Bei der Behandlung der Wechselwirkung zwischen Genotyp und Umweltfaktoren genügt es heute dem Züchter nicht mehr, das durchschnittliche Verhalten der Arten zu kennen, sondern er wünscht vielmehr die Verschiedenartigkeiten der Reaktionen einzelner Genotypen auf die Umwelt zu erfahren. Er sucht ein Maß oder Charakteristikum für das unterschiedliche Verhalten einzelner Nachkommenschaften, Linien oder Rassen.
Jede genotypische Gruppe, Nachkommenschaft, Linie oder Rasse besitzt eine

mehr oder weniger breite Anpassungsfähigkeit an verschiedene Umweltwirkungen, sie besitzt eine „ökologische Streubreite". Innerhalb ihrer „ökologischen Streubreite" kann sie sich auf die Umwelt einstellen und eine hohe Produktivität erreichen. Je weiter man mit dem Genotyp oder den Umweltbedingungen an den Rand der „ökologischen Streubreite" gerät, um so schlechter wird die Ausprägung des Phänotypes und somit der Erträge. Die einzelnen genotypischen Gruppen, Linien oder Rassen, besitzen sicherlich eine unterschiedliche „ökologische Streubreite". Das schlägt sich bei der Auswertung von Versuchen zur Genotyp-Umwelt-Interaktion natürlich als Interaktionsvarianz nieder.
In einem Übersichtsbeitrag beschreibt Wilson (1974) drei wichtige genetische Wirkungen bei der Genotyp-Umwelt-Interaktion:
- Die additive genetische Wirkung der einzelnen Gene im Zusammenhang mit der Umweltwirkung.
- Die proportionale genetische Wirkung im Zusammenhang mit dem Umwelteinfluß.
- Die genetische Schwellenwirkung für einzelne Gene im Zusammenhang mit den Umweltbedingungen.

Es ist jedoch für quantitative Merkmale außerordentlich schwierig, diese einzelnen Wirkungen in Feldversuchen nachzuweisen.
Die genetischen Ursachen für eine Genotyp-Umwelt-Wechselwirkung können sowohl auf additiver als auch nichtadditiver Wirkung der Erbsubstanz beruhen.
Die mathematisch-statistischen Methoden zur Auswertung der Genotyp × Umwelt-Interaktionen beruhen auf verschiedenen Modellvorstellungen. Comstock und Moll (1963) beschreiben ausführlich lineare Modelle. Sie geben an, welche Datenstrukturen für bestimmte lineare Modelle notwendig sind.
Henderson (1953) entwickelte Schätzmethoden zur Ermittlung von Varianzkomponenten. Diese Möglichkeiten finden in der hier vorliegenden Arbeit Anwendung. Weitere wesentliche Beiträge wurden mit den Arbeiten von Comstock (1960), Corbeil und Searle (1976), Hanson (1964), Hinkelmann (1974), Mason (1964), Mode und Robinson (1959), van Vleck und Henderson (1961) und insbesondere von Dickerson (1962) sowie Searle (1961, 1971), Denis und Vincourt (1982) und Kress u. a. (1971) geleistet.

Schätzung von Parametern
Ausgehend von den in 2.4.3.1. vorgestellten Modellen zur Erfassung der GUW werden in diesem Abschnitt die zur Beurteilung der GUW erforderlichen Parameter zusammengestellt, Schätzmethoden für diese Parameter angegeben und Hilfsmittel zur Versuchsplanung beschrieben. Dabei ist zu beachten, daß für die Modelle verschiedene Parameter benötigt werden. Das führt auch zu Unterschieden in der Planung der Versuche in den Modellen.
Varianzanalysemodell:
Im Varianzanalysemodell sind die drei Varianzkomponenten σ_V^2 σ_R^2 und σ_W^2 zu schätzen. In der statistischen Literatur werden dafür auf der Grundlage des Modells einer zweifachen Kreuzklassifikation mit einem festen und einem zufälligen Faktor eine Reihe von Auswertungsverfahren in Abhängigkeit von der Klassenbesetzung und dem Zielkriterium vorgeschlagen.

In vielen Rechnerprogrammen wird eine Variante des Snedecor-Verfahrens angewendet. Für den Fall gleicher Klassenbesetzung ($n_{ij} = n \geq 2$ für alle i, j) und zwei Umwelten ($b = 2$) ist durch

$$\widehat{\sigma_v^2} = \frac{1}{2n}(MQ_B - MQ_R)$$

$$\widehat{\sigma_w^2} = \frac{1}{2n}(MQ_{AB} - MQ_R) \qquad (4.133)$$

$$\widehat{\sigma_R^2} = MQ_R$$

eine im gewissen Sinne optimale Schätzung gegeben. Die MQ's sind in Rasch u. a. (1978), Verfahren 3/51/2300 erklärt, wobei dort jedoch $\sigma_w^{*2} = 2 \cdot \sigma_w^2$ geschätzt wird.

Die Einschätzung der GUW erfolgt hauptsächlich über die Varianzkomponente σ_w^2. Deshalb wird die Versuchsplanung so ausgerichtet, daß diese Varianzkomponente mit vorgegebener Genauigkeit geschätzt werden kann. Mit einem solchen Versuchsplan wird stets die Varianzkomponente σ_R^2 mit wesentlich größerer Genauigkeit geschätzt. Die Genauigkeit der Schätzung von σ_v^2 hängt vom Verhältnis σ_v^2 zu σ_w^2 ab, andererseits benötigt man σ_v^2 hauptsächlich zur Schätzung des Heritabilitätskoeffizienten h^2. Dazu müssen aber ähnliche Versuchspläne verwendet werden (Herrendörfer 1967).

Bei der Versuchsplanung geht man von gleichem $n_{ij} = n \geq 2$ für alle i, j aus. Nach Mace (1964) erfolgt die Vorgabe der Genauigkeit zur Schätzung von Varianzen bzw. Varianzkomponenten über τ und α, wobei $\tau = \frac{d}{M}$ gesetzt wird und d die halbe erwartete Breite des Konfidenzintervalles und M den erwarteten Mittelpunkt des Intervalles bedeuten. Ausgehend von einem festen Wert τ_0 und einem vorgegebenen α wird zunächst der Freiheitsgrad (FG) bestimmt

$$FG = 1/2 + u^2_{1-\frac{\alpha}{2}} \left[\frac{1}{\tau_0} \left(\frac{1}{\tau_0} + \sqrt{\frac{1}{\tau_0^2} - 1} \right) - 1/2 \right]. \qquad (4.134)$$

Für ausgewählte Werte von τ_0 und α findet man eine Tabelle der FG in Rasch u. a. (1978) Verfahren 3/31/0101.

Zur Versuchsplanung muß außerdem eine Vorinformation über die Parameter vorliegen und zwar in der Form

$$\vartheta = \frac{\sigma_w^2}{\sigma_w^2 + \sigma_R^2}. \qquad (4.135)$$

Falls eine derartige Information nicht vorliegt, sollte man zweistufig vorgehen. In der ersten Stufe wähle man $n = 10$ und $a = 100$.
Da hier nur 2 Umwelten ($b = 2$) untersucht werden, gilt für das optimale n

$$\frac{1-\vartheta}{\vartheta}\sqrt{\frac{FG}{FG+1}} < n^* \leq \frac{1-\vartheta}{\vartheta}\sqrt{\frac{FG}{FG+1}} + 1\,. \qquad (4.136)$$

Ausgehend von einem ganzzahligen Wert für n^*, der der Bedingung (4.136) genügt, wird die optimale Anzahl der Väter nach

$$a = 1 + \frac{(1+(n-1)\,\vartheta)^2 \cdot FG}{n^2 \cdot \vartheta^2} + \frac{(1-\vartheta)^2 \cdot FG}{2\,n^2(n-1)\,\vartheta^2} \qquad (4.137)$$

berechnet und aufgerundet (a^*), wobei $n = n^*$ gewählt wird. In Tabelle 4.6. sind für FG = 100 die optimalen Versuchspläne in Abhängigkeit von ϑ angegeben. Falls die in der Tabelle angegebene Anzahl von Vätern nicht zu realisieren ist, dafür aber eine größere Anzahl von Nachkommen verwendet werden kann, ist mit Hilfe von (4.137) für jedes vorgegebene n die zugehörige notwendige Anzahl von Vätern bestimmbar.

Tabelle 4.6. Optimale Pläne zur Schätzung von σ_w^2 für FG = 100

ϑ	a^*	n^*	$N = 2 \cdot n^* \cdot a^*$
0,1	367	10	7340
0,2	333	5	3330
0,3	333	3	1998
0,4	336	2	1344
0,5	239	2	956
0,6	186	2	744
0,7	151	2	604
0,8	129	2	516
0,9	113	2	452

Tabelle 4.7. Optimale Pläne zur Schätzung von σ_w^2 für FG = 100 für vorgegebene n

ϑ	n	a^*	$N = 2n \cdot a^*$
0,1	5	826	8260
	10	367	7340
	20	212	8480
0,2	5	333	3330
	10	198	3960
	20	146	5840
0,3	5	219	2190
	10	154	3080
	20	126	5040
0,4	5	172	1720
	10	134	2680
	20	117	4680

Tabelle 4.7. zeigt die Pläne für FG = 100 und ausgewählte Werte von n und ϑ. Eine ausführliche Ableitung aller Formeln zur Versuchsplanung zur Schätzung von σ_w^2 wurde von Nürnberg (1982) angegeben. Ein approximatives Konfidenzintervall für σ_w^2 wird durch

$$\left\langle \frac{\widehat{\sigma_w^2} \cdot \underline{FG}^*}{\chi^2\left(\underline{FG}^*; 1-\frac{\alpha}{2}\right)}; \quad \frac{\widehat{\sigma_w^2} \cdot \underline{FG}^*}{\chi^2\left(\underline{FG}^*; \frac{\alpha}{2}\right)} \right\rangle \tag{4.138}$$

mit

$$\underline{FG}^* = \frac{(\underline{MQ}_{AB} - \underline{MQ}_R)^2}{\frac{(\underline{MQ}_{AB})^2}{FG_{AB}} + \frac{(\underline{MQ}_R)^2}{FG_R}} \tag{4.139}$$

bestimmt.

Falconer-Modell:
Im Gegensatz zum Varianzanalysemodell, bei dem von gleichen Varianzen und einheitlichem h^2 in beiden Umwelten ausgegangen wurde, läßt das Falconer-Modell Unterschiede in diesen beiden Parametern in beiden Umwelten zu und ist in dieser Hinsicht anpassungsfähiger. Darüber hinaus wird zur Beurteilung der GUW die genetische Korrelation ϱ_g oder ein daraus abgeleiteter Parameter benötigt.
Die Versuchsplanung zur Schätzung von Heritabilitätskoeffizienten auf der Grundlage von Halbgeschwistergruppen in einer Umwelt wurde von Herrendörfer (1967) durchgeführt.
Versuchspläne zur Schätzung von ϱ_g findet man bei Guiard (1977). Insbesondere die Schätzung von ϱ_g führt zu sehr großen Stichprobenumfängen. Um dies zu umgehen, kann $\varrho_{\bar{y}_1 \bar{y}_2}$ als phänotypische Korrelation zwischen den Mittelwerten der Nachkommengruppen der Väter in beiden Umwelten verwendet werden. Grundlage dafür bildet die Formel

$$\varrho_{\bar{y}_1 \bar{y}_2} = \frac{1/4\, \varrho_g \cdot h_1 h_2}{\sqrt{\left(1/4 h_1^2 + \frac{1 - 1/4 h_1^2}{n_1}\right)\left(1/4 h_2^2 + \frac{1 - 1/4 h_2^2}{n_2}\right)}} \tag{4.140}$$

die in Herrendörfer und Nürnberg (1986) abgeleitet wurde.

Dabei wird vorausgesetzt, daß in der Umwelt 1 n_1 Nachkommen und in der Umwelt 2 n_2 Nachkommen je Vater vorliegen.
Mit Hilfe von (4.140) kann nun die Versuchsplanung zur Schätzung von ϱ_g umgangen werden, nicht aber die für h_i^2 (i = 1, 2).
Die Versuchsplanung zur Schätzung der phänotypischen Korrelation $\varrho_{\bar{y}_1 \bar{y}_2}$ erfolgt nach Rasch u. a. (1978) Verfahren 3/61/1101. Aus den dort angegebenen Tabellen ist ersichtlich, daß die Anzahl der Väter zwischen 100 und 200 liegen muß, um eine brauchbare Genauigkeit zu erreichen.

Die Untersuchungen zu GUW sind mit der Schätzung der Parameter noch nicht abgeschlossen. Den Züchter interessiert insbesondere die Auswirkung einer vorhandenen GUW auf den Zuchtfortschritt.

Einfluß der GUW auf den Zuchtfortschritt:
Die Untersuchungen zur GUW können mit der Schätzung der entsprechenden Parameter nicht abgeschlossen werden. Aus züchterischer Sicht interessiert insbesondere der Einfluß einer vorhandenen Genotyp-Umwelt-Wechselwirkung auf den durch Selektion erzielbaren Zuchtfortschritt. Dieser Zuchtfortschritt wird mit Hilfe der Formeln zur Bestimmung des direkten und indirekten Selektionserfolges ermittelt. Den Ausgangspunkt für diese Untersuchungen bilden dabei stets zwei vorher festgelegte Umwelten. Damit sind sie nicht auf andere Umwelten übertragbar. Außerdem wollen wir uns in diesem Abschnitt auf den in 2.4.3. angegebenen Versuchsplan stützen, annehmen, daß je Vater und Umwelt die gleiche Anzahl von Nachkommen vorliegt, weitere Störfaktoren nicht zu beachten sind und nach den Nachkommenmitteln in einer Umwelt selektiert wird. Dieses Modell beschreibt also die Nachkommenprüfung monoparer Tiere (z. B. Rinder).

Varianzanalyse:
Zur Einschätzung der Auswirkungen der GUW auf den Zuchtfortschritt benötigt man $\Delta G_{l/m}$. Mit $\Delta G_{l/m}$ wird der genetische Fortschritt in Umwelt l bezeichnet, wenn in der Umwelt m selektiert wird. Allgemein wird für ein so festgelegtes Modell der genetische Fortschritt mit Hilfe von

$$\Delta G_{l/m} = \beta \bar{y}_1 \, \bar{y}_m \cdot \Delta \bar{y}_m \quad l \neq m \tag{4.141}$$

berechnet. Nach (2.1) gilt

$$\underline{\bar{y}}_{ij.} = \mu + \underline{v}_i + u_j + \underline{w}_{ij} + \frac{\underline{e}_{ij.}}{n_j}$$

und

$$V(\underline{\bar{y}}_{ij.}) = \sigma_v^2 + \sigma_w^2 + \frac{\sigma_R^2}{n_j}. \tag{4.142}$$

Der Regressionskoeffizient $\beta_{\bar{y}_l \bar{y}_m}$ kann wegen der Nebenbedingung $\sum_{j=1}^{2} \underline{w}_{ij} = 0$ nach

$$\beta_{\bar{y}_l \underline{\bar{y}}_m} = \frac{\operatorname{cov}(\underline{\bar{y}}_{il.}, \underline{\bar{y}}_{im.})}{V(\underline{\bar{y}}_{im.})} = \frac{\sigma_v^2 - \sigma_w^2}{\sigma_v^2 + \sigma_w^2 + \frac{\sigma_R^2}{n_m}} \tag{4.143}$$

bestimmt werden. Aus (4.141), (4.142), (4.143) und

$$\Delta \bar{y}_m = \sqrt{V(\underline{\bar{y}}_{im.})} \cdot d_s$$

folgt

$$\Delta G_{l/m} = \frac{\sigma_v^2 - \sigma_w^2}{\sqrt{\sigma_v^2 + \sigma_w^2 + \frac{\sigma_R^2}{n_m}}} \cdot d_s, \quad l \neq m\,. \tag{4.144}$$

In jeder Umwelt setzen wir das einfache populationsgenetische Modell an. In der Umwelt 1 gilt dann

$$\begin{aligned} \underline{y}_{i1k} &= \mu + u_1 + \underline{v}_i + \underline{w}_{i1} + \underline{e}_{i1k} \\ &= \mu_1 + \underline{v}_i + \underline{e}_{ik} \end{aligned} \tag{4.145}$$

mit

$$\underline{v}_i^* = \underline{v}_i + \underline{w}_{i1}$$

und

$$V(\underline{v}_i^*) = \sigma_v^2 + \sigma_w^2 = 1/4\ \sigma_g^2. \tag{4.146}$$

Außerdem gilt

$$\sigma_v^2 + \sigma_w^2 + \sigma_R^2 = \sigma_p^2$$

und damit

$$h^2 = \frac{4(\sigma_v^2 + \sigma_w^2)}{\sigma_v^2 + \sigma_w^2 + \sigma_R^2} \tag{4.147}$$

Analog erhält man diese Ergebnisse für Umwelt 2. In beiden Umwelten wird im Varianzanalysemodell das gleiche (bis auf den Mittelwert) einfache populationsgenetische Modell angesetzt. Nutzt man die Beziehungen (4.145) bis (4.147), so folgt für (4.144)

$$\Delta G_{l/m} = \frac{1/4\ h^2 - \frac{2\,\sigma_w^2}{\sigma_p^2}}{\sqrt{1/4\ h^2 + \frac{1 - 1/4\ h^2}{n_m}}} \cdot \sigma_p \cdot d_s \quad \text{für } l \neq m. \tag{4.148}$$

Diese Formeln findet man schon bei Herrendörfer und Schüler (1984).
Der genetische Fortschritt $\Delta G_{l/m}$ für $l = m$ kann nicht nach (4.141) bestimmt werden. Es ist aber bekannt, daß der genetische Fortschritt in einer Umwelt auf der Grundlage des einfachen populationsgenetischen Modells und (4.145) nach

$$\Delta G_{l/l} = \frac{\sigma_v^2 + \sigma_w^2}{\sqrt{\sigma_v^2 + \sigma_w^2 + \frac{\sigma_R^2}{n_l}}} \cdot d_s \tag{4.149}$$

bestimmt wird.

Die Formeln (4.143) und (4.149) unterscheiden sich also im Vorzeichen von σ_w^2 des Zählers des Regressionskoeffizienten. Ausgedrückt durch genetische Parameter führt (4.149) zu

$$\Delta G_{l/l} = \frac{1/4\,h^2}{\sqrt{1/4\,h^2 + \frac{1 - 1/4\,h^2}{n_l}}}\,\sigma_p d_s \quad (l = 1, 2) \qquad (4.150).$$

Vergleicht man nun Formel (4.149) mit (4.150), so wird deutlich, daß $\frac{2\,\sigma_w^2}{\sigma_p^2}$ den Verlust an genetischem Fortschritt angibt.
Für $\sigma_w^2 = 0$ stimmen beide Formeln überein.
Aus (4.143) erkennt man, daß in der anderen Umwelt kein Fortschritt erzielt wird, falls $\sigma_w^2 = \sigma_v^2$ gilt. Ist $\sigma_w^2 > \sigma_v^2$, so entsteht in der anderen Umwelt ein negativer Fortschritt, d. h., es wird in die falsche Richtung selektiert.
Durch (4.148) ist der indirekte Selektionserfolg und durch (4.150) der direkte Selektionserfolg gegeben.
Zur Einschätzung der Wirksamkeit der indirekten Selektion gegenüber der direkten Selektion kann man entweder die Differenz zwischen den beiden Selektionserfolgen oder den Quotienten verwenden. Aus Gründen der Vergleichbarkeit mit den Ergebnissen des Falconer-Modells wird hier der Quotient gewählt, der außerdem noch unabhängig von der standardisierten Selektionsdifferenz d_s ist.
Es lassen sich nun vier Quotienten definieren. Davon haben aber nur zwei praktische Bedeutung, wenn man voraussetzt, daß die eine Umwelt eine Prüfumwelt darstellt und die andere die Produktionsumwelt. Nachfolgend wird stets die Prüfumwelt mit 1 und die Produktionsumwelt mit 2 bezeichnet.

$$E1 = \frac{\Delta G_{2/1}}{\Delta G_{1/1}} = \frac{1/4\,h^2 - \frac{2\,\sigma_w^2}{\sigma_p^2}}{1/4\,h^2} = 1 - \frac{8\,\sigma_w^2}{\sigma_p^2 \cdot h^2} = 1 - \frac{8\,\sigma_w^2}{\sigma_g^2} \qquad (4.151)$$

$\Delta G_{1/1}$ gibt den genetischen Fortschritt in der Prüfumwelt an, wenn in der Prüfumwelt auch selektiert wurde. Diese Größe wurde bisher aber auch zur Vorhersage des genetischen Fortschritts unter Produktionsbedingungen verwendet, wenn unter Prüfbedingungen selektiert wird. Dadurch wurde dieser Fortschritt erheblich überschätzt, falls Genotyp-Umwelt-Wechselwirkung vorlag. Auf der Grundlage des Modells einer Kreuzklassifikation kann nun durch $\Delta G_{2/1}$ der genetische Fortschritt unter Produktionsbedingungen genauer angegeben werden, falls unter Prüfbedingungen selektiert wird. E1 gibt damit also das Verhältnis der richtigen Vorhersage des genetischen Fortschritts zur falschen Vorhersage an.
Den Züchter interessiert aber nicht nur dieser Effizienzvergleich, sondern auch der Vergleich des indirekten Selektionserfolges $\Delta G_{2/1}$ zum direkten Selektionserfolg unter Produktionsbedingungen ($\Delta G_{2/2}$).
Es gilt

$$E2 = \frac{\Delta G_{2/1}}{\Delta G_{2/2}} = \left(1 - \frac{8\,\sigma_w^2}{\sigma_p^2\,h^2}\right) \sqrt{\frac{1/4\,h^2 + \frac{1 - 1/4\,h^2}{n_2}}{1/4\,h^2 + \frac{1 - 1/4\,h^2}{n_1}}}$$

$$= E1 \cdot \sqrt{\frac{1/4\,h^2 + \frac{1 - 1/4\,h^2}{n_2}}{1/4\,h^2 + \frac{1 - 1/4\,h^2}{n_1}}}\,. \tag{4.152}$$

Aus (4.152) folgt sofort, daß für $n_1 = n_2$ beide Effektivitäten gleich sind.
Aus (4.151) kann man weiter ableiten, daß E1 nur dann größer als Null ist (d. h., daß wenigstens nicht in die falsche Richtung selektiert wird), wenn gilt

$$\frac{\sigma_w^2}{\sigma_p^2} < 1/8\,h^2. \tag{4.153}$$

Für $h^2 = 0{,}4$ folgt zum Beispiel, daß $\frac{\sigma_w^2}{\sigma_p^2}$ kleiner als 0,05 sein muß.

Es spielen also relativ kleine Wechselwirkungsvarianzkomponenten (bezogen auf die phänotypische Varianz) schon eine erhebliche Rolle bei der Vorhersage des genetischen Fortschritts.

Falconer-Modell:
Auch beim Falconer-Modell wird $\Delta G_{l/m}$ nach (4.141) bestimmt. Es ist hier jedoch zu beachten, daß nicht vom Modell einer zweifachen Varianzanalyse mit Wechselwirkung ausgegangen wird, sondern daß in jeder Umwelt das einfache populationsgenetische Modell unterstellt wird. Das heißt, es soll gelten

$$\begin{aligned} \underline{y}_{ijk} &= \mu_j + 1/2\,\underline{g}_{V_{ij}} + 1/2\,\underline{g}_{M_{ij}} + \underline{z}_{V_{ijk}} + \underline{z}_{M_{ijk}} + \underline{u}_{ijk} \\ &= \mu_j + 1/2\,\underline{g}_{V_{ij}} + \underline{e}_{ijk} \quad i = 1, \ldots, a \\ &\qquad j = 1, 2 \\ &\qquad k = 1, \ldots, n_j. \end{aligned} \tag{4.154}$$

Daraus folgt

$$V(\underline{\bar{y}}_{ij.}) = 1/4\,\sigma_{g_j}^2 + \frac{3/4\,\sigma_{g_j}^2 + \sigma_{u_j}^2}{n_j} = \sigma_{p_j}^2 \left(1/4\,h_j^2 + \frac{1 - 1/4\,h_j^2}{n_j}\right) \tag{4.155}$$

und

$$\begin{aligned} \Delta\bar{y}_m &= d_s \cdot \sqrt{V(\underline{\bar{y}}_{im.})} \\ &= d_s \cdot \sigma_{p_m} \cdot \sqrt{1/4\,h_m^2 + \frac{1 - 1/4\,h_m^2}{n_m}}\,, \end{aligned} \tag{4.156}$$

für $\beta_{\bar{y}_l\bar{y}_m}$ $(l \neq m)$ gilt analog zu (4.143) und wegen (4.154) und (4.155)

$$\beta_{\bar{y}_l \bar{y}_m} = \frac{1/4\ \mathrm{cov}(\underline{g}_{v_{il}}, \underline{g}_{v_{im}})}{\sqrt{\sigma^2_{p_m}\left(1/4\ h^2_m + \frac{1 - 1/4\ h^2_m}{n_m}\right)}} \tag{4.157}$$

Drückt man nun die Kovarianz durch die genetische Korrelation aus, dann folgt

$$\Delta G_{l/m} = \frac{1/4\ \varrho_{g_{lm}} \cdot h_l h_m}{\sqrt{1/4\ h^2_m + \frac{1 - 1/4\ h^2_m}{n_m}}}\ d_s\ \sigma_{p_l} \tag{4.158}$$

Für $l = m$ muß in (4.141) $\bar{y}_l$ durch $1/2\ g_v$ ersetzt werden. Das führt aber zu keiner Änderung von (4.158), d. h. es gilt

$$\Delta G_{l/l} = \frac{1/4\ h^2_l}{\sqrt{1/4\ h^2_l + \frac{1 - 1/4\ h^2_l}{n_l}}}\ d_s\ \sigma_{p_l} \tag{4.159}$$

In Analogie zum Varianzmodell erhält man die Effektivitäten

$$E1 = \frac{\Delta G_{2/1}}{\Delta G_{1/1}} = \varrho_g \cdot \frac{h_2}{h_1} \cdot \frac{\sigma_{p_2}}{\sigma_{p_1}} \tag{4.160}$$

Tabelle 4.8. Effektivität $\frac{\Delta G_{2/1}}{\Delta G_{2/2}}$ nach (4.161.) in Abhängigkeit von ϱ_g, h^2_2, h^2_1, $n_1 = n_2 = 5, 10, 20$

		$\varrho_g = 0{,}2$			$\varrho_g = 0{,}5$			$\varrho_g = 0{,}8$		
$n_1 = n_2$		5	10	20	5	10	20	5	10	20
h^2_1	h^2_2									
0,6	0,6	0,2	0,2	0,2	0,5	0,5	0,5	0,8	0,8	0,8
	0,4	0,23	0,22	0,21	0,57	0,55	0,53	0,92	0,88	0,85
	0,2	0,3	0,27	0,25	0,75	0,68	0,62	1,2	1,09	0,99
	0,1	0,41	0,35	0,30	1,02	0,88	0,76	1,62	1,41	1,21
0,4	0,4	0,2	0,2	0,2	0,5	0,5	0,5	0,8	0,8	0,8
	0,2	0,26	0,25	0,23	0,65	0,62	0,58	1,05	0,99	0,93
	0,1	0,35	0,32	0,29	0,89	0,80	0,71	1,42	1,28	1,14
0,2	0,2	0,2	0,2	0,2	0,5	0,5	0,5	0,8	0,8	0,8
	0,1	0,27	0,26	0,25	0,68	0,65	0,61	1,08	1,04	098

$$E2 = \frac{\Delta G_{2/1}}{\Delta G_{2/2}} = \varrho_g \cdot \frac{h_1}{h_2} \cdot \sqrt{\frac{1/4\,h_2^2 + \frac{1 - 1/4\,h_2^2}{n_2}}{1/4\,h_1^2 + \frac{1 - 1/4\,h_1^2}{n_1}}} \,. \qquad (4.161)$$

Zur Berechnung der Effektivität benötigt man die genetische Korrelation, die h^2-Werte und die phänotypischen Varianzen.
Eine Schätzung der Effektivität scheitert meistens an einer zu ungenauen Schätzung der genetischen Korrelationskoeffizienten.
Die genetische Korrelation kann nach (4.140) durch andere Parameter ersetzt werden. Dann folgt für E1 und E2

$$E1 = \frac{\Delta G_{2/1}}{\Delta G_{1/1}} = 4\,\varrho_{\bar{y}_1\bar{y}_2} \cdot \frac{\sigma_{p_2}}{\sigma_{p_1}} \cdot \frac{1}{h_1^2} \cdot \sqrt{\left(1/4\,h_1^2 + \frac{1 - 1/4\,h_1^2}{n_1}\right) \cdot \left(1/4\,h_2^2 + \frac{1 - 1/4\,h_2^2}{n_2}\right)} \qquad (4.162)$$

$$E2 = \frac{\Delta G_{2/1}}{\Delta G_{2/2}} = 4\,\varrho_{\bar{y}_1\bar{y}_2} \cdot \frac{1}{h_2^2}\left(1/4\,h_2^2 + \frac{1 - 1/4\,h_2^2}{n_2}\right) = \varrho_{\bar{y}_1\bar{y}_2}\left(1 + \frac{4 - h_2^2}{n_2 h_2^2}\right) \qquad (4.163).$$

In dieser Parameterdarstellung müssen $\varrho_{\bar{y}_1\bar{y}_2}$, die Heritabilitätskoeffizienten h_1^2, h_2^2 und die phänotypischen Varianzen geschätzt werden. Für den phänotypischen Korrelationskoeffizienten $\varrho_{\bar{y}_1\bar{y}_2}$ kann man aus (4.140) folgende Ungleichung ableiten:

$$1/4\,\varrho_g \cdot h_1 \cdot h_2 < \varrho_{\bar{y}_1\bar{y}_2} < \varrho_g \,.$$

Bei der Schätzung von $\varrho_{\bar{y}_1\bar{y}_2}$ darf man nicht vergessen, daß eigentlich gefordert wird, daß in der Umwelt 1 von jedem Vater n_1 Nachkommen und in der Um-

Tabelle 4.9. $\varrho_{\bar{y}_1\bar{y}_2}$ in Abhängigkeit von ϱ_g, h_1^2, h_2^2, $n_1 = n_2 = n = 5, 10, 20$

		$\varrho_g = 0{,}2$			$\varrho_g = 0{,}5$			$\varrho_g = 0{,}8$		
$n_1 = n_2$		5	10	20	5	10	20	5	10	20
h_2^2	h_1^2									
0,6	0,6	0,09	0,13	0,16	0,23	0,32	0,39	0,38	0,51	0,62
	0,4	0,08	0,12	0,15	0,20	0,29	0,37	0,33	0,46	0,59
	0,2	0,06	0,09	0,13	0,16	0,23	0,32	0,25	0,38	0,51
	0,1	0,05	0,07	0,10	0,12	0,18	0,26	0,18	0,29	0,41
0,4	0,4	0,07	0,11	0,14	0,18	0,26	0,34	0,29	0,42	0,55
	0,2	0,05	0,09	0,12	0,14	0,21	0,30	0,22	0,34	0,48
	0,1	0,04	0,07	0,10	0,10	0,16	0,24	0,16	0,26	0,39
0,2	0,2	0,04	0,07	0,10	0,10	0,17	0,26	0,17	0,28	0,41
	0,1	0,03	0,05	0,08	0,08	0,13	0,21	0,12	0,21	0,33

	MPA			IPA		
Umfang d. Nachkommengr.	$\bar{n}_1 = 11{,}3$			$\bar{n}_2 = 25{,}1$		
Merkmal	$\bar{y}$	s_p	h_1^2	$\bar{y}$	s_p	h_2^2
NTZ (g)	606	54	0,46	593	59,4	0,44
LMPE (kg)	469,8	37,4	0,43	483	43	0,36
SKMW (kg)	273,5		0,44	289		0,36

Tabelle 4.10. Phänotypische und genotypische Parameter der Merkmale NTZ und LMPE in zwei Umwelten – Anzahl Väter = 95

	$r_{\bar{y}_1\bar{y}_2}$	E1	E2
NTZ	0,34	0,55	0,46
LMPE	0,07	0,11	0,10
(SKMW	0,32		0,45)

Tabelle 4.11. Phänotypische Korrelationskoeffizienten und geschätzte Effektivitäten im Falconer-Modell für das Material der Tab. 4.10.

welt 2 von jedem Vater n_2 Nachkommen vorliegen müssen. In der Praxis kann diese Forderung aber kaum eingehalten werden. Das führt bei Verwendung von $\varrho_{\bar{y}_1\bar{y}_2}$ auf der Grundlage von sehr unterschiedlichen n_{ij} ($i = 1, \ldots, a$; $j = 1, 2$) zu einer verzerrten Schätzung von $\varrho_{\bar{y}_1\bar{y}_2}$.

Die hier dargestellten Ergebnisse findet man ausführlich bei Nürnberg und Herrendörfer (1986).

Beispiel 4.2.:

Tilsch u. a. (1985) untersuchten an Nachkommengruppen von Fleischrindbullen den Einfluß der GUW auf den Zuchtfortschritt in ausgewählten Merkmalen. Die Nachkommengruppen standen dabei in einer MPA (Mastprüfanstalt) und einer IPA (industriemäßig produzierenden Anlage), die sich bezüglich der mittleren Leistung kaum unterschieden, jedoch unterschiedliche Haltungsformen (Anbinde- und Laufstallhaltung) aufwiesen. Insgesamt konnten Nachkommengruppen von 95 Vätern in den Versuch einbezogen werden. Die Versuchsumfänge kommen damit den hier angegebenen optimalen Umfängen sehr nahe.

In den folgenden Tabellen sind die Parameter für die Merkmale Nettotageszunahme (NTZ) und Lebendmasseprüfende (LMPE) und die geschätzten Effektivitäten (E1, E2), für das Falconer-Modell angegeben, sowie die Parameter und die geschätzten Effektivitäten für das Varianzanalysemodell.

Aus den Tabellen 4.10. bis 4.12. ist ersichtlich, daß die Ergebnisse der Effektivitätsuntersuchungen für das Varianzanalysemodell und das Falconer-Modell bezüglich des Merkmals Nettotageszunahme gut übereinstimmen. Für das Merkmal LMPE ist dies nicht der Fall. Hier dürfte ein weiterer Störfaktor die Auswertung der beiden Modelle unterschiedlich beeinflußt haben.

	σ_w^2	σ_p^2	$\frac{\sigma_w^2}{\sigma_p^2} \cdot 100\%$	h^2	E1 = E2
NTZ	122,4	3423,1	3,5	0,43	0,34
LMPE	40,3	1719,6	2,3	0,41	0,54
(SKMW	27,7	822,5	3,4	0,59	0,54)

Tabelle 4.12. Varianzkomponenten, Heritabilitätskoeffizienten und geschätzte Effektivität im Varianzanalysemodell für das Material der Tab. 4.10. (Anzahl Väter = 82) für $n_1 = n_2$

Solche Ergebnisse zeigen, wie nützlich es ist, wenn die Auswertung nach verschiedenen Modellen vorgenommen wird. Insgesamt kann man aber einschätzen, daß die Ergebnisse der Effektivitätsuntersuchungen recht gut mit den in der Praxis gefundenen Selektionserfolgen übereinstimmen.

GUW und Nachkommenprüfung

Im Gegensatz zur Pflanzenzüchtung, wo die Sortenprüfung stets über ein Spektrum von Umweltbedingungen organisiert wird, in dem später auch die Sorte eingesetzt wird, erfolgt die Zuchtwertschätzung (ZWS) insbesondere von Vatertieren in der Tierzucht stets unter mehr oder weniger standardisierten hohen Umweltbedingungen. Bei der Festlegung eines solchen Prüfniveaus wurde davon ausgegangen, daß unter guten Bedingungen der Zuchtwert eines Tieres am besten erkannt werden kann und damit die Selektion am erfolgreichsten ist. Diese Art der ZWS setzt stillschweigend voraus, daß der Zuchtfortschritt in den anderen Umweltbedingungen nicht wesentlich von dem der Prüfumwelt verschieden ist. Betrachtet man die Populationen der Rinder und Schweine unseres Landes als eine Population, so lebt und produziert diese unter sehr verschiedenen Umweltbedingungen. Unter Bedingungen des Produktionsniveaus findet man nur etwa ein Drittel des geschätzten Zuchtfortschrittes aus der Prüfumwelt wieder. Dieser Vorgang wurde bereits von Dickerson (1955) mit dem Fachausdruck des genetischen Rutschens beschrieben. Somit stehen die praktischen Ergebnisse im Widerspruch zu den eingangs unterstellten Annahmen. Eine Umsetzung des Modells von Falconer (1952) auf die Selektion und ZWS wurde von Schüler u. a. (1984, 1986) gegeben.

Nachfolgend sollen Formeln zur Berechnung des Zuchtfortschrittes in der Gesamtpopulation bei Unterstellung unterschiedlicher Umwelten angegeben werden und darauf basierend eine Optimierung der ZWS.

Berechnung von ΔG in der Gesamtpopulation:

Die Theorie des direkten und indirekten Selektionserfolges wurde bereits von Herrendörfer und Schüler (1984, 1985) ausführlich dargestellt. Wir gehen davon aus, daß die zu betrachtende Gesamtpopulation mit den relativen Anteilen p_i ($i = 1$ bis k) in den entsprechenden Umwelten lebt und produziert. Zunächst soll ein Merkmal betrachtet werden.

Mit $\Delta G_{i/j}$ wird der Selektionserfolg in der i-ten Umwelt bezeichnet, wenn in der j-ten Umwelt selektiert wird. Es wird vorausgesetzt, daß die ZWS in einer festen Umwelt organisiert wird, dann ist der Zuchtfortschritt in der Gesamtpopulation durch

$$\Delta G_{./j} = \sum_{i=1}^{k} p_i \, \Delta G_{i/j} \tag{4.164}$$

gegeben.

Zur Nutzung dieser Formel muß man also die p_i und die $\Delta G_{i/j}$ bestimmen. Die $\Delta G_{i/j}$ werden auf der Basis des Modells von FALCONER berechnet. Dieses Modell geht davon aus, daß sowohl die phänotypischen Varianzen als auch die Heritabilitätskoeffizienten in jeder Umwelt verschieden sein können.
Es ist also in dieser Hinsicht sehr anpassungsfähig an die Bedingungen der Praxis. Ein Nachteil dieses Modells besteht in der notwendigen Ermittlung der genetischen Korrelationen. Zur Bestimmung dieses Parameters sind sehr hohe Anforderungen hinsichtlich der Datenerhebung und damit der Versuchsplanung notwendig. Die Anwendung des FALCONER-Modells wird am Beispiel der Organisation der ZWS für Bullen erläutert. Wir nehmen an, daß die ZWS in der j-ten Umwelt mit n_j-Nachkommen je Bulle erfolgt. Weiterhin soll vorausgesetzt werden, daß als Zuchtwert das Mittel dieser n_j-Nachkommen verwendet wird. Dann gilt für den direkten und indirekten Selektionserfolg wegen (4.159) und (4.158)

$$\Delta G_{j/j} = \frac{\frac{1}{4} h_j^2}{\sqrt{\frac{1}{4} h_j^2 + \frac{1 - \frac{1}{4} h_j^2}{n_j}}} \cdot d_s \, \sigma_{pj} \tag{4.165}$$

$$\Delta G_{i/j} = \frac{\frac{1}{4} \varrho_{gij} \, h_i \, h_j}{\sqrt{\frac{1}{4} h_j^2 + \frac{1 - \frac{1}{4} h_j^2}{n_j}}} \cdot d_s \, \sigma_{pi} \tag{4.166}$$

Zur Ableitung dieser Formeln wurde lediglich vorausgesetzt, daß in jeder Umwelt das einfache populationsgenetische Modell gilt. Diese Darstellung ist unabhängig von der Interpretation der GUW. Sie wurde aber von FALCONER (1952) hinsichtlich der GUW angewendet und interpretiert.
Eine Alternative zur Durchführung der ZWS in nur einer Umwelt besteht darin, daß in jeder Umwelt eine entsprechende ZWS organisiert wird. Sind die Teilpopulationen hinreichend groß, so ist der Gesamtselektionserfolg der Population über

$$\Delta G_{./.} = \sum_{i=1}^{k} p_i \, \Delta G_{i/i} \tag{4.167}$$

zu berechnen.

Der Vorteil besteht darin, daß in (4.167) nur direkte Selektionserfolge eingehen. Es erübrigt sich jede Optimierung der Prüfumwelt für die ZWS, wenn davon ausgegangen wird, daß die direkten den indirekten Selektionserfolgen überlegen sind. Unter diesen Bedingungen ist (4.167) stets größer als (4.164).

Optimierung der ZWS:
Besteht die Gesamtpopulation aus k Teilpopulationen mit den Anteilen p_i, so kann unter den Bedingungen, daß die ZWS unter einer Umwelt organisiert wird, der Selektionserfolg $\Delta G_{./j}$ für jedes j berechnet werden. Der sich ergebende maximale Fortschritt legt die zu nutzende Prüfumwelt fest.
Andererseits kann man natürlich auch $\Delta G_{./.}$ bestimmen und mit dem Maximum von $\Delta G_{./j}$ vergleichen. Ist das Maximum von $\Delta G_{./j}$ erheblich kleiner als $\Delta G_{./.}$, so bedeutet dieses, daß die ZWS aus züchterischer Sicht im Sinne eines optimalen Zuchtfortschrittes in jeder Teilpopulation extra durchzuführen ist. Die Gesamtpopulation wird dann getrennt züchterisch bearbeitet. Eine derartige Betrachtung ist nur für das Merkmal Selektionsindex sinnvoll. Für jedes Merkmal des Zuchtzieles könnten sich unterschiedliche Maxima ergeben.

Beispiel 4.3.:
Wir wollen uns an die Situation in der Rinderzucht anlehnen. Die benötigten Parameter sind in Tabelle 4.13. zusammengestellt.
In Tabelle 4.14. sind die Werte von $\Delta G_{i/j}$ in Einheiten von d_s angegeben. Zusätzlich enthält die Tabelle noch $\Delta G_{./j}$ und $\Delta G_{./.}$. Die Ergebnisse der Tabelle 4.14. zeigen, daß unter den angegebenen Bedingungen die ZWS am besten in der Umwelt 2 organisiert wird. Allerdings würde man etwa noch einen um 10% höheren Zuchtfortschritt erzielen, wenn die ZWS für jede Teilpopulation extra organisiert würde. Der Mehrbetrag von 10% des Zuchtfortschrittes auf den Selektionsindex bezogen, muß die Kosten der Organisation der ZWS in den drei Um-

Tabelle 4.13. Parameter zur Optimierung der ZWS nach Beispiel 4.3.

i	p_i	σ^2_{pi}	h^2_i	ϱ_{gij}		n_i
				j = 2	j = 3	
1	0,15	1,2	0,4	0,8	0,6	20
2	0,55	1,1	0,36		0,8	20
3	0,30	1,0	0,30			20

Tabelle 4.14. $\Delta G_{i/j}$ in Einheiten von d_s des Beispiels 4.3.

j i	1	2	3	
1	0,288	0,226	0,164	
2	0,209	0,256	0,198	
3	0,137	0,179	0,215	
$\Delta G_{./j}$	0,1993	0,2284	0,1980	$\Delta G_{./.}$ = 0,2485

welten aufwiegen. Eine Entscheidung dieser züchterisch bedeutsamen Frage kommt somit der Ökonomie zu.
Insgesamt wurde ein Weg zur Quantifizierung der genetischen Erfolge als Grundlage der letztlich ökonomischen Entscheidung gegeben.

4.2.1.5. Sonderfälle

In den vorhergehenden Abschnitten wurden Schätzmethoden beschrieben, die auf dem einfachen populationsgenetischen Modell und dessen teilweiser Erweiterung basieren. Zusätzlich wurde stets vorausgesetzt, daß eine der Verwandtschaftsbeziehung entsprechende Datenstruktur vorlag. In einigen Fällen ist diese Struktur aber nur teilweise bekannt. Die Auswertung solcher Beobachtungswerte erfordert spezielle Methoden. Nachfolgend soll an einem Spezialfall die Vorgehensweise dargestellt werden.
Ebenso wurde für das Datenmaterial stets vorausgesetzt, daß es direkt der statistischen Analyse zugänglich ist, d. h. daß Störfaktoren nicht vorliegen. Die Korrektur von Datenmaterial ist stets erforderlich, falls die Störfaktoren im Modell nicht berücksichtigt werden können. Die Relativierung von Daten auf einen Vergleichsmaßstab ist heute ein oft verwendetes Verfahren. Daher wird hier ein Beispiel für die Optimierung des Vergleichsmaßstabes angegeben. Obwohl es sich um ein Beispiel aus der Zuchtwertvorhersage handelt, die erst in Kapitel 5. erläutert wird, ist das Ergebnis auch für die Parameterschätzung von großer Bedeutung.

4.2.1.5.1. Unbekannte Vollgeschwisterbeziehungen in einer Voll- und Halbgeschwisterstruktur

Die Anwendung von Brutapparaten in der Geflügelzucht bedingt, verbunden mit dem derzeitigen haltungstechnischen Entwicklungsstand, vor allem bei verschiedenen Mastgeflügelarten eine nur unvollständige Kenntnis der Verwandtschaftsbeziehungen. So ist oft nur die väterliche Abstammung bekannt, die Vollgeschwister innerhalb der Halbgeschwister sind es jedoch nicht. Die daraus folgenden Konsequenzen für die Schätzung genetischer Parameter in der praktischen Geflügelzucht werden nachfolgend beschrieben.

Die Beobachtungswerte für das Merkmal X sollen dem folgenden Modell genügen:

$$\underline{x}_{ijk} = \mu_x + \underline{s}_{xi} + \underline{d}_{xij} + \underline{e}_{xijk} \qquad (4.168)$$
$$(i = 1, \ldots, a; \quad j = 1, \ldots, b_i; \quad k = 1, \ldots, n_{ij})$$

wenn bedeuten

x_{ijk} = phänotypischer Merkmalswert des k-ten Nachkommen von Vater i und Mutter j
μ_x = allgemeines Mittel
$\underline{s}_{xi}$ = Effekt des i-ten Vaters (zufälliger Effekt) $E(\underline{s}_{xi}) = 0$; $N(0, \sigma_s^2)$
$\underline{d}_{xij}$ = Effekt der j-ten Mutter innerhalb des i-ten Vaters (zufälliger Effekt) $E(\underline{d}_{xij}) = 0$; $N(0, \sigma_d^2)$
$\underline{e}_{xijk}$ = zufälliger Resteffekt, $E(\underline{e}_{xijk}) = 0$; $N(0, \sigma_e^2)$.

Das analoge Modell gelte für ein Merkmal Y.
Erfolgt nun die Ableitung der E(MQ) bzw. E(MP) im reduzierten Modell, d. h., ohne Beachtung der Mutterkomponente gemäß der Varianz-Kovarianztabelle für eine einfache hierarchische Klassifikation, so ergibt sich bei Beachtung der tatsächlichen Gegebenheiten:

$$\sigma^2_{e'x} = \sigma^2_{ex} + k_1 \left(\frac{FG_d}{FG_d + FG_e} \right) \sigma^2_{dx} = \sigma^2_{ex} + A\, \sigma^2_{dx}, \tag{4.169}$$

$$\sigma^2_{s'x} = \sigma^2_{sx} + \frac{1}{k_3} \left[k_2 - k_1 \left(\frac{FG_d}{FG_d + FG_e} \right) \right] \sigma^2_{dx} = \sigma^2_{sx} + B\, \sigma^2_{dx} \tag{4.170}$$

$$FG_d = \sum_i b_i - a; \quad FG_e = N - \sum_i b_i;$$

$$k_1 = \frac{1}{\sum_i b_i - a} \left[N - \sum_i \left(\sum_j n^2_{ij}/n_{i.} \right) \right];$$

$$k_2 = \frac{1}{a-1} \left[\sum_i \left(\sum_j n^2_{ij}/n_{i.} \right) - \frac{1}{N} \sum_i \sum_j n^2_{ij} \right]$$

$$k_3 = \frac{1}{a-1} \left(N - \frac{1}{N} \sum_i n^2_{i.} \right).$$

Die genetische Interpretation der aus dem vollständigen und reduzierten Modell gewonnenen Varianzkomponenten ergibt bei Beachtung der additiv genetischen (σ^2_A), Dominanz- (σ^2_D) und Maternalvarianz (σ^2_M) die folgenden Ausdrücke (die Epistasievarianz wurde aus Gründen der Übersichtlichkeit nicht beachtet):

$$\sigma^2_{sx} = \frac{1}{4}\, \sigma^2_{Ax} \tag{4.171}$$

$$\sigma^2_{dx} = \frac{1}{4}\, (\sigma^2_{Ax} + \sigma^2_{Dx} + 4\, \sigma^2_{Mx}) \tag{4.172}$$

sowie

$$\sigma^2_{s'x} = \frac{1}{4}\, [(1 + B)\, \sigma^2_{Ax} + B\sigma^2_{DX} + 4\, B\sigma^2_{Mx}]. \tag{4.173}$$

Entsprechend folgt für die Interpretation der Kovarianzkomponenten:

$$\sigma_{sxy} = \frac{1}{4}\, \sigma_{Axy} \tag{4.174}$$

$$\sigma_{dxy} = \frac{1}{4}\, (\sigma_{Axy} + \sigma_{Dxy} + 4\, \sigma_{Mxy}) \tag{4.175}$$

$$\sigma_{s'xy} = \frac{1}{4}\, [(1 + B)\, \sigma_{Axy} + B\sigma_{Dxy} + 4\, B\sigma_{Mxy}] \tag{4.176}$$.

Anhand einer kurzen Modellrechnung kann gezeigt werden, welche Bedeutung einer Nichtbeachtung der Vollgeschwisterverhältnisse innerhalb der Halbgeschwister für die Schätzung genetischer Parameter zukommt. Bei den Berechnungen erfolgte eine Vorgabe der Varianzkomponenten. B wurde aufgrund einer für das Geflügel typischen Datenstruktur bestimmt (Populationsumfang etwa 2000 Tiere – 20 Väter, 240 Mütter je Generation).
Die Ergebnisse der Modellrechnungen sind in Abbildung 4.8. und 4.9. wiedergegeben. Die dort angeführten Parameter ergeben sich wie folgt:

$$h^2_{sx} = \frac{4\,\sigma^2_{sx}}{\sigma^2_{px}}\,; \quad h^2_{s'x} = \frac{4\,\sigma^2_{s'x}}{\sigma^2_{px}} = \frac{4\,(\sigma^2_{sx} + B\sigma^2_{dx})}{\sigma^2_{px}} \tag{4.177}$$

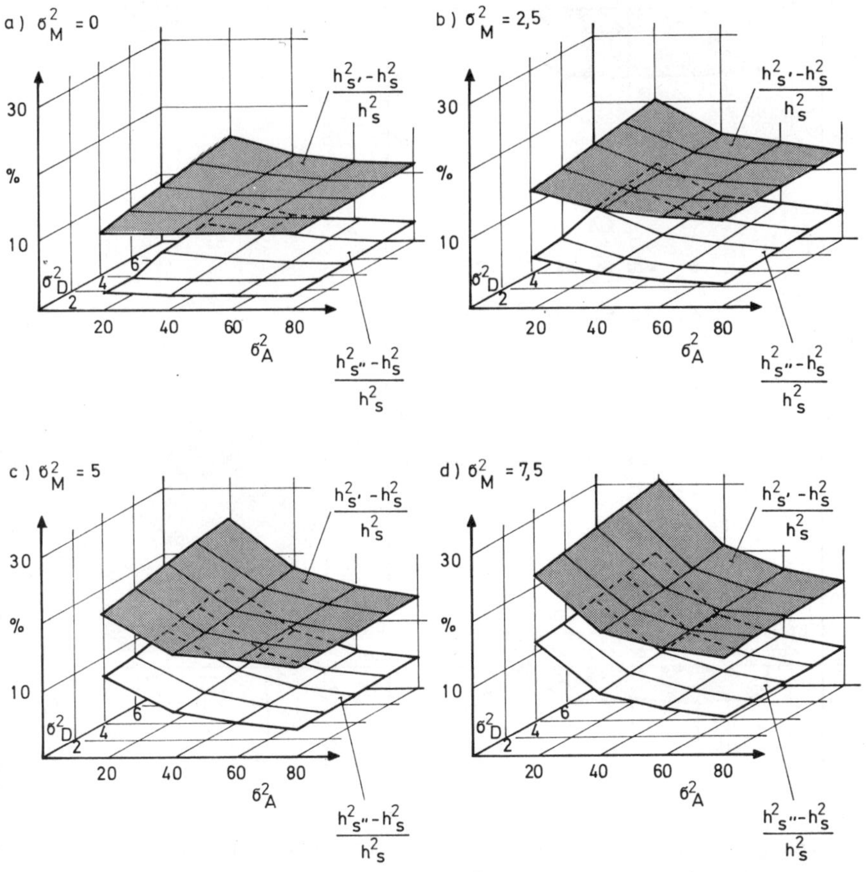

Abbildung 4.8. Prozentuale Verzerrung des Heritybilitätskoeffizienten Vater (h^2_s) durch Vernachlässigung der Mutterkomponente ($\sigma^2_p = 100$)

$$\sigma^2_{A_x} = 10; \; \sigma^2_{D_x} = 5; \; \sigma^2_{M_x} = 2,5$$

a) $\sigma_{M_{xy}} = 0$ $\sigma^2_{A_y} = 20; \; \sigma^2_{D_y} = 8; \; \sigma^2_{M_y} = 2,5$ b) $\sigma_{M_{xy}} = 2$

$$\sigma^2_{A_x} = 20; \; \sigma^2_{D_x} = 4; \; \sigma^2_{M_x} = 2,5$$

$$\sigma^2_{A_y} = 40; \; \sigma^2_{D_y} = 6; \; \sigma^2_{M_y} = 2,5$$

c) $\sigma_{M_{xy}} = 0$ d) $\sigma_{M_{xy}} = 2$

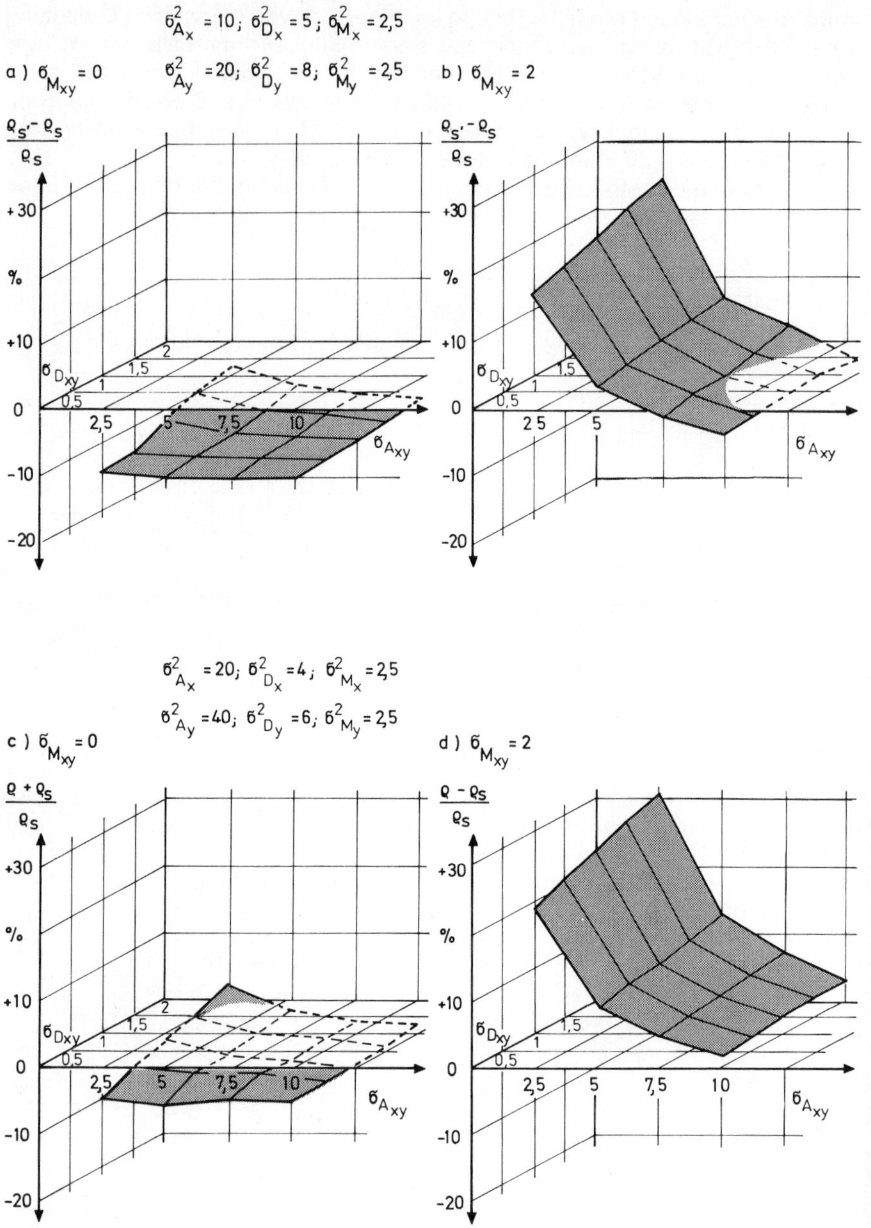

Abbildung 4.9. Prozentuale Verzerrung des genetischen Korrelationskoeffizienten Vater (ϱ_s) durch Vernachlässigung der Mutterkomponente

$$\varrho_{sxy} = \frac{\sigma_{sxy}}{\sigma_{sx} \cdot \sigma_{sy}}; \quad \varrho_{s'xy} = \frac{\sigma_{s'xy}}{\sigma_{s'x} \cdot \sigma_{s'y}} = \frac{\sigma_{sxy} + B\sigma_{dxy}}{\sigma_{s'x} \cdot \sigma_{s'y}} \tag{4.178}$$

Für den Heritabilitätskoeffizienten ergibt sich eine durchgehende bedeutsame Verzerrung, die bei kleinen h_s^2 besonders deutlich wird. Das Niveau der Überschätzung nimmt mit σ_D^2 und σ_M^2 zu. Aus der Kenntnis der Halbgeschwisterumfänge und Anzahl Mütter je Vater kann jedoch B bestimmt werden, wenn in B innerhalb eines Vaters für n_{ij} die Größe $\overline{n}_{ij} = \frac{1}{b_i} n_{i.}$ gesetzt wird. Dann ist eine Korrektur von $h_{s'x}^2$ nach $h_{s''x}^2 = h_{s'x}^2 \frac{1}{1+B}$ möglich. Aus Abb. 4.8. kann eine deutliche Einschränkung der Verzerrung entnommen werden, ohne jedoch mit $h_{s''x}^2$ die Werte von h_s^2 zu erreichen.
Für den genetischen Korrelationskoeffizienten resultieren aus einer Nichtberücksichtigung der Mutterkomponente sowohl Über- als auch Unterschätzungen bei deutlicher Abhängigkeit von der Zusammensetzung der genetischen Kovarianz. Eine Korrektur mit B erbringt hier keine Vorteile, da sie Zähler und Nenner gleichermaßen betreffen würde.

4.2.1.5.2. Datenrelativierung – optimaler Vergleichsmaßstab

Eine Vielzahl von Literaturberichten weist auf bedeutsame Umweltunterschiede auch innerhalb von Stalleinheiten hin. Zur Ausschaltung innerhalb der Stalleinheiten auftretender Störgrößen ist die Methode der Relativierung besonders geeignet, da diese die Nutzung gleitender Vergleichsmaßstäbe ermöglicht. Damit können für jedes Individuum andere Vergleichstiere einbezogen und der Tatsache ebenfalls gleitend ineinander übergehender Umweltbedingungen optimal Rechnung getragen werden.
Das Hauptproblem einer derartigen Vorgehensweise zur Ausschaltung von Störgrößen besteht in der Ermittlung des optimalen Vergleichsmaßstabes. Es ist ein Optimum des Vergleichsmaßstabumfanges gesucht, da dieser einerseits hinreichend groß sein muß, um das Populationsmittel ausreichend genau zu charakterisieren und andererseits nicht zu groß sein darf, um die Forderung nach möglichst einheitlicher Umwelt für das zu beurteilende Individuum und die Vergleichstiere zu erfüllen. Somit wird auch deutlich, daß der optimale Vergleichsmaßstab nur an einem konkreten Tiermaterial und unter den Umweltbedingungen ermittelt werden kann, für die eine spätere Anwendung erfolgen soll. Für die praktische Legehuhnzucht treffen die oben angeführten Gegebenheiten zu und rechtfertigten eine Untersuchung der Wirksamkeit einer Relativierung von absoluten Leistungsergebnissen.
Der optimale Vergleichsmaßstab kann durch simulierte Selektion ermittelt werden. Bei 2000 Mutter-Töchter-Paaren wurden die Mutterleistungen mittels verschiedener Vergleichsmaßstabvarianten relativiert und eine Bewertung anhand der realisierten Selektionserfolge vorgenommen.
Für die Leistungsdaten wurde das nachfolgende Modell zugrunde gelegt:

$$\underline{y}_{hijkl} = \mu + b_h + u_i + \underline{g}_{jkl} + \underline{e}_{hijkl} \tag{4.179}$$
$$h = 1, \ldots, p; \quad i = 1, \ldots, q; \quad j = 1, \ldots, r; \quad k = 1, \ldots, s_j; \quad l = 1, \ldots, n_{hijk}.$$

Dabei bedeuten:

$\underline{y}_{hijkl}$ = phänotypischer Merkmalswert des l-ten Nachkommen des j-ten Vaters und der jk-ten Mutter aus Schlupf h in Umwelt i,
μ = allgemeines Mittel,
b_h = Effekt des h-ten Schlupfes (fester Effekt),
Δ_i = Effekt der i-ten Umwelt (fester Effekt),
$\underline{g}_{jkl}$ = genetischer Effekt des l-ten Nachkommen von Vater j und Mutter jk (zufälliger Effekt) $E(\underline{g}_{jkl}) = 0$; $N(0, \sigma_g^2)$,
$\underline{e}_{hijkl}$ = zufälliger Resteffekt $E(\underline{e}_{hijkl}) = 0$; $N(0, \sigma_e^2)$.

Die Komponente b_h in (4.179) beinhaltet alle unter dem Begriff „Schlupfeffekt" zusammengefaßten Einflußfaktoren, deren Berücksichtigung durch eine Relativierung innerhalb der Schlüpfe möglich ist. Diese Vorgehensweise reduziert jedoch die verfügbaren Vergleichstiere. Daher erfolgte vor der Relativierung die Korrektur der Schlupfeffekte nach

$$\underline{y}_{ijkl} = \overline{\underline{y}}_{\cdots\cdots} + (\underline{y}_{hijkl} - \overline{\underline{y}}_{h\cdots\cdot})\, s_G/s_h, \qquad (4.180)$$

mit:

$\underline{y}_{ijkl}$ = schlupfkorrigierter phänotypischer Merkmalswert des l-ten Individuums,
$\overline{\underline{y}}_{\cdots\cdots}$ = Gesamtmittel,
$\overline{\underline{y}}_{h\cdots\cdot}$ = Mittel des h-ten Schlupfes,
s_G = phänotypische Standardabweichung der Gesamtpopulation,
s_h = phänotypische Standardabweichung innerhalb des h-ten Schlupfes.

Durch Einbeziehung des Quotienten s_G/s_h in (4.180) wird für die schlupfkorrigierten Leistungen Varianzhomogenität durch Standardisierung auf s_G erzwungen und damit gesichert, daß bei der Selektion Individuen aus allen Schlüpfen gleichermaßen ausgewählt werden.
Für die schlupfkorrigierten Daten wird ein Vergleichsmittel formuliert:

$$\overline{\underline{y}}_{ij..} = \frac{\underline{y}_{ijkl} + \sum_{j',k,l} \underline{y}_{ij'kl}}{1 + \sum_{j',k,l} n_{ij'k}} \qquad (4.181)$$

Setzt man $n_{ij} = \sum_{j',k} n_{ij'k}$, so ist $n_{ij} + 1$ der gesamte Vergleichsumfang bei Einbeziehung des zu beurteilenden Individuums. Die Relativleistung $\widehat{g_{ijkl}}$ ergibt sich aus

$$\widehat{g_{ijkl}} = y_{ijkl} - \bar{y}_{ij..} \qquad (4.182)$$

und ist als Schätzwert des genetischen Effektes des l-ten Individuums anzusehen.

Dabei wird bei der Vergleichsmaßstabbildung in (4.181) gefordert, andere Töchter des j-ten Vaters als das zu beurteilende l-te Individuum nicht einzubeziehen,

wovon wegen der hierarchischen Struktur „Mütter innerhalb Väter" sowohl Voll- als auch Halbgeschwister des l-ten Tieres betroffen sind. Diese Forderung ist in der Vermeidung einer unkontrollierbaren genetisch bedingten Verzerrung der Vergleichsmittel durch unterschiedliche Anteile verwandter Individuen begründet.
Die Einbeziehung des zu beurteilenden Individuums in den Vergleichsmaßstab ist vorteilhaft, da dann für den Regressionskoeffizienten des wahren auf den geschätzten genetischen Effekt $b = h^2_w$ gilt. Anderenfalls ist $b = n_{ij'}/(n_{ij'} + 1)\, h^2_w$. Hier wäre der Regressionskoeffizient bei der Schätzung des genetischen Effektes zu berücksichtigen, da wegen differenzierter Vergleichstieranzahlen Rangfolgeänderungen möglich sind. Die Regressionskoeffizienten haben die einfache Struktur jedoch nur für den Fall unverwandter Vergleichstiere.
Die nachfolgend dargestellten Ergebnisse wurden unter den Bedingungen eines Mehretageneinzelkäfigsystems (L 133) beim Legehuhn gewonnen. Die Vergleichsmaßstabbildung erfolgte stets innerhalb einer Population, Etage und Batteriehälfte gleitend, wobei sich das zu bewertende Individuum genau in der Mitte des betrachteten Umweltbereiches befindet. Die Notwendigkeit, durch das Vergleichsmaßstabsmittel ein genetisch unverzerrtes Populationsmittel zu repräsentieren, ist fundamental und erfordert eine uneingeschränkte zufällige Aufstallung der Individuen. Für ausgewählte Vergleichsmaßstabsvarianten zeigen die realisierten Selektionserfolge (SE) der Legeleistung in 450 Tagen je Anfangshenne (LL_{450AH}) bei Vergleichsmaßstabbildung auf Grundlage der Legeleistung in 270 Tagen je überlebende Henne ($LL_{270ÜH}$) (Abb. 4.10.), daß insbesondere im phänotypisch höchsten Leistungsbereich Umweltunterschiede zu einer ausgeprägten Verschleierung der genetischen Effekte beigetragen haben. Damit sind Maßnahmen zur Eliminierung systematischer Umweltunterschiede besonders bei sehr hohen Selektionsintensitäten notwendig. Für die Einzeleimasse, als einem Merkmal, dessen Variabilität vergleichsweise zur Legeleistung deutlich weniger durch Umweltunterschiede beeinflußt wird, ist sowohl aus Abbildung 4.11. als auch bei zusammengefaßter Betrachtung aller Remontierungen (Abb. 4.12.) kein Vorteil einer Schlupfkorrektur und Relativierung abzuleiten.
Die Wirksamkeit der züchterischen Arbeit kann demgegenüber bei der Legeleistung durch Schlupfkorrektur und Relativierung bedeutsam gesteigert werden (Abb. 4.13.). Dabei erweist sich der Vergleichsmaßstab ±20 unter den gegebenen Bedingungen als überlegen.

4.2.1.6. Genetischer Trend

4.2.1.6.1. Einführung

Der phänotypische Mittelwert bezüglich eines Merkmals in einer Population verändert sich über die Zeit. Diese Veränderungen werden im wesentlichen verursacht durch:

- züchterische Maßnahmen,
- Umweltveränderungen,
- Drift,
- natürliche Selektion,
- Mutationen.

Die letzten drei der genannten Ursachen sind nur in kleinen Populationen von praktischer Bedeutung.

Bei der Reproduktion von Populationen, z. B. große Tierbestände, bei der Zuchtwertvorhersage und bei der Durchführung von Selektionsprogrammen entsteht die Notwendigkeit, Zuchtobjekte verschiedenen Alters zu vergleichen. Zuchtobjekte verschiedenen Alters sind aber unterschiedlichen züchterischen Maßnahmen unterworfen und besitzen daher einen verschiedenen züchterischen Status. Eigentlich gehören sie zu verschiedenen Teilpopulationen, deren Mittelwerte beim Vergleich berücksichtigt werden müssen. Ein Vergleich kann über die Schätzung des genetischen Zeittrends vorgenommen werden. Unter dem genetischen Zeittrend oder Trend zwischen den Zeitpunkten t_0 und t_1 versteht man den Teil der Veränderung des Mittelwertes, der durch züchterische Maßnahmen verursacht wurde bezogen auf das Zeitintervall. Nachfolgend soll unterstellt werden, daß die Veränderung des Populationsmittels über die Zeit nur durch die züchterischen Maßnahmen und Umweltveränderungen bestimmt wird. Eine solche Annahme ist nur berechtigt, wenn die betrachtete Population

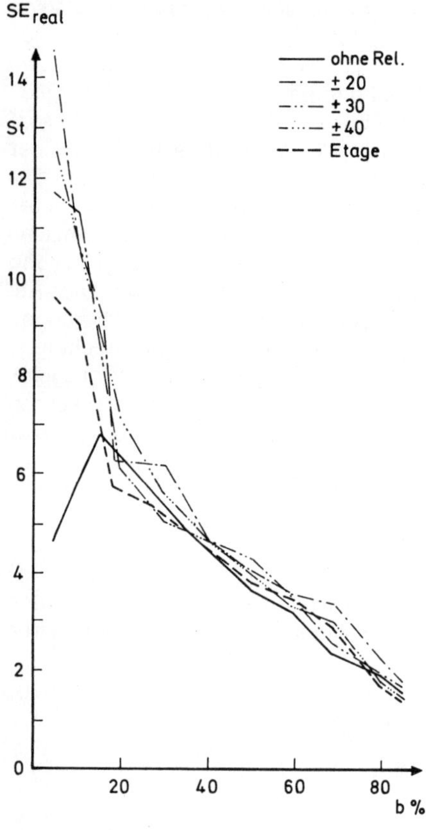

Abbildung 4.10. Einfluß der Relativierung auf SE_{real} von LL_{450AH} bei Selektion nach $LL_{270ÜH}$ für ausgewählte Vergleichsmaßstäbe

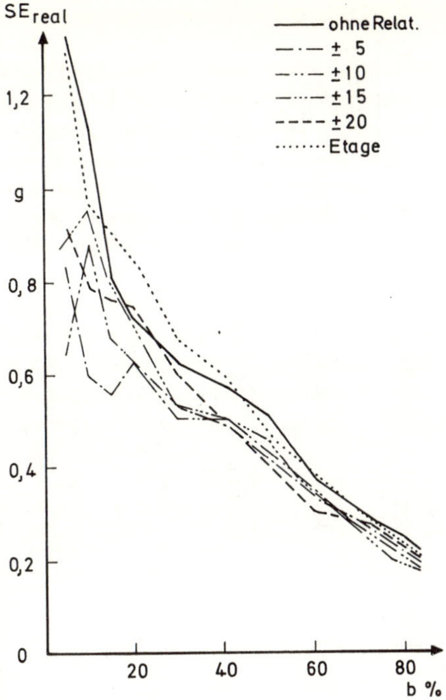

Abbildung 4.11. Einfluß der Relativierung auf SE_{real} von EEM bei Selektion nach EEM

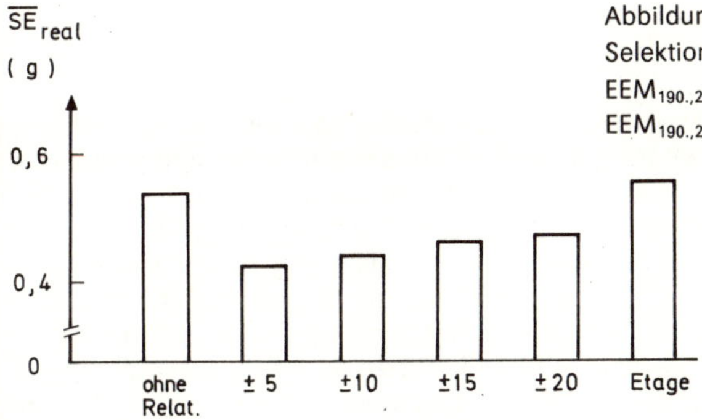

Abbildung 4.12. Mittlerer realisierter Selektionserfolg ($\overline{SE}_{real}$) für $EEM_{190.,220.,250.\ LT}$ bei Selektion nach $EEM_{190.,220.,250.\ LT}$

hinreichend groß ist, so daß Drift keine Rolle spielt und Mutation bzw. natürliche Selektion den Mittelwert nicht beeinflussen.
Die Veränderung des Populationsmittels in der Zeit ist relativ einfach zu beobachten. Die Aufteilung dieser Veränderung auf die beiden oben genannten Ursachen bereitet erhebliche Schwierigkeiten. Es gibt eine Reihe von einfachen Methoden, die unter bestimmten Voraussetzungen eine brauchbare Schätzung des genetischen Trends ermöglichen. Einige davon werden vorgestellt. Prinzi-

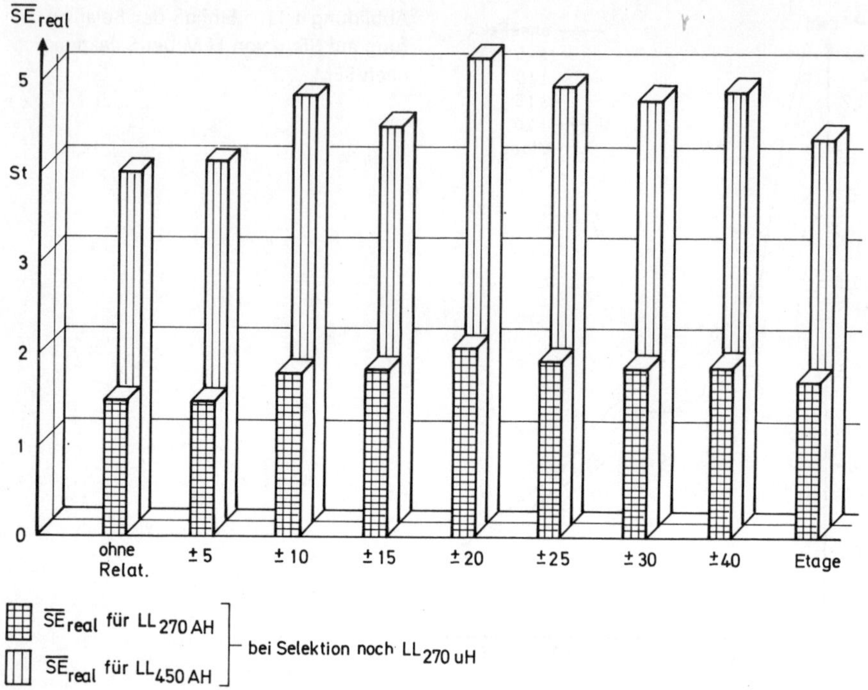

Abbildung 4.13. Mittlerer realisierter Selektionserfolg ($\overline{SE}_{real}$) für LL_{270AH} und LL_{450AH} bei verschiedenen Relativierungsvarianten

piell sollte jedoch eine Schätzung stets auf der Annahme eines linearen Modells für die Beobachtungen durchgeführt werden, indem die bekannten Methoden des linearen Modells zur Schätzung fester Effekte benutzt werden (Henderson u. a., 1959). Die Schwierigkeiten bei der Anwendung derartiger Methoden des linearen Modells bestehen in der adäquaten Modellierung der Beobachtungswerte. Man kann nicht davon ausgehen, daß auf der Basis eines Modells eine beste Schätzung vorgenommen wird und somit auch eine beste Schätzung für den genetischen Zeittrend vorliegt. Diese Schlußfolgerung wäre nur bei adäquater Modellierung gerechtfertigt. Daher sollten auch die einfachen Methoden bei der Beurteilung des genetischen Trends stets berücksichtigt werden. Daraus folgt eine Bearbeitung dieses Schätzproblems mittels mehrerer Methoden.

Im folgenden sollen die allgemeinen Ausführungen an Hand einer Rinderpopulation noch verdeutlicht werden.

Die phänotypische Merkmalsdifferenz relativ über die Zeit wird als Summe aus der genetisch und der umweltbedingten Merkmalsdifferenz betrachtet.

$$\Delta P_{t1-t0} = \Delta U_{t1-t0} + \Delta G_{t1-t0}. \tag{4.183}$$

In Abbildung 4.14. wird die Veränderung des genetischen Status einer Population in Abhängigkeit von der Zeit dargestellt.

$$\Delta G_{t1-t0} = \frac{G_{t1} - G_{t0}}{t_1 - t_0} \tag{4.184}$$

Die Abbildung 4.15. zeigt die genetischen Unterschiede von Teilpopulationen innerhalb einer Population eines Zuchtprogrammes. Die Teilpopulationen haben nicht nur ein unterschiedliches Alter, sondern sie werden auch verschieden stark selektiert. Eine Rinderpopulation setzt sich aus Mutterkühen, Färsen, Kälbern, geprüften Bullen und Jungbullen zusammen.
In Abbildung 4.16. ist der genetische Status dieser Teilpopulationen dargestellt.

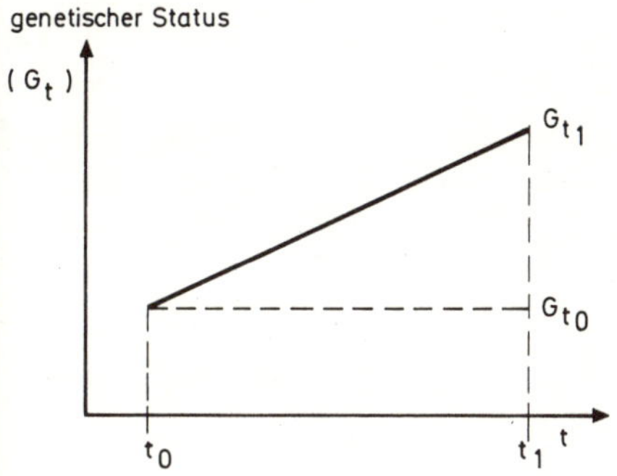

Abbildung 4.14. Veränderung des genetischen Status einer Population in der Zeit

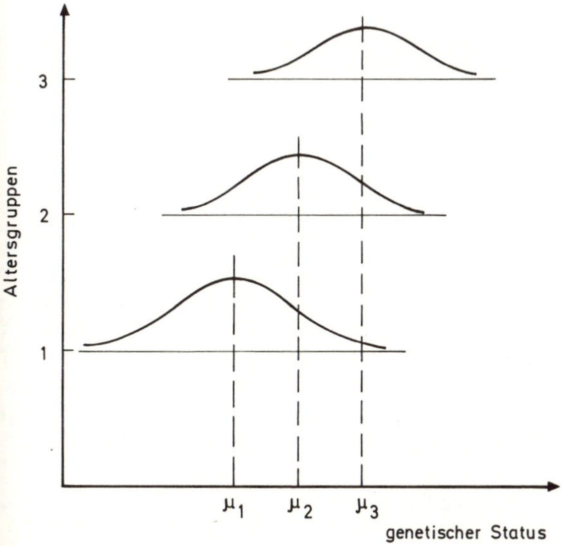

Abbildung 4.15. Teilpopulationen (Altersgruppen) innerhalb einer Population

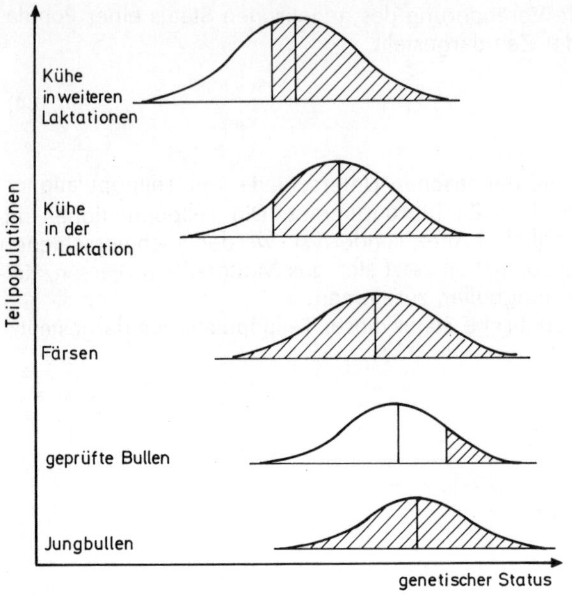

Abbildung 4.16. Genetischer Status von Teilpopulationen einer Rinderpopulation

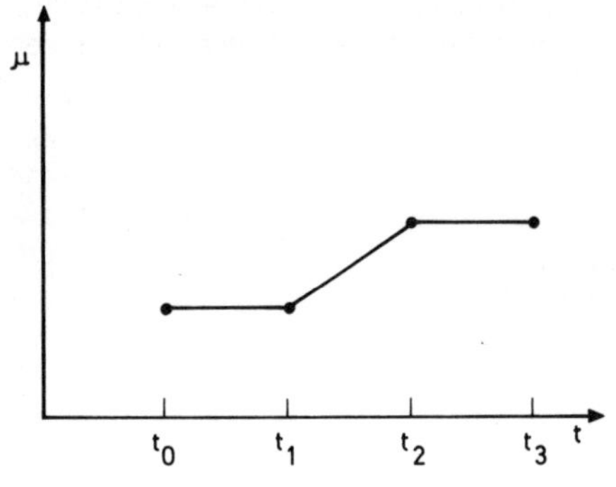

Abbildung 4.17. Genetischer Zeittrend

4.2.1.6.2. Elementare Methoden

Gelingt es, die Umwelt über längere Zeit konstant zu halten, so ist der Umwelttrend Null, und der genetische Trend in einer vorgegebenen Zeitspanne kann als Differenz der Mittelwerte definiert und entsprechend geschätzt werden. Der genetische Zeittrend ist keine Konstante, sondern abhängig von den durchgeführten züchterischen Maßnahmen. Der geschätzte Trend gilt also nur für den Beobachtungszeitraum. In Abbildung 4.17. ist die Entwicklung über die Zeit dargestellt.

Die Anwendung dieser Methode ist selbst bei Modelltieren nicht zu empfehlen, da auch hier ein Umwelttrend nicht auszuschließen ist. Das gilt erst recht bei an

deren Zuchtobjekten. Dagegen erweist sich die nachfolgende Methode als sehr wirksam. Falls sie angewendet werden kann, sollte sie bevorzugt werden.
Die Methode besteht in Folgendem: Eine Population wird zu Beginn des Beobachtungszeitraumes in zwei Teilpopulationen zerlegt. Diese Zerlegung sollte zufällig oder so unternommen werden, daß Mittelwert und Varianz in beiden Teilen gleich sind. Die eine Teilpopulation wird züchterisch bearbeitet (s) und die andere nur zufallsverpaart (k), sie dient als Kontrolle. Beide Populationen werden stets zeitgleich gehalten. Es ist darauf zu achten, daß beide Populationen hinreichend groß sind. Als Schätzwert des genetischen Trends erhält man

$$\Delta G_{t1-t0} = \frac{(\bar{y}_{St1} - \bar{y}_{Kt1}) - (\bar{y}_{St0} - \bar{y}_{Kt0})}{t_1 - t_0} \qquad (4.185).$$

Auch diese Größen können in Abbildung 4.16. dargestellt werden.
Ein weiteres Anwendungsgebiet für diese Methode besteht in den Experimenten auf dem Gebiet der Modelltiergenetik. Hier besteht die Möglichkeit, die Modellvorsstellungen, die dieser Schätzung zugrunde liegen, praktisch zu realisieren. In der Großtierzucht besteht eine abgewandelte Form dieser Methode darin, daß eine feste Gruppe männlicher Tiere mehrfach nachkommengeprüft wird. Eine derartige Gruppe wird als Referenzgruppe bezeichnet. Ihre Nachkommenschaft besitzt neben dem Umwelttrend die Hälfte des genetischen Zeittrends von ihren Müttern. Verwendet man die schon oben festgelegte Bezeichnung, so gilt

$$G_{t1-t0} = \frac{2\,((\bar{y}_{St1} - \bar{y}_{Kt1}) - (\bar{y}_{St0} - \bar{y}_{Kt0}))}{t1 - t0} \qquad (4.186).$$

DICKERSON (1960) nutzte (4.186) zur Schätzung, indem er als Referenzgruppe ein männliches Tier verwendete.
SMITH (1960) stellte die Formel (4.186) lediglich mit sogenannten linearen Regressionskoeffizienten dar. Eine modifizierte Form von (4.186) besteht darin, daß man nach DICKERSON bzw. SMITH für jedes männliche Tier den Trend ermittelt und die Schätzwerte mittelt.
In der Literatur findet man noch eine Reihe weiterer elementarer Verfahren, die es z. B. ermöglichen, aus Beobachtungen zu einem Zeitpunkt den genetischen Zeittrend zu schätzen. Dazu müssen aber wiederholte Leistungen von Zuchtobjekten vorliegen, die auf eine festgelegte Leistung korrigiert wurden. Andere Methoden benutzen eine multiple Regressionsbeziehung zwischen den Leistungen der Nachkommen auf der einen Seite und den Leistungen der Eltern und deren Alter auf der anderen Seite. Dabei wird ein konstanter Trend über die gesamten Zeiträume unterstellt, was praktisch nicht der Fall ist.

4.2.1.6.3. Methode nach HENDERSON

Die Methode von HENDERSON u. a. (1959) verwendet ebenfalls wiederholte Leistungen von Zuchtobjekten. Die Zuchtobjekte werden nach zwei Gesichtspunkten in Gruppen mit festen Effekten eingeteilt. Eine Einteilung soll den genetischen Zeittrend erfassen, die andere Einteilung dient zur Ausschaltung von Umwelteffekten. Bezogen auf das Rind könnte man diese beiden Einteilungen wie folgt interpretieren. Die erste Einteilung bezieht sich auf das Produktionsjahr k mit dem Effekt d_k. Im Produktionsjahr können Kühe die erste, zweite u. a. Laktationen erbringen. Diese Leistungen müssen vorher auf eine Laktation korrigiert werden. Die zweite Einteilung bezieht sich auf das Jahr, in der die erste Laktation der Tiere erbracht wurde (t) mit dem Effekt g_t. Dieser Effekt erfaßt den genetischen Zeittrend. Für die Beobachtungswerte des i-ten Tieres wird das folgende Modell angesetzt:

$$\underline{y}_{ijkt} = \mu + d_k + g_t + \underline{c}_{it} + \underline{e}_{ijkt} \tag{4.187}$$

mit den schon erklärten festen Effekten und den beiden Fehlern $\underline{c}_{it}$ und $\underline{e}_{ijkt}$.

$\underline{c}_{it}$ gibt die zufällige Abweichung der Leistung des i-ten Tieres in der t-ten Gruppe an. Der Index j wird nicht zur Gruppierung verwendet. Er gibt die Laktationsnummer an, aus der die korrigierte Leistung errechnet wurde. In Matrixschreibweise hat dieses Modell die folgende Form:

$$\underline{y} = X\beta + Z\underline{u} + \underline{e}. \tag{4.188}$$

Mit $\underline{y}$ wird der Vektor aller Beobachtungen bezeichnet. Im Vektor β sind alle festen Effekte des Modells zusammengefaßt. Der Vektor $\underline{u}$ enthält hier alle verschiedenen zufälligen Effekte außer $\underline{e}$. In $\underline{e}$ sind alle Effekte $\underline{e}_{ijkl}$ zusammengefaßt. X und Z sind Koeffizientenmatrizen. Es gelte

$$V(\underline{u}) = D\,\sigma^2 \tag{4.189}$$
$$V(\underline{e}) = R\,\sigma^2. \tag{4.190}$$

R ist gewöhnlich eine Einheitsmatrix, wenn die Fehler voneinander als unabhängig vorausgesetzt werden. Anderenfalls werden die Abhängigkeiten der zufälligen Effekte des Modells jeweils in den Matrixen D und R erfaßt. Es wird stets vorausgesetzt, daß die Vektoren $\underline{u}$ und $\underline{e}$ voneinander unabhängig sind.
$\underline{y}$ habe eine mehrdimensionale Normalverteilung mit

$$E(\underline{y}) = X\beta \tag{4.191}$$
$$V(\underline{y}) = (R + ZDZ')\,\sigma^2 \tag{4.192}.$$

Die festen Effekte β können nach der „verallgemeinerten Methode der kleinsten Quadrate" (VMKQ, GLS) geschätzt werden. Es muß das Gleichungssystem

$$X'(R + ZDZ')^{-1} X \widehat{\underline{\beta}} = X'(R + ZDZ')^{-1} \underline{y} \tag{4.193}$$

gelöst werden. Dazu können die entsprechenden Rechenprogramme genutzt werden (Titzler 1984).

Ein Nachteil des Modells (4.187) besteht darin, daß vorher alle Laktationen auf eine korrigiert werden müssen. Eine solche Korrektur bringt zusätzliche Abhängigkeiten hervor, die im Modell nicht berücksichtigt werden. Andererseits kann man natürlich das Modell auch um einen Effekt der Laktation (fest) erweitern. Der Vektor β würde lediglich um einige weitere Komponenten verlängert.

4.2.2. Schätzung zwischen Populationen (Kreuzung)

Alle Schätzverfahren, die im Abschnitt 4.2.1. beschrieben wurden, beziehen sich auf eine Population. In der Züchtung wird aber nicht nur mit einer, sondern auch mit mehreren Populationen gleichzeitig gearbeitet. Alle Verfahren, die auf mehreren Populationen beruhen, nutzen in der Regel neben Parametern aus der Reinzucht auch solche Parameter, die auf der Grundlage von Kreuzungen geschätzt wurden. Die verschiedenen Schätzverfahren mit mehreren Populationen dienen unterschiedlichen züchterischen Zielstellungen. Nachfolgend sollen die wichtigsten Methoden der Parameterschätzung in Kreuzung und deren züchterische Zielstellung beschrieben werden.
Zwei Zuchtverfahren, die eng mit der Reinzucht verbunden sind, beruhen darauf, daß Reinzuchttiere in Kreuzung geprüft und selektiert werden. Steht dabei nur eine der beiden Populationen im Vordergrund, so nennt man dieses Verfahren Rekurrente Selektion (RS). Werden dagegen beide Populationen nach den Kreuzungsergebnissen selektiert, so nennt man das entsprechende Verfahren Rekurrente Reziproke Selektion (RRS). Die beiden Zuchtverfahren sind in den Abbildungen 4.18. und 4.19. dargestellt. Die Aufgabe der Populationsgenetik besteht hier darin, die Wirksamkeit der Selektion auf der Grundlage der Nachkommenprüfung mit Modellen und dazu gehörigen Parametern zu erfassen.
Eine praktikable Möglichkeit der Modellbildung geht von folgender Überlegung aus, wenn es sich um ein Merkmal (Y) handelt, das zu verbessern ist. Bezeichnet man dieses Merkmal in Reinzucht mit Y_1 und in Kreuzung mit Y_2 (als ein anderes Merkmal), so kann zur Modellierung jedes Merkmals das einfache populationsgenetische Modell angesetzt werden. Auf der Grundlage dieser Voraussetzung, kann man Verfahren, wie bei der Beschreibung der GUW mit Hilfe des FALCONER-Modells gezeigt, anwenden.
Diese Möglichkeit demonstriert ein weiteres Mal die vielseitige Einsatzmöglichkeit des einfachen populationsgenetischen Modells. Bei der RS geht es dann darum, die Heritabilitäten für Y_1 (h_1^2 in Reinzucht), die Heritabilität von Y_2 (h^2 in

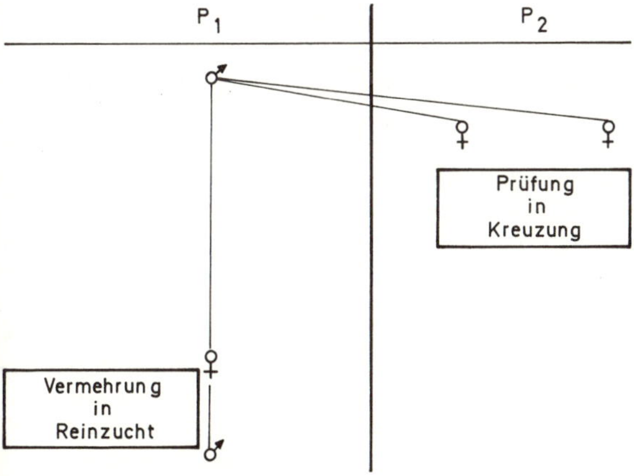

Abbildung 4.18. Zuchtverfahren der RS

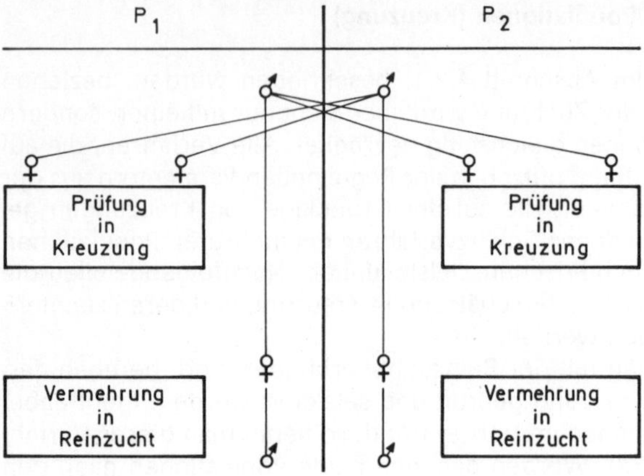

Abbildung 4.19. Zuchtverfahren der RRS

Kreuzung) und die genetische Korrelation zwischen Y_1 und Y_2 zu schätzen. Dazu können die beschriebenen Verfahren genutzt werden, wenn man die entsprechenden Datenstrukturen beachtet. Das Merkmal Y_2 liegt hier stets an Nachkommen vor, und damit sind nur die Verfahren der Geschwisterstrukturen anwendbar. Für Y_1 dagegen sind alle beschriebenen Verfahren denkbar. Beim Zuchtverfahren RRS kann man in analoger Weise wie bei der RS vorgehen, wenn man zunächst die Population P_1 wie eine RS auswertet und anschließend die Population P_2. Auf der Grundlage der h^2-Werte und der genetischen Korrelation lassen sich direkte und indirekte Selektionserfolge bestimmen.

Zunächst erscheint die Analyse der RS und RRS mit dem Varianzanalysemodell entsprechend der GUW möglich. Von dieser Methode muß aber abgeraten werden, da die dort beschriebenen Voraussetzungen kaum zu erfüllen sind.

Ein weiterer großer Komplex der Parameterschätzung bei Kreuzung läßt sich unter den Begriffen Diallele und Triallele zusammenfassen. Diese Methoden finden vorwiegend in der Pflanzenzüchtung und in der Modelltiergenetik Anwendung. Sie sind alle auch für die Tierzucht geeignet. Nachfolgend soll ein Überblick über derartige Verfahren gegeben werden.

Diallele: Bei den Methoden der diallelen Kreuzung liegen zwei statistische Grundmodelle vor.

Im Modell I wird eine feste Anzahl von Populationen betrachtet und es geht darum, die beste oder die besten Kreuzungen (F_1) herauszufinden. Dagegen geht man im Modell II von einer großen Anzahl von Populationen aus, betrachtet die verwendeten Populationen als eine Zufallsstichprobe und schätzt Varianzkomponenten zur Beurteilung der Variabilität zwischen den Populationen in Reinzucht und in Kreuzung.

Die Klärung der genetischen Ursachen von Kreuzungseffekten in Modell I des Diallels erfolgt auf der Grundlage von zusätzlichen Generationen, d. h. F_1, F_2, Rückkreuzungen u. a. In allen diesen Fällen werden spezielle Parameter geschätzt. Bei Problemen des Diallels-Modell I geht es vorrangig um die Schätzung von Mittelwerten und von festen Effekten. Auf die nutzbaren Schätzverfah-

ren zur genetischen Analyse von Kreuzungen wird nachfolgend eingegangen. Die Diallele und Triallele finden vor allem in der Pflanzenzüchtung eine breite Anwendung, insbesondere das Modell II. Der Grund besteht in der Forderung, daß die Elternpopulationen homozygot sein sollen.
Diese Forderung erfüllen vor allem Inzuchtpopulationen. Derartige Populationen sind in der Modelltierzucht bekannt, und die Methoden der Kreuzung finden auch dort Verwendung. In der Tierzucht kommt Modell I zur Anwendung, in Spezialfällen auch das Modell II, wobei die genetische Interpretation der Varianzkomponenten problematisch ist.

4.2.2.1. Diallele – Modell I

4.2.2.1.1. Strukturen

Bei beiden Modellen des Dialleles gibt es folgende Strukturen, die eine besondere Rolle spielen. Die Anzahl der Populationen wird mit a bezeichnet.
Struktur I – Vollständiges Diallel mit a·a Kreuzungen.
Struktur II – Unvollständiges Diallel ohne reziproke Kreuzungen.
Struktur III – Unvollständiges Diallel ohne Reinzuchtpaarungen.
Struktur IV – Unvollständiges Diallel ohne Reinzucht- und reziproke Kreuzungen.
Die Strukturen sind in Abbildung 4.20. dargestellt.

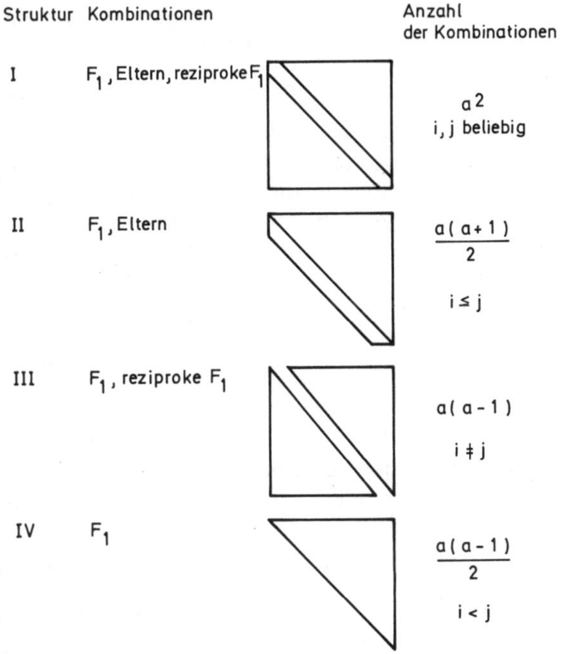

Abbildung 4.20. Strukturen der Diallele

4.2.2.1.2. Vorauswertung – Datenzusammenfassung

In jeder möglichen genetischen Konstruktion eines Diallels liegen zunächst entsprechend dem Paarungsplan strukturierte Beobachtungswerte vor. Derartige Strukturen sind z. B. Halbgeschwisterstrukturen, Voll- und Halbgeschwisterstrukturen usw.

In der Regel handelt es sich aber um unabhängige Beobachtungen innerhalb einer genetischen Konstruktion. Die Auswertung hängt entscheidend davon ab, wie diese Strukturen beschaffen sind. Sie lassen sich gut mit der allgemeinen Theorie des linearen Modells beschreiben. Davon wird hier aber Abstand genommen. Es erfolgt eine Beschränkung auf approximative Verfahren, die von den Mittelwerten innerhalb einer genetischen Konstruktion ausgehen. Diese Verfahren der Mittelwertverwendung sind nur dann exakt, wenn in jeder genetischen Konstruktion die gleiche Anzahl Beobachtungswerte vorliegt, und diese Beobachtungen voneinander unabhängig sind.

Letzteres ist nur dann der Fall, wenn Eltern nur einmal innerhalb einer genetischen Konstruktion verwendet werden. Man geht davon aus, daß je genetische Konstruktion n unabhängige Beobachtungen vorliegen.

Für die genetische Analyse sind vor allem die Kreuzungsmittelwerte und die Fehlerstreuung der Einzelwerte von Interesse. Deshalb wird zunächst entsprechend der Versuchsanlage eine Varianzanalyse, Modell I, mit den Kombinationen (i, j) als Stufen eines Einflußfaktors durchgeführt, in deren Ergebnis man die Kreuzungsmittelwerte $\underline{x}_{ij}$ und $\underline{MQ}_R$ als erwartungstreue Schätzung für die Fehlervarianz σ^2 erhält. Die Freiheitsgrade dieser Schätzung bezeichnen wir im folgenden mit m. Im allgemeinen wird es sich um einfaktorielle Anlagen handeln mit den Kombinationen als Behandlungen. Ist diese Anlage balanciert mit der Wiederholungszahl n, so ist $\underline{x}_{ij} = \frac{1}{n} \sum_k \underline{y}_{ijk}$, wenn mit $\underline{y}_{ijk}$ die Beobachtungswerte der genetischen Konstruktionen (i, j) bezeichnet werden (k = 1, ..., n). Bei nichtbalancierten Anlagen werden die $\underline{x}_{ij}$ in der Literatur üblicherweise als „Korrigierte Mittel" bezeichnet. Die weiteren Auswertungen werden nur noch mit den Mittelwerten durchgeführt. Damit wird die eigentliche Diallelanalyse von der großen Anzahl von Einzelwerten entlastet. Im nichtbalancierten Fall verwende man in den folgenden Varianztabellen der einzelnen Dialleltypen statt der Wiederholungszahl n die mittlere Wiederholungszahl

$$n_h = \frac{1}{\frac{1}{N} \sum_{(i,j)} \frac{1}{n_{ij}}} \qquad (4.194).$$

Dabei bedeutet n_{ij} die Wiederholungszahl der Kombination (i, j) und N die Anzahl der vorhandenen Kombinationen. Dies entspricht dem Näherungsverfahren nach Snedecor.

4.2.2.1.3. Statistische Modelle

Im einfachsten Fall kann man für die Mittelwerte jeder genetischen Konstruktion folgende Modelle ansetzen:

Struktur I:

$$\underline{x}_{ij} = \overline{\underline{y}}_{ij.} = \mu + g_i + g_j + s_{ij} + r_{ij} + \frac{1}{n} \sum_{k=1}^{n} \underline{e}_{ijk} \qquad (4.195)$$

$i, j = 1, 2, \ldots, a$
μ = Versuchsmittel
$g_i(g_j)$ – allgemeine Kombinationseignung der Population i(j) in der Menge von vorgegebenen Populationen
$s_{ij}\ (= s_{ji})$ – spezifische Kombinationseignung der Population i mit der Population j
$r_{ij}\ (= -r_{ji})$ – reziproke Effekte zwischen der i-ten und j-ten Elternpopulation

Mit den Reparametrisierungsbedingungen

$$\sum_{i=1}^{a} g_i = 0 \quad \text{und} \qquad (4.196)$$

$$\sum_{i=1}^{a} s_{ij} = 0. \qquad (4.197)$$

Struktur II:

$$\underline{x}_{ij} = \overline{\underline{y}}_{ij.} = \mu + g_i + g_j + s_{ij} + \frac{1}{n} \sum_{k=1}^{n} \underline{e}_{ijk} \qquad (4.198)$$

$i, j = 1, 2, \ldots, a; \quad i \leq j$

Gleiche Reparametrisierungsbedingungen wie in Struktur I unter Beachtung von $s_{ij} = s_{ji}$.

Struktur III:

$$\underline{x}_{ij} = \overline{\underline{y}}_{ij.} = \mu + g_i + g_j + s_{ij} + r_{ij} + \frac{1}{n} \sum_{k=1}^{n} \underline{e}_{ijk} \qquad (4.199)$$

$i, j = 1, 2, \ldots, a; \quad i \neq j$
mit $\sum_{i=1}^{a} g_i = 0$ und $\sum_{i \neq j} s_{ij} = 0$.

Struktur IV:

$$\underline{x}_{ij} = \overline{\underline{y}}_{ij.} = \mu + g_i + g_j + s_{ij} + \frac{1}{n} \sum_{k=1}^{n} \underline{e}_{ijk} \qquad (4.200)$$

mit $i, j = 1, 2, \ldots, a$; $i < j$ und $\sum_{i=1}^{a} g_i = 0$ bzw. $\sum_{i \neq j} s_{ij} = 0$.

4.2.2.1.4. Schätzung der Effekte

Die Schätzung der Effekte basiert auf der Methode der kleinsten Quadrate. Ausgehend von den x_{ij} ergeben sich für die vier Strukturen die folgenden Schätzfunktionen. Zunächst wird die Punktschätzung angegeben:

Struktur I:

$$\underline{\hat{\mu}} = \frac{\underline{\bar{x}}_{..}}{a^2} \tag{4.201}$$

$$\widehat{\underline{g}_i} = \frac{1}{2a}(\underline{\bar{x}}_{i.} + \underline{\bar{x}}_{.i}) - \underline{\hat{\mu}} \tag{4.202}$$

$$\widehat{\underline{s}_{ij}} = \frac{1}{2}(\underline{x}_{ij} + \underline{x}_{ji}) - \frac{1}{2a}(\underline{\bar{x}}_{i.} + \underline{\bar{x}}_{.i} + \underline{\bar{x}}_{j.} + \underline{\bar{x}}_{.j}) + \underline{\hat{\mu}} \tag{4.203}$$

$$\widehat{\underline{v}_{ij}} = \frac{1}{2}(\underline{x}_{ij} - \underline{x}_{ji}) \tag{4.204}$$

mit den in der Biometrie üblichen Abkürzungen.

$$\underline{x}_{i.} = \sum_{j=1}^{a} \underline{x}_{ij}, \quad \underline{\bar{x}}_{.j} = \sum_{i=1}^{a} \underline{x}_{ij}, \quad \underline{\bar{x}}_{..} = \sum_{i,j} \underline{x}_{ij} \tag{4.205}$$

Struktur II:

$$\underline{\hat{\mu}} = \frac{2\,\underline{\bar{x}}^*_{..}}{a(a+1)} \tag{4.206}$$

$$\widehat{\underline{g}_i} = \frac{1}{a+2}\left(\underline{\bar{x}}_{i.} + \underline{x}_{ii} - \frac{2}{a}\,\underline{\bar{x}}^*_{..}\right) \tag{4.207}$$

$$\underline{s}_{ij} = \underline{x}_{ij} - \frac{1}{a+2}(\underline{\bar{x}}_{i.} + \underline{x}_{ii} + \underline{\bar{x}}_{j.} + \underline{x}_{jj}) + \frac{2}{(a+1)(a+2)}\,\underline{\bar{x}}^*_{..} \tag{4.208),}$$

wobei $\underline{x}_{ji} = \underline{x}_{ij}$ gesetzt wurde,

$$\text{und mit } \underline{\bar{x}}^*_{..} = \sum_{i=1}^{a} \sum_{j=i}^{a} \underline{x}_{ij} \tag{4.209}$$

Struktur III:

$$\underline{\hat{\mu}} = \frac{\underline{\bar{x}}'_{..}}{a(a-1)} \tag{4.210}$$

$$\widehat{\underline{g}_i} = \frac{1}{2a(a-2)}(a(\underline{\bar{x}}'_{i.} + \underline{\bar{x}}'_{.i}) - 2\,\underline{\bar{x}}'_{..}) \tag{4.211}$$

$$\widehat{\underline{s}_{ij}} = \frac{1}{2}(\underline{x}_{ij} + \underline{x}_{ji}) - \frac{1}{2(a-2)}(\underline{\bar{x}}'_{i.} + \underline{\bar{x}}'_{.i} + \underline{\bar{x}}'_{j.} + \underline{\bar{x}}'_{.j}) + \frac{1}{(a-1)(a-2)}\,\underline{\bar{x}}'_{..} \tag{4.212}$$

$$\widehat{\underline{r}_{ij}} = \frac{1}{2}(\underline{x}_{ij} - \underline{x}_{ji}) \tag{4.213}$$

$$\text{mit} \quad \underline{\bar{x}}'_{i.} = \sum_{j \neq i} \underline{x}_{ij}, \quad \underline{\bar{x}}'_{..} = \sum_{i=1}^{a} \sum_{j \neq i} x_{ij}$$

Struktur IV:

$$\underline{\hat{\mu}} = \frac{2\,\underline{\bar{x}}_{..}}{a(a-1)} \tag{4.214}$$

$$\widehat{\underline{g}_i} = \frac{1}{a(a-2)}\,(a\,\underline{\bar{x}}_{i.} - 2\,\underline{\bar{x}}_{..}) \tag{4.215}$$

$$\widehat{\underline{s}_{ij}} = \underline{x}_{ij} - \frac{1}{a-2}\,(\underline{\bar{x}}_{i.} + \underline{\bar{x}}_{j.}) + \frac{2}{(a-1)(a-2)}\,\underline{\bar{x}}_{..} \tag{4.216}$$

mit $\underline{\bar{x}}_{i.} = \sum_{j \neq i} \underline{x}_{ij}$, wobei $x_{ji} = x_{ij}$ gesetzt wurde,

$$\underline{\bar{x}}_{..} = \sum_{i=1}^{a-1} \sum_{j=i+1}^{a} \underline{x}_{ij} \tag{4.217}$$

Die Punktschätzungen sind nur im einfachsten Fall ($n_{ij} = n$) beste lineare erwartungstreue Schätzungen (BLES) bezogen auf die Verteilung der $\underline{y}_{ijk}$. Im allgemeinen besitzen sie diese Eigenschaft nicht.
Der Versuchsansteller ist neben der Punktschätzung insbesondere auch an einer Intervallschätzung interessiert. Im einfachsten Fall vollständig balancierter Anlagen gelten folgende Intervallschätzungen zum Konfidenzkoeffizienten $1-\alpha$. Dabei bezeichnet m wieder die Freiheitsgrade der Restvarianzschätzung $\underline{MQ}_R$ und t steht abkürzend für $t\left(m, 1-\frac{\alpha}{2}\right)$.

Struktur I:

$$\left\langle \widehat{\underline{g}_i} - t\sqrt{\underline{MQ}_R \cdot \frac{a-1}{2a^2n}},\ \widehat{\underline{g}_i} + t\sqrt{\underline{MQ}_R \cdot \frac{a-1}{2a^2n}} \right\rangle, \tag{4.218}$$

$$\left\langle \widehat{\underline{g}_i} - \widehat{\underline{g}_j} - t\sqrt{\underline{MQ}_R \cdot \frac{1}{a^2n}},\ \widehat{\underline{g}_i} - \widehat{\underline{g}_j} + t\sqrt{\underline{MQ}_R \cdot \frac{1}{a^2n}} \right\rangle, \tag{4.219}$$

$$\left\langle \widehat{\underline{s}_{ii}} - t\sqrt{\underline{MQ}_R \cdot \frac{(a-1)^2}{a^2n}},\ \widehat{\underline{s}_{ii}} + t\sqrt{\underline{MQ}_R \cdot \frac{(a-1)^2}{a^2n}} \right\rangle, \tag{4.220}$$

$$\left\langle \widehat{\underline{s}_{ij}} - t\sqrt{\underline{MQ}_R \cdot \frac{a^2-2a+2}{2a^2n}},\ \widehat{\underline{s}_{ij}} + t\sqrt{\underline{MQ}_R \cdot \frac{a^2-2a+2}{2a^2n}} \right\rangle, \tag{4.221}$$

mit $i \neq j$ und
$$\left\langle \widehat{\underline{r}_{ij}} - t\sqrt{\underline{MQ}_R \cdot \frac{1}{2n}},\ \widehat{\underline{r}_{ij}} + t\sqrt{\underline{MQ}_R \cdot \frac{1}{2n}} \right\rangle, \tag{4.222}$$

wobei z. B. $m = a^2(n-1)$ im Falle einer vollständigen Blockanlage wäre.

Struktur II:

$$\left\langle \widehat{\underline{g}_i} - t\sqrt{\underline{MQ}_R \cdot \frac{a-1}{a(a+2)\,n}},\ \widehat{\underline{g}_i} + t\sqrt{\underline{MQ}_R \cdot \frac{a-1}{a(a+2)\,n}} \right\rangle, \tag{4.223}$$

$$\left\langle \widehat{\underline{g}_i} - \widehat{\underline{g}_j} - t\sqrt{\underline{MQ_R} \cdot \frac{2}{(a+2)\,n}}\,,\ \widehat{\underline{g}_i} - \widehat{\underline{g}_j} + t\sqrt{\underline{MQ_R} \cdot \frac{2}{(a+2)\,n}} \right\rangle, \tag{4.224}$$

$$\left\langle \widehat{\underline{s}_{ii}} - t\sqrt{\underline{MQ_R} \cdot \frac{a(a-1)}{(a+1)\,(a+2)\,n}}\,,\ \widehat{\underline{s}_{ii}} + t\sqrt{\underline{MQ_R} \cdot \frac{a(a-1)}{(a+1)\,(a+2)\,n}} \right\rangle \tag{4.225}$$

und bei $i \neq j$ gilt

$$\left\langle \widehat{\underline{s}_{ij}} - t\sqrt{\underline{MQ_R} \cdot \frac{a^2+a+2}{(a+1)\,(a+2)\,n}}\,,\ \widehat{\underline{s}_{ij}} + t\sqrt{\underline{MQ_R} \cdot \frac{a^2+a+2}{(a+1)\,(a+2)\,n}} \right\rangle \tag{4.226}$$

wobei z. B. für den Fall einer vollständigen Blockanlage

$$m = \frac{a \cdot (a+1)}{2}\,(n-1) \tag{4.227}$$

ist.

Struktur III:

$$\left\langle \widehat{\underline{g}_i} - t\sqrt{\underline{MQ_R} \cdot \frac{a-1}{2a(a-2)\,n}}\,,\ \widehat{\underline{g}_i} + t\sqrt{\underline{MQ_R} \cdot \frac{a-1}{2a(a-2)\,n}} \right\rangle, \tag{4.228}$$

$$\left\langle \widehat{\underline{g}_i} - \widehat{\underline{g}_j} - t\sqrt{\underline{MQ_R} \cdot \frac{1}{(a-2)\,n}}\,,\ \widehat{\underline{g}_i} - \widehat{\underline{g}_j} + t\sqrt{\underline{MQ_R} \cdot \frac{1}{(a-2)\,n}} \right\rangle \tag{4.229}$$

$$\left\langle \widehat{\underline{s}_{ij}} - t\sqrt{\underline{MQ_R} \cdot \frac{a-3}{2(a-1)\,n}}\,,\ \widehat{\underline{s}_{ij}} + t\sqrt{\underline{MQ_R} \cdot \frac{a-3}{2(a-1)\,n}} \right\rangle \tag{4.230}$$

und

$$\left\langle \widehat{\underline{r}_{ij}} - t\sqrt{\underline{MQ_R} \cdot \frac{1}{2n}}\,,\ \widehat{\underline{r}_{ij}} + t\sqrt{\underline{MQ_R} \cdot \frac{1}{2n}} \right\rangle \tag{4.231}$$

wobei im Falle einer vollständigen Blockanlage

$$m = a\,(a-1)\,(n-1) \tag{4.232}$$

ist.

Struktur IV:

$$\left\langle \widehat{\underline{g}_i} - t\sqrt{\underline{MQ_R} \cdot \frac{a-1}{a(a-2)\,n}}\,,\ \widehat{\underline{g}_i} + t\sqrt{\underline{MQ_R} \cdot \frac{a-1}{a(a-2)\,n}} \right\rangle, \tag{4.233}$$

$$\left\langle \widehat{\underline{g}_i} - \widehat{\underline{g}_j} - t\sqrt{\underline{MQ_R} \cdot \frac{2}{(a-2)\,n}}\,,\ \widehat{\underline{g}_j} - \widehat{\underline{g}_j} + t\sqrt{\underline{MQ_R} \cdot \frac{2}{(a-2)\,n}} \right\rangle, \tag{4.234}$$

$$\left\langle \widehat{\underline{s}_{ij}} - t\sqrt{\underline{MQ_R} \cdot \frac{a-3}{(a-1)\,n}}\,,\ \widehat{\underline{s}_{ij}} + t\sqrt{\underline{MQ_R} \cdot \frac{a-3}{(a-1)\,n}} \right\rangle \tag{4.235}$$

mit

$$m = \frac{a \cdot (a-1)}{2}(n-1) \tag{4.236}$$

für den Fall einer vollständigen Blockanlage.
Die angegebenen Formeln gelten als Intervallschätzungen der entsprechenden Effekte. Die zweite Formel innerhalb der Strukturen stellt eine Intervallschätzung der Differenz der allgemeinen Kombinationseignung dar.
Konfidenzintervalle für den Fall unvollständiger balancierter Blockanlagen findet man bei CERANKA (1986).

Neben dem t-Test werden im Diallel, Modell I, auch multiple Mittelwertvergleiche durchgeführt. Für den F-Test hat man z. B. die Varianztabellen des folgenden Abschnittes bis zu den MQ zu verwenden und die $\underline{MQ}$ eines Faktors stets auf $\underline{MQ}_R$ zu beziehen. Andere multiple Mittelwertvergleiche wie z. B der TUKEY-Test, werden analog zum t-Test durchgeführt.

4.2.2.2. Diallele-Modell II

4.2.2.2.1. Strukturen

Analog zu Modell I werden in diesem Abschnitt die vier genannten Strukturen für Modell II ausgewertet. Da insbesondere bei Modell II auch größere Diallele analysiert werden müssen, gelingt es nicht immer, einen balancierten Versuch in Form der Strukturen I–IV durchzuführen. Es können auch einzelne F_1 ausfallen. Viele solcher Pläne lassen sich trotzdem auswerten. Sie werden im Anschluß an die vier Grundstrukturen behandelt und als Struktur V gekennzeichnet.

4.2.2.2.2. Auswertung der Struktur I

Wir betrachten einen vollständigen Kreuzungsplan, Struktur I nach Abbildung 4.20., der neben den Eltern und allen F_1-Kombinationen auch alle reziproken. F_1-Kombinationen enthält.
Modellgleichung (4.195) wird dann für die Kreuzungsmittelwerte zu

$$\underline{x}_{ij} = \mu + \underline{g}_i + \underline{g}_j + \underline{s}_{ij} + \underline{r}_{ij} + \frac{1}{n}\sum_{k=1}^{n} \underline{e}_{ijk}, \quad \underline{s}_{ij} = \underline{a}_{ji}; \tag{4.237}$$

$$i, j = 1, \ldots, a.$$

Um eine Schätzung der Varianzkomponenten zu erhalten, benötigt man Quadratsummen in den $\underline{x}_{ij}$ und deren Erwartungswerte, welche linear von den Varianzkomponenten abhängen. Durch Gleichsetzen der erwarteten mit den beobachteten Quadratsummen erhält man somit ein lineares Gleichungssystem, dessen Lösung eine erwartungstreue Schätzung der Varianzkomponenten liefert. Üblicherweise verwendet man im Modell II die gleichen Quadratsummen wie im Modell I, da dann im balancierten Fall die Schätzfunktionen gewisse Optimalitätseigenschaften haben, etwa minimale Varianz. Auch wir verwenden in diesem Abschnitt stets die Quadratsummen des zugehörigen Modell I, haben aller-

Tabelle 4.15. Varianztabelle eines Diallels, Struktur I, für Modell II

Variationsursache	$\underline{SQ}$	FG	$\underline{MQ} = \underline{SQ}/FG$	$E(\underline{MQ})$
allgemeine Kombinationseignungen	$\underline{SQ}_g = \frac{1}{a}\sum_i \frac{(\underline{x}_{i.} + \underline{x}_{.i})^2}{2} - 2\underline{SG}$	$a - 1$	$\underline{MQ}_g$	$2a\sigma_g^2 + 2\frac{a-1}{a}\sigma_s^2 + \sigma_r^2 + \frac{\sigma^2}{n}$
spezifische Kombinationseignungen	$\underline{SQ}_s = \sum_{i,j} \frac{(\underline{x}_{ij} + \underline{x}_{ji})^2}{4} - \underline{SQ}_g - \underline{SG}$	$\frac{a(a-1)}{2}$	$\underline{MQ}_s$	$2\frac{a(a-1)+1}{a^2}\sigma_s^2 + \sigma_r^2 + \frac{\sigma^2}{n}$
reziproke Effekte	$\underline{SQ}_r = \sum_{i,j} \frac{(\underline{x}_{ij} - \underline{x}_{ji})^2}{4}$ $= \sum_{i,j} \underline{x}_{ij}^2 - \underline{SQ}_s - \underline{SQ}_g - \underline{SG}$	$\frac{a(a-1)}{2}$	$\underline{MQ}_r$	$\sigma_r^2 + \frac{\sigma^2}{n}$
Rest	SQ_{Rest}/n	m	$\underline{MQ}_R^* = \underline{MQ}_{Rest}/n$	$\frac{\sigma^2}{n}$

mit $\underline{x}_{i.} = \sum_{j=1}^{a} \underline{x}_{ij}$, $\underline{x}_{..} = \sum_{i=1}^{a} \underline{x}_{i.} = \sum_{i,j} \underline{x}_{ij}$, $\underline{SG} = \frac{1}{a^2}\underline{x}^2$

dings zu beachten, daß deren Erwartungswerte unter den Voraussetzungen des Modell II zu bestimmen sind.

Tabelle 4.15. enthält für den vollständigen Kreuzungsplan die Varianztabelle sowie die formelmäßige Darstellung der Erwartungswerte der mittleren Abweichungsquadrate. Die Herleitung dieser Ausdrücke erhält man am einfachsten, indem man die Modellgleichung (4.237) in die $\underline{SQ}$ einsetzt. Wir wollen das am Beispiel von $E(\underline{MQ}_r)$ verdeutlichen. Es ist

$$\underline{SQ}_r = \sum_{i,j} \frac{(\underline{x}_{ij} - \underline{x}_{ji})^2}{4}$$
$$= \frac{1}{4} \sum_{i,j} \left(\mu + \underline{g}_i + \underline{g}_j + \underline{s}_{ij} + \underline{r}_{ij} + \frac{1}{n} \sum_k \underline{e}_{ijk} - \right.$$
$$\left. \left(\mu + \underline{g}_j + \underline{g}_i + \underline{s}_{ji} + \underline{r}_{ji} + \frac{1}{n} \sum_k \underline{e}_{jik}\right)\right)^2$$
$$= \frac{1}{4} \sum_{i,j} \left(\underline{r}_{ij} - \underline{r}_{ji} + \frac{1}{n} \sum_k (\underline{e}_{ijk} - \underline{e}_{jik})\right)^2 . \qquad (4.238)$$

Geht man zum Erwartungswert über, so erhält man unter Beachtung der Linearität

$$E(\underline{SQ}_r) = \frac{1}{4} a(a-1) \left(2\, E(r_{ij}^2) + \frac{1}{n^2} 2n\, E(e_{ijk}^2)\right)$$
$$= \frac{a(a-1)}{2} \left(\sigma_r^2 + \frac{\sigma^2}{n}\right) \qquad (4.239)$$

und damit

$$E(\underline{MQ}_r) = \sigma_r^2 + \frac{\sigma^2}{n} . \qquad (4.240)$$

Die Ermittlung der Erwartungswerte der anderen $\underline{MQ}$ ist rechnerisch etwas aufwendiger, kann jedoch nach dem gleichen Prinzip verlaufen.

Um zu überprüfen, ob die Varianzkomponenten verschieden von Null sind, setzen wir voraus, daß die Effekte im Modell (4.237) normalverteilt sind. Auch an dieser Stelle machen wir darauf aufmerksam, daß viele Merkmale nicht normalverteilt sind und verweisen auf entsprechende Robustheitsuntersuchungen. Üblicherweise wird der F-Test verwendet. Im Nenner sind dabei stets solche $\underline{MQ}$ entsprechend linear zu kombinieren, für die der Erwartungswert des Nenners dem des Zählers bis auf die zu testende Komponente entspricht.

Zum Test der Hypothese $\sigma_g^2 = 0$ bilden wir

$$\underline{MQ}^* = A^* \underline{MQ}_s + (1 - A^*)\, \underline{MQ}_r \quad \text{mit} \quad A^* = \frac{a(a-1)}{a(a-1)+1} . \qquad (4.241)$$

Dann ist näherungsweise

$$\frac{\underline{MQ}_g}{\underline{MQ}^*} \quad \text{nach } F(a-1, f) \tag{4.242}$$

verteilt. Die Freiheitsgrade des Nenners berechnet man nach SATTERTHWAITE (1946) mit Hilfe der folgenden Formel:

$$f = \frac{(MQ^*)^2}{\frac{2}{a(a-1)}\left(A^{*2}\,MQ_s^2 + (1-A^*)^2\,MQ_r^2\right)} . \tag{4.243}$$

Zum Test der Hypothese $\sigma_s^2 = 0$ verwendet man

$$\frac{\underline{MQ}_s}{\underline{MQ}_r} \sim F\left(\frac{a(a-1)}{2}, \quad \frac{a(a-1)}{2}\right), \tag{4.244}$$

und zum Test der Hypothese $\sigma_r^2 = 0$

$$\frac{\underline{MQ}_r}{\underline{MQ}_R^*} \sim F\left(\frac{a(a-1)}{2}, m\right). \tag{4.245}$$

Setzt man in Tabelle 4.15. die Erwartungswerte der $\underline{MQ}$ gleich ihren beobachteten Werten, so erhält man durch Auflösen des entstehenden Gleichgewichtssystems die folgenden erwartungstreuen Schätzfunktionen für die Varianzkomponenten:

$$\widehat{\underline{\sigma}_r^2} = \underline{MQ}_r - \underline{MQ}_R^* , \tag{4.246}$$

$$\widehat{\underline{\sigma}_s^2} = \frac{a^2}{2a(a-1)+2}(\underline{MQ}_s - \underline{MQ}_r), \tag{4.247}$$

$$\widehat{\underline{\sigma}_g^2} = \frac{1}{2a}(\underline{MQ}_g - \underline{MQ}^*) . \tag{4.248}$$

Asymptotisch erwartungstreue Schätzungen der Varianzen der Schätzfunktionen für die Varianzkomponenten stellen die folgenden Formeln dar:

$$\widehat{V(\widehat{\underline{\sigma}_\sigma^2})} = \frac{4}{a(a-1)}\,MQ_r^2 + \frac{2}{m}\,MQ_R^{*2} \tag{4.249}$$

$$\widehat{V(\widehat{\underline{\sigma}_s^2})} = \frac{a^3}{(a(a-1)+1)^2\,(a-1)}(MQ_s^2 + MQ_r^2) \tag{4.250}$$

$$\widehat{V(\widehat{\underline{\sigma}_g^2})} = \frac{1}{2a^2}\left(\frac{1}{(a-1)}\,MQ_g^2 + \frac{1}{f}\,MQ^{*2}\right). \tag{4.251}$$

Für wachsende a wird der systematische Fehler dieser Schätzungen kleiner. Die asymptotisch erwartungstreu geschätzten Varianzen sind größer als die erwartungstreu geschätzten, deren formelmäßige Darstellung in diesem Rahmen nicht möglich ist. Die Verteilung des Quotienten $\underline{MQ}_g/\underline{MQ}^*$ wird mit größer werdenden a immer besser durch die F-Verteilung beschrieben. Für kleine a ist allerdings bei den approximativen F-Tests besondere Vorsicht geboten, da gleich zwei Voraussetzungen nicht erfüllt sind, nämlich χ^2-Verteilung des Nenners sowie die Unabhängigkeit von $\underline{MQ}_g$ und $\underline{MQ}^*$. Die Ursache liegt darin, daß dem Diallel, Typ I, ein nichtbalancierter Versuchsplan zugrunde liegt. Anschaulich wird das, wenn man beachtet, daß jede Kombination (i, j) mit $i \neq j$ zweimal vorhanden ist, falls man nicht zwischen Vater und Mutter unterscheidet, dagegen die Kombinationen (i, i) nur einmal.

4.2.2.2.3. Auswertung der Struktur II

Als nächstes betrachten wir den Kreuzungsplan, der die Eltern und alle F_1-Kombinationen, also insgesamt $\frac{a(a+1)}{2}$ genetische Konstruktionen, enthält. Da keine reziproken F_1-Kombinationen vorhanden sind, kann kein reziproker Effekt berücksichtigt werden, so daß sich Modellgleichung (4.237) zu der Gleichung

$$\underline{x}_{ij} = \mu + \underline{g}_i + \underline{g}_j + \underline{s}_{ij} + \frac{1}{n}\sum_k \underline{e}_{ijk}, \tag{4.252}$$

$$i, j = 1, \ldots, a; \quad i \leq j$$

mit den üblichen Nebenbedingungen reduziert. Zur besseren formelmäßigen Darstellung der Quadratsummen setzen wir formal $\underline{x}_{ji} = \underline{x}_{ij}$ sowie $\underline{s}_{ji} = \underline{s}_{ij}$. Das wei-

Tabelle 4.16. Varianztabelle eines Diallels, Struktur II, für Modell II

Variationsursache	$\underline{SQ}$	FG	$\underline{MQ} = \underline{SQ}/FG$	$E(\underline{MQ})$
allgemeine Kombinationseignungen	$\underline{SQ}_g = \frac{1}{a+2}\sum_i (\underline{x}_{i.} + \underline{x}_{ii})^2 - 2c\underline{SQ}_G$	$a-1$	$\underline{MQ}_g$	$(a+2)\sigma_g^2 + \sigma_s^2 + \frac{\sigma^2}{n}$
spezifische Kombinationseignungen	$\underline{SQ}_s = \sum_{i \leq j} \underline{x}_{ij}^2 - \underline{SQ}_g - \underline{SQ}_G$	$\frac{a(a-1)}{2}$	$\underline{MQ}_s$	$\sigma_s^2 + \frac{\sigma^2}{n}$
Rest	SQ_{Rest}/n	m	$\underline{MQ}_R^* = \underline{MQ}_{Rest}/n$	$\frac{\sigma^2}{n}$

mit $\underline{x}_{i.} = \sum_{j=1}^{a} \underline{x}_{ij}$ (setze formal $\underline{x}_{ji} = \underline{x}_{ij}$), $\underline{x}_{..} = \sum_{i \leq j} \underline{x}_{ij} = \frac{1}{2}\sum_{i=1}^{a} (\underline{x}_{i.} + \underline{x}_{ii})$

$SQ_G = \frac{2}{a(a+1)}\underline{x}_{..}^{\,}, \; c = \frac{a+1}{a+2}$

tere Vorgehen erfolgt im Prinzip wie im Fall I, wir geben nur noch die Ergebnisse an. Tabelle 4.16. enthält die Varianztabelle und die Erwartungswerte der $\underline{MQ}$.
Zum Test der Hypothese $\sigma_g^2 = 0$ verwendet man, daß

$$\frac{\underline{MQ}_g}{\underline{MQ}_s} \sim F\left(a-1, \frac{a(a-1)}{2}\right) \tag{4.253}$$

gilt, und zum Test der Hypothese $\sigma_s^2 = 0$, daß

$$\frac{\underline{MQ}_s}{\underline{MQ}_R} \sim F\left(\frac{a(a-1)}{2}, m\right) \quad \text{gilt.} \tag{4.254}$$

Als Schätzfunktion für die Varianzkomponenten erhält man

$$\widehat{\underline{\sigma}_s^2} = \underline{MQ}_s - \underline{MQ}_R^* \tag{4.255}$$

und

$$\widehat{\underline{\sigma}_g^2} = \frac{1}{a+2}(\underline{MQ}_g - \underline{MQ}_s). \tag{4.256}$$

Asymptotisch erwartungstreue Schätzungen der Varianzen der Schätzfunktionen sind

$$\widehat{V(\widehat{\underline{\sigma}_s^2})} = \frac{4}{a(a-1)} MQ_s^2 + \frac{2}{m} MQ_R^{*2}, \tag{4.257}$$

$$\widehat{V(\widehat{\underline{\sigma}_g^2})} = \frac{2}{(a-1)(a+2)^2} MQ_g^2 + \frac{4}{a(a-1)(a+2)^2} MQ_s^2 \tag{4.258}$$

4.2.2.2.4. Auswertung der Struktur III

Wir betrachten nun den Kreuzungsplan, der alle F_1-Kombinationen und alle reziproken F_1-Kombinationen, jedoch nicht die Eltern, enthält. Insgesamt liegen also $a(a-1)$ Kombinationen vor. Bei Berücksichtigung reziproker Effekte erhalten wir die Modellgleichung

$$\underline{x}_{ij} = \mu + \underline{g}_i + \underline{g}_j + \underline{s}_{ij} + \underline{r}_{ij} + \frac{1}{n}\sum_k \underline{e}_{ijk}, \quad \underline{s}_{ij} = \underline{s}_{ji} \tag{4.259}$$

$$i, j = 1, \ldots, a; \quad i \neq j$$

mit den üblichen Nebenbedingungen. Tabelle 4.17 enthält die zugehörige Varianztabelle sowie die Erwartungswerte der $\underline{MQ}$.

Zum Test der Hypothese $\sigma_g^2 = 0$ verwendet man, daß

$$\frac{\underline{MQ}_g}{\underline{MQ}_s} \sim F\left(a-1, \frac{a(a-3)}{2}\right), \tag{4.260}$$

und zum Test der Hypothese $\sigma_s^2 = 0$, daß

Tabelle 4.17. Varianztabelle eines Diallels, Struktur III, für Modell II

Variationsursache	$\underline{SQ}$	FG	$\underline{MQ} = \underline{SQ}/FG$	$E(\underline{MQ})$
allgemeine Kombinationseignungen	$\underline{SQ}_g = \frac{1}{a-2}\sum_i \frac{(\underline{x}_{i.} + \underline{x}_{.i})^2}{2} - 2c\underline{SQ}_G$	$a - 1$	$\underline{MQ}_g$	$2(a-2)\sigma_g^2 + 2\sigma_s^2 + \sigma_r^2 + \frac{\sigma^2}{n}$
spezifische Kombinationseignungen	$\underline{SQ}_s = \sum_{i \neq j} \frac{(\underline{x}_{ij} + \underline{x}_{ji})^2}{4} - \underline{SQ}_g - \underline{SQ}_G$	$\frac{a(a-3)}{2}$	$\underline{MQ}_s$	$2\sigma_s^2 + \sigma_r^2 + \frac{\sigma^2}{n}$
reziproke Effekte	$\underline{SQ}_r = \sum_{i \neq j} \frac{(\underline{x}_{ij} - \underline{x}_{ji})^2}{4}$ $= \sum_{i \neq j} \underline{x}_{ij}^2 - \underline{SQ}_s - \underline{SQ}_g - \underline{SQ}_G$	$\frac{a(a-1)}{2}$	$\underline{MQ}_r$	$\sigma_r^2 + \frac{\sigma^2}{n}$
Rest	SQ_{Rest}/n	m	$\underline{MQ}_R^* = \underline{MQ}_{Rest}/n$	$\frac{\sigma^2}{n}$

mit $\underline{x}_{i.} = \sum_{\substack{j=1 \\ j \neq i}}^{a} \underline{x}_{ij}$, $\underline{x}_{..} = \sum_{i=1}^{a} \underline{x}_{i.} = \sum_{i=j} \underline{x}_{ij}$, $\underline{SQ}_G = \frac{1}{a(a-1)} \underline{x}_{..}^2$, $c = \frac{a-1}{a-2}$

$$\frac{\underline{MQ}_s}{\underline{MQ}_r} \sim F\left(\frac{a(a-3)}{2}, \frac{a(a-1)}{2}\right) \tag{4.261}$$

und zum Test der Hypothese $\sigma_r^2 = 0$, daß

$$\frac{\underline{MQ}_r}{\underline{MQ}_R^*} \sim F\left(\frac{a(a-1)}{2}, m\right) \tag{4.262}$$

gilt.

Schätzfunktionen der Varianzkomponenten erhält man durch

$$\begin{aligned} \widehat{\underline{\sigma}_r^2} &= \underline{MQ}_r - \underline{MQ}_R^*, \\ \widehat{\underline{\sigma}_s^2} &= \frac{1}{2}(\underline{MQ}_s - \underline{MQ}_r), \\ \widehat{\underline{\sigma}_g^2} &= \frac{1}{2(a-2)}(\underline{MQ}_g - \underline{MQ}_s). \end{aligned} \tag{4.263}$$

Asymptotisch erwartungstreue Schätzungen der Varianzen der Schätzfunktionen sind

$$\begin{aligned} \widehat{V(\widehat{\underline{\sigma}_r^2})} &= \frac{4}{a(a-1)} MQ_r^2 + \frac{2}{m} MQ_R^{*2}, \\ \widehat{V(\widehat{\underline{\sigma}_s^2})} &= \frac{1}{a(a-3)} MQ_s^2 + \frac{1}{a(a-1)} MQ_r^2, \\ \widehat{V(\widehat{\underline{\sigma}_g^2})} &= \frac{1}{2(a-1)(a-2)^2} MQ_g^2 + \frac{1}{a(a-3)(a-2)^2} MQ_s^2. \end{aligned} \tag{4.264}$$

4.2.2.2.5. Auswertung der Struktur IV

Als letzten Kreuzungsplan dieses Abschnittes betrachten wir den Plan, welcher nur alle F_1-Kombinationen enthält, also weder die Eltern noch die reziproken F_1-Kombinationen berücksichtigt.

Folgendes Modell legen wir dann zugrunde:

$$\underline{x}_{ij} = \mu + \underline{g}_i + \underline{g}_j + \underline{s}_{ij} + \frac{1}{n}\sum_k \underline{e}_{ijk}, \tag{4.265}$$

$$i, j = 1, \ldots, a; \quad i < j.$$

Rein formal setzen wir wieder $\underline{x}_{ji} = \underline{x}_{ij}$ sowie $\underline{s}_{ji} = \underline{s}_{ij}$. Die entsprechende Varianztabelle und die Erwartungswerte der $\underline{MQ}$ enthält Tabelle 4.18. Daraus folgt für die Hypothese $\sigma_g^2 = 0$ ein F-Test wegen

$$\frac{\underline{MQ}_g}{\underline{MQ}_s} \sim F\left(a-1, \frac{a(a-3)}{2}\right),$$

Tabelle 4.18. Varianztabelle eines Diallels, Struktur IV, für Modell II

Variationsursache	$\underline{SQ}$	FG	$\underline{MQ} = \underline{SQ}/FG$	$E(\underline{MQ})$
allgemeine Kombinationseignungen	$\underline{SQ}_g = \frac{1}{a-2}\sum_i \underline{x}_{i.}^2 - 2c\underline{SQ}_G$	$a-1$	$\underline{MQ}_g$	$(a-2)\,\sigma_g^2 + \sigma_s^2 + \frac{\sigma^2}{n}$
spezifische Kombinationseignungen	$\underline{SQ}_s = \sum_{i<j} \underline{x}_{ij}^2 - \underline{SQ}_g - \underline{SQ}_G$	$\frac{a(a-3)}{2}$	$\underline{MQ}_s$	$\sigma_s^2 + \frac{\sigma^2}{n}$
Rest	SQ_{Rest}/n	m	$\underline{MQ}_R^* = \underline{MQ}_{Rest}/n$	$\frac{\sigma^2}{n}$

mit $\underline{x}_{i.} = \sum_{\substack{j=1\\j\neq i}}^{a} \underline{x}_{ij}$ (setze formal $\underline{x}_{ji} = \underline{x}_{ij}$), $\underline{x}_{..} = \sum_{i<1} \underline{x}_{ij} = \frac{1}{2}\sum_{i=1}^{a} \underline{x}_{i.}$,

$\underline{SQ}_G = \frac{2}{a(a-1)}\,\underline{x}_{..}^2$, $c = \frac{a-1}{a-2}$

sowie für die Hypothese $\sigma_s^2 = 0$ ein F-Test wegen

$$\frac{\underline{MQ}_s}{\underline{MQ}_R^*} \sim F\left(\frac{a(a-3)}{2}, m\right).$$

Schätzfunktionen für die Varianzkomponenten sind

$$\widehat{\underline{\sigma}_s^2} = \underline{MQ}_s - \underline{MQ}_R^*,$$

$$\widehat{\underline{\sigma}_g^2} = \frac{1}{a-2}\,(\underline{MQ}_g - \underline{MQ}_s).$$

Asymptotisch erwartungstreue Schätzungen der Varianzen der Schätzfunktionen sind

$$\widehat{V(\widehat{\underline{\sigma}_s^2})} = \frac{4}{a(a-3)}\,MQ_s^2 + \frac{2}{m}\,MQ_R^{*2},$$

$$\widehat{V(\widehat{\underline{\sigma}_g^2})} = \frac{2}{(a-1)\,(a-2)^2}\,MQ_g^2 + \frac{4}{a(a-3)\,(a-2)^2}\,MQ_s^2.$$

4.2.2.2.6. Auswertung über mehrere Umwelten

Im folgenden werden wir die Varianzkomponenten des Modells (4.266) schätzen. Da wir uns wieder auf die eigentliche Diallelanalyse beschränken wollen, werden wir mit den Mittelwerten $\underline{x}_{ijk}$ der Kreuzung (i, j) in der k-ten Umwelt arbeiten. Dann gelten prinzipiell die gleichen Bemerkungen wie zu Beginn dieses Abschnittes. Im balancierten Fall ist $\underline{x}_{ijk} = \underline{\bar{y}}_{ijk.} = \frac{1}{n} \sum_l y_{ijkl}$.

Eine Schätzung $\underline{MQ}_{Rest}$ für die Varianz σ^2 der Einzelwerte kann man auf verschiedene Art erhalten. Üblicherweise verwendet man die gemeinsame Schätzung aus den Fehlern der Einzelversuche je Umwelt. Ebenso könnte man wieder eine Varianzanalyse über den Faktor Kreuzungen × Umwelt vorschalten. Wir wollen uns hier nicht festlegen und verweisen auf die Literatur bezüglich der Auswertung von Versuchsserien, z. B. BÄTZ (1964, 1984).

Tabelle 4.19. Varianztabelle einer Serie von Diallelen, Struktur I, über p Umwelten

Variationsursache	$\underline{SQ}$	FG	$\underline{MQ} = \underline{SQ}/FG$
Allgemeine Kombinationseignungen A	$\underline{SQ}_g = \frac{1}{ap} \sum_i \frac{(\underline{x}_{i..} + \underline{x}_{.i.})^2}{2} - 2\underline{SQ}_G$	$a-1$	$\underline{MQ}_g$
spezifische Kombinationseignungen S	$\underline{SQ}_s = \frac{1}{p} \sum_{i,j} \frac{(\underline{x}_{ij.} + \underline{x}_{ji.})^2}{4} - \underline{SQ}_g - \underline{SQ}_G$	$\frac{a(a-1)}{2}$	$\underline{MQ}_s$
reziproke Effekte	$\underline{SQ}_r = \frac{1}{p} \sum_{i,j} \frac{(\underline{x}_{ij.} - \underline{x}_{ji.})^2}{4}$	$\frac{a(a-1)}{2}$	$\underline{MQ}_r$
Umwelten	$\underline{SQ}_p = \frac{1}{a^2} \sum_k \underline{x}^2_{..k} - \underline{SQ}_G$	$p-1$	$\underline{MQ}_p$
A*Umwelt	$\underline{SQ}_{gp} = \frac{1}{a} \sum_{i,k} \frac{(\underline{x}_{i.k} + \underline{x}_{.ik})^2}{2} - 2\underline{SQ}_p - \underline{SQ}_g - 2\underline{SG}$	$(a-1)(p-1)$	$\underline{MQ}_{gp}$
S*Umwelt	$\underline{SQ}_{sp} = \sum_{i,j,k} \frac{(\underline{x}_{ijk} + \underline{x}_{jik})^2}{4} - \underline{SQ}_{gp} - \underline{SQ}_p - \underline{SQ}_s - \underline{SQ}_g - \underline{SQ}_G$	$\frac{a(a-1)}{2}(p-1)$	$\underline{MQ}_{sp}$
rez*Umwelt	$\underline{SQ}_{rp} = \sum_{i,j,k} \frac{(\underline{x}_{ijk} - \underline{x}_{jik})^2}{4} - \underline{SQ}_r$	$\frac{a(a-1)}{2}(p-1)$	$\underline{MQ}_{rp}$
Rest	$\underline{SQ}_{Rest}/n$	m	$\underline{MQ}^*_R = \underline{MQ}_{Rest}/n$

mit $\underline{x}_{i.k} = \sum_{j=1}^{a} \underline{x}_{ijk}$, $\underline{x}_{..k} = \sum_{i=1}^{a} \underline{x}_{i.k}$, $\underline{x}_{i..} = \sum_{k=1}^{p} \underline{x}_{i.k}$, $\underline{x}_{...} = \sum_{i=1}^{a} \underline{x}_{i..} = \sum_{k=1}^{p} \underline{x}_{..k}$, $\underline{SQ}_G = \frac{1}{a^2 p} \underline{x}^2_{...}$

In den folgenden Varianztabellen bezeichnet σ^2/n die Varianz der Mittelwerte $\underline{x}_{ijk}$ sowie $\underline{MQ}_R^* = \underline{MQ}_{Rest}/n$ eine Schätzung dafür.
Die Division durch n in dieser Bezeichnung soll deutlich machen, daß es sich hier nicht um eine Varianz von Einzelwerten, sondern um eine Varianz von Mittelwerten handelt. Im nichtbalancierten Fall, d. h. bei ungleichen Wiederholungszahlen, muß man wieder n gemäß (4.194) durch ein mittleres n_h ersetzen. Für $\underline{x}_{ijk}$ gilt das Modell

$$\underline{x}_{ijk} = \mu + \underline{g}_i + \underline{g}_j + \underline{s}_{ij} + \underline{r}_{ij} + \underline{p}_k + \underline{gp}_{ik} + \underline{gp}_{jk} + \underline{sp}_{ijk} + \underline{rp}_{ijk} + \frac{1}{n} \sum_l \underline{e}_{ijkl} \qquad (4.266)$$

Tabelle 4.19. Fortsetzung

$E(\underline{MQ})$	F-Quotient
$2a\sigma_{gp}^2 + 2\frac{a-1}{a}\sigma_{sp}^2 + \sigma_{rp}^2 + \frac{\sigma^2}{n}$	$\underline{MQ}_g/(A^*\underline{MQ}_s + (1-A^*)\underline{MQ}_r + \underline{MQ}_{gp} - A^*\underline{MQ}_{sp} - (1-A^*)\underline{MQ}_{rp})$
$2\frac{a(a-1)+1}{a^2}p\sigma_s^2 + p\sigma_r^2 \quad + 2\frac{a(a-1)+1}{a^2}\sigma_{sp}^2 + \sigma_{rp}^2 + \frac{\sigma^2}{n}$	$\underline{MQ}_s/(\underline{MQ}_{sp} + \underline{MQ}_r - \underline{MQ}_{rp})$
$p\sigma_r^2 \quad + \sigma_{rp}^2 + \frac{\sigma^2}{n}$	$\underline{MQ}_r/\underline{MQ}_{rp}$
$a^2\sigma_p^2 + 4a\sigma_{gp}^2 + \frac{2a-1}{a}\sigma_{sp}^2 + \sigma_{rp}^2 + \frac{\sigma^2}{n}$	$\underline{MQ}_p/(2\underline{MQ}_{gp} - B^*\underline{MQ}_{sp} - (1-B^*)\underline{MQ}_{rp})$
$2a\sigma_{gp}^2 + 2\frac{a-1}{a}\sigma_{sp}^2 + \sigma_{rp}^2 + \frac{\sigma^2}{n}$	$\underline{MQ}_{gp}/(A^*\underline{MQ}_{sp} + (1-A^*)\underline{MQ}_{rp})$
$2\frac{a(a-1)+1}{a^2}\sigma_{sp}^2 + \sigma_{rp}^2 + \frac{\sigma^2}{n}$	$\underline{MQ}_{sp}/\underline{MQ}_{rp}$
$\sigma_{rp}^2 + \frac{\sigma^2}{n}$	$\underline{MQ}_{rp}/\underline{MQ}_R^*$
$\frac{\sigma^2}{n}$	

$$A^* = \frac{a(a-1)}{a(a-1)+1}, \quad B^* = \frac{2a(a-1)-a}{2a(a-1)+2}$$

mit $\underline{s}_{ij} = \underline{s}_{ji}$, $\underline{sp}_{ijk} = \underline{sp}_{jik}$

$E(\underline{g}_i) = E(\underline{s}_{ij}) = \ldots = E(\underline{e}_{ijkl}) = 0,$
$V(\underline{g}_i) = \sigma_g^2,\ V(\underline{s}_{ij}) = \sigma_s^2,\ V(\underline{r}_{ij}) = \sigma_r^2,\ V(\underline{p}_k) = \sigma_p^2,\ V(\underline{gp}_{ik}) = \sigma_{gp}^2$
$V(\underline{sp}_{ijk}) = \sigma_{sp}^2,\ V(\underline{rp}_{ijk}) = \sigma_{rp}^2$ und $V(\underline{e}_{ijkl}) = \sigma^2.$

Für p zufällig ausgewählte Umwelten wollen wir nun Serien der vier Strukturen I, …, IV von Diallelen betrachten. Dann ist Modellgleichung (4.266) wie folgt zu präzisieren:

Struktur I: $i, j = 1, \ldots, a$; $k = 1, \ldots, p$;
Struktur II: $i, j = 1, \ldots, a\ (i \leq j)$; $k = 1, \ldots, p$;
$\underline{r}_{ij}$ und $\underline{rp}_{ijk}$ entfallen,
Struktur III: $i, j = 1, \ldots, a\ (\neq j)$; $k = 1, \ldots, p$;

Tabelle 4.20. Varianztabelle einer Serie von Diallelen, Struktur II, über p Umwelten

Variationsursache	$\underline{SQ}$	FG	$\underline{MQ} = \underline{SQ}/FG$
Allgemeine Kombinationseignungen A	$\underline{SQ}_g = \frac{1}{(a+2)p} \sum_i \underline{x}_{i..} + \underline{x}_{ii.})^2 - 2c\underline{SQ}_G$	$a-1$	$\underline{MQ}_g$
spezifische Kombinationseignungen S	$\underline{SQ}_s = \frac{1}{p} \sum_{i \leq j} \underline{x}_{ij.}^2 - \underline{SQ}_g - \underline{SQ}_G$	$\frac{a(a-1)}{2}$	$\underline{MQ}_s$
Umwelten	$\underline{SQ}_p = \frac{2}{a(a+1)} \sum_k \underline{x}_{..k}^2 - \underline{SQ}_G$	$p-1$	$\underline{MQ}_p$
A*Umwelt	$\underline{SQ}_{gp} = \frac{1}{a+2} \sum_{i,k} (\underline{x}_{i.k} + \underline{x}_{iik})^2 - 2c\underline{SQ}_p - \underline{SQ}_g - 2c\underline{SQ}_G$	$(a-1)(p-1)$	$\underline{MQ}_{gp}$
S*Umwelt	$\underline{SQ}_{sp} = \sum_{i \leq j, k} \underline{x}_{ijk}^2 - \underline{SQ}_{gp} - \underline{SQ}_p - \underline{SQ}_s - \underline{SQ}_g - \underline{SQ}_G$	$\frac{a(a-1)}{2}(p-1)$	$\underline{MQ}_{sp}$
Rest	$\underline{SQ}_{Rest}/n$	m	$\underline{MQ}_R^* = \underline{MQ}_{Rest}/n$

mit $\underline{x}_{i.k} = \sum_{j=1}^{a} \underline{x}_{ijk}$ (setze formal $\underline{x}_{jik} = \underline{x}_{ijk}$), $\underline{x}_{..k} = \sum_{i \leq j}^{a} \underline{x}_{ijk} = \frac{1}{2} \sum_{i=1}^{a} (\underline{x}_{i.k} + \underline{x}_{iik})$, $\underline{x}_{i..} = \sum_{k=1}^{p} \underline{x}_{i.k}$,
$\underline{x}_{...} = \sum_{i \leq j}^{a} \underline{x}_{ij.} = \sum_{k=1}^{p} \underline{x}_{..k}$, $\underline{SQ}_G = \frac{2}{a(a+1)p} \underline{x}_{...}^2$, $c = \frac{a+1}{a+2}$

Struktur IV: i, j = 1, ..., a (i < j); k = 1, ..., p;
$\underline{r}_{ij}$ und $\underline{rp}_{ijk}$ entfallen.

Die Varianzanalyse erfolgt wie die einer zweifachen Kreuzklassifikation, wobei für den Faktor Kreuzungen eine Aufspaltung in allgemeine und spezifische Kombinationseignung entsprechend des vorangegangenen Abschnittes vorgenommen wird. Die wesentlichen Formeln zur Auswertung enthalten die Tabellen 4.19. bis 4.22. Bei den Formeln zur Berechnung der $\underline{SQ}$ beachte man, daß $\underline{x}_{i..}$ und $\underline{x}_{...}$ für jeden Typ des Diallels etwas anders definiert sind.
Zur Schätzung der Varianzkomponenten setze man die $E(\underline{MQ})$ gleich ihren beobachteten Realisierungen $MQ = SQ/FG$ und löse das so entstandene Gleichungssystem nach den Varianzkomponenten auf. Dies ist wegen der Dreiecksgestalt dieses Systems einfach möglich, wenn man mit $\frac{\sigma^2}{n}$ und σ^2_{rp} beziehungs-

Tabelle 4.20. Fortsetzung

$E(\underline{MQ})$	F-Quotient
$(a+2)p\sigma^2_g + p\sigma^2_s + (a+2)\sigma^2_{gp} + \sigma^2_{sp} + \frac{\sigma^2}{n}$	$\underline{MQ}_g/(\underline{MQ}_s + \underline{MQ}_{gp} - \underline{MQ}_{sp})$
$p\sigma^2_s + \sigma^2_{sp} + \frac{\sigma^2}{n}$	$\underline{MQ}_s/\underline{MQ}_{sp}$
$\frac{a(a+1)}{2}\sigma^2_p + 2(a+1)\sigma^2_{gp} + \sigma^2_{sp} + \frac{\sigma^2}{n}$	$\underline{MQ}_p/(2c\underline{MQ}_{gp} - (2c-1)\underline{MQ}_{sp})$
$(a+2)\sigma^2_{gp} + \sigma^2_{sp} + \frac{\sigma^2}{n}$	$\underline{MQ}_{gp}/\underline{MQ}_{sp}$
$\sigma^2_{sp} + \frac{\sigma^2}{n}$	$\underline{MQ}_{sp}/\underline{MQ}^*_R$
$\frac{\sigma^2}{n}$	

$c = \frac{a+1}{a+2}$

weise σ^2_{sp} beginnt. Aus den Erwartungswerten der $\underline{MQ}$ erkennt man leicht die F-Quotienten zum Test der entsprechenden Varianzkomponenten auf Verschiedenheit von Null. Diese Quotienten sind jeweils in der letzten Spalte angegeben. Steht im Nenner eine Linearkombination von $\underline{MQ}$, z. B. $a_1\,\underline{MQ}_1 + a_2\,\underline{MQ}_2 + a_3\,\underline{MQ}_3$, so ergeben sich die Freiheitsgrade des Nenners nach SATTERTHWAITE (1946) näherungsweise zu

$$FG_{Nenner} = \frac{(a_1\,MQ_1 + a_2\,MQ_2 + a_3\,MQ_3)^2}{a_1^2\,\frac{MQ_1^2}{FG_1} + a_2^2\,\frac{MQ_2^2}{FG_2} + a_3^2\,\frac{MQ_3^2}{FG_3}}\,.$$

Tabelle 4.21. Varianztabelle einer Serie von Diallelen, Struktur III, über p Umwelten

Variationsursache	$\underline{SQ}$	FG	$\underline{MQ} = \underline{SQ}/FG$
Allgemeine Kombinationseignungen A	$\underline{SQ}_g = \frac{1}{(a-2)p}\sum_i \frac{(\underline{x}_{i..} + \underline{x}_{.i.})^2}{2} - 2c\underline{SQ}_G$	$a-1$	$\underline{MQ}_g$
spezifische Kombinationseignungen S	$\underline{SQ}_s = \frac{1}{p}\sum_{i \neq j} \frac{(\underline{x}_{ij.} + \underline{x}_{ji.})^2}{4} - \underline{SQ}_g - \underline{SQ}_G$	$\frac{a(a-3)}{2}$	$\underline{MQ}_s$
reziproke Effekte	$\underline{SQ}_r = \frac{1}{p}\sum_{i \neq j} \frac{(\underline{x}_{ij.} - \underline{x}_{ji.})^2}{4}$	$\frac{a(a-1)}{2}$	$\underline{MQ}_r$
Umwelten	$\underline{SQ}_p = \frac{1}{a(a-1)}\sum_k \underline{x}^2_{..k} - \underline{SQ}_G$	$p-1$	$\underline{MQ}_p$
A*Umwelt	$\underline{SQ}_{gp} = \frac{1}{a-2}\sum_{i,k} \frac{(\underline{x}_{i.k} + \underline{x}_{.ik})^2}{2} - 2c\underline{SQ}_p - \underline{SQ}_g - 2c\underline{SQ}_G$	$(a-1)(p-1)$	$\underline{MQ}_{gp}$
S*Umwelt	$\underline{SQ}_{sp} = \sum_{i \neq j,k} \frac{(\underline{x}_{ijk} + \underline{x}_{jik})^2}{4} - \underline{SQ}_{gp} - \underline{SQ}_p - \underline{SQ}_s - \underline{SQ}_g - \underline{SQ}_G$	$\frac{a(a-3)}{2}(p-1)$	$\underline{MQ}_{sp}$
rez*Umwelt	$\underline{SQ}_{rp} = \sum_{i \neq j,k} \frac{(\underline{x}_{ijk} - \underline{x}_{jik})^2}{4} - \underline{SQ}_r$	$\frac{a(a-1)}{2}(p-1)$	$\underline{MQ}_{rp}$
Rest	$\underline{SQ}_{Rest}/n$	m	$\underline{MQ}^*_R = \underline{MQ}_{Rest}/n$

mit $\underline{x}_{i.k} = \sum_{\substack{j=1\\ j \neq i}}^{a} \underline{x}_{ijk}$, $\underline{x}_{..k} = \sum_{i=1}^{a} \underline{x}_{i.k}$, $\underline{x}_{i..} = \sum_{k=1}^{p} \underline{x}_{i.k}$, $\underline{x}_{...} = \sum_{i=1}^{a} \underline{x}_{i..} = \sum_{k=1}^{p} \underline{x}_{..k}$, $\underline{SQ}_G = \frac{1}{a(a-1)p}\,\underline{x}^2_{...}$

Solch ein F-Test ist nur approximativ. Er ist umso besser, je größer die Anzahl a der Parentalpopulationen und die Anzahl p der Umwelten ist. Voraussetzung sind wieder normalverteilte Effekte.
Asymptotisch erwartungstreue Schätzungen der Varianzen der Schätzfunktionen für die Varianzkomponenten erhält man wie folgt: Durch Auflösen des entsprechenden Gleichungssystems bekommt man als Schätzfunktionen Linearkombinationen in den $\underline{MQ}$, z. B. sei

$$\underline{\hat{\sigma}}_a^2 = a_1\,\underline{MQ}_1 + a_2\,\underline{MQ}_2 + a_3\,\underline{MQ}_3$$

Tabelle 4.21. Fortsetzung

E($\underline{MQ}$)	F-Quotient
$2(a-2)p\,\sigma_g^2 + 2p\,\sigma_s^2 + p\,\sigma_r^2 + 2(a-2)\sigma_{gp}^2 + 2\sigma_{sp}^2 + \sigma_{rp}^2 + \frac{\sigma^2}{n}$	$\underline{MQ}_g/(\underline{MQ}_s + \underline{MQ}_{gp} - \underline{MQ}_{sp})$
$2p\,\sigma_s^2 + p\,\sigma_r^2 + 2\sigma_{sp}^2 + \sigma_{rp}^2 + \frac{\sigma^2}{n}$	$\underline{MQ}_s/(\underline{MQ}_{sp} + \underline{MQ}_r - \underline{MQ}_{rp})$
$p\,\sigma_r^2 + \sigma_{rp}^2 + \frac{\sigma^2}{n}$	$\underline{MQ}_r/\underline{MQ}_{rp}$
$a(a-1)\,\sigma_p^2 + 4(a-1)\,\sigma_{gp}^2 + 2\sigma_{sp}^2 + \sigma_{rp}^2 + \frac{\sigma^2}{n}$	$\underline{MQ}_p/(2c\underline{MQ}_{gp} - (2c-1)\underline{MQ}_{sp})$
$2(a-2)\,\sigma_{gp}^2 + 2\sigma_{sp}^2 + \sigma_{rp}^2 + \frac{\sigma^2}{n}$	$\underline{MQ}_{gp}/\underline{MQ}_{sp}$
$2\sigma_{sp}^2 + \sigma_{rp}^2 + \frac{\sigma^2}{n}$	$\underline{MQ}_{sp}/\underline{MQ}_{rp}$
$\sigma_{rp}^2 + \frac{\sigma^2}{n}$	$\underline{MQ}_{rp}/\underline{MQ}_R^*$
$\frac{\sigma^2}{n}$	

$$c = \frac{a-1}{a-2}$$

(Der Index a stehe für g, s, p, gp, usw., ebenso die Ziffern 1, 2, 3).

Dann ist

$$\widehat{V(\underline{\hat{\sigma}}_a^2)} = 2\left(a_1^2 \frac{MQ_1^2}{FG_1} + a_2^2 \frac{MQ_2^2}{FG_2} + a_3^2 \frac{MQ_3^2}{FG_3}\right)$$

eine Näherung für die Varianz der Schätzfunktionen $\underline{\hat{\sigma}}_a^2$ für σ_a^2.

Die Rechenarbeit beim Durchführen der Varianzanalyse der Serien der vier Strukturen I bis IV kann sehr umfangreich sein. Betrachtet man Serien unsystematischer Diallele, wie sie im folgenden Punkt beschrieben werden, so steht man numerisch vor weiteren Problemen wie etwa der Invertierung sehr großer

Tabelle 4.22. Varianztabelle einer Serie von Diallelen, Struktur IV, über p Umwelten

Variationsursache	$\underline{SQ}$	FG	$\underline{MQ} = \underline{SQ}/FG$
Allgemeine Kombinationseignungen A	$\underline{SQ}_g = \frac{1}{(a-2)p}\sum_i \underline{x}_{i..}^2 - 2c\underline{SQ}_G$	$a-1$	$\underline{MQ}_g$
spezifische Kombinationseignungen S	$\underline{SQ}_s = \frac{1}{p}\sum_{i<j} \underline{x}_{ij.}^2 - \underline{SQ}_g - \underline{SQ}_G$	$\frac{a(a-3)}{2}$	$\underline{MQ}_s$
Umwelten	$\underline{SQ}_p = \frac{2}{a(a-1)}\sum_k \underline{x}_{..k}^2 - \underline{SQ}_G$	$p-1$	$\underline{MQ}_p$
A*Umwelt	$\underline{SQ}_{gp} = \frac{1}{a-2}\sum_{i,k} \underline{x}_{i.k}^2 - 2c\underline{SQ}_p - \underline{SQ}_g - 2c\underline{SQ}_G$	$(a-1)(p-1)$	$\underline{MQ}_{gp}$
S*Umwelt	$\underline{SQ}_{sp} = \sum_{i<j,k} \underline{x}_{ijk}^2 - \underline{SQ}_{gp} - \underline{SQ}_p - \underline{SQ}_s - \underline{SQ}_g - \underline{SQ}_G$	$\frac{a(a-3)}{2}(p-1)$	$\underline{MQ}_{sp}$
Rest	$\underline{SQ}_{Rest}/n$	m	$\underline{MQ}_R^* = \underline{MQ}_{Rest}/n$

mit $\underline{x}_{i.k} = \sum_{\substack{j=1 \\ j \neq i}}^{a} \underline{x}_{ijk}$ (setze formal $\underline{x}_{jik} = \underline{x}_{ijk}$), $\underline{x}_{..k} = \sum_{i<j}^{a} \underline{x}_{ijk} = \frac{1}{2}\sum_{i=1}^{a} \underline{x}_{i.k}$, $\underline{x}_{i..} = \sum_{k=1}^{p} \underline{x}_{i.k}$,

$\underline{x}_{...} = \sum_{i<j}^{a} \underline{x}_{ij.} = \sum_{k=1}^{p} \underline{x}_{..k}$, $\underline{SQ}_G = \frac{2}{a(a-1)p}\underline{x}_{...}^2$, $c = \frac{a-1}{a-2}$

Matrizen. In diesem Buch müssen wir uns deshalb auf die hier beschriebenen Strukturen von Diallelserien beschränken. Eine ausführliche Beschreibung von Serien unsystematischer Diallele gibt es zur Zeit nicht. Eine Zusammenstellung der Formeln für Serien der Strukturen I–IV sowohl für Modell I als auch für Modell II findet man bei NEUMANN und CLEMENS (1984).

4.2.2.2.7. Auswertung der Struktur V

Aus ökonomischen und biologischen Gründen treten oft unvollständige diallele Kreuzungspläne auf, die von den Strukturen I bis IV abweichen. Zum Beispiel kann ein unvorhergesehener Umstand zum Ausfall einer Paarung (F_1) führen, was zur Folge hat, daß die Methoden in 4.2.2.2.2. bis 4.2.2.2.5. nicht mehr anwendbar sind. Die Zahl der Eltern, die man in den Versuch einbeziehen möchte, kann so groß sein, daß es ökonomisch unvertretbar ist, einen Plan der Strukturen I bis IV anzulegen. Bei 20 Eltern hätte man dazu schon mindestens

Tabelle 4.22. Fortsetzung

E($\underline{MQ}$)	F-Quotient
$(a-2)p\sigma_g^2 + p\sigma_s^2 + (a-2)\sigma_{gp}^2 + \sigma_{sp}^2 + \frac{\sigma^2}{n}$	$\underline{MQ}_g/(\underline{MQ}_s + \underline{MQ}_{gp} - \underline{MQ}_{sp})$
$p\sigma_s^2 \qquad + \sigma_{sp}^2 + \frac{\sigma^2}{n}$	$\underline{MQ}_s/\underline{MQ}_{sp}$
$\frac{a(a-1)}{2}\sigma_p^2 + 2(a-1)\sigma_{gp}^2 + \sigma_{sp}^2 + \frac{\sigma^2}{n}$	$\underline{MQ}_p/(2c\underline{MQ}_{gp} - (2c-1)\underline{MQ}_{sp})$
$(a-2)\sigma_{gp}^2 + \sigma_{sp}^2 + \frac{\sigma^2}{n}$	$\underline{MQ}_{gp}/\underline{MQ}_{sp}$
$\sigma_{sp}^2 + \frac{\sigma^2}{n}$	$\underline{MQ}_{sp}/\underline{MQ}_R^*$
$\frac{\sigma^2}{n}$	

$$c = \frac{a-1}{a-2}$$

$20 \cdot 19/2 = 190$ Kreuzungen durchzuführen, bei einer Wiederholungszahl von 4 müßte man also 760 Versuchseinheiten einbeziehen, bei 30 Eltern und 4 Wiederholungen würde sich die Zahl der Versuchseinheiten schon auf mindestens 1740 erhöhen. Durch Weglassen bestimmter Kreuzungen wird die Anzahl der Versuchseinheiten verringert. Das kann man nach bestimmten Regeln tun, welche zwar zu unvollständigen, in gewisser Weise aber noch teilweise balancierten Plänen führen, deren Auswertung ebenfalls noch mit Hilfe expliziter Formeln möglich ist. Im Züchtungsprozeß sieht sich der Züchter aber oft vor die Frage gestellt, auch aus unsystematischen Plänen Informationen über die Kombinationseignung zu gewinnen. Die Darstellung der Auswertung solch unsystematischer Pläne ist ohne die Verwendung der Matrizenrechnung kaum noch möglich. Wir werden deshalb in diesem Abschnitt eine Methode in Matrizendarstellung angeben, mit deren Hilfe beliebige zusammenhängende Kreuzungspläne varianzanalytisch nach Modell II ausgewertet werden können. Dazu müssen wir wie auch später in Kapitel 5 voraussetzen, daß der Leser mit den Grundregeln der Matrizenrechnung (Addition, Multiplikation, Transponierte und Inverse einer Matrix) vertraut ist.
Wir betrachten wieder eine Population, aus der a Parentalpopulationen P_i zufällig ausgewählt werden. Zwischen den P_i werden beliebige Kreuzungen ausgeführt. Der Kreuzungsplan, eine (a, a)-Matrix, gibt an, ob eine Kreuzung (i, j) angelegt wurde oder nicht. In der i-ten Zeile und j-ten Spalte stehe eine Eins, wenn die Kreuzung (i, j) vorhanden ist, sonst eine Null. Das folgende Beispiel zeigt einen unsystematischen Kreuzungsplan mit $a = 4$ Eltern, der durch Ausfall zweier Kreuzungen entstanden sein könnte.

P_j	1	2	3	4
P_i				
1	1	1	0	1
2	1	1	1	1
3	1	0	1	1
4	1	1	1	1

Wir wollen wieder so vorgehen, daß wir uns zunächst eine einfaktorielle Varianzanalyse mit den Kreuzungen als Behandlungen durchgeführt denken, in deren Ergebnis wir die Kreuzungsmittelwerte $\underline{x}_{ij}$ und $\underline{MQ}_{Rest}$ als Schätzung der Fehlervarianz der Einzelwerte erhalten haben. Die mittlere Wiederholungszahl der Prüfglieder sei n. Dann ist $\underline{MQ}_{Rest}/n$ eine Schätzung der mittleren Fehlervarianz der Mittelwerte $\underline{x}_{ij}$. Bei ungleicher Wiederholungszahl ersetze man nach (4.194) n wieder durch das harmonische Mittel n_h. Für die vorhandenen Kreuzungen gelte das Modell

$$\underline{x}_{ij} = \mu + \underline{g}_i + \underline{g}_j + \underline{s}_{ij} + \underline{r}_{ij} + \frac{1}{n} \sum_k \underline{e}_{ijk}, \quad \underline{s}_{ij} = \underline{s}_{ji} \tag{4.267}$$

Tabelle 4.23. Versuchsplanmatrix für einen vollständigen Kreuzungsplan, Typ I, für $a = 4$

Beobachtungs-vektor		Versuchsplanmatrix X																													
$\underline{x}$	μ	g_1	g_2	g_3	g_4	s_{11}	s_{12}	s_{13}	s_{14}	s_{22}	s_{23}	s_{24}	s_{33}	s_{34}	s_{44}	r_{11}	r_{12}	r_{13}	r_{14}	r_{21}	r_{22}	r_{23}	r_{24}	r_{31}	r_{32}	r_{33}	r_{34}	r_{41}	r_{42}	r_{43}	r_{44}
11	1	2				1										1															
12	1	1	1				1										1														
13	1	1		1				1										1													
14	1	1			1				1										1												
21	1	1	1				1													1											
22	1		2							1											1										
23	1		1	1							1											1									
24	1		1		1							1											1								
31	1	1		1				1																1							
32	1		1	1							1														1						
33	1			2									1													1					
34	1			1	1									1													1				
41	1	1			1				1																			1			
42	1		1		1							1																	1		
43	1			1	1									1																1	
44	1				2										1																1
	e_{16}		A							B														E_{16}							

(Alle nicht besetzten Elemente seien gleich Null)

mit den üblichen Nebenbedingungen. Der reziproke Effekt entfällt, wenn nicht genügend reziproke Kreuzungen angelegt wurden. Insgesamt seien N Kreuzungen vorhanden. Wir fassen die Kreuzungsmittelwerte $\underline{x}_{ij}$ zu einem Spaltenvektor $\underline{x}$ der Dimension N zusammen. In unserem Beispiel wäre $\underline{x} = (\underline{x}_{11}, \underline{x}_{12}, \underline{x}_{14}, \underline{x}_{21}, \underline{x}_{22}, \ldots, \underline{x}_{43}, \underline{x}_{44})'$ ein Vektor der Dimension 14. Wir nennen $\underline{x}$ Beobachtungsvektor. Ebenso bilden wir Parametervektoren

$$\underline{g} = (\underline{g}_1, \underline{g}_2, \ldots, \underline{g}_a)',$$
$$\underline{s} = (\ldots, \underline{s}_{ij}, \ldots)', \qquad \underline{r} = (\ldots, \underline{r}_{ij}, \ldots)'.$$

In die Vektoren $\underline{s}$ und $\underline{r}$ werden für jede vorhandene Kreuzung (i, j) die zugehörigen Effekte $\underline{s}_{ij}$ und $\underline{r}_{ij}$ der Reihe nach aufgenommen, wobei der spezifische Effekt $\underline{s}_{ji} = \underline{s}_{ij}$ entfällt, falls $\underline{s}_{ij}$ schon vorhanden ist. Wir konstruieren nun Matrizen A und B mit N Zeilen derart, daß sich die Modellgleichungen (4.267) bis auf das Fehlerglied für alle vorhandenen Kreuzungen (i, j) mit Hilfe der Matrizengleichung

$$\underline{x} = \mu e_N + A\underline{g} + B\underline{s} + E_N\underline{r} \tag{4.268}$$

darstellen lassen. Dabei ist e_N ein Spaltenvektor der Dimension N, welcher nur Einsen enthält. Die Matrix A hat a Spalten, von denen jede einen Elter repräsentiert, unabhängig vom Geschlecht. Die Matrix B hat soviel Spalten, wie Kreuzungen, ohne Berücksichtigung reziproker, vorhanden sind. Jede Spalte von B repräsentiert eine solche Kreuzung. Die Anzahl der Spalten von B, d. h. die Anzahl Kreuzungen ohne Berücksichtigung reziproker, sei M. Im angegebenen Kreuzungsplan z. B. ist $M = 10$. Die Matrix E_N ist eine Einheitsmatrix der Ordnung N. Wie die Matrizen konkret aufzubauen sind, erkennt man aus Tabelle 4.23. Dort sind A und B für einen vollständigen Kreuzungsplan mit $a = 4$ Eltern und demzufolge $N = 16$ Kreuzungen angegeben. Die zusammengesetzte Matrix (e_N, A, B, E_N) heißt Versuchsplanmatrix oder kurz Versuchsplan. Um den Versuchsplan für den obigen unvollständigen Kreuzungsplan zu erhalten, braucht man in Tabelle 4.23. nur die dritte und zehnte Zeile sowie die dritte und zehnte Spalte von E_N (entspricht den nicht vorhandenen Kreuzungen (1, 3) sowie (3, 2)) zu streichen.

Wir setzen voraus, daß der diallele Kreuzungsplan zusammenhängend ist. Das ist genau dann der Fall, wenn die Matrix A'A regulär ist, oder damit gleichbedeutend, wenn die Spalten von A linear unabhängig sind. Nun können wir folgende Quadratsummen betrachten (man beachte, daß

$$e_N(e'_N e_N)^{-1} e'_N = \frac{1}{N} e_{NN}$$

ist, e_{NN} ist eine quadratische Matrix mit N^2 Einsen. Ferner gilt $E_N(E'_N E_N)^{-1} E'_N = E_N$:

$$\underline{S}_N = \underline{x}' e_N (e'_N \cdot e_N)^{-1} e'_N \underline{x} = \frac{1}{N} \Big(\sum_{i,j} \underline{x}_{ij}\Big)^2,$$

$$\underline{S}_A = \underline{x}' A (A'A)^{-1} A' \underline{x}$$
$$\underline{S}_B = \underline{x}' B (B'B)^{-1} B' \underline{x}$$
$$\underline{S}_C = \underline{x}' \underline{x} = \sum_{i,j} \underline{x}_{ij}^2.$$

Zur Berechnung von S_A, der Realisation von $\underline{S}_A$, löse man zunächst das Gleichungssystem

$$(A'A)\,\lambda = A'x.$$

Damit erhält man

$$S_A = \lambda' A' x.$$

Die Ermittlung von $\underline{S}_B$ ist sehr einfach, da B'B eine Diagonalmatrix ist. Setzt man

$$\underline{z}_{ij} = \begin{cases} \frac{1}{2}(\underline{x}_{ij} + \underline{x}_{ji}), \text{ falls die Kreuzungen (i, j) und (j, i) vorliegen,} \\ \underline{x}_{ij}, \text{ falls nur Kreuzung (i, j) vorhanden ist,} \end{cases}$$

so erhält man

$$\underline{S}_B = \sum_{i,j} \underline{z}_{ij}^2,$$

wobei über alle vorhandenen Kreuzungen (i, j) zu summieren ist.

Bei der Berechnung der Quadratsummen arbeiten wir mit den Realisationen x_{ij} der zufälligen Beobachtungen $\underline{x}_{ij}$. Aus statistischer Sicht sind die Quadratsummen in den $\underline{x}_{ij}$ ebenfalls Zufallsvariable, welche einen Erwartungswert und eine Varianz haben. Wie im balancierten Fall lassen sich diese Erwartungswerte als lineare Funktionen in den gesuchten Varianzkomponenten darstellen. Die Koeffizienten der Varianzkomponenten ergeben sich nach dem allgemeinen Modell II der Varianzanalyse aus gewissen Matrizenprodukten. Mit Hilfe der Quadratsummen $\underline{S}_N$, $\underline{S}_A$, $\underline{S}_B$ und $\underline{S}_C$ und deren Erwartungswerten können wir die $\underline{SQ}$ bilden, die den Einflußfaktoren allgemeine und spezifische Kombinationseignung und reziproke Kreuzungen entsprechen, sowie die Erwartungswerte der zugehörigen $\underline{MQ}$ darstellen. Das Ergebnis enthält Tabelle 4.24. Dabei bedeutet Sp(X) die Spur einer quadratischen Matrix X, die als Summe ihrer Hauptdiagonalelemente definiert ist.

Die vier balancierten Strukturen nach GRIFFING (1956) sind Spezialfälle des hier dargestellten allgemeinen Falles. Die Herleitung der Tabellen 4.15. bis 4.18. könnte auch über die hier betrachteten Matrizendarstellungen erfolgen. Jedoch kommt man im konkreten Fall direkt über die Modellgleichung einfacher zum Ziel. Die Fälle, in denen nicht mit reziproken Effekten gearbeitet werden kann, erhält man aus Tabelle 4.24. einfach durch Streichen des Einflußfaktors reziproke Effekte, also durch Weglassen der dritten Zeile und der Komponente σ_r^2. Erwartungstreue Schätzungsfunktionen für die Varianzkomponenten erhält man in bekannter Weise durch Gleichsetzen der Erwartungswerte der $\underline{MQ}$ mit ihren Beobachtungswerten und Auflösen des entstehenden Gleichungssystems.

$$\widehat{\underline{\sigma}_r^2} = \underline{MQ}_r - \underline{MQ}_R^*,$$

Tabelle 4.24. Varianztabelle eines Diallels, allgemeiner Fall, für Modell II

Variationsursache	$\underline{SQ}$	FG	$\underline{MQ} = \underline{SQ}/FG$	$E(\underline{MQ})$
allgemeine Kombinationseignungen	$\underline{SQ}_g = \underline{S}_A - \underline{S}_N$	$a-1$	$\underline{MQ}_g$	$k_{aa}\sigma_g^2 + k_{ab}\sigma_s^2 + \sigma_r^2 + \frac{\sigma^2}{n}$
spezifische Kombinationseignungen	$\underline{SQ}_s = \underline{S}_B - \underline{S}_A$	$M-a$	$\underline{MQ}_s$	$k_{bb}\sigma_s^2 + \sigma_r^2 + \frac{\sigma^2}{n}$
reziproke Effekte	$\underline{SQ}_r = \underline{S}_C - \underline{S}_B$	$N-M$	$\underline{MQ}_r$	$\sigma_r^2 + \frac{\sigma^2}{n}$
Rest	$\underline{SQ}_{Rest}/n$	m	$\underline{MQ}_R^* = \underline{MQ}_{Rest}/n$	$\frac{\sigma^2}{n}$

mit $\underline{S}_N = \underline{x}'\frac{1}{N}e_{NN}\,\underline{x} = \frac{1}{N}\left(\sum \underline{x}_{ij}\right)^2$, $\underline{S}_A = \underline{x}'A(A'A)^{-1}A'\underline{x}$, $\underline{S}_B = \underline{x}'B(B'B)^{-1}B'\underline{x}$, $\underline{S}_C = \underline{x}'\underline{x} = \sum \underline{x}_{ij}^2$,
$k_{aa} = \frac{1}{a-1}\left[Sp(A'A) - \frac{1}{N}Sp(A'e_{NN}A)\right]$, $k_{ab} = \frac{1}{a-1}\left[Sp\left(B'A(A'A)^{-1}A'B\right) - \frac{1}{N}Sp(B'e_{NN}B)\right]$,
$k_{bb} = \frac{1}{M-a}\left[Sp(B'B) - Sp\left(B'A(A'A)^{-1}A'B\right)\right]$, $e_{NN}\ N \approx N$-Matrix mit Einsen $(e_{NN} = e_N e_N')$

$$\widehat{\underline{\sigma}_s^2} = \frac{1}{k_{bb}}(\underline{MQ}_s - \underline{MQ}_r),$$

$$\widehat{\underline{\sigma}_g^2} = \frac{1}{k_{aa}}(\underline{MQ}_g - (A^*\underline{MQ}_s + (1-A^*)\,\underline{MQ}_r)),$$

wobei hier $A^* = k_{ab}/k_{bb}$ ist.

Ein F-Test im unsystematischen Fall ist im allgemeinen nicht möglich, da die Voraussetzungen (χ^2-Verteilung sowie Unabhängigkeit des Zählers und Nenners) nicht mehr erfüllt sind. Aus dem gleichen Grunde kann man auch nicht mehr so einfach wie bisher wenigstens asymptotisch erwartungstreue Schätzungen der Varianzen der Schätzfunktionen angeben. Mit Hilfe der Matrizendarstellung der Modellgleichung (4.268) sowie der Quadratsummen S_N, S_A, S_B, S_C lassen sich erwartungstreue Schätzungen dieser Varianzen konstruieren. Eine allgemeine Darstellung findet man bei Pröseler (1986).
Die Auswertung unvollständiger Diallele auf der Grundlage der Einzelwerte beschreiben Garretsen und Keuls (1973, 1977).

4.2.2.2.8. Kovarianz zwischen zwei Merkmalen

In diesem Teilabschnitt wollen wir uns kurz der Frage zuwenden, wie man die Kovarianzen zwischen zwei Merkmalen eines Diallels, denen das gleiche Mo-

dell zugrunde liegt, schätzen kann. Der Züchter möchte sein Zuchtsystem nicht nur nach einem Merkmal beurteilen, sondern nach mehreren Merkmalen. Dazu ist die Kenntnis der genetischen Varianz-Kovarianz-Matrix notwendig.
Wir gehen wieder von den Mittelwerten aus und schreiben die Modelle in der Form

$$\underline{x}_{ij} = \mu_x + \underline{g}_{i,x} + \underline{g}_{j,x} + \underline{s}_{ij,x} + \underline{r}_{ij,x} + \frac{1}{n}\sum_k \underline{e}_{ijk,x};$$

$$\underline{s}_{ij,x} = \underline{s}_{ji,x} \tag{4.269}$$

sowie (mit einer geänderten Bedeutung von y)

$$\underline{y}_{ij} = \mu_y + \underline{g}_{i,y} + \underline{g}_{j,y} + \underline{s}_{ij,y} + \underline{r}_{ij,y} + \frac{1}{n}\sum_k \underline{e}_{ijk,y};$$

$$\underline{s}_{ij,y} = \underline{s}_{ji,y}. \tag{4.270}$$

Es werden die Nebenbedingungen vorausgesetzt:

$$E(\underline{g}_{i,x}) = E(\underline{s}_{ij,x}) = E(\underline{r}_{ij,x}) = E(\underline{e}_{ijk,x}) = 0;$$
$$V(\underline{g}_{i,x}) = \sigma^2_{g,x}; \quad V(\underline{s}_{ij,x}) = \sigma^2_{s,x}; \quad V(\underline{r}_{ij,x}) = \sigma^2_{r,x};$$
$$V(\underline{e}_{ijk,x}) = \sigma^2_{e,x};$$

analog für die Modellgleichung in y.

Sämtliche Zufallsvariable auf der rechten Seite einer Modellgleichung seien paarweise unabhängig (Nichtverwandtschaft der Eltern). Die Kovarianz zwischen beiden Merkmalen beschreiben die folgenden Bedingungen:

$$\text{cov}(\underline{g}_{i,x}, \underline{g}_{i,y}) = \sigma_{g,xy}$$
$$\text{cov}(\underline{s}_{ij,x}, \underline{s}_{ij,y}) = \sigma_{s,xy}$$
$$\text{cov}(\underline{r}_{ij,x}, \underline{r}_{ij,y}) = \sigma_{r,xy}$$
$$\text{cov}(\underline{e}_{ijk,x}, \underline{e}_{ijk,y}) = \sigma_{e,xy}.$$

Alle weiteren möglichen Kovarianzen seien Null (Unabhängigkeit der zufälligen Effekte).
Für jedes der beiden Merkmale denken wir uns zunächst wieder eine einfaktorielle Varianzanalyse mit den Kreuzungen als Faktorstufen durchgeführt, welche die Mittelwerte $\underline{x}_{ij}$ bzw. $\underline{y}_{ij}$ liefern. Ebenso erhalten wir Schätzungen der Fehlervarianzen sowie in gleicher Weise eine Schätzung der Fehlerkovarianz, z. B.

$$\underline{\widehat{\sigma_{e,xy}}} = \frac{1}{m}\sum_{i,j,k} (\underline{x}_{ijk} - \underline{x}_{ij})(\underline{y}_{ijk} - \underline{y}_{ij}) = \underline{MP}_{Rest},$$

wenn $\underline{x}_{ijk}$ und $\underline{y}_{ijk}$ die Einzelwerte der Merkmale $\underline{x}$ und $\underline{y}$ sowie m die Freiheitsgrade der Fehlerschätzungen bezeichnen.

Hinsichtlich der weiteren Auswertung beschreiben wir nur den allgemeinen Fall. Die Strukturen I bis IV ergeben sich auch hier als Spezialfälle. Das Aufstellen einer Kovarianztabelle erfolgt völlig analog dem Aufstellen der Varianztabel-

len der letzten Abschnitte, nur daß man statt der Quadratsummen $\underline{SQ}$ die entsprechenden Produktsummen $\underline{SP}$ zugrunde legt.
An dieser Stelle wollen wir die Herleitung der Formeln für die Erwartungswerte der $\underline{MQ}$ bzw. $\underline{MP}$ andeuten, vergleiche dazu RASCH (1984). Allgemein gelten die folgenden Beziehungen:
Sind $\underline{x}$ und $\underline{y}$ Zufallsvektoren und Q eine symmetrische Matrix, so gilt für die Erwartungswerte der Quadratsumme $\underline{x}'Q\underline{x}$. bzw. der Produktsumme $\underline{x}'Q\underline{y}$

$$E(\underline{x}'Q\underline{x}) = Sp(Q\, V(\underline{x})) + E(\underline{x})'Q\, E(\underline{x})$$

bzw.

$$E(\underline{x}'Q\underline{y}) = Sp(Q\, cov(\underline{x}, \underline{y})) + E(\underline{x})'Q\, E(\underline{y}).$$

Für unseren Anwendungsfall hat man Q nacheinander entsprechend dem Modell (4.268) durch die Matrizen $e_N(e'_{N'}e_N)^{-1}e'_{N'} = \frac{1}{N} e_{NN}$, $A(A'A)^{-1}A'$, $B(B'B)^{-1}B'$ und E_N zu ersetzen. Berücksichtigt man für $\underline{x}$ (bzw. $\underline{y}$) Modellgleichung (4.269), kommt man zur dargestellten Form der Erwartungswerte. Tab. 4.25. enthält alle notwendigen Informationen. Man beachte, daß die Matrizen A und B die gleiche Gestalt haben wie in 4.2.2.2.7. und ebenso die Koeffizienten k_{aa}, k_{ab} und k_{bb}, dieselben sind wie im letzten Abschnitt.
Erwartungstreue Schätzfunktion für die Kovarianzen erhält man ebenfalls aus Tabelle 4.25. in der Form

Tabelle 4.25. Kovarianztabelle zweier Merkmale eines Diallels

Variationsursache	$\underline{SP}$	FG	$\underline{MP} = \underline{SP}/FG$	$E(\underline{MP})$
allgemeine Kombinationseignungen	$\underline{SP}_g = \underline{S}_A - \underline{S}_N$	$a-1$	$\underline{MP}_g$	$k_{aa}\sigma_{g,xy} + k_{ab}\sigma_{s,xy} + \sigma_{r,xy} + \frac{\sigma_{e,xy}}{n}$
spezifische Kombinationseignungen	$\underline{SP}_s = \underline{S}_B - \underline{S}_A$	$M-a$	$\underline{MP}_s$	$k_{bb}\sigma_{s,xy} + \sigma_{r,xy} + \frac{\sigma_{e,xy}}{n}$
reziproke Effekte	$\underline{SP}_r = \underline{S}_C - \underline{S}_B$	$N-M$	$\underline{MP}_r$	$\sigma_{r,xy} + \frac{\sigma_{e,xy}}{n}$
Rest	$\underline{SP}_{Rest}/n$	m	$\underline{MP}^*_R = \underline{MP}_{Rest}/n$	$\frac{\sigma_{e,xy}}{n}$

mit $\underline{S}_N = \underline{x}'\frac{1}{N} e_{NN}\, \underline{y} = \frac{1}{N}\left(\sum \underline{x}_{ij}\right)\left(\sum \underline{y}_{ij}\right)$, $\underline{S}_A = \underline{x}'A(A'A)^{-1}A'\underline{y}$, $\underline{S}_B = \underline{x}'B(B'B)^{-1}B'\underline{y}$,
$\underline{S}_C = \underline{x}'\underline{y} = \sum \underline{x}_{ij}\, \underline{y}_{ij}$.

(zur Definition von A und B vergleiche 4.2.2.2.7. bzw. Tabelle 4.23.; zur Berechnung von k_{aa}, k_{ab}, k_{bb} siehe Tabelle 4.24.)

$$\underline{\hat{\sigma}}_{r,xy} = \underline{MP}_r - \underline{MP}_R^*$$

$$\underline{\hat{\sigma}}_{s,xy} = \frac{1}{k_{bb}}(\underline{MP}_s - \underline{MP}_r)$$

$$\underline{\hat{\sigma}}_{g,xy} = \frac{1}{k_{aa}}(\underline{MP}_g - (A^*\underline{MP}_s + (1 - A^*)\,\underline{MP}_r)),$$

mit

$$A^* = \frac{k_{ab}}{k_{bb}}.$$

Damit kommt man zu Schätzungen der Korrelationskoeffizienten für die allgemeine und spezifische Kombinationseignung sowie für die reziproken Effekte, welche allerdings nicht erwartungstreu sind:

$$\underline{\hat{\varrho}}_{g,xy} = \frac{\underline{\hat{\sigma}}_{g,xy}}{\sqrt{\underline{\hat{\sigma}}_{g,x}^2\,\underline{\hat{\sigma}}_{g,y}^2}}, \quad \text{(entsprechend für } \underline{\hat{\varrho}}_{s,xy} \text{ und } \underline{\hat{\varrho}}_{r,xy}).$$

4.2.2.2.9. Beispiele

Die Auswertung von Diallelen, insbesondere von unvollständigen Diallelen, kann sehr mühsam sein. Vor allem, wenn die Zahl der Eltern ansteigt, wird die Benutzung von schnellen Rechnern mit entsprechender Software unumgänglich. Bei einem unvollständigen Diallel mit z. B. 10 Eltern ist die Berechnung der Koeffizienten k_{ab} und k_{bb} per Hand praktisch kaum noch möglich. Wir werden deshalb in diesem Abschnitt Beispiele mit minimal möglicher Elternzahl betrachten. Die Daten sind der Einfachheit halber konstruiert, was dem Wesen der Darstellung keinen Abbruch tut. Wir stellen uns folgende Situation vor:

Beispiel 4.1.:

Aus einer (unendlich) großen Population von Maisinzuchtlinien sind zufällig $a = 4$ ausgewählt und (vollständig) paarweise nach Griffing (1956), Struktur I, miteinander kombiniert worden. Die $N = 16$ Kreuzungen wurden in einer vollständig randomisierten Blockanlage mit $n = 4$ Wiederholungen geprüft. Die Auswertung als einfaktorielle Varianzanalyse für das beobachtete Merkmal Kornertrag in dt/ha ergab die Fehlerschätzung $MQ_{Rest} = 80$ mit 45 Freiheitsgraden. Die Kreuzungsmittel $\underline{x}_{ij}$ wurden wie folgt beobachtet:

	1	2	3	4	$x_{i.}$
1	77	84	100	77	338
2	76	49	61	59	245
3	114	55	78	60	307
4	83	47	62	38	230
$x_{.j}$	350	235	301	234	1120

Es ist der Einfluß der Komponenten des Modells auf die Gesamtvariabilität zu untersuchen. Des weiteren sind die Varianzkomponenten zu schätzen. Nach Tabelle 4.15. wird

$$SQ_G = 1120^2/16 = 78400$$

und

$$SQ_g = \frac{1}{4}\left(\frac{1}{2}(338+350)^2 + \ldots + \frac{1}{2}(230+234)^2\right) - 2\,SQ_G$$

$$= 4288$$

$$SQ_s = 77^2 + \frac{2}{4}(84+76)^2 + \frac{2}{4}(100+114)^2 + \ldots + \frac{2}{4}(60+62)^2 + 38^2 - SQ_g - SQ_G$$

$$= 1456$$

$$SQ_r = \frac{2}{4}(84-76)^2 + \frac{2}{4}(100-114)^2 + \ldots + \frac{2}{4}(60-62)^2$$

$$= 77^2 + 84^2 + 100^2 + \ldots + 62^2 + 38^2 - SQ_s - SQ_g - SQ_G$$

$$= 240.$$

Damit erhält man die folgende Varianztabelle:

Ursache	SQ	FG	MQ	E(MQ)
allg. Komb.	4288	3	1429,33	$8\,\sigma_g^2 + 1{,}5\,\sigma_s^2 + \sigma_r^2 + \frac{1}{4}\sigma^2$
spez. Komb.	1456	6	242,67	$1{,}625\,\sigma_s^2 + \sigma_r^2 + \frac{1}{4}\sigma^2$
reziproke Effekte	240	6	40,0	$\sigma_r^2 + \frac{1}{4}\sigma^2$
Rest		45	$MQ_R = 20$	$\frac{1}{4}\sigma^2$

Für den F-Test berechnen wir zunächst $A^* = \frac{12}{13}$, $MQ^* = 227{,}08$ und $f = 6{,}16 \approx 6$.

Nun folgt für ein Risiko 1. Art (Irrtumswahrscheinlichkeit) von $\alpha = 0{,}05$

$$H_0\colon \sigma_g^2 = 0,\ \frac{1429{,}33}{227{,}08} = 6{,}29 > 4{,}76 = F(6{,}3) \rightarrow \text{Hypothese } \sigma_g^2 > 0 \text{ angenommen}$$

$$H_0\colon \sigma_s^2 = 0,\ \frac{242{,}67}{40{,}0} = 6{,}07 > 4{,}28 = F(6{,}6) \rightarrow \text{Hypothese } \sigma_s^2 > 0 \text{ angenommen}$$

$$H_0\colon \sigma_r^2 = 0,\ \frac{40{,}0}{20{,}0} = 2{,}0 < 2{,}3 = F(6{,}45) \rightarrow \text{Hypothese } \sigma_r^2 = 0 \text{ angenommen}$$

Der F-Test führt also bezüglich der allgemeinen und der spezifischen Kombinationseignung zur Ablehnung der Nullhypothese, so daß diese Effekte ohne Einfluß auf die Gesamtvarianz sind, während ein Einfluß reziproker Effekte nicht zu vermuten ist.

Als Schätzwerte für die Varianzkomponenten erhält man neben $\hat{\sigma}^2 = 80$

$$\widehat{\sigma_r^2} = 40{,}0 - 20{,}0 \qquad = \quad 20{,}0$$

$$\widehat{\sigma_s^2} = \frac{1}{1{,}625}(242{,}67 - 40{,}0) = 124{,}72$$

$$\widehat{\sigma_g^2} = \frac{1}{8}(1429{,}33 - 227{,}08) = 150{,}28.$$

Setzt man die bisherigen Ergebnisse in die Formeln für die Varianzen der Schätzfunktionen ein, so wird

$$\widehat{V(\underline{\hat{\sigma}}_r^2)} = 551{,}11 \qquad \sqrt{\widehat{V(\underline{\hat{\sigma}}_r^2)}} = 23{,}5$$

$$\widehat{V(\underline{\hat{\sigma}}_s^2)} = 7635{,}65 \qquad \sqrt{\widehat{V(\underline{\hat{\sigma}}_s^2)}} = 87{,}4$$

$$\widehat{V(\underline{\hat{\sigma}}_g^2)} = 21542{,}47 \qquad \sqrt{\widehat{V(\underline{\hat{\sigma}}_g^2)}} = 146{,}8.$$

Diese Varianzen machen deutlich, daß durch den betrachteten Versuch ein Einfluß der allgemeinen Kombinationseignung zwar gesichert ist, dem konkret erhaltenen Schätzwert von 150,28 aber kein allzu hoher Wert beizumessen ist. Das war bei dem geringen Stichprobenumfang, insbesondere bei der sehr kleinen Anzahl von Eltern, nicht anders zu erwarten.

Beispiel 4.2.:
Als nächstes betrachten wir bei gleicher Aufgabenstellung einen Plan ohne reziproke Kreuzungen. Wir nehmen einfach an, die Kreuzungen unterhalb der Hauptdiagonale seien nicht vorhanden. Wir haben also ein Diallel nach GRIFFING, Struktur II, vorliegen. Weiterhin nehmen wir wieder an, daß wir als Fehlerschätzung $MQ_{Rest} = 80$ mit 27 Freiheitsgraden erhalten. Die Kreuzungsmittel $\underline{x}_{ij}$ ordnen wir wie folgt an:

	1	2	3	4	$x_{i.} + x_{ii}$
1	77	84	100	77	415
2		49	61	59	302
3			78	60	377
4				38	272
					638

Dann wird nach Tabelle 4.16

$$SQ_G = 683^2/10 = 46648{,}9\,, \quad c = \frac{5}{6}$$

und

$$SQ_g = \frac{1}{6}(415^2 + \ldots + 272^2) - 2cSQ_G$$

$$= 2\,175{,}47$$

$$SQ_s = 77^2 + 84^2 + \ldots + 60^2 + 38^2 - SQ_g - SQ_G$$
$$= 820{,}63.$$

Die vollständige Varianztabelle lautet also

Ursache	SQ	FG	MQ	E(MQ)
Allg. Komb.	2175,47	3	725,16	$6\,\sigma_g^2 + \sigma_s^2 + \frac{1}{4}\sigma^2$
spez. Komb.	820,63	6	136,77	$\sigma_s^2 + \frac{1}{4}\sigma^2$
Rest		27	20,0	$\frac{1}{4}\sigma^2$

Der F-Test ergibt

$$H_0\colon \sigma_g^2 = 0, \quad \frac{725{,}16}{136{,}77} = 5{,}3 > 4{,}76 = F(3{,}6) \rightarrow \text{Hypothese } \sigma_g^2 > 0 \text{ angenommen}$$

$$H_0\colon \sigma_s^2 = 0, \quad \frac{136{,}77}{20{,}0} = 6{,}83 > 2{,}46 = F(6{,}27) \rightarrow \text{Hypothese } \sigma_s^2 > 0 \text{ angenommen}$$

also einen signifikanten Einfluß der allgemeinen und spezifischen Kombinationseignung auf die Gesamtvariabilität bei einem Risiko von $\alpha = 5\%$ (unter Normalverteilung).
Schätzwerte für die Varianzkomponenten sind $\hat{\sigma}^2 = 80$

$$\hat{\sigma}_s^2 = 136{,}77 - 20{,}0 = 116{,}77$$

$$\hat{\sigma}^2{}_g = \frac{1}{6}(725{,}16 - 136{,}77) = 98{,}06.$$

Vergleicht man diese Schätzwerte für die Varianzkomponenten mit denen in Beispiel 4.1., so wird deutlich, daß sie nicht nur von den aktuell beobachteten Ergebnissen abhängen, sondern auch vom gewählten Kreuzungsplan. Für die gleiche zugrunde liegende Population wurde zwar in beiden Fällen ein Einfluß nachgewiesen, die Größenordnungen haben sich aber gerade umgekehrt. Eine wesentliche Ursache dieses Sachverhaltes ist allerdings wiederum in der geringen Anzahl von Kreuzungen zu sehen.
Für die Varianzen und Standardabweichungen der Schätzfunktionen erhält man wieder durch Einsetzen in die entsprechenden Formeln:

$$\widehat{V(\underline{\hat{\sigma}}_s^2)} = 6\,264{,}97 \qquad \sqrt{\widehat{V(\underline{\hat{\sigma}}_s^2)}} = 79{,}2$$

$$\widehat{V(\hat{\sigma}_g^2)} = 9911{,}3 \qquad \sqrt{\widehat{V(\hat{\sigma}_g^2)}} = 99{,}5$$

Über die Größe dieser Varianzen und deren Bedeutung gilt das Gleiche wie in Beispiel 4.1. Hier erkennt man sogar noch sehr deutlich, daß die asymptotisch erwartungstreuen Schätzungen größere Werte liefern als die theoretischen, da $\sqrt{\widehat{V(\hat{\sigma}_g^2)}}$ größer ist als der Schätzwert $\hat{\sigma}_g^2$ selbst, obwohl ein Einfluß der allg. Kombinationseignung gesichert wurde.

Beispiel 4.3.:
Schließlich wollen wir bei gleichem Datenmaterial und bei gleicher Aufgabenstellung den unvollständigen Kreuzungsplan aus 4.2.2.2.7. betrachten. Dabei legen wir das Modell (4.267) zugrunde. Wir nehmen wieder an, daß wir als Fehlerschätzung $MQ_{Rest} = 80$ mit 39 Freiheitsgraden erhalten hätten. Als beobachtete Mittelwerte liegen vor:

	1	2	3	4	$X_{i.}$
1	77	84		77	238
2	76	49	61	59	245
3	114		78	60	252
4	83	47	62	38	230
$X_{.j}$	350	180	201	234	965

Der Wert $X_{i.}$ bedeutet die Summe aller vorliegenden Beobachtungen der i-ten Mutter, entsprechend $X_{.j}$ die Summe aller Beobachtungen des j-ten Vater.
Zur Berechnung der SQ haben wir nun die Matrix A zu konstruieren. Aus Tabelle 4.23. folgt durch Streichen der dritten und zehnten Zeile

$$A' = \begin{pmatrix} 2 & 1 & 1 & 1 & 0 & 0 & 0 & 1 & 0 & 0 & 1 & 0 & 0 & 0 \\ 0 & 1 & 0 & 1 & 2 & 1 & 1 & 0 & 0 & 0 & 0 & 1 & 0 & 0 \\ 0 & 0 & 0 & 0 & 0 & 1 & 0 & 1 & 2 & 1 & 0 & 0 & 1 & 0 \\ 0 & 0 & 1 & 0 & 0 & 0 & 1 & 0 & 0 & 1 & 1 & 1 & 1 & 2 \end{pmatrix}$$

und damit

$$A'A = \begin{pmatrix} 9 & 2 & 1 & 2 \\ 2 & 9 & 1 & 2 \\ 1 & 1 & 8 & 2 \\ 2 & 2 & 2 & 10 \end{pmatrix}$$

Man prüft leicht nach, daß

$$(A'A)^{-1} = \frac{1}{5376} \begin{pmatrix} 650 & -118 & -42 & -98 \\ -118 & 650 & -42 & -98 \\ -42 & -42 & 714 & -126 \\ -98 & -98 & -126 & 602 \end{pmatrix}$$

gilt. Die Berechnung der Inversen kann z. B. nach der Determinantenregel oder nach dem Gaußalgorithmus erfolgen. Weiter folgt

$$A'x = \begin{pmatrix} \vdots \\ X_{i.} + X_{.i} \\ \vdots \end{pmatrix} = \begin{pmatrix} 588 \\ 425 \\ 453 \\ 464 \end{pmatrix}.$$

Die Lösung des Gleichungssystems

$$A'A\,\lambda = A'x$$

lautet dann

$$\lambda' = (49{,}77;\ 26{,}48;\ 41{,}38;\ 22{,}88),$$

woraus man

$$S_A = \lambda' A' x = 49{,}77 \cdot 588 + \ldots + 22{,}88 \cdot 464 = 69875{,}28$$

erhält. Für die anderen drei Quadratsummen gilt:

$$S_N = \frac{1}{14}\, 965^2 = 66516{,}07$$

$$S_B = 77^2 + \frac{2}{4}(84+76)^2 + 114^2 + \frac{2}{4}(77+83)^2 + 49^2 + 61^2 + \frac{2}{4}(59+47)^2 + 78^2 + \frac{2}{4}(60+62)\,2 + 38^2 = 71235$$

$$S_C = 77^2 + 84^2 + 77^2 + \ldots + 62^2 + 28^2 = 71359.$$

Es folgt unmittelbar

$$SQ_g = S_A - S_N = 3359{,}22$$
$$SQ_s = S_B - S_A = 1359{,}72$$
$$SQ_r = S_C - S_B = 124{,}0.$$

Um die Erwartungswerte der $\underline{MQ}$ darstellen zu können, müssen wir noch die Koeffizienten k_{aa}, k_{ab}, k_{bb} ermitteln. Man überlegt sich wieder mit Hilfe von Tabelle 4.23. die Beziehungen

$$A'e_N = \begin{pmatrix} 7 \\ 7 \\ 6 \\ 8 \end{pmatrix} \quad B'e_N = \begin{pmatrix} 1 \\ 2 \\ 1 \\ 2 \\ 1 \\ 1 \\ 2 \\ 1 \\ 2 \\ 1 \end{pmatrix} \quad B'A = \begin{pmatrix} 2 & 0 & 0 & 0 \\ 2 & 2 & 0 & 0 \\ 1 & 0 & 1 & 0 \\ 2 & 0 & 0 & 2 \\ 0 & 2 & 0 & 0 \\ 0 & 1 & 1 & 0 \\ 0 & 2 & 0 & 2 \\ 0 & 0 & 2 & 0 \\ 0 & 0 & 2 & 2 \\ 0 & 0 & 0 & 2 \end{pmatrix}$$

und damit

$$A'BB'A = \begin{pmatrix} 13 & 4 & 1 & 4 \\ 4 & 13 & 1 & 4 \\ 1 & 1 & 10 & 4 \\ 4 & 4 & 4 & 16 \end{pmatrix},$$

Es folgt

$$\begin{aligned}
Sp(A'A) &= 9 + 9 + 8 + 10 = 36 \\
Sp(A'e_{NN}A) &= 49 + 49 + 36 + 64 = 198 \\
Sp(B'e_{NN}B) &= 1 + 4 + \ldots + 4 + 1 = 22 \\
Sp(B'A(A'A)^{-1} A'B) &= Sp\,((A'A)^{-1} A'BB'A) \\
&= \frac{1}{5376}(650 \cdot 13 - 2 \cdot 118 \cdot 4 \pm \ldots - 2 \cdot 126 \cdot 4 + 602 \cdot 16) \\
&= \frac{29984}{5376} = 5{,}577.
\end{aligned}$$

Berücksichtigt man noch, daß $Sp(B'B) = N = 14$ ist, so erhält man

$$k_{aa} = \frac{1}{3}\left(36 - \frac{198}{14}\right) = 7{,}286$$

$$k_{ab} = \frac{1}{3}\left(5{,}577 - \frac{22}{14}\right) = 1{,}335$$

$$k_{bb} = \frac{1}{6}(14 - 5{,}577) = 1{,}404$$

und damit die vollständige Varianztabelle

Ursache	SQ	FG	MQ	E(MQ)
Allg. KE	3359,2	3	1119,74	$7{,}29\,\sigma_g^2 + 1{,}34\,\sigma_s^2 + \sigma_r^2 + \frac{1}{4}\sigma^2$
Spez. KE	1359,72	6	226,62	$1{,}40\,\sigma_s^2 + \sigma_r^2 + \frac{1}{4}\sigma^2$
reziproke Effekte	124,0	4	31,0	$\sigma_r^2 + \frac{1}{4}\sigma^2$
Rest		39	20,0	$\frac{1}{4}\sigma^2$

Schätzwerte für die Varianzkomponenten sind somit neben $\hat{\sigma}^2 = 80$

$$\hat{\sigma}_r^2 = 31{,}0 - 20{,}0 = 11{,}0$$

$$\hat{\sigma}_s^2 = \frac{1}{1{,}40}(226{,}62 - 31{,}0) = 139{,}35$$

$$\hat{\sigma}_g^2 = \frac{1}{7{,}29}(1119{,}74 - 217{,}03) = 123{,}89.$$

Beispiel 4.4.:
Abschließend betrachten wir ein weiteres Merkmal, für welches die folgenden Mittelwerte beobachtet wurden:

	1	2	3	4	$y_{i.}$
1	34	23		33	90
2	25	18	29	34	106
3	36		31	29	96
4	31	30	29	35	125
$y_{.j}$	126	71	89	131	417

Als Fehlerschätzung sei $MQ_{Rest} = 10$ mit 39 Freiheitsgraden erhalten worden. Die Matrizen A und B bleiben unverändert, da ja derselbe Kreuzungsplan zugrunde liegt. Dann erhält man völlig analog die Schätzungen

$$\hat{\sigma}^2_{r,y} = 0{,}5$$
$$\hat{\sigma}^2_{s,y} = 12{,}4$$
$$\hat{\sigma}^2_{g,y} = 6{,}0.$$

Die Fehlerkovarianz zwischen beiden Merkmalen sei durch $MP_{Rest} = 6$ mit ebenfalls 39 Freiheitsgraden geschätzt worden. Nun erhält man

$$A'y = \begin{pmatrix} \vdots \\ y_{i.} + y_{.i} \\ \vdots \end{pmatrix} = \begin{pmatrix} 216 \\ 177 \\ 185 \\ 256 \end{pmatrix}.$$

Weiterhin war

$$\lambda = (A'A)^{-1} A'x = \begin{pmatrix} 49{,}77 \\ 26{,}48 \\ 41{,}38 \\ 22{,}88 \end{pmatrix}.$$

Damit wird

$$S_A = \lambda' A'y = 49{,}77 \cdot 216 + \ldots + 22{,}88 \cdot 256 = 28947{,}6$$

$$S_B = 77 \cdot 34 + \frac{2}{4}(84 + 76)(23 + 25) + 114 \cdot 36 + \ldots + \frac{2}{4}(60 + 62)(29 + 29) + 38 \cdot 3\text{[illegible]}$$
$$= 29011$$

$$S_C = 77 \cdot 34 + 84 \cdot 23 + 77 \cdot 33 + \ldots + 62 \cdot 29 + 38 \cdot 35$$
$$= 29021$$

$$S_N = \frac{1}{14} 965 \cdot 417 = 28743{,}2$$

woraus

$$SP_g = S_A - S_N = 204{,}4$$
$$SP_s = S_B - S_A = \;\; 63{,}4$$
$$SP_r = S_C - S_B = \;\; 10$$

folgt. Da k_{aa}, k_{ab}, k_{bb} unverändert bleiben, erhält man folgende Kovarianztabelle:

Ursache	SP	FG	MP	E(MP)
allgem. Komb. Eign.	204,4	3	68,13	$7{,}29\,\sigma_{g,\,xy} + 1{,}34\,\sigma_{s,\,xy} + \sigma_{r,\,xy} + \frac{\sigma_{e,\,xy}}{4}$
spezif. Komb. Eign.	63,4	6	10,56	$1{,}40\,\sigma_{s,\,xy} + \sigma_{r,\,xy} + \frac{\sigma_{e,\,xy}}{4}$
reziproke Effekte	10	4	2,5	$\sigma_{r,\,xy} + \frac{\sigma_{e,\,xy}}{4}$
Rest		39	1,5	$\frac{\sigma_{e,\,xy}}{4}$

Schätzwerte für die Kovarianzen sind damit

$$\hat{\sigma}_{r,\,xy} = 2{,}5 - 1{,}5 \qquad = 1{,}0$$

$$\hat{\sigma}_{s,\,xy} = \frac{1}{1{,}4}(10{,}56 - 2{,}5) \qquad = 5{,}76$$

$$\hat{\sigma}_{g,\,xy} = \frac{1}{7{,}29}(68{,}13 - 7{,}71 - 2{,}5) = 7{,}94\,.$$

Schließlich bekommt man daraus Schätzwerte für die Korrelationskoeffizienten $\varrho_{r,\,xy}$, $\varrho_{s,\,xy}$ und $\varrho_{g,\,xy}$ zwischen den reziproken Effekten bzw. den spezifischen und allgemeinen Kombinationseignungen beider Merkmale

$$\hat{\varrho}_{r,\,xy} = \frac{1{,}0}{\sqrt{0{,}5 \cdot 11{,}0}} = 0{,}43$$

$$\hat{\varrho}_{s,\,xy} = \frac{5{,}76}{\sqrt{12{,}4 \cdot 139{,}35}} = 0{,}14$$

$$\hat{\varrho}_{g,\,xy} = \frac{7{,}94}{\sqrt{6{,}0 \cdot 123{,}89}} = 0{,}29\,.$$

Wegen des geringen Stichprobenumfanges sind diese Werte wiederum sehr unsicher.

4.2.2.3. Triallele-Modell I

In diesem Abschnitt wird die Analyse von Dreiweghybriden, das heißt von Kreuzungen einfacher Hybriden mit Linien, behandelt. Während RAWLINGS und COKKERHAM (1962) die Varianzanalyse eines Triallels dazu benutzten, um aus den Varianzkomponenten genetische Varianzen zu schätzen, geht es uns vorwiegend um die Schätzungen von Effekten, analog zu den Kombinationseignungen in der Diallelanalyse für Modell I.

Anmerkung:
Im folgenden Text werden die Kreuzungspartner allgemein als Linien bezeichnet. Solange aber keine genetischen Varianzen geschätzt werden sollen, braucht nichts über den Inzuchtgrad dieses Ausgangsmaterials vorausgesetzt zu werden. Anstelle von „Linien" könnte deshalb dann auch „Sorten", „Rassen" oder „Populationen" stehen.

4.2.2.3.1. Modelle
Definition 4.1:
Unter einem Triallel aus p Linien wollen wir die Gesamtheit der Kreuzungen i(jk) verstehen, wobei $i = 1, \ldots, p$; $j = 1, \ldots, p-1$ mit $j \neq i$ und $k = j+1, \ldots, p$ mit $k \neq i$ sind. i(jk) bedeutet dabei die Kreuzung des einfachen Hybriden jxk mit Linie i. Es wird angenommen, daß reziproke Effekte vernachlässigbar sind. Das heißt also, zwischen den Kreuzungen i(jk), i(kj), (jk)i und (kj)i sollen beim betrachteten Merkmal keine Unterschiede bestehen. Das so definierte Triallel aus p Linien ist vergleichbar mit dem Diallel von der Struktur IV nach GRIFFING (1956).
Als Rahmenmodell soll das Modell eines einjährigen vollständigen Blockversuches angesetzt werden:

$$\underline{y}_{i(jk)l} = \mu + \gamma_{i(jk)} + b_l + \underline{e}_{i(jk)l} \qquad (4.271).$$

Dabei ist $\underline{y}_{i(jk)l}$ der Meßwert des betrachteten quantitativen Merkmals der Kreuzung i(jk) im l-ten Block ($l = 1, \ldots, b$); für i, j und k gelten die Bedingungen aus Def. 4.1.
μ ist das allgemeine Mittel, $\gamma_{i(jk)}$ der Effekt der Kreuzung i(jk), b_l der Effekt des l-ten Blocks (der l-ten Wiederholung) und $\underline{e}_{i(jk)l}$ enthält die restlichen, nicht einzeln erfaßbaren Effekte.

Die genetische Größe kann auf verschiedene Art und Weise weiter aufgespaltet werden. Die wohl einfachste, für praktische Fälle aber unserer Ansicht nach meist vollkommen ausreichende Aufspaltung ist in Anlehnung an HINKELMANN (1964)

$$\gamma_{i(jk)} = g_i + h_j + h_k + t_{i(jk)} \qquad (4.272)$$

mit den Nebenbedingungen

$$\sum_{i=1}^{p} g_i = \sum_{i=1}^{p} h_i = 0, \quad \sum_{\substack{j=1 \\ j \neq i}}^{p-1} \sum_{\substack{k=j+1 \\ k \neq i}}^{p} t_{i(jk)} = 0 \quad \text{für } i = 1, \ldots, p.$$

Dabei sind g_i $(i = 1, \ldots, p)$ die allgemeine Kombinationseignung der Linie i als Großelter und $t_{i(jk)}$ die spezifische Kombinationseignung der Kreuzung i(jk).
Aus mathematischer Sicht besteht ein Nachteil dieses Modells darin, daß die Effekte g_i und h_i nicht orthogonal zueinander sind.
Eine weitergehende Aufspaltung von $\gamma_{i(jk)}$, bei der alle Effekte zueinander orthogonal sind, schlagen RAWLINGS und COCKERHAM (1962) vor:

$$\begin{aligned}\gamma_{i(jk)} = {} & (f_i + f_j + f_k) + (s_{2\,ij} + s_{2\,ik} + s_{2\,jk}) \\ & + s_{3\,ijk} + (0_{1\,i} + 0_{1\,(j)} + 0_{1\,(k)}) \\ & + (0_{2a\,i.j} + 0_{2a\,i.k} + 0_{2a\,jk}) \\ & + (0_{2b\,i(j)} + 0_{2b\,i(k)}) + 0_{3\,i(jk)} \end{aligned} \qquad (4.273).$$

Dabei werden Effekte, die von der Anordnung unabhängig sind, von Effekten, die von der Anordnung der Linien bei der Kreuzung abhängen, unterschieden. Zu den ersteren gehören:

f_i mittlerer Effekt der Linie i (gemittelt über alle Anordnungen),
$s_{2\,ij}$ mittlerer Wechselwirkungseffekt zwischen den Linien i und j,
$s_{3\,ijk}$ mittlerer Wechselwirkungseffekt zwischen den Linien i, j und k.

Die übrigen Effekte hängen von der Anordnung ab:

$0_{1\,i}$, $0_{1\,(i)}$ Ordnungseffekt von Linie i als Elter bzw. als Großelter,
$0_{2a\,i.j}$ Wechselwirkungseffekt der Linien i und j, gemittelt über die Anordnungen i(j-) und j(i-),
$0_{2a\,jk}$ Wechselwirkungseffekt zwischen den Großelternlinien j und k,
$0_{2b\,i(j)}$ Wechselwirkung zwischen der Elternlinie i und der Großelternlinie j,
$0_{3\,i(jk)}$ dreiseitige Wechselwirkung zwischen der Elternlinie i und den Großelternlinien j und k.
Zu (4.273) benutzen wir folgende Nebenbedingungen (WOLF 1985b):

$$\sum_{i=1}^{p} f_i = 0,$$

$$\sum_{\substack{i=1\\ i\neq j}}^{p} s_{2\,ij} = 0 \text{ mit } s_{2\,ij} = s_{2\,ji},\ j = 1, \ldots, p,$$

$$\begin{aligned}\sum_{\substack{k=1\\ k\neq i,j}}^{p} s_{3\,ijk} = 0 \text{ mit } s_{3\,ijk} &= s_{3\,jki} = s_{3\,kij} = s_{3\,ikj} \\ &= s_{3\,jik} = s_{3\,kji},\end{aligned}$$

$$i = 1, \ldots, p, \quad j = 1, \ldots, p, \quad j \neq i, \qquad (4.274)$$

$$\sum_{i=1}^{p} 0_{1\,i} = \sum_{i=1}^{p} 0_{1(i)} = 0,$$

$$\sum_{\substack{i=1\\ i\neq j}}^{p} 0_{2a\,i.j} = \sum_{\substack{i=1\\ i\neq j}}^{p} 0_{2a\,ij} = 0 \quad \text{für } j = 1, \ldots, p,$$

$$\sum_{\substack{j=1\\ j\neq i}}^{p} 0_{2b\,i(j)} = \sum_{\substack{j=1\\ j\neq i}}^{p} 0_{2b\,j(i)} = 0 \quad \text{für } i = 1, \ldots, p,$$

$$\sum_{k=1}^{i-1} 0_{3\,i(kj)} + \sum_{k=i+1}^{p} 0_{3\,i(jk)} = 0 \quad \text{für } i = 1, \ldots, p, \quad j = 1, \ldots, p, \quad j \neq i.$$

Die Anzahl der Kombinationen c steigt in einem Triallel sehr schnell mit der Anzahl der Linien p an. Sie berechnet sich aus $c = p(p-1)(p-2)/2$. So beträgt die Anzahl der Kombinationen z. B. bei 10 Linien schon 360. Bei einer größeren Anzahl von Linien werden sich deshalb nur partielle Triallele realisieren lassen. Zu dieser Problematik sei auf der Arbeit von HINKELMANN (1964) verwiesen. Ein Spezialfall eines partiellen Triallels ist das sogenannte faktorielle Triallel (COCKERHAM 1963). Dieses Versuchsschema läßt sich anwenden, wenn sich die Gesamtzahl der Linien in drei Gruppen so einteilen läßt, daß jede Linie in genau einer Gruppe enthalten ist. Bezeichnen wir diese Gruppen mit Q, R und S und die Anzahl der darin enthaltenen Linien mit q, r bzw. s $(q+r+s=p)$. Man kreuzt zunächst jede Linie aus R mit jeder Linie aus S. Anschließend werden alle so erhaltenen einfachen Hybriden mit jeder Linie aus Q gekreuzt, so daß man insgesamt $c = qrs$ Kombinationen erhält.
Für das Rahmenmodell (4.271) gilt jetzt $i = 1, \ldots, q$, $j = 1, \ldots, r$ und $k = 1, \ldots, s$. Der genetische Effekt $\gamma_{i(jk)}$ läßt sich dann wie folgt zerlegen:

$$\gamma_{i(jk)} = q_i + r_j + s_k + (qr)_{ij} + (qs)_{ik} + (rs)_{jk} + (qrs)_{ijk} \qquad (4.275)$$

Dabei sind

q_i allgemeine Kombinationseignung der Elternlinie i,
r_j, s_k allgemeine Kombinationseignung der Großelternlinie j bzw. k,
$(qr)_{ij}$, $(qs)_{ik}$, (rs)jk, $(qrs)_{ijk}$ spezifische Kombinationseignungen für die entsprechenden zwei- und dreiseitigen Kombinationen von Linien.

Folgende Nebenbedingungen sollen gelten:

$$\sum_{i=1}^{q} q_i = \sum_{j=1}^{r} r_j = \sum_{k=1}^{s} s_k = 0,$$

$$\sum_{i=1}^{q} (qr)_{ij} = \sum_{i=1}^{q} (qs)_{ik} = 0 \quad \text{für alle j bzw. k},$$

$$\sum_{j=1}^{r} (qr)_{ij} = \sum_{j=1}^{r} (rs)_{jk} = 0 \quad \text{für alle i bzw. k},$$

$$\sum_{k=1}^{s} (qs)_{ik} = \sum_{k=1}^{s} (rs)_{jk} = 0 \quad \text{für alle i bzw. j},$$

$$\sum_{i=1}^{q} (qrs)_{ijk} = 0 \quad \text{für alle j und k},$$

$$\sum_{j=1}^{r} (qrs)_{ijk} = 0 \quad \text{für alle i und k,}$$

$$\sum_{k=1}^{s} (qrs)_{ijk} = 0 \quad \text{für alle i und j.}$$

In diesem Modell wird die Reihenfolge der Kreuzungen nicht berücksichtigt.

4.2.2.3.2. Parameterschätzung

Varianzanalyse

Für das Rahmenmodell kann eine Varianzanalyse für zweifache Kreuzklassifikation mit einfacher Klassenbesetzung durchgeführt werden (vgl. z. B. RASCH u. a., 1978, Verfahren 3/51/2100). Dazu bildet man zunächst folgende Quadratsummen:

$$S_1 = \frac{1}{bc} Y^2_{....}, \qquad S_b = \frac{1}{c} \sum_{l=1}^{b} Y_{...l},$$

$$S_c = \frac{1}{b} \sum_{i(jk)}^{c} Y^2_{i(jk).}, \quad S_{bc} = \sum_{i(jk)}^{c} \sum_{l=1}^{b} y^2_{i(jk)l} \tag{4.276}$$

Das Symbol $\sum_{i(jk)}^{c}$ bedeutet Summation über alle Dreiweghybriden, $c = p(p-1)(p-2)/2$ bzw. $c = qrs$ ist die Anzahl der Dreiweghybriden. Die Tafel der Varianzanalyse ist in Tabelle 4.26. angegeben. Dabei wurden die Dreiweghybriden als fester und die Blocks als zufälliger Faktor angesehen.

Der Faktor Dreiweghybriden kann je nach dem für $\gamma_{i(jk)}$ verwendeten Modell weiter aufgespalten werden. Betrachten wir zunächst die Aufspaltung von SQ_C nach Modell (4.272) (WOLF 1985a). Zunächst eine Erläuterung zu den ersten drei Zeichen im Index der Y. (i..) bedeutet Summation über alle Kombinationen mit Linie i als Elter, .(i.) Summation über alle Kombinationen mit Linie i als Großelter und i.. Summation über alle Kombinationen mit Linie i als Elter oder Großelter

Tabelle 4.26. Varianztabelle für Rahmenmodell (4.271)

Variationsursache	SQ	FG	E(MQ)	F
Dreiweghybriden	$SQ_C = S_C - S_1$	$f_C = c - 1$	$\sigma_e^2 + b\frac{1}{c-1}\sum_{i(jk)}^{1} \gamma^2_{i(jk)}$	MQ_C/MQ_E
Blocks	$SQ_B = S_b - S_1$	$f_B = b - 1$	$\sigma_e^2 + c\sigma_b^2$	MQ_B/MQ_E
Rest	$SQ_E = S_{bc} - S_b - S_c + S_1$	$f_E = bc - b - c + 1$	σ_e^2	

Dabei ist $MQ_\omega = SQ_\omega/f_\omega$ mit $\omega = C, B, R$.

(es ist also z. B. $Y_{i..I} = Y_{i(..)I} + Y_{.(i.)I}$). Weiterhin werden folgende Summen von Quadraten und Produkten sowie folgende Konstanten eingeführt:

$$S_{I()} = \sum_{i=1}^{p} Y^2_{i(..).}\,, \quad S_{(I)} = \sum_{i=1}^{p} Y^2_{.(i.).}\,,$$

$$S_I = \sum_{i=1}^{p} Y^2_{i....}\,, \quad P_{II()} = \sum_{i=1}^{p} Y_{i...}\, Y_{i(..).}\,, \tag{4.277}$$

$$P_{I(I)} = \sum_{i=1}^{p} Y_{i...} Y_{.(i.).}\,,$$

$$p_\nu = p - \nu \quad (\nu = 1, 2, \ldots)$$

Faßt man zunächst alle Wirkungen zusammen, die durch eine Linie (als Elter oder als Großelter) verursacht werden, ergibt sich als Summe der Abweichungsquadrate für den Faktor „Linien insgesamt“:

$$SQ_L = \frac{1}{bpp_2p_3}(3p_3S_{I()} + p_1S_I - 2p_3p_{II()} - 6Y^2_{....}) \tag{4.278}$$

Die unbereinigten Summen der Abweichungsquadrate für die Linien als Eltern bzw. die Linien als Großeltern sind:

Tabelle 4.27. Varianztabelle für das Modell (4.272)

Variations-ursache	SQ	FG	MQ	Bemerkung
Dreiweghybriden	SQ_C	f_C	MQ_C	aus Tab. 4.26.
Linien insgesamt	SQ_L	$f_L = 2p_1$	MQ_L	SQ_L aus Gl. 4.278
Linien als Eltern, unberichtigt	SQ_g	$f_g = p_1$		SQ_g aus Gl. 4.279
Linien als Großeltern, unberichtigt	SQ_h	$f_h = p_1$		SQ_h aus Gl. 4.279
Linien als Eltern, berichtigt	$SQ_{g\,ber} = SQ_L - SQ_h$	$f_{g\,ber} = p_1$	$MQ_{g\,ber}$	
Linien als Großeltern, berichtigt	$SQ_{h\,ber} = SQ_L - SQ_g$	$f_{h\,ber} = p_1$	$MQ_{h\,ber}$	
Zwei- und dreiseitige Wechselwirkungen zwischen den Linien	$SQ_t = SQ_C - SQ_L$	$f_t = f_C - f_L = pp_1p_2/2 - 2p_1 - 1$	MQ_t	

Dabei sind $MQ_\omega = SQ_\omega/f_\omega$ und $F_\omega = MQ_\omega/MQ_E$ mit $\omega = C$, L, g ber, h ber, t. MQ_E erhält man aus Tab. 4.26.

Tabelle 4.28. Varianztabelle für das Modell (4.273)

Variationsursache	SQ	FG
Dreiweghybriden	SQ_C (aus Tab. 4.26.)	$f_C = pp_1p_2/2 - 1$
a) Faktoren, die von der Anordnung der Linien abhängig sind:		
a1) Ein-Linien-Wirkungen (f_i)	$SQ_F = \frac{2}{3bp_2p_3} \sum_{i=1}^{p} y_{i...}^2 - \frac{3p_1}{p_3} S_1$	$f_F = p_1$
a2) Wechselwirkung zwischen zwei Linien ($s_{2\,ij}$)	$SQ_{S2} = \frac{1}{3p_4b} \sum_{i=1}^{p-1} \sum_{j=i+1}^{p} y_{ij..}^2 - \frac{3p_2}{p_4} S_1 - \frac{2p_3}{p_4} SQ_F$	$f_{S2} = pp_3/2$
a3) Wechselwirkung zwischen drei Linien ($s_{3\,ijk}$)	$SQ_{S3} = \frac{1}{3b} \sum_{i=1}^{p-2} \sum_{j=i+1}^{p-1} \sum_{k=j+1}^{p} y_{ijk.}^2 - S_1 - SQ_F - SQ_{S2}$	$f_{S3} = pp_1p_5/6$
b) Faktoren, die von der Anordnung der Linien abhängig sind:		
b1) Ein-Linien-Wirkungen (0_{1i}, $0_{1(i)}$)	$SQ_{01} = \frac{1}{3bpp_2} \sum_{i=1}^{p} (2Y_{i(..).} - Y_{.(i.).})^2$	$f_{01} = p_1$
b2) Wechselwirkung zwischen zwei Linien ($0_{2a\,i.j}$, $0_{2a\,ij}$)	$SQ_{02a} = \frac{1}{6bp_1} \sum_{i=1}^{p-1} \sum_{j=i+1}^{p} (Y_{i(j.).} + Y_{j(i.).} - 2Y_{.(ij).})^2 - \frac{p}{2p_1} SQ_{01}$	$f_{02a} = pp_3/2$
b3) Wechselwirkung zwischen zwei Linien ($0_{2b\,i(j)}$)	$SQ_{02b} = \frac{1}{2bp_3} \sum_{i=1}^{p-1} \sum_{j=i+1}^{p} (Y_{i(j.).} - Y_{j(i.).})^2 - \frac{3p_2}{2p_3} SQ_{01}$	$f_{02b} = p_1p_2/2$
b4) Wechselwirkung zwischen drei Linien ($0_{3\,i(jk)}$)	$SQ_{03} = \frac{1}{b} \sum_{i(jk)}^{c} y_{i(jk).}^2 - \frac{1}{3b} \sum_{i=1}^{p-2} \sum_{j=i+1}^{p-1} \sum_{k=j+1}^{p} y_{ijk.}^2 - SQ_{01} - SQ_{02a} - SQ_{02b}$	$f_{03} = pp_2p_4/3$

Dabei sind $MQ_\omega = SQ_\omega/f_\omega$ und $F_\omega = MQ_\omega/MQ_E$ mit $\omega = F$, S2, S3, 01, 02a, 02b, 03.
MQ_E erhält man aus Tab. 4.26.

$$SQ_g = \frac{2p_1}{bpp_2p_3}\left(\frac{p_3}{p} S_{I()} + \frac{2}{p} P_{II()} + \frac{1}{pp_3} S_I - \frac{1}{p_3} Y^2_{....}\right)$$

$$SQ_h = \frac{4}{bpp_3}\left(\frac{p_3}{4p} S_{(I)} + \frac{1}{p} P_{I(I)} + \frac{1}{pp_3} S_I - \frac{1}{p_3} Y^2_{....}\right) \tag{4.279}$$

Die Varianztabelle ist als Tabelle 4.27. angegeben.

Gehen wir nun zur Varianzanalyse für das Modell von RAWLINGS und COCKERHAM (4.273) über. Dazu benötigen wir neben $Y_{i(..).}$, $Y_{.(i.).}$ und $Y_{i...}$ noch folgende Summen:

$$Y_{ijk.} = Y_{i(jk).} + Y_{j(ik).} + Y_{k(ij).}$$
$$i = 1, \ldots, p_2, \quad j = i+1, \ldots, p_1,$$
$$k = j+1, \ldots, p$$

$$Y_{i(j.).} = \sum_{k=1}^{j-1} Y_{i(kj).} + \sum_{k=j+1}^{p} Y_{i(jk).}$$
$$i, j = 1, \ldots, p, \quad i \neq j \tag{4.280}$$

$$Y_{.(ij).} = \sum_{\substack{k=1 \\ k \neq i,j}}^{p} Y_{k(ij).} \quad i = 1, \ldots, p_1,$$
$$j = i+1, \ldots, p$$

$$Y_{ij..} = Y_{i(j.).} + Y_{j(i.).} + Y_{.(ij).} \quad i = 1, \ldots, p_1,$$
$$j = i+1, \ldots, p.$$

Als Varianztabelle erhalten wir dann Tabelle 4.28. (RAWLINGS und COCKERHAM 1962).

Zwischen den Summen der Abweichungsquadrate aus Tabelle 4.27. und Tabelle 4.28. gelten folgende Beziehungen:

$$SQ_L = SQ_F + SQ_{01}$$
$$SQ_t = SQ_{S2} + SQ_{S3} + SQ_{02a} + SQ_{02b} + SQ_{03}$$
$$= SQ_C - SQ_F - SQ_{01} \tag{4.281}$$

Analoge Beziehungen gelten zwischen den entsprechenden Freiheitsgraden.

(4.275) ist das Modell einer dreifachen Kreuzklassifikation. Bei der Bildung der Summen ist jetzt jeweils über alle Stufen des betreffenden Faktors zu summieren. Um Verwechslungen zu vermeiden, setzen wir jetzt

$$z_{ijkl} = y_{i(jk)l}, \quad Z_{ijk.} = Y_{i(jk).} \quad \text{usw.} \tag{4.282}$$

Werden dann in $Z_{ijk.}$ einzelne Indizes durch Punkte ersetzt, so bedeutet das also die Summation über alle Stufen des betreffenden Faktors. Unter Verwendung von (4.276) und der Quadratsummen

$$S_q = \frac{1}{brs} \sum_i Z^2_{i...}, \quad S_r = \frac{1}{bqs} \sum_j Z^2_{.j..},$$

Tabelle 4.29. Varianztabelle für Modell (4.275)

Variationsursache	SQ	FG
Dreiweghybriden	$SQ_C = S_c - S_1$	$f_C = qrs - 1$
Elternlinien Q	$SQ_Q = S_q - S_1$	$f_Q = q - 1$
Großelternlinien R	$SQ_R = S_r - S_1$	$f_R = r - 1$
Großelternlinien S	$SQ_S = S_s - S_1$	$f_S = s - 1$
Wechselwirkung $Q \times R$	$SQ_{QR} = S_{qr} - S_q - S_r + S_1$	$f_{QR} = (q-1)(r-1)$
Wechselwirkung $Q \times S$	$SQ_{QS} = S_{qs} - S_q - S_s + S_1$	$f_{QS} = (q-1)(s-1)$
Wechselwirkung $R \times S$	$SQ_{RS} = S_{rs} - S_r - S_s + S_1$	$f_{RS} = (r-1)(s-1)$
Wechselwirkung $Q \times R \times S$	$SQ_{QRS} = S_{qrs} - S_{qr} - S_{qs} - S_{rs} + S_q + S_r + S_s - S_1$	$f_{QRS} = (q-1)(r-1)(s-1)$

Es gilt $MQ_\omega = SQ_\omega/f_\omega$ und $F_\omega = MQ_\omega/MQ_E$ mit $\omega = Q, R, S, QR, QS, RS, QRS$ und MQ_E aus Tab. 4.26.

$$S_s = \frac{1}{bqr} \sum_k Z^2_{..k.}, \quad S_{qr} = \frac{1}{bs} \sum_{i,j} Z^2_{ij..},$$

$$S_{qs} = \frac{1}{br} \sum_{i,k} Z^2_{i.k.}, \quad S_{rs} = \frac{1}{bq} \sum_{j,k} Z^2_{.jk.},$$

$$S_{qrs} = \frac{1}{b} \sum_{i,j,k} Z^2_{ijk.}$$

erhält man Tabelle 4.29. als Tafel der Varianzanalyse.

Kombinationseignungen

Die Schätzungen der Effekte wurden mit der Methode der kleinsten Quadrate (MKQ) abgeleitet:

Das allgemeine Mittel μ wird geschätzt durch

$$\hat{\underline{\mu}} = \frac{1}{bc} \underline{Y}_{....} \tag{4.283}$$

mit $c = pp_1p_2/2$, falls $\gamma_{i(jk)}$ nach Modell (4.272) oder (4.273) weiter zerlegt wird bzw. mit $c = qrs$, falls für $\gamma_{i(jk)}$ Modell (4.275) gilt.

Für die Parameter aus Modell (4.272) erhalten wir (Wolf 1985a):

$$\begin{aligned} \widehat{\underline{g}_i} &= \frac{2}{bpp_2p_3} (p_3 \underline{Y}_{i(..).} + \underline{Y}_{i...} - \underline{Y}_{....}) \\ \widehat{\underline{h}_i} &= \frac{2}{bpp_2p_3} \left(\frac{p_3}{2} \underline{Y}_{.(i.).} + \underline{Y}_{i...} - \underline{Y}_{....} \right) \\ \widehat{\underline{t}_{i(jk)}} &= \frac{1}{b} \underline{Y}_{i(jk)} - \hat{\underline{\mu}} - \widehat{\underline{g}_i} - \widehat{\underline{h}_j} - \widehat{\underline{h}_k} \end{aligned} \tag{4.284}$$

Die MKQ-Schätzungen der Parameter aus (4.273) sind (Wolf 1985b):

$$\widehat{f_i} = \frac{2}{3bpp_2p_3}(pY_{i...} - 3Y_{....})$$

$$\hat{s}_{2\,ij} = \frac{1}{3bp_1p_2p_4}(p_1p_2Y_{ij..} - 2p_1(Y_{i...} + Y_{j...}) + 6Y_{....})$$

$$\hat{s}_{3\,ijk} = \frac{1}{3b}Y_{ijk.} - \frac{1}{3bp_4}(Y_{ij..} + Y_{ik..} + Y_{jk..})$$

$$+ \frac{2}{3bp_3p_4}(Y_{i...} + Y_{j...} + Y_{k...}) - \frac{2}{bp_2p_3p_4}Y_{....} \qquad (4.285)$$

$$\hat{0}_{1\,i} = \frac{2}{3bpp_2}(3y_{i(..).} - Y_{i...})$$

$$\hat{0}_{1(i)} = -\frac{1}{2}0_{1\,i}$$

$$\hat{0}_{2a\,i.j} = \frac{1}{6p_1}\left(\frac{1}{b}(Y_{ij..} - 3Y_{.(ij).}) + 3p(\hat{0}_{1\,(i)} + \hat{0}_{1(j)})\right)$$

$$\hat{0}_{2a\,ij} = -20_{2a\,i.j}$$

$$\hat{0}_{2b\,i(j)} = \frac{1}{2p_3}\left(\frac{1}{b}(Y_{i(j.).} - Y_{j(i.).}) + 3p_2(\hat{0}_{1(i)} - \hat{0}_{1(j)})\right)$$

$$\hat{0}_{3\,i(jk)} = \frac{1}{b}\left(Y_{i(jk).} - \frac{1}{3}Y_{ijk.}\right) - \hat{0}_{1\,i} - \hat{0}_{1(j)} - \hat{0}_{1(k)} - \hat{0}_{2a\,i.j} - \hat{0}_{2a\,i.k} - \hat{0}_{2a\,jk} - \hat{0}_{2b\,i(j)} - \hat{0}_{2b\,i(k)}$$

Zwischen den Parametern (und auch ihren Schätzwerten) aus den Modellen (4.272) und (4.273) gelten folgende Beziehungen:

$$g_i = f_i + 0_{1\,i}$$
$$h_i = f_i + 0_{1(i)} \qquad (4.286)$$
$$t_{i(jk)} = (s_{2\,ij} + s_{2\,ik} + s_{2jk}) + s_{3\,ijk} + (0_{2a\,i.j} + 0_{2a\,i.k} + 0_{2a\,jk}) + (0_{2b\,i(j)} + 0_{2b\,i(k)}) + 0_{3\,i(jk)}$$

Die Schätzungen der Parameter aus Modell (4.275) sind:

$$\widehat{\underline{q}_i} = \underline{z}_{i...} - \underline{z}_{....}$$
$$\widehat{\underline{r}_j} = \underline{z}_{.j..} - \underline{z}_{....}$$
$$\widehat{\underline{s}_k} = \underline{z}_{..k.} - \underline{z}_{....}$$
$$\widehat{(\underline{qr})}_{ij} = \underline{z}_{ij..} - \underline{z}_{i...} - \underline{z}_{.j..} + \underline{z}_{....} \qquad (4.287)$$
$$\widehat{(\underline{qs})}_{ik} = \underline{z}_{i.k.} - \underline{z}_{i...} - \underline{z}_{..k.} + \underline{z}_{....}$$
$$\widehat{(\underline{rs})}_{jk} = \underline{z}_{.jk.} - \underline{z}_{.j..} - \underline{z}_{..k.} + \underline{z}_{....}$$
$$\widehat{(\underline{qrs})}_{ijk} = \underline{z}_{ijk.} - \underline{z}_{ij..} - \underline{z}_{i.k.} - \underline{z}_{.jk.} + \underline{z}_{i...} + \underline{z}_{.j..} + \underline{z}_{..k.} - \underline{z}_{....}$$

Kleine $\underline{z}$ bezeichnen dabei die zu den jeweiligen Summen $\underline{Z}$ gehörigen Mittelwerte. So sind z. B.

$$\underline{z}_{ijk.} = \frac{1}{b} \underline{Z}_{ijk.} = \frac{1}{b} \underline{Y}_{i(jk).}, \quad \underline{z}_{i...} = \frac{1}{brs} \underline{Z}_{i...}.$$

Konfidenzintervalle für die Kombinationseignungen

Im vorhergehenden Abschnitt wurden die allgemeinen und spezifischen Kombinationseignungen (Ein- und Mehrlinieneffekte) für drei Modelle der Triallelanalyse geschätzt. Der praktische Wert dieser Schätzungen erhöht sich beträchtlich, wenn eine Aussage über ihre Zuverlässigkeit getroffen werden kann. Es werden deshalb im folgenden die Varianzen dieser Schätzwerte angegeben. Die Varianzen können dann zur Konstruktion eines Konfidenzintervalls benutzt werden.

Bei der Berechnung der Varianzen sind wir von der vereinfachenden Voraussetzung ausgegangen, daß

$$V(\underline{\mathfrak{y}}) = E_N \sigma^2$$

gilt, wobei $V(\underline{\mathfrak{y}})$ die Kovarianzmatrix des Meßwertvektors $\underline{\mathfrak{y}}$ ist, $\underline{\mathfrak{y}}$ enthält als Elemente die $N = bc$ Meßwerte $\underline{y}_{i(jk)l}$, E_N ist die Einheitsmatrix von der Ordnung bc, σ^2 die Restvarianz. Für die Konstruktion der Konfidenzintervalle setzen wir zusätzlich voraus, daß die $\underline{e}_{i(jk)l}$ $N(0, \sigma^2)$-verteilt sind.

ω bezeichnet einen beliebigen Effekt oder eine Differenz zwischen zwei Effekten, $\widehat{\underline{\omega}}$ die MKQ-Schätzung dieses Effekts, $V(\widehat{\underline{\omega}})$ die Varianz von $\widehat{\underline{\omega}}$ und $t\left(f_E, 1 - \frac{\alpha}{2}\right) = t$ das $\left(1 - \frac{\alpha}{2}\right)$-Quantil der t-Verteilung für die Freiheitsgrade des Rests, dann hat das $(1 - \alpha)$-Konfidenzintervall für ω die allgemeine Form

$$\left\langle \widehat{\underline{\omega}} - t\sqrt{V(\widehat{\underline{\omega}})}, \widehat{\underline{\omega}} + t\sqrt{V(\widehat{\underline{\omega}})} \right\rangle. \tag{4.288}$$

Im folgenden geben wir die Varianzen der Schätzungen der einzelnen Effekte an; durch das Einsetzen dieser Varianzen in (4.288) können leicht die entsprechenden Konfidenzintervalle ermittelt werden. Für die allgemeinen Kombinationseignungen werden auch die Varianzen für Differenzen zwischen zwei Effekten angegeben. Für die Effekte aus Modell (4.272) gilt:

$$V(\hat{\underline{g}}_i) = \frac{2p_1}{bp^2p_3} \sigma^2$$

$$V(\hat{\underline{g}}_i - \hat{\underline{g}}_{i'}) = \frac{4}{bpp_3} \sigma^2$$

$$V(\hat{\underline{h}}_i) = \frac{p_1^2}{bp^2p_2p_3} \sigma^2$$

$$V(\hat{\underline{h}}_i - \hat{\underline{h}}_{i'}) = \frac{2p_1}{bpp_2p_3} \sigma^2 \tag{4.289}$$

Für die Effekte in (4.273) lauten die Gleichungen für die Varianzen:

$$V(\underline{\hat{f}}_i) = \frac{2p_1}{3bpp_2p_3}\sigma^2$$

$$V(\underline{\hat{f}}_i - \underline{\hat{f}}_{ij}) = \frac{4}{3bp_2p_3}\sigma^2$$

$$V(\underline{\hat{s}}_{2\,ij}) = \frac{p_3}{3bp_1p_4}\sigma^2$$

$$V(\underline{\hat{s}}_{3\,ijk}) = \frac{p_5}{3bp_2}\sigma^2$$

$$V(\underline{\hat{0}}_{1\,i}) = \frac{4p_1}{3bp^2p_2}\sigma^2$$

$$V(\underline{\hat{0}}_{1i} - \underline{\hat{0}}_{1\,i'}) = \frac{8}{3bpp_2}\sigma^2$$

$$V(\underline{\hat{0}}_{1(i)}) = \frac{1}{4}V(\underline{\hat{0}}_{1\,i})$$

$$V(\underline{\hat{0}}_{1(i)} - \underline{\hat{0}}_{1(i')}) = \frac{1}{4}V(\underline{\hat{0}}_{1i} - \underline{\hat{0}}_{1\,i'})$$

$$V(\underline{\hat{0}}_{2a\,i.j}) = \frac{p_3}{6bp_1^2}\sigma^2$$

$$V(\underline{\hat{0}}_{2a\,ij}) = 4\,V(\underline{\hat{0}}_{2a\,i.j})$$

$$V(\underline{\hat{0}}_{2b\,i(j)}) = \frac{p_2}{2bpp_3}\sigma^2$$

$$V(\underline{\hat{0}}_{3\,i(jk)}) = \frac{2p_4}{3bp_1}\sigma^2 \qquad (4.290)$$

Für Modell (4.275) gilt:

$$V(\underline{\hat{q}}_i) = \frac{q-1}{bc}\sigma_e^2, \quad V(\underline{\hat{q}}_i - \underline{\hat{q}}_{i'}) = \frac{2q}{bc}\sigma^2$$

$$V(\underline{\hat{r}}_j) = \frac{r-1}{bc}\sigma_e^2, \quad V(\underline{\hat{r}}_j - \underline{\hat{r}}_{j'}) = \frac{2r}{bc}\sigma^2$$

$$V(\underline{\hat{s}}_k) = \frac{s-1}{bc}\sigma_e^2, \quad V(\underline{\hat{s}}_k - \underline{\hat{s}}_{k'}) = \frac{2s}{bc}\sigma^2 \qquad (4.291)$$

$$V(\underline{\widehat{qr}}_{ij}) = \frac{(q-1)\,(r-1)}{bc}\sigma^2$$

$$V(\underline{\widehat{qs}}_{ik}) = \frac{(q-1)\,(s-1)}{bc}\sigma^2$$

$$V(\widehat{\underline{rs}}_{jk}) = \frac{(r-1)(s-1)}{bc}\sigma^2$$

$$V(\widehat{\underline{qrs}}_{ijk}) = \frac{(q-1)(r-1)(s-1)}{bc}\sigma^2$$

Dabei gilt für Gleichungen (4.289) bis (4.291) $i \neq i'$, $j \neq j'$ und $k \neq k'$.
Der Schätzwert des allgemeinen Mittels μ hat für alle drei Modelle die Varianz

$$V(\hat{\underline{\mu}})\frac{1}{bc}\sigma^2.$$

4.2.2.4. Analyse von Effekten in zwei Populationen in der Generationsfolge

Im Abschnitt 2.4.4.3. wurden Modelle für die genetischen Effekte der Kreuzung zwischen zwei homozygoten Populationen vorgestellt. Diese Parameter können aus verschiedenen Generationen durch Vergleich der Mittelwerte geschätzt werden. Dazu sind bestimmte Generationsstrukturen erforderlich (Reinzucht, Kreuzungen, Rückkreuzungen u. a.). Für drei solche Strukturen werden die Möglichkeiten zur Schätzung der entsprechenden Parameter vorgestellt. Mit P_1 und P_2 werden die beiden homozygoten Elternpopulationen benannt, mit F_1 die Kreuzung zwischen diesen beiden und mit F_2 die Kreuzung $F_1 \times F_1$ usw. Die Bezeichnung B_1 und B_2 sind die Rückkreuzungen der F_1 auf eine Elternpopulation. Mit L wird eine Menge von Kreuzungen zwischen zwei homozygoten Populationen P_1 und P_2 gekennzeichnet.
Für folgende Generationsstrukturen werden die Schätzungen vorgestellt:

Struktur I – P_1, P_2, F_1, F_2, B_1, B_2
Struktur II – P_1, P_2, F_1, F_2, F_3
Struktur III – F_1, F_2, L

Die Erwartungswerte der phänotypischen Mittelwerte verschiedener Kreuzungen werden als lineare Funktion der folgenden Parameter (μ, [d], [h], [i], [j], [k]) angegeben.
In Anlehnung an 2.3.2.2. sind diese Parameter durch folgende Effekte erklärt:

μ – Gesamtmittel
[d] – additive Effekte
[h] – Dominanzeffekte
[i] – Epistasieffekte – additiv × additiv
[j] – Epistasieffekte – additiv × dominant
[k] – Epistasieffekte – dominant × dominant

4.2.2.4.1. Struktur I

Die Erwartungswerte der einzelnen Kreuzungen werden mit den gleichen Buchstaben wie die Kreuzungen bezeichnet. Sie werden zum Vektor b zusammengefaßt

$$b' = (P_1, P_2, F_1, F_2, B_1, B_2)$$

Der Vektor der Effekte wird folgendermaßen eingeführt:

$$g' = (\mu, [d], [h], [i], [j], [k])$$

MATHER und JINKS (1982) zeigten die folgende Beziehung

$$b = A\,g \tag{4.292}$$

mit

$$A = \begin{pmatrix} 1 & 1 & 0 & 1 & 0 & 0 \\ 1 & -1 & 0 & 1 & 0 & 0 \\ 1 & 0 & 1 & 0 & 0 & 1 \\ 1 & 0 & \frac{1}{2} & 0 & 0 & \frac{1}{4} \\ 1 & \frac{1}{2} & \frac{1}{2} & \frac{1}{4} & \frac{1}{4} & \frac{1}{4} \\ 1 & -\frac{1}{2} & \frac{1}{2} & \frac{1}{4} & -\frac{1}{4} & \frac{1}{4} \end{pmatrix}$$

Ersetzt man im Gleichungssystem (4.292) den Vektor b durch die Schätzung der entsprechenden Erwartungswerte (Mittelwerte der Kreuzungen) und löst das Gleichungssystem (4.292) auf, so erhält man eine Schätzung der Komponenten des Vektors g.

$$\underline{\hat{\mu}} = \frac{1}{2}(\underline{P}_1 + \underline{P}_2) + 4\,\underline{F}_2 - 2\,(\underline{B}_1 + \underline{B}_2)$$

$$[\underline{\hat{d}}] = \frac{1}{2}(\underline{P}_1 - \underline{P}_2)$$

$$[\underline{\hat{h}}] = 6\,(\underline{B}_1 + \underline{B}_2) - 8\,\underline{F}_2 - \underline{F}_1 - \frac{3}{2}(\underline{P}_1 + \underline{P}_2)$$

$$[\underline{\hat{i}}] = 2\,(\underline{B}_1 + \underline{B}_2) - 4\,\underline{F}_2$$

$$[\underline{\hat{j}}] = 2\,(\underline{B}_1 - \underline{B}_2) - (\underline{P}_1 - \underline{P}_2)$$

$$[\underline{\hat{k}}] = \underline{P}_1 + \underline{P}_2 + 2\,\underline{F}_1 + 4\,\underline{F}_2 - 4\,(\underline{B}_1 + \underline{B}_2) \tag{4.293}$$

In (4.293) wurden die Schätzungen der Erwartungswerte der Populationsmittel durch Unterstreichen gekennzeichnet. Die Varianz der Schätzungen in (4.293) ergibt sich als:

$$V(\underline{\hat{\mu}}) = \frac{1}{4}(V(\underline{P}_1) + V(\underline{P}_2)) + 16\,V(\underline{F}_2) + 4(V(\underline{B}_1) + V(\underline{B}_2))$$

$$V(\underline{\hat{d}}) = \frac{1}{4}(V(\underline{P}_1) + V(\underline{P}_2))$$

$$V(\underline{\hat{h}}) = \frac{9}{4}(V(\underline{P}_1) + V(\underline{P}_2)) + V(\underline{F}_1) + 64\,V(\underline{F}_2) + 36(V(\underline{B}_1) + V(\underline{B}_2))$$

$$V(\underline{\hat{i}}) = 16\,V(\underline{F}_2) + 4(V(\underline{B}_1) + V(\underline{B}_2))$$

$$V(\underline{\hat{j}}) = V(\underline{P}_1) + V(\underline{P}_2) + 4(V(\underline{B}_1) + V(\underline{B}_2))$$

$$V(\underline{\hat{k}}) = V(\underline{P}_1) + V(\underline{P}_2) + 4\,V(\underline{F}_1) + 16\,V(\underline{F}_2) + 16(V(\underline{B}_1) + V(\underline{B}_2))$$

Die t-Prüfzahl zur Prüfung entsprechender Hypothesen über die Parameter wird in üblicher Weise genutzt. Zur Prüfung der Hypothese

$$H_d : [d] = 0$$

nutzt man $$\underline{t} = \frac{[\underline{\hat{d}}]}{\sqrt{\underline{V(\hat{d})}}}$$

mit den Freiheitsgraden der Schätzung $\underline{V(\hat{d})}$ und analog werden die anderen Effekte getestet.

4.2.2.4.2. Struktur II

In dieser Struktur liegen die Daten aus den Generationen P_1, P_2, F_1, F_2, und F_3 vor. Entsprechend (4.292) und dem Vektor der Effekte g ergibt sich die folgende Matrix:

$$A = \begin{pmatrix} 1 & 1 & 0 & 1 & 0 \\ 1 & -1 & 0 & 1 & 0 \\ 1 & 0 & 1 & 0 & 1 \\ 1 & 0 & \frac{1}{2} & 0 & \frac{1}{4} \\ 1 & 0 & \frac{1}{4} & 0 & \frac{1}{6} \end{pmatrix} \tag{4.295}$$

Mit (4.295) lassen sich die Schätzfunktionen für die Komponenten von g aus (4.292) ableiten.

$$\underline{\hat{\mu}} = \frac{1}{3}\underline{F}_1 - 2\,\underline{F}_2 + \frac{8}{3}\underline{F}_3$$

$$[\underline{\hat{d}}] = \frac{1}{2}(\underline{P}_1 - \underline{P}_2)$$

$$[\underline{\hat{h}}] = -2\,\underline{F}_1 + 10\,\underline{F}_2 - 8\,\underline{F}_3$$

$$[\underline{\hat{i}}] = \frac{1}{2}(\underline{P}_1 + \underline{P}_2) - \frac{1}{3}\underline{F}_1 + 2\,\underline{F}_2 - \frac{8}{3}\underline{F}_3$$

$$[\underline{\hat{k}}] = \frac{8}{3}\underline{F}_1 - 8\,\underline{F}_2 + \frac{16}{3}\underline{F}_3. \qquad (4.296)$$

Die Varianzen für (4.296) ergeben sich als

$$V(\underline{\hat{\mu}}) = \frac{1}{9}V(\underline{F}_1) + 4\,V(\underline{F}_2) + \frac{64}{9}V(\underline{F}_3)$$

$$V(\underline{\hat{d}}) = \frac{1}{4}(V(\underline{P}_1) + V(\underline{P}_2))$$

$$V(\underline{\hat{h}}) = 4\,V(\underline{F}_1) + 100\,V(\underline{F}_2) + 64\,V(\underline{F}_3)$$

$$V(\underline{\hat{i}}) = \frac{1}{4}(V(\underline{P}_1) + V(\underline{P}_2)) + \frac{1}{9}V(\underline{F}_1) + 4\,V(\underline{F}_2) + \frac{64}{9}V(\underline{F}_3)$$

$$V(\underline{\hat{k}}) = \frac{64}{9}V(\underline{F}_1) + 64\,V(\underline{F}_2) + \frac{256}{9}V(\underline{F}_3) \qquad (4.297)$$

Zum Testen wird wieder der t-Test in Analogie zu 4.2.2.4.2. eingesetzt.

4.2.2.4.3. Struktur III

In Struktur III liegen die Populationen P_1, P_2, L, L_{max} und L_{min} vor. Die Population L_{max} ist die Kreuzung mit der maximalen und entsprechend L_{min} mit der minimalen phänotypischen Merkmalsdetermination.

Für diese Populationsmittel lassen sich die genetischen Parameter des Vektors g nach (4.292) mit

$$A = \begin{pmatrix} 1 & 0 & 1 & 0 & 1 \\ 1 & 0 & \frac{1}{2} & 0 & \frac{1}{4} \\ 1 & 0 & 0 & 0 & 0 \\ 1 & 1 & 0 & 1 & 0 \\ 1 & -1 & 0 & 1 & 0 \end{pmatrix} \qquad (4.298)$$

bestimmen. Das Mittel der Populationen L wird durch $\underline{\bar{L}}$ geschätzt. Es stellt selbst eine Schätzung für μ dar.

$$\underline{\hat{\mu}} = \underline{\bar{L}}$$

$$[\underline{\hat{d}}] = \frac{1}{2}(\underline{L}_{max} - \underline{L}_{min})$$

$$[\underline{\hat{h}}] = 4\,\underline{F}_2 - \underline{F}_1 - 3\,\underline{\bar{L}}$$

$$[\underline{\hat{i}}] = \frac{1}{2}(\underline{L}_{max} + \underline{L}_{min}) - \underline{\bar{L}}$$

Generation	Anzahl Beobachtungen	Mittelwert	Varianz des Mittelwertes
P_1 (Emir)	50	36,11	0,159
P_2 (Himalaya)	50	30,07	0,138
F_1	50	54,02	0,256
F_2	200	44,99	0,300
F_3	200	43,95	0,312
B_1	100	43,43	0,329
B_2	100	38,55	0,499

Tabelle 4.30. Mittelwerte und Varianzen eines Versuches (1) mit den beiden Gerstensorten Emir (P_1) und Himalaya (P_2 Hordeum vulgare L.) im Merkmal 1000-Kornmasse (TKM)

Generation	Mittelwert	Varianz des Mittelwertes
F_1	53,85	0,205
F_2	40,40	0,305
L	42,93	0,249
L_{max}	51,84	0,317
L_{min}	30,82	0,355

Tabelle 4.31. Mittelwerte und Varianzen der TKM eines Versuches (2) mit den beiden Gerstensorten der Tab. 4.30.

Tabelle 4.32. Schätzung der genetischen Parameter und Standortabweichungen aus den Versuchen 1 und 2 der Strukturen I bis III

Genetische Parameter	Methode I (P_1, P_2, F_1, F_2, B_1, B_2 Generation)	Methode II (P_1, P_2, F_1, F_2, F_3 Generation)	Methode III (F_1, F_2, L, L_{max}, L_{min} Generation)
μ	49,09 ± 2,86	45,23 ± 1,86	42,93 ± 0,50
[d]	3,02 ± 0,27	3,02 ± 0,27	10,51 ± 0,41
[h]	−21,23 ± 7,06	−9,74 ± 7,14	−21,04 ± 2,71
[i]	−16,00 ± 2,85	−12,14 ± 1,85	−1,60 ± 0,65
[j]	3,72 ± 1,90	— —	— —
[l]	26,26 ± 4,40	18,53 ± 5,47	31,96 ± 1,29

$$[\hat{\underline{k}}] = 2\,\underline{F}_1 - 4\,\underline{F}_2 + 2\,\overline{\underline{L}} \tag{4.299}$$

Für (4.299) ermittelt man die Varianzen nach

$$V(\hat{\underline{\mu}}) = V(\overline{\underline{L}})$$

Tabelle 4.33. Geschätzte Mittelwerte und Varianzen von Kreuzungen dreier Gerstenkreuzungen für folgende Merkmale

Generation	Kornmasse pro Ähre Aramir × R 567		Ährenlänge Aramir × R 577		Ährenzahl pro Pflanze Aramir × R 307	
	Mittelwert	Varianz d. Mittelwertes	Mittelwert	Varianz d. Mittelwertes	Mittelwert	Varianz d. Mittelwertes
P_1	0,60	0,0234	6,91	0,529	9,56	4,537
P_2	0,38	0,0055	4,51	0,217	4,56	2,211
F_1	0,73	0,0101	6,34	0,796	6,31	1,935
F_2	0,63	0,0288	5,92	1,046	6,70	6,495
B_1	0,66	0,0272	6,73	1,087	7,78	6,236
B_2	0,57	0,0242	5,52	0,813	5,57	5,123

Tabelle 4.34. Schätzung der genetischen Parameter in drei Gerstenkreuzungen (Hordeum vulgare L.)

Parameter	Aramir × R 567 Kornmasse/Ähre	Aramir × R 577 Ährenlänge	Aramir × R 307 Ährenzahl/Pflanze
μ	$0,55 \pm 0,06$	$4,88 \pm 0,42$	$7,16 \pm 1,19$
$[\hat{d}]$	$0,11 \pm 0,01$	$1,20 \pm 0,02$	$2,50 \pm 0,18$
$[\hat{h}]$	$0,14 \pm 0,17$	$2,69 \pm 1,01$	$-0,99 \pm 3,16$
$[\hat{i}]$	$-0,06 \pm 0,06$	$0,83 \pm 0,42$	$-0,10 \pm 1,98$
$[\hat{j}]$	$-0,04 \pm 0,05$	$0,02 \pm 0,29$	$-0,58 \pm 0,97$
$[\hat{l}]$	$0,04 \pm 0,11$	$-1,24 \pm 0,69$	$0,14 \pm 0,27$

$$V(\underline{\hat{d}}) = \frac{1}{4}(V(\underline{L}_{max}) + V(\underline{L}_{min}))$$

$$V(\underline{\hat{h}}) = 16\,V(\underline{F}_2) + V(\underline{F}_1) + 9\,V(\underline{\bar{L}})$$

$$V(\underline{\hat{i}}) = \frac{1}{4}(V(\underline{L}_{max}) + V(\underline{L}_{min})) + V(\underline{\bar{L}})$$

$$V(\underline{\hat{k}}) = 4\,V(\underline{F}_1) + 16\,V(\underline{F}_2) + 4\,V(\underline{\bar{L}}) \qquad (4.300)$$

Tests können auch hier über die t-Prüfzahl durchgeführt werden.

4.2.2.4.4. Schätzwerte für Gerste

In den Tabellen 4.30 bis 4.34 findet man Beobachtungswerte für verschiedene Gerstensorten, die mit den in 4.2.2.4. beschriebenen Methoden ausgewertet wurden.

4.2.2.5. Schätzung der Dominanzvarianz

Von Comstock und Robinson (1952) werden drei Versuchspläne zur Schätzung der additiven Varianz und der Dominanzvarianz entworfen, die in der Literatur auch als Comstock-Pläne bzw. als North-Carolina-Pläne I bis III bezeichnet werden. Diese Pläne sind nur für multipare Tiere nutzbar, da Voll- und Halbgeschwisterstrukturen vorausgesetzt werden.
Die Auswertung dieser Pläne findet man z. B. bei Mather und Jinks (1971).

4.2.2.5.1. Plan I
Die Ausgangspopulation besteht aus einer F_2 mit Zufallspaarung, die aus einer Kreuzung von zwei reinen Linien entstanden ist. Ebenso können weitere Generationen der F_2 mit Zufallspaarung ($F_3 \ldots F_n$) verwendet werden. Somit kann diese Analyse auch auf jede Reinzuchtpopulation angewendet werden. Für diese Analyse werden zufällig männliche Zuchtobjekte ausgewählt und an mehrere zufällige Gruppen weiblicher Zuchtobjekte verpaart. Als Ergebnis entsteht eine Voll- und Halbgeschwisterstruktur entsprechend Abbildung 4.4. Aus einer zweifach hierarchischen Varianzanalyse Modell II werden die Varianzkomponenten entsprechend Abschnitt 4.2.1.3.2. geschätzt.
Man erhält

$$S_a^2 = \frac{1}{4} S_g^2$$

$$S_b^2 - S_a^2 = \frac{1}{4} S_d^2$$

wobei S_d^2 die Dominanzvarianz bezeichnet.

Der durchschnittliche Dominanzgrad wird nach

$$\overline{d}^2 = \frac{2(S_b^2 - S_a^2)}{S_a^2} \tag{4.301}$$

ermittelt.

4.2.2.5.2. Plan II
Die Ausgangspopulation entspricht dem Plan I.
Bei diesem Plan wird aber jedes männliche Tier an jedes weibliche Tier angepaart, so daß eine Kreuzklassifikation mit den Faktoren männlich und weiblich entsteht. Im Originalplan wird verlangt, daß aus jeder Paarung ein gleich großer Wert entsteht.
Als Modell für die Beobachtungswerte wird das Modell II einer Kreuzklassifikation mit Wechselwirkung verwendet. Die geschätzten Varianzkomponenten sind:

s_a^2, s_b^2, s_{ab}^2 und s_e^2.

Die Varianzkomponenten entsprechen folgenden genetischen Komponenten:

$$s_a^2 = \frac{1}{4} s_g^2 ; \quad s_b^2 = \frac{1}{4} s_g^2 ; \quad s_{ab}^2 = \frac{1}{4} s_d^2$$

Der mittlere Dominanzgrad ergibt sich aus

$$\overline{d}^2 = \frac{4\, s_{ab}^2}{(s_a^2 + s_b^2)} \tag{4.302}$$

4.2.2.5.3. Plan III

Im Gegensatz zu den Plänen I und II werden die zufällig aus der F_2 ausgewählten Individuen rückgekreuzt an zwei Inzuchtlinien mit der höchsten und niedrigsten Merkmalsausprägung des betrachteten Merkmals. Es ist nützlich, die n-männlichen Tiere in S Mengen vom Umfang m einzuteilen. Die Nachkommen aus diesen Paarungen liegen in r Wiederholungen (randomisierte Blocks) vor. Das statistische Modell für die Beobachtungen hat die Form

$$\underline{Y}_{ijkl} = \mu + \underline{\alpha}_{i(k)} + \underline{\beta}_{j(k)} + \underline{\gamma}_k + \underline{\varrho}_{l(k)} + \underline{\alpha\beta}_{ij(k)} + \underline{e}_{ijkl}, \tag{4.303}$$

wobei Y_{ijkl} die Beobachtung des l-ten Nachkommen der j-ten Mutter, die an den i-ten Vater in der k-ten Menge angepaart wurde. $\underline{\alpha}_{i(k)}$ ist der Effekt des i-ten Vaters in der k-ten Menge. $\underline{\beta}_{j(k)}$ ist der Effekt der j-ten Mutter in der k-ten Menge. $\underline{\alpha\beta}_{ij(k)}$ ist die Wechselwirkung Vater mal Mutter in der k-ten Menge. $\underline{\gamma}_k$ ist der Effekt der k-ten Menge. $\underline{\varrho}_{l(k)}$ ist der Effekt der l-ten Wiederholung in der k-ten Menge und $\underline{e}_{ijkl}$ ist der Zufallsfehler. Aus der Analyse eines randomisierten Blockversuches werden die Vaterkomponente s_a^2, die Wechselwirkung zwischen Mutter und Vater s_{ab}^2 und die Restvarianzkomponente s_e^2 geschätzt. Die genetische Interpretation weicht hier von der des Planes II erheblich ab. Es gilt

$$s_a^2 = \frac{1}{4} s_g^2$$

$$s_{ab}^2 = \frac{1}{4} s_d^2 .$$

Der mittlere Dominanzgrad ist

$$\overline{d}^2 = \frac{s_{ab}^2}{2 s_a^2} \tag{4.304}$$

4.3. Qualitative Merkmale

4.3.1. Alternativ- und Boniturmerkmale

Die Behandlung von Alternativ- und Boniturmerkmalen kann nach zwei Grundkonzepten vorgenommen werden:
- Schwellenwertkonzept-Verteilung,
- andere Transformationen in reelle Zahlen.

Alternativmerkmale liegen in zwei Ausprägungsformen vor wie z. B. gesund/krank, männlich/weiblich, Merkmalsträger/Merkmalsnichtträger. Von diesen beiden Ausprägungen der Merkmale sind die Häufigkeiten im Versuch ermittelt worden. Die Nominalskale für alternative Merkmale ist in ihrer ursprünglichen Form einer statistischen Auswertung nur in Form von Häufigkeitsanalysen (siehe 4.3.2.) zugänglich. Sie muß daher oft in den Bereich der reellen Zahlen transformiert werden. Für viele Probleme ist es gleichgültig, welche beiden reellen Zahlen den Merkmalswerten zugeordnet werden. Daher wählt man die Werte 0 und 1. Mit diesen Werten wird wie mit einem quantitativen Merkmal in Kapitel 4.2. verfahren. Bei der Betrachtung eines Merkmals muß aus den oben genannten Gründen zwischen den beiden Konzepten nicht unterschieden werden. Liegen jedoch mehrere Ausprägungen vor, so unterscheiden sich die beiden genannten Konzepte. Das betrifft insbesondere die Definition der zu schätzenden Parameter. Beim Schwellenwertkonzept wird eine passende kontinuierliche Verteilung, gewöhnlich die Normalverteilung, unterstellt. Dabei nimmt man an, daß der eine Merkmalswert den Werten des kontinuierlichen Merkmals unter einem Schwellenwert und der andere Merkmalswert den übrigen Werten entspricht.
Boniturmerkmale können ebenfalls nach beiden Konzepten bearbeitet werden. Auch bei ihnen kommt es darauf an, die Boniturskale in den Bereich der reellen Zahlen zu transformieren. Das Schwellenwertkonzept ordnet den jeweiligen Merkmalsausprägungen die Klassenmitte zu, die man erhält, wenn dem Merkmal eine Verteilung unterstellt wird. Über die Häufigkeiten kann die Klassenmitte unter der Annahme einer standardisierten Verteilung bestimmt werden. Die Voraussetzung einer bestimmten Verteilung ist kaum noch greifbar und daher in vielen Fällen fragwürdig. Aus diesem Grunde kann auch jede andere Transformation der Merkmalswerte erfolgen, bei der nur die Reihenfolge beibehalten wird. Anschließend wird das Merkmal wie ein quantitatives Merkmal behandelt. Genauere Angaben findet der interessierte Leser bei Herrendörfer und Schüler (1984, 1987), Sumpf (1986) und Guiard u. a. (1985).

4.3.2. Schätzung von Allelwahrscheinlichkeiten

Die Kenntnis von Allelwahrscheinlichkeiten ist bei der Bearbeitung verschiedenartiger Fragestellungen in Biologie, Landwirtschaftswissenschaften, Medizin, Geschichtswissenschaft, Völkerkunde u. a. von Bedeutung. Die quantitative Kennzeichnung des „genetischen Musters“ erscheint ohne Rückgriff auf die Allelwahrscheinlichkeiten des in Rede stehenden Vererbungssystems kaum hinreichend informativ möglich. Sie ist Grundlage statistischer Entscheidungen, die etwa den Vergleich von Populationen oder die Überprüfung gewisser Erbgangshypothesen betreffen.
Im folgenden wird eine auf statistischen Denkweisen beruhende Methode der Schätzung von Allelwahrscheinlichkeiten aus Stichproben dargestellt. Der Begriff Stichprobe wird im Sinne der mathematischen Statistik gebraucht, d. h. als Synonym für Zufallsstichprobe als Vektor mit identisch und unabhängig verteilten Elementen.
Die geforderte Unabhängigkeit der Stichprobenelemente ist nicht immer vereinbar mit den wohlbegründeten Beobachtungsstrategien des Untersuchers. Zur

Aufklärung eines Erbganges betrachtet man beispielsweise vorteilhaft Eltern-Nachkommen-Paare.
Allelwahrscheinlichkeiten sind stets im Kontext eines populationsgenetischen Modells zu interpretieren. Dieses Modell ist im jeweiligen Anwendungsfall aus dem Wissensfundus des Fachgebietes sowie durch mathematisch-statistische Argumente zu begründen.

4.3.2.1. Schätzmethoden für Allelwahrscheinlichkeiten

Ausgehend von einem populationsgenetischen Modell sollen die unbekannten Allelwahrscheinlichkeiten aus Beobachtungsmaterial geschätzt werden. Generelle Voraussetzungen der in diesem Abschnitt behandelten Methoden sind:
- Betrachtet werden unendliche Populationen diploider Individuen.
- Für die Populationen wird zufällige Kombination der Allele (Panmixie) unterstellt.
- Die Populationen müssen sich im Hardy-Weinberg-Gleichgewicht befinden.
- Alle Genotypen haben gleiche Fitness.

Diese Voraussetzungen ermöglichen die Anwendung theoretischer Konzepte der mathematischen Statistik zur näheren Charakterisierung der Schätzungen. Sie können in vielen Situationen als praktisch erfüllt angesehen werden.
Die drei im folgenden vorgestellten Schätzmethoden wurden gewählt, um Eigenschaften von Schätzfunktionen herleiten zu können sowie Anschluß an die Testtheorie zu gewinnen.

4.3.2.1.1. Maximum-Likelihood-Schätzungen

Ihrer wünschenswerten Eigenschaften wegen sollen sogenannte Maximum-Likelihood-Schätzungen (MLS) hergeleitet werden. Diese Eigenschaften (asymptotische Effizienz, asymptotische Erwartungstreue) sichern, daß die Ausnutzung der in der Stichprobe enthaltenen Information effizient erfolgt und daß die dem Schätzverfahren innewohnenden systematischen Fehler, die Verzerrung, mit zunehmendem Stichprobenumfang gegen Null gehen. Es mögen am Genlocus A die Allele A_i mit den Wahrscheinlichkeiten $P(A_i) = p_i$, $i = 1, \ldots, k$, vorkommen. Das zugehörige wahrscheinlichkeitstheoretische Modell

$$MW = (\{T_j\}, \quad P(T_j) = w_j, \quad j = 1, \ldots, s)$$

enthält die beobachtbaren Phänotypen T_j als mögliche Realisierungen einer diskreten Zufallsvariablen $\underline{x}$, desweiteren die ihnen entsprechenden Wahrscheinlichkeiten $w_j = w_j(p_1, \ldots, p_k)$ als Funktionen der unbekannten Allelwahrscheinlichkeiten $p_1, \ldots, p_k$. Diese w_j sind, ausgehend vom entsprechenden populationsgenetischen Modell, konkret zu formulieren.
Aus kombinatorischen Überlegungen weiß man, daß die Wahrscheinlichkeit L des Auftretens einer Stichprobe vom Umfang n, die genau $n_j = N(T_j)$ Elemente des Typs T_j, $j = 1, \ldots, s$, enthält, durch

$$L = \frac{n!}{n_1!\, n_2! \ldots n_s!} w_1^{\,n_1} w_2^{\,n_2} \ldots w_s^{\,n_s} \quad \text{mit } n_1 + \ldots + n_s = n \text{ gegeben ist.} \tag{4.305}$$

Hierbei bezeichnen die w_j die Wahrscheinlichkeit des Typs T_j in Bezug auf das unterlegte theoretische Modell.
Die $w_j = w_j (p_1, \ldots, p_k)$ sind danach bekannte Funktionen der zu schätzenden Allelwahrscheinlichkeiten $p_i = P(A_i)$, $i = 1, \ldots, k$. Beobachtet werden die Phänotypenhäufigkeiten n_j, $j = 1, \ldots, s$.
Das Prinzip der Maximum-Likelihood-Schätzung besteht darin, die p_i so zu bestimmen, daß die Likelihood-Funktion

$$L = L(p_1, \ldots, p_k)$$

maximal wird.

Man hat zu unterscheiden zwischen der Maximum-Likelihood-Schätzfunktion als Zufallsvariable und deren Realisierungen, den Maximum-Likelihood-Schätzwerten. Diese Differenzierung geht aus dem jeweiligen Zusammenhang hervor, wird aber später an einigen Stellen besonders betont werden.

Satz 4.1.:
Es seien die Allele A_i einem Genlocus zugeordnet, ihre Wahrscheinlichkeiten seien $P(A_i) = p_i$, $i = 1, \ldots, k$.
Beobachtbar seien die Phänotypen T_j, $j = 1, \ldots, s$.
Mit $MW = (\{T_j\}, P(T_j) = w_j = w_j(p_1, \ldots, p_k), j = 1, \ldots, s)$ sei das Vererbungsmodell bezeichnet. Eine Maximum-Likelihood-Schätzung $\underline{\hat{p}}'_{MLS} = (\underline{\hat{p}}_1, \ldots, \underline{\hat{p}}_k)_{MLS}$ für $p' = (p_1, \ldots, p_k)$ erhält man als Lösung des Gleichungssystems

$$0 = \sum_{j=1}^{s} \frac{n_j}{w_j(p_1, \ldots, p_k)} \frac{\partial}{\partial_{p_i}} w_j(p_1, \ldots, p_k); \quad i = 1, \ldots, k. \tag{4.306}$$

Die Schätzung der Allelwahrscheinlichkeiten erfordert im allgemeinen die Lösung eines nichtlinearen Gleichungssystems. Dies ist nur mittels Näherungsmethoden möglich. Diesbezüglich muß auf spezielle Literatur über numerische Verfahren verwiesen werden (Schwetlick 1979, Pachner 1983). Im jeweiligen Falle ist weiterhin zu prüfen, ob die Lösungen von (4.306) die hinreichenden Kriterien für Extremalstellen erfüllen, ein Funktionsmaximum anzeigen und eindeutig sind.
Für zweifache Allele werden jetzt alle formal möglichen Modellbildungen sowie die entsprechenden MLS behandelt.
Die beiden Allele seien mit A_1 und A_2 bezeichnet, die Wahrscheinlichkeiten heißen $p = P(A_1)$, $q = P(A_2) = 1 - p$.

Beispiel 4.5:
Betrachtet wird das Modell

$$MW1 = (\{(A_1A_1), (A_1A_2), (A_2A_2)\}; P(A_1A_1) = p^2, P(A_1A_2) = 2pq, P(A_2A_2) = q^2).$$

Es beinhaltet: Beobachtbar sind die diploiden Genotypen A_1A_1, A_1A_2 und A_2A_2. Sie werden als die drei möglichen Realisierungen einer Zufallsvariablen $\underline{x}$ (dem Genotyp) angesehen. Siehe hierzu Abschnitt 1.3. Unter der Voraussetzung von

Zufallspaarung (Panmixie) sowie bei gelten des Hardy-Weinberg-Gesetzes (d. h. die Population befindet sich im Gleichgewicht) hat die Wahrscheinlichkeitsfunktion von $\underset{\sim}{x}$ die angegebenen Werte. Wegen $p + q = 1$ ist diese Wahrscheinlichkeitsfunktion nur von einer Allelwahrscheinlichkeit abhängig. Die Beziehung $p + q = 1$ interpretiert der Genetiker in dem Sinne, daß keine weiteren als die betrachteten Allele A_1 und A_2 zu berücksichtigen sind. Als Likelihood-Funktion ergibt sich, wenn $N(A_iA_j)$ die Anzahl von Individuen mit dem Genotyp A_iA_j in der Stichprobe ist,

$$L1 = L1(p) = \frac{n!\, p^{2N(A_1A_1)}}{N(A_1A_1)!N(A_1A_2)!N(A_2A_2)!} \cdot (2p(1-p))^{N(A_1A_2)} \cdot (1-p)^{2N(A_2A_2)}.$$

Aus

$$0 = \frac{d}{dp} \ln L1(p) = \frac{N(A_1A_1)}{p^2} \frac{d}{dp} p^2 + \frac{N(A_1A_2)}{2p(1-p)} \frac{d}{dp} 2p(1-p)$$
$$+ \frac{N(A_2A_2)}{(1-p)^2} \frac{d}{dp} (1-p)^2$$

folgt

$$\underline{\hat{p}}_1 = (2\underline{N}(A_1A_1) + \underline{N}(A_1A_2))/2n.$$

Dies ist eine MLS für die Allelwahrscheinlichkeit $p = P(A_1)$.
Die Berechnungsvorschrift bezeichnet man in der Literatur als Genzählmethode (Mourant u. a. 1976), ohne daß auf den Zusammenhang zur MLS hingewiesen wird. Auch im einfachsten Falle zweier Allele wird er mitunter nicht erkannt (Radam 1985).

Beispiel 4.6:
A_1 dominiere A_2, man erhält

$$MW2 = (\{(A_1A_1, A_1A_2), (A_2A_2)\}; P(A_1A_1, A_1A_2)$$
$$= 1 - (1-p)^2, P(A_2A_2) = (1-p)^2).$$

Die MLS $\underline{\hat{p}}_2$ gewinnt man aus

$$L2 = L2(p) = \binom{n}{N(A_2A_2)} (1-p)^{2N(A_2A_2)} (1-(1-p)^2)^{n - N(A_2A_2)}.$$

Nach Satz 4.1 wird $\underline{\hat{p}}_2$ als Lösung der Gleichung

$$0 = \frac{d}{dp} \ln L2(p) = \frac{N(A_2A_2)}{(1-p)^2} \frac{d}{dp} (1-p)^2 + \frac{n - N(A_2A_2)}{1-(1-p)^2} \frac{d}{dp} (1-(1-p)^2)$$

bestimmt. Dies führt zu der quadratischen Funktion

$$0 = (1-\hat{p})^2 - N(A_2A_2)/n,$$

so daß $1 - \hat{p} = \sqrt{\frac{n_2}{n}}$ und

$$\underline{\hat{p}}_2 = 1 - \sqrt{\frac{\underline{N}(A_2A_2)}{n}}$$

Lösung des Schätzproblems ist.

Beispiel 4.7:
A_2 dominiere A_1;

$$MW3 = (\{(A_1A_1), (A_1A_2, A_2A_2)\}; P(A_1A_1) = p^2, P(A_1A_2, A_2A_2) = 1 - p^2)$$

führt zur Likelihood-Funktion

$$L3 = L3(p) = \binom{n}{N(A_1A_1)} p^{2N(A_1A_1)} (1 - p^2)^{n - N(A_1A_1)}$$

sowie zur Schätzfunktion

$$\underline{\hat{p}}_3 = \sqrt{\frac{\underline{N}(A_1A_1)}{n}} .$$

Beispiel 4.8:
Der Maximum-Likelihood-Ansatz muß nicht in jedem Falle zu einem Schätzwert führen. Mit

$$\begin{aligned} MW4 = (\{(A_1A_2), (A_1A_1, A_2A_2)\}; \; & P(A_1A_2) = 2p(1 - p), \\ & P(A_1A_1, A_2A_2) = p^2 + (1 - p)^2) \end{aligned}$$

ist die Likelihood-Funktion

$$L4 = L4(p) = \binom{n}{N(A_1A_2)} (2p(1 - p))^{N(A_1A_2)} (p^2 + (1 - p)^2)^{n - N(A_1A_2)}$$

verknüpft. Differenziert man nach p und versucht, die nullgesetzte Ableitung nach p aufzulösen, wird sichtbar, daß im allgemeinen keine Lösung des Schätzproblems im Bereich der reellen Zahlen existiert.
Nun sollen Schätzungen im Falle mehrfacher Allelie betrachtet werden. Sind alle Genotypen des populationsgenetischen Modells beobachtbar, ergeben sich für die Berechnungen der Allelwahrscheinlichkeiten sowie zur Kennzeichnung der Eigenschaften für die Schätzung gute Möglichkeiten.

Satz 4.2:
Es seien die Voraussetzungen von Satz 4.1 gegeben. Für das betrachtete Vererbungssystem diploider Organismen seien alle Genotypen beobachtbar.
Dann ist mit

$$\underline{\hat{p}}_i = \left(2\underline{N}_{ii} + \sum_{l=1}^{i-1} N_{li} + \sum_{l=i+k}^{k} \underline{N}_{il}\right) / 2n, \quad i = 1, \ldots, k, \tag{4.307}$$

eine Maximum-Likelihood-Schätzung für $p' = (p_1, \ldots, p_k)$ explizit gegeben. Hierbei bezeichnen die $\underline{N}_{nm}$ die Häufigkeit des Auftretens des Genotyps A_nA_m in einer Stichprobe vom Umfang n.

Tabelle 4.35.
Das Gc-System

j	Phänotyp T_j	Allelotypen, zu T_j gehörend	Wahrscheinlichkeiten $w_j = w_j(p, q, r)$
1	Gc 1F	(1F, 1F)	p^2
2	Gc 1F − 1S	(1F, 1S)	$2pq$
3	Gc 1S	(1S, 1S)	q^2
4	Gc 2 − 1F	(2, 1F)	$2pr$
5	Gc 2 − 1S	(2, 1S)	$2qr$
6	Gc 2	(2, 2)	r^2; $p + q + r = 1$

Tabelle 4.36.
Das ABO-System

j	Phänotyp T_j	Genotypen zu T_j gehörend	Wahrscheinlichkeiten $w_j = w_j(p, q, r)$
1	A	(A, A), (A, 0)	$p^2 + 2pr$
2	B	(B, B), (B, 0)	$q^2 + 2qr$
3	AB	(A, B)	$2pq$
4	0	(0, 0)	r^2; $p + q + r = 1$

Tabelle 4.37.
Das A1A2B0-System

j	Phänotyp	Genotypen, zu T_j gehörend	Wahrscheinlichkeiten $w_j = w_j(p, q, r, t)$
1	A1	(A1, A1), (A1, A2), (0, A1)	$p^2 + 2pq + 2pt$
2	A2	(A2, A2), (0, A2)	$q^2 + 2qt$
3	B	(B, B), (0, B)	$r^2 + 2rt$
4	A1B	(A1, B)	$2pr$
5	A2B	(A2, B)	$2qr$
6	0	(0, 0)	t^2; $p + q + r + t = 1$

Beispiel 4.9:
Der klassische Gc-Polymorphismus, fester Bestandteil serogenetischer Abstammungsbegutachtung, wurde 1977 durch Anwendung der Isoelektrofokussierung von einem 2-Allelen-System zu einem 3-Allelen-System erweitert. Die Allele sind mit 1F, 1S und 2 bezeichnet, ihre Wahrscheinlichkeiten mögen p, q und r heißen. Aus der Tabelle 4.35. ist zu ersehen, daß die Labormethoden jeden Genotyp zu erkennen gestatten.
Damit ist Satz 4.2 anwendbar:

$$\begin{aligned} \underline{\hat{p}} &= P(1F) = (2\underline{N}(Gc1F) + \underline{N}(Gc1F - 1S) + \underline{N}(Gc2 - 1F))/2n \\ \underline{\hat{q}} &= P(1S) = (2\underline{N}(Gc1S) + \underline{N}(Gc1f - 1S) + \underline{N}(Gc1S) + \underline{N}(Gc2 - 1S))/2n \\ \underline{r} &= P(2) \;\;= 1 - \underline{\hat{p}} - \underline{\hat{q}}\,. \end{aligned} \tag{4.308}$$

Im Gegensatz dazu erfordern die Schätzungen der Allelwahrscheinlichkeiten für das ABO-System (Tabelle 4.36.) und das A1A2BO-System (Tabelle 4.37.) die Nutzung von Rechnern. In diesen Fällen sind die MLS gemäß Satz 4.1 die Lösungen nichtlinearer Gleichungssysteme.
Früher gewann man Schätzungen der ABO-Allelwahrscheinlichkeiten nach den Formeln von Bernstein (Weber 1980). Für kompliziertere Vererbungsmodelle findet man entsprechende Rechenvorschriften bei Mourant u. a. (1976). Diese Verfahren liefern gute Startwerte für die iterativen Berechnungen der MLS.

4.3.2.1.2. Minimum-χ^2-Schätzungen

Die durch Pearson eingeführte Prüfgröße

$$\chi^2 = \sum_{j=1}^{s} \frac{(N(T_j) - E(T_j))^2}{E(T_j)} = \sum_{j=1}^{s} \frac{(N(T_j) - n \cdot w_j)^2}{n \cdot w_j} \tag{4.309}$$

bemißt anhand einer Stichprobe vom Umfang $n = N(T_1) + \ldots + N(T_s)$ den Unterschied zwischen den $N(T_j)$ beobachteten und den $E(T_j)$ erwarteten Phänotypenanzahlen. Hierbei sind die $E(T_j) = n \cdot w_j(p_1, \ldots, p_k)$ von den Allelwahrscheinlichkeiten $p_1, \ldots, p_k$ abhängig und unter Bezug auf ein gewisses populationsgenetisches Modell berechnet.
Die unbekannten Allelwahrscheinlichkeiten $p_1, \ldots, p_k$ sollen so bestimmt werden, daß $\chi^2 = \chi^2(p_1, \ldots, p_k)$ minimal wird. Die Minimalstellen dieser Funktion sind Lösungen des nichtlinearen Gleichungssystems

$$0 = \frac{\partial}{\partial p_i} \chi^2 (p_1, \ldots, p_k), \quad i = 1, \ldots, k. \tag{4.310}$$

Sie heißen Minimum-χ^2-Schätzungen. Man hat zu untersuchen, ob die Lösungen von (4.310) die hinreichenden Kriterien für Extremalstellen erfüllen, ein Funktionsminimum anzeigen und eindeutig sind.
Die Ableitungen von (4.310) ergeben

$$0 = \frac{\partial}{\partial p_i} \chi^2 (p_1, \ldots, p_k) = \frac{\partial}{\partial p_i} \sum_{j=1}^{s} \frac{(N(T_j) - nw_j)^2}{nw_j},$$

$$i = 1, \ldots, k,$$

sowie unter Benutzung der Quotientenregel für Quotienten und nach Umformung

$$0 = \sum_{j=1}^{s} \left(\frac{N(T_j) - nw_j}{w_j} + \frac{(N(T_j) - nw_j)^2}{nw_j^2} \right) \frac{\partial}{\partial p_i} w_j,$$

$$i = 1, \ldots, k. \tag{4.311}$$

4.3.2.1.3. Variierte Minimum-χ^2-Schätzungen

Bereits ein 2-Allelen-System in Verbindung mit MW1 führt zu aufwendigen Berechnungen, würde (4.311) benutzt. Das plausible Minimum-χ^2-Prinzip wird in eine für Anwendungen günstigere Form gebracht, indem die zweiten Summanden aus den Gleichungen (4.311) gestrichen werden. Diese Größen werden mit wachsendem Stichprobenumfang n vernachlässigbar klein. Das reduzierte Gleichungssystem

$$0 = \sum_{j=1}^{s} \frac{N(T_j) - n.w_j}{w_j} \frac{\partial}{\partial p_i} w_j, \quad i = 1, \ldots, k \qquad (4.312)$$

ergibt sogenannte variierte Minimum-χ^2-Schätzungen. Die Anwendung dieser Methode soll demonstriert werden. Für Beispiel 4.5 erhält man gemäß (4.312) aus

$$0 = \frac{N(A_1A_1) - np^2}{p^2} \frac{d}{dp} p^2 + \frac{N(A_1A_2) - n2p(1-p)}{2p(1-p)} \frac{d}{dp} 2p(1-p) + \frac{N(A_2A_2) - n(1-p)^2}{(1-p)^2} \frac{d}{dp} (1-p)^2$$

die variierte Minimum-χ^2-Schätzung

$$\hat{\underline{p}}_{Chi} = (2\underline{N}(A_1A_1) + \underline{N}(A_1A_2))/2n \qquad (4.313).$$

In einem 2-Allelen-System in Verbindung mit MW1 stimmen demnach MLS und variierte Minimum-χ^2-Schätzung überein.
Diese Aussage läßt sich verallgemeinern durch:

Satz 4.3:
Es seien A_i Allele einem Genlocus zugeordnet. Ihre Wahrscheinlichkeiten seien $P(A_i) = p_i$, $i = 1, \ldots, k$. Mit $MW = (\{T_j\}, P(T_j) = w_j, j = 1, \ldots, s)$ sei das Vererbungsmodell bezeichnet. Dann stimmen die Maximum-Likelihood-Schätzung $\hat{\underline{p}}_{MLS}$ sowie die variierte Minimum-χ^2-Schätzung $\hat{\underline{p}}_{CHI}$ für $p' = (p_1, \ldots, p_k)$ überein.

4.3.2.2. Eigenschaften von Schätzfunktionen für Allelwahrscheinlichkeiten

4.3.2.2.1. Eigenschaften von Schätzfunktionen bei zweifacher Allelie
Die Beziehung zwischen „wahren" und den aus einer Stichprobe vom Umfang n geschätzten Allelwahrscheinlichkeiten soll näher gekennzeichnet werden. Sind beispielsweise im 2-Allelen-System Maximum-Likelihood-Schätzungen sowohl allein aus den Homozygotenanzahlen als auch nach der Genzählmethode möglich, so ist die bessere der Schätzfunktionen auszuwählen.
Ohne Begriffe und Aussagen zu definieren bzw. umfassend zu formulieren, sollen zunächst einige Fakten der klassischen Schätztheorie mitgeteilt werden.
Es sei $\underline{x}$ eine diskrete Zufallsgröße mit der Wahrscheinlichkeitsfunktion $P(\underline{x} = x_i) = w_i(p)$. Der Parameter p ist in unserem Sprachgebrauch eine Allelwahrscheinlichkeit. Bezeichnen $\hat{\underline{p}}$ eine Schätzfunktion von p und $E(\hat{\underline{p}})$ deren Erwartungswert, dann heißt $\upsilon = E(\hat{\underline{p}}) - p$ Bias von $\hat{\underline{p}}$. Für $\upsilon = 0$ heißt $\hat{\underline{p}}$ erwartungstreu. Mit $V(\hat{\underline{p}})$ soll die Varianz von $\hat{\underline{p}}$ bezeichnet werden. Weitere Grundbegriffe, die im folgenden benutzt werden, findet man bei Rasch (1988).

Genotypen (A_1A_1)	(A_1A_2)	$A_2A_2)$	$\hat{p}_3$	$P(\hat{p}_3)$	$\hat{p}_2$	$\hat{p}(\hat{p}_2)$
1	0	0	1	p^2	1	$2p-p^2$
0	1	0	0	$1-p^2$	1	
0	0	1	0		0	$(1-p)^2$

Tabelle 4.38. $\hat{p}_2$ und $\hat{p}_3$ für eine Stichprobe vom Umfang $n=1$ (siehe Satz 4.6.)

Satz 4.4:
Die Schätzfunktion $\underline{\hat{p}}_1$ ist erwartungstreu.

Satz 4.5:
$\underline{\hat{p}}_1$ ist effiziente Schätzfunktion. Ihre Varianz $V(\underline{\hat{p}}_1)$ ist

$$V(\underline{\hat{p}}_1) = \frac{p(1-p)}{2n}. \tag{4.314}$$

Satz 4.6:
Die Maximum-Likelihood-Schätzfunktionen $\underline{\hat{p}}_2$ und $\underline{\hat{p}}_3$ sind nicht erwartungstreu.

Satz 4.7:
Die Maximum-Likelihood-Schätzfunktionen $\underline{\hat{p}}_2$ und $\underline{\hat{p}}_3$ sind asymptotisch erwartungstreu und asymptotisch effizient. Die asymptotischen Varianzen sind

$$V_A(\underline{\hat{p}}_3) = (1-p^2)/4n \tag{4.315}$$

und

$$V_A(\underline{\hat{p}}_2) = (2p-p^2)/4n. \tag{4.316}$$

Zu jedem Stichprobenumfang n sind Erwartungswert und Varianz der Schätzfunktion $\underline{\hat{p}}_1$ gegeben. Satz 4.7 liefert für $\underline{\hat{p}}_2$ und $\underline{\hat{p}}_3$ lediglich asymptotische Aussagen.
Die Wahrscheinlichkeitsfunktionen $W\underline{\hat{p}}_1$, $W\underline{\hat{p}}_2$ und $W\underline{\hat{p}}_3$ der Zufallsvariablen $\underline{\hat{p}}_1$, $\underline{\hat{p}}_2$ und $\underline{\hat{p}}_3$ können jedoch unmittelbar angegeben werden.
Vorgegeben sei der Stichprobenumfang n. Es gibt dann $\frac{1}{2}(n+1)(n+2)$ verschiedene Realisierungen $V_{1i} = (N_{1i}(A_1A_1), N_{1i}(A_1A_2), N_{1i}(A_2A_2))$ des zufälligen Vektors $\underline{V}'_1 = (\underline{N}(A_1A_1), \underline{N}(A_1A_2), \underline{N}(A_2A_2))$ mit $n = N_{1i}(A_1A_1) + N_{1i}(A_1A_2) + N_{1i}(A_2A_2)$, $i = 1, \ldots, (n+1)(n+2)/2$.
Entsprechend dem Polynomialmodell wird jedem V_{1i} eine Wahrscheinlichkeit $P(V_{1i})$ zugeordnet.

$$P(V_{1i}) = \frac{n!}{N_{1i}(A_1A_1(!N_{1i}(A_1A_2)!N_{1i}(A_2A_2)!} \cdot p^{2N_{1i}(A_1A_1)} \cdot (2p(1-p))^{N_{1i}(A_1A_2)} \cdot (1-p)^{2N_{1i}(A_2A_2)} \qquad (4.317).$$

Die Schätzfunktion $\hat{\underline{p}}_1$ kann $2n+1$ verschiedene Werte y_k annehmen. Die Wahrscheinlichkeitsfunktion ist durch

$$P(\hat{\underline{p}}_1 = y_k), \quad k = 0, \ldots, 2n$$

gegeben, wobei $P(\hat{\underline{p}}_1 = y_k) = \sum P(V_{1i})$ ist. Hierbei werden die Wahrscheinlichkeiten $P(V_{1i})$ aller V_{1i} addiert, die vermöge $\hat{\underline{p}}_1$ demselben Schätzwert zugeordnet werden. Es ergibt sich die Möglichkeit, diesen Vorgang zu formalisieren (Krüger 1986, Li 1955).

Satz 4.8:
Die Verteilung von $2n \cdot \hat{\underline{p}}_1$ ist durch eine Binomialverteilung mit den Parametern 2n und p gegeben.
Aus Satz 4.8 folgen sofort Satz 4.4 und Satz 4.5 wegen:

$$E(\hat{\underline{p}}_1) = \frac{1}{2n} E(2n\,MU,1p_1) = \frac{1}{2n} 2np = p \quad \text{und} \qquad (4.318)$$

$$V(\hat{\underline{p}}_1) = \frac{1}{(2n)^2} V(2n\hat{\underline{p}}_1) = \frac{1}{(2n)^2} \cdot 2np(1-p) = \frac{p(1-p)}{2n}.$$

Im Zusammenhang mit den Schätzfunktionen $\hat{\underline{p}}_2$ und $\hat{\underline{p}}_3$ ist nur die Berücksichtigung der Homozygoten nötig. Es gibt $n+1$ verschiedene Realisierungen $V_{3i} = (N_{3i}(A_1A_1), \; N_{3i}(A_1A_2, A_2A_2))$ des zufälligen Vektors $\underline{V}_3' = (\underline{N}(A_1A_1), \underline{N}(A_1A_2; A_2A_2))$ mit $n = N_{3i}(A_1A_1) + N_{3i}(A_1A_2; A_2A_2)$, $i = 1, \ldots, n+1$. Die Wahrscheinlichkeitsverteilung von $\underline{V}_3$ ist durch

$$P(V_{3i}) = \binom{n}{N_{3i}(A_1A_1)} p^{2N_{3i}(A_1A_1)} (1-p^2)^{n - N_{3i}(A_1A_1)}, \quad i = 1, \ldots, n+1, \qquad (4.319)$$

gegeben. Da $\hat{\underline{p}}_3$ eine eindeutige Abbildung der Menge der Realisierungen von $\underline{V}_3$ auf die Menge der Realisierungen von $\hat{\underline{p}}_3$ darstellt, ist $W\hat{\underline{p}}_3$ durch diese Binomialverteilung definiert. Somit erhält man den Erwartungswert $E(\hat{\underline{p}}_3)$ als

$$E(\hat{\underline{p}}_3) = \sum_{i=0}^{n} \sqrt{\frac{i}{n}} \binom{n}{i} p^{2i} (1-p^2)^{n-i} \qquad (4.320)$$

und die Varianz aus der Beziehung

$$V(\hat{\underline{p}}_3) = E(\hat{\underline{p}}_3 - E(\hat{\underline{p}}_3))^2.$$

Auf analoge Weise gewinnt man $W\hat{p}_2$, $E(\underline{\hat{p}}_2)$ und $V(\underline{\hat{p}}_2)$.
Für $p = 0{,}01$ bzw. $p = 0{,}6$ sowie für verschiedene Stichprobenumfänge n wurden Erwartungswerte und Varianzen der Schätzfunktionen $\underline{\hat{p}}_1$, $\underline{\hat{p}}_2$ und $\underline{\hat{p}}_3$ berechnet. Die Resultate sind in den Tabellen 4.39., 4.40. und 4.41. dargestellt. Diese Varianzen können mit den asymptotischen Varianzen (4.315) und (4.316) verglichen werden. Dabei zeigt sich, daß insbesondere für kleine Werte von p die Varianz einer Schätzfunktion erst für große Stichprobenumfänge einigermaßen gut durch die asymptotische Varianz (Satz 4.7) beschreibbar zu sein braucht. Beach-

	$p = 0{,}6$			$p = 0{,}01$		
n	$E(\underline{\hat{p}}_1)$	$E(\underline{\hat{p}}_2)$	$E(\underline{\hat{p}}_3)$	$E(\underline{\hat{p}}_1)$	$E(\underline{\hat{p}}_2)$	$E(\underline{\hat{p}}_3)$
1	0,6	0,840	0,360	0,01	0,0199	0,00010
2	0,6	0,784	0,455	0,01	0,0118	0,00014
5	0,6	0,700	0,552	0,01	0,0105	0,00022
10	·	0,647	0,583	·	0,0102	0,00031
25	·	0,612	0,594	·	0,0101	0,00049
50	·	0,605	0,597	·	0,0100	0,00070
75	·	0,603	0,598	·	0,0100	0,00086
100	·	0,602	0,598	·	0,0100	0,00099
150	·	0,602	0,599	·	·	0,00121
200	·	0,601	0,600	·	·	0,00141
500	·	0,600	0,600	·	·	0,00220
1000	·	0,600	0,600	·	·	0,00307
2000	·	0,600	·	·	·	0,00422
5000	·	·	·	·	·	0,00616
10000	·	·	·	·	·	0,00773
20000	·	·	·	·	·	0,00897
30000	·	·	·	·	·	0,00942

Tabelle 4.39. Erwartungswerte der Schätzungsfunktionen $\underline{\hat{p}}_1$, $\underline{\hat{p}}_2$ und $\underline{\hat{p}}_3$ für $p = 0{,}6$ und $p = 0{,}01$

n	$V(\underline{\hat{p}}_1) = V_A(\underline{\hat{p}}_1)$	$V_A(\underline{\hat{p}}_2)$	$V(\underline{\hat{p}}_2)$	$V_A(\underline{\hat{p}}_3)$	$V(\underline{\hat{p}}_3)$
1	0,1200	0,2100	0,1344	0,1600	0,2304
2	0,0600	0,1050	0,1135	0,0800	0,1525
5	0,0240	0,0420	0,0706	0,0320	0,0552
10	0,0120	0,0210	0,0358	0,0160	0,0199
25	0,0048	0,0084	0,0102	0,0064	0,0067
50	0,0024	0,0042	0,0045	0,0032	0,0033
75	0,0016	0,0028	0,0029	0,0021	0,0021
100	0,0012	0,0021	0,0022	0,0016	0,0016
150	0,0008	0,0014	0,0014	0,0011	0,0011

Tabelle 4.40. Varianzen $V(\underline{\hat{p}}_i)$ im Vergleich zu den asymptotischen Varianzen $V_A(\hat{p}_i)$ von $\underline{\hat{p}}_1$, $\underline{\hat{p}}_2$ und $\underline{\hat{p}}_3$ bei $p = 0{,}6$

Tabelle 4.41. Varianzen $V(\underline{\hat{p}}_i)$ im Vergleich zu den asymptotischen Varianzen $V_A(\hat{p}_i)$ von $\underline{\hat{p}}_1$, $\underline{\hat{p}}_2$ und $\underline{\hat{p}}_3$ bei $p = 0{,}01$

N	$V(\underline{\hat{p}}_1) = V_A(\underline{\hat{p}}_1)$	$V_A(\underline{\hat{p}}_2)$	$V(\underline{\hat{p}}_2)$	$V_A(\underline{\hat{p}}_3)$	$V(\underline{\hat{p}}_3)$
1	0,004950	0,00498	0,019500	0,24998	0,000099
2	0,002480	0,00248	0,003600	0,12498	0,000099
5	0,000990	0,000995	0,001110	0,04999	0,000099
10	0,000495	0,000498	0,000525	0,02499	0,000099
25	0,000198	0,000200	0,000203	0,01000	0,000099
50	0,000099	0,000100	0,000153	0,00500	0,000099
75	0,000066	0,000066	0,000066	0,00330	0,000099
100	0,0000495	0,000050	0,000050	0,00250	0,000099
150	0,000033	0,000033	0,000033	0,00160	0,000098
200	0,000025	0,000025	0,000025	0,00120	0,000098
500	0,00010	·	·	0,00049	0,000095
1000	0,000005	·	·	0,00024	0,000090
2000	0,000002	·	·	0,00012	0,000082
5000	0,0000009	·	·	0,00005	0,000062
10000	0,0000004	·	·	0,00002	0,000040
20000	0,0000002	·	·	0,00001	0,000019
30000	0,0000001	·	·	0,000008	0,000011

tenswert sind auch die Unterschiede zwischen den Erwartungswerten der Schätzfunktionen $\underline{\hat{p}}_2$ bzw. $\underline{\hat{p}}_3$ und den vorgegebenen p-Werten (Biebler und Jäger 1985).

4.3.2.2.2. Eigenschaften von Schätzfunktionen bei mehrfacher Allelie

Die Hauptsätze der Schätztheorie besitzen Verallgemeinerungen für den Fall, daß die Wahrscheinlichkeitsverteilung der betrachteten Zufallsgröße von k Parametern abhängen. Auch hier muß auf die Literatur (Borovkov 1984) verwiesen werden. Ehe die Eigenschaften der explizit gegebenen Maximum-Likelihood-Schätzungen (Satz 4.2) hergeleitet werden, erweist sich eine Vereinfachung des wahrscheinlichkeitstheoretischen Modells als günstig.

Anstelle der $(k+1)\,k/2$ verschiedenen Genotypen betrachtet man die k Allele als Realisierungen einer Zufallsgröße.

Satz 4.8 wird für den Fall mehrfacher Allelie verallgemeinert (Biebler, Jäger (1988)).

Satz 4.9:

Es seien die Allele A_i einem Genlocus zugeordnet, ihre Wahrscheinlichkeiten seien $p_i = P(A_i)$, $i = 1, \ldots, k$.

Für das betrachtete Vererbungssystem seien alle Genotypen beobachtbar. Betrachtet wird eine Stichprobe von n Individuen. Dann ist die Wahrscheinlich-

keitsfunktion des zufälligen Vektors $\underline{V}$ der Länge k (k + 1)/2 der Genotypenhäufigkeiten $\underline{N}_{nm}$ identisch der des zufälligen Vektors $(\underline{a}_1, \ldots, \underline{a}_k)$ der Allelhäufigkeiten.
Diese Wahrscheinlichkeitsfunktion ist eine Polynomialverteilung mit den Parametern 2 N und $p_1, \ldots, p_k$.
Die Eigenschaften der MLS im Falle der Beobachtbarkeit aller Genotypen des populationsgenetischen Modells werden in den folgenden Aussagen beschrieben.

Satz 4.10:
Die MLS $(\hat{\underline{p}}_1, \ldots, \hat{\underline{p}}_k)$ gemäß Satz 4.2 ist erwartungstreu.

Satz 4.11:
Die MLS $(\hat{\underline{p}}_1, \ldots, \underline{p}_k)$ gemäß Satz 4.2 besitzt die Kovarianzmatrix $M = (mp_{ij})$ $i = 1, \ldots, k$, $j = 1, \ldots, k$;

$$mp_{ij} = \begin{cases} p_i (1 - p_i)/2n & \text{für } i = j \\ -p_i p_j / 2n & \text{für } i \neq j. \end{cases} \qquad (4.321)$$

Mit der Kenntnis der Kovarianzmatrix gewinnt man eine Vorstellung von der Verteilung von $(\hat{\underline{p}}_1, \ldots, \hat{\underline{p}}_k)$ in einer Umgebung des Erwartungswertes $(p_1, \ldots, p_k)$. Illustriert werden soll dies für den zweidimensionalen Fall, d. h. bei dreifacher Allelie mit vollständiger Beobachtbarkeit der Genotypen.
Bekanntlich (Cramer 1975) stellt die Kovarianzellipse das zweidimensionale Pendant zur Varianz dar. Sie begrenzt ein Gebiet der Ebene, auf dem die Masse 1 gleichmäßig verteilt sein soll und das so definiert ist, daß Erwartungswerte und Kovarianzen dieser Gleichverteilung mit denen der vorgegebenen Verteilung übereinstimmen. Die Ellipsengleichung lautet:

$$(\hat{\underline{p}}_1 - p_1)^2/\sigma_1^2 - 2\varrho\,(\hat{\underline{p}}_1 - p_1)\,(\hat{\underline{p}}_2 - p_2)/\sigma_1/\sigma_2 + (\hat{\underline{p}}_2 - p_2)^2/\sigma_2^2 = 4\,(1 - \varrho^2). \qquad (4.322)$$

mit

$$\varrho = \frac{\sigma_{12}}{\sigma_1 \sigma_2}$$

und der Kovarianz σ_{12} zwischen

$\hat{\underline{p}}_1$ und $\hat{\underline{p}}_2$,

d. h. wir schreiben die Kovarianzmatrix in der Form

$$\sum = \begin{pmatrix} \sigma_1^2 & \varrho\,\sigma_1\,\sigma_2 \\ \varrho\,\sigma_1\,\sigma_2 & \sigma_2^2 \end{pmatrix} \qquad (4.323).$$

Das Gc-System (Beispiel 4.9) ist ein Drei-Allelen-System, in dem alle Genotypen der Beobachtung zugänglich sind. Der MLS im Beispiel 4.9 entspricht die Kovarianzmatrix

$$\sum = \begin{pmatrix} p(1-p)/2n & -pq/2n \\ -pq/2n & q(1-q)/2n \end{pmatrix}. \tag{4.324}$$

Prokop und Göhler (1986) teilen eine Gc-Blutgruppenuntersuchung an 110 Probanden mit. Die angegebenen Schätzwerte sind $\hat{p}=0{,}149$, $\hat{q}=0{,}572$ und $\hat{r}=0{,}279$. Die zugehörige Kovarianzellipse ist in Abbildung 4.21 dargestellt.
Ohne spezielle Erläuterungen zu geben sei noch in Verallgemeinerung von Satz 4.4 erwähnt (Biebler, Jäger (1988)).

Satz 4.12:
Die MLS $(\hat{\underline{p}}_1, \ldots, \hat{\underline{p}}_k)$ gemäß Satz 4.2 ist effizient.
Die für das Beispiel des Gc-Systems angegebene Kovarianzellipse der Maximum-Likelihood-Schätzung veranschaulicht die „Minimalvarianz", die eine Lösung des Schätzproblems überhaupt besitzen kann.

Gehören in Mehrallelsystemen einem Phänotyp mehrere nicht voneinander unterscheidbare Genotypen an, so sind die MLS für die Allelwahrscheinlichkeiten i. a. nicht explizit erhältlich. Man wird die Schätzwerte als Resultate eines numerischen Näherungsverfahrens gewinnen. Die Wahrscheinlichkeitsverteilungen solcher Schätzfunktionen sind in den meisten Fällen nicht angebbar.
Damit bleiben zur allgemeinen Kennzeichnung der Eigenschaften der Schätzfunktionen lediglich asymptotische Aussagen. Danach sind, grob gesprochen, die Maximum-Likelihood-Schätzungen asymptotisch erwartungstreu und asymptotisch mehrdimensional normalverteilt.
Daß bei kleinem Stichprobenumfang n unter Umständen beachtliche Unterschiede zwischen den tatsächlichen und den nach den asymptotischen Verteilungen berechneten Erwartungswerten bzw. Varianzen von MLS bestehen können, wurde an Beispielen von Zweiallelensystemen demonstriert. Diese Unterschiede sind bei mehrfacher Allelie ebenso beachtenswert! Ihr Studium erfordert einen hohen Aufwand und kann mittels Simulationsverfahren erfolgen, die dem jeweiligen populationsgenetischen Modell angepaßt sind.

4.3.3. Konfidenzschätzungen

Die Kenntnis der Wahrscheinlichkeitsfunktionen erlaubt es, für die im Falle zweifacher Allelie diskutierten populationsgenetischen Modelle Konfidenzschätzungen für die unbekannte Allelwahrscheinlichkeit anzugeben. Nach den Ausführungen in Abschnitt 4.3.2.2.1. sind die Zufallsgrößen $2n\,\hat{\underline{p}}_1$, $n\,(1-\hat{\underline{p}}_2)^2$ bzw. $n\,\hat{\underline{p}}_3^2$ binomialverteilt mit den Parametern 2n und p_1, n und $(1-p_2)^2$ bzw. n und p_3^2.

Beispiel 4.10.:
Ein Beispiel soll die Berechnung der 5%-Konfidenzintervalle demonstrieren. Von 50 beobachteten Individuen seien 2 vom Genotyp A_1A_1, 16 vom Genotyp A_1A_2 und 32 gehören zum Genotyp A_2A_2. Für $2\,n\,\hat{p}_1$ errechnet sich

$$2n\,\hat{p}_1 = 2 \cdot 2 + 16 = 20\,.$$

Tafel 22a (WEBER 1980), entnimmt man dazu für $2\,n = 100$ die 5%-Konfidenzgrenzen für das Konfidenzintervall I_1 der unbekannten Allelwahrscheinlichkeit $p = P\,(A_1)$ als

$$I_1 = (0.126;\ 0.292)\,. \tag{4.325}$$

Ist $\hat{p}_2$, also die Beobachtung der 32 Homozygoten A_2A_2, Ausgangspunkt der Konfidenzschätzung, so liefert die genannte Tabelle für $n = 50$ zunächst das Intervall (0.49; 0.77). Da 32 nicht tabelliert ist, wurde grob interpoliert. Dies ist eine Intervallschätzung für $(1 - p_2)^2$. Ein 5%-Konfidenzintervall I_2 gewinnt man daraus als

$$I_2 = \left(1 - \sqrt{0.77}\,;\quad 1 - \sqrt{0.49}\right) = (0.123;\ 0.30)\,. \tag{4.326}$$

Bezüglich der Beobachtung von 2 Homozygoten sind aus der Tabelle für $n = 50$ die Konfidenzgrenzen (0.007; 0.137) für p^2 abzulesen.
Das 5%-Konfidenzintervall

$$I_3 = \left(\sqrt{0.007}\,;\ \sqrt{0.137}\right) = (0.084;\ 0.370) \tag{4.327}$$

enthält den Schätzwert $\hat{p}_3$ für p,

$$\hat{p}_3 = \sqrt{2/50} = 0.2,$$

ist aber nicht symmetrisch zu ihm. Ebenso wenig sind $I\hat{p}_1$ und $I\hat{p}_2$ symmetrisch zu den Punktschätzungen $\hat{p}_1 = \hat{p}_2 = 0.2$.

Wir wenden uns den Konfidenzschätzungen bei mehrfacher Allelie zu:
Die Konstruktion eines genäherten (asymptotischen) Konfidenzbereiches soll nur skizziert werden. Es mögen $\underline{\hat{p}}^*$ eine MLS für p und I(p) die FISHER'sche Informationsmatrix bezeichnen. Dann besitzt $(\underline{\hat{p}}^* - p)\,\sqrt{n}\;I^{1/2}(p)$ eine k-dimensionale Standard-Normalverteilung. Demnach sind

$$n\,(\underline{\hat{p}}^* - p)'I\,(p)\,(\underline{\hat{p}}^* - p)$$

sowie

$$n\,(\underline{\hat{p}}^* - p)'I\,(\underline{\hat{p}}^*)\,(\underline{\hat{p}}^* - p)$$

asymptotisch χ^2-verteilt mit k Freiheitsgraden. Wenn $CQ(1-\alpha)$ das $(1-\alpha)$-Quantil dieser Verteilung ist, so ist durch

$$(n\,(\hat{p}^* - p)'I\,(\hat{p}^*)\,(\hat{p}^* - p) < CQ(1-\alpha)) \qquad (4.328)$$

angenähert ein $(1-\alpha)$-Konfidenzbereich gegeben.

Für das Gc-System existiert explizit eine MLS, die Kovarianzmatrix $\sum$ wurde in Abschnitt 4.3.2.2.2. angegeben. Aufgrund der Beziehung $\sum = I^{-1}(p)/2n$ gewinnen wir daraus durch Matrizeninvertierung die FISHER'sche Informationsmatrix

$$I(p) = \begin{pmatrix} 1/_{\hat{p}} + 1/_{\hat{r}} & 1/_{\hat{r}} \\ 1/_{\hat{r}} & 1/_{\hat{q}} + 1/_{\hat{r}} \end{pmatrix}.$$

Somit ist für die MLS $\underline{\hat{p}}^{*\prime} = (\underline{a}_1/2n,\ \underline{a}_{2/2n})$, wobei

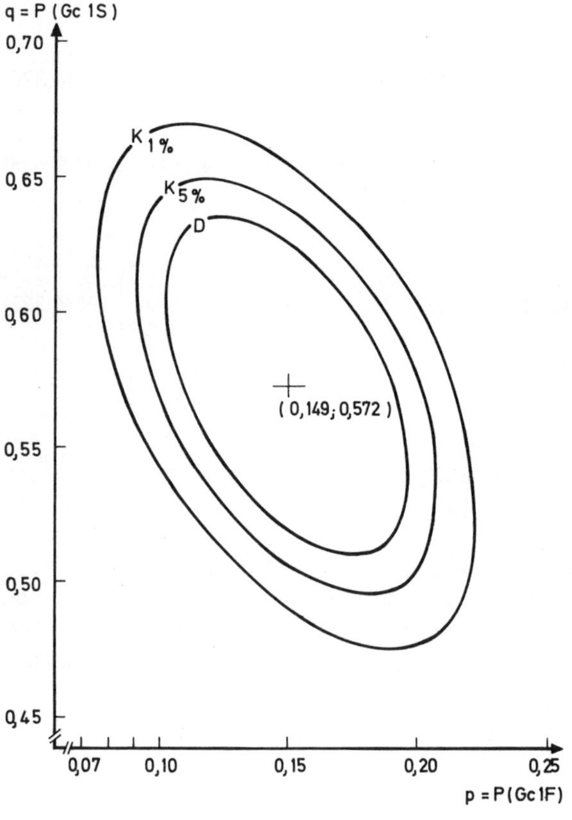

Abbildung 4.21. Dispersionsellipse D, 1%-Konfidenzellipse $K_{1\%}$ sowie 5%-Konfidenzellipse $K_{5\%}$ einer Maximum-Likelihood-Schätzung der Allelwahrscheinlichkeiten für das Gc-System

$$a_i = 2N_{ii} + \sum_{e=1}^{i=1} N_{ei} + \sum_{e=i+1}^{k} N_{ie},$$

die (asymptotische) Konfidenzellipse

$$n^2 [(\underline{a}_1/2n - p_1)^2 (1/\underline{a}_1 + 1/\underline{a}_3) + 2 (\underline{a}_{1/2n} - p_1)(\underline{a}_{2/2n} - p_2)/\underline{a}_3 +$$

$$(\underline{a}_2/2n - p_2)^2 (1/\underline{a}_2 + 1/\underline{a}_3)] = CQ(1 - \alpha)$$

aus (4.328) ausrechenbar. Die Abbildung 4.21 enthält neben der Kovarianzellipse auch die 1%- sowie die 5%-Konfidenzellipsen zum oben zitierten Beispiel. Mit der Kenntnis von Konfidenzschätzungen sind Möglichkeiten einer Versuchsplanung gegeben.

4.3.4. Probleme der Modellwahl

Mit der für das populationsgenetische Modell wesentlichen Voraussetzung, daß sich die Wahrscheinlichkeiten der betrachteten Allele zu 1 addieren, ist das populationsgenetische Modell festgelegt. Aufgrund der durch verfeinerte Labormethoden möglichen Differenzierungen weiterer Allele, bei wiederholtem Auffinden seltener Typen in sehr großen Stichproben bzw. bei der Untersuchung bislang unbeachteter Populationen können Ergebnisse gewonnen werden, die eine völlig neue populationsgenetische Beschreibung des betreffenden Vererbungssystems erforderlich machen. Ein Beispiel dafür ist das System DUFFY. Lange Zeit beobachtete man lediglich drei Phänotypen, benannt Fy (a+b−), Fy (a+b+) und Fy (a−b+).

Der Erbmechanismus wurde durch ein System zweier Allele Fy^a und Fy^b zufriedenstellend erklärt. In negroiden Populationen fand man einen neuen Fy (a−b−) benannten Phänotyp. Familienuntersuchungen führten zu der Annahme, daß das System DUFFY durch drei Allele Fy^a, Fy^b und Fy beschrieben werden kann (Becker 1972).

Die Zuordnung der Genotypen zu den Phänotypen ist für beide DUFFY-Modelle aus der Tabelle 4.42. zu ersehen.

Am Beispiel des DUFFY-Systems wird klar, daß ein populationsgenetisches Modell temporären Wissensstand repräsentiert und unter Umständen korrigiert werden muß. Ohne weitere Ausführungen zu machen sei noch festgestellt, daß die entsprechenden Allelwahrscheinlichkeiten, geschätzt nach dem 2-Allelen-Modell bzw. nach dem 3-Allelen-Modell, nicht vergleichbar sind.

Tabelle 4.42.
Das DUFY-System

Phänotyp	zugehörige Genotypen im 2-Allelen-Modell	zugehörige Genotypen im 3-Allelen-Modell
F (a+b−)	(Fy^a, Fy^a)	(Fy^a, Fy^a), (Fy^a, Fy)
F (a+b+)	(Fy^a, Fy^b)	(Fy^a, Fy^b)
F (a−b+)	(Fy^b, Fy^b)	(Fy^b, Fy^b), (Fy^b, Fy)
F (a−b−)	–	(Fy, Fy)

Die Wahl eines den vorliegenden Beobachtungen angemessenen populationsgenetischen Modells allein aufgrund mathematischer Argumente ist nicht möglich.

Mit Hilfe von Anpassungstests läßt sich die Übereinstimmung von Beobachtungs- und Erwartungswerten, die sich aus dem als Hypothese anzusehenden Modell ergeben, quantifizieren. Dazu eignet sich die PEARSON'sche Prüfgröße.

Der statistische Anpassungstest beruht auf einem Satz von FISHER (siehe RASCH 1984), wonach für nach der Maximum-Likelihood-Methode geschätzte Allelwahrscheinlichkeiten die PEARSON'sche Prüfgröße asymptotisch χ^2- verteilt ist mit $f = s - k - 1$ Freiheitsgraden (s ist die Anzahl der Phänotypen, k ist die Anzahl der geschätzten Allelwahrscheinlichkeiten).

Der χ^2-Test lehnt die Hypothese H_0: „Die Unterschiede zwischen beobachteten und auf Grund des Modells erwarteten Phänotypenzahlen sind zufallsbedingt" zum Signifikanzniveau α ab, sofern χ^2 den kritischen Wert $\chi^2(f, 1-\alpha)$ (Tabellenwert!) überschreitet.

Sollen anhand einer Stichprobe Allelwahrscheinlichkeiten geschätzt und der auf diese Schätzungen Bezug nehmende χ^2-Anpassungstest durchgeführt werden, so hat die Schätzung eine MLS oder eine ihr äquivalente variierte Minimum-χ^2-Schätzung zu sein. Man beachte, daß bei der Minimum-χ^2-Schätzung der Allelwahrscheinlichkeiten der Anpassungstest konservativ entscheidet. Die zugehörige PEARSON'sche Prüfgröße, nach der minimiert wurde, fällt selbstverständlich kleiner oder höchstens gleich dem zum MLS gehörigen χ^2 aus, so daß die Aufrechterhaltung der Nullhypothese begünstigt wird.

Für andere Schätzungen, z. B. nach den BERNSTEIN'schen Näherungsformeln oder nach der Methode der kleinsten Fehlerquadrate, ist der χ^2-Test nicht anwendbar.

Auf eine besondere Situation muß an dieser Stelle hingewiesen werden:

Ist für ein populationsgenetisches Modell die Anzahl s der Phänotypen gering im Vergleich zur Anzahl k der zu schätzenden Parameter, kann sich $f = 0$ ergeben. Die Anwendung des χ^2-Tests ist dann nicht möglich. Zu wenig differenzierte Beobachtungen erlauben u. U. also keine summarische Aussage über das populationsgenetische Modell.

Eine Vergrößerung der Anzahl der Freiheitsgrade gelingt, wenn die Schätzung der Allelwahrscheinlichkeiten aus Eltern-Nachkommen-Paaren erfolgt (JÄGER/BIEBLER 1986).

Bei Beobachtung seltener Phänotypen bzw. bei der Auswertung von Stichproben geringen Umfangs können die Erwartungswerte für die Phänotypen so klein werden, daß die Anwendung des χ^2-Tests problematisch ist. Eine Bewertung der Übereinstimmung erwarteter und beobachteter Phänotypenanzahlen ist unter Bezug auf einen Poisson- oder Binomialansatz möglich. Man stellt in diesem Falle den interessierenden Phänotyp (mit kleinem Erwartungswert) kategorial der Summe der verbleibenden Phänotypen gegenüber. Diese Testentscheidung ist jedoch nicht mehr in Bezug auf alle Phänotypen zu interpretieren, sie betrifft nur den betrachteten seltenen Typ (JÄGER/BIEBLER/KNAPP 1983). Neben dem χ^2-Anpassungstest soll, insbesondere auf Grund seiner besseren asymptotischen Eigenschaften bei kleinen Phänotypenhäufigkeiten, der G-Test (Likelihood-Verhältnis-Test) empfohlen werden (RASCH 1988, HARTUNG 1984).

4.4. Schätzwerte für Haustiere

4.4.1. Merkmale und Merkmalskorrektur

In den vorangegangenen Kapiteln wurde immer davon ausgegangen, daß die Daten einer direkten Analyse zugänglich sind. Bereits in 4.1.3.4. wurde gezeigt, wie ein Merkmal der stabilisierenden Selektion in ein Merkmal der gerichteten Selektion umgewandelt werden muß. Bei der praktischen Anwendung der vorliegenden Schätzverfahren auf Daten von Populationen sind zwei weitere Besonderheiten zu berücksichtigen:

- Selektionsindex,
- Merkmalskorrektur.

Die Zuchtarbeit vollzieht sich in allen Populationen nach komplexen Zielen. Daraus resultiert, daß verschiedene Merkmale gleichzeitig züchterisch zu beeinflussen sind. Die Verknüpfung der einzelnen Merkmale zur Erreichung des Zuchtzieles geschieht mittels Selektionsindizes. Die Theorie und die Methoden zur Konstruktion von Selektionsindizes findet man in ihren wesentlichen Teilen in Kapitel 5. Ebenso sind in diesem Kapitel die Methoden der Zuchtwertschätzung und der Zuchtwertindizes zusammengestellt. Diese Methoden setzen alle die Kenntnis der genetischen Parameter voraus. Sie ermöglichen andererseits auch einen Effizienzvergleich.
Wesentlich bedeutsamer für die Schätzung genetischer Parameter ist ihre Beziehung zu einem unterstellten Modell.
Die hier angegebenen Methoden der Schätzung genetischer Parameter beziehen sich alle auf das einfache populationsgenetische Modell. Das einfache populationsgenetische Modell setzt voraus, daß die Objekte einer Population folgende Bedingungen erfüllen:

- gleiche Makroumwelt,
- einheitliche genetische Konstruktion (Rasse, Linie),
- zufällige Paarung (Panmixie).

Die Bedingungen sind kaum mit den Nutztieren zu realisieren. Nutztierpopulationen leben in sehr verschiedenen Makroumwelten. Wenn auch in jeder dieser Makroumwelten das einfache populationsgenetische Modell gilt, so kann daraus noch nicht geschlußfolgert werden, daß die genetischen Parameter in jeder Makroumwelt gleich sind. Viele Untersuchungen haben gezeigt, daß sie z. B. vom Leistungsniveau abhängig sind. Aus dem Gesagten ergeben sich die folgenden Möglichkeiten. Zum einen können die genetischen Parameter nur für eine definierte Makroumwelt geschätzt werden. Dann gelten diese Parameter ausschließlich für diese Makroumwelt und eine Datenkorrektur bezüglich dieser Makroumwelt ist überflüssig. Solche Situationen treten unter standardisierten Umweltbedingungen auf, z. B. unter SPF-Bedingungen. Andererseits sollen die genetischen Parameter für mehrere Makroumwelten gelten. So kann man die unterschiedlichen Einflüsse der Makroumwelt herauskorrigieren, bevor die Schätzung durchgeführt wird. Diese Korrektur gilt ähnlich für die genetischen Konstruktionen.

Eine weitere genetisch begründete Schwierigkeit bei der Schätzung der Parameter besteht im möglichen Vorhandensein von Genotyp-Umwelt-Wechselwirkungen (GUW). Derartige genetische Einflußfaktoren lassen sich durch eine Datenkorrektur nicht eliminieren und beeinflussen erheblich die Größe der Schätzwerte. Das Vorhandensein von GUW muß daher überprüft und in der Parameterschätzung beachtet werden.

Als Methoden der Datenkorrektur zur Beseitigung von Einflüssen der Makroumwelt und der genetischen Konstruktion auf den Mittelwert der Daten und auf die phänotypische Varianz eignen sich

- $X_j = X_{ij} - \bar{X}_{i.}$ (Mittelwertkorrektur)
- $X_j = \frac{X_{ij} - \bar{X}_{i.}}{S_i}$ (Standardisierung)
- Regressionskorrektur
- Korrektur nach VMKQ-Methode.

Mit X_{ij} wird der Beobachtungswert des j-ten Tieres in der i-ten Umwelt bezeichnet.

4.4.2. Parameter

In diesem Kapitel wurde eine Auswahl von Schätzwerten für die Tierarten Rinder, Schweine und Legehennen zusammengestellt, die auf der Basis des einfachen populationsgenetischen Modells geschätzt wurden. Dabei wurden nur solche Parameter in die Tabellen aufgenommen, die einerseits Angaben zur Genauigkeit der Schätzwerte besaßen und andererseits auch den Bedingungen der statistischen Versuchsplanung entsprachen. Die nachfolgenden Tabellen sind bewußt als unvollständige Parametersätze aufgenommen worden, um die vorhandenen Lücken aufzuzeigen, die es gilt, in der Zukunft zu füllen. Dazu ist die Mitarbeit aller Kollegen der einzelnen Fachdisziplinen erforderlich. Als Einschränkung der Vielzahl der in der Literatur genannten Schätzwerte sollte das Prinzip gelten, daß vorrangig die Parameter der Merkmale des Selektionsindex und die des Zuchtzieles zu schätzen sind. Bei der Benutzung von Daten aus der Literatur ist eine höhere Qualität an die Schätzbedingungen zu stellen, d. h. die Umwelt und Genotypen bis hin zur Schätzmethodik einschließlich der Datenkorrektur sind zu beachten. Das erfordert aber, diese Bedingungen mit in die Tabellen aufzunehmen, um eine Bewertung zu gestatten. In den nachfolgenden Tabellen ist der Versuch unternommen worden, diese Forderungen zu erfüllen.

4.4.2.1. Rind

Autor: Seeland, Schönmuth, Wilke (1984)
Angaben zur Methodik: Hochgerechnete 305 Tage-Leistung der 1. Laktation des SMR, Daten korrigiert auf Betriebs- und Saisoneinflüsse (Mittelwertkorrektur), Halbgeschwisteranalyse und unvollständige Datenerfassung

Merkmale	Genetische Konstruktion		
	30	31	SR*
M–kg	0,22	0,25	0,19
F–kg	0,20	0,20	0,21
E–kg	0,19	0,22	0,24
F–%	0,34	0,45	0,24
E–%	0,20	0,23	0,40
$s^2_{h^2}$	0,005–0,019	0,007–0,038	

* Schönmuth u. a. (1978)

Tabelle 4.43. Heritabilitätskoeffizienten nach Seeland u. a. (1984)
M = Milch
F = Milchfett
E = Milcheiweiß

Merkmale	Leistungsniveau		
	3000 kg	3000–4000 kg	4000 kg
M–kg	0,26	0,23	0,24
F–kg	0,24	0,20	0,25
E–kg	0,27	0,20	0,27
F–%	0,31	0,37	0,36
E–%	0,17	0,19	0,28
$s^2_{h^2}$	0,052–0,062	0,016–0,022	0,04–0,048
n	1967–2541	20185–22617	4037–4286

Tabelle 4.44. Heritabilitätskoeffizienten nach Seeland u. a. (1984)

Merkmale	r_p	r_g
M–kg : F–kg	0,87	0,79
M–kg : E–kg	0,95	0,95
F–kg : E–kg	0,89	0,86
M–kg : F–%	–0,23	–0,40
M–kg : E–%	–0,34	–0,53
F–kg : F–%	0,26	0,24
E–kg : E–%	–0,06	–0,27
F–% : E–%	0,43	0,68

Tabelle 4.45. Phänotypische und genetische Korrelationskoeffizienten nach Seeland u. a. (1984) für die genetische Konstruktion 30

Autor: Brade und Mielenz (1986)
Angaben zur Methodik: Daten vom SMR, Halbgeschwisteranalyse, Daten korrigiert auf Betrieb und Saisoneinflüsse

Merkmale	Art der Information	s_p	$\hat{h}^2$
M–kg	1. Laktation	692,5	0,22
M–kg	2. Laktation	704,0	0,18
M–kg	3. Laktation	721,6	0,18
F–kg	1. Laktation	28,8	0,20
E–kg	1. Laktation	22,9	0,16
F–%	1. Laktation	0,37	0,34
F–%	2. Laktation	0,38	0,25
F–%	3. Laktation	0,38	0,25
E–%	1. Laktation	0,19	0,30
PTZ	ZBA (85.–365. LT)	96,0	0,26
KM365 (kg)	ZBA	31,5	0,23
WH cm	ZBA am 365. LT	3,10	0,35
KM ♂ (kg)	27. Lebensmonat	52,9	0,25
NTZ (g)	Mastbetriebe	49,5	0,17

Tabelle 4.46. Werte von s_p und $\hat{h}^2$ nach Brade und Mielenz (1986)
PTZ = Prüftagszunahme
WH = Widerristhöhe
KM = Körpermasse
NTZ = Nettotageszunahme

Tabelle 4.47. Werte von r_p und r_g nach Brade und Mielenz (1986)

r_g \ r_p	PTZ	KM	WH	KM27	M–kg	F–%	F–kg	E–%	E–kg	NTZ
PTZ	—	0,81	0,58	0,32	0,05	–0,04	0,04	–0,02	0,05	0,32
KM	0,93	—	0,59	0,35	0,06	–0,08	0,02	–0,02	0,06	0,33
WH	0,64	0,70	—	0,18	0,02	–0,03	0,01	–0,01	0,02	0,18
KM27	0,75	0,78	0,32	—	0,07	–0,04	0,05	–0,03	0,06	0,29
M–kg	0,13	0,14	0,04	0,18	—	–0,15	0,89	–0,19	0,89	0,08
F–%	–0,15	–0,15	–0,12	–0,16	–0,38	—	0,28	0,39	0,01	–0,07
F–kg	0,08	0,08	0,03	0,09	0,76	0,29	—	0,01	0,88	0,04
E–%	–0,06	–0,07	–0,02	–0,10	–0,45	0,62	0,06	—	–0,01	–0,06
E–kg	0,10	0,10	0,05	0,12	0,94	–0,13	0,82	–0,06	—	0,06
NTZ	0,78	0,79	0,31	0,74	0,12	–0,15	0,07	–0,12	0,11	—

Autor: Droese, Fiedler, Dietl, Hanschmann (1985)
Angaben zur Methodik: Laktationsleistungen korrigiert auf 01 (SR) und relativiert auf einen gleitenden Vergleichsmaßstab,
Material I = Tochter-Mutter-Paare der Genotypen 30, 21, 40, 41
n = 6290 mit vollständiger Meßwerterfassung
Material II = Töchter-Mütter-Paare von SMR
n = 14810 vollständige Merkmalserfassung

Schätzmethode: Mutter-Tochter-Regression, Mutter-Tochter-Regression innerhalb der Väter, simulierte Selektion
Mittelwerte und Standardabweichung der Leistungen bei Mutter und Tochter – Material I

Autor: WOLLERT, TILSCH, HERRENDÖRFER, TUCHSCHERER (1987)
Angaben zur Methodik: Eigenleistungsprüfmerkmale von Jungbullen des Fleischrindes, n = 905 Bullen, davon 58,5% Rasse Fleischfleckvieh, 12,9% Rasse Charolais und 24,5% bzw. 4,1% Kreuzungen dieser Rassen, Prüfmerkmale entsprechend TGL erfaßt, Halbgeschwisteranalyse

Tabelle 4.48. Werte von $\bar{y}$ und s nach DROESE u. a. (1985)

	M–kg	F–kg	E–kg	F–%	E–%	E/F-Quotient
Mutter $\bar{y}$	4350	177,5	148,2	4,09	3,41	0,84
s	940	40,7	33,2	0,45	0,26	0,09
Tochter $\bar{y}$	4224	172,4	242,9	4,09	3,38	0,83
s	902	38,6	31,5	0,44	0,26	0,09

Tabelle 4.49. Werte von h^2 nach DROESE u. a. (1985)

	TMR		TMR innerh. Väter		simulierte Selektion mit zwei Selektionsintensitäten (1–P)			
	Material I		Material II		Material I		Material II	
Merkmale	h^2	s_{h^2}	h^2	s_{h^2}	P = 3%	P = 27%	P = 3%	P = 27%
M–kg	0,26	0,02	0,28	0,02	0,23	0,35	0,27	0,34
F–kg	0,25	0,02	0,27	0,02	0,25	0,31	0,25	0,31
E–kg	0,24	0,02	0,25	0,02	0,23	0,28	0,25	0,27
F–%	0,55	0,02	0,55	0,02	0,36	0,58	0,42	0,50
E–%	0,36	0,02	0,39	0,02	0,36	0,42	0,32	0,38
E/F-Quotient	0,37	0,03	0,39	0,03	0,34	0,42	0,28	0,37

Tabelle 4.50. Werte von h_r^2 nach DROESE u. a. (1985)

100 P	n-Paare	Milch-kg	Fett-kg	Eiweiß-kg	Fett-%	Eiweiß-%	F/E-Quotient
	Material I						
1,0	57	0,19	0,14	0,20	0,47	0,30	0,38
2,0	114	0,22	0,18	0,19	0,41	0,36	0,35
3,0	171	0,23	0,25	0,23	0,36	0,36	0,34
5,0	285	0,28	0,27	0,25	0,37	0,37	0,39
10,0	570	0,32	0,27	0,28	0,46	0,39	0,42
27,0	1539	0,35	0,35	0,28	0,58	0,39	0,43
40,0	2280	0,30	0,33	0,27	0,58	0,42	0,42

Tabelle 4.50. (Fortsetzung)

100 P	n-Paare	Milch-kg	Fett-kg	Eiweiß-kg	Fett-%	Eiweiß-%	F/E-Quotient
	Material II						
1,0	139	0,30	0,26	0,25	0,51	0,29	0,24
2,0	277	0,25	0,24	0,22	0,45	0,34	0,30
3,0	416	0,27	0,25	0,25	0,42	0,32	0,28
5,0	693	0,30	0,28	0,26	0,48	0,31	0,30
10,0	1386	0,35	0,29	0,27	0,50	0,34	0,32
27,0	3742	0,34	0,31	0,27	0,55	0,38	0,37
40,0	5544	0,33	0,29	0,27	0,54	0,39	0,37

Tabelle 4.51. Werte von r_g – nach verschiedenen Methoden nach Droese u. a. (1985)

		MTR	TMR innerh. V.	simulierte Selektion			
		Material II	Material I	Material I		Material II	
		6260	6260	P = 3%	P = 27%	P = 3%	P = 27%
M – kg	: F – kg	0,67	0,66	0,74	0,68	0,73	0,70
	E – kg	0,92	0,94	0,84	0,92	0,90	0,93
	F – %	–0,45	–0,46	–0,40	–0,51	–0,38	–0,49
	E – %	–0,46	–0,45	–0,38	–0,50	–0,50	–0,56
	E/F-Q	0,30	0,34	–0,22	–0,29	0,17	0,27
F – kg	: E – kg	0,81	0,80	0,89	0,80	0,88	0,82
	F – %	0,31	0,34	0,29	0,26	0,30	0,27
	E – %	0,09	0,13	0,22	0,16	0,10	0,03
	E/F-Q	–0,38	–0,39	–0,34	–0,39	–0,39	–0,39
E – kg	: F – %	–0,22	–0,21	–0,11	–0,29	–0,10	–0,27
	E – %	–0,13	–0,13	0,07	–0,15	–0,09	–0,23
	E/F-Q	0,20	0,21	0,10	0,21	0,05	0,19
F – %	: E – %	0,75	0,76	0,81	0,79	0,83	0,76
	E/F-Q	–0,88	–0,89	–0,87	–0,87	–0,84	–0,89
E – %	: E/F-Q	–0,36	–0,38	–0,42	–0,39	–0,42	–0,41
	s^2_{rg}	0,003	0,003				

Tabelle 4.52. Phänotypische und genetische Parameter von Merkmalen aus der Eigenleistungsprüfung von Fleischrindjungbullen nach WOLLERT u. a. (1987)

Merkmal	ME	n	$\bar{x}$	s_p	s_g	$\widehat{h^2}$	s_{h^2}
Lebendmasse Prüfende	kg	2351	531,8	48,6	32,9	0,46	0,08
Prüftagszunahme	g	2349	1335,0	179,9	126,1	0,49	0,03
Energieaufwand	EFr	2337	3547,6	512,5	380,1	0,55	0,05
Widerristhöhe	cm	2321	123,8	2,9	2,1	0,52	0,03

Tabelle 4.53. Selektionsmerkmale in der Schweinezucht (ZEA – zentrale Eberaufzuchtstation, PS – Prüfstation, LZB – Linienzuchtbetrieb)

ZEA:	Z1 Rückenspeckdicke	LZB:	L1 Rückenspeckdicke
(♂)	Z2 Seitenspeckdicke	(♀)	L2 Seitenspeckdicke
	Z3 Muskeldicke		L3 Muskeldicke
Z	Z4 Lebenstagszunahme		L4 Lebenstagszunahme
	Z5 Futterverzehr		L5 IGF
	Z6 Futterenergieaufwand		L6 LGF 1. Wurf
			L7 AR21
PS:	P1 Futterenergieaufwand		L8 WM21 k
			L9 IGF
(♂, ♀)	P2 Nettotageszunahme		L10 LGF
	P3 Anteil Fleischteilstücke		L11 AR21 2. Wurf
	P4 täglicher Ansatz fleischreiche Teilstücke		L12 WM21 k
	P5 pH_{45}		L13 IGF
	P6 Remissionswert		L14 LGF
	P7 Dripverlust		L15 AR21 3. Wurf
			L16 WM21 k
			L17 WM 95
			L18 $L_5 + L_9 + L_{13}$

Da die Parameter der folgenden Tabellen sehr verschiedenen Arbeiten entnommen wurden, kann die Genauigkeit nicht mit angegeben werden. Sie sind also als Richtwerte zu betrachten. Die Merkmale des dritten Wurfes wurden nicht im Selektionsindex einzeln verwendet.
Neben diesen populationsgenetischen Parametern, die nicht linienspezifisch erhoben wurden, werden noch weitere populationsgenetische Parameter aus umfangreichen Versuchen angegeben. Dadurch wird das Merkmalsspektrum erheblich erweitert.

Autor: KRAUSE, RITTER, FALKENBERG, THOMS, DROBIG, AREND (1980)
Angaben zur Methodik: Varianzanalyse – Halbgeschwister, Daten aus IPA und ZEA, Edelschwein und Landschwein

Tabelle 4.54. Heritabilitätskoeffizienten und phänotypische Varianzen

Merkmal	$\widehat{h^2}$	s^2	Merkmal	$\widehat{h^2}$	s^2
L_1	0,30	9,00	Z_1	0,34	8,41
L_2	0,30	9,00	Z_2	0,35	6,50
L_3	0,25	14,44	Z_3	0,22	18,23
L_4	0,20	1600,00	Z_4	0,27	1965,20
L_5	0,08	8,41	Z_5	0,40	388,19
L_6	0,08	8,41	Z_6	0,40	0,03
L_7	0,08	8,41			
L_8	0,17	144,00	P_1	0,34	0,16
L_9	0,08	8,41	P_2	0,20	2610,19
L_{10}	0,08	8,41	P_3	0,55	13,69
L_{11}	0,08	8,41	P_4	0,31	1277,35
L_{12}	0,07	144,00	P_5	0,15	90000,00
L_{17}	0,14	10000,00	P_6	0,15	122500,00
L_{18}	0,18	32,49	P_7	0,15	87025,00

Tabelle 4.55. Werte von r_p und r_g zwischen den Merkmalen, die im Linienzuchtbetrieb gemessen wurden (LBZ)

	r_p											
r_g	L_1	L_2	L_3	L_4	L_5	L_6	L_7	L_8	L_9	L_{10}	L_{11}	L_{12}
L_1		0,30	0,04	0,25	−0,05	−0,05	−0,01	0,01	−0,05	−0,05	−0,01	0,01
L_2	0,84		−0,04	0,25	−0,05	−0,05	−0,01	0,01	−0,03	−0,03	−0,01	0,01
L_3	0,46	0,23		0,30	0,10	0,10	0,01	0,01	0,05	0,05	0,01	0,01
L_4	0,25	0,18	0,42		0,05	0,05	0,05	0,05	0,05	0,05	0,05	0,05
L_5	0,01	0,01	0,01	0,01		0,97	0,01	−0,01	0,12	0,10	0,01	−0,01
L_6	0,01	0,01	0,01	0,01	0,95		0,01	−0,01	0,10	0,10	0,01	−0,01
L_7	0,01	0,01	0,01	0,01	0,03	0,03		0,07	0,01	0,01	0,01	−0,01
L_8	0,01	0,01	0,01	0,01	−0,06	−0,06	0,09		0,10	0,10	0,01	0,25
L_9	0,01	0,01	0,01	0,01	0,98	0,95	−0,05	−0,06		0,97	0,01	−0,01
L_{10}	0,01	0,01	0,01	0,01	0,95	0,98	0,03	−0,06	0,95		0,01	−0,01
L_{11}	0,01	0,01	0,01	0,01	0,03	0,03	0,98	−0,09	0,03	0,03		0,70
L_{12}	0,01	0,01	0,01	0,01	−0,06	−0,06	−0,09	0,98	−0,06	−0,06	−0,09	

Autor: SCHÜLER, BÜNGER, RENNE, KUPATZ, KRAUSE, THOMS, DIETL (1982)
Angaben zur Methodik: Simulierte Selektion, 1742 Töchter-Mütter-Paare, Rotationskreuzungen der IPA Eberwalde 1975–1981

Tabelle 4.56. Werte von r_p und r_g zwischen den Merkmalen, die in der ZEA gemessen wurden

r_g \ r_p	Z_1	Z_2	Z_3	Z_4	Z_5	Z_6
Z_1		0,67	0,32	0,35	0,30	0,12
Z_2	0,84		0,14	0,34	0,25	0,20
Z_3	0,46	0,23		0,40	0,25	−0,09
Z_4	0,25	0,18	0,42		0,60	−0,12
Z_5	0,40	0,40	0,20	0,80		−0,15
Z_6	0,21	0,30	−0,25	−0,33	−0,15	

Tabelle 4.57. Werte von r_p und r_g zwischen den Merkmalen in PS

r_g \ r_p	P_1	P_2	P_3	P_4	P_5	P_6	P_7
P_1		0,37	0,25	0,56	−0,38	−0,92	−0,75
P_2	−0,82		0,01	0,83	−0,27	−0,47	−0,29
P_3	−0,23	−0,24		0,50	−0,43	−0,35	−0,01
P_4	−0,80	0,59	0,64		−0,41	−0,67	−0,42
P_5	0,05	−0,05	−0,05	−0,05		0,43	−0,00
P_6	0,05	−0,05	−0,05	−0,05	0,30		0,08
P_7	−0,05	−0,10	−0,03	0,05	−0,20	−0,20	

Tabelle 4.58. Werte von r_g zwischen L_i und Z_i

	Z_1	Z_2	Z_3	Z_4	Z_5	Z_6
L_1	1,00	0,84	0,46	0,25	0,40	0,21
L_2	0,84	1,00	0,23	0,18	0,40	0,30
L_3	0,46	0,23	1,00	0,42	0,20	−0,25
L_4	0,25	0,18	0,42	1,00	0,80	−0,33
L_5	0,20	0,20	−0,01	0,20	0,01	−0,05
L_6	0,20	0,20	−0,01	0,20	0,01	−0,05
L_7	0,01	0,01	0,01	0,01	0,01	−0,01
L_8	0,01	0,01	0,01	0,01	0,01	0,01
L_9	0,20	0,20	−0,01	0,20	0,01	−0,05
L_{10}	0,20	0,20	−0,01	0,20	0,01	−0,05
L_{11}	0,01	0,01	0,01	0,01	0,01	−0,01
L_{12}	0,01	0,01	0,01	0,01	0,01	0,01

Tabelle 4.59. Werte von r_g zwischen L_i und P_i

	P_1	P_2	P_3	P_4	P_5	P_6	P_7
L_1	0,01	−0,11	−0,15	−0,25	0,05	0,05	−0,05
L_2	−0,01	−0,09	−0,34	−0,34	0,05	0,05	−0,05
L_3	0,11	−0,01	0,26	0,26	−0,05	−0,05	0,05
L_4	−0,33	0,60	0,23	0,75	−0,05	−0,05	0,05
L_5	−0,05	0,10	−0,10	0,01	0,01	0,01	0,15
L_6	−0,05	0,10	−0,10	0,01	0,01	0,01	0,15
L_7	−0,01	0,01	−0,01	0,01	0,01	0,01	0,01
L_8	0,01	0,01	0,01	0,01	0,01	0,01	0,01
L_9	0,05	0,10	−0,10	0,01	0,01	0,01	0,15
L_{10}	−0,05	0,10	−0,10	0,01	0,01	0,01	0,15
L_{11}	−0,01	0,01	−0,01	0,01	0,01	0,01	0,01
L_{12}	0,01	0,01	0,01	0,01	0,01	0,01	0,01

Tabelle 4.60. Werte von r_g zwischen P_i und Z_i

	Z_1	Z_2	Z_3	Z_4	Z_5	Z_6
P_1	0,01	−0,01	0,11	−0,33	−0,33	0,19
P_2	−0,11	−0,09	−0,01	0,60	0,40	−0,04
P_3	−0,15	−0,34	0,26	0,23	0,50	−0,60
P_4	−0,25	−0,34	0,26	0,75	0,72	−0,55
P_5	0,05	0,05	−0,05	−0,05	−0,05	0,05
P_6	0,05	0,05	−0,05	−0,05	−0,05	0,05
P_7	−0,05	−0,05	0,05	0,05	0,05	−0,05

Tabelle 4.61. Werte von r_g zwischen L_{17} und L_{18} und den übrigen Merkmalen

	L_{17}	L_{18}
L_1	0,05	0,05
L_2	0,05	0,05
L_3	−0,05	−0,05
L_4	0,10	0,10
L_5	0,25	0,50
L_6	0,30	0,50
L_7	0,05	0,05
L_8	0,05	0,05
L_9	0,20	0,50
L_{10}	0,20	0,50
L_{11}	0,05	0,05
L_{12}	0,05	0,05
Z_1	0,10	0,03

	L_{17}	L_{18}
Z_2	0,10	0,03
Z_3	0,10	0,03
Z_4	0,20	0,03
Z_5	0,10	0,03
Z_6	0,10	0,03
P_1	−0,30	−0,20
P_2	0,40	0,20
P_3	−0,15	−0,20
P_4	0,20	0,03
P_5	0,05	0,05
P_6	0,05	0,05
P_7	0,10	0,20

$r_{g\,L17\,L18} = 0{,}2$

Tabelle 4.62. Werte von $\bar{y}$, s und h^2 nach KRAUSE u. a. (1980) für Merkmale am Sperma von Jungebern

Merkmale		Edelschwein n – 674			Landschwein n = 337		
		$\bar{y}$	s	$\hat{h}^2$	$\bar{y}$	s	$\hat{h}^2$
Alter bei Absamung	d	194,4	5,6		194,2	4,7	
Volumen	ml	140,0	42,1	0,36	145,4	42,6	0,07
Spermienkonzentration	z	0,275	0,108	0,45	0,262	0,104	0,56
Spermienkonzentration	D	0,269	0,086	0,34	0,264	0,09	0,61
Spermienkonzentration/Ejakulat	10^9	37,4	14,9	0,42	37,7	15,5	0,25
Vorwärtsbeweglichkeit	%	55,6	8,0	0,13	57,6	7,3	0,29
Ortsbeweglichkeit	%	19,2	3,8	0,28	18,6	3,8	0,27
Unbeweglichkeit	%	25,1	5,9	0,20	23,7	5,1	0,26
pH-Werte		7,1	1,6	0,43	7,1	1,7	0,37
Lose Köpfe	%	0,60	0,94	0,26	0,70	1,61	0,01
Ohne Kopfkappe	%	0,50	0,75	0,09	0,56	0,78	0,16
Lose Kopfkappe	%	1,61	1,67	0,35	1,74	1,92	0,06
Primäre Kopfdefekte	%	1,62	1,50	0,24	2,09	2,03	0,24
Mittelstückdefekte	%	0,28	0,51	0,17	0,24	0,37	0,30
Akrosomdefekte	%	0,26	0,44	0,02	0,35	0,60	0,30
Plasmatropfen	%	1,80	2,83	0,04	1,42	1,81	0,30
Schwanz umgeschlagen	%	2,37	2,35	0,23	3,08	3,73	0,29
Schwanz aufgerollt	%	0,37	0,59	0,18	0,41	0,67	0,37
Schwanz abgeknickt	%	0,14	0,33	0,10	0,18	0,38	0,70
Summe aller Defekte	%	9,56	5,87	0,27	10,80	6,69	0,28

Tabelle 4.63. Werte von $\bar{y}$, s, h^2 nach KRAUSE u. .a. (1980)

Merkmal		n	Schätzwerte $\bar{y}$	s	$\hat{h}^2$	s_{h^2}
LTZ durchschn. Lebenstagszunahme	g	1274	594,1	40,3	0,31	0,12
PTZ durchschn. Prüftagszunahme	g	1274	808,2	73,5	0,23	0,16
FUA Futteraufwand	(kEF_S)	1274	1,97	0,3	0,12	0,07
RSD Rückenspeckdicke	(mm)	795	21,04	4,2	0,44	0,13

Tabelle 4.63. (Fortsetzung)

Merkmal		Schätzwerte n	$\bar{y}$	s	$\hat{h}^2$	s_{h^2}
TRG Anzahl Trainingssprünge	n	795	4,28	3,7	0,21	0,10
VOL Filtratvolumen	ml	268	141,2	49,7	0,18	0,07
KONZ Spermienkonzentration	10^6/ml	268	0,458	0,15	0,27	0,12
VO-PRZ vorwärtsbewegliche Spermien	%	268	50,33	7,7	0,39	0,15

Tabelle 4.64. Parameterschätzwerte nach der Varianzanalyse (Halbgeschwister, linienspezifische Auswertung) Daten von 1975–1978 aus 6 Großanlagen

Merkmal	n	Parameter				Schätz-	genet.	Bemerkungen
	n	$\bar{y}$	s	$\hat{h}^2$	s_{h^2}	methode	Konstruktion	
GGF 1	1485	9,80	3,02	0,36	0,10	VA	L	Krause u. a. 1980
gesamtgeb.	1262	10,52	3,05	0,30	0,10	Halbgeschwister	250	Daten 1975–1978
Ferkel								
1. Wurf	1202	8,88	2,96	0,13	0,09		150	Großanlage
	822	9,52	3,01	0,17	0,07		Rotationssauen	ohne Beachtung v. Maternaleffekten
LFG 1	1485	9,31	2,85	0,24	0,10	VA	L	
lebend geb.	1262	9,90	2,90	0,31	0,10		250	siehe GGF 1
Ferkel							150	
1. Wurf	1202	7,88	2,73	—	—		Rotations-	
	822	8,81	2,77	0,19	0,06		sauen	
EFA	1485	404,12	33,3	—	—	VA	L	
Erstferkel-	1262	398,93	18,5	0,18	0,09		250	siehe GGF 1
alter							150	
(Tage)	1202	402,94	23,0	—	—		Rotations-	
	822	403,50	18,4	0,37	0,13		sauen	

	n	$\bar{y}$	s	h^2	s_{h^2}
IGF 1	3827	9,89	2,8	0,11	0,002
AFF 1	3827	9,93	2,6	0,14	0,002
IGF 2	3827	10,99	3,1	0,06	0,002
AFF 2	3827	9,99	2,8	0,02	0,002

Tabelle 4.65. Werte von $\bar{y}$, s und h^2 nach SCHÜLER u. a. (1982)

Tabelle 4.66. Phänotypische Korrelationskoeffizienten nach SCHÜLER u. a. (1982)

		2	3	4
IGF 1	1	0,86	0,15	0,15
AFF 1	1		0,15	0,15
IGF 2	3			0,89
AFF 2	4			

In den Tabellen 4.65. bis 4.70. bedeuten
IGF 1 – Anzahl insgesamt geborener Ferkel im 1. Wurf
AFF 1 – Anzahl aufzuchtfähiger Ferkel im 1. Wurf
LGF 1 – Anzahl lebendgeborener Ferkel im 1. Wurf
EFA – Erstferkelalter in Tagen

Linie	L	250	150	Rotationssauen
IGF	0,19	0,15	0,06	0,11
LGF	0,17	0,11	0,15	0,16

Tabelle 4.67. Werte von $\hat{h}^2$ nach KRAUSE u. a. (1980)

4.4.2.2. Schwein

Auch für das Schwein existiert eine sehr große Anzahl von Arbeiten, in denen Parameter für ein umfangreiches Merkmalsspektrum geschätzt wurden. SCHAAF u. a. (1986) haben aus diesen Arbeiten und aus den Forschungsberichten des Forschungszentrums für Tierproduktion Dummerstorf-Rostock der letzten Jahre einen Satz von populationsgenetischen Parametern zusammengestellt, der zur Konstruktion von Selektionsindizes benötigt wird. Auf diesen Satz von Parametern soll hier zurückgegriffen werden. Bei der Zusammenstellung dieser Parameter wurden Lücken aufgedeckt, die zunächst durch vermutete Werte geschlossen werden mußten. Das betrifft insbesondere die genetischen Korrelationen zwischen den Merkmalen der Fleischqualität und den anderen Merkmalen,

Tabelle 4.68. Schätzwerte phänotypischer Parameter aus 1587 Töchter-Mütter-Paaren (Rotationskreuzungssauen aus IPA Eberswalde, Zweitwurfabstammung von Mutter und Tochter) nach KRAUSE u. a. (1984)

Merkmal	$\bar{y}$	s	r_p	1	2	3	4	5	6	7	8	9	10	11	12
Mutter															
IGF 1	10,1	2,9	1	×	0,88	0,15	0,05	0,77	0,69	0,04	0,03	0,02	0,01	0,04	0,03
AFF 1	9,0	2,6	2		×	0,10	0,17	0,70	0,78	0,04	0,03	0,01	0,01	0,04	0,03
IGF 2	11,6	2,8	3			×	0,87	0,74	0,60	0,03	0,03	0,07	0,06	0,07	0,06
AFF 2	10,6	2,4	4				×	0,66	0,74	0,03	0,03	0,06	0,05	0,06	0,05
IGF 1 + 2	21,7	4,3	5					×	0,89	0,05	0,04	0,05	0,05	0,07	0,06
AFF 1 + 2	19,6	3,8	6						×	0,05	0,04	0,05	0,04	0,07	0,05
Tochter															
IGF 1	9,9	2,8	7							×	0,89	0,11	0,12	0,70	0,65
AFF 1	9,0	2,6	8								×	0,10	0,12	0,62	0,72
IGF 2	10,9	3,2	9									×	0,91	0,79	0,70
AFF 2	9,8	2,8	10										×	0,73	0,78
IGF 1 + 2	20,7	4,5	11											×	0,91
AFF 1 + 2	18,8	4,0	12												×

da erstere zunächst transformiert werden mußten, damit sie als Merkmale der gerichteten Selektion in den Index eingehen konnten. Die in der Literatur angegebenen Parameter beziehen sich aber auf untransformierte Merkmale und sind damit zur Konstruktion von Selektionsindizes nach der Theorie von SMITH-HAZEL nicht geeignet. Die phänotypischen Varianzen und die Heritabilitätskoeffizienten dieser Merkmale konnten aus einem Material geschätzt werden. Von SCHAAF u. a. (1985) wurden die Abkürzungen der zu berücksichtigenden Merkmale eingeführt, die hier auch verwendet werden sollen. Sie sind in der nachfolgenden Tabelle enthalten.

4.4.2.3. Legehennen

Die hier von Legehennen aufgenommenen Schätzwerte populationsgenetischer Parameter können nur einen ersten Eindruck von den Parametern der wichtigsten Merkmale des Huhnes geben.

In den Tabellen 4.72. bis 4.75. bedeuten:
LB = Legebeginn
LL_x = Legeleistung bis zum x-ten Lebenstag je überlebende Henne
EEM = Einzeleimasse am 240. Lebenstag
GEM_{450} = Gesamteimasse am 240. Lebenstag
KM_{240} = Körpermasse am 240. Lebenstag
DEF = Deformation der Eischale in µm

Tabelle 4.69. Werte von r_p, $\bar{y}$ und s nach KRAUSE u. a. (1984)

Merkmal		1	2	3	4	5	6	7	8	9	10	11	$\bar{y}$	s
LTZ	1	×	0,43	−0,06	0,03	0,04	0,03	0,02	0,01	0,07	0,02	0,04	478,66	36,5
MD	2		×	−0,59	0,02	0,02	0,03	−0,01	−0,00	0,02	−0,01	−0,02	48,03	4,6
MSV	3			×	−0,03	−0,02	−0,02	0,04	0,05	0,03	0,06	0,03	0,39	0,04
IGF	4				×	0,95	0,88	0,10	−0,01	−0,13	0,01	−0,07	10,12	2,9
LGF	5					×	0,90	0,12	0,02	−0,10	0,04	0,05	9,86	2,9
AFF	6						×	0,15	0,05	0,02	0,07	0,01	9,09	2,6
WGA	7							×	0,74	0,38	0,54	0,33	9,65	0,9
WG7	8								×	0,60	0,79	0,52	9,29	1,0
WM7	9									×	0,59	0,76	23,58	5,3
WG21	10										×	0,70	8,86	1,2
WM21	11												45,70	10,1

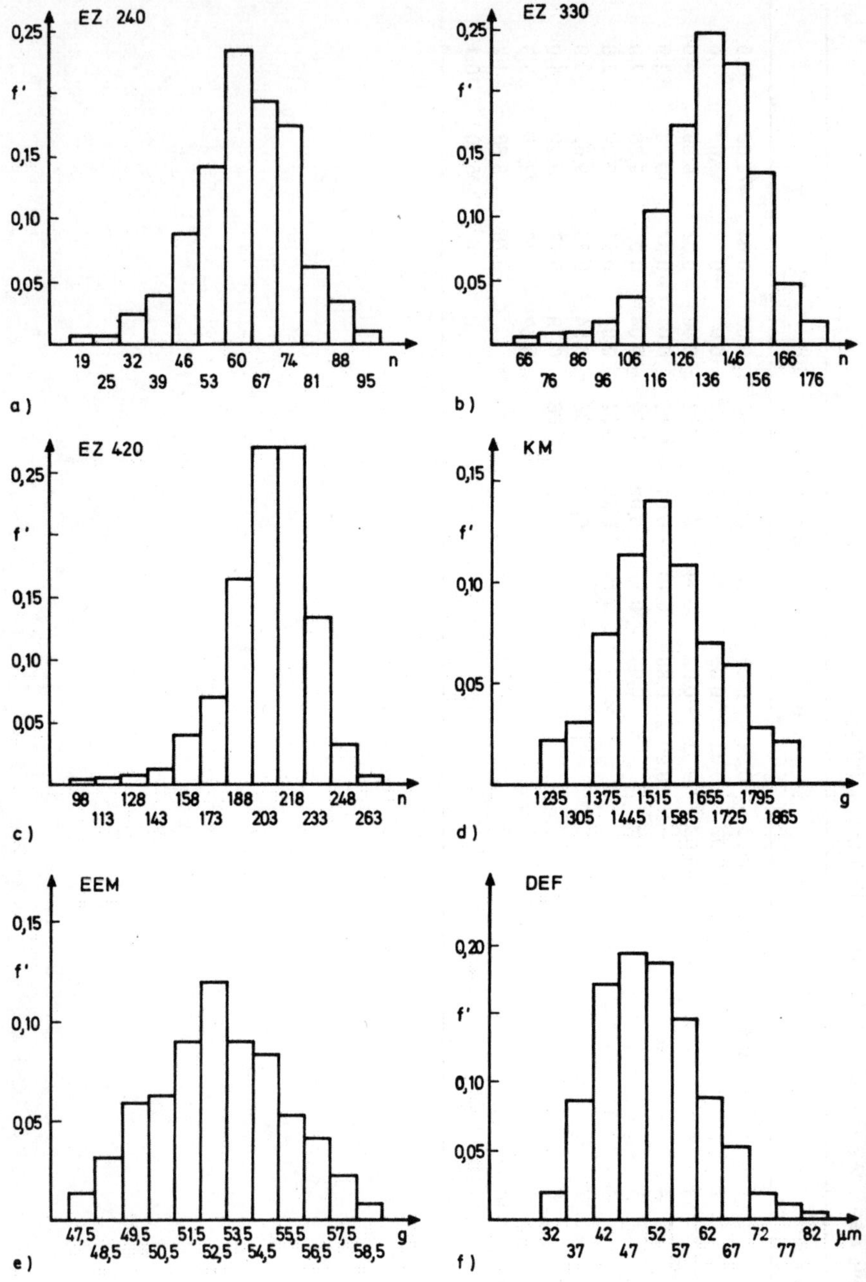
EZ 240
0,25
f'
0,15
0,10
0,05
19 32 46 60 74 88 n
25 39 53 67 81 95
a)
EZ 330
0,25
f'
0,15
0,10
0,05
66 86 106 126 146 166 n
76 96 116 136 156 176
b)
EZ 420
0,25
f'
0,15
0,10
0,05
98 128 158 188 218 248 n
113 143 173 203 233 263
c)
KM
0,15
f'
0,10
0,05
1235 1375 1515 1655 1795 g
1305 1445 1585 1725 1865
d)
EEM
0,15
f'
0,10
0,05
47,5 49,5 51,5 53,5 55,5 57,5 g
48,5 50,5 52,5 54,5 56,5 58,5
e)
DEF
0,20
f'
0,10
0,05
32 42 52 62 72 82 µm
37 47 57 67 77
f)

Tabelle 4.70. Werte von h^2 nach KRAUSE u. a. (1984)

		01		11		250		150	
Merkmal		n	$\hat{h}^2$	n	$\hat{h}^2$	n	$\hat{h}^2$	n	$\hat{h}^2$
IGF	I	3534	0,075	3534	0,1275	3534	0,215	3534	0,1175
	II	1623	0,127	1623	0,1525	1623	0,160	1623	0,1650
LGF	I	3534	0,052	3534	0,1179	3534	0,300	3534	0,1500
	II	1623	0,102	1623	0,1575	1623	0,140	1623	0,1525

I = Tochter mit Jungsauenwurf
II = Tochter mit Altsauenwurf

Tabelle 4.71. Werte von h^2 für Große Weiße, nach MATSCHEW, 1984

Merkmal	n	$\hat{h}^2$	h^2_{min}	h^2_{max}
Schlachtalter bei 90 kg	778	0,70	0,64	0,74
Tägliche Zunahme (30–90 kg)	778	0,45	0,34	0,56
Futterverbrauch je kg tägliche Zunahme	778	0,28	0,07	0,48
Körpermasse	778	0,30	0,07	0,41
Speckdicke (letzte Rippe)	778	0,36	0,18	0,54
Muskelfläche (m. l. d.)	778	0,49	0,39	0,59
Fleisch mit Knochen	778	0,70	0,69	0,70
Wassergehalt im m. l. d.	486	0,73	0,58	0,87
Proteingehalt im m. l. d.	486	0,23	0,21	0,28
Aschegehalt im m. l. d.	486	0,08	0,02	0,19
Presswasser	486	0,44	0,21	0,68
pH-Wert	486	0,40	0,30	0,50
Fleischfarbe	486	0,43	0,20	0,65
Muskelfaserdicke	486	0,26	0,05	0,48
Bratverlust	486	0,31	0,15	0,84
Fett mit Haut (kg)	778	0,56	0,55	0,56
Fettgehalt (kg) im m. l. d.	486	0,61	0,12	0,80

Autor: BONITZ (1985)
Angaben zur Methodik:
Die Schätzwerte je Population beruhen auf 2 Zuchtjahren (1983/84–1984/85).

Abbildung 4.22. Relative Häufigkeiten f′ der Merkmale Eianzahl am 240. (EZ 240), 330. (EZ 330) und 420. (EZ 420) Lebenstag
Körpermasse (KM) in g, Einzeleimasse (EEM) in g und Deformation der Eischale (DEF) in µm beim Legehuhn (Linie 70)

Der Populationsumfang je Jahr betrug etwa 1900 Individuen, erzeugt von
Population A–D: 20 Väter und 12 Mütter/Vater
Population E–G: 30 Väter und 9 Mütter/Vater

(Die Populationen A–D stellen normalwüchsige, die Populationen E–G zwergwüchsige Linien der Legerichtung der Rasse Weißes Leghorn dar.)

Autor: MÜLLER (1986)
Angaben zur Methodik: Simulierte Selektion mit Daten (2096 Mütter-Töchter-Paare) aus der Legehuhnzucht der DDR (Linie 70). Für 12 Remontierungsraten (P) werden die Selektionsdifferenz, der Selektionserfolg, die genetische und phänotypische Standardabweichung und die Heritabilität angegeben.

Tabelle 4.72. Schätzwerte der phänotypischen Standardabweichung nach BONITZ (1985)

	Population						
Merkmal	A	B	C	D	E	F	G
LB (Tage)	10,9	12,1	11,5	12,0	14,7	12,2	11,9
LL_{270} (Stck)	13,6	15,9	15,1	15,0	15,4	14,0	13,8
LL_{450} (Stck)	35,3	41,6	41,0	40,0	36,1	37,8	37,0
EEM_{240} (g)	3,4	3,5	3,5	3,3	3,8	3,6	3,6
GEM_{450} (g)	2142,7	2492,4	2489,6	2414,1	2135,7	2217,0	2103,8
KM_{240} (g)	144,3	151,5	157,5	147,0	166,9	162,2	151,0

Tabelle 4.73. Schätzwerte des Heritabilitätskoeffizienten (h^2_{V+M}, Diagonale), des phänotypischen (r_p, oberhalb Diagonale) und genotypischen Korrelationskoeffizienten (r_{gV+M}, unterhalb Diagonale) nach MÜLLER (1986)

		LB	LL_{270}	LL_{450}	EEM_{240}	GEM_{450}	KM_{240}
LB	A	0,347	−0,682	−0,291	0,152	−0,232	−0,023
	B	0,324	−0,668	−0,281	0,095	−0,234	0,026
	C	0,273	−0,594	−0,199	0,122	−0,149	0,003
	D	0,376	−0,684	−0,212	0,096	−0,173	0,026
	E	0,428	−0,661	−0,237	0,049	−0,205	−0,001
	F	0,452	−0,681	−0,321	0,023	−0,301	−0,067
	G	0,515	−0,708	−0,295	0,077	−0,249	−0,002
LL_{270}	A	−0,834	0,264	0,562	−0,121	0,587	0,053
	B	−0,842	0,204	0,620	−0,137	0,542	0,023
	C	−0,795	0,195	0,633	−0,088	0,567	0,042
	D	−0,807	0,272	0,622	−0,162	0,550	−0,001

Tabelle 4.73. (Fortsetzung)

		LB	LL_{270}	LL_{450}	EEM_{240}	GEM_{450}	KM_{240}
	E	−0,774	0,387	0,653	−0,106	0,608	0,163
	F	−0,869	0,517	0,7723	−0,085	0,689	0,168
	G	−0,798	0,538	0,644	−0,042	0,586	0,173
LL_{450}	A	−0,332	0,746	0,310	−0,046	0,947	0,112
	B	−0,403	0,780	0,263	−0,045	0,938	0,071
	C	−0,498	0,757	0,098	−0,004	0,945	0,107
	D	−0,224	0,671	0,326	−0,083	0,943	0,032
	E	−0,360	0,754	0,356	0,019	0,945	0,159
	F	−0,632	0,903	0,489	0,055	0,959	0,178
	G	−0,430	0,802	0,354	0,034	0,945	0,184
EEM_{240}	A	0,225	−0,053	0,016	0,320	0,274	0,289
	B	−0,076	−0,014	−0,046	0,474	0,300	0,354
	C	0,074	−0,128	0,041	0,278	0,315	0,289
	D	0,045	−0,129	−0,061	0,347	0,249	0,387
	E	−0,017	−0,106	−0,188	0,465	0,338	0,543
	F	−0,091	0,036	−0,065	0,461	0,282	0,520
	G	0,084	−0,164	−0,048	0,559	0,354	0,558
GEM_{450}	A	−0,244	0,688	0,949	0,329	0,312	0,201
	B	−0,404	0,704	0,893	0,407	0,288	0,186
	C	−0,410	0,602	0,864	0,536	0,115	0,198
	D	−0,202	0,605	0,943	0,271	0,334	0,156
	E	−0,359	0,701	0,921	0,208	0,323	0,325
	F	−0,648	0,897	0,961	0,212	0,463	0,314
	G	−0,249	0,685	0,915	0,357	0,348	0,353
KM_{240}	A	−0,087	0,193	0,226	0,342	0,327	0,393
	B	−0,064	0,028	0,028	0,298	0,152	0,478
	C	−0,151	0,107	0,358	0,241	0,421	0,412
	D	−0,018	−0,127	−0,208	0,617	0,007	0,416
	E	0,002	0,085	0,093	0,495	0,295	0,460
	F	−0,034	0,168	0,134	0,642	0,310	0,587
	G	−0,105	0,272	0,277	0,672	0,525	0,494

Tabelle 4.74. Werte von d, G, s_p, h^2 und s_g für verschiedene Merkmale und Selektionsintensitäten 1 – P, nach MÜLLER (1986)

Merk-mal	P	d	ΔG	s_p	$\hat{h}^2$	s_g
y_1 = LL_{240}	0,048	22,00	2,60	10,58	0,24	5,18
	0,095	18,98	2,86	10,67	0,30	5,84
	0,191	15,60	2,34	10,95	0,30	6,00
	0,239	14,31	2,10	11,03	0,29	5,94
	0,286	13,20	1,70	11,10	0,26	5,66
	0,334	12,19	1,77	11,19	0,29	6,03
	0,382	11,23	1,54	11,25	0,27	5,85
	0,477	9,47	1,41	11,34	0,30	6,21
	0,573	7,88	1,24	11,51	0,31	6,41
	0,668	6,34	0,77	11,67	0,24	5,72
	0,763	4,84	0,58	11,96	0,24	5,86
	0,859	3,27	0,27	12,56	0,17	5,02
y_2 = LL_{330}	0,048	29,18	5,36	14,03	0,37	8,53
	0,095	25,35	3,17	14,25	0,25	7,13
	0,191	20,95	3,94	14,70	0,38	9,06
	0,239	19,27	2,85	14,85	0,30	8,13
	0,286	17,81	2,92	14,98	0,33	8,61
	0,334	16,45	3,28	15,10	0,40	9,95
	0,382	15,21	2,89	15,24	0,38	9,39
	0,477	12,92	2,59	15,47	0,40	9,78
	0,573	10,83	1,86	15,82	0,34	9,22
	0,668	8,81	1,03	16,21	0,23	7,77
	0,763	6,81	0,66	16,83	0,19	7,34
	0,859	4,67	0,43	17,93	0,18	7,61
y_3 = LL_{420}	0,048	51,03	5,39	24,54	0,21	11,25
	0,095	40,50	4,26	22,76	0,21	10,43
	0,191	31,74	4,83	22,27	0,30	12,20
	0,239	28,92	4,50	22,28	0,31	12,40
	0,286	26,65	3,38	22,41	0,25	11,21
	0,334	24,64	2,97	22,62	0,24	11,08
	0,382	22,79	3,36	22,83	0,29	12,29
	0,477	19,48	2,93	23,33	0,30	12,78
	0,573	16,53	2,30	24,15	0,28	12,78
	0,668	13,71	1,58	25,23	0,23	12,10
	0,763	10,76	1,50	26,59	0,28	14,07
	0,859	7,45	0,91	28,61	0,24	14,02
y_4 = EEM	0,048	6,47	1,57	3,11	0,49	2,18
	0,095	5,47	1,42	3,07	0,52	2,21
	0,191	4,30	0,99	3,02	0,46	2,05

Tabelle 4.74. (Fortsetzung)

Merkmal	P	d	ΔG	s_p	$\hat{h}^2$	s_g
	0,239	3,88	0,82	2,99	0,42	1,94
	0,286	3,53	0,74	2,97	0,42	1,92
	0,334	3,22	0,70	2,96	0,43	1,94
	0,382	2,94	0,65	2,95	0,44	1,96
	0,477	2,45	0,54	2,93	0,44	1,94
	0,573	2,00	0,44	2,92	0,44	1,94
	0,668	1,59	0,33	2,93	0,42	1,90
	0,763	1,18	0,23	2,92	0,39	1,82
	0,859	0,77	0,16	2,96	0,42	1,92
y_5 = DEF	0,048	−20,58	−2,75	9,90	0,27	5,14
	0,095	−17,33	−2,33	9,74	0,27	5,06
	0,191	−13,99	−1,65	9,82	0,24	4,81
	0,239	−12,85	−1,38	9,90	0,21	4,54
	0,286	−11,86	−0,98	9,97	0,17	3,99
	0,334	−10,98	−0,91	10,08	0,17	4,03
	0,382	−10,18	−0,88	10,20	0,17	4,21
	0,477	−8,72	−0,64	10,44	0,15	4,04
	0,573	−7,37	−0,57	10,77	0,15	4,17
	0,668	−6,03	−0,48	11,10	0,16	4,44
	0,763	−4,64	−0,26	11,47	0,11	3,80
	0,859	−3,14	−0,24	12,06	0,15	4,67
y_6 = KM	0,048	−310,33	−67,58	149,21	0,44	98,97
	0,095	−262,18	−65,59	147,36	0,50	101,20
	0,191	−210,01	−49,12	147,34	0,47	101,01
	0,239	−191,97	−44,22	147,92	0,46	100,32
	0,286	−175,29	−42,08	147,41	0,48	102,13
	0,334	−161,19	−38,85	147,95	0,48	102,50
	0,382	−148,24	−36,63	148,49	0,49	103,94
	0,477	−124,94	−32,36	149,63	0,52	107,90
	0,573	−103,45	−26,39	151,13	0,51	107,93
	0,668	−82,96	−22,42	152,67	0,54	112,19
	0,763	−62,59	−16,74	154,70	0,53	112,62
	0,859	−40,74	−11,58	156,45	0,57	118,12

P	r_p 1:2	1:3	1:4	1:5	1:6	2:3	2:4	2:5	2:6
0,191	0,8219	0,5001	−0,2059	0,0782	0,0219	0,7840	−0,2190	0,0946	0,0035
0,239	0,8075	0,6116	−0,2060	0,0507	0,0217	0,7899	−0,2048	0,0930	0,0132
0,286	0,8030	0,5756	−0,1817	0,0600	0,0160	0,7994	−0,1836	0,0781	0,0065
0,334	0,8089	0,5664	−0,1694	0,0523	0,0113	0,7949	−0,1715	0,0790	0,0050
0,382	0,8077	0,5699	−0,1744	0,0598	0,0132	0,7991	−0,1709	0,0815	0,0118
0,477	0,7963	0,5548	−0,1644	0,0541	−0,0016	0,7880	−0,1611	0,0716	0,0045
0,573	0,7921	0,5207	−0,1696	0,0585	−0,0153	0,7846	−0,1444	−0,0896	−0,0009
0,668	0,7806	0,5035	−0,1426	0,0539	−0,0207	0,7621	−0,1269	−0,0857	−0,0137
	r_g								
0,191	0,9488	0,8577	0,0321	0,2821	0,0101	0,9732	−0,0408	0,2740	0,0026
0,239	0,9425	0,7936	0,0517	0,2132	0,0057	0,9696	−0,0668	0,2903	0,1007
0,286	0,8785	0,7743	0,0056	0,2346	0,0132	0,0864	−0,0661	0,2883	0,1260
0,334	0,8303	0,7693	0,1057	0,1097	0,0233	1,0374	0,0411	0,0828	0,0874
0,382	0,8941	0,7811	0,0907	0,0731	0,0199	0,8892	−0,0094	0,1924	0,0875
0,477	0,8317	0,7466	0,0715	−0,0373	0,0122	1,0081	−0,0085	0,0718	0,0418
0,573	0,8176	0,7295	0,0969	−0,1607	−0,0030	0,9504	−0,0711	−0,0113	−0,0370
0,668	0,9057	0,6509	0,0864	−0,1759	−0,0375	0,9190	−0,0065	−0,0213	−0,0491

P	r_p 3:4	3:5	3:6	4:5	4:6	5:6
0,191	−0,2008	0,0348	0,0099	−0,0176	0,2481	−0,1326
0,239	−0,1943	0,0412	0,0202	−0,0038	0,2401	−0,1151
0,286	−0,1799	0,0419	0,0114	−0,0049	0,2303	−0,1326
0,334	−0,1660	0,0522	0,0018	−0,0148	0,2242	−0,1341
0,382	−0,1682	0,0446	0,0136	−0,0266	0,2220	−0,1301
0,477	−0,1548	0,0474	0,0039	−0,0526	0,2378	−0,1212
0,573	−0,1377	0,0757	−0,0065	−0,0517	0,2311	−0,1152
0,668	−0,1297	0,0504	−0,0346	−0,0523	0,2216	−0,1187
	r_g					
0,191	−0,0412	0,2798	0,0817	0,0256	0,4053	−0,0780
0,239	−0,0951	0,2719	0,1535	0,0744	0,3350	−0,0801
0,286	−0,0894	0,3646	0,1793	0,0817	0,3457	−0,1249
0,334	−0,0370	0,2158	0,1611	0,0415	0,3032	−0,0641
0,382	−0,0574	0	0,1104	0,0601	0,3141	−0,1106
0,477	−0,0132	0,1503	0,0161	0,0842	0,3601	−0,1481
0,573	−0,0534	0,1339	−0,0680	0,0955	0,3181	−0,1289
0,668	−0,0321	0,0350	−0,0591	0,1301	0,3839	−0,1633

Tabelle 4.75. Phänotypische und genotypische Korrelationskoeffizienten für acht Selektionsintensitäten zwischen den Merkmalen y_1 bis y_6 (1 bis 6) von Tabelle 4.74.

5

Selektionsindex, Zuchtwertvorhersage und Stammprüfung

5.1. Definition des Zuchtwertes

5.1.1. Einführung

Der Begriff Zuchtwert spielt bei der Auswahl von Tieren und Pflanzen zur Erzeugung der nächsten Generation eine zentrale Rolle. Er kann nicht in einer kurzen Definition hinreichend präzise festgelegt werden, da der Begriff vieldeutig benutzt wird. Die Erläuterungen zum Begriff Zuchtwert im „Biometrischen Wörterbuch" (Rasch (Federf. 1988)) können nur einen ersten Eindruck über den vielfältigen Gebrauch des Wortes Zuchtwert geben. So gibt es absolute und relative Zuchtwerte, Zuchtwerte in Reinzucht und Zuchtwerte in Kreuzung usw. Allgemein geht es dabei immer darum, den Wert eines Zuchtobjektes zur Erzeugung der nächsten Generation zu beurteilen. Dieser Wert des Zuchtobjektes kann sich auf ein Merkmal oder aber auf einen zusammengefaßten Merkmalskomplex oder auf das Zuchtziel selbst beziehen. Eigentlich müßte man auch den Wert eines Zuchtobjektes bezüglich eines definierten Zuchtzieles Zuchtwert nennen. In der Praxis steht bis heute der Zuchtwert eines Zuchtobjektes bezüglich eines Merkmals, der sogenannte Einmerkmalszuchtwert, im Vordergrund, da die genaue Festlegung eines Zuchtzieles mit größeren Schwierigkeiten verbunden ist und sich das Zuchtziel häufig verändert, die Merkmale aber über längere Zeit die gleichen bleiben. Außerdem wird der Einmerkmalszuchtwert für die Anpaarung benötigt. Der Begriff Zuchtwert kann eindeutig nur im Rahmen eines Modells der Vererbung festgelegt werden. Es muß sich dabei nicht immer um ein statistisches Modell handeln, solche Modelle stehen aber im Vordergrund des Interesses.

Häufig gibt es umfangreiche Diskussionen über die Begriffe Zuchtwert und Erbwert. In einigen Modellen braucht zwischen diesen Begriffen nicht unterschie-

den zu werden, in anderen dagegen werden beide Begriffe benötigt. Innerhalb eines Modells kann man oftmals noch mehrere Zuchtwerte definieren. Insbesondere kann ein absoluter oder relativer Zuchtwert definiert werden. Wird der Zuchtwert relativ zum zeitabhängigen Populationsmittel festgelegt, so ist er selbst zeitabhängig. Beim Vergleich von Zuchtobjekten verschiedenen Alters auf der Grundlage relativer Zuchtwerte muß der sogenannte genetische Zeittrend beachtet werden. Der absolute Zuchtwert hat den Vorteil, daß Zuchtobjekte verschiedenen Alters direkt verglichen werden können. Dazu ist allerdings die Ausschaltung des Umwelttrends erforderlich.
Zur Definition eines Zuchtwertes gehört auch die Festlegung der Population, falls es sich um einen Reinzuchtzuchtwert handelt, beziehungsweise der Populationen, falls der Kreuzungszuchtwert im Vordergrund steht. Kreuzungszuchtwerte hängen erheblich von den betrachteten Populationen ab, aber auch Reinzuchtzuchtwerte sind nicht unabhängig von der Festlegung der Population.
Schließlich bezieht sich der Begriff Zuchtwert auch nicht immer nur auf ein Tier oder eine Pflanze, sondern kann auch eine Linie oder eine Rasse zur Grundlage haben.
Ein wichtiger Aspekt bei der Festlegung des Zuchtwertes besteht in der klaren Abgrenzung der Umwelt. Da sich der Begriff Zuchtwert nicht auf die genetische Veranlagung des Zuchtobjektes direkt bezieht, sondern auf die durch sie und die Umwelt verursachte phänotypische Ausprägung des Merkmals, kann die Umwelt bei der Definition des Zuchtwertes nicht unberücksichtigt bleiben. In diesem Abschnitt wollen wir uns zunächst mit dem Zuchtwert bezüglich eines Merkmals auseinandersetzen. Die Ergebnisse können dann leicht auf den Zuchtwert bezüglich eines Zuchtzieles verallgemeinert werden. Solche Zuchtwerte werden auch Gesamtzuchtwerte genannt.

5.1.2. Der Zuchtwert im einfachen populationsgenetischen Modell

Relativ eindeutig kann der Begriff Einmerkmalszuchtwert im Rahmen des einfachen populationsgenetischen Modells (EPM) definiert werden. Dieses Modell ist in 2.4.1. ausführlich beschrieben. Die dort angegebenen Voraussetzungen können nur erfüllt werden, wenn die Ausgangspopulation klar abgegrenzt wird, Reinzucht mit Zufallspaarung betrieben wird und die Umwelt so beschaffen ist, daß keine Wechselwirkung zwischen Genotyp und Umwelt auftritt. Außerdem muß die Umwelt über den Zeitraum konstant bleiben, über die die Zuchtwerte genutzt werden sollen. Der genotypische Effekt $\underline{g}$ eines Zuchtobjektes heißt Erbwert. Der genotypische Effekt der Nachkommen bei Zufallspaarung ist durch (2.104) gegeben. In diesem Modell kennzeichnen $\frac{1}{2}\,\underline{g}_V$ und $\frac{1}{2}\,\underline{g}_M$ die mittleren Effekte des „Vaters" und der „Mutter". Sie geben gleichzeitig die sogenannten mittleren Abweichungen der Nachkommenschaft des „Vaters" oder der „Mutter" vom Populationsmittel an. Die genotypisch bedingte Abweichung vom Populationsmittel bei den Eltern ist durch $\underline{g}_V$ bzw. $\underline{g}_M$ gegeben. Daher braucht im Rahmen des EPM nicht zwischen Erbwert und Zuchtwert unterschieden zu werden. Bei $\underline{g}_V$ und $\underline{g}_M$ handelt es sich um relative Effekte bezogen auf das Populationsmittel. Das Populationsmittel bleibt jedoch über die Generationen nur konstant, wenn auch die Umwelt entsprechend der obigen Forderung konstant bleibt und keine Leistungsselektion vorgenommen wird. Diese Bedingungen sind aber in Nutzpopulationen nicht gegeben. Es wird stets auf Leistung selektiert. Damit verändert sich aber auch das Populationsmittel über die Generationen. Es entsteht ein genetisch begründeter Zeittrend entsprechend Kapitel 4. Folglich ist durch $\underline{g}_V$ und $\underline{g}_M$ nur eine Momentaufnahme des Zuchtwertes möglich. Durch die Leistungsselektion wird aber nicht nur das Populationsmittel verändert, sondern auch die phänotypische und genetische Varianz. Die entsprechenden Formeln wurden in Kapitel 3. vorgestellt. $V(\underline{g})$ wird im Rahmen dieses Modells durch Selektion ständig verkleinert. Ein Beispiel dafür findet man bei HERRENDÖRFER und SCHÜLER (1987). Nach der Selektion entsteht ein neues Populationsmittel und auch eine neue genetische Varianz und damit ein neuer Zuchtwert. Nun ist aber die Wirkung der Selektion in der Praxis auf die genetische Varianz aus mehreren Gründen nicht sehr groß und kann über einige Generationen vernachlässigt werden. Das gilt jedoch nicht für das Populationsmittel. Beachtet man das oben Gesagte, so kann der Begriff relativer Einmerkmalszuchtwert im EPM wie folgt definiert werden:

Definition 5.1.:
Der relative Einmerkmalszuchtwert eines Elter im Rahmen des EPM bezüglich einer gegebenen Population ist allgemein durch $\underline{g}_V$ bzw. $\underline{g}_M$ definiert. Ist der relative Einmerkmalszuchtwert eines bestimmten Zuchtobjektes gemeint, so ist er durch die Realisation g_V bzw. g_M von $\underline{g}_V$ bzw. $\underline{g}_M$ gegeben.

Definition 5.2.:
Addiert man zum relativen Einmerkmalszuchtwert das Populationsmittel, so entsteht der absolute Einmerkmalszuchtwert.
Der absolute Einmerkmalszuchtwert hat gegenüber dem relativen den Vorteil, daß Zuchtwerte von Zuchtobjekten verschiedener Generationen direkt vergleichbar sind, da der genetische Zeittrend in der Entwicklung des Populationsmittels enthalten ist. Falls es gelingt, vom Umwelttrend bereinigte Beobachtungen zu erhalten, kann dieser Vorteil genutzt werden. Ein Zuchtobjekt hat dann einen zeitunabhängigen absoluten Zuchtwert. Die Trennung des genetischen Zeittrends vom umweltbedingten Zeittrend ist jedoch sehr kompliziert. Daher wird zur Zeit hauptsächlich, wenn auch nicht ausschließlich, der relative Zuchtwert als Momentaufnahme genutzt. Ein Vergleich der relativen Zuchtwerte über die Generationen erfordert jedoch ebenfalls die Ermittlung des genetischen Zeittrends. Ist ein Vergleich verschiedenaltriger Zuchtobjekte erforderlich, so sind beide Definitionen mit der gleichen Schwierigkeit behaftet. Bei der Reproduktion von Tierbeständen muß sie überwunden werden.

5.1.3. Der Zuchtwert in einem durch einen festen Störfaktor erweiterten EPM ohne Wechselwirkung

Die Forderung nach Einheitlichkeit der Umwelt für die gesamte Population (Makroumwelt) ist praktisch nicht gegeben. Man muß davon ausgehen, daß Teile der Population unter verschiedenen Makroumweltbedingungen leben. Wir wollen aber annehmen, daß zwischen den Stufen des Störfaktors der die Umweltbedingungen charakterisiert und dem Genotyp des Tieres keine Wechselwirkung besteht. Unter solchen Bedingungen wird folgendes Modell für die phänotypischen Werte eines Zuchtobjektes bezüglich eines Merkmals in der i-ten Umwelt angenommen:

$$\underline{P}_i = \mu_i + \underline{g} + \underline{u} \quad (i = 1, 2, \ldots, a). \tag{5.1}$$

An $\underline{g}$ und $\underline{u}$ werden die gleichen Bedingungen wie im EPM gestellt. Der Störfaktor wirkt sich also lediglich auf das Mittel aus. Da (2.63) als Übertragungsmechanismus der genetischen Effekte weiterhin gelten soll, braucht auch hier nicht zwischen Erbwert und Zuchtwert unterschieden zu werden. Der relative Einmerkmalszuchtwert kann unter diesen Bedingungen nach Definition 5.1 festgelegt werden. Die Definition des absoluten Einmerkmalszuchtwertes stößt hier auf einige Schwierigkeiten, da es kein festgelegtes Populationsmittel gibt. Sind die Stufen des Störfaktors bekannt und kennt man zusätzlich die Anteile p_i der Population, die unter den Stufen des Störfaktors leben, so kann das Populations-

mittel nach $\mu = \sum_{i=1}^{a} p_i \mu_i$ (5.2)

definiert werden. Mit diesem μ läßt sich nun auch wieder ein absoluter Zuchtwert nach Definition 5.2 angeben. Zusätzlich muß hier noch vorausgesetzt werden, daß die Anteile p_i über die Zeit konstant bleiben. Eine solche Voraussetzung ist nur kurzzeitig näherungsweise einhaltbar.

5.1.4. Der Zuchtwert in einem um einen festen Herdeneffekt erweiterten EPM

Obwohl in diesem Abschnitt die Formulierungen in Begriffen der Tierzucht vorgenommen werden, weil derzeit nur dort die Anwendungen auftreten, können die Ergebnisse künftig aber auch in der Pflanzenzüchtung genutzt werden.
Die betrachtete Population möge in mehrere Herden eingeteilt sein. Wir wollen annehmen, daß die Makroumwelt für alle Herden gleich ist. Die Selektion in den einzelnen Herden wird mit unterschiedlichen Intensitäten vorgenommen, so daß sich genetisch begründete Herdenunterschiede in den Mittelwerten herausgebildet haben. Unter diesen Umständen benötigt der Züchter den Zuchtwert eines Tieres innerhalb einer Herde und den Zuchtwert in der Gesamtpopulation. Beide Zuchtwerte sind verschieden, wenn es sich um relative Zuchtwerte handelt. Die absoluten Zuchtwerte sind jedoch gleich. Wir gehen vom Modell

$$\underline{P}_i = \mu_i + \underline{g} + \underline{u} = \mu + h_i + \underline{g} + \underline{u} \tag{5.3}$$

mit der Nebenbedingung (5.2) aus, die sich hier auf natürlichem Wege ergibt, wobei p_i den Anteil der i-ten Herde an der Population darstellt. Alle weiteren Voraussetzungen des EPM seien erfüllt. Die beiden herdenspezifischen Zuchtwerte sind durch Def. 5.1. und 5.2. festgelegt, wenn man die einzelne Herde als Population ansieht. Die Zuchtwerte eines Zuchtobjektes der i-ten Herde bezogen auf die Gesamtpopulation ist durch Def. 5.3. gegeben. Anders als in Def. 5.1. wird nun der Index V oder M an $\underline{g}$ vernachlässigt.

Definition 5.3.:
Ist eine Population in Herden oder Teilpopulationen eingeteilt und bestehen zwischen den Herden lediglich genetisch begründete Unterschiede, die sich in einem gemäß (5.3) erweiterten EPM erfassen lassen, so ist der relative Einmerkmalszuchtwert eines Zuchtobjektes der i-ten Herde durch $h_i + \underline{g}$ gegeben. Der absolute Einmerkmalszuchtwert ist durch $\mu_i + \underline{g}$ festgelegt. Für spezielle Zuchtobjekte sind die Zuchtwerte durch $h_i + g$ bzw. $\mu_i + g$ definiert.

Wie aus Definition 5.3. hervorgeht, stimmen die beiden absoluten Zuchtwerte (innerhalb der Herde, über alle Herden) überein. Modell (5.3) kann sowohl für gleichzeitig lebende Herden als auch für aufeinanderfolgende Generationen verwendet werden. Im letzteren Falle stellen die Herdeneffekte den genetischen Zeittrend entsprechend Kapitel 4. dar. Der absolute Zuchtwert nach Def. 5.3. ist dann im gegebenen Zeitintervall zeitunabhängig.
Zuchtobjekte verschiedener Generationen können auf seiner Basis verglichen werden. Das gilt auch für den relativen Einmerkmalszuchtwert nach Def. 5.3. Die modernen Verfahren der Zuchtwertvorhersage nutzen gerade Def. 5.3. und gestatten damit auch den Vergleich der Zuchtobjekte verschiedener Gruppen (z. B. verschiedener Eltern).

5.1.5. Der Zuchtwert in einem durch einen festen Störfaktor erweiterten EPM mit Wechselwirkung

Die Definition des Zuchtwertes hängt in Modellen mit zufälliger Wechselwirkung zwischen Genotyp und Umwelt erheblich von der Wahl des Modells ab. Die Modelle zu GUW wurden in Kapitel 4. ausführlich diskutiert. Insbesondere wurde die Auswirkung vorhandener GUW auf den Zuchtfortschritt betrachtet. Die Definition des Zuchtwertes unter solchen Bedingungen wird hier speziell auf der Grundlage der Nachkommenprüfung vorgenommen. Analog zu (2.1) gelte das Modell

$$\underline{Y}_{ijk} = \mu + u_j + \frac{1}{2}\underline{g}_i + \underline{w}_{ij} + \underline{e}_{ijk} \qquad (5.4)$$
$$(i = 1, \ldots, v; \quad j = 1, \ldots, b; \quad k = 1, \ldots, n_{ij})$$

mit den Nebenbedingungen

$$\sum_{j=1}^{b} u_i = 0 \qquad (5.5)$$

und

$$\sum_{j=1}^{b} \underline{w}_{ij} = 0 \qquad (5.6).$$

Der Zuchtwert innerhalb der j-ten Umwelt wird mit Hilfe des Modells

$$\underline{Y}_{ijk} = \mu_j + \frac{1}{2}\underline{g}_{ij} + \underline{e}_{ijk} \qquad (5.7)$$

für festes j $\left(\frac{1}{2}\,\underline{g}_{ij} = \frac{1}{2}\,\underline{g}_i + \underline{w}_{ij}\right)$ definiert.

Definition 5.4.:
Der relative Einmerkmalszuchtwert in der j-ten Umwelt ist durch $\underline{g}_{ij}$ und der absolute durch $\mu_j + \underline{g}_{ij}$ gegeben.

Definition 5.5.:
Der relative Einmerkmalszuchtwert über alle in die Betrachtung einbezogenen Stufen des Störfaktors wird durch $\underline{g}_i$ festgelegt. Der absolute Einmerkmalszuchtwert ist durch $\mu + \underline{g}_i$ gegeben.

Bemerkung: Die Wahl der Nebenbedingung (5.5) hat hier einen Einfluß auf die Höhe des absoluten Zuchtwertes, weil von ihr die Größe von μ abhängt. Sie beeinflußt jedoch nicht den relativen Zuchtwert.
Die Definition des Zuchtwertes erfolgte auf der Grundlage des Varianzanalysemodells zur Erfassung der GUW. Wie in 2.4.3. bemerkt, ist aber das Modell nach FALCONER besser geeignet, die Auswirkungen der GUW auf den Selektionserfolg zu beschreiben als das Varianzanalysemodell. Beim Modell von FALCONER (1952) sieht man das Merkmal $\underline{Y}$ in der j-ten Umwelt als Merkmal $\underline{Y}_j$ an. Dieses Merkmal ist dann nur in der j-ten Umwelt definiert. Daher kann für dieses Merkmal nur in der j-ten Umwelt ein Zuchtwert gemäß Def. 5.1. und 5.2. angegeben werden. Ein Zuchtobjekt hat also in jeder Umwelt einen anderen Zuchtwert. Das war auch schon beim Varianzanalysemodell der Fall, wenn man den umweltbezogenen Zuchtwert betrachtet. In diesem Modell gibt es aber noch einen Zuchtwert über alle betrachteten Umwelten hinweg. Ein solcher Zuchtwert wird im Modell von FALCONER nicht betrachtet. Vernachlässigt man die Bedingungen der Modelle (5.7) über die Umwelten j, so stimmen die Zuchtwerte beider Modelle in der j-ten Umwelt überein.

5.1.6. Der Zuchtwert in Modellen mit nichtadditiven Genwirkungen

In Abschnitt 2.3.4. wurden Modelle mit nichtadditiven Genwirkungen (Dominanz, Epistasie) vorgestellt. In solchen Modellen bezieht sich der relative Einmerkmalszuchtwert stets auf $\underline{g}_a$ und der absolute auf $\mu + \underline{g}_a$. Ersetzt man in den Abschnitten 5.1.2. bis 5.1.5. $\underline{g}$ durch $\underline{g}_a$, so erhält man die entsprechenden Definitionen der Zuchtwerte in den erweiterten Modellen. Hier stimmen Zuchtwert und Erbwert nicht mehr überein. Sie unterscheiden sich durch die nichtadditive Genwirkung. Der Begriff Erbwert spielt in der neueren Literatur nur eine geringe Rolle. Die Bedeutung des Erbwertes wächst mit zunehmendem Anteil nichtadditiver Genwirkung.

5.1.7. Kreuzungszuchtwerte

Bisher wurde ein Zuchtobjekt stets innerhalb einer Population betracht. Den entsprechenden Zuchtwert kann man auch als Reinzuchtzuchtwert bezeichnen. Neben der Reinzucht spielt aber in der Praxis die Kreuzung eine entscheidende

Rolle. In Kreuzungszuchtprogrammen (siehe Kapitel 6.) wird die Information aus der Kreuzung zur Selektion der Eltern verwendet. Beispielsweise werden die Vatertiere nach den Leistungen ihrer Kreuzungsnachkommen geordnet und selektiert. Eine solche Selektion hat aber nur einen Sinn, wenn die Kreuzungsnachkommenschaft des Reinzuchtsohnes des selektierten Vaters „besser" ist als die Kreuzungsnachkommenschaft aller Väter. In Kapitel 2. wurde kein besonderes Modell für die Kreuzung entwickelt. Die RS bzw. RRS beruht einerseits ebenfalls wie die Reinzucht auf additiven, andererseits aber auch auf nichtadditiven Genwirkungen.
Man kann ein Merkmal in Kreuzung als ein besonderes Merkmal ansehen und mit dem einfachen populationsgenetischen Modell behandeln. Analoge Vorstellungen sind in der Literatur schon längere Zeit bekannt. Man findet sie z. B. bei Bowman (1960), Mc New and Bell (1971) und Pirchner (1969). In diesen Arbeiten werden allerdings vorrangig erweiterte populationsgenetische Modelle zur Untersuchung des Selektionserfolges der RRS herangezogen.
Folgt man der oben beschriebenen Vorstellung, so kann der Zuchtwert eines Zuchtobjektes in Kreuzung analog zu dem in Reinzucht definiert werden. Dieser Zuchtwert bezieht sich dann natürlich stets auf die bestimmte Kreuzung und kann nicht auf andere übertragen werden (es sind nach diesen Vorstellungen ja auch andere „Merkmale").

5.1.8. Der Gesamtzuchtwert

Die Selektion der Zuchtobjekte erfolgt nicht nach den Einmerkmalszuchtwerten, da gewöhnlich in ein Zuchtziel $\underline{H}$ mehrere Merkmale eingehen. Die Zuchtobjekte werden nach den Zuchtwertvorhersagen für $\underline{H}$ geordnet und selektiert (siehe Definition 5.6.). $\underline{H}$ ist eine Funktion der relativen Einmerkmalszuchtwerte der Merkmale, die im Zuchtziel berücksichtigt werden sollen. $\underline{H}$ wird auch als Gesamtzuchtwert (stets relativ) bezeichnet.

5.2. Selektionsindex und Zuchtwertvorhersage

5.2.1. Festlegung des Zuchtzieles in Form des aggregierten Genotyps

Der Züchter versteht unter dem Begriff Zuchtziel die Gesamtheit der gewünschten Eigenschaften einer Population, die durch züchterische Maßnahmen zu erreichen sind. Ein so definiertes Zuchtziel ist für eine mathematische Modellierung noch nicht ausreichend. In diesem Abschnitt wollen wir das Zuchtziel als aggregierten Genotyp formulieren.
In den letzten Jahrzehnten hat die Indexselektion in der Züchtung weltweit breite Anwendung gefunden. Der Einsatz moderner Rechentechnik wird zunehmend die Nutzung optimaler Selektionsindizes mit zuchtobjektspezifischer Information, d. h. zuchtobjektspezifische Selektionsindizes, ermöglichen. Durch die Anwendung solcher Selektionsindizes sollen eine Population, oder auch mehrere Populationen möglichst schnell in eine vorgegebene Richtung verän-

dert werden. Die „vorgegebene" Richtung ist hinreichend exakt in einem Zuchtziel zu bestimmen. Dazu stehen dem Züchter mehrere Möglichkeiten zur Verfügung.

Zunächst sollen einige allgemeine Prinzipien vorgestellt werden, die man bei der Festlegung von Zuchtzielen beachten muß. Wir gehen davon aus, daß das Tier oder die Pflanze die kleinste Selektionseinheit ist. Durch Selektion werden alle Merkmale der Selektionseinheit mehr oder weniger verändert, d. h. bei der Selektion darf man nicht nur den direkten Selektionserfolg betrachten, sondern man muß auch den indirekten Selektionserfolg in Rechnung stellen. Es gibt Beispiele dafür, daß der indirekte Selektionserfolg größer ist als der direkte. Solche Beispiele belegen die obige Feststellung.

Als erste Aufgabe bei der Festlegung des Zuchtzieles kann die Auswahl geeigneter Merkmale angesehen werden. Die Merkmale des Zuchtzieles müssen so gewählt werden, daß mit ihnen die Selektionseinheit hinreichend charakterisiert werden kann. Allgemein müssen bei landwirtschaftlichen Nutztieren oder Nutzpflanzen zwei große Leistungskomplexe im Zuchtziel verankert sein. Das sind die Vitalität und die Produktivität. Beide Hauptkomplexe lassen sich weiter unterteilen, wobei in der Literatur wieder mehrere Möglichkeiten aufgezeigt werden, von denen hier nur eine vorgestellt wird:

- Vitalität
  - Reproduktivität (reproduktive Fitness)
  - Belastbarkeit
  - Krankheitsresistenz
- Produktivität
  - quantitative Produktivität
  - qualitative Produktivität

Es gibt nur wenige Merkmale, die allein einem Komplex zugeordnet werden können. Die meisten in der Leistungsprüfung gemessenen Merkmale enthalten Komponenten mehrerer Komplexe.

Bei der Festlegung der Merkmale des Zuchtzieles sollte man sich jedoch nicht auf die Merkmale der Leistungsprüfung beschränken. Es gibt häufig Merkmale, die nicht an allen Zuchtobjekten gemessen werden, die aber sehr wohl vorzüglich geeignet sind, einen Merkmalskomplex, oder auch mehrere, im Zuchtziel zu vertreten. Es muß aber möglich sein, eine ausreichende Anzahl von Meßwerten zu erheben, so daß die später benötigten populationsgenetischen Parameter geschätzt werden können. Ist letzteres praktisch nicht zu bewältigen, dann scheidet ein solches Merkmal aus den Betrachtungen aus.

Man könnte sich die Auswahl der Merkmale sehr leicht machen, indem man sagt, daß „alle" Merkmale im Zuchtziel erscheinen müssen, mindestens aber alle Leistungsmerkmale. Die nächste Aufgabe besteht dann darin, diese Merkmale zu einem Zuchtziel zu vereinen. War man bei der Festlegung der Merkmale zu großzügig, so wird dadurch die zweite Aufgabe sehr erschwert. Trotzdem muß bei der Festlegung der Merkmale des Zuchtzieles darauf geachtet werden, daß alle Merkmalskomplexe „ausreichend" im Zuchtziel vertreten sind, damit durch die Selektion keine unerwünschten Effekte bezüglich ganzer Merkmalskomplexe auftreten.

Daraus können die beiden folgenden Grundsätze abgeleitet werden:
Grundsatz 1:
Alle Merkmalskomplexe müssen „ausreichend" im Zuchtziel vertreten sein.
Grundsatz 2:
Damit die Zusammenfassung der Merkmale zu einem Zuchtziel nicht übermäßig erschwert wird, sollte unter Beachtung von Grundsatz 1 die Anzahl der Merkmale im Zuchtziel möglichst gering gehalten werden.
Andererseits muß aber die Selektionseinheit so gut wie möglich beschrieben werden. Daraus leitet sich der Grundsatz 3 ab.
Grundsatz 3:
Erschwert die zusätzliche Aufnahme eines Merkmals in das Zuchtziel die Zusammenfassung nicht, so sollte es in das Zuchtziel integriert werden, wenn dadurch die Beschreibung der Selektionseinheit verbessert wird.
Natürlich stecken diese Grundsätze nur einen groben Rahmen ab, in dem die Merkmale des Zuchtzieles festgelegt werden können. Ihre Auswahl ist keineswegs eindeutig. Bei der Hinzunahme weiterer Merkmale in das Zuchtziel muß aber beachtet werden, daß der Zuchtfortschritt je Merkmal in der Regel geringer wird. Bisher haben wir nur die Merkmale selbst betrachtet. In das Zuchtziel gehen aber nur die relativen Zuchtwerte der ausgewählten Merkmale ein. Damit hängt die Festlegung des Zuchtzieles und damit die Anzahl der Merkmale für das Zuchtziel von der Wahl der Modelle, der Wahl der Umwelt, der Wahl der Population und natürlich der Wahl des Zuchtverfahrens (Reinzucht, Kreuzung) ab. Will man populationsgenetische Verfahren sinnvoll anwenden, so muß das Zuchtziel auf der Grundlage von populationsgenetischen Modellen unter Beachtung entsprechender Bedingungen festgelegt werden.
Andererseits sind die vom Züchter ausgewählten Merkmale des Zuchtzieles für ihn von besonderem Interesse. Für diese Merkmale ist eine Zuchtwertvorhersage zu organisieren. Auf der Grundlage der vorhergesagten Zuchtwerte können die Zuchtobjekte beurteilt werden. Da nun aber das Zuchtziel stets mehrere Merkmale enthält, können die Zuchtobjekte nicht nach dem Vektor der Zuchtwerte geordnet werden. Dazu ist eine Abbildung (oder Transformation) des Vektors der Zuchtwerte auf eine eindimensionale Größe erforderlich. Wie schon in 5.1. bemerkt, handelt es sich dabei um den sogenannten Gesamtzuchtwert (aggregierten Genotyp). Der Zuchtwertvorhersage für den Gesamtzuchtwert hat der Züchter die größte Aufmerksamkeit zu widmen.
Bei der Festlegung der Merkmale für das Zuchtziel muß mit angegeben werden, in welcher Weise die Parameter der Verteilung der Zuchtzielmerkmale durch Selektion der Zuchtobjekte verändert werden sollen. Der Züchter kann z. B. an einer Mittelwertverschiebung oder an einer Verkleinerung der Varianz der Merkmale interessiert sein.
Wie in Kapitel 3. bemerkt, gibt es eine gerichtete Selektion, bei der eine Mittelwertverschiebung im Vordergrund steht. Natürlich werden durch einseitige Stutzungsselektion (gerichtete Selektion) alle Parameter verändert, die größte Verschiebung erfolgt aber im Lageparameter. Bei der sogenannten stabilisierenden Selektion wird der Hauptdruck der Selektion auf eine Verkleinerung der Varianz gelegt. Eine Mittelwertverschiebung erfolgt in Richtung auf einen Idealwert. Man kann davon ausgehen, daß die Mehrzahl der Merkmale des Zuchtzie-

les bezüglich ihres Mittelwertes verändert werden sollen, einige von ihnen jedoch auch in Richtung auf eine Verkleinerung der Varianz. Beide Gesichtspunkte können im Zuchtziel berücksichtigt werden. Das ist jedoch nur in einem nichtlinearen Zuchtziel (d. h. eine nichtlineare Funktion der Zuchtwerte der Merkmale) möglich. Solche Zuchtziele lassen sich behandeln, die dazu erforderliche Theorie ist jedoch aufwendig. Wir wollen uns hier auf lineare Zuchtziele beschränken. Merkmale, die stabilisierend selektiert werden sollen, können durch eine geeignete Transformation in solche der gerichteten Selektion umgewandelt werden. Diese transformierten Merkmale werden dann als Ausgangsmerkmale für das Zuchtziel verwendet. Geeignete Transformationen findet man in Kapitel 3. und 4. Mit der Auswahl passender Transformationen befaßte sich Appel (1985).

5.2.1.1. Beispiel für die Auswahl der Merkmale des Zuchtzieles

Mit der Festlegung der Merkmale eines Zuchtzieles für das Schwein nach obigen Grundsätzen befaßten sich Schaaf u. a. (1985). Sie gingen von den derzeit erfaßten Merkmalen in der Leistungsprüfung aus. Diese Merkmale sind zusammen mit ihren Abkürzungen in Tabelle 5.1. angegeben. In Tabelle 5.2. sind die Beziehungen der Merkmale der Leistungsprüfung zu den Leistungskomplexen dargestellt. Eine solche Tabelle ist für die Auswahl der Merkmale für das Zuchtziel sehr nützlich und trägt daher auch allgemeinen Charakter. Die Tabelle 5.2. enthält das Merkmal L17 (WM95). Bei der Betrachtung dieses Merk-

Tabelle 5.1. Selektionsmerkmale in der Schweinezucht

ZEA:	Z1 Rückenspeckdicke	LZB:	L1 Rückenspeckdicke
(♂)	Z2 Seitenspeckdicke	(♀)	L2 Seitenspeckdicke
	Z3 Muskeldicke		L3 Muskeldicke
	Z4 Lebenstagszunahme		L4 Lebenstagszunahme
	Z5 Futterverzehr		L5 IGF
	Z6 Futterenergieaufwand		L6 LGF 1. Wurf
			L7 AR 21
PS:	P1 Futterenergieaufwand		L8 WM21 k
(♂, ♀)	P2 Nettotagszunahme		L9 IGF
	P3 Anteil Fleischteilstücke		L10 LGF 2. Wurf
	P4 täglicher Ansatz fleischreiche Teilstücke		L11 AR21
	P5 pH_{45}		L12 WM21 k
	P6 Remissionswert		L13 IGF
	P7 Dripverlust		L14 LGF 3. Wurf
			L15 AR21
			L16 WM21 k
			L17 WM95
			L18 L5 + L9 + L13

ZEA = zentrale Eberaufzuchtstation; PS = Prüfstation; LZB = Linienzuchtbetrieb
WM = Wurfmasse; I = insgesamt; L = lebend; GF = geborene Ferkel

Tabelle 5.2. Übersicht über die Zuordnung von Leistungsmerkmalen zu Leistungskomplexen

Leistungskomplex	Z_1	Z_2	Z_3	Z_4	Z_5	Z_6	P_1	P_2	P_3	P_4	P_5	P_6	P_7	L_1	L_2	L_3	L_4	L_5 L_9 L_{13}	L_6 L_{10} L_{14}	L_7 L_{11} L_{15}	L_8 L_{12} L_{16}	L_{17}
Vitalität:																						
Reproduktivität																		×	×			×
Belastbarkeit											×	×	×									
Krankheitsresistenz																				×		×
Produktivität:																						
quantitative	×	×	×	×	×	×	×	×		×				×	×	×	×	×	×	×	×	×
qualitative	×	×	×						×		×	×	×	×	×	×						

mals entsteht sofort die Frage nach der WM250. Die WM250 schließt sowohl Eigenschaften der Produktivität als auch der Belastbarkeit, der Krankheitsresistenz und der quantitativen Produktivität ein. Nicht enthalten sind lediglich die qualitative Produktivität und der Futteraufwand. Es ist jedoch nicht möglich, dieses beinahe als ideal zu bezeichnende Merkmal in das Zuchtziel aufzunehmen, da es nicht gelingt, eine hinreichend große Stichprobe zur Bestimmung aller benötigten populationsgenetischen Parameter zu erfassen. Die WM95 ist dagegen ein Merkmal, das in ausreichendem Umfang gemessen wird und das ebenfalls die oben genannten Eigenschaften besitzt, wenn auch nicht in dem Maße wie die WM250. Nur aus diesen Gründen wurde die WM95 (L17) in das Zuchtziel aufgenommen.
L18 ist ein Merkmal, das die in den ersten drei Würfen insgesamt geborenen Ferkel angibt und somit L17 unterstützt, da es wesentliche Komponenten der Leistungskomplexe Reproduktivität und quantitative Produktivität besitzt. Die Belastbarkeit kann nur durch die Merkmale P5, P6 und P7 vertreten werden. Schaaf u. a. (1985) entschieden sich für P7. Die qualitative Produktivität wird durch Z1, Z2, Z3 und P3 ausgedrückt. Eines dieser Merkmale sollte in das Zuchtziel aufgenommen werden. P3 scheint dazu am geeignetsten zu sein. Die quantitative Produktivität wird durch viele Merkmale beeinflußt. Sie ist bereits durch L17 und L18 im Zuchtziel vertreten. Trotzdem darf ein Merkmal wie P2 im Zuchtziel nicht fehlen. Eigentlich sind nun alle Leistungskomplexe im Zuchtziel vertreten. Es ist jedoch sehr wichtig, den Aufwand an Futtermitteln für die Produktion zu berücksichtigen, daher muß eines der Merkmale Z6 oder P1 in das Zuchtziel aufgenommen werden, damit auch diese Seite der quantitativen Produktivität im Zuchtziel ausreichend vertreten ist. Die Menge M_O der Merkmale, die in das Zuchtziel aufgenommen werden, ist zunächst durch

$$M_O = \{Z6, P2, P3, P7, L17, L18\}$$

festgelegt. Im nächsten Schritt ist zu prüfen, in welcher Weise diese Merkmale züchterisch zu verändern sind. Für alle Merkmale, außer P7, wird eine Mittelwertverschiebung (gerichtete Selektion) angestrebt. P7 soll stabilisierend selektiert werden. Dabei soll neben einer Einschränkung der Varianz der Mittelwert in Richtung $K = 3{,}5$ verschoben werden.
Dazu wird der Idealwert $K = 3{,}5$ festgelegt und eine passende Transformation gemäß Abschnitt 3.2. gewählt (3.17).

$$P7^* = -(P7 - 3{,}5)^2 \tag{5.8}$$

Die Menge der Merkmale des Zuchtzieles ist nun durch

$M_O = \{Z6, P2, P3, P7^*, L17, L18\}$ gegeben.

5.2.1.2. Formulierung eines linearen Zuchtzieles zur Indexkonstruktion

Mit der Menge M_O sind diejenigen Merkmale festgelegt worden, deren züchterische Verbesserung im Vordergrund steht. Sie müssen zu einem „Merkmal“ zusammengefaßt werden, dessen maximale Mittelwertverschiebung durch Selek-

tion nach einem Selektionsindex angestrebt wird. Es muß also angegeben werden, wie die Selektionserfolge in den einzelnen Merkmalen zusammengefaßt werden sollen. Da nur eine genetische Verbesserung der Merkmale interessiert, werden die relativen Einmerkmalszuchtwerte der Merkmale der Menge M_O zum Zuchtziel vereinigt.
Im einfachsten Fall, auf den wir uns hier beschränken wollen, ist es eine Linearkombination der Form

$$\underline{H} = \sum_{i \in M_O} a_i \underline{g}_i = a'\underline{g} \tag{5.9}$$

Hier bezeichne M_O eine Indexmenge, das Symbol $|M_O|$ wird für die Anzahl der Elemente dieser Menge verwendet, mit gegebenen Gewichten a_i. Die Festlegung der a_i ist ein gesondertes Problem und wird später behandelt. a und $\underline{g}$ sind entsprechend definierte Vektoren.
Eine analoge Formulierung des Zuchtzieles findet man bei SMITH (1936), HAZEL (1943) und bei KEMPTHORNE und NORDSKOG (1959) und vielen späteren Autoren. Sie steht im Mittelpunkt der Konstruktion von linearen Selektionsindizes. Für (5.9) gilt wegen der Voraussetzungen des EPM

$$E(\underline{H}) = \sum_{i \in M_0} a_i E(\underline{g}_i) = 0. \tag{5.10}$$

5.2.2. BLEV (BLUP)-Kriterien zur Festlegung des linearen Selektionsindex (Vorhersagefunktion)

Selektionsindizes dienen der Zuchtwertvorhersage und der Auswahl von Zuchtobjekten. Die Zuchtwertvorhersage hat die Aufgabe, Zuchtobjekte nach dem Gesamtzuchtwert oder Zuchtziel $\underline{H}$ und außerdem nach den Zuchtwerten der in $\underline{H}$ enthaltenen Merkmale in eine Reihenfolge zu bringen. Dadurch wird dem Züchter ein guter Überblick über den züchterischen Wert der einzelnen Zuchtobjekte gegeben und er kann die für ihn passenden Zuchtobjekte entweder aus allen vorhandenen oder aus der verbleibenden Menge nach Selektion nach dem Gesamtzuchtwert auswählen.
Zur Beurteilung eines Zuchtobjektes liege eine Information gemäß einem Vektor $\underline{Y}$ mit M_1 Komponenten $\underline{y}_i$ vor. Die Komponenten dieses Vektors werden durch die gemessenen Merkmale des Zuchtobjektes oder seiner Verwandten und aus Mittelwerten (Vollgeschwistermittel, Halbgeschwistermittel usw.) gebildet. Der Vektor $\underline{Y}$ muß festgelegt werden. Aus der so festgelegten Menge an Informationen ist auf $\underline{H}$ zu schließen. $\underline{H}$ ist mit Hilfe von $\underline{Y}$ vorherzusagen. Betrachtet man nun ein festes Zuchtobjekt i mit seiner Realisation Y_i von $\underline{Y}$. Wie ist dieses Zuchtobjekt zu beurteilen? Wir setzen voraus, daß die gemeinsame Verteilung von $(\underline{H}, \underline{Y}')$ und $E(\underline{H}/Y_i)$ existieren, d. h. daß der bedingte Erwartungswert von $\underline{H}$ unter der Bedingung $\underline{Y} = Y_i$ existiert. Darüber hinaus sollen noch alle weiteren Momente existieren. Falls man das Zuchtobjekt i mit der Information Y_i auswählt, so ist seine zu erwartende Abweichung bezüglich des Zuchtzieles $\underline{H}$ von $E(\underline{H})$ durch

$$E(\underline{H}/Y_i) - E(\underline{H}) \qquad (5.11)$$

und wegen (5.10) durch

$$E(\underline{H}/Y_i) \qquad (5.12)$$

gegeben. Der bedingte Erwartungswert ist die sogenannte genetische Selektionsdifferenz bezüglich $\underline{H}$ bei Auswahl des Zuchtobjektes i (Def. 1.13).

Definition 5.6:
Ein Zuchtobjekt i mit der Information Y_i ist bezüglich $\underline{H}$ besser als ein Zuchtobjekt j mit der Information Y_j falls

$$E(\underline{H}/Y_i) > E(\underline{H}Y_j). \qquad (5.13)$$

$E(\underline{H}/Y_i)$ wird auch als Vorhersagewert für das Zuchtobjekt i bezeichnet.

Durch den bedingten Erwartungswert wird jedem Zuchtobjekt ein reeller Wert zugeordnet, nach dem die Zuchtobjekte gemäß Def. 5.6 in eine Reihenfolge gebracht werden können. Zur Beurteilung eines Zuchtobjektes nach Def. 5.6 wird nur der bedingte Erwartungswert herangezogen. Weitere Momente wie z. B. die bedingte Varianz $V(\underline{H}/Y_i)$ werden nicht betrachtet.
Gemäß Modell II der Regression gilt

$$\underline{H} = E(\underline{H}/\underline{Y}) + \underline{e}, \qquad (5.14)$$

wobei mit $E(\underline{H}/\underline{Y})$ die zufällige Regressionsfunktion bezeichnet wird und $\underline{e}$ den Fehlervektor darstellt. Betrachten wir nun eine eindimensionale Zufallsvariable $F(\underline{Y})$ und dazu den Ausdruck

$$E\left[(\underline{H} - F(\underline{Y}))^2\right]. \qquad (5.15)$$

Es ist bekannt, daß

$$F^*(\underline{Y}) = E(\underline{H}/\underline{Y}) \qquad (5.16)$$

(5.15) minimiert. In diesem Sinne ist also $E(\underline{H}/\underline{Y})$ eine beste Vorhersage (BV).

Bewertet man das Zuchtobjekt i mit $E(\underline{H}/Y_i)$, so erhält man wegen Def. 5.6 durch Stutzungsselektion (gerichtete Selektion) von $E(\underline{H}/\underline{Y})$ die maximale genetische Selektionsdifferenz.
Falls $E(\underline{H}/\underline{Y})$ angegeben werden kann, sollte man stets als Selektionsindex

$$I(\underline{Y}) = E(\underline{H}/\underline{Y}) \qquad (5.16)$$

wählen. Er liefert eine beste Vorhersage (bezogen auf den Vektor $\underline{Y}$) und führt bei Stutzungsselektion zur größten genetischen Selektionsdifferenz bezüglich $\underline{H}$. Diese aus der Theorie zu Modell II der Regression bekannten Ergebnisse lassen sich praktisch leider kaum in ihrer vollen Allgemeinheit verwenden, da der bedingte Erwartungswert nur in wenigen Ausnahmefällen bekannt ist. Deshalb sind in den meisten Fällen auch die oben genannten Kriterien zur Festlegung des Selektionsindex so nicht benutzbar.

Schränkt man die zugelassene Klasse von Funktionen $F(\underline{Y})$ auf die Klasse der linearen Funktionen mit Absolutglied

$$c + b'\underline{Y} \tag{5.17}$$

mit einem Koeffizientenvektor b der Länge $| M_1 |$ und einer Konstanten c ein, so führt die Minimierung von (5.15) zu sogenannten besten linearen Vorhersagen (BLV (BLP)). Wird weiter gefordert, daß die zugelassene Klasse der Funktionen $F(\underline{Y})$ durch die Klasse der linearen Funktionen ohne Absolutglied

$$b'\underline{Y}$$

gegeben ist und daß $E(\underline{H}) = E(F(\underline{Y}))$ gelten soll, d. h. daß die Vorhersage erwartungstreu ist, so führt die Minimierung von (5.15) zu besten linearen erwartungstreuen Vorhersagen BLEV (BLUP).

Aus der Konstruktion von BLV und BLEV ist sofort klar, daß die Einschränkung der Klasse von Funktionen natürlich zu erheblich schlechteren Vorhersagen führen kann. Die genetische Selektionsdifferenz wird ebenfalls verkleinert, falls die BLV bzw. BLEV nicht mit der BV übereinstimmen. Die BLV bzw. BLEV sind verschiedene lineare Approximationen von $E(\underline{H}/\underline{Y})$. Kann man sie als monotone Transformation von $E(\underline{H}/\underline{Y})$ darstellen, so bleibt die Reihenfolge der Zuchtobjekte erhalten und damit auch die genetische Selektionsdifferenz. In diesem Sinne sind BLV bzw. BLEV mit BV unter den obigen Bedingungen gleichwertig zur Lösung der gestellten Aufgabe (Rangfolge, Selektion). Verluste treten in diesem Sinne erst auf, wenn die BLV bzw. die BLEV nicht durch eine monotone Transformation aus der BV gebildet werden können.

Unter der Voraussetzung, daß $(\underline{H}, \underline{Y}')$ normalverteilt ist ($| M_1 | + 1$ – dimensional), ist $E(\underline{H}/\underline{Y})$ linear. Bei Normalverteilung stimmt die BLV mit $E(\underline{H}/\underline{Y})$ überein. Obwohl sowohl die BLV als auch die BLEV erwartungstreu sind, stimmen sie nicht überein. Für die späteren Betrachtungen werden Ergebnisse zu BLV und BLEV benötigt. Sie sollen hier in kurzer Form zusammengestellt werden. Man findet diese Ergebnisse in übersichtlicher Form bei HENDERSON (1963) und (1975). Eine übersichtliche deutschsprachige, zusammenfassende Darstellung gibt TUCHSCHERER (1987). Dabei wollen wir zunächst von der Aufgabe der Zuchtwertvorhersage bzw. Indexkonstruktion ausgehen. Allgemein geht man von folgendem gemischten linearen Modell aus:

$$\underline{Y} = X\beta + Z\underline{u} + \underline{e}. \tag{5.18}$$

In diesem Modell stellt $\underline{Y}' = (\underline{Y}_1, \ldots, \underline{Y}_n)$ den Vektor aller Beobachtungswerte dar. Mit X und Z werden die beiden Versuchsplanmatrizen bezeichnet, die angeben, welche festen Effekte des Vektors β und welche zufälligen Effekte des Vektors $\underline{u}$ im Modell für $\underline{Y}_i$ erscheinen. $\underline{e}$ ist wieder der Fehlervektor.

Es gelte

$$E(\underline{Y}) = X\beta$$
$$E(Z\underline{u}) = E(\underline{e}) = 0$$
$$V\begin{pmatrix}\underline{u}\\ \underline{e}\end{pmatrix} = \begin{pmatrix}G & 0\\ 0 & R\end{pmatrix}\sigma^2, \tag{5.19}$$

dann folgt

$$V(\underline{Y}) = \sigma^2 (R + ZGZ') = \sigma^2 \cdot V.$$

G und R seien beide nichtsingulär und $|G|$ und $|R|$ endlich.

Eine lineare Funktion der Form

$$\underline{H} = k'\beta + m'\underline{u} \tag{5.20}$$

ist vorherzusagen. k und m sind vorgegebene Vektoren.

Satz 5.1: Die BLV von $\underline{H}$ ist durch

$$\underline{\hat{H}} = k'\beta + m'\,G\,Z'\,V^{-1}(\underline{Y} - X\beta) \tag{5.21}$$

gegeben.

Dieser Satz kann nur zur Konstruktion der BLV genutzt werden, wenn β, G und R bekannt sind. Im Falle einer mehrdimensionalen Normalverteilung stellt (5.21) sogar eine BV dar. $\underline{\hat{H}}$ ist stets erwartungstreu, denn es gilt

$$E(\underline{\hat{H}}) = k'\beta = E(\underline{H}). \tag{5.22}$$

Die Klasse der linearen Funktionen, in der minimiert wurde, hat die Form (5.17). Wie man sich leicht überzeugt, liegt die Lösung in dieser Klasse. Besonders die vorausgesetzte Kenntnis von β behindert die Anwendung. Sie soll abgebaut werden. Dazu setzt man voraus, daß lediglich in der Klasse $b'\underline{Y}$ minimiert wird und fordert zusätzlich die Erwartungstreue der Vorhersage, d. h. es soll gelten

$$E(\text{Vorhersagefunktion}) = E(\underline{H}) = k'\beta. \tag{5.23}$$

Als Ergebnis dieser Minimierungsaufgabe von (5.15) erhält man

$$\underline{\tilde{H}} = k'\underline{\hat{\beta}} + m'\,G\,Z'\,V^{-1}(\underline{Y} - X\underline{\hat{\beta}}), \tag{5.24}$$

wobei mit $\underline{\hat{\beta}}$ die Schätzfunktion von β nach der verallgemeinerten Methode der kleinsten Quadrate (VMKQ) bezeichnet wird. Sie ergibt sich als Lösung des Gleichungssystems

$$X'\,V^{-1}\,X\,\underline{\hat{\beta}} = X'\,V^{-1}\,\underline{Y}. \tag{5.25}$$

Satz 5.2: Die BLEV von $\underline{H}$ ist durch $\underline{\tilde{H}}$ mit $\underline{\hat{\beta}}$ aus (5.25) gegeben.

Beide Vorhersagefunktionen $\underline{\hat{H}}$ und $\underline{\tilde{H}}$ sind linear und erwartungstreu. Die Minimierung von (5.15) findet aber in verschiedenen Klassen linearer Funktionen statt. $\underline{\hat{H}}$ ist nicht in der Klasse $b'\underline{Y}$, daher sind auch immer dann die beiden Vorhersagefunktionen verschieden, wenn $\beta \neq 0$ ist. Es gilt allgemein

$$E\left[(\underline{H} - \underline{\hat{H}})^2\right] \leq E\left[(\underline{H} - \underline{\tilde{H}})^2\right]. \tag{5.26}$$

Ein einfaches Beispiel soll die Ergebnisse verständlicher machen und auch die Unterschiede zwischen $\underline{\hat{H}}$ und $\underline{\tilde{H}}$ aufzeigen.

Beispiel 5.1:
In der Eigenleistungsprüfung wird ein Merkmal y gemessen. Die Beobachtungswerte gemäß einer Zufallstichprobe ($\underline{y}_1, \underline{y}_2, \ldots, \underline{y}_n$) liegen vor. Für $\underline{y}_i$ gelte das EPM nach Kapitel 2.

$$\underline{y}_i = \mu + \underline{g}_i + \underline{u}_i \tag{5.27}$$

Die $\underline{y}_i$ fassen wir zum Vektor $\underline{Y}$ zusammen. Da im Modell (5.27) nur ein fester Effekt vorhanden ist (μ), hat X die Form

$$X' = \underbrace{(1, \ldots, 1)}_{n}.$$

$\underline{g}_i$ kommt nur jeweils in $\underline{y}_i$ vor. Daher ist Z die Einheitsmatrix der Ordnung n. Die $\underline{u}_i$ werden zum Vektor $\underline{e}$ zusammengefaßt. In der Schreibweise von (5.18) hat (5.27) die Form

$$\underline{Y} = \begin{pmatrix} 1 \\ \vdots \\ 1 \end{pmatrix} \mu + \begin{pmatrix} 1 & & 0 \\ & \ddots & \\ 0 & & 1 \end{pmatrix} \begin{pmatrix} \underline{g}_1 \\ \vdots \\ \underline{g}_n \end{pmatrix} + \begin{pmatrix} \underline{u}_1 \\ \vdots \\ \underline{u}_n \end{pmatrix} \tag{5.28}$$

$\underline{g}_1 = \underline{H}$ soll vorhergesagt werden. Gemäß (5.20) wählen wir also $k' = 0$ und $m' = (1, 0, \ldots, 0)$. Aus (5.19) und (5.27) folgt wegen der weiteren Voraussetzungen und der Wahl $\sigma^2 = \sigma_y^2$

$$G = \begin{pmatrix} h^2 & & 0 \\ & \ddots & \\ 0 & & h^2 \end{pmatrix} \tag{5.29}$$

$$R = \begin{pmatrix} 1-h^2 & & 0 \\ & \ddots & \\ 0 & & 1-h^2 \end{pmatrix} \quad \text{mit } h^2 = \frac{\sigma_g^2}{\sigma^2} \text{ und } V(\underline{g}_i) = \sigma_g^2.$$

Setzt man nun alle diese Größen in (5.21) und (5.24) ein, so folgt

$$\underline{\hat{H}}_1 = h^2 (\underline{y}_1 - \mu) \tag{5.30}$$
$$\underline{\tilde{H}}_1 = h^2 (\underline{y}_1 - \underline{\bar{y}}.) \tag{5.31}$$

und es gilt

$$E\left[(\underline{H}_1 - \underline{\hat{H}}_1)^2\right] = \sigma_g^2 (1 - h^2) \tag{5.32}$$

$$E\left[(\underline{H}_1 - \underline{\tilde{H}}_1)^2\right] = \sigma_g^2 \left[1 - h^2 \left(1 - \frac{1}{n}\right)\right] \tag{5.33}$$

Die Ungleichung (5.26) ist also streng erfüllt, und für endliche n ist die BLV tatsächlich besser als die BLEV.
Wird in (5.30) bzw. (5.31) der Index i verwendet, so erhält man die entsprechenden Vorhersagen für das i-te Zuchtobjekt. Der Vorteil der BLEV gegenüber der BLV besteht darin, daß nun β nicht mehr bekannt zu sein braucht. Dafür nimmt

man eine etwas schlechtere Vorhersagefunktion in Kauf. Allerdings werden immer noch G und R benötigt.
Im Beispiel 5.1 reicht die Kenntnis von h^2 aus. Besteht das Ziel der Aufgabe nicht so sehr in einer genauen Vorhersage von $\underline{H}$, sondern in einer richtigen Reihenfolge der Zuchtobjekte gemäß $\underline{H}$, so reicht im einfachsten Fall (5.30) bzw. (5.31) ein positiver Schätzwert für h^2 aus, ja man kann sogar $h^2 = 1$ setzen.
Da G und R als nichtsingulär vorausgesetzt werden, muß $0 < h^2 < 1$ gelten. Durch $\hat{\underline{H}}_i = h^2 (\underline{y}_i - \mu)$, $\hat{\underline{H}}_i^* = \underline{y}_i - \mu$ und $\hat{\underline{H}}_i^{**} = \underline{y}_i$ bzw. $\tilde{\underline{H}}_i = h^2 (\underline{y}_i - \underline{\bar{y}}_.)$, $\tilde{\underline{H}}_i^* = \underline{y}_i - \underline{\bar{y}}_.$ und $\tilde{\underline{H}}_i^{**} = \underline{y}_i$ werden die Zuchtobjekte in die gleiche Reihenfolge gebracht. Alle diese Vorhersagen können durch monotone Transformationen ineinander überführt werden. Sie führen also auch zur gleichen Rangreihenfolge der Zuchtobjekte. Sie entspricht aber nur der richtigen Reihenfolge gemäß $\underline{H}$, wenn $E(\underline{H}_i/\underline{Y})$ sich als monotone Transformation z. B. von $\hat{\underline{H}}_i$ darstellen läßt. Bei Normalverteilung ist das der Fall.
In praktisch interessierenden Situationen liegen die Verhältnisse jedoch nicht so einfach. Die Matrizen G und R müssen bekannt sein. Je Zuchtobjekt liegt eine unterschiedliche Menge an Information vor. Dann können weder die Faktoren noch die Konstanten weggelassen werden und es muß schon $\tilde{\underline{H}}$ verwendet werden. Da aber eigentlich G und R unbekannt sind, muß man Schätzwerte benutzen. Diese Schätzwerte sollten an anderem Material bestimmt werden. Für praktische Zwecke kann also nur ein geschätztes $\tilde{\underline{H}}$ verwendet werden, das wir mit $\hat{\tilde{\underline{H}}}$ bezeichnen wollen. Dieses $\hat{\tilde{\underline{H}}}$ ist unter den obigen Bedingungen eine lineare Vorhersage (aber nicht unbedingt eine beste).
Im Beispiel 5.1 hat sie die Form

$$\hat{\tilde{\underline{H}}}_1 = \widehat{h^2}\,(\underline{y}_1 - \underline{\bar{y}}_.) . \tag{5.34}$$

Das Kriterium hat nach einigen Umformungen die Gestalt

$$E\left[(\underline{H}_1 - \hat{\tilde{\underline{H}}}_1)^2\right] = \sigma_g^2 \left[1 - 2\,\widehat{h^2}\left(1 - \frac{1}{n}\right)\right] + \sigma^2 \left(\widehat{h^2}\right)^2 \left(1 - \frac{1}{n}\right) \tag{5.35}$$

(5.35) hat für $\widehat{h^2} = h^2$ ein Minimum. Trifft man mit $\widehat{h^2}$ den richtigen Wert von h^2 nicht, so erhält man also einen größeren Wert des Kriteriums und damit eine schlechtere Vorhersage, obwohl in unserem Beispiel die Reihenfolge der Zuchtobjekte davon nicht beeinflußt wird und damit auch der genetische Fortschritt gleich bleibt.
Im allgemeinen muß man jedoch davon ausgehen, daß durch $\hat{\tilde{\underline{H}}}$ eine schlechtere Vorhersage von $\underline{H}$ gegeben ist als durch $\tilde{\underline{H}}$, und daß dadurch auch die Reihenfolge der Zuchtobjekte und damit der genetische Fortschritt beeinflußt werden. Damit dieser Einfluß der Schätzwerte der populationsgenetischen Parameter klein gehalten werden kann, muß die Schätzung mit großer Genauigkeit vorgenommen werden.
Die Väter des Selektionsindex Smith (1936) und Hazel (1943) gingen nicht von der Minimierung von (5.15) aus, sondern suchten nach einem linearen Selektionsindex $I(\underline{Y})$, der das Kriterium

$$\varrho_{HI} \Rightarrow MAX \tag{5.36}$$

erfüllt. Dieses Kriterium legt $I(\underline{Y})$ nicht eindeutig fest. Lineare Transformationen von $I(\underline{Y})$, die die Monotonie nicht umkehren, führen bekanntlich zur gleichen Korrelation.
Setzt man wieder Normalverteilung voraus, so ist $E(\underline{H}/\underline{Y})$ unter den Lösungen von (5.36). Da es nur um die Reihenfolge der Zuchtobjekte geht und um die genetische Selektionsdifferenz, stören lineare Transformationen nicht, die beides unbeeinflußt lassen.

5.2.3. Der lineare Selektionsindex

5.2.3.1. Indexkonstruktion nach Smith – Hazel

Zunächst wollen wir den einfachsten Fall der Indexkonstruktion betrachten. Am j-ten Zuchtobjekt ($j = 1, 2, \ldots, n$) seien die Merkmale $y_{1j}, y_{2j}, \ldots, y_{M1j}$ gemessen. Die n Zuchtobjekte wollen wir als Realisation einer Zufallstichprobe ansehen. Für jedes der Merkmale wird ein EPM unterstellt. Alle Merkmale gehen in das Zuchtziel ein, d. h. es gilt $M_0 = M_1$.
Das Zuchtziel hat dann die Form

$$\underline{H}_j = \sum_{i=1}^{M_1} a_i\, \underline{g}_{ij} = a'\underline{g}_j \tag{5.37}$$

Wir wollen einen linearen Selektionsindex der Form

$$\underline{I}_j = \sum_{i=1}^{M_1} b_i\, \underline{y}_{ij} = b'\underline{y}_j \tag{5.38}$$

bestimmen, der (3.36) maximiert. Nach (5.18) und (5.19) gelten

$$\begin{aligned} V(\underline{H}_j) &= a'\,G\,a > 0 \\ V(\underline{I}_j) &= b'\,P\,b > 0 \\ \operatorname{cov}(\underline{H}_j, \underline{I}_j) &= a'\,G\,b \end{aligned} \tag{5.39}$$

und damit

$$\varrho_{HI} = \frac{a'Gb}{\sqrt{a'Ga \cdot b'Pb}}, \tag{5.40}$$

wobei mit G die genetische Kovarianzmatrix und mit P die phänotypische Kovarianzmatrix der M_1 Merkmale bezeichnet wurden. Der Vektor b ist so zu bestimmen, daß (5.40) zu einem Maximum wird. Man erhält durch Nullsetzen der ersten Ableitung von ϱ_{HI}

$$a'G\,b'P\,b - a'G\,b\,b'P = 0 \tag{5.41}$$

(5.41) ist für

$$a'G = b'P \tag{5.42}$$

erfüllt, aber auch für

$$a'G = q\,b'P \quad (q > 0). \tag{5.43}$$

Diese Lösungen besitzen die Darstellung

$$b = \frac{1}{q} P^{-1} G\, a, \tag{5.44}$$

falls P^{-1} existiert. Es ist leicht einzusehen, daß durch (5.44) tatsächlich (5.36) maximiert wird. Der Selektionsindex hat dann die Form

$$\underline{I}_j = \frac{1}{q} a' G P^{-1} \underline{Y}_j. \tag{5.45}$$

Dieser Index ist linear, aber nicht erwartungstreu, da im allgemeinen

$$E(\underline{I}_j) = \frac{1}{q} a' G P^{-1} E(\underline{Y}_j) = \frac{1}{q} a' G P^{-1} \mu \neq 0 \tag{5.46}$$

gilt. Mit μ wird der Vektor der Mittelwerte der M_1 Merkmale bezeichnet. Durch (5.45) ist also keine erwartungstreue Vorhersage für $\underline{H}_j$ möglich. Liegt für jedes Zuchtobjekt die gleiche Information vor, d. h. werden alle M_1 Merkmale gemessen, so wird keine erwartungstreue Vorhersage benötigt, da mit dem Selektionsindex (5.45) die Zuchtobjekte in die „richtige" Reihenfolge gebracht werden, falls sich (5.45) als eine monotone Transformation der BV darstellen läßt. Setzt man für $(\underline{H}_j, \underline{Y}_j')$ Normalverteilung voraus, dann ist das stets der Fall, da die BV linear in $\underline{Y}_j$ ist. Der Gewichtsvektor b des Selektionsindex (5.45) hängt von P, G und a ab. Da diese Größen für jedes Zuchtobjekt unter der Annahme gleicher Information gleich sind, ist auch b für alle Zuchtobjekte gleich. Man spricht in diesem einfachen Fall von einem vom einzelnen Zuchtobjekt unabhängigen Selektionsindex.

Wir wollen nun für das obige Problem eine BLV bestimmen. Dazu soll Satz 5.1 verwendet werden. Die $\underline{Y}_j$ werden zum Vektor $\underline{Y}$ zusammengefaßt.

$$\underline{Y}' = (\underline{Y}_1', \underline{Y}_2', \ldots, \underline{Y}_n') \tag{5.47}$$

Wegen dieser Festlegung von $\underline{Y}$ erhält man

$$\beta' = (\mu_1, \mu_2, \ldots, \mu_{M1}) = \mu'$$

$$X = \begin{pmatrix} X_1 \\ X_n \end{pmatrix}$$

mit

$$X_j = \left.\begin{pmatrix} 1 & & 0 \\ & \ddots & \\ 0 & & 1 \end{pmatrix}\right\} M_1, \text{ also } X_j = E_{M_1}$$

$$\underline{u}' = (\underline{g}_{11}, \ldots, \underline{g}_{M_{11}}, \ldots, \underline{g}_{1n}, \ldots, \underline{g}_{M1n})$$

$$Z = E_{M1 \cdot n}$$

und

$$\underline{e}' = (\underline{u}_{11}, \ldots, \underline{u}_{M11}, \ldots, \underline{u}_{1n}, \ldots, \underline{u}_{M1n}).$$

Wegen der vorausgesetzten Unabhängigkeit zwischen den Zuchtobjekten folgt

$$V(\underline{u}) = G^* = \left.\begin{pmatrix} G & & 0 \\ & \ddots & \\ 0 & & G \end{pmatrix}\right\} n \tag{5.48}$$

mit G nach (5.39). Weiterhin gilt

$$V(\underline{e}) = R^* = \left.\begin{pmatrix} R & & 0 \\ & \ddots & \\ 0 & & R \end{pmatrix}\right\} n \tag{5.49}$$

mit

$$R = (\operatorname{cov}(\underline{u}_{ij}, \underline{u}_{i'j})). \tag{5.50}$$

Das Zuchtziel soll wie in (5.37) festgelegt werden, dann gilt

$$\begin{aligned} k' &= (0, \ldots, 0) \\ m_j' &= (\underbrace{0, \ldots, 0}_{1}, \ldots, \underbrace{a_1, \ldots, a_{M1}}_{j}, \ldots, \underbrace{0, \ldots, 0}_{n}) . \end{aligned} \tag{5.51}$$

Mit dieser Annahme stimmen (5.20) und (5.37) überein. Nach (5.19) gilt

$$V^* = R^* + G^* = \begin{pmatrix} P & & & 0 \\ & \ddots & & \\ & & P & \\ & & & \ddots \\ 0 & & & P \end{pmatrix} = V(\underline{Y}). \tag{5.52}$$

Die Vorhersagefunktion $\underline{\hat{H}}$ kann nun nach (5.21) ermittelt werden. Es ist jedoch zu beachten, daß in Satz 5.1 ein Einmerkmalsmodell untersucht wurde, hier jedoch mehrere Merkmale vorliegen. Bei der Definition von G^*, R^* und V^* kann σ^2 nicht herausgezogen werden. Aus (5.21) ist jedoch sofort erkennbar, daß $\underline{\hat{H}}$ auch mit diesen Matrizen gilt. Bestimmen wir zunächst $G^* Z' V^{*-1}$. Wegen der Diagonalgestalt gilt

$$V^{*-1} = \begin{pmatrix} P^{-1} & & 0 \\ & \ddots & \\ 0 & & P^{-1} \end{pmatrix} \tag{5.53}$$

und damit

$$G^* Z' V^{*-1} = G^* V^{*-1} = \begin{pmatrix} GP^{-1} & & 0 \\ & \ddots & \\ 0 & & GP^{-1} \end{pmatrix} \tag{5.54}.$$

Unter Beachtung von (5.51) erhält man

$$\underline{\hat{H}}_j = a' G P^{-1} (\underline{Y}_j - \beta). \tag{5.55}$$

Die Gewichte der BLV stimmen also mit denen des Selektionsindex $\underline{I}_j$ nach (5.45) überein, wenn man wie üblich $q = 1$ setzt. Der Selektionsindex $\underline{I}_j$ nach (5.45) ist aber keine BLV, da die Konstante fehlt. Andererseits kann man bei der Konstruktion des Selektionsindex natürlich fordern, daß er eine erwartungstreue Vorhersage von $\underline{H}_j$ darstellt. In Abänderung von (5.38) wird dann also ein Index in der Form

$$\underline{I}_j = b' (\underline{Y}_j - \beta) \tag{5.56}$$

gesucht. Als eine Lösung von (5.36) ergibt sich nun

$$\underline{I} = a' G P^{-1} (\underline{Y}_j - \beta) \tag{5.57}$$

und dieser Index stimmt mit der BLV überein.
Bestimmen wir nun noch die BLEV nach Satz 5.2. Dazu muß das Gleichungssystem (5.25) aufgestellt werden. Zunächst erhält man

$$X' V^{*-1} X = \sum_{j=1}^{n} X_j' P^{-1} X_j = \sum_{j=1}^{n} P^{-1} = n P^{-1} \tag{5.58}$$

$$X' V^{-1} \underline{Y} = P^{-1} \sum_{j=1}^{n} \underline{Y}_j \tag{5.59}$$

und daraus

$$n P^{-1} \underline{\hat{\beta}} = P^{-1} \sum_{j=1}^{n} \underline{Y}_j \tag{5.60}$$

Für die VMKQ gilt also

$$\underline{\hat{\beta}} = \frac{1}{n} \sum_j \underline{Y}_j. \tag{5.61}$$

Damit kann auch die BLEV mit

$$\underline{\tilde{H}}_j = a' G P^{-1} \left(\underline{Y}_j - \frac{1}{n} \sum_{j=1}^{n} \underline{Y}_j \right) = \underline{\tilde{I}}_j \quad \text{angegeben werden.} \tag{5.62}$$

Bemerkung: Der Vektor a kann noch beliebig vorgegeben werden. Wir können ihn also auch in der Form $a' = (1, 0, \ldots, 0)$ wählen, d. h. daß das Zuchtziel sich lediglich auf das erste Merkmal bezieht. In (5.62) würde eigentlich nur die erste Zeile von $G P^{-1}$ zu berücksichtigen sein. Stehen in der ersten Zeile von $G P^{-1}$ mehrere von Null verschiedene Elemente (das erste Element ist wegen $h_1^2 > 0$ stets von Null verschieden), so stimmen (5.62) und (5.34) nicht überein. Die anderen Merkmale verbessern die Zuchtwertvorhersage also noch. (5.34) ist nur eine sogenannte „Einmerkmals-BLEV". Sie ist der eigentlichen BLEV von (5.62) unterlegen und verdient den Namen BLEV nicht, falls an den Zuchtobjekten

gleichzeitig mehrere Merkmale gemessen werden und $G P^{-1}$ nicht Diagonalgestalt besitzt. Letzteres ist aber eigentlich nie der Fall.
Wir haben hier in diesem einfachen Fall schon zwei BLEV angegeben, die sich auf verschiedene Informationsmengen (Vektor $\underline{Y}$) beziehen, aber beide das gleiche $\underline{H}$ vorhersagen. Zu einem $\underline{H}$ gibt es also stets verschiedene BLEV, die aber durch die Wahl von $\underline{Y}$ festgelegt werden. Man kann also nicht von der BLEV schlechthin sprechen. Eigentlich müßte man von aller vorhandenen Information ausgehen. Sie bildet den Vektor $\underline{Y}$, und nur auf diesen Vektor dürfte der Begriff BLEV angewendet werden. Praktisch wird er aber häufig für „Einmerkmals-BLEV" benutzt, obwohl gleichzeitig eine Vorhersage für mehrere Merkmale vorgenommen wird und somit offenkundig keine BLEV verwendet wird.
Bisher wurde vorausgesetzt, daß Zufallsstichproben von zu beurteilenden Zuchtobjekten vorliegen. Diese Annahme ist in der Praxis kaum gegeben, daher wollen wir sie abändern. Die Zuchtobjekte sollen gruppenweise eine gewisse Verwandtschaft besitzen. Zwischen den Gruppen sei aber weiterhin Unabhängigkeit vorausgesetzt. Zunächst wollen wir wieder den Ein-Merkmals-Fall behandeln. Die zu beurteilenden Zuchtobjekte bilden Halbgeschwistergruppen. Der Vektor $\underline{Y}$ sei nach den Halbgeschwistergruppen geordnet.

$$\begin{aligned}\underline{Y}' &= (\underline{Y}_{11}, \ldots, \underline{Y}_{1n_1}, \ldots, \underline{Y}_{r1}, \ldots, \underline{Y}_{rn_r}), \sum_{q=1}^{r} n_q = n \\ &= (\underline{Y}_1', \ldots, \underline{Y}_r')\end{aligned} \tag{5.63}$$

Die Größen des Modells (5.18) haben dann die Gestalt

$$X' = \underbrace{(1, \ldots, 1)}_{n}$$

$$\beta = (\mu),$$
$$Z = E_n,$$
$$\underline{u}' = (\underline{g}_{11}, \ldots, \underline{g}_{1n_1}, \ldots, \underline{g}_{r1}, \ldots, \underline{g}_{rn_r}) \quad \text{und}$$

$$\underline{e}' = (\underline{u}_{11}, \ldots, \underline{u}_{1n_1}, \ldots, \underline{u}_{r1}, \ldots, \underline{u}_{rn_r})$$

und es gilt

$$G = \begin{pmatrix} G_1 & & 0 \\ & G_2 & \\ & & \ddots \\ 0 & & G_r \end{pmatrix} \quad \text{mit} \tag{5.64}$$

$$G_q = \left.\begin{pmatrix} h^2 & \frac{1}{4}h^2 & \ldots & \frac{1}{4}h^2 \\ \frac{1}{4}h^2 & h^2 & \ldots & \frac{1}{4}h^2 \\ \vdots & \vdots & & \vdots \\ \frac{1}{4}h^2 & \frac{1}{4}h^2 & \ldots & h^2 \end{pmatrix}\right\} n_q \quad (q = 1, \ldots, r) \quad \text{und} \tag{5.65}$$

$$R = \begin{pmatrix} R_1 & & & 0 \\ & R_2 & & \\ & & \ddots & \\ 0 & & & R_r \end{pmatrix} \tag{5.66}$$

mit

$$R_q = \left.\begin{pmatrix} 1-h^2 & 0 & \dots & 0 \\ 0 & 1-h^2 & \dots & 0 \\ \vdots & \vdots & & \vdots \\ 0 & 0 & & 1-h^2 \end{pmatrix}\right\} n_q \tag{5.67}$$

Es soll der Zuchtwert des j-ten Tieres der q-ten Halbgeschwistergruppe vorhergesagt werden. Analog zu (5.20) gilt dann $k = 0$ und $m' = (0, \dots, 0, 1, 0, \dots, 0)$. m hat die gleiche Struktur wie der Vektor $\underline{u}$. Aus (5.64) bis (5.67) folgt

$$V = R + G = \begin{pmatrix} V_1 & & & 0 \\ & V_2 & & \\ & & \ddots & \\ 0 & & & V_r \end{pmatrix} \tag{5.68}$$

mit

$$V_q = \begin{pmatrix} 1 & & \frac{1}{4}h^2 \\ & 1 & \\ & & \ddots & \\ \frac{1}{4}h^2 & & 1 \end{pmatrix} \tag{5.69}$$

Die Inverse von V wird bestimmt, indem die Inverse von V_q ermittelt wird. V_q kann nach

$$V_q^{-1} = \begin{pmatrix} a_q & & b_q \\ & a_q & \\ & & \ddots \\ b_q & & a_q \end{pmatrix} \tag{5.70}$$

mit

$$a_q = \frac{1 + \frac{1}{4}h^2(n_q - 2)}{1 + \frac{1}{4}h^2(n_q - 2) - \left(\frac{1}{4}h^2\right)^2(n_q - 1)} \tag{5.71}$$

und

$$b_q = \frac{-\frac{1}{4}h^2}{1 + \frac{1}{4}h^2(n_q - 2) - \left(\frac{1}{4}h^2\right)^2(n_q - 1)} \tag{5.72}$$

invertiert werden. Nun läßt sich die BLV nach (5.21) ermitteln. Es gilt

$$G\,Z'V^{-1} = GV^{-1} = \begin{pmatrix} G_1 V_1^{-1} & & 0 \\ & G_2 V_2^{-1} & \\ 0 & & \ddots \; G_r V_r^{-1} \end{pmatrix} \tag{5.73}$$

mit

$$G_q V_q^{-1} = \frac{h^2}{1 + \frac{1}{4} h^2 (n_q - 2) - \left(\frac{1}{4} h^2\right)^2 (n_q - 1)} \cdot$$

$$\begin{pmatrix} 1 + \left(\frac{n_q - 2}{4} - \frac{n_q - 1}{16}\right) h^2 & & \frac{1}{4}(1 - h^2) \\ & \ddots & \\ \frac{1}{4}(1 - h^2) & & 1 + \left(\frac{n_q - 2}{4} - \frac{n_q - 1}{16}\right) h^2 \end{pmatrix}$$

Berücksichtigt man noch die Gestalt von m, so folgt sofort

$$\underline{\hat{H}} = \frac{h^2}{1 + \frac{1}{4} h^2 (n_q - 2) - \left(\frac{1}{4} h^2\right)^2 (n_q - 1)} \left\{\left[1 + \left(\frac{n_q - 2}{4} - \frac{n_q - 1}{16}\right) h^2\right] (\underline{y}_{qj} - \mu) + \frac{1}{4}(1 - h^2) \sum_{\substack{l=1 \\ l \neq j}}^{n_q} (\underline{y}_{ql} - \mu)\right\}.$$

Nach einigen Umformungen entsteht daraus

$$\underline{\hat{H}} = \frac{\frac{1}{4} h^2}{1 + \frac{1}{4} h^2 (n_q - 2) - \left(\frac{1}{4} h^2\right)^2 (n_q - 1)} \left[3\left(1 + \frac{n_q - 1}{4} h^2\right) (\underline{y}_{qj} - \mu) + n_q (1 - h^2) (\underline{\bar{y}}_{q.} - \mu)\right]. \tag{5.74}$$

Es ist wichtig zu bemerken, daß sich die BLV hier in der Form

$$\underline{H} = b_1 (\underline{y}_{qj} - \mu) + b_2 (\underline{\bar{y}}_{q.} - \mu) \tag{5.75}$$

darstellen läßt. Wir wollen nun die BLEV angeben.

Dazu muß wieder (5.25) aufgestellt und gelöst werden. Zunächst gilt

$$X'V^{-1}X = \sum_{q=1}^{r} \frac{n_q}{1 + (n_q - 1)\frac{1}{4} h^2} \tag{5.76}$$

und

$$X' V^{-1} = (\underbrace{c_1, \ldots, c_1}_{n_1}, \ldots, \underbrace{c_r, \ldots, c_r}_{n_r}) \qquad (5.77)$$

mit

$$c_q = \frac{1}{1 + (n_q - 1) \frac{1}{4} h^2}$$

Daraus folgt sofort

$$\underline{\hat{\mu}} = \frac{1}{\sum_{q=1}^{r} \frac{n_q}{1 + (n_q - 1) \frac{1}{4} h^2}} \cdot \sum_{q=1}^{r} \frac{n_q}{1 + (n_q - 1) \frac{1}{4} h^2} \underline{\bar{y}}_{q.} \qquad (5.78)$$

und nach Satz 5.2 kann aus (5.74) und (5.78) $\underline{\tilde{H}}$ angegeben werden. Kommen wir nun auf die Darstellung (5.75) der BLV zurück.
Es soll ein sogenannter Zuchtwertindex der Form

$$\underline{I}^* = b_1 (\underline{y}_{qj} - \mu) + b_2 (\underline{\bar{y}}_{q.} - \mu) \qquad (5.79)$$

mit reellen b-Werten nach der Formel (5.57) bestimmt werden.

Der Zuchtwertindex stellt hier also eine Linearkombination aus Eigenleistung und Halbgeschwistermittel bezogen auf ein Merkmal dar. Zuchtwertindizes sind Selektionsindizes bei deren Konstruktion die Information in nur einem Merkmal aber aus mehreren Informationsquellen (Eigenleistung, Vorfahrenleistung, Geschwisterleistung, Nachkommenleistung) gewertet wird.

Diese beiden Informationen liegen für jedes Zuchtobjekt vor. Wir setzen

$$\underline{y}_{qj} = \underline{y}_{1qj}$$
$$\underline{\bar{y}}_{q.} = \underline{y}_{2qj}$$

und betrachten $\underline{y}_1$ und $\underline{y}_2$ als zwei verschiedene Merkmale.

Die Vektoren a und ß haben dann die Form

$$a' = (1, 0)$$
$$\beta' = (\mu, \mu),$$

und unter Beachtung der Abhängigkeit zwischen $\underline{y}_{1qj}$ und $\underline{y}_{2qj}$ erhält man

$$G = \begin{pmatrix} h^2 & h^2 \left(\frac{1}{4} + \frac{3}{4 n_q} \right) \\ h^2 \left(\frac{1}{4} + \frac{3}{4 n_q} \right) & h^2 \left(\frac{1}{4} + \frac{3}{4 n_q} \right) \end{pmatrix}$$

$$P = \begin{pmatrix} 1 & \frac{1}{4}h^2 + \frac{1 - \frac{1}{4}h^2}{n_q} \\ \frac{1}{4}h^2 + \frac{1 - \frac{1}{4}h^2}{n_q} & \frac{1}{4}h^2 + \frac{1 - \frac{1}{4}h^2}{n_q} \end{pmatrix}$$

und

$$P^{-1} = \frac{1}{\left(\frac{1}{4}h^2 + \frac{1 - \frac{1}{4}h^2}{n_q}\right)\left(1 - \frac{1}{4}h^2 - \frac{1 - \frac{1}{4}h^2}{n_q}\right)}$$

$$\times \begin{pmatrix} \frac{1}{4}h^2 + \frac{1 - \frac{1}{4}h^2}{n_q} & -\left[\frac{1}{4}h^2 + \frac{1 - \frac{1}{4}h^2}{n_q}\right] \\ -\left[\frac{1}{4}h^2 + \frac{1 - \frac{1}{4}h^2}{n_q}\right] & 1 \end{pmatrix}$$

und daraus

$$a'GP^{-1} = \left(\left(\frac{1}{4}h^2 + \frac{1 - \frac{1}{4}h^2}{n_q}\right)\left(1 - \left(\frac{1}{4} + \frac{3}{4n_q}\right)\right) - \left(\frac{1}{4}h^2 + \frac{1 - \frac{1}{4}h^2}{n_q}\right) + \frac{1}{4} + \frac{3}{4n_q}\right)$$

$$\times \frac{h^2}{\left(\frac{1}{4}h^2 + \frac{1 - \frac{1}{4}h^2}{n_q}\right)\left(1 - \frac{1}{4}h^2 - \frac{1 - \frac{1}{4}h^2}{n_q}\right)}.$$

Nun kann (5.57) angegeben werden. Man erhält

$$\underline{\hat{I}}^* = \frac{\frac{3}{4}h^2}{1 - \frac{1}{4}h^2}(\underline{y}_{1qj} - \mu) + \frac{n_q \frac{1}{4}h^2(1 - h^2)}{\left(1 - \frac{1}{4}h^2\right)\left(1 + (n_q - 1)\frac{1}{4}h^2\right)}(\underline{y}_{2qj} - \mu) \qquad (5.80).$$

(5.80) stimmt mit (5.74) überein. $\underline{\hat{I}}^*$ ist also eine BLV.

Ausgangspunkt der Konstruktion von sogenannten Zuchtwertindizes ist nicht der Beobachtungsvektor $\underline{y}$, sondern ein Vektor bestehend aus der Eigenleistung und den Mittelwerten der entsprechenden Verwandtenleistungen. Man geht also von einer „verdichteten" Information aus. Die Konstruktion von Zuchtwertindizes ist einfacher als die Konstruktion der entsprechenden BLV. Nicht in je-

dem Falle stimmen Zuchtwertindex und BLV überein. Diese Aussage gilt auch für Mehrmerkmalsmodelle.
Unter Beachtung von (5.78) kann aus (5.80) natürlich auch die BLEV konstruiert werden. An einem Beispiel soll demonstriert werden, daß nicht jeder Zuchtwertindex BLV ist.

Beispiel 5.2:
Der Zuchtwert eines Tieres (Probanden) ist vorherzusagen, dessen Information entsprechend folgender Struktur für ein Merkmal vorliegt:

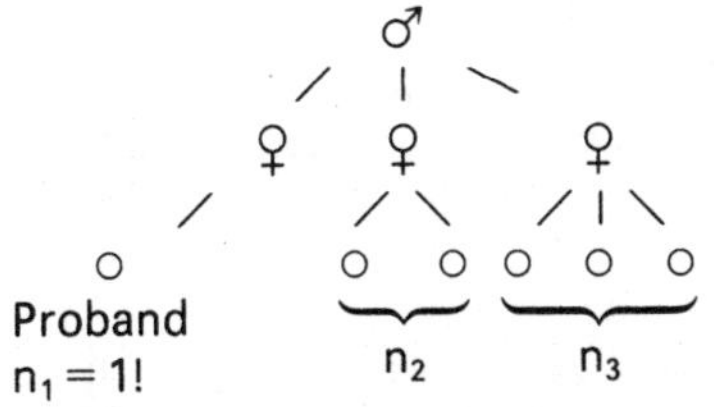

Neben seiner Leistung (Eigenleistung) seien noch die Mittelwerte der beiden Vollgeschwistergruppen gegeben. Seine eigene Leistung wird mit $\underline{Y}_1$ bezeichnet, die der beiden Vollgeschwistergruppenmittel mit $\underline{\bar{Y}}_2$ und $\underline{\bar{Y}}_3$. Der Vektor $\underline{Y}$ hat also die Gestalt $\underline{Y}' = (\underline{Y}_1, \underline{\bar{Y}}_2, \underline{\bar{Y}}_3)$. Die entsprechende $\overline{\text{BLV}}$ wird nach (5.56) konstruiert. Da Unterschiede zwischen den Erwartungswerten nicht angenommen werden müssen, gilt $\beta' = (\mu, \mu, \mu)$. Wir wollen lediglich den Zuchtwert des Probanden vorhersagen, daher kann $a' = (1, 0, 0)$ gewählt werden. Setzt man für das Merkmal der einzelnen Tiere jeweils das EPM an, so folgt

$$P = \sigma^2 \begin{pmatrix} 1 & \frac{1}{4} h^2 & \frac{1}{4} h^2 \\ \frac{1}{4} h^2 & \frac{1}{2} h^2 + \frac{1 - \frac{1}{2} h^2}{n_2} & \frac{1}{4} h^2 \\ \frac{1}{4} h^2 & \frac{1}{4} h^2 & \frac{1}{2} h^2 + \frac{1 - \frac{1}{2} h^2}{n_3} \end{pmatrix} = \sigma^2 P^* \tag{5.81}$$

und

$$a'G = \sigma^2 h^2 \begin{pmatrix} 1 \\ \frac{1}{4} \\ \frac{1}{4} \end{pmatrix} \qquad (5.82).$$

Den Gewichtsvektor $b' = (b_1, b_2, b_3)$ bestimmt man hier über das Gleichungssystem (5.42). Es gilt

$$b_1 = \frac{h^2}{|P^*|} \begin{vmatrix} 1 & \frac{1}{4}h^2 & \frac{1}{4}h^2 \\ \frac{1}{4} & \frac{1}{2}h^2 + \frac{1-\frac{1}{2}h^2}{n_2} & \frac{1}{4}h^2 \\ \frac{1}{4} & \frac{1}{4}h^2 & \frac{1}{2}h^2 + \frac{1-\frac{1}{2}h^2}{n_3} \end{vmatrix}$$

$$b_1 = \frac{h^2}{|P^*|} \left\{ \frac{5}{32}h^4 + \frac{1-\frac{1}{2}h^2}{n_2} h^2 \; \frac{7}{16} + \frac{1-\frac{1}{2}h^2}{n_3} h^2 \; \frac{7}{16} + \frac{1-\frac{1}{2}h^2}{n_2} \cdot \frac{1-\frac{1}{2}h^2}{n_3} \right\}$$

Auf gleichem Wege erhält man

$$b_2 = \frac{h^2}{|P^*|} \frac{1}{4} (1-h^2) \left(\frac{1}{4}h^2 + \frac{1-\frac{1}{2}h^2}{n_3} \right)$$

und

$$b_3 = \frac{h^2}{|P^*|} \frac{1}{4} (1-h^2) \left(\frac{1}{4}h^2 + \frac{1-\frac{1}{2}h^2}{n_2} \right).$$

Andererseits kann man aber auch von der Eigenleistung und dem Halbgeschwistermittel

$$\underline{\overline{Y}} = \frac{\underline{Y}_1 + n_2 \underline{Y}_2 + n_3 \underline{Y}_3}{1 + n_2 + n_3} \tag{5.83}$$

ausgehen und den Vektor $\underline{Y}^{*\prime} = (\underline{Y}_1, \underline{\overline{Y}})$ betrachten und die zu ihm gehörende BLV, die stets existiert, bestimmen. Für $(\underline{Y}_1 - \mu)$ und $(\underline{\overline{Y}} - \mu)$ würde man Gewichte b_1^* und b_2^* erhalten. Es ist nun zu prüfen, ob die beiden BLV übereinstimmen. b_2^* würde sich aber nur aus b_1, b_2 und b_3 bilden lassen, wenn die „Gewichte" von $n_2(\underline{Y}_2 - \mu)$ und $n_3(\underline{Y}_3 - \mu)$ übereinstimmen und damit ausgeklammert werden können. Das ist hier aber offensichtlich für $n_2 \neq n_3$ nicht der Fall. Daher stimmen die beiden „BLV" nicht überein. Der Zuchtwertindex bestehend aus Eigenleistung und dem Halbgeschwistermittel ist, bezogen auf den Vektor $\underline{Y}$, also keine BLV. Bei der Konstruktion von Selektionsindizes geht man häufig von mehreren Merkmalen mit Eigenleistung, Vollgeschwisterleistung und Halbgeschwisterleistung aus. Werden im Selektionsindex nur die entsprechenden Mittelwerte je Merkmal (Vollgeschwistermittel, Halbgeschwistermittel) verwendet, so ist der entsprechende Selektionsindex nicht BLV bezogen auf die Information an den einzelnen Zuchtobjekten. Er ist nur BLV bezogen auf den verwendeten Vektor $\underline{Y}$.

Obwohl diese Theorie nicht immer zu einer BLEV führt, sollte sie wegen der rechentechnischen Vorteile nicht vergessen werden. Ist insbesondere die Genauigkeit der Vorhersage groß, so bringt die BLEV gegenüber dem Selektionsindex nur noch einen sehr geringen Genauigkeitsgewinn, der nur mit einem erheblichen Mehraufwand erzielbar ist. Umfangreiche Zusammenstellungen der Literatur zu BLEV-Methoden in der Zuchtwertvorhersage findet man bei SIMIANER (1985), BERGFELD (1986) und TUCHSCHERER (1987).

5.2.3.2. Allgemeine Darstellung des linearen Selektionsindex

Bei der Darstellung der Theorie von SMITH-HAZEL sind wir von einem sehr einfachen Fall ausgegangen. Wir wollen nun die entsprechenden Ergebnisse verallgemeinern (HENDERSON 1963). Das Zuchtziel sei nach (5.9) gegeben. Zur Beurteilung eines Zuchtobjektes liege eine Information gemäß einem Vektor $\underline{Y}$ mit M_1 Komponenten vor. Diese Komponenten können eigene Leistungen des zu beurteilenden Zuchtobjektes, Vollgeschwistermittel, Halbgeschwistermittel, Leistungen anderer Verwandten (z. B. Eltern) usw. sein. Obwohl die Information je Zuchtobjekt verschieden sein kann, wollen wir hier den Index j vernachlässigen. Analog zu (5.39) gelte

$$\begin{aligned} V(\underline{H}) &= a' G a > 0 \\ V(\underline{I}) &= b' Pb > 0 \\ \mathrm{cov}(\underline{H}, \underline{I}) &= a' G_0 b \end{aligned} \qquad (5.84)$$

und damit

$$\varrho_{HI} = \frac{a' G_0 b}{\sqrt{a'Ga \cdot b'Pb}} \qquad (5.85).$$

G_0 stellt die Kovarianzmatrix zwischen den Merkmalen des Zuchtzieles und den Komponenten des Vektors $\underline{Y}$ dar. Im allgemeinen werden G und G_0 sehr verschieden sein, da z. B. ein Merkmal mehrfach in $\underline{Y}$ eingehen kann (als Eigenleistung, Halbgeschwistermittel usw.). Andererseits müssen aber auch nicht alle Merkmale des Zuchtzieles in $\underline{Y}$ vertreten sein. Unter diesen Bedingungen wird (5.44) zu

$$b = \frac{1}{q} P^{-1} G_0' a \qquad (5.86)$$

und der Selektionsindex (5.57) hat nun die Gestalt

$$\hat{\underline{I}}^* = a' G_0 P^{-1} (\underline{Y} - E(\underline{Y})) . \qquad (5.87)$$

Es ist zu beachten, daß P hier nicht wie in (5.39) eine einfache Kovarianzmatrix darstellt. Die Ermittlung von P und G_0 ist häufig sehr aufwendig, da die Elemente dieser Matrizen Funktionen der populationsgenetischen Parameter und der Anzahlen von Vollgeschwistern usw. sind.

5.2.3.3. Berechnung des Selektionserfolges

Die Grundlagen der Bestimmung des Selektionserfolges wurden bereits in Kapitel 3. dargestellt. Wir wollen voraussetzen, daß der Quotient aus Selektionserfolg und Selektionsdifferenz konstant ist, d. h. unabhängig von der Selektionsintensität.
Unter den üblichen Annahmen zum EPM gilt für den Selektionserfolg ΔH im „Merkmal" Zuchtziel bei Selektion nach dem Selektionsindex $\underline{I}$ mit der Selektionsdifferenz ΔI

$$\Delta H = \frac{\operatorname{cov}(\underline{H}, \underline{I})}{V(\underline{I})} \Delta I, \tag{5.88}$$

und daraus folgt

$$\begin{aligned} \Delta H &= \frac{a' G_0 b}{b' P b} \cdot \sqrt{b' P b}\, d_s \\ &= \frac{a' G_0 b}{\sqrt{b' P b}} d_s \end{aligned} \tag{5.89}$$

Diese Formel kann auch zur Berechnung des Selektionserfolges in den einzelnen Merkmalen des Zuchtzieles genutzt werden, wenn in (5.85) ein entsprechender Vektor a verwendet wird. Mit ΔG bezeichnen wir den Vektor der Selektionserfolge in den M_0 Merkmalen des Zuchtzieles. Es gilt

$$\Delta G = \frac{G_0 b}{\sqrt{b' P b}} d_s. \tag{5.90}$$

Natürlich kann in (5.89) und (5.90) die Berechnung von b umgangen werden, wenn man (5.86) mit $q = 1$ verwendet. (5.89) und (5.90) geben allerdings einen theoretischen Selektionserfolg an, der nur erzielt werden kann, wenn das EPM gilt und alle Parameter bekannt sind.

5.2.3.4. Informationen als Ergebnis der Konstruktion eines linearen Selektionsindex

In 5.2.3.1. wurde bereits bemerkt, daß der Selektionsindex als Zuchtwertvorhersage für das Zuchtziel angesehen werden kann. Daneben ergibt sich aber auch sofort eine Zuchtwertvorhersage für alle Merkmale des Zuchtzieles mit den gleichen Eigenschaften wie der Selektionsindex. Eine zusätzliche Zuchtwertvorhersage ist also überflüssig. Geht man von den Beziehungen in 5.2.3.2. aus, so gilt

$$\underline{I}^* = a' G_0 P^{-1} (\underline{Y} - \mu), \tag{5.91}$$

wobei $E(\underline{Y}) = \mu$ vorausgesetzt wurde. $\underline{I}^*$ ist eine Zuchtwertvorhersage für $\underline{H}$. Es ist sofort klar, daß durch

$$\underline{g}^* = G_0 P^{-1} (\underline{Y} - \mu) \tag{5.92}$$

eine Zuchtwertvorhersage für die M_0 Merkmale des Zuchtzieles gegeben ist. Rechentechnisch kann man zunächst (5.92) bestimmen und anschließend (5.91). Es ist also kein Mehraufwand erforderlich. Mit dem linearen Selektionsindex kann das Problem der Zuchtwertvorhersage in einem Schritt gelöst werden. Der Züchter kann bei Anwendung der Theorie des linearen Selektionsindex in dieser Form seine Zuchtobjekte also nicht nur nach dem Zuchtziel bewerten, sondern auch nach jedem Merkmal. Außerdem kann zumindest theoretisch der erreichbare Zuchtfortschritt in jedem Merkmal nach (5.90) angegeben werden, wenn die Selektionsintensität für die Selektion nach dem Selektionsindex festgelegt wird.
Wie schon bemerkt, ist der Selektionsindex nur in einigen Fällen auch eine BLV bezogen auf die anfallende Information. Das gilt dann natürlich ebenfalls für die Komponenten von $\underline{g}^*$. Analog zum Übergang von einer BLV zu einer BLEV nach Satz 5.2 wird bei der Anwendung des linearen Selektionsindex die Schätzung des Lageparameters μ nach der verallgemeinerten Methode der kleinsten Quadrate empfohlen. Dadurch bleibt der Selektionsindex bezogen auf $\underline{Y}$ BLEV.

5.2.3.5. Eine Methode zur Bestimmung der Gewichte im Zuchtziel

Bisher sind wir davon ausgegangen, daß der Vektor a in (5.9) gegeben ist. Hier soll nun eine Möglichkeit zur Festlegung dieses Vektors vorgestellt werden. In der Literatur werden die a_i häufig ökonomische Gewichte genannt. Diese Bezeichnung ist aber nur dann sinnvoll, wenn bei ihrer Festlegung ökonomische Gesichtspunkte eine Rolle spielen. Das ist jedoch häufig nicht direkt der Fall. Die a_i können auch auf der Grundlage rein züchterischer Betrachtungen bestimmt werden (Peseck, Baker 1969). Zunächst wollen wir den Zusammenhang zwischen den a_i und den Selektionserfolgen in den einzelnen Merkmalen des Zuchtzieles untersuchen. Dazu werden die Beziehungen (5.89) und (5.90) herangezogen und (5.86) beachtet. Die Betrachtungen werden für eine konstante Selektionsintensität, d. h. für ein konstantes d_s durchgeführt. Es ist bekannt, daß der Gewichtsvektor b stets so festgelegt wird, daß ΔH zu einem Maximum wird. Das ist eine Folgerung aus (5.88) und (5.36). Enthält das Zuchtziel nur ein einziges Merkmal, so gibt ΔH den Selektionserfolg in diesem Merkmal an, wenn $a = 1$ gesetzt wird ($M_0 = 1$). Das entspricht aber auch der Wahl eines Vektors a, dessen eine Komponente 1 gesetzt wurde und dessen andere Komponenten 0 sind, falls im Zuchtziel mehrere Merkmale vertreten sind. Ersetzt man in (5.86) den Vektor a durch die Einheitsmatrix, so entsteht für $q = 1$ eine Matrix B, deren Spalten gerade die Gewichtsvektoren b für den maximalen Zuchtfortschritt in den einzelnen Merkmalen des Zuchtzieles darstellen

$$B = P^{-1} G_0'. \qquad (5.93)$$

Wir müssen noch den Ausdruck unter dem Wurzelzeichen in (5.89) bestimmen. Setzt man (5.86) ein, so entsteht

$$b' P b = a' G_0 P^{-1} P P^{-1} G_0' a = a' G_0 P^{-1} G_0' a \qquad (5.94).$$

Die Diagonalelemente von $G_0P^{-1}G_0'$ sind also gerade die Ausdrücke unter dem Wurzelzeichen.
Aus $a'G_0b$ folgt aber ebenfalls

$$a'G_0b = a'G_0P^{-1}G_0'a \tag{5.95}$$

Setzt man diese Ausdrücke in (5.89) ein, so folgt

$$\Delta H = \sqrt{a'G_0P^{-1}G_0'a}\; d_s \tag{5.96}$$

Bezeichnet man mit a^i den Vektor der Dimension M_0, der an i-ter Stelle eine 1 besitzt und sonst Nullen, so gilt

$$\Delta G_i^{Max} = \sqrt{a^{i'}G_0P^{-1}G_0'a^i}\; d_s \tag{5.97}$$

Nach (5.97) kann der maximale Selektionserfolg in jedem Merkmal des Zuchtzieles bestimmt werden. Bevor der Vektor a festgelegt wird, sollte ΔG_i^{Max} für alle diese Merkmale berechnet werden. Dadurch verschafft sich der Züchter einen Überblick über seine maximalen Möglichkeiten in den einzelnen Merkmalen. Dieser Überblick allein reicht jedoch nicht aus. Formt man (5.90) etwas um, so entsteht

$$\Delta G = \frac{G_0P^{-1}G_0'a}{\sqrt{a'G_0P^{-1}G_0a}}\; d_s \tag{5.98}$$

Wird zunächst die Matrix $G_0P^{-1}G_0$ berechnet, so kann für jeden Vektor a^i der Vektor ΔG^i nach (5.98) ermittelt werden. Er enthält als eine Komponente stets ΔG_i^{Max}. Gleichzeitig ist aber auch der Selektionserfolg in allen anderen Merkmalen ablesbar. Leider ist ΔG in a nicht linear. Die ΔG^i lassen sich also nicht einfach zu ΔG durch eine Linearkombination verknüpfen.
Der Vektor ΔG hat im $|M_0|$-dimensionalen Raum eine Richtung und eine Länge. Die Richtung von ΔG stimmt mit der Richtung von $G_0P^{-1}G_0'a$ überein. Lediglich die Länge beider Vektoren ist verschieden. Will der Züchter durch Selektion die Merkmale des Zuchtzieles in bestimmten Verhältnissen verändern, so gibt er die Richtung von ΔG durch einen Vektor ΔG^* vor.
Aus

$$\Delta G^* = G_0P^{-1}G_0'a^* \tag{5.99}$$

kann a bis auf einen Faktor bestimmt werden, wenn $(G_0P^{-1}G_0')^{-1}$ existiert. Andernfalls ist die Lösung mehrdeutig. Den Vektor a^* können wir für a verwenden. Durch die Vorgabe von ΔG^* kann a nicht weiter bestimmt werden. Wie aus (5.98) zu erkennen ist, kann man a mit einer positiven Konstanten multiplizieren, ohne ΔG zu verändern. Mit diesem Vektor a^* kann also ΔG nach (5.98) berechnet werden. Die Richtung von ΔG stimmt mit der Richtung von ΔG^* überein. ΔG besitzt nun aber auch die richtige Länge. Die Vorgabe des Vektors ΔG selbst ist nicht sinnvoll, da es bei fester Selektionsintensität kaum eine Lösung von

(5.98) gibt. Falls $(G_0 P^{-1} G_0)^{-1}$ nicht existiert, kann nicht die gesamte Anzahl der Gewichte nach dieser Methode bestimmt werden.
Die Festlegung des Vektors a auf der Grundlage ökonomischer Betrachtungen ist sehr aufwendig und würde den Rahmen dieses Buches sprengen. Darauf soll daher hier verzichtet werden.

5.2.3.6. Gleichungen des gemischten Modells (GGM)

Grundlage der Betrachtungen ist das Modell (5.18)

$$\underline{Y} = X\beta + Z\underline{u} + \underline{e}.$$

Wie schon aus den Beispielen der Anwendung der Sätze 5.1 und 5.2 zu ersehen ist, besteht eine Schwierigkeit darin, die Matrix V zu invertieren. In einigen Fällen gelingt es nun aber, dieses Problem wesentlich zu reduzieren. Nach (5.20) und Satz 5.2 benötigt man für eine BLEV für $\underline{H}$ eine beste lineare erwartungstreue Schätzung (BLES) für β und eine BLEV für $\underline{u}$.
Es ist nun das Verdienst von Henderson (1963, 1975), hier einen Weg gewiesen zu haben. Er leitete ein gemeinsames Gleichungssystem zur Bestimmung von $\underline{\hat{\beta}}$ und $\underline{\tilde{u}}$ ab.

Satz 5.3: Durch Lösung des Gleichungssystems (GGM)

$$\begin{pmatrix} X' R^{-1} X & X' R^{-1} Z \\ Z' R^{-1} X & Z' R^{-1} Z + G^{-1} \end{pmatrix} \begin{pmatrix} \underline{\hat{\beta}} \\ \underline{\tilde{u}} \end{pmatrix} = \begin{pmatrix} X' R^{-1} \underline{Y} \\ Z' R^{-1} \underline{Y} \end{pmatrix} \tag{5.100}$$

erhält man eine BLES für β und eine BLEV für $\underline{u}$.

Der Vorteil der Lösung dieses Gleichungssystems besteht darin, daß nun V^{-1} nicht mehr direkt zu bestimmen ist. Die Matrizen R und G können häufig, aber nicht immer, wesentlich leichter invertiert werden. Die Erleichterung hängt von der Gestalt dieser beiden Matrizen ab.
Löst man die zweite Zeile in (5.100) nach $\underline{\tilde{u}}$ auf, so entsteht

$$\underline{\tilde{u}} = (Z' R^{-1} + G^{-1})^{-1} Z' R^{-1} (\underline{Y} - X\underline{\hat{\beta}}) \tag{5.101}.$$

Dieses Ergebnis kann nun in die erste Zeile von (5.100) eingesetzt werden, dann folgt

$$X' W X \underline{\hat{\beta}} = X' W \underline{Y} \tag{5.102}$$

mit

$$W = R^{-1} \left(E + Z (Z' R^{-1} Z + G^{-1})^{-1} Z' R^{-1}\right). \tag{5.103}$$

Die Gleichungssysteme (5.102) und (5.25) stimmen nun für $W = V^{-1}$ überein, das konnten Henderson u. a. (1959) beweisen. (E ist die Einheitsmatrix.)
Weiterhin zeigte Henderson (1963) die Gültigkeit von

$$(Z'R^{-1}+G^{-1})^{-1}Z'R^{-1}=GZ'V^{-1} \quad (5.104)$$

und damit die Gültigkeit der Behauptung des Satzes 5.3.

Bemerkung: Hier wurde stillschweigend stets die Existenz aller Inversen vorausgesetzt. Auf die sich andernfalls ergebenden Abänderungen wird nicht eingegangen.

5.2.3.7. Indexkonstruktion mit Ausschaltung von Störgrößen

In den vorangegangenen Abschnitten zur Indexkonstruktion wurde stets vorausgesetzt, daß zwischen den Leistungen der zu beurteilenden Zuchtobjekte keine systematischen Umwelteinflüsse, die für bestimmte Gruppen vergleichsweise zur Population geringere Umweltunterschiede bewirken, bestehen. Ursache für systematische Umwelteinflüsse sind solche Faktoren wie Betrieb, Monat, Alter, Serviceperiode, Haltungsform, Fütterungsniveau u. a. Sie führen dazu, daß genetische Unterschiede zwischen den Individuen nicht richtig erkennbar sind und somit zu verzerrten Vorhersagen für die Zuchtwerte der zu beurteilenden Zuchtobjekte. Deshalb werden im weiteren die oben angeführten Faktoren als Störfaktoren bezeichnet. Zur Ausschaltung von Störfaktoren ergeben sich bei der Indexkonstruktion zwei grundsätzliche Möglichkeiten:

- Die Einflüsse der Stufen der Störfaktoren werden ermittelt, und die Meßwerte werden korrigiert. Mit den korrigierten Meßwerten erfolgt anschließend die Indexkonstruktion gemäß Abschnitt 5.2.3.1. Hierbei wird vorausgesetzt, daß erstens alle Störfaktoren vollständig eliminiert sind, und daß zweitens durch die Korrektur keine neuen Abhängigkeiten zwischen den korrigierten Leistungen entstanden sind (d. h. die korrigierten Daten werden als Primärdaten ohne Einfluß der Störfaktoren angesehen). Die erste Voraussetzung gewährleistet, daß entweder die Erwartungswerte der Informationsquellen, die in den Index eingehen, gleich Null sind oder dem Mittel der Population im jeweiligen Merkmal entsprechen. Im letzten Fall müssen die Erwartungswerte der Informationsquellen noch durch das jeweilige Populationsmittel, geschätzt auf der Grundlage von korrigierten Leistungen, ersetzt werden. Die zweite Voraussetzung sichert, daß die Berechnung der Varianz-Kovarianzmatrizen P und G_0, welche zur Aufstellung des Indexgleichungssystems benötigt werden, gemäß der Theorie aus Abschnitt 5.2.3.2. erfolgen kann.
- Andererseits kann das Problem der Korrektur der Meßwerte und das Problem der Verknüpfung der Informationsquellen zu einer Vorhersage für den Zuchtwert mit Hilfe der BLEV-Methode (5.2.3.6., 5.2.2.) in einem gemeinsamen Rechengang gelöst werden. Dazu ist es notwendig, den Leistungen, die zur Indexkonstruktion bzw. Zuchtwertschätzung zur Verfügung stehen, ein geeignetes lineares Modell, wie es allgemein in Abschnitt 5.2.2. durch (5.18) angegeben ist, anzupassen. In dieses lineare Modell müssen die Effekte der Störgrößen, die in den meisten Fällen als fest angesehen werden sowie die vorherzusagenden zufälligen Effekte, also die Zuchtwerte der zu beurteilenden Tiere, eingehen. Durch Aufstellung und Lösung der GGM aus Abschnitt 5.2.3.6. ergeben sich dann die gewünschten Vorhersagen für die zufälligen Effekte.

Bekanntlich stellen die GGM ein lineares Gleichungssystem dar, dessen Dimension von der Anzahl der Störgrößen und ihren Stufen abhängt. Folglich ist die zuletzt beschriebene Möglichkeit nicht für beliebig viele Störgrößen geeignet und gegenüber der ersten Möglichkeit in höherem Maße von der Rechenkapazität abhängig. Zwangsläufig wird die Zuchtwertvorhersage entweder nach der ersten Methode oder nach einer Kombination beider Methoden durchgeführt. Illustrieren wir die eingangs beschriebenen zwei Vorgehensweisen an zwei Beispielen, wobei der einfachste Fall, d. h. die Ausschaltung eines Störfaktors erläutert wird. Für das erste Beispiel wählen wir die Nachkommenprüfergebnisse von Bullen mit der Störgröße Betriebsmonat, d. h. die Daten eines Betriebes innerhalb eines Monats gehören zu einer Stufe eines Störfaktors. Angenommen, die Leistung $\underline{y}_{ijk}$ des k-ten Nachkommen von Bulle j in Betriebsmonat i (oder allgemeiner von Vater j in Umwelt i, wobei Umwelt für Herde, Betrieb u. a. steht) läßt sich wie folgt beschreiben:

$$\underline{y}_{ijk} = \mu + a_i + \frac{1}{2}\underline{g}_{vj} + \underline{e}_{ijk}. \tag{5.105}$$

Hierbei sind

μ – Populationsmittel
a_i – fester Effekt des i-ten Betriebsmonats
$\underline{g}_{vj}$ – Zuchtwert des j-ten Bullen $(V(\underline{g}_{vj}) = \sigma_g^2 = h^2 \cdot \sigma_y^2)$
$\underline{e}_{ijk}$ – zufälliger Resteffekt $\left(V(\underline{e}_{ijk}) = \sigma_e^2 = \left(\frac{4-h^2}{4}\right) \cdot \sigma_y^2\right)$

mit $i = 1, \ldots, p$; $j = 1, \ldots, q$; $k = 1, \ldots, n_{ij}$ (n_{ij} – Anzahl der Nachkommen von Bulle j im Betriebsmonat i) und es gelte die Voraussetzung, daß zwischen und innerhalb der zufälligen Effekte keine Kovarianzen existieren.
Die Aufgabe der Zuchtwertvorhersage besteht nun in der Vorhersage von $\underline{g}_{vj}$. Dazu bieten sich, wie eingangs kurz beschrieben, zwei Möglichkeiten an. Die erste besteht in der Eliminierung der Betriebsmonatseffekte durch eine geeignete Korrektur, die Berechnung der Nachkommenmittel mit den korrigierten Werten über alle Betriebsmonate und die anschließende Multiplikation dieser Mittelwerte mit dem Regressionskoeffizienten des jeweiligen Nachkommenmittels, auf den Zuchtwert $\underline{g}_{vj}$ so wie es die Theorie der Indexkonstruktion für den Spezialfall einer Informationsquelle vorschreibt (5.2.3.2.).
Geben wir dieser kurzen Beschreibung eine formelmäßige Ausprägung. Dazu sei $\hat{\underline{\mu}}_i$ eine erwartungstreue, vorerst nicht weiter spezifizierte, Schätzung für das Mittel $\mu_i = \mu + a_i$ des i-ten Betriebsmonats. (Das Populationsmittel μ und die Betriebseffekte a_i lassen sich in Modell (5.105) nur trennen, falls eine Nebenbedingung, z. B. $\sum_{i=1}^{a} a_i = 0$ hinzugefügt wird. Um derartige Nebenbedingungen zu umgehen, werden μ und a_i zusammen ausgeschaltet. Setzen wir nun für die korrigierten Größen $y_{ijk}^* = y_{ijk} - \hat{\mu}_i$ die Gültigkeit des Modells

$$\underline{y}_{ijk}^* = \frac{1}{2}\underline{g}_{vr} + \underline{e}_{ijk} \tag{5.106}$$

voraus, indem die korrigierten Leistungen als neue Ausgangsdaten ohne Störfaktor mit dem Erwartungswert Null aufgefaßt werden, so gilt

$$\underline{\bar{y}}^*_{.j.} = \frac{\sum_{i,k} \underline{y}^*_{ijk}}{n_{.j}} = \frac{\sum_i n_{ij} (\underline{\bar{y}}_{ij.} - \hat{\underline{\mu}}_i)}{n_{.j}} \tag{5.107}$$

und als Vorhersage von $\underline{g}_{vj}$ mit Hilfe von $\underline{I}_j = b_j \underline{\bar{y}}^*_{.j.}$ ergibt sich gemäß der Theorie der Indexkonstruktion

$$\underline{I}_j = \frac{\mathrm{cov}(\underline{\bar{y}}^*_{.j.}, \underline{g}_{vj})}{\mathrm{Var}(\underline{\bar{y}}^*_{.j.})} \underline{\bar{y}}^*_{.j.} = \frac{2\, n_{.j}}{n_{.j} + \frac{4\,\sigma_e^2}{\sigma_g^2}} \underline{\bar{y}}^*_{.j.} \tag{5.108}$$

Die zweite Möglichkeit besteht in der Aufstellung und Lösung der GGM aus Abschnitt 5.2.3.6. für Modell (5.105). Die GGM für dieses Problem besitzen in Summenschreibweise die Gestalt

$$n_{i.}\, \hat{\underline{\mu}}_i + \sum_j n_{ij} \left(\frac{1}{2} \tilde{\underline{g}}_{vj}\right) = \underline{y}_{i..} \qquad i = 1, \ldots, p \tag{5.109}$$

$$\sum_i n_{ij}\, \hat{\underline{\mu}}_i + \left(n_{.j} + \frac{4\,\sigma_e^2}{\sigma_g^2}\right) \left(\frac{1}{2} \tilde{\underline{g}}_{vj}\right) = \underline{y}_{.j.} \quad j = 1, \ldots, q \tag{5.110}$$

Die oben angegebenen GGM sind z. B. bei HENDERSON (1974) angegeben. Auflösen nach $\tilde{\underline{g}}_{vj}$ in (5.110) liefert

$$\tilde{\underline{g}}_{vj} = \frac{2}{n_{.j} + \frac{4\,\sigma_e^2}{\sigma_g^2}} \sum_i n_{ij} (\underline{\bar{y}}_{ij.} - \hat{\underline{\mu}}_i) \tag{5.111}$$

Durch Einsetzen von (5.111) in (5.109) erhält man für die $\hat{\underline{\mu}}_i$ ein lineares Gleichungssystem, dessen Dimension gleich der Anzahl p der Betriebsmonate ist. Dieses Gleichungssystem entspricht, wie aus Abschnitt 5.2.3.6. ersichtlich, den VMKQ-Gleichungen (5.25) für Modell (5.105), wobei seine Lösungen BLES-Eigenschaften für $\mu + a_i$ besitzen. Ein Vergleich der Formel (5.108) und (5.111) unter Berücksichtigung von (5.107) zeigt: Beide eingangs beschriebenen Vorgehensweisen führen zum gleichen Ergebnis, falls die Korrektur mit sogenannten verallgemeinerten kleinste Quadrate -Schätzungen d. h. mit den Lösungen der GGM von Modell (5.105) durchgeführt wird. Die VMKQ Gleichungen für Modell (5.105) sind in Abschnitt 5.2.3.8.3. zu finden.
Betrachten wir nun ein Beispiel, bei dem nicht die Zuchtwerte von nachkommengeprüften Vatertieren, sondern bei Ausschaltung einer Störgröße die Zuchtwerte von Tieren vorherzusagen sind, deren Eigen- und Vollgeschwisterleistungen bekannt sind. Wählen wir ein Beispiel aus der Geflügelzüchtung. Mit einer Anpaarung Hahn/Henne werden in der Regel mehrere Nachkommen erzeugt. Zur Erzeugung der Nachkommenschaft werden dabei über einen längeren Zeitraum in mehreren Perioden Bruteier gesammelt und immer aus einer Periode

zusammen in den Brutapparat eingelegt und ausgebrütet. Folglich entstammt die im Vollgeschwisterverhältnis stehende Nachkommenschaft eines Elternpaares verschiedenen Schlüpfen (Bruten). Bezeichnen wir mit $\underline{y}_{ijk}$ die Leistung des k-ten Nachkommen von Elternpaar j aus Schlupf i (hinter Schlupf kann natürlich auch eine andere Störgröße stehen) sowie mit $\underline{g}_{ijk}$ den Zuchtwert dieses Nachkommen. Beschreiben wir die Leistungen $\underline{y}_{ijk}$ durch das folgende Modell:

$$\underline{y}_{ijk} = \mu_i + \frac{1}{2}\underline{g}_{V_j} + \frac{1}{2}\underline{g}_{M_j} + \underline{Z}_{V_{ijk}} + \underline{Z}_{M_{ijk}} + \underline{u}_{ijk} \tag{5.112}$$

$(i = 1, \ldots, p; \quad j = 1, \ldots, q; \quad k = 1, \ldots, n_{ij})$

Hierbei sind

μ_i – Mittel des i-ten Schlupfes

$\underline{g}_{V_j}, \underline{g}_{M_j}$ – Zuchtwerte (bzw. genetische Effekte) der Tiere, die das j-te Elternpaar bilden

$\underline{Z}_{V_{ijk}}, \underline{Z}_{M_{ijk}}$ – Zufällige Abweichungen des Zuchtwertes des k-ten Nachkommen vom Zuchtwert des Elternpaares j in Schlupf i

(d. h. $\underline{g}_{ijk} = \frac{1}{2}(\underline{g}_{V_j} + \underline{g}_{M_j}) + \underline{Z}_{V_{ijk}} + \underline{Z}_{M_{ijk}}$)

$\underline{u}_{ijk}$ – zufälliger (individueller) Umwelteffekt.

Weiter gelte:

$$V(\underline{g}_{V_j}) = V(\underline{g}_{M_j}) = \sigma_g^2; \quad V(\underline{u}_{ijk}) = \sigma_u^2$$

$$V(\underline{Z}_{V_{ijk}}) = V(\underline{Z}_{M_{ijk}}) = \frac{1}{4}\sigma_g^2; \quad E(\underline{y}_{ijk}) = \mu_i .$$

Führt man nun durch $\underline{b}_j = \frac{1}{2}\underline{g}_{V_j} + \frac{1}{2}\underline{g}_{M_j}$ und $\underline{c}_{ijk} = \underline{Z}_{V_{ijk}} + \underline{Z}_{M_{ijk}}$ in Modell (5.112) neue zufällige Effekte ein, so läßt sich, unverwandte Elternpaare unterstellt, die Unabhängigkeit zwischen und innerhalb der zufälligen Effekte von Modell (5.112) leicht nachweisen. Die Herleitung der GGM für (5.112) bereitet dem in der Matrizenrechnung geübten Leser keine Schwierigkeiten. Unter Beachtung, daß die Versuchsplanmatrix der zufälligen Effekte $\underline{c}_{ijk}$ die Einheitsmatrix ist, erhält man für die GGM von (5.112) in Summenschreibweise

$$n_{i.}\,\underline{\hat{\mu}}_i + \sum_j n_{ij}\,\underline{\tilde{b}}_j + \sum_{j,k} \underline{\tilde{c}}_{ijk} = \underline{Y}_{i..} \quad i = 1, \ldots, p \tag{5.113}$$

$$\sum_i n_{ij}\,\underline{\hat{\mu}}_i + \left(n_{.j} + \frac{2\sigma_u^2}{\sigma_g^2}\right)\underline{\tilde{b}}_j + \sum_{i,k} \underline{\tilde{c}}_{ijk} = \underline{Y}_{.j.} \quad j = 1, \ldots, q \tag{5.114}$$

$$\underline{\hat{\mu}}_i + \underline{\tilde{b}}_j + \left(1 + \frac{2\sigma_u^2}{\sigma_g^2}\right)\underline{\tilde{c}}_{ijk} = \underline{Y}_{ijk} \tag{5.115}$$

Auflösen von (5.115) nach $\underline{\tilde{c}}_{ijk}$ und Einsetzen in (5.113) und (5.114) liefert

$$n_{i.}\,\hat{\underline{\mu}}_i + \sum_j n_{ij}\,\hat{\underline{b}}_j = \underline{Y}_{i..} \quad (i = 1, \ldots, p) \qquad (5.116)$$

$$\sum_i n_{ij}\,\hat{\underline{\mu}} + \left(n_{.j} + 1 + \frac{2\,\sigma_u^2}{\sigma_g^2}\right)\hat{\underline{b}}_j = \underline{Y}_{.j.} \quad (j = 1, \ldots, q) \qquad (5.117).$$

Mit (5.116) und (5.117) ergeben sich für $\hat{\underline{b}}_j$ und $\tilde{\underline{c}}_{ijk}$ wegen

$1 + \frac{2\,\sigma_u^2}{\sigma_g^2} = \frac{2 - h^2}{h^2}$ die Darstellungen

$$\hat{\underline{b}}_j = \frac{h^2}{(h^2\,n_{.j} + 2 - h^2)} \sum_i n_{ij}\,(\bar{\underline{y}}_{ij.} - \hat{\underline{\mu}}_i)$$

$$\tilde{\underline{c}}_{ijk} = \frac{h^2}{2 - h^2}\,(\underline{y}_{ijk} - \hat{\underline{\mu}}_i - \hat{\underline{b}}_j)\,.$$

Nach Einführung von „Schlupf"-korrigierten Leistungen $\underline{y}^*_{ijk} = \underline{y}_{ijk} - \hat{\underline{\mu}}_i$ folgt nach elementaren Umformungen für den Zuchtwert $\underline{g}_{ijk} = \underline{b}_j + \underline{c}_{ijk}$ des k-ten Nachkommen von Elternpaar j in Schlupf i die Vorhersage

$$\tilde{\underline{g}}_{ijk} = \frac{h^2}{(2 - h^2)}\,\underline{y}^*_{ijk} + \frac{h^2}{(2 - h^2)}\,\frac{(2 - 2\,h^2)\,n_{.j}}{(h^2\,n_{.j} + 2 - h^2)}\,\bar{\underline{y}}^*_{.j.} \qquad (5.118).$$

Die Koeffizienten vor $\underline{y}^*_{ijk}$ und $\bar{\underline{y}}^*_{.j.}$ entsprechen genau den Koeffizienten eines Selektionsindex, gebildet aus Eigenleistung und Vollgeschwistermittelleistung vom Umfang $n_{.j}$. Somit läßt sich analog zum ersten Beispiel schlußfolgern: Die Zuchtwertvorhersage mit Datenkorrektur und anschließender Selektionsindexbildung sowie die Zuchtwertvorhersage mit Hilfe der BLEV-Methode führen zu gleichen Vorhersagen für die Zuchtwerte der zu beurteilenden Tiere, falls zur Eliminierung der Schlupfeffekte VMKQ-Schätzungen herangezogen werden.
Die Resultate aus diesem Abschnitt implizieren für die Zuchtwertvorhersage auf der Grundlage mehrerer Merkmale folgende Vorgehensweise: Innerhalb der Merkmale erfolgt die Datenkorrektur mit Hilfe von VMKQ-Schätzungen. Über alle Merkmale erfolgt anschließend die Verknüpfung mit Hilfe der Indextheorie zu einer Vorhersage für den Zuchtwert (aggregierten Genotyp) des zu beurteilenden Individuums. Diese Vorgehensweise sollte an Hand von Praxismaterial überprüft werden.

5.2.3.8. Methoden zur Ausschaltung einer festen Störgröße

Im vorangegangenen Abschnitt wurde im Zusammenhang mit der Indexkonstruktion bereits auf die Problematik der Ausschaltung von Störgrößen eingegangen. Zwei generelle Vorgehensweisen wurden aufgezeigt. Einerseits kann die Schätzung der festen Störgrößeneffekte und die Vorhersage der zufälligen Effekte mit Hilfe der GGM gleichzeitig erfolgen.
Andererseits besteht die Möglichkeit, die Störgrößeneffekte zu schätzen, anschließend mit Hilfe dieser Schätzungen zu eliminieren und mit den korrigierten

Meßwerten die Zuchtwertvorhersage entsprechend Abschnitt 5.2.3.1. durchzuführen. Bei dieser Vorgehensweise besteht wieder die Möglichkeit, alle oder zumindest mehrere Störfaktoren gleichzeitig zu eliminieren oder die Störfaktoren nacheinander auszuschalten, jeweils eine Störgröße, die wiederum als komplexe Größe für mehrere gleichzeitig vorhandene Umwelteinflüsse stehen kann, auszuschalten. Folgende Methoden werden kurz erläutert:

- Standardisierung,
- Regression,
- Methode der verallgemeinerten kleinsten Quadrate (VMKQ-Methode, einschließlich Blockbildung und Kovarianzanalyse),
- Relativierung.

Welche der vier Methoden zur Ausschaltung welcher Störgröße geeignet ist, kann nicht allgemein angegeben werden. Diese Fragestellung läßt sich nur anhand der konkreten Problemstellung entscheiden. In diesem Zusammenhang ist dem Anwender zu empfehlen, die Effektivität des verwendeten Korrekturverfahrens mit Hilfe von Varianzanalysen, dem Vergleich von tatsächlichen Werten mit geschätzten Werten sowie durch Selektionsexperimente zu überprüfen. In den nachfolgenden Darstellungen wird deshalb von einer fiktiven Störgröße A ausgegangen, deren Einflüsse zu eliminieren sind.

5.2.3.8.1. Standardisierung

Die Einflüsse der Stufen des Störfaktors werden so eliminiert, daß nach der Korrektur die Beobachtungsdaten in allen Stufen gleichen Mittelwert $\bar{y}_{..}$ und gleiche Varianz s_G^2 besitzen. Bezeichnen wir mit y_{ij} die Leistung des j-ten Individuums in der i-ten Stufe des Faktors A. (Hinter y_{ij} könnte z. B. die Leistung des j-ten Individuums aus Schlupf i stehen). Die Korrekturformel lautet

$$y_{ij}^* = \bar{y}_{..} + \frac{(y_{ij} - \bar{y}_{i.})}{s_i} s_G \qquad \begin{matrix} i = 1, \ldots, a \\ j = 1, \ldots, n_i \end{matrix} \qquad (5.119)$$

Hierbei sind

s_G – phänotypische Standardabweichung der Gesamtpopulation (bzw. gewünschte Standardabweichung)
s_i – phänotypische Standardabweichung in der i-ten Stufe des Faktors A.

$$\bar{y}_{i.} = \frac{1}{n_i} \sum_j y_{ij}; \quad \bar{y}_{..} = \frac{\sum\limits_{i,j} y_{ij}}{\sum\limits_i n_i}$$

Nach der Korrektur gilt, wie man leicht nachprüft,

$$\bar{y}_{i.}^* = \bar{y}_{..} \text{ und } s_i^* = s_G; \quad i = 1, \ldots, a.$$

Die beschriebene Korrektur ist oft bei einer Störgröße mit wenigen Stufen und vielen Tieren in diesen Stufen sehr effektiv. Sie bewirkt, daß im allgemeinen Tiere aus allen Stufen für die Selektion in Betracht kommen.

5.2.3.8.2. Regression

Beschränken wir uns auf lineare Abhängigkeit zwischen der Leistung y eines Tieres und dem Störfaktor. Fassen wir die Stufen des Störfaktors als Meßzeitpunkte bzw. Meßstellen x_i und die Leistungen y_{ij} des j-ten Individuums in der i-ten Stufe des Störfaktors als j-te Beobachtung zum Meßzeitpunkt x_i auf. Dann besitzt die Regressionsgleichung für die Beobachtungen y_{ij} die Form

$$\underline{y}_{ij} = \alpha + \beta x_i + \underline{e}_{ij} \quad (i = 1, \ldots, a; \quad j = 1, \ldots, n_i). \tag{5.120}$$

Beobachtungen zum Zeitpunkt x_1 besitzen den Erwartungswert $E(\underline{y}_{1j}) = \alpha + \beta x_1$, während Beobachtungen zum Zeitpunkt x_2 den Erwartungswert $E(\underline{y}_{2j}) = \alpha + \beta x_2$ haben. Folglich beeinflussen die Meßzeitpunkte die Beobachtungen in der Population unterschiedlich. Dieser Einfluß muß ausgeschaltet werden. Dabei ist es üblich, den korrigierten Beobachtungen den Erwartungswert zu geben, den die Beobachtungen zum Standardmeßzeitpunkt x_s besitzen. Am günstigsten wählt man für x_s den Meßzeitpunkt, der am häufigsten in der Population vorkommt. Der Ansatz für die korrigierten Beobachtungen $\underline{y}^*_{ij}$ lautet:

$$\underline{y}^*_{ij} = E(\underline{y}_{sj}) + \underline{y}_{ij} - E(\underline{y}_{ij}). \tag{5.121}$$

Unter Beachtung von Modellgleichung (5.120) und der Tatsache, daß der unbekannte Koeffizient β zwangsläufig durch einen Schätzwert $\hat{\beta}$ zu ersetzen ist, erhält man aus (5.121) die nachfolgende Korrekturformel

$$y^*_{ij} = y_{ij} + \hat{\beta}(x_s - x_i). \tag{5.122}$$

Eine effiziente Schätzung für β liefert die Methode der kleinsten Quadrate. Das beschriebene Korrekturprinzip läßt sich einfach auf den Fall mehrerer Regressoren und nichtlinearer Regressionsfunktionen übertragen. Angenommen, die Regressionsgleichung besitzt die Gestalt

$$\underline{y}_{ij} = f(x_i, \lambda) + \underline{e}_{ij} \quad (i = 1, \ldots, a; \quad j = 1, \ldots, n_i).$$

Hierbei sind:

$x_i = (x_{i1}, \ldots, x_{ip})$, der Vektor der Regressoren
$\lambda = (\lambda_1, \ldots, \lambda_q)$, Vektor der unbekannten Parameter, die in der Regressionsfunktion $f(x_i, \lambda)$ enthalten sind.

Die Korrekturformel lautet

$$y^*_{ij} = y_{ij} + f(x_s, \hat{\lambda}) - f(x_i, \hat{\lambda}),$$

wobei $\hat{\lambda}$ zweckmäßig durch Minimierung der Quadratsumme

$$\sum_{i,j} (y_{ij} - f(x_i, \lambda))^2,$$

d. h. mit Hilfe der Methode der kleinsten Quadrate, bestimmt wird.

5.2.3.8.3. VMKQ-Methode

Betrachten wir in Anlehnung zu Beispiel 1 und 2 aus Abschnitt 5.2.3.7. das folgende gemischte Modell der zweifachen Kreuzklassifikation:

$$\underline{y}_{ijk} = \mu + a_i + \underline{b}_j + \underline{e}_{ijk} \qquad (5.123)$$
$$(i = 1, \ldots, p; \quad j = 1, \ldots, q; \quad k = 1, \ldots, n_{ij})$$

Hierbei sind:

$\underline{y}_{ijk}$ – Leistung des k-ten Tieres aus der i-ten Stufe des Faktors A und der j-ten Stufe des Faktors B
μ – Populationsmittel
a_i – fester Effekt der i-ten Stufe des Faktors A
$\underline{b}_j$ – zufälliger Effekt der j-ten Stufe des Faktors B
$\underline{e}_{ijk}$ – zufälliger Resteffekt.

Es gelte: $E(\underline{y}_{ijk}) = \mu + a_i$; $V(\underline{b}_j) = \sigma_b^2$, $V(\underline{e}_{ijk}) = \sigma_e^2$.
Weiterhin sei vorausgesetzt, daß zwischen und innerhalb der zufälligen Effekte der rechten Seite von Modellgleichung (5.123) alle Kovarianzen verschwinden. In Modell (5.123) sind die Stufenmittel $\mu_i = \mu + a_i$ zu schätzen. Die VMKQ-Methode geht dazu von der Minimierung der Quadratsumme $(y - E(\underline{y}))' V^{-1}(y - E(\underline{y}))$ mit $E(\underline{y}) = X\beta$ und $V(\underline{y}) = V \cdot \sigma^2$ aus. Hierbei sind y der Vektor der Beobachtungen, $\beta = (\mu_1, \ldots, \mu_p)'$ der Vektor der Stufenmittel, X die Versuchsplanmatrix von β und σ^2 eine skalare Größe, die gewöhnlich der Restvarianz entspricht. Die aus der Minimierung obiger Summe resultierenden Schätzungen $\hat{\underline{\beta}}$ erweisen sich als Lösungen der VMKQ-Gleichungen

$$X' V^{-1} X \hat{\underline{\beta}} = X' V^{-1} \underline{y}. \qquad (5.124)$$

Die Schwierigkeit der direkten Aufstellung der VMKQ-Gleichungen besteht in der Inversion der Matrix V. Deshalb ist es für viele gemischte Modelle oft einfacher, die GGM aufzustellen, die zufälligen Stufeneffekte zu eliminieren und auszunutzen, daß das derartig konstruierte Gleichungssystem den VMKQ-Gleichungen entspricht (s. Abschnitt 5.2.3.6.). Diese schon in Abschnitt 5.2.3.7. unter anderen Gesichtspunkten praktizierte Vorgehensweise soll auch in diesem Abschnitt zur Aufstellung der GGM zur Anwendung kommen. Die GGM für Problem (5.123) besitzen die Gestalt (vgl. Abschnitt 5.2.3.7. Beispiel 1):

$$n_{i.} \hat{\underline{\mu}}_i + \sum_j n_{ij} \tilde{\underline{b}}_j = \underline{y}_{i..} \quad (i = 1, \ldots, p) \qquad (5.125)$$

$$\sum_i n_{ij} \hat{\underline{\mu}}_i + \left(n_{.j} + \frac{\sigma_e^2}{\sigma_b^2}\right) \tilde{\underline{b}}_j = \underline{y}_{.j.} \quad (j = 1, \ldots, q) \qquad (5.126)$$

Auflösen nach $\tilde{b}_j$ in (5.126) und Einsetzen in (5.125) liefert das folgende lineare Gleichungssystem:

$$n_{i.} \hat{\underline{\mu}}_i + \sum_{j=1}^{q} \sum_{i'=1}^{p} \frac{n_{ij}\, n_{i'j}}{\left(n_{.j} + \frac{\sigma_e^2}{\sigma_b^2}\right)} \hat{\underline{\mu}}_{i'} = \underline{\bar{y}}_{i..} - \sum_{j=1}^{q} \sum_{i'=1}^{p} \frac{n_{ij} n_{i'j}}{\left(n_{.j} + \frac{\sigma_e^2}{\sigma_b^2}\right)} \underline{\bar{y}}_{i'j.} \qquad (5.127).$$

Das Gleichungssystem (5.127) entspricht den VMKQ-Gleichungen (5.124) für Modell (5.123). Seine Lösungen $\underline{\hat{\mu}}_i$ stellen lineare erwartungstreue Schätzungen mit minimaler Varianz für μ_i dar. Ersetzt man den Varianzquotienten $\frac{\sigma_e^2}{\sigma_b^2}$ durch $\frac{(4-h^2)}{h^2}$, so erhält man aus (5.127) die VMKQ-Gleichungen für Modell (5.105) aus Abschnitt 5.2.3.7. Die Ausschaltung von Störfaktoren mit Hilfe der VMKQ-Methode ist bisher in der Zuchtwertvorhersage vorbeugend im Zusammenhang mit der BLEV-Methode üblich. Ein Konzept, wie die VMKQ-Methode in Verbindung mit der Indextheorie zur Zuchtwertvorhersage auf der Grundlage mehrerer Merkmale angewendet werden kann, ist am Ende von Abschnitt 5.2.3.7. zu finden.

5.2.3.8.4. Relativierung

Setzen wir voraus, daß für bestimmte Tiergruppen innerhalb der Gesamtpopulation die Einflüsse einer Störgröße annähernd gleich sind. Im Gegensatz zu nicht systematischen Einflüssen, die nur für ein bestimmtes Einzelindividuum zutreffen (beispielsweise Beobachtungs- und Meßfehler, nur dieses Tier betreffende Krankheitseinflüsse) lassen sich systematische Umwelteinflüsse, die für eine Tiergruppe gleichermaßen auftreten, durch eine geeignete Vergleichsmaßstabsbildung eliminieren. Derartige systematische Umwelteinflüsse sind z. B. in der Rinderzüchtung die Stalleinheit, der Kalbemonat und das Erstkalbealter oder in der Geflügelzüchtung der mittlere Einfluß einer Brut für Tiere innerhalb dieser bzw. der mittlere Temperatureinfluß in einem bestimmten Etagenbereich.

Betrachten wir das folgende Modell:

$$\underline{y}_{ijkl} = \mu + u_{si} + \underline{g}_{ijkl} + \underline{e}_{ijkl}$$
$$(j = 1, \ldots, b_i; \quad k = 1, \ldots, c_{ij}; \quad l = 1, \ldots, n_{ijk}).$$

Hierbei sind:

$\underline{y}_{ijkl}$ – phänotypischer Merkmalswert des l-ten Nachkommen von Vater j und Mutter k in der i-ten Stufe des Störfaktors A
u_{si} – fester Effekt der i-ten Stufe des Faktors A (systematischer fester Effekt der i-ten Umwelt)
$\underline{g}_{ijkl}$ – zufälliger genetischer Effekt des betrachteten Nachkommen
$\underline{e}_{ijkl}$ – zufälliger Resteffekt

Ein Vergleichsmaßstab zur Relativierung von $\underline{y}_{ijkl}$ wird wie folgt gebildet:

$$\overline{\underline{y}}_{ij'..} = \frac{\sum\limits_{\substack{j'=1 \\ j' \neq j}}^{b_i} \sum\limits_{k,l} \underline{y}_{ij'kl} + \underline{y}_{ijkl}}{\sum\limits_{\substack{j'=1 \\ j' \neq j}}^{b_i} \sum\limits_{k} n_{ij'k} + 1}$$

Die Differenz

$$\hat{\underline{y}}_{ijkl} = \underline{y}_{ijkl} - \overline{\underline{y}}_{ij'..}$$

wird als Relativleistung bezeichnet. Praktisch günstiger ist jedoch die Relativierung mit dem einfachen Gruppenmittel.
An obigen Vergleichsmaßstab werden zwei Forderungen gestellt, die die Schwierigkeit seiner Konstruktion zum Ausdruck bringen. Einerseits müssen genügend Tiere in den Vergleichsmaßstab einbezogen werden, um das Populationsmittel möglichst genau zu repräsentieren. Andererseits darf der Vergleichsmaßstab nur so groß sein, daß die Forderung nach möglichst einheitlicher Umwelt für das zu beurteilende Individuum und die Vergleichstiere erfüllt ist. Die Konstruktion eines geeigneten Vergleichsmaßstabes ist deshalb nur auf der Grundlage von Leistungsdaten zu finden und das Hauptproblem bei der Durchführung der praktischen Relativierung (vgl. Kretzschmar, Ross (1976), Spilke, Müller, Mielenz (1986)).

5.2.3.9. Indexkonstruktion unter Nebenbedingungen

In der Pflanzen- und Tierzüchtung verwendet man hauptsächlich Selektionsindizes, die den Selektionserfolg im Gesamtzuchtwert (aggregierter Genotyp) maximieren. Nach der Vorgabe von ökonomischen Gewichten und geschätzten genetischen und phänotypischen Parametern erfolgt die Indexkonstruktion wie in Abschnitt 5.2.3.1. beschrieben.
In der praktischen Zucht gibt es jedoch Merkmale, deren Ausprägung beibehalten werden soll bzw. gewisse Grenzen nicht über- bzw. unterschreiten sollte. So stellt z. B. in der Legehuhnzucht die Selektion auf Erhöhung der Eizahl einen Schwerpunkt dar. Der damit im Zusammenhang stehenden Verringerung der Schalenstabilität soll selektiv entgegengewirkt werden. Die Körpermasse ist in Abhängigkeit vom erreichten Niveau der betreffenden Population zu reduzieren oder konstant zu halten. Die Einzeleimasse soll sich in der Mehrzahl der Populationen nicht ändern bzw. die Änderung soll entsprechend dem Zuchtziel in einem bestimmten Verhältnis zur Änderung der Körpermasse stehen.

Ein Weg zur Erfüllung dieser Forderungen führt zum Index mit Restriktionen auf die indirekten (partiellen) Selektionserfolge. In diesem Abschnitt werden Indizes mit Proportionalitäts-, Gleichungs- und Ungleichungsrestriktionen behandelt, deren Konstruktion im wesentlichen auf die Arbeiten von Tallis (1962) und Karville (1974, 1975) zurückgeht. Um die Resultate der zitierten Arbeiten angeben zu können, müssen noch einige Bezeichnungen eingeführt werden. Es sei wieder

$$\underline{I} = \sum_{i=1}^{n} b_i \underline{y}_i = b'\underline{y} \quad \text{mit} \quad E(\underline{y}_i) = 0$$

der lineare Ansatz für den Selektionsindex sowie

$$\underline{H} = \sum_{i=1}^{p} a_i \underline{g}_i = a'\underline{g}$$

der definierte Zuchtwert (s. Abschnitt 5.2.3.1.). Dann gilt, falls $\underline{I}$ und $\underline{H}$ bzw. $\underline{I}$ und $\underline{g}_i$ zweidimensional normalverteilt sind:

$$\Delta H = \frac{\operatorname{cov}(I, H)}{\sigma_I} d_s = \varrho_{IH}\, \sigma_H\, d_s \tag{5.128}$$

$$\Delta G_i = \frac{\operatorname{cov}(\underline{I}, \underline{g}_i)}{\sigma_I} d_s = \varrho_{Ig_i}\, \sigma_{g_i}\, d_s \tag{5.129}$$

(Hierbei bezeichnet d_s die standardisierte Selektionsdifferenz). Bezeichnen wir mit $P = (\sigma_{ij})$ i, j = 1, ..., n die Varianz-Kovarianz-Matrix der Informationen, mit $R = ((\varrho_{yiyj}))$ die Korrelationsmatrix der Informationen, mit $c_i = (\varrho_{giy_1}, \ldots, \varrho_{giyn})'$ den Vektor der Korrelationen zwischen $\underline{y}$ und $\underline{g}_i$ sowie mit $c_0 = (\varrho_{Hy_1}, \ldots, \varrho_{Hy_n})'$ den Vektor der Korrelationen zwischen $\underline{y}$ und $\underline{H}$.
Führen wir die Matrix $C = (c_1, \ldots, c_q)$ ein und setzen wir voraus, daß $Rg(C) = q$ gilt, und die Matrix P (und somit auch R) positiv definit ist.
Mit den eingeführten Bezeichnungen ergeben sich für ΔH und Δg_i die Darstellungen

$$\Delta H = \frac{c_0' \beta}{\sqrt{\beta' R \beta}} \sigma_H\, d_s \tag{5.130}$$

$$\Delta G_i = \frac{c_i' \beta}{\sqrt{\beta' R \beta}} \sigma_{g_i}\, d_s \tag{5.131}$$

Hierbei besteht zwischen den Komponenten b_i des Indexgewichtsvektors b und den Komponenten β_i von β der Zusammenhang

$$b_i = \frac{\beta_i}{\sigma_{y_i}} \tag{5.132}$$

Ein restriktiver Index liegt nun vor, falls die Maximierung des Zuchtfortschrittes ΔH (bzw. die Zuchtwertvorhersage von $\underline{H}$) unter gewissen Restriktionen auf die Δg_i erfolgt. In den nachfolgenden Abschnitten werden drei Restriktionsvarianten behandelt und an einem einfachen Beispiel aus der Legehuhnzucht illustriert.

5.2.3.9.1. Proportionalitätsrestriktionen

Proportionalitätsrestriktionen liegen vor, falls die Änderung der mittleren genotypischen Werte der Restriktionsmerkmale proportional zu wünschenswerten Änderungen erfolgen soll. Bezeichnen wir mit $r = (r_1, \ldots, r_q)'$ den Vektor der wünschenswerten Änderungen. Dann entsteht das Problem, einen Index $\underline{I} = b'\underline{y}$ zu konstruieren, so daß die zugehörigen genotypischen Änderungen Δg_i (s. Formel (5.129)) sich in die Richtung von r bewegen, d. h., die Gewichtsfaktoren b von $\underline{I}$ sind so zu bestimmen, daß ein k (k > 0) existiert, für welches

$$\Delta G_i = (k \cdot d_s)\, r_i \quad i = 1, \ldots, q \tag{5.133}$$

gilt. TALLIS (1962) leitete einen Index ab, der diesem Anspruch genügt, indem er die mittlere quadratische Abweichung $E(\underline{H} - \underline{I})^2$ unter den Nebenbedingungen $cov(\underline{I}, \underline{g}_i) = r_i$ (bzw. $c_i'\beta = \frac{r_i}{\sigma_{g_i}} = r_i^*$) $i = 1, \ldots, q$ minimierte. Mit den eingangs eingeführten Bezeichnungen besitzt der von TALLIS konstruierte Indexgewichtsvektor die Gestalt

$$\beta_t = \sigma_H Qc_0 + R^{-1}C(C'R^{-1}C)^{-1}r^* \tag{5.134}$$

mit

$$Q = [R^{-1} - R^{-1}C(C'R^{-1}C)^{-1}C'R^{-1}]$$

und

$$r^* = (r_1^*, \ldots, r_q^*)'.$$

Der Index von TALLIS erfüllt die Restriktionen (5.133) mit

$$k = (\sigma_H^2\, c_0'\, Qc_0 + r^{*\prime}(C'R^{-1}C)^{-1}r^*)^{-\frac{1}{2}}. \tag{5.135}$$

Es existieren aber noch weitere Indizes, die die Restriktionen (5.133) erfüllen, so z. B. der Index

$$\underline{I}_m = b_m'\, \underline{y}$$

mit

$$\beta_m = R^{-1}C(C'R^{-1}C)^{-1}\, r^*.$$

Mit Hilfe des Lemmas 2 von HARVILLE (1974) findet man, daß die Nebenbedingungen (5.133) nur eine zulässige Lösung besitzen, falls

$$|k| \leq (r^{*\prime}(C'R^{-1}C)^{-1}\, r^*)^{-\frac{1}{2}} \tag{5.136}$$

gilt. Durch Einsetzen von β_m in (5.130) findet man, daß der zu β_m zugehörige Index $\underline{I}_m$ die größtmögliche Veränderung der partiellen Selektionserfolge in die gewünschte Richtung hervorruft. Somit stellt sich die Frage nach der Bestimmung des Gewichtsvektors b bzw. β, der zu gegebenem k, welches der Bedingung (5.136) genügt, den Gesamtselektionserfolg ΔH maximiert. Unter Ausnutzung der Resultate von HARVILLE (1974) für Gleichungsrestriktionen gelangt man für den optimalen Gewichtsvektor zu der Darstellung

$$\beta(k) = kR^{-1}C(C'R^{-1}C)^{-1}r^* + [1 - k^2r^{*\prime}(C'R^{-1}C)^{-1}r^*]^{-\frac{1}{2}}\, (c_0'Qc_0)^{-\frac{1}{2}}\, Qc_0 \tag{5.137}.$$

Zwangsläufig ergibt sich nun das Problem, unter allen Konstanten k, die der Bedingung (5.136) genügen, diejenigen Proportionalitätskonstante k zu bestimmen, deren zugehöriger Gewichtsvektor $\beta(k)$ den größten Gesamtselektionserfolg hervorruft. Die Lösung dieses Problems ist bei HARVILLE (1975) zu finden.

Hier soll auf die Angabe der entsprechenden Resultate verzichtet werden. Es sei bemerkt, daß zwischen den Vektoren β_t und $\beta(k)$ der Zusammenhang $\beta(k) = k\,\beta_t$ mit k gemäß (5.135) besteht. Folglich minimiert der Index von Tallis nicht nur die mittlere quadratische Abweichung zwischen Index und Zuchtwert unter den Proportionalitätsrestriktionen (5.133), sondern er maximiert auch den Gesamtselektionserfolg unter den Gleichungsrestriktionen, die entstehen, falls in (5.132) k gemäß (5.135) gewählt wird.
Illustrieren wir im nachfolgenden den von Tallis konstruierten Index an einem einfachen Beispiel aus der Legehuhnzucht. Beschränken wir uns auf drei Merkmale. Merkmal 1 entspreche der Einzeleimasse (EEM), Merkmal 2 der Körpermasse (KM) und Merkmal 3 der Eizahl 240. Lebenstag (EZ 240). Die genetischen und phänotypischen Varianz-Kovarianz-Matrizen der Merkmale seien

$$G = \begin{pmatrix} 3{,}82 & 71{,}67 & 0{,}468 \\ 71{,}67 & 10977{,}6 & -6{,}265 \\ 0{,}468 & -6{,}265 & 35{,}76 \end{pmatrix} \quad P_0 = \begin{pmatrix} 8{,}8 & 101{,}7 & -6{,}013 \\ 101{,}7 & 22221 & 0 \\ -6{,}013 & 0 & 126{,}8 \end{pmatrix}$$

Bezeichnen wir mit EL_i die Eigenleistung und mit VG_i die mittlere Vollgeschwisterleistung vom Umfang n im Merkmal i. Dann gilt, falls die Eigenleistung im Vollgeschwistermittel enthalten ist

$$\begin{aligned} &\mathrm{cov}(\underline{EL}_i, \underline{EL}_j) = \sigma_{pij} \\ &\mathrm{cov}(\underline{EL}_i, \underline{VG}_j) = \frac{1}{n}\left(\sigma_{pij} + (n-1)\frac{1}{2}\sigma_{gij}\right) \\ &\mathrm{cov}(\underline{VG}_i, \underline{VG}_j) = \frac{1}{n}\left(\sigma_{pij} + (n-1)\frac{1}{2}\sigma_{gij}\right) \end{aligned} \tag{5.138}$$

sowie

$$\begin{aligned} &\mathrm{cov}(\underline{EL}_i, \underline{g}_j) = \frac{1}{2}\sigma_{gij} \\ &\mathrm{cov}(\underline{VG}_i, \underline{g}_j) = \frac{1}{2}\left[\frac{1}{n}\left(\sigma_{gij} + (n-1)\frac{1}{2}\sigma_{gij}\right)\right] \end{aligned} \tag{5.139}$$

Hierbei bezeichnet $\underline{g}_j$ den genotypischen Effekt des Nachkommen des zu beurteilenden Tieres im Merkmal j. Durch diese Definition wird erreicht, daß Δg_j gemäß Formel (5.129) dem genetischen Selektionserfolg im Merkmal j entspricht, den eine Selektion in einem Geschlecht nach einem Index erwarten läßt. Setzen wir weiter

$$\underline{H} = a_1\underline{g}_1 + a_2\underline{g}_2 + a_3\underline{g}_3 \quad \text{mit } a = (0, 0, 1)' \tag{5.140}$$

Das heißt, der Gesamtselektionserfolg entspricht dem partiellen Selektionserfolg im Merkmal EZ 240. Wählen wir für den Index den Ansatz

$$\underline{I} = b_1(\underline{VG}_1 - \mu_1) + b_2(\underline{EL}_2 - \mu_2) + b_3(\underline{VG}_3 - \mu_3). \tag{5.141}$$

Zur Bewertung der Tiere stehen also 3 Informationen zur Verfügung. Die Anzahl der Vollgeschwister sei gleich 6. Die μ_i in obiger Darstellung stehen für die Er-

wartungswerte der Informationen. Sie sind durch geeignete Schätzwerte, also z. B. durch die mittlere Leistung aller Tiere im Merkmal i zu ersetzen (s. Abschnitt 5.2.3.7.).
Angenommen, das Ziel der züchterischen Bearbeitung der Population besteht in einer Erhöhung der EEM um 4 g und einer Verringerung der Körpermasse um 200 g, wobei die Eizahl weiter zu steigern ist. Zur Erreichung dieses Zuchtzieles gibt es viele Möglichkeiten. Unter diesen Möglichkeiten sind dabei jene vorzuziehen, die die Mittelwerte beider Restriktionsmerkmale in jedem Selektionsschritt gleichzeitig in die gewünschte Richtung verschieben. Folglich bieten sich Proportionalitätsrestriktionen der Gestalt

$$\begin{aligned} \Delta G_1 &= k \cdot d_s \\ \Delta G_2 &= -k \cdot 50 \cdot d_s \end{aligned} \tag{5.142}$$

an. Konstruieren wir die Gewichtsvektoren (5.134) des Index von Tallis. Für die VC-Matrizen der Informationen erhält man durch Einsetzen der Elemente von G und P_0 in (5.138) die Darstellungen

$$P = \begin{pmatrix} 3{,}0583 & 46{,}812 & -0{,}80717 \\ 46{,}812 & 22222 & -2{,}6104 \\ -0{,}80717 & -2{,}6104 & 36{,}033 \end{pmatrix} \tag{5.143}$$

bzw.

$$R = \begin{pmatrix} 1 & 0{,}17957 & -0{,}07689 \\ 0{,}17958 & 1 & -0{,}00292 \\ -0{,}07689 & -0{,}00292 & 1 \end{pmatrix} \tag{5.144}$$.

Analog ergibt sich

$$c_0 = (0{,}01305;\ -0{,}00351;\ 0{,}29056)' \tag{5.145}$$

$$C = \begin{pmatrix} 0{,}32597 & 0{,}11408 \\ 0{,}12299 & 0{,}35143 \\ 0{,}01163 & -0{,}00291 \end{pmatrix} \tag{5.146}$$.

Zur Berechnung von β_t gemäß (5.134) werden noch die Matrizen und Vektoren R^{-1}; $R^{-1}C$; $(C'R^{-1}C)^{-1}$; Qc_0 und r^* benötigt. Sie besitzen die Darstellung

$$R^{-1} = \begin{pmatrix} 1{,}03958 & -0{,}18644 & 0{,}07939 \\ -0{,}18644 & 1{,}03345 & -0{,}01132 \\ 0{,}07939 & -0{,}01132 & 1{,}00607 \end{pmatrix} \tag{5.147}$$

$$R^{-1}C = \begin{pmatrix} 0{,}31688 & 0{,}05286 \\ 0{,}06620 & 0{,}34194 \\ 0{,}03620 & 0{,}00216 \end{pmatrix} \tag{5.148}$$

$$(C'R^{-1}C)^{-1} = \begin{pmatrix} 11{,}908 & 5{,}5968 \\ -5{,}5968 & 10{,}555 \end{pmatrix} \tag{5.149}$$

$$Qc_0 = (-0{,}01271;\ 0{,}00651;\ 0{,}28738)' \tag{5.150}$$

$$r^* = (0{,}51164;\ -0{,}47722)' \quad \text{wegen } r = (1,\ -50)' \tag{5.151}$$.

Einsetzen obiger Matrizen und Vektoren in (5.134) liefert für β_t die Darstellung

$$\beta_t = \sigma_H \begin{pmatrix} -0{,}01271 \\ 0{,}00651 \\ 0{,}28738 \end{pmatrix} + \begin{pmatrix} 3{,}4776 & -1{,}2156 \\ -1{,}1255 & 3{,}2387 \\ 0{,}41898 & -0{,}17981 \end{pmatrix} \begin{pmatrix} r_1^* \\ r_2^* \end{pmatrix} \tag{5.152}$$

woraus mit (5.151) und wegen $\sigma_H^2 = \sigma_{g3}^2 = 35{,}76$

$$\beta_t = (2{,}2834;\ -2{,}0825;\ 2{,}0187)' \tag{5.153}$$

folgt. Für die Gewichtsfaktoren von Index (5.141) ergeben sich wegen

$$b_i = \frac{\beta_i}{\sigma_{y_i}}$$

die Werte

$$b_1 = 1{,}3057; \quad b_2 = -0{,}01397; \quad b_3 = 0{,}33630.$$

Zur Berechnung der partiellen Selektionserfolge und des Gesamtselektionserfolges verwendet man zweckmäßig die Formeln (5.130) und (5.131). Setzt man Normalverteilung und eine Selektionsintensität von 80%, also $d_s = 1{,}3998$ voraus, so ergibt sich mit $V(\underline{I}) = \beta' R\, \beta = 11{,}234$

$$\begin{aligned} \Delta G_1 = \Delta G_{EEM} &= 0{,}41764 \\ \Delta G_2 = \Delta G_{KM} &= -20{,}882 \\ \Delta H = \Delta G_{EZ240} &= 1{,}5576. \end{aligned}$$

5.2.3.9.2. Gleichungsrestriktionen

Gleichungsrestriktionen liegen vor, falls die Änderung der mittleren genotypischen Werte der Restriktionsmerkmale direkt vorgegeben wird. Bezeichnen wir mit $s = (s_1, \ldots, s_q)'$ den Vektor dieser vorgegebenen Änderungen. Dann besteht das Problem, einen Index zu konstruieren, so daß der Gesamtselektionserfolg ΔH unter der Bedingung maximiert wird, daß die partiellen Selektionserfolge (Δg_i) der Restriktionsmerkmale vorgeschriebene Werte s_i ($i = 1, \ldots, q$) annehmen. Mit Hilfe von Formel (5.130) und (5.131) läßt sich dieses Optimierungsproblem wie folgt schreiben:

$$\Delta H = \frac{c_0' \beta}{(\beta' R \beta)^{\frac{1}{2}}} \sigma_H d_s \Rightarrow \text{Max!}$$

$$\text{(P1) bei } \Delta G_i = \frac{c_i' \beta}{(\beta' R \beta)^{\frac{1}{2}}} \sigma_{g_i} d_s = s_i \quad i = 1, \ldots, q.$$

Das Optimierungsproblem (P1) besitzt keine eindeutige Lösung. (Mit β liefert auch jedes Vielfache von β die gleichen Werte für ΔH und Δg_i.) Verwendet man die „Normierung“ $\beta' R \beta = 1$, so läßt sich Problem (P1) wie folgt schreiben (vgl. Harville (1974)):

$$\begin{array}{llll} & c_0'\beta \Rightarrow \text{Max!} & & \\ \text{(P2)} \quad \text{bei} & c_i'\beta = w_i & i = 1, \ldots, q, & \text{bzw. } C'\beta = w \\ & \beta' R \beta = 1 & & \end{array}$$

(Hierbei gilt speziell $w = (w_1, \ldots, w_q)'$ und $w_i = \frac{s_i}{\sigma_{g_i} d_s}$)

Mit Hilfe des Lemmas 2 von HARVILLE (1974) findet man, daß Problem (P2) genau dann eine zulässige Lösung besitzt, falls gilt:

$$w'(C'R^{-1}C)^{-1} w \leq 1 \qquad (5.154).$$

Setzen wir zusätzlich voraus, daß $Rg(C, c_0) = q + 1$ gilt.
Nullsetzen der partiellen Ableitung der Lagrangefunktion von Problem (P2) liefert (siehe HARVILLE (1974)):

$$\beta = R^{-1}C(C'R^{-1}C)^{-1}w + [1 - w'(C'R^{-1}C)^{-1}w]^{\frac{1}{2}} (c_0'Qc_0)^{-\frac{1}{2}} Qc_0 \qquad (5.155)$$

mit

$$Q = R^{-1} - R^{-1}C(C'R^{-1}C)^{-1}C'R^{-1}$$

(siehe Formel (5.134)).

Die Voraussetzung $Rg(C, c_0) = q + 1$ sichert $c_0'Qc_0 > 0$. Sie ist z. B. verletzt, falls für alle im Zuchtwert aufgenommenen genotypischen Effekte $\underline{g}_i$ die zugehörigen partiellen Selektionserfolge Δg_i vorgegeben sind. Dann gilt $\Delta H = \sum_i a_i \Delta G_i = \sum_i a_i s_i$ für alle Indexgewichtsfaktoren, die die Restriktionen erfüllen. Somit maximiert jede zulässige Lösung von (P2) die Zielfunktion $c_0'\beta$. Wegen $w_i = \frac{s_i}{\sigma_{g_i} d_s}$ sind die optimalen Gewichtsfaktoren für den restriktiven Index mit Gleichungsrestriktionen von d_s abhängig. Wird eine andere Selektionsintensität und somit auch eine andere standardisierte Selektionsdifferenz d_s' zugrunde gelegt, so bleibt der konstruierte Index optimal für die Restriktionen

$$\Delta G_i = \frac{d_s'}{d_s} \cdot s_i \quad (i = 1, \ldots, q).$$

Illustrieren wir den von HARVILLE (1974) konstruierten Index an dem einfachen Beispiel aus Abschnitt 5.2.3.9.1. Angenommen, der Züchter möchte in der Population die EEM nicht mehr verändern, die KM reduzieren und die Eizahl weiter erhöhen. Diese Forderungen können mit Gleichungsrestriktionen erfaßt werden. Folgende generelle Vorgehensweise erweist sich als günstig. Im ersten Schritt erfolgt die Berechnung des Gesamtselektionserfolges ohne Restriktionen. Im zweiten Schritt werden – abgeleitet vom Zuchtziel und den partiellen Selektionserfolgen ohne Restriktionen – mehrere Restriktionsvarianten durchgerechnet und der jeweils erzielte Gesamtselektionserfolg dem Gesamtselek-

tionserfolg ohne Restriktionen gegenübergestellt. Aus dem Verhältnis Gesamtselektionserfolg mit Restriktionen und Gesamtselektionserfolg ohne Restriktionen kann der Züchter ersehen, wie einschneidend die einzelnen Restriktionsvarianten sind und somit Aufschluß erhalten, welche Restriktionsvariante zu bevorzugen ist. Für das Beispiel aus Abschnitt 5.2.3.9.1. wurden die Varianten von Tabelle 5.3. untersucht.
Für die Restriktionsvarianten ergeben sich durch Einsetzen der Matrizen und Vektoren aus Abschnitt 5.2.3.9.1. in Formel (5.155) und wegen $b_i = \frac{\beta_i}{\sigma_{y_i}}$ die Gewichte der Tabelle 5.4.

Die Gewichte für den Index ohne Restriktionen sind bis auf eine Konstante $k > 0$ eindeutig bestimmt und besitzen die Darstellung

$$\beta = k\,R^{-1}\,c_0.$$

Wählt man wie in Abschnitt 5.2.3.9.1. die Normierung $\beta' R \beta = 1$, so erhält man für k den Ausdruck

$$k = \frac{1}{(c_0' R^{-1} c_0)^{\frac{1}{2}}}.$$

Tabelle 5.3. Varianten zur Indexkonstruktion

Nr. der Variante	Δg_{EEM}	Δg_{KM}
1	0	−10
2	0	−20
3	0	−30
4	0	−40

Tabelle 5.4. Gewichte der Selektionsindizes für die Varianten von Tabelle 5.3. ohne Restriktionen

Nr. der Variante	β_1	β_2	β_3	b_1	b_2	b_3
1	0,03944	−0,19886	0,98316	0,02284	−0,001334	0,16378
2	0,12629	−0,42146	0,91711	0,07221	−0,002827	0,15278
3	0,21575	−0,64565	0,78076	0,12337	−0,004331	0,13007
4	0,31113	−0,87286	0,51056	0,17791	−0,005855	0,08505
ohne Restriktionen	0,12733	−0,03193	1,00183	0,07281	−0,0002143	0,16690

Nr. der Variante	Δg_{EEM}	Δg_{KM}	Δg_{EZ240}	ΔH
1	0.	−10.	2,4014	2,4015
2	0.	−20.	2,2568	2,2568
3	0.	−30	1,9415	1,9415
4	0.	−40.	1,3015	1,3015
ohne Restriktionen	0,1347	0,0574	2,4515	2,4515

Tabelle 5.5. Selektionserfolge

Unter Verwendung dieser Normierung wurden die in Tabelle 5.4. angegebenen Gewichte für den Index ohne Restriktionen berechnet. Die partiellen Selektionserfolge einschließlich des Gesamtselektionserfolges für die angeführten Restriktionsvarianten, aber auch für den Index ohne Restriktionen, sind in der nachfolgenden Tabelle zusammengestellt.

Die in Tabelle 5.5. angeführten Ergebnisse zeigen z. B., daß die Restriktionsvariante 3 (bzw. 4) den maximal möglichen Selektionserfolg bezüglich des Merkmals EZ auf 79,2% (bzw. 53,1%) reduziert. Unter Berücksichtigung der Ergebnisse aus Tabelle 5.5. obliegt es nun dem Züchter, sich für eine der Varianten zu entscheiden oder zur Entscheidungsfindung noch weitere Restriktionsvarianten heranzuziehen.

5.2.3.9.3. Gleichungs- und Ungleichungsrestriktionen

Ungleichungsrestriktionen liegen vor, falls für die Änderung der mittleren genotypischen Werte gewisser Restriktionsmerkmale obere bzw. untere Schranken vorgegeben sind. Betrachten wir den allgemeinen Fall, daß sowohl Gleichungs- als auch Ungleichungsrestriktionen vorhanden sind. Die Restriktionen auf die partiellen Selektionserfolge besitzen also die Gestalt

$$\Delta G_i = s_i; \quad i \in i_1$$
$$\Delta G_i \leq s_{i0}; \quad i \in I_2 \quad \text{sowie } \Delta G_i \geq s_{iu}; \quad i \in I_3.$$

Hierbei sind I_1, I_2 und I_3 Indexmengen mit den Eigenschaften

$$I_1 \cap I_2 = 0; \quad I_1 \cap I_3 = 0; \quad I_1 \cup I_2 \cup I_3 = I$$
$$\text{mit } I = \{1, \ldots, q\}.$$

Mit der Normierung $\beta' R \beta = 1$ ergibt sich dann analog zu Abschnitt 5.2.3.9.2. für die Bestimmung der Bewertungsfaktoren des zugehörigen restriktiven Index das folgende Optimierungsproblem:

$$c_0' \beta \Rightarrow \text{Max!} \qquad \text{(P3) bei} c_i' \beta \leq w_{i0}; \quad i \in I_2; \; c_i' \beta \geq w_{iu} \quad i \in I_3$$
$$c_i' \beta = w_i; \quad i \in I_1 \qquad \beta' R \beta = 1$$

mit

$$w_i = \frac{s_i}{d_s\,\sigma_{gi}}; \quad w_{iu} = \frac{s_{iu}}{d_s\,\sigma_{gi}}; \quad w_{i0} = \frac{s_{i0}}{d_s\,\sigma_{gi}}.$$

In Anlehnung an HARVILLE (1974) bzw. dem bei HADLEY (1969) beschriebenen Vorgehen kann zur Lösung von Problem (P3) der folgende Lösungsalgorithmus herangezogen werden:

- Löse (P3) nur unter Beachtung der Gleichungsrestriktionen gemäß Abschnitt 5.2.3.9.2. Erfüllt der zugehörige Indexgewichtsvektor auch die Ungleichungsrestriktionen, liegt schon die gesuchte optimale Lösung vor.
- Sind dagegen ein oder mehrere Ungleichungsrestriktionen verletzt, löse alle Probleme, die aus (P3) entstehen, falls genau eine Ungleichungsrestriktion als Gleichungsrestriktion behandelt wird. Prüfe, ob die optimalen Indexgewichtsvektoren der Probleme mit einer aktiven Ungleichungsrestriktion auch die übrigen nicht berücksichtigten Ungleichungen erfüllt. Existieren solche Gewichtsvektoren, so stellt derjenige mit dem größten Gesamtselektionserfolg die gesuchte Lösung von Problem (P3) dar.
- Sind ein oder mehrere Ungleichungsrestriktionen nicht erfüllt, so wiederhole das oben beschriebene Vorgehen für alle Probleme, die aus (P3) entstehen, falls genau 2 Ungleichungen als echte Gleichungen behandelt werden. Wenn der optimale Gewichtsvektor auf dieser Stufe nicht erreicht wird, fahre fort, alle Probleme mit 3 Ungleichungen zu berücksichtigen usw., bis die optimale Lösung von (P3) gefunden ist oder es sich erweist, daß Problem (P3) keine zulässige Lösung besitzt.

Der beschriebene Lösungsalgorithmus ist sehr gut geeignet für Probleme mit wenigen Ungleichungsrestriktionen. Liegen sehr viele Merkmale vor, für deren partielle Selektionserfolge sowohl untere als auch obere Schranken vorgegeben sind, so kann sich der Rechenaufwand erheblich erhöhen. Besitzen die Restriktionen die Gestalt $s_{iu} \le \Delta g_i \le s_{i0}$; $i = 1, \ldots, q$, so sind für $q = 3$ maximal 26 und für $q = 4$ schon maximal 80 Probleme mit Gleichungsrestriktionen zu lösen, bis die optimale Lösung gefunden ist bzw. sich herausstellt, daß das Ausgangsproblem keine zulässige Lösung besitzt. Liegen sehr viele Ungleichungsrestriktionen vor, empfiehlt es sich, Problem (P3) wie bei MIELENZ (1984) und MIELENZ, MÜLLER (1985) auf ein konvexes Optimierungsproblem mit Nichtnegativitätsforderungen zurückzuführen und die dafür verfügbaren Lösungsverfahren anzuwenden.
Illustrieren wir die beschriebene Vorgehensweise an dem Beispiel aus Abschnitt 5.2.3.9.1. Angenommen, der Züchter möchte einen Index konstruieren, der den Selektionserfolg im Merkmal EZ 240 maximiert, wobei der partielle Selektionserfolg im Merkmal EEM zwischen 0 und 0,3 g liegt und der partielle Selektionserfolg im Merkmal KM nicht positiv ausfällt. Aus dieser züchterischen Zielstellung läßt sich dann das folgende Optimierungsproblem ableiten:

$$\text{(P4)} \quad \Delta G_{EZ\,240} \Rightarrow \text{Max!} \quad \text{bei } 0 \le \Delta G_{EEM} \le 0{,}3$$
$$\Delta G_{KM} \le 0.$$

Wie oben beschrieben, löst man zuerst obiges Problem ohne Berücksichtigung

Nr. der Variante	Δg_{EEM}	Δg_{KM}
1	0	
2	0,3	
3		0

Tabelle 5.6. Restriktionen

Tabelle 5.7. Gewichte der Selektionsindizes für die Restriktion nach Tabelle 5.6.

Nr. der Variante	β_1	β_2	β_3	b_1	b_2	b_3
1	−0,01228	−0,061754	0,996676	−0,00702	−0,0004143	0,16605
2	0,29904	0,006560	0,97714	0,17100	0,0000440	0,16278
3	0,12717	−0,033002	1,00182	0,07272	−0,0002214	0,16689

Nr. der Variante	Δg_{EEM}	Δg_{KM}	Δg_{EZ240}	ΔH
1	0	−3,8130	2,4247	2,4247
2	0,3	4,9253	2,4091	2,4091
3	0,1342	0	2,4515	2,4515

Tabelle 5.8. Selektionserfolge

der Restriktionen. Aus Tabelle 5.5. wird ersichtlich, daß die partiellen Selektionserfolge des Index ohne Restriktionen nicht die Ungleichungsrestriktionen erfüllen. Folglich muß mindestens eine Ungleichung als echte Gleichung erfüllt sein. Deshalb löst man auf der zweiten Stufe alle Probleme, die aus (P4) durch Aktivierung genau einer Ungleichungsrestriktion entstehen. D. h. man maximiert $\Delta g_{EZ\,240}$ unter den Restriktionen der Tabelle 5.6.
Die Gewichte für obige Restriktionsvarianten, berechnet nach Formel (5.155) mit den Matrizen und Vektoren aus Abschnitt 5.2.3.9.1., sind in der nachfolgenden Tabelle 5.7. angegeben. Die zugehörigen partiellen Selektionserfolge enthält Tabelle 5.8.

Aus Tabelle 5.8. wird ersichtlich, daß die optimalen Gewichtsvektoren für die erste und dritte Restriktionsvariante auch die nicht berücksichtigten Ungleichungsrestriktionen erfüllen. Da der Gewichtsvektor für die dritte Variante gegenüber der ersten Variante den größeren Gesamtselektionserfolg hervorruft, stellt er den gesuchten optimalen Gewichtsvektor für das Ausgangsproblem (P4) dar. Der Gesamtselektionserfolg für den Index ohne Restriktionen stimmt (im

Rahmen der angegebenen Rechengenauigkeit) mit dem Gesamtselektionserfolg für den Index mit Restriktionen überein (vgl. dazu Tabelle 5.5. und 5.8.). Dies ist nicht verwunderlich, da der Gewichtsvektor für den Index ohne Restriktionen die Restriktion für die Körpermasse (bezogen auf die genetische Standardabweichung dieses Merkmals) nur minimal verletzt.
Zum Abschluß dieser kurzen Abhandlung sei auf eine Arbeit von Niebel (1985) verwiesen, in der unter anderem auch Restriktionsmethoden für die gleichzeitige Anwendung von mehreren Indizes in einer Population vorgestellt werden. In der oben zitierten Arbeit werden gleichfalls die Methoden der verschiedenen Selektionsindizes mit Nebenbedingungen dargestellt und an einem Beispiel aus der Rinderzucht erläutert.

5.2.4. Zuchtwertvorhersage beim Rind

Die Zuchtwertvorhersage beim Rind erfolgt auch heute noch in vielen Ländern nach einer modifizierten Form des CC-Testes. Die Grundidee dieser Methode besteht im Vergleich der Nachkommen eines Bullen mit gleichzeitig und unter gleichen Bedingungen lebenden gleichaltrigen Töchtern anderer Bullen. Eine theoretische Begründung dieses Verfahrens erfolgte erstmalig in den Arbeiten von Robertson (1954) und Robertson und Rendel (1954). Es wurde von Fewson (1959) und Skjervold (1967) weiterentwickelt. Mit einer Verbesserung des Verfahrens befaßten sich auch Geissler und Schönmuth (1972) und Geissler (1973).

Für den k-ten Nachkommen des j-ten Bullen in der Umwelt i gelte das Modell

$$\underline{y}_{ijk} = \mu_i + \frac{1}{2}\underline{g}_{vj} + \underline{e}_{ijk} \tag{5.156}$$

(es wird hier allgemein das EPM vorausgesetzt). Mit $\underline{g}_{vj}$ wird der Einmerkmalszuchtwert nach Def. 5.1 des j-ten Bullen bezeichnet.
In $\underline{e}_{ijk}$ sind alle anderen Effekte zusammengefaßt, μ_i gibt den Erwartungswert in der Umwelt i an. Alle zufälligen Effekte der rechten Seite von (5.156) seien unabhängig.
Wir betrachten nun die Differenz

$$\overline{\underline{y}}_{ij.} - \overline{\underline{y}}_{i..} = \frac{1}{2}\underline{g}_{vj} + \overline{\underline{e}}_{ij.} - \frac{1}{2}\overline{\underline{g}}_{v} - \overline{\underline{e}}_{i..} \tag{5.157}$$

Diese Differenz ist linear in $\underline{y}_{ijk}$ und ihr Erwartungswert ist Null. Sie ist also eine lineare erwartungstreue Vorhersage für $\frac{1}{2}\underline{g}_{vj}$. Zur Zuchtwertvorhersage von $\underline{g}_{vj}$ werden aber nicht nur die Nachkommen des Vaters j in der Umwelt i herangezogen, sondern die Nachkommen in allen Umwelten.

Dazu müssen die Differenzen zusammengefaßt werden. Von den genannten Autoren wurde ein gewogenes Mittel vorgeschlagen (siehe bei Stahl u. a., (1969)).

$$\underline{zw}_j = \hat{\underline{g}}_{vj} = 2 \cdot \frac{\sum_i n_{ij}(\overline{\underline{y}}_{ij.} - \overline{\underline{y}}_{i..})}{\sum_i w_{ij}} \tag{5.158}$$

n_{ij} gibt die Anzahl der Töchter des j-ten Bullen in der Umwelt i an. Mit $n_{ij} + m_{ij}$ wird die Anzahl aller gleichaltrigen Tiere in der i-ten Umwelt bezeichnet.
m_{ij} ist also die Anzahl der Vergleichstöchter zu den n_{ij} Töchtern des j-ten Bullen in der i-ten Umwelt.
Die w_{ij} werden nach

$$w_{ij} = \frac{n_{ij} \cdot m_{ij}}{n_{ij} + m_{ij}} \tag{5.159}$$

bestimmt. Auf die Begründung dieser Gewichte in der Linearkombination (5.158) soll hier nicht ausführlich eingegangen werden. Betrachtet man alle Väter als fest, so entsteht w_{ij}^{-1} gerade als Faktor der Varianz einer zu (5.157) analogen Differenz, wenn in den Vergleichsmaßstab die Töchter des zu untersuchenden Bullen nicht mit eingehen. Auch (5.158) stellt eine lineare erwartungstreue Vorhersage von $\underline{g}_{vj}$ dar. Sie ist aber von der BLEV im allgemeinen verschieden.
Ein großer Vorteil dieses Verfahrens besteht darin, daß es leicht anwendbar ist. Außerdem geht in die Vorhersage kein Parameter ein.
Der CC-Test kann auch für wesentlich kompliziertere Modelle als (5.156) genutzt werden. Es können mit ihm nicht nur die Effekte fester Faktoren, sondern auch die zufälliger Faktoren ausgeschaltet werden.
Dabei kann man so vorgehen, daß man die Stufen aller auszuschaltenden Faktoren (fest oder zufällig) zu einem neuen Faktor vereinigt. Es muß nur darauf geachtet werden, daß zu jeder Stufe des neuen Faktors noch „genug" Tiere vorhanden sind.
Die Varianz von (5.158) kann über das gemischte lineare Modell oder direkt abgeleitet werden. HERRENDÖRFER u. a. (1974) gaben Formeln zur Berechnung der Varianzen an. Sie zeigten, daß diese Varianz bei gegebener Töchteranzahl erheblich von der Anzahl der Väter des Vergleichsmaßstabes, also von der Struktur des Prüfplanes abhängt. Die Nachkommen im Vergleichsmaßstab sollten mindestens von 5 bis 6 Vätern abstammen.
Würde man alle Störfaktoren über das CC-Verfahren auszuschalten versuchen, so würden die Tiergruppen viel zu klein werden. Daher werden stets vorher einige Faktoren über eine andere Korrekturmethode bereinigt und auf das so vorbereitete Datenmaterial der CC-Test angewendet.
Diese Vorgehensweise ist auch bei anderen Verfahren der Zuchtwertvorhersage zur Zeit noch unumgänglich.
Auch bei BLEV-Verfahren kann nicht darauf verzichtet werden, z. B. Hochrechnung der Laktationsleistung.
DIETL u. a. (1986) und BERGFELD (1986) untersuchten eine Reihe von Verfahren zur Zuchtwertvorhersage auf der Grundlage von BLEV, wobei bis zu zwei Störfaktoren und ein zusätzlicher fester Faktor (Bullengruppe) berücksichtigt wurden.
Außerdem wurden in einige Modelle auch Wechselwirkungen zwischen dem Faktor Bulle und einem Störfaktor aufgenommen.

Als Störfaktor wurden das Erstkalbealter und der Betriebszeitraum verwendet. Außerdem wurden in den Vergleich zwei Varianten des CC-Testes einbezogen. Der Vergleich der Wirksamkeit der Verfahren wurde über ein geteiltes Datenmaterial vorgenommen. Die Nachkommenschaft jedes Bullen wurde nach bestimmten Gesichtspunkten in zwei Teile eingeteilt. Aus jedem Teil wurde eine Zuchtwertvorhersage vorgenommen.
Den einzelnen Teilen wurden stets ganze Betriebszeiträume zugeordnet, damit keine zusätzliche Ähnlichkeit zwischen den beiden Zuchtwerten eines Bullen entsteht.
Es zeigte sich, daß unter den betrachteten Prüfbedingungen der CC-Test wegen des großen Vergleichsmaßstabes bei einem Vergleich innerhalb eines Bullenjahrganges den entsprechenden BLEV-Verfahren nur wenig unterlegen ist.
Einige Störfaktoren können entweder über das Varianzanalysemodell oder als Kovariable in einem sogenannten Kovariablemodell (Regression Modell I oder II) berücksichtigt werden.
Geissler (1984), Dietl u. a. (1986), Bergfeld (1986) und Geissler u. a. (1986) untersuchten entsprechende Verfahren der Zuchtwertvorhersage. Diese Verfahren sind aber dann nicht mehr linear und können deshalb nicht als BLEV bezeichnet werden.
Bei der Überprüfung der Kovariablenmodelle innerhalb der Bullenjahrgänge zeigte sich ebenfalls keine große Überlegenheit über den CC-Test. Das Kovariablemodell von Geissler u. a. (1986) zeigte jedoch beim Vergleich über die Bullenjahrgänge hinweg bezüglich einiger Maße zur Beurteilung der Genauigkeit eine größere Überlegenheit. Abschließend nun noch einige Bemerkungen zur Begriffswahl Zuchtwertschätzung-Zuchtwertvorhersage.
In der mathematischen Statistik spricht man von der Schätzung fester Effekte und von der Vorhersage zufälliger Effekte eines Modells. An diese Begriffsbestimmung wollen wir uns hier halten.
Da die Bulleneffekte zunächst beim CC-Test durch ein Modell I beschrieben werden, also z. B. ein Modell der Form

$$\underline{y}_{ijk} = \mu_i + \frac{1}{2} g_{vj} + \underline{e}_{ijk}, \tag{5.160}$$

wurde die Bezeichnung Zuchtwertschätzung verwendet.
Beurteilt man die Schätzung (5.158) mit diesem Modell, so ist es eine lineare Schätzung, die aber nicht erwartungstreu ist, da die Summe der Vatereffekte im Vergleichsmaßstab nicht verschwindet. Aufbauend auf dieser Erkenntnis wurde versucht, die Verzerrung zu beseitigen. Mit dem Übergang zu zufälligen Effekten kann die Zuchtwertvorhersage mittels BLEV vorgenommen werden. Davon erhoffte man sich eine Steigerung der Genauigkeit und damit des genetischen Fortschritts.

5.3. Prüfungen bei der Züchtung von Pflanzen

In diesem Teilkapitel wird nur verbal auf Besonderheiten bei der Züchtung neuer Sorten eingegangen. Es gibt dem Leser einen Überblick über die wichtigsten Stufen der Züchtung.

5.3.1. Prüfung am Beginn der Züchtung

Bei der Züchtung von Pflanzen steht in der Regel ein großes Ausgangsmaterial zur Verfügung. Kennt man bei den einzelnen Populationen oder Genotypen die genetischen Grundlagen der Merkmalsausprägung, lassen sich diejenigen Vertreter auslesen, die bei den einzelnen Zuchtzielen mit großer Wahrscheinlichkeit zu den gewünschten Erfolgen bei den züchterischen Maßnahmen führen. Ist aber über die Genetik nichts bekannt, liegen also auch keine Parameterschätzungen vor, muß weitgehend nach dem trial error-Prinzip verfahren werden. Ein derartig extensives Vorgehen ist mit einem großen Aufwand verbunden. Um wenigstens eine Vorauswahl treffen zu können, ist es angebracht Prüfungen durchzuführen.

5.3.1.1. Züchtung von Hybriden

Soweit es sich um die Züchtung von Hybriden handelt, sind potentielle Hybridpartner nicht nur auf ihre Merkmalsausprägung zu prüfen, sondern sind auch Kenntnisse über die Merkmalsbeziehungen wichtig.
So kann man beispielsweise bei den Tomaten davon ausgehen, daß der Ertrag vom sink:source-Verhältnis bestimmt wird (Bangerth 1984).Die sink-Kapazität wird bei den normalen Tomaten von den Samen in den Früchten gesteuert. Ist die sink-Komponente hoch und kann die source-Komponente diesen Ansprüchen gerecht werden, kommt es zu hohen Erträgen. Weiterführende Analysen mit Hilfe der Faktoranalyse haben ergeben, daß der Tomatenertrag vor allem durch die durchschnittliche Einzelfruchtmasse je Pflanze bestimmt wird. Sie vertritt in erster Linie den ersten Faktor. Das kommt durch hohe Faktorladungen und eine hohe Kommunalität zum Ausdruck. Demgegenüber tritt die Fruchtanzahl je Pflanze erst in zweiter Linie als eine Komponente der sink-Kapazität auf (Fechner 1986).

Zu diesem ersten Faktor gehört die Wurzelmasse als wichtiger Vertreter der source-Komponente. Auf einem hohen Ertragsniveau werden die höchsten Erträge von Sorten realisiert, die über eine ausreichende Einzelfruchtmasse bei einer hohen Wurzelmasse verfügen. Für eine Vorauswahl der Hybridpartner ist wichtig, daß die Einzelfruchtmasse nur selten positive Hybrideffekte zeigt, also kein typisches heterotisches Merkmal ist (Arndt, Skiebe 1987). Es kommt darauf an, in der Hybridzüchtung Partner mit einer hohen Einzelfruchtmasse, mit einer hohen sink-Kapazität in den Früchten und mit einer hohen source-Kapazität in den Wurzeln zu verwenden. Bei Zweipartner-Hybriden müßte wenigstens ein Partner eine hohe Einzelfruchtmasse besitzen.
In Kombination mit einer ausreichenden Fruchtanzahl je Pflanze können dann

hohe Erträge resultieren. Dabei ist von Wichtigkeit, daß dieses Merkmal in der Regel heterotisch ist (Arndt, Skiebe 1986). Auf die hier genannten Merkmale hat sich die Prüfung der potentiellen Hybridpartner besonders zu konzentrieren.

Tabelle 5.9. Mittelwerte bei Gemüseerbsen in F_1- und F_2-Generationen (in % zum besseren Elter) bei verschiedenen Merkmalen

Kombinationen		Hülsen-länge		Hülsenzahl je Pflanze		Kornzahl je Pflanze		Kornmasse je Pflanze	
Hermanova × Pioardie	F_1	89,5	+	111,4	+	111,5	+	142,4	+
	F_2	92,3		112,7		109,6		140,8	
Cornel × Raola	F_1	101,4	+	153,5	−	109,6	+	126,1	−
	F_2	99,6		138,6		109,0		108,2	
St. 864 × **Citrina**	F_1	93,3	+	141,7	+	112,7	+	137,6	+
	F_2	91,6		142,1		109,2		130,1	
Desi × Rani Gribowski	F_1	101,4	+	147,5	−	101,8	+	104,7	+
	F_2	99,9		123,8		98,6		102,4	
St. 7 × Alki	F_1	103,6	+	143,6	+	113,2	+	123,9	+
	F_2	101,9		142,4		108,6		125,1	
Hermanova × Alki	F_1	93,3	+	118,3	+	105,4	+	140,1	+
	F_2	90,1		120,1		99,2		131,6	
Lovadies × Pioardie	F_1	102,5	+	131,5	+	93,3	−	154,4	−
	F_2	98,1		132,7		100,1		130,1	
Citrina × Geneva St. 168	F_1	86,3	+	167,3	+	87,9	+	126,2	+
	F_2	85,3		138,4		83,1		120,3	
Nike × Ridcovert	F_1	89,2	+	107,5	−	94,7	−	99,3	−
	F_2	91,3		98,4		101,2		85,0	
Alma × **Teconer**	F_1	96,8	+	191,1	−	91,5	−	164,6	−
	F_2	93,3		164,8		100,0		138,9	
Lovador × **Turon**	F_1	101,1	+	153,4	+	93,7	+	141,3	+
	F_2	98,2		150,9		95,7		138,9	
St. 606 × Superette	F_1	99,1	+	150,2	+	100,9	+	127,5	+
	F_2	97,2		143,9		103,6		116,4	
Bördi × Rani Gribowski	F_1	100,9	+	70,7	+	111,1	−	106,6	−
	F_2	98,1		65,1		100,6		93,1	
Moni × Neptune	F_1	81,0	−	84,0	−	94,3	+	77,9	+
	F_2	79,8		60,2		86,2		75,8	

\+ Nullhypothese $F_1 = F_2$ gegen $F_1 \neq F_2$ bei $\alpha = 5\%$ angenommen
− Nullhypothese $F_1 = F_2$ gegen $F_1 \neq F_2$ bei $\alpha = 5\%$ verworfen

5.3.1.2. Reinzucht

Sollen samenechte Sorten nach Kreuzungen entwickelt werden, sind Eltern, F_1- und F_2-Generationen gemeinsam zu prüfen. Auf Grund der dabei erzielten Resultate lassen sich relativ sichere Indizien für die Leistungspotenz von Kreuzungsprodukten bestimmter Genotypen oder Populationen ermitteln. Dafür sind allerdings nicht alle Merkmale gleich gut geeignet. Handelt es sich beispielsweise um eine Reinzucht, also eine Züchtung samenechter Sorten bei autogamen Objekten, sind besonders heterotische Merkmale zu erfassen. Außerdem sind in der Regel primäre oder nachgeordnete Merkmale günstiger als sekundäre bzw. übergeordnete. Kreuzungskombinationen sind besonders dann züchterisch potent, wenn positive Hybrideffekte in der F_1 auftreten und die Merkmalsausprägung in der F_2 wenig absinkt. In diesem Falle basieren die Merkmalsausprägungen auf Allelwirkungen bzw. Allel- und Genbeziehungen, welche eine Fixierung im Rahmen einer Reinzucht möglich machen. Es herrschen also additive Effekte vor. Außerdem wirkt die Faktorenkopplung bei der Selektion wenig erschwerend.
Solche Prüfungen der Eltern, F_1- und F_2-Generation müssen möglichst schnell zu einer Aussage führen. Man kann sie in der Regel nur einmal durchführen. Außerdem werden hohe Anforderungen an die Richtigkeit der Aussagen gestellt. Um das zu erreichen, ist der Einfluß von Umweltfaktoren möglichst klein zu halten. Es ist notwendig, daß Eltern, F_1- und F_2-Generation unter den gleichen Umwelt- und Prüfungsbedingungen analysiert werden. Ein entsprechender Versuch bei Gemüseerbsen (Arndt, Skiebe 1987) demonstriert die Sachlage instruktiv. Dabei werden 14 Kombinationen hergestellt und auf die Merkmale Hülsenlänge, Hülsenanzahl je Pflanze, Kornzahl je Hülse und Kornmasse je Pflanze geprüft (Tab. 5.9.). Bei der Hülsenlänge lassen sich keine positiven Hybrideffekte feststellen und auch keine Differenzen zwischen der F_1 und der F_2. Die Kornzahl je Hülse zeigt nur selten positive Hybrideffekte und die F_1- und F_2-Generation ist meistens merkmalsgleich. In der Kornmasse je Pflanze und in der Hülsenzahl je Pflanze treten relativ häufig positive Hybrideffekte auf, die auch in der F_2 weitgehend erhalten bleiben.
Werden die Kombinationen weitergeführt, so lassen sich in der Regel besonders aus den Kombinationen leistungsstarke Stämme entwickeln, die in der Hülsenzahl eine weitgehend übereinstimmende hohe Merkmalsausprägung aufweisen. Dazu gehört z. B. die Kombination „Hermanova × Alki" (Tab. 5.9.). Sie führte zu einem Stamm, welcher den besten Vergleichssorten um etwa 30% überlegen ist. Demgegenüber ließen sich aus der Kombination Alma × Teconor bei einem hohen Hybrideffekt in der F_1-Generation und bei einem drastischen Abfall in der F_2-Generation keine leistungsstarken Stämme entwickeln.

5.3.2. Prüfungen im Verlauf der Züchtung

Nach durchgeführten Kreuzungen nach dem Auslösen von Genmutationen, nach der Herbeiführung von Introgressionen und nach Polyploidisierungen beginnt die Züchtung mit der Auslese von einzelnen Pflanzen bzw. Genotypen. Deren Nachkommenschaft wird geprüft, um vom Phänotyp auf den Genotyp schließen zu können. Außerdem ist die Auslese von Einzelpflanzen für die Entwicklung von eigenständigen Linien notwendig. Aus den besten bzw. geeigneten Einzelpflanzennachkommenschaften werden wieder Einzelpflanzen ausgelesen. Prüfung und Auslesebasis sind also wenn möglich eine Einheit. Die Nachkommenschaftsprüfung wird bei Objekten, bei denen genügend generative Nachkommen entstehen, mit mehreren Wiederholungen bzw. unter verschiedenen Bedingungen durchgeführt. Dies gilt z. B. für Sellerie oder Begonien. Bei Objekten mit einer niedrigen generativen Vermehrungsrate, wie Getreide oder Erbsen ist das nicht möglich. In diesen Fällen ist man auf Kompromisse angewiesen bzw. auf zusätzliche Maßnahmen. Andernfalls sind ungenügende Wiederholungen und zu klein dimensionierte Prüfungen die Folge. So ist es angebracht, bei solchen Objekten mit in-vitro-Vermehrungen zu arbeiten und die Klone zu prüfen. Mitunter gelingt es schon nach einer einmaligen Auslese eine einheitliche und in der Leistung den Zuchtzielen entsprechende Merkmalsausprägung zu erhalten. Dann wird die Population als Ganzes selektiert.

Tabelle 5.10. Schematische Darstellung über die verschiedenen Prüfungen im Zuchtprozeß bei Pflanzen bis zur Erzeugung von Stämmen (Pop = Population; EP = Einzelpflanze)

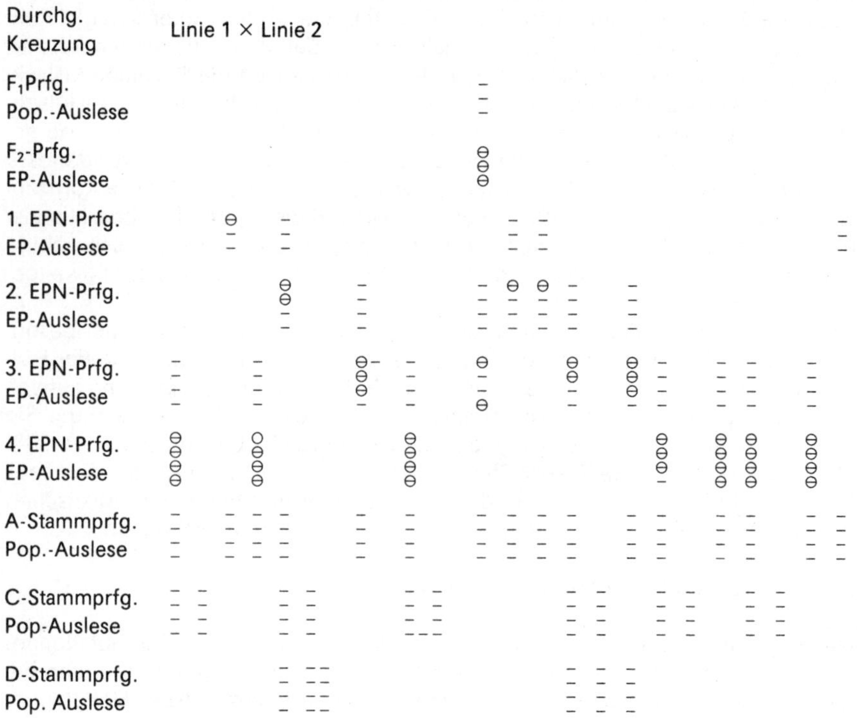

Durchg. Kreuzung
Linie 1 × Linie 2
F1Prfg. Pop.-Auslese
F2-Prfg. EP-Auslese
1. EPN-Prfg. EP-Auslese
2. EPN-Prfg. EP-Auslese
3. EPN-Prfg. EP-Auslese
4. EPN-Prfg. EP-Auslese
A-Stammprfg. Pop.-Auslese
C-Stammprfg. Pop-Auslese
D-Stammprfg. Pop. Auslese

Meistens sind aber zwei und mehr nacheinander folgende Einzelpflanzenauslesen erforderlich. Erst nach dem Erreichen einer ausgeglichenen, den Zuchtzielen entsprechenden Einzelpflanzennachkommenschaft, wird diese als eine Stammvorstufe (A-Stamm) gemeinsam weitergeführt. Aus den besten A-Stämmen werden dann B-Stämme, aus den besten B-Stämmen – C-Stämme usw.
Es wiederholt sich somit einige Male die Prüfung von Populationen und deren Selektion. Genügen die A-, B-, C- oder D-Stämme in ihren Leistungen, kommen sie in ein staatliches Prüfungssystem. Bei den Prüfungen der A-, B-, C-, D-Stämme nimmt deren Anzahl von Generation zu Generation ab. Gleichzeitig wächst die Anzahl der Wiederholungen und der Prüfbedingungen (z. B. Prüfsorte). In jeder Stammstufe ist es notwendig, zu allgemeingültigen Aussagen zu kommen. Von Stufe zu Stufe wird dies jedoch besser gelingen.

Bei vegetativ zu vermehrenden Pflanzen (Befruchtungs- und Vermehrungstyp 3 in 6.1.3.) verläuft das züchterische Vorgehen etwas anders. Dabei werden in der Regel nur einmal Einzelpflanzen ausgelesen und daraus Klone hergestellt. Diese werden dann auf ihre Leistungen geprüft. Mit den Merkmalserfassungen gehen mitunter auch Schätzungen genetischer Parameter einher. Damit lassen sich Stämme oder Sorten zusätzlich charakterisieren. Dieses ist relativ einfach bei vegetativ vermehrten Pflanzen möglich, bei denen man sicher sein kann, daß es sich in der Regel um einen einzigen Genotyp handelt. Arbeitet man mit einem Klongarten ohne Wiederholungen, so ist es empfehlenswert, das analytische Modell einer einfachen hierarchischen Klassifikation zu wählen (Rasch u. a. 1978). In diesem Falle ist die Schätzung von Varianzkomponenten und damit auch die Berechnung der Nachkommenschaften bei einer bestimmten Auslesestufe möglich. Steht genügend Klonmaterial zur Verfügung, kann der Klongarten als eine Blockanlage angelegt werden, in der jeder Klon in jedem Block durch ein Teilstück von einer gegebenen Anzahl identischer Individuen (Klonteilen) vertreten ist. Mitunter wird ein Klongarten auch nach Ordnungsprinzipien angelegt. Die Gruppen von Klonen derselben Herkunft (Eliten derselben Population und aus derselben Kreuzungskombination, usw.) bilden dabei das Hauptkriterium der Klassifikation (d. h. die Gruppen, die Klone, die Untergruppen in ihrem Rahmen und die Einzelpflanzen im Rahmen der Klone). Diese Gliederung entspricht gewöhnlich einer zweistufigen hierarchischen Klassifikation, die eine Schätzung der Varianzkomponenten unter den Herkünften, unter den Klonen derselben und unter Einzelpflanzen desselben Klons und derselben Herkunft ermöglicht (Rod, Vondracek 1975). Diese Voraussetzungen gestatten dann tiefere genetische Analysen des ganzen züchterischen Materials. Soweit es sich um die Hybridzüchtung oder um einen Mischtyp der Züchtung handelt, tragen die Prüfungen einen etwas anderen Charakter. Es kommt dabei neben der Erfassung der Eigenleistung vor allem auf die Bestimmung der betreffenden Kombinationseignung an.
Es werden also die Produkte der verschiedenen Test-Kreuzungen auf ihre Merkmalsausprägung geprüft und dann auf die Kombinationseignung der Testkomponenten geschlossen. Anhand der Testprüfungsergebnisse wird darüber entschieden, mit welchen Partnern in einem Hybridzucht- oder einem Mischtypenprogramm gearbeitet wird.

5.3.3. Prüfungen am Ende der Züchtung

Nach Abschluß der Selektionsarbeiten und der Fertigstellung von Reinzuchtstämmen oder Hybriden gelangen diese in ein hierarchisch gegliedertes Prüfungssystem. Es variiert in den einzelnen Ländern etwas, endet aber außer bei Gemüse und Zierpflanzen immer mit zwei- oder mehrjährigen staatlichen Prüfungen.

Auch die Bezeichnung der jeweiligen Prüfungen ist nicht überall gleich. Den untersten Rang nehmen nichtstaatliche offiziöse Prüfungen ein. Sie werden bereits an mehreren Orten und in zwei bis drei Jahren durchgeführt. Stämme oder Hybriden, die sich dabei als positiv herausstellen, kommen anschließend in eine Vorprüfung. Sie hat zumindest einen offiziösen, mitunter auch schon einen staatlichen Charakter.

In ihr nimmt die Anzahl der Wiederholungen bzw. der Prüforte zu. Meistens sind es etwa zehn. Die Dauer erstreckt sich wieder auf ungefähr zwei Jahre. Stämme oder Hybriden, die sich auch hier bewähren, kommen in die Hauptprüfung, die staatlich ist. Hauptprüfungen werden ebenfalls zwei Jahre vorgenommen. Die Anzahl der Versuchsorte schwankt. Mitunter sind es 30. Erst das Durchlaufen dieser ranghöchsten Prüfung ermöglicht die Zulassung einer neuen Sorte (Tab. 5.11.).

Tabelle 5.11. Schematische Darstellung über die verschiedenen Prüfungen im gesamten Zuchtprozeß bei einer einjährigen autogamen Kulturpflanze

Jahr							
1	Kreuzung						
2		F_1-Prfg.					
3			F_2-Prfg.				
4				EPN-Prfg.			
5				EPN-Prfg.			
6				EPN-Prfg.			
7				EPN-Prfg.			
8					A-St.-Prfg.		
9					B-St.-Prfg.		
10					C-St.-Prfg.		
11					D-St.-Prfg.		
12						Zücht.-Prfg.	
13						Zücht.-Prfg.	
14						Vor-Prfg.	
15						Vor-Prfg.	
16							Haupt-Prfg.
17							Haupt-Prfg.
18							Sortenzulassung

Das gesamte Prüfungssystem ermöglicht Aussagen über die Effekte der Neuzüchtungen, der Versuchsbedingungen und der Vegetationsjahre sowie über die Wechselwirkungen. Neben diesen Prüfungen, die zur Ermittlung von Leistungen der Stämme bzw. Sorten dienen, werden von den Sortenämtern noch offizielle Prüfungen auf Neuheit und Selbständigkeit vorgenommen. Sie erstrekken sich auf alle Kulturarten. Diese Prüfungen sind die wichtigste Grundlage für die Zulassung einer definierten Population als Sorte.
Die Art einer wirtschaftlichen Nutzung setzt bei einer Reihe von landwirtschaftlichen Produkten wiederholte Ernten während des Vegetationsjahres bzw. auch im Laufe mehrerer Jahre voraus. Es sei hier nur auf Tomate, Spargel, Luzerne und Rotklee verwiesen. Neben dem Gesamtertrag wird die Verteilung der Ernten zu einem wichtigen Bewertungskriterium. So kann z. B. bei Tomaten ein hoher Frühertrag bedeutungsvoller als ein hoher Gesamtertrag sein. Bei mehrjährigen Kulturpflanzen (Futterpflanzen) gilt es, deren Leistungsdynamik zu analysieren. Besonders vermengen sich der Einfluß der Vegetationsjahre mit dem Einfluß der Ernte-(Nutz-)jahre. Bei einem sukzessiven Anbau desselben Versuchs in verschiedenen Jahren fällt dasselbe Erntejahr in verschiedene Vegetationsjahre und sein Effekt und die betreffenden Wechselwirkungen können selbständig geschätzt werden. Neben den Modellen für die Auswertung der Versuchsserien, die für die Schätzung einzelner Merkmale (hier der Gesamtjahresproduktion des gegebenen Erntejahres) geeignet sind, gibt es auch Modelle der mehrdimensionalen Merkmalsbewertung (Schnitte desselben Erntejahres, oder Erntejahre im Rahmen desselben Schnittes; Rod u. a. 1978).
Für die Prüfungsbedingungen werden in der Regel solche angestrebt, die einem Anbau in der pflanzenbaulichen Praxis entsprechen. Mitunter werden aber auch extreme Prüfungsbedingungen gewählt. Es handelt sich dabei um Provokationsversuche. Bei ihnen wird das Zuchtmaterial extremen Umweltbedingungen, wie Frost, Trockenheit usw. ausgesetzt. Dazu rechnen Versuche auf Flächen, die eine extreme hohe Verseuchung mit bestimmten Krankheitserregern haben.
Ein bedeutsames Kriterium bei der Bewertung von Neuzüchtungen und Sorten stellt die Beurteilung deren Ertragsstabilität dar. Wir verstehen darunter die Fähigkeit einer relativ gleichbleibenden Leistung, auch bei sich ändernden Umweltbedingungen. Aus den möglichen Lösungen ist besonders die Regressionsmethode anzuführen, die sich auf die Berechnung der Ertragsabhängigkeit der Einzelprüfglieder von den durchschnittlichen Erträgen aller Prüfglieder an gegebenen Orten (Jahrgängen) stützt. Die Neigung und Lage der Regressionsgeraden charakterisieren dann die Stabilität und die Intensität der Prüfglieder (Rod, Weiling 1971).
Eine weitere Möglichkeit einer Auswertung beruht auf der Berechnung einer Ökovalenz, d. h. eines Quotienten, durch den sich das gegebene Prüfglied an der Wechselwirkung mit den Orten, bzw. Jahrgängen beteiligt. Die Grundlage der Berechnung bieten, sofern die Voraussetzungen gegeben sind, die Modelle der Varianzanalyse von Versuchsserien. Dabei lassen sich die zuständigen Wechselwirkungen weiter auf Komponenten, je nach dem Einfluß einzelner Prüfglieder, zerlegen (Wricke 1965).
Die Analyse der Variabilität einzelner Merkmale (Samenertrag, Grünmassenertrag, Knollen, u. a.) stützt sich auf die eindimensionale Varianzanalyse. Für die

Analyse des Materials aufgrund mehrerer Merkmale gleichzeitig sind Methoden der mehrdimensionalen Varianzanalyse entwickelt worden. Sie ermöglichen eine komplexe Beurteilung des Zuchtmaterials. Es handelt sich um Modelle der einfachen und zweifachen Klassifikation und weitere Modelle zur Schätzung auf komplizierte Weise angelegter Versuche (Ahrens, Läuter 1974). Es wurde auch die Aufgabe einer stufenweisen Ausschaltung desjenigen Prüfgliedes, das sich an der Gesamtvariabilität am meisten beteiligt, gelöst (Rod, Weiling 1981). Weiter gehören hierher auch die Methoden einer Diskriminanz- und einer Clusteranalyse, die ein Sortieren des Materials (die Prüfglieder mit nahen Werten der analysierten Merkmale) in Gruppen (Cluster) ermöglicht.

5.4. Nutzung des Selektionsindex bei der Pflanze

Bereits zu Ende des 19. Jahrhunderts wurden phänotypische Selektionsindizes in der Rübenzüchtung genutzt (Raatz zit. Enderlein 1964). Phänotypische Indizes der unterschiedlichsten Struktur sind ein wichtiges Hilfsmittel der Pflanzenzüchtung, insbesondere für die Verbesserung einzelner Merkmalskomplexe, wie z. B. Backqualität (Backzahl), Standfestigkeit, Krankheitsresistenz u. a.
So wird z. B. von Zeniščeva und Lekeš (1966) eine Formel für die Bewertung der Standfestigkeit der Gerste angegeben, welche die mechanische Halmfestigkeit, die zum Ausreißen der Wurzel aus dem Boden aufgewendete Kraft, die Halmlänge und die Länge des zweiten Internodiums enthält.
Smith (1936) wendete als erster die Fishersche Diskriminanzfunktion auf die Selektion bei Weizen an. Obwohl er damit das erste Beispiel für einen genotypisch begründeten linearen Selektionsindex gab, hat diese Methode in der Pflanzenzüchtung bei weitem nicht die Bedeutung erlangt wie in der Tierzucht.
Die Gründe hierfür liegen vor allem darin, daß

- das Einzelobjekt bei Pflanzen meist von geringerem Wert ist als in der Tierzucht,
- meist sehr viele Populationen gleichzeitig bearbeitet werden, welche in der Regel Selektionsindizes mit unterschiedlichen Parametern verlangen,
- die Auslese in einer Population nur in wenigen, meist aufeinander folgenden Jahren (im Extremfall nur einmal) erfolgt und damit der Gültigkeitsbereich von Selektionsindizes räumlich und zeitlich sehr begrenzt ist,
- Schwankungen der Jahreswitterung und lokale Bedingungen (Boden u. a.) einen starken Einfluß auf die Merkmalsprägung haben und damit den Genotyp–Umwelt–Interaktionen sowohl bei der Schätzung der Parameter als auch bei der Realisierung des genetischen Gewinns eine besondere Bedeutung zukommt.

Darüber hinaus sind die meisten Kulturpflanzenarten einjährig und der Zeitraum, in welchem die Schätzung des Index durchgeführt und die Selektionsentscheidung getroffen werden muß, ist extrem kurz. Vorteile bieten hier perennierende Arten, weswegen auch Selektionsindizes in der Obst- und Forstpflanzenzüchtung eine größere Bedeutung erlangt haben (Burdon 1979). Da die Realisierung genetischer Schätzpläne zeitaufwendig ist, wird schließlich bei Anuellen ein Index geschätzt, der bei inzwischen erfolgter sexueller Reproduktion der Referenzpopulation nur noch unter bestimmten Voraussetzungen auf diese Population zutrifft. Auch steht die Forderung nach kurzen Zuchtzeiten im Widerspruch zur Durchführung aufwendiger Schätzpläne. Die genannten Nachteile werden durch den Vorteil, bei Arten in Feldkultur in kurzer Zeit eine große Anzahl von Individuen bei relativ geringem Kostenaufwand prüfen zu können, nur teilweise ausgeglichen.

In zahlreichen Fällen erwies sich die Indexselektion der Selektion nach einem einzelnen Zielmerkmal überlegen. SIMLOTE (1947) stellte bei Versuchen mit Hartweizen eine um 16% höhere erwartete Effizienz eines Index mit der Sproß- und Ährenzahl gegenüber der direkten Selektion auf den Kornertrag allein fest. In Versuchen mit Sommerweizen war die Indexauslese der Selektion auf Ertrag allein um 45% überlegen (MARTYNOV u. KRUPNOV 1977). Auch bei der Kornqualität des Sommerweizens erwies sich Indexselektion als effektiv (BEBJAKIN u. MARTYNOV 1984). Ein Index aus den Merkmalen Kornertrag/Pflanze, 250-Kornmasse, Ährenlänge und Ährenzahl/Pflanze bei Weizen ließ nach DAS (1972) einen um 7,4% höheren genetischen Fortschritt im Zielmerkmal Ertrag erwarten als die direkte Selektion nach diesem. SMOČEK und SIGMUNDOVÁ (1967) fanden bei Winterweizen bei Indizes aus 2 bis 4 Merkmalen eine erwartete relative Effizienz von mehr als 200% gegenüber der direkten Selektion auf Ertrag, jedoch waren die besten Indizes bei unterschiedlicher Stickstoffversorgung verschieden. In hocheffizienten Indizes waren hierbei auch Merkmale der oberen Blätter vertreten; s. auch SMOČEK (1970), welcher eine relative Effizienz bis zu 151% angibt. PARODA und JOSHI (1970) erwarteten bei Selektion nach einem Index aus 5 Ertragsmerkmalen des Weizens einen um 16,5% höheren genetischen Gewinn als bei Selektion nach dem Ertrag allein. Während bereits die Kombination Ertrag + Tausendkornmasse eine erwartete Effizienz von 115,8% ergab, ließ die Selektion nach einzelnen Ertragskomponenten stets negative Gewinne im Kornertrag erwarten. Eine ungewöhnliche hohe erwartete Effizienz geben SWAMY RAO und GOUD (1971) für einen Index aus drei Ertragsmerkmalen bei Reis an. SINGH (1969) ermittelte beim Trockenmasseertrag des Roggens eine erwartete relative Effizienz des Index bis zu 388% und eine realisierte Effizienz von 111%.

Nach JOHNSON (1967) erwies sich bei Hafer der Index als der direkten Selektion auf das Zielmerkmal Ertrag überlegen, jedoch nicht in jedem Falle. So war z. B. bei sehr guter Phosphorversorgung die direkte Selektion vorteilhafter.

Beim Mais betrug nach ROBINSON, COMSTOCK und HARVEY (1951) die relative Effizienz der Selektionsindizes 121–130%, beim Futterertrag von Sorghum nach SWARUP und CHAUGALE (1962) 112%.

Auch bei der Sojabohne wurde eine erwartete Überlegenheit des Index im Ertrag festgestellt, jedoch war bei der Selektion auf Ölgehalt der Index nicht besser als die direkte Selektion auf dieses Zielmerkmal (JOHNSON, ROBINSON, COMSTOCK 1955).

Bei Baumwolle fanden MANNING (1956) eine Überlegenheit des Selektionsindex von 35% und MILLER u. a. (1958) von 6 bis 16%.

Beispiele extrem hoher Wirksamkeit der Indexauslese sind aus der Züchtung mehrjähriger tropischer Plantagenkulturen bekannt, bei denen die Auslese al-

lein auf Ertrag wegen des Alternierens und der geringen Umweltstabilität des Ertrages oft wenig effektiv ist. So konnte durch Indexauslese unter Berücksichtigung der Blattanzahl und der Pflanzenhöhe bei der Arecanuß der Auslesegewinn auf etwa 300% gegenüber Selektion auf Ertrag allein erhöht werden (Ramachander u. Bavappa 1972).
Über Fälle, in denen die Indexselektion keinen Vorteil gegenüber der Selektion auf ein Zielmerkmal erbrachte bzw. erwarten ließ, berichten bei Weizen Sikka und Jain (1958) und Bhide (1963), bei Reis Abraham, Butany und Ghosh (1954), bei Jute Shukla und Singh (1967) und Singh (1970) und bei Baumwolle Panse und Khargonkar (1949).
Geringer ist die Anzahl der praktischen Beispiele zum Vergleich der Indexselektion auf einen Komplex von Zielmerkmalen mit anderen Selektionsmethoden. Moldenhauer (1973) verglich die Selektion nach einem Basisindex mit der Selektion nach unabhängigen Grenzen bei Sommerweizen und -gerste und konnte keine Überlegenheit des Index nachweisen.
An einer Intercross-Population bei Winterweizen untersuchte Herdam (1976) 6 Selektionsvarianten. Der genotypisch begründete Selektionsindex, bei dem die ökonomische Bewertung der Merkmale nach der standardisierten Differenz der Ausgangspopulation zum Zuchtziel erfolgte, zeigte sich im komplexen Zuchtfortschritt den anderen Varianten überlegen. Fast gleich gute Resultate wurden bei visueller Selektion durch den Züchter erhalten. Die Selektion nach unabhängigen Selektionsgrenzen war den besten Indexvarianten signifikant unterlegen.
Bei der Luzerne war nach Elgin, Hill und Zeiders (1970) der Selektionsindex sowohl der Tandem – als auch der modifizierten Selektion nach unabhängigen Grenzen überlegen, wobei besondere Vorteile des Basis- gegenüber dem Schätzindex festgestellt wurden. Dies mag jedoch auch in der sehr kleinen Schätzstichprobe (hierarchischer Plan mit 20 Vätern je 2 Müttern pro Selektionszyklus) begründet gewesen sein.
Mit dem Vergleich zwischen spezifischem und allgemeinem Index befaßten sich vor allem Caldwell und Weber (1965) sowie Byth, Caldwell und Weber (1969) bei der Sojabohne und Singh (1969) bei Roggen und Senf.
Nichtlineare Indizes untersuchten Ikehashi und Ito (1971) beim Reis und Subandi, Compton und Empio (1973) beim Mais. Die letztgenannten Autoren fanden den multiplikativen Index dem linearen ebenbürtig.
Nach Pavate und Murty (1963) erbrachte beim Tabak ein Index, der neben den Merkmalswerten auch deren Quadratwurzeln enthielten, die besten Ergebnisse.
Über die hier zitierten Beispiele hinaus liegen weitere Untersuchungen zur Indexselektion bei zahlreichen Kulturen wie Weizen, Mais, Perlhirse, Sojabohne, Kuherbse, Kichererbse, Mohn, Gräsern, Kartoffeln, Zuckerrüben, Möhren, Radies, Kohl, Erdbeeren, Weinrebe u. a. vor.

6

Züchtungsmethodik bei Haustieren und Kulturpflanzen

6.1. Grundlagen

6.1.1. Bedeutung der Populationsgenetik für die Tier- und Pflanzenzüchtung

Definition 6.1.:
Die Züchtung ist die vom Mensch betriebene, zielstrebige und auf bestimmte Zuchtziele ausgerichtete genetische Veränderung und Erhaltung von Tier-, Pflanzen- oder Mikrobenpopulationen.

Definition 6.2.:
Züchtungsmethodik ist die in einer Züchtung betriebene Einheit von Erzeugung oder Benutzung eines bestimmten Ausgangsmaterials, der Bewertung von Individuen spezifisch gegebener Gesamtheiten, der Selektion von Individuen und Populationen entsprechend festgelegter Zuchtziele und der Paarung von Individuen und Populationen nach bestimmten Prinzipien.
Er läßt sich dabei zwischen drei Zuchtmethoden unterscheiden. Es handelt sich um:
– die Reinzucht,
– die Hybridzüchtung
– und um einen Mischtyp der Züchtung.

Das Ergebnis der Züchtung stellen bei Tieren Rassen oder Hybriden und bei Pflanzen Sorten dar.

Definition 6.3.:
Eine Sorte ist botanisch ein cultivar. Sie ist in den meisten Staaten eine rechtlich geschützte und mit einem Namen versehene Population bei Kulturpflanzen,

die sich durch eine charakteristische Merkmalsausprägung, Homogenität sowie Beständigkeit auszeichnet und als Samen oder Pflanzenteil genutzt werden kann.
Man unterscheidet je nach Zuchtmethodik und Vermehrungs- bzw. Befruchtungsmodus zwischen:
- Klonsorte,
- Samenechter Sorte,
- Hybridsorte,
- Vielliniensorte,
- Synthetische Sorte,
- Semihybridsorte.

Definition 6.4.:
Eine Rasse bei Haustieren ist eine mit einem Namen versehene Population, die sich durch eine charakteristische Merkmalsausprägung auszeichnet. Sie wird im allgemeinen durch Paarungen innerhalb der Rasse reproduziert.
Die theoretischen Grundlagen für die Züchtung liefert die Populationsgenetik, die aus der Synthese von klassischer Genetik und mathematisch-statistischen Methoden entstanden ist. Im Gegensatz zur klassischen Genetik ist mit ihr eine Analyse der Vererbung quantitativer Merkmale möglich geworden. Gleichzeitig liefert sie die Methoden zur Vorhersage des Zuchtfortschrittes und bildet damit die Grundlage für die Auswahl einer optimalen Zuchtstrategie. Die unmittelbare Bedeutung der Populationsgenetik für die Entwicklung und Anwendung von Methoden der Züchtungsarbeit ist allerdings nicht für alle Züchtungsobjekte von gleichem Gewicht. Klammert man im gegebenen Fall die Probleme der Mikrobenzüchtung aus den Betrachtungen aus, so ist die Populationsgenetik hinsichtlich ihrer konkreten Einflußnahme auf den Züchtungsprozeß zumindest gegenwärtig für die Tierzüchtung von wesentlich größerer Wirksamkeit als für die Pflanzenzüchtung. Für diesen Sachverhalt sind verschiedene Ursachen maßgebend, die sich auf befruchtungs- und vermehrungsbiologische Besonderheiten der Pflanzen und auf ökonomische Gesichtspunkte zurückführen lassen.
In der Tierzüchtung gibt es keine generelle Trennung zwischen Züchtung und Produktion. Selbst bei den Zuchtverfahren, die eine Trennung von Zucht- und Nutztieren erfordern, ist der Anteil der Zuchttiere an der Produktion immer noch ein ökonomisch bedeutender und damit in der Zuchtplanung zu berücksichtigender Faktor. Die Ursache dafür bildet in erster Linie die geringe Vermehrungsrate der Tiere im Vergleich zu den Pflanzen. Das im allgemeinen bedeutend längere Generationsintervall der Tiere wirkt noch verstärkend in dieser Richtung.
Ein direkter Austausch einer vorhandenen Rasse gegen eine neue, analog der Einführung einer neuen Sorte in die Pflanzenproduktion, ist deshalb im allgemeinen nicht möglich. Eine Ausnahme bilden die Fische und vielleicht einige Geflügelarten. Die Tierzüchtung nutzt deshalb zur genetischen Verbesserung der Tierpopulationen die genetische Variabilität innerhalb und zwischen den Rassen gleichermaßen durch geeignete Zuchtmethoden unter populationsgenetischen Gesetzmäßigkeiten. Sie ist daher in hohem Grade angewandte Populationsgenetik.

In der Pflanzenzüchtung besteht in den meisten Fällen eine wesentlich andere Situation. Vom populationsgenetischen Standpunkt weichen viele Pflanzenarten vom Standardmodell der freien gegenseitigen Bestäubung aller Individuen im Rahmen einer gegebenen Population deutlich ab. Die meisten landwirtschaftlichen Pflanzenarten sind zwittrig (hermaphrodit) und besitzen damit zumindest potentiell die Fähigkeit zur Selbstbefruchtung (Autogamie). Dieses Phänomen ist unter den landwirtschaftlichen Nutztieren nahezu unbekannt. Dies hat zur Folge, daß in Pflanzenpopulationen genetische Erscheinungen auftreten können und damit Populationsstrukturen entstehen, die wesentlich von denen der Tierpopulationen abweichen. Homozygotie der Individuen einer Population auf der Grundlage einer mehr oder weniger stark ausgeprägten befruchtungsbiologischen Isolierung der Individuen einer Population stellen einen zwar extremen, bei einer größeren Anzahl landwirtschaftlicher Nutzpflanzen aber realisierten Fall von Populationssituationen dar.
Vegetative Vermehrung, fakultativ oder obligat, stellt eine weitere Besonderheit von Pflanzenpopulationen dar. Daneben existieren aber auch Pflanzenarten, deren Zwittrigkeit durch Selbststerilitätssysteme hinsichtlich einer potentiellen Autogamie weitgehend wirkungslos gemacht wird und deren Populationsstruktur weitgehend der Struktur von Tierpopulationen ähnelt. Die Pflanzenzüchtung hat es damit neben populationsgenetisch „regulären" Fällen mit Züchtungsobjekten zu tun, die einerseits populationsgenetisch extrem einfache Strukturen besitzen (z. B. bei streng autogamen Arten), die andererseits aber auch durch gleichzeitige, in unterschiedlichen, oft von den Umweltbedingungen abhängenden Relationen auftretende Selbst- und Fremdbefruchtung schwer überschaubare Populationsstrukturen zur Folge haben. Im ersten Fall bedarf der Pflanzenzüchter nur elementarer Hilfe von Seiten der Populationsgenetik, im zweiten Fall kann die Populationsgenetik aufgrund der vorliegenden Komplikationen lediglich eine allgemeine methodische Unterstützung leisten. Unabdingbar ist die Populationsgenetik für den Pflanzenzüchter bei den Pflanzenarten mit hochgradiger durch Selbststerilität gestützter Allogamie.
Eine weitere Besonderheit der Pflanzenpopulationen ergibt sich aus der vergleichsweise hohen Vermehrungsrate von Pflanzen und der daraus resultierenden starken Spezialisierung zwischen Züchter und Vermehrer einerseits und dem Produzenten andererseits. In der Pflanzenproduktion sind Produzent und Züchter nicht identisch. Die Züchtung erfolgt ausschließlich in spezialisierten Züchtungseinrichtungen. Aufgrund der hohen Vermehrungsrate landwirtschaftlicher Pflanzenarten wird es möglich, nicht nur die Züchtung sondern auch die Vermehrung (Reproduktion) aus der Mehrheit der Produktionsbetriebe herauszulösen und somit die Vorteile der Spezialisierung auf dem Gebiet der Züchtung und Vermehrung voll zu nutzen. Da Produktion und Reproduktion getrennt sind, wird es möglich, Sorten schnell zu wechseln. Diese Möglichkeit wird zur dringenden Notwendigkeit, da die Pflanzen gegenüber den Tieren ein wesentlich höheres Maß an elementarer Umweltabhängigkeit aufweisen. Pflanzen können im Gegensatz zum Tier in der Regel bestimmten Wirkungen der Umwelt generell nicht entzogen werden, während sich in der Tierproduktion so wesentliche Umweltfaktoren wie Fütterung und Haltung zumindest potentiell gezielt steuern lassen. Die Pflanzen müssen daher gegenüber den belastenden Einwirkungen

der Umwelt ein genügendes Maß an Toleranz oder Resistenz aufweisen. Das gilt auch für die Widerstandsfähigkeit gegenüber Krankheitserregern und nach Möglichkeit auch gegenüber Schädlingen. Da sich aber die biotische Umwelt der Pflanzen unter dem Einfluß natürlicher Bedingungen schnell ändern kann, müssen auch ständig neue Sorten mit entsprechenden Toleranz- oder Resistenzeigenschaften gezüchtet werden. In beiden Fällen bietet auch nur die Pflanzenzüchtung die Möglichkeiten, Sorten mit in dieser Beziehung neuen Qualitäten zu erzeugen, während die Tierzüchtung in diesem Merkmal im allgemeinen nur graduelle Veränderungen erreichen kann. In ähnlicher Weise wirken die durch die Landtechnik, durch die Verbraucher, durch die Verarbeitungsindustrie sowie durch die Notwendigkeit schneller Ertragssteigerungen verursachten neuen Anforderungen an die Kulturpflanzensorten.

Die Prinzipien, nach denen in der Tier- und Pflanzenzüchtung gearbeitet wird, sind prinzipiell gleich oder sehr ähnlich, da für Tiere und Pflanzen die gleichen Faktoren der Evolution wirksam sind. Während sich die Tierzüchtung im allgemeinen auf eine schrittweise und über mehrere Generationen andauernde, systematische genetische Veränderung einer vorhandenen Population beschränken muß, kann sich die Pflanzenzüchtung stärker auf mehr oder weniger drastische und schnelle genetische Veränderungen der Populationen (Sorten) orientieren, um einen schnellen Sortenwechsel zu ermöglichen. Daher dominiert in der Pflanzenzüchtung eindeutig die Kreuzungszüchtung. Dabei spielt die Populationsgenetik eine wesentliche Rolle. Insbesondere bei der Auslese in den spaltenden Generationen, aber auch bereits bei der Auswahl des Ausgangsmaterials, läßt sich der Pflanzenzüchter von populationsgenetischen Gesichtspunkten leiten.
Im Gegensatz zum Tierzüchter, der aufgrund der weniger schnellen Generationsfolge und der weniger drastischen Eingriffe in die Populationen seine Züchtungsentscheidungen anhand von populationsgenetischen Parametern der jeweils bearbeiteten Population ableiten kann, stehen dem Pflanzenzüchter im Falle der vorwiegend betriebenen Kreuzungszüchtung die erforderlichen konkreten populationsgenetischen Informationen aber noch gar nicht zur Verfügung, wenn er die Züchtungsentscheidungen treffen muß, zum Beispiel über die Art der Auslese in einer spaltenden Generation. Außerdem macht es die große Anzahl gleichzeitig züchterisch zu verbessernder Populationen unmöglich, für jeden einzelnen Fall die erforderlichen Populationsparameter zu ermitteln. Das bedeutet keinesfalls, daß die Populationsgenetik für die Pflanzenzüchtung von geringerer Bedeutung als für die Tierzüchtung sei. Zwischen Tier- und Pflanzenzüchtung bestehen nur Unterschiede im Grad der unmittelbaren Wirksamkeit der Populationsgenetik.
Während in der Tierzüchtung eine unmittelbare, direkte Anwendung (Nutzung) populationsgenetischer Parameter erfolgt, geschieht das in der Pflanzenzüchtung in weit stärkerem Maße über die Nutzung verallgemeinerter Gesetzmäßigkeiten der Populationsgenetik. Die Anwendung biotechnischer Maßnahmen in der Tierzüchtung führt zu einer Verringerung der Unterschiede im Vergleich zur Pflanzenzüchtung, ohne sie jedoch vollständig zu überwinden. So erfolgte beispielsweise durch die Einführung der künstlichen Besamung eine Erhöhung

der Vermehrungsrate, die erst die Einführung von in der Pflanzenzüchtung entwickelten Verfahren der Hybridzüchtung in die Tierzüchtung effektiv ermöglichte.

6.1.2. Strategie der Züchtung

Die Aufgabe der Züchtung besteht darin, Tier- oder Pflanzenpopulationen (Rassen oder Sorten) in ihrer genetischen Zusammensetzung neu zu entwickeln, zu verbessern oder zu erhalten. Auf diesem Wege stellt sie Tiere und Pflanzen (Saatgut) mit verbessertem Gebrauchswert, oder im Falle der Erhaltungszüchtung, mit gleichbleibend hohem Gebrauchswert für die landwirtschaftliche Produktion und für andere Bereiche der Volkswirtschaft zur Verfügung.
Für eine rationelle Pflanzen- und Tierproduktion sind sowohl das Produktionssystem als auch die genetische Qualität der Pflanzen- und Tierpopulation entscheidend. Um unter optimalen Bedingungen zu produzieren, könnte zunächst das beste Produktionssystem unter mehreren Möglichkeiten ausgewählt werden, um anschließend dafür geeignete Individuen (Pflanzen oder Tiere) zu züchten. Die beiden Vorgänge sind jedoch nicht unabhängig voneinander zu sehen, da sie in Wechselbeziehung zueinander stehen. Das optimale Produktionssystem wird stark durch die mögliche Bereitstellung von geeigneten genetischen Populationen bestimmt. So können moderne Technik in der Züchtung und in verwandten Gebieten neue Perspektiven für Produktionssysteme eröffnen oder zumindest deren potentielle Erfolgsaussichten grundlegend ändern (Abb. 6/1.).
Der Ausgangspunkt aller züchterischen Maßnahmen ist das Zuchtziel, das im Laufe der züchterischen Maßnahmen zu realisieren ist. Es umfaßt die angestrebte mittlere Leistung der Population in allen Merkmalen, die züchterisch verbessert werden können und sollen. Die Aufstellung des Zuchtzieles ist für den Erfolg der Züchtung sehr wesentlich, da hier nach gründlicher Abwägung der volkswirtschaftlichen Anforderungen und der genetischen Möglichkeiten die Realisierung in einem definierbaren Zeitraum festzulegen ist. Schon daraus geht hervor, daß die Formulierung des Zuchtzieles von den Züchtern nur in Zusammenarbeit mit Vertretern anderer Wissenschaftsdisziplinen, wie der Agrarökonomie, der Tierernährung, der Pflanzenernährung und der Technologie, um hier nur einige zu nennen, vorgenommen werden kann (s. a. 5.2.3.).

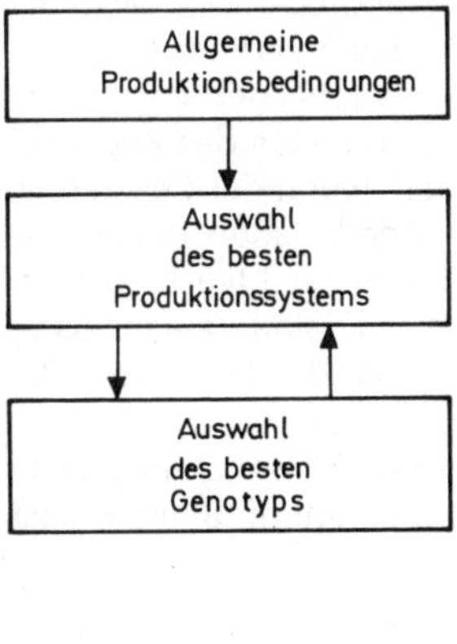

Abbildung 6.1. Stellung der Züchtung im Produktionssystem

Besonders schwierig ist die Einschätzung der prognostischen Bedingungen, die zu dem Zeitpunkt vorhanden sein werden, wenn der erwünschte Wert des Zuchtziels, den die Züchter auch kurz als Zuchtziel bezeichnen, erreicht ist. Diesem Aspekt ist deshalb auch besondere Aufmerksamkeit zu widmen, um eine Änderung der Wichtung bei den Selektionsmerkmalen möglichst zu vermeiden, weil dadurch eine optimale Ausschöpfung der genetischen Möglichkeiten verhindert wird.
Der Züchter nutzt die vorhandene genetische Varianz innerhalb und zwischen den Populationen aus, um das Zuchtziel zu erreichen. In der Pflanzenzüchtung ist es auch möglich, genetische Varianz künstlich durch Mutation zu erzeugen. In der Tierzüchtung zeichnen sich dazu nur erste Ansätze durch die Gentechnik (s. Abschn. 6.7.) ab.
Für die Auswahl einer geeigneten Zuchtmethode bzw. eines geeigneten Zuchtverfahrens sind Kenntnisse über die Genetik der Merkmale des Zuchtzieles erforderlich. Dabei ist grundsätzlich zwischen zwei Situationen zu unterscheiden.

- Die Vererbung der Merkmale im klassischen Sinne ist bekannt, d. h. der Züchter hat Informationen über die Anzahl der Genloci, die das Merkmal steuern und über die beteiligten Allele in den Genloci. Dieser Fall ist selten, er tritt in der Tierzüchtung kaum auf und ist in der Pflanzenzüchtung zwar häufiger anzutreffen, aber auch dort bei den quantitativen Leistungseigenschaften durchaus nicht die Regel. Das Auffinden von Markergenen hat besonders in jüngster Zeit auch unterstützend auf die direkte Analyse des Erbganges der Merkmale gewirkt.
- Es gibt kaum (quantitative) Merkmale, für die der Erbgang im einzelnen geklärt ist. Dann benötigt der Züchter Kenntnisse über die genetischen Parameter der Merkmale des Zuchtzieles in der Population, vor allem über die genetischen Varianzen, die Heritabilitätskoeffizienten und die genetischen Korrelationskoeffizienten. Da die Parameter selbst im allgemeinen nicht bekannt sind, ist der Züchter auf ausreichend genaue Schätzwerte angewiesen (vgl. Kapitel 4. und 5.). Von besonderer Bedeutung für die Wahl des Zuchtverfahrens ist das Verhältnis von additiven und nichtadditiven genetischen Merkmalsvarianzen in der Population.

Es ist weiterhin von Vorteil für die Wahl des Zuchtverfahrens zur Realisierung des Zuchtzieles, wenn detailliertere Kenntnisse über die Physiologie der Merkmale vorliegen. Das ist für die meisten komplexen Merkmale, wie Milchleistung, Korn- oder Zuckerertrag nicht der Fall. Ebenso liegen kaum Informationen über den genetischen Hintergrund von Merkmalsantagonismen vor, die zu ungünstigen genetischen Korrelationen zwischen den Merkmalen des Zuchtzieles führen und die Methodik der Züchtung mitbestimmen, wenn der Selektionserfolg durch eine Linienspezialisierung und günstige Kombination der Merkmale in den Individuen für die Produktion durch ein Hybridzuchtverfahren erreicht werden kann. Bestimmte Hybridzuchtverfahren sind auch dann erfolgsversprechend, wenn eine erforderliche Homogenität der Population Bestandteil des Zuchtzieles ist.
In der Pflanzenzüchtung spielten die Verfahren der Kreuzungszüchtung stets eine bedeutende Rolle. Bei Tieren nahm die Reinzucht im engeren Sinne in fast

allen entwickelten Tierzuchtländern vom Ausgang des vergangenen bis in die sechziger Jahre unseres Jahrhunderts eine absolute Vorrangstellung ein. Dadurch bildeten sich in Abhängigkeit von den Zuchtzielen in verschiedenen Regionen merkmalsdifferenzierte Rassen heraus, die gemeinsam mit einer weiterentwickelten Züchtungstheorie dazu führten, daß die Tierzucht in den letzten zwei Jahrzehnten verstärkt auf Verfahren der Kreuzungszüchtung zurückgreift, um die genetische Verbesserung von Populationen und die Erzeugung von genetisch hochwertigen Gebrauchstieren auf effizientem Wege zu erreichen. Die Züchtung ist dadurch in die Lage versetzt worden, schneller und flexibler auf die Anforderungen zu reagieren, die sich aus den wechselnden Konsumgewohnheiten der Verbraucher und den veränderten Bedingungen durch neue Produktionstechnologien ergeben. Die Anwendung von biotechnischen Verfahren, wie z. B. die künstliche Besamung einschließlich der Spermalangzeitkonservierung, wirken sich dabei nicht nur fördernd aus, sondern sind in vielen Fällen eine Voraussetzung für den Einsatz entsprechender Züchtungsmethoden bzw. -verfahren bei einigen Tierarten. So ist die künstliche Besamung beim Rind ein Faktor, der neben den heutigen technischen Verkehrsmöglichkeiten die Immigration fremder Rassen noch zusätzlich stark begünstigt, und auch die Hybridzüchtung beim Schwein ist ohne die Anwendung der künstlichen Besamung kaum denkbar.

Die Verwendung fremder Populationen in einem Zuchtprogramm setzt eine gründliche Prüfung voraus, um unter bekannten, definierbaren Umweltbedingungen die genetisch bedingten Merkmalsdifferenzen zu ermitteln, die durch züchterische Maßnahmen nutzbar sind. Dieser Vergleich ist im Prinzip generell und damit unabhängig von der Herkunft erforderlich, wenn mehrere Populationen zur Erreichung eines Zuchtzieles eingesetzt werden sollen bzw. für ein Zuchtprogramm potentiell zur Auswahl stehen.

Neben den Kenntnissen über die genannten genetischen Parameter der Merkmale, die sich im allgemeinen auf eine Population beziehen, sind dann weitere Informationen über nutzbare genetische Differenzen zwischen den Populationen erforderlich. Von Dickerson (1969, 1974) sind Modelle entwickelt worden, die sich zur Analyse der Mittelwerte von Reinzucht- und Kreuzungspopulationen eignen und daher die Grundlage für die Prüfung und Bewertung von genetisch differenzierten Populationen bilden. Die wesentlichsten Komponenten dieser Modelle sind:

G_i = additiv genetischer Effekt der i-ten Population, der auch als individuelle Leistung bezeichnet wird
M_i = maternaler Effekt der i-ten Population
P_i = paternaler Effekt der i-ten Population
H_{ij} = individueller Heterosiseffekt der Kreuzung von Individuen der Populationen i und j
$H_{m_{ij}}$ = maternaler Heterosiseffekt der Kreuzung der Populationen i und j
$H_{p_{ij}}$ = paternaler Heterosiseffekt der Kreuzung der Populationen i und j
R_{ij} = individueller Rekombinationseffekt
$R_{m_{ij}}$ = maternaler Rekombinationseffekt
$R_{p_{ij}}$ = paternaler Rekombinationseffekt

Darüber hinaus sind noch die durchschnittlichen Heterosiseffekte $\bar{H}_{i.}$ der i-ten Population mit allen anderen Populationen und die mittleren Heterosiseffekte $\bar{H}_{..}$ aller Kreuzungskombinationen sowie die entsprechenden Rekombinationseffekte $\bar{R}_{i.}$ und $\bar{R}_{..}$ von Bedeutung. Die Mittelwerte der Populationen A und B enthalten dann folgende Komponenten:

$$\mu_A = \mu + G_A + M_A + P_A\,,$$
$$\mu_B = \mu + G_B + M_B + P_B\,, \qquad (6.1)$$

wobei μ das allgemeine Mittel aller in die Prüfung einbezogenen Populationen darstellt. Hierbei wird unterstellt, daß durch die Anlage des Prüfplanes oder durch statistische Methoden systematisch wirkende Umweltkomponenten ausgeschlossen bzw. eliminiert worden sind (vgl. Kap. 5.).

Die Unterteilung des Populationsmittels kann prinzipiell für beliebige Merkmale erfolgen. Die relative Bedeutung der einzelnen Komponenten ändert sich jedoch zwischen unterschiedlichen Merkmalsgruppen sehr stark.
Die Heterosiseffekte H_{ij} umfassen die mittlere individuelle Abweichung der Kreuzungspopulation von dem Mittel der Elternpopulationen und sind für alle Merkmale mit niedriger und mittlerer Heritabilität von Bedeutung. Die maternalen Heterosiseffekte beziehen sich auf solche Leistungsänderungen, die in einem Kreuzungssystem erreicht werden, wenn als mütterliche Population Kreuzungstiere anstelle von Reinzuchttieren eingesetzt werden. In der Tierproduktion besitzen die maternalen Heterosiseffekte für alle Merkmale der Reproduktionsleistung große Bedeutung. Darüber hinaus sind sie, wie alle maternalen Effekte, besonders für Merkmale wichtig, die bei juvenilen Tieren gemessen werden. Diese Merkmale stehen oft mit der Reproduktionsleistung in enger Beziehung oder gehören zu ihr. Auch die paternalen Heterosiseffekte sind in erster Linie für Reproduktionsmerkmale von Bedeutung. Sie umschreiben die Vorteile, die durch den Einsatz von männlichen Kreuzungs- anstelle von Reinzuchttieren bei der Leistung der Nachkommen zu erreichen sind. Ihre Bedeutung wird im allgemeinen geringer eingeschätzt als die der maternalen Heterosiseffekte.
Die Rekombinationseffekte sind nach Dickerson (1974) als Abweichung von der linearen Abhängigkeit der Hybrideffekte vom Grad der Heterozygotie zu verstehen. Der Koeffizient der Rekombinationseffekte einer Kreuzungspopulation beschreibt jeweils den mittleren Anteil der unabhängig spaltenden Paare von Genloci in den Gameten von beiden Eltern, die nach dem Erwartungswert nichtelterliche Kombinationen sein werden. Zusätzliche Rekombinationseffekte durch gekoppelte Genloci werden dabei ebenso vernachlässigt wie die Tatsache, daß die Rekombinationseffekte sich vereinigender Gameten mit Heterosiseffekten vermengt sein können. Andere Modelle der Rekombinationseffekte sind von Jakubec und Hyanek (1982) und Spilke (1985) verwendet worden.
Der optimale Einsatz einer Population in einem Zuchtprogramm erfordert die Kenntnis dieser Parameter oder zumindest einiger, die für die entsprechende Züchtungsmethode von Bedeutung sind bzw. die die Wahl der Züchtungsmethode mitbestimmen. Dazu sind entsprechende Schätzpläne erforderlich, von denen einige beispielhaft vorgestellt werden sollen.

Die Differenz der Mittelwerte zweier Reinzuchtpopulationen nach (6.1) enthält die Komponenten

$$\mu_A - \mu_B = (G_A - G_B) + (M_A - M_B) + (P_A - P_B) \tag{6.2}$$

und ist, da sowohl maternale als auch paternale Effekte einer Reinzuchtpopulation von der durchschnittlichen Veranlagung der Population in der vorhergehenden Generation abhängen, ein Schätzwert für den Einsatz der Populationsgenetik in einer Züchtungsmethode, die in erster Linie die additiven Genwirkungen nutzt.
Zur Schätzung des individuellen Heterosiseffektes sind neben der Prüfung beider Reinzuchteltern reziproke Kreuzungen zwischen den Populationen erforderlich, wenn maternale oder paternale Effekte eine Rolle spielen. Das ist aus den folgenden Gleichungen ersichtlich, in denen $H_{ij} = H_{ji}$ vorausgesetzt wurde. Bei der Bezeichnung der Mittelwerte der Kreuzungspopulationen steht der Index für die Mutterpopulation jeweils an erster Stelle.

$$\left.\begin{aligned} \mu_{AB} &= \mu + \frac{1}{2} G_A + \frac{1}{2} G_B + M_A + P_B + H_{AB} \\ \mu_{BA} &= \mu + \frac{1}{2} G_A + \frac{1}{2} G_B + M_B + P_A + H_{AB} \end{aligned}\right\} \tag{6.3}$$

$$\left.\begin{aligned} \mu_{AB} - \frac{1}{2}(\mu_A + \mu_B) &= H_{AB} + \frac{1}{2}(M_A - M_B) + \frac{1}{2}(P_B - P_A) \\ \mu_{BA} - \frac{1}{2}(\mu_A + \mu_B) &= H_{AB} + \frac{1}{2}(M_B - M_A) + \frac{1}{2}(P_A - P_B) \end{aligned}\right\} \tag{6.4}$$

$$\text{bzw.} \quad H_{AB} = \frac{1}{2}(\mu_{AB} + \mu_{BA} - \mu_A - \mu_B) \tag{6.5}$$

Sofern in der Tierzüchtung die Prüfung der Fremdrasse B nur über importierte Vatertiere oder Spermaimporte erfolgt und zum Vergleich keine Reinzuchttiere der Importrasse zur Verfügung stehen, kann nach Fewson (1973) die Zwischenrassendifferenz $G_B - G_A$ und der individuelle Heterosiseffekt H_{AB} auch über folgende Kontraste geschätzt werden, sofern maternale und paternale sowie Rekombinationseffekte vernachlässigt werden können:

$$\left.\begin{aligned} G_B - G_A &= 2\,\mu_{AB.B} - \mu_A - \mu_{AB} \\ H_{AB} &= 1{,}5\,\mu_{AB} - 0{,}5\,\mu_A - \mu_{AB.B} \end{aligned}\right\} \tag{6.6}$$

Da maternale und paternale Effekte bei Leistungsmerkmalen erwachsener Tiere keine oder nur eine geringe Rolle spielen, ist dieses Modell anwendbar, falls auch die Rekombinationseffekte unbedeutend sind. Die gleiche Schätzgenauigkeit der Parameter kann jedoch im Vergleich zu der direkten Prüfung der Fremdrasse nur erreicht werden, wenn der Stichprobenumfang bedeutend erhöht wird. Durch die notwendige Erzeugung der Rückkreuzungsgeneration wird auch der Prüfungszeitraum bedeutend verlängert.
Die Schätzung der maternalen Heterosiseffekte ist relativ einfach über reziproke

3-Weg-Kreuzungen zu erreichen, zumal bei diesem Verfahren etwaige Rekombinationseffekte nicht störend wirken.

$$H_{AB} = \mu_{AB.C} - \mu_{C.AB} \tag{6.7}$$

Die Schätzgleichung gilt allerdings nur unter der Voraussetzung, daß paternale Effekte unbedeutend sind.
Wenn es keine Rekombinationseffekte gibt, lassen sich maternale und paternale Heterosiseffekte nach folgenden Schätzgleichungen ermitteln:

$$H_{m_{AB}} = \mu_{(AB)^2} + \frac{1}{4}(\mu_A - \mu_B + \mu_{AB} - \mu_{BA}) - \mu_{AB.A} \tag{6.8}$$

$$P_{m_{AB}} = \mu_{AB.A} - \frac{1}{2}(\mu_{AB} - \mu_A) \tag{6.9}$$

Der Ausdruck $\mu_{(AB)^2}$ steht hier für eine mittels inter-se-Paarung erzeugte F_2-Generation.
Am aufwendigsten ist im allgemeinen die Schätzung der Rekombinationseffekte. Sie werden auch als Rekombinationsverluste bezeichnet, da man davon ausgeht, daß durch die Rekombination bei der Gametenbildung der Kreuzungsindividuen günstige epistatische Kombinationen, die sich in der Reinzucht in homozygoter Form erhalten haben, verloren gehen. Die Kenntnis der Rekombinationseffekte ist deshalb für die Neubildung von Populationen, sogenannten synthetischen Populationen, wichtig. Eine Möglichkeit, eine Gleichung zu erhalten, besteht in der Differenzbildung zwischen den Mittelwerten der F_2-Generation und einer Rückkreuzungsgeneration:

$$\frac{1}{2} R_{AB} = \mu_{(AB)^2} - \mu_{AB.A}$$

Schätzgleichungen für diese Parameter erhält man, indem man in (6.1) bis (6.9) alle Parameter durch ihre Schätzungen ersetzt. Da jedoch die Differenz nur die Hälfte der gesamten Rekombinationseffekte beträgt, sind für eine entsprechend genaue Schätzung relativ große Stichprobenumfänge erforderlich.
Die Ausführungen unterstreichen, daß für eine vollständige Beurteilung von Populationen ein umfangreicher Prüfplan mit mehreren Kreuzungsvarianten erforderlich ist. Sie steigen mit der Anzahl der insgesamt zu prüfenden Populationen sprunghaft an. Es ist deshalb anhand der Reinzuchtleistungen und der F_1-Kreuzungen eine Vorauswahl zur Beschränkung des gesamten Prüfplanes zu treffen. Eine erwartungstreue Schätzung der Effekte wird unter praktischen Bedingungen oft erschwert, weil eine Vermehrung über mehrere Generationen ohne Selektion in den Kreuzungsstufen nicht einfach zu realisieren ist. Die Modelle liefern insgesamt aus theoretischer und praktischer Sicht eine wertvolle Unterstützung für die Züchtungsplanung.

6.1.3. Befruchtungs- und Vermehrungstypen

Für eine Strategie der Züchtung sind die jeweiligen Befruchtungs- und Vermehrungstypen wichtig. Sie haben auch einen großen Einfluß auf die Wahl der geeigneten Züchtungsmethodik.

Typ 1: Selbstbefruchtende Zwitter mit generativer Reproduktion und Amphimixis
Eine Population dieses Typs besteht in der Regel aus Individuen des gleichen homozygoten Genotyps. Bei samenechten Sorten handelt es sich vielfach um mehrere Genotypen.
Nach Kreuzung zwischen verschiedenen Populationen dieses Typs oder nach Mutationen kommt es zu den charakteristischen faktoriellen Aufspaltungen. Selbstbefruchtungen sind die Regel, Fremdbefruchtungen sind möglich. Die Samenbildung erfolgt fast ausschließlich amphimiktisch.

Vertreter:	Erbse	Sommergerste	Levkoje
	Bohne	Tabak	Lein
	Tomate	Erdnuß	Kopfsalat
	Hafer	Soja	
	Weizen	Reis	

Typ 2: Fakultativ fremdbefruchtende Zwitter mit generativer Reproduktion und Amphimixis
Dieser Populationstyp setzt sich aus homozygoten und heterozygoten Genotypen zusammen. Bei samenechten Sorten handelt es sich um mehrere Genotypen.
Nach Kreuzungen zwischen verschiedenen Populationen dieses Typs oder nach Mutationen kommt es zu faktoriellen Aufspaltungen, allerdings mit einer Generationsmischung. Selbstungen und Fremdbefruchtungen sind die Regel. Die Samenbildung erfolgt fast ausschließlich amphimiktisch.

Vertreter:	Blumenkohl	Sellerie	Baumwolle*
	Ackerbohne	Triticale	Raps
	Möhre		

* nicht alle Populationen der Art

Typ 3: Fremdbefruchtende Zwitter mit vegetativer Reproduktion
Eine Population ist heterozygot und besteht aus einem Genotyp. Das gleiche gilt in der Regel für Sorten. Kreuzungen zwischen den Populationen und Mutationen gehen vielfach von heterozygoten Allelkonfigurationen aus und führen schon in der 1. Generation zu Aufspaltungen. Selbst- und Fremdbefruchtungen sind meistens möglich. Sie können durch Incompatibilität oder Sterilität erschwert sein. Die Samenbildung erfolgt dann amphimiktisch.

Vertreter:	Kartoffel	Pflaume	Brombeere
	Chrysantheme	Zuckerrohr	Pfirsich
	Dahlie	Süßkartoffel	Aprikose
	Apfel	Pfefferminze	Tulpe
	Birne	Himbeere	Hyazinthe
	Kirsche	Stachelbeere	

Typ 4: Fremdbefruchtende Zwitter mit generativer Reproduktion und Amphimixis
Die Populationen sind teilweise homozygot und teilweise heterozygot und setzen sich aus mehreren Genotypen zusammen. Entsprechendes gilt für samenechte Sorten.
Kreuzungen und Mutationen führen zu Aufspaltungen, wobei meistens in der 1. Generation die Aufspaltung erfolgt. Fremdbefruchtungen sind die Regel, Selbstbefruchtungen sind möglich. Die Samenbildung erfolgt fast immer amphimiktisch.

Vertreter:	Roggen	Luzerne	Fingerhut
	Rüben	Phacelia	Kamille
	Weißkohl	Perlhirse	Majoran
	Rotkohl	Zwiebel	Salbei
	Rosenkohl	Aster	Rettich
	Gräser	Löwenmaul	Radies
	Rotklee	Sonnenblume	

Typ 5: Fremdbefruchtende Zwitter mit Apomixis
Die Populationen dieses Typs setzen sich meistens aus mehreren heterozygoten Genotypen zusammen. Das gleiche gilt auch für samenechte Sorten. Kreuzungen und Mutationen führen meistens nicht zu den charakteristischen faktoriellen Aufspaltungen. Fremdbefruchtungen und Selbstbefruchtungen sind nur unter Einschränkungen möglich. Die Samenbildung erfolgt fast ausschließlich apomiktisch.

Vertreter: Wiesenrispe

Typ 6: Fremdbefruchtende Einhäusige mit generativer Reproduktion und Amphimixis
Die Populationen setzen sich in der Regel aus mehreren heterozygoten Genotypen zusammen. Für Sorten gilt das gleiche. Nach Kreuzungen zwischen verschiedenen Populationen oder nach Mutationen kommt es meistens schon in der nächsten Generation zu den typischen Aufspaltungen. Selbstbefruchtungen sind möglich, Fremdbefruchtungen die Regel. Die Samenbildung erfolgt fast ausschließlich amphimiktisch.

Vertreter: Begonien Mais (nicht alle Populationen)

Typ 7: Fremdbefruchtende Einhäusige mit vegetativer Reproduktion
Die Populationen sind heterozygot und setzen sich aus einem Genotyp zusammen. Das gleiche gilt meistens auch für Sorten. Kreuzungen und Mutationen führen in der Regel zu Aufspaltungen in der nächsten Generation. Selbstungen

und Fremdbefruchtungen sind möglich. Entstandene Samen resultieren dann aus amphimiktischen Vorgängen.

Vertreter: Maniok Walnuß Haselnuß

Typ 8: Zweihäusige mit generativer Reproduktion und Amphimixis
Die Linien setzen sich aus heterozygoten Genotypen zusammen. Selbstungen sind nur nach modifikativer Geschlechtsumwandlung möglich. Die generative Reproduktion basiert auf einer Amphimixis.

Vertreter:	Hausschwein	Ente	Spinat*
	Hausrind	Pute	Hanf*
	Pferd	Gurke*	Kürbis*
	Schaf	Spargel	Baldrian
	Ziege	Hopfen	Melonenbaum
	Haushuhn	Erdbeeren*	Thymian*
	Kaninchen	Wein	
	Gans	Rizinus	

* = nicht alle Populationen der Art

6.1.4. Populationstypen

In der Züchtung ist mit verschiedenen Populationstypen zu arbeiten. Kriterien für eine Klassifizierung sind vor allem der Heterozygotiegrad, der Heterogenitätsgrad und der Grad der Merkmalsausprägung. Einen großen Einfluß auf die Populationstypen haben vor allem die bei den jeweiligen Objekten vorherrschenden Befruchtungs- und Vermehrungsverhältnisse. Außerdem wirken sich die in der Züchtung eingesetzten Paarungssysteme und Selektionsprinzipien aus. Beim Befruchtungs- und Vermehrungstyp 1 setzen sich die Ausgangspopulationen für die Züchtung in der Regel aus homozygoten, weitgehend genetisch identischen Individuen zusammen. Wegen der immer auftretenden Mutationen und den gelegentlich vorkommenden allogamen Befruchtungen, ist jedoch mit einigen heterozygoten Genotypen zu rechnen. Außerdem gibt es in den Populationen einige genetisch abweichende Idiotypen. Wird mit solchen Objekten eine Erhaltungszucht betrieben, dann lassen sich die heterozygoten bzw. heterogenen Individuen eliminieren. Es resultieren daraus temporär homozygote und homogene Populationen. Betreibt man mit ihnen eine Hybridzüchtung und erzeugt Einfachbastarde (vgl. 6.3.) entstehen heterozygote und homogene Populationen.
Werden in Populationen des Befruchtungs- und Vermehrungstyps 1 die abweichenden Idiotypen eliminiert und wird mit den „bereinigten" Populationen eine Kreuzungszüchtung betrieben (vgl. 6.2.3.), dann lassen sich je nach Selektionsmaßnahmen verschiedene Populationstypen entwickeln. Überführt man beispielsweise die F_1-Pflanzen in eine Gametophytenkultur oder setzt sie der Bulbosumtechnik aus, dann lassen sich mit den entsprechenden Folgemaßnahmen wieder homozygote und homogene Populationen schaffen. Dieser Zustand ist

allerdings nur temporär. Ohne Erhaltungszüchtung ist in den folgenden Generationen mit einigen heterozygoten bzw. heterogenen Individuen zu rechnen. Abgesehen davon wird sich mit solchen Populationen in den nichtheterotischen Merkmalen, bezogen auf die genetische Basis, nach Selektionen eine hohe Ausprägung erzielen lassen. Bei den heterotischen Merkmalen wird das höchste Maß an Ausprägung in der Regel nicht erreicht. Erfolgt nach der Kreuzung in der F_2-Generation eine einmalige Selektion mit anschließender Nachkommenschaftsprüfung, dann läßt sich mitunter eine befriedigende phänotypische Ausgeglichenheit erreichen. Von Sonderfällen abgesehen sind die daraus entwickelten Populationen jedoch weder völlig homogen noch homozygot. Geht man von der genetischen Struktur der in die Züchtung einbezogenen Populationen aus, so ist in der Merkmalsausprägung sowohl bei den nichtheterotischen als auch bei den heterotischen Merkmalen ein hohes aber keineswegs das höchste Ausmaß zu erwarten. Wird nach einer Kreuzung erst ab der F_8-F_{10}-Generation selektiert, dann ist mit großer Wahrscheinlichkeit fast jedes Individuum homozygot. Daraus reproduzierte Populationen sind temporär homogen und homozygot. Bei den nichtheterotischen Merkmalen lassen sich dabei die vorhandenen genetischen Potenzen in der Ausprägung weitgehend ausschöpfen, bei den heterotischen Merkmalen nicht.

Vielfach wird nach der Kreuzung nicht nur in der F_2-Generation ausgelesen, sondern anschließend noch einige Male aus den besten Nachkommenschaften wieder die besten Einzelpflanzen. Auf diese Weise läßt sich eine befriedigende Ausgeglichenheit im Phänotyp und eine hohe Ausprägung in züchterisch wichtigen Merkmalen erreichen. Das gilt besonders für nichtheterotische, trifft aber auch weitgehend für heterotische Merkmale zu. Damit sind aber keineswegs völlig homozygote, homogene Populationen entstanden. Es ist zu bedenken, daß auch die Arten des Befruchtungs- und Vermehrungstyps 1 bei ihrer laufenden Selbstung „Inzuchtdepressionen" zeigen. Dies läßt sich bei bestimmten Vertretern dieses Typs wie Erbse, Bohne und Tomate nachweisen (Arndt und Dube 1980; Srivastava 1980; Yordanow 1983 u. a.). Heterozygote Individuen zeigen bei diesen Objekten vielfach dementsprechend heterotische Merkmalsausprägungen. Es ist deshalb damit zu rechnen, daß bei der mehrmaligen Selektion in den Fitness-Merkmalen immer wieder unbewußt auf Heterozygotie ausgelesen wird. In den Nachkommenschaften spalten die heterozygoten Pflanzen dann auf. Die Heterozygotie nimmt ab und die Heterogenität nimmt wieder etwas zu. In den heterotischen Merkmalen kommt es dementsprechend zu etwas geringeren Ausprägungen.

Abgesehen davon werden vor allem bei Objekten des Befruchtungs- und Vermehrungstyps 1, die Samen von genetisch etwas verschiedenen, aber züchterisch gleichermaßen wertvollen Populationen vereinigt. Dies geschieht beispielsweise bei Objekten mit einer niedrigen generativen Vermehrungsrate wie Erbse oder Gerste. Dadurch sind im Züchtungsprozeß früher bzw. umfangreicher Prüfungen möglich. Das ist für verschiedene Entscheidungen vorteilhaft (vgl. Kap. 5.). Außerdem führt es zu Zuchtzeitverkürzungen. Solche Populationsmischungen können außerdem zu positiven Mischungseffekten führen. Besonders haben sie sich bei einer unterschiedlichen Konstitution in der Resistenz gegen biotische Schaderreger bewährt (vgl. 6.4.1.).

Bei den Objekten der Befruchtungs- und Vermehrungstypen 3 und 7 kann sich eine vorliegende Heterozygotie im Ausgangsmaterial wegen der vegetativen Vermehrung erhalten. Geht man dabei von einzelnen Individuen aus, sind die Populationen homogen, zumindest wenn man im Rahmen einer „Bereinigung" auftretende Mutanten eliminiert. Im Laufe der Neuzüchtung werden dann spontan auftretende oder induzierte Mutationen zur Entwicklung neuer Populationen genutzt. Sie ergeben neue Populationen mit einem temporär homogenen und weitgehend heterozygoten Status. Dieser wird auch angestrebt und erreicht, wenn zum Zweck der Variabilitätserweiterung in der Neuzüchtung, die Populationen einer einmaligen generativen Reproduktion oder einer einmaligen bzw. mehrmaligen Kreuzung unterworfen werden (vgl. 6.2.3.). Auf jeden Fall läßt sich mit solchen Populationstypen nicht nur ein Höchstmaß an Homogenität erzielen, sondern auch die genetische Potenz bei nichtheterotischen und heterotischen Merkmalen weitgehend ausschöpfen.

Ein mittlerer aber stark schwankender Grad an Heterozygotie und Heterogenität liegt in den Populationen des Befruchtungs- und Vermehrungstyps 3 vor. Sind sie als Ausgangsmaterial für eine Züchtung bereitzustellen, ist es zweckmäßig, sie als Fremdbefruchter behandelt zu haben. Das bedeutet eine Isolation der einzelnen Populationen und eine intensive „Bereinigung". Dann sind die Ausgangspopulationen weitgehend homogen und haben einen mittleren Heterozygotiegrad. Im Laufe einer Neuzüchtung sind ebenfalls Fremdbestäubungen von vornherein ins Kalkül zu ziehen. Das bedeutet, daß sich von Beginn einer Selektion bis zur Fertigstellung einer Sorte möglichst nur verwandte Idiotypen bestäuben und befruchten können. Bei derartigen Sorten kommt man zu einem unvollkommenen Homozygotie- und Homogenitätsgrad. Er kann aber die Grundlage für eine hohe Ausprägung in nichtheterotischen und heterotischen Merkmalen abgeben. Wird demgegenüber von Selbstungen ausgegangen, dann sind die Einzelpflanzen mit einer hohen Ausprägung in den heterotischen Merkmalen (vgl. 1.12.) meistens das Ergebnis einer Fremdbefruchtung. Entsprechendes gilt für Einzelpflanzennachkommenschaften. Im Verlaufe des Zuchtprozesses werden dann die einzelnen Selektionseinheiten zahlenmäßig größer. Damit geht einher, daß die Möglichkeiten für allogame Befruchtungen stark abnehmen und für geitenogame Befruchtungen zunehmen. Damit verbunden ist eine Zunahme im Homogenitäts- und Homozygotiegrad und eine Abnahme in der Merkmalsausprägung heterotischer Merkmale.

Populationen des Befruchtungs- und Vermehrungstyps 8 sind in der Regel weitgehend heterogen und heterozygot. Im Laufe einer Züchtung werden beide Populationscharakteristika strukturell und graduell verändert. Wird mit Selbstungen, also mit der strengsten Form der Inzucht gearbeitet, kommt es zu einer laufenden Abnahme im Heterogenitäts- und Heterozygotiegrad. Damit verbunden ist bei einer Selektion in den nichtheterotischen Merkmalen in der Regel eine Zunahme in der gewünschten Ausprägung. Bei heterotischen Merkmalen wird fast immer eine Abnahme in der Ausprägung festzustellen sein. Wird keine Inzucht vorgenommen und mit nicht verwandten Partnern gepaart, kann je nach genetischer Divergenz die Heterogenität und Homogenität etwas abnehmen oder zunehmen. Damit verbunden ist bei einer Selektion bei nichtheterotischen Merkmalen je nach der erblichen Grundlage, auch ein verschiedenes Ergebnis

in der Ausprägung. Merkmalsverbesserungen sind aber meistens schwieriger zu erreichen als bei strengster Inzucht. Bei heterotischen Merkmalen wird es in der Regel zu einer gesteigerten Merkmalsausprägung kommen.
Vollgeschwisterpaarungen führen beim Befruchtungs- und Vermehrungstyp 8 auch zu einer Zunahme der Homogenität und Homozygotie. Bei nichtheterotischen Merkmalen lassen sich in der Ausprägung ähnliche Ergebnisse erzielen wie bei der Selbstung, aber die negativen Auswirkungen auf die heterotischen Merkmale sind nicht so krass. Bei Halbgeschwisterpaarungen wird auch eine Zunahme in der Homogenität und Homozygotie erreicht. Sie erfolgt aber etwas langsamer als bei Vollgeschwisterpaarungen oder Selbstungen. In der Merkmalsausprägung wird in der Regel ein Kompromiß erzielt. Nichtheterotische Merkmale lassen sich verbessern, ohne daß es zu krassen Verschlechterungen in den heterotischen Merkmalen kommt. Will man züchterisch die genetischen Potenzen in der Merkmalsausprägung weitgehend nutzbar machen, dann bietet es sich an, zunächst mit Hilfe von Geschwisterkreuzungen zu arbeiten. Dabei steht die Ausprägung der nichtheterotischen Merkmale im Vordergrund, ohne zu gravierenden Einbußen bei den heterotischen Merkmalen zu kommen. Anschließend wird auf diesem hohen nichtheterotischen Merkmalsniveau eine Paarung mit weiter genetischer Distanz vorgenommen. Eine hohe Ausprägung bei den nichtheterotischen Merkmalen ist dann wahrscheinlich. Die nichtheterotischen Merkmale dürften ihr Niveau dabei behalten.

6.2. Entwicklung von Reinzuchtpopulationen

6.2.1. Allgemeine Charakterisierung

Für den Begriff Reinzüchtung (vgl. Definition 6.2.) werden in der Tier- und Pflanzenzüchtung unterschiedliche Synonyme verwendet. In der Tierzüchtung wird die Reinzucht auch als Rassenzüchtung bezeichnet, weil man darunter die Verpaarung von Tieren versteht, die der gleichen Rasse angehören. In der Pflanzenzüchtung hat diese Zuchtmethode je nach Einteilungsprinzip auch andere Bezeichnungen, z. B. Auslesezüchtung. Man versteht darunter in jedem Falle eine Züchtung samenechter Sorten. Sie wird bei fast allen Befruchtungs- und Vermehrungstypen betrieben, insbesondere bei 1, 2, 4, 6 und 8.
Rassen oder Sorten sind im modernen Sinne Populationen gleichzusetzen, so daß die Reinzucht auch als eine Züchtung in geschlossenen Populationen angesehen werden kann. Allerdings wird in der Tierzüchtung die Verpaarung von genetisch differenzierten Subpopulationen einer Rasse bereits als Kreuzung bezeichnet.
Die Zuchtverfahren zur Entwicklung von Reinzuchtpopulationen, zu denen hier auch die Reinzucht selbst gezählt werden soll, zeichnen sich durch bestimmte Eigenschaften aus, durch die sie sich besonders von den Verfahren der Hybridzüchtung zur Nutzung der Heterosis unterscheiden.
Allen diesen Verfahren ist gemeinsam, daß sie in erster Linie zur Nutzung der additiven genetischen Effekte geeignet sind und entsprechend angewendet wer-

den. Trotzdem treten bei der Kreuzung genetisch differenzierter Populationen Heterosiseffekte auf, die für die Tierzüchtung zumindest in der F_1-Generation auch wirtschaftliche Bedeutung besitzen können.

Fewson (1973) und Skjervold (1982) weisen darauf hin, daß diese Heterosiseffekte bei entsprechender Höhe für die Entwicklung von Reinzuchtpopulationen ebenfalls bedeutsam sein können, da sie, sofern sie auf Dominanz beruhen, zu bestimmten Teilen in der im genetischen Gleichgewicht befindlichen Reinzuchtpopulation erhalten bleiben. Durch den Verlust günstiger epistatischer Kombinationen können aber Rekombinationseffekte auftreten, die einen zusätzlichen Rückgang der mittleren nicht additiven genetischen Effekte in den entwickelten Reinzuchtpopulationen bewirken. Insgesamt bleiben die Heterosiseffekte bei diesen Methoden jedoch zweitrangig, so daß sie auch als Zuchtmethoden zur vorwiegenden Nutzung der additiven genetischen Wirkungen bezeichnet werden.
Eine weitere Gemeinsamkeit dieser Verfahren besteht darin, daß stets eine Population im Mittelpunkt des züchterischen Interesses steht. Das ist entweder eine existierende Reinzuchtpopulation, die durch entsprechende züchterische Maßnahmen verbessert oder verändert werden soll, oder eine im Laufe der Züchtung neu zu bildende Population. Alle anderen Populationen, die an diesem Prozeß beteiligt sind, stammen aus dem internationalen Genreservoir, haben nur eine zeitweilige, begrenzte züchterische Bedeutung und werden zu diesem Zweck selbst keiner gezielten züchterischen Bearbeitung unterzogen.
Eine Trennung zwischen Züchtung und Produktion, wie sie in der Pflanzenzüchtung generell vorliegt, entfällt in der Tierzüchtung. Neben der Senkung der Züchtungskosten wird dadurch eine breitere Anwendung unter weniger günstigen Bedingungen möglich.

6.2.2. Verfahren der Reinzucht

Die Verfahren der Reinzucht kommen bei Kulturpflanzen insbesondere im Rahmen der Erhaltungszüchtung zur Anwendung. Für eine Züchtung neuer Sorten werden sie nur noch selten eingesetzt. In der Tierzüchtung nehmen demgegenüber Verfahren der Reinzucht eine zentrale Stellung ein. Das bedeutet nicht, daß die Reinzucht die am häufigsten angewandte Zuchtmethode ist, obwohl auch das in der Vergangenheit in den führenden Tierzuchtländern zeitweise, z. B. in den ersten sechs Jahrzehnten dieses Jahrhunderts, für alle Großtierarten durchaus zutraf. Hinsichtlich der Breite der Anwendung ist für die Reinzucht eher eine rückläufige Tendenz festzustellen. Die zunehmende Bedeutung der Reinzucht liegt vielmehr darin, daß sie durch die Bereitstellung von Reinzuchtpopulationen Voraussetzung für die auf Kreuzung beruhenden Zuchtverfahren bildet.
Unter den Zuchtverfahren zur Entwicklung von Reinzuchtpopulationen, die in erster Linie additive genetische Effekte nutzen, kommt die Vorrangstellung der Reinzucht dadurch zum Ausdruck, daß die auf Kreuzung beruhenden Zuchtverfahren in der Geschichte einer Population immer nur zeitweiligen Charakter besitzen. Nach einer Kreuzungsphase erfolgt die genetische Verbesserung der Po-

pulation wieder durch Selektion und Paarung innerhalb einer Population, also durch Reinzucht.
In der praktischen Nutztierzüchtung sind ständig geschlossene Populationen kaum anzutreffen. In mehr oder weniger großen Abständen findet in den meisten Populationen eine Immigration von genetischem Material aus anderen Populationen statt. Zu den wenigen Ausnahmen unter den Haustierpopulationen gehören das englische Vollblutpferd, das seit Ausgang des 18. Jahrhunderts in geschlossener Population gezüchtet wird sowie das Dänische Landschwein, dessen genetische Verbesserung seit Beginn dieses Jahrhunderts ausschließlich in Reinzucht erfolgt ist. Auch die durch ihren hohen Milchfettgehalt bekannten Jerseys werden bereits seit Mitte des 18. Jahrhunderts ausschließlich in geschlossener Population gezüchtet.
Die Bedeutung der Reinzucht für die Erzeugung der Hybriden geht insofern über die bloße Bereitstellung der notwendigen Reinzuchtpopulationen hinaus, da der erreichte Zuchtfortschritt in diesen Populationen nicht unerheblich am Gesamterfolg der Zuchtmethode beteiligt ist.
Die Reinzucht kann somit auf zwei verschiedenen Ebenen eingesetzt werden:
- zur direkten züchterischen Erhaltung oder Verbesserung der Leistungsveranlagung einer Population, mit deren Individuen auch in Reinzucht produziert wird,
- zur züchterischen Vorbereitung von Teilpopulationen, die im Rahmen eines Verfahrens der Hybridzüchtung oder der Mischtypenzüchtung eingesetzt werden.

Im zweiten Fall handelt es sich oft um kleine Populationen, in denen der Erfolg der Selektion durch die geringe effektive Populationsgröße begrenzt wird. Die Wahrscheinlichkeit einer zufälligen Fixierung von Allelen und der damit einhergehenden Reduzierung der genetischen Varianz ist nicht unerheblich, oft auch beabsichtigt.
Die mittlere Leistungsfähigkeit dieser Populationen wird auch durch die höhere Inzuchtrate im Durchschnitt der Population und der damit verbundenen Depressionen herabgesetzt. In Abhängigkeit von der Art wird auch eine mehr oder weniger starke Inzucht zur Steigerung des Homozygotiegrades angewendet. Er führt bei der Verpaarung mit anderen Populationen ähnlicher Struktur zu einem Anstieg der Heterozygotie in den Nachkommen und bildet somit eine wichtige Voraussetzung für die Nutzung der Heterosis durch die Erzeugung von Hybriden. Ein höherer Homozygotiegrad wirkt sich auch günstig auf die Wiederholbarkeit der Ergebnisse von Testpaarungen aus, die zur Auswahl der besten Linienkombination für die Erzeugung von Hybriden durchgeführt werden müssen.

6.2.2.1. Reinzucht im engeren Sinne

Unter Reinzucht im engeren Sinne soll hier eine Zuchtmethode verstanden werden, mit der der Zuchtfortschritt durch Selektion und Paarung innerhalb einer Population erreicht wird, wobei weiterhin von der Voraussetzung ausgegangen wird, daß von der Zufallspaarung der selektierten Zuchtindividuen nicht wesentlich abgewichen wird. Die in den vorangegangenen Kapiteln dargelegte populationsgenetische Theorie zur Vorhersage des zu erwartenden Selektionserfolges setzt im allgemeinen eine Selektion in einer solchen geschlossenen Population voraus.

Ein sehr treffendes Beispiel für die Anwendung der Reinzucht sind die Besamungszuchtprogramme von Milch- und Zweinutzungsrassen des Rindes in allen führenden Tierzuchtländern. Die theoretischen Grundlagen lieferten dafür die Arbeiten von Robertson und Rendel (1950) und Robertson (1954). Sie wurden von Skjervold und Langholz (1964) weiterentwickelt und für die praktische Anwendung vervollkommnet, so daß sie als Basis für die Ausarbeitung von Selektionsprogrammen dienen konnten. Als wesentliche Voraussetzung für die praktische Umsetzung der Zuchtprogramme ist die Einführung der künstlichen Besamung zu nennen, die in doppelter Hinsicht die Effektivität dieser Programme beeinflußt. Einerseits erlaubt sie beim Rind eine Zuchtwertschätzung der Vatertiere anhand einer großen Nachkommenzahl innerhalb eines begrenzten Zeitraumes. Erst dadurch wird dann eine Zuchtwahl der Vatertiere bei den geschlechtsbegrenzten Milchleistungsmerkmalen mit hoher Genauigkeit ermöglicht. Andererseits führt die künstliche Besamung zu einer entscheidenden Erhöhung der Vermehrungsrate im männlichen Geschlecht, durch die eine hohe Selektionsintensität unter den geprüften Vatertieren angewendet werden kann.

Die meisten Reinzuchtpopulationen weisen eine hierarchische Struktur auf, die es ermöglicht, in Teilen der Population stärker zu selektieren und eine höhere Genauigkeit der Zuchtwahl anzuwenden. Im allgemeinen resultiert daraus auch ein unterschiedliches Generationsintervall.

Da sowohl die männlichen als auch die weiblichen Tiere ihre Allele an ihre Söhne und Töchter weitergeben, ergeben sich in hierarchisch strukturierten Populationen vier Übertragungsmöglichkeiten, die als Erbpfade bezeichnet werden:

Vater–Sohn (VS)
Vater–Tochter (VT)
Mutter–Sohn (MS)
Mutter–Tochter (MT)

Eine von Robertson und Rendel (1950) entwickelte Formel für den Zuchtfortschritt je Jahr in einer geschlossenen Population, mit der die unterschiedlichen Selektionsmaßnahmen in den Geschlechtern bei der Auswahl der Zuchttiere berücksichtigt werden, bezieht sich auf diese vier Erbpfade.

Für wirksame komplexe Zuchtprogramme zur Erhöhung des Zuchtfortschritts ist die weitere technische Vervollkommnung der künstlichen Besamung durch die Steigerung der Spermadosen je Bulle in der Zeiteinheit und vor allem durch die Einführung der Spermalangzeitkonservierung wichtig.

In jüngster Zeit wird die Effektivität der Programme durch den Einsatz des Embryotransfers im Erbpfad Mutter–Sohn weiter gesteigert.

Die Zuchtprogramme zeichnen sich im einzelnen durch folgende Züchtungs- und Selektionsmaßnahmen aus:

– Die besten Milchkühe werden als Bullenmütter nach festgelegten Selektionskriterien aus der gesamten Population ausgewählt. In einigen Ländern erfolgt

die Selektion mit stärkerer Orientierung auf spezialisierte Eliteherden, weil man dort eine geringere Umweltbeeinflussung erwartet und somit bei gleichen Informationsquellen eine höhere Genauigkeit erreicht werden kann. Die Selektionsintensität beträgt weniger als 1%, wenn die gesamte Population als Selektionsbasis gewählt wird und erhöht sich auf 5%, wenn vorzugsweise Eliteherden die Selektionsbasis bilden.
– Die Paarung der selektierten Bullenmütter erfolgt mit den besten Bullen jedes Jahrganges, den sogenannten Bullenvätern.
– Die aus diesen geplanten Paarungen anfallenden Bullenkälber werden einer Eigenleistungsprüfung in zentralen Bullenaufzuchtstationen unterzogen, in denen die Wachstumsintensität, der Futteraufwand und die Besamungstauglichkeit geprüft werden.
– Nach Abschluß der Eigenleistungsprüfung werden 30–40% der besten Bullen

Tabelle 6.1. Parameter von Zuchtprogrammen europäischer Rinderpopulationen

Population	Rinder population der ČSFR	Schwarzbuntes Milchrind der DDR	Schwarzbunte Leningrader Gebiet Sowjetunion	Holstein-Friesian u. Kreuzungen Ungarn
Autor				ZSILINSKY (1986)
Gesamtzahl der Rinder	3469000	5800000		1766000
· Anzahl der Kühe	1255000	2100000	300000	369000
· Anzahl der Herdbuchkühe	500000	356000	20000	350000
Anteil KB in %	100	99	100	98
aktive Population	100	99	30	25
Anzahl der Bullenmütter	3500	4600	360	900
Anzahl der eigenleistungsgeprüften Jungbullen je Jahr	1300	1600	120	250
Methode der Nachkommenschaftsprüfung	BLEV	BLEV*	BLEV*	BLEV
Mindestanzahl an Töchtern	80**	60**	100**	30
Anzahl der zuchtwertgeprüften Bullen je Jahr	430	600	50–60	120
· davon selektiert für KB	50–70	90–100	20–30	30
· Anzahl der jährlich selektierten Bullenväter	10–12	9–12	4–6	–
Zuchtfortschritt je Jahr für die Milchmenge in kg	45	50	40–50	35

* befindet sich in der Einführung
** mittlere Töchteranzahl

auf der Basis der genannten Merkmale unter Berücksichtigung der Körperform und der Gesundheit für den Prüfeinsatz zur Zuchtwertschätzung auf die Milchleistungsmerkmale selektiert. Die Testpaarungen mit diesen Bullen werden nach einem einheitlichen System zur Erzeugung einer vorgesehenen Töchterzahl mit abgeschlossener erster Laktation vorgenommen und beanspruchen 10–40% des Kuhbestandes.

- Während der Testperiode erfolgt eine Einlagerung von kryokonservierten Spermaportionen für alle Prüfbullen in zentralen Samenbanken. In einigen Zuchtprogrammen werden die Prüfbullen oder ein Teil von ihnen nach der Erzeugung einer bestimmten Anzahl von Spermaportionen geschlachtet. In diesem Zusammenhang ist auch eine Eigenleistungsprüfung auf Schlachtkörpermerkmale bei diesen Tieren möglich.
- Die Zuchtwertschätzung aller Bullen erfolgt in einem Nachkommenschafts-

Schwedische Rotbunte	Schwedische Schwarzbunte	Schwarzbunte BRD	Gelbvieh BRD	Braunvieh BRD	Norwegisches Rotvieh
Gundel (1986)	Gundel (1986)	Grothe (1986)	Averdunk (1986)	Averdunk (1986)	Soltho (1986)
1050000	656000	15600000	285000	940000	1000000
360000	226000	5500000	90000	435000	375000
250000	159000	717000	25700	180612	300000
86	86	91	61,4	65,4	98
67	66	53	28,9	48,5	80
7000	4000	21500	600	4700	15000
360	170	5000	45	45	400
BLEV	BLEV	BLEV	BLEV	BLEV	BLEV
130–140**	130–140**	120–140**	5	10	130
160	45	500	35	160	120
—	—	100	4	10	5
5–6	3–4	—	4	14	5
0,8–0,9 (% d. Mittels)	0,8–0,9 (% d. Mittels)	60	40	55	45

prüfsystem für die wichtigsten Selektionsmerkmale (Milchmenge, Gehalt an Milchinhaltstoffen, Melkbarkeit, Wachstumsleistung, Schlachtkörperwert, Körperform, Gesundheitszustand).

– Die besten Bullen werden nach ihrem geschätzten Gesamtzuchtwert für den allgemeinen Besamungseinsatz selektiert. Die Selektionsintensität beträgt im allgemeinen 10–20%. Die Bullen mit den höchsten Zuchtwerten werden als Bullenväter ausgewählt, um durch die Anpaarung an die Bullenmütter die nächste Zuchtbullengeneration zu erzeugen.

In einigen Fällen wird die Selektion der Bullenmütter nach ihrer absoluten Leistung unter Berücksichtigung der Abweichung zu den Stallgefährtinnen vorgenommen, die in einem Selektionsindex verknüpft werden. In anderen Ländern sind spezielle Indizes für die Auswahl der Bullenmütter in Anwendung. Gegenwärtig werden neue Verfahren der Bullenmütterselektion untersucht.
Das ist auch im Zusammenhang mit der Verbesserung der mathematisch-statistischen Methoden zu sehen, die bei der Schätzung bzw. Vorhersage des Zuchtwertes Anwendung finden (Kap. 5.). Eine ganze Reihe solcher Verfahren ist in den letzten Jahren entwickelt worden. Sie basieren meist auf der BLEV-Methode (siehe Kap. 5.). In der ČSSR gelangte ein modifizierter Stallgefährtinnenvergleich zur Anwendung, und die Möglichkeit der Einführung der BLEV-Methode wurde von Příbyl und Váchal (1983) diskutiert. Infolge der zunehmenden Bedeutung einer effektiven Rindfleischproduktion wird in einigen Ländern auch eine Nachkommenprüfung für Mast- und Schlachtleistungsmerkmale vorgenommen.
Die Wirksamkeit der Zuchtprogramme wird wesentlich von den erreichten Selektionsintensitäten bestimmt. Die von Robertson (1954) geforderte Remontierungsrate von maximal 25% bei der Nachkommenschaftsprüfung wird heute in allen größeren Populationen bei weitem unterschritten. Die höheren Selektionsintensitäten unter den Bullen haben bei einer gleichzeitigen Erhöhung der Töchterzahl je Bulle dazu geführt, daß der Anteil der Prüfbesamungen am Kuhbestand gestiegen ist, obwohl die höhere Anzahl an Spermadosen je Bulle in der Zeiteinheit diesem Trend entgegenwirkt.
Die Zahl der Bullenväter zur Produktion der nächsten Zuchtbullengeneration hat ständig abgenommen, seit die Programme eingeführt worden sind. In den letzten Jahren ist ein weiterer Rückgang festzustellen. Einige Aspekte eines solchen Verfahrens werden von Cunningham (1976) an einem Beispiel aus Norwegen diskutiert.
Die Optimierung der Zuchtstruktur unter ökonomischen Gesichtspunkten wurde von Lindhe (1968), Petersen u. a. (1974), Hill (1971) u. a. untersucht und entsprechende Empfehlungen für die Anwendung abgeleitet. Es zeigte sich, daß der maximale Zuchtfortschritt nicht mit dem günstigsten ökonomischen Ergebnis zusammentrifft. Maßnahmen zur Intensivierung der Bullennutzung führen im allgemeinen bei einem höheren Zuchtfortschritt zu einem günstigeren ökonomischen Ergebnis.
Bei einem Vergleich von nordamerikanischen und westeuropäischen Zuchtprogrammen kommt Cunningham (1983) zu dem Ergebnis, daß in Nordamerika pro eine Million Erstbesamungen etwa 100 Prüfbullen eingestellt werden, in West-

europa dagegen 350. Dafür produzieren die nordamerikanischen Bullen in der Lebenszeit mehr Spermaportionen und werden somit intensiver genutzt. In Nordamerika werden also bei geringerem Aufwand höhere Selektionserfolge erzielt. Eine weitere Effektivitätssteigerung würde zusätzliche Investitionen erfordern, während in Westeuropa durch eine intensivere Bullennutzung eine Erhöhung des Zuchtfortschritts erreicht werden könnte. In der Tabelle 6.1. sind Beispiele für die Zuchtstrukturen einiger europäischer Zweinutzungsrassen angegeben.

6.2.3. Inzucht

In endlichen Populationen kommt es infolge der begrenzten Anzahl von Ahnen durch Inzucht zur Zunahme der Homozygotie. Der Effekt ist um so stärker, je kleiner die Population ist. Dieser durchschnittliche Anstieg der Homozygotie kann dadurch verändert werden, daß in der Population ein von der Zufallspaarung abweichendes Paarungssystem angewendet wird. Erfolgt die Verpaarung von Individuen mit ähnlichem bzw. unähnlichem Phänotyp häufiger als zufällig zu erwarten ist, spricht man von einer positiv bzw. negativ assortativen Paarung. Die positiv assortative Paarung beschleunigt den Anstieg der Homozygotie in der Population, sofern die Ähnlichkeit nicht ausschließlich auf Umwelteffekte zurückzuführen ist, sondern zumindest teilweise genetisch bedingt ist. Eine Zunahme der Homozygotie wird nur erreicht, wenn sich die verpaarten Individuen im Genotyp ähnlich sind. Das kann auf anderem Wege durch eine gezielte Verpaarung von verwandten Individuen erfolgen (siehe Abschnitt 2.2.6.). Sie tragen in Abhängigkeit vom Verwandtschaftsgrad mit bestimmten Wahrscheinlichkeiten gleiche Allele, die eine Ähnlichkeit im Genotyp hervorrufen. Diese genetisch positiv assortative Paarung wird als Inzucht bezeichnet.
Zur Abgrenzung von dem erwähnten allgemeinen Homozygotieanstieg aufgrund der Endlichkeit von Populationen wird von Inzucht als genetisch positiv assortativer Paarung im Sinne eines Zuchtverfahrens nur dann gesprochen, wenn die Paarungspartner einen Verwandtschaftsgrad besitzen, der über dem Durchschnitt der Population liegt. Die Maße für Inzucht und Verwandtschaft sowie ihre Interpretation sind bereits im Abschnitt 2.7. besprochen worden.

6.2.3.1. Wirkungen der Inzucht

Die gesteigerte Homozygotie infolge der Inzucht hat Auswirkungen auf qualitative und quantitative Merkmale der betroffenen Individuen, die als Inzuchteffekte bezeichnet werden.
Bei qualitativen Merkmalen, die nur von einem Genlocus mit zweifacher Allelie gesteuert werden, bewirkt die erhöhte Homozygotie eine gleiche Erhöhung des Anteiles der alternativen homozygoten Genotypen um pqF, wobei p und q die Allelfrequenzen und F der mittlere Inzuchtkoeffizient der Population ist. Die Zunahme der homozygoten Genotypen ist bei Allelen mit niedrigen Frequenzen besonders auffallend, da das Verhältnis von q^2 zu pqF in diesem Fall sehr weit ist (Tab. 6.2.). Insofern sind monogen bedingte Erbfehler in erster Linie davon betroffen, da sich dafür verantwortliche Allele in der Regel nur mit niedriger Fre-

q_0	q_0^2	Halbgeschwisterpaarung $q_0^2+p_0q_0F$	relativ zu q_0^2 (%)	Vollgeschwisterpaarung $q_0^2+p_0q_0F$	relativ zu q_0^2 (%)
0,20	0,0400	0,0600	150	0,0800	200
0,10	0,0100	0,0212	212	0,0325	325
0,05	0,0025	0,0084	336	0,0144	576
0,01	0,0001	0,0013	1300	0,0026	2600

Tabelle 6.2. Anstieg der Häufigkeit von rezessiven Subletal- oder Letalfaktoren nach Inzuchtpaarungen

quenz in der Population befinden. Das gehäufte Auftreten von Erbfehlern unter ingezüchteten Individuen findet darin eine Erklärung.

Die Inzucht wird daher zur Aufdeckung von rezessiven Allelen angewendet werden. Ein Effekt der Bildung von Inzuchtlinien wird in diesem Zusammenhang in der Reinigung von schädlichen rezessiven Allelen gesehen, die dort gehäuft in homozygoten Individuen auftreten und dadurch erkannt und eliminiert werden können. In panmiktischen Populationen befindet sich bei niedrigen Allelfrequenzen der größte Teil der rezessiven Allele in den heterozygoten Genotypen und bleibt somit unerkannt. Der Vorzug von Inzuchtlinien in der Hybridzüchtung wird nicht unwesentlich auf diese Wirkung der Inzucht zurückgeführt.

Die Inzucht kann unter diesem Aspekt auch eine Bedeutung für die Überwindung eines Selektionsplateaus haben, wie es von Falconer (1971) an einer langfristig auf Fruchtbarkeit selektierten Mäuselinie demonstriert werden konnte. Durch die Ausschaltung von unerwünschten rezessiven Allelen mittels Inzucht war es möglich, in der Population einen weiteren Selektionserfolg zu erzielen. In anderen Experimenten konnten dadurch in einzelnen Inzuchtlinien die Leistungen der Ausgangspopulationen erreicht oder sogar übertroffen werden (Falconer 1984).

Quantitative Merkmale reagieren auf Inzucht zumeist mit einem Leistungsrückgang, der auf einen Verlust an Dominanzeffekten infolge der gesteigerten Homozygotie in der Population zurückzuführen ist. Diese negativen Effekte der Inzucht bezüglich des Zuchtzieles werden dann als Inzuchtdepressionen bezeichnet.

In der Empfindlichkeit gegenüber der Inzucht bestehen beträchtliche Unterschiede zwischen den verschiedenen quantitativen Leistungseigenschaften. Am stärksten reagieren jene Merkmale, die niedrige Heritabilitätskoeffizienten besitzen. Dazu gehören in erster Linie alle Fruchtbarkeits- und Fitnesseigenschaften. Dagegen zeigen Merkmale mit mittlerer bis hoher Heritabilität geringere bzw. keine Veränderungen nach Inzucht. Die Inzuchteffekte verschiedener Merkmale sind in den Tabellen 6.3. und 6.4. dargestellt.

Darüber hinaus gibt es bezüglich der Intensität von Inzuchteffekten Unterschiede zwischen den Arten und innerhalb der Arten zwischen Rassen und Sorten. Inzuchteffekte müssen deshalb wie andere genetische Parameter für die be-

Tabelle 6.3. Regressionskoeffizienten (b) und deren Standardfehler (s_b) der Milchmenge, Fettmenge, Verbleiberate und Zwischenkalbezeit auf den Inzuchtgrad (nach HUDSON und VAN VLECK 1984)

	Ayrshire		Guernsey		Holstein		Jersey		Brown Swiss	
	b	s_b	b	s_b	b	s_b	b	s_b	b	s_b
Milchmenge kg	−27,1	3,5	−19,3	3,9	−21,2	1,2	−14,8	2,9	−39,5	10,6
Fettmenge kg	−1,2	0,12	−0,97	0,18	−0,78	0,04	−0,80	0,14	−1,36	0,44
Verbleiberate	−0,005	0,002	−0,007	0,002	−0,003	0,001	−0,002	0,002	−0,011	0,004
Zwischenkalbezeit	0,23	0,22	0,27	0,29	0,09	0,01	0,63	0,04	0,03	0,88

Tabelle 6.4. Inzuchteffekte verschiedener Merkmale beim Schwein (TRIEBLER u. a., 1980)

Merkmal	Absolute Veränderung je 10% Inzucht		Relative Veränderung je 10% Inzucht		Inzuchtwirkung im Sinne des Zuchtzieles
	Landrasse	Edelschwein	Landrasse	Edelschwein	
Anteil Fleischteilstücke in %	−0,05		−0,01		negativ
Keule in %	+0,10		+0,05		positiv
Anteil Fetteilstücke in %	−0,15		−0,09		positiv
Nettozunahme in g	−13,2		−0,40		negativ
Täglicher Fleischansatz der Fleischteilstücke in g	−6,6		−0,42		negativ
Masttage	+5,1		+0,41		negativ
Masttagszunahme in g	−18,7		−0,34		negativ
Lebenstagszunahme in g	−15,9		−0,36		negativ
Anzahl gesamt geb. Ferkel/Wurf	−0,30	−0,66	−0,30	−0,67	negativ
Anzahl lebend geb. Ferkel/Wurf	−0,24	−0,68	−0,27	0,72	negativ
Anzahl aufgezogener Ferkel/Wurf	−0,63	−1,19	−0,80	−1,31	negativ
Ferkelmasse 21. Tag in kg	−0,134	−0,341	−0,25	−0,57	negativ
Ferkelmasse 56. Tag in kg	−0,538	−0,43			negativ
Wurfmasse 21. Tag in kg	−3,360	−8,252	−0,81	−1,54	negativ
Wurfmasse 56. Tag in kg	−8,027	−8,91			negativ

Tabelle 6.5. Effekt eines Inzuchtgrades von 25% auf die relative Leistung von verschiedenen Geflügelarten (nach ABPLANALP 1974)

	Leistung in Prozent nichtingezüchteter Tiere			
	Huhn	Pute	Japanische Wachtel	Rebhuhn
Schlupffähigkeit				
Embryo ingezüchtet	90,9	83,4	72,6	71,3
Henne ingezüchtet	97,0	92,1	86,3	87,1
Fruchtbarkeit: beide Eltern ingezüchtet	99,1*	98,8*	79,2	71,1
Lebensfähigkeit der Hennen	94,3	90,7	81,5	92,1
Eiproduktion	90,4	89,5	88,9	84,1**
Gesamte Reproduktion	74,4	61,6	35,9	34,1
Körpermasse	95,0	89,9	96,4	94,4
Eimasse	100,0	95,9	99,2	—
Alter beim ersten Ei	100,0	100,0	104,2	—

* künstliche Besamung
** 4 Produktionszyklen

treffende Population geschätzt werden. ABPLANALP (1974) kommt beim Vergleich von ingezüchteten Linien verschiedener Geflügelarten zu dem Ergebnis, daß die schon lange domestizierten Arten Haushuhn und Pute im Gegensatz zur Japanischen Wachtel und zum Rebhuhn bei gleichem Inzuchtgrad geringere Inzuchteffekte zeigen (Tab. 6.5.). Der Autor äußert die Vermutung, daß die beiden ersteren Arten aufgrund ihrer langen Zuchtgeschichte während der Domestikation eher in der Lage sind, die Folgen der Inzucht zu überstehen. Die Elimination von unerwünschten Allelen durch kontrollierte Selektion als Ursache für die Überwindung der negativen Auswirkung der Inzucht könnte hier ihre Bestätigung finden.

Bei komplexen Leistungseigenschaften, wie den Aufzuchtleistungen von Tieren, bei denen neben den direkten Leistungskomponenten, die vom Genotyp der Tiere bestimmt werden, noch maternale Komponenten eine Rolle spielen, können beide Komponenten differenziert durch Inzuchteffekte beeinflußt werden. Sofern nur die Nachkommen ingezüchtet sind, wirkt die Inzucht nur auf die direkte Komponente, während die maternale unbeeinflußt bleibt. TRIEBLER (1969) konnte in diesem Zusammenhang an den Schweinerassen in der DDR nachweisen, daß die Aufzuchtleistung durch die Inzucht bei den Nachkommen kaum beeinflußt wird. Bei ingezüchteten Müttern, bei denen die maternale Komponente betroffen ist, kam es jedoch zu negativen Auswirkungen auf die Fruchtbarkeitsmerkmale. Neben dem unterschiedlichen zeitlichen Auftreten der Inzuchteffekte bei den Müttern und den Nachkommen bleibt auch der Inzuchtgrad, der auf die direkten und maternalen Komponenten wirkt, stets unterschiedlich. Bei

fortgesetzter Inzucht ist infolge des höheren Inzuchtgrades der Nachkommen immer mit relativ stärkeren Effekten auf direkte Komponenten zu rechnen.
Bei der Züchtung von Inzuchtlinien kann durch Selektion dem Leistungsrückgang durch Inzuchteffekte entgegengewirkt werden. In Linien mit geringen Inzuchtraten können die negativen Inzuchteffekte infolge des Homozygotieanstiegs vollkommen ausgeglichen werden. Aus diesem Grunde werden bei Tieren im allgemeinen und besonders bei landwirtschaftlichen Großtieren in Vorbereitung für die Hybridzüchtung nur Linien mit mäßiger Verwandtschaftszucht gebildet, in denen intensiv selektiert wird, um Leistungseinbußen durch Inzuchteffekte zu egalisieren. Die Selektion innerhalb der Linien wirkt jedoch gleichzeitig dem Homozygotieanstieg entgegen und hat somit auch einen unerwünschten Effekt bei der o. g. Zielstellung. Diese Wirkung wird allerdings nicht nur durch die künstliche Selektion hervorgerufen, sondern vor allem durch die natürliche, da, wie bereits erwähnt, die negative Wirkung der Inzucht auf die Reproduktionseigenschaften besonders stark ist. Deshalb ist zu erwarten, daß Individuen mit einem höheren Homozygotiegrad im Mittel weniger Nachkommen produzieren. Die Interpretation des Inzuchtkoeffizienten (vgl. Abschnitt 2.7.) gilt deshalb in einer selektierten Population nur für neutrale Loci oder Allele. Die Selektion ist somit ein Störfaktor bei der Schätzung des Leistungsrückganges je Prozent Inzuchtzunahme.
Durch Inzucht werden auch die Varianzen in der Population verändert. In Linien mit gesteigerter Homozygotie ist eine geringere additive genetische Varianz zu erwarten. Daraus resultiert ein geringerer erwarteter Selektionserfolg innerhalb der Linien im Vergleich zur Basispopulation, aus der die Linien entwickelt wurden. Die reduzierte Varianz wirkt sich auf die Heritabilitätskoeffizienten der Merkmale aus. Nach Pirchner (1979) beträgt der Heritabilitätskoeffizient h_I^2 in einer ingezüchteten Linie

$$h_I^2 = \frac{(1-\bar{F})\,h^2}{1-h^2\,\bar{F}},$$

wobei h^2 der Heritabilitätskoeffizient in der Ausgangspopulation und $\bar{F}$ der mittlere Inzuchtkoeffizient der Linie bzw. Population ist. Für die Gesamtheit der Linien bzw. Subpopulationen kommt es dagegen zu einer Erhöhung des Heritabilitätskoeffizienten nach

$$h_Z^2 = \frac{(1+\bar{F})\,h^2}{1+h^2\,\bar{F}}.$$

Die veränderten Heritabilitätskoeffizienten infolge der Umverteilung der genetischen Varianzen gelten jedoch nur, wenn keine nichtadditiven genetischen Varianzen vorhanden sind.
Innerhalb der Linien ist infolge der reduzierten genetischen Varianz auch eine größere phänotypische Ausgeglichenheit zu erwarten. Die phänotypische Uniformität von ingezüchteten Labortieren bezüglich bestimmter morphologischer und physiologischer Merkmale ist darauf zurückzuführen. Diese Beobachtung jedoch hat keine allgemeine Gültigkeit. Bei vielen Merkmalen kommt es nach Inzucht eher zu einer Zunahme der phänotypischen Varianz, da die genetische

Varianz in den Linien zwar abnimmt, die Umweltvarianz aber in stärkerem Maße zunimmt.
Als mögliche Ursachen für die offensichtlich erhöhte Umweltvarianz von Merkmalen in ingezüchteten Linien wird eine reduzierte Homöostasie angesehen, die zu einer geringeren Stabilität der physiologischen Prozesse dieser Individuen führt. Die Instabilität ruft größere Differenzen zwischen den ingezüchteten Individuen hervor, die sich in einer erhöhten Umweltvarianz niederschlagen. Dies läßt sich deuten, wenn davon ausgegangen wird, daß die erhöhte Homozygotie nur zu einer Synthese von einem begrenzten Spektrum an Enzymen während der Entwicklung führt. Daraus resultiert eine geringere Anpassungsfähigkeit gegenüber variierenden Umweltverhältnissen. Heterozygote Individuen sind demgegenüber oft in der Lage, von den jeweiligen Allelen eines Gens codiert, unterschiedliche Enzyme zu produzieren, die eine optimale Adaptation an ein breiteres Spektrum von Umweltbedingungen ermöglichen.
Hohenboken (1984) kommt zu dem Ergebnis, daß Inzucht kein sicheres Verfahren zur Einschränkung der Varianz innerhalb von Populationen ist. Nur bei Merkmalen mit relativ einfachem Erbgang und begrenztem Umwelteinfluß kann mit einem entsprechenden Erfolg gerechnet werden. Quantitative Leistungsmerkmale reagieren jedoch im allgemeinen mit einer Erhöhung der phänotypischen Varianz. Das Ausmaß des Einflusses ist sowohl von dem Merkmal als auch vom Alter der Individuen und von den Umweltbedingungen abhängig. Unter optimalen Umweltverhältnissen ist oft keine Zunahme der Varianz festzustellen, während sie unter ungünstigen Bedingungen um so stärker in Erscheinung tritt.

6.2.3.2. Anwendung der Inzucht

Die Inzucht wird in Verbindung mit der Selektion seit langem als Zuchtverfahren angewendet. Der Einsatz der Inzucht in der Züchtung erstreckt sich vor allem auf vier Gebiete:
- Konzentration von wertvollen genetischen Anlagen leistungsfähiger Individuen in ihren ingezüchteten Nachkommen.
- Züchtung von Individuen mit hohem Inzuchtgrad zur Nutzung im Topcross-Verfahren.
- Züchtung von Linien mit einem erhöhten Homozygotiegrad als Grundlage für die Anwendung von Zuchtmethoden zur Nutzung der Heterosis.
- Testung von Individuen auf rezessive Gene.

In der Tierzucht ist die Inzucht historisch vor allem deshalb angewendet worden, weil Zuchttiere mit den gewünschten Leistungen, nicht wie bei vielen Pflanzenarten, durch Selbstung vermehrt werden können. Um die wertvollen Anlagen dennoch in den Nachkommen weitgehend zu konzentrieren und dadurch die Leistungen wiederholen zu können, führte man enge Verwandtschaftspaarungen durch. Besonders bei der Neubildung von Rassen sind immer wieder stark ingezüchtete Tiere eingesetzt worden, die die Rassen wesentlich geprägt haben. Meist handelte es sich um Vatertiere, die als Rasse- oder sogenannte „Blutlinienbegründer“ bekannt wurden. Diese starke Inzucht bei der Bildung einer Rasse wird heute sehr kritisch gesehen, da dadurch eine erhebliche

Reduzierung der additiven genetischen Varianz in der Anfangsphase der Populationsbildung verursacht wird, die den weiteren Zuchtfortschritt durch Selektion einschränkt und somit für die künftige Zuchtarbeit erhebliche Nachteile bringt.
Wegen der im allgemeinen negativen Auswirkungen der Inzucht auf die Mehrzahl der Leistungsmerkmale aller Nutztierarten infolge der auftretenden Depressionen ist man in der Tierzüchtung bestrebt, eine breite Anwendung, die zu ingezüchteten Produktionstieren führt, unbedingt zu vermeiden.
Selbst durch eine intensive Besamungszucht hat die Inzucht in den betreffenden Populationen nicht wesentlich zugenommen. Flade und Zeller (1986) fanden beim Schwarzbunten Milchrind in der DDR im Zeitraum von 1974 bis 1985 unter den eigenleistungsgeprüften Jungbullen nur 8,9% mäßig ingezüchteter Tiere. Daraus resultiert ein mittlerer Inzuchtkoeffizient aller Jungbullen von 0,53%, der auch im Vergleich zu früheren Untersuchungen als niedrig anzusehen ist, obwohl die Häufigkeit ingezüchteter Tiere in den letzten Jahren zugenommen hat.
Zu ähnlich niedrigen Anteilen ingezüchteter Bullen und Inzuchtraten kamen Hudson und van Vleck (1984) bei der Untersuchung von fünf Rinderrassen in den USA (Tab. 6.6.). Sie konnten weiterhin feststellen, daß nur ein geringer Teil der Kühe ingezüchtet ist und der mittlere Inzuchtkoeffizient sowohl für alle Kühe als auch für die ingezüchteten als niedrig anzusehen ist.
Einen Weg zur züchterischen Nutzung der Inzucht bietet das Topcross-Verfahren. In der Tierzüchtung wird darunter die Verpaarung von ingezüchteten Tieren mit unverwandten, nicht ingezüchteten Tieren verstanden. Wegen der höheren Vermehrungsrate, die durch die künstliche Besamung noch verstärkt wird, werden beim Topcross männliche Tiere ingezüchtet und an weibliche Tiere angepaart, die mehr oder weniger durch Zufallspaarungen entstanden sind. Durch dieses Verfahren wird es möglich, die nachteiligen Folgen der Inzucht in Grenzen zu halten, da in den Nutztierpopulationen im Vergleich zu den weiblichen Tieren im allgemeinen nur relativ wenige Vatertiere benötigt wer-

Tabelle 6.6. Inzucht von KB-Bullen verschiedener Rassen im Nordosten der USA (nach Hudson und van Vleck 1984)

Rasse	Ayrshire	Guernsey	Holstein	Jersey	Brown Swiss
Anzahl Bullen	359	1172	6528	1065	391
Anzahl ingezüchteter Bullen					
absolut	17	33	792	42	30
in %	4,7	2,8	12,1	3,9	7,6
Mittlerer Inzuchtgrad %					
aller Bullen	0,39	0,17	0,36	0,14	0,26
ingezüchtete Bullen	8,30	5,99	2,97	3,61	3,44
Maximaler Inzuchtgrad	12,50	12,50	28,13	12,50	25,00

den. Von den negativen Wirkungen der Inzucht sind somit nur wenige Tiere betroffen, da die als Mütter benötigten weiblichen Tiere nicht ingezüchtet sind. Zum anderen können die positiven Vererber unter den ingezüchteten Vatertieren durch den Einsatz von biotechnischen Maßnahmen sehr breit zur Anwendung kommen, so daß dadurch die Nachteile der Inzucht nicht nur egalisiert werden sondern auch ein genetischer Gewinn für die Population möglich ist.
Wegen des erhöhten Homozygotiegrades infolge der Inzucht ist zu erwarten, daß die Variabilität der von den Vatertieren erzeugten Keimzellen geringer ist und somit unter den erzeugten Nachkommen nur eine eingeschränkte Variabilität auftritt. Diese erwartete Reduzierung führt jedoch nach Hohenboken (1984) bei quantitativen Merkmalen kaum zu einer meßbaren Einschränkung der phänotypischen Varianz.
Dickerson und Lindhe (1977) untersuchten in einer theoretischen Studie die Möglichkeiten, den Selektionserfolg einer Population durch Inzucht über die Erhöhung der gesamten additiven genetischen Varianz zu steigern. Sie unterstellten dabei, daß in der Population Zyklen von intensiver Inzucht mit anschließender Kreuzung zwischen den ingezüchteten Familien angewendet werden. Als Modellfälle dienten die Selektion auf tägliche Zunahme beim Schwein und die züchterische Verbesserung der fettkorrigierten Milchmengenleistung beim Rind mit angenommenen Heritabilitätskoeffizienten der Selektionsmerkmale von $h^2 = 0{,}3$ bzw. $h^2 = 0{,}25$. Der erwartete kumulierte Selektionserfolg konnte in einem solchen Zuchtsystem im Vergleich zu einer kontinuierlichen Selektion ohne Inzucht in beiden Fällen nicht erhöht werden.
Die Ursache für die geringen Erfolgsaussichten des vorgestellten Verfahrens werden einerseits auf die niedrigere Selektionsintensität unter den männlichen und weiblichen Tieren zur Erzeugung der Inzuchtfamilien und andererseits auf die nur begrenzte Erhöhung der genetischen Varianz durch die Inzuchtpaarungen von scharf selektierten Eltern zurückgeführt. Die Erfolgsaussichten des Verfahrens steigen jedoch relativ an, wenn die Heritabilität des Selektionskriteriums niedrig ist und nur eine geringe Umweltkorrelation zwischen den Merkmalen der Familienmitglieder existiert.
Mostageer (1971) wies auf die höhere Genauigkeit bei der Zuchtwertschätzung hin, die durch die Verwendung von ingezüchteten Jungbullen im Vergleich zu nichtingezüchteten erreicht werden kann, wenn die Anzahl der erzeugten Nachkommen in beiden Fällen gleich ist. Ein Inzuchtkoeffizient F eines Tieres verbessert die Genauigkeit um den gleichen Betrag wie $F(1+k)/(k-F)$ zusätzliche Nachkommen, wobei $k = (4-h^2)\,h^2$ ist. So kann beispielsweise mit einem Inzuchtkoeffizient von $F = 0{,}25$ eine Steigerung der Genauigkeit um 27% erreicht werden, wenn man einen Heritabilitätskoeffizienten von $h^2 = 0{,}25$ unterstellt, wie er häufig für die Milchmengeneigenschaften gefunden worden ist. Das Ergebnis kann sich in Zuchtprogrammen entweder direkt in Form der höheren Genauigkeit niederschlagen, oder es ermöglicht bei gleichbleibender Genauigkeit und unveränderter Prüfkapazität eine höhere Prüfbullenzahl und damit eine schärfere Selektionsintensität. Dieser günstige Umstand stellt eine positive Ergänzung zum Topcross-Verfahren dar.

6.2.4. Kreuzungszüchtung

6.2.4.1. Immigrationszüchtung

6.2.4.1.1. Synthese von Populationen

Bei Kulturpflanzen ist die züchterische Nutzung genetischer Differenzen zwischen verschiedenen Sorten weit verbreitet. Bei Haustieren hat die züchterische Nutzung genetischer Differenzen zwischen vorhandenen Rassen in jüngster Zeit zunehmende Bedeutung erlangt.
Traditionell werden die dafür eingesetzten Zuchtverfahren in Veredelungskreuzung, Verdrängungskreuzung und Kombinationskreuzung unterteilt. Die drei Verfahren unterscheiden sich in erster Linie in der Migrationsrate, d. h. in dem Anteil einer oder mehrerer Fremdpopulationen, die zur Verbesserung oder Veränderung einer einheimischen Population eingesetzt werden.
Die Veredelungskreuzung ist das Zuchtverfahren, daß mit dem niedrigsten Fremdgenanteil arbeitet. Das Ziel der Veredelungskreuzung besteht in der Nutzung von genetischen Zwischenrassendifferenzen zur schnelleren Verbesserung einiger Merkmale in der einheimischen Population. Der Einsatz erfolgt im allgemeinen dann, wenn in einer Population ein Teil der Selektionsmerkmale bereits ein hohes genetisches Niveau erreicht hat, das auch erhalten bleiben soll, während sich andere Merkmale entscheidend mit Hilfe der Überlegenheit anderer Rassen bzw. Sorten verbessern lassen.
Die Veredelungskreuzung bei Tieren erfolgt je nach Tierart vorwiegend bis ausschließlich über den Einsatz von Vatertieren der geeigneten Fremdpopulationen. Sie kann in bestimmten Fällen in nur einer Generation eingesetzt werden, sich aber auch über mehrere Generationen erstrecken.
Die Verdrängungskreuzung bei Tieren hat das Ziel, eine einheimische Population durch wiederholte Anpaarungen mit einer Fremdpopulation genetisch vollständig zu ersetzen. Sie kommt damit im Ergebnis einem Import einer überlegeneren fremden Rasse gleich, der auf direktem Wege bei den meisten Tierarten aus ökonomischen Gründen nicht zu vertreten ist. Allerdings ist damit ein Zeitverzug verbunden, der in Abhängigkeit vom Generationsintervall der betreffenden Art erheblich sein kann.

Tabelle 6.7. Genanteile der Rassen nach verschiedenen Generationen Verdrängungskreuzung in %

Generation	Rasse A	Rasse B
1	50,0	50,0
2	25,0	75,0
3	12,5	87,5
4	6,25	93,75
5	3,125	96,875
6	1,5625	98,4375

A = einheimische Population,
B = Fremdpopulation

Eine notwendige Voraussetzung für die Anwendung der Verdrängungskreuzung ist eine Fremdpopulation, die dem Zuchtziel im eigenen Lande entspricht oder zumindestens in den wesentlichsten Selektionsmerkmalen eine gute Übereinstimmung zeigt. In der Züchtungspraxis ist jedoch davon auszugehen, daß ein vollständiger genetischer Ersatz einer Population durch Verdrängungskreuzung in den meisten Fällen nicht erreicht wird oder auch nicht anzustreben ist. Während der Phase der Einkreuzung über mehrere Generationen wird zwar der Genanteil der Fremdpopulation systematisch höher (Tab. 6.7.), doch kann durch die Selektion innerhalb der Kreuzungsgenerationen das Verbleiben von erwünschten Allelen aus der einheimischen Population gefördert werden.
Die Erwartungswerte der Genanteile unterliegen bei den Kreuzungsindividuen erheblichen Schwankungen, wie Essl (1976) eindeutig zeigen konnte. In der F_2-Generation sind beispielsweise beim Rind mit $2n = 60$ ($Z = 60$) Chromosomen nur etwa 10% Individuen zu erwarten, die genau 50% Fremdchromosomen tragen und damit den Erwartungswert repräsentieren. Die Extremwerte mit 0 bzw. 100% Fremdchromosomen sind mit so geringen Wahrscheinlichkeiten vertreten, daß sie nur theoretische Bedeutung besitzen. In der Untersuchung ist die durch crossing-over zu erwartende Variabilität nicht berücksichtigt. Aus den Untersuchungen von Essl (1976) ist abzuleiten, daß die Variabilität des Genanteiles mit der Anzahl der Chromosomen zunimmt und somit auch durch crossing-over noch eine verstärkende Wirkung erreicht wird.
In den Rückkreuzungsgenerationen kommt es zunehmend zu schiefen Verteilungen. Weiterhin ist hervorzuheben, daß der Anteil von Tieren mit 100% Fremdchromosomen unerwartet gering ist.
Die Ergebnisse unterstreichen, daß selbst bei der Verdrängungskreuzung durch Selektion in den Kreuzungsgenerationen ein bestimmter Genanteil der einheimischen Rasse integriert werden kann, wenn dies aus züchterischen Gründen wünschenswert erscheint. Weitgehend einheitliche Genanteile in den Individuen sind demnach außer in der F_1-Generation nur durch eine konsequente Verdrängungskreuzung über mehrere Generationen ohne Selektion zu erhalten. Während der Generationen, die zur Verdrängung der einheimischen Rasse erforderlich sind, könnte in der einheimischen Population ebenfalls ein Zuchtfortschritt erzielt werden, sofern durch eine intensive Langzeitselektion nach dem gleichen Zuchtziel nicht bereits ein Selektionsplateau erreicht worden ist. Insofern hat die Verdrängungskreuzung als Zuchtverfahren mit der Selektion innerhalb der Rasse zu konkurrieren. Cunnigham (1974) kommt zu dem Schluß, daß eine Rasse mit einer Überlegenheit von 20% erforderlich ist, um sich für eine Züchtungsstrategie zu entscheiden, die auf den vollständigen Ersatz einer anderen Rasse hinausläuft. Auch ökonomische Gesichtspunkte spielen eine Rolle, da der Einsatz von fremden Rassen in einem Zuchtprogramm im allgemeinen höhere Kosten verursacht.
Die Kombinationskreuzung wird bei Tieren herangezogen, um aus zwei oder mehreren Populationen eine neue Rasse mit einer bisher nicht vorhandenen Merkmalskombination zu entwickeln. Sie unterscheidet sich dadurch von den beiden anderen Kreuzungsverfahren, bei denen im Ergebnis der Züchtung entweder die einheimische Population oder die Fremdpopulation mehr oder weniger stark dominiert. Anhand der additiv und nichtadditiv bedingten Merkmals-

Optimale Einkreuzungsform	p_T	q_T	Bedingungen von ΔP_T im Vergleich zu ΔH_T
A	0	0	$\Delta P_T < -1{,}75\ \Delta H_T$
R_{AA}	1/8	7/32	$-1{,}75\ \Delta H_T < \Delta P_T < -1{,}25\ \Delta H_T$
R_A	2/8	12/32	$-1{,}25\ \Delta H_T < \Delta P_T < -0{,}75\ \Delta H_T$
$R_A \times F_1$	3/8	15/32	$-0{,}75\ \Delta H_T < \Delta P_T < -0{,}25\ \Delta H_T$
F_1	4/8	16/32	$-0{,}25\ \Delta H_T < \Delta P_T < +0{,}25\ \Delta H_T$
$F_1 \times R_B$	5/8	15/32	$+0{,}25\ \Delta H_T < \Delta P_T < +0{,}75\ \Delta H_T$
R_B	6/8	12/32	$+0{,}75\ \Delta H_T < \Delta P_T < -1{,}25\ \Delta H_T$
R_{BB}	7/8	7/32	$+1{,}25\ \Delta H_T < \Delta P_T < +1{,}75\ \Delta H_T$
$R_Bn = B$	1	0	$+1{,}75\ \Delta H_T < \Delta P_T$

p_T = mittlerer Genanteil der Fremdpopulation
q_T = Anteil der Allelkombinationen aus verschiedenen Rassen

Tabelle 6.8. Optimale Einkreuzungsform bei unterschiedlichem Verhältnis von additiv genetisch bedingter Populationsdifferenz (ΔP_T) und Heterosiseffekt (ΔH_T) zwischen einer einheimischen (A) und einer Fremdpopulation (B), nach Fewson (1973) ($\Delta H_T \geq 0$)

differenzen zwischen den Ausgangspopulationen wird für jede einzelne ein optimaler Genanteil bestimmt, um eine maximale genetisch bedingte Leistung in der nun neu zu bildenden Population zu erreichen. Nach der Zusammenführung der Ausgangsrassen mit einem entsprechenden Paarungsplan zur Erzielung der geplanten Genanteile erfolgt die Paarung und Selektion innerhalb der neuen Population. Sie wird als synthetische Population, Rasse oder Linie bezeichnet. Nach Hill (1971) ist darunter eine Kreuzungspopulation mit einem gemeinsamen Genpool zu verstehen, die durch inter-se-Paarung vermehrt und züchterisch bearbeitet wird.

Nach dieser Definition kann auch im Ergebnis einer Veredelungskreuzung eine synthetische Population entstehen. Die genannten Methoden der Kreuzungszucht sind somit nicht scharf abgrenzbar, sondern haben fließende Übergänge. Für die Leistung einer synthetischen Population sind optimale Genanteile der Ausgangsrassen ausschlaggebend.

Fewson (1973) untersuchte den optimalen Anteil von zwei Populationen zur Erzeugung einer synthetischen Rasse in Abhängigkeit von der additiv genetisch bedingten Differenz und dem Heterosiseffekt zwischen beiden Rassen (Tab. 6.8.). Sofern keine oder nur geringe additiv genetisch bedingte Differenzen zwischen den Populationen bestehen, sind bei positiven Heterosiseffekten Kreuzungsformen optimal, die etwa gleiche Genanteile von beiden Populationen erzielen. Es muß jedoch hervorgehoben werden, daß unter diesen Bedingungen ein Hybridzuchtprogramm zur vollen Ausnutzung der Heterosis überlegen ist, sofern die Tierart die Voraussetzungen für ein solches Programm erfüllt. Die Hybridzüchtung ist auch hinsichtlich möglicher Rekombinationseffekte in der synthetischen Linie vorteilhaft, da diese Effekte in der F_1-Generation noch nicht auftreten. Sie sind jedoch in diesem Vergleich nicht berücksichtigt.

In einer theoretischen Studie untersuchte Skjervold (1982) die optimalen Genanteile zur Rassenneubildung unter verschiedenen Bedingungen. Eine steigende

Anzahl von Populationen, die zur Bildung einer synthetischen Population herangezogen werden, führt zu einer Steigerung des Heterosiseffektes und zu einer Erhöhung der genetischen Varianz in der neuen Population, die die Grundlage für den weiteren Selektionserfolg innerhalb der Population bildet. Dagegen ist der Anteil der additiv bedingten Komponenten der Populationen am Mittelwert der Kreuzungspopulation rückläufig. Viele beteiligte Populationen haben auch eine positive Wirkung auf die Selektionsdifferenz zwischen den Rassen. Als Nachteil sind die steigenden Rekombinationsverluste zu nennen. Der Autor kommt zu dem Schluß, daß unter praktischen Bedingungen dennoch vier bis sechs Ausgangsrassen das Maximum für die Entwicklung einer neuen Rasse darstellen werden.

Nur wenige optimale Kombinationen der synthetischen Rasse enthielten Anteile aller zur Verfügung stehenden Ausgangsrassen. Die Beiträge der Heterosis zum Populationsmittel beliefen sich in einer Größenordnung, die dazu führte, daß die optimalen Kombinationen der synthetischen Population in allen Fällen über dem Mittel der besten Ausgangspopulation lag. Dabei ist zu berücksichtigen, daß die Populationen mit unterschiedlichen Anteilen in der synthetischen Rasse vertreten waren und deshalb die maximal mögliche Heterosis nicht einmal voll ausgeschöpft worden ist.

Damit wird die mögliche Nutzung der Heterosis durch die Bildung von synthetischen Rassen unterstrichen, wenn die Tierart für Methoden der Hybridzüchtung nicht geeignet ist, auf die auch FEWSON (1973) bereits hingewiesen hat. Als Nachteil ist hervorzuheben, daß nur ein Teil der möglichen Heterosiseffekte ausgenutzt wird und verstärkt Rekombinationseffekte auftreten. Der nutzbare Teil der Heterosis unterscheidet sich mit zunehmender Anzahl von Rassen immer weniger von der Rotationskreuzung (vgl. Tab. 6.9.). Der Vergleich gilt allerdings nur für gleiche Rassenanteile in der synthetischen Population, die jedoch

Zuchtmethode	Heterosiseffekt (H)	Rekombinationseffekt (R)
Hybridzüchtung		
2-Linienkreuzung	1	0
3-Linienkreuzung	1	1/4
Rotationskreuzung		
2 Linien	2/3	2/9
3 Linien	6/7	6/21
4 Linien	14/15	14/45
Synthetische Populationen*		
2 Rassen	1/2	1/2
3 Rassen	2/3	2/3
4 Rassen	3/4	3/4

* In Gleichgewicht befindliche Populationen mit gleichen Rassenanteilen

Tabelle 6.9. Relative Heterosis- und Rekombinationseffekte für alternative Zuchtmethoden (nach DIKKERSON 1974)

Merkmal	Hereford		Synthetik	
	h^2	genetischer Trend	h^2	genetischer Trend
Geburtsmasse, kg	0,35	0,08± 0,06	0,47	0,07± 0,06
Tägl. Zunahme bis zum Absetzen, g	0,09	4,20± 1,20	0,28	4,80± 2,30
Absatzmasse, kg	0,14	1,10± 0,21	0,25	0,86± 0,43
Tägl. Zunahme nach d. Absetzen, g*	0,23	17,93±11,32	0,48	31,25±11,15
Jahresmasse, kg*	0,24	8,21± 6,00	0,41	6,78± 2,15
Körpermasse im Alter v. 18 Mon., kg	0,75	–6,10± 2,10	0,70	–11,90± 2,50

* nur männliche Tiere

Tabelle 6.10. Schätzwerte für den genetischen Trend in einer synthetischen Population im Vergleich zu einer Reinzuchtpopulation (nach SHARMA u. a. 1985)

wegen der unterschiedlichen additiven genetischen Komponenten der Ausgangspopulationen im allgemeinen für ihre maximale Leistung nicht optimal sein werden.

Als weiterer Vorzug der synthetischen Population wird die nach der Kreuzung verschiedener Rassen zu erwartende höhere genetische Varianz angeführt. Die Bedeutung der größeren genetischen Varianz in einer synthetischen Population für den zukünftigen Zuchtfortschritt wird von DICKERSEN (1974) hervorgehoben. Es wird in diesem Zusammenhang auf einen notwendigen Mindestumfang der effektiven Populationsgröße bei der Rassenneubildung hingewiesen, um nicht zu früh infolge von Inzucht zu einer Einschränkung der genetischen Varianz zu gelangen. Viele Zuchtexperimente zur Rassenneubildung aus der Vergangenheit sind in dieser Hinsicht kritisch zu beurteilen und führten vielleicht auch aus diesem Grunde nicht zum Erfolg.

Es gibt nur wenige Analysen, mit denen eine deutliche Zunahme der genetischen Varianz und den damit verbundenen höheren Selektionserfolg in synthetischen Populationen nachgewiesen werden konnte. SEELAND u. a. (1984) fanden nur eine geringe Erhöhung der genetischen Varianz durch die Züchtung des Schwarzbunten Milchrindes aus Schwarzbunten, Holstein Friesian und Jerseys, die sich nicht in höheren Heritabilitätskoeffizienten der Milchleistungsmerkmale niederschlug, da gleichzeitig die Umweltvarianzen anstiegen. Etwas günstiger schnitt eine synthetische Fleischrindrasse, die sich zu wesentlichen Teilen aus drei anderen Rassen zusammensetzte (35,7% Angus, 34,7% Charolaise, 21,7% Galloway, 7,9% sonstige) im Vergleich zu reinen Herefords ab (SHARMA u. a., 1985). Die Autoren ermittelten in der synthetischen Linie höhere Heritabilitätskoeffizienten und größere Selektionsdifferenzen und somit einen höheren erwarteten Selektionserfolg. Der geschätzte genetische Trend ergab jedoch nicht in allen Merkmalen eine Überlegenheit der synthetischen Population (Tab. 6.10.).

Von KINGHORN (1982) wurde ein Mehrrassenselektionsindex vorgeschlagen, der auf einem einfachen genetischen Modell einer synthetischen Population beruht. Der Index basiert auf dem Zuchtwert der Individuen und schließt additive genetische und Heterosiseffekte sowie die Heritabilität des Selektionskriteriums mit ein. Eine Berücksichtigung der Selektion unter verschiedenen Umwelten ist möglich, sofern es sich als notwendig erweist. Eine Anwendung des Index führt automatisch zur Rotationskreuzung, wenn sich diese als optimal herausstellen sollte. Damit wird der komplexe Zusammenhang zwischen den Zuchtmethoden unterstrichen.

Die Kombinationskreuzung ist auch bei Pflanzen weit verbreitet. Entsprechend der aufgestellten Zuchtziele erfolgt die Wahl des Ausgangsmaterials. Ist die genetische Grundlage der anzustrebenden Merkmalsausprägungen bekannt und liegen auch genetische Analysen für die potentiellen Kreuzungspartner vor, dann ist es relativ einfach, ein entsprechendes Kreuzungsprogramm aufzustellen. Dazu gehört es auch, festzulegen, welcher Partner als Mutter zu verwenden ist. Dies ist wegen eventueller Plasmotypwirkungen wichtig. Bei Pflanzen kommt hinzu, daß es bei vielen Objekten nicht möglich ist, bei manuellen Bastardierungen zu 100% Bastardanteil zu kommen. So erreicht man bei Buschbohnen nur etwa 62% Bastarde (Kison u. a. 1986). Die Kreuzung ist daher so zu gestalten, daß die Träger der rezessiven bzw. hypostatischen Merkmalsausprägung als Mutter fungieren. Es lassen sich so die Nichtbastarde leicht erkennen und eliminieren.

Bei der Wahl des Ausgangsmaterials sind auch Kenntnisse über Merkmale wichtig, die nicht im Zuchtziel auftreten. So sind bei verschiedenen Objekten Genorte bekannt, deren Allele superepistatisch zu einer Subletalität oder Letalität führen (vgl. 1.6.). Bei Bohnen handelt es sich dabei um eine Subletalität, die ein züchterisches Arbeiten weitgehend unterbindet (Coyne 1965; Singh und Gutierrez 1984). Bei Weizen und Triticale kommt es sogar zu einem Absterben der Bastardpflanzen (Tsvetkov 1971; Zeven 1976; Shoran u. a. 1983; Jung und Lelley 1985).

In vielen Fällen liegen keine genauen Kenntnisse über die Genetik von Merkmalen und Merkmalsträgern vor. Dann ist es notwendig, mit Hilfe von Indizien die Wahl des Ausgangsmaterials vorzunehmen. Dazu gehören die h^2-Werte im engeren Sinne bei den jeweiligen Merkmalen. Wertvoll sind aber auch Angaben über die Merkmalsbeziehungen bzw. eine Charakterisierung des gesamten Idiotyps. Dafür sind Werte aus Faktorenanalysen geeignet. Die Merkmalsbeziehungen werden dabei durch Faktoren mit den Ladungen für die jeweiligen Merkmale ausgedrückt. Außerdem geben die Kommunalitäten wertvolle Hinweise für die Selektion. Sind nicht nur die Ladungen sondern auch die Kommunalitäten hoch, dann ist davon auszugehen, daß sich diese Merkmale unter den gegebenen Bedingungen mit geringen Fehlern selektieren lassen. So haben beispielsweise bei den Stabtomaten der Gesamtertrag und die Einzelfruchtmasse den gleichen Faktor. Die Ladungen betragen 0,79 sowie 0,88 und die Kommunalitäten 94% sowie 83% (Skiebe u. a. 1988).

Die Merkmalsbeziehungen der jeweiligen in Frage kommenden Kreuzungspartner lassen sich auch durch Clusteranalysen deutlich machen. Sie geben ferner Hinweise dafür, wie groß die genetische Differenz zwischen den potentiellen Kreuzungspartnern ist. Will man nur die Distanz kennen, genügen euklidische Abstandsmaße oder Mahalanobis-(D^2)Werte.

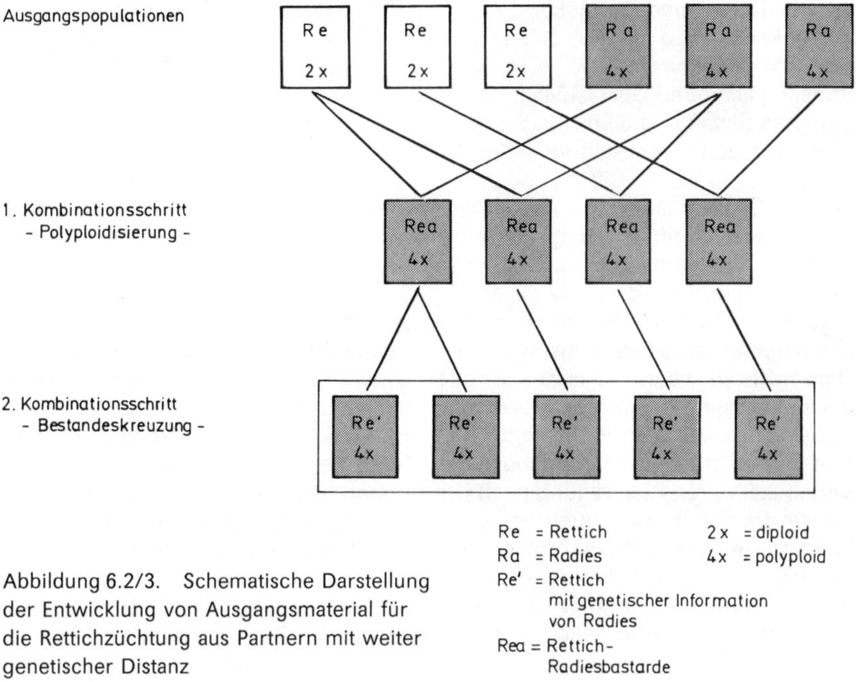

Abbildung 6.2/3. Schematische Darstellung der Entwicklung von Ausgangsmaterial für die Rettichzüchtung aus Partnern mit weiter genetischer Distanz

Bei den Stabtomaten haben beispielsweise die beiden Hybridsorten „Sonato" und „Harzfeuer" eine große genetische Distanz. Sie sind deshalb als Ausgangsmaterial für eine Ertragserhöhung gut geeignet.

Die Bedeutung der genetischen Distanz läßt sich auch bei wenig verwandten Idiotypen wie Rettich und Radies demonstrieren. Zieht man dann noch unterschiedliche Genom-Valenzstufen in eine Kombinationskreuzung ein, dann ist die genetische Divergenz besonders groß. Eine Kombination zwischen 2x-Rettich und 4x-Radies läßt sich trotzdem in einem Kreuzungsschritt vornehmen, da Rettich relativ viel funktionsfähige unreduzierte Eizellen bildet. Auf dem 4x-Niveau entsteht dann nach einem gemeinsamen Abblühen von 4x-Pflanzen ein sehr gutes Basismaterial für die nachfolgende Selektion (Dehne u. a. 1988). Es eignet sich besonders für die Schaffung neuer qualitativ hochwertiger 4x-Rettiche (Abb. 6.2/3.).

Für eine Ertragsverbesserung gilt im allgemeinen: je höher die additiven Effekte sowie Eigenleistungen sind und je mehr sich die Partner unterscheiden, um so größer können die erzielbaren züchterischen Fortschritte sein. Beziehungen zwischen geographischer Distanz von Linien sowie hoher Ertragsleistung in der F_1 bzw. F_2 und damit potentielle Eignung als Kombinationspartner wurden in der Regel nicht gefunden.

Faktor- bzw. Distanzanalysen aus der geschilderten Sicht, wurden allein oder kombiniert bereits bei mehreren Objekten durchgeführt, so z. B. bei:

Erbsen (DOBHAL und RAM 1985),
Hirse (KUKADIA u. a. 1984),
Reis (RATHO 1984),
Rübsen (SINGH und GUPTA 1985),
Tomaten (SINGH und SINGH 1985) und
Futterpflanzen – mehrjährig – (ROD 1982).

Bei den Distanzmaßen ist zu beachten, daß sie je nach den verwendeten Merkmalen verschiedene Repräsentanz besitzen. Sie ist hoch bei Merkmalen mit einem hohen Heritabilitätskoeffizienten und bei hohen Kommunalitäten. Bei Tomaten sind es beispielsweise die Merkmale „Fruchtanzahl", „Einzelfruchtmasse" und „Zunahme der Pflanzenlänge" (FECHNER 1986).
Noch besser ist es allerdings, wenn die erbliche Distanz unmittelbar erfaßt wird. Dies trifft zu, wenn mit Hilfe mehrerer Endonukleasen die Restriktionsmuster der potentiellen Ausgangspopulationen für eine Züchtung analysiert werden.
Für eine Auswahl von Partnern für Kombinationskreuzungen sind weitere Kriterien heranzuziehen. Dazu gehört bei Merkmalen mit einer kontinuierlichen Variabilität deren Ausprägung nach Kreuzungen. Dieses Kriterium gilt in der Regel für die gesamte Art, meistens sogar für verschiedene Arten. So verhält sich beispielsweise die Pflanzenlänge, soweit es sich nicht um Genotypen mit einem determinierten Wachstum handelt, fast immer heterotisch. Das gleiche gilt für die Fruchtanzahl. Demgegenüber zeigt die Fruchtgröße in der Regel ein intermediäres Merkmalsverhalten. Entsprechendes trifft für den Gehalt an sekundä-

Tabelle 6.11. Beispiele für ein erbliches Merkmalsverhalten bei Tomaten

Merkmalsbeispiel	Beispiel einer Merkmalsausprägung Eltern	Hybride	Charakterisierung des Merkmalsverhaltens	Bezeichnung des erblichen Merkmalsverhaltens
Anzahl marktfähiger Früchte	mittel gering	viel	Hybride: besserer Elter	heterotisch
Kämmerigkeit der Frucht	zweikämmerig mehrkämmerig	zweikämmerig	Hybride: ein Elter	prävalierend
Festigkeit der Frucht	fest weich	mittelfest	Hybride: beide Eltern	intermediär
rassenunspezifische Krankheitsresistenz	anfällig schwach resistent	hoch anfällig	Hybride: schlechterer Elter	heterotisch
Einzelfruchtmasse	hoch niedrig	mittel	Hybride: beide Eltern	intermediär

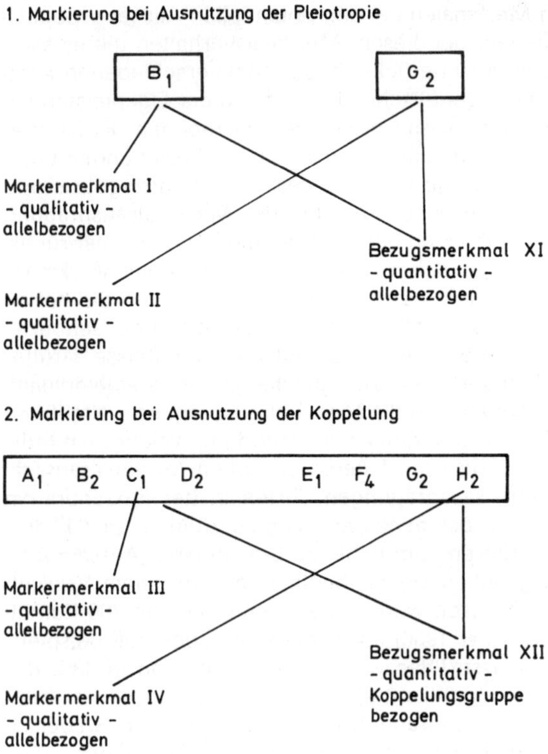

Abbildung 6.4. Schematische Darstellung von zwei verschiedenen Markierungsmöglichkeiten für quantitative Merkmale

ren Inhaltsstoffen zu (Skiebe u. a. 1988). Für die Tomate ist in Tabelle 6.11 eine kurze Übersicht über erbliches Merkmalsverhalten gegeben.

Sehr wertvoll für eine Auswahl aus dem Kreis der vorhandenen, potentiellen Kombinationspartner sind Kenntnisse über die genetischen Grundlagen der Merkmalsausprägung die mit Hilfe von Markern erarbeitet worden sind. Dabei kann man sich sowohl einer Pleiotropie als auch einer Faktorenkoppelung bedienen (Abb. 6.4). Wie man von qualitativen Merkmalen auf genetische Grundlagen quantitativer Merkmale schließen kann, wird in Abschnitt 6.2.5. erläutert.

Zu den Auswahlkriterien gehören nicht zuletzt auch die jeweiligen Eigenleistungen der Populationen. Es müssen bei den einzelnen Merkmalen auch die Ausprägungen im Vergleich zu den Standards bzw. zum angestrebten Zuchtziel erfaßt werden.

Liegt ein intermediäres Merkmalsverhalten vor, muß wenigstens einer der Kombinationspartner eine Merkmalsausprägung besitzen, die der des Zuchtzieles entspricht. Wird von einem der Kombinationspartner das Zuchtziel unterschritten, muß diese Minderleistung durch den anderen Kombinationspartner kompensiert werden. Die genetische Distanz hat in solchen Fällen nur eine sekundäre Bedeutung. Anders verhält es sich bei heterotischen Merkmalen. Bei ihnen gilt es vor allem die genetische Distanz zu beachten. Sie muß groß sein. Die Ei-

genleistung kann bei solchen Merkmalen bei den potentiellen Ausgangspopulationen unter dem Zuchtziel liegen. Bei diesem Merkmalsverhalten gilt es allerdings noch ein weiteres Kriterium zu berücksichtigen. Bei verschiedenen Kombinationen ist unter Beachtung der genetischen Distanz und der Eigenleistung in der F_1-Generation mit hohen Merkmalsausprägungen zu rechnen. Es ist aber einzukalkulieren, daß sie vielfach auf superdominanten Allelbeziehungen beruhen (vgl. 1.3.). Daher wird es im Zuge einer successiven Homozygotisierung von der F_2-Generation bis zur F_∞ zu einer Senkung der Merkmalsausprägung kommen. Diese Sachlage ist bei Objekten des Befruchtungs- und Vermehrungstyps I gegeben. Bei ihnen lassen sich daher in Reinzuchtsorten hohe Merkmalsausprägungen der F_1-Generation nicht nutzen. Anders ist es, wenn die hohen Merkmalsausprägungen in der F_1-Generation auf additiven Allel- und Genbeziehungen oder auf Superepistasie beruhen (vgl. 1.3. und 1.4.). Kenntnisse darüber werden allerdings meistens nicht vorliegen. Das gleiche gilt für Parameterschätzungen. Bei ihnen käme es darauf an, daß die Merkmalsausprägung weitgehend auf additiven Effekten beruht. Trotzdem gibt es ein Kriterium, welches ein Indiz für die erforderlichen, in Reinzuchtsorten fixierbaren hohen Merkmalsausprägungen liefert. Hohe F_1-Merkmalsausprägungen dürfen in der F_2-Generation nur möglichst wenig abfallen. Um das genau erfassen zu können, sind Eltern: F_1 (R_1F_1) : F_2-Vergleiche durchzuführen. Um dabei zu brauchbaren Aussagen zu kommen, sind sie unter den gleichen Umweltbedingungen in einem Versuch vorzunehmen. Unter diesen Prämissen wurden bei Gemüseerbsen 200 Kombinationen analysiert (Arndt und Skiebe 1986). Es zeigte sich dabei, daß beispielsweise bei dem Merkmal Kornmasse/Pflanze in der F_1-Generation in 43% der Kombinationen der bessere Elter signifikant übertroffen wurde. In den meisten Kombinationen sank die Merkmalsausprägung in der F_2-Generation wieder signifikant ab. Lediglich in wenigen Fällen kam es zwischen der F_1- und der F_2-Generation zu keiner signifikanten Differenz. Diese Kombinationen ergaben züchterisch weiter bearbeitet auch Stämme, die in der F_∞-Generation* noch hohe Merkmalsausprägungen besaßen. Sie entsprachen fast immer wenigstens denen der Spitzensorten des Sortimentes oder übertrafen sie sogar deutlich.
Besonders aussagekräftig sind Eltern : F_1 : F_2-Vergleiche, wenn sich die heterozygote F_1-Generation einer homozygoten Generation in der F_2 gegenüberstellen läßt. Das ist möglich, wenn F_1-Bastarde mit Hilfe der Bulbosumtechnik oder einer Gametophytenkultur homozygotisiert werden (vgl. 6.2.5.). Die Eltern : F_1 : F_2-Vergleiche gewinnen auch an Repräsentanz bei der Verwendung von Markern, die Hinweise auf Homozygotie oder Heterozygotie geben. Dabei kann es sich sowohl um morphologische als auch um biochemische Marker handeln.
Bei Objekten anderer Befruchtungs- und Vermehrungstypen haben die additiven Effekte einen anderen Stellenwert. Bei den Typen 2, 4, 6 und 8 lassen sich im Rahmen einer Reinzüchtung sowohl additive als auch nichtadditive Effekte nutzen. Trotzdem sollte man auch bei diesen Objekten Kenntnisse über die Ur-

* Mit F_∞ bezeichnen wir eine F_n, die sich von F_{n-1} kaum unterscheidet, mitunter aber auch den Grenzwert F_n für $n \rightarrow \infty$

sachen der Merkmalsausprägung haben. Falls sie nicht vorliegen, sind ebenfalls Eltern : F_1 : F_2-Vergleiche zu empfehlen.
Um eine effektive Auswahl bei den potentiellen Kombinationspartnern vornehmen zu können, gilt es auch die Merkmale mit einer diskontinuierlichen Variabilität zu berücksichtigen. Dabei bedarf es entsprechender Kenntnisse über die genetischen Ursachen der Merkmalsausprägung. Wie schon in Kapitel 1 gezeigt wurde, ist mit einem Spektrum von Allelwirkungen, Allelbeziehungen und Genbeziehungen zu rechnen. Es sei hier vor allem auf die Polygenie gleicher Phäne hingewiesen. Bei der Tomate beispielsweise kann die Anthocyanlosigkeit auf den rezessiven Allelen acht verschiedener Genorte beruhen. Sie gehören zu sechs Kopplungsgruppen. Außerdem haben sie mitunter differente pleiotrope Nebenwirkungen (vgl. 1.3.7.). Die gleiche Merkmalsausprägung kann sowohl durch das Zusammenwirken von jeweils zwei dominanten und zwei rezessiven Allelpaaren zustandekommen. Diese Konstellation ist bei der Erbse gegeben. Sowohl die $A_1A_1B_1B_1$- als auch die $A_2A_2B_2B_2$-Genotypen sind gradhülsig (vgl. 1.4.3.).
Man sollte wissen, ob sich verschiedene Genotypen mit dem gleichen Phänotyp miteinander kombiniert ergänzen bzw. addieren können. So sind bei der Erbse $A_1A_1B_2B_2$- und $A_2A_2B_1B_1$-Genotypen schwach resistent. Die Resistenz nimmt in $A_1A_1B_1B_1$-Genotypen deutlich zu (vgl. 1.4.3.) und ist in $A_1A_1B_1B_1C_1C_1$-Genotypen noch stärker ausgeprägt.
Es gilt ferner zu beachten, daß Allele eines Kombinationspartners durch Allele des zweiten Elters zu einer anderen Wirkung gelangen. So bedingt bei der Erbse das Allel A_1 eine rot-violette und das Allel A_2 eine grüne Hülsenfarbe in Gegenwart des B_1-Allels. Hat der A_1-Träger einen Partner mit dem B_2-Allelpaar, codiert das A_1-Allel eine rotviolette und das A_2-Allelpaar eine grüne Hülsenfarbe. Soll eine rotviolette Hülse die zu züchtende Sorte auszeichnen, ist dieses Ziel auch mit grünhülsigen Genotypen erreichbar.

Für eine Auswahl aus dem Kreis der potentiellen Kombinationspartner sind auch Kenntnisse über vorliegende Koppelungsbeziehungen wichtig. Will man beispielsweise bei der Tomate auf die Tabak-Mosaikresistenz (TMV) orientieren, so ist zu berücksichtigen, daß der TMV-2-Genort und der Nv-Genort benachbart sind. Die Nv_2-Allele bewirken in homozygoter Konstellation Letalität. Die Virusresistenz ist demnach nur mit TMV-2_1 TMV-2. Nv_1 Nv.-Genotypen zu erreichen. Da in der Regel das TMV-2_2-Allel mit dem Nv_1-Allel gekoppelt ist, sollte man Kombinationspartner auswählen, bei denen ein Koppelungsbruch stattgefunden hat.
Für eine effektive Auswahl von Kombinationspartnern ist es also notwendig, Kenntnisse über die genetischen Grundlagen der Ausprägung quantitativer und qualitativer Merkmale zu haben.
Als ein Beispiel dafür werden bei Tomaten für einige qualitative und quantitative Merkmale entsprechende Angaben zusammengestellt. Sie sind verbunden mit Hinweisen für die Auswahl bei den Kombinationspartnern (Tab. 6.12a und b).
Bei Pflanzen gibt es zahlreiche Beispiele für die Entwicklung von Sorten aus einmaligen Kreuzungen mit zwei Partnern. So entstand bei Gemüseerbsen die 1960 zugelassene Sorte 'Moni' aus einer Kreuzung zwischen der buntblühenden

Tabelle 6.12a. Beispiele für eine Vorauswahl von Kombinationspartnern bei Tomaten für Merkmale mit diskontinuierlicher Variabilität

Nr.	Zuchtziel	Genetische Grundlage	Koppelung zu:	mögliche Merkmalsausprägung der Kombinationspartner	Bemerkungen
1	indeterminiertes Wachstum	monogen, dominant, Sp_1 Kopp. Gr. 2	7, 8	indeterminiertes/indeterminiertes Wachstum Wachstum	
				indeterminiertes/determiniertes Wachstum Wachstum	Aufspaltung, Selektion
2	Fusariumresistenz Rasse 1	monogen, dominant J_1 Kopp. Gr. 11	4, 6, 7	Resistenz/Resistenz	
				Resistenz/Anfälligkeit	Aufspaltung, Selektion
3	normalblättrig	monogen, dominant C_1 Kopp. Gr. 6	4, 8	normalblättrig/normalblättrig	
				normalblättrig/mikadoblättrig	Aufspaltung, Selektion
4	Cladosporiumresistenz, vollständig Rassen 1–5	pentagen, dominant $Cf1_1$, $Cf2_1$, $Cf3_1$, $Cf4_1$, $Cf5_1$ Kopp. Gr. 1, 6, 11, 1, 12	1, 2, 3, 6, 7, 8	Resistenz/Resistenz	
				Resistenz/Resistenz gegen 1–4 Rassen	Aufspaltung, Selektion
				Resistenz/Anfälligkeit	Aufspaltung, Selektion
5	einheitliche Fruchtfarbe	monogen, rezessiv U_2 Kopp. Gr. 10		einheitlich/einheitlich	
				einheitlich/geflammt	Aufspaltung, Selektion
6	knicklose Fruchtstiele	digen, rezessiv J_2, $J\text{-}2_2$ Kopp. Gr. 11	2, 4, 7	knicklos/knicklos	
				knicklos/knickbar	Aufspaltung, Selektion
7	Anthocynlosigkeit	oktagen, rezessiv A_2, AA_2, AW_2, AE_2, AF_2, AFR_2, AH_2, BLS_2 Kopp. Gr. 11, 2, 2, 8, 5, 8, 9, 3	1, 2, 4, 6, 8	anthocyanfrei/anthocyanfrei	
				anthocyanfrei/anthocyanhaltig	Aufspaltung, Selektion

Tabelle 12a (Fortsetzung)

Nr.	Zuchtziel	Genetische Grundlage	Koppelung zu:	mögliche Merkmalsausprägung der Kombinationspartner		Bemerkungen
8	Nekrosefreiheit	digen, rezessiv, dominant,	1, 3, 4, 7	nekrosefrei / anfällig/	nekrosefrei anfällig	
		komplementierend, Ne_2, $Cf2_1$		nekrosefrei/ anfällig/	nekrosefrei resistent	Aufspaltung, Selektion
		Kopp. Gr. 2, 6		nekrosefrei/ anfällig/	nekrotisch resistent	Aufspaltung, Selektion

Zuchtziel	erbliches Merkmalsverhalten	mögliche Merkmalsausprägung der Kombinationspartner	genetische Distanz
hohe Fruchtanzahl	heterotisch	mittel/mittel mittel/hoch	groß
Zweikämmerigkeit der Früchte	prävalierend	zweikämmerig/ zweikämmerig zweikämmerig/ mehrkämmerig	variabel
feste Früchte	intermediär	mittel/sehr fest fest/fest	variabel
große Einzelfruchtmasse	intermediär	mittel/sehr groß groß/groß	variabel
große Samenmenge	heterotisch	mittel/mittel mittel/hoch	groß

Tabelle 6.12b. Beispiele für eine Vorauswahl von Kombinationspartnern bei Tomaten für Merkmale mit kontinuierlicher Variabilität

Futter-Schalerbse 'Hohenheimer' und der weißbühenden Gemüse-Markerbse 'Senator'.

Eine der ertragreichsten Buschbohnensorten, die schon vor 20 Jahren fertiggestellt wurde, ist die Sorte 'Berggold'. Sie basiert ebenfalls auf einer einmaligen Kreuzung. Die Eltern waren die grünhülsige Sorte 'Selenta' und die gelbhülsige Sorte 'Goldmarie'.

Gilt es, Rassen oder Sorten zu erzeugen, die in mehreren Merkmalen zu verbes-

sern sind, zwei Kreuzungspartner aber dafür nicht die genetische Information besitzen, dann sind drei und mehr Linien als Partner zu verwenden. Derartige Verfahren sind kompliziert in der Durchführung. Gelingt es aber, sie erfolgreich durchzuführen, sind die erzielten züchterischen Effekte meistens sehr bedeutungsvoll. Dabei ist zu berücksichtigen, daß mit Mehrpartner-Kreuzungen in der Regel ein sehr hoher Heterozygotiegrad bzw. Heterozygotenanteil in den F-Generationen erzielt wird. Das begünstigt wieder das Auftreten solcher Kopplungsbrüche, die als „intrachromosomale Rekombinationen" züchterisch sehr wichtig sind (vgl. 1.5.).
Bei Mehrfachkreuzungen ist eine andere Generationsbetrachtung notwendig. Die F_1-Generationen können gleichzeitig die P-Generationen sein. Das erschwert den $F_1:F_2$-Vergleich. Außerdem ist die Selektion den veränderten Bedingungen bei den Mehrfachkreuzungen anzupassen.
Von den Mehrfachkreuzungen werden in der Züchtung besonders 3-Partnerkreuzungen angewandt. Dabei kann es sich sowohl um die Kombinationen (A·B)·C als auch um (A·B)·(A·C) handeln. Beim zweiten Kombinationsprinzip werden die Merkmale des A-Partners stark betont und lassen sich auch leichter in einer neuen Linie realisieren. Besonders in der Triticale-Züchtung haben sich 3-Partnerkreuzungen als brauchbar erwiesen, wenn es galt, negativ korrelierte Merkmale zu einer züchterisch günstigen Ausprägung zu bringen. Dabei kann sich der A-Partner beispielsweise durch einen hohen Rohproteingehalt auszeichnen, während der B-Partner eine gute Standfestigkeit und der C-Partner einen hohen Ertrag bewirkt.
Vierpartner-Kreuzungen als (A·B)·(C·D)- oder [(A·B)·C]·D-Kombinationen haben sich in der Züchtung ebenfalls bewährt. Auf ein derartiges Verfahren geht bei Buschbohnen die 1972 zugelassene Sorte 'Esto' zurück. Sie zeichnet sich vor allem durch Frühzeitigkeit, hohen Ertrag und gute Qualität aus. Auch mehr als 4 Partner verwendet man mitunter in der Züchtung. So basiert beispielsweise die 1972 zugelassene Sorte 'Valja' bei grünen Buschbohnen auf einer Kreuzung, an der fünf Partner beteiligt sind. Diese Sorte vereinigt hohen und sicheren Ertrag, gute Qualität und mittlere bis starke Resistenz gegen die wichtigsten Krankheiten.
Noch mehr als 5 Partner zu benutzen, wird sich jeweils auf Sonderfälle beschränken.

In diesem Zusammenhang ist auf eine besondere Form der Mehrfachkreuzungen hinzuweisen. Es handelt sich um die Kreuzungsverbände bzw. Intercrosspopulationen (Hänsel 1969). Sie werden für Selbstbefruchter, insbesondere für Getreide, also Objekte des Befruchtungs- und Vermehrungstyps 1 und 2 empfohlen. Dabei geht es um die Verbesserung von quantitativen, polygen bedingten Merkmalen. Zu diesem Zweck werden mindestens vier bis sechs Elter als Mutter und Vater verwendet. Diese Linien setzt man nach einer Kastration einer zufälligen Fremdbefruchtung aus. Danach wird geselbstet und selektiert. Dieses Prinzip kann mehrmals wiederholt werden. Durch den hohen Heterozygotiegrad ist mit relativ vielen Kopplungsbrüchen zu rechnen.
In solchen Intercross-Populationen kommt es zu einer besonders breiten genetischen Variabilität. Es ist dabei mit einem vielfältigen Spektrum an Allel- und

Genbeziehungen zu rechnen. Im Ergebnis einer derartigen multiplen Kreuzung entstand beispielsweise in Bulgarien die 6x-Triticale-Sorte 'Vihren' (TSVETKOV 1985).
Mehrfachkreuzungen werden nicht nur mit F_1-Bastarden durchgeführt. Mitunter ist es notwendig, in den Einfachbastarden einen bestimmten Rekombinationsschritt zu vollziehen, bevor erneut bastardiert wird. Ein treffendes Beispiel dafür gibt es bei 6x-Triticale. Kreuzt man 6x-Triticale mit 4x-Roggen, entstehen anorthoploide 5x-Bastarde, die hochgradig steril sind. Sie müssen erst wieder auf die 6x-Valenzstufe gebracht werden. Außerdem bedarf es einiger Generationen, bevor der gewünschte Rekombinationseffekt realisiert ist. Erst dann sind Einfachbastarde in einer Mehrfachkreuzung zusammenzufassen. Geschieht dies, lassen sich Linien selektieren, welche die Ausgangsform und die Einfachbastarde deutlich im Ertrag und im Rohproteingehalt übertreffen (SKIEBE und SCHREIBER 1986).
Bei den Verfahren der Kombinationskreuzung sollte schon allein aus Gründen der Zuchtzeitbeschleunigung die Auslese früh beginnen. Bei den Befruchtungs- und Vermehrungstypen 6 und 8 kann es bereits die F_1-Generation sein, da die Kreuzungspartner in der Regel heterozygot sein werden. Bei anderen Befruchtungs- und Vermehrungstypen, insbesondere beim Typ 1, ist es die F_2-Generation, bei der die Selektion einsetzt. Sie ist dann fortzuführen. Es werden einzelne Individuen selektiert und deren Nachkommenschaft geprüft. Aus den besten Nachkommenschaften werden wieder einzelne Individuen selektiert und deren Nachkommenschaft erneut geprüft. Bei dem Befruchtungs- und Vermehrungstyp 1 liest man bei den einzelnen Individuen sowohl auf die mütterliche wie auch auf die väterliche Komponente aus.
Im übrigen kann es mitunter bei diesem Befruchtungs- und Vermehrungstyp auch effizient sein, erst in späteren Generationen auszulesen (FISCHBECK u. a. 1985). Dies ist besonders dann der Fall, wenn Allele vieler Genloci an einer Merkmalsausprägung beteiligt sind die alle die gleiche Wirkung haben, sich außerdem addieren, unabhängig spalten und zudem noch in homozygoter Konfiguration phänotypisch erkennbar sind (SCHWARZBACH 1981). Bei einer derartigen Sachlage ist zu berücksichtigen, daß wegen des schnellen Homozygotwerdens die genetisch mögliche Merkmalsausprägung oft nicht realisierbar ist. So liegt bereits bei einem Umfang von 200 Populationen und bei 20 spaltenden Genloci die obere Grenze des Züchtungsspielraumes unter 100 %. Sie beträgt bei 10 Populationen und 100 spaltenden Genloci nur noch 68,5 % (SCHWARZBACH 1981). Diese Grenze läßt sich nach oben verschieben, wenn in der 6. Generation eine Kombination zwischen verschiedenen Linien vorgenommen wird. Wird diese Maßnahme nach weiteren 6 Generationen wiederholt, kann man bereits fast 90 % der potentiellen Merkmalsausprägung erreichen. Dies trifft allerdings nur dann zu, wenn die Linienentwicklung mit einer laufenden Selektion verbunden ist (Pedigreeverfahren). Werden die Linien in beiden Zyklen aus Einkornramschen (SSD-Verfahren) gewonnen, dann liegt der Züchtungsspielraum etwas niedriger. Allerdings ist bei diesem Vorgehen auch der Aufwand niedriger, der vor allem aus einem geringeren Flächenbedarf und weniger Selektionsentscheidungen resultiert (SCHWARZBACH 1981).
Will man den Aufwand möglichst gering halten und trotzdem den potentiellen

Zuchtfortschritt ausschöpfen, dann bietet es sich an, Doppelhaploide (vgl. 6.2.5.) zu erzeugen (Powell u. a. 1986).
Wird mit dem Befruchtungs- und Vermehrungstyp 8 gearbeitet, ist die Nachkommenschaftsleistung bei den Müttern und Vätern von dem jeweiligen Partner abhängig.

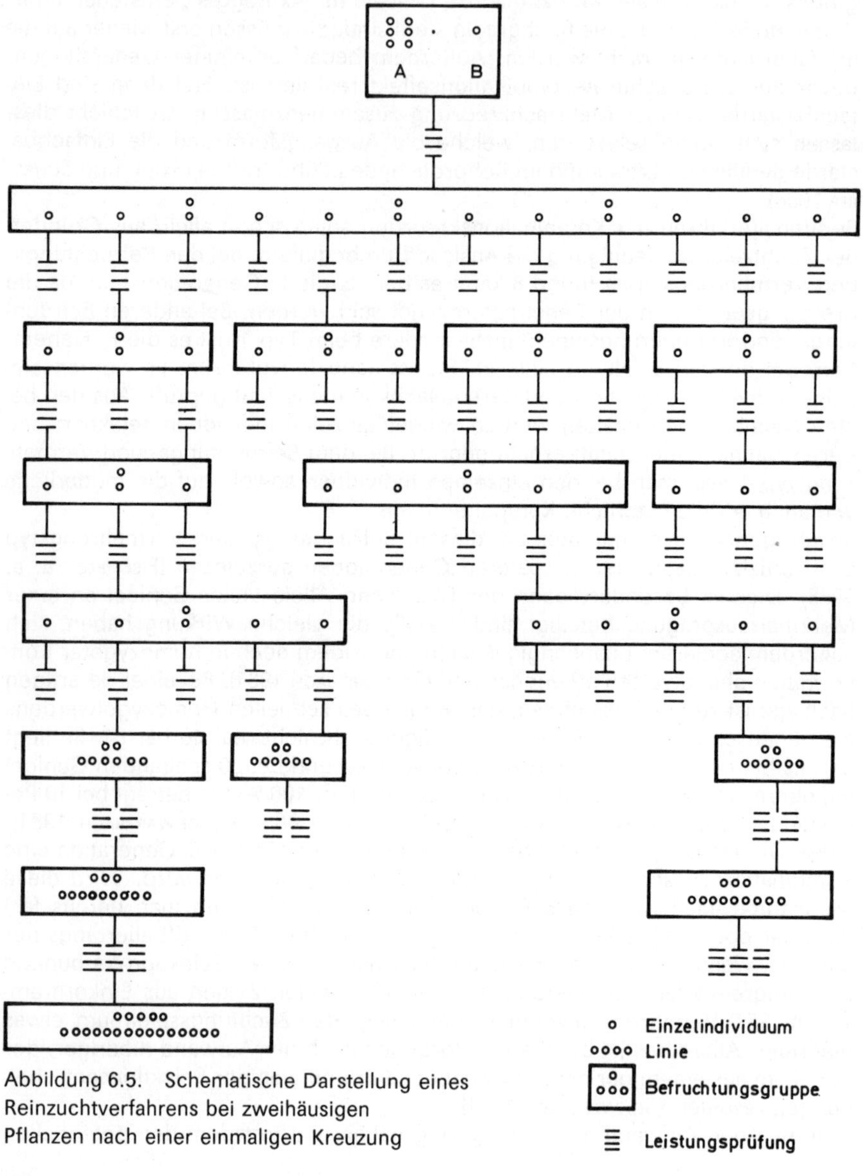

Abbildung 6.5. Schematische Darstellung eines Reinzuchtverfahrens bei zweihäusigen Pflanzen nach einer einmaligen Kreuzung

Im Laufe des Zuchtprozesses sind aus Einzelindividuen Linien zu entwickeln. Dies erfordert die Reproduktion, aber auch die Prüfbarkeit. Linien sind im allgemeinen nach etwa 4–8 Auslesezyklen erzeugbar. Aus guten Nachkommenschaften werden dann nur noch abweichende Individuen eliminiert und im übrigen erfolgt die Reproduktion der guten Individuen im Verband.
In Abbildung 6.5. sind die Grundprinzipien einer Synthese von Populationen nach einer einmaligen Kreuzung für den Befruchtungs- und Vermehrungstyp 8 schematisch dargestellt. Bei dieser Darstellung wird davon ausgegangen, daß die generativen Reproduktionen immer erst nach Leistungsprüfungen erfolgen. Das läßt sich nicht bei allen Objekten bzw. Zuchtzielen durchführen. In solchen Fällen ist eine generative Reproduktion auf Verdacht vorzunehmen. Bestätigen sich die gemachten Annahmen nicht, ist die Nachkommenschaft zu verwerfen und es wird auf andere Linien zurückgegriffen.
In dem in Abbildung 6.5. gegebenen Beispiel wird mit Geschwisterpaarungen gearbeitet. Dies muß nicht immer die Regel sein. Um mit einer Züchtung möglichst schnell wirksam zu werden, sind Zuchtzeitverkürzungen anzustreben. Dazu gehören bei Pflanzen Generationsbeschleunigungen. Sie lassen sich bei nahezu allen Objekten erreichen. Dabei besteht die Gefahr, daß der Ausleseumfang zu klein wird. Außerdem ist unter Bedingungen auszulesen, die für die Merkmalsausprägung nicht typisch sind. Ferner ist darauf zu achten, daß die Generationsbeschleunigung nicht zu Lasten der generativen Reproduktionsrate geht. Ist dies nicht der Fall, und reichen die erzeugten Samen für Nachkommenschaftsprüfungen aus, dann werden mit Generationsbeschleunigungen auch Zuchtzeitverkürzungen eintreten.
Bei Generationsbeschleunigungen handelt es sich nicht nur um eine Kultur in Gewächshäusern mit Zusatzlicht oder in Klimakammern, sondern auch um die Aufzucht von Embryonen unter in vitro-Bedingungen. Damit wird die völlige Samenentwicklung und Samenreife überflüssig. Außerdem erspart man sich die Brechung einer Keimruhe. Ferner erübrigt sich eine Jarowisation. Bei 6x-Winter-Triticale wurde ein entsprechendes Verfahren, zusammen mit einer Gewächshauskultur unter Zusatzlicht ausgearbeitet, welches sich in der Züchtung gut bewährt hat. Dabei lassen sich mindestens zwei Generationen im Jahr kultivieren (Skiebe und Neumann 1985).
Bei Buschbohnen lassen sich unter Einschluß von Selektionen und Nachkommenschaftsprüfungen drei Generationen im Jahr erzielen. Dabei kann eine Generation unter ähnlichen Bedingungen wie im Freiland wachsen. Um eine frühere Aussaat und eine schnellere Reife zu ermöglichen, muß sie allerdings im Frühbeet kultiviert werden. Die anderen beiden Generationen verlangen als Standort Gewächshäuser mit Zusatzbelichtung.
Die Realisierung mehrerer Zuchtziele kann an den jeweiligen Selektionseinheiten, den einzelnen Individuen oder Linien, gemeinsam erfolgen. Mitunter ist jedoch eine gleichzeitige Selektion auf mehrere Zuchtziele an den einzelnen Individuen nicht möglich. So schließen sich manchmal gleichzeitige Auslesen auf Resistenz gegenüber verschiedenen Krankheiten aus. Dies kann darauf beruhen, daß für eine Auslese auf die jeweiligen Krankheiten verschiedene Umweltbedingungen benötigt werden.
Es ist auch damit zu rechnen, daß sich durch eine künstliche Infektion mit dem

ersten Krankheitserreger die Praedisposition für den zweiten verändert. Mitunter schließt sich auch eine gleichzeitige Testung auf Ertrag und Krankheitsresistenz aus, weil die Bedingungen für eine künstliche Infektion von denen für einen normalen Ertrag zu stark abweichen oder die Pflanzen durch den Krankheitstest sehr geschwächt sind. In all solchen Fällen ist es möglich, die jeweiligen Merkmale nacheinander zu berücksichtigen. Dabei dürfen bei der Elimination in der ersten Auslesestufe gesuchte Allele für die nächsten Stufen nicht verloren gehen. Um das zu verhindern, muß die erste Auslesestufe so umfangreich dimensioniert sein, daß für die weiteren Selektionen noch genügend Individuen vorhanden sind, damit die gesuchten Genotypen auch mit hoher Wahrscheinlichkeit vorkommen können. Dabei bedeutet jede Auslesestufe mindestens zwei Generationen. Bei Dominanz muß in der nächsten Generation noch auf Homozygotie getestet werden. Dies gilt auch, wenn die Merkmalsausprägung auf additiver Wirkung dominanter Allele beruht.
Sind vier Paralleltestungen bei jeweils zwei Selektionen notwendig, erfordert der Prozeß acht Generationen. Für Bohnen wird dafür ein Beispiel in Tabelle 6.13. gegeben. Rechnet man nach der F_{10} noch je zwei Jahre interne Züchterprüfung, zwei Jahre Vorprüfung und zwei Jahre Hauptprüfung, so dauert die Züchtung bis zur Fertigstellung einer Sorte etwa 9 bis 10 Jahre. Ohne Generationsbeschleunigung sind etwa 15 Jahre einzukalkulieren.
Anders ist die Situation bei Objekten der Befruchtungs- und Vermehrungsty-

Tabelle 6.13. Parallelselektionen bei vier Merkmalen

Generation	Test und Auslese auf			
	Ertrag	Pilz-resistenz	Bakterien-resistenz	Virus-resistenz
P_1	E	P	B	V
P_2	E	P	B	V
F_1	E	P	B	V
F_2	E	P	B	V
F_3	$E\ \underline{P}$	$P\ \underline{V}$	$\underline{E}\ B$	$\underline{B}\ V$
F_4	$E\ \underline{P}\ \underline{V}$	$P\ \underline{B}\ \underline{V}$	$\underline{E}\ \underline{P}\ B$	$\underline{E}\ \underline{B}\ V$
F_5	$E\ \underline{P}\ \underline{B}\ \underline{V}$	$\underline{E}\ P\ \underline{P}\ \underline{V}$	$\underline{E}\ \underline{P}\ \underline{B}\ B$	$\underline{E}\ \underline{B}\ \underline{V}\ V$
F_6	$E\ \underline{E}\ \underline{P}\ \underline{B}\ \underline{V}$	$\underline{E}\ P\ \underline{B}\ \underline{V}\ \underline{V}$	$\underline{E}\ \underline{P}\ \underline{P}\ B\ \underline{V}$	$\underline{E}\ \underline{P}\ \underline{B}\ \underline{B}\ V$
F_7	$E\ \underline{E}\ \underline{P}\ \underline{B}\ \underline{V}\ \underline{V}$	$\underline{E}\ \underline{E}\ P\ \underline{P}\ \underline{B}\ \underline{V}$	$\underline{E}\ \underline{P}\ \underline{P}\ B\ \underline{B}\ \underline{V}$	$\underline{E}\ \underline{P}\ \underline{B}\ \underline{B}\ \underline{V}\ V$
F_8	$E\ \underline{E}\ \underline{P}\ \underline{B}\ \underline{B}\ \underline{V}\ \underline{V}$	$\underline{E}\ \underline{E}\ P\ \underline{P}\ \underline{B}\ \underline{V}\ \underline{V}$	$\underline{E}\ \underline{E}\ \underline{P}\ \underline{P}\ B\ \underline{B}\ \underline{V}$	$\underline{E}\ \underline{P}\ \underline{P}\ \underline{B}\ \underline{B}\ \underline{V}\ V$
F_9	$E\ \underline{E}\ \underline{P}\ \underline{P}\ \underline{B}\ \underline{B}\ \underline{V}\ \underline{V}$	$\underline{E}\ \underline{E}\ P\ \underline{P}\ \underline{B}\ \underline{B}\ \underline{V}\ \underline{V}$	$\underline{E}\ \underline{E}\ \underline{P}\ \underline{P}\ B\ \underline{B}\ \underline{V}\ \underline{V}$	$\underline{E}\ \underline{E}\ \underline{P}\ \underline{P}\ \underline{B}\ \underline{B}\ \underline{V}\ V$

Zeichenerklärung: Selektion auf Ertrag = E, Pilzresistenz = P, Bakterienresistenz = B, Virusresistenz = V; ab der F_2-Generation bereits vorgenommene Selektion auf Ertrag = $\underline{E}$, Pilzresistenz = $\underline{P}$, Bakterienresistenz = $\underline{B}$, Virusresistenz = $\underline{V}$

pen 3 und 7. Unterstellt man die Möglichkeit einer generativen Kreuzung, die meistens gegeben ist, dann wird in der Regel bei einer Bastardierung von heterozygoten Partnern ausgegangen. In der F_1-Generation kommt es bereits zu Aufspaltungen. In dieser Generation wird in der Regel auch ausgelesen. Handelt es sich um rezessiv bedingte Merkmale, und war ein Kreuzungspartner homozygot und vollständig dominant, dann muß die F_2-Generation noch zur Auslese herangezogen werden. Außerdem ist der Umfang entsprechend der Anzahl und der Wirkungsweise der beteiligten Gene zu gestalten. Die selektierten Einzelpflanzen werden umgehend vegetativ vermehrt. Vielfach kommt dabei eine in-vitro-Verklonung zur Anwendung. Ist die vegetative Reproduktionsrate hoch genug, und handelt es sich um einjährige Objekte (z. B. Kartoffel), so kann bereits im 4. Jahr mit der internen Züchterprüfung begonnen werden. Die Dauer einer Züchtung bis zur Fertigstellung einer Sorte, ohne Generationsbeschleunigung, beträgt dann wenigstens 9 Jahre.
Mit Ausnahme des Befruchtungs- und Vermehrungstypes 1 setzen sich die gezüchteten Rassen oder Sorten aus teilweise heterozygoten Genotypen zusammen. Heterozygotie in Genorten, die sich direkt oder pleiotrop auf Fitness-Merkmale auswirken, ist im allgemeinen für deren Ausprägung günstig. Bei Objekten des Befruchtungs- und Vermehrungstypes 1 besteht die Möglichkeit, Linien zu entwickeln, die sich weitgehend nur aus einem einzigen Genotyp zusammensetzen, und die in fast allen Genorten homozygot sind. Dies gilt besonders bei Anwendung von Homozygotisierungsverfahren (vgl. 6.2.5.). Werden sie nicht benutzt, dann ist im Laufe einer Neuzucht kaum damit zu rechnen, daß derartig homogene und homozygote Linien entstehen. Dies gelingt aber im Laufe einer intensiv betriebenen Erhaltungszüchtung. Es stellt sich die Frage, ob dies anzustreben ist. Womöglich steht dies in einem Zusammenhang mit dem Fakt, daß Sorten des Befruchtungs- und Vermehrungstypes 1 keine lange Lebensdauer haben. Ihre Leistungsfähigkeit läßt in Fitness-Merkmalen so stark nach, daß sie durch neue Sorten ersetzt werden müssen.
Eine derartige Konstellation läßt sich durch verschiedene Maßnahmen zumindest abmildern. Dazu gehören: Auslese auf Idiotypen, die etwas zur Fremdbefruchtung neigen, Durchführung von Kreuzungen zwischen verschiedenen Linien einer Sorte, Einschränkung der Erhaltungszüchtungsmaßnahmen durch Herstellung großer Mengen von Zuchtgarteneliten, die für die Erzeugung von mehreren Hochzuchtpartien ausreichen.

6.2.4.1.2. Rückkreuzungen von Populationen

Unterscheiden sich Kreuzungspartner genetisch sehr stark, so ist mit einer großen Aufspaltung zu rechnen. Es besteht dann die Gefahr, gesuchte Neukombinanten nicht zu finden. Das gilt besonders dann, wenn in einen Partner nur ein Allel oder wenige Allele eines anderen Partners eingelagert werden sollen. Für solche Fälle setzt man Rückkreuzungen ein. Das Rückkreuzungsverfahren führt mitunter andere Bezeichnungen. So wird in der Tierzüchtung auch von Verdrängungs- oder Absorptionszüchtung gesprochen.
Bei Pflanzen ist es häufig notwendig, ein Allel oder wenige Allele einer Wild- oder Primitivform in eine Kulturform oder Sorte einzuführen. Mitunter geht es

auch darum, ein bestimmtes Allel, welches aus einer Genmutation hervorgegangen ist, in ein Sortiment von Kulturformen oder -sorten zu inkorporieren. Auch für solche Fälle eignen sich Rückkreuzungen gut. Für alle diese Aufgaben erfolgt die Rückkreuzung wiederholt mit dem Empfängeridiotyp. Bei der Verdrängungskreuzung fungiert der Spender als Rückkreuzungspartner. Bei unbekanntem Vererbungsmodus der einzulagernden Allele erfolgt die Anwendung des Rückkreuzungsverfahrens empirisch. Wenn möglich, wird in jeder Generation getestet, ob in den Zuchtobjekten die gewünschten Allele oder Merkmale vorhanden sind. Der „restliche Genotyp" wird entweder durch den Empfänger oder Spender successive eingebracht.

Dieses Zuchtverfahren ist für alle Vermehrungs- und Befruchtungstypen geeignet. Es wird allerdings bisher bei Pflanzen häufiger angewendet als bei Tieren. Die größte praktische Bedeutung im Rahmen der Reinzucht hat es bei den Befruchtungs- und Vermehrungstypen 1, 2 und 4 erlangt.

Bei Kenntnis der genetischen Grundlagen des Merkmals, welches mit Hilfe einer Rückkreuzung bearbeitet werden soll, ergeben sich daraus bestimmte Konsequenzen für das methodische Vorgehen. Sind die Allele des Spenders vollständig dominant, co-dominant oder unvollständig dominant, kann in jeder Generation rückgekreuzt werden. Handelt es sich jedoch um rezessive Allele müßte theoretisch erst immer eine F_2-Generation abgewartet werden, bevor man die Rückkreuzungsindividuen erkennen kann. Um diese Zeit abzukürzen ist es zweckmäßig, mit Markern zu arbeiten. Dabei müssen die einzulagernden rezessiven Allele mit nichtrezessiven Marker-Allelen gekoppelt sein (Abb. 6.6.). Ein Beispiel dafür gibt es bei den Tomaten. Bei ihnen ist es vielfach notwendig, in leistungsstarke Linien die Pollensterilität und die Anthocyanlosigkeit einzulagern. Die Genorte für die dafür verantwortlichen rezessiven Allele Ms_2 und Aw_2 liegen auf dem Chromosom 2. Als Marker für diese Allele lassen sich Allele eines Peroxidasegens nutzen, das auch auf dem Chromosom 2 lokalisiert ist (Tanksley 1983). Die beiden Allele zeigen Co-Dominanz. Sie ermöglichen daher eine sichere Erkennung des Ms_2- bzw. Aw_2-Allels.

In jeder Rückkreuzungsgeneration wird dann auf die Marker- und damit auf die Spender-Allele ausgelesen. Die entsprechenden Allelträger werden dann erneut mit dem Empfänger gekreuzt. Es ist damit zu rechnen, daß etwa nach 7 Rückkreuzungsgenerationen vom Spender außer den gewünschten Allelen, kaum noch genetische Informationen in dem Empfänger zu finden sind. Dies gilt mit Einschränkungen auch für Allele von Genorten, welche mit den Spender-Allelen gekoppelt sind, da Kopplungsbrüche stattgefunden haben. Dies könnte auch eine Markierung beeinflussen, wenn die Marker-Allele vollständig dominant sind. Im Falle einer Co-Dominanz, die bei dem eben geschilderten Beispiel vorliegt, ist diese Gefahr nicht gegeben, da man selbst nach einem crossing over im heterozygoten Zustand noch auf die rezessiven Spender-Allele schließen kann. Bei dem gegebenen Beispiel und auch bei vollständig dominanten Spender-Allelen ist es am Schluß des Verfahrens notwendig, die Spender-Allelträger noch einmal untereinander zu kreuzen oder zu selbsten. Danach lassen sich die gewünschten Allele des Empfängers in homozygoter Konfiguration auslesen. So kann man die Spender-Allele mit einem großen Kreuzungsaufwand, aber mit einem geringen Selektionsumfang, in Empfänger einlagern. In vielen Fällen, so

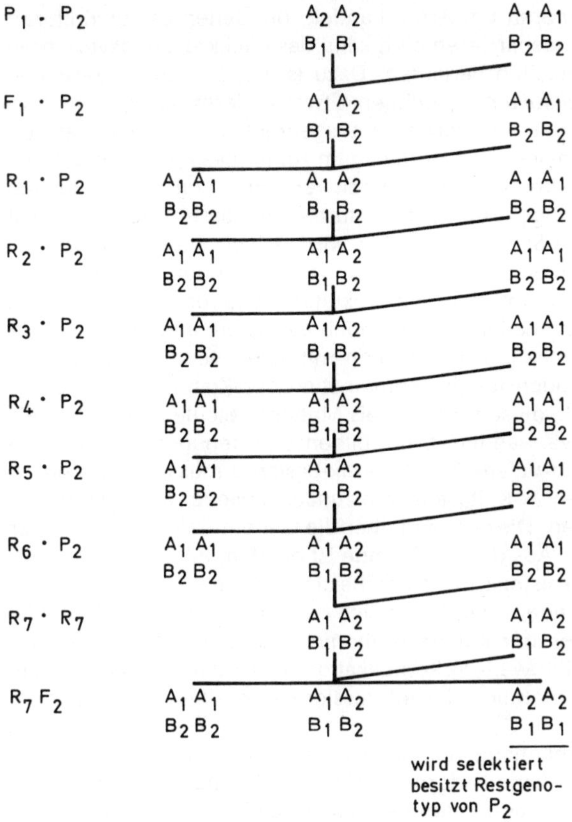

Abbildung 6.6. Schematische Darstellung eines Rückkreuzungsverfahrens bei Rezessivität des Spenders und Dominanz des Empfängers mit Hilfe von nicht rezessiven Makern

auch bei dem gegebenen Tomatenbeispiel, wird man bei Pflanzen ein Rückkreuzungsverfahren mit einer Generationsbeschleunigung verbinden. Dadurch ist es möglich, in etwa 3 bis 4 Jahren fertige Rückkreuzungsprodukte zur Verfügung zu haben.

Das Rückkreuzungsverfahren wird in der Züchtung häufig auch zur Entwicklung resistenter Linien verwendet. Dabei ist es vielfach notwendig, Allele, welche eine Resistenz bewirken, von Wild- oder Primitivformen in Kulturformen einzulagern. Es wird hier nur auf die Tomate verwiesen. Die Resistenzallele gegen *Cladosporium fulvum* Cooke stammen von Wildarten ab, und zwar von *Lycopersicon pimpinellifolium* Mill., *L. hirsutum* Humb. et Bonpl. und L. *peruvianum* (Kiessling 1979; Kanwar u. a. 1980).

Resistenzfaktoren gegen die bakterielle Tomatenwelke (*Corynebakterium michiganense* [Smith] Jensen) sind in L. *peruvianum* zu finden.

Resistenzallele gegen das Tomatenmosaik gibt es nicht nur in den bereits genannten Wildarten, sondern auch noch in drei anderen. *L. pimpinellifolium* weist auch Resistenzallele gegen die Fusariumwelke (*Fusarium oxysporum* Sny. et Hansen) auf (Böse 1984).

Soweit es sich bei den Donoren um Arten handelt, bei denen es zur Kulturart keine gravierenden Kreuzungsbarrieren gibt, kann das Rückkreuzungsverfahren ohne zusätzliche Schwierigkeiten verlaufen. Dazu ist beim eben dargestellten Tomatenbeispiel *L. pimpinellifolium* zu rechnen. Etwas anderes ist es, wenn zwischen den Wildarten und der Kulturart eine ausgeprägte Inkompatibilität vorliegt. Dies trifft bei den Tomaten für L. peruvianum zu. In diesem Fall ist deshalb die Ausgangskreuzung mit einer Embryokultur zu verbinden (vgl. 6.5.1.). Bei den nachfolgenden Rückkreuzungen mit der Kulturtomate lassen sich zunächst kaum Samen erzeugen. Die Samenproduktion wird jedoch wesentlich verbessert, wenn zumindest in den ersten Rückkreuzungsgenerationen erneut die Embryokultur eingesetzt wird. Steht eine Embryokultur nicht zur Verfügung, läßt sich eine inkompatible Kombination vielfach noch auf einem anderen Weg der Rückkreuzung zugänglich machen. Es ist dann mit valenzverschiedenen Partnern zu arbeiten. Das gilt auch für die Kombination der Kulturtomate mit der Wildtomate *L. peruvianum*. In diesem Falle ist als Mutter L. esculentum 4x und als Vater *L. peruvianum* 2x zu verwenden. Dann bilden sich genügend Samen. Sie haben allerdings die Genom-Valenz 3x. Diese 3x-Bastarde müssen dann durch die Rückkreuzungen mit den 2x-Kulturtomaten zunächst wieder auf die diploide Valenzstufe gebracht werden. Dies verläuft über die Genom-Valenz 2x und über aneuploide Zwischenstufen. Aus diesem Grunde ist bei dem Rückkreuzungsverfahren die Selektion auf Resistenz mit einer Bestimmung der zygophasischen Chromosomenzahl zu verbinden. Handelt es sich bei den Donoren um Arten deren Chromosomen zu denen der Kulturart inhomolog sind, ergibt sich für das Rückkreuzungsverfahren eine weitere Komplikation. Es ist dann durch zusätzliche Maßnahmen eine Inkorporation der interessierenden Allele in das Genom der Kulturart zu erreichen.

Es wird in diesem Zusammenhang nur auf eine Behandlung mit schwachen Röntgendosen verwiesen. Es kann dadurch zu Chromosomenbrüchen und Anlagerungen von Chromosomenfragmenten der Wildart an Telosomen der Kulturart kommen. Dabei ist aber einzukalkulieren, daß neben den gewünschten Resistenzallelen vom Spender auch noch unerwünschte Allele in die Kulturart gelangen. Daher haben in solchen Fällen die Rückkreuzungen noch die Voraussetzungen für Translokationen zu schaffen. Mit ihrer Hilfe ist es dann auch noch möglich eine Elimination der unerwünschten Allele aus dem Donor herbeizuführen. Bei dem oben angeführten Tomatenbeispiel sind die Chromosomen von L. peruvianum zu denen der Kulturtomate nicht inhomolog. Eine Nichtpaarung tritt aber auf, wenn Wildgerstenarten als Spender für den Kulturroggen dienen.

Will man nicht nur Allele von einem Spender in einen Empfänger einlagern, sondern diesen auch noch verbessern, so verwendet man zwei oder drei verschiedene Rückkreuzungspartner. Dabei ist es zweckmäßig, beispielsweise P_1 zuerst mit P_2 zu kreuzen und dann die Bastarde dreimal mit P_2 rückzukreuzen. Danach wechselt man den Rückkreuzungselter und verwendet etwa viermal P_3 als väterlichen Partner. Mitunter wird der Rückkreuzungspartner gewechselt, wenn sich im Laufe des Rückkreuzungsprozesses herausstellt, daß ein neuer Empfänger leistungsfähiger ist als der zuerst verwendete. Ein derartiger Wechsel bei dem Rückkreuzungspartner bietet sich beispielsweise auch an, wenn

festgestellt wird, daß zwischen den Spender-Allelen und dem Empfänger-Genotyp Interaktionsschwierigkeiten bestehen, wie überhaupt der genetische Hintergrund bei Rückkreuzungskomponenten, die sich in der Regel genetisch stark unterscheiden, bei der Merkmalsausprägung beteiligt ist. Jedenfalls darf man nicht davon ausgehen, daß die genetische Information des Spenders im genetischen System jedes Empfängers in jedem Falle unverändert zur Geltung kommt. Ein Beispiel für einen durchgeführten Rückkreuzungspartnerwechsel gibt es beim Blumenkohl. Dabei wurde die Frühzeitigkeit von Brokkoli als Spendermerkmal benutzt. Als Rückkreuzungspartner fungierte zuerst 'Saxa' und dann 'Sechswochen'. Ohne diesen Partnerwechsel wäre die 1968 zugelassene, frühe Sorte 'Sitta' nicht entstanden.
Es ist möglich, mehrere Spender in die gleiche Empfängerlinie einzulagern. Dies läßt sich nacheinander durchführen, würde aber zu lange Zeit beanspruchen. Deshalb geschieht das nebeneinander. Zu diesem Zweck wird P_1 mit P_4, P_2 mit P_4 und P_3 mit P_4 rückgekreuzt. Nach etwa 7 Generationen hat man dann den Empfänger mit Allelen von verschiedenen Spendern ausgestattet. Ein solches Vorgehen wird besonders bei der Erzeugung von isogenen Linien für Vielliniensorten praktiziert. Dabei zeichnen sich die Spenderallele beispielsweise durch eine unterschiedliche, rassenspezifische Resistenz gegen eine bestimmte Krankheit aus. „Viellinien" sind dann in ihrem Resistenzverhalten stabiler (vgl. 6.4.). Sie werden bereits bei verschiedenen Kulturarten, wie z. B. Hafer und Weizen hergestellt (Shorter und Frey 1979; Gill u. a. 1984).
Bei den bisher geschilderten Verfahren geht es darum, die Empfänger etwas zu verändern aber nicht den Spender. Es ist auch möglich, vom Spender nicht nur die gewünschten Allele zu entnehmen, sondern ihn selbst züchterisch noch zu verbessern und dem Empfänger genetisch anzunähern. Ein gutes Beispiel dafür findet man bei der Gurke. Bei ihr haben in der Regel die Weibchen und Monöcisten die genutzte längliche Fruchtform von grüner Farbe. Im Weltsortiment gibt es darüber hinaus Zwitter, die eine relativ kleine, rundliche und weißgefärbte Frucht haben. Um Zwitter mit der länglich grünen Fruchtform zu erhalten, benutzt man ein besonderes Rückkreuzungsverfahren. Dabei ist die Genetik der Geschlechtsausprägung zu berücksichtigen. In dem dafür verantwortlichen Realisatorlocus „St" gibt es vier Allele. Dabei bedingt das Anfangsglied der multiplen Allelserie „St_1" die Weiblichkeit. Die weiteren drei Allele, St_2, St_3 und St_4, bewirken zunehmend eine männliche Blütenausbildung.
Daneben beeinflussen die Geschlechtsausprägung noch die Allele des „M"-Locus. Die St_1- und die M_2-Allele ergeben zusammen Zwitter. Weibchen haben die $St_1St_1M_1M_1$-Konfiguration und Monöcisten die $St_3St_3M_1M_1$-Allele. Die Genbeziehungen zwischen den Allelen beider Loci sind derart, daß bei einer Kreuzung von Monöcisten mit Zwittern weder in der F_1 noch in der F_2 wieder Zwitter auftreten würden. Auf dieser Basis läßt sich nur schlecht ein Rückkreuzungsprogramm aufbauen. Dazu ist es besser, Weibchen zu verwenden. Kreuzt man sie mit Zwittern, entstehen wieder Weibchen. Sie sind im M-Locus heterozygot. Wollte man bei dieser Sachlage ein klassisches Rückkreuzungsverfahren anwenden, müßte man die Weibchen zunächst auf modifikativem Wege zu Monöcisten umwandeln, damit sie als Rückkreuzungspartner fungieren können. Falls keine Marker zur Verfügung stehen ist es dann erst in der F_2 wieder möglich,

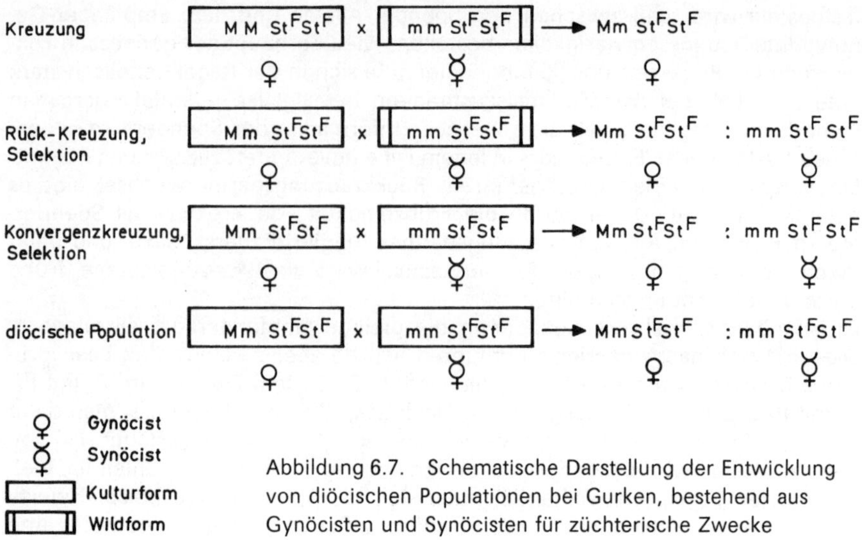

Abbildung 6.7. Schematische Darstellung der Entwicklung von diöcischen Populationen bei Gurken, bestehend aus Gynöcisten und Synöcisten für züchterische Zwecke

Zwitter zur Verfügung zu haben, die dann erneut mit Weibchen zu kreuzen sind. Ein solches Vorgehen ist langwierig und nicht sehr effektiv. Günstiger ist es, die nach Kreuzungen von Weibchen mit Zwittern entstehenden heterozygoten Weibchen erneut mit Zwittern zu kreuzen. Daraus resultieren etwa je zur Hälfte Zwitter und Weibchen. Solche „Aufspaltungszwitter" werden nun mehrmals mit „Aufspaltungsweibchen" rückgekreuzt und ergeben nach einigen Generationen mit entsprechender Selektion Linien mit grünen länglichen normal großen Früchten bei beiden Geschlechtstypen. Außerdem besitzen Weibchen und Zwitter, abgesehen von den Allelen im St- und M-Locus, den gleichen Genotyp (Abb. 6.7.). Solche Zwitter sind ihren Ausgangsformen in der generativen Populationsrate deutlich überlegen. Dabei ist zu berücksichtigen, daß der Blütenbau bei Zwittern Selbstungen begünstigt und diese wiederum zu Inzuchtdepressionen führen. Das läßt sich bei dem geschilderten Verfahren weitgehend vermeiden.

Solche Aufspaltungszwitter wird man im Rahmen einer Reinzucht kaum zu eigenständigen Sorten entwickeln. Sie haben aber eine große Bedeutung bei der Schaffung von Partnern für eine Züchtung von Hybriden. Bei dieser Zuchtmethode werden im übrigen sehr stark verschiedene Rückkreuzungsverfahren zum Zweck der Hybridpartnerentwicklung eingesetzt (vgl. 6.3.).

Derartige „Rückkreuzungssysteme" lassen sich auch bei anderen Objekten entwickeln, wie beispielsweise den Erdbeeren. Dabei ist zu beachten, daß es bei den kultivierten Formen Polyploide mit der Valenz 8x sind. Außerdem handelt es sich bei diesem Objekt um Weibchen und Zwitter. Schließlich gehen die Unterschiede in der Merkmalsausprägung nicht so eindeutig zu Lasten des einen Geschlechtstyps wie bei den Gurken. Ein derartiges immerspaltendes

Rückkreuzungssystem realisiert im übrigen ein Prinzip, das bei allen zweihäusigen Tieren sowie Pflanzen (Befruchtungs- und Vermehrungstyp 8) vorliegt.
Rückkreuzungsverfahren sind mit Einschränkungen auch bei quantitativen Merkmalen anwendbar. Nach Möglichkeit sollten dabei allerdings die zu bearbeitenden Merkmale auf additiven Effekten beruhen. Es empfiehlt sich bei quantitativen Merkmalen, die Rückkreuzung in der Regel in der F_2-Generation (R. F_2) vorzunehmen, wenn mit rezessiven Allelbeziehungen gerechnet werden muß. Außerdem wird ein derartiges Vorgehen auch aus einem anderen Grund notwendig. Bei quantitativen Merkmalen hat der genetische Hintergrund einen deutlichen Einfluß auf die Merkmalsausprägung (Skiebe und Kiessling 1986). Ausgehend von diesem Fakt ist es günstig, das Einlagerungsprinzip mit etwas verstärkten Rekombinationsmöglichkeiten zu verbinden. Dies geschieht durch Rückkreuzungen in der R. F_2. Ein solches Vorgehen führt auch nicht unbedingt zu einer Zuchtzeitverlängerung. Es hat sich nämlich herausgestellt, daß dann weniger Rückkreuzungsgenerationen ausreichen.
Dies ließ sich bei einer Einlagerung der Schossfestigkeit des Schnittkohls ($z = 38$ Chromosomen) eindrucksvoll demonstrieren (Kummer 1973). Es gelang, die Schossfestigkeit des Chinakohls drastisch zu verbessern. Die besten Linien schossen 21 Tage später als der Empfänger. Sie gingen aber nicht auf eine laufende Erzeugung von R. F_1-Genotypen, sondern auf das Einschieben von R. F_2-Generationen zurück. Dabei wurde nur zweimal rückgekreuzt.

Ein Beispiel für eine erfolgreiche Rückkreuzung bei einem quantitativen Merkmal mit R. F_1 und R. F_2-Generationen gibt es auch beim Radies. Dabei waren allerdings vier Rückkreuzungen notwendig. Auf diese Weise ließ sich die Frühzeitigkeit mit der Knollenfestigkeit verbinden. Kombiniert wurde eine sehr frühe Linie mit einer späten, aber festfleischigen Linie. Die frühe Linie diente dabei als Rückkreuzungspartner.
Das Rückkreuzungsverfahren wird auch dazu benutzt, um auf sexuellem Wege alloplasmatische Idiotypen zu entwickeln (vgl. 1.2.). Soweit es sich dabei um Arten handelt die sich durch eine uniparentale plasmotypische Vererbung auszeichnen, sind diejenigen Idiotypen als Mutter zu verwenden, deren Plasmone in ein Empfängersystem einzulagern sind. Der Empfänger fungiert dabei als Rückkreuzungspartner. Auf diese Weise sind beispielsweise beim Saatweizen umfangreiche alloplasmatische Sortimente hergestellt worden (Albrecht u. a. 1984). Solche alloplasmatische Saatweizenidiotypen werden als pollensterile mütterliche Partner genutzt (vgl. 1.6.3.).

6.2.5. Doppelhaploide Linien

6.2.5.1. Charakterisierung

Die potentiellen Vorteile der Haploiden-Methode, die aus der schnellen Erzeugung von vollkommen homozygoten, doppelhaploiden (DH-) Linien resultieren, sind seit langem bekannt. Das Interesse an dieser Methode ist besonders in den letzten 15 Jahren angewachsen, seitdem neue, effiziente Verfahren zur Erzeugung haploider Pflanzen gefunden wurden, die jetzt für einige Kulturpflanzenar-

ten wie Mais, Tabak, Gerste, Raps eine routinemäßige Anwendung ermöglichen.
Für die Forschung ist doppelhaploides Material von Bedeutung, wenn absolute Homozygotie (z. B. von Kreuzungspartnern), vollkommene genetische Uniformität innerhalb zu behandelnder Pflanzengruppen oder genetische Konstanz von Vergleichsformen auch nach generativer Vermehrung für das Experimentieren erforderlich sind.
In der Züchtung richtet sich der Verwendungszweck von Doppelhaploiden nach dem Befruchtungsmodus. Bei Fremdbefruchtern sind DH-Linien eine Alternative zu konventionell erzeugten Inzuchtlinien für die Hybridzüchtung, während bei selbstbefruchtenden Arten DH-Material direkt zu anbauwürdigen Sorten geführt werden kann.
Für den Einsatz der Haploiden-Methode in der Züchtung ergeben sich zwei wesentliche Aspekte. Der Aufwand für die Erzeugung von doppelhaploiden Linien ist relativ hoch und schränkt damit den Anwendungsumfang ein. Der relative Vorteil von DH-Material gegenüber der Verwendung von konventionellen Stämmen ist variabel und wird durch zahlreiche Einflußfaktoren bestimmt, die sich aus der züchterischen Zielstellung, den genetischen Eigenschaften des Ausgangsmaterials, dem konkurrierenden konventionellen Zuchtsystem sowie auch aus wirtschaftlichen Überlegungen ergeben. Beide Aspekte, Aufwand und Nutzen, bedingen die sorgfältige Auswahl der mit Hilfe von DH-Material zu lösenden züchterischen Aufgaben.
Für die Bestimmung besonders geeigneter Einsatzgebiete von DH-Material in der Züchtung sind Transformation und Ausprägung von genetischer Variation bei konventionellen Methoden und bei der Haploiden-Methode zu vergleichen. Dazu dienen experimentelle Befunde und Modelluntersuchungen. Außerdem sind die genetischen Eigenschaften des spezifischen Haploidisierungsverfahrens bezüglich Gametenselektion zu beachten.
Die folgenden Ausführungen behandeln die allgemeine Situation bei diploiden selbstbefruchtenden Pflanzenarten. Experimentelle Ergebnisse basieren auf eigenen Beobachtungen, die bei der Erzeugung doppelhaploider Gersten mit Hilfe der *Bulbosum*-Technik (Kasha und Kao 1970) erhalten wurden.

6.2.5.2. Erzeugung von Haploiden und doppelhaploiden Linien

Das spontane Auftreten von haploiden Individuen bei vielen Pflanzenarten zeigte, daß höhere Pflanzen auch dann lebensfähig sind, wenn statt der bei diploiden Formen vorhandenen zwei Genome nur ein kompletter Satz von Chromosomen in den Kernen sporophytischer Zellen vorhanden ist. Haploide sind kleiner als ihre diploiden Ausgangsformen und können keine funktionstüchtigen Gameten bilden. Haploide Pflanzen besitzen die gametophytische Chromosomenzahl und treten spontan sehr selten auf. Die spontane Häufigkeit ist für eine gezielte Anwendung nicht ausreichend.
Es wurden eine Vielzahl Haploide-induzierende Prinzipien gefunden, mit denen eine im Vergleich zum spontanen Auftreten vielfach erhöhte Ausbeute erreicht wird. Alle Methoden zur Haploidenerzeugung basieren auf Abweichungen von der normalen Entwicklung im männlichen oder weiblichen Gametophyten, Stö-

Haploidisierungsverfahren durch Modifikation von		
Gametophyten-entwicklung	Befruchtung	Embryogenese
Antherenkultur Pollenkultur Fruchtknotenkultur	Verwendung des hap-Gens	Bulbosum-Methode (Chromosomen-elimination)

Tabelle 6.14. Haploidisierungsprinzipien bei Kulturgerste (*Hordeum vulgare* L.)

rungen der Befruchtungsvorgänge oder Abweichungen in frühen Stadien der Embryogenese.
Bei einigen Arten wie der Kulturgerste, sind verschiedene Wege zur Haploidisierung möglich (Tab. 6.14.).
Auslösende Faktoren, die zur Haploidie führen, können Artkreuzungen, fremde Cytoplasmen, Mutationen, in vitro-Kultur isolierter Mikro- und Makrosporen sowie chemische oder physikalische Behandlung sein. In manchen Fällen lassen sich haploide Individuen über genetische Marker sehr früh erkennen, oder es erfolgt eine zytologische Kontrolle.
Die Anwendbarkeit eines Haploidisierungsverfahrens ist in hohem Maße von den biologischen Gegebenheiten der jeweiligen Art abhängig. Eine sehr breite Anwendung haben die Antheren- und Pollenkultur gefunden (Maheshwari u. a. 1982), während die bei Gerste sehr effektive *Bulbosum*-Methode auf diese Art beschränkt ist. Für alle Methoden ist eine starke Genotypenabhängigkeit der Induktionshäufigkeit vorhanden.
Die Rediploidisierung haploider Sporophyten kann spontan auftreten, meist wird die Chromosomenverdopplung durch Colchicin-Behandlung induziert. Colchicinierte haploide Pflanzen entwickeln sich zu Ploidie-Chimären mit diploiden und nichtverdoppelten haploiden Sektoren. Rediploidisierte Pflanzenteile sind wieder fertil und bilden die DH_0-Generation. Eine doppelhaploide Linie entsteht aus der generativen Nachkommenschaft (DH_1-Generation) einer Pflanze. Nach der Ausgangsgeneration wird die DH-Generation als F_1DH, F_2DH etc. bezeichnet.

6.2.5.3. Gametenverlust und Gametenselektion

Die zur Erzeugung einer haploiden Pflanze erforderlichen Umfänge an Ausgangsmaterial in Form von weiblichen oder männlichen Gameten sind je nach Effektivität des angewendeten Verfahrens unterschiedlich groß. Im allgemeinen ist es so, daß nur ein sehr geringer Gametenanteil zu haploiden Pflanzen transformiert wird. Aus genetischer Sicht kann dies als Gametenverlust aufgefaßt werden. Die starke Reduzierung des verwendeten Gametenpools bietet die Voraussetzung für Gametenselektion. Gametenverlust ist jedoch erst dann mit Gametenselektion verbunden, wenn die Wahrscheinlichkeit für verschiedene Gametentypen, in die DH-Generation zu gelangen, unterschiedlich groß ist.
So entsteht eine haploide Pflanze bei der *Bulbosum*-Methode aus durchschnitt-

lich 5 bis 50 verwendeten Gerstenblütchen (gleich Eizellen). Bei der Antherenkultur ist ein weit höherer Gametenverlust zu verzeichnen. So erzeugte Foroughi-Wehr (1983) aus 250600 Antheren 642 Pflanzen. Wenn in jeder Anthere 1000 Pollenkörner enthalten sind, hätte dann nur eine männliche Gamete unter etwa 390000 die Aussicht, in die Generation verdoppelter haploider Linien zu gelangen.

Gametenselektion läßt sich als Veränderung der Frequenz spezifischer Gametentypen nach Meiose durch die Gametenrealisierung bei Haploidisierung definieren. Der Nachweis von Gametenselektion ist relativ schwierig. Werden dazu Markergene verwendet, reicht meist ihre Verfügbarkeit für mehrere Kopplungsgruppen nicht aus. Noch problematischer ist die Prüfung auf Gametenselektion mit Hilfe der Variation quantitativer Merkmale.

Bei allen bekannten Haploidisierungsprinzipien liegt eine ausgeprägte Abhängigkeit der Induktionsrate vom verwendeten Genotyp des Ausgangsmaterials vor. Werden zwei unterschiedlich geeignete Formen gekreuzt und die F_1 zur Haploidenerzeugung verwendet, kann Selektion nur auftreten, wenn der Genotyp der F_1-Gameten selbst der Selektion unterliegt. Ist dagegen der Genotyp der Spenderpflanze der Gameten entscheidend, kann erst ab F_2 Gametenselektion eintreten. Deshalb sollte bei diesem Selektionstyp nur die F_1 verwendet werden.

Zustand der F_1-Gameten	Anzahl	Verlust %
bestäubte Blütchen (= Eizellen)	2851	32,9
Karyopsen	1913	18,2
Embryonen	1567	50,4
Pflanzen	778	1,9
Haploide	763	0
Total		73,2

Tabelle 6.15. Minimaler Gametenverlust in einem Experiment zur Haploidenerzeugung bei Gerste mit der *Bulbosum*-Methode

Stufe	Wirkung	Ursache
Kreuzungsinkompatibilität	unbefruchtete Eizelle	genetisch
keine Embryodifferenzierung	nichtdifferenzierter Embryo	genetisch
keine Embryoentwicklung	keine Pflanze	nichtgenetisch
keine Chromosomeneliminierung	Bastardpflanze	genetisch
keine Chromosomenverdopplung	keine DH-Linie	nichtgenetisch

Tabelle 6.16. Gametenverlust bei der *Bulbosum*-Methode

Tabelle 6.17. Einfluß von Gametenselektion durch Incompatibilität auf die mit der *Bulbosum*-Methode auf F_2 abgeleiteten Haploidengeneration (F_2H)

	F_2-Genotypen			
	25% *Inc Inc*	50% *Inc inc*		25% *inc inc*
Kreuzbarkeit mit *Hordeum bulbosum* 19/0	9,0%	9,0%		75,5%
Relative Häufigkeit erzeugter Haploidentypen	100% *Inc*	50% *Inc* 50% *Inc*		100% *inc*
Beitrag zur Haploidengeneration	8,78% *Inc*	8,78% *Inc*	8,78% *inc*	73,7% *inc*
Häufigkeit von *Inc*- und *inc*-Genotypen in der Haploidengeneration	17,6% *Inc*		82,4% *inc*	

Tabelle 6.18. Spaltung von monogenen Markern der Gerste in der Generation F_1DH 'Spartan' × 'Trumpf' (nach Peterka und König unver.)

Marker (Locus)	Anzahl von DH-Linien mit Allel der Elternlinien *'Spartan' (S)* und *'Trumpf' (T)*		$X^2_{1:1}$	Signifikanz bei $\alpha = 0,05$
	S	*T*		
Wuchstyp	127	129	0,016	n. s.
Grannenbezahnung (*r*)	130	126	0,062	n. s.
Rachillabehaarung (*s*)	131	124	0,192	n. s.
Esterase	120	128	0,258	n. s.
ß-Amylase (*Bmy 1*)	111	130	1,418	n. s.
Hordein (*Hor 1*)	302	229	10,043	+
Hordein (*Hor2*)	284	247	2,581	n. s.

Bei der *Bulbosum*-Methode kann die Höhe des Gametenverlusts auf verschiedenen Stufen quantitativ erfaßt werden. In Tabelle 6.15. sind die Daten eines Experiments mit geringem Gametenverlust angegeben. Es hat sich gezeigt, daß auf bestimmten Stufen genetische Ursachen für Gametenverlust verantwortlich sind (Tab. 6.16.).

Obwohl im allgemeinen davon ausgegangen wird, daß bei der Produktion von DH-Linien mit der *Bulbosum*-Technik keine Gametenselektion vorkommt, kann

doch gezeigt werden, daß in einigen Fällen eine ungleiche Übertragung von Gameten in die DH-Generation erfolgt. Eine solche Situation ist gegeben, wenn man als Ausgangsmaterial für die Haploidenerzeugung eine F_2 verwendet, welche für das Gen spaltet, das Inkompatibilität zu *Hordeum bulbosum* determiniert. Dieses dominante Inkompatibilitätsgen *Inc* ist auf Chromosom 7 von *Hordeum vulgare* lokalisiert (PICKERING 1983).
Tabelle 6.17. verdeutlicht die Konsequenzen einer durch Inkompatibilität bedingten Gametenselektion auf die Häufigkeit von *Inc*- und *inc*-Genotypen in der Haploidengeneration. Die Häufigkeit des Allels *Inc* wird von 50% auf 17,6% bei den beobachteten unterschiedlichen Kreuzbarkeiten der F_2-Pflanzen reduziert. Damit erfolgt auch eine indirekte Selektion an den anderen Faktoren auf Chromosom 7, die mit dem *Inc*-Gen gekoppelt sind. Die Selektion wird verstärkt, wenn kompatible F_2-Pflanzen bevorzugt verwendet werden.
Ein anderes Beispiel für Gametenselektion kann an den Daten demonstriert werden, die in Tabelle 6.18. enthalten sind. Die ersten 5 Marker zeigen das erwartete Verhalten in einer F_1DH ohne Selektion. Für den *Hor1*-Locus weicht dagegen das beobachtete Spaltungsverhältnis von 302 *S*-Typen zu 229 *T*-Typen signifikant vom erwarteten 1:1 Verhältnis ab. Die Stärke der Selektion gegen *T*-Typen beträgt 24,2%. Die Kopplung zwischen den Loci *Hor1* und *Hor2* bewirkt, daß auch für den *Hor2*-Locus der Anteil von *T*-Typen vermindert ist (PETERKA u. a. in Vorber.). In der untersuchten Kombination der Gerstensorten *'Spartan'* x *'Trumpf'* ist der stärkste Gametenverlust auf der Stufe der Embryodifferenzierung nach Bestäubung der F_1 mit *Hordeum bulbosum* zu verzeichnen (PETERKA und KUNERT 1984), und es kann sein, daß Embryonen mit unterschiedlichem *Hor1*-Genotyp unterschiedlich gut differenzieren.
Diese Ergebnisse zeigen klar, daß Gametenselektion bei der Erzeugung der DH-Generation ein wichtiges Phänomen sein kann.
Sie ist unerwünscht, weil dann die DH-Population keine Zufallsstichprobe der Gameten der Ausgangsgeneration repräsentiert und ihre Wirkung auf agronomische Merkmale nicht vorhersagbar ist.

6.2.5.4. Genetische Variation nach Selbstung und Haploidisierung

Doppelhaploide Linien, die mit Hilfe einer Haploiden-Methode hergestellt werden, stellen eine neuartige Alternative zur Verwendung von konventionell erzeugtem Zuchtmaterial dar. Insbesondere in der hier betrachteten Selbstbefruchterzüchtung ist es wichtig, Leistung und Stabilität von DH-Generationen sowie ihr Verhalten unter züchterischer Selektion mit den Eigenschaften von konventionellem Material zu vergleichen. Modellbetrachtungen gestatten solche Vergleiche und zeigen auch, welche experimentelle Befunde erforderlich sind, um geeignete Einsatzbedingungen für doppelhaploide Linien zu finden.
Nach Kreuzung von zwei genetisch verschiedenen reinen Linien ist die genetische Variation zunächst in Form von Heterozygotie in der F_1-Generation enthalten. Rekombination während der Meiose in der F_1 führt zur Bildung von unterschiedlichen Gametentypen, die nun Träger der genetischen Variation sind. Selbstungssystem und Haploiden-Methode unterscheiden sich in der Art der Übertragung dieser Variation auf Variation zwischen Genotypen (Tab. 6.19.).

Konventionelle Selbstungsmethode	Haploiden-Methode
Kreuzung der Eltern Gametenbildung an der F_1-Generation	
zufällige Kombination von 2 F_1-Gameten zu einem diploiden Individuum	Transformation einer F_1-Gamete in ein haploides Individuum und anschließende Chromosomenverdopplung
F_2-Generation: Genetische Variation sowohl zwischen den Individuen als auch innerhalb von Individuen (Heterozygotie)	F_1DH-Generation: Genetische Variation vollständig zwischen den Individuen (DH-Linien)
weitere Spaltung in fortgesetzten Selbstungsgenerationen	Spaltung beendet

Tabelle 6.19. Transformation genetischer Variabilität nach Selbstung und bei der Haploiden-Methode

Genotyp	Häufigkeit	
	F_2	F_1DH
$A_1A_1B_1B_1$	$1/4\,(1-p)^2$	$1/2\,(1-p)$
$A_1A_1B_1B_2$	$1/2\,(1-p)\,p$	
$A_1A_1B_2B_2$	$1/4\,p^2$	$1/2\,p$
$A_1A_2B_1B_1$	$1/2\,(1-p)\,p$	
$A_1A_2B_1B_2$	$1/2\,[(1-p)^2+p^2]$	
$A_1A_2B_2B_2$	$1/2\,(1-p)\,p$	
$A_2A_2B_1B_1$	$1/4\,p^2$	$1/2\,p$
$A_2A_2B_1B_2$	$1/2\,(1-p)\,p$	
$A_2A_2B_2B_2$	$1/4\,(1-p)^2$	$1/2\,(1-p)$

Tabelle 6.20. Vergleich der Genotypenspektren in den Generationen F_2 und F_1DH bei 2 spaltenden Loci (p = Rekombinationshäufigkeit, $0 \leq p \leq 1/2$) nach Kreuzung von zwei homozygoten Linien $A_1A_1B_1B_1$ und $A_2A_2B_2B_2$

Im Selbstungssystem erfolgt eine zufällige Kombination von weiblichen und männlichen Gameten, und die Genotypen der F_2-Generation repräsentieren die genetische Variation in homozygoter und heterozygoter Form. Weitere Selbstung führt zu ständiger Veränderung der Generationsstruktur, bis in der F_∞ bei vollständiger Homozygotie ein Genotypengleichgewicht erreicht wird.

Bei der Haploiden-Methode wird die zufällige Kombination verschiedener F_1-Gameten verhindert. Die genetische Variation der F_1-Gameten erscheint unmittelbar in der Haploidenpopulation und wird durch Chromosomenverdopplung auf die diploide Stufe überführt. Durch die vollständige Homozygotie der DH-Genotypen ist bei weiterer Selbstung keine Änderung der genotypischen Struktur möglich, so daß auf diese Weise schon in der ersten Generation nach F_1 das Genotypengleichgewicht erreicht ist.
In Tabelle 6.20. werden die Genotypenspektren für den Fall von 2 spaltenden Loci mit der Rekombinationshäufigkeit p in der F_2-Generation und der F_1DH-Generation verglichen. In der F_2 sind die Häufigkeiten homozygoter Genotypen das Quadrat der entsprechenden Häufigkeit in F_1DH.
Die Haploiden-Methode erzeugt also keine prinzipiell neue Variation als sie aus dem Selbstungssystem hervorgeht.

6.2.5.4.1. Heterozygotiegrad und Genotypenfrequenzen

Um die experimentellen und züchterischen Vorteile beider Methoden bewerten zu können, ist es notwendig, die verschiedenen Arten der Umsetzung genetischer Variabilität nach Kreuzung von homozygoten Linien zu vergleichen. Bei beiden Methoden werden die Allelfrequenzen nicht verändert. Für jeden Locus ist die Häufigkeit eines Allels 0,5, wenn nicht Selektion, Mutation oder genetische Drift infolge endlicher Populationsgröße einwirken. Dies trifft für alle Selbstungsgenerationen $F_2, \ldots, F_\infty$ sowie für alle $F_G DH_i$-Generationen zu.
Es werde zunächst der Fall von n spaltenden Loci ohne Kopplung betrachtet. Einem Individuum, bei dem k $(0 \leqq k \leqq n)$ der spaltenden Loci heterozygot besetzt sind, sei der Heterozygotiegrad $He = \frac{k}{n}$ zugeordnet.

Der Erwartungswert E [He (G)] des Heterozygotiegrades der Selbstungsgeneration F_G ist im Gegensatz zu seiner Varianz V [He (G)] unabhängig von der Anzahl n spaltender Loci:

$$E\,[He\,(G)] = \frac{1}{2^{G-1}} \qquad (6.10)$$

$$V\,[He\,(G)] = \frac{1}{2^{2(G-1)}} \cdot \frac{2^{G-1}-1}{n}\,. \qquad (6.11)$$

Der Erwartungswert des Heterozygotiegrades gibt gleichzeitig die Heterozygotenhäufigkeit in der Generation G für einen spezifischen Genort an. Er beträgt in $F_1 = 1$, da alle Genorte, an denen sich die beiden Eltern unterscheiden, heterozygot sind und strebt bei fortgesetzter Selbstung gegen 0. In jeder $F_G DH_0$-Generation erreicht der Heterozygotiegrad sofort den Wert 0, der sich bei weiterer Selbstung nicht verändert.
Alle Individuen der Selbstungsgeneration G $(G \geqq 1)$, die an k von n Loci heterozygot sind, bilden die Genotypenklasse $K_k\,(G, n)$. In der Klasse $K_k\,(G, n)$ gibt es

$$\binom{n}{k}\,[2^{G-1}-1]^{n-k}$$

Genotypen. Folglich beträgt der Anteil $c_k(G, n)$ der Klasse $K_k(G, n)$ an allen Individuen der Generation

$$c_k(G, n) = \frac{1}{2^{(G-1)n}} \binom{n}{k} [2^{G-1} - 1]^{n-k}. \qquad (6.12)$$

Es gibt $\binom{n}{k} 2^{n-k}$ verschiedene k-fach heterozygote Genotypen.

$$\frac{c_k(G, n)}{\binom{n}{k} 2^{n-k}} = \frac{1}{2^{(G-1)n}} [2^{G-2} - 1/2]^{n-k} \qquad (6.13)$$

ist dann die Häufigkeit eines spezifischen k-fach heterozygoten Genotyps in der Selbstungsgeneration G.

Der Anteil aller Heterozygoten ergibt sich zu

$$\begin{aligned} c_1(G, n) + \ldots + c_n(G, n) &= 1 - c_0(G, n) \\ &= 1 - \frac{1}{2^{(G-1)n}} \binom{n}{0} [2^{G-1} - 1]^n \qquad (6.14) \\ &= 1 - \left(1 - \frac{1}{2^{G-1}}\right)^n = 1 - (1 - E[He(G)])^n . \end{aligned}$$

Er strebt mit wachsender Generationszahl G für jedes fest gewählte n – wie der Erwartungswert E [He(G)] des Heterozygotiegrades – gegen Null.
Mit steigender Anzahl spaltender Gene vermindert sich der Anteil $c_0(G, n)$ vollständig Homozygoter:

Tabelle 6.21. Häufigkeiten an unterschiedlich stark heterozygoten Genotypen bei Spaltung an n = 7 Loci in verschiedenen Generationen nach Kreuzung von zwei reinen Linien

Generation	Häufigkeit $c_k(G, n)$ von Genotypen mit Heterozygotie in % an 0, …, 7 Loci								Erwartungswert des Heterozygotiegrades E[He(G)] in %
F_G	k = 0	1	2	3	4	5	6	7	
F_1								100	100
F_2	0,78	5,47	16,41	27,34	27,34	16,41	5,47	0,78	50
F_3	13,35	31,15	31,15	17,30	5,77	1,15	0,13	$7 \cdot 10^{-3}$	25
F_4	39,27	39,27	16,83	4,01	0,57	0,05	$3 \cdot 10^{-3}$	$5 \cdot 10^{-5}$	12,5
F_5	63,65	29,70	5,94	0,66	0,04	$2 \cdot 10^{-3}$	$4 \cdot 10^{-5}$	$4 \cdot 10^{-7}$	6,25
⋮									
F_∞	100								0

$$c_0(G, n) = \left(1 - \frac{1}{2^{G-1}}\right)^n \rightarrow 0 \text{ für } n \rightarrow \infty. \tag{6.15}$$

Deshalb vergrößert sich für jede Gneration G mit wachsendem n die Differenz zwischen dem Anteil aller Heterozygoten und dem Erwartungswert E [He(G)] des Heterozygotiegrades:

$$1 - c_0(G, n) - E[He(G)] = (1 - E[He(G)]) \left\{1 - (1 - E[He(G)])^{n-1}\right\}. \tag{6.16}$$

Zur Veranschaulichung sind in Tabelle 6.21. die Anteile $c_k(G, n)$ der Klasse $K_k(G, n)$ der k-fach Heterozygoten und E [He(G)] für n = 7 spaltende Loci angegeben. Man erkennt: Obwohl in der F_5 E [He(G)] bereits auf den Wert 0,0625 abgesunken ist, sind in dieser Generation noch mehr als 36% aller Genotypen an mindestens einem Locus heterozygot.

In der Züchtung wird versucht, durch fortgesetzte Selbstung zu einem erhöhten Anteil vollständig Homozygoter zu gelangen. Dabei kann die F_∞ praktisch nicht erreicht werden, sondern die Selektion muß in einer Generation $G < \infty$ beginnen.

Da für jede festgehaltene Generation G $c_0(G, n) > c_0(G, m)$ für $m > n$ gilt, wächst mit zunehmender Anzahl spaltender Loci der relative Vorteil der Erzeugung doppelhaploider Linien für das Erreichen eines hohen Anteils homozygoter Individuen.

Der Fall Kopplung werde aus Gründen der Einfachheit am Beispiel zweier spaltender Loci (n = 2) dargestellt. Der Erwartungswert E [He(G)] bleibt im Gegensatz zur Varianz V [He(G)] von Kopplung unbeeinflußt:

$$E[He(G)] = \frac{1}{2^{G-1}} \tag{6.17}$$

$$V[He(G)] = \frac{1}{2^{(G-1)2}} \left\{2^{G-2}\left[1 + (1 - 2p + 2p^2)^{G-1}\right] - 1\right\}$$

$$= \frac{1}{2^{(G-1)2}} \frac{2^{G-1}a - 1}{2}. \tag{6.18}$$

Da $a = \frac{1}{2^{G-1}} \left\{2^{G-1}\left[1 + (1 - 2p + 2p^2)^{G-1}\right] - 1\right\} > 1$ ist, zeigt der Vergleich mit dem Fall ohne Kopplung (p = 1/2 und somit a = 1), daß Kopplung die Varianz im Fall n = 2 vergrößert.

Nach Jennings (1917) berechnen sich die Anteile $c_k(G, 2)$ der Klassen $K_k(G, 2)$ der k-fach Heterozygoten wie folgt:

$$\left.\begin{aligned}
c_0(G, 2) &= \frac{1}{2^{2(G-1)}} \binom{2}{0} \left[2^{G-1} - 1\right]^2 + P \\
c_1(G, 2) &= \frac{1}{2^{2(G-1)}} \binom{2}{1} \left[2^{G-1} - 1\right]^1 - 2P \\
c_2(G, 2) &= \frac{1}{2^{2(G-1)}} \binom{2}{2} \left[2^{G-1} - 1\right]^0 + P
\end{aligned}\right\} \tag{6.19}$$

mit $P = \left(\frac{1-2p+2p^2}{2}\right)^{G-1} - \frac{1}{2^{2(G-1)}} \geqq 0$. Kopplung vermehrt die Klassen $K_0(G, 2)$ und $K_2(G, 2)$ zu Lasten der Klasse $K_1(G, 2)$ um denselben Betrag.
Die schon im Falle fehlender Kopplung betrachtete Differenz zwischen dem Anteil aller Heterozygoten und dem Erwartungswert des Heterozygotiegrades ist im Falle Kopplung um diesen Betrag P kleiner.
Daraus folgt, daß die Erzeugung doppelhaploider Linien in Fällen geringerer Kopplung besondere Vorteile für das Erreichen eines hohen Anteils homozygoter Individuen verspricht. Die Haploiden-Methode sollte deshalb besonders für Organismen mit hohen Chromosomenzahlen interessant sein.

6.2.5.4.2. Mittelwerte und Varianzen quantitativer Merkmale

Für Selbstungsgenerationen, die nach der Kreuzung von zwei homozygoten Linien erzeugt werden, haben MATHER und JINKS (1971) Modellparameter definiert, mit denen Mittelwerte und Varianzen dargestellt und über verschiedene Generationen verglichen werden können. Die nachfolgende Beschreibung von F_1-, Selbstungs- und DH-Generationen erfolgt am 2-Locus-Beispiel, wobei das F_∞-Modell verwendet wird (vgl. 2.3.2.2.).

Für die Erwartungswerte der Generationen $F_1, F_2, \ldots, F_G, \ldots, F_\infty$ ergeben sich dann für den Fall **fehlender Kopplung**:

$$\left.\begin{aligned} E[F_1] &= m + (h_a + h_b) + l_{ab} \\ E[F_2] &= m + 1/2\,(h_a + h_b) + 1/4\, l_{ab} \\ E[F_G] &= m + \frac{1}{2^{G-1}}(h_a + h_b) + \left(\frac{1}{2^{G-1}}\right)^2 l_{ab} \\ E[F_\infty] &= m \end{aligned}\right\} \quad (6.20).$$

Die Symbole sind in 2.3.2.2. erklärt.
Die Erwartungswerte aller Generationen sind gleich, wenn keine Dominanz auftritt. Bei Dominanz nähern sich die Mittel der Selbstungsgenerationen mit fortschreitender Generationszahl dem Mittel der F_∞.
Der Erwartungswert der F_GDH-Generationen ist unabhängig von der Ausgangsgeneration G,

$$E[F_G DH] = m.$$

Im Fall fehlender Kopplung sind die Erwartungswerte der F_∞ und die der Generationen F_GDH, d. h. die Mittel aller Generationen mit einem Heterozygotiegrad $He = 0$, unabhängig von der Art ihrer Erzeugung, identisch.

Liegt zwischen den beiden Loci A und B Kopplung vor, ergeben sich für die Generationen im Selbstungssystem folgende Erwartungswerte, wenn p die Rekombinationshäufigkeit ist und der Fall von Attraktionskopplung betrachtet wird:

$$
\left.
\begin{aligned}
E[F_1] &= m + (h_a + h_b) + l_{ab}\\
E[F_2] &= m + 1/2\,(h_a + h_b) + \frac{1-2p}{2}\, i_{ab} + \frac{1-2p+2p^2}{2}\, l_{ab}\\
E[F_G] &= m + \frac{1}{2^{G-1}}(h_a + h_b) + \frac{1-2p}{1+2p}\left[1-\left(\frac{1-2p}{2}\right)^{G-1}\right] i_{ab} + \left(\frac{1-2p+2p^2}{2}\right)^{G-1} l_{ab}\\
E[F_\infty] &= m + \frac{1-2p}{1+2p}\, i_{ab}
\end{aligned}
\right\}
\qquad (6.21)
$$

Es folgt, daß bei Kopplung der Loci A und B die Erwartungswerte der Generationen einschließlich der Generation F_∞ zusätzlich durch die Geninteraktion vom Typ i_{ab} beeinflußt werden.

Außerdem ist der Erwartungswert der F_GDH-Generation abhängig von der Generation, welche für die Erzeugung doppelhaploider Linien verwendet wurde:

$$
\left.
\begin{aligned}
E[F_1DH] &= m + (1-2p)\, i_{ab}\\
E[F_2DH] &= m + \frac{1-2p}{1+2p}\{1+p-2p^2\}\, i_{ab}\\
E[F_GDH] &= m + \frac{1-2p}{1+2p}\left\{1+2p\left(\frac{1-2p}{2}\right)^{G-1}\right\} i_{ab}
\end{aligned}
\right\}
\qquad (6.22)
$$

Merkmal	Generationsmittel	
	F_4 (743 Familien)	F_1DH (171 Linien)
Grannenspitzen (Tage ab 1.6.)	4,4 ± 0,04	5,5 ± 0,10
Halmlänge (cm)	80,4 ± 0,33	73,3 ± 0,89
Tausend-Korn-Masse (g)	42,2 ± 0,14	38,9 ± 0,52
Mittlerer Kornertrag (Relativ zur Standardsorte)*	97	86

* Parzellengröße 4,375 oder 11,25 m²

Tabelle 6.22. Mittelwerte der Generation F_4 und der mittels *Bulbosum*-Methode aus F_1 abgeleiteten DH-Generation derselben Kreuzungskombination von Sommergerste (nach Peterka und Focke unver.)

Das gleichzeitige Auftreten von Kopplung und Epistasie bewirkt unterschiedliche Erwartungswerte für alle Generationen mit Heterozygotiegrad He = 0, unabhängig davon, ob sie durch Selbstung oder mit Hilfe der Haploiden-Methode produziert wurden.
Die experimentellen Daten bei Sommergerste in Tabelle 6.22. machen deutlich, daß sich auch fortgeschrittene Selbstungsgenerationen wie F_4 in wichtigen quantitativen Merkmalen noch signifikant von der F_1DH unterscheiden.
Die Differenz für die Leistungen der F_G und F_1DH ist

$$E[F_G] - E[F_1DH] = \frac{1}{2^{G-1}}(h_a + h_b) - \frac{1-2p}{1+2p}\left\{2p + \left(\frac{1-2p}{2}\right)^{G-1}\right\} i_{ab} + \left(\frac{1-2p+2p^2}{2}\right)^{G-1} l_{ab} = \Delta(G, p). \quad (6.23)$$

Sie strebt für $G \to \infty$ gegen den Ausdruck $\Delta(\infty, p) = -2p\,\frac{1-2p}{1+2p}\,i_{ab}$.

Diese Differenz hat bei $p_0 = (\sqrt{2} - 1)/2$, $1/5 < p_0 < 1/4$ einen Extremwert. Es gilt:

$$|\Delta(\infty, p_0)| = (\sqrt{2} - 1)^2\,|i_{ab}|, \text{ d. h. } |\Delta(\infty, p)| \quad (6.24)$$

macht höchstens 17% der Größe vom absoluten Betrag des Additiv × Additiv – Interaktionsparameter i_{ab} aus.

Die Differenz des Erwartungswertes der F_∞ und der F_GDH ist

$$E[F_\infty] - E[F_GDH] = -\frac{4p}{1+2p}\left(\frac{1-2p}{2}\right)^G i_{ab}. \quad (6.25)$$

Für $p_0 = \frac{1}{4G}\left\{\sqrt{1+6G+G^2} - (G+1)\right\} \leqq 1/2\left\{\sqrt{2} - 1\right\}$ erreicht sie einen Extremwert.
Bei fehlender Kopplung ($p = 1/2$) und/oder fehlender Epistasie ($i_{ab} = 0$) verschwindet sie. Für fortschreitende Generationszahl G streben p_0 und die erwähnte Differenz gegen Null.
Für die genetischen Erwartungen von Generationsvarianzen im Selbstungssystem ergeben sich für den 2-Locus-Fall ohne Kopplung folgende Beziehungen:

$$V[F_1] = 0 \quad (6.26)$$

$$V[F_2] = 1/2\,(d_a^2 + d_b^2) + 1/4\,(h_a^2 + h_b^2) + 1/4\,i_{ab}^2 + 1/4\,(j_{ab}^2 + j_{ba}^2) + 1/2\,(j_{ab}d_a + j_{ba}d_b) + 1/4\,(h_a + h_b)\,l_{ab} + 3/16\,l_{ab}^2 \quad (6.27)$$

$$V[F_G] = \frac{2^{G-1}-1}{2^{G-1}}(d_a^2 + d_b^2) + \frac{2^{G-1}-1}{2^{2(G-1)}}(h_a^2 + h_b^2) + \left(\frac{2^{G-1}-1}{2^{G-1}}\right)^2 i_{ab}^2 + \frac{2^{G-1}-1}{2^{2(G-1)}}(j_{ab}^2 + j_{ba}^2) + 2\,\frac{2^{G-1}-1}{2^{2(G-1)}}(j_{ab}d_a + j_{ba}d_b)$$

$$+ 2\frac{2^{G-1}-1}{2^{3(G-1)}}(h_a + h_b)\, l_{ab} + \frac{2^{2(G-1)}-1}{2^{4(G-1)}}\, l_{ab}^2 \tag{6.28}$$

$$V[F_\infty] = d_a^2 + d_b^2 + i_{ab}^2 . \tag{6.29}$$

Die Generationsvarianzen bei doppelhaploiden Linien sind unabhängig von der Ausgangsgeneration im Fall ohne Kopplung gleich und mit der Varianz der vollständig homozygoten Generation im Selbstungssystem $V[F_\infty]$ identisch,

$$V[F_G DH] = V[F_\infty] = d_a^2 + d_b^2 + i_{ab}^2 . \tag{6.30}$$

Bei Kopplung (Attraktionskopplung) zwischen den beiden Loci A und B erhält man für die Generationsvarianzen im Selbstungssystem folgende Ausdrücke:

$$V[F_1] = 0 \tag{6.31}$$

$$\begin{aligned} V[F_2] = {} & 1/2\,(d_a^2 + d_b^2) + 1/4\,(h_a^2 + h_b^2) + p^2\, i_{ab}^2 + \{1/4 - p^2(1-p)^2\}\, l_{ab} \\ & + p(1-p)\,(j_{ab}^2 + j_{ba}^2) + (1-2p)\, d_a\, d_b + 1/2\,(1-2p)^2\, h_a\, h_b \\ & - 1/2\,(1-2p)\,(h_a + h_b)\, i_{ab} + 1/2\,(1-2p+2p^2)\,(h_a + h_b)\, l_{ab} \\ & + 2p\,(1-p)\,(j_{ab} d_a + j_{ba} d_b) - 1/2\,(1-2p+2p^2)\,(1-2p)\, i_{ab}\, l_{ab} \end{aligned} \tag{6.32}$$

$$\begin{aligned} V[F_G] = {} & \frac{2^{G-1}-1}{2^{G-1}}(d_a^2 + d_b^2) + \frac{2^{G-1}-1}{2^{2(G-1)}}(h_a^2 + h_b^2) \\ & + \left\{1 - \frac{1}{2^{G-2}} + u^{G-1} - \frac{1-2p}{1+2p}\cdot v\right\} i_{ab}^2 + u^{G-1}(1-u^{G-1})\, l_{ab}^2 \\ & + \left\{\frac{1}{2^{G-1}} - u^{G-1}\right\}(j_{ab}^2 + j_{ba}^2) + 2\,\frac{1-2p}{1+2p}\, v\, d_a\, d_b \\ & + 2\left\{u^{G-1} - \frac{1}{2^{2(G-1)}}\right\} h_a\, h_b - 2\,\frac{1}{2^{G-1}}\cdot\frac{1-2p}{1+2p}\, v\,(h_a + h_b)\, i_{ab} \\ & + 2\,\frac{2^{G-1}-1}{2^{G-1}}\, u^{G-1}(h_a + h_b)\, l_{ab} + 2\left\{\frac{1}{2^{G-1}} - u^{G-1}\right\}(j_{ab} d_a + j_{ba} d_b) \\ & - 2u^{G-1}\,\frac{1-2p}{1+2p}\, v\, i_{ab}\, l_{ab} \end{aligned} \tag{6.33}$$

$$V[F_\infty] = d_a^2 + d_b^2 + \frac{8p}{(1+2p)^2}\, i_{ab}^2 + 2\,\frac{1-2p}{1+2p}\, d_a\, d_b . \tag{6.34}$$

Dabei gilt

$$u = \frac{1-2p+2p^2}{2}$$

$$v = 1 - \left(\frac{1-2p}{2}\right)^{G-1} .$$

Anders als im Falle fehlender Kopplung ist die Varianz von Generationen doppelhaploider Linien, die aus der Selbstungsgeneration F_G erzeugt werden, nicht mehr unabhängig von der Generationszahl G, wenn Epistasie zwischen den Loci A und B existiert. Sie ist auch nicht mit $V[F_\infty]$ gleichzusetzen. Diese Varianz beträgt

$$V[F_GDH] = d_a^2 + d_b^2 + \left[1 - \left(\frac{1-2p}{1+2p}\right)^2 \left\{1 + 2p\left(\frac{1-2p}{2}\right)^{G-1}\right\}^2\right] i_{ab}^2$$
$$+ 2\frac{1-2p}{1+2p}\left\{1 + 2p\left(\frac{1-2p}{2}\right)^{G-1}\right\} d_a d_b . \qquad (6.35)$$

Ein Vergleich der Varianzen von F_GDH-Generationen, die aus verschiedenen Ausgangsgenerationen wie F_1, F_2 und F_3 hergestellt wurden, kann als Test auf Kopplung herangezogen werden (Snape und Simpson 1981).

6.2.5.5. Chromosomenspezifische Effekte bei quantitativen Merkmalen

Für die Durchführung genetischer Analysen ist die einfache Struktur von DH-Generationen vorteilhaft. Das trifft sowohl für die klassische genetische Analyse qualitativer Merkmale zu, mit welcher Genanzahl, Kopplungsbeziehungen und Geninteraktionen untersucht werden, als auch für die Untersuchung der genetischen Variation quantitativer Merkmale, die mit biometrischen Methoden erfolgt. Im folgenden sei kurz auf den letztgenannten Punkt eingegangen.

Die nichtunabhängige Verteilung von gekoppelten Genen während der Gametenbildung kann genutzt werden, um Effekte der Polygene einzelner Chromosomen auf quantitative Merkmale zu bestimmen. Es sei dazu der einfache Fall betrachtet, daß auf einem Chromosom ein Markergen B und ein Polygen A, welches ein quantitatives Merkmal kontrolliert, liegen. Die Rekombinationshäufigkeit zwischen den Loci soll p und der Effekt des Polygen A soll d_a betragen. Klassifiziert man die Linien einer F_1DH-Generation, die für beide Gene spaltet, nach den beiden Markergenotypen B_1B_1 und B_2B_2, bildet man damit gleichzeitig 2 verschiedene Klassen für den Polygenlocus.

In B_1B_1 sind $(1-p)$ A_1A_1-Linien und p A_2A_2-Linien enthalten, während B_2B_2 aus p A_1A_1- und $(1-p)$ A_2A_2-Linien besteht.

Die beiden Markerklassenmittel der F_1DH haben die Erwartungen

$$E[F_1DH\,(B_1B_1)] = m + (1-2p)\,d_a$$
$$E[F_1DH\,(B_2B_2)] = m - (1-2p)\,d_a .$$

Die halbe Differenz beider Mittel ergibt

$$1/2\,\{E[F_1DH\,(B_1B_1)] - E[F_1DH\,(B_2B_2)]\} = (1-2p)\,d_a .$$

Sie enthält den mit Hilfe des Markers B schätzbaren Anteil des Effekts d_a. Diesen Anteil hat Mather (1942) als Kopplungsmoment eines Polygens bezüglich eines Markers bezeichnet. Entsprechend ist das Kopplungsmoment eines Chromosoms mit n Polygenen unter Vernachlässigung von Interaktionen

$$\sum_i^n (1-2p_i)\,d_i ,$$

wobei p_i die Rekombinationshäufigkeit zwischen Markergen und i-tem Polygen und d_i dessen additiven Effekt bezeichnen.

Der Beitrag eines Polygens zum Kopplungsmoment des Chromosoms variiert in

Abhängigkeit von seiner Rekombinationshäufigkeit zum Marker zwischen 0 und d. Ein pleiotroper Effekt des Markerlocus auf das quantitative Merkmal geht vollständig in das Kopplungsmoment ein.

Die Höhe des mit Hilfe eines Markers meßbaren Anteils eines Chromosoms ist von der Lage des Markerlocus, der genetischen Länge des Chromosoms und von der Art der Verteilung der Polygene abhängig. Bei zentraler Lage eines Markers wird bei Chromosomen mit einer genetischen Länge von 150 cM immerhin noch etwa 10% der Effekte terminal gelegener Polygene erfaßt. Eine wichtige Voraussetzung für die Schätzung chromosomaler Effekte, die nichtkorrelierte Verteilung der Chromosomen auf die Genotypen, ist in der F_1DH erfüllt.

Die Verwendung der F_1DH für die Schätzung von Kopplungsmomenten einzelner Chromosomen erleichtert die Analyse im Vergleich zur Selbstungsgeneration wesentlich. Der Aufwand für die Markerklassifizierung ist reduziert, da keine Nachkommenschaftsprüfungen zur Heterozygotenerkennung erforderlich sind. Der Umfang der Experimente wird verringert, da keine heterozygoten Markerklassen angebaut werden müssen und der genetische Hintergrund innerhalb der Markerklassen weniger variabel als in frühen spaltenden Generationen ist.

Die homologen Chromosomen sind in der F_1DH-Generation den Elternhomologen weitgehend ähnlich, da nur eine einzige Meiose die Homologenstruktur verändern kann.

Da Dominanzeffekte als Variationsursache fehlen, ist die Anzahl von Varianzkomponenten auf fixierbare Typen beschränkt. Die Überprüfung der Additivität chromosomaler Effekte ist in der F_1DH-Generation möglich. Die direkte Erfassung der umweltbedingten Variation von allen auftretenden Genotypen gewährleistet eine genaue Schätzung der genetischen Varianz und des Beitrages einzelner Chromosomen zur genetischen Variation. In Tabelle 6.23. sind die Kopplungsmomente von Gerstechromosomen in einer F_1DH enthalten, die unter Verwendung von acht Markergenen ermittelt wurden. In dem dazu durchgeführten Experiment wurden 256 DH-Linien jeweils in Parzellen mit 3 Reihen mit 20 cm Abstand und einer Reihenlänge von 1 m bei 20 Pflanzen je Reihe angebaut. Jede Parzelle (DH-Linie) wurde in 4 Wiederholungen ausgesät. In die biometrische Auswertung ging nur die mittlere Reihe einer Parzelle ein, um unterschiedliche Konkurrenzbedingungen auszuschalten.

Es zeigte sich, daß mit dem dargestellten Analysenprinzip auch für quantitative Merkmale mit geringer Heritabilität, wie es Ertragsmerkmale bei Getreide sind, signifikante Effekte einzelner Chromosomen nachgewiesen werden. Solche Analysen ermöglichen es, die genetische Architektur quantitativer Eigenschaften zu bestimmen, den Einfluß einzelner Chromosomen auf die genetische Korrelation zwischen Merkmalen zu erkennen und Vorhersagen über die Leistungen spezifischer Markerklassen zu erhalten.

Mit Hilfe von gefundenen Kopplungsmomenten einzelner Chromosomen lassen sich Vorhersagen über die Eigenschaften von Markerklassen, die unter Berücksichtigung mehrerer Marker gebildet wurden, ableiten. Somit kann man erstmals auch bei quantitativen Merkmalen genetische Hypothesen aufstellen, die experimentell überprüfbar sind. Ein Beispiel dafür ist in Tabelle 6.24. angegeben. Unter Verwendung der in Tabelle 6.23. enthaltenen Kopplungsmomente

Tabelle 6.23. Effekte von Gerstechromosomen auf quantitative Merkmale in der F_1DH-Generation *'Spartan'* × *'Trumpf'* mit 256 homozygoten Linien

Marker (Chromosom)	Additives Kopplungsmoment $\sum (1-2p_i)\, d_i$					
	Blüh-termin (d)	Pflanzen-länge (cm)	Ähren-zahl	Hundert-Korn-Masse (g)	Körner je Ähre	Korn-ertrag (g)
Wuchstyp	−3,0 (±0,15)*	6,5 (±0,39)	0,6 (±0,75)	0,22 (±0,02)	0,1 (±0,18)	7,9 (±1,00)
Grannen-bezahnung	0,6 (±0,24)	1,9 (±0,56)	−0,2 (±0,97)	0,0 (±0,03)	−0,8 (±0,17)	−3,6 (±1,09)
Rachilla-behaarung (7)	−0,8 (±0,24)	−2,0 (±0,52)	2,7 (±0,95)	−0,09 (±0,03)	−1,2 (±0,16)	−0,7 (±1,11)
Hordein 1 (5)	0,3 (±0,24)	0,0 (±0,57)	0,2 (±0,95)	0,0 (±0,03)	0,0 (±0,18)	0,0 (±1,11)
Hordein 2 (5)	0,5 (±0,25)	0,5 (±0,57)	1,1 (±0,95)	0,03 (±0,03)	0,0 (±0,03)	−0,9 (±1,12)
β-Amylase (4)	0,6 (±0,25)	0,9 (±0,58)	−1,4 (±0,94)	0,02 (±0,03)	0,2 (±0,19)	0,3 (±1,14)
Esterase	0,2 (±0,25)	0,2 (±0,58)	−0,6 (±0,97)	0,02 (±0,03)	−0,4 (±0,18)	−2,0 (±1,13)
Phenol-resistenz	0,6 (±0,25)	0,1 (±0,67)	−1,6 (±1,09)	−0,02 (±0,03)	−0,3 (±0,22)	−4,2 (±1,18)

* Standardabweichung

für vier Chromosomen wurden die erwarteten Mittel für Blühtermin von 16 Markerklassen bestimmt. Das Mittel einer spezifischen Markerklasse ergibt sich als Linearkombination von F_1DH-Mittel und Kopplungsmomenten. So ist das Mittel der Markerklasse STST 17,4 (F_1DH-Mittel) −3,0 −0,6 −0,8 −0,6 = 12,4 Tage. Das beobachtete Mittel dieser Klasse, in der sich 19 DH-Linien befanden, war 12,3 Tage. Bei den übrigen Markerklassen liegt ebenfalls eine gute Übereinstimmung von Vorhersage und Beobachtung vor. Vorhergesagte Rangfolge der Markerklassen und Transgressionen werden durch die experimentellen Daten bestätigt.
Die Güte der Vorhersage wird von der Additivität chromosomenspezifischer Effekte bestimmt. Die beobachteten Werte stimmen jedoch nur dann mit der Vorhersage überein, wenn die Markerklassen ausreichend groß sind, damit sie gleiche Rekombinationsverhältnisse bezüglich der markierten und nichtmarkierten Chromosomen wie die vollständige Generation aufweisen. Wenn die Additivitätsvoraussetzung nicht erfüllt ist, sind die Interaktionen zwischen spezifischen Chromosomen zu analysieren.

6.2.5.6. Züchtung mit „Doppelhaploiden"

Die Züchtung von Selbstbefruchtern hat das Ziel, neue Genkombinationen durch Kreuzung von Eltern mit gewünschten Eigenschaften herzustellen und im Verlaufe der Selbstungsgenerationen Stämme zu selektieren, die solche Eigenschaften enthalten, eine hinreichende Homogenität besitzen und ihre Leistung unter verschiedenen Umweltbedingungen stabil halten. Die Wege, die dabei gegangen werden, sind hinsichtlich Zeitpunkt und Stärke der Selektion unterschiedlich. Sie bestimmen Zeitdauer eines Zuchtzyklus, Selektionseffektivität und genetische Struktur der erzeugten Sorten.
Selbstbefruchtersorten sind genetisch Gemische einer mehr oder weniger großen Anzahl von Linien mit mehr oder weniger genetischen Ähnlichkeiten. Da Selbstbefruchtersorten erst nach mehreren Selbstungsgenerationen entstehen, sind sie weitgehend homozygot, obwohl nicht ausgeschlossen werden kann, daß auch nach Fertigstellung einer Sorte noch Restheterozygotie vorhanden ist. Durch die Verwendung von doppelhaploiden (dihaploiden) Linien in der Züchtung können Zuchtzeit, Selektionseffektivität und Sortenstruktur verändert werden.

6.2.5.6.1. Zuchtzeit

Je mehr Gene oder Chromosomen die Variabilität der Zuchtziele in den Auslesegenerationen bestimmen, umso mehr Selbstungsgenerationen sind notwendig, bis ein Homozygotiegrad erreicht ist, der die geforderte phänotypische Homogenität verleiht. In der sogenannten Doppel-Haploid-(DH-)Generation wird unabhängig von der genetischen Grundlage der Merkmale in einem Schritt aus heterozygotem Zuchtmaterial der Zustand absoluter Homozygotie erhalten. Diese Beschleunigung kann zu einer Verkürzung der Zuchtzeit beitragen, wenn damit die bisher erforderliche Dauer zwischen Beginn und Abschluß der Selektion und die für Prüfung des selektierten Materials sowie für seine Vermehrung notwendige Zeit unterschritten wird. Prüfung und Vermehrung erfolgen parallel zueinander und sind von der Zuchtmethode weitgehend unabhängig. Eine Verkürzung der Selektionsperiode kann mit der DH-Generation herbeigeführt werden, wenn im konventionellen Verfahren nicht bereits in sehr frühen Generationen mit der Bildung und Selektion von Stämmen begonnen wird. Die Verwendung von DH-Linien bewirkt daher nicht generell eine Verkürzung der Zuchtzeit.
Die Möglichkeit für einen Zeitgewinn sind bei Winterformen größer als bei Sommerformen, bei denen oft auch eine Generationsbeschleunigung im Gewächshaus durchgeführt wird.

6.2.5.6.2. Selektionseffektivität

Die Selektionseffektivität, d. h. die Wahrscheinlichkeit, einen gewünschten Genotyp zu selektieren, hängt von der Häufigkeit des Genotyps in einer Population und von der Möglichkeit seiner Identifikation ab.
Beide Komponenten der Selektionseffektivität werden verbessert, wenn DH-Ge-

Markerklasse* W G R A	Linien-anzahl	Blühtermin (Tage ab 1.6.) beobachtet	erwartet	Differenz
S S S S	16	14,4	14,8	−0,4
S S S T	11	13,7	13,7	0
S S T S	12	17,0	16,4	0,6
S S T T	21	14,6	15,3	−0,7
S T S S	16	13,5	13,5	0
S T S T	19	12,3	12,4	−0,1
S T T S	10	15,1	15,1	0
S T T T	14	13,6	14,0	−0,4
T S S S	15	21,4	20,8	0,6
T S S T	16	19,4	19,7	−0,3
T S T S	15	21,2	22,4	−1,2
T S T T	16	21,9	21,3	0,6
T T S S	15	19,4	19,5	−0,1
T T S T	18	18,3	18,4	−0,1
T T T S	12	21,2	21,1	0,1
T T T T	15	20,7	20,0	0,7

* W = Wuchstyp, G = Grannenbezahnung, R = Rachillabehaarung, A = β-Amylase, S = Allel der Eltersorte *'Spartan'*, T = Allel der Eltersorte *'Trumpf'*

Tabelle 6.24. Vergleich der beobachteten und erwarteten Mittelwerte für das Merkmal Blühtermin von F_1DH-Linien *Hordeum vulgare* 'Spartan' × 'Trumpf' in 16 Markerklassen

nerationen statt Selbstungsgenerationen verwendet werden. Die Häufigkeit eines spezifischen homozygoten Genotyps in F_2 ist $1/2^{2n}$ und für die F_1DH-Generation $1/2^n$. Mit steigender Genzahl n sinkt der Anteil eines homozygoten Genotyps in der F_2 relativ zur F_1DH. Bei Dominanz für die gewünschten Allele verringert sich die Erkennbarkeit des homozygoten Genotyps in F_2, während in F_1DH keine Dominanzprobleme auftreten. In Tabelle 6.25. wird an drei verschiedenen genetischen Situationen bei Gerste veranschaulicht, wie sich mit steigender Komplexität die Selektionseffizienz in F_1DH im Vergleich zu F_2 erhöht. Am extremsten sind die Unterschiede bei der Situation C, bei der Doppelcrossover zum gewünschten Genotyp *Ml-nn Ml-k Ml-a* führt. Um diesen Genotyp in gleicher Menge zu erzeugen, muß der Umfang der F_2 174mal größer als der von F_1DH sein. Da alle Genotypen mit mindestens einem dominanten Allel an jedem der drei Loci den gleichen Phänotyp (Resistenz gegen Mehltau) zeigen, müssen 42% der F_2-Individuen in der Nachkommenschaft nochmals auf Spaltung untersucht werden. Dieser beträchtliche Aufwand entfällt in der F_1DH.
Die relative Selektionseffizienz der F_2 verringert sich noch weiter, wenn die Selektionsmethode wiederholte Beobachtungen erfordert. In F_2 kann für jeden Genotyp nur ein phänotypischer Wert erhalten werden, während in F_1DH vom gleichen Genotyp z. B. bei der Gerste bis zu mehreren Hundert Individuen in

Tabelle 6.25. Vergleich des Selektionsaufwandes bei der konventionellen Selbstungsmethode und der Haploidenmethode für drei verschiedene genetische Situationen bei Gerste

	A*		B		C	
	F_2	F_1DH	F_2	F_1DH	F_2	F_1DH
Relative Häufigkeit (%) des gesuchten Genotyps	6,25	25	0,14	3,75	0,033	0,57
Erforderlicher Umfang für 3faches Vorkommen des gesuchten Genotyps	48	12	2150	80	91000	530
Häufigkeit positiver Phänotypen, absolut	3	3	1078	3	37000	3
relativ	6,25	25	50,14	3,75	42	0,47
Relativer Aufwand für Selektion nichtspaltender Nachkommenschaften			360	1	10000	1

* Situation A: homozygote Kombination rezessiver Allele von 2 frei rekombinierbaren Genen (*ml-o,lys*)

Situation B: homozygote Kombination dominanter Allele von 2 gekoppelten Genen, Rekombinationshäufigkeit 7,5% (*Ml-a, Ml-k*)

Situation C: homozygote Kombination dominanter Allele von 3 miteinander gekoppelten Genen, Rekombinationshäufigkeiten 15,3% und 7,5% und Doppelcrossoverhäufigkeit ca. 1% (*Ml-nn, Ml-k, Ml-a*)

einer DH_1-Linie vorhanden sind. Für einige qualitative Merkmale kann schon in der Haploidengeneration vor Diploidisierung bzw. in der DH_0 (= colchicinierte Haploide) selektiert werden.

In der Züchtung erfolgt Selektion auf qualitative und quantitative Merkmale. Für den Vergleich der Selektionseffizienz bei quantitativen Merkmalen zwischen Selbstungs- und DH-Generationen ist der Anteil der fixierbaren additiven Komponente der genetischen Varianz und die Heritabilität von Bedeutung, die den Anteil der genetischen Varianz an der phänotypischen Varianz wiedergibt.

In Tabelle 6.26. sind die Komponenten der phänotypischen Varianz für F_1DH, F_2

und F_3 dargestellt. Die Varianz zwischen den F_2-Individuen enthält nur die Hälfte der additiven Komponente D, die für Selektion nutzbar ist. Die restlichen Teile der phänotypischen Varianz sind durch Dominanz (D) und Mikroumwelteinflüsse (E_I) auf die F_2-Pflanzen verursacht. Werden die F_3-Pflanzen entsprechend ihrem F_2-Elter in Familien (A-Stämme) eingeteilt, ist der Einfluß der Dominanzvarianz reduziert, aber innerhalb der Selektionseinheiten existiert noch ein beträchtlicher Anteil genetischer Variation, der die Ursache für Inhomogenität sein kann.
Die F_1DH enthält den vollständigen additiven Teil der Varianz, und innerhalb der Selektionseinheiten (DH-Linien) gibt es keine genetische Varianzkomponente. Es wird deutlich, daß die Bildung von Selektionseinheiten in späteren Selbstungsgenerationen eine effektivere Selektion zuläßt. Dann nimmt jedoch der Zeitvorteil, der mit der Verwendung der DH-Generation verbunden ist, zu.

In manchen Fällen ist es günstiger, statt der F_1DH-Generation die F_2DH zu erzeugen. Dadurch wird mehr Gelegenheit für weitere Rekombination gegeben, wenn auch F_2-Rekombination nicht mehr so wirkungsvoll wie solche in F_1 ist. Die F_2DH ist zu verwenden, wenn transgressive Kombinationen von Allelen homologer Elternchromosomen erzeugt werden sollen oder wenn zwischen gekoppelten Genen Epistasie auftritt. Aus praktischer Sicht ist die F_2DH vorteilhaft, weil dann in F_2 eine Vorselektion auf Resistenzeigenschaften, Kornmerkmale und Wuchstyp erfolgen kann. Damit wird der Anteil aussichtsreicher DH-Linien erhöht, und die Anzahl von Linien je Kombination wird reduziert, so daß mit einer gegebenen Kapazität für die DH-Produktion mehr Kombinationen bearbeitet werden können. Das F_2-System verlängert jedoch die Zuchtzeit.
Ein weiterer wichtiger nützlicher Aspekt ergibt sich, wenn Selektionseinheiten wieder zur Kreuzung eingesetzt werden. Bei konventionellen Stämmen, die genetisch nicht uniform sind, entsteht bei Kreuzung die Gefahr, daß die verwendeten Pflanzen keine repräsentative Stichprobe für den ausgewählten Stamm sind. Werden dagegen selektierte und geprüfte DH-Linien für Kreuzungen eingesetzt, enthält jede verwendete Gamete der DH-Linie die gleiche genetische Information.

Tabelle 6.26. Komponenten der phänotypischen Varianz in den Generationen F_2, F_3 und F_1DH

Generation	Selektions-einheit	Phänotypische Varianz	
		zwischen Selektionseinheiten	innerhalb von Selektionseinheiten
F_2	Pflanze	$1/2\,D + 1/4\,H + E_I$	–
F_3	Familie	$1/2\,D + 1/16\,H + E_P$	$1/4\,D + 1/8\,H + E_I$
F_1DH	Linie	$D + E_P$	E_I

6.2.5.6.3. Homozygotie und Homogenität

Das Produkt eines konventionellen Zuchtverfahrens bei Selbstbefruchtern ist eine Sorte, von der allgemein angenommen wird, daß sie homozygot und genetisch uniform ist. Ob diese Annahme tatsächlich zutrifft hängt von drei Faktoren ab. Der Zeitpunkt der Stammbildung, d. h. F_2, F_3 oder spätere Generationen, entscheidet über die durchschnittliche noch vorhandene Heterozygotie in den Selektionseinheiten. Die Anzahl spaltender Faktoren bestimmt die Häufigkeit unterschiedlich heterozygoter Genotypen in den Stämmen.
Der dritte Faktor ist die Stärke der Selektion auf genetische Uniformität. Es werden nur solche Stämme eliminiert, deren Variabilität den Anforderungen an Uniformität nicht genügt. Ein bestimmter Grad an Heterogenität bleibt auch nach Selektion verborgen oder wird akzeptiert. Eine absolute Uniformität könnte nur durch Selektion in der F_∞ erhalten werden, wobei in der praktischen Züchtung von Selbstbefruchtern bereits spätestens nach 4 oder 5 Selbstungsgenerationen mit Stammbildung und Selektion begonnen wird. Daraus folgt, daß bei einer großen Anzahl von spaltenden Genen eine neue Sorte zunächst noch Restheterozygotie enthalten kann und noch keine absolute genetische Uniformität vorliegt.
Es ist nicht bekannt, ob bei der Mehrzahl der Selbstbefruchtersorten diese Restheterozygotie und Heterogenität für die Stabilität und Höhe der Leistung wichtig sind.
Die DH-Generation ist sofort absolut homozygot, und alle Linien sind vollkommen genetisch uniform, wenn nicht bei weiterem Anbau diese Uniformität in gewissem Maße beeinträchtigt wird (z. B. bei Ernte, Aussaat, Fremdbefruchtung). Es ist daher keine Selektion gegen Heterogenität erforderlich. Erste praktische Ergebnisse zeigten, daß die Leistung und Stabilität von DH-Linien gleich gut mit fortgeschrittenen Selbstungslinien sein kann (Reinbergs u. a. 1975).
Insgesamt existieren dazu zu wenig Befunde, um die relative Leistung von DH-Material beurteilen zu können.
Bei Gerste kann Heterogenität die Leistung erhöhen, wie Mischungsexperimente zeigten (Nitzsche und Hesselbach 1984). Für Resistenzmerkmale werden definierte Mischungen von Sorten hergestellt, um die Leistung von Sorten zu erhöhen und die Stabilität zu erhalten. Möglicherweise sind daher Mischungen ausgewählter DH-Linien eine zukünftige Strategie in der Selbstbefruchterzüchtung.

6.2.6. Züchtung mit Mutanten

6.2.6.1. Charakterisierung

In der Evolution von Haustieren und Kulturpflanzen sind Gen- und Chromosomenmutationen sehr wirksam gewesen. Dies läßt sich bei einigen Pflanzen besonders eindrucksvoll anhand der entstandenen Vielfalt demonstrieren. Es wird in diesem Zusammenhang auf den Kohl verwiesen, wobei aus der Züchtung Blattkohl, Grünkohl, Markstammkohl, Kopfkohl, Wirsingkohl, Rosenkohl, Kohlrabi, Broccoli, Blumenkohl und Zierkohl hervorgegangen sind. Auch bei Beta

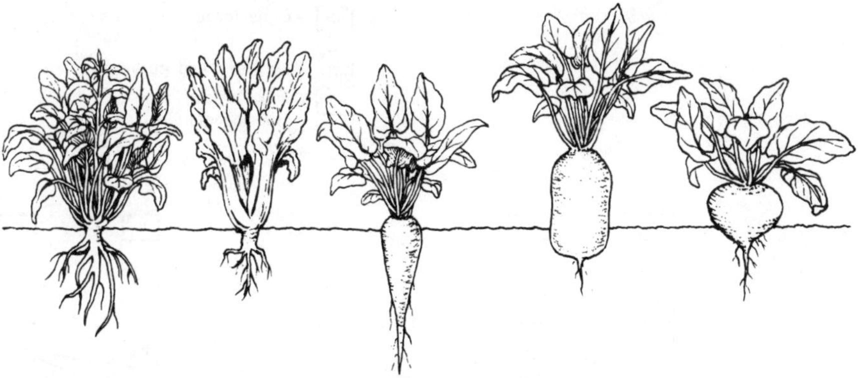

Abbildung 6.8. Skizzierung der verschiedenen Nutzungsformen bei *Beta vulgaris* L. Wildform, Mangold, Zuckerrübe, Futterrübe, Rote Rübe

vulgaris L. sind im Rahmen der Züchtung verschiedene Nutzungsrichtungen wie Mangold, Zuckerrübe, Futterrübe und Rote Rübe vorwiegend auf mutativer Grundlage entstanden (Abb. 6.8.).

Ausgehend von solchen Phänomen, wird vor allem bei Pflanzen die Mutabilität weiterhin zur züchterischen Verbesserung eingesetzt. Dabei sind es vor allem die Genmutationen, die man nutzt. Zu diesem Zweck wird meistens die Mutationsrate mit Hilfe von mutagenen Agenzien erhöht, wobei die Genmutationen im allgemeinen im somatischen Gewebe induziert werden. Sie manifestieren sich dann je nach Funktion bzw. nach ontogenetischer oder histologischer Entwicklung der mutierten Zellen. Die züchterische Nutzung berücksichtigt das entsprechend. Bei vegetativ vermehrten Kulturpflanzen wie der Kartoffel, der Dahlie und der Erdbeere werden somatische Mutationen unmittelbar züchterisch wirksam. Demgegenüber kommen sie bei generativ vermehrten Kulturpflanzen wie Gerste, Tomate und Rübe nur mittelbar zur Geltung. Treten die Genmutationen in den Geweben auf, aus denen sich generative Organe bilden, handelt es sich um somatische Mutationen, die im Laufe der Ontogenese zu generativen werden. Generative Mutationen entstehen darüber hinaus im Prozeß der Gametenbildung. Sie lassen sich bei generativ vermehrten Kulturpflanzen unmittelbar züchterisch nutzen. In vielen Fällen verhält sich das mutierte Allel gegenüber dem Wildallel rezessiv. Solche Mutationen treten phänotypisch bei autogamen Objekten in der Regel in der F_2 auf. Bei allogamen Individuen müssen die mutierten Allele erst aufeinander treffen und sich vereinigen, bevor sie sich manifestieren können. Es läßt sich bei einigen Merkmalen, in der Regel sind es qualitative, feststellen, daß mit fortschreitender Evolution bei den Kulturpflanzen die Anzahl der rezessiven Allele zugenommen hat. So haben z. B. die Wildbohnen ein „unbegrenztes" Wachstum. Die Gartenbohnen und Gemüsebohnen wachsen dagegen buschig und begrenzt. Dies ist auf die rezessive Mutation fin:fin zurückzuführen (Lamprecht 1961a).

Bei den Wildbohnen findet man eine flache, wenig fleischige Hülse vor. Die ersten Gemüsebohnen waren auch flachhülsig. Die heutigen Sorten haben eine

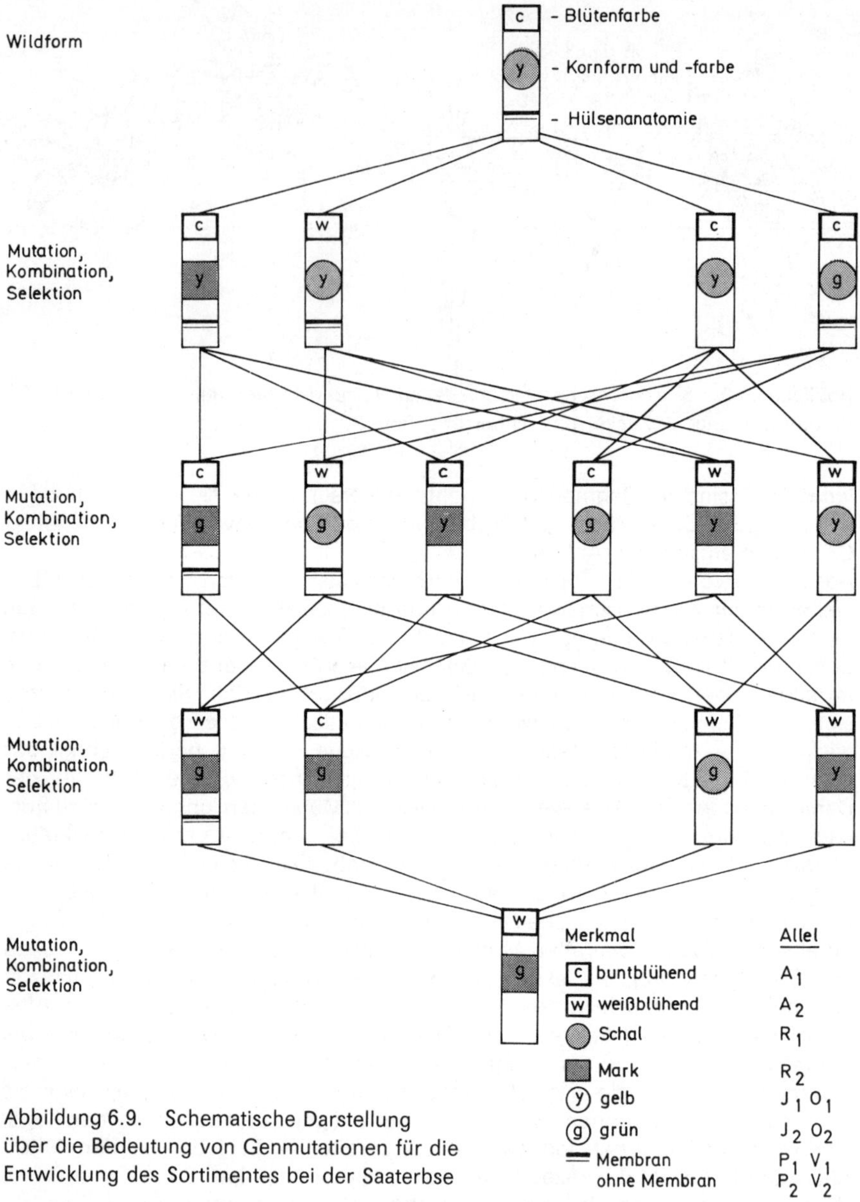

Abbildung 6.9. Schematische Darstellung über die Bedeutung von Genmutationen für die Entwicklung des Sortimentes bei der Saaterbse

runde, fleischige Hülse. Dafür sind die beiden rezessiven Allelpaare ea:ea und eb:eb verantwortlich. Die Wildbohnen sind grünhülsig. Eine Reihe von Sorten tragen heute noch dieses Merkmal. Daneben gibt es aber gelbhülsige Formen,

die sogenannten Wachsbohnen. Dieses Merkmal ist auf das rezessive Allelenpaar y:y zurückzuführen (LAMPRECHT 1961a).
Bei der Erbse ist die Zunahme an rezessiven Allelen im Laufe der Evolution besonders deutlich. Versucht man die Evolution der Erbse zu analysieren, so haben phylogenetisch vier Merkmale eine besondere Rolle gespielt. Es handelt sich um:

Kotyledonenfarbe – Genorte I und O
Blütenfarbe – Genort A
Hülsengestaltung – Genorte P und V
Stärkezusammensetzung – Genort R (Abb. 6.9.).

Bei diesem Objekt haben in der Evolution nur wenig Allele und damit auch nur wenig Merkmale einen großen Einfluß erlangt. Begünstigend wirkte sich dabei die relativ uneingeschränkte Kombinierbarkeit der beteiligten Allele aus. So liegt nach LAMPRECHT (1961b) der Genort

A auf Chromosom 1,
P auf Chromosom 6,
R auf Chromosom 7,
V auf Chromosom 4.

Der Genort I ist zwar auch auf dem Chromosom 1 lokalisiert, ist aber so weit von A entfernt, daß man nur von einer sehr losen Kopplung sprechen kann. Außerdem liegt der Genort O noch auf dem Chromosom 1 und zwar in der

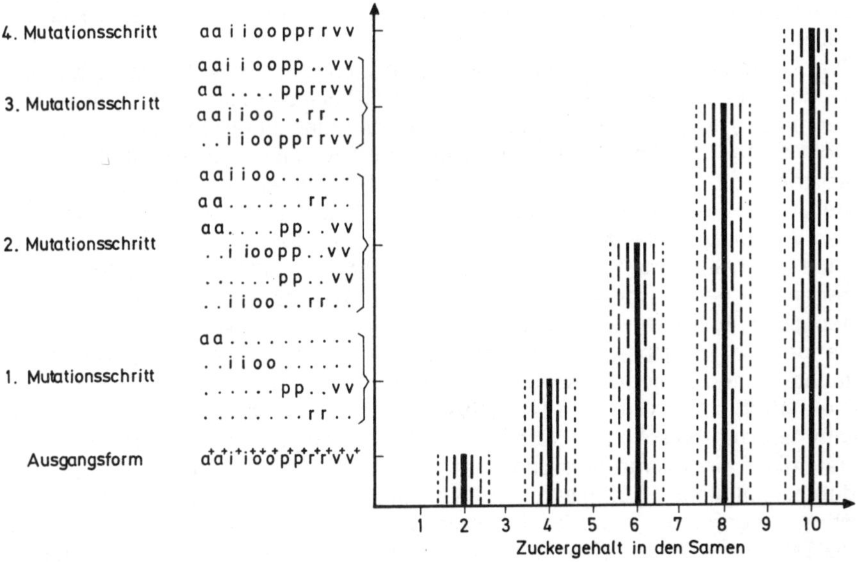

Abbildung 6.10. Schematische Darstellung der Erhöhung des Zuckergehaltes in Gemüseerbsen auf mutativem Wege

Nähe von I. Diese enge Kopplung wirkt sich aber wenig aus, da I und O gemeinsam die Kotyledonenfarbe bedingen.
So gestatten die Kopplungsbeziehungen eine weitgehend ungehinderte Rekombination. Die vier Merkmale konnten daher mit anderen Merkmalen in mannigfacher Weise kombiniert werden.
Daß nur wenige Loci eine Schlüsselfunktion in der Evolution einer Kulturart erlangen, ist außerdem nur möglich, wenn sie sich nicht nur auf die genannten Merkmale, sondern auch noch auf andere auswirken. Die Allele der Genorte müssen also einen pleiotropen Charakter tragen. Das läßt sich ebenfalls belegen. So geht mit der Veränderung der Kotyledonenfarbe, der Blütenfarbe, der Hülsenanatomie und der Stärkezusammensetzung der Samen auch eine Veränderung im Zuckergehalt der unreifen Samen, den sogenannten Gemüseerbsen einher (Abb. 6.10.). Darüber hinaus konnte auch noch ein pleiotroper Einfluß der sechs Genorte auf die Widerstandsfähigkeit gegen die Erreger der Fuß- und Fleckenkrankheit festgestellt werden.

6.2.6.2. Anzahl und Wirksamkeit der Allele

Bei den Genmutationen ist selten nur ein Merkmal verändert. Selbst wenn es mitunter den Anschein hat, stellt man bei intensiveren Analysen doch eine Pleiotropie fest. So ließ sich bei der Fliederprimel zeigen, daß sich mutierte Allele, welche die Blütenfarbe oder die Blütenform kontrollieren, auch die Bildungsfrequenz an unreduzierten Gameten beeinflussen (Skiebe 1972).
Bei der Tomate können Allele, welche eine rassenspezifische Resistenz gegen den Erreger der Samtfleckenkrankheit *Cladosporium fulvum* Cooke hervorrufen, gleichzeitig eine rassenunspezifische Resistenz bewirken (Skiebe und Kiessling 1986).
Das Auftreten neuer Allele beschränkt sich nicht nur auf eine Alternative zum Wildallel. In der Regel ist mit einer multiplen Allelie zu rechnen. Allerdings werden häufig Mutationen mit geringen Allelwirkungsunterschieden als solche nicht erkannt. So konnten beispielsweise beim Reis eine Serie multipler Allele, welche die Reifezeit beeinflussen, nur mit Hilfe eines eng gekoppelten Resistenzfaktors identifiziert werden (Yokoo und Kikuchi 1977). Allele mit einer großen Wirkungsdifferenz gegenüber dem Ausgangsallel stellen vielfach das Endglied einer Serie multipler Allele dar. Je größer die Allelwirkungsunterschiede gegenüber dem Ausgangsallel sind, um so größer sind auch im allgemeinen die negativen Auswirkungen im Rahmen einer pleiotropen Merkmalsausprägung. Handelt es sich dabei um generative bzw. heterotische Merkmale, so sind die züchterischen Belange besonders betroffen.
Gaul (1967) sowie Gaul und Lind (1974) stellen im statistischen Sinne einen Zusammenhang zwischen der Größe der Allelwirksamkeit einer Genmutation, der Häufigkeit ihres Auftretens und dem Grad ihrer Schädigung fest. Sowohl die durchschnittliche Häufigkeit einer Mutation, als auch die Vitalität der Mutante ist um so geringer, je größer der Mutationsschritt bei einem gegebenen Merkmal ist. Diese These läßt sich, zumindest was die Vitalität der Allelwirksamkeit betrifft, durch zahlreiche Beispiele belegen.
Bei der Gerste fand Scholz (1971) Mutanten, die im Rohproteingehalt der Samen

deutliche Erhöhungen zeigen, dafür im Ertrag auf Grund negativer pleiotroper Nebenwirkungen entsprechende Minderleistungen zeigen. In diesem Zusammenhang ist bei der Gerste das lys-Allel von „Hiproly" zu nennen, das zwar zu erhöhtem Rohprotein- und Lysingehalt, aber auch zu geschrumpftem Korn sowie zu geringen Kornerträgen führt (MUNCK 1972).
Hinsichtlich der Pleiotropie ist ein Experiment von ZALI und ALLARD (1976) bei der Gerste aufschlußreich. Die Autoren haben 16 isogene Linien hergestellt und danach die Wirkung von Allelen vier verschiedener Loci studiert. Im Ergebnis der Experimente ließ sich feststellen, daß sich zumindest zwei Allele aus der multiplen Serie des Zeiligkeitslocus (V) bei der Gerste durch eine ausgeprägte Pleiotropie auszeichnen. Sie erstreckt sich besonders auf die Anzahl ährentragender Halme, die Pflanzenhöhe, das Karyopsengewicht und den Kornertrag. ZALI und ALLARD (1976) fanden beispielsweise zwischen den zwei homozygoten Endgliedern (V und v) folgende signifikante Differenzen:

im Parzellenertrag	(g/plot)	196,
in der Kornmasse	(g/55 Korn)	7,6,
in der Pflanzenhöhe	(cm)	5,0,
und in der Halmanzahl		0,33.

HENTRICH (1979) konnte, ebenfalls beim Gerstenmehltau, aufgrund von Unterschieden im Befallsgrad für den ml-o-Locus neben dem Wildtypallel vier funktionell verschiedene Allele nachweisen. Außerdem fand HENTRICH (1979) nach Einlagerung der vier Mutantenallele in den genetischen Hintergrund verschiedener Sorten eine allelspezifische Abhängigkeit der durch die ml-o-Allele bewirkten pleiotropen Blattnekrosen. Der Autor empfiehlt daher schwach bis mittelstark wirkende Resistenzallele des ml-o-Genortes züchterisch zu nutzen. Sie reichen für eine Mehltauresistenz aus und ermöglichen außerdem eine Abschwächung der Blattnekrosen mit Hilfe bestimmter Allele anderer Genorte.
Das Endglied der Allelserie ist trotz höchster Resistenzausprägung, wegen der hohen und stabilen Nekrosebildung auf den Blättern züchterisch nicht nutzbar.
Für die Mutationszüchtung sind also nur solche Allele zu verwenden, die möglichst keine negativen pleiotropen Nebenwirkungen aufweisen. Treten sie auf, ist in der Regel nur eine mittelbare Nutzung in der Züchtung möglich. Da Mutanten mit einer kleinen Veränderung der Allelwirksamkeit seltener ausgeprägte negative Nebenwirkungen haben, ist man vielfach darauf angewiesen, züchterisch mit ihnen zu arbeiten. Reichen die dabei erzielten Merkmalsausprägungen an die geplanten Zuchtziele nicht heran, sind mehrmals hintereinander „Kleinmutanten" zu induzieren und auszulesen. Für eine derartige stufenweise Merkmalsverbesserung mit Hilfe von Genmutationen hat STUBBE (1967) bei Lycopersicon pimpinellifolium Dun. Belege geliefert (Tab. 6.27.).
Ist man unbedingt auf große Allelwirksamkeit angewiesen, selbst wenn damit negative pleiotrope Nebeneffekte verbunden sind, dann ist eine mittelbare züchterische Nutzung solcher Mutanten mitunter auch möglich (vgl. 1.3.8.). Solche Pleiotropieeffekte sind in ihrer Ausprägung abhängig vom jeweiligen idiotypischen Milieu. Sie variieren in ihrer Expressivität, besonders wenn es sich um quantitative Merkmale handelt. Man kann daher manchmal negative pleiotrope

Mutationsstufen	Fruchtmasse g	Fruchtbreite cm	Fruchtlänge cm
P 917	1,12	1,21	1,25
P 910	1,82	1,37	1,68
P 962	5,39	2,09	2,06
P 936	11,30	2,65	2,70
P 911	17,00	2,99	2,93

Tabelle 6.27. Stufenweise Verbesserung der Fruchtgröße bei Lycopersicon pimpinellifolium in mehreren Mutationsschritten

Nebenwirkungen soweit abschwächen, daß eine unmittelbare züchterische Nutzung der mutierten Allele möglich ist. Zu diesem Zweck sind sie in ein „passendes" idiotypisches Milieu einzulagern. Dafür sind entsprechende Testungen notwendig. Werden allogame Populationen für eine Mutationszüchtung herangezogen und der allogame Befruchtungsmodus beibehalten, dann sind günstige Bedingungen für eine Einbeziehung der Mutanten in einen Rekombinationsprozeß gegeben. Besonders rezessive Genmutanten werden nicht schon in der F_2-(M_2-)Generation herausspalten. Bevor sie sich manifestieren, kommt es meistens mehrfach zu Rekombinationen. Mutationen werden also nicht nur in der Evolution (Mayr 1975), sondern auch in der Züchtung in Verbindung mit der Rekombination wirksam.

Bei vegetativ vermehrten Kulturpflanzen ist die Situation einfacher. Zumindest lassen sich negative pleiotrope Nebenwirkungen wie Fertilität, Samenausprägung, Samenzahl usw. weitgehend vernachlässigen.

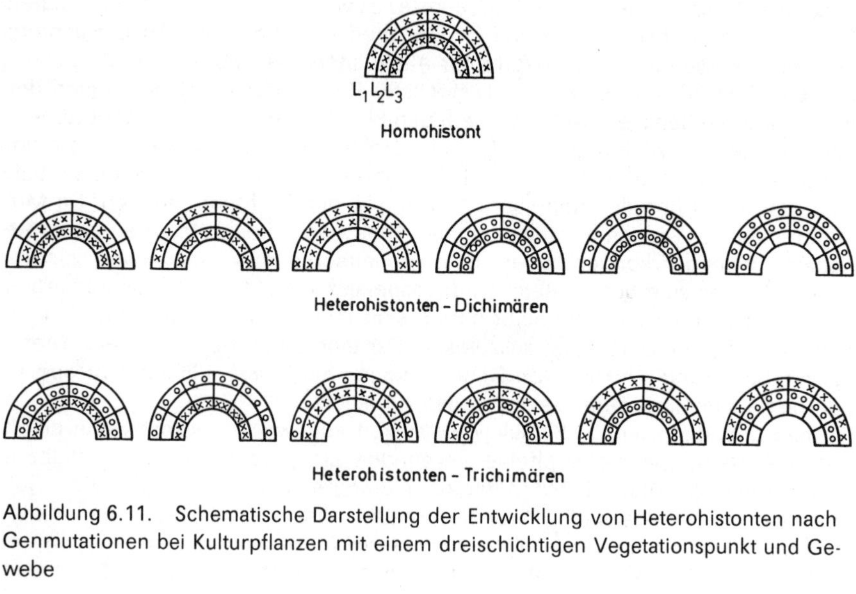

Abbildung 6.11. Schematische Darstellung der Entwicklung von Heterohistonten nach Genmutationen bei Kulturpflanzen mit einem dreischichtigen Vegetationspunkt und Gewebe

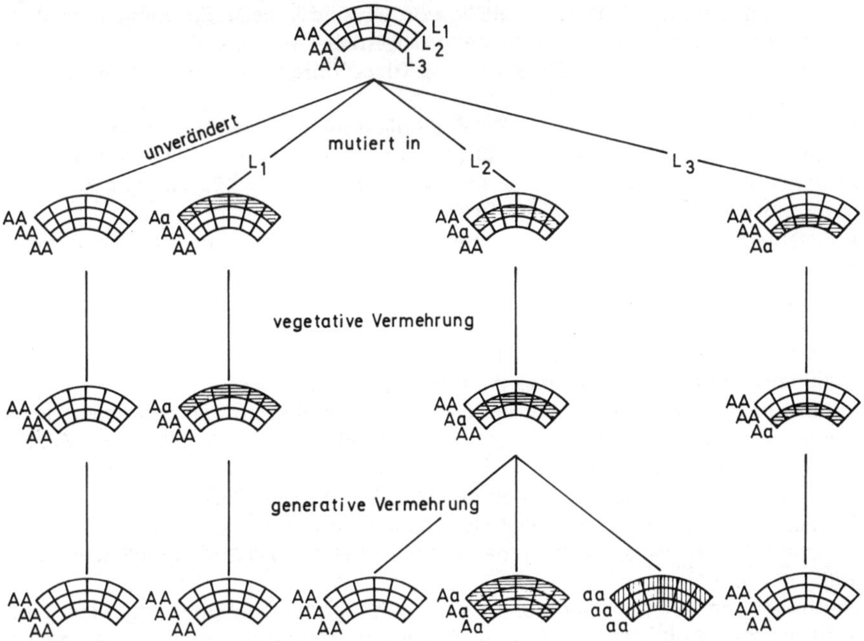

Abbildung 6.12. Schematische Darstellung der Entstehung von Heterohistonten nach Genmutationen und deren Verhalten bei vegetativer und generativer Vermehrung

Werden Kulturpflanzen generativ vermehrt, entstehen Homohistonten. Bei vegetativen Vermehrungen kommt es in der Regel nach dem Auftreten von somatischen Mutationen zu Heterohistonten. Dabei handelt es sich zunächst um Meriklinal- später meistens um Periklinalchimären. Da die meisten Kulturpflanzen dreischichtige Vegetationspunkte haben, entstehen auch dreischichtige Gewebe (L_1, L_2, L_3). Aus diesem Grunde können sich aus Homohistonten nach somatischen Mutationen Di- und Trichimären bilden (Abb. 6.11.). Heterohistonten sind hinsichtlich ihrer Gewebespezifik nicht immer konstant. Es kommt mitunter auch zu Umlagerungen und Entmischungen der Periklinalchimären (Pohlheim 1986 u. a.). Diese Vorgänge führen ebenfalls zu einer Merkmalsveränderung, die für die Züchtung von Interesse ist.
Somatische Mutationen bleiben bei einer generativen Vermehrung erhalten, wenn der mutierte Sektor oder die mutierte Gewebeschicht an der Bildung der generativen Organe beteiligt ist. Dies ist bei der subepidermalen Gewebeschicht (L_2) der Fall (Abb. 6.12.).

6.2.6.3. Allel- und Genbeziehungen

Alle unter 1.3. erläuterten Allelbeziehungen sind auch bei spontan auftretenden oder artifiziell induzierten Genmutationen zu beobachten. Die einzelnen Typen kommen allerdings nicht ganz zufällig vor. So sind vollständig dominante Allelbeziehungen relativ selten. Dazu gehört beispielsweise die Fadenlosigkeit der Gemüsebohne (LAMPRECHT 1961a) und die Kurzstrohigkeit Hl des Roggens (KOBYLJANSKJ 1972).

Es sei hier ferner verwiesen auf Pollensterilität beim Saatweizen (SASAKUMA u. a. 1978), auf eine frühere Blüte beim Saatweizen (KALASHNIK u. a. 1972) und auf eine Mutante beim Mais, die in den Samen weniger Stärke und Prolamin, dafür aber mehr Lysin enthält (SALAMINI u. a. 1979).

Vollständige Rezessivität bei Genmutanten ist sehr oft festzustellen. Dies gilt insbesondere bei qualitativen Merkmalen. Als Beispiele seien genannt:
Wuchstypen bei der Erbse (GOTTSCHALK und WOLFF 1983),
Pollensterilität bei der Tomate (ZUSCHENKO 1973),
Lysingehalt bei der Gerste (DOLL 1975),
Mehltauresistenz bei der Gerste (HENTRICH 1979).

Superdominanz wird vor allem bei Fitness-Merkmalen im Rahmen eines Pleiotropiekomplexes bei Genmutanten gefunden. Hier sind beispielsweise Mutanten zu nennen mit: Stengelveränderung bei der Erbse (GOTTSCHALK und WOLFF 1983), Blattfarbveränderungen beim Löwenmaul (STUBBE 1953).

Ein Beispiel für die unvollständige Dominanz liefern die beiden floury-Mutanten fl 2 und fl 3 beim Mais, welche einen höheren Lysingehalt bedingen (NELSON u. a. 1965; MA und NELSON 1975).

Genmutationen können auch alle möglichen Genbeziehungen eingehen. Dies wird bei dem Auftreten und Manifestieren von Mutationen nicht immer gleich deutlich, da sie sich zunächst nur in Verbindung mit einem bestimmten genetischen Hintergrund manifestieren. Dies gilt auch bei Kreuzungen mit der Ausgangsform. Wird die Mutante mit anderen Genotypen gekreuzt, lassen sich erst alle potentiellen Genbeziehungen deutlich machen. So zeigt bei der Erbse die Mutante welche zu konkav gekrümmten Hülsen führt im genetischen Hintergrund, der eine Gradhülsigkeit bedingt, gegenüber dem entsprechenden Allelpaar (Con_1 Con_1) vollständige Epistasie. Wird diese Mutante mit einem Genotyp gekreuzt, der das Allelpaar für Konvexkrümmung besitzt (Con_2 Con_2), dann kommt es zu einer unvollständigen Epistasie.

Mit einer Mutation ändert sich nicht nur die Merkmalsausprägung, sondern oft auch die Genbeziehung. So zeigen bei der Saaterbse die dominanten Allele in den Fasciata-Genorten, die einen normalen Wuchs bedingen, gegenüber den Allelen der Halmlängen-Genorten Co-Epistasie. Die rezessiven Allele in den Fasciata-Genorten führen zu einer Verbänderung und zeigen außerdem gegenüber den langhalmigen Erbsen mit den dafür zuständigen dominanten Allelen eine vollständige Epistasie (LÖNNIG 1982).

Bei Triticale bewirkt das Aat-3 R_1-Allel die Bildung der Untereinheit ϱ_1 der Aspartataminotransferase, welche bei Discelektrophorese die Bande e ausbildet. Zusammen mit dem Aat-3 A_1-Allelpaar, welches für sich allein die Untereinheit α_1 und die Bande c codiert, kommt es im Rahmen einer Komplementation zur Bildung der Bande d.

Eine derartige Superepistasie gibt es nicht bei der Verbindung des Aat-3 A_1-Allelpaares mit einer Mutante im Aat-3 R-Locus, welche das R_2-Allel besitzt. Dieses bildet für sich allein die Untereinheit C_2 und die Bande c, für die auch das Aat-3

A_1-Allelpaar zuständig ist. Die Aat-3 R_2 und Aat-3 A_1-Allelpaare führen zusammen zu einer Verstärkung der Bandenintensität und damit zu einer additiven Genwirkung (SELIGER 1985).

6.2.6.4. Spezielle Züchtung

Die Entwicklung von Sorten auf der Grundlage induzierter Genmutationen zeigt eine zunehmende Tendenz. So gibt es heute bereits in der Welt bei generativ vermehrten Kulturarten 259 Sorten, die auf Genmutationen beruhen. In 137 weiteren Sorten wurden Mutanten als Kreuzungspartner verwendet.
Beim Reis sind allein bei der Züchtung von 132 Sorten Mutanten unmittelbar oder mittelbar beteiligt (MICKE 1986).
Wichtig ist, auf welcher biologischen Organisationsebene Mutanten selektiert werden. Für manche Merkmale, insbesondere solche mit übergeordnetem Charakter wie Kornertrag oder Winterfestigkeit, ist beispielsweise eine Auslese auf der Zellebene nicht geeignet. Diese Merkmale realisieren sich erst auf dem Niveau des Individuums (DEHNE u. a. 1988).
Es ist ferner zu beachten, daß im Rahmen einer Züchtung vermeintliche Mutationen auftreten, die aber schon vor einer mutagenen Behandlung entstanden sind und auf Reduplikationen oder Perforationen bei Heterohistonten beruhen (POHLHEIM 1986). Mehrere Sorten, so beim Adventsstern und bei Pelargonien, gehen auf derartige Vorgänge zurück. Es sei hier nur auf die Adventssternsorte „Weißkern-Rosa" verwiesen (POHLHEIM 1986).
Eine große Bedeutung für die Entwicklung von Sorten hat die Induktion von Genmutationen bei einer vegetativen Reproduktion, also vor allem beim Befruchtungs- und Vermehrungstyp 3 u. 7. Hier gibt es in der Welt bereits 300 Sorten, die Mutanten darstellen (MICKE 1986).
Zahlreiche Sorten sind auf diesem Wege insbesondere bei Chrysanthemen, Dahlien und Nelken entstanden (BROERTJES und VAN HARTEN 1978; HENTRICH und GLAWE 1982). Es ist dabei von untergeordneter Bedeutung, durch welches Agens die Mutationen induziert werden, also nach Einsatz physikalischer oder chemischer Mutagene bzw. im Rahmen von Gewebekulturen als sogenannte somaklonale Variation. Treten züchterisch interessierende Genmutationen auf, und lassen sie sich auch isolieren, werden sie ausgelesen und vegetativ vermehrt.
Auch eine große Bedeutung für die Züchtung haben Objekte des Vermehrungs- und Befruchtungstypes 1 und 2. Allerdings sind negative pleiotrope Nebeneffekte zu beachten, die besonders bei Genmutationen mit großer Allelwirksamkeit auftreten können. Mutanten werden dabei je nach Allelinteraktion in der $F_1(M_1$-)- oder $F_2(M_2$-)-Generation ausgelesen. In der Regel wird es notwendig sein, noch eine Bestätigungsgeneration einzuschalten, bevor die Mutanten-Linien in ein Prüfungs- und Vermehrungsprogramm einbezogen werden.
Als Beispiel für entstandene Sorten seien genannt:

- Sommergerste, Sorte 'Diamant' ČSFR,
  hohe Standfestigkeit und gute Bestockung;
- Reis, Sorte 'Nucleoryza' Ungarn,
  hoher Ertrag, gute Anpassung an die Umwelt

(GOTTSCHALK und WOLFF 1983; SIMON und SAJO 1976).

Bei Objekten der Befruchtungs- und Vermehrungstypen 4 und 6 können Mutanten entwickelt werden, die wertvolle Partner für die Züchtung samenechter Sorten oder Hybridsorten darstellen. Objekte dieses Befruchtungs- und Vermehrungstyps lassen sich aber für eine Sortenentwicklung auch unmittelbar nutzen, wenn man mit auftretenden Mutanten Voll- oder Halbgeschwisterpaarungen durchführt. Dies ist von WÖLBING (1980) beim Saatroggen praktiziert worden. Es hat zu der standfesten Sorte 'Pluto' geführt. Eine andere Möglichkeit besteht darin, Populationen mit mutagenen Agenzien zu behandeln und ab der M_1-Generation auf bestimmte Merkmalsausprägungen auszulesen. Dies wird in der Regel als Einzelpflanzen-Auslese mit Nachkommenschaftsprüfung betrieben. In diesem Zusammenhang sind als Beispiele drei schwedische Sorten beim Senf zu nennen, und zwar:

'Primex' und 'RLM 198' mit einem erhöhten Ölgehalt und verbessertem Ertrag und

'RLM 514' mit einem erhöhten Ölgehalt, niedrigem Erucasäuregehalt und verbessertem Ertrag

(GOTTSCHALK und WOLFF 1983).

Bei allen Befruchtungs- und Vermehrungstypen haben Mutanten eine große mittelbare Bedeutung für die Züchtung. In der Regel sind Rekombinanten aus Mutationen leistungsfähiger als Mutanten (GOTTSCHALK und WOLFF 1983). Sie werden daher als Partner für die Züchtung von Sorten nach ein- oder mehrmaliger Kreuzung verwendet. So entstand bei der Sommergerste in Schweden aus der Mutantensorte 'Mari' (Schweden) die Sorte 'Kristina'. Aus den beiden schwedischen Mutantensorten 'Pallas' und 'Hellas' ging 'Senat' hervor.
In Deutschland wurden aus der Mutantensorte 'Diamant' die Sorten 'Trumpf' und 'Nadja' entwickelt (GOTTSCHALK und WOLFF 1983). Neue Möglichkeiten für eine züchterische Nutzung von Genmutanten ergeben sich durch die Verfahren der Gentechnik. Sind züchterisch wertvolle Allele analysiert und isoliert, lassen sie sich durch geringfügige Basensequenzänderungen manipulieren. Die auf diese Weise entstandenen „Genmutationen" werden dann in geeignete Empfänger transformiert. Das können Genotypen der gleichen Art oder auch einer anderen Art sein. Gegenüber dem ursprünglichen Allel können so geringfügige, aber eventuell auch wertvolle Merkmalsveränderungen auftreten. Selbst wenn das nicht der Fall ist, besteht die Chance Allelveränderungen erzielt zu haben, die weniger, vielleicht auch keine, negative Pleiotropieeffekte bewirken. Eine derartige „multiple Allelie" kann für die Pflanzen- und Tierzüchtung Bedeutung erlangen.

6.3. Züchtung von Hybriden

6.3.1. Diskontinuierliche Verfahren

6.3.1.1. Charakterisierung

Die Hybridzüchtung ist eine in verschiedenen Varianten angewendete Züchtungsmethode, die vor allem die nichtadditiven genetischen Wirkungen nutzt. Das allgemeine Prinzip der Hybridzüchtung besteht darin, durch ständige Kreuzung entsprechend selektierter Elternpopulationen F_1-Hybriden mit hohen Hybrideffekten für die Produktion zu erzeugen. Eine Vermehrung der Hybriden findet in der Regel nicht statt.
Die Hybridzüchtung hat sich historisch zuerst im Rahmen der Pflanzenzüchtung entwickelt. Sie war die erste Züchtungsmethode, die den genetischen Bedingungen allogamer Pflanzenpopulationen gerecht wurde, indem sie im Gegensatz zu den vorher entwickelten Züchtungsmethoden, die in erster Linie additive genetische Wirkungen nutzten (Auslese- und Kreuzungszüchtung), die Nutzung auch der nichtadditiven genetischen Wirkungen ermöglichte. Die erste kommerzielle Hybridsorte, ein F_1-Bastard aus den Arten *Begonia semperflorens* und *B. schmidtiana,* wurde 1894 in Deutschland unter dem auf ihren Züchtungsort verweisenden Namen „Erfordia" in den Handel gebracht (Skiebe 1966). Der Mais als typische getrenntgeschlechtige allogame Pflanzenart war das erste und bisher bedeutendste landwirtschaftliche Objekt für die Anwendung der Hybridzüchtung. Gegenwärtig wird bei fast allen wichtigen allogamen Pflanzenarten Hybridzüchtung betrieben oder erprobt. Selbst typisch autogame Pflanzenarten wie Weizen, Gerste und Reis werden der Hybridzüchtung erschlossen.
In der Tierzüchtung ist die Hybridzüchtung besonders bei den sogenannten Merkmalsantagonismen von Bedeutung. Das sind nach Pirchner (1979) Merkmalskomplexe, die sich aufgrund ungünstiger genetischer Korrelationen gegenseitig in ihrer maximalen Ausprägung behindern. Da bei der Hybridzüchtung im allgemeinen mit mehreren Populationen gearbeitet wird, bietet sich für einige Zuchtziele eine Merkmalsspezialisierung an. Die spezialisierten Populationen werden dann in den Hybriden optimal kombiniert. Dadurch kann, selbst wenn keine Heterosiseffekte vorliegen, mit den Hybriden eine höhere Effektivität erreicht werden als mit den entsprechenden Reinzuchtpopulationen.
In der Tierzüchtung hängt die Anwendbarkeit der Hybridzüchtung in wesentlich stärkerem Maße als in der Pflanzenzüchtung von einer Reihe ökonomisch bedingter Kriterien ab. Die systematische Erzeugung von Kreuzungsindividuen hat zur Folge, daß eine generelle Trennung zwischen Züchtung und Produktion, wie sie in der Pflanzenzüchtung in der Regel der Fall ist, auch für die Tierzüchtung erforderlich wird. In der Tierzüchtung entsteht dadurch im Vergleich zu anderen Züchtungsmethoden ein höherer organisatorischer Aufwand, da mehrere Zuchtpopulationen, mindestens jedoch zwei, ständig für die Erzeugung der Hybriden vorhanden sein müssen. Die zur Erzeugung der Hybriden erforderlichen Reinzuchtpopulationen liegen leistungsmäßig z. T. beachtlich unter den Kreuzungspopulationen. Sofern für die Züchtung der Reinzuchtpopulationen zur Erzeugung eines hohen Homozygotiegrades verstärkt Inzucht angewendet

werden muß, liegt das Ertrags- und Leistungsniveau oft in einer Höhe, daß eine rentable Produktion mit diesen Populationen allein nicht mehr möglich ist. Eine hohe Effektivität der Hybridzüchtung hängt deshalb nicht nur von der Höhe der Heterosis ab, sondern wird maßgeblich auch dadurch bestimmt, welche Größe die leistungsschwächeren Reinzuchtpopulationen haben müssen, um die erforderlichen Kreuzungspopulationen erzeugen zu können. Eine hohe Vermehrungsrate ermöglicht es, mit kleinen Reinzuchtpopulationen die für die Produktion notwendige Anzahl Hybriden zu erzeugen und ist deshalb eine bedeutende Voraussetzung für die Wirksamkeit der Hybridzüchtung. Ein kurzes Generationsintervall ist, vor allem für die Züchtung und Testung der Reinzuchtpopulationen, ebenfalls ein wesentlicher Vorteil. Der Eigenwert der Individuen spielt schließlich für Methoden, die mit Inzucht arbeiten, eine Rolle, da bei höherem Eigenwert die wirtschaftlichen Schäden durch negative Inzuchteffekte wesentlich größer ausfallen.
Die genannten Kriterien erlauben eine Beurteilung, wie sich die landwirtschaftlichen Nutztierarten für die Hybridzüchtung eignen. Die Eignung nimmt in der Reihenfolge Huhn, Schwein, Schaf, Rind, Pferd ab. Rind und Pferd gelten allgemein schon als nicht mehr geeignet (s. a. Abschnitt 6.2.3.). Jedoch gibt es zwischen den verschiedenen Verfahren der Hybridzüchtung graduelle Unterschiede. Darüber hinaus sind die Vermehrungsraten landwirtschaftlicher Nutztiere durch biotechnische Verfahren, wie z. B. die künstliche Besamung, stark erhöht worden, so daß dadurch der Einsatz der Hybridzüchtung bei landwirtschaftlichen Großtieren effektiver geworden ist und die Anwendung bestimmter Verfahren auch beim Rind im Bereich des Möglichen liegt und in der Fleischrindzüchtung bereits in bestimmtem Umfang praktiziert wird.

6.3.1.2. Wahl des Ausgangsmaterials

Die in einer Hybridpopulation auftretende Heterosis hängt in hohem Grade von der genetischen Unterschiedlichkeit (Divergenz) der Eltern ab. Eltern (Linien) aus unterschiedlichen Populationen besitzen daher in der Regel eine höhere Kombinationseignung als die untereinander verwandten Elternlinien aus der gleichen Population. Die Hybridzüchtung bei Pflanzen wird daher auf der Grundlage einer mehr oder weniger großen Anzahl genetisch divergenter Ausgangspopulationen durchgeführt.
In der Tierzüchtung ist das Reservoir der zur Verfügung stehenden Populationen einer Art wesentlich begrenzter als in der Pflanzenzüchtung. Zwar bestehen bei einzelnen Tierarten zahlreiche Rassen und Schläge (s. z. B. beim Rind rund 600); aus ökonomischen Gründen kommt aber nur ein geringer Teil für die Nutzung zu Züchtungszwecken in Betracht.
Die genetische Divergenz der für ein Hybridzüchtungsprogramm verfügbaren Populationen kann mit Hilfe mehrdimensionaler Analysen ermittelt werden. Allerdings besteht keine durchgängige Abhängigkeit zwischen dem Grad der durch biometrische Analysen ermittelten Divergenz und der Kombinationseignung der Populationen oder der aus ihnen erzeugten Linien. Mitunter weisen Populationen mit guter Kombinationseignung nur einen mittleren Grad an biometrisch ermittelter Divergenz auf. Die Ursache liegt darin, daß die Heterosis

nicht nur aus Superdominanzeffekten resultiert, sondern z. B. auch auf der Grundlage unvollständiger Dominanz und günstiger Balancierung der Komponenten komplexer Merkmale entstehen kann. Der letzte Fall wird oft bei Ertragsmerkmalen beobachtet. Daher ist es in der Pflanzenzüchtung zweckmäßig, die verfügbaren Populationen vor dem Beginn der eigentlichen Hybridzüchtung in Testkreuzungen auf Kombinationseignung zu prüfen. Aus Populationen, die bei Kreuzung miteinander gute Kombinationseignung zeigen, lassen sich in der Regel Linien mit hoher Kombinationseignung für die Linien der jeweiligen Partnerpopulation entwickeln. Als Verfahren für Testkreuzungen sind für den Fall einer begrenzten Anzahl von Populationen des Ausgangsmaterials diallele Kreuzungen und bei einer größeren Anzahl Topcross-Teste zweckmäßig. Aus den Populationen mit der besten Kombinationseignung werden die Linien entwickelt, aus deren Kreuzung die F_1-Hybriden gewonnen werden.
Um die Anzahl der zu testenden Ausgangspopulationen in vertretbaren Grenzen zu halten, kann eine Vorauswahl auf Divergenz anhand der geographischen und der ökologischen Herkunft des Ausgangsmaterials getroffen werden. Diese Vorauswahl beruht auf dem Sachverhalt, daß zur Entwicklung genetisch divergierender Populationen mindestens 2 Grundbedingungen gegeben sein müssen:

- Zwischen den Teilen einer ehemals einheitlichen Population müssen Befruchtungsbarrieren entstehen, um die genetisch nivellierende Wirkung der gegenseitigen freien Befruchtung und damit des ungehinderten Allelaustausches im Rahmen der Gesamtpopulation einzuschränken. Derartige Isolierungen von Teilen einer Population können durch Mutationen mit befruchtungsbiologischen Konsequenzen entstehen. Am sichersten wird die Isolation jedoch durch geographisches Auseinanderrücken der Teilpopulationen bewirkt. Deshalb sollten sich die Ausgangspopulationen möglichst nach ihrer geographischen Herkunft unterscheiden.
- Damit auf der Grundlage voneinander isolierter Teilpopulationen genetisch divergierende Formen entstehen können (z. B. Ökotypen), müssen die Prozesse der natürlichen Auslese in den Teilpopulationen in unterschiedliche Richtung gehen. Genetische Divergenz entsteht auf der Grundlage der Divergenz ökologischer Bedingungen. Deshalb können aus Populationen, die sich unter verschiedenartigen ökologischen Bedingungen herausgebildet haben (z. B. Gebirge – Flachland, Steppe – Waldzone) oft Linien mit hoher Kombinationseignung für Partner der alternativen Populationen geschaffen werden.

Bei der Einbeziehung exotischen Materiales in die Hybridzüchtung von Pflanzen müssen folgende Gesichtspunkte beachtet werden:

- das exotische Material muß leistungsfähig sein,
- unterschiedliche systematische Gruppen kombinieren oft gut, insbesondere in Grenzlagen. Beispiel: Hartmais und Zahnmais, zwei- und vierzeilige Formen der Gerste,
- Divergenz der Ertragsstruktur erhöht die Wahrscheinlichkeit für hohe Heterosis bezüglich des Ertrages.

Genetische Divergenz kann auf züchterischem Wege durch Einkreuzung verwandter Arten oder Gattungen in genetisch wertvolle Populationen geschaffen werden. Beim Mais wurden wiederholt günstige Ergebnisse durch die Einbeziehung von Bastarden mit den Gattungen *Tripsacum* und *Euchlaena* in die Hybridzüchtung erzielt. Allerdings ist die Züchtung leistungsfähiger Bastardpopulationen als Ausgangsmaterial für die Linienerzeugung langwierig. Sie gewinnt aber an Bedeutung, da die Reserven des ungenutzten natürlichen Ausgangsmateriales geringer werden.

Wenn durch die Hybridzüchtung bereits das Leistungspotential der natürlichen Populationen weitgehend erschöpft wurde, werden bevorzugt spaltende Generationen bewährter Hybriden als Ausgangsmaterial genutzt. Aus kommerziellen Hybriden gewonnene Linien zeigen oft eine höhere allgemeine Kombinationseignung als Linien, die aus Populationen, Sorten oder Sortenhybriden ausgelesen wurden.

Da leistungsfähige Hybriden nur entstehen können, wenn Linien mit hoher allgemeiner und zugleich spezieller Kombinationseignung gekreuzt werden, ist die Auswahl des Ausgangsmateriales auf der Grundlage der allgemeinen Kombinationseignung von grundlegender Bedeutung für den Erfolg der Hybridzüchtung. Hohe spezielle Kombinationseignung ist allein nicht ausreichend, um leistungsfähige Hybriden zu erzeugen. Diese Schlußfolgerung gilt auch für Tierpopulationen.

Gute Linien mit hoher Kombinationseignung treten in den spaltenden Generationen kommerzieller Hybriden mit sehr geringer Häufigkeit auf. Die Anzahl der Individuen, unter denen im Mittel einmal ein Individuum mit den positiven Allelen für jedes Gen einer für ein bestimmtes Merkmal verantwortlichen Gengruppe auftritt, beträgt 4^n (n – Anzahl der zusammenwirkenden Polygene). Bei 10 frei kombinierbaren Genen wird das Individuum mit der höchstens allgemeinen Kombinationseignung (positive Allele an allen Loci) unter etwa 1 Million Individuen einmal gefunden, wenn die ursprüngliche F_1-Generation an allen 10 Loci heterozygot war. Bei 15 frei kombinierbaren Genen tritt es einmal unter etwa 1 Milliarde Individuen auf. Um die Schwierigkeiten des Auffindens wertvoller Genotypen mit geringer Häufigkeit des Auftretens zu umgehen, schlug LONNQUIST (1951) die Methode der rekurrenten Selektion vor (s. Abschnitt 6.3.2.3.). Die durch rekurrente Selektion schaffbaren synthetischen Populationen gewinnen als Ausgangsmaterial für die Linienerzeugung in dem Maße an Bedeutung, wie die Anzahl der züchterisch unbearbeiteten natürlichen Populationen geringer wird.

6.3.1.3. Entwicklung der Linien

Um eine F_1-Hybride zu erzeugen, die in möglichst vielen Genen der den Gebrauchswert bestimmenden Merkmale und Eigenschaften heterozygot ist und deren Individuen eine weitgehend uniforme Hybridpopulation bilden, ist es notwendig, daß zur Erzeugung der Hybriden Eltern verwendet werden, die einen hohen Grad an Homogenität besitzen.

Hinsichtlich der Methoden zur Entwicklung von Linien, des Homogenitäts- und des Homozygotiegrades der Linien unterscheiden sich Tier- und Pflanzenzüchtung in vielen Fällen wesentlich voneinander. Die Hauptursache besteht darin, daß in der Pflanzenzüchtung in vielen Fällen Autogamie möglich ist, während

die Tierzüchtung grundsätzlich auf allogamen Paarungen beruht. Allerdings gibt es hinsichtlich der Befruchtungstypen keine strenge Grenze zwischen Tieren und Pflanzen (s. Abschnitt 6.1.) und somit auch keine durchgängige Verschiedenartigkeit der Methoden der Linienentwicklung.
In der Tierzüchtung erfolgt die Homozygotisierung durch Aufteilung der Populationen in Linien mit nachfolgender Züchtung innerhalb der Linien. Eine gezielte Inzucht über enge Verwandtschaftspaarungen, wie Eltern-Nachkommen- oder Vollgeschwisterpaarungen, sind unter den in der Tierzucht anwendbaren Methoden die effektivsten, um eine schnelle Homozygotiesteigerung zu erreichen. Sie verursachen jedoch Inzuchteffekte, die im allgemeinen negativ sind und zu starken Depressionen der Leistungsmerkmale führen. Da besonders die Merkmale mit niedrigen Heritabilitätskoeffizienten davon betroffen sind, zu denen vor allem die Reproduktions- und Fitnessmerkmale gehören, kann es neben erheblichen Leistungseinbußen mit ökonomischen Auswirkungen zum Verlust ganzer Linien kommen. Diese ökonomischen Schäden können bei landwirtschaftlichen Großtieren durch die später nach der Kreuzung zu erwartenden Heterosiseffekte nicht kompensiert werden, so daß in der Nutztierzüchtung auf die Bildung von Inzuchtlinien für die Anwendung in der Hybridzüchtung verzichtet werden muß. Wegen der geringen Vermehrungsrate der Tiere im Vergleich zu den Pflanzen wären selbst von starken Depressionen gekennzeichnete Inzuchtlinien ohne Totalausfälle eine zu starke Belastung für ein Hybridzuchtprogramm, die seine Wirtschaftlichkeit in Frage stellen würden. Die Vorbereitung der Linien für eine Kreuzung zur Nutzung von Heterosiseffekten beschränkt sich deshalb in der Tierzüchtung im allgemeinen auf eine nur mäßige Verwandtschaftszucht zur allmählichen Anreicherung der Homozygotie, deren Intensität dem wirtschaftlichen Eigenwert eines Tieres der Art umgekehrt proportional ist. Die so entstehenden oder entstandenen Linien werden als Zuchtlinien bezeichnet.
Beim Geflügel könnten am ehesten Linien mit hohen Inzuchtgraden erzeugt werden. In der Praxis wird jedoch auch dort selten mit hoch ingezüchteten Linien gearbeitet. Lediglich bei Fischen können hoch ingezüchtete Linien genutzt werden, seitdem mit der Gynogenese ein Verfahren bereit steht, das der Selbstung von Pflanzen nahe kommt.
Während der Linienbildung kommt es zu einer Aufspaltung der genotypischen Varianz der Ausgangspopulation in eine Komponente innerhalb und eine Komponente zwischen den Linien. Falconer (1960) konnte zeigen, daß im einfachsten Fall, wenn nur additive genetische Varianz in der Population vorhanden ist, die genetische Varianz zwischen den Linien $\sigma^2_{ga_z}$ nach t Generationen

$$\sigma^2_{ga_z} = 2\, F_t\, \sigma^2_{ga}$$

beträgt, wobei F_t der Inzuchtkoeffizient nach t Generationen und σ^2_{ga} die additive genetische Varianz in der Ausgangspopulation ist. Da die additive genetische Varianz innerhalb der Linien ($\sigma^2_{ga_l}$) nur proportional zu F_t abnimmt, da

$$\sigma^2_{ga_l} = \sigma^2_{ga}(1 - F_t)$$

ist, kommt es durch die Liniendifferenzierung in der Gesamtpopulation zu einer

Erhöhung der genetischen Varianz. (Über die Problematik des Inzuchtkoeffizienten s. Abschnitte 2.1.7. u. 2.7.). Robertson (1952) sowie Chevalet und Gillois (1978) konnten zeigen, daß bei vollständiger Dominanz oder Superdominanz zwischen den Allelen die Änderungen der Varianzkomponenten stark von der Ausgangsfrequenz der Allele abhängig ist. Unter diesen Bedingungen kommt es auch innerhalb der Linien in der ersten Phase der Inzucht zu einem Anstieg der genetischen Varianz, an dem neben der Dominanzvarianz auch die additive genetische Varianz beteiligt sein kann.

Da eine nur mäßige Inzucht auch nur zu einer geringen Differenzierung zwischen den gebildeten Linien führt, sind die zu erwartenden Heterosiseffekte nach der Kreuzung auch entsprechend geringer. Der durch Dominanz bedingte Heterosiseffekt an einem Genort hängt vom Quadrat der Differenzen Δp in den Allelfrequenzen zwischen den Populationen und vom Dominanzgrad der Allele ab:

$$\Delta H = (\Delta p)^2 d$$

Der gesamte durch Dominanz bedingte Heterosiseffekt eines Merkmales ergibt sich dann aus der Summe aller Loci mit Dominanz:

$$H = \sum(\Delta p)^2 d$$

Dennoch ist die genannte Form der Linienbildung die einzige Möglichkeit, bei Tierarten wie Schwein und Schaf Heterosiseffekte durch Linienkreuzung zu nutzen. Darüber hinaus versucht man, bestehende Divergenzen zwischen Rassen für die Linienbildung auszunutzen, indem verschiedene, für die Kreuzung vorgesehene Linien aus unterschiedlichen Rassen gebildet werden. Sie werden als Rassenlinien bezeichnet und haben sich in der Züchtung bewährt. Glodek (1970) konnte sogar nachweisen, daß die Rassenlinienkreuzungen gegenüber ingezüchteten Linien beim Schwein zwar geringere Heterosis als Abweichung vom

Tabelle 6.28. Vergleich von Rassen- und Inzuchtlinienkreuzungen an Kriterien der Aufzuchtleistung (nach Glodeck 1970)

Art der Kreuzung	Anzahl Würfe	Heterosis (%)		Gewogene Mittelwerte		
		GF	AF	GF	AF	WAG (kg)
Einfachkreuzungen						
Rassen	10363	0,8	4,0	10,0	8,3	138
Inzuchtlinien	833	4,5	21,0	8,7	6,8	111
Mehrfachkreuzungen						
Rassen	3805	3,6	5,9	10,2	8,7	148
Inzuchtlinien	518	12,9	16,6	9,6	7,9	146

GF, AF – geborene, aufgezogene Ferkel je Wurf; WAG – Wurfabsatzmasse

Elternmittel bringen, die Nachkommen aber wegen der höheren Mittelwerte den Eltern in den absoluten Leistungen überlegen waren (Tabelle 6.28.).
Bei Pflanzen sind Linien in den meisten Fällen hochgradig homozygote Populationen. Ausnahmen bilden Pflanzenarten, bei denen die Linien vegetativ (z. B. durch in-vitro-Verklonung) vermehrt werden können und dadurch auch bei höheren Heterozygotiegraden die Gewährleistung einer hohen Homogenität der Linien möglich wird. Wenn die Hybridzüchtung bei streng autogamen Arten betrieben wird (z. B. Weizen, Gerste, Reis), können die vorhandenen Sorten oder Stämme ohne weitere züchterische Bearbeitung als Hybrideltern verwendet werden, falls nicht die Einkreuzung bestimmter Gene zur Schaffung männlicher Sterilität erforderlich wird. Bei generativ vermehrten allogamen Arten, deren Individuen einen mehr oder weniger hohen Grad an Heterozygotie besitzen, werden die Hybrideltern, vielfach (Linien), durch Homozygotisierung geschaffen. Das ist auf 3 Wegen möglich:
- durch mehrfach wiederholte erzwungene Selbstbefruchtung,
- durch Geschwisterkreuzungen (Pärchenkreuzung) und
- durch Haploidisierung mit folgender Rediploidisierung (Erzeugung von Doppelhaploiden).

Bei erzwungener Selbstbestäubung (s. Abschnitt 2.1.6.1.) von Individuen allogamer Populationen kommt es zu tiefgreifenden Veränderungen der Populationsstruktur. Die heterozygoten Individuen der Ausgangspopulation spalten schrittweise auf und erreichen damit in jeder neuen Inzucht- oder Selbstungsgeneration (I oder S) einen höheren Grad an Homozygotie. Die Homozygotisierung verläuft nach den gleichen Gesetzmäßigkeiten, die sich nach Kreuzung in spaltenden Generationen autogamer Arten vollziehen (s. Abschn. 6.2.3.). Der Anteil f homozygoter Individuen in der t-ten Inzuchtgeneration bei k spaltenden Genen beträgt

$$f = \left(\frac{2^t - 1}{2^t}\right)^k.$$

Für eine Reihe von Inzuchtgenerationen ist der Anteil der homozygoten Individuen in Abhängigkeit von der Anzahl spaltender Gene in der Tabelle 6.29. angegeben. Für jedes einzelne Gen wird bei Selbstbefruchtung der Anteil der heterozygoten Allelkombinationen in jeder Generation um die Hälfte vermindert. Dadurch erhöht sich entsprechend der Anteil der Homozygoten von 1/2 in der ersten Inzuchtgeneration auf 3/4 in der I_2 oder allgemein auf

Inzucht-generation	Anteil Homozygoter bei n spaltenden Genen n = 1	n = 2	n = 5	n = 10	n = 20	n = 40
I_1	0,5	0,25	0,03	10^{-3}	10^{-6}	10^{-12}
I_2	0,75	0,56	0,237	0,056	0,003	10^{-4}
I_5	0,97	0,94	0,85	0,73	0,53	0,28
I_8	0,996	0,992	0,981	0,962	0,925	0,855

Tabelle 6.29. Anteil homozygoter Individuen bei Selbstbestäubung in Abhängigkeit von der Anzahl spaltender Gene und von der Anzahl der Inzuchtgenerationen

$$\frac{2^t - 1}{2^t}$$

in der t-ten Inzuchtgeneration. Die Homozygotisierung verläuft umso langsamer, je mehr spaltende Gene homozygotisiert werden müssen. Diploide Arten erreichen die Homozygotie schneller als autopolyploide Arten. So kann bei diploiden Arten schon nach etwa 10 Generationen strenger Inzucht hochgradige Homozygotie erreicht werden, während das bei autotetraploiden Arten erst nach rund 40 Generationen Inzucht der Fall ist (SAVČENKO 1971). Bei Vollgeschwisterpaarungen sind etwa 30 Generationen Verwandtschaftszucht erforderlich, um einen hohen Inzuchtgrad zu erreichen. Bei Versuchstieren sind 20 Generationen Vollgeschwisterpaarung ausreichend, um eine Linie als homozygot anzusehen (siehe hierzu Abschnitt 2.2.6.).
In der praktischen Hybridzüchtung bei Pflanzen wird die strenge, auf erzwungener Selbstbefruchtung beruhende Inzucht bereits nach 5 bis 6 Generationen eingestellt und durch Geschwisterpaarungen ersetzt. Bei autoinkompatiblen Pflanzen, ebenso wie bei Tieren, ist die strenge Inzucht (Selbstbefruchtung) und damit die vollständige Homozygotisierung mit den traditionellen Methoden nicht erreichbar, da sich im Falle der Autoinkompatibilität die Inzucht auf Halb- und Vollgeschwisterpaarungen beschränken muß, bei denen ein Gleichgewichtszustand erreicht wird, für den neben einem Anteil erwünschter homozygoter Loci in Abhängigkeit vom jeweiligen Allelverhältnis auch ein unerwünschter Anteil heterozygoter Loci charakteristisch ist (Abschnitt 2.2.6.2.).
Als Folge der Inzucht und der durch sie verursachten Homozygotisierung tritt die Inzuchtdepression auf. Sie wird durch das Herausspalten homozygoter Defektallele und vor allem durch den Rückgang der nichtadditiven Genwirkungen hervorgerufen. Bei fortgesetzter Selbstbefruchtung ändert sich die für eine allogame Population typische Struktur der Komponentenanteile der phänotypischen Varianz von

$$V(\underline{p}) = V(\underline{a}) + V(\underline{d}) + V(\underline{u})$$

bei freier gegenseitiger Bestäubung zu

$$V(\underline{p}) = V(\underline{a}) + V(\underline{u})$$

als theoretischer Grenzfall bei strenger Inzucht. Praktisch wird dieser Grenzfall bei Selbstbestäubung nie erreicht, da der homozygotisierenden Wirkung der Selbstbefruchtung die heterozygotisierende Wirkung des Mutationsprozesses entgegenarbeitet. Auf jeden Fall wird aber bei Inzucht die Komponente $V(\underline{d})$ sehr klein. Ihre Verminderung ist eine der Ursachen für negative Inzuchteffekte. Bei vielen, durch eine mäßig große Anzahl von Genen bedingten Merkmalen verstärkt sich die negative Wirkung der Inzucht während der ersten 3 bis 5 Inzuchtgenerationen und erreicht dann ein Minimum, das auch bei weiterer Inzucht nicht mehr unterschritten wird. Dieses Inzuchtminimum wird erreicht, wenn ein Homozygotiegrad von etwa 50% für das jeweilige Merkmal gegeben ist. Bei komplizierten Merkmalen, die durch eine große Anzahl von Genen kontrolliert werden, kann die Inzuchtdepression über lange Generationsfolgen hinweg zunehmen. Beim Mais ging in Langzeitversuchen die Eigenleistung hin-

sichtlich des Ertrages über 30 Inzuchtgenerationen hinweg stetig zurück. Darin liegt eine der Ursachen, weshalb in der praktischen Hybridzüchtung bei Pflanzen die strenge Inzucht schon nach wenigen Generationen durch eine gemäßigte Inzucht in Form von Geschwisterpaarungen ersetzt wird, die nur periodisch durch eine einmalige strenge Inzucht unterbrochen werden.
Bei Pflanzen ist neben der Homozygotisierung durch fortgesetzte Selbst- oder Geschwisterbefruchtung auch die Homozygotisierung durch Haploidisierung und folgende Rediploidisierung möglich (s. Abschnitt 6.2.5.). Diese Verfahren sind sehr effektiv, da bei Haploidisierung die Homozygotie innerhalb einer einzigen Generation möglich wird. Die Erzeugung oder Nutzung Haploider (Monoploider) zur Schaffung homozygoter Linien ist auf mehreren Wegen möglich: Erstens können durch Antheren-, Pollen- oder Ovarienkultur aus den Gameten haploide Pflanzen erzeugt werden. Das gelingt in zufriedenstellendem Maße erst bei wenigen Pflanzenarten. Zweitens können anhand von Testkreuzungen spontan auftretende Haploide gesucht werden (Nanda u. Chase 1966). Die Häufigkeit spontaner Haploider, die bei sehr vielen Pflanzenarten nachgewiesen wurden, ist sehr gering. Beim Mais liegt sie zwischen 1:800 bis 1:2000. Aus den Haploiden entstehen nach Rediploidisierung absolut homozygote Individuen („Doppelhaploide"). Drittens läßt sich die bei manchen Art- und Gattungsbastarden auftretende Chromosomeneliminierung nutzen. Bei Vermehrung durch Selbstbestäubung oder auf vegetativem Wege (z. B. in vitro) können aus den mit den genannten Verfahren erzeugten Dihaploiden absolut homozygote Linien hergestellt werden, in denen allerdings durch den Mutationsprozeß wieder ein Teil heterozygoter Loci geschaffen wird.
Während der Linienentwicklung (Homozygotisierung) werden die Linien auf Eigenleistung und auf Kombinationseignung geprüft.

6.3.1.4. Testung der Linien

Zur Auswahl der Linien für die Erzeugung von Hybriden sind Testungen erforderlich, um aus der Vielzahl der möglichen Kombinationen die mit den besten Leistungen auszuwählen.
In der Tierzüchtung ist die Testung ein besonders aufwendiges Verfahren, da wegen der relativ heterozygoten Zuchtlinien ein großer Stichprobenumfang erforderlich ist, um wiederholbare Ergebnisse mit hoher Signifikanz zu erhalten. Der Testung können daher in Abhängigkeit von der Tierart nur relativ wenige Linien unterworfen werden. Beim Geflügel können mehr Linien als beim Schwein oder Schaf getestet werden. Andererseits ist zu beachten, daß hohe Überlegenheiten einzelner Kombinationen hinsichtlich hoher Heterosis mit größerer Wahrscheinlichkeit entdeckt werden, wenn viele Kombinationen getestet werden. Da bei Mehrlinienkreuzungen die Anzahl der möglichen Kombinationen sprunghaft ansteigt, ist für dieses Verfahren die Prüfung besonders problematisch. Das gilt selbst dann, wenn man berücksichtigt, daß wegen der Linienspezialisierung in der Tierzüchtung nicht alle Kombinationen sinnvoll sind. Zumindest müssen aber alle Einfachhybriden zur Beurteilung der Linien hinsichtlich ihrer Leistungsbereitschaft bekannt sein.
Im Gegensatz zur Pflanzenzüchtung werden in der Tierzüchtung die Testungen

nur einmal vorgenommen. Die Auswertung erfolgt im allgemeinen, besonders bei Großtieren, als unvollständiges Diallel, da nicht immer alle Kombinationen realisiert werden können. Im Diallel wird im gegebenen Fall die allgemeine und die spezielle Kombinationseignung geschätzt.
In der Pflanzenzüchtung erfolgt während des Homozygotisierungsprozesses die Auslese der Linien auf der Grundlage der Ermittlung ihrer Eigenleistung und der Testung auf Kombinationseignung. Nur Linien mit überdurchschnittlicher reproduktiver Eigenleistung sowie hoher allgemeiner und spezieller Kombinationseignung kommen als Eltern für F_1-Hybriden in Betracht.
Hinsichtlich der reproduktiven Eigenleistung muß eine zur Erzeugung leistungsfähiger Hybriden geeignete Linie 2 Grundbedingungen erfüllen:

- Sie muß einen Ertrag bringen, der die Hybridsaatguterzeugung mit vertretbarem ökonomischen Aufwand ermöglicht.
- Sie muß über die im speziellen Zuchtziel geforderten wertbestimmenden Eigenschaften verfügen (Resistenz, Qualität, Reifegruppe, morphologische Struktur u. a.).

Auf diese Eigenschaften erstreckt sich die Auslese während der Homozygotisierungsphase. Hinsichtlich der Ertragsmerkmale ist die Auslese jedoch sehr unsicher, weil bei den herausspaltenden Genotypen

- der Homozygotisierungsprozeß unterschiedlich schnell verläuft,
- das Minimum in der Merkmalsausprägung (Inzuchtminimum) nach einer unterschiedlichen Anzahl von Inzuchtgenerationen erreicht wird und
- das Inzuchtminimum auf unterschiedlichem Niveau der allgemeinen Vitalität liegen kann.

Es ist deshalb während der Homozygotisierungsphase schwer zu entscheiden, ob eine gute Leistung einer Linie aus einer noch vorhandenen hohen Heterozygotie resultiert und damit nicht voll vererbbar ist oder ob eine geringe Inzuchtdepression und damit eine vererbbare gute Eigenleistung vorliegt. Indirekte Kriterien zur Unterscheidung beider Möglichkeiten sind vorgeschlagen worden, besitzen aber keine genügend sichere Aussagekraft (s. z. B. Chase u. Nanda 1969).
Zwischen der reproduktiven Eigenleistung der Linien und den Leistungen ihrer Hybriden wurden wiederholt signifikante positive Korrelationen gefunden. Sie beruhen darauf, daß die positiven Hybrideffekte neben den Wirkungen der speziellen Kombinationseignung auch von der Größe der allgemeinen Kombinationseignung, das heißt von den additiven genetischen Wirkungen, abhängen. Diese bestimmen auch in hohem Maße die Eigenleistung. Die Korrelationen zwischen der Eigenleistung und der Kombinationseignung sind aber in der Regel nicht genügend hoch, um mit ausreichender Sicherheit von der Eigenleistung der Linien auf deren Kombinationseignung schließen zu können, weil einerseits die durch allele Wechselwirkungen verursachten speziellen Kombinationseffekte keine unmittelbare Beziehung zur allgemeinen Kombinationseignung haben und weil auch die Eigenleistung einer Linie nicht unbedingt identisch mit ihrer allgemeinen Kombinationseignung ist. Inzuchtdepressionen, verursacht durch das Wirksamwerden von Defektallelen im homozygoten Zustand, können

die Beziehungen zwischen der Eigenleistung der Linien und ihrer allgemeinen Kombinationseignung stören. Daher ist es notwendig, neben der Auslese auf die Eigenleistung auch speziell auf Kombinationseignung der Linien auszulesen.

Obwohl das Ziel der Hybridzüchtung darin besteht, hohe positive Hybrideffekte zu erzielen, werden nicht diese Effekte, sondern die Kombinationseignung als Auslesekriterium bei der Erzeugung der Elternformen, aus denen die Hybriden erzeugt werden sollen, verwendet. Das Konzept der Kombinationseignung hat als Auslesekriterium die Vorteile, daß es
- auf gut definierten Grundlagen der quantitativen Genetik aufbaut,
- sich in Kreuzungsexperimenten ausreichend exakt bestimmen läßt und
- unterschiedliche, auf spezielle züchterische Belange ausgerichtete Paarungssysteme für die Schätzung der Kombinationseignung verfügbar sind (diallele Kreuzung, Topcross, Polycross, freie Bestäubung).

Ziel der Auslese auf Kombinationseignung ist das Auffinden von Linien, die auf der Grundlage einer guten allgemeinen Kombinationseignung (AKE) auch eine hohe spezielle Kombinationseignung (SKE) zu geeigneten anderen Linien einer künftigen Hybridkombination aufweisen.
Die Auslese auf beide Arten der Kombinationseignung erfolgt anhand von Testkreuzungen. Zur Prüfung auf AKE hat sich als Kreuzungssystem die Topcrossprüfung bewährt. Dabei wird eine beliebig große Anzahl von Linien mit einem oder mehreren Testern gekreuzt und anhand der Leistungen der F_1-Nachkommenschaften auf die AKE geschlossen. Damit der Tester die zu prüfenden Linien entsprechend ihrer AKE richtig klassifizieren kann, sollte er in Übereinstimmung mit dem theoretischen Konzept der AKE eine genetisch relativ breite Population darstellen. Vorwiegend werden frei abblühende Sorten, synthetische Populationen (Synthetiks), Doppelhybriden und Doppel-Doppel-Hybriden als Tester verwendet.
Weil die Linien bei der Hybridsaatguterzeugung mit Partnern hoher Eigenleistung kombiniert werden, verwendet man oft in der Topcrossprüfung leistungsstarke Tester. In internationalen Züchtungsprogrammen, wie sie bezüglich der Maiszüchtung zwischen verschiedenen RGW-Ländern bestehen und die auf einer bewußten Nutzung divergierender Genpoole beruhen, wird der Tester für das jeweils einheimische Material aus dem Genpool der alternativen Gruppe verwendet.
Die Topcrossprüfung beginnt auf frühen Etappen der Linienentwicklung. In Untersuchungen von Jenkins (1935) wurde nachgewiesen und in nachfolgenden Untersuchungen wiederholt bestätigt, daß die Prüfung auf Kombinationseignung bereits in der 1. Inzuchtgeneration erfolgen kann. In der züchterischen Praxis hat sich jedoch durchgesetzt, etwa in der 3. Inzuchtgeneration mit der Prüfung auf Kombinationseignung zu beginnen. Zu diesem Zeitpunkt ist die Anzahl der zu prüfenden Linien aufgrund der Auslese auf Eigenleistung schon stark eingeschränkt, so daß die Testung auf AKE mit vertretbarem Aufwand erfolgen kann.
Die Linien mit der besten AKE werden auf SKE geprüft. In der Regel werden diallele Kreuzungen oder deren Modifikationen zur Testung benutzt. Anhand des Dialleles können Aussagen über die AKE und die SKE gewonnen werden. Die

Anzahl k der Kombinationen in vollständigen diallelen Kreuzungen hängt von der Anzahl n der zu prüfenden Linien ab und beträgt ohne Reinzuchten

$$k = n\,(n - 1) \tag{6.36}$$

im vollständigen und

$$k = \frac{n\,(n - 1)}{2} = \binom{n}{2} \tag{6.37}$$

im unvollständigen Diallel.

Schon bei einer relativ geringen Anzahl zu prüfender Linien kommt es zu einem sehr hohen Prüfaufwand. Deshalb ist eine scharfe Auslese auf Eigenleistung und auf AKE, die zu einer beträchtlichen Verminderung der Anzahl zu prüfender Linien im Diallel führt, von großer ökonomischer Bedeutung für die Effektivität des Züchtungsprozesses.
In der Prüfung auf SKE werden die Linienpaare gefunden, die sich zur Erzeugung leistungsfähiger Einfachhybriden eignen. Auf analoge Weise können in Diallelprüfungen verschiedene Einfachhybriden auf ihre Eignung zur Erzeugung leistungsfähiger Doppelhybriden geprüft werden. Für die Suche nach günstigen Kombinationen von Drei-Wege-Hybriden können Topcrossprüfungen verwendet werden. Beide Arten von Prüfungen lassen sich durch Vorhersageverfahren unterstützen und rationalisieren, die auf Informationen beruhen, die aus den Prüfungen der Einfachhybriden gewonnen wurden (Abschnitt 6.3.1.6.).
Das dargelegte traditionelle zweistufige Schema der Prüfung auf Kombinationseignung (Abbildung 6.13.) wird in der modernen Hybridzüchtung etwas modifiziert. Meist stehen bereits Einfachhybriden oder überdurchschnittlich gute, bewährte Linien zur Verfügung, für die im Rahmen der weiteren Linienentwicklung geeignete Hybridpartner gesucht werden. In diesem Fall erfolgt die Linientestung zweckmäßigerweise mit dem künftigen Partner, einer genetisch sehr engen Population, und stellt eine Form der Prüfung auf SKE dar.
Die Kombinationseignung bezieht sich auf ein züchterisch wichtiges Merkmal oder auf einen Merkmalskomplex (z. B. Kornertrag). Ihre Ermittlung ist eine der kompliziertesten und aufwendigsten Etappe der Hybridzüchtung. Da die Kombinationseignung an Merkmalen ermittelt wird, die in der Regel eine relativ geringe Heritabilität im engeren Sinne aufweisen und in beträchtlichem Maße durch Genotyp-Umwelt-Wechselwirkungen beeinflußt wird, weist auch die Kombinationseignung eine mehr oder weniger große Variabilität auf. Hinsichtlich ihrer relativen Größe wird allgemein beobachtet, daß in züchterisch noch wenig bearbeitetem Material die durch AKE bedingte Varianz im Vergleich zu der durch die SKE verursachten Varianz wesentlich größer ist als in züchterisch bereits intensiv bearbeitetem Material (Sprague u. Tatum 1942). Beim Mais resultiert die langjährig betriebene intensive Bearbeitung durch die Methoden der Hybridzüchtung in beträchtlich gestiegenen reproduktiven Eigenleistungen der Linien und in einem relativen Ansteigen der durch die SKE bedingten Varianz.
Die Stabilität der AKE ist in der Regel größer als die der SKE. Beide Komponenten der Kombinationseignung werden durch Genotyp-Umwelt-Wechselwirkungen beeinflußt. Dabei ist in züchterisch bearbeitetem Material die AKE fast im-

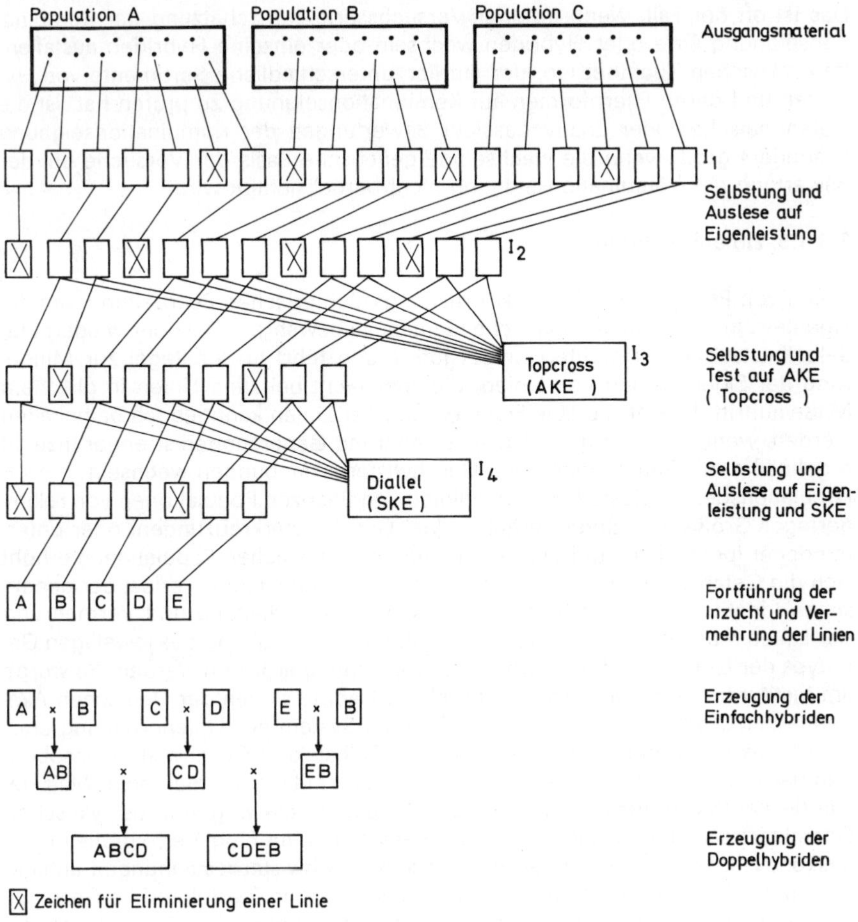

Abbildung 6.13. Schema der Hybridzüchtung bei Pflanzen

mer stabiler als die SKE. In wenig bearbeitetem Material kann auch die AKE sehr instabil sein. Als Folge der Instabilität der SKE wird es notwendig, zu deren möglichst genauen Schätzung Versuchsserien über mehrere Orte und Jahre anzulegen. Unterschiedliche Standweiten haben eine ähnliche Wirkung wie Orte und Jahre auf die Kombinationseignung. Allgemein wird festgestellt, daß die Hybriden besonders unter weniger günstigen Umweltbedingungen stabiler als ihre Eltern sind, so daß die Leistungsunterschiede zwischen den F_1-Hybriden und deren Elternformen unter ungünstigen Bedingungen größer werden als unter günstigen. Diese Regel gilt aber nicht grundsätzlich. Von der Baumwolle ist bekannt, daß besonders hohe positive Hybrideffekte vor allem unter günstigen Anbaubedingungen erzielt werden können.
Instabilität der Kombinationseignung kann auch leicht vorgetäuscht werden.

Das ist oft der Fall, wenn in einer Versuchsserie zur Schätzung der Kombinationseignung Orte oder Hybriden wechseln oder einzelne Hybriden ausfallen. Im praktischen Zuchtbetrieb, der jährlich unterschiedliche Sortimente von Hybriden und deren Elternformen auf Kombinationseignung zu prüfen hat, ist die Gefahr falscher oder unzuverlässiger Bewertungen der Kombinationseignung besonders groß, wenn die wechselnde genetische Basis der Versuche bei der Bewertung der Kombinationseignung nicht berücksichtigt wird.

6.3.1.5. Linienerhaltung

Linien von Pflanzen bedürfen der erhaltungszüchterischen Bearbeitung, um die Eigenleistung und die genotypische Identität zu bewahren. Die über wiederholte Selbstbestäubung erreichte Homozygotisierung führt in der Regel zur Minderung der Eigenleistung von Linien, die aber nicht bei allen Linien in gleichem Maße auftritt. Eine akzeptable Eigenleistung der Linien kann jedoch beibehalten werden, wenn im Verlauf der Linienvermehrung Generationen strenger Inzucht regelmäßig mit Generationen von Geschwisterbestäubungen wechseln.
Populationsgenetisch stellen Inzuchtlinien von Pflanzen Populationen von relativ geringer Größe und eingeschränkter (bei Geschwisterkreuzungen) oder unterbundener (bei Selbstung) freier Bestäubung dar. In solchen Populationen erhöht sich die Gefahr, daß es zur genetischen Drift und damit zum Verlust der genetischen Identität der Linien kommt. Im Rahmen der Erhaltung und Vermehrung der Linien müssen daher spezielle Maßnahmen zur Erhaltung des jeweiligen Genotyps der Linien und dessen Kombinationseignung ergriffen werden. So wurde am Institut für Getreideforschung Bernburg-Hadmersleben der Deutschen Akademie der Landwirtschaftswissenschaften ein System der Linienerhaltung erarbeitet, das den periodischen Wechsel von Selbst- und Geschwisterbestäubungen bei strenger Kontrolle der genotypischen Identität der Linien beim Mais gewährleistet (Kappel 1984). Es besteht aus 4 Etappen, die wegen ihres zyklischen Charakters als Ring 1 bis Ring 4 bezeichnet werden. Im Ring 1 erfolgt die Identitätskontrolle von Nachkommenschaften aus Geschwisterbestäubungen anhand der durch Selbstung erzeugten Originallinien. Im Ring 2 erfolgen die Geschwisterbestäubungen, um dem Vitalitätsverlust vorzubeugen. Vom Saatgut eines typischen, im Ring 1 entnommenen Kolbens jeder Linie werden 3 Reihen angebaut. Die mittlere Reihe dient nach Auslese typischer Pflanzen zur Weiterführung der Linie auf der Grundlage der Selbstung. Die beiden äußeren Reihen werden für Geschwisterbestäubungen genutzt. Im Ring 3 werden die aus Geschwisterbestäubungen stammenden Nachkommen unter technischer und im Ring 4 unter räumlicher Isolierung vermehrt. Proben jeder Linie aus den Ringen 3 und 4 werden im Ring 1 auf Identität geprüft. Danach werden die durch einmalige Geschwisterbestäubung, eine technische Selbstung und eine räumlich isolierte freie Bestäubung erzeugten und zweimal auf Identität überprüften Linien für die Hybridsaatguterzeugung verwendet.
Neben dem beim Mais auf strenger Selbstung beruhenden System der Linienvermehrung werden bei anderen Pflanzenarten, z. B. bei Kohl, wesentlich mildere Formen der Inzucht eingesetzt. Das wird unvermeidlich, wenn Selbststerilität vorliegt. Die Linien können in vitro vermehrt werden. Sie besitzen einen nur

mäßigen Grad an Homozygotie, jedoch einen hohen Grad an Homogenität, wodurch die Erzeugung leistungsstarker, homogener F_1-Hybriden gewährleistet wird.
In der Tierzüchtung ist die Linienerhaltung im Sinne einer stabilisierenden, auf die Beibehaltung der Eigenschaften einer Linie gerichteten züchterischen Bearbeitung im allgemeinen nur bei Labortieren üblich. Bei landwirtschaftlichen Nutztieren hat die Bearbeitung der vorhandenen Zuchtlinien stets das Ziel, die Linien in den typischen Merkmalen genetisch zu verbessern. Im allgemeinen erfolgt innerhalb der Linien Reinzucht (Abschnitt 6.2.2.), wodurch die additiven genetischen Effekte für die AKE verbessert werden sollen. Diese Besonderheit der züchterischen Bearbeitung von Linien in der Tierzüchtung resultiert daraus, daß bei Tieren die Linien nicht den hohen Homozygotiegrad aufweisen, wie er in der Regel bei Pflanzen erreichbar ist.
Neben der Verbesserung der AKE der Linien besteht in der Tierzüchtung auch die Möglichkeit, vorhandene Linien auf höhere SKE zu züchten, indem das Verfahren der reziproken wiederkehrenden Auslese (Abschnitt 6.3.2.3.) angewendet wird.

6.3.1.6. Arten der Hybriden

In Abhängigkeit vom Vermehrungskoeffizienten, von der Eigenleistung der Linien und bei Pflanzen auch vom Saat- und Pflanzgutbedarf je Flächeneinheit werden in der Tier- und Pflanzenzüchtung unterschiedliche Arten von Hybriden erzeugt. Sie lassen sich in die 3 Gruppen
- Einfachhybriden (Zweilinienhybriden),
- Dreiwege-Hybriden (Dreilinienhybriden) und
- Doppelhybriden (Vierlinienhybriden)

einteilen.

6.3.1.6.1. Einfachhybriden

Als Einfachhybride wird eine F_1-Generation aus der Kreuzung zweier genetisch unterschiedlicher, aber erblich stabiler Elternformen bezeichnet. Die Elternformen können Sorten, Rassen oder Linien sein. Im Falle der Kreuzung von Linien wird die Hybride auch als Zweilinien-Hybride bezeichnet.
Die moderne Hybridzüchtung beruht bei Pflanzen oft auf der Nutzung homozygoter Linien. Die Linien in der Tierzüchtung und bei verschiedenen Gemüsearten sind dagegen Populationen mäßig homozygotisierter Individuen. Unabhängig vom Grad der Homozygotie sind aber Linien bei Pflanzen in der Regel hochgradig homogen, in der Tierzüchtung dagegen heterogener. Vom populationsgenetischen Standpunkt unterscheiden sich daher pflanzliche und tierische Einfachhybriden hinsichtlich ihrer genetischen Struktur deutlich.
Bei Pflanzen bilden die aus homozygoten oder weitgehend homozygotisierten Linien erzeugten Einfachhybriden genetisch hochgradig uniforme F_1-Populationen, die an allen Loci, in denen sich die Elternformen unterscheiden, heterozygot sind. Im Extremfall, z. B. bei der Kreuzung „Doppelhaploider", können alle Individuen der F_1-Hybride einen völlig gleichen, heterozygoten Idiotyp besit-

zen. Dank der hohen genetischen Uniformität der pflanzlichen Einfachhybriden können potentiell höhere positive Hybrideffekte erreicht werden als bei den komplizierteren Arten von Hybriden. Dagegen besitzen die Einfachhybriden in vielen Fällen eine geringere Ökostabilität als die komplizierteren Hybriden. Gegenüber den Elternformen (Linien) ist die Ökostabilität allerdings in der Regel erhöht.
In der DDR sind bei landwirtschaftlichen Kulturpflanzen und bei Gemüse folgende Einfachhybriden zugelassen:

- Zuckerrüben: Hymona, Ponemo, Depomo (alle diploid) und Damona (triploid),
- Futterrüben: Rosamona,
- Gurken: Trix, Quix, Saladin, Marcellina, Polo, Pixi, Libelle, Adretta, Kardia, Bitretta, Perenta, Dukava, Konsa,
- Tomaten: Harzfeuer, Joker, Boderot, Bodegold
- Weißkohl: Rike,
- Wirsingkohl: Kardula,
- Möhren: Karnavit, Karlatop.

Einfachhybriden werden auch bei einer Reihe von Zierpflanzenarten erzeugt, so bei Löwenmaul *(Antirrhinum majus L.)*, Begonien, Cyclamen, Petunien und Pantoffelblumen.
Die Züchtung von Einfachhybriden und deren ständige Erzeugung für die Produktion bietet gegenüber den komplizierteren Hybridformen ökonomische Vorteile. Für jede Hybridkombination müssen nur 2 Linien erhaltungszüchterisch bearbeitet und vermehrt werden. Die günstigsten Kombinationen von Einfachhybriden werden im Rahmen der Prüfung auf spezielle Kombinationseignung gefunden, die oft in Form von diallelen Kreuzungen und deren Modifikationen durchgeführt wird (Abschnitt 6.3.1.4.). Auch die Erzeugung der Hybriden für die Produktion ist vergleichsweise einfach. Um eine handarbeitsfreie Hybridsaatguterzeugung zu gewährleisten, wird bei verschiedenen Pflanzenarten, darunter dem Mais, ein Funktionssystem genutzt, das auf plasmatisch bedingter männlicher Sterilität der Mutterlinie und Restorereigenschaften der Vaterlinie beruht (Abschnitt 6.3.1.7.). Weitere Funktionssysteme sind im Kapitel 1. dargestellt. Bei Pflanzenarten, deren Ernteprodukte vegetative Organe sind, wird von der Mutterlinie männliche Sterilität gefordert, während als Vaterlinie jede zur Kombination geeignete männlich fertile Linie dienen kann, da eine Wiederherstellung (Restauration) der Fertilität der F_1-Hybride nicht erforderlich ist.

Nicht immer sind Einfachhybriden ausreichend kostengünstig zu erzeugen. Da die Ursache für zu hohe Kosten der Einfachhybriden in der Regel in der durch Inzuchtdepressionen zu geringen Vermehrungsrate der Mutterlinie zu suchen ist, kann die Vitalität der Mutterlinie dadurch erhöht werden, daß die Linie A vor ihrer Kreuzung mit der Linie B einer Kreuzung mit einer Schwesterlinie A_1 unterworfen wird, um ihre Vitalität zu erhöhen. Eine nach dem Schema

$$(A \times A_1) \times B$$

erzeugte Hybride wird als modifizierte Einfachhybride bezeichnet. Wenn auch die Vaterlinie einer analogen vorausgehenden Kreuzung mit einer ihrer Schwesterlinien unterworfen wird, entsteht eine Schwesterlinien-Einfachhybride nach dem Schema

$$(A \times A_1) \times (B \times B_1).$$

Die modifzierten Einfachhybriden erreichen naturgemäß nicht den hohen Grad an Homogenität wie die klassischen Einfachhybriden; sie sind aber homogener als die komplizierteren Hybridarten.

Dem Kreuzungsprinzip nach sind bei allogamen Arten auch Hybriden des Typs „Sorte × Sorte" oder „Sorte × Linie" zu den Einfachhybriden zu rechnen. Die erreichbaren positiven Hybrideffekte liegen bei diesen Einfachhybriden oft unter denen der Linienhybriden. Während z. B. bei Linienhybriden des Maises bis zu 30% Ertragszuwachs gegenüber den Ausgangspopulationen erreicht werden kann, ist bei Sorte × Sorte-Hybriden mit durchschnittlich nur 10% und bei Sorte × Linien-Hybriden mit etwa 20% zu rechnen. Die Ausgeglichenheit der Hybriden ist geringer als die der Einfachhybriden des Typs „Linie × Linie". Zu Beginn der Hybridzüchtung und unter extremen Umweltbedingungen kann trotz der genannten Nachteile die Erzeugung von Hybriden auf der Grundlage von Sorten zeitweilig gerechtfertigt sein. Bei autogamen Arten, wie z. B. Weizen, Gerste und Reis, sind die Linienhybriden in vielen Fällen zugleich auch Sortenhybriden.

In der Tierzüchtung spielt die Erzeugung von Einfachhybriden besonders bei Arten mit einer relativ hohen Vermehrungsrate sowie bei Rindermasthybriden eine Rolle. Zwei Ziele werden dabei angestrebt:

- Die Ausnutzung nichtadditiver genetischer Wirkungen im Sinne von positiven Hybrideffekten.
- Die Erzielung von günstigen Merkmalskombinationen in den Produktionstieren durch den Einsatz spezialisierter Linien.

Die Auswirkungen der Linienspezialisierung in einer bestimmten Kreuzung werden auch als Stellungseffekte bezeichnet, da die Linien mit ihren speziellen Eigenschaften im Zuchtprogramm nicht gegenseitig austauschbar sind. Es handelt sich dabei um komplementäre, additiv genetisch bedingte Populationsdifferenzen. Sofern die Erzielung günstiger Merkmalskombinationen bei der Erzeugung der Hybriden die größere Bedeutung besitzt, lassen sich die entsprechenden Zuchtmethoden auch noch effektiv bei Arten mit geringerer Vermehrungsrate, wie z. B. beim Schaf, einsetzen.

Die Erzeugung von Einfachhybriden durch die Kreuzung von zwei Linien ermöglicht die Nutzung der individuellen Heterosiseffekte in der Nachkommengeneration. Die Mittelwerte der Linienkreuzung aus der Mutterpopulation A und der Vaterpopulation B und reziprok enthalten folgende Komponenten:

$$\left.\begin{aligned} \mu_{AB} &= \mu + 1/2\, G_A + 1/2\, G_B + M_A + P_B + M_{AB} \\ \mu_{BA} &= \mu + 1/2\, G_A + 1/2\, G_B + M_B + P_A + M_{AB} \end{aligned}\right\} \qquad (6.38).$$

Die Differenzen zwischen den reziproken Kreuzungen enthalten die Unterschiede in den maternalen und paternalen Effekten der beteiligten Linien.

$$\mu_{AB} - \mu_{BA} = M_A - M_B + P_B - P_A$$

Sofern $M_A + P_B > M_B + P_A$ ist, wird die Entscheidung für die Kreuzung A♀ × B♂ fallen.
Neben der Ausnutzung von individuellen Heterosiseffekten sind Einfachhybriden in der Tierzüchtung sehr gut geeignet, um komplementäre Leistungsdifferenzen zwischen unterschiedlich veranlagten Elternpopulationen in der Form der erwähnten Stellungseffekte zu nutzen. In der Rinderzüchtung werden in Milch- und Zweinutzungsrassen die nicht zur Reproduktion der eigenen Rasse benötigten Milchkühe mit Sperma von Fleischrindbullen besamt, um Masthybriden für die Rindfleischproduktion zu erzeugen. Da sich eine maximale Milchleistung und eine minimale Fleischleistung wegen des bestehenden Merkmalsantagonismus nicht in einem Genotyp vereinigen lassen, kann dadurch mit einer relativ leistungsfähigen Milchkuh ein Kalb produziert werden, das zu 50% Gene einer Fleischrindrasse trägt und damit für die Mast- und Schlachtmerkmale eine genetische Veranlagung aufweist, die mit einer Milch- oder Zweinutzungsrasse nicht ohne erhebliche Nachteile bei den Milchmengenmerkmalen zu erreichen wäre.
Beim Schwein werden Einfachhybriden verwendet, um die Qualität des Schlachtkörpers zu verbessern. Rassen mit einem hohen Fleischanteil im Schlachtkörper, wie beispielsweise die extremen Fleischrassen Pietrain und Belgische Landrasse, sind wegen ihrer geringen Zucht- und teilweise auch Mastleistungen sowie einer höheren Kreislauflabilität zur Reinzucht nicht optimal für die Produktion geeignet. Vatertiere solcher Rassen sind jedoch in der Lage, durch Kreuzung mit Muttertieren aus fruchtbaren und vitalen Rassen Hybriden zu erzeugen, die für die Fleischproduktion besser geeignet sind als Tiere der reinen Mutterrasse. Die Wirtschaftlichkeit der Fleischproduktion kann dadurch entschieden verbessert werden. Die Bedeutung der Einfachhybriden bleibt in der Schweinezüchtung dennoch erheblich hinter der der Mehrfachkreuzungen zurück, vor allem weil keine optimale Verbesserung der Fruchtbarkeitsleistungen möglich ist.

6.3.1.6.2. Dreilinienhybriden

Dreilinienhybriden, auch als Dreiwege-Hybriden bezeichnet, werden aus einer Einfachhybride und einer Linie nach dem allgemeinen Schema (A × B) × C erzeugt. Eine bekannte Dreiwege-Hybride der Maiszüchtung war die Hybride „Siloma", die sich in verschiedenen Ländern gut bewährt hat.
Dreiwege-Hybriden werden erzeugt, wenn es nicht möglich ist, mit ökonomisch vertretbarem Aufwand Einfachhybriden oder deren Modifikationen für den Anbau zu erzeugen oder wenn die Einfachhybriden sich nicht als genügend ökostabil erweisen. In diesem Fall wird die Einfach- oder Zweilinienhybride (A × B), die im Gegensatz zu ihren Elternlinien hohe Erträge bringt, nochmals mit einer Linie, die meist als Vaterform verwendet wird, gekreuzt. Das auf diese Weise erzeugte Saatgut ist billiger als das der Einfachhybride. Die Ertragsleistungen der Dreilinien-Hybriden erreichen oft nicht das Niveau vergleichbarer Einfach-Hybriden. Schnell (1975) fand allerdings Fälle, in denen Dreiwege-Hybriden den Einfach-Hybriden leicht überlegen waren. Die Ökostabilität der Dreiwege-Hybriden ist oft höher als die der Einfach-Hybriden. Die Ursache liegt in

der populationsgenetischen Struktur der Dreilinien-Hybriden, die sich bei Pflanzenarten mit der Möglichkeit der Erzeugung hochgradig homozygoter Linien aus der Mendel-Spaltung nach dem Schema der Kreuzung einer heterozygoten F_1-Generation mit einem homozygoten Elter ergibt. Im einfachsten Fall erfolgt diese Spaltung nach dem Modell der Rückkreuzung, die im monogenen Erbgang folgende Form hat:

$A_1A_2 \times A_1A_1 \quad 0{,}5\, A_1A_2 + 0{,}5\, A_1A_1$ oder
$A_1A_2 \times A_2A_2 \quad 0{,}5\, A_1A_2 + 0{,}5\, A_2A_2$

Somit besteht die Dreilinien-Hybride im Unterschied zur Einfach-Hybride aus mehr als einer Genotypenklasse, und die Genotypen der Dreilinien-Hybride besitzen weniger heterozygote Loci als die der Einfach-Hybride. Für Loci mit multiplen Allelen besteht die Möglichkeit, daß die Dreilinien-Hybriden den gleichen Grad an Heterozygotie aufweisen wie die Einfach-Hybriden. Aber auch in diesem Fall hat der Einzellocus mindestens 2 Genotypenklassen, das heißt, die Hybride ist heterogen. Aus der Heterogenität der Populationen von Dreilinien-Hybriden resultiert deren potentiell größere Ökostabilität und zugleich ihre oft geringere Ertragsleistung im Vergleich zur Einfach-Hybride.
Bei der Erzeugung von Dreiwege-Hybriden erhöht sich die Anzahl der möglichen Kombinationen, die mit einer gegebenen Anzahl n von Linien erzeugbar sind, gegenüber den Kombinationsmöglichkeiten der Einfach-Hybriden beträchtlich. Die zur Berechnung der Anzahl k dialleler Kreuzungen (ohne reziproke Kreuzungen) angegebene Formel (6.11) kann auf eine beliebige Anzahl von Kreuzungspartnern erweitert werden und lautet dann in ihrer allgemeinen Form

$$k = \frac{n!}{r!\,(n-r)!} = \binom{n}{r}, \qquad (6.39)$$

wobei n die Anzahl der verfügbaren Linien und r die Anzahl der an einer Hybride beteiligten Partner ist. So lassen sich z. B. aus 50 Linien 1225 Zweilinienkombinationen oder 19600 Dreilinienkombinationen herstellen. In der praktischen Züchtung vereinfacht sich das Problem der außergewöhnlich großen Anzahl von Kombinationsmöglichkeiten dadurch, daß erstens die in der Diallelprüfung gefundenen leistungsschwachen Einfachhybriden nicht weiter auf Eignung zur Erzeugung von leistungsstarken Dreiwege-Hybriden geprüft werden und daß zweitens die in der Diallelprüfung gefundenen besten Einfachhybriden nach dem Prinzip der Topcross-Prüfung auf Kombinationseignung mit denjenigen Linien geprüft werden, die an der jeweiligen Einfachhybride nicht beteiligt sind und zumindest über gute allgemeine Kombinationseignung verfügen.
Die in den aufwendigen Diallelprüfungen erzielten Informationen über die Leistungen der Einfachhybriden lassen sich zur Vorhersage günstiger Dreiwege-Hybriden verwenden. Doxator u. Johnson (1936) haben eine entsprechende Vorhersagemethode vorgeschlagen, nach der sich die wahrscheinliche Leistung einer Dreiwege-Hybride anhand der Leistung von Einfachhybriden nach folgender Formel schätzen läßt:

$$(A \times B) \times C = \frac{(A \times C) + (B \times C)}{2}$$

Bei der Anwendung der Vorhersageformel können Fehler auftreten, die in erster Linie durch Epistasie und Genotyp-Umwelt-Wechselwirkungen verursacht werden (STUBER u. a. 1973; OTTAVIANO u. SARI GORLA 1972). Wenn es auch infolge der möglichen Vorhersagefehler, zu denen in den Feldversuchen auch der Versuchsfehler gehört, nicht möglich ist, die besten Dreiwege-Hybriden aus den Leistungen der Einfachhybriden mit hoher Sicherheit zu berechnen, so reicht die Vorhersagegenauigkeit aus, um zumindest den größten Teil der ungeeigneten Dreiwege-Hybriden zu erkennen und auf dieser Grundlage den Umfang der Prüfungen auf spezielle Kombinationseignung der Einfachhybriden mit den aussichtsreichsten Linien wesentlich einzuschränken.
Auch bei der Erzeugung von Dreilinien-Hybriden werden neben der Grundform $(A \times B) \times C$ verschiedene Modifikationen genutzt. Wenn die Erzeugung der Dreilinien-Hybride dadurch auf Schwierigkeiten stößt, daß die im zweiten Kreuzungsschritt als Vater verwendete Linie nicht genügend vital ist, wird anstelle dieser Linie C eine durch Schwesterlinien-Kreuzung erzeugte Vaterform verwendet, so daß eine modifizierte Dreilinien-Hybride nach dem Schema

$$(A \times B) \times (C \times C_1)$$

entsteht. Relativ häufig werden auch sogenannte Topcross-Hybriden nach dem Schema

$$(A \times B) \times \text{Sorte}$$

erzeugt. Die bereits erwähnte Hybride „Siloma" war eine solche Topcross-Hybride, die auf der Grundlage zweier auf amerikanisches Material zurückgehender sowjetischer Linien (Einfachhybride) und der einheimischen Sorte „Schindelmeiser" erzeugt wurde.
Die Erzeugung von Dreilinien-Hybriden spielt auch in der Tierzüchtung eine bedeutende Rolle. Wenn die Verbesserung der Fruchtbarkeit weiblicher Tiere wesentlicher Bestandteil des Zuchtzieles ist, kann dies nur dann erreicht werden, wenn die maternalen Heterosiseffekte voll genutzt werden. Dazu ist es notwendig, daß die weiblichen Elterntiere zur Erzeugung der Produktionstiere bereits selbst aus einer Kreuzung hervorgegangen, also zumindest Einfachhybriden sind. Dadurch wird für die Erzeugung der Hybriden mindestens eine Dreilinien-Kreuzung erforderlich, wenn eine Rückkreuzung nicht sinnvoll ist. Welche Bedeutung die maternalen Heterosiseffekte für die Steigerung der Reproduktionsleistungen beim Schwein besitzen, kann den Angaben der Tabelle 6.30. nach SELLIER (1976) entnommen werden. Für einige Produktionsmerkmale konnte anhand der Ergebnisse der Literatur die Bedeutung der maternalen Heterosiseffekte nicht eindeutig nachgewiesen werden. Entsprechende Schätzungen bei Schafen wurden von TEEHAN u. a. (1979) vorgenommen, in denen die Rassen Columbia, Suffolk und Targhee einbezogen waren (Tabelle 6.31.). Werden in einer Dreilinien-Kreuzung an die weiblichen Tiere einer Einfach-Kreuzung $A \times B$ männliche Tiere einer dritten Linie C angepaart, erhält man für den Mittelwert einer Dreilinien-Kreuzung folgende Komponenten:

Tabelle 6.30. Durchschnittliche Heterosiseffekte der wichtigsten Leistungsmerkmale beim Schwein (nach SELLIER 1976)

Merkmal	Individuelle Heterosiseffekte		Maternale Heterosiseffekte	
	a	b	a	b
Wurfgröße bei der Geburt	+0,30	3	+0,75	8
Wurfgröße beim Absetzen	+0,45	6	+0,85	11
Einzelmasse beim Absetzen, kg	+0,50	5	0	0
Wurfmasse beim Absetzen, kg	+9,00	12	+8,00	10
Tägliche Zunahme nach dem Absetzen, kg	+0,04	6	0 ?	0 ?
Alter beim Schlachten	−10	5	0 ?	0 ?
Futteraufwand je kg Zunahme, kg	−0,08	3	0 ?	0 ?
Schlachtkörperzusammensetzung und Fleischqualitätsmerkmale	0	0	0	0

a = in physischen Einheiten des Merkmals; b = in % des Elternmittels

Tabelle 6.31. Schätzwerte und deren Standardabweichungen für die individuellen Heterosiseffekte H bzw. die maternalen Heterosiseffekte H_m und die Rekombinationseffekte R von Wachstums- und Schlachtkörpermerkmalen sowie des Futteraufwandes bei Schafen (gekürzt nach TEEHAN u. a. 1979)

Merkmal	H %	s_H	H_m %	s_{H_m}	R %
Wachtum					
Absetzmasse	2,1	1,5	1,6	1,1	−0,4
Alter beim Schlachten	−1,6	1,0	−0,7	0,6	0,8
Futteraufwand	3,2	1,0	0,7	1,0	1,1
Schlachtkörper					
Muskelfläche	0,4	1,3	0,9	1,3	0,1
Fettauflage	−2,8	4,7	−4,9	4,6	6,0
Schlachtausbeute (%)	−0,1	0,4	0,1	0,4	−0,1

$$\mu_{AB.C} = \mu + 1/4\,(2\,G_C + G_A + G_B) + 1/2\,(H_{AC} + H_{BC}) + 1/2\,(M_A + M_B) + H_{m_{AB}} + P_C + 1/4\,R_{AB} \qquad (6.40)$$

In den Mittelwert gehen neben den anteiligen additiven Rasseneffekten die Hälfte der individuellen Heterosiseffekte zwischen den Linien A und C bzw. B und C ein, ebenfalls die Hälfte der maternalen Effekte der beiden Linien sowie die maternalen Heterosiseffekte der Kreuzung A × B und die paternalen Effekte der Rasse C ein. Darüber hinaus kommt es durch die Verwendung von Kreuzungsindividuen als Eltern der Hybriden in den Gameten zu Neukombinationen bei unabhängigen Genpaaren, die zu den aufgeführten Rekombinationseffekten führen.

Moav (1966) leitete, aufbauend auf die Arbeit von Smith (1964), systematische Kreuzungen mit Linien folgende Funktion zur Abschätzung des ökonomischen Gewinns dieser Zuchtmethode ab:

$$R = A - By - \frac{K}{x}$$

Hierbei sind:

R = Gewinn aus der Produktion eines Hybridtieres,
A = ökonomische Konstante, die die um die fixen Produktions- und Reproduktionskosten verminderten Erlöse widerspiegelt,
B = ökonomische Konstante für die variablen Produktionskosten,
y = Produktionsmerkmal,
K = ökonomische Konstante für die variablen Reproduktionskosten,
x = Reproduktionsmerkmalswert.

In einer Dreilinien-Kreuzung werden die Produktionsmerkmale durch die mittlere genetische Veranlagung der Dreilinien-Hybriden, die Reproduktionsmerkmale dagegen durch den Genotyp der weiblichen Eltern bestimmt, die Einfachhybriden sind. Für die Optimierung des Gewinns eines Dreifach-Hybriden folgt daraus:

$$R = A - B\,(\mu_{AB.C})_y - \frac{K}{(\mu_{AB})_x}\,.$$

Wenn die Linie C nur die Produktionsmerkmale beeinflußt, kann sie gezielt für diese Merkmalskomplexe selektiert werden. Dagegen ist es in dieser Linie möglich, die Reproduktionsmerkmale in der Selektion und bei der Linienauswahl weitgehend zu vernachlässigen. Die Züchtung der Linien A und B muß dagegen sowohl auf Produktions- als auch auf Reproduktionsmerkmale erfolgen. Dieses Vorgehen führt zu einer besonders eleganten Überwindung von Merkmalsantagonismen durch Linienspezialisierung, da für die Erzeugung der Hybriden nur eine Linie von geringem Umfang zur Bereitstellung der Vatertiere für die Hybridproduktion notwendig ist. Jakubec u. Fewson (1970a, b) untersuchten anhand der Gewinnfunktion die Eignung verschiedener Zuchtmethoden für die Hybridschweinproduktion anhand von fiktiven Zuchtlinien. Die Untersuchungen ergaben, daß die Produktionsleistung der Linien einen stärkeren Einfluß auf die Rentabilität der Kreuzung ausübt als die Reproduktionsleistung.
Ähnliche Untersuchungen wurden von Nitter und Jakubec (1970) vorgenommen. Wegen der geringeren Vermehrungsrate der Schafe besitzt die Verbesserung der Fruchtbarkeitsmerkmale durch die Kreuzung eine entscheidende Bedeutung für die Effektivität der Zuchtmethode. Ebenso hat der differenzierte Einsatz von leichten Mutterlinien und schweren Vaterlinien eine außerordentliche ökonomische Bedeutung für die Rentabilität der Produktion.
Die Bewertung der Zuchtmethoden nach diesem Prinzip führt allerdings nur zur Optimierung der Hybriden durch eine entsprechende Kombination der Ausgangslinien, während die Beurteilung des Gesamtverfahrens unter Berücksichti-

gung des Verhältnisses von Reinzucht- und Kreuzungsindividuen und der Übertragung des Zuchtfortschrittes aus den Linien, eventuell über Kreuzungsstufen, nicht vorgenommen werden kann.
Sofern für die Züchtung keine geeigneten drei Zuchtlinien zur Verfügung stehen, um eine Dreilinien-Kreuzung durchzuführen, kann die Nutzung der maternalen Heterosiseffekte auch durch eine Rückkreuzung zu einer der beiden Ausgangslinien erreicht werden. Der Mittelwert der Rückkreuzung an Vatertiere der Rasse A enthält folgende Komponenten:

$$\mu_{AB.A} = \mu + 1/4\,(3\,G_A + G_B) + 1/2\,H_{AB} + 1/2\,(M_A + M_B) + H_{m_{AB}} + P_A + 1/4\,R_{AB} \qquad (6.41).$$

Wie der Gleichung zu entnehmen ist, können mit diesen Rückkreuzungs-Hybriden zwar die vollen maternalen Heterosiseffekte genutzt werden, die individuellen Heterosiseffekte sind jedoch um die Hälfte reduziert, da der Heterozygotiegrad bei der Rückkreuzung im Vergleich zur F_1-Generation um die Hälfte zurückgeht. Die Rekombinationseffekte liegen demgegenüber in der gleichen Höhe wie bei der Dreilinien-Hybride.
Eine Spezialisierung in Vater- und Mutterlinien ist bei der Rückkreuzung nicht möglich. Da bei der Rückkreuzung nur zwei Linien beteiligt sind, handelt es sich um keine echte Mehrfachkreuzung.

6.3.1.6.3. Vierlinienhybriden

Die Vierlinienhybriden, bei Pflanzen als Doppelhybriden bezeichnet, werden vor allem beim Mais erzeugt, da diese Pflanzenart mit vergleichsweise hohen Saatgutnormen je Flächeneinheit angebaut wird. Die Erzeugung von Doppelhybriden ist die konsequente Fortsetzung der modifizierten Dreiwege-Hybriden. Anstelle der Linie C wird als Vaterform eine leistungsfähige Einfach-Hybride eingesetzt.
Vierlinienhybriden haben unter den auf Linienbasis erzeugten Hybriden die komplizierteste Populationsstruktur, bleiben im Ertrag im allgemeinen hinter den Einfach- und Dreiwege-Hybriden etwas zurück, haben aber in vielen Fällen eine bessere Ökostabilität.
Bei der Erzeugung der Doppelhybriden kommt es bei Pflanzenarten, die eine hochgradige Homozygotisierung der Linien ermöglichen, zu einer Spaltung, die für eine F_2-Generation charakteristisch ist. Betrachtet man z. B. nur einen Locus mit zwei Allelen, so entstehen 3 Genotypenklassen nach folgendem Schema:

$$A_1A_2 \times A_1A_2 \rightarrow 0{,}25\ A_1A_1 + 0{,}50\ A_1A_2 + 0{,}25\ A_2A_2$$

Die Doppelhybride ist folglich heterogen, besitzt einen Anteil von 50% homozygoten Loci, und es besteht wenig Wahrscheinlichkeit, daß alle herausspaltenden Genotypen die gleiche Leistung bringen können wie der für die Einfachhybriden charakteristische Genotyp A_1A_2. Daraus resultiert der oft beobachtete Ertragsrückgang der Doppelhybriden gegenüber den einfacheren Hybridformen.
Wenn multiple Allelie vorliegt, kommt es ebenfalls zur Heterogenität der Doppelhybriden. Der Anteil homozygoter Loci wird aber geringer oder verschwin-

det im Idealfall vollständig. Daraus läßt sich erklären, weshalb die Leistungen der besten Doppelhybriden in manchen Fällen dicht an die Leistungen der Einfach- oder Dreilinien-Hybriden heranreichen.

Beispiel:
Wenn die zu kombinierenden Einfachhybriden am gegebenen Locus ein identisches Allel haben, entstehen aus deren Kombination 4 Genotypenklassen, von denen drei heterozygot sind:

$$A_1A_2 \times A_2A_3 \rightarrow 0{,}25\ A_1A_2 + 0{,}25\ A_1A_3 + 0{,}25\ A_2A_3 + 0{,}25\ A_2A_2$$

Wenn die Einfachhybriden am gegebenen Locus kein identisches Allel besitzen, entstehen ebenfalls 4 Genotypenklassen, die aber alle heterozygot sind:

$$A_1A_2 \times A_3A_4 \rightarrow 0{,}25\ A_1A_3 + 0{,}25\ A_1A_4 + 0{,}25\ A_2A_3 + 0{,}25\ A_2A_4$$

Der Heterozygotiegrad erreicht im gegebenen Fall den der Einfachhybride. Deren hohe Homogenität ist aber nicht erreichbar.
Bei der Erzeugung der Vierlinien-Hybriden ist die Anzahl der möglichen Kombinationen der Linien entsprechend Formel (6.39) noch wesentlich größer als das für Dreilinienhybriden der Fall war (Abschnitt 6.3.1.6.2.). Unter der bereits im vorhergehenden Abschnitt gemachten Voraussetzung, daß 50 Linien verfügbar sind, ergeben sich nach Formel (6.39) anstelle der 19600 möglichen Kombinationen von Dreilinien-Hybriden 230301 Kombinationen von Vierlinien-Hybriden. Derartige Größenordnungen von Doppelhybriden sind praktisch nicht realisierbar. Es ist aber möglich, auf Datenverarbeitungsanlagen die aussichtsreichsten Kombinationen zu finden, wenn sich anhand der Einfachhybriden Vorhersagemöglichkeiten für die Vierlinien-Hybriden ergeben. Beziehungen zwischen Einfach- und Doppelhybriden wurden von Jenkins (1934) gefunden, der auf dieser Grundlage 4 Methoden zur Vorhersage der Doppelhybrid-Leistung anhand von Informationen über die Einfach-Hybriden vorschlug. Als günstigste Methode erwies sich die Schätzung der Doppelhybrid-Leistung auf der Grundlage der durchschnittlichen Leistung der 4 nichtparentalen Einfachhybriden nach der Formel (Die Hybriden und ihre Leistungen werden hier in der Symbolik nicht unterschieden.)

$$(A \times B) \times (C \times D) = \frac{(A \times C) + (A \times D) + (B \times C) + (B \times D)}{4}.$$

Insgesamt können von 4 Linien 6 verschiedene Einfachhybriden erzeugt werden. Die parentalen Einfachhybriden (A × B) sowie (C × D) werden bei der Vorhersage der Leistung der Doppelhybride nicht berücksichtigt. Wird jedoch die Stellung (Funktion) der einzelnen Linien in der Doppelhybride verändert, ändert sich auch die potentielle Leistung der Doppelhybride.

Beispiel 6.1.:
Aus den vier Linien A, B, C und D ließe sich auch die Hybridkombination (A × C) × (B × D) herstellen. Deren Leistung würde vorhergesagt nach

$$(A \times C) \times (B \times D) = \frac{(A \times B) + (A \times D) + (C \times B) + (C \times D)}{4}.$$

Die Gültigkeit dieser Formel setzt die Vernachlässigung einiger Wechselwirkungen voraus. Das Vorhandensein von Epistasie, Genotyp-Umwelt-Wechselwirkungen und der Versuchsfehler können die Genauigkeit der Vorhersage beeinträchtigen.

Musiiko u. Mel'nik (1972) fanden Korrelationen von $r = +0{,}72$ für den Vergleich der tatsächlichen mit der vorausgesagten Leistung hinsichtlich des Körnerertrages auf der Grundlage der 4 nichtparentalen Hybriden. Die Korrelation erhöhte sich in diesen Versuchen auf $r = +0{,}79$, wenn der mittlere Ertrag von 6 Einfachhybriden zur Prognose benutzt wurde. Trotz teilweise fehlerhafter Voraussagen hat sich die Prognosemethode zur Vorauswahl der theoretisch günstigsten und zur Aussonderung der mit hoher Wahrscheinlichkeit leistungsschwächsten Kombinationen bewährt.

Von der klassischen Vierlinien-Hybride $(A \times B) \times (C \times D)$ werden 2 Modifikationen erzeugt, die dadurch entstehen, daß nicht Einfachhybriden, sondern mit ihrer Mutterform rückgekreuzte Einfachhybriden (Rückkreuzungshybriden) verwendet werden. Als einfache Rückkreuzung wird eine Doppelhybride bezeichnet, bei der eine Einfachhybride mit einer rückgekreuzten Einfachhybride kombiniert wird:

$$(A \times B) \times [(C \times D) \times C]$$

Eine doppelte Rückkreuzungshybride hat dementsprechend die Form

$$[(A \times B) \times A] \times [(C \times D) \times C] \, .$$

Das Ziel der Erzeugung von Rückkreuzungshybriden besteht darin, die Heterogenität der Doppelhybriden durch die Rückkreuzung der Einfachhybriden mit ihrer Mutterlinie einzuschränken und damit ausgeglichenere Doppelhybriden zu erzeugen.

In der Tierzüchtung können Vierlinien-Hybriden genutzt werden, wenn auch paternale Heterosiseffekte in einem Hybridprogramm wirtschaftliche Bedeutung besitzen. In diesem Fall sind nicht nur die Mütter, sondern auch die Väter der Hybriden bereits durch Kreuzungen erzeugt worden. Der Mittelwert einer Vierlinienkreuzung setzt sich aus folgenden Komponenten zusammen:

$$\begin{aligned} \mu_{AB.CD} = {} & \mu + 1/4\,(G_A + G_B + G_C + G_D) + 1/2\,(H_{AC} + H_{AD} + H_{BC} + H_{BD}) \\ & + 1/2\,(M_A + M_B) + 1/2\,(P_C + P_D) + H_{P_{CD}} + 1/4\,(R_{AB} + R_{CD}) \end{aligned} \tag{6.42}$$

Wie man leicht sieht, sind mit den Hybriden einer Vierlinienkreuzung die vollen Heterosiseffekte als Mittel der 4 Einfachkreuzungen nutzbar. Der Nachteil besteht jedoch darin, daß bei 4 auszuwählenden Linien aus der Gesamtheit der getesteten Linienkombinationen die Heterosiseffekte geringer ausfallen werden als wenn nur die 2 oder 3 besten Kombinationen für eine Linienkreuzung benötigt werden. Positiv zu werten ist der paternale Heterosiseffekt, der auf die genetische Verbesserung der Fruchtbarkeitsleistungen über die männlichen Tiere eine sehr positive Wirkung haben kann. Ebenso vorteilhaft ist der individuelle Heterosiseffekt der Vatertiere zu werten, der sich über die Vitalität und Nutzungsdauer der Tiere günstig auf das Ergebnis auswirkt.

Soll bei der Vierwege-Kreuzung auf eine Linienspezialisierung nicht verzichtet

werden, so sind 2 Vaterlinien erforderlich. Daran wird in der Tierzüchtung der Einsatz der Vierlinienkreuzung oft scheitern, da nicht ohne weiteres 2 etwa gleich leistungsstarke Vaterlinien zur Verfügung stehen werden. Da die Rekombinationseffekte mütterlicher- und väterlicherseits auftreten, sind sie doppelt so groß als bei der Dreiwege-Kreuzung. Deshalb wird der Dreiwege-Kreuzung gegenüber der Vierlinienkreuzung der Vorzug gegeben werden, wenn diese Effekte eine bedeutende Rolle spielen. Gegenwärtig ist über die Bedeutung der Rekombinationseffekte in der Tierzucht relativ wenig bekannt.
Vierlinienkreuzungen werden in der Schweinezüchtung selten angewendet. Neben dem Fehlen von 2 geeigneten Vatertieren ist es auch der hohe Testaufwand, der der Anwendung dieses Verfahrens im Wege steht. Der Einsatz beschränkt sich daher in der Tierzüchtung weitgehend auf die Geflügelzüchtung und dort auch nach Brandsch u. a. (1983) wiederum in erster Linie auf die Legerichtung.

6.3.1.7. Funktionssysteme

Die in der Tierzüchtung übliche, vom Züchter gelenkte Paarung von Elterntieren macht die Erzeugung der Hybriden in der Regel mit den gleichen Methoden möglich, die auch bei Reinzucht angewendet werden. Da bei der Vermehrung von Pflanzenpopulationen eine vom Züchter oder Vermehrer gelenkte Bestäubung und Befruchtung innerhalb einer Population in der Regel nicht üblich ist und auch nur mit hohen Aufwendungen möglich wäre, müssen bei der Hybridzüchtung von Pflanzen spezielle Funktionssysteme entwickelt und genutzt wer-

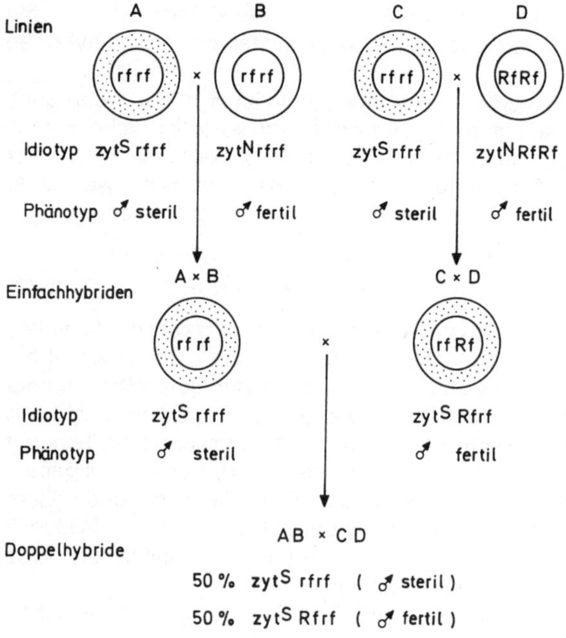

Abbildung 6.14. Schema der Erzeugung von Doppelhybriden mit ZMS-Linien

den, die eine gelenkte Bestäubung zur Erzeugung der Hybriden in der vom Züchter gewünschten Richtung ohne manuelle Kreuzung ermöglichen. Die Funktionssysteme beruhen auf der (zyto)plasmatisch (besser plasmotypisch) bedingten männlichen Sterilität, (ZMS), der Selbststerilität und anderen befruchtungsbiologischen Besonderheiten, die im Kapitel 1. dargestellt sind.

Beim Mais wird ein Funktionssystem genutzt, das auf der Grundlage des Zusammenwirkens von Plasmon- und Kerngenen die Erzeugung von Hybriden ohne manuelle Kreuzung ermöglicht. Die männliche Sterilität (ZMS) wird durch den Plasmotyp bedingt, der in 2 Typen existiert: zyt^S bewirkt männliche Sterilität, zyt^N gewährleistet männliche Fertilität. Die Wirkung des zyt^S steht unter der Kontrolle von Kerngenen, die nach der Symbolik der klassischen Genetik als Rf-rf, nach der modernen Symbolik jedoch als Rf_1-Rf_2 bezeichnet werden bzw. bezeichnet werden müßten. Das dominante Allel Rf_1 bewirkt auch beim Vorhandensein von zyt^S männliche Fertilität, während das rezessive Allel Rf_2 nicht über die plasmotypischen Wirkungen prävalieren kann. Auf der Grundlage des in Abbildung 6.14. dargestellten Schemas läßt sich beim Mais die Hybridsaatguterzeugung ohne manuelle Kreuzung durchführen. Die Mutterlinien A und C und demzufolge auch die beiden Einfachhybriden und die Doppelhybride besitzen zyt^S. Die Vaterlinie B der Einfachhybride AB darf aber kein dominantes Restorerallel besitzen, da die Einfachhybride AB männlich steril sein muß, denn sie dient als Mutterform für die Erzeugung der Doppelhybride. Dagegen muß die Einfachhybride CD männlich fertil sein, weil sie als Vaterform bei der Erzeugung der Doppelhybride dient. Folglich muß die Vaterlinie D über das Allel Rf_1 des Restorergens verfügen. Die Doppelhybride ABCD besteht aufgrund der Spaltung des Restorergens zu jeweils etwa 50% aus männlich fertilen und sterilen Individuen. Dieser Anteil fertiler Pflanzen ist für eine normale Befruchtung des gesamten Bestandes der Doppelhybride ausreichend.

Beim Mais sind verschiedene Formen der ZMS bekannt. Der Texas- oder T-Typ spielt für die Züchtung die größte Rolle, da er sehr umweltstabil ist. Bei diesem Typ steht das Plasmon unter der Kontrolle von 2 Kerngenen (Rf_{11}-Rf_{12}, Rf_{21}-Rf_{22}). Da viele ZMS-Linien den Genotyp $Rf_{11}Rf_{11}Rf_{22}Rf_{22}$ (nach alter Symbolik $rf_1rf_1Rf_2Rf_2$) besitzen, ist bei ihnen zur Wiederherstellung der männlichen Fertilität nur das Allel Rf_{11} erforderlich, so daß bei der Züchtung von Restorerlinien ein scheinbar monogener Erbgang vorliegt.

Neben dem T-Typ gibt es die Typen S, M, H, B, R, Vg, C, F und andere, die aber fast keine züchterische Bedeutung erlangten. Nur der Typ M (Moldau-Typ, eng verwandt mit dem S- oder USDA-Typ) konnte Bedeutung erlangen, nachdem die südliche Helminthosporiose, die nur Formen des T-Types befällt, den Anbau von Hybriden auf der Grundlage des T-Types in verschiedenen Ländern unmöglich machte. Der M-Typ wird durch das Restorergen Rf_{31}-Rf_{32} (früher: Rf_3-rf_3) kontrolliert.

Im Prozeß der Hybridzüchtung entstehen die Linien naturgemäß zunächst auf fertiler Grundlage. In der Regel erfolgt die Überführung auf ZMS-Basis, wenn für eine gegebene Kombination Aussicht auf Zulassung zum Anbau besteht. Die Überführung der Linien in den „sterilen" Plasmotyp und die Einführung von Restorergenen erfolgt durch Rückkreuzungszuchtgänge.

Zur Erzeugung von ZMS-Linien wird eine Spenderlinie (X^s), die den gewünschten Plasmotyp besitzt, als Mutterform verwendet und die in steriles Plasma zu überführenden Linien (A und C in der Abbildung 6.13.) als Vaterform und rekurrenter Elter verwendet (s. Padalka 1972):

$X^s \times A$
$(X^sA) \times A$
$(X^sA^2) \times A$ usw.

Das Ergebnis des etwa fünfmaligen Rückkreuzungszuchtganges ist eine Linie, die das Genom der Ursprungslinie A und das Plasmon der Spenderlinie X^s besitzt. Diese sterile Form wird analog der Linie A für die Hybridsaatguterzeugung genutzt und mit Hilfe der ursprünglichen Linie A (fertiles Analogon) vermehrt.
Die Erzeugung der Restorerlinien (Linie D in Abbildung 6.14.) erfolgt durch Einkreuzung des dominanten Restoreralleles einer Spenderlinie und nachfolgende Rückkreuzungen mit der Originallinie als wiederkehrender Elter. Über Testkreuzungen muß nach den einzelnen Rückkreuzungsschritten geprüft werden, welche Nachkommen der Rückkreuzungen über das Rf_1-Allel verfügen. Die aufwendigen Testkreuzungen können umgangen werden, wenn die zur Restorerlinie zu züchtende Linie vorher in den Sterilität bedingenden Plasmotyp überführt wurde (Chadžinov 1961). Das Vorhandensein des erwünschten Rf_1-Alleles wird in diesem Fall durch die männliche Fertilität der Nachkommen angezeigt. Das schematisch dargestellte Verfahren der ZMS-Nutzung existiert in vielen Modifikationen (s. Hruška 1962).

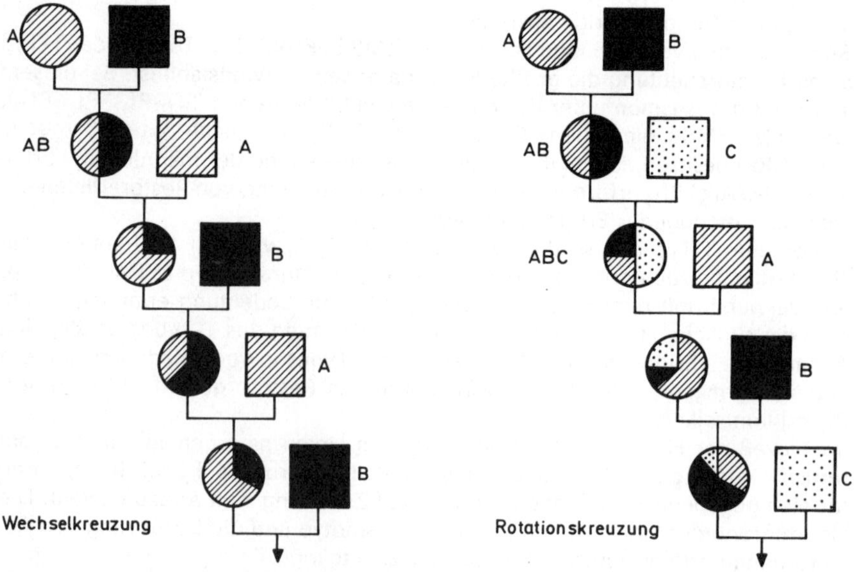

Abbildung 6.15. Schematische Darstellung der Rotations- und Wechselkreuzung

Generation	F_1	F_2	F_3	F_4	F_5	F_6	F_7	F_∞	F_∞
Vaterlinien	B	A	B	A	B	A	B	A	B
Linie A	50	75	37,5	68,5	34,3	67,2	33,6	2/3	1/3
Linie B	50	25	62,5	31,5	65,7	32,8	66,4	1/3	2/3

Tabelle 6.32. Erwartungswerte für die Genanteile der Kreuzungspopulation in einer Wechselkreuzung

	Anzahl der Linien					
	2	3	4	5	n	∞
Reinzucht-kombinationen	1/3	1/7	1/15	1/31	$\frac{1}{2^n - 1}$	0
Kreuzungs-kombinationen	2/3	6/7	14/15	30/31	$\frac{2^n - 2}{2^n - 1}$	1
Rekombinations-effekte	2/9	6/21	14/45	30/93	$\frac{2^n - 2}{3(2^n - 1)}$	1/3

Tabelle 6.33. Häufigkeit der Allelkombinationen aus gleichen und verschiedenen Linien sowie der Rekombinationseffekte bei der Rotationskreuzung in Abhängigkeit von den beteiligten Reinzuchtpopulationen

6.3.2. Kontinuierliche Verfahren

6.3.2.1. Rotations- und Wechselkreuzung

Die Rotations- und Wechselkreuzungen werden fast ausschließlich in der Tierzüchtung angewendet und als kontinuierliche Zuchtverfahren bezeichnet, weil im Gegensatz zu den Terminalkreuzungen mit einem Teil der weiblichen Kreuzungsprodukte regelmäßig weitergezüchtet wird. Das hat vor allem organisatorische Vorteile, da dadurch die Umsetzung von weiblichen Tieren zwischen Betrieben verschiedener Zuchtebenen vermieden wird. Neben der Einsparung von Transportkosten ist es besonders die Verminderung des seuchenhygienischen Risikos, das den Vorzug dieser Verfahren bestimmt. An die weibliche Population werden in den aufeinanderfolgenden Generationen Vatertiere aus n Reinzuchtpopulationen angepaart. Nachdem die Vatertiere der n-ten Population angepaart sind, beginnt mit den Vatertieren der ersten Population ein neuer Zyklus (Abbildung 6.15.). An die weiblichen Kreuzungstiere werden demnach jeweils männliche Tiere aus der Reinzuchtpopulation angepaart, die in der Kreuzungspopulation genetisch mit dem geringsten Anteil vertreten ist. Eine Rotation mit nur 2 Populationen wird als Wechselkreuzung bezeichnet, die anderen werden durch die Anzahl der beteiligten Vaterlinien unterschieden. Da sich die weiblichen Tiere für die Weiterzucht ständig aus den Kreuzungsgenerationen rekrutieren, beschränkt sich die Aufgabe der Reinzuchtlinien nur auf die Bereitstellung von Vatertieren. Ihr Umfang kann daher gering gehalten werden, so daß der Anteil der Reinzuchttiere im ganzen Kreuzungssystem im Vergleich zu den Terminalkreuzungen gering ausfällt und damit günstig liegt.
Außerdem ist durch die wiederholte Anpaarung der Vatertiere aus den gleichen

Populationen keine maximale Heterozygotie unter den Kreuzungstieren zu erreichen und damit auch nicht der volle Heterosiseffekt ausschöpfbar. Mit der Anzahl der in die Rotation einbezogenen Linien steigt allerdings der erreichbare Heterozygotiegrad im Vergleich zu den Mehrwegkreuzungen an (Tabelle 6.33.). Während mit der Wechselkreuzung nur 2/3 der möglichen Heterosiseffekte einer Zweilinien-Kreuzung zu erreichen sind, kann eine Rotationskreuzung mit 3 Populationen bereits 6/7 der Heterosiseffekte der beteiligten Rassen realisieren. Die Häufigkeit der Rekombinationseffekte nimmt demgegenüber nur langsam zu. Die Häufigkeit der angegebenen Allelkombinationen in Tabelle 6.33. sind Grenzwerte, die im Laufe der Generationen asymptotisch erreicht werden.
Die bessere Ausschöpfung der vorhandenen Heterosiseffekte durch die Einbeziehung von 3 und mehr Rassen in die Rotation ist allerdings mit dem Nachteil verbunden, daß mit steigender Linienanzahl deren Qualität sowohl hinsichtlich ihrer durchschnittlichen Heterosiseffekte als auch ihrer additiven Veranlagung abnimmt, da für die Auswahl der Linienkombinationen immer nur eine begrenzte Anzahl zur Verfügung steht und die Selektionsintensität entsprechend zurückgeht. Unter Berücksichtigung der direkten und maternalen Heterosiseffekte sowie der direkten und maternalen Rekombinationseffekte gibt Dickerson (1974) folgende Überlegenheit der Rotationskreuzungen gegenüber dem Mittel der beteiligten Reinzuchtkreuzungen an:

$$\mu_{Rot_n} - \mu_{RZ_n} = \frac{2^n - 2}{2^n - 1}\left(\overline{H} + \overline{H}_m + \frac{\overline{R} + \overline{R}_m}{3}\right)$$

Hierbei bedeuten:

μ_{Rot_n} = Mittelwert der Rotationskreuzungen aus n Linien,
μ_{RZ_n} = Mittelwert der n beteiligten Linien in Reinzucht,
$\overline{H}$ ($\overline{H}_m$) = mittlere (maternale) Heterosiseffekte der n Linien,
$\overline{R}$ ($\overline{R}_m$) = mittlere (maternale) Rekombinationseffekte der n Linien.

Als ein wesentlicher Nachteil der Rotationskreuzung gegenüber den Mehrlinienkreuzungen muß die Tatsache angesehen werden, daß keine Möglichkeit besteht, mit spezialisierten Linien zu arbeiten. Dabei geht es nicht darum, weitgehend einheitliche Populationen zu verwenden, um die Leistungsschwankungen der Endprodukte in möglichst engen Grenzen zu halten, sondern die Linienspezialisierung zur Überwindung von Merkmalsantagonismen ist bei diesem Verfahren nicht realisierbar. Die laufende Nutzung der weiblichen Kreuzungstiere für die Weiterzüchtung führt dazu, daß beispielsweise in der Schweinezüchtung keine spezialisierte Eberlinie mit hohen Mast- und Schlachtwerteigenschaften und nur geringen oder mittelmäßigen Reproduktionsleistungen eingesetzt werden kann, da auch diese negativen Eigenschaften auf die weiblichen Reproduktionstiere vererbt werden würden.
In einem experimentellen Vergleich zwischen der Dreilinien-Kreuzung und einer Rotationskreuzung an *Drosophila* von Wessely u. a. (1975), bei dem in der Dreilinienkreuzung eine Linienspezialisierung als Modellfall für die Schweinezüchtung erfolgte, erwies sich die Dreilinienkreuzung im Merkmal Körpermasse in beiden Wiederholungen als überlegen. Bezüglich des Merkmals Lebendmas-

seproduktion der weiblichen Tiere als Modellmerkmal für die Reproduktionsleistung vermuten die Autoren eine geringe Überlegenheit der Rotationskreuzung, obwohl in den 15 Selektionszyklen auch häufig Differenzen mit entgegengesetzten Vorzeichen auftraten. Über differenzierte Veränderungen der Varianzen der Selektionsmerkmale in beiden angewandten Zuchtverfahren ließ das Experiment ebenfalls keine gesicherten Aussagen zu.

THIELE (1984) konnte anhand von Modellsimulationen nachweisen, daß in der Schweinezüchtung die Rotationskreuzung mit drei Linien einer Dreilinienkreuzung trotz des höheren Anteiles heterozygoter Muttertiere züchterisch und ökonomisch unterlegen ist. Neben der geringen Ausschöpfung der direkten maternalen Heterosiseffekte mit diesem Verfahren wird die Unterlegenheit auch durch das Fehlen einer spezialisierten Vaterlinie verursacht. Das geringere seuchenhygienische Risiko bei der Rotationskreuzung ist in die Bewertung allerdings nicht mit eingegangen. Sehr ungünstig wirkt sich auch die relativ lange Übergangsdauer des in den Linien erreichten Zuchtfortschrittes auf die Produktionstiere aus sowie die Tatsache, daß die Übertragung des in den Linien erzielten Zuchtfortschritts nur über die männlichen Tiere erfolgt. SIMON (1984) kommt unter anderen ökonomischen Bedingungen zu einer günstigeren Beurteilung der Rotationskreuzung gegenüber der Dreilinienkreuzung.

Die Anwendung der Wechsel- und Rotationskreuzung erfolgt vorwiegend in der Schweinezüchtung. Aufgrund der Tatsache, daß man von den reinrassigen Linien nur Vatertiere für die Kreuzung bereitzustellen braucht, sind diese Verfahren mit Hilfe der künstlichen Besamung prinzipiell auch beim Rind einsetzbar, wenn bei den Selektionsmerkmalen Heterosiseffekte nutzbar sind. CROCKET u. a. (1978) berichten von Wechselkreuzungen in der Fleischrindzucht Nordamerikas mit den Rassen Aberdeen Angus, Brahman und Hereford, die den Reinzuchttieren in der jährlichen Absatzmasse der Kälber je Mutterkuh (bei konstanter Masse) um ca. 15% überlegen waren. Aber auch in der Milchrindzüchtung wäre ein potentieller Einsatz der Rotations- oder Wechselkreuzung denkbar. HORN (1978) beschreibt anhand eines Modells die erwartete genetische Überlegenheit in den Milchleistungsmerkmalen, wenn auf der Basis des Ungarischen Fleckviehs eine Wechselkreuzung mit Holstein-Friesian und Dänischen Jerseys vorgenommen wird. Besonders in dem Merkmal Milchfettmenge kann dadurch eine beachtliche Leistungssteigerung erreicht werden. In der Praxis haben sich diese Zuchtverfahren in der Milchrindzüchtung bisher noch nicht durchgesetzt.

6.3.2.2. Kombiniertes Verfahren

Um die Vorteile einer Dreilinienkreuzung mit denen der Rotationskreuzung zu verbinden, ist ein sogenanntes kombiniertes Verfahren entwickelt worden, das in der internationalen Literatur auch als Terminalrotation bezeichnet wird. Das Prinzip dieser Zuchtmethode besteht darin, daß die Kreuzungsmütter der Produktionstiere nicht durch eine Zweilinienkreuzung, sondern durch eine Rotationskreuzung erzeugt werden (Abbildung 6.16.). Dadurch wird es möglich, zur Erzeugung der Produktionstiere eine spezialisierte Vaterlinie einzusetzen und die dadurch entstehenden Vorzüge voll zu nutzen. Mit dem kombinierten Verfahren erhält man eine mittlere Leistung der erzeugten Produktionstiere, die um

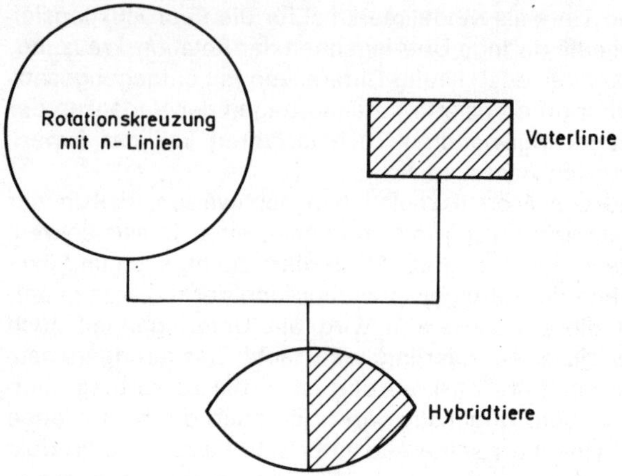

Abbildung 6.16. Schema eines kombinierten Kreuzungsverfahrens (Terminalrotation)

folgenden Betrag vom Mittel der n beteiligten Reinzuchtlinien abweicht ($h_{Rot_n \cdot c}$ ist der Hybrideffekt des Verfahrens, wenn der Vater c war):

$$\mu_{Rot_n \cdot C} - \mu_{RZ_n} = h_{Rot_n \cdot C} + \frac{2^n - 2}{2^n - 1}\left(\overline{H}_m + \frac{\overline{R} - \overline{R}_m}{3}\right)$$

Modellvergleiche zwischen der Dreilinienkreuzung und dem kombinierten Verfahren in der Schweinezüchtung von Drzewiecki (1980) ergaben jedoch in der züchterischen und ökonomischen Bewertung der beiden Zuchtmethoden eine Überlegenheit der Dreilinienkreuzung. Zu einer gleichen Rangfolge der Zuchtmethoden gelangte auch Thiele (1983), wobei jedoch hervorzuheben ist, daß das kombinierte Kreuzungsverfahren der Rotationskreuzung eindeutig überlegen ist (Tabelle 6.34.). Allerdings werden mit diesem Verfahren noch nicht die Ergebnisse erreicht, die mit der Rückkreuzung zu erzielen sind.

Tabelle 6.34. Effektivitätsvergleich verschiedener Zuchtverfahren in der Schweinezüchtung (nach Thiele 1983)

	Variante a*			Variante b**		
	rel.	Anteil %		rel.	Anteil %	
		additive Effekte	Hybrideffekte		additive Effekte	Hybrideffekte
Dreilinienkreuzung	100,0	62,4	37,6	100,0	59,0	41,0
Rückkreuzung	84,0	68,9	31,1	83,1	68,1	31,9
Kombiniertes Kreuzungsverfahren	73,5	59,7	40,3	74,8	57,3	42,7
Rotationskreuzung	52,2	51,8	48,2	53,7	51,2	48,8

* mit Eigenleistungsprüfung und Vollgeschwisterprüfung
** mit Eigenleistungsprüfung, Vollgeschwisterprüfung und Nachkommenprüfung

Für den Anteil der Heterosiseffekte an der gesamten genetischen Verbesserung in der Dreiwegekreuzung konnten von GREGOR (1979) bedeutend höhere Werte nachgewiesen werden. Die Erlöse aus der additiven genetischen Verbesserung durch die Selektion in den Linien verhielten sich zu denen aus Kreuzungseffekten wie 2:1.

6.3.2.3. Rekurrente Selektion (RS)

Als rekurrente Selektion (wiederkehrende Auslese) wird eine Gruppe von Züchtungsverfahren bezeichnet, die auf wiederholten Zyklen von Auslese und Rekombination beruhen. Das Ziel dieser Verfahren besteht darin, die Häufigkeit erwünschter Allele von Genen für Ertrags-, Resistenz- oder anderer Merkmale in einer Population schrittweise zu erhöhen, um nach mehreren Zyklen entweder verbesserte Populationen für die Produktion (Sorten) oder Ausgangsmaterial für die Hybridzüchtung zur Verfügung zu stellen.
Die rekurrente Selektion wurde ursprünglich entwickelt, um Gefahren zu begegnen, die sich im Rahmen der klassischen Hybridzüchtung ergeben hatten. Es zeigte sich, daß bei fortgesetzter strenger Inzucht ein Verlust günstiger Allele der in Entwicklung befindlichen Linien auftreten kann. Diese verlorenen Allele hätten für spätere Kreuzungen von Bedeutung sein können (ALLARD 1960). Deshalb hat HULL (1945) im Rahmen der Maiszüchtung eine Methode vorgeschlagen, die eine Anreicherung der Linien mit den gewünschten Allelen ermöglichen soll und darauf beruht, daß die Linien nicht durch strenge Inzucht erzeugt werden, sondern durch Befruchtung mehrerer erfolgversprechender Pflanzen untereinander. Dabei kommt es auch zu Rekombinationen.
Mit der Erhöhung der Häufigkeit erwünschter Allele in einer Population erhöht sich relativ schnell der Anteil von Individuen, die an jedem der ein bestimmtes Merkmal kontrollierenden Loci mindestens eines der erwünschten Allele besitzen. Bei einem durch 10 unabhängig spaltende Loci bedingten Merkmal und einer Häufigkeit der erwünschten Allele von $q = 0{,}5$, sind unter 1000 Individuen 56 zu erwarten, die an jedem Locus mindestens eines der erwünschten Allele besitzen. Wird durch die wiederkehrende Auslese die Häufigkeit des Alleles auf $q = 0{,}7$ erhöht, so haben theoretisch schon 389 und bei einer Häufigkeit von $q = 0{,}9$ bereits 904 von 1000 Individuen an jedem Locus mindestens einmal das erwünschte Allel. Dadurch wird es möglich, die Auslese auf der Grundlage züchterisch beherrschbarer Populationsgrößen durchzuführen, wenn in der Ausgangspopulation eine genügende genetische Variabilität vorhanden ist und die Auslese- oder Testmethode eine genügende Wirksamkeit hinsichtlich des zu verbessernden Merkmales besitzt (TURBIN u. a. 1976).
In Abhängigkeit davon, ob die Selektion nach dem Prinzip der Massenauslese oder der Individualauslese erfolgt und ob verbesserte Populationen für den praktischen Anbau oder als Ausgangsmaterial für die Hybridzüchtung erzeugt werden sollen, werden 4 Grundtypen der rekurrenten Selektion unterschieden:
– die phänotypische rekurrente Selektion,
– die rekurrente Selektion auf allgemeine Kombinationseignung,
– die rekurrente Selektion auf spezifische Kombinationseignung,
– die reziproke rekurrente Selektion.

Die phänotypische rekurrente Selektion ist eine Weiterentwicklung der Massenauslese mit Bestäubungslenkung. Sie ist nur bei Merkmalen hoher Heritabilität ausreichend wirksam. Aus der Ausgangspopulation werden Einzelpflanzen ausgelesen. Sie können sofort in vielen Richtungen miteinander gekreuzt werden. Im folgenden Jahr kann die aus diesen Kreuzungen entstandene Population bereits für die nächste Auslese und Rekombination verwendet werden. Es ist aber auch ein zweijähriger Zyklus möglich, wobei die ausgelesenen Pflanzen zunächst der Inzucht durch Selbstbestäubung unterworfen werden. Im folgenden Jahr werden die geselbsteten Nachkommenschaften angebaut und frei bestäubt (rekombiniert). Mit dem aus freier Bestäubung gewonnenen Saatgut beginnt der nächste Zyklus der rekurrenten Selektion. Dieses Verfahren ist zeitaufwendiger, ermöglicht aber eine nochmalige Auslese unter den Nachkommenschaften der geselbsteten Pflanzen (Abb. 6.17.).
Die rekurrente Selektion auf allgemeine Kombinationseignung wird bei der Züchtung auf Merkmale eingesetzt, die über eine nur mäßige Heritabilität verfügen. Dazu gehört bei Pflanzen vor allem der Ertrag. Die ausgelesenen Individuen werden geselbstet und zugleich einer Testkreuzung mit einer geeigneten Population unterworfen. Anhand des Ergebnisses der Testkreuzung kann im folgenden Jahr auf die allgemeine Kombinationseignung der selektierten Einzelpflanzen geschlossen werden, wenn als Tester eine Sorte oder Population verwendet wurde. Die geselbsteten Nachkommen der Einzelpflanzen mit bester allgemeiner Kombinationseignung werden untereinander frei bestäubt. Mit dem dabei gewonnenen Saatgut erfolgt der nächste Zyklus der rekurrenten Selektion.

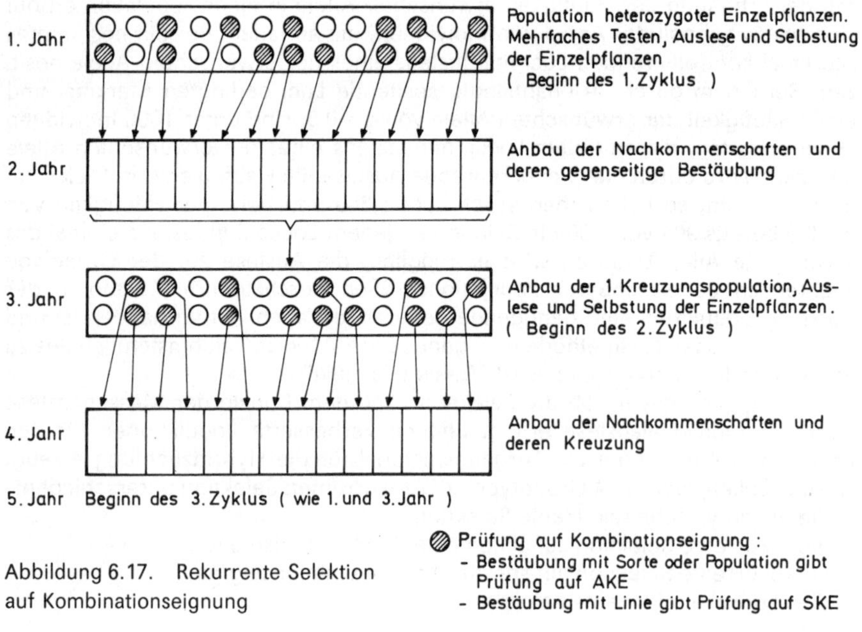

Abbildung 6.17. Rekurrente Selektion auf Kombinationseignung

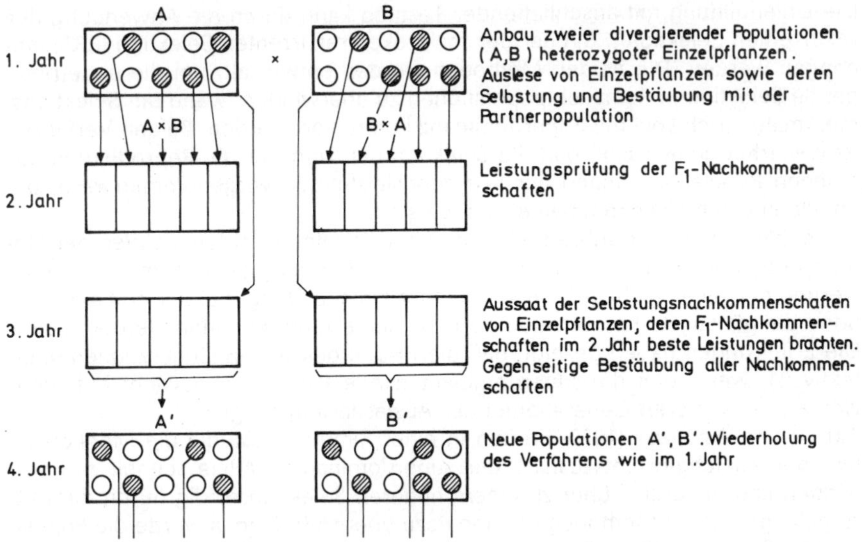

Abbildung 6.18. Reziproke rekurrente Selektion

Wenn anstelle einer Sorte oder Population als Tester eine Linie verwendet wird, erfolgt die rekurrente Selektion auf spezielle Kombinationseignung mit der gegebenen Linie. Dieses Verfahren wird angewendet, wenn in einer Hybridkombination einzelne Linien durch andere ersetzt werden sollen.

Eine wesentliche Steigerung der Effektivität bringt die reziproke rekurrente Selektion (RRS), die von Comstock u. a. (1949) vorgeschlagen wurde (Abbildung 6.18.). Die züchterische Bearbeitung wird gleichzeitig in 2 heterozygoten, nicht verwandten Populationen durchgeführt. In jeder von ihnen werden Einzelpflanzen auf die bereits beschriebene Weise ausgelesen und geselbstet. Bei der Prüfung der ausgelesenen Einzelpflanzen auf Kombinationseignung wird die jeweils andere Population als Tester verwendet. Theoretisch sollte die reziproke rekurrente Selektion nicht weniger wirksam sein als die RS auf allgemeine und auf spezielle Kombinationseignung. Die Wirkung der reziproken rekurrenten Selektion muß gegenüber der Auslese auf AKE für alle Loci größer sein, an denen Superdominanz auftritt und sie muß gegenüber der RS auf spezielle Kombinationseignung für alle Loci größer sein, an denen unvollständige Dominanz auftritt. Eine Besonderheit der RRS besteht darin, daß in jedem folgenden Zyklus die genetische Struktur des Testers verändert ist, da jeweils die zuletzt erzeugte Population (Synthetik) als Tester für den nächsten Zyklus dient.

Auch in der Tierzüchtung finden Verfahren der rekurrenten Selektion Anwendung. Die Bildung von Zuchtlinien bzw. Inzuchtlinien und ihre anschließende Testung auf Kombinationseignung zur Auswahl der besten Kreuzungskombinationen ist in der Tierproduktion ein aufwendiges und langwieriges Verfahren. Viele Linien, die keine günstige Kombinationseignung aufweisen, können anschließend nicht mehr verwendet werden.

Die Linienbildung mit anschließender Testung kann durch die Anwendung der rekurrenten Selektion (RS) oder der reziproken rekurrenten Selektion (RRS) umgangen werden. Die beiden Methoden wurden entwickelt, um die unbefriedigende Selektion in Reinzuchtpopulationen zu überwinden, wenn die Selektionsmerkmale durch Loci mit Superdominanz kontrolliert werden. Beiden Verfahren ist weiterhin gemeinsam, daß die Selektion der Tiere für die Reproduktion der eigenen Population anhand der Kreuzungsleistungen vorgenommen wird, die im allgemeinen Nachkommenleistungen sind.
Die beiden Methoden führen dazu, daß in den reingezüchteten Linien der Homozygotiegrad ansteigt. Allerdings erfolgt die Homozygotiezunahme und die Fixierung der Allele nicht zufällig wie bei der Linienbildung, bei der erst anschließend die günstigste Kombination durch Linientestung gefunden werden muß.
Die Erfahrungen haben gezeigt, daß die RRS in den ersten Generationen uneffektiv ist, wenn sich die superdominanten Allele im Gleichgewicht befinden, während in späteren Generationen der Ausleseerfolg steigt.
Arthur und Abplanalp (1970) prüften in einer Simulationsstudie die Möglichkeiten, den Gleichgewichtszustand der superdominanten Allele schnell zu überwinden und dadurch früher zu einem höheren Selektionserfolg durch die RRS zu gelangen. Zwei Methoden wurden dazu überprüft. Einmal wurde die Populationsgröße drastisch reduziert, um durch einen sogenannten „Flaschenhalseffekt" die schnellere Differenzierung der Populationen zu erreichen. Dadurch konnte die Gleichgewichtssituation effektiv überwunden werden, jedoch ist mit ungünstigen Auswirkungen auf die Selektionsgrenzen zu rechnen. Als weniger wirksam erwies sich die Anwendung einer zyklischen Inzucht, allerdings hatten diese Populationen einen höheren Zuchtfortschritt, nachdem die Selektionswirkung einsetzte. Die Autoren empfehlen diese modifizierte Form der RRS zur Anwendung in der Geflügelzucht.
Bei der züchterischen Beurteilung der RRS ist zu berücksichtigen, daß die Selektion nach der Kreuzungsleistung zumindest bei den männlichen Tieren eine Selektion anhand der Nachkommenleistung ist. Bei weiblichen Tieren können dann doch andere aus Kreuzung stammende Leistungen, wie Voll- oder Halbgeschwisterleistungen, für die Selektion herangezogen werden.
Die Selektion nach Nachkommenleistung verlängert das Generationsintervall beträchtlich und wirkt damit ungünstig auf den Zuchtfortschritt je Zeiteinheit. Brandsch u. a. (1983) weisen auf Möglichkeiten hin, beim Huhn in den Mast- und Legerichtungen unter Anwendung der RRS das Generationsintervall entscheidend zu reduzieren. Das Prinzip besteht darin, die Reinzuchtnachkommen bereits zu zeugen, bevor die Leistung der Kreuzungsnachkommen vorliegt. Danach wird die Selektion vorgenommen.
Neben der Verlängerung des Generationsintervalls hat die Selektion nach den Nachkommenleistungen aus Kreuzung auch noch den Nachteil, daß höhere Prüfkapazitäten erforderlich sind, da für jedes zu selektierende Tier mehrere Prüfungen (Anzahl der Nachkommen) durchzuführen sind. Bei konstanter Prüfkapazität bedeutet das eine erhebliche Einschränkung der Selektionsbasis mit negativen Auswirkungen auf die Selektionsdifferenz.
Die Chancen für die Überlegenheit der RRS gegenüber anderen Methoden steigen in der Tierzüchtung dann an, wenn die Selektionsmerkmale eine niedrige

Heritabilität besitzen und geschlechtsbegrenzt sind, da dann die Selektion anhand von Nachkommenleistungen in den meisten Fällen von Vorteil ist. Durch die niedrige Heritabilität sind die Merkmale außerdem ohnehin für Zuchtmethoden zur Nutzung der Heterosis prädestiniert.
Trotz der theoretischen Erfolgsaussichten hat die RRS in der Tierzüchtung nur geringen Eingang gefunden, obwohl ihr in der Geflügelzüchtung Chancen eingeräumt werden. Bell (zit. nach Pirchner 1978) kommt nach einem Literaturstudium allerdings zu dem Schluß, daß beim Vergleich des Selektionserfolges von Reinzucht und RRS in 2/3 der publizierten Arbeiten die RRS unterlegen war. Die Bedeutung der RRS zur weiteren genetischen Verbesserung einmal ausgewählter Linien für die kontinuierlichen und diskontinuierlichen Zuchtverfahren zur Nutzung der Heterosis darf jedoch nicht übersehen werden. Für diese Aufgabe hat sie in die Geflügelzüchtung Eingang gefunden.

6.4. Kombinierte Nutzung von Elementen der Reinzucht und Züchtung von Hybriden

6.4.1. Charakterisierung

Diese Methode der Züchtung ist in erster Linie bei Kulturpflanzen zu finden. Sie ist dadurch charakterisiert, daß sie sowohl Elemente einer Reinzucht als auch einer Züchtung von Hybriden in sich vereinigt. Dabei gilt es verschiedene Verfahren zu unterscheiden, in welchen dieser Mischcharakter differenziert zur Geltung kommt.
So lassen sich in der Regel Reinzuchtsorten weitgehend unbegrenzt reproduzieren. Die Weißkohlsorte 'Braunschweiger' wird z. B. seit 1844 immer wieder erzeugt und hat ihre Leistungseigenschaften beibehalten. Die Rettichsorte 'Münchener Bier' existiert seit 1882 und die Zwiebelsorte 'Stuttgarter Riesen' wird seit 1890 laufend reproduziert.
Im Gegensatz dazu sind Hybridsorten für jede Generation immer wieder aus ihren Komponenten neu zu erzeugen. Dies geschieht bei den Einfachhybriden in einem einzigen Kreuzungsschritt. Bei Dreiwege- und Doppelhybriden, die man bisher noch als Hybridsorten einstuft, sind es zwei Kreuzungsschritte. Wird das Hybridsaatgut nicht von homozygoten Inzuchtlinien gewonnen und bedarf es in der Regel dabei dreier Kreuzungsschritte um eine Sorte zu reproduzieren, handelt es sich um keine Hybridsorte mehr. In Anlehnung an Fischbeck u. a. (1985) läßt sich dabei von Synbrid- oder Semihybridsorten sprechen (6.4.2.1.). Auf jeden Fall resultieren solche Sorten aus einer dritten Zuchtmethode mit Mischcharakter.
Bei der Reinzüchtung werden vor allem die additiven und in der Hybridzüchtung in erster Linie die nichtadditiven genetischen Effekte genutzt. In der dritten Methode läßt sich eine derartige Klassifizierung nicht vornehmen. In ihr kommen meistens sowohl die additiven als auch die Dominanz- und Epistasieeffekte zur Geltung. Als Beispiel dafür sind synthetische Sorten (vgl. 6.4.2.2.) zu nennen.
Es gibt aber auch eine Züchtung, bei der vorwiegend die additiven Effekte ge-

nutzt werden, wo aber die Sorten aus ihren Komponenten reproduziert werden. Auch dadurch kommt der gemischte Charakter der dritten Zuchtmethode zur Geltung. Hierfür sind Vielliniensorten typisch. Sie werden insbesondere bei Objekten des Befruchtungs- und Vermehrungstyps 1 gezüchtet. Ihr besonderer Vorteil ist eine große Stabilität. Sie kommt vor allem in der Resistenz gegen biotische Schaderreger zur Geltung und hat sich beispielsweise bei der Gerste bewährt (Wolff 1985).

Für die Klassifizierung ist ein weiteres Kriterium zu erwähnen, welches schon bei der Hybridzüchtung zur Geltung kommt, soweit es die Dreiwegehybriden betrifft. Bei einer Reinzucht sind alle Maßnahmen darauf abgestellt, Linien zu entwickeln, welche als Sorten eine unmittelbare Nutzung erfahren sollen. Demgegenüber haben die Linien im Rahmen einer Hybridzüchtung von Einfach- und Doppelhybriden nur eine mittelbare Funktion, weil sich erst ihre Kreuzungsprodukte nutzen lassen. Bei der hier zu behandelnden dritten Methode der Züchtung können auch Produkte der Reinzüchtung verwendet werden. Das sind in der Regel Sorten. Sie erfahren dann eine unmittelbare und eine mittelbare Nutzung. Entsprechendes gilt auch für Hybriden bzw. Hybridsorten. So können in dieser dritten Zuchtmethode die Resultate einer Rein- und einer Hybridzüchtung erneut zur Geltung kommen.

Im übrigen ist eine eindeutige Zuordnung zu den drei Zuchtmethoden nicht immer ganz einfach, weil die Prinzipien einer Züchtung mit gemischtem Charakter sowohl bei einer Reinzucht als auch bei einer Hybridzüchtung zunehmend Eingang finden. So ist beispielsweise die Züchtung samenechter Sorten bei Objekten der Befruchtungs- und Vermehrungstypen 2 und 4 jahrzehntelang eine typische Reinzucht gewesen. Dabei wurde nur auf reproduzierbare Eigenleistung ausgelesen. Dies gilt heute nicht mehr so uneingeschränkt. Besonders bei Objekten deren wichtigste Wertmerkmale erst nach der Befruchtung erkennbar sind, erwies sich das Restsaatgutverfahren als bedeutend effektiver. Es wurde zuerst beim Roggen angewendet, hat aber inzwischen auch bei vielen anderen Objekten seine Wirksamkeit gezeigt. Dabei wird nach der Prüfung auf reproduzierbare Eigenleistung mit einem Teil des Saatgutes eine Bestandeskreuzung durchgeführt. Die daraus hervorgehenden Nachkommenschaften werden in ihrer Leistung geprüft und dann verworfen. Es handelt sich dabei um einen groben Test auf Kombinationseignung. Aus dem Restsaatgut der Linien erfolgte dann deren züchterische Weiterführung. Damit ist methodisch gesehen die Grenze einer Reinzüchtung zumindest erreicht. Überschritten ist sie zweifellos, wenn bei diesem Restsaatgutverfahren mit mehreren Populationen gearbeitet wird und diese bis zur Elite- oder Hochzuchtsaatgutproduktion getrennt geführt werden. Die Linien der verschiedenen Populationen, die man zum Schluß der Züchtung zusammenführt, haben eine geprüfte hohe Eigenleistung. Außerdem ist anzunehmen, daß sie bei einer entsprechend großen genetischen Divergenz auch eine gute Kombinationseignung besitzen. Besser ist es allerdings, wenn die Kombinationseignung nicht nur vorausgesetzt, sondern geprüft wird. Dies kann beispielsweise mit Hilfe eines Polycrosstestes geschehen. Wird ein Test auf Kombinationseignung nicht nur mit den fertigen Linien durchgeführt sondern schon bei deren Entwicklung, dann entspricht das Verfahren einer reziproken wiederkehrenden Selektion (vgl. 6.3.2.3.).

Auch Hybridsorten sind, vielfach streng genommen, das Ergebnis einer Züchtungsmethode mit gemischtem Charakter. Dies ist dann zu konstatieren, wenn es nicht gelingt, zu einem 100% Bastardanteil in den Hybriden zu kommen. Die „Hybridsorte" setzt sich in solchen Fällen aus Bastarden und einem Elter oder sogar aus Bastarden und den beiden Eltern zusammen. Dies gilt für manche „Hybridsorten" bei verschiedenen Kohlunterarten, wo die Inkompatibilität nicht absolut wirkt. So fanden beispielsweise Arus u. a. (1982) in verschiedenen Hybriden des Kopfkohls Bastardanteile von 60 bis 72%. Demgegenüber waren es beim Broccoli 63 bis 99%. Entsprechendes trifft aber auch für den Chicoree zu.
In solchen Fällen müssen die Komponenten für eine Hybridsorte nicht nur eine gute Kombinationseignung, sondern auch eine hohe reproduzierbare Eigenleistung besitzen.

6.4.2. Spezielle Züchtung

6.4.2.1. Semihybriden (Synbriden)

Für eine Züchtung von Semihybriden eignen sich vor allem Objekte der Befruchtungs- und Vermehrungstypen 2 und 4. Besonders geeignet dafür ist beispielsweise der Sellerie. Dies hat mehrere Gründe. Zunächst werden nach Bastardierungen von nicht ingezüchteten, heterozygoten Pflanzen deutliche Merkmalsverbesserungen erzielt. So läßt sich beispielsweise im Knollenertrag die hoch ertragreiche, alte Sorte 'Wiener' noch signifikant um 20% verbessern

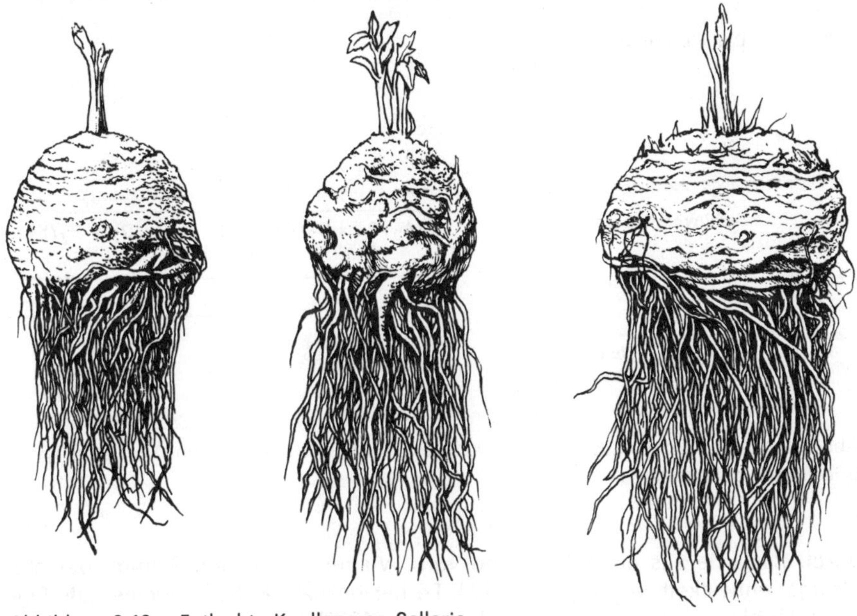

Abbildung 6.19. Entlaubte Knollen von Sellerie „Wiener", St. Fr.42/70, Bastard („Wiener" × 42/70)

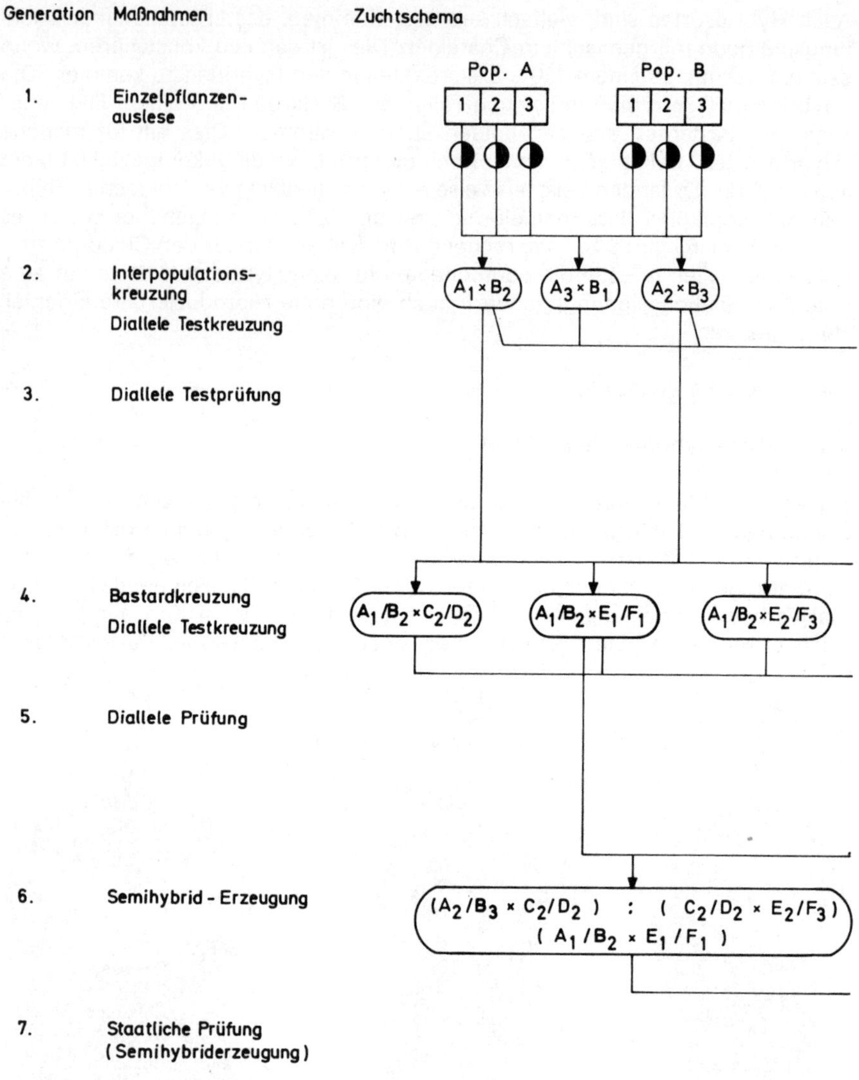

Abbildung 6.20. Schematische Darstellung einer Variante zur Züchtung von Semihybrid-Sorten beim Sellerie

durch Bastarde aus einer Kreuzung von 'Wiener' mit einem Stamm, der aus 'Frigga' entwickelt wurde (Abb. 6.19.). Ferner besitzt der Sellerie eine gute Eignung für eine in-vitro-Verklonung (VASIL u. a. 1979).
Die Linienreproduktion läßt sich auf diese Weise leicht durchführen. Ist dies

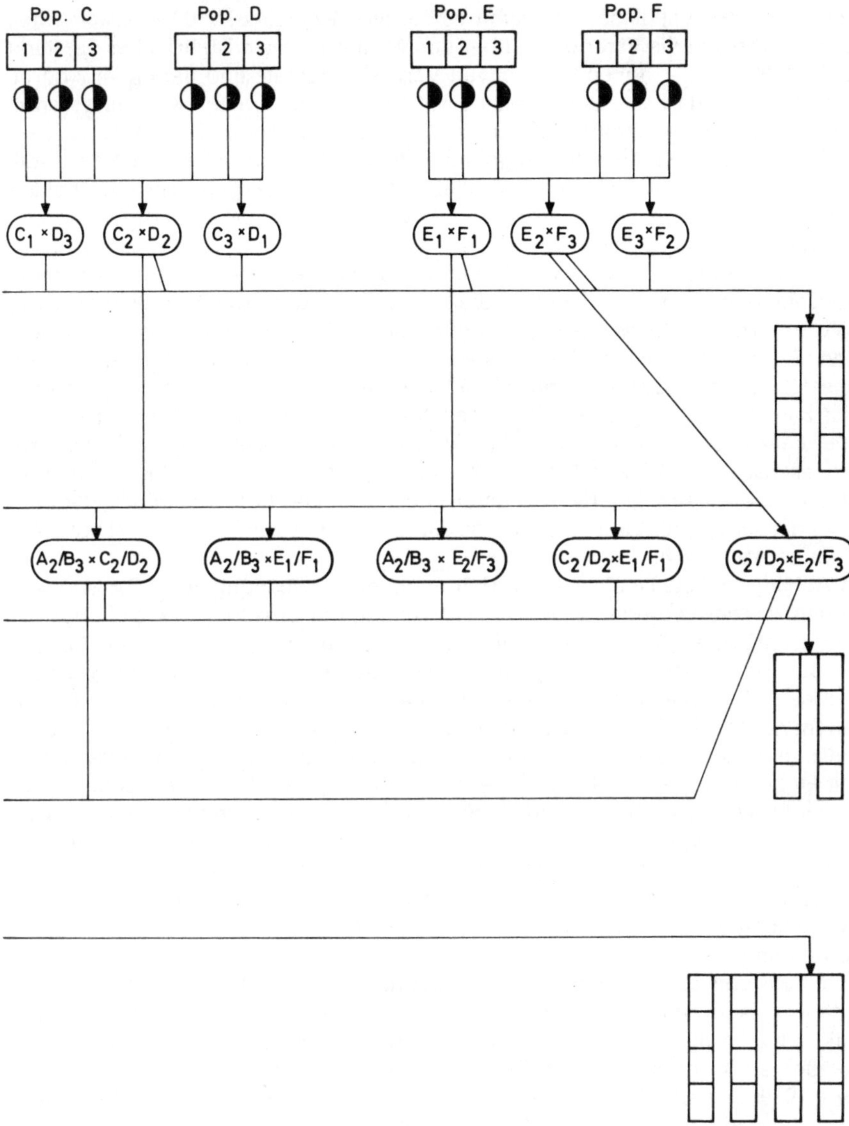

nicht möglich, kann eine Linienreproduktion auch auf generativem Wege erfolgen. Zu diesem Zweck wird Restsaatgut von Geschwisterkreuzungen in den Basispopulationen verwendet. Bei einem derartigen Zuchtverfahren wird von 4–8 Basispopulationen ausgegangen, die eine gute Kombinationseignung besitzen.

Eine generative Linienreproduktion vorausgesetzt, erfordert der zweite Kreuzungsschritt eine Bastardierung zwischen Einzelpflanzennachkommenschaften verschiedener Populationen. Damit es zu einem möglichst 100% Bastardanteil kommt, werden die Väter gegenüber den Müttern um ein Mehrfaches verstärkt (z. B. 1:5). Bei der hohen generativen Vermehrungsrate und dem relativ geringen Saatgutbedarf ist das vertretbar. Mit Hilfe dieses zweiten Kreuzungsschrittes wird der Komponentenaufbau für die Semihybridsorte weitergeführt. Deshalb ist auch die Kombinationseignung zu testen. Dies geschieht mit einem vollständigen oder unvollständigen diallelen Test. Seine Ergebnisse entscheiden zusammen mit den geprüften reproduktiven Eigenleistungen darüber, welche Bastarde weitergeführt werden.

Für den letzten Kreuzungsschritt bedarf es dann erneut eines Tests auf Kombinationseignung. Dieser ist dem jeweiligen Verfahren der Saatgutproduktion anzupassen. Erfolgt eine zweiseitige Saatguternte, läßt sich ein Polycrosstest anwenden. Ein dialleler Test ist allerdings aussagekräftiger. Er sollte auf jeden Fall eingesetzt werden, wenn eine einseitige Saatguternte vorgesehen ist. Um die Konstanz in der Leistung einer derartigen Sorte zu gewährleisten, ist ein nahezu 100%iger und gleichbleibender Bastardanteil in den einzelnen Kreuzungsschritten anzustreben. Dies läßt sich mit Hilfe von Isoenzym als Allogamiemarker überwachen. Beim Sellerie sind dafür gute Voraussetzungen gegeben, da zahlreiche Isoenzymsysteme für derartige Zwecke bereits zur Verfügung stehen (Orton und Arus 1984).

In Abbildung 6.20. ist ein Zuchtverfahren unter Verwendung von 6 Basispopulationen skizziert worden. Dabei ist aus Gründen der besseren Übersicht nur ein eingeschränkter dialleler Test aufgeführt. Außerdem ist auch bei der Saatgutproduktion für die Sorte eine einseitige Saatguternte angenommen worden. Werden auch hier die väterlichen Partner in die Überzahl gebracht, ist mit einem nahezu 100%igen Bastardanteil zu rechnen. Gemeinsame Ernten bei paritätischer Zusammensetzung sind auch möglich. Dabei ist aber im allgemeinen mit Einbußen in der Leistung und Ausgeglichenheit der Sorten zu rechnen.

In der Erhaltungszüchtung wird zunächst auf das überlagerte Saatgut der Einzelpflanzen zurückgegriffen, die am Beginn der Züchtung selektiert worden sind. Dabei werden nur die verwendet, die in die nachfolgenden Kreuzungsschritte eingehen. Ist die Reservesaatgutmenge aufgebraucht, ist im Rahmen der Erhaltungszüchtung entsprechend dem dargestellten Zuchtschema ein neuer Zyklus zu beginnen.

Semihybriden lassen sich auch unter Bedingungen züchten, die nicht so günstig sind wie beim Sellerie. Zu diesen Objekten gehört der Roggen. Bei ihm bemühte man sich schon seit etwa 50 Jahren darum, synthetische Sorten (6.4.2.2.) zu züchten (Wellensiek 1947, 1952; Vettel und Plarre 1955; Walther 1960; Schmiechen 1979; Schnell 1982; Becker 1985; Geiger 1985 u. a.). Die dabei erzielten Ergebnisse befriedigten jedoch nicht. So gelang es auch nur in Frankreich mit der Sorte 'Beaulieu', in der BRD mit der Sorte 'Merkator' und in der DDR mit der Sorte 'Pluto', Teilerfolge zu erzielen (Köchling 1984).

Dies ist verständlich, da bei den bisherigen Versuchen zur Erzeugung synthetischer Sorten am Roggen weder die jeweilige Allogamierate noch das aktuelle Inkompatibilitätsverhalten kontrolliert und berücksichtigt wird. Daraus resultiert,

daß je nach Komponenten und Umweltbedingungen von Test zu Test bzw. von Synthetik- zu Synthetikerzeugung die genetischen Zusammensetzungen und Allogamieraten variieren.
Nach GALLAIS und GUY (1970) können deshalb mit synthetischen Sorten die sogenannten „Heterosismaxima" nicht ereicht werden. Außerdem gibt es bei der Entwicklung der Komponenten für die Synthetiks wegen des hohen Saatgutbedarfes noch große Schwierigkeiten. Man mußte deshalb entweder die Synthetikkomponenten oder die erste Synthetikgeneration (Syn. 1) vermehren. Beide Komplikationen lassen sich jedoch weitgehend überwinden. Dazu ist es notwendig, sich auf eine verstärkte Ausnutzung der Inkompatibilität im Zuchtprozeß zu orientieren (WRICKE 1984).
Über die Genetik der progamen Inkompatibilität beim Roggen liegen, insbesondere auf Grund der Arbeiten von LUNDQVIST (1956/1975) gute Kenntnisse vor. Hinzu kommt, daß fluoreszenzmikroskopische Routinemethoden für Inkompatibilitätsanalysen erarbeitet worden sind (NEUMANN und NAETHER 1980).
Es gelingt deshalb auf Grund durchgeführter Analysen, Aussagen und Vorhersagen über das Befruchtungsverhalten von Linien zu machen. Das schließt Angaben über die jeweilige Allogamieraten mit ein. Darüber hinaus ist es zweckmäßig, dieselben mit Hilfe von Isoenzym-Zymogrammen zu erfassen. Die dabei gewonnenen Ergebnisse sind eine wertvolle Ergänzung der Inkompatibilitätsteste.
Beim Roggen sind methodisch und genetisch schon zahlreiche Isoenzymsysteme erschlossen, so daß für eine solche Analyse die Voraussetzungen gegeben sind (LINDNER u. a. 1984; SCHMIDT u. a. 1984; JAASKA und JAASKA 1984; SALINAS und BENITO 1984/1985; RAMIREZ und PISABARRO 1985; WEHLING u. a. 1985 u. a). Im übrigen können Zymogramme wertvolle Dienste bei der Liniencharakterisierung leisten.
Bei dem Bemühen, zu ausreichend dimensionierten Komponenten zu kommen, sind Inkompatibilitäts- und Isoenzymanalysen ebenfalls wertvoll. Diese Problematik wird sich in Zukunft aber vor allem durch einen verstärkten Einsatz einer vegetativen Vermehrung entschärfen lassen. Mit Hilfe der invitro-Technik ist es möglich, umfangreiche Klone aus einzelnen Samen oder Pflanzen herzustellen (LEIKE u. a. 1978; CONGER 1981 u. a.).
Auf dieser Grundlage kann eine weitere Schwierigkeit überwunden werden. Sie betrifft die Vermeidung von krassen Inzuchtdepressionen bei der Entwicklung von Synthetik-Komponenten. An Stelle von Selbstungen können Geschwister-Kreuzungen auf der Klonbasis treten. Dadurch geht die notwendige Populationseinengung nicht mehr so stark zu Lasten der generativen Reproduktionsrate.
Werden die genannten Voraussetzungen berücksichtigt, dann ist es naheliegend keine typischen synthetischen Sorten, sondern Semihybridsorten zu züchten. Das erfordert nicht von einer Population, sondern von mehreren Populationen auszugehen. In der Regel werden vier verschiedene Ausgangspopulationen benutzt (Abb. 6.21.). Aus jeder Population sind dann zahlreiche Einzelpflanzen auszulesen. Der größte Teil der Samen dient als Test auf Kombinationseignung mit den anderen potentiellen Partnerpopulationen. Bedingt durch die Samenanzahl einzelner Pflanzen erfolgt dieser Test mit Hilfe manuell durchgeführter Kreuzungen. Der kleinere Teil des Saatgutes der einzelnen Ausgangspflanzen wird zu vegetativen in-vitro-Vermehrungen genutzt.

Gene-   Maßnahmen   Zuchtschema
ration

Population A

| 1 | 2 | 3 | 4 | 5 | 6 | 7 | 8 | 9 |

Population B

| 1 | 2 | 3 | 4 | 5 | 6 | 7 | 8 | 9 |

1. Einzelpflanzen-
   auslese

2. a) Veg.Vermehrg.
      Prüfung auf
      Eigenleistg.
   b) tc-Testkreuzg.
   c) Test Inkompati-
      bilität,Allog.   a)

3. a) Veg.Vermehrg.
   b) tc-Testprüfg.   a)

4. a) Veg.Vermehrg.
   b) Interklonale
      Pärchenkreuzg.
   c) Test Inkompati-   a)
      bilität,Allog.   b)

$A_1 \times A_3$ $A_1 \times A_7$ $A_1 \times A_9$ $A_3 \times A_7$ $B_2 \times B_4$ $B_2 \times B_6$ $B_4 \times B_6$ $B_6 \times B_8$

5. a) Veg.Vermehrg.
   b) Prüfung der
      Pärchenkreuzg.   a)
   c) tc-Testkreuzg.
   d) Test Inkompati-
      bilität,Allog.

6. a) Veg.Vermehrg.
   b) tc-Testprüfung   a)

7. a) Veg.Vermehrg.
   b) Erzeugung von
      Komponenten   a)
   c) Test Inkompati-
      bilität, Allog.

b) $A_1/A_9 \times B_2/B_4$ $A_3/A_7 \times B_4/B_6$ $A_1/A_3 \times B_6/B_8$

8. a) Veg.Vermehrg.
   b) Prüfung von   a)
      Komponenten
   c) poly-tc-Testkrzg.
      (Veg.Vermehrg.f.
      Pärchenkreuzg.)

9. a) Veg.Vermehrg.
   b) poly-tc-Test-   a)
      prüfung
      (Pärchenkreuzg.)

10. a) Veg.Vermehrg.   a)
    b) SYN. 1.

b) $$\left(\begin{array}{l} (A_1/A_9 \times B_2/B_4) \times (A_3/A_7 \times B_4/B_6) \\ \times (C_4/C_6 \times D_7/D_9) \times (C_8/C_9 \times D_4/D_5) \end{array} \right)$$

11. a) Veg.Vermehrg.   a)
    b) Staatl.Prüfung
       (SYN.1.Erzeug.)

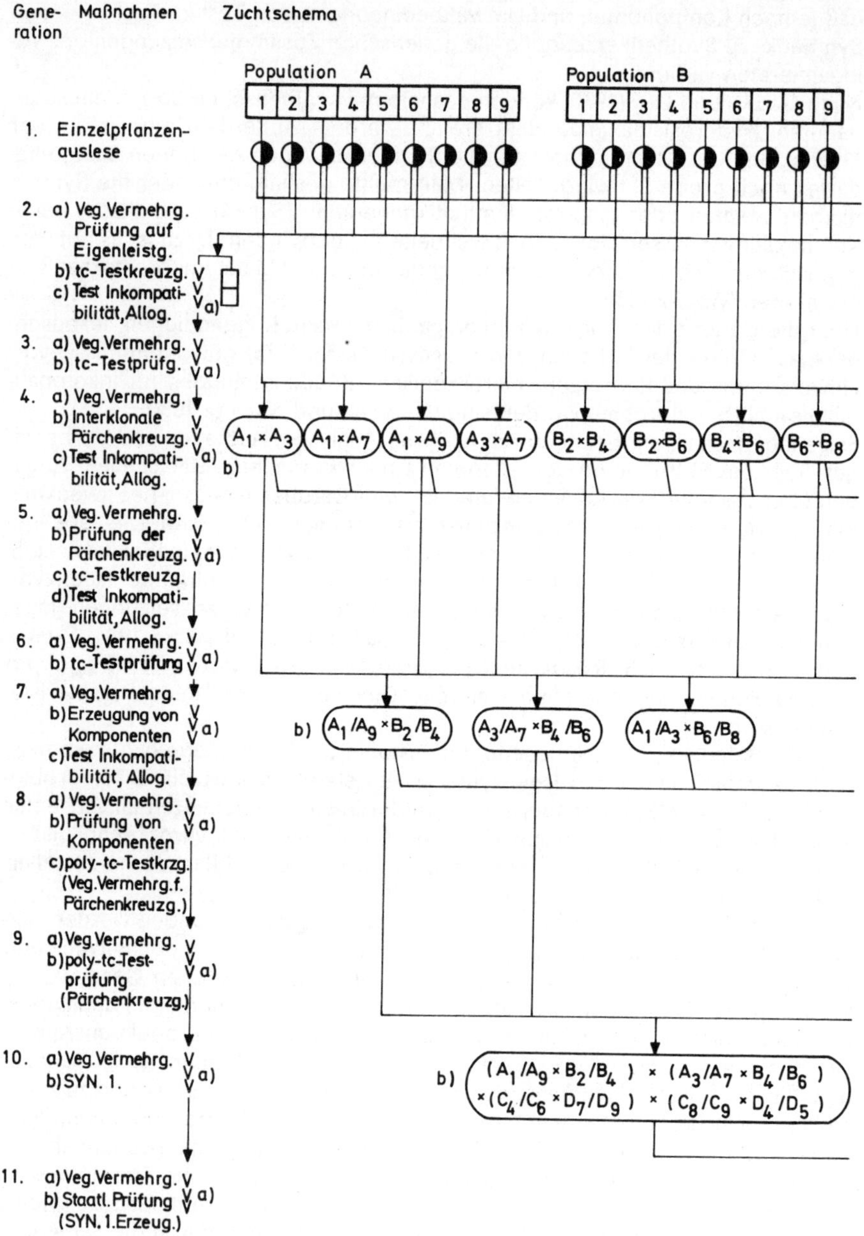

Abbildung 6.21.   Schematische Darstellung einer Variante zur Züchtung von Semihybridsorten beim Saatroggen

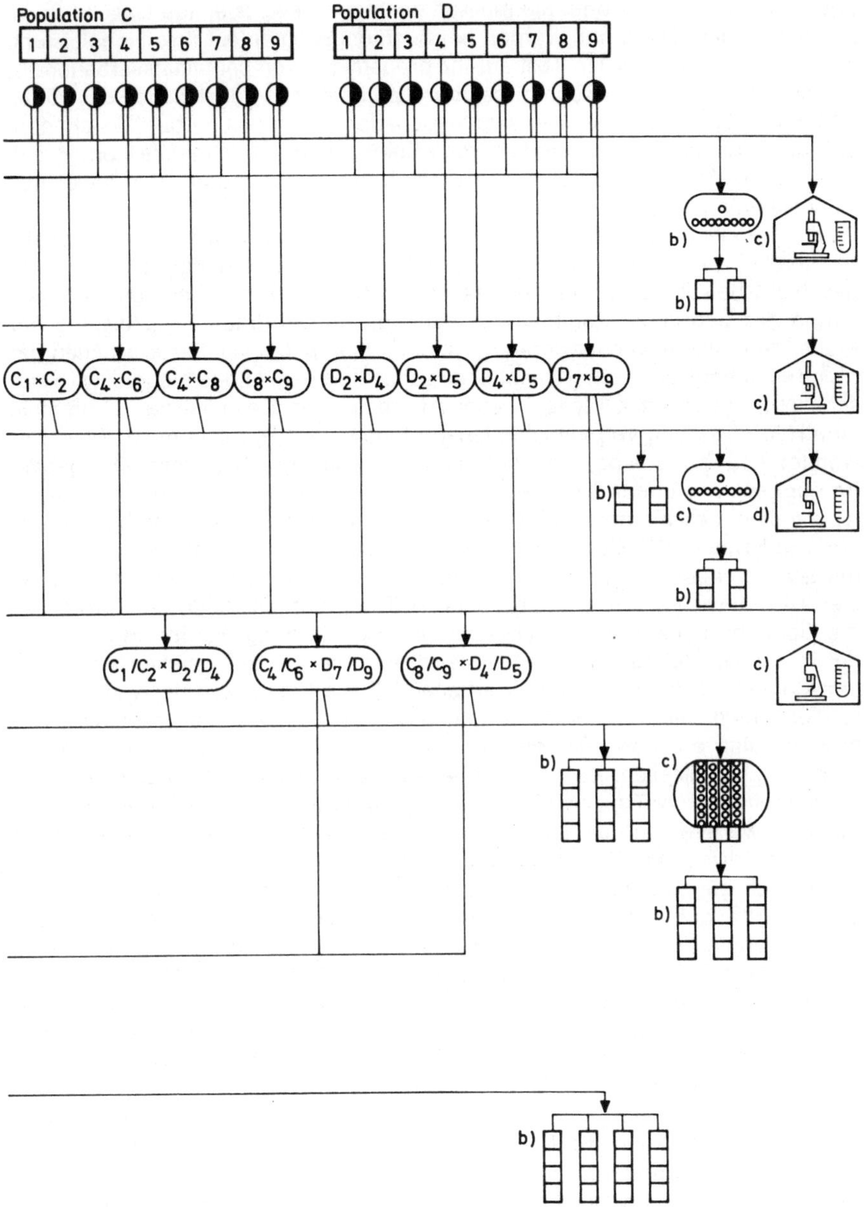
Population C
1 2 3 4 5 6 7 8 9
Population D
1 2 3 4 5 6 7 8 9
b)
c)
b)
c)
C1×C2
C4×C6
C4×C8
C8×C9
D2×D4
D2×D5
D4×D5
D7×D9
b)
c)
d)
b)
c)
C1/C2×D2/D4
C4/C6×D7/D9
C8/C9×D4/D5
b)
c)
b)
b)

Bei dem Beginn der Arbeiten sind die Klone zahlreicher, dafür aber nicht so umfangreich. Sollen sie die Grundlage für eine Semihybrid-Sorte abgeben, benötigt man nur wenige Klone. Sie müssen dann aber jeweils einige tausend Pflanzen (KT) haben. Die Klone werden bei Züchtungsbeginn auf ihre Eigenleistung geprüft. Ferner erfolgt ein Test auf ihr progames Inkompatibilitätsverhalten. Es ist vorteilhaft, sich auch Kenntnisse über die genetische Konstellation des vorliegenden Inkompatibilitätssystems zu verschaffen. Ferner ist zu berücksichtigen, daß die Inkompatibilitätsallele fast immer eine variable Allelmanifestierung aufweisen. Die Auswirkung von Expressivität und Penetranz unter den jeweiligen Umweltbedingungen ist daher zu erfassen.
Zu diesem Zweck werden mehrere Klonteile unter verschiedenen Umweltbedingungen kultiviert und auf ihr jeweiliges Inkompatibilitätsverhalten getestet. Dies geschieht beispielsweise unter Freiland- und Gewächshausbedingungen. Auf Grund der getesteten Kombinationseignung, der geprüften Eigenleistung der Klone, dem Inkompatibilitätsgrad der Klone, dem Inkompatibilitätsverhalten der Klone einer Population untereinander einschließlich dem Allogamiegrad, wird entschieden, mit welchen Klonen weiter zu arbeiten ist. Der nächste Schritt stellt eine Hybridisierung von verschiedenen Klonen einer Population dar. Man verwendet dafür nur solche, die einen möglichst 100%igen Bastardanteil ergeben. Im übrigen wird in der Regel eine einseitige Saatguternte vorgenommen. Dies ist vor allem deshalb notwendig, um reziproke Effekte erfassen und berücksichtigen zu können. Die Klonhybriden werden dann auf ihre Kombinationseignung mit den potentiellen Partnerpopulationen und mit der eigenen Population getestet. Dies geschieht nach einem Topcross-Testverfahren. Außerdem prüft man die Klonhybriden auf Ausgeglichenheit und Eigenleistung. Ferner erfolgen wieder Inkompatibilitätsanalysen. Dann wird entschieden, mit welchen Linien aus der Klonhybridisierung weiter zu arbeiten ist. Die Klon-Eltern des weiterzuführenden Linienmaterials werden für einen begrenzten Zeitraum vegetativ in der in-vitro-Kultur erhalten. Dadurch ist die Möglichkeit gegeben, die Linien erneut mehrmals herzustellen. Zu diesem Zweck werden sie auf ihre Kombinationseignung in einem Poly-Topcross-Test geprüft. Auf Grund der erzielten Prüfungsergebnisse werden dann die Partner für die Syn_1-Herstellung ausgewählt. Da das auf diesem Wege erzeugte Saatgut als zertifiziertes Saatgut nicht ausreicht, ist dafür noch die Syn_2 heranzuziehen. Ist es zu vertreten, einen weiteren Kreuzungsschritt vorzunehmen, dann wird dieser gezielt, auf Grund der ermittelten Informationen, durchgeführt. Dieser zweite Kreuzungsschritt erfolgt in der Regel zwischen Klonhybriden verschiedener Populationen. Das Material aus diesen Hybridisierungen wird auf Eigenleistung und Ausgeglichenheit geprüft. Auf Grund der dabei erzielten Ergebnisse wird festgelegt, welche Populationshybriden in den Poly-Topcross-Test kommen. Dessen Ergebnis entscheidet dann über die Komponenten für die Erzeugung des Semihybridsaatgutes. Bis zum Poly-Topcross-Test wird mit kleinen Dimensionen gearbeitet. Nach dem Ergebnis dieses Testes kann die Komponentenreproduktion in dem erforderlichen großen Umfang erfolgen.
Damit man keine Zeit verliert, ist es zweckmäßig, diejenigen Klone, deren Derivate in den Poly-Topcross-Test aufgenommen worden sind, schon auf den erforderlichen Umfang zu bringen. Parallel zu diesem Test erfolgt also eine ver-

stärkte Klonierung. Parallel zur Testprüfung wird die erneute Klonhybridisierung vorgenommen. Die Komponentenerzeugung für die Syn_1 wird parallel zur Syn_1-Erstellung durchgeführt. Bei einem solchen Vorgehen geht keine Zeit verloren, wird aber mancher Klon und mancher Bastard hergestellt, den man nicht benötigt.

An drei Stellen im Zuchtprozeß bietet sich eine Generationsbeschleunigung an, und zwar bei der Testkreuzung am Beginn des Zuchtzyklus sowie bei der Durchführung der interklonalen Pärchenkreuzung und der Komponentenerzeugung. Dabei kann eine für Wintertriticale erarbeitete Methode angewandt werden (Skiebe und Neumann 1985). In diesem Falle dauert ein Zyklus etwa 8 Jahre.

Für eine erneute Syn_1-Erzeugung bzw. für die Erhaltungszüchtung werden aus dem überlagerten Saatgut von den verwendeten Ausgangs-Einzelpflanzen noch mehrmals Klone hergestellt. Auf ihrer Grundlage erfolgen dann zwei Kreuzungsschritte und schließlich die Erzeugung des Semihybridsaatgutes. Eventuell noch im Rahmen der Erhaltungszüchtung, vor allem aber der Neuzüchtung beginnt dann so bald wie möglich der Aufbau neuer Ausgangsklone. Als Basis dafür dienen vor allem die interklonalen Pärchenbastarde. Es lassen sich aber auch neue Populationen als Genotypen-Spender verwenden. Mit ihnen beginnt dann eine neue Stufe in der Züchtung (Abb. 6.22.). Ihre Klone und deren Derivate müssen mindestens die gleiche reproduktive Eigenleistung und möglichst eine bessere Kombinationseignung aufweisen als die der ersten Zyklen. Außerdem wird ein höherer Incompatibilitätsgrad und eine geeignetere Incompatibilitäts-Konstitution angestrebt.

6.4.2.2. Synthetische Sorten

Ein einfaches Prinzip wird bei der Neuzucht von Weidelgras angewandt. Es handelt sich dabei um eine Kreuzung unterschiedlicher Familien (Rod 1974). Eine genetische Differenzierung und Stabilisierung der Familien wird erzielt, indem die Aussaat so vorgenommen wird, daß sich die Familien in sich vermehren und die Bestäubung zwischen den Familien weitestgehend eingeschränkt ist (Mantelsaat).

Analog wird auch bei Kleearten verfahren. Bei der Luzerne wird die Züchtung synthetischer Sorten besonders intensiv betrieben (Rod und Vondracek 1981, 1982; Vondracek u. a. 1983).

Bei der Auswahl der Komponenten geht es um solche mit gewünschter Kombinationseignung. Außerdem ist die optimale Zahl derartiger Komponenten festzulegen. Diese Aufgabe läßt sich auf verschiedenen Wegen lösen. Der einfachste, im Hinblick auf das Gesamtverfahren jedoch offensichtlich am wenigsten wirksame Vorgang besteht in einer weitgehend subjektiven Wahl der Komponenten, ergänzt durch eine Leistungsprüfung. Dabei liegen keine Informationen über die Kombinationseignung von Komponenten vor (Schema bei Rod und Vondracek 1982, Methode A). Dieser Mangel wird durch Leistungsprüfungen nach freier Bestäubung, nach Selbstbestäubung, sowie nach Massenkreuzung behoben (Busbice 1970; Busbice und Gurgis 1976). Dabei wird nicht nur die Leistung der Komponenten (Klone) selbst, sondern auch verschiedener Typen von Nachkommenschaften verschiedenen Fremdbefruchtungsgrades berücksichtigt

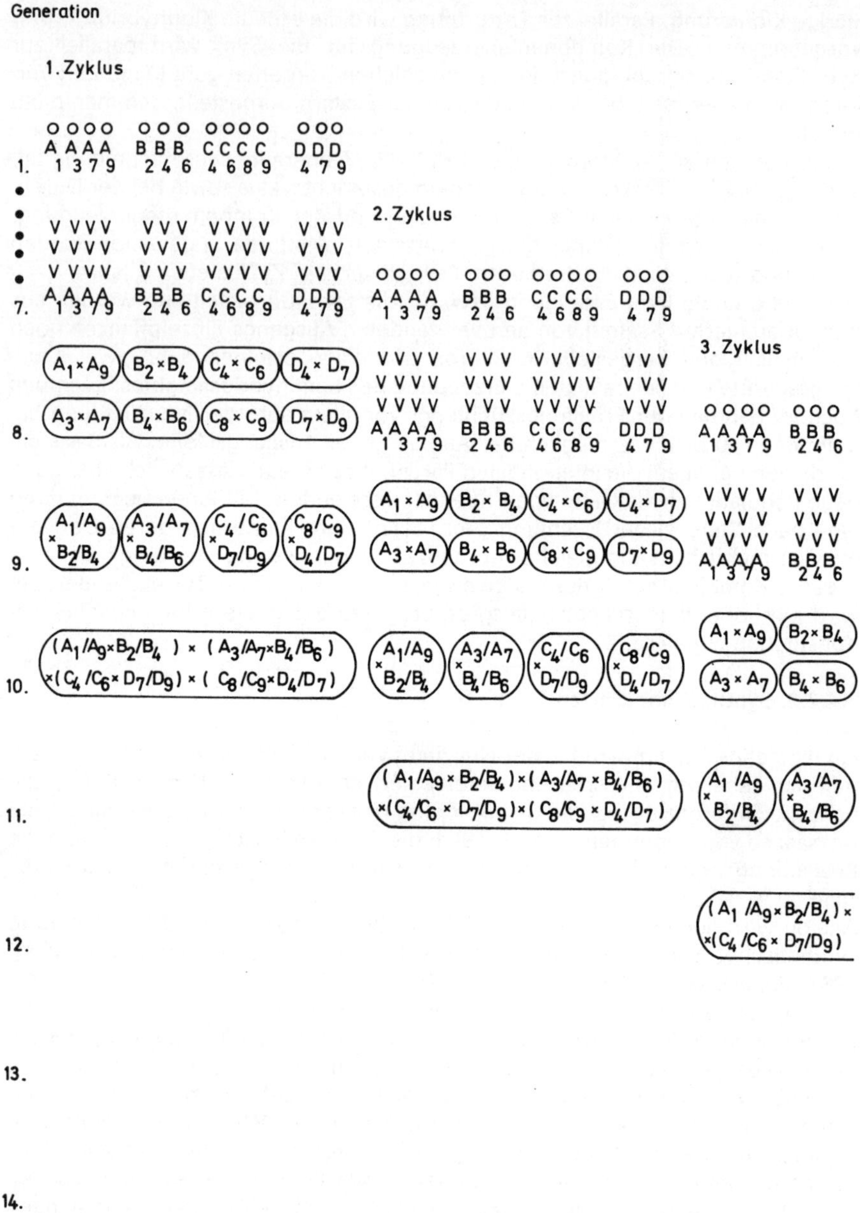

Abbildung 6.22. Schematische Darstellung der Reproduktion und Erhaltungszüchtung einer Semihybrid-Sorte beim Saatroggen

o o o o o o o

$C_4 C_6 C_8 C_9$ $D_4 D_7 D_9$

V V V V V V V
V V V V V V V
V V V V V V V

$C_4 C_6 C_8 C_9$ $D_4 D_7 D_9$

$(C_4 \times C_6)$ $(D_4 \times D_7)$

$(C_8 \times C_9)$ $(D_7 \times D_9)$

$(C_4/C_6 \times D_7/D_9)$ $(C_8/C_9 \times D_4/D_7)$

$(A_3/A_7 \times B_4/B_6) \times (C_8/C_9 \times D_4/D_7)$

4. Zyklus

o o o o o o o o o o o o o o o o

A.A.A.A. B.B.B.B. C.C.C.C. D.D.D.D.

V V V V V V V V V V V V V V V V
V V V V V V V V V V V V V V V V
V V V V V V V V V V V V V V V V

A.A.A.A. B.B.B.B. C.C.C.C. D.D.D.D.

(A. × A.) (B. × B.) (C. × C.) (D. × D.)

(A. × A.) (B. × B.) (C. × C.) (D. × D.)

(A./A. × B./B.) (A./A. × B./B.) (C./C. × D./D.) (C./C. × D./D.)

(A./A. × B./B.) × (A./A. × B./B.) × (C./C. × D./D.) × (C./C. × D./D.)

5. Zyklus

o o o o o o o o o o o o o o o o

A·A·A·A· B·B·B·B· C·C·C·C· D·D·D·D·

V V V V V V V V V V V V V V V V
V V V V V V V V V V V V V V V V
V V V V V V V V V V V V V V V V

A.A.A.A. B.B.B.B. C.C.C.C. D.D.D.D.

(A. × A.) (B. × B.) (C. × C.) (D. × D.)

(A. × A.) (B. × B.) (C. × C.) (D. × D.)

(A./A. × B./B.) (A./A. × B./B.) (C./C. × D./D.) (C./C. × D./D.)

(A./A. × B./B.) × (A./A. × B./B.) × (C./C. × D./D.) × (C./C. × D./D.)

(Schema bei ROD und VONDRACEK 1982, Methode B). Mit Hilfe dieses Verfahrens ist es möglich, die Leistungsfähigkeit μ_S einer gewünschten synthetischen Population unter Berücksichtigung des Allogamiegrades und des tetraploiden Charakters der Luzerne zu schätzen. Dies kann entweder mit Hilfe der Information über die durchschnittliche Leistung μ_K der in die Synthese eingeordneten Klone und die durchschnittliche Leistung μ_I der Nachkommenschaften der ersten Selbstung dieser Klone geschehen, oder noch besser mit Hilfe der Information über die durchschnittliche Leistung μ_{PC} der Polycross-Nachkommenschaften dieser Klone, d. h. ihrer allgemeinen Kombinationseignung und μ_I. Die Leistung μ_{SK} der synthetischen Population bei einer Schätzung aus r Klonen ist

$$\mu_{SK} = \mu_K - \frac{3\,(\mu_K - \mu_I)}{2\,r}\,.$$

Die Leistung μ_{SPC} einer synthetischen Population bei einer Schätzung mit Hilfe der durchschnittlichen Polycross-Leistungen μ_{PC} ergibt sich aus

$$\mu_{SPC} = \mu_{PC} - \frac{3\,(\mu_{PC} - \mu_I)}{2\,r}\,.$$

Die Aufgabe besteht darin, genau diejenigen Klone auszuwählen, die μ_{SK} bzw. μ_{SPC} maximieren.

Theoretisch gesehen wäre die Bestimmung der Kombinationseignung verschiedener Komponenten mit Hilfe von Diallelkreuzungen am wirksamsten (Methode C). Dieses Verfahren ist jedoch sehr aufwendig und technisch anspruchsvoll.

Unter Berücksichtigung der geschilderten Verhältnisse, sowie aufgrund der Feststellung, daß der Einfluß des Gliedes μ_I in der oben erwähnten Formel bei einer gewissen Komponentenzahl gering ist und darum bei der Schätzung von μ_S vernachlässigt werden kann, wird im folgenden ein Weg vorgeschlagen, der die geschilderten Schwierigkeiten behebt. Dieser Weg verläuft über eine Kombination der Informationen, die sich für die Leistungsfähigkeit der Klone und derer Polycross-Nachkommenschaften ergeben. Diese beiden Arten der Leistungsprüfung bilden einen üblichen Bestandteil der züchterischen Arbeit. Im vorliegenden Fall muß jedoch gefordert werden, daß den Leistungsprüfungen Einzelpflanzenbestände ohne nennenswerte Wirkung von Störgrößen bei den Versuchen bzw. korrigierte Werte zugrunde liegen. Unter diesen Bedingungen kann das Modell II der einfachen Varianzanalyse verwendet werden. Mit seiner Hilfe werden die Effekte der Klone und ihrer Nachkommenschaften geschätzt (Methode D). Mit Hilfe der Varianzkomponenten dieser Analysen ist es möglich, für Informationen, die durch die Analyse der Klone und ihrer Nachkommenschaften gewonnen werden, „Auslesegewichte" (Bewertungen) abzuleiten (VONDRACEK u. a. 1983).

Dabei wird die Leistung y_{ij} der Einzelpflanze j im Rahmen des Klons i durch die Gleichung

$$\underline{y}_{ij} = \mu + \underline{a}_i + \underline{e}_{ij} \quad i = 1, 2, \ldots, I; \quad j = 1, 2, \ldots, m_i \qquad (6.43)$$

modelliert, wobei

μ – Mittelwert
$\underline{a}_i$ – genetischer Beitrag der i-ten Klonmutter
$\underline{e}_{ij}$ – zufällige Umwelteinflüsse und technische Versuchsfehler sind.

Nach einer Zufallspaarung der Klone, d. h. vegetativer Nachkommenschaften selektierter Eltern (Stamm–Klonmütter), kann die Leistung Z_{ij} der Nachkommenschaften durch die Gleichung

$$\underline{Z}_{ij} = \gamma + \frac{\underline{a}_i}{2} + \frac{\underline{b}_{ij}}{2} + \underline{e}^*_{ij}, \quad i = 1, 2, \ldots, I \quad j = 1, 2, \ldots, n_i \tag{6.44}$$

beschrieben werden, wobei

γ – den Mittelwert der Nachkommen
$\underline{a}_i$ – den Effekt des i-ten Mutterklons
$\underline{b}_{ij}$ – den genetischen Effekt einer unbekannten Vaterpflanze aus der Zufallspaarung
$\underline{e}^*_{ij}$ – die zufälligen Fehler der Umwelteinwirkung und die technischen Meßfehler umfassen (s. EPM in Kapitel 2.).

Wir setzen voraus, daß die Variablen $\underline{a}_i$, $\underline{b}_{ij}$, $\underline{e}_{ij}$, e^*_{ij} unkorreliert sind.
Die Voraussetzung der Unkorrelierbarkeit der Variablen $\underline{a}_i$ und $\underline{b}_{ij}$ und die Beschreibung der Daten mittels Modell (6.44.) wird nur bei ausreichend großer Anzahl der Klone, die in den Versuch einbezogen worden waren, annähernd erfüllt, weil wir in diesem Falle z. B. die Inzuchtwirkung vernachlässigen können.
Weil die Vater- und Mutterpflanzen aus derselben Population stammen, kann vorausgesetzt werden, daß die Varianzen der Größen $\underline{a}_i$ und $\underline{b}_{ij}$ für alle i und j gleich sind und $V(\underline{a}_i) = V(\underline{b}_{ij}) = \sigma^2_a$ gilt.
Bezeichnen wir die Varianzen der Fehler mit σ^2_e bzw. σ^2_{e*}, dann gilt, daß die Varianzen der Größen $\underline{y}_{ij}$ bzw. $\underline{Z}_{ij}$ folgende Werte annehmen:

$$V(\underline{y}_{ij}) = \sigma^2_a + \sigma^2_e \tag{6.45}$$

$$V(\underline{Z}_{ij}) = \frac{\sigma^2_a}{4} + \frac{\sigma^2_a}{4} + \sigma^2_{e*} = \frac{1}{2}\,\sigma^2_a + \sigma^2_{e*} \tag{6.46}$$

Wir setzen im folgenden voraus, daß $\sigma^2_e = \sigma^2_{e*}$ ist.
Weil im Modell (6.44) die Vaterpflanzen zufällig und unbekannt sind, kann der Effekt $\underline{b}_{ij}$ dieser Vaterpflanzen im Modell mit einer einfachen Klassifikation vom Fehlerausdruck $\underline{e}_{ij}$ nicht getrennt werden. Dies führt zu dem modifizierten Modell

$$Z_{ij} = \nu + \frac{\underline{a}_i}{2} + \underline{\tilde{e}}_{ij},$$

wobei

$$\underline{\tilde{e}}_{ij} = \frac{\underline{b}_{ij}}{2} + \underline{e}^*_{ij}$$

und

$$\sigma^2_{\tilde{e}} = \frac{\sigma^2_a}{4} + \sigma^2_e$$

ist.

Mit Hilfe der Varianzanalyse für die einfache Klassifikation dieser Modelle erhalten wir die Innerklassen-Korrelationen ϱ_{KL}, ϱ_{PC} für die Klonnachkommenschaften und die Nachkommenschaften nach Zufallspaarung aus

$$\varrho_{KL} = \frac{\sigma^2_a}{\sigma^2_a + \sigma^2_e}, \tag{6.47}$$

$$\varrho_{PC} = \frac{\frac{\sigma^2_a}{4}}{\frac{\sigma^2_a}{4} + \sigma^2_e} = \frac{1}{2}\,\frac{\sigma^2_a}{\sigma^2_a + 2\,\sigma^2_e} \tag{6.48}.$$

Wenn die Umweltvarianzen σ^2_e und σ^2_{e*} als gleich vorausgesetzt werden, gilt die Ungleichung:

$$\varrho_{PC} \leq \frac{1}{2}\,\varrho_{KL}. \tag{6.49}$$

Die Voraussetzung einer gleichen Umweltvariabilität für die vegetativen und generativen Nachkommenschaften ist vom praktischen Standpunkt aus annehmbar, weil die Versuche meist unter gleichen Bedingungen und am gleichen Ort und im gleichen Jahr angebaut werden. Aus diesem Grunde können wir in der Praxis die Gültigkeit der Ungleichung (6.49) erwarten, d. h. daß der Innerklassen-Korrelationskoeffizient der generativen Nachkommenschaften im Durchschnitt höchstens halb so groß wie der der Klone ist.
Im Modell I der Varianzanalyse mit festen a_i haben wir für den genetischen Beitrag der Klonmutterpflanzen zwei Schätzungen $\underline{\hat{a}}_i$ und $\underline{\tilde{a}}_i$, wobei

$$\underline{\hat{a}}_i = \underline{y}_{i.} - \underline{y}_{..}, \tag{6.50}$$
$$\underline{\tilde{a}}_i = 2\,(\underline{Z}_{i.} - \underline{Z}_{..}) \text{ gilt} \tag{6.51}$$

Die Varianzen dieser Schätzungen sind:

$$\sigma^2_{\hat{a}_i} \approx \frac{\sigma^2_e}{m_i} \tag{6.52}$$

bzw. wegen $\sigma^2_a = V(\underline{b}_{ij})$

$$\sigma^2_{\tilde{a}_i} \approx \frac{\sigma^2_a + 4\,\sigma^2_e}{n_i} \tag{6.53}$$

Nach der verallgemeinerten Methode der kleinsten Quadrate unter Berücksichtigung der Verschiedenheit der Varianzen der Schätzungen $\hat{a}_i$ und $\tilde{a}_i$ kann eine gewogene Schätzung $\underline{a}_i^*$ gebildet werden:

$$\underline{a}_i^* = \frac{m_i\,\underline{\hat{a}}_i}{\sigma_e^2} + \frac{n_i\,\underline{\tilde{a}}_i}{\sigma_a^2 + 4\,\sigma_e^2} \Big/ \left(\frac{m_i}{\sigma_e^2} + \frac{n_i}{\sigma_a^2 + 4\,\sigma_e^2}\right). \tag{6.54}$$

Mit Hilfe der Innerklassen-Korrelationskoeffizienten ϱ_{KL} und ϱ_{PC} kann man $\underline{a}_i^*$ wie folgt schreiben:

$$a_i^* = (1 - w)\,\underline{\hat{a}}_i + w\,\underline{\tilde{a}}_i,$$

wobei

$$w = \frac{\dfrac{\varrho_{KL}}{1 - \varrho_{KL}}\,m_i}{\dfrac{\varrho_{KL}}{1 - \varrho_{KL}}\,m_i + \dfrac{\varrho_{PC}}{1 - \varrho_{PC}}\,n_i} \quad \text{ist.}$$

In praktischen Situationen während der Züchtung ist der Innerklassen-Korrelationskoeffizient ϱ_{KL} meist kleiner als 1/2. Wenn wir den Versuch so anlegen wollen, daß vegetative und generative Nachkommenschaften annähernd dasselbe Gewicht (d. h. $w \approx 1/2$) haben, müssen wir in den Versuch für jede Klonmutterpflanze ungefähr 4 bis 5mal so viele generative wie vegetative Nachkommenschaften einbeziehen. Dies gilt für gleiche Umweltvariabilität beider Nachkommenschaftstypen.

Für eine synthetische Population werden dann die Klone mit den größten (bzw. kleinsten) geschätzten genetischen Einflüssen a_i^* ausgewählt. Im Falle eines balancierten Versuches ($n_i = n$, $m_i = m$, $i = 1, \ldots, I$) kann die Leistung der synthetischen Sorte mit Hilfe der a_i^* der Klone, die in die Synthese einbezogen wurden, geschätzt werden. Im Falle eines unbalancierten Versuches sind gewogene Mittel der a_i zu berechnen. Eine andere Vorgehensweise wäre die in Kapitel 5. beschriebene BLEV-Methode.

Der Erfolg der Arbeiten hängt von einer wirkungsvollen Wahl der Komponenten ab. Ergebnisse von Chloupek und Rod 1981; Chloupek 1982; Rod und Vondracek 1982 zeigen, daß die bereits erwähnte Methode B Klone mit einer geringen Inzuchtwirkung als Komponenten bevorzugt, insbesondere bei einer geringen Anzahl von Komponenten. Methode D berücksichtigt diesen Standpunkt nicht. Es läßt sich jedoch voraussetzen, daß bei ihr die Typen mit überwiegender Fremdbestäubung zur Geltung kommen und nach anschließender Zufallspaarung sich ein höherer Nutzeffekt manifestiert. Ein scheinbarer Nachteil dieser Methode wird also kompensiert, zumal sich dieses Verfahren als technisch einfacher erweist. Es hat sich überdies gezeigt, daß es sich um ein hinreichend aussagekräftiges Verfahren handelt, da es eine bessere Schätzung der erwarteten Leistung liefert, vor allem bei größeren Unterschieden zwischen den synthetischen Populationen.

Entscheidend für die Wirksamkeit beider Verfahren ist der Umstand, daß beide Verfahren hinsichtlich der Komponentenauslese eine beträchtliche Übereinstimmung aufweisen.

Die bisherigen Erfahrungen haben gezeigt, daß die Art der Erfassung einer Ertragscharakteristik (Erträge in den einzelnen Erntejahren und Schnitten, sowie alle, den Ertrag bedingenden Merkmale) für die Auslese der Komponenten wesentlich ist.
Die bisher beschriebenen Vorgänge ermöglichen eine eindimensionale Lösung, d. h. nach einzelnen Merkmalen. Bei Einbeziehung mehrerer Merkmale müssen dann oft widersprüchliche Ergebnisse kombiniert werden. Möglich wäre hier die Anwendung der Theorie des Selektionsindex (Kapitel 5.). Mit dem Index als Merkmal wird dann die oben beschriebene Methode angewendet.
Eine andere Möglichkeit wäre, die verschiedenen Merkmale zu einem Vektor zusammenzufassen und mit Methoden der mehrdimensionalen Analyse zu behandeln, wie es z. B. von Vondracek und Rod 1986 und Vondracek u. a. 1987 demonstriert wurde. Dort wird über eine lineare Transformation eine Menge abgeleiteter Merkmale erzeugt, deren genetische und Umwelteffekte nicht korreliert sind.

6.5. Sonderformen der Züchtung

6.5.1. Züchtung mit Introgressionen

6.5.1.1. Charakterisierung

Der Austausch oder die Addition von Allelen, Chromosomensegmenten und Chromosomen durch solche anderer Arten hat wirksam zur Evolution der Kulturpflanzen beigetragen. So ist nach Harlan und de Wet (1963) anzunehmen, daß an der großen Variabilität und hohen Leistungsfähigkeit der Kultur-Sonnenblume umfangreiche Introgressionen aus drei Wildarten beteiligt gewesen sind. Auch die heutigen Varietäten der Wiesenrispe sind das Resultat von Introgressionen, wobei die apomiktische Samenentwicklung diesen Vorgang begünstigte (Clausen 1961). Eine der leistungsfähigsten Kulturpflanzen, der Mais, ist ebenfalls das Ergebnis von Introgressionen (Plarre 1974). Zu diesen interspezifischen genetischen Veränderungen im Laufe der Kulturpflanzenentwicklung gesellen sich in zunehmendem Maße gezielte Introgressionen. Dies resultiert einmal aus den methodischen Fortschritten, die einen interspezifischen Gentransfer sowohl auf sexuellem als auch auf parasexuellem Wege möglich machen. Mit der Introgressionszüchtung wird aber auch deshalb verstärkt gearbeitet, weil schon mehrfach demonstriert werden konnte, daß sich damit bedeutende züchterische Fortschritte erzielen lassen.

6.5.1.2. Herstellung von Art- und Gattungsbastarden

Eine Voraussetzung für Introgression ist die Herstellung von Art- und Gattungsbastarden. Dies kann auf parasexuellem oder auf sexuellem Wege geschehen. Für die parasexuelle Art- oder Gattungsbastardierung ist die Protoplastenfusion und Regeneration der fusionierten Zellen zu Pflanzen notwendig, die für die generative Reproduktion befähigt sein müssen. Methodisch gibt es für dieses Vorgehen in manchen Pflanzenfamilien noch Schwierigkeiten, dies gilt insbesondere für die Fabaceae. Für andere Familien, so für die Poaceae, für die Brassicaceae und besonders für die Solanaceae stehen anwendungsbereite Verfahren für bestimmte Gattungen bereits zur Verfügung (Pelletier u. a. 1983; Aviv u. a. 1984; Fedak 1985 u. a.).

Die Art- und Gattungsbastardierung auf sexuellem Wege wird durch Inkompatibilität erschwert oder verhindert. Diese genetische Barriere kann sich progam und postgam äußern. Bei der progamen Inkompatibilität wird die Pollenkeimung oder das Pollenschlauchwachstum unterbunden. Sie kommt bei in vitro-Befruchtung nicht zur Geltung (Inomata 1978). Die postgame Inkompatibilität beruht auf einem genetisch bedingten Nichtfunktionieren des Endosperms (v. Wangenheim 1962; Skiebe 1973).

Es läßt sich in vielen Fällen mit Hilfe der in vitro-Kultur junger Embryonen umgehen. Für dieses Vorgehen stehen Verfahren mit hoher Effektivität zur Verfügung (Kruse 1974; Kunert und Peterka 1984; Neumann 1973 u. a.).

Trotz der großen Bedeutung, welche die in vitro-Kultur junger Embryonen erlangt hat, findet sie dort ihre Grenze, wo Zygoten oder Proembryonen so früh absterben, daß sie noch nicht präparierbar sind. Besonders in solchen Fällen ist es notwendig, die vorliegende Inkompatibilität bei Art- und Gattungskreuzungen auf genetischem Wege abzuschwächen, so daß sich die gewünschten Bastarde erzeugen lassen. So kommen bei verschiedenen Genomen Allele bestimmter Genorte zur Geltung, welche die progame Inkompatibilität abschwächen. Einen diesbezüglichen Nachweis führten Jalani und Moss (1980) bei Kreuzungen zwischen Saatweizen und Roggen sowie Pickering (1983) bei Kreuzungen zwischen Saat-Gerste und Zwiebel-Gerste. Für die genetische Abschwächung der postgamen Inkompatibilität ließen sich ebenfalls Belege erbringen. So gelingt die Kreuzung zwischen Triticum aestivum und Hordeum bulbosum L.

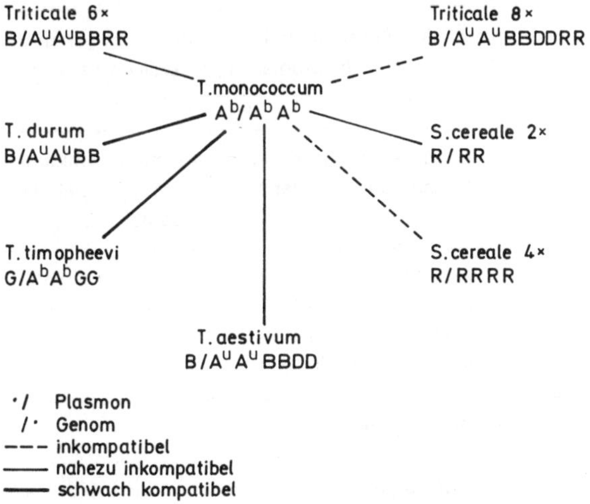

Abbildung 6.23. Schematische Darstellung der Incompatibilitätsverhältnisse von *Triticum monococcum* L. mit verschiedenen anderen Arten

mit vielen Idiotypen nicht. Wird die 'Chinese Spring'-Varietät als Elter benutzt, kommt es zu etwa 18% Samenansatz. Werden einzelne Chromosomen von 'Chinese Spring' durch Chromosomen einer anderen Varietät substituiert, schwankt der Ansatz von 0 bis 50 Prozent (SNAPE u. a. 1979).
Die Bedeutung der Qualität von Genomen für die Ausprägung der Inkompatibilität wird bei Kreuzungen zwischen dem Einkornweizen Triticum monococcum L. mit verschiedenen anderen Arten unterschiedlicher Genomvalenz deutlich. Dabei ist mit 8x-Triticale und 4x-Roggen eine völlige Inkompatibilität festzustellen. Demgegenüber sind 4x-Weizen mit dem 2x-Einkornweizen teilweise kompatibel (Abb. 6.23.). Handelt es sich um zwei Partner, dann läßt sich zeigen, daß auch die Genomqualität einen Einfluß auf die Ausprägung der Inkompatibilität hat. Es verändert sich dadurch die Genom-Valenzrelation im Endosperm.
Auch durch die spezifische Genom-Valenzrelation im Endosperm läßt sich der Grad der postgamen Inkompatibilität verringern. Dafür liefern Artkreuzungen bei der Tomate zwischen L. esculentum Mill. und L. peruvianum (L.) Mill. einen Beleg (Tab. 6.35.). Nur bei einem weiten Verhältnis zwischen den esculentum- und den peruvianum-Genomen (4:1) im Endosperm wird die Inkompatibilität abgeschwächt.
Die Wahl bestimmter Plasmone kann ebenfalls die postgame Inkompatibilität beeinflussen. So lassen sich Kreuzungen unter Einschluß der Embryokultur zwischen Triticum monococcum L. und Secale cereale L. nur dann realisieren, wenn der Roggen als Mutter verwendet wird (SODKIEWICZ u. a. 1980). Die Inkompatibilitätsausprägung kann abnehmen, wenn als Kreuzungspartner keine homozygote sondern heterozygote Genotypen verwendet werden. Darüber berichteten TURBIN und SILKO (1970) bei Artkreuzungen innerhalb der Gattung Triticum. Kreuzungen zwischen 6x-Triticale × 4x-Roggen gelingen leichter, wenn als Mutter 6x × 6x-Bastarde benutzt werden (SKIEBE 1982). Bastarde zwischen 2 verschiedenen 4x-Weizenarten zeigen eine geringere Kreuzbarkeitsbarriere gegenüber 2x-Roggen als die beiden 4x-Weizenarten für sich allein (LAPINSKI 1985).

Tabelle 6.35. Darstellung des Inkompatibilitätsverhaltens bei Kreuzungen zwischen der Kulturtomate *Lycopersicon esculentum* Mill. und der Wildtomate *Lycopersicon peruvianum* (L.) Mill. auf verschiedenen Genom-Valenzstufen

Mutter	Vater	Endosperm Konstitution	Genomrelation E:P	Relation Kern: Plasma	Inkompatibilität
Kulturtomate 2×	Wildtomate 2×	E/EEP	2 :1	3 :1	absolut
Wildtomate 2×	Kulturtomate 2×	P/EPP	0,5 :1	3 :1	absolut
Kulturtomate 4×	Wildtomate 2×	E/EEEEP	4 :1	2,5:1	schwach
Wildtomate 4×	Kulturtomate 2×	P/EPPPP	0,25:1	2,5:1	absolut

Genome des Zellkerns: E = *Esculentum* (Kulturtomate)
P = *Peruvianum* (Wildtomate)
Plasma: E/ = von *Esculentum* P/ = von *Peruvianum*

Starke Inkompatibilität läßt sich mitunter mit Hilfe anderer Partner umgehen, denen eine Brückenfunktion zukommt. Ein typisches Beispiel gibt es beim Weizen. Der Saatweizen (6x) besitzt gegenüber dem Einkornweizen (2x) eine hochgradig ausgeprägte Inkompatibilität. Wird aber aus Einkornweizen (2x) mit Durumweizen (4x) eine allopolyploide Form (6x) erzeugt, läßt sich diese mit dem Saatweizen relativ leicht kreuzen. Selbst wenn die Inkompatibilität nur schwach oder gar nicht ausgeprägt ist, sind noch Schwierigkeiten bei der Herstellung von Art- und Gattungsbastarden möglich. In diesem Zusammenhang wird auf das Auftreten von Hybridnekrosen verwiesen. So kommt es bei Kreuzungen zwischen Weizen und Roggen durch das Zusammenwirken eines dominanten Allels eines Genortes des Weizens und eines rezessiven Allels von einem Genort des Roggens zu Hybridnekrose (Jung und Lelly 1985). Eine derartige genisch gesteuerte Kreuzungsbarriere erstreckt sich auf die Ontogenese des Sporophyten. Sie ist nur überwindbar, wenn man auf andere Genotypen ausweicht.
Die Schädigung der Plastiden in Art- oder Gattungsbastarden kann sich erschwerend für die Herbeiführung von Introgressionen auswirken. Eine derartige „Bastardbleiche" wird beispielsweise bei Kreuzungen zwischen Raphanus- und Brassica-Spezies beobachtet. Sie beruht auf Störungen der Genom:Plasmoninteraktionen. Es ist denkbar, sie im Rahmen von Protoplastenfusionen zu überwinden (Pelletier u. a. 1983).

6.5.1.3. Überwindung der Hybridsterilität

Gelingt es Art- oder Gattungsbastarde herzustellen, ist weiterhin mit Komplikationen zu rechnen. Sie resultieren nicht nur aus einer eventuell noch weiterhin wirkenden Inkompatibilität, sondern auch aus dem Auftreten von zytologischen und genetischen Störungen, die zur Hybridsterilität führen. Dies gilt insbesondere für die männlichen Gameten. In vielen Fällen liegt auch eine absolute Sterilität, vor allem im männlichen Geschlecht, vor. Dies wurde beispielsweise an 4x-Bastarden zwischen 6x-Triticale und 2x-Triticum monococcum L. festgestellt. Es trifft auch für 2x-Bastarde zwischen 2x-Gerste und 2x-Roggen zu (Claus 1979). Bei sehr hochgradig ausgeprägter Sterilität läßt sie sich mitunter durch eine hohe Anzahl von Bestäubungen unter verschiedenen Umweltbedingungen überwinden. So gelang es auch nur nach Bestandeskreuzungen von dem hochgradig sterilen 3x-Artbastard aus Cheiranthus scoparius Brouss. ex Willd. 4x mit Cheiranthus cheiri L. 2x einige keimfähige Samen zu bekommen. Die in großer Anzahl manuell vorgenommenen Kreuzungen erbrachten nicht einen einzigen keimfähigen Samen (Skiebe 1956).
Auch bei verschiedenen Getreide-Art- und Gattungsbastarden erwiesen sich Bestandeskreuzungen als ein wirksames Mittel, trotz des Vorliegens von Hybridsterilität, zu einigen keimfähigen Samen zu kommen (Autorenkollektiv 1979).
In vielen Fällen wird die Hybridsterilität der Bastarde durch Polyploidisierung gemildert (Autorenkollektiv 1979). So ist bei Reis der F_1-Bastard aus Oryza sativa mit O. breviligulata männlich steril. Nach der Polyploidisierung ist der Pollen zu 75% fertil. Der F_1-Bastard zwischen O.glaberrima sowie O.sativa ist ebenfalls männlich steril und die Pollen der 4x-Formen zeigen einen Fertilitätsgrad von 75% (Gopalakrishnan u. a. 1964).

Tabelle 6.36. Fertilitätsverhalten bei interspezifischen Bastarden, daraus entwickelten Autoallopolyploiden und nach Genomelimination entstandenen Allopolyploiden

Ausgangsidiotypen	Maßnahme bzw. zytogen. Veränderung	Genom-Plasmon-Konstitution	Fertilität weiblich	Fertilität männlich
(*Triticum durum* × *Secale cereale*)^2 × *Triticum monococcum*	Kreuzung	B/A^uA^bBR	sehr gering	keine
[(*Triticum durum* × *Secale cereale*)^2 × *Triticum monococcum*]^2	Polyploidisierung	$B/A^uA^uA^bA^bBBRR$	gering	gering
[(*Triticum durum* × *Secale cereale*)^2 × *Triticum monococcum*]^2	A-spezifische Genomelimination	$B/A^{u-b}A^{u-b}BBRR$	hoch	hoch
Triticum durum × *Secale cereale* 4×	Kreuzung	B/A^uBRR	gering	sehr gering
(*Triticum durum* × *Secale cereale* 4×)^2	Polyploidisierung	$B/A^uA^uBBRRRR$	gering	gering
(*Triticum durum* × *Secale cereale* 4×)^2	R-spezifische Genomelimination	B/A^uA^uBBRR	hoch	hoch

Es gibt auch zahlreiche Fälle, wo sich trotz Genomvermehrung die Hybridsterilität nur ganz wenig mindern läßt. In solchen Fällen führt mitunter die Genomelimination zu ausreichender Fertilität. Kreuzt man 4x-Weizen mit 4x-Roggen, so zeigt der 4x-Bastard besonders im männlichen Geschlecht starke Sterilität. Die Polyploidisierung verbessert die Situation nur wenig. Kommt es aber bei dem 8x-Allopolyploid zu einer Genomelimination im R-Genombereich, so daß 6x-Allopolyploide entstehen, erhöht sich die Fertilität sehr deutlich. Entsprechendes gilt für 4x-Bastarde (B/AABR), 8x-Allopolyploide (B/AAAABBRR) und 6x-Allopolyploide (B/AABBRR) auf der Grundlage einer Kreuzung zwischen 6x-Triticale und 2x-Weizen (Tab. 6.36.).

6.5.1.4. Merkmalsexpression

Für eine Introgression ist die möglichst uneingeschränkte Expression einer fremdartigen genetischen Information wünschenswert. In vielen Fällen gelang es auch, diese herbeizuführen. So war es beispielsweise möglich, den hohen Rohproteingehalt von *Triticum monococcum* L. in 6x-Triticale einzulagern (Tab. 6.37.). Mitunter kommt aber die fremdartige genetische Information in einem Empfänger nicht zur Geltung. Stellt man beispielsweise aus hellrosablühendem Rettich und gelbblühendem Kohl einen allopolyploiden Idiotyp her, so kommt nur die Rettichblütenfarbe zur Expression, nicht aber die Kohlblütenfarbe (Kappert 1953). Dies ändert sich nur etwas, wenn beim Rettich andere Idiotypen mit einer anderen Blütenfarbe verwandt werden.

Art und Valenz	Varietät	% N/TS	Rohprotein-gehalt	Bemerkung
Triticale 6×	Bokolo	2,61	16,8	Empfänger
Einkorn-weizen 2×	Stamm A	3,47	21,7	Spender
Triticale 6×	T_{mr^4}	3,35	20,9	Introgres-sions-Linie
Triticale 6×	T_{mr^5}	3,29	20,6	Introgres-sions-Linie
Saatweizen 6×	Alcedo	2,43	15,2	Vergleich
Saatroggen 2×	Danae	2,10	13,1	Vergleich

Tabelle 6.37. Expression des hohen Rohproteingehaltes von Triticum monococcum als Spender in 6×-Triticale als Empfänger

Mitunter kommt es nur zu einer eingeschränkten Expression der fremdartigen Information. Ist beispielsweise in den Kulturlack Cheiranthus cheiri L. genetische Information von der Wildart Ch. scoparius Brouss. ex Willd. einzulagern, so ist das möglich. Die Merkmalsausprägung der Wildart ist aber wesentlich verändert. Das betrifft beispielsweise die Blattbreite, die Form der Blatthaare und verschiedene Blütenmerkmale (Skiebe 1956). In solchen Fällen gibt es wenig Chancen, die im genetischen System des Spenders vorgelegene Merkmalsausprägung im Empfängersystem wieder zu erreichen. Man muß sich dann meistens mit der abgeschwächten Expression begnügen.

6.5.1.5. Spezielle Züchtung

6.5.1.5.1. Intragenomatische interspezifische Rekombinationen

In Ausnahmefällen ist es möglich, durch einmalige Kreuzung mit anschließender Auslese ab der F_2 zu einer Introgression zu kommen. Will man beispielsweise Brassica napus-Idiotypen wie Raps, Schnittkohl oder Kohlrübe mit den Genomen AACC durch genetische Information von Chinakohl (AA) oder Grünkohl (CC) verbessern, dann genügt die einmalige Kreuzung und Auslese auf Introgressions-Idiotypen mit $z=38$ Chromosomen ab der F_2 (Jahr 1962; Skiebe 1966). Dies kann für die Herbeiführung einer Introgression genügen, für die Entwicklung von Sorten bedarf es fast immer weiterer Selektionen, eventuell auch weiterer Kreuzungen. Kummer (1973) konnte bei den gleichen Objekten zeigen, daß mit der Verwendung einer 4x-Form zumindest bei dem A-Partner als Introgressionsspender die Introgression besonders effektiv ist. Allerdings dauert das Verfahren etwas länger und ist auch diffiziler. Ein großes Anwendungsspektrum hat die Rückkreuzung in verschiedenen Variationen. Besonders günstig ist es dabei, wenn die einzulagernden Allele dominant sind. Dies gilt beispielsweise für *Lycopersicon hirsutum* Humb. et Bonpl. mit dominanten Allelen für *Cladosporium*-Resistenz, welche mit Hilfe eines Rückkreuzungsverfahrens in die Kulturtomate eingelagert werden können. Verhalten sich die interessierenden Allele vollständig rezessiv, dann müssen Aufspaltungen abgewartet und die Rezessiven ausgelesen werden, bevor erneute Rückkreuzung erfolgen kann. So gelang es BOLZ (1961), das rezessive Allel C_2 der allopolyploiden *Tagetes patula* L. (4x) für niedrigen Wuchs auf die diploide *Tagetes erecta* L. zu übertragen.

Zu intragenomatischen, interspezifischen Introgressionen können auch Genomeliminationen bei Autoallopolyploiden beitragen. Dafür liefern Experimente in der Gattung Avena ein Beispiel (AUTORENKOLLEKTIV 1979). Die diploide Art *A. strigosa* (A/A^sA^s) zeichnet sich durch einige wertvolle Resistenz-Merkmale aus. Sie ist aber weitgehend inkompatibel gegenüber dem Saathafer (A/AACCDD). *Avena strigosa* läßt sich jedoch relativ leicht mit der 4x-Art A. abyssinica (A/A^sA^sBB) bastardieren. Der Artbastard hat die Genomkonfiguration A^sA^sB. Wird er polyploidisiert, entsteht eine autoallopolyploide 6x-Form mit der Konstitution $A/A^sA^sA^sA^sBB$. Dieser Idiotyp ist chromosomal sehr instabil. Er reguliert auf die 4x-Valenzstufe herab, wobei 2 A^s-Genome eliminiert werden. Davon ist nicht nur genetische Information von A. strigosa betroffen. Es entsteht eine neue A/A^sA^sBB-Form mit genetischer Information von *A. strigosa* und *A. abyssinica.* Diese 4x-Idiotypen sind variabel in der Merkmalsausprägung. Es können auch solche selektiert werden, welche die Kronenrostresistenz von A. strigosa besitzen. Mit diesen Linien läßt sich *A. sativa* 6x relativ leicht kreuzen. Im Ergebnis dieser Bastardierung entstehen A/AA^sBCD-Idiotypen. Nach Kreuzungen mit Saathafer und Selbstungen gelingt es, daraus in den nächsten Generationen Saathafer-Linien mit der Rostresistenz von *A. strigosa* zu entwickeln.

6.5.1.5.2. Intergenomatische Rekombinationen

6.5.1.5.2.1. Genomunspezifisch

Sind intergenomatische Rekombinationen, insbesondere Substitutionen oder Translokationen zu erzeugen, ist das zuchtmethodische Vorgehen diffiziler. Dies gilt besonders dann, wenn die genetischen Grundlagen einschließlich ihrer Lokalisierung von zu transferierenden Merkmalen nicht genau bekannt sind. Dann können Substitutionen oder Translokationen weder genomspezifisch noch a priori chromosomenspezifisch geplant werden. Sie können auftreten, wenn man alle Genome des Empfängers und Spenders in eine einfache Dosis bringt. Nach diesem Prinzip sind beim Saatweizen Chromosomensubstitutionen entstanden. Als Introgressionsquelle für die Chromosomensubstitutionen wurde Roggen benutzt. Im ersten Kreuzungsschritt wird dabei 6x-Saatweizen mit 2x-Roggen kombiniert. Daraus resultiert ein B/A^uBDR-Bastard. Dieser ist weitgehend steril. Insbesondere im männlichen Geschlecht bilden sich kaum funktionsfähige Gameten. Unter den wenigen funktionsfähigen weiblichen Geschlechtszellen sind auch gelegentlich einige 3x-Gameten mit genetischer Information vom Roggen entstanden. Dies ist vor allem auf ein zufälliges Wandern der monosom vorliegenden Chromosomen zu den Spindelpolen zurückzuführen.

Wird der 4x-Artbastard mit 6x-Saatweizen rückgekreuzt, gelangen entstandene Substitutionen in eine heterozygote Konfiguration. Sie können in der nächsten Generation schon homozygot werden. Nachträglich durchgeführte Analysen hatten ergeben, daß B:R-Substitutionen entstanden sind. Damit ist der Introgressionsvorgang abgeschlossen. Für die Entwicklung von Sorten, welche die Introgression tragen, bedarf es in der Regel weiterer Kreuzungen mit geeigneten, eugenomatischen Saatweizen-Varietäten. In den Nachkommenschaften ist dann wieder auf die Introgressionen auszulesen. Sie dürfen zu keinen Interaktionsstörungen führen und sind mit anderen Merkmalsausprägungen zu verbinden.

Substitutionen oder Translokationen treten auch bei reinen Allopolyploiden auf, die zytologisch instabil sind und die deshalb zu einer niedrigen Valenzstufe herabregulieren. So kommt es bei 8x-Triticale gelegentlich zur Entstehung von 6x-Formen. Diese sind vielfach eugenomatisch. Es treten aber auch D:R-Substitutionen auf (Nakata u. a. 1984).

6.5.1.5.2.2. Genomspezifisch

Um genomspezifische, intergenomatische Rekombinationen zu erreichen, werden die Genome in eine einfache Dosis gebracht, die an einer Introgression zu beteiligen sind. Die Chromosomen der anderen Genome müssen disom vorliegen. Sind die Empfänger für die Introgression natürliche Allopolyploide, so sind die Spender mitunter Art- oder Gattungsbastarde, in der Regel aber synthetische Allopolyploide. Bei Saatweizen läßt sich das besonders gut demonstrieren, zumal für die Introgression zahlreiche Spender zur Verfügung stehen (Fedak 1985; Martin und Sanchez-Monge-Laguna 1982; Mujeeb-Kazi und Rodriguez 1981). Aus den zahlreichen Möglichkeiten für die Introgression bei Saatweizen werden 3 Beispiele (Tab. 6.38.) herausgegriffen.

Aus einer derartigen intergenomatischen Substitution können nach Kreuzungen mit eugenomatischen Idiotypen auch Translokationen hervorgehen. Im übrigen sind die Substitutionen mit intragenomatischen Rekombinationen verbunden,

Tabelle 6.38. Möglichkeiten einer Introgression beim Saatweizen

Ausgangsidiotypen	Primäre Bastarde	Introgressionsprodukte
$B/A^uA^uBBDD \times B/A^uA^uBBRR$ Saatweizen (T. durum · S. cereale)^2	B/A^uA^uBBDR	$B/A^uA^uBB\underline{D}_R\underline{D}_R$
$B/A^uA^uBBDD \times B/A^uA^uBBEE$ Saatweizen (T. durum · A. elongatum)^2	B/A^uA^uBBDE	$B/A^uA^uBB\underline{D}_E\underline{D}_E$
$B/A^uA^uBBDD \times B/A^uA^uBBH^cH^c$ Saatweizen (T. durum · H. chilense)^2	$B/A^uA^uBBDH^c$	$B/A^uA^uBB\underline{D}_{H^c}\underline{D}_{H^c}$

Tabelle 6.39. Möglichkeiten einer Introgression bei *Brassica napus* L.

Ausgangsidiotypen		Primäre Bastarde	Introgressionsprodukte
AACC	× RRCC	CCAR	$\underline{A}_R\underline{A}_R CC$
z = 38	Z = 36		
B. napus	(R. sativus B. oleracea)^2		
AACC	× AARR	AACR	$AA\underline{C}_R\underline{C}_R$
z = 38	z = 38		
B. napus	(R. sativus B. campestris)^2		
AACC	× AABB	AABC	$AA\underline{C}_B\underline{C}_B$
z = 38	z = 36		
B. napus	B. juncea		
AACC	× BBCC	CCAB	$\underline{A}_B\underline{A}_B CC$
z = 38	z = 34		
B. napus	B. carinata		

wenn die A^uA^uBB-Komponente der Empfänger und Spender genetisch nicht identisch sind. Dies ist anzustreben, da intragenomatische Rekombinationen die Entwicklung züchterisch wertvoller Substitutions-Linien begünstigen. In Analogie zu dem Saatweizenbeispiel läßt sich auch bei Brassica napus vorgehen, um zu intergenomatischen Substitutionen zu kommen. Für dieses Allopolyploid als Empfänger gibt es ebenfalls bereits mehrere geeignete Spender (Gottschalk 1976).

In Tabelle 6.39. sind für die Erzeugung von intergenomatischen Substitutionen bei *B. napus* einige Beispiele herausgegriffen. Dabei wird die zygophasische Chromosomenzahl mit aufgeführt, weil sie zu beachten ist.

Ist die Introgression unter Einbeziehung einer Paarung zu erreichen, steigt die Chance zu Translokationen, eventuell zu Additionen kleiner Segmente, zu kommen. Dies ist bei nicht homologen Chromosomen möglich, wenn keine vorliegende genetische Paarungskontrolle wirksam wird. Für ein entsprechendes Verfahren gibt der 6x-Saatweizen ein gutes Beispiel ab. Er ist mit 4x-Roggen zu kreuzen. Die Bastardierung gelingt bei den meisten Idiotypen nur schwer und erfordert den Einsatz der Embryokultur. Die Bastarde haben die Valenz 5x. In ihnen wird wegen der 2 R-Genome die genetische Paarungskontrolle eingeschränkt. Chromosomen der A-, B- und D-Genome können sich und mit den homoeologen Roggenchromosomen paaren. Die B/A^u-BDRR-Bastarde sind weitgehend hybridsteril. Es muß dann versucht werden, auto- oder geitenogame Befruchtungen herbeizuführen. Dabei ist damit zu rechnen, daß sich gelegentlich 2x- oder 3x-Gameten manifestieren. In der F_2 treten daher einige 5x- und 6x-Individuen auf. Sie über auto- oder geitenogame Befruchtungen weiterzuführen, macht auch in der nächsten Generation wegen der Hybridsterilität noch Schwierigkeiten. Daher wird es zweckmäßig sein, mit einem 6x-Saatweizen zu

kreuzen. Wegen der stark ausgeprägten Sterilität ist eventuell schon in der F_2 mit Saatweizen rückzukreuzen.
Lassen sich Linien entwickeln, die Träger von Substitutionen oder Translokationen sind, werden sie in der Regel noch nicht in allen züchterisch wichtigen Merkmalen befriedigen. Sie sind daher in ein weiteres Kombinations- und Selektionsprogramm einzubeziehen, bevor sie in Form von Sorten unmittelbare Bedeutung für die Züchtung erlangen.

6.5.1.5.2.3. Genomspezifisch mit Hilfe von Brückenformen

Vielfach bedarf es für die Introgression nicht nur des eigentlichen Empfängers und Spenders, sondern auch Hilfsformen, die als Brückenformen bezeichnet werden. So läßt sich beim 6x-Saathafer vorgehen, wenn es notwendig ist, genetische Information von 2x- oder 4x-Arten in diesen einzulagern (AUTORENKOLLEKTIV 1979). Zwischen 2x-Arten und dem Saathafer liegt meistens eine ausgeprägte Inkompatibilität vor. Für 4x-Arten gilt dies nur teilweise und synthetische 6x-Idiotypen aus den 2x- und 4x-Arten sind immer mit dem Saathafer kreuzbar. Die synthetischen Allopolyploiden ergeben mit dem Saathafer aneugenomatische 6x-Formen. Sie sind teilweise steril. Es lassen sich aber durch autogame oder geitenogame Befruchtungen Samen erzeugen. Sie können genetische Informationen der Spendergenome enthalten. Ein höherer Samenansatz läßt sich erzielen, wenn die aneugenomatischen A/AAA^1CCD- bzw. A/AA^sA^sBCD-Idiotypen mit Saathafer erneut gekreuzt werden. Bei diesem Vorgehen ist es schwieriger, Introgressionen zu finden und zu erhalten. Im übrigen hat das Arbeiten mit Brückenformen den Vorteil der großen genetischen Variabilität, was die Züchtung von Sorten mit Introgressionen begünstigt.

6.5.1.5.2.4. Chromosomenspezifisch

Für die Erzielung chromosomenspezifischer Substitutionen oder Translokationen gibt es verschiedene Möglichkeiten. So läßt sich nach entsprechender Art- oder Gattungskreuzung auf merkmalsspezifische Veränderungen auslesen, vorausgesetzt, deren genetische Grundlage einschließlich der chromosomalen Lokalisation ist bekannt. Sind beispielsweise aus Winterformen von 6x-Triticale durch Introgression tagneutrale Sommerformen zu entwickeln, dann eignet sich als entsprechender Informationsspender der Saatweizen. Von ihm wiederum gilt es, 2D-Chromosomenabschnitte oder Chromosomen in 6x-Triticale einzulagern. Auf ihm liegen Genorte oder zumindest ein Genort, dessen Allele oder Allel eine weitgehende Tagneutralität bedingen (LUKASZEWSKI und GUSTAFSON 1984). Nach 6x-Triticale × 6x-Weizen-Kreuzungen gilt es deshalb, tagneutrale Pflanzen auszulesen. Sie sind Träger der 2R:2D-Substitution oder Translokation. Chromosomenspezifische Substitutionen oder Translokationen lassen sich auch auf einem anderen Weg erreichen. Soweit es sich um allopolyploide Empfänger handelt, kann von Nullisomen ausgegangen werden, also solchen, die für das Chromosomenpaar defizient sind, welches durch ein entsprechendes Paar aus einem anderen Genom zu substituieren ist. Das bereitet jedoch einige Schwierigkeiten, da Nullisome häufig starke Fertilitäts- und Vitalitätsminderungen aufweisen (METTIN 1970). In solchen Fällen ist mit Monosomen zu arbeiten. Um zu einer gezielten Substitution zu kommen, wird als Spender eine disome Addi-

P	B/A1-7 B1-7 D1-6 A1-7 B1-7 D1-7 Z = 41	×	B/A 1-7 B1-7 D1-7 R7 A 1-7 B1-7 D1-7 R7 Z = 44
F_1	B/A1-7 B1-7 D1-7 R7 A1-7 B1-7 D1-7 Z = 43		
	B/A1-7 B1-7 D1-6 R7 A1-7 B1-7 D1-7 Z = 42	×	B/A1-7 B1-7 D1-6 R7 A1-7 B1-7 D1-7 Z = 42
F_2	B/A1-7 B1-7 D1-7 A1-7 B1-7 D1-7 Z = 42		
	B/A1-7 B1-7 D1-6 R7 A1-7 B1-7 D1-7 Z = 42		
	B/A1-7 B1-7 D1-6 R7 A1-7 B1-7 D1-6 R7 Z = 42		

Abbildung 6.24. Schematische Darstellung einer chromosomenspezifischen Introgression am Beispiel des Saatweizens als Empfänger und des Saatroggens als Spender

tionslinie benutzt. Die chromosomendefiziente Linie wird mit der Additionslinie kombiniert und ergibt Pflanzen mit der euploiden Chromosomenzahl, die aber nicht eugenomatisch sind. Nach Selbstung treten dann neben elterngleichen Idiotypen eugenomatische Individuen und Träger der gewünschten Chromosomensubstitution auf (Abb. 6.24.). Die drei Gruppen können auf Grund ihres Meioseverhaltens und ihrer Merkmalsausprägung identifiziert werden (Mettin 1970). Aus solchen Substitutionslinien lassen sich durch Röntgenbestrahlung Translokationslinien entwickeln. Sie werden züchterisch eher an Bedeutung gewinnen als Substitutionen. Dies läßt sich beim Saatweizen bestätigen, wo Sorten mit Roggen-Translokationen züchterisch wertvoller und verbreiteter sind als Sorten mit Roggen-Substitutionen.

6.5.1.6. Introgressionen und Gentechnik

Seitdem es der Methodenfortschritt gestattet, werden Introgressionen auch auf parasexuellem Wege vorgenommen. Dabei verwendet man in der Regel bestimmte Zustandsstufen von Genen die in Empfänger-Idiotypen zur Einlagerung kommen. Gelingt dieses Vorhaben und handelt es sich um artfremde DNS, werden aus Allelen Gene. Bevorzugte Objekte sind bisher Tabak, Tomate, Kartoffel und Raps (Herzfeld u. a. 1985; Sine 1987; Müller und Mettin 1988 u. a.). Dabei fungieren als genetische Informationsspender für Kulturpflanzen auch Mikroorganismen. So wurde beispielsweise in das Kern-Genom der Tomate ein Gen eingebaut, welches von Streptomyces stammt. Seine Zustandsstufe bedingt die Entwicklung eines Enzyms, welches in der Lage ist, Phosphinotricin in eine ungefährliche Verbindung umzuwandeln. Phosphinotricin ist eine herbizid wirkende Substanz. Tomaten mit dem Streptomycesgen sind deshalb herbizidresistent.

Beim parasexuellen ist wie beim sexuellen Gentransfer davon auszugehen, daß die inkorporierten Allele in der Regel nicht nur ein Merkmal bedingen, sondern pleiotrop wirken (vgl. 1.3.7.). Da das fremde Allel in einem Schritt in das neue genetische Milieu gelangt, gibt es kaum eine Möglichkeit der Selektion. Es ist daher vielfach mit negativen, pleiotropen Nebenwirkungen zu rechnen (vgl. 1.9.). Das gilt im Prinzip auch für den Gentransfer auf sexueller Grundlage. Da die Einlagerung der fremden DNS-Abschnitte meistens in mehreren Kreuzungsschritten erfolgt, ergeben sich aber einige Selektionsmöglichkeiten. In ihrer Folge können die negativen pleiotropen Nebenwirkungen relativ gering ausfallen.
Werden Introgressionen auf sexueller Grundlage vorgenommen, ist es günstig, wenn über die Genetik der einzulagernden Merkmale, einschließlich der Genlokalisation, genaue Kenntnisse vorliegen. Ist das nicht der Fall, dann läßt sich vielfach auch merkmalsbezogen erfolgreich arbeiten. So ist es beispielsweise möglich, auf dem Wege einer Introgression die Form und Qualität des Nutzungsorgans beim Sellerie zu verbessern, indem man als genetische Informationsquelle die Petersilie verwendet. Genetische und cytologische Kenntnisse wären dabei zwar sehr hilfreich, liegen aber nicht vor. Wird mit Verfahren der Gentechnik eine derartige Introgression angegangen, ist zunächst die Genetik und Zytologie des zu bearbeitenden Merkmals zu klären. Da nur wenig züchterisch wichtige Merkmale bei Haustieren und Kulturpflanzen genetisch sowie zytologisch analysiert sind, grenzen sich dadurch die Möglichkeiten eines parasexuellen Gentransfers zur Zeit noch stark ein.
Liegen über die einzulagernden Merkmale genetische und cytologische Kenntnisse vor, ist es im Rahmen einer Gentechnik erforderlich, die dafür in Frage kommenden Allele zu isolieren. Ist das geschehen, sind sie zu klonieren. Dafür verwendet man in der Regel Bakterien. In vielen Fällen werden dann die zu übertragenden DNS-Fragmente an einen biologischen Vektor gebunden. Dies können beispielsweise Plasmide von Agrobacterium tumefaciens sein. Die Inkorporation der fremdartigen DNS in den Idiotyp des Empfängers erfolgt dabei mitunter in die Protoplasten. Das hat den Nachteil, daß diese wieder zu adulten Individuen regeneriert werden müssen, was vielfach noch Schwierigkeiten macht. Abgesehen davon erfolgt die Regeneration über ein Callusstadium, in dem es häufig zu ungezielten genetischen Veränderungen kommt, die man als somaklonale Variation bezeichnet. Dabei handelt es sich vor allem um Genomvermehrungen, Chromosom- und Genmutationen. Dieselben verändern den Empfänger vielfach und erschweren die möglichst schnelle Nutzung einer Introgression. Aus diesem Grunde müssen solche somaklonalen Variationen eliminiert werden.
Besser ist es, die DNS-Inkorporation vektorfrei in die Organismen vorzunehmen. Dafür sind auch schon die methodischen Voraussetzungen gegeben.

Es sei an dieser Stelle auf eine weitere Spezifik eines parasexuellen Gentransfers hingewiesen. Die DNS-Einlagerung in Zellen bzw. Organismen kann in der Nachbarschaft der Insertionsstelle zu DNS-Veränderungen führen. Ist das der Fall, muß mit entsprechenden Merkmalsveränderungen gerechnet werden. Ferner weisen mit Hilfe der Gentechnik entstandene Introgressionsidiotypen eine deutlich erhöhte Mutationsrate auf. Sie sind relativ instabil (Müller und Mettin 1989).

Eine Introgression mit Hilfe der Gentechnik hat gegenüber einem sexuellen Gentransfer mehrere Vorteile. So werden beim parasexuellen Gentransfer gezielt nur die Allele in den Idiotyp des Empfängers eingelagert, die zu einer Merkmalsveränderung beitragen sollen. Ein weiterer Vorteil ist, daß die Introgressionsmöglichkeiten durch die Inkompatibilität nicht eingeschränkt bzw. erschwert werden.

Dem parasexuellen und sexuellen Gentransfer ist gemeinsam, daß Hybridnekrosen, Hybridchlorosen und Hybridsterilität vorkommen können. Ist dies der Fall, wird eine Introgression erschwert. Außerdem ist es bei beiden Methoden fast immer notwendig, daß genetische System des Empfängers so zu variieren, daß es durch die genetische Information des Spenders zu keinen Interaktionsstörungen kommt. Sie sind im allgemeinen um so größer, je umfangreicher die einzulagernde, genetisch wirkende DNS-Menge ist und je mehr sie sich qualitativ vom Empfänger unterscheidet. Erst die Gestaltung eines genetischen Systems das frei von Interaktionsstörungen ist, wird sich in der Form von einer Sorte nutzen lassen.

6.5.2. Züchtung mit Allopolyploiden

6.5.2.1. Charakterisierung

Bei der Entwicklung von Kulturpflanzen sind Allopolyploidisierungsvorgänge sehr wichtig gewesen. In der Regel mußten diese Vorgänge unter Einbeziehung von Wildgenomen stattfinden. Dabei haben primäre Verdoppelungsprodukte von Art- und Gattungsbastarden im allgemeinen keine eigenständige Bedeutung in der Evolution erlangt. Erst nachdem diese primären Allopolyploiden einen intensiven Kombinations- und Selektionsprozeß durchlaufen haben, konnten sie sich eigenständig in der Evolution durchsetzen. Mitunter kam es gar nicht zum Auftreten von primären Allopolyploiden, sondern war mit der Entstehung von Allopolyploiden über Zwischenprodukte ein Kombinations- und Selektionsprozeß verbunden. Dies trifft besonders für eine meiotische Polyploidisierung zu, die Kombination und Selektion begünstigt (Skiebe 1966).

Welche der vielfältigen Entstehungsmöglichkeiten bei den alten Allopolyploiden, wie z. B. dem Durumweizen, vorgelegen haben, läßt sich heute kaum noch belegen. Bei den jungen Allopolyploiden ist dies jedoch möglich. Zu diesen gehört *Begonia semperflorens gracilis*. Bei dieser 4x-Form sind weder in der F_1- noch in der F_2-Generation Verdoppelungsprodukte der Artbastarde zwischen *B. semperflorens* 2x und *B. schmidtiana* 2x entstanden (Skiebe 1970). Es bildeten sich zunächst 2x-Bastarde und dann 3x-Idiotypen. Erst aus diesen gingen 4x-Allopolyploiden hervor. Diese wurden erneut mit 2x *B. semperflorens* gekreuzt und ergaben dann züchterisch bedeutsame allopolyploide *B. semperflorens gracilis*-Typen. Mit ihrer Entstehung war eine Kombination und Selektion verbunden.

Für eine Einschätzung der Bedeutung von Allopolyploiden in der Evolution ist die Kenntnis der Genom- und Plasmonspender wichtig. Umfangreiche Forschungen haben darüber Aufschlüsse vermittelt (Gottschalk 1976).

Bei einigen Allopolyploiden kennt man allerdings deren Genomspender noch nicht. Es sei an dieser Stelle nur auf *Trifolium repens* L., *Saccharum officinarum* L., *Festuca arundinacea* Schreb., *Cheiranthus allionii* hort., *Allium porrum* L. und *Coffea arabica* L. verwiesen.

6.5.2.2. Verfahren der Allopolyploidiezüchtung

6.5.2.2.1. Grundlagen

Die Leistungsfähigkeit von Allopolyploiden ist mit der Anzahl und der Qualität von Genomen verknüpft. Im allgemeinen läßt sich davon ausgehen, daß mit zunehmender Anzahl an Genompaaren das Leistungspotential wächst. Mit ansteigender Genomanzahl wird es allerdings auch schwieriger, daß sich ein genetisches System herausbildet, in dem es zwischen den erblichen Teilinformationen keine Interaktionsstörungen gibt. Obwohl der Genotyp die Hauptmenge an genetischer Information enthält, ist der Einfluß des Plasmotyps bei einigen Merkmalen der Allopolyploiden bedeutungsvoll. Dabei ist davon auszugehen, daß eine partielle Alloplasmie bei allen in der Züchtung entstandenen Allopolyploiden vorliegt. So besitzt beispielsweise der Saatweizen die B/AABBDD-Konstitution. Der Saathafer verfügt über das A-Plasmon, ist also ein A/AACCDD-Idiotyp. Beide Getreidearten sind sehr ertragreich. Damit läßt sich belegen, daß es bei einer partiellen Alloplasmie auch zu hohen Leistungen kommt. Im übrigen gibt es bei partieller Alloplasmie auch Unterschiede in der Merkmalsausprägung, je nachdem, welches Plasmon mit den Genomen vereinigt ist.
Daneben lassen sich bei Allopolyploiden auch vollständig alloplasmatische Idiotypen erzeugen. So gibt es u. a. AABBDD-Genome im Plasmon von

Aegilops caudata	C/AABBDD,
Hordeum vulgare	H/AABBDD,
Triticum timopheevii	C/AABBDD,
Secale cereale	R/AABBDD

(Kihara 1951; Wilson und Ross 1962; Maan und Lucken 1971; Islam u. a. 1976).

6.5.2.2.2. Primäre Allopolyploide

Primäre Allopolyploide werden im Rahmen der Züchtung bei vielen Objekten hergestellt. Sie können gelegentlich schon unmittelbar für die Neuzüchtung verwendet werden. Dies gilt für Pflanzen, deren vegetative Organe man nutzt und die man vegetativ vermehrt, wie manche Zierpflanzen. Es trifft aber auch für Pflanzen zu, die man generativ vermehrt, wobei sie sich nach Möglichkeit allogam befruchten sollten. Typisch dafür sind Futterpflanzen. So reicht bei primären Allopolyploiden aus den Gattungen *Festuca* und *Lolium* die Fertilität und Samenproduktion für züchterische Zwecke aus (Netzband und Wacker 1977). Die züchterischen Arbeiten konnten deshalb schon bis zur Fertigstellung von Sorten führen.
Bei anderen allopolyploiden Futterpflanzen liegt die Sachlage ungünstiger. So sind bei 4x-Idiotypen aus Genomen der Gattungen Raphanus und Brassica die zytogenetischen Störungen hoch und die Samenproduktion niedrig sowie

schwankend (Mc Naughton 1973). Es war daher bisher trotz der hohen Leistung bei den vegetativen Merkmalen nicht möglich, Sorten fertigzustellen.

Zwischen der genetischen Konstitution der Allopolyploidiepartner und den primären Allopolyploiden gibt es bestimmte Beziehungen. Sie sind das Ergebnis von Interaktionen der Allele genomverschiedener Genorte. Da über diese Genbeziehungen wenig bekannt ist, erfolgt die Auswahl der Partner für die Erzeugung der primären Allopolyploiden vielfach nach dem trial-error-Prinzip. Mitunter wird aber auch davon ausgegangen, daß die leistungsfähigsten Linien von Arten auch die beste Allopolyploidisierungseignung besitzen. Bei den Eltern und primären 6x- und 8x-Weizen-Roggen-Allopolyploiden konnten Wandelt und Albrecht (1985) zeigen, daß diese Annahme nicht zutreffend ist. Sie fanden beispielsweise sogar auch, daß eine hohe Merkmalsausprägung bei einem Elter zu einer niedrigen in den primären Allopolyploiden führt. Das ist verständlich, weil bei den allopolyploiden Formen alle möglichen Genbeziehungen auftreten können. Dies gilt beispielsweise für die Co-Epistasie. Sie kommt bei den Fruchtmerkmalen der Hauspflaume vor. Diese allopolyploide Form hat als Eltern *Prunus spinosa* L. und *Prunus cerasifera* Ehrh. Bei *P. cerasifera* ist die Grundfarbe der Früchte gelb. Außerdem haben sie noch ein rotes Anthocyanin. *P. spinosa* hat eine grüne Grundfarbe und ein blaues Anthocyanin. Das allopolyploide Produkt aus diesen beiden Arten vereinigt alle Farben in seinen Früchten (Crane und Lawrence 1931).

Bezogen auf die Gene der beteiligten Genome, läßt sich bei Allopolyploiden an den Merkmalen auch eine Komplementation registrieren.

Ein entsprechendes Beispiel findet man bei dem Allopolyploid aus *Cheiranthus scoparius* Brouss. ex Willd. und *Ch. cheiri* L. var. Frühwunder. Es hat sehr lange sowie breite Blatthaare und eine sehr dichte Behaarung. *Ch. scoparius* hat kurze sowie breite Blatthaare und ist mitteldicht behaart. *Ch. cheiri*, der andere Elter, hat schlanke, lange Haare und ist nur schwach behaart (Skiebe 1956).

Ein vollständiges Vorherrschen von Genen bestimmter Genome läßt sich bei der Ährchengestaltung des Weizens feststellen. Die 4x-Weizen sind in der Regel vierblütig. Den gleichen Ährchenaufbau haben die 6x-Saatweizen, bei denen es sich um Allopolyploide aus 4x-Weizen und 2x *Aegilops tauschii* Cross. handelt. Die Beteiligung von *Ae. tauschii* Genomen kommt dabei nicht zur Geltung, die über zweiblütige Ährchen verfügen (Hammer 1980).

Bei einer Entwicklung von allopolyploiden Idiotypen aus Brassica alboglabra Bailey und Brassica campestris L., erweist sich die schwarze Samenfarbe von B. alboglabra als vorherrschend gegenüber der braunen Samenfarbe von B. campestris (Chen u. a. 1988). Allele, welche die schwarze Samenfarbe bedingen, sind demnach vollständig epistatisch über Allelen, welche die braune Samenfarbe codieren.

Es stehen zahlreiche Merkmalsanalysen zur Verfügung, bei denen auch ein Kompromiß zwischen den Genen verschiedener Genome festgestellt wurde. Ein charakteristisches Beispiel dafür ist bei der Ausprägung der Blatthäutchen des allopolyploiden Bastardes aus *Festuca pratensis* Huds. und *Lolium multiflorum* Lam. im Vergleich zur Wirkung der Elterngenome zu finden. Das Blatthäutchen ist bei dem Allopolyploid etwa so lang wie der Blattgrund. *L. multiflorum* hat ein längeres und F. pratensis ein kürzeres Blatthäutchen (Wacker u. a. 1984).

Für einen Kompromiß in der Merkmalsausprägung liefern ferner allopolyploide Formen aus *Hordeum chilense* Roem. et Schuld und 6x-Triticale Hinweise (SCHRADER und POHLER 1985). Sie nehmen in der Blütchengröße und in der Ährengröße gegenüber den Eltern eine Mittelstellung ein. Dabei haben sich die in dem Allopolyploid vereinigten Genome nur unvollständig zur Geltung bringen können.
Eine Addition von Genen verschiedener Genome anhand ihrer Merkmalsausprägung läßt sich bei Artbastarden oder Allopolyploiden ebenfalls finden. Dafür ein Beispiel beim Getreide. Es handelt sich um die Ährchengestaltung bei den 4x-Weizen. Die Ausgangsformen für dieses Allopolyploid sind noch nicht ganz sicher ermittelt. Es gibt aber Übereinstimmung darüber, daß der eine Elter *Triticum urartu* Thum. ex Gandil. ist. Diese Art hat zweiblütige Ährchen. Der andere Genomspender ist eventuell *Triticum boeoticum* Boiss. (JOHNSON 1972). Auch diese Art hat zweiblütige Ährchen. Es spricht aber sehr viel dafür, daß der zweite Genomspender eine Aegilops-Art aus der Subsect. *Emarginata Eig* ist (DOROFEJEW und MIGUSCHOWA 1983). Als Kandidat kommt dabei vor allem *Aegilops searsii* in Betracht. Ob es *Ae. searsii* oder eine andere Art aus dieser Subsektion ist, in jedem Fall hat sie zweiblütige Ährchen (HAMMER 1980). Da der Wildemmer mit der Valenz 4x, *Triticum dicoccoides* (Koern. ex Aschers. et Graebn.) Schweinf., wie alle von ihm abstammenden 4x-Kulturweizen vierblütig bzw. vielblütig sind (SKIEBE u. a. 1980), ist eine Addition in der Wirkung der A^u- und B-Genome bei dem Merkmal Ährchengestaltung zu postulieren.

6.5.2.2.3. Sekundäre Allopolyploide

Bei Objekten, wo Produkte einer vegetativen Vermehrung für den Pflanzenbau zur Verfügung gestellt werden und wo er generative Organe nutzt, ist es fast immer notwendig, mit sekundären Allopolyploiden zu arbeiten. In diesem Zusammenhang sind Allopolyploide aus *Ribes uva crispa* L. (Stachelbeere) mit *Ribes nigrum* L. (Schwarze Johannisbeere) zu nennen (MURAWSKI 1977).
Bei Objekten, deren generative Organe man nutzt und auch generativ vermehrt, haben fast nur noch die sekundären Allopolyploiden eine unmittelbare züchterische Bedeutung. Die primären Allopolyploiden werden im Rahmen der Züchtung aber als Basismaterial benötigt. Typisch dafür sind Allopolyploide aus Genomen des Weizens und des Roggens (SKIEBE 1982). Dabei kann es 4x-, 6x- und 8x-Allo- sowie 8x- und 10x-Autoallopolyploide geben. Sie alle können in sekundäre Allopolyploide überführt werden. Praktische Bedeutung hat aber bisher nur die 6x-Valenzstufe erlangt.
Die zur Erzeugung sekundärer Allopolyploider notwendigen Maßnahmen schließen die üblichen Kombinations- und Selektionsprinzipien mit ein. Sie beinhalten aber auch tiefergreifende Kombinationen und zusätzliche Selektionen. Der gesamte Prozeß wird als eine Umkonstruktion charakterisiert. Dadurch ist auf partiell alloplasmatischer Basis unter Beteiligung homologer oder inhomologer Genompaare ein neues genetisches System zu entwickeln. Es soll infolge von Allelwirkungen und Allelbeziehungen, sowie Genbeziehungen innerhalb der homologen Genompaare und zwischen den fremdartigen Genomen zu höheren bzw. neuartigen Merkmalsausprägungen befähigt sein.

6.5.2.2.3.1. Kombination

In primären Allopolyploiden kann auf Grund spontaner Mutationen, durch allogame Befruchtungen und durch zytologische Instabilitäten eine genetische Variabilität auftreten. Sie reicht aber fast nie aus, um durch Selektionen diese allopolyploiden Populationen wesentlich verbessern zu können. Die Kombination verschiedener primärer Allopolyploider untereinander mit nachfolgender Selektion kann Fortschritte bringen. Außerdem sind Verfahren notwendig, die nicht nur die üblichen Rekombinationsmöglichkeiten innerhalb einer Art beinhalten, sondern auch solche, in welchen temporär in Bastarden wesentlich tiefgreifende Kombinationsprinzipien zur Geltung kommen können. Um das zu erreichen, sollten die Ausgangsformen für den 1. Kreuzungsschritt intergenomatische oder interplasmatische Differenzen aufweisen. Angebracht ist es, wenn sie zusätzlich eine verschiedene Valenz besitzen. In der Meiose von Bastarden derartiger Kreuzungen hat dann nicht jedes Chromosom der beteiligten Genome seinen homologen Partner. Die Folge davon ist häufig das Auftreten von zytologischen Irregularitäten, wie Aneuploidie, Chromosomenbrüchen, Segmentfusionen oder die Bildung von gänzlich bzw. teilweise unreduzierten Gameten. Entsprechend der genetischen Divergenz der Ausgangspartner läßt sich dann in den Geschlechtszellen der Bastarde mit genetischen Informationen von homologen Genomen anderer Arten oder sogar von homöologen Genomen rechnen. Es kann deshalb zu folgenden genetischen Veränderungen kommen:

intragenomatische, intraspezifische Kombinationen,
intragenomatisch, interspezifische Kombinationen,
intergenomatische Translokationen,
intergenomatische Substitutionen und
interplasmatische Substitutionen.

Diese verschiedenen Rekombinationen lassen sich nicht in einem einzigen Verfahren erzielen, sondern sind nur stufenweise herbeiführbar. Derartige intensive Rekombinationen sind bei neuartigen Allopolyploiden nicht nur für die Beseitigung von zytogenetischen Störungen notwendig, sondern auch für eine Verbesserung der Merkmalsausprägung gegenüber den Ausgangsarten (Abb. 6.25.).

Welche der Kombinationsverfahren eingesetzt werden, richtet sich nach den jeweils vorliegenden Genbeziehungen und nach den zu realisierenden Zuchtzielen. So ist bei 6x-Triticale davon auszugehen, daß Allele der Weizengenome, auch unter Berücksichtigung ihrer höheren Dosis, gegenüber den Allelen des Roggengenoms vielfach epistatische Wirkungen aufweisen. Verlangen die Zuchtziele zwischen den Allelen des Roggens und des Weizens einen Kompromiß, dann hat das Konsequenzen für die anzuwendenden Kombinationen. Solche mit den A^u- und B-Genomen des Saatweizens dürften kaum etwas bewirken, wenn ein epistatisches Verhalten der Weizenallele vorliegt. Es ist vielmehr notwendig, daß es bei der Weizenkomponente zu Veränderungen kommt. Durch Kombinationen sind dabei Defizienzen oder Substitutionen zu erreichen.

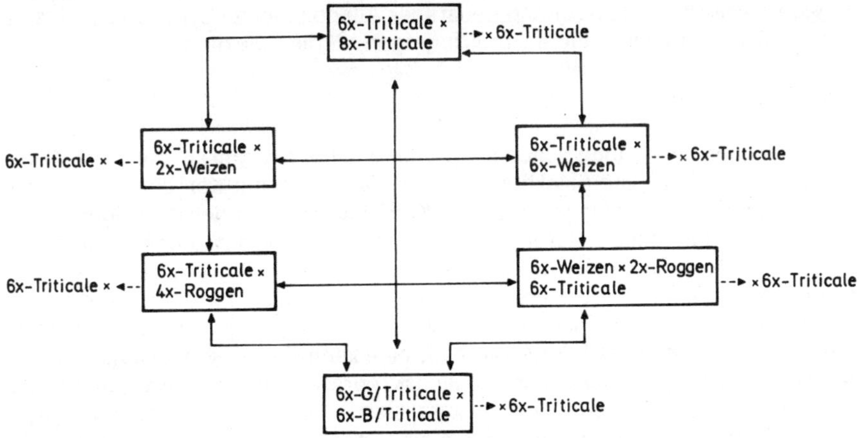

Abbildung 6.25. Schematische Darstellung eines Komplexes von Kombinationsverfahren bei der Züchtung von 6x-Triticale

Will man beispielsweise die Ährchenstruktur von 6x-Triticale der des Roggens annähern, dann ist zunächst von einer vollständigen epistatischen Wirkung der Weizenallele auszugehen. Durch Kombinationen von 6x-Triticale mit dem zweiblütigen Roggen und dem zweiblütigen Einkornweizen können die genetischen Systeme derart verändert werden, daß Idiotypen mit dreiblütigen Ährchen entstehen. Mitunter liegt in primären Allopolyploiden ein unvollständig epistatisches Verhalten zwischen der Weizen- und Roggen-Komponente vor, das Zuchtziel verlangt aber ein höheres Niveau in der Merkmalsausprägung. Auch dieser Sachlage müssen die Kombinationen entsprechen. Dies gilt beispielsweise für die α-Amylaseaktivität. Sie ist bei der Weizenkomponente in den üblichen 6x-Triticale-Idiotypen niedrig und in der Roggenkomponente mittelhoch. Werden diese Formen mit dem Einkornweizen kombiniert, dann lassen sich auch Idiotypen mit einem hohen α-Amylasegehalt auslesen. Dies gelingt allerdings nur dann, wenn es zu entsprechenden genetischen Veränderungen in der Weizenkomponente gekommen ist.

Auf den Effekt jeder Kombinationsmaßnahme hat die jeweilige genetische Konstitution der verwendeten Kreuzungspartner und damit auch der genetische Hintergrund einen großen Einfluß. Ferner führt jede tiefgreifende Kombination eines jeweils vorliegenden genetischen Systems zunächst zu Störungen mit ihren Folgen auf das zytologische Verhalten, die Fertilität und die generative Reproduktion.

Die Art- und Gattungskreuzung stellt also bei der Entwicklung von züchterisch brauchbaren neuartigen Allopolyploiden nur die primäre Kombination dar. Ihr müssen in der Regel sekundäre Kombinationen folgen. Bei letzteren ist davon auszugehen, daß sie potentiell gesehen vor allem am Beginn des Prozesses meistens dann sehr wirksam sind, wenn sie das genetische System stark verändern.

In jedem Fall ist die Bearbeitung neuartiger Allopolyploider schwierig und langwierig. Sie stellt auch höhere Anforderungen an die Selektion.

6.5.2.2.3.2. Selektion

Eine Selektion ist mitunter schon in die Kombinationsverfahren integriert. Abgesehen davon, setzt eine Selektion in jedem Falle nach der Kombination ein. Sie hat dann auf der Grundlage adäquater Kombinationen an der Beseitigung zytogenetischer Interaktionsstörungen sowie an der Verbesserung züchterisch wichtiger Merkmale mitzuwirken. Dazu bedarf es geeigneter Kriterien und brauchbarer Selektionsverfahren. Dabei steht als Selektionseinheit die Einzelpflanze und deren Nachkommenschaft im Vordergrund. Da die Nachkommenschaftsprüfungen bei der Auslese als eine zentrale Selektionseinheit zu werten sind, müssen ihre Aussagen möglichst repräsentativ sein. Aus guten Nachkommenschaften ist dann wieder auszulesen. Bei der Selektion von guten Einzelpflanzen ist zu beachten, daß die einzelnen Merkmale, auf die es auszulesen gilt, in mannigfacher Weise miteinander verbunden sind. Dies gilt für neuartige Allopolyploide ganz besonders, da die Zusammenführung von Komponenten verschiedener genetischer Systeme auch entsprechend komplizierte Merkmalsbeziehungen zur Folge hat.
Bei diesen sind Interdependenzen die Regel, und ein Selektionsgewinn bei einem Merkmal kann zu einem Selektionsverlust bei einem anderen führen. Es ist außerdem die Wahrscheinlichkeit des Auftretens geeigneter Idiotypen für die Selektion zu erhöhen. Deshalb ist es notwendig, schon gezielt Kombinationen auf Grund vorliegender zytologischer und genetischer Kenntnisse vorzunehmen. Ferner ist auf Bastardmaterial, welches wahrscheinlich nicht leistungspotent genug ist, frühzeitig zu verzichten. Dazu bedarf es der $F_1 : F_2$-Beurteilungen. Es hat sich gezeigt, daß die Wahrscheinlichkeit, zu hochleistungsfähigen Stämmen zu kommen, groß ist, wenn eine Kombination in der F_1 und F_2 wenig Indizien für zytogenetische Störungen aufweist und sich für eine Auslese auf züchterisch wichtige Merkmale als aussichtsreich erweist. Daher sind nur solche Kombinationen in ein intensives Selektionsprogramm einzubeziehen.

Es ist empfehlenswert, bereits in der F_2 mit der Auslese zu beginnen. Kombinationsmöglichkeiten werden damit nicht verschenkt, weil zumindest aus den Nachkommenschaften in der F_3 erneut Einzelpflanzen ausgelesen werden sollten. Selbst eine Auslese in der F_4-Generation wird noch notwendig sein. Soweit es möglich ist, sind Prüfungen so früh wie es geht unter verschiedenen Umweltbedingungen durchzuführen. Die geforderten F_1- und F_2-Beurteilungen schließen zumindest für die F_2-Generation ein Prüfen unter verschiedenen Bedingungen schon mit ein.
Die F_2-Beurteilung und die Selektion läßt sich wirksam unterstützen, wenn Kenntnisse über das Verhalten von homozygoten Allelkonfigurationen vorliegen. Aus diesem Grunde ist die Homozygotisierung der Populationen eventuell schon in der F_2-Generation mit Hilfe moderner Methoden wie der Antherenkultur und der Genomelimination wichtig (Bernard und Bernard 1977; Sulima u. a. 1980; Snape u. a. 1980; Islam und Shepherd 1981).

Wegen der großen Bedeutung der Einzelpflanze und deren Nachkommenschaft ergibt sich die Notwendigkeit einer hohen generativen Reproduktion von Idiotypen. Da der generative Vermehrungskoeffizient bei vielen neuartigen Allopolyploiden nicht ausreicht, ist es angebracht, vegetative Vermehrungen von einzelnen Pflanzen vorzunehmen (SURIKOV 1972). Dafür bieten die Verfahren der Gewebekultur eine gute Voraussetzung. Allerdings ist die genetisch identische Reproduktion nicht vollständig. Durch Mutationen in der L_2-Schicht der Vegetationspunkte kann es zu genetischen Abweichungen kommen. Die vegetative Vermehrung hat den Vorteil, daß die Leistung sowie die Merkmalsausprägung eines Idiotyps erfaßt werden kann, außerdem wird durch die Samenerzeugung des Klones die generative Vermehrungsrate drastisch erhöht, daß sich auf jeden Fall die notwendigen Prüfungen durchführen lassen.

6.5.2.2.3.3. Spezielle Züchtung

Aus der Fülle der Möglichkeiten einer Entwicklung sekundärer Allopolyploider können nur einige Verfahren dargestellt werden. So ließen sich in der Gattung Ribes in der Nachkommenschaft einer Kreuzung von zwei verschiedenen primären Allopolyploiden, leistungsfähige Klone auslesen die zu Sorten geführt haben. Es handelt sich dabei um Allopolyploide aus Kultur-Johannisbeere und Wild-Stachelbeere und Allopolyploide aus Kultur-Johannsbeere und Kultur-Stachelbeere (BAUER 1978).

Dieses Prinzip einer „Doppelkreuzung" läßt sich durch die Einbeziehung anderer Partner ausbauen. Dabei kann auch die große Variabilität bei Johannisbeeren genutzt werden.

Ein anderes züchterisches Vorgehen läßt sich bei primären Allopolyploiden aus Weizen und Roggen betreiben. Beteiligt sind daran Durum-Weizen mit der Konstitution B/A^uA^uBB, Aestivum-Weizen mit der Konstitution B/A^uA^uBBDD und Roggen mit der Konstitution R/RR. Die primären 6x- und 8x-Allopolyploiden haben die Konstitution B/A^uA^uBBRR bzw. $B/A^uA^uBBDDRR$.

Für eine Umkonstruktion der primären 6x-Allopolyploiden gibt es mehrere Möglichkeiten (vgl. Abb. 6.25.). So können Teile der A^u- und B-Genome des 4x-Weizens durch solche des 6x-Weizens ausgetauscht werden (KISS 1966; ZILLINSKY und BORLAUG 1971; SULYNDIN 1970). Dies geschieht auf der Basis einer Homologenpaarung. Ein derartiger Kombinationsvorgang wird verbunden mit der Gestaltung einer dazu passenden Allelkonfiguration im R-Genom des Roggens. Außerdem werden die umkonstruierten 6x-Idiotypen in der Regel durch die Wahl entsprechender Mütter mit dem Plasmon von Saatweizen ausgestattet. Zahlreiche Sorten des 6x-Triticale-Sortimentes beruhen auf solchen interspezifischen intragenomatischen Rekombinationen.

Ein ähnliches Beispiel läßt sich aus der Gattung Brassica ableiten. Bei den Kulturarten gibt es die drei Genome:

A = x = 10 von *B. campestris,*
B = x = 8 von *B. nigra,*
C = x = 9 von *B. oleracea.*

Auf dieser Grunlage gibt es die drei natürlichen Allopolyploiden

AABB = z = 36 bei *B. juncea*,
AACC = z = 38 bei *B. napus*,
BBCC = z = 34 bei *B. carinata*.

Es war auch möglich, neuartige AABBCC-Allopolyploide als primäre zu entwikkeln (OLSSON 1963). Diese haben züchterisch bisher keine Bedeutung erlangt. Für Umkonstruktionsmaßnahmen könnten die artifiziellen 6x-Allopolyploiden mit den natürlichen oder artifiziellen 4x-Allopolyploiden kombiniert werden. Dabei ist darauf zu achten, daß bei den 5x-Bastarden, die aus reduzierten Gameten hervorgehen, jeweils ein Genom nur in einfacher Dosis vorhanden ist, also:

AABBCC × AABB → AABBC
AABBCC × AACC → AABCC
AABBCC × BBCC → ABBCC

Um wieder zu 6x-Allopolyploiden zu kommen, müssen die 5x-Bastarde teilweise unreduzierte 3x-Gameten bilden. Zur Herbeiführung des sekundären Allopolyploidiestatus können also interspezifische intragenomatische Rekombinationen beitragen. Damit erschöpfen sich aber die züchterischen Potenzen bei diesem Objekt nicht. Auch intergenomatische Rekombinationen sind in den Umwandlungsprozeß primärer Allopolyploider einzubeziehen. Dies gilt um so mehr, da aus den Untersuchungen von RÖBBELEN (1960) zumindest zwischen den A-, B- und C-Genomen eine Homoeologie vorliegt. Substitutionen oder Additionen könnten daher zur Entwicklung sekundärer, züchterisch unmittelbar nutzbarer Rophanobrassica-Idiotypen beitragen. Für einen derartigen Umkonstruktionsprozeß gibt es verschiedene Möglichkeiten. Zwei sollen hier Erwähnung finden. So sind nach Kreuzungen zwischen den 4x-RRCC-Allopolyploiden mit 6x-AACCCC- (HOFFMANN und PETERS 1958) bzw. AARRRR- (MIZUSHIMA 1944) Autoallopolyploiden R:A-C:R-C:A-Substitutionen zu erwarten. Sind sie einmal aufgetreten, lassen sich dann später auch Translokationen entwickeln. Auf der Grundlage derartiger intergenomatischer Veränderungen wird man die mit dem primären Status verbundene Stagnation überwinden können.
Bei dem oben geschilderten Vorgehen sind Substitutionen zwischen verschiedenen Genomen möglich. Will man diese genomspezifischer herbeiführen, bieten sich andere Initial-Kreuzungen an. Dann ist zu versuchen, die RRCC-Allopolyploiden mit AACC- *(B. napus)* BBCC- *B. carinata)* AARR- (TERASAWA 1932) Allopolyploiden zu kombinieren. Gelingt dies, ist mit spezifischen genetischen Veränderungen zwischen den Genompaaren A und R, R und B sowie A und C zu rechnen. Dabei kann es sich besonders unter Beteiligung der A-Genome auch um Additionen handeln. Diese intergenomatischen Veränderungen sind im übrigen mit intragenomatischen Rekombinationen verbunden. Ein Beispiel für ausschließlich intergenomatische Rekombination findet man wieder bei Triticale.
Kreuzt man 6x-Triticale mit 2x-Weizen *(T. monococcum)* entstehen Bastarde mit der Valenz 4x, 5x, 6x und 8x (SKIEBE und NEUMANN 1980). Die Weiterverwendung der 4x- und 5x-Hybriden macht wegen der hochgradigen Hybridsterilität Schwierigkeiten. Es ist daher angebracht, sie zu polyploidisieren, um dann mit ihnen weiter arbeiten zu können (Abb. 6.26.).

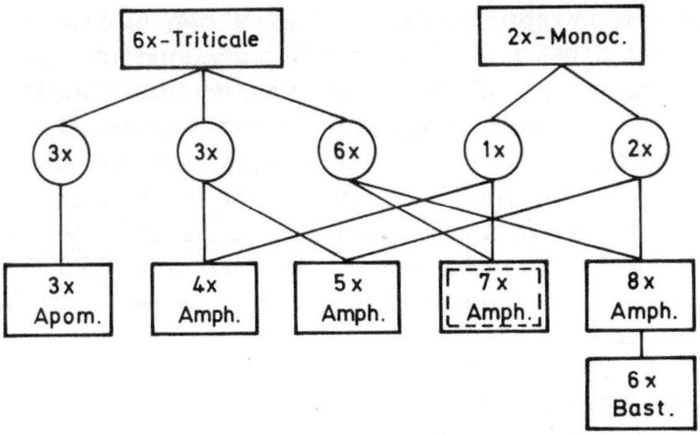

Abbildung 6.26. Schematische Darstellung der verschiedenen apomiktischen (apom.) und amphimiktischen (amph.) Bastarde nach Kreuzung von 6x-Triticale × 2x-*Triticum monococcum* L.

Von großer Bedeutung sind aber die 8x- bzw. 6x-Idiotypen. Die 8x-Bastarde gehen zurück auf eine Befruchtung von unreduzierten Gameten beider Eltern. Bei diesen $B/A^uA^uA^bA^bBBRR$-Formen wird eine starke Tendenz zum Herabregulieren in der Genomvalenz beobachtet. Diese Reduktion erstreckt sich nur auf die A-Genome und kann sowohl A^u- als auch A^b-Chromosomen erfassen (Seliger 1985). Es resultieren deshalb nach einem Kreuzungsschritt verschiedene 6x-Bastarde mit genetischer Information aus dem homoeologen A^b-Genom.

Wie man a priori zu Translokationen in Verbindung mit intragenomatischen Rekombinationen kommen kann, läßt sich ebenfalls an 6x-Triticale gut demonstrieren. Dieses 6x-Allopolyploid hat, wie 4x- und 6x-Weizen, eine genetische Paarungskontrolle. Sie sichert in der Meiose die Paarung von homologen Chromosomen. Dieser Vorteil für eine Stabilität im genetischen System kann temporär zwecks intergenomatischer Veränderungen aufgehoben werden (Kistner 1974; Skiebe u. a. 1981; Seliger 1985). Dafür eignet sich genetische Information des Roggens. 6x-Triticale ist deshalb mit 2x-Roggen zu kreuzen. Daraus resultieren B/ABRR-Bastarde. In diesen treten Paarungen zwischen homoeologen A- und B-Chromosomen auf. Bei einem derartigen Meioseverhalten sind daher Translokationen zwischen A- und B-Chromosomen möglich. Effektiver ist es, mit 4x-Roggen zu arbeiten, weil in ABRRR-Bastarden die genetische Paarungskontrolle noch unwirksamer ist. Außerdem kann mit 4x-Roggen eine größere Allelvielfalt des R-Genoms in 6x-Triticale eingebracht werden (Seliger 1985). Bei der Selektion ist allerdings auf die Valenz und auf die Fertilitätsausprägung zu achten. Es ist in der F_2 auf 5x-Bastarde, in der F_3 auf 6x-Bastarde und ab der F_4 auf fertile 6x-Bastarde auszulesen (Abb. 6.27).

Um in eine derartige Umkonstruktion noch genetische Information von den A^u- und B-Genomen des 6x-Weizens einzubeziehen, bietet sich eine Variante der Triticale-Roggen-Kombination an. Es handelt sich um die Kreuzung zwischen 8x-Triticale mit 4x-Roggen und eine nachfolgende Bastardierung der ABDRRR-Form mit 6x-Triticale. Für die dazu notwendige 6x-Triticaleform benutzt man zweckmäßigerweise keine primäre, sondern eine sekundäre Form.

An die Kombination und Selektion werden bei neuartigen Allopolyploiden besondere Anforderungen gestellt. Das ist für neuartige Allopolyploide am Beginn züchterischer Arbeiten typisch. Man kann auch 6x-Triticale mit dem 6x-Saatweizen direkt kreuzen. Es entstehen dabei in der F_1-Generation aneugenomatische 6x-Bastarde mit der Konfiguration B/A^uA^uBBDR. Sie sind weitgehend hybridsteril. Es gelingt jedoch vielfach einige Samen zu erhalten. In den nächsten Generationen entwickeln sich 6x-Idiotypen mit vorwiegend eugenomatischer Struktur. Es handelt sich dabei um Triticaleformen deren genetische Information bei den A^u- und B-Genomen teilweise vom Saatweizen stammt. Das hat eine weitgehende Merkmalsannäherung an den Saatweizen zur Folge. Mehrere Triticalesorten beruhen auf Kreuzungen zwischen 6x-Triticale und 6x-Saatweizen. Dies trifft für die polnische Sorte „Lasko" und die ungarische Sorte „Bokolo" zu. Beide Sorten haben den gleichen, sekundären 6x-Triticalestamm aus Ungarn als einen Kreuzungselter. Bei der Entwicklung von „Lasko" wurde allerdings das Triticale:Weizen-Bastardmaterial noch mit einem 6x-Triticalestamm aus den USA kombiniert.

Auch an die Selektion werden bei neuartigen Allopolyploiden besondere Anforderungen gestellt. Dies gilt vor allem für die Merkmale in der generativen Phase. Sie besitzen fast alle einen unmittelbaren Bezug zu den zytologischen und genetischen Störungen mit denen immer zu rechnen ist. Als ein sehr wirksames Kriterium dafür erweist sich deshalb der Samenansatz pro Pflanze. Gute Hinweise auf den vorliegenden Störungsgrad geben auch die weibliche und männliche Fertilitätsausprägung.

Zwischen Idiotyp, Kombination und Selektion liegt also bei neuartigen Allopolyploiden eine spezifische Verflechtung vor. Dies gilt sowohl für die Beseitigung der Interaktionsstörungen als auch für die Merkmalsverbesserungen. Man muß deshalb bei den Kombinationsmaßnahmen bereits an die Selektion denken und

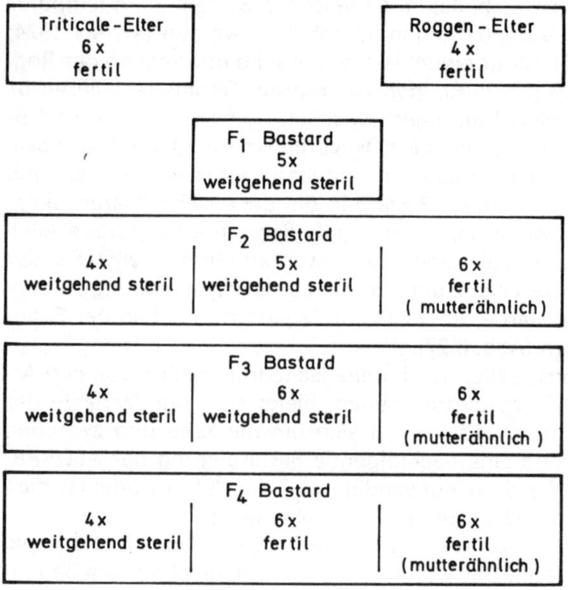

Abbildung 6.27. Entstehende Valenztypen in der F_1- bis F_4-Generation bei der Kombination 6x-Triticale × 4x-Roggen und deren Fertilitätsausprägung

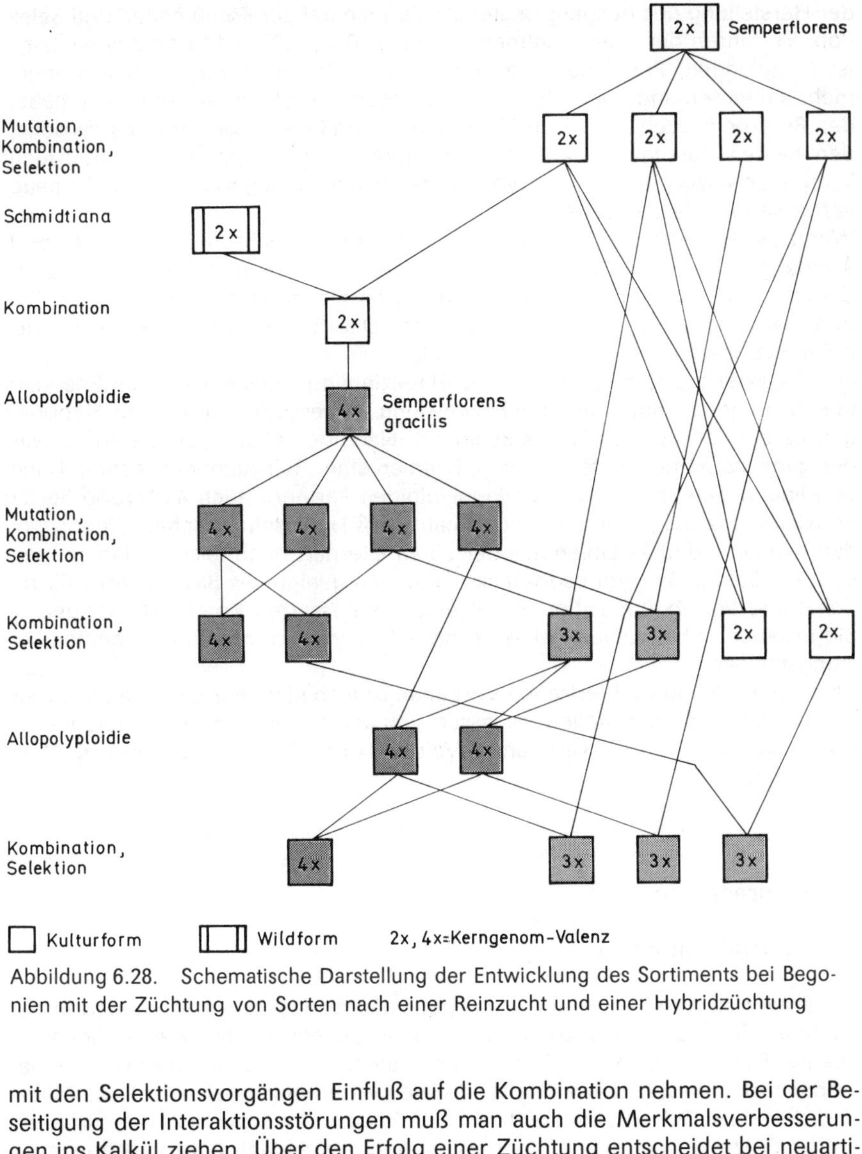

Abbildung 6.28. Schematische Darstellung der Entwicklung des Sortiments bei Begonien mit der Züchtung von Sorten nach einer Reinzucht und einer Hybridzüchtung

mit den Selektionsvorgängen Einfluß auf die Kombination nehmen. Bei der Beseitigung der Interaktionsstörungen muß man auch die Merkmalsverbesserungen ins Kalkül ziehen. Über den Erfolg einer Züchtung entscheidet bei neuartigen Allopolyploiden ein besonders gutes Zusammenwirken zwischen den benutzten Idiotypen, den verwendeten Kombinationsverfahren und den spezifischen Selektionsmaßnahmen.

Je mehr sich die neuartigen Allopolyploiden in ihrem genetischen System stabilisiert haben und störungsfrei geworden sind, um so mehr rückt auch wieder eine übliche Züchtung in den Vordergrund. Das betrifft sowohl Maßnahmen bei

der Herstellung des Ausgangsmaterials als auch bei der Kombination und Selektion. Verfahren der drei Zuchtmethoden (vgl. 6.2., 6.3., 6.4.) sind anwendbar.
Ist es gelungen, Populationen zu entwickeln, die keine Interaktionsstörungen mehr aufweisen und hohe Merkmalsausprägungen realisieren, kann man neben der Reinzucht auch eine Hybridzüchtung betreiben. Dabei muß es zwischen den beiden Zuchtmethoden keine absolute Trennung geben. Die Reinzucht kann auch dazu dienen, aus Hybridsorten wieder geeignete Partner für neue, verbesserte Hybriden zu entwickeln.
Wenn es die Kreuzbarkeit gestattet, bietet es sich auch an, bei einer Hybridzüchtung nicht nur auf dem allopolyploiden Niveau zu arbeiten, sondern auch die elterlichen Kerngenom-Spender in das Partnermaterial einzubeziehen. Das trägt vor allem zu einer weiten genetischen Distanz bei, die im allgemeinen für hohe Hybrideffekte günstig ist (vgl. 6.3.).
Ein charakteristisches Beispiel für die Einbeziehung eines Kerngenom-Spenders in eine Hybridzüchtung und die Entwicklung verbesserter Partner aus Hybriden gibt es bei den Semperflorens-Begonien. Nach der Allopolyploidisierung wurden zunächst samenechte Sorten im Rahmen einer Reinzucht geschaffen. Daneben ließen sich später aus 4x-allopolyploiden Partnern auch 4x-Hybrid-Sorten entwickeln. Es zeigte sich darüber hinaus, daß Hybriden zwischen allopolyploiden 4x-Linien und 2x-Linien aus der einen Elternart noch leistungsfähiger sein können. Solche 3x-Hybridsorten sind auch ein geeignetes Basismaterial für die Schaffung von 4x-Populationen mit einer verbesserten Kombinationseignung. Sie ergeben mit 2x-Linien gekreuzt, neue 3x-Hybriden mit einer erhöhten Leistungsfähigkeit.
Bei einem solchen züchterischen Vorgehen ist man nicht nur darauf angewiesen Einfachhybriden herzustellen, es lassen sich auch Dreiwege- oder Vierlinienbastarde (vgl. 6.3.) mit der Kerngenom-Valenz 3x entwickeln. In der Abb. 6.28. ist das skizziert.

6.6. Genreserven

6.6.1. Charakterisierung

Die immer stärkere Anwendung der populationsgenetischen Methoden in der Züchtung führt u. a. auch dazu, daß sich die Zuchtarbeit auf wenige hochproduktive Rassen, Linien und Sorten beschränkt. Ein typisches Beispiel aus der Tierzucht für diese Entwicklung ist die weltweite Konzentration auf das Milchrind der Rasse Schwarzbuntes Rind bzw. Friesian. Im Ergebnis dieses Konzentrationsprozesses bei hoher Produktivität geht die Anzahl der Populationen zurück, die dieses Leistungsvermögen nicht besitzen. Ebenso werden im Prozeß der Um- und Neuzüchtung von Rassen die ursprünglichen Rassen verdrängt. Beispiele derartiger Prozesse lassen sich für alle Tierarten vielfach belegen. Neben dem kulturpolitischen Wert derartiger Rassen haben sie eine nicht zu unterschätzende Bedeutung für die zukünftige Zuchtarbeit. Es ist hierbei nicht vordergründig an die ökonomisch hochproduktiven Merkmale wie z. B. die Milchleistung gedacht, sondern mehr an allgemeine Leistungen wie Adaptationsvermögen, Krankheitsresistenz und Fitness (Rudolph 1985). In diesen Merkmalskomplexen stellen derartige Populationen einen Genfond dar, der sich im Verlauf züchterischen Bemühens über die Jahrhunderte herausgebildet hat. Weltweit sind aus der Notwendigkeit heraus, den Genpool der Tierarten zu erhalten, Maßnahmen eingeleitet worden, die u. a. durch die FAO koordiniert werden. Derartige Populationen, die der Erhaltung des Genpools einer Art dienen, werden als Genreservepopulation bezeichnet.

6.6.2. Populationsgenetische Grundlagen für die Haltung von Genreservepopulationen

Die Dynamik von Populationen hinsichtlich der Allelfrequenz wird als konstant vorausgesetzt, wenn es sich um Populationen mit Panmixie handelt. Dabei wird unterstellt, daß alle Allele die gleiche Überlebenschance haben und die Populationen groß genug sind, um zufällige Abweichungen weitgehend auszuschalten. Diese theoretischen Bedingungen werden in Genreservepopulationen, insbesondere hinsichtlich der Populationsgröße, nicht erfüllt.
Als Ursachen für mögliche Allelfrequenzänderungen kommen in derartigen Populationen in Betracht:
Genetische Drift: Zufällige Abweichungen infolge der Endlichkeit der Populationsgröße (siehe Abschnitt 2.)
Inzucht: Verpaarung von verwandten Tieren infolge der Endlichkeit der Population.
Diese beiden Ursachen der Veränderungen der Allelwahrscheinlichkeiten sind ein direktes Ergebnis der Populationsgröße. Bei den nachfolgenden Betrachtungen wird unterstellt, daß Mutation, Selektion und Migration keine Rolle spielen. Insbesondere die künstliche Selektion ist in Genreservepopulationen zu vermeiden. Erfolgt eine Leistungsselektion, so kann diese Population nicht im Sinne einer Genreserve betrachtet werden.

6.6.2.1. Einschränkung der Drift

Die zufallsbedingten Veränderungen in kleinen Populationen sind direkt von der Allelfrequenz der betrachteten Merkmale und von der Populationsgröße abhängig.
Die Auswirkungen des Zufalls lassen sich in drei Eigenschaften zusammenfassen:
- Die Allelfrequenzen der Nachkommenschaften entsprechen nicht immer denen der Elterngenerationen.
- Häufig auftretende Allele können fixiert ($p = 1$) werden, und seltene Allele dieses Genortes gehen verloren.
- Die Veränderungen der Allelfrequenzen unmittelbar aufeinanderfolgender Generationen sind voneinander weitgehend unabhängig.

Diese zufallsbedingten Veränderungen der Allelfrequenzen wurden im Abschnitt 2. näher beschrieben.

In vielen praktischen Fragestellungen, insbesondere in der Tierzucht, ist die Allelfrequenz nicht bekannt und es werden quantitative Merkmale analysiert. In derartigen Fällen lassen sich zur Beurteilung der genetischen Drift die Parameter der genetischen Variabilität, die Veränderungen der Mittelwerte und die effektive Populationsgröße heranziehen. In der Tabelle 6.40. wird die relative Driftvarianz ($Vd/\sigma_p^2 = L_1$) für verschiedene Werte von h^2 und die effektive Populationsgröße Ne, immer bezogen auf eine Generation, dargestellt.
Für die Driftvarianz (Vd) gilt

$$Vd = \frac{\sigma_g^2}{Ne} \tag{6.55}$$

und daraus folgt

$$L_1 = \frac{\sigma_g^2}{Ne \cdot \sigma_p^2} = \frac{h^2}{Ne}. \tag{6.56}$$

Setzt man eine maximale Größe der relativierten Driftvarianz voraus, so kann die Tabelle benutzt werden, die notwendige effektive Populationsgröße zu bestimmen. Wie wirkt sich die Driftvarianz auf den Mittelwert eines Merkmals nach t Generationen aus? Nach t Generationen berechnet sich die Driftvarianz für einen Mittelwert nach Pirchner (1979) aus

$$V_{dt} = 2\,\sigma_g^2 \left[1 - \left(1 - \frac{1}{2Ne}\right)^t\right]. \tag{6.57}$$

Für t = 1 stimmt (6.55) mit (6.57) überein. Die relative Driftvarianz über t Generationen lautet:

$$L_2 = \frac{V_{dt}}{\sigma_p^2} = 2\,h^2 \left[1 - \left(1 - \frac{1}{2Ne}\right)^t\right]. \tag{6.58}$$

Aus Tabelle 6.41. ist ersichtlich, daß bei 50 Generationen und Ne 1000 die Drift keinen wesentlichen Einfluß auf die genetische Variabilität ausübt. Ein Ne von

Ne	h^2					
	0,1	0,2	0,3	0,4	0,5	0,6
10	0,010	0,020	0,030	0,040	0,050	0,060
20	0,005	0,010	0,015	0,020	0,025	0,030
50	0,002	0,004	0,006	0,008	0,010	0,012
100	0,001	0,002	0,003	0,004	0,005	0,006
200	–	0,001	0,002	0,002	0,002	0,003
500	–	–	0,001	0,001	0,001	0,001
1000	–	–	–	–	–	0,001

Tabelle 6.40. Relativierte Driftvarianz (L_1) in Abhängigkeit von h^2 und Ne für eine Generation

t		5			10		
h^2		0,1	0,3	0,5	0,1	0,3	0,5
Ne =	10	0,045	0,135	0,225	0,080	0,241	0,401
	50	0,010	0,029	0,049	0,019	0,057	0,096
	100	0,005	0,015	0,025	0,010	0,029	0,049
	200	0,002	0,008	0,012	0,005	0,015	0,025
	1000	0,000	0,002	0,002	0,001	0,003	0,005
t		20			50		
h^2		0,1	0,3	0,5	0,1	0,3	0,5
Ne =	10	0,128	0,385	0,642	0,185	0,554	0,923
	50	0,036	0,109	0,185	0,079	0,237	0,395
	100	0,019	0,057	0,095	0,044	0,133	0,222
	200	0,010	0,029	0,049	0,023	0,071	0,118
	1000	0,002	0,006	0,010	0,005	0,015	0,025

Tabelle 6.41. Relative Driftvarianz in Abhängigkeit von der Generationsanzahl (t) und h^2

200 scheint ausreichend zu sein, um über 50 Generationen hinweg eine Population genetisch konstant zu halten. Betrachtet man nur 20 Generationen, so dürfte ein Ne von 100 ausreichend sein (Schüler, Herrendörfer 1984). Die Schätzfunktionen über die Allelfrequenzen als auch über die genetische Varianz für die Populationsgröße wurden sowohl bei Nutztieren als auch bei Labortieren auf ihre Güte im Vergleich von theoretischen und beobachteten Driftänderungen überprüft. Die Ergebnisse dieser experimentellen Untersuchungen zeigten übereinstimmend, daß die theoretischen Werte sowohl nach (6.54) als auch nach (6.55) überschätzt werden. Derartige Überschätzungen wurden für Alleluntersuchungen als auch für quantitative Merkmale gefunden (Rich u. a. 1974; Bell 1984; Rich u. a. 1984; Chevalet, de Rochambeau 1985).

6.6.2.2. Einschränkung der Inzucht

Neben der genetischen Drift ist die Inzucht der zweite Faktor, der in kleinen Populationen zu Allelfrequenzänderungen führt. Durch geeignete Paarungsmethoden kann der Wirkung der Inzucht entgegengewirkt werden, d. h. die Inzuchtzunahme wird verzögert.
Eine Methode, die effektive Populationsgröße zu erhöhen und damit der Inzucht entgegenzuwirken besteht darin, die Nachkommenanzahl aller Eltern einer Population konstant zu halten. Diese Forderung wird kaum unter praktischen Bedingungen zu realisieren sein, aber durch geeignete Maßnahmen wie z. B. Wurfgrößenstandardisierung kann die Varianz der Familiengröße eingeschränkt werden. In einer idealen Population mit einer konstanten Varianz der Familiengröße berechnet sich die effektive Populationsgröße nach

Tatsächliche Eltern ♂	♀	Paarungs-system	Ne	Inzucht pro Generation (%)
25	25	Z	50	1,00
100	100	Z	200	0,25
50	250	Z	167	0,30
100	300	Z	300	0,17
25	25	K	100	0,50
100	100	K	400	0,12
50	250	K	250	0,20
100	300	K	480	0,10

Z = Zufallspaarung; K = kontrollierte Paarung

Tabelle 6.42. Effektive Populationsgröße und Inzuchtzunahme unter zwei Paarungsmethoden

$$Ne = \frac{4n}{2 + \sigma_F^2} \qquad (6.59)$$

mit N als Nachkommenanzahl und σ_F^2 der Varianz der Familiengröße. Bei konstanter Familiengröße folgt aus (6.59), daß Ne = 2N ist. Nach GOWE u. a. (1954), zitiert bei SCHÖNMUTH u. a. (1984), verringerte sich die Inzucht in einer Kontrollpopulation mit konstanter Anpaarung weiblicher Tiere an ein männliches Tier und konstanter Nachkommenzahl um fast 50%. In der Tabelle 6.42. sind die Ergebnisse nach GOWE u. a. (1954) dargestellt.

Neben diesem regulären Paarungssystem ist es auch möglich, durch Anwendung der negativ assortativen Paarung (Paarung der entgegengesetzten Extremtiere) die genetische Varianz zu erhöhen (MOREE 1953). Experimentell konnte der Effekt der assortativen Paarung auf die Reduzierung der Inzuchtzunahme (SCHÜLER, WESSELY 1983) und somit die Effektivität dieser speziellen Paarungsmethode nachgewiesen werden.

Neben dieser Paarungsart kann eine Inzuchtzunahme durch Rotationspaarungssysteme, insbesondere in den ersten Generationen, weitgehend vermieden werden. Aus der Modelltierzucht sind unterschiedliche Rotationspaarungssysteme bekannt, die sich in ihrer Effektivität bezüglich der Inzuchtvermeidung nicht sehr unterscheiden. Die Wahl eines dieser Rotationspaarungssysteme wird mehr aus praktischen Gesichtspunkten gefällt, insbesondere aus der Untergruppengröße und dem Aufwand an Dokumentation.

Derartige Systeme von Rotationspaarungssystemen sind von POILEY (1960), FALCONER (1967), RAPP (1972) beschrieben worden. Einen theoretischen Vergleich dieser Rotationssysteme bezüglich der Inzuchtzunahme findet man bei EGGENBERGER (1973).

6.6.3. Genetische Kontrolle

In der Generationsfolge sind durch geeignete Maßnahmen die Allelfrequenzänderungen der Population zu kontrollieren. Die biochemische Genetik hat in den

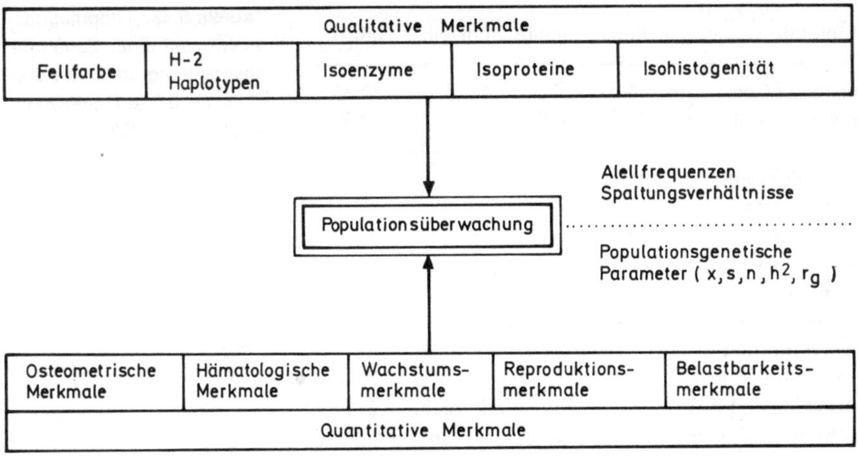

Abbildung 6.29. Quantitative und qualitative Merkmale zur genetischen Überwachung von Populationen

letzten Jahrzehnten durch genetische Analyse von Blutgruppenfaktoren und den Enzympolymorphismus ein geeignetes Instrumentarium geliefert. Derartige Merkmale zeichnen sich durch eine hohe Umweltkonstanz aus und viele dieser Allele sind codominant manifestiert.

Neben den genannten qualitativen Merkmalen sind zur genetischen Kontrolle auch die Allelfrequenzen der Fellfarbgene, der Haupthistokompatibilitätskomplex und der Isohistogenitätskomplex und andere Merkmale geeignet (siehe Abbildung 6.29.).

In Modelltierpopulationen werden zur genetischen Kontrolle auch osteometrische Marker und hämatologische Merkmale benutzt. Voraussetzung ist aber die Schätzung der Allelfrequenzen. Der benötigte Stichprobenumfang zur Frequenzschätzung ist bei Brandsch (1983) für relative und absolute Genauigkeitsvorgaben tabelliert. Diese Methoden der Nutzung von qualitativen Merkmalen in Verbindung mit quantitativen Merkmalen wird als genetisches Monitoring in der Versuchstierzucht bezeichnet. In der Abbildung 6.29. wird eine Übersicht der Merkmale, die zur Populationsüberwachung geeignet sind, dargestellt (Karasek, Schüler 1986).

6.6.4. Kryokonservierung

Die Langzeitkonservierung von Sperma, Eizellen und Embryonen gestattet verschiedene Kombinationen zur Haltung von Genreservepopulationen (Brem u. a. 1983).

- Haltung kleiner Populationen
  - Haltung von Tieren beiderlei Geschlechts
  - Haltung von weiblichen Tieren, die mit tiefgefrorenem Sperma besamt wer-

Methode	Rind	Schaf	Schwein	Huhn
Lebende Genreservepopulation	10 ♂ 26 ♀	22 ♂ 60 ♀	44 ♂ 44 ♀	72 ♂ 72 ♀
Tiefgefrierung von Sperma				
Anzahl ♂	25	25	25	25
Anzahl Nachkommen ♀	40	40	120	200
Tiefgefrierung von Embryonen				
Anzahl Spender	25	25	z. Z. nicht möglich	z. Z. nicht möglich
Embryos je Spender	25	25		

Diese Zahlen sollten als untere Grenze der Populationsgröße angesehen werden.

Tabelle 6.43. Populationsgrößen mit einer Zunahme des Inzuchtgrades von weniger als 0,2 je Generation (nach SMITH 1983)

den. Eine ausreichende Anzahl von männlichen Tieren ist für die Spermalagerung bereitzustellen.
- Nur tiefgefrorenes Sperma wird aufbewahrt. Die Originalpopulation kann durch Besamung von Rückkreuzungsweibchen für eine ausreichende Anzahl Generationen wieder hergestellt werden.
- Tiefgefrorene Embryonen und/oder Sperma und Eizellen werden gelagert. Die Originalpopulation kann über den Embryotransfer wieder erstellt werden.

Diese drei unterschiedlichen Methoden werden hinsichtlich ihrer Kosten von BREM u. a. (1983) verglichen und der letzten Methode der Vorzug gegeben.
Setzt man für die Zunahme der Inzucht je Generation 0,2 als obere Grenze ein, so ergeben sich nach SMITH (1984) für die Populationsgröße zur Erhaltung von Genreservepopulationen die folgenden Richtwerte, die in der Tabelle 6.43. dargestellt sind.
Die in Tabelle 6.43. angegebenen Zahlen für die Populationsgröße erfüllen nicht die Anforderungen, die sich aus den mathematisch-statistischen Voraussetzungen ergeben. Somit muß geschlußfolgert werden, daß die Haltung von Genreservepopulationen im eingangs genannten Sinne, d. h. die Erhaltung des Genpools nicht möglich ist. Daher sollte bei der Verwendung des Begriffes Genreservepopulation unterschieden werden, ob es sich um eine Erhaltung von Tierpopulationen im Sinne von phänotypischen Ähnlichkeiten handelt oder im Sinne der Definition. Der Begriff der Genreserve hat seine berechtigte Existenz in der Pflanzenzüchtung, und zur Unterscheidung sollte in der Tierzucht der Begriff Phänotypenreserve verwendet werden. Tierzüchterische Phänotypenreserven bilden somit einen Kompromiß zwischen der Erhaltung der Populationen hinsichtlich der effektiven Populationsgröße und schalten die Wirkung von In-

zucht und Drift auf die Allelwahrscheinlichkeiten nicht aus. Unterstellt man eine höhere Sicherheit in den Methoden der Kryokonservierung und des Embryotransfers zur Wiederherstellung der Originalpopulation, sind entsprechende Embryonenanzahlen zu lagern. Die Tabellen 6.42. und 6.43. geben über die zu lagernden Embryonenanzahlen Auskunft. Die Methoden der Molekulargenetik eröffnen neue Möglichkeiten der Bildung von Genreserven in der Tierzucht über die Schaffung von molekulargenetischen Genbanken.

6.7. Biotechnische Verfahren

Die Reproduktion der Lebewesen ist ein Faktor, der den Züchtungsprozeß stark beeinflußt. Obwohl für Tiere und Pflanzen die gleichen Vererbungsgesetze gelten, ergeben sich sehr verschiedene züchterische Möglichkeiten, die ganz entscheidend von der Art und dem Umfang der Reproduktion bestimmt werden. Auch innerhalb des Tier- und Pflanzenbereiches bestehen diesbezüglich bedingte Unterschiede für den Erfolg züchterischer Maßnahmen, auf die in vorhergehenden Abschnitten bereits eingegangen worden ist. Es ist deshalb nicht überraschend, daß der Züchter die Entwicklungen von Biotechniken zu Veränderungen der Reproduktionseigenschaften der Arten stets zielstrebig für seine Zwecke genutzt hat, obwohl ursprünglich zwar die meisten, aber durchaus nicht alle Verfahren, aus diesem Grunde heraus entstanden sind. Die Auswirkungen dieser Maßnahmen auf den Erfolg der Züchtung sind dabei nicht geringer einzuschätzen als die neuer genetischer Erkenntnisse.
Von der Vielzahl der potentiellen und bereits angewendeten Biotechniken sollen hier nur die erwähnt werden, die einen direkten Einfluß auf die Züchtungsmethodik haben. Dazu gehören vor allem biotechnische Verfahren der Fortpflanzung. Hinzu kommen die Möglichkeiten eines interspezifischen Gentransfers, die einen gezielten Eingriff in das Erbgut landwirtschaftlicher Nutztiere und Kulturpflanzen (vgl. 6.5.1.6.) erlauben. Schließlich sind in diese Gruppe von Verfahren auch die Techniken zur künstlichen Homozygotisierung zu rechnen.

6.7.1. Künstliche Besamung

Die künstliche Besamung ist ein biotechnisches Verfahren, das heute bei nahezu allen Haustierarten in mehr oder weniger starkem Maße Eingang gefunden hat. Ursprünglich wurde ihr Nutzen vor allem in der Einsparung der Haltung von Vatertieren, besonders bei Großtierarten, und in der Bekämpfung von Deckseuchen gesehen. Jedoch wurde bald ihre Bedeutung für die Ausschöpfung der potentiellen Reproduktionsfähigkeit der Vatertiere erkannt, so daß sich bis heute ein großer Wandel in der Bedeutung dieses biotechnischen Verfahrens vollzogen hat. Sie liegt heute darin, daß die künstliche Besamung in erster Linie ein unentbehrliches Instrument der Züchtung geworden ist.
Die umfassende Nutzung der künstlichen Besamung wird heute als ein wichtiger Meilenstein in der tierzüchterischen Nutzanwendung bestehender biotechnischer Verfahren gesehen. Je nach dem Stand der gegenwärtigen Entwicklung

ist sie für die einzelnen Tierarten von unterschiedlicher Bedeutung. In der Rinderzüchtung ist das Verfahren am weitesten entwickelt. Die Langzeitkonservierung ist zur Routine geworden und ermöglicht einen problemlosen Genaustausch zwischen Populationen über weite Distanzen bei geringerem Aufwand, da keine Zuchttiere transportiert zu werden brauchen. Dadurch sind ohne Zweifel die Methoden der Immigrationszüchtung stark begünstigt worden, indem bei der Realisierung der Zuchtprogramme das internationale Genreservoir in Form der bestehenden Rassen stark genutzt wird.

Die Anzahl der gewonnenen Spermaportionen je Bulle und Jahr konnte im Laufe der Jahre kontinuierlich gesteigert und damit die Voraussetzung für eine systematische Erhöhung der Selektionsintensität geschaffen werden. In der DDR erhöhte sich beispielsweise die Zahl der im Mittel je Jahr pro Bullen gewonnenen Spermaportionen von 13000 im Jahre 1970 auf 25000 im Jahre 1983 (Peter 1984). Spitzenleistungen liegen bereits bei 50000 Portionen. Berücksichtigt man, daß im natürlichen Deckakt im Jahr etwa 100 Belegungen möglich sind, ist das eine durchschnittliche Steigerung der Vermehrungsrate um das 250fache. In der Zukunft ist noch mit einem weiteren Anstieg zu rechnen, so daß die Potenzen der künstlichen Besamung für die Steigerung des Zuchtfortschritts noch nicht ausgeschöpft sind. Foote (1981) rechnet damit, daß es möglich sein wird, mit einem Bullen im Jahr im Durchschnitt 50000 Nachkommen zu erzeugen. Er geht dabei von $15 \cdot 10^{11}$ erzeugten Spermien je Bulle und Jahr und einer erforderlichen Spermienzahl von $15 \cdot 10^{6}$ für eine Besamung bei einer Trächtigkeitsrate von 50% aus.

Neben der Erhöhung der Selektionsintensität unter den männlichen Tieren leistet die künstliche Besamung einen entscheidenden Beitrag zur Erhöhung der Genauigkeit der Selektion, indem sie die Grundlage für eine effektive Zuchtwertschätzung der Vatertiere anhand ihrer Nachkommenleistungen bildet. Nur auf diesem Wege können in einem vertretbaren Zeitraum so viele Nachkommen erzeugt werden, wie für die erforderliche Genauigkeit notwendig sind. Darüber hinaus ist wiederum die künstliche Besamung das notwendige Hilfsmittel, um mit den selektierten Vatertieren im noch verbleibenden Lebenszeitraum nach der Zuchtwertschätzung die notwendige Reproduktionsleistung zu erbringen, um die Reproduktion der Produktionstiere zu gewährleisten. Beim Rind ist über die Langzeitkonservierung des Spermas auch eine Möglichkeit gegeben, die Verwahrzeit während der Zuchtwertschätzung für die Spermaproduktion zu nutzen. Weitere Perspektiven eröffnen sich durch die mikrochirurgischen Verfahren an Embryonen.

Die positiven Wirkungen der künstlichen Besamung auf die Realisierung des Zuchtfortschritts über die hohe Selektionsintensität und die erreichte Genauigkeit der Zuchtwertschätzung werden in den Besamungszuchtprogrammen der Milchrindzüchtung am deutlichsten. Theoretisch kann mit ihnen ein Zuchtfortschritt von bis zu 2% des Populationsmittels erreicht werden, wovon bis zu 70% über die männlichen Erbpfade realisiert werden.

Obwohl bei allen anderen Tierarten, außer dem Rind, heute noch keine Methode für die Langzeitkonservierung von Sperma für den breiten Einsatz in der Praxis existiert, ist die künstliche Besamung auch dort ein unentbehrliches Hilfsmittel für die Züchtung geworden. Neben einer höheren Vermehrungsrate als

Grundlage für eine schärfere Selektion und der verbesserten Zuchtwertschätzung ist sie vor allem auch die Grundlage für die Durchführung der Hybridzuchtprogramme. Der effektive Einsatz von spezialisierten Vaterlinien ist nur mit Hilfe der künstlichen Besamung möglich. Bei Puten ist zum Beispiel außerdem wegen des starken Geschlechtsdimorphismus eine natürliche Paarung zwischen spezialisierten Linien mit guten Ergebnissen und ohne körperliche Verletzungen kaum möglich (LÖHLE 1984).
Durch die Weiterentwicklung des biotechnischen Verfahrens künstlicher Besamung sind bei allen Tierarten noch weitere Vorteile für die Züchtung zu erwarten. Besonders erfolgversprechend ist die Entwicklung von Methoden der Langzeitkonservierung von Sperma. Sie ist beim Schwein prinzipiell gelöst. Das Verfahren ist aber für einen breiten Einsatz noch zu aufwendig, und die Befruchtungsergebnisse und erzeugten Spermaportionen bleiben hinter dem gebräuchlichen Verfahren der Flüssigkonservierung erheblich zurück, so daß sie nur in begrenztem Umfang für spezielle Aufgaben herangezogen wird (MUDRA u. CONRAD 1984).

6.7.2. Embryotransfer

Der Embryotransfer ist ein komplexes biotechnisches Verfahren, das gegenwärtig ebenfalls bereits in breitem Umfang züchterisch genutzt wird. Es umfaßt im wesentlichen eine hormonell induzierte Superovulation bei genetisch hochwertigen Spendertieren, die Besamung der brünstigen Tiere, die Gewinnung der Embryonen und deren morphologische Zustandsbeurteilung sowie die Übertragung der Embryonen auf genetisch weniger wertvolle synchronisierte Rezipienten. Der internationale Entwicklungsstand des Embryotransfers beim Rind, bei dem er gegenwärtig die größte Bedeutung besitzt, wird von ROMMEL und KARWATH (1984) wie folgt charakterisiert:
- praxisreife Anwendung des Verfahrens zur schnellen Realisierung nationaler Zuchtprogramme,
- positive Superovulation (3 und mehr Ovulationen) bei 70% der Donoren,
- Gewinnung von 4 bis 5 transfertauglichen Embryonen pro Donar,
- 60 bis 70% Trächtigkeit nach chirurgischem Transfer,
  40 bis 50% nach transzervikaler Übertragung (erste Berichte),
- Tiefgefrierkonservierung mit mehr als 80% Überlebensrate in vitro und 25 bis 60% Trächtigkeit.

Die Entwicklung des Verfahrens geht zügig voran, so daß mit einer weiteren Verbesserung der Ergebnisse und mit einer Senkung der Kosten des Verfahrens zu rechnen ist. Die züchterische Effektivität des Verfahrens wird ganz wesentlich von der Anzahl der je Donor und Spülung gewonnenen Embryonen bestimmt. Die transzervikale Übertragung hat die chirurgische Methode weitgehend abgelöst und damit zu einer weiteren Vereinfachung und zur Reduzierung der Kosten beigetragen, woraus eine immer breitere Anwendung des Verfahrens resultiert.
Diese Vorteile für die Tierzüchtung durch die Anwendung des Embryotransfers liegen auf mehreren Gebieten und hängen stark von der speziellen Tierart ab. In erster Linie ist die Erhöhung der Vermehrungsrate weiblicher Tiere zu nennen,

die dem Züchter die Selektionsbasis erweitert. Insofern ist der Embryotransfer in seiner Wirkung mit der künstlichen Besamung vergleichbar, jedoch sind die nutzbaren Potenzen vergleichsweise geringer. Während beispielsweise beim Rind mit Hilfe der künstlichen Besamung im männlichen Geschlecht eine Steigerung von 1:1000 für realistisch gehalten wird, ist mit dem Embryotransfer der weiblichen Zuchttiere gegenwärtig eine Erhöhung der Nachkommenzahl von 1:3 gegenüber der natürlichen Fortpflanzung zu erreichen (Kräußlich 1985). Als schwächstes Glied im Embryotransfer wird z. Z. die Superovulation angesehen, da beim Rind 30% der Tiere (s. o.) nicht darauf reagieren. Trotz zu erwartender Fortschritte bei der Weiterentwicklung des Verfahrens wird auch in Zukunft die Erhöhung der Vermehrungsrate für züchterische Zwecke durch den Embryotransfer vorwiegend für unipare Tiere, insbesondere für das Rind, von Bedeutung sein.
Der Einsatz des Embryotransfers in die Besamungszuchtprogramme erscheint zumindest potentiell auf drei Ebenen möglich:

- Gezielte Ausnutzung der besten Bullenmütter zur Produktion der Jungbullen.
- Erhöhung der Genauigkeit bei der Auswahl der Bullenmütter anhand der Leistungen von Nachkommen, die durch Embryotransfer erzeugt worden sind.
- Erhöhung der Selektionsintensität im Erbpfad Mutter–Tochter.

Die Nutzung des Embryotransfers zur Erhöhung der Selektionsintensität im Erbpfad Mutter–Sohn wird bereits in breitem Umfang genutzt und führt nach Untersuchung mehrerer Autoren zur Erhöhung des Zuchtfortschritts je Zeiteinheit zwischen 10 und 35%. Eine weitere Effektivitätssteigerung hängt wesentlich davon ab, in welchem Maße die Anzahl der je Spülung und Donor gewonnenen Embryonen erhöht werden kann. Der Genauigkeitszuwachs durch die Zuchtbeurteilung der weiblichen Tiere anhand weniger, durch Embryotransfer erzeugter Vollgeschwisternachkommen hält sich jedoch in Grenzen (Tab. 6.44.) und ist mit dem Nachteil der Verlängerung des Generationsintervalles verbunden, weshalb die züchterischen Potenzen nicht sehr hoch eingeschätzt werden (van Vleck 1981).
Just (1984) untersuchte den Einfluß der verbesserten Genauigkeit bei der Anwendung einer Zweistufenselektion der Bullenmütter unter Berücksichtigung der Eigenleistung und der Nachkommenleistung in der Milchrindzüchtung. Mit der Zweistufenselektion konnte im Vergleich zur alleinigen Selektion nach der Eigenleistung eine Überlegenheit des Selektionserfolges je Zeiteinheit von 7,8% nachgewiesen werden. Die Verbesserung der Genauigkeit der Selektion durch die Nutzung der Nachkommenleistungen belief sich auf 35%.
Der Einsatz des Embryotransfer im Erbpfad Mutter–Tochter verspricht einen nur geringen Vorteil für den genetischen Fortschritt und ist bei den gegenwärtigen Kosten des Verfahrens aus ökonomischen Gründen undenkbar. Die Übertragung von Fleischrindembryonen an den Teil der Milchrindpopulation, der nicht für die eigene Reproduktion benötigt wird, ist zwar zuchtmethodisch äußerst interessant, aber aus Kostengründen z. Z. ebenfalls nicht durchführbar. Sie könnte theoretisch die Gebrauchskreuzung mit Fleischrindbullen ersetzen und hätte den Vorteil, daß die Nachkommen genotypisch reine Fleischrinder wären. Allerdings ist auch die Erzeugung der Fleischrindembryonen nicht zu

Laktationen	Anzahl der Klone					
	0	1	2	3	4	5
0	0,00	0,50	0,63	0,71	0,75	0,79
1	0,50	0,63	0,71	0,75	0,79	0,82
2	0,58	0,67	0,73	0,77	0,80	0,83
3	0,61	0,69	0,75	0,78	0,81	0,83
	Anzahl der väterlichen Halbgeschwister					
	0	5	10	20	50	100
0	0,00	0,25	0,32	0,38	0,44	0,47
1	0,50	0,53	0,55	0,58	0,60	0,62
2	0,58	0,60	0,62	0,63	0,65	0,66
3	0,61	0,63	0,64	0,66	0,68	0,68
	Anzahl von Vollgeschwisternachkommen					
	0	1	2	3	4	5
0	0,00	0,25	0,33	0,39	0,43	0,46
1	0,50	0,53	0,57	0,58	0,60	0,61
2	0,58	0,60	0,62	0,64	0,65	0,66
3	0,61	0,63	0,65	0,66	0,67	0,68

Tabelle 6.44. Genauigkeit der Zuchtwertschätzung unter Verwendung der Eigenleistungen einer Kuh, ihrer Klone, der väterlichen Halbgeschwister und der Vollgeschwisternachkommen aus Embryotransfer (nach VAN VLECK 1981) Heritabilitätskoeffizient = 0,25; Wiederholbarkeitskoeffizient = 0,50

klären, solange die in-vitro-Reifung und Fertilisation von Oozyten noch nicht praxisreif gelöst worden ist.

Neben dem direkten und potentiellen Nutzen des Embryotransfers zur Erhöhung der Effektivität laufender Zuchtprogramme eröffnen sich große züchterische Möglichkeiten durch die weitere Vereinfachung des internationalen Genaustausches. Obwohl die künstliche Besamung in dieser Richtung bereits entscheidende Veränderungen bewirkt hat, konnten mit ihrer Hilfe nur Gameten ausgetauscht werden. Durch den Embryotransfer ist nunmehr auch der Import ganzer Genotypen auf ähnlich einfachem Wege möglich geworden. Er wird besonders beim interkontinentalen Genaustausch in breitem Maße genutzt und hat bedeutende Vorteile für die Prüfung von Rassen, die in fremden Zuchtprogrammen eingesetzt werden sollen (BRADE 1986).

In diesem Zusammenhang ist auch die schnelle Vermehrung und Verbreitung seltener Rassen durch Embryotransfer zu nennen. Gleichzeitig ist durch die Möglichkeit der Tiefgefrierung von Embryonen ein Beitrag zum Schutze vom

Aussterben bedrohter Haustierrassen zur Erhaltung der genetischen Variabilität innerhalb der Haustierarten zu erwarten, die für die Züchtung in der Zukunft nicht unterschätzt werden sollte. Die weitere Entwicklung des Verfahrens, verbundenen mit einer Kostensenkung, wird den Embryotransfer für diesen Zweck in der Zukunft noch attraktiver werden lassen.
Nicholas und Smith (1983) diskutierten die züchterischen Konsequenzen des Embryotransfers von weiblichen Jungrindern im Alter von einem Jahr und kommen zu dem Ergebnis, daß trotz der geringeren Genauigkeit der Selektion (ohne Eigenleistung) infolge des kurzen Generationsintervalles von nur 1,8 Jahren ein positiver Effekt auf den Zuchtfortschritt je Zeiteinheit zu erreichen ist. In Abhängigkeit von weiteren Bedingungen ist eine Verdopplung möglich, wenn auch die männlichen Tiere in ähnlichem Alter zur Zucht herangezogen werden. Die Ergebnisse unterstreichen die künftigen Möglichkeiten durch die Weiterentwicklung des Embryotransfers zur Verkürzung des Generationsintervalles.
Weiterhin ist die Bedeutung des Embryotransfers als Grundlage für weitere biotechnische Verfahren nicht zu übersehen. Hier sind beispielsweise die Manipulation der gewonnenen Embryonen zur Erzeugung monozygoter Mehrlinge, die Bildung von Chimären, eine Geschlechtsdiagnose im frühen Stadium oder das Klonen von Tieren zu nennen. Auch die Möglichkeiten der Manipulation der genetischen Information setzen den Embryotransfer als biotechnisches Verfahren voraus.

6.7.3. Geschlechtskontrolle

Das Geschlecht wird bei Tieren durch die Geschlechtschromosomen bestimmt. Im Gegensatz zu den Autosomen bilden sie kein homologes Paar, sondern unterscheiden sich bereits morphologisch und werden deshalb auch als Heterosomen bezeichnet. Bei den Säugetieren ist das männliche Geschlecht heterogametisch (XY) und das weibliche homogametisch (XX). Im männlichen Geschlecht werden somit während der Meiose (Reduktionsteilung) Gameten gebildet, die entweder das X- oder das Y-Chromosomen tragen und die damit bei der Verschmelzung mit der Eizelle zur Zygote das Geschlecht bestimmen.
Der Anteil der männlichen Tiere an den Nachkommen zum Zeitpunkt der Geburt ist als Geschlechtsverhältnis definiert worden (Skjervold u. James 1978). Aufgrund der Kombinationsmöglichkeiten der Gameten ist ein Geschlechtsverhältnis von 50% zu erwarten, das durch diverse genetische (Hohenboken 1981) und Umwelteinflüsse bereits unter natürlichen Bedingungen verändert sein kann. Bei Vögeln sind die weiblichen Tiere heterogametisch (ZW) und die männlichen homogametisch (ZZ). Die Segregation der Chromosomen während der Meiose und die Vereinigung der Gameten bei der Befruchtung führt deshalb zum gleichen Geschlechtsverhältnis wie bei den Säugetieren.
Es ist ein alter Wunsch der Tierzüchter, neben der geplanten Paarung der selektierten Zuchttiere auch das Geschlecht der Nachkommen vorherzubestimmen, da sich dadurch die züchterischen Möglichkeiten erweitern würden. Unter einer Geschlechtskontrolle ist nach Stranzinger (1977) die Vorherbestimmung des Geschlechts von zu erwartenden Individuen bereits vor der Befruchtung der Keimzellen oder der frühen Befruchtungsprodukte zu verstehen. Aus züch-

terischen Gesichtspunkten ist eine Bestimmung vor der Befruchtung am interessantesten. Nach der Befruchtung hat sie nur züchterische Bedeutung, wenn sich daraus Konsequenzen für die Selektion ableiten lassen.

Die physikalischen und chemischen Unterschiede der X- und Y-Chromosomentragenden Spermien der Säuger waren Anlaß zu wiederholten Versuchen, die beiden Spermiengruppen weitgehend zu trennen und dadurch unter den Nachkommen zumindest eine Verschiebung des Geschlechtsverhältnisses nach der männlichen oder weiblichen Seite zu erreichen. Die Verfahren beruhen auf Sedimentation, Zentrifugation und Elektrophorese oder sind Kombinationen dieser Grundverfahren. Bisher war jedoch keines dieser Verfahren erfolgreich oder erreichte Veränderungen des Geschlechtsverhältnisses konnten nicht bestätigt werden.

Eine Methode der Geschlechtsbestimmung ist die Zellentnahme aus Embryonen zur Chromosomenanalyse (Stranzinger 1977). Sie erfolgt in der vorimplantären Phase im Zusammenhang mit dem Embryotransfer in einem In-vitro-System und ist in mehreren Fällen bereits erfolgreich angewendet worden. Nach Rottmann (1983) ist die Erfolgsrate bisher jedoch als zu gering einzuschätzen. Darüber hinaus ist die Methode relativ aufwendig und der Erfolg davon abhängig, ob sich genügend Zellen in der Mitose befinden. Die Nutzung ist nur im Rahmen des Embryotransfers möglich. Da die Feststellung des Geschlechts erst nach der Befruchtung erfolgt, ist auch der züchterische Nutzen der Bestimmung begrenzt, solange Embryonen nicht in beliebiger Anzahl zur Verfügung stehen und solche mit dem unerwünschten Geschlecht eliminiert werden können.

Eine Zellentnahme aus der Amnionflüssigkeit zur Chromosomenanalyse ist zwar mit dem Ziel der Geschlechtsbestimmung ebenfalls gangbar, dürfte aber wegen des Zeitpunktes aus züchterischer Sicht uninteressant sein. Das Verfahren ist aus verständlichen Gründen nur bei uniparen Tieren anwendbar. Hierbei ist es wichtig, eine Kontamination mit Zellen des Muttertieres zu vermeiden, die ein weibliches Geschlecht vortäuschen würden.

Die Möglichkeiten, einen Einfluß auf das Geschlecht der Nachkommen über Bullen aus Zwillingsträchtigkeiten mit weiblichen Tieren zu erreichen, die einen Chimärismus der Geschlechtschromosomen (XX/XY) aufweisen, werden von Hohenboken (1981) erörtert. Nach einer zusammenfassenden Diskussion der Literatur kommt er zu dem Schluß, daß einige Arbeiten die erwartete Überzahl an weiblichen Nachkommen zu bestätigen scheinen, andere dagegen nicht. Der Autor zieht daraus die Folgerung, daß der bloße Einsatz solcher Bullen zu keiner willkürlichen Veränderung des Geschlechtsverhältnisses führt. Er hält aber die Suche nach Bullen mit einer größeren Häufigkeit von X-tragenden Spermien mit geeigneten immunologischen und zytotechnischen Methoden nicht für aussichtslos und weist gleichzeitig auf die mögliche vermehrte Erzeugung von Zwillingsbullen mittels Embryotransfer hin.

Stranzinger (1977) weist auf spezifische Umwelteinflüsse auf die Spermiogenese und die Spermazusammensetzung sowie das Überleben der Spermien im Vaginaltrakt hin, aus denen sich in Zukunft Änderungen des Geschlechtsverhältnisses entwickeln lassen könnten, wenn sich die Ursachen im einzelnen klären lassen. Gegenwärtig werden jedoch gewisse Hoffnungen in ein Histokompatibilitätsantigen (H-Y-Antigen) gesetzt, das nur auf der Oberfläche der männlichen

Keimzellen zu finden ist (Meinecke-Tillmann 1985). Hohenboken (1981) hebt hervor, daß im internationalen Maßstab weiterhin auf verschiedenen Gebieten intensiv an der Geschlechtskontrolle gearbeitet wird.
Trotz der Tatsache, daß bisher kein geeignetes Verfahren für eine breite praktische Anwendung der Geschlechtskontrolle zur Verfügung steht, haben sich verschiedene Autoren (Skjervold 1972; Cunningham 1975, 1977; van Vleck 1981 u. a.) bereits mit den möglichen züchterischen Konsequenzen auseinandergesetzt. Obwohl für alle Haustierarten Vorteile zu erwarten sind, steht das Rind dabei im Vordergrund. Die Ursache ist darin zu suchen, daß sich einerseits das Sperma des Rindes sehr gut manipulieren läßt und man andererseits oft einer Lösung nahe zu sein glaubte. Weiterhin sind die zu erreichenden Vorteile durch die Geschlechtskontrolle besonders günstig einzuschätzen.
Wenn von einer möglichen Veränderung des Geschlechtsverhältnisses in beide Richtungen ausgegangen wird, lassen sich in den Selektionsprogrammen der Milch- und Zweinutzungsrassen die Selektionsintensitäten der Erbpfade Mutter–Sohn und Mutter–Tochter erhöhen. In dieser Beziehung hat die Geschlechtskontrolle den gleichen Effekt wie die Erhöhung der Vermehrungsrate. Insgesamt geht sie jedoch in ihrer Bedeutung für die Züchtung darüber hinaus, wenn durch die Erzeugung von vorwiegend männlichen Tieren für die Rindfleischproduktion die Ausnutzung des Geschlechtsdimorphismus angestrebt wird. Cunningham (1975) kommt zu dem Schluß, daß sich allein dadurch in Reinzuchtpopulationen das ökonomische Ergebnis der Rindfleischproduktion in Abhängigkeit von der Nutzungsdauer der Kühe um bis zu 5% erhöhen läßt. Durch eine Gebrauchskreuzung mit spezialisierten Mastrassen an den Teil der Milchrindpopulation, der nicht für die eigene Reproduktion benötigt wird, ist eine weitere Steigerung der Effektivität möglich.

Weiterhin kann durch die gezielte Erzeugung von weiblichen Nachkommen für die Zuchtwertschätzung auf Milchleistungsmerkmale auch der Anteil der Population für den Prüfeinsatz von Jungbullen gesenkt werden. Die mögliche Erhöhung des Zuchtfortschritts je Zeiteinheit durch die Geschlechtsdetermination wird auf 10 bis 17% veranschlagt (Skjervold 1972; Cunningham 1975).

6.7.4. Klonierungen

Bei Pflanzen sind in-vitro-Vermehrungen aus verschiedenen Gewebeteilen möglich. Dafür werden meristematische Gewebe verwendet. So gelingt bereits eine Klonierung junger Embryonen (Köhler unveröff.). Von der Samenkeimung an, sind dann im Laufe der Ontogenese bei vielen Kulturarten weitere in-vitro-Vermehrungen durchführbar (Conger 1981). Dabei handelt es sich in der Regel um genetisch identische Reproduktionen. Allerdings ist zu beachten, daß während der Vermehrung in den somatischen Zellen spontane Gen- oder Chromosomenmutationen auftreten können (vgl. 1.9.). Sie schränken gegebenenfalls die Homogenität der Klone etwas ein. Derartige genetische Veränderungen sind gewebeschichtspezifisch (vgl. 6.2.6.). Handelt es sich bei den zu klonierenden Pflanzen um Homohistonten, entstehen durch die Mutationen Heterohistonten. Sind die zu klonierenden Pflanzen bereits heterohistontisch, bewirken die Mutatio-

nen eine Veränderung in der Chimärenstruktur. So können beispielsweise aus Dichimären Trichimären werden.
Da die Mutationsraten sehr niedrig sind (vgl. 1.9.), ist es in der Regel nur bei hohen Klonierungsraten notwendig, Abweichungen von einer genetisch identischen Reproduktion zu berücksichtigen. Die Einbeziehung von Klonierungen in den Zuchtprozeß bei den Befruchtungs- und Vermehrungstypen 1, 2, 4, 6 und 8 hat verschiedene Vorteile. So ist es vielfach notwendig einzelne Pflanzen repräsentativ zu charakterisieren. Das ist bei einer variablen Allelmanifestierung (vgl. 1.3.8.) in der Regel nicht möglich. Eine derartige Polyphänie gleicher Allele ist beispielsweise bei der Inkompatibilität (vgl. 1.7.2.) weit verbreitet. Eine einzelne Pflanze kann deshalb nur unter einer einzigen Bedingung auf die Ausprägung dieses Merkmals geprüft werden. Das dabei erzielte Ergebnis ist nicht repräsentativ. Eine im Gewächshaus festgestellte hohe Inkompatibilität kann sich dann unter Freilandbedingungen als niedrig erweisen. Stehen dagegen mehrere Klonteile einer Pflanze zur Verfügung, so lassen diese sich unter verschiedenen Umweltbedingungen auf die Merkmalsausprägung prüfen. Ist dabei der Inkompatibilitätsgrad immer hoch, dann ist eine entsprechende Charakterisierung repräsentativ.
Verschiedene Objekte, so z. B. bei den Fabaceae und den Poaceae, haben niedrige generative Reproduktionsraten. Dies hat zur Folge, daß meistens die Samen bzw. Pflanzen in den Nachkommenschaftsprüfungen für die erforderlichen Wiederholungen nicht ausreichen. Diese Komplikation ist vermeidbar, wenn die Einzelpflanzen kloniert werden. Die generative Reproduktionsrate wird auf diese Weise erhöht, da das Saatgut aller Klonteile meist genetisch identisch ist.
Bei verschiedenen Zuchtverfahren ist ein Rückgriff auf die Ausgangspflanzen notwendig. Es müssen zu diesem Zweck Saatgutüberlagerungen vorgenommen werden. Selbst bei Pflanzen mit einer hohen generativen Vermehrungsrate reichen für derartige Zwecke die vorhandenen Samenanzahlen nicht aus. In solchen Fällen bietet es sich an, Ausgangspflanzen in-vitro zu vermehren und Meristeme bzw. Klone zu überlagern. Der Rückgriff erfolgt dann bei Bedarf auf den Klon und erfährt dadurch prinzipiell kaum noch eine Begrenzung. Typische Beispiele dafür liefern die unter 6.4.2.1. dargestellten Verfahren, die ohne eine in-vitro-Vermehrung und ohne ein temporäres Klondepot nicht durchführbar wären.
In besonders günstigen Fällen ist es sogar möglich, die gesamte Züchtung, einschließlich der Saatgutproduktion, auf Klonen aufzubauen. Voraussetzung dafür ist eine relativ hohe generative Reproduktionsrate und ein niedriger Saatgutbedarf. Dies trifft beispielsweise für den Spargel zu, wobei sich die Vieljährigkeit zusätzlich noch günstig auswirkt. Bei dieser Kulturart können im Rahmen einer Hybridzüchtung (vgl. 6.3.) Sorten teilweise oder vollständig auf der Grundlage von Klonen entwickelt werden.
Bei den in-vitro-Vermehrungen erzeugt man in der Regel Klonteile, die für eine Nutzung auszupflanzen sind. Es ist aber, in Analogie zu den Samen, auch möglich, Meristeme so zu präparieren, daß sie sich „lagern" und vor allem auch „aussäen" lassen.
Die auf natürlichem Wege ausschließlich generative Vermehrung landwirtschaftlicher Nutztiere hat für die Züchtung den erheblichen Nachteil, daß ein

einmal erhaltener erwünschter Genotyp in der nächsten Generation durch die Rekombination wieder verloren geht. Eine ungeschlechtliche Fortpflanzung ist bei Tieren mit Hilfe einer Zellkerntransplantation aus Samenzellen in entkernte Zygoten möglich. Diese Technik ist bisher bei Amphibien und Fischen erfolgreich angewendet worden und eröffnet die Perspektive, auch beim Tier die Rekombination zu umgehen und genetisch identische Individuen zu erzeugen. Von Säugetieren ist bisher nur ein Experiment bekannt, in dem durch die Transplantation von Zellkernen aus der inneren Zellmasse von Mäusenembryonen in vorher enucleierte Zygoten geklonte Mäuse geboren sind (ILLMENSEE und HOPPE 1981). Die Ergebnisse konnten bisher nicht bestätigt werden.

Bisher waren Kerntransplantationen nur mit Zellkernen aus undifferenzierten Zellen erfolgreich. Der Züchter ist jedoch vor allem an Klonen mit identischem Genotyp von adulten Individuen interessiert, von denen zumindest eine phänotypische Leistung bekannt ist. Für das Klonen adulter Tiere mittels Kerntransfer werden jedoch gegenwärtig nur langfristig gewisse Chancen eingeräumt, obwohl es von der züchterischen Nutzanwendung das weitaus interessanteste Verfahren wäre.

Ein anderer Weg zur Erzielung von genotypisch identischen Tieren besteht in der Embryonenteilung (Embryo splitting) im frühen Entwicklungsstadium zur Erzeugung von künstlichen monozygoten Zwillingen. Sie stellen einen Klon von zwei Tieren dar. Beim Rind ist die Erzeugung von künstlichen Zwillingen bereits vielfach gelungen. Die Erzeugung von identischen Mehrlingen auf diesem Wege stößt noch auf erhebliche Schwierigkeiten, da eine bestimmte kritische Zellmasse zum Überleben der Embryonen notwendig ist. Eine Zwischenkultur der geteilten Embryonen mit dem Ziel einer weiteren Teilung bringt gegenwärtig nicht die Lösung, da die Embryonen in den frühen Teilungsstadien kaum wachsen. Mit dieser Form des Klones kann zwar nicht die Rekombination zwischen den Generationen umgangen werden, jedoch sind ebenfalls bedeutende züchterische Konsequenzen zu erwarten.

Die Embryonenteilung wird gegenwärtig zur Erhöhung der Zahl der transfertauglichen Embryonen empfohlen (KRÄUßLICH 1985) und dient damit der Erhöhung der Vermehrungsrate weiblicher Tiere mit entsprechenden Konsequenzen für die Selektionsintensität. Unterstellt man bei ungeteilten Rinderembryonen eine Trächtigkeitsrate von 65%, so ließe sich durch die Teilung die Anzahl der erfolgreichen Trächtigkeiten verdoppeln, wenn mit der Übertragung der geteilten Embryonen eine Erfolgsrate von 50% erreicht wird.

Die bereits erfolgreich durchgeführte Tiefgefrierung von geteilten Embryonen eröffnet weitere züchterische Möglichkeiten durch die Erzeugung von zeitungleichen Zwillingen mit identischem Genotyp. EVERETT (1984) weist auf die Nutzung des Verfahrens für die Einsparung der Haltungskosten von Prüfbullen während der Prüfperiode hin. Nach der Erzeugung einer ausreichenden Zahl von Prüftöchtern mit Hilfe der künstlichen Besamung zur Zuchtwertschätzung auf die Milchleistungsmerkmale könnten die Bullen geschlachtet werden, wenn eine genügende Anzahl tiefgefrorener, genetisch identischer Embryonen zur Verfügung steht. Die Schlachtung der Bullen ließe sich noch züchterisch sinnvoll mit einer Eigenleistungsprüfung auf Schlachtleistungsmerkmale verbinden. Mit einem geplanten Zeitverzug kann die Erzeugung eines genetisch identi-

Tabelle 6.45. Wahrscheinlichkeit für die Erzeugung von mindestens einem identischen Individuum aus vier tiefgefrorenen, genetisch identischen Embryonen (nach EVERETT 1984)

Trächtigkeitsrate	Wahrscheinlichkeit
0,5	0,94
0,6	0,97
0,7	0,99

schen Tieres erfolgen. Bei genügend hohen Trächtigkeitsraten reicht schon eine begrenzte Anzahl von tiefgefrorenen Embryonen aus, um mit hoher Wahrscheinlichkeit das Individuum mindestens einmal genetisch identisch zu reproduzieren (Tab. 6.45.).

Genetisch identische Mehrlinge, durch Embryonenteilung oder durch Zellkerntransplantation erzielt, könnten züchterisch auch zur Verbesserung der Genauigkeit der Zuchtwahl, d. h. zur Erhöhung der Korrelation zwischen geschätztem und wahrem genotypischen Wert, genutzt werden. EVERETT (1984) kommt in einem speziell organisierten Rinderzuchtprogramm zu dem Schluß, daß sich der Zuchtfortschritt je Zeiteinheit um 35% steigern läßt, wenn die Bullenmütter anhand der Leistungen von 10 identischen Mehrlingen ausgewählt werden. Dagegen äußert sich VAN VLECK (1981) sehr skeptisch über die züchterische Nutzung des Genauigkeitszuwachses durch die Bewertung der Leistung von geklonten weiblichen Tieren in den gegenwärtigen Zuchtprogrammen der Milchrindzüchtung. Bei einer vorhandenen Eigenleistung, deren Information bereits relativ gut ist, ist der zu erreichende Genauigkeitszuwachs nach seiner Meinung wegen der zu erwartenden hohen Kosten nicht zu vertreten. Dagegen kommen NICHOLAS und SMITH (1983) zu einer sehr positiven Bewertung des möglichen Einsatzes von geklonten Individuen zur Steigerung des Zuchtfortschrittes in einer Nucleusherde. Sie erwarten in 16 Jahren mit diesem Zuchtsystem eine genetische Überlegenheit gegenüber einem konventionellen Besamungszuchtprogramm, die dem bisher zu erwartenden Zuchtfortschritt mittels Nachkommenprüfung von 30 Jahren entspricht.

Die beschriebenen Möglichkeiten zur züchterischen Nutzung der Klonung könnten bei optimistischer Betrachtung vielleicht teilweise in einem absehbaren Zeitraum realisiert werden, soweit sie nur relativ wenige identische Mehrlinge benötigen. Gleichzeitig eröffnen sich dadurch neue Perspektiven für genetische Experimente, z. B. für die Schätzung von Maternaleffekten oder des genetischen Trends. Auch die Klärung der Bedeutung von permanenten Umwelteinflüssen bei Leistungsmerkmalen könnte dadurch forciert werden, und Fragen im Zusammenhang der Genotyp-Umwelt-Interaktion wären mit geeigneten Experimenten zu beantworten, die ihrerseits durch neue genetische Erkenntnisse die Züchtung positiv beeinflussen würden.

VAN RADEN und FREEMAN (1985) erörtern die Möglichkeiten, die sich aus einer Androgenese für ein Milchrindzuchtprogramm ergeben würden. Man versteht

darunter die Entwicklung eines Individuums aus zwei männlichen Vorkernen, so daß Nachkommen mit zwei Vätern entstehen würden und für beide Eltern die Vorteile der Zuchtwertschätzung genutzt werden könnten. Die Nachkommen hätten ein Geschlechtsverhältnis von 66%, weil die Geschlechtschromosomenkombination YY letal ist. Die Struktur des Zuchtprogramms würde sich dahingehend ändern, daß nur 1% der Population mit nachkommenschaftsgeprüften Bullen zu besamen wäre, während der restliche Teil mit ungeprüften Jungbullen angepaart werden würde. Der gesamte Zuchtfortschritt der Population beschränkte sich auf den Erbpfad Vater-Sohn, so daß die Bewertung der weiblichen Tiere überflüssig wäre. Der potentielle Zuchtfortschritt eines solchen Programms könnte gegenüber dem bisher zu erreichenden verdoppelt werden. Zuchtmethodisch würde sich daraus die Möglichkeit der Selbstung von Tieren mit einer Inzuchtsteigerung von 50% je Generation ergeben.
Bisher ist es leider nicht gelungen, durch Androgenese lebende Säugetiere zu erzeugen, obwohl die Mikromanipulation der Zygoten den Austausch der Pronucleoli zuläßt. Mc Grath und Solter (1984) vermuten, daß für die normale Entwicklung eines Individuums der männliche und weibliche Pronucleus notwendig ist.
Alle bisher erwähnten möglichen Effekte einer praxisreifen Klonung zur Erzeugung einer begrenzten Anzahl von identischen Mehrlingen nehmen sich jedoch mehr als bescheiden aus gegenüber den Möglichkeiten, die sich für die Tierzüchtung eröffnen würden, wenn das Klonen von Tieren in beliebiger Anzahl über einen Kerntransfer möglich wäre. Es könnten dann, wie bei vielen Arten in der Pflanzenzüchtung möglich, die bei der sexuellen Vermehrung entstehenden einzelnen Individuen mit hervorragenden Genkombinationen und hohen Leistungen unter definierten Umweltbedingungen im größeren Maße für die Produktion vermehrt werden. Die Züchtung würde sich dann im wesentlichen darauf beschränken, solche erwünschten Genkombinationen zu finden bzw. zu erzeugen. Der Nutzeffekt dürfte in der Tierzüchtung noch höher einzuschätzen sein als in der Pflanzenzüchtung, da in der Tierproduktion größere Möglichkeiten zur Kontrolle der Umweltbedingungen gegeben sind als in der Pflanzenproduktion, so daß generell eine bessere Reproduzierbarkeit der erreichten Leistungen der Individuen im großen Maßstab zu erwarten wäre.

6.7.5. Gentransfer

Mit dem Gentransfer steht erstmals ein biotechnisches Verfahren zur Verfügung, bei Tieren und Pflanzen gezielt genetische Variation zu erzeugen. Die bisherigen Methoden der Biotechnik basieren auf eine intensivere Nutzung der vorhandenen Variation. Auf den Gentransfer bei Pflanzen ist schon bei den Darlegungen zur Introgression eingegangen worden (vgl. 6.5.1.).
Seit 1980 gibt es auch wissenschaftliche Publikationen über die Möglichkeiten, fremde Erbsubstanzen in das Säugetiergenom einzubringen.
Palmiter u. a. (1982) gelang die Erzeugung von transgenen Mäusen durch die Übertragung eines Promotors und des Gens für das Wachstumshormon der Ratte. Die transgenen Tiere zeigten eine höhere Konzentration an Wachstumshormonen (bis zum 800fachen), die zum Riesenwachstum führte. Das Gen

wurde auch an die nächste Generation weitergegeben. Seitdem wird intensiv daran gearbeitet, den Gentransfer für landwirtschaftliche Nutztiere in Anwendung zu bringen und für die Züchtung zu nutzen.
Inzwischen gibt es nachweislich transgene Kaninchen, Schafe und Schweine, eine Expression der übertragenen Gene erfolgte nur beim Kaninchen und beim Schwein (HAMMER u. a. 1985; BREM u. a. 1985). Allerdings blieben nachweisbar Wirkungen auf das Wachstum dieser Tiere, wie es bei der Maus der Fall war, aus.
Beim Rind war es zunächst nicht möglich einen Gentransfer herbeizuführen (KRAEMER u. a. 1986). Am FZ Dummerstorf gelang es aber Anfang des Jahres 1988 auch bei dieser Tierart an einem lebenden Kalb den erfolgreichen Gentransfer nachzuweisen.
Für die Einführung geklonter Gene in die Keimbahn gibt es nach KRÄUßLICH (1985) drei Möglichkeiten:
- Mikroinjektion der DNS in den Pronucleus der Zygote.
- Nutzung eines Carriers (Viren, Liposomen)
- Erzeugung von Chimären mit in vitro transformierten Zellen.

Bei landwirtschaftlichen Nutztieren wurde bisher nur mit der Mikroinjektion operiert.
Die Konsequenzen für die Züchtung aus dem gelungenen Gentransfer sind schwer abschätzbar. Bisher liegen nur wenige Kenntnisse über den Zusammenhang zwischen einzelnen Genen und ihren Auswirkungen auf die Leistungsmerkmale vor, die Voraussetzungen für einen gezielten Gentransfer sind. Eines der Hauptprobleme ist deshalb gegenwärtig die Identifizierung der Gene, die die ökonomisch relevanten Leistungsmerkmale wie Wachstum, Milchleistung oder Reproduktionsfähigkeit steuern. Bei der Gültigkeit des bisher unterstellten Polygenkonzepts für die Vererbung der meisten Leistungsmerkmale dürfte eine vollständige Aufklärung nicht in absehbarer Zeit – wenn überhaupt – erwartet werden. Es kann jedoch sicherlich davon ausgegangen werden, daß die Möglichkeit des Gentransfers die Bestrebungen zum Schließen dieser Erkenntnislükken verstärken wird, so daß in nächster Zeit ein hoher Erkenntniszuwachs auf diesem Gebiet erwartet werden kann.

Bisher sind nur einige Einzelgene mit meßbaren Auswirkungen auf quantitative Eigenschaften bekannt, die als Majorgene bezeichnet werden. Zu den wenigen bekannten Beispielen gehören das Booroolagen mit Auswirkungen auf die Fruchtbarkeitsleistung beim Schaf, das Doppellendergen der Fleischrindrassen mit Effekten auf das Muskelwachstum sowie das Gen für die Halothanempfindlichkeit des Schweines, das mit der Streßempfindlichkeit und der Fleischqualität im Zusammenhang steht. Letzteres ist ein sogenanntes Markergen, da vermutet wird, daß benachbarte Gene auf Streßempfindlichkeit und Fleischqualität wirken. Nach KRÄUSSLICH (1985) werden als potentielle Möglichkeiten für den Gentransfer weiterhin Gene für Milchproteine, für Hornlosigkeit und Resistenzgene diskutiert. Bei den erwähnten Genen ist der Erkenntnisstand bei weitem nicht auf dem Stand wie beim Gen für das Wachstumshormon, so daß mit einer Übertragung noch nicht gerechnet werden kann. Solange die Gene innerhalb der Art

für den Transfer genutzt werden sollen, steht schließlich auch stets die Frage nach einer herkömmlichen Verbreitung.
Die drastische Steigerung der Milchleistung von Kühen mittels exogener Gaben von Wachstumshormonen lassen das Wachstumshormongen auch für die Milchleistung interessant erscheinen, jedoch gilt es, erst den Zusammenhang zwischen Genwirkung und Leistungssteigerung im Tier, d. h. bei der Milchkuh, nachzuweisen.
Bezüglich des Gentransfers stehen wir heute am Anfang einer Entwicklung, dessen Auswirkungen auf die Züchtung noch schwer abschätzbar ist. Trotz der aufgezeigten Probleme bleibt festzustellen, daß die Entwicklung schnell vorangeht und sich viele Experten (Church 1985; Wagner 1985; Geldermann 1987) positiv über die Möglichkeiten züchterischer Nutzung bei der Verbesserung unserer Nutztierbestände äußern. Von Smith u. a. (1987) werden Gedanken aufgezeigt, den Gentransfer in die Zuchtprogramme von Haustieren zu integrieren. Entsprechendes gilt für Müller und Mettin (1988) bei den Kulturpflanzen. Die Züchtungsmethodik wird in Zukunft durch die Gentechnik beeinflußt und verändert. Die Bedeutung der Züchtung und der populationsgenetischen Arbeitsmethoden wird dadurch jedoch nicht geringer werden.

6.7.6. Nutzung der Biotechnik in Nucleusherden

In den letzten Jahren sind in der Tierzüchtung sogenannte Nucleusherden konzipiert (Nicholas und Smith 1983; Christinsen 1987 u. a.) und z. T. bereits aufgebaut worden. Sie stellen eine spezielle Organisationsform der Züchtung in kleinen Herden dar, die durch die Selektion der besten Tiere innerhalb einer oder aus mehreren Populationen entstanden sind. Gegenwärtig gewinnen sie besonders beim Rind an Bedeutung und werden entweder als Alternative oder als entscheidende Ergänzung konventioneller Zuchtprogramme zur Steigerung des Zuchtfortschritts angesehen.
Nucleusherden stützen sich in erster Linie auf eine konsequente Anwendung der biotechnischen Verfahren in der Züchtung mit dem Ziel, die Selektionsintensitäten und die Genauigkeit der Zuchtwahl zu verbessern, um damit einen höheren Zuchtfortschritt je Zeiteinheit zu erzielen. Es ist als ein unbestrittener Vorzug dieser Herden zu werten, daß hier auch biotechnische Verfahren einsetzbar sind, die aus Kosten- oder sonstigen Gründen im breiteren Umfang in der Praxis noch nicht zu nutzen sind.

Die Verkürzung des Generationsintervalles spielt in sogenannten Jungtierzuchtprogrammen eine bedeutende Rolle, in denen auf eine Zuchtwertschätzung der Vatertiere verzichtet und die Selektion in erster Linie anhand der Leistungen von Vollgeschwistern vorgenommen wird. Noch wirksamer wäre eine Selektion unter Berücksichtigung von Leistungen identischer Mehrlinge, wenn diese in ausreichender Zahl erzeugt werden könnten.
Die Nucleusherden stehen im allgemeinen unter direkter wissenschaftlicher Betreuung, so daß mit einer unmittelbaren Umsetzung theoretischer Erkenntnisse in die Selektionsprogramme ohne jeglichen Schlupf gerechnet wird. Die daraus zu erwartenden Vorteile dürften für die verschiedenen Zuchtorganisationen und

Länder in Abhängigkeit vom bisherigen Stand der Zusammenarbeit mit wissenschaftlichen Einrichtungen unterschiedlich zu bewerten sein.
Eindeutig sind die Vorteile dieser Organisationsform der Züchtung für die Einführung neuer Selektionskriterien, die in einem großen Umfang an den Tieren in der Population nicht geprüft werden können, weil die Prüfung zu material-, kosten- oder arbeitsaufwendig ist. In diesem Zusammenhang ist z. B. die Prüfung des Futteraufnahmevermögens beim Rind zu nennen, die in einer anderen Form kaum durchführbar ist. Andererseits handelt es sich um ein Selektionsmerkmal mit einer hohen wirtschaftlichen Bedeutung. Aber auch Hilfsmerkmale der Leistungsselektion auf biochemisch-physiologischer Grundlage sind am ehesten über Nucleusherden für die Erhöhung des Zuchtfortschritts zu nutzen, da hier komplizierte und aufwendige Methoden einsetzbar sind. Mit ihrer Hilfe kann auch eine Verkürzung des Generationsintervalls erwartet werden, wenn die Prüfung an Jungtieren bereits eine ausreichend genaue Leistungsvorhersage erlaubt. Insofern stellen sie eine wesentliche Unterstützung der Jungtierzuchtprogramme dar.
Es wird zwischen offenen und geschlossenen Nucleusherden unterschieden. Während die geschlossenen Herden nach ihrem Aufbau im wesentlichen mit dem eigenen Tiermaterial züchten, arbeiten die offenen in enger Verbindung mit dem konventionellen Zuchtprogramm in einer Population. Wegen der höheren effektiven Populationsgröße, der einfacheren Vermeidung von Inzucht und der Einbeziehung der Zuchtwertschätzung von Jungbullen aus der Nucleusherde im Vergleich zu solchen aus dem konventionellen Zuchtprogramm, sind letztere langfristig als erfolgreicher anzusehen. In geschlossenen Herden dürfte ein Jungtierzuchtprogramm unumgänglich sein.
Im Zusammenhang mit dem Gentransfer werden die Nucleusherden als ein notwendiges Instrument zur Kontrolle der transgenen Tiere über mehrere Generationen angesehen. Es besteht nicht nur die Notwendigkeit, die Weitergabe dieser Gene über die Generationen zu kontrollieren, sondern es ist darüber hinaus eine umfassende Prüfung zur Feststellung möglicher unerwünschter Nebeneffekte vorzunehmen, bevor die transgenen Tiere zur Nutzung in der Population zugelassen werden können. Die Überführung der Transgene vom hemizygoten in den homozygoten Zustand durch entsprechende Paarungspläne kann ebenfalls nur kontrolliert in diesen Herden erfolgen.

6.7.7. Somatische Zellhybridisierung

Mit Hilfe geeigneter Chemikalien und Kulturbedingungen ist es in Kulturen tierischer Zellen möglich zu Fusionsprodukten zu kommen. Das gilt sowohl für verschiedene Zellen einer Art als auch für Zellen aus verschiedenen Arten. So gibt es beispielsweise Verschmelzungen zwischen somatischen Zellen vom Kaninchen und Huhn (Hagemann u. a. 1984). Diese somatischen Zellhybriden lassen sich aber nicht zu Organismen entwickeln.
Bei Pflanzen ist es möglich, somatische Zellhybriden zu schaffen. Zu diesem Zweck werden zunächst Protoplasten hergestellt. Diese lassen sich mit Hilfe von kurzzeitigen elektrischen Feldimpulsen oder geeigneter Substanzen (z. B. Polyethylenglycol) teilweise fusionieren. In vielen Fällen gelang es auch schon

die somatischen Hybridzellen zur Weiterentwicklung und Differenzierung zu bringen, so daß aus ihnen adulte Pflanzen hervorgingen. Dies gilt u. a. für Möhre, Tomate, Tabak und Kohl (Kothari u. a. 1986; Handlay u. a. 1986; Smith u. a. 1989; Bauer 1990).
Somatische Zellhybridisierungen können zu Selbstungen und zu intra- sowie interspezifischen Kreuzungen benutzt werden. Abgesehen von Selbstungen, besteht bei somatischen Zellhybridisierungen die Möglichkeit einer Rekombination im Bereich des Genotyps und des Plasmotyps. Dies ist bei sexuellen Kreuzungen nur bei Objekten gegeben, die eine biparentale plasmotypische Vererbung (z. B. Pelargonium zonale) haben (vgl. 1.2.). Bei diesen gibt es allerdings Unterschiede in der Menge an Plastiden und Mitochondrien zwischen der Mutter (Eizelle) und dem Vater (generative Zelle).
Somatische Zellhybridisierungen lassen sich methodisch auch so gestalten, daß es nur zu einer Rekombination des Plasmotyps kommt. Der Genotyp wird von einer Rekombination ausgespart, indem man einen Zellkern der Hybridpartner eliminiert.
In somatische Zellhybridisierungen lassen sich auch Objekte aus verschiedenen Familien einbeziehen. So konnten bereits Protoplastenfusionen zwischen Gerste und Sojabohne, Gerste und Möhre sowie Raps und Sojabohne vorgenommen werden (Hagemann u. a. 1984). Allerdings lassen sich solche Familienbastarde bisher nicht zu Pflanzen regenerieren. Für bestimmte Analysen können aber bereits Zell-Linien aus somatischen Zellhybriden wichtig sein.
Abgesehen davon gibt es auch bereits Bastardpflanzen aus somatischen Zellhybriden die sich bisher auf sexueller Basis nicht entwickeln ließen. Es wird an dieser Stelle nur auf die Kombination zwischen Lycopersicon pennellii D'Arcy und Lycopersicon esculentum Mill. verwiesen, die bisher mit dem Plasmotyp von L. pennellii auf sexueller Grundlage noch nicht existiert (O'Conell und Hanson 1985).
Nur parasexuell erzeugt gibt es Bastardpflanzen zwischen Solanum tuberosum L. und Lycopersicon esculentum Mill. (Roddick und Melchers 1985) sowie zwischen Solanum melongena L. und Solanum sisymbriifolium Lam. (Gleddie u. a. 1986).
Die somatische Zellhybridisierung bietet darüber hinaus weitere Kombinationsmöglichkeiten an, die sich anders nicht realisieren lassen. So gelingt es beispielsweise durch die Verwendung von Pflanzen deren Plastidenentwicklung unterbleibt, einmalige Idiotypen zu schaffen. Sie setzen sich zusammen aus dem Plastom eines Elters und dem Chondrom sowie dem Kerngenom beider Elter. Roddick und Melchers (1985) bezeichnen Bastarde aus Kartoffeln und Tomaten mit Plastiden von der Kartoffel mit „Pomato". Haben Bastarde nur funktionierende Plastiden von dem Tomatenelter, sprechen die Autoren von „Topato".
Somatische Zellhybridisierungen führen immer zu Genomvermehrungen. Das betrifft die Genome der Plastiden, der Mitochondrien und des Zellkernes gleichzeitig. Bei den klassischen Genomvermehrungen, den Polyploidisierungen, wird zunächst nur das Genom des Zellkernes vermehrt. Das gilt sowohl für eine meiotische als auch für eine mitotische Polyploidisierung (vgl. 1.11.). Im Anschluß daran kommt es allerdings dann auch zu einer Vermehrung der Plastiden und Mitochondrien. Mit der somatischen Zellhybridisierung steht damit der

Tabelle 6.46. Zygophasische Chromosomenzahl (z) bei Eltern und Bastarden nach somatischer Zellhybridisierung

Art, Bastard innerhalb einer Art, Art- bzw. Gattungsbastard	Chromosomenzahl z
Nicotiana plumbaginifolia	20
N. plumbagin. × N. plumbagin.	42–50, 32–55, 31–50, 33–43, 40–55, 33–65, 26–40, 37–50, 35–68
Solanum melongena	24
Solanum sisymbriifolium	24
S. melongena × S. sisymbriif.	38–43, 43–45, 43–45, 44–45, 44(45), 45, 45
Nicotiana rustica	48
Nicotiana tabacum	48
N. rustica × N. tabacum	74–77, 82–87, 73–76, 75–79, 72–79, 81–86, 72–74, 63–67, 76–79, 68–72, 63–67
Lycopersicon esculentum	24
Solanum lycopersicoides	24
L. esculentum × S. lycopersic.	48, 48, 68, 64, 60, 53 + 54, 48 + 53 + 54 + 55
Petunia parodii	14
Petunia inflata	14
P. parodii × P. inflata	14, 14, 28, 28, 36, 28, 27, 28, 28, 28, 26, 28, 20, 26, 26–28, 26–28

Züchtung ein neuartiger Polyploidisierungstyp zur Verfügung. Dies gilt auch noch aus einer anderen Sicht. Eine somatische Zellhybridisierung könnte zumindest theoretisch zu einer identischen Verdoppelung des Genotyps und des Plasmotyps führen. Dies ist allerdings zumindest beim Genotyp nur selten der Fall. In der Regel kommt es zu keiner identischen Verdoppelung, weil aneuploide (vgl. 1.20.) Fusionsprodukte vorherrschen. In der Tabelle 6.46. wird das an einigen Beispielen belegt. Sie basieren auf Untersuchungen von Marton u. a. (1985); Schnabelrauch u. a. (1985); O'Conell und Hanson (1985); Hamill u. a. (1985); Gleddie u. a. (1986). Bei somatischen Zellhybridregeneraten aus Solanum melongena L. und Solanum sisymbriifolium Lam. konnte die genetische Inhomogenität bei der Blütenfarbausprägung demonstriert werden. S. melongena blüht purpurn, S. sisymbriifolium hat eine weiße Blütenfarbe und bei den Bastarden gibt es Individuen mit weißen, leichtblauen und blauen Blüten (Gleddie u. a. 1986).
Für diese genetische Variabilität nach der somatischen Zellhybridisation ist das Callusstadium zumindest mitverantwortlich zu machen. Es induziert Gen- und Chromosomenmutationen sowie Genomvermehrungen (vgl. 6.5.1.6.). Die soma-

tische Zellhybridisation verbindet demnach eine Genomvermehrung mit einer Mutationsauslösung.
Werden somatische Zellhybriden (Cybriden) auf interspezifischer Grundlage hergestellt, wird die Artkreuzung mit der Polyploidisierung in einem Schritt vollzogen. Aus diesem Grunde ist damit zu rechnen, daß zumindest teilweise sich die Hybridsterilität (vgl. 6.5.1.) nicht so krass auswirkt. Es kommt hinzu, daß weniger mit Genotyp: Plasmotyp-Interaktionsstörungen zu rechnen ist als bei sexuellen Bastarden, weil eine Alloplasmie seltener vorkommt.
Abgesehen davon, sind somatische Zellhybriden nur als primäre Auto- oder Allopolyploide zu werten (vgl. 6.5.2.). Für eine unmittelbare Nutzung als Sorten sind sie noch nicht geeignet. Dazu bedarf es noch intensiver Kombinations- und Selektionsmaßnahmen.

6.7.8. Kerngenomverminderungen

Bei Diploiden, Autopolyploiden und Allopolyploiden ist es für viele Aufgaben in der Züchtung vorteilhaft, Individuen in verminderter bzw. einfacher Kerngenom-Dosis zur Verfügung zu haben. Dies gilt zunächst zur Erzeugung homozygoter Idiotypen (vgl. 6.2.3.2.).
Auch für Vorhaben des parasexuellen Gentransfers ist es günstig, mit monoploiden Individuen zu arbeiten. Bei einer Selektion von Mutationen, ausgelöst durch das Kallusstadium (somaklonale Variation), ist es ebenfalls wünschenswert, zunächst mit dem monoploiden Stadium experimentieren zu können.
Individuen mit Kerngenomverminderungen treten auch spontan auf. Dies ist u. a. auf eine apomiktische Entwicklung von reduzierten Eizellen zurückzuführen. Dies ist bei Diploiden selten, bei Tetraploiden jedoch etwas häufiger anzutreffen. Dafür müssen allerdings bestimmte Voraussetzungen gegeben sein. Dazu gehören vor allem die Bildung von reduzierten 2x-Eizellen und ein funktionierendes Endosperm (v. Wangenheim 1962; Skiebe 1967). Bei Kreuzungen zwischen 4x- und 2x-Idiotypen wird das in Tabelle 6.47. demonstriert. In diesem Beispiel wird von einer normalen Embryosackentwicklung ausgegangen (Polygonumtyp). Aus der Darstellung ist zu entnehmen, daß das Endosperm nur bei Kern-Genomvalenzen von 6x, 9x und 12x funktioniert. Dabei wird allerdings vorausgesetzt, daß es sich bei den mütterlichen und väterlichen Gameten um Kerngenome der gleichen Art handelt. Solche Kerngenom-Verminderungen nach 4x- × 2x-Kreuzungen werden in der Züchtung schon genutzt. Dabei verwendet man als väterlichen 2x-Partner beim Alpenveilchen und bei der Fliederprimel Idiotypen der gleichen Art. Bei der Kartoffel wird eine andere Art benutzt. Es handelt sich um Solanum phureja Juz. et Buk. Die Anzahl von Genomverminderungen nach 4x- × 2x-Kreuzungen wird vor allem vom jeweiligen Idiotyp der verwendeten Partner bestimmt. Die Frequenz ist aber im allgemeinen niedrig. So werden beispielsweise bei der Fliederprimel, bezogen auf die Anzahl Kreuzungen und Samenanlagen, unter 0,1% apomiktisch entstandene 2x-Pflanzen festgestellt. Eine deutliche Frequenzerhöhung läßt sich durch den Einsatz von Embryokulturen erreichen. Dabei ist es allerdings notwendig, mit Markierungen zu arbeiten. Die 4x-Mütter müssen dabei Träger der rezessiven oder hypostatischen Allele sein. Neben biochemischen eignen sich auch mor-

Tabelle 6.47. Darstellung von verschiedenen Möglichkeiten der Gametenbildung, Befruchtung, Endospermentwicklung und Embryoentwicklung nach (4×) × (2×) – Kreuzungen bei Idiotypen mit normaler Embryosackentwicklung

Gameten mit Valenz der Kerngenome weiblich	männlich	Befruchtungstyp	Frequenz des Auftretens	Endosperm	Embryo	Ergebnis bzw. Bemerkungen
2× red.	1× red.	amphim.	häufig	4× + 1× = 5× gestört	2× + 1× = 3× unentwickelt	3× Pflanzen bei Embryokultur
2× red.	1× red.	apomik.	selten	4× + 1× = 5× gestört	2× = 2× unentwickelt	2× Pflanzen bei Embryokultur
2× red.	1× red.	apomik.	selten	4× + 2× = 6× funktioniert (2generat. Z.)	2× = 2× entwickelt	2× Samen
2× red.	2× unred.	amphim.	selten	4× + 2× = 6× funktioniert	2× + 2× = 4× entwickelt	4× Samen
2× red.	2×unred.	apomik.	selten	4× + 2× = 6× funktioniert	2× = 2× entwickelt	2× Samen
2× red.	2× unred.	apomik.	selten	4× + 4× = 8× gestört (2generat. Z.)	2× = 2× unentwickelt	2× Pflanzen bei Embryokultur
4× unred.	1× red.	amphim.	selten	8× + 1× = 9× funktioniert	4× + 1× = 5× entwickelt	5× Samen
4× unred.	1× red.	apomik.	selten	8× + 1× = 9× funktioniert	4× = 4× entwickelt	4× Samen
4× unred.	1× red.	apomik.	selten	8× + 2× = 10× gestört (2generat. Z.)	4× = 4× unentwickelt	4× Pflanzen bei Embryokultur
4× unred.	2× unred.	amphim.	selten	8× + 2× = 10× gestört	4× + 2× = 6× unentwickelt	6× Pflanzen bei Embryokultur
4× unred.	2× unred.	apomik.	selten	8× + 2× = 10× gestört	4× = 4× unentwickelt	4× Pflanzen bei Embryokultur
4× unred.	2× unred.	apomik.	selten	8× + 4× = 12× funktioniert (2generat. Z.)	4× = 4× entwickelt	4× Samen

phologische Marker für derartige Zwecke gut. Werden beispielsweise anthocyanlose 4x-Mütter und anthocyangefärbte 2x-Väter verwendet, dann sind alle anthocyanlosen Pflanzen apomiktischen Ursprungs. Sie können jedoch die Valenz 2x und 4x besitzen. Daher ist bei ihnen noch die Genomvalenz des Zellkernes zu bestimmen.

Bei Pflanzen bilden sich außerdem mitunter Zwillingsembryonen aus einer befruchteten und einer unbefruchteten Zelle (Eizelle und Synergide). Der eine Embryo ist dann monoploid. Die Bildungsfrequenz derartiger Kerngenomverminderungen ist jedoch so niedrig, daß sie für eine Nutzung in der Züchtung nur selten ausreicht.

Anders ist es mit Kern-Genom-Eliminationen, die nach Art- oder Gattungskreuzungen bei Pflanzen auftreten (6.2.3.2.). Dazu bedarf es allerdings des Einsatzes von Embryokulturen. Dieses biotechnische Verfahren ist deshalb nicht zuletzt aus diesem Grunde ausreichend perfektioniert worden (Peterka und Kunert 1984 u. a.). Dabei bilden sich allerdings sowohl monoploide mütterliche Idiotypen, als auch Artbastarde mit jeweils einem Kerngenom im Gemisch. Die gewünschten monoploiden mütterlichen Idiotypen müssen deshalb zunächst selektiert werden, bevor sie für die weiteren Manipulationen zur Verfügung stehen. Allerdings treten derartige Genomverminderungen nicht bei allen Objekten auf. Nutzen lassen sie sich zunächst bei der Gerste und mit Einschränkungen beim Weizen.

Nahezu universell einsetzbar ist bei Pflanzen die Kultur von Samenanlagen und Antheren (Maheshwari u. a. 1982; Foroughi-Wehr 1983 u. a.). Werden die daraus resultierenden Monoploiden kerngenomatisch verdoppelt, entstehen allerdings nicht nur homozygote Genotypen. Die Ursachen für dieses Phänomen sind noch nicht genau bekannt.

Die Kultur von Samenanlagen hat den Vorteil, daß sich in der Regel die monoploiden Zellen des Eiapparates zur Regeneration bringen lassen. Ferner treten nur relativ wenig chlorophyllgestörte Individuen auf. Bei Rüben beispielsweise wird die Kultur von Samenanlagen bereits züchterisch zur Erzeugung monoploider Individuen genutzt (Hosemans und Bossoutrot 1983). Sie dienen vor allem der Schaffung homozygoter Linien.

Die Antherenkultur wird zur Zeit bei zahlreichen Objekten betrieben. Sie hat den Nachteil, daß relativ viel gestörte Pflanzen auftreten. Es ist aber nur ein Teil von ihnen nicht chlorophyllgeschädigt und für die weiteren züchterischen Zwecke verwendbar. Foroughi-Wehr u. a. (1982) gaben beispielsweise bei ihren Experimenten mit Gerste an, daß von 5217 Pflanzen immerhin 797 grün waren.

Ein weiterer Nachteil ist, daß sich sowohl monoploide als auch diploide Zellen der Antheren zu Linien regenerieren lassen. Dieser Komplikation kann man ausweichen, wenn man keine Antheren- sondern eine Pollenkultur betreibt. Das geschieht beispielsweise schon bei der Gerste (Datta und Wenzel 1988). Allerdings treten auch bei der Pollenkultur zahlreiche chlorophyllgeschädigte Pflanzen auf. Dabei ist zu berücksichtigen, daß bei den meisten Arten die Pollenentwicklung zu Zellen führt, die nur noch einen funktionsfähigen Kern besitzen. Insbesondere die generative Zelle (Kern) verfügt deshalb lediglich über einen wirkungspotenten Genotyp (vgl. 1.2.). Es ist daher denkbar, daß dieser Entwicklungsgang mit dem Auftreten albinotischer Embryoide bzw. Pflanzen zusammenhängt. Zumindest gilt das bei einer Kultur schon nahezu fertiger Antheren oder Pollen. Dabei ist zu berücksichtigen, daß albinotische Regenerate nicht plastidenfrei sind. Sie haben aber hochgradig degenerierte Plastiden. Die Zahl intraplastidärer Membranen ist gering und im Plastidenstroma fehlen Ribosomen (SCHUMANN 1988).

Subletalität hat aber noch eine weitere Ursache. Die Regeneration erfolgt über ein Kallusstadium. Von diesem ist bekannt, daß es starke genetische Veränderungen hervorruft. Von diesen sind die meisten mit negativen Auswirkungen auf die Vitalität bzw. auf die Chlorophyllausbildung verbunden. Es ist also davon auszugehen, daß sich nur ein Teil der Antheren bzw. Pollen zu Pflanzen regenerieren lassen und daß der größte Teil davon wieder aus Mangel an Vitalität ausfällt. Dieser Verlust an Monoploiden ist nicht zufällig, sondern auch abhängig vom jeweiligen Genotyp. Es ist notwendig, daß man die populationsgenetischen Auswirkungen dieses Phänomens entsprechend berücksichtigt. Trotzdem läßt sich mit diesen biotechnischen Verfahren in der Züchtung erfolgreich arbeiten.

In manchen Fällen wird das biotechnische Verfahren zur Kerngenomverminderung mit einem konventionellen Verfahren verbunden, welches ebenfalls eine Reduzierung in der Anzahl von Kerngenomen bewirkt. In diesem Zusammenhang ist auf autopolyploide Idiotypen zu verweisen, die mit Hilfe einer Apomixis zunächst auf das diploide Valenzniveau gebracht werden. Dieses Verfahren ist relativ einfach und komplikationslos. Darauf folgt dann eine Gametophytenkultur mit der Erzeugung von Monoploiden. Bei der Kartoffel wird so vorgegangen. Da bei somatischen Zellhybridisierungen (vgl. 6.7.7.) die Kerngenom-Valenz in der Regel verdoppelt wird, ist es notwendig, danch wieder Kerngenomverminderungen vorzunehmen. Dies ist erforderlich, wenn züchterisch auf dem Niveau der Hybridisierungspartner gearbeitet werden soll. Kerngenomverminderungen sind auch notwendig, wenn man Sorten mit dem 4x-Niveau züchten will, zum Zweck einer einfacheren Selektion temporär auf das 2x-Niveau zurückgeht und danach wieder eine Kerngenomvermehrung vornimmt. Für solche Vorhaben ist es wichtig zu wissen, wie sich die gleichen Allele auf dem diploiden und autotetraploiden Niveau verhalten. Dazu ist festzustellen, daß sich in vielen Fällen bestimmte Allele auf dem 4x- und dem 2x-Niveau gleich manifestieren. So haben beispielsweise bei der Fliederprimel (Primula malacoides Franch.) bei mehreren nominalskalierten Merkmalen vergleichbare diploide und autotetraploide Genotypen den gleichen Phänotyp. A_1A_1- und $A_1A_1A_1A_1$-Genotypen blühen violett, A_2A_2- und $A_2A_2A_2A_2$-Genotypen blühen weiß. Bei der Levkoje [Mathiola incana (L.) R. Br.] findet man ebenfalls eine Übereinstimmung in mehreren nominalskalierten Merkmalen zwischen 2x- und 4x-Genotypen. So wird sowohl in B_2B_2- als auch in $B_2B_2B_2B_2$-Genotypen ein gonischer Letalfaktor (vgl. 1.6.2.) wirksam. Demgegenüber sind B_1B_1-, B_1B_2-, $B_1B_1B_1B_1$-, $B_1B_2B_2B_2$-, $B_1B_1B_2B_2$- und $B_1B_1B_1B_2$-Genotypen vital (FIEDLER 1957). Ein Beispiel für eine etwas andere Sachlage liefert die Petunie (Petunia x hybrida Vilm.). Bei ihr sind zwar in dem nominalskalierten Merkmal Blütentyp A_1A_1-, A_1A_2-, $A_1A_1A_1A_1$-, $A_1A_1A_1A_2$-, $A_1A_1A_2A_2$- und $A_1A_2A_2A_2$-Genotypen phänotypisch gleich, pleiotrop kommt es aber in dem ordinalskalierten Merkmal Subletalität zwischen Diploiden und Autotetraploiden zu Differenzen. Sie beruhen auf einer additiven Allelwirkung beim A_1-Allel.

A_1A_1-Genotypen zeigen deshalb eine Vitalitätsschwäche und $A_1A_1A_1A_1$-Genotypen sind bereits so stark subletal, daß es zu einer männlichen Sterilität kommt. Auch bei den Heterozygoten gibt es Differenzen. A_1A_2-Genotypen sind vital und $A_1A_1A_2A_2$- sowie $A_1A_1A_1A_2$-Genotypen zeigen eine schwache bzw. mittlere Subletalität (REIMANN-PHILIPP 1968).
Noch deutlicher sind die Differenzen zwischen vergleichbaren 2x- und 4x-Pflanzen, wenn es sich um verhältnis- oder intervallskalierte Merkmale handelt und zwei Allelbeziehungen gleichzeitig möglich sind. So gibt es beim Löwenmaul (Antirrhinum majus L.) ein Genlocus, dessen Allele sich auf die Anthocyanintensität auswirken. Das A_1-Allel erhöht sie und das A_2-Allel senkt sie. Zwischen beiden Allelen liegt eine unvollständige Dominanz vor, wobei der hemmende und der fördernde Effekt nicht gleich stark ist.
Auf dem 4x-Niveau kommt dann noch eine additive Allelwirkung zur Geltung. Bezogen auf die Einzelzelle beträgt die Anthocyanintensität (durchschnittlicher kolorimetrischer Absorptionswert) bei A_1A_1-Genotypen 105,8 und bei $A_1A_1A_1A_1$-Allelträgern 166,4.
Die 2x-Heterozygoten besitzen eine Farbintensität von 27,0 und die drei 4x-Heterozygoten von 132,6, 67,8 und 43,9. In der Merkmalsausprägung ähneln jedoch die A_1A_2-Heterozygoten den $A_2A_2A_2A_2$-Homozygoten, die eine Farbintensität von 29,4 aufweisen (SEYFFERT 1957). Eine additive Allelwirkung kann auf dem 4x-Niveau auch mit einer Superdominanz verbunden sein. In diesem Falle gibt es vor allem Unterschiede zwischen den 2x-Heterozygoten und den 4x-Heterozygoten, soweit es sich um die Simplex- oder Triplextypen handelt. Dafür liefert die Aspartataminotransferase beim Roggen (Secale cereale L.) ein charakteristisches Beispiel. Benutzt man für die Bandenausprägung auf den Zymogrammen eine Ordinalakalierung, dann haben A_1A_2-Genotypen eine mittlere starke Bande und oben sowie unten eine schwache Bande. $A_1A_1A_1A_2$-Genotypen haben oben eine starke Bandenausprägung, in der Mitte eine mittlere und unten eine schwache Intensität $A_1A_2A_2A_2$-Genotypen zeigen ein umgekehrtes Muster. Bei ihnen nimmt die Intensität von oben nach unten zu (SKIEBE und SELIGER 1990). Bei den bisher geschilderten Merkmalen handelte es sich um solche, die nicht unmittelbar mit der Fertilität zusammenhängen. Betrachtet man derartige Merkmale aus dem Bereich der generativen Reproduktion, so ist fast immer mit Differenzen zwischen analogen 2x- und 4x-Populationen zu rechnen, weil mit einer Autopolyploidisierung cytologische und genetische Störungen verbunden sind. Sie nehmen ihren Ausgang von Quadrivalentbildungen im Verlaufe der Meiose (DEHNE u. a. 1988). Das gilt es bei einer Züchtung oder einer Selektion auf einem anderen Niveau der Kerngenomvalenz zu beachten.

7

Literaturverzeichnis

Anonymus, List of varieties. Mutat. Breed. Newsl. 20 (1982), 16–19

Autorenkollektiv, Aktuelle Probleme der Art- und Gattungskreuzung bei Getreide. Fortschr. Ber. Landw. Nahrungsg.-Wirtsch. 17 (1979), 43 S.

Abplanalp, H., Inbreeding as a tool for poultry improvement. 1. Weltkong. angew. Genetik lw. Nutztiere 1 (1974), 897–908

Abraham, T. P.; Butany, W. T.; Ghosh, R. L. M., Discriminant function for varietal selection in rice. Indian J. Genet. Plant Breed. 14 (1954), 51–53

Abou-El-Fittouh, H. A.; Rawlings, J. O.; Miller, P. A., Classification of environments to control genotype by environment interactions with an application to cotton. Crop Science 9 (1969), 135–140

Abou-El-Fittouh, H. A.; Rawlings, J. O.; Miller, P. A., Genotype by environment interactions in cotton – their nature and related environmental variables. Crop Science 9 (1969), 377–381

Ahrens, H.; Läuter, J., Mehrdimensionale Varianzanalyse. Berlin Akademie Verlag (1974)

Ainsworth, C. C.; Gale, M. D.; Baird, S., The genetic control of grain esterases in hexaploid wheat. Theor. Appl. Genet. 68 (1984), 219–226

Ainsworth, C. C.; Johnson, H. M.; Jackson, E. A.; Miller, T. E.; Gale, M. D., The chromosomal locations of leaf peroxidase genes in hexaploid wheat, rye and barley. Theor. Appl. Genet. 69 (1984), 205–210

Allard, R. W., Principles of plant breeding. New York–London (1960)

Allard, R. W.; Kahler, A. L.; Weir, B. S., Isozyme polymorphism in barley populations. Barley Genetics Symp. Proc. 30 (1971), 1–13

Arndt, H.; Dube, J., Untersuchungen über Hybrideffekte bei Erbsen (Pisum sativum L.). Arch. Züchtungsforsch. 10 (1980), 55–62

Arndt, H.; Skiebe, K., Zuchtmethodische Aspekte der Nutzung von Hybrideffekten bei Erbsen und Buschtomaten sowie ihre Verifikation in der Gemüsezüchtung. Ber. Arb. Gem. Saatzuchtleiter Gumpenstein (1986), 223–236

ARTHUR, J. A.; ABPLANALP, H., Computer simulation of reciprocal recurrent selection with overdominant gene action. Anim. Prod. 12 (1970) 639–649

ARUS, P.; TANKSLEY, S. D.; ORTON, T. J.; JONES, R. A., Electrophoretic variation as a tool for determining seed purity and for breeding hybrid varieties of Brassica oleracea. Euphytica 31 (1982), 417–428

ARUS, P.; SHIELDS, C. R.; ORTEN, T. J., Application of isozyme electrophoresis for purity testing and cultivar identification of F_1 hybrids of Brassica oleracea. Euphytica 34 (1985), 651–657

ATTIA, M. S., The nature of incompatibility in cabbage. Proc. Amer. Soc. Hort. Sci. 56 (1950), 369–371

AURIAU, P.; PLUCHARD, P.; DE BUYSER, J., Heredite de la restauration de la fertilite male chez les bles hybrides. Ann. Amelior. Plant. 23 (1973), 315–332

AVIV, D.; ARZEE-GONEN, P.; BLEICHMAN, S.; GALIM, E., Novel alloplasmic Nicotiana plants by „donor-recipient" protoplast fusion: Cybrids having N. tabacum or N. sylvestris nuclear genomes and either or both plastomes and chondiomes from alien species. Mol. Gen. Genet. 196 (1984), 244–253

BÄTZ, G., Die Verrechnung von Versuchsserien. Tagungsberichte Akad. Landwirtsch.-Wiss. Berlin 68 (1964) 91–111

BÄTZ, G., Empfehlungen zur erweiterten Auswertung von Versuchsserien, insbesondere unter Berücksichtigung der Prüfglied-Umwelt-Wechselwirkung. Feldversuchswesen Bad Lauchstädt 1 (1984), 20–72

BÁLÍNT, A., Az öröklés – és márma zástam alapjai. Mg. Kiadó, Budapest, 1977, pp. 390

BANGA, O.; PETIET, J.; BENNEKOM, J. L., Genetical analysis of male sterility in carrots, Daucus carota L. Euphytica 13 (1964), 75–93

BANGERTH, F., Wirkung von Phytohormonen und Wachstumsregulatoren bei der Induktion, dem Wachstum und dem Konkurrenzverhalten von Tomatenfrüchten. Ber. Deutsch. Bot. Ges. 97 (1984), 257–267

BARCLAY, I. R., High frequencies of haploid production in wheat (Triticum aestivum) by chromosome elimination.
Nature (London) 256 (1975), 410–411

BARTELS, S., Anwendungsmöglichkeiten der Mehrstufenselektion in der praktischen Nutztierzucht. Landw. Fakultät Göttingen, Dissertation (1971)

BARTLETT, M. S., Stochastic population models. Spottiswoode, Ballantyne & Co. Ltd. London and Cochester (1960)

BARTON, D. W.; BUTLER, L.; JENKINS, J. A.; RICK, C. M.; YOUNG, P. A., Rules for nomenclature in tomato genetics including a list of known genes. J. Hered. 46 (1955), 22–26

BATEMAN, A. J., Self-incompatibility systems in Angiosperms. I. Theory Heredity 6 (1952), 285–310

BAUER, R., Josta, eine neue Beerenobstart, aus der Kreuzung Schwarze Johannisbeere × Stachelbeere. Erwerbsobstbau 20 (1978), 116–119

BAUR, E., Über Selbststerilität und über Kreuzungsversuche einer selbstfertilen und einer selbststerilen Art in der Gattung Antirrhinum. Z. ind. Abst. Vererbungsl. 31 (1919), 48–52

BAUMUNG, A.; TILSCH, K.; FRANZ, H., Zur Genauigkeit der Zuchtwertschätzung bei Rindern. Tierzucht 35 (1981) 15–18

BAUR, E., Einführung in die Vererbungslehre. Berlin Verlag Gebr. Bornträger (1930)

Bebjakin, V. M.; Martynov, S. P., Ožidaemaja i faktičeskaja effektivnost selekcionnych indeksov kačestva zerna jarovoj mjagkoj psenicy. Genetika 20 (1984), Nr. 11, 1864–1870

Becker, H. C., Breeding s[illegible]hetic varieties in rye. Eucarpia Meeting-Cereal Section on rye (1985), Proc. Part. I, 159–179

Becker, P. E., Humangenetik – Ein kurzes Handbuch in fünf Bänden, Band I/4. Georg Thieme Verlag Stuttgart (1972), 129–343

Bell, A. E., Laboratory animals for animal breeding research – Experimental models versus model experiments.
In. Genetics New Frontiers. Proc. XV. Int. Congr. Genetics, Vol. IV Appl. Genetic: Oxford, New Dehli (1984)

Bergfeld, U., Untersuchungen zur Anwendung der BLUP-Methode für die Zuchtwertschätzung von Milchrindbullen unter den Bedingungen der Rinderzucht der DDR. Diss. Leipzig (1986)

Bergfeld, U.; Herrendörfer, G.; Dietl, G.; Mielenz, N., Modelle, Methoden und Anwendung der Zuchtwertvorhersage BLUP. Genetische Probleme in der Tierzucht, Heft 16 (1988), FZ für Tierproduktion Dummerstorf-Rostock

Bernard, M.; Bernard, S., Methods of gene transfer from bread wheats and rye to hexaploid Triticale. In: Interspezific hybridization in plant breeding. Proc. 8th Eucarpia Congress. Madrid (1977), 181–189

Biebler, K.-E.; Jäger, B., Some remarks on the variance of maximum-likelihood-estimators, Proceedings of the European Symposium on biostatistics/medical statistics in medical studies and medicine related disciplines as well as in specialization and postgraduate training, Berlin (1984), October 22–26 Gesellschaft für physikalische und mathematische Biologie der DDR, Berlin (1985), 259–268

Biebler, K.-E.; Jäger, B., Confidence estimation of allele probabilities. EDV in Medizin und Biologie, Stuttgart (im Druck)

Birnbaum, Z. W.; Meyer, P. L., On the effect of truncation in some or all coordinates of a multinormal population. J. Ind. Soz. agric. Statist. 5 (1953), 18–28

Bhide, V. S., Discriminant function in wheat hybrid.
Indian Agric. 7 (1963), 76–78

Böse, C., Untersuchung zur Züchtung von Tomatenlinien mit Mehrfachresistenz als Grundlage für die weitere Hybridzüchtung.
Humb. Univ. Berlin, Dipl. Arb. (1984), 70 S.

Bolz, G., Genetisch züchterische Untersuchungen bei Tagetes. III. Artkreuzungen in der Gattung Tagetes L. Z. Pflanzenzüchtung 46 (1961), 169–211

Bonitz, W., (1985) persönliche Mitteilung

Borovkov, A. A., Matematitscheskaja Statistika. Nauka Moskwa (1984)

Bowman, J. C., Recurrent Selection. I. The detection of overdominance. Heredity 14 (1960), 197–206

Brade, W., Effekte und Anwendung des Embryotransfers in Rinderzuchtprogrammen. Vorträge auf dem 3. Symposium „Populationsgenetische Grundlagen und ihre Umsetzung in der praktischen Tierzucht". Wissenschaftliches Symposium der KMU
Leipzig, 5. und 6. Dezember 1985, Leipzig (1986)

Brade, W.; Mielenz, N., Bewertung und Selektion der Bullenmütter unter besonderer Berücksichtigung des Embryotransfer (ETR). Arch. Tierzucht 29 (1986), 463–474

Brandsch, H.; Krüger, W., Allelfrequenzschätzungen bei difaktoriellen Erbgängen. Arch. Züchtungsforsch. 7 (1977) 187–202

BRANDSCH, H., Hrsg., Genetische Grundlagen der Tierzucht. VEB Gustav Fischer Verlag, Jena (1983)

BREM, G.; BRENIG, B.; GOODMAN, H. M.; SELDON, R. C.; GRAF, F.; KRUFF, B.; SPRINGMANN, K.; MEYER, J.; WINNACKER, E.-L.; KRÄUSSLICH, H., Production of transgenic mice, rabbits and pigs by microinjection in pronudei. Zuchthygiene 20 (1985), 251–252

BREM, G.; GRAF, F.; KRÄUSSLICH, H., Genetic and economic differences among methods of gene conservation in farm animals. Livest. Prod. Sci. 11 (1983), 65–68

BRESCH, D., Klassische und molekulare Genetik. Springer Verlag, Berlin–Göttingen–Heidelberg (1964)

BROERTJES, C.; VAN HARTEN, A. M., Application of Mutation Breeding Methods in the Improvement of Vegetatively Propagated Croßs.
Elsevier, Amsterdam (1978), 316 S.

BULMER, M. G., The matematical theory of quantitative genetics. Clarendon Press, Oxford (1980)

BURDON, R. D., Generalization of multi-trait selection indices using information from several sites. New Zealand J. of Forestry Science 9 (1979), 145–152

BUSBICE, T. H., Predicting Yield of Synthetic Varieties. Crop Science 10 (1970), 265–269

BUSBICE, T. H.; GURGIS, R. Y., Evaluating Parents and Predicting Performance of Synthetic. Alfalfa Varieties. Agric. Research Service U. S. Dep. of Agr., June 1976, ARS-S-130, 24 S.

BYTH, D. E.; CALDWELL, B. E.; WEBER, C. R., Specific and non-specific index selection in soyabeans. Crop Sci. 9 (1969) 702–705

CALDWELL, B. E.; WEBER, C. R., General, average, and specific selection indices for yield in F_4 and F_5 soyabean populations. Crop Sci. 5 (1965), 223–226

CALIŃSKI, T.; CZAJKA, D.; KACZMAREK, Z., A model for the analysis of a series of experiments repeated at several places over a period of years. Proceedings. International Biometric Converence, Toulouse (1982)

CALIŃSKI, T.; CZAJKA, S.; KACZMAREK, Z., Analysis of a single-year orthogonal series of variety experiments, with special regard to the variety-environment interaction. Biuletyn Oceny Odmian 15 (1983) 39–60

CARO, R. F.; GROSSMAN, M.; FERNANDO, R. L., Effects of data imbalance on estimation of heritability. Theor. Appl. Genet. 69 (1985), 523–530

CERANKA, B.; KIELCZEWSKA, H., Analize potomstwa z trojkatnej tablicy diallelicznej porownywanego w ukladach blokowych. Listy Biometryczne 21 (1984), 57–67

CERANKA, B.; KIELCZEWSKA, H., Analiza potomstwa z tablicy diallelicznej porownywanego w ukladach blokowych. Listy Biometryczne 22 (1985), 13–23

CERANKA, B.; KIELCZEWSKA, H., Analysis of diallel table for experiments in block designs. Biometrical Journal 28 (1986), 529–538

CERANKA, B.; KIELCZEWSKA, H., Analysis of triangular diallel table for experiments in block designs. Biometrical Journal 28 (1986) 149–157

CHADŽINOV, M. I., Zitoplasmaticeskaja mužskaja sterilnostj kukuruzy. In: Selekcija rastenij s ispolzovanijem zitoplasmatičeskoj muškoj sterilnosti. Izdatelstvo Urozaj, Kiew (1966), 13–32

CHARLESWORTH, B., Evolution in Age Structured Populations. Cambridge University Press, Cambridge (1980)

CHASE, S. S.; NANDA, D. K., Rapid inbreeding in maize. Economic Botany 23 (1969), 165–173

Chevalet, C.; Gillois, M., Inbreeding depression and heterosis: Expected means and variances among inbred lines and their crosses. Ann. Genet. Sel. Anim. 10 (1978), 73–98

Chevalet, C.; de Rochambeau, H., Predicting the genetic drift in small populations. Livest. Prod. Sci. 13 (1985), 207–218

Chiang, C. L., Introduction to stochastic processes in biostatistics. Wiley & Sons New York (1968)

Chloupek, O.; Rod, J., Tvorba a udržovani syntetickych populaci vojtěšky/metodika. Šlechtitelska rada pro picniny, VŠÚP Troubsko (1981)

Chloupek, O., Přihlášky syntetik vojtěšky do SOP. VŠÚP Troubsko, ŠS Zelešice (1982)

Claus, E., Ergebnisse und Probleme der Bastardierung zwischen den Gattungen Hordeum und Secale. Tag.-Ber. Akad. Landwirtsch.-Wiss. DDR 168 (1979), 109–118

Clausen, J., Introgression facilitated bey apomixis in polyploid poas. Euphytica 10 (1961), 87–94

Cochran, W. G., Improvement by means of selection. Proc. second Berkeley Symp. Math. Stat. Prob. (1951), 449–470

Cockerham, C. C., Estimation of genetic variances. Statistical Genetics and Plant Breeding, ed. by. W. D. Hanson and H. F. Robinson, Publ. 982 Natl. Acad. Sci., Natl. Research Council, Washington, D. C. (1963), 53–93

Colin, E. C., Elements of Genetics. Mc Gray-Hill Book Comp. Inc., New York–Toronto–London (1956)

Comstock, R. E., Dominance, genotype-environment interaction, and homeostasis in: Biometrical Genetics, Ed. Kempthorne, Pergamon Press, London–New York (1960)

Comstock, R. E.; Moll, R. H., Genotyp-environment interactions in: Statistical genetics and plant breeding Nat. Acad. of Sci., Nat. Research Council, Washington D. C. (1963)

Comstock, R. E.; Robinson, H. F., Estimation of average dominance of genes. Chapt. 30 in: Heteroses J. W. Gowen, Iowa State College, Press. Amer. (1952)

Comstock, R. E.; Robinson, H. F.; Harvey, P. H., A breeding procedure designed to make maximum use of both general and specific combining ability. Agronomy Journal 41 (1949), 360–367

Corbeil, R. R.; Searle, S. R., A comparison of variance component estimations. Biometrics 32 (1976) 779–791

Correns, C., Zur Kenntnis der scheinbar neuen Merkmale der Bastarde. Ber. Dt. Bot. Ges. 23 (1905) 70–85

Correns, C., Vererbung und Bestimmung des Geschlechtes. Naturw. Rundsch. 27 (1912), 557–560 und 572–576

Correns, C., Zur Kenntnis einfacher mendelnder Bastarde. Sitzungsber. Königl. Preuss. Akad. Wiss. 11 (1918), 221–268

Couger, B. V., Cloning agricultural plants via in vitro techniques. CRC Press., Inc. Boca Ratou, Florida (1981), 273 S.

Coyne, D. P., A genetic study of „crippled" morphology resembling virus symptoms in Phaseolus vulgaris L. J. Hered. 56 (1965), 162–176

Cramer, H., Mathematical methods of statistics. Princeton (1946)

Crane, M. B.; Lawrence, W. J. C., The genetics of garden plants. Macmillan u. Co. Ltd. London, 4. Aufl. (1952), 301 S.

Crockett, J. R.; Koger, M.; Franke, D. E., Rotational Crossbreeding of Beef Cattle: Preweaning Traits by Generation. J. Anim. Sci. 46 (1978), 1170–1177

Crosby, J. L., The evolution an nature of dominance. J. Theor. Biol. 5 (1963), 35–51

CUNNINGHAM, E. P., Crossbreeding strategies in cattle population. Proc. Working Symposium on Breed Evaluation and Crossing Experiments, Zeist (1974)

CUNNINGHAM, E. P., The effect of changing the sex ratio on the efficiency of cattle breeding operations. Livestock Prod. Sci. 2 (1975), 29–38

CUNNINGHAM, E. P., The structure of the cattle populations in the EEC; Optimization of Cattle Breeding Schemes, Scientific and Technical Information of the E. C. Luxembourg (1976)

CUNNINGHAM, E. P., Züchterische Konsequenzen der Anwendung neuer biotechnischer Verfahren beim Rind. Züchtungskunde 49 (1977), 435–449

CUNNINGHAM, E. P., Structure of dairy cattle breeding in Western Europe and comparisons with North America. J. Dairy Sci. 66 (1983), 1579–1587

CURNOW, R. N., Optimal programmes for varietal selection. J. R. Statist. Soc., B, 23 (1961), 282–318

CUSHING, J. M., Integrodifferential equations and delay models in population dynamics. Springer Verlag Berlin–Heidelberg–New York (1977)

DAS, P, K., Studies on selection for yield in wheat. An application of genotypic and phenotypic correlations, path-coefficient analysis and discriminant functions. J. Agric. Sci., Camb., 79 (1972), 447–453

DEMPFLE, L., Comparison of several sire evaluation methods in dairy cattle breeding. Proceedings EAAP, Zürich (1976)

DENIS, J. B.; VINCOURT, D., Panorama des methodes statistiques d'analyse des interactions genetype ×milien. Agronomie 2 Paris (1982), 219–230

DICKERSON, G. E., Composition of hog carcasses as influensed by heritable differences in rate and economy of gain. Iowa Agr. Exp. Stat. Res. Bull. (1947), 354–483

DICKERSON, G. E., Genetic slippage in response to selection for multiple objectives. Cold Spr. Harb. Symp. quant. Biol. 20 (1955), 213–224

DICKERSON, G. E., In Techniques and Procedures in Animal Production Research. American Soc. Anim. Prod. Beltsville, Maryland. (1960)

DICKERSON, G. E., Implications of genetic-environmental interaction in animal breeding. Animal Production 4 (1962), 47–69

DICKERSON, G. E., Experimental Approaches in Utilising Breed Resources. Anim. Breed. Abstr. 37 (1969), 191–202

DICKERSON, G. E., Evaluation and Utilization of Breed Differences. Proc. Working Symposium Breed Evaluation and Crossing Experiments (1974), Zeist, 7–23

DICKERSON, G. E.; LINDHÉ, N. B. H., Potential uses of inbreeding to increase selection response. Proceedings of the Intern. Conference on Quantitative Genetics. Iowa State University Press, Ames, Iowa (1977), 323–342

DIETL, G., Bewertung von Maternaleffekten beim Rind. Genetische Probleme in der Tierzucht, Heft 15 (1987), FZ für Tierproduktion Dummerstorf-Rostock

DIETL, G.; TUCHSCHERER, A.; DOMRÖSE, H.; SUMPF, D.; HERRENDÖRFER, G.; ANACKER, G., Weiterentwicklung ZWS (BLUP) beim Milchrind.
F/E Bericht des FZT Dummerstorf (1986)

DOBHAL, V. K.; RAM, H., Genetic divergence in pea. Indian J. Agric. Sci. 55 (1985), 67–71

DÖRING, H. P.; TILLMANN, E.; STARLINGER, P., DNA sequence of the maize transposable element dissociation. Nature 307 (1984), 127–130

DOHY, J., Állattenyésztési genetika. Mg. Kiadó, Budapest 1979, pp. 312

DOLL, H., Genetics studies of high lysme barley mutants. Barley Genetics III Proc. 3 rd. Int. Barley Genet. Symp. (1975), 542–546

DOODEMAN, M.; BOERSMA, E. A.; KOOMEN, W.; BIANCHI, F., Genetic analysis of instability in Petunia hybrida. 1. A highly instable mutation induced by a transposable element inserted at the An I locus for flower colour. Theor. Appl. Genet. 67 (1984), 345–355

DOXATOR, C. W.; JOHNSON, I. J., Prediction of double cross yields in corn. Journal Amer. Soc. Agron. 28 (1936), 460–462

DROESE, N.; FIEDLER, H.; DIETL, G.; HANSCHMANN, G., Die Schätzung des genetischen Fortschritts im Züchtungsforschungsexperiment Milcheiweis (ZEM) und Vorschlag zur Nutzung der Ergebnisse mit dem Ziel der züchterischen Erhöhung des Milcheiweißgehaltes in ausgewählten Molkereieinzugsgebieten. F/E-Bericht, FZ Dummerstorf-Rostock der AdL der DDR (1984)

DRZEWIECKI, H. CH., Modellrechnungen zur Optimierung des Hybridschweinzuchtprogramms bei Anwendung des kombinierten Kreuzungsverfahrens. Diss. A. Humboldt-Universität Berlin (1980)

EAST, E. M., Heterosis. Genetics 21 (1936), 375–397

EDWARDS, A. W. F., Foundations of mathematical genetics. Cambridge Univ. Press Cambridge, London, New York, Melbourne (1977)

EGGENBERGER, E., Modellpopulationen zur Beurteilung von Rotationssystemen in der Versuchstierzucht. Z. Versuchstierk. 15 (1973), 297–331

ELANDT-JOHNSON, R. C., Probability models and statistical methods in genetics. Wiley, New York (1971)

ELGIN, J. H.; HILL, R. R.; ZEIDERS, K. E., Comparison of four methods of multiple trait selection for five traits in alfalfa. Crop Sci. 10 (1970), 190–193

ENDERLEIN, G., Die Bedeutung von Wertindizes für die Selektion. Biometr. Z., Berlin 6 (1964) 217–245

ENDLICH, J., Genetische und cytologische Analyse einer dominant wirkenden im Dominanzgrad verschiebbaren Mutation bei Lycopersicon esculentum (Miller). Martin-Luther-Univ. Diss., Halle (1959), 82 S.

ESSL, A., Zur theoretischen Verteilung des Fremdgenanteiles in verschiedenen Kreuzungsgenerationen. Z. Tierzüchtung Züchtungsbiol. 93 (1976), 217–225

EVERETT, R. W., Impact of Genetic Manipulation. J. Dairy Sci. 67 (1984), 2812–2818

EWENS, W. J., Mathematical Population Genetics. Springer Berlin, Heidelberg, New York (1979)

FABIG, F.; NOWAK, M., Hybrideffekte und Inzuchterscheinungen bei Gartenkohlgewächsen. Sofia, Heterosis, Kulturpflanzen Intern. Symp. Varna 1969 (1970), 429–446

FABIG, F.; NOWAK, M. E., Blütenbiologische und zuchtmethodische Voraussetzungen für die Schaffung von Hybridsorten bei Brassica oleracea. L. unter Ausnutzung des Incompatibilitätssystems. AdL der DDR Berlin Diss. (1972), 241 S.

FALCONER, D. S., The problem of environment and selection. The American Naturalist 86 (1952), 293–298

FALCONER, D. S., Genetic aspects of breeding methods. In: UFAW-Handbook, 3rd Ed. Livingstone, Edinburgh – London (1967)

FALCONER, D. S., Improvement of litter size in a strain of mice at a selection limit. Gen. Res. 17 (1971), 215 S.

FALCONER, D. S., Introduction to quantitative genetics. 2nd ed Longman London (1981)

FALCONER, D. S., Einführung in die Quantitative Genetik. Verlag Eugen Ulmer Stuttgart (1984)

FECHNER, M., Ergebnisse über Untersuchungen zur Beurteilung von Linien bei Gewächshaustomate (Lycopersicon esculentum Mill.) hinsichtlich ihrer Eignung in der Hybridzüchtung zur Erzielung ertragsstarker Hybriden. Humboldt-Univ. Berlin Diss. (1986).

FEDAK, G., Propagation of intergeneric hybrids of Triticeae Abrough callus culture of immature inflorescence. Z. Pflanzenzüchtg. 94 (1985), 1–7

FEWSON, D., Die Genauigkeitswerte nach Le Roy als Vergleichsbasis für verschiedene Methoden der Zuchtwertschätzung beim Rind (Milchmenge und Fettgehalt). Züchtungskunde 31 (1959), 98–107

FEWSON, D., Beitrag zur Methodik von Einkreuzungen in Reinzuchtpopulationen. Z. Tierzüchtg. Züchtungsbiol. 90 (1973), 113–125

FISCHER, H. E., Heterosis. VEB Gustav Fischer Verlag Jena (1978)

FISCHER, R. A., The correlation between relatives on the supposition of Mendelian inheritance. Trans-Royal Soc. Edinburgh 32 (1918), 399–433

FLADE, D.; ZELLER, K., Untersuchungen über die Inzuchtverhältnisse bei Jungbullen der Geburtsjahrgänge 1974 bis 1985 sowie über den Einfluß mäßiger Inzucht auf die Körperentwicklung, Spermaleistung und Spermaqualität von Besamungsbullen der SMR-Population nach der Körung. Forschungsbericht HU Berlin (1986)

FLOR, H. H., The current status of the Gene for Gene concept. Ann. Rev. Phytopath. 9 (1971), 275–296

FOOTE, R. H., The Artificial Insemination Industry. In: New Technologies in Animal Breeding, Bracket, B. G. (ed) New York (1981), 14–39

FOROUGHI-WEHR, B., Erstellung von haploiden und doppelhaploiden Wintergersten. Biologische Bundesanstalt für Land- und Forstwirtschaft in Berlin und Braunschweig, Jahresbericht (1983), 70 S.

GABRIS, J.; STEMIK, J., Heritability of production characters in white Improved, Landrace and white Improved × Landrace sows. Pol'nohospodarstvo 16 (1970), 330–336

GAIRDNER, A. E.; HALDANE, J. B. S., A case of balanced letal factors in Antirrhinum majus. J. Genet. 21 (1929), 315–325

GALLAIS, A.; GUY, P., Use of heterosis in breeding autotetraploids. Eucarpia Fodder Crops Sect. Report Meet. Lusignau (1970), 105–118

GALUN, E., Effects of gibberellic acid and naphtaleneacetic acid on sex expression and some morphological characters in the cucumber plant. Phyton 13 (1959), 1–8

GARCIA, P.; PEREZ DE LA VEGA, M.; BENITO, C., The inheritance of rye seed peroxydase. Theor. Appl. Genet. 61 (1982), 341–351

GARRETSEN, F.; KEULS, M., Analysis of genetic variation in an incomplete diallel cross. Proc. of the first meeting of the section biometric in plant breeding of Eucarpia, Hannover (1973), 24–35

GARRETSON, F.; KEULS, M., A general method for the analysis of the genetic variation in complete and incomplete diallels and North-Ciarolina II designs. Euphytica 26 (1977), 537–551

GAUL, H., Studies on populations of micromutants in barley and wheat without and with selection. Erwin-Baur-Gedächtnisvorles.. 4 Abhandl. DAW Berlin (1967), 269–281

GAUL, H.; LIND, V., Die Auflösung des Pleiotropie-Komplexes im veränderten genetischen

Hintergrund, demonstriert mit Gerstenmutanten. Ber. Arb. Gem. Saatzuchtleiter Gumpenstein (1974), 43–64

GEIGER, H. H., Cytoplasmatisch-genische Pollensterilität in Roggenformen iranischer Abstammung. Naturwissenschaften 58 (1971), 98–99

GEIGER, H. H., Hybridbreeding in rye. Eucarpia Meeting-cereal Section an rye (1985), Proc. Part. I, 237–286

GEISSLER, B., Die Genauigkeit der Vergleichsmaßstabberechnung bei der Milchleistung in Abhängigkeit von der Tierzahl. 1. Mitteilung: Entwicklung und Auswertung des Modells. Archiv für Tierzucht 15 (1972), 399–405

GEISSLER, B., Die Genauigkeit der Vergleichsmaßstabberechnung bei der Milchleistung in Abhängigkeit von der Tierzahl. 2. Mitteilung: Die Überprüfung des Modells mit Hilfe eines Simulationsversuches. Archiv für Tierzucht 15 (1972), 407–413

GEISSLER, H., Der Stallgefährtinnenvergleich von Besamungsbullen bei unterschiedlichem Leistungsniveau. Arch. Tierzucht 16 (1973), 25–30

GEISSLER, B., Zur Weiterentwicklung der Zuchtwertschätzung landwirtschaftlicher Nutztiere. Diss. B. HU Berlin (1984)

GEISSLER, B.; SCHÖNMUTH, G., Von Verfahren der Hochrechnung von Teilleistungen (Schätzung der Erwartungsleistung) im EDV-System der Rinderzucht der DDR. Tierzucht 26 (1972) 415–417

GEISSLER, B.; ZELFEL, S.; OPITZ, O.; RICHTER, V.; SCHMIDT, D.; BRAHMSTAEDT, H.-U.; SCHNELL, CH., Entwicklung und Erprobung des Zuchtwertvorhersageverfahrens (BLUP) „Kovariablemodell". F/E Bericht des WTZ für Rinderzucht Paretz (1986)

GEORGIEV, G. P.; ILYIN, Y. V.; RYSKOV, A. P.; KRAMEROV, D. A., (Mobile dispersed genetic elements in eukaryotes and their possible relation to cancerogenesis) (russ.) Genetica 17 (1981), 222–232

GILL, K. S.; NANDA, G. S.; SINGH, G., Stability anlysis over seasons and locations of multilines of wheat (Triticum aestivum L.). Euphytica 33 (1984), 489–495

GINSBURG, E. CH.; NIKORO, Z. S., Genetitscheskoje opisanije nasledovanija kolitschestvennych priznakov. Soobschtschenije II. Poligennaja ili oligogennaja modeli? Genetica 18 (1982), 1343–1352

GILPIN, M. E., Group selection in predator-prey communities. Princeton Univ. Press., Princeton (1975)

GLODEK, P., Zuchtverfahren zur Ausnutzung der Heterosis und ihre Anwendung in der Schweinezucht. II. Ergebnisse aus Schweinezuchtversuchen. Z. Tierz. u. Züchtungsbiol. 86 (1970), 273–288

GOCOV, K.; PANAJOTOV, I., Einfluß des Cytoplasmas auf die Pollensterilität und auf einige andere Merkmale des Weizens. Tag.-Ber. Akad. Landwirtsch.-Wiss. DDR 168 (1979), 185–192

GOEL, N. S.; RICHTER-DYN, N., Stochastic Models in Biology. Academic Press, London (1974)

GONTAROVSKY, V. A., Genetic control of Bolivian type of cytoplasmic male sterility in maize. Genetika 16 (1980) 143–155

GOPALAKRISHNAN, R.; NAYAR, N. M.; SAMPATH, S., Cytogenetical studies of two amphidiploids in the genus Oryza. Euphytica 13 (1964), 57–64

GOTTSCHALK, W., Die Beziehungen zwischen der Expressivität mutierter Gene und inneren Entwicklungsbedingungen. Biol. Zbl. 86 Suppl. (1967), 221–237

GOTTSCHALK, W., Die Bedeutung der Polyploide für die Evolution der Pflanzen. G. Fischer. Stuttgart (1976), 501 S.

GOTTSCHALK, W.; WOLFF, G., Induced Mutations in Plant Breeding. Monogr. Theor. Appl. Genet. 7 (1983), 238 S.

GRABOW, G., Entwicklung eines Funktionssystems für die Bestäubungslenkung bei Winterroggen. AdL der DDR Berlin Diss. (1977), 142 S.

GRANT, V., Genetics of flowering plants. Columbia University Press. New York and London (1975), 514 S.

GREBENSCIKOV, I., Über einen Fall von ontogenetischem Farbwechsel der Bastardfrüchte beim Kürbis und über die Anwendung des Begriffes „Dominanzwechsel". Kulturpflanze 4 (1956), 247–276

GREBENSCIKOV, I., Beobachtungen an Pflanzenhöhe, Pflanzengewicht und Korngewicht von F_1- und F_2-Bastarden des Gaterslebener Maissortiments. Z. Pflanzenzüchtg. 60 (1968), 297–314

GREGOR, G., Modellrechnungen zur Optimierung des Dreiwegkreuzungsverfahrens im Hybridschweinzuchtprogramm. Dissertation B., Humbold-Universität Berlin (1979)

GRIFFING, B., Concept of general and specific combining ability in relation to diallel crossing systems. Aust. J. biol. Sci. 9 (1956), 463–493

GRÖBER, K., Ein System partiell balancierter Letalfaktoren bei Lycopersicon esculentum Mill. Martin-Luther-Univ. Halle Diss. (1959), 103 S.

GROTHE, P. O., Merkmalskombination der Milch- und Fleischleistung des Schwarzbunten Rindes in der Bundesrepublik Deutschland. III. Intern. Symposium zur Rinderzucht „Das Zweinutzungsrind – Basis intensiv betriebener Rinderproduktion" 19./20. 6. 86, Leipzig

GÜNTHER, E., Grundriß der Genetik. VEB G. Fischer Verl. Jena (1978), 504 S.

GUIARD, V., Versuchsplanung zur Schätzung der genetischen Korrelation mit der Varianz-Kovarianzanalyse. Dissertation AdL der DDR Berlin (1977)

GUIARD, V.; HERRENDÖRFER, G., Estimation of the genetic correlation coefficient by half sib analysis if the characters are measured on different offsprings. Biom. J. 19 (1977), 31–36

GUIARD, V.; HERRENDÖRFER, G.; TUCHSCHERER, A., Variance component estimation for dichotomous characters and its use for estimating heritability. Biometrical Journal 27 (1985), 653–658

HADLEY, G., Nichtlineare und dynamische Programmierung. Verlag die Wissenschaft Berlin (1969)

HÄNSEL, H., Die Verwendung von Intercross-Generationen in der Weizenzüchtung (Zuchtmethode: „Kreuzungsverband"). Z. Pflanzenzüchtg. 62 (1969), 24–46

HAGBERG, A., Die Bedeutung von Translokationen und Duplikationen für die Züchtung. Vortr. Pflanzenzüchter 11 (1967), 43–66

HAGEMANN, R., Die cytogenetische Ursache für das Auftreten einer Grün-Gelb-Scheckung bei der Tomate. Züchter 33 (1963), 282–284

HAGEMANN, R., Genetics and molecular biology of plastids of higher plants. Stadler Symp. 11 (1979), 91–116

HAGEMANN, R.; BERG, W., Vergleichende Analyse der Paramutationssysteme bei höheren Pflanzen. Biol. Zbl. 96 (1977), 257–302

HAGEMANN, R.; BÖRNER, T.; PIECHOCKI, R.; SIEGEMUND, F., Allgemeine Genetik. VEB G. Fischer Verl. Jena (1984), 542 S.

HAMMER, R. E.; PURSEL, V. G.; REXROAD, C. E.; JR. Wall R. J.; BOLT, D. J.; EBERT, K. M.; PALMITER, R. D.; BRINSTER, R. L., Production of transgenic rabbits, sheep and pigs by microinjection. Nature 315 (1985), 680–683

Hanson, W. D., Genotype-environment interaction concepts for field experimentation. Biometric 20 (1964), 540–562

Hardy, G. H., Mendelian proportions in a mixed population. Science 28 (1908), 49–50

Harlan, J.; de Wet, J. M. J., The compilo species concept. Evolution 17 (1963), 497–501

Harter, H. L., Expected values of normal order statistics. Biometrika 48 (1961), 151–162

Hartung, J., Statistik, Lehr- und Handbuch der angewandten Statistik. 2. Auflage R. Oldenburg-Verlag München–Wien (1984)

Harville, D. A., Index selection with proportionality constraints. Biometrics 31 (1975), 223–225

Harville, D. A., Optimal procedures for some constrained selection problems. J. Amer. Statist. Ass. 69 (1974), 446–452

Hayman, B. I., The separation of epistatic from additive and dominance variation in generation means. Heredity 12 (1958), 371–390

Hayman, B. I.; Mather, K., The description of genic interactions in continuous variation. Biometrics 11 (1955), 69–82

Hazel, L. N., The genetic basis for constructing selection indexes. Genetics 28 (1943), 476–490

Henderson, C. R., Estimation of variance and covariance components. Biometrics 9 (1953), 226–253

Henderson, C. R., General Flexibility of Linear Model Techniques for Sir Evaluation. J. of Dairy Sci. 57 (1974), 963–972

Henderson, C. R., Best linear unbiased estimation and prediction under a selection model. Biometrics 31 (1975b) 423–447

Henderson, C. R., Selection Index and Expected Genetic Advance; Statistical Genetics and Plant Breeding, Hanson, W. D. and Robinson, H. F. (EdS) (1983), 141–163
National Academy of Sciences – National Research Counsil, Washington, Publication 982

Henderson, C. R.; Kempthorne, O.; Searle, S. R.; von Krosigk, C. M., The estimation of Environmental and Genetic Trends from Record Subject to Culling. Biometrics 15 (1959), 192–218

Hentrich, W., Untersuchungen zur Induktion, Selektion und Nutzung von Mutationen bei Sommergerste (Hordeum vulgare L.). Diss. B., Martin-Luther-Univ. Halle (1971), 177 S.

Hentrich, W., Allelwirkung und Pleiotropie mehltauresistenter Mutanten des ml-o Locus der Gerste. Arch. Züchtungsforsch. 9 (1979), 283–291

Hentrich, W.; Glawe, M., Züchtung von Edelnelken (Dianthus caryophyllus) durch AMS-Applikaton in die Blattachseln von Jungpflanzen. Arch. Züchtungsforsch. 12 (1982), 197–207

Herdam, H., Erste Ergebnisse zur Indexselektion in einem Winterweizen-Intercross. Tag.-Ber., Akad. Landwirtsch.-Wiss. DDR, Berlin (1976), 143, 61–71

Hermsen, J. G. Th., Sources and distribution of the complementary genes for hybrid necroses in wheat. Euphytica 12 (1963), 147–160

Herrendörfer, G., Beiträge zur Versuchsplanung der Schätzung des Heritabilitätskoeffizienten von Merkmalen unserer Haustiere (Rind, Schwein, Schaf). Dissertation AdL Berlin (1967)

Herrendörfer, G., Genotyp-Umwelt-Wechselwirkungen. Genetische Probleme in der Tierzucht, Heft 18 (1988), FZ für Tierproduktion Dummerstorf-Rostock

HERRENDÖRFER, G., Die Selektionsdifferenz in endlichen Gesamtheiten. Biom. Z. 13 (1971), 335–341

HERRENDÖRFER, G., Gleichzeitige Selektion aus k Populationen. Biom. Z. 18 (1976), 319–325

HERRENDÖRFER, G.; BOCK, J.; FRANZ, H., Versuchsplanung zur Zuchtwertschätzung von Bullen. Biom. Z. 16 (1974), 519–525

HERRENDÖRFER, G.; NÜRNBERG, G., Die Anwendung des Modells von Falconer zur Beurteilung des Einflusses der Tier-Umwelt-Wechselwirkung für monopare Tiere. Archiv für Tierzucht 29 (1986)

HERRENDÖRFER, G.; SCHÜLER, L., Selektion nach einem Merkmal. Genetische Probleme in der Tierzucht, Dummerstorf, Heft 1 (1984)

HERRENDÖRFER, G.; SCHÜLER, L., Selektionsindex, Zuchtwertindizes und Zuchtwertschätzung. Genetische Probleme in der Tierzucht, Dummerstorf, Heft 3 (1984)

HERRENDÖRFER, G.; SCHÜLER, L., Der Einfluß der Tier-Umwelt-Wechselwirkung auf den genetischen Fortschritt bei der Zuchtwertprüfung und Selektion von Vatertieren. Arch. Tierzucht 27 (1984), 417–422

HERRENDÖRFER, G.; SCHÜLER, L., Populationsgenetische Grundlagen der gerichteten Selektion. VEB Gustav Fischer Verlag Jena (1987)

HESEMANN, C. U., Ein Fall von Dominanzwechsel bei Gerste – zugleich ein Beispiel für Aufhebung pleiotroper Genwirkungen. Theor. Appl. Genet. 43 (1973), 359–363

HILL, W. E., Investment appraisal for National Breeding Programms. Anim. Prod. 13 (1971), 37–50

HILL, W. G., Theoretical aspects of crossbreeding. Ann. Genet. Sel. Animal 3 (1971), 23–34

HINKELMANN, K., Genotype-environment interactions; aspects of statistical design, analysis and interpretation. Vortrag 8 th. International Biometric Conference, Constants Romania (1974)

HINKELMANN, K., Partial triallel crosses. Sankhya, Ind. J. Statistics, Ser. A, 26 (1964), 173–196

HIORTH, G. E., Eine Serie multipler Allele für Blütenzeichnungen bei Godetia amoena. Hereditas 26 (1940), 441–453

HIORTH, G. E., Quantitative Genetik. Springer Verlag Berlin, Göttingen, Heidelberg (1963)

HISCHER, H., Konstruktion von Selektionsindizes zur Anwendung in der Mehrstufenselektion. Probleme der angewandten Statistik, Heft 21, Forschungszentrum für Tierproduktion, Dummerstorf-Rostock (1987)

HOFFMANN, M., Induktion und Analyse von selbstkompatiblen Mutanten bei Lycopersicon peruvianum (L.) Mill. I. Induktion und Vererbung der Selbstfertilität. Biol. Zbl. 88 (1969), 732–736

HOFFMANN, W.; PETERS, R., Versuche zur Herstellung synthetischer und semisynthetischer Rapsformen. Züchter 28 (1958), 40–51

HOHENBOKEN, W. D., Possibilities for genetic manipulation of sex ration in livestock. J. Anim. Sci. 52 (1981), 265–277

HOHENBOKEN, W. D., The Manipulation of Variation in Quantitative Traits: A Review of possible Genetics Strategies. J, Anim. Sci. 60 (1985), 101–110

HOPPENSTEADT, E. C., Mathematical methods of population biology. Cambridge University Press, Cambridge (1982)

HORN, A., Welt-Integration des genetischen Materials und genetische Möglichkeiten in der Milch- und Rindfleischproduktion. Tag.-Ber. Akad. Landwirtsch.-Wiss. DDR, Berlin 2 (1979), 173, 19–25

Horner, T. W.; Frey, K. J., Methods for determining natural areas for oat varietal recommendations. Agronomy Journal 49 (1957), 313–315

Hruška, J., Monografie o kukuřici. Státni zemědělské nakladatelstvi, Prag (1962)

Hudson, G. F. S.; van Vleck, L. D., Inbreeding of artificially bred Dairy cattle in the Northeastern United States. J. Dairy Sci. 67 (1984), 161–170

Hull, F. H., Recurrent selection for specific combining ability in corn. Journal Amer. Soc. Agron. 37 (1945), 137–145

Ikehashi, H.; Ito, R., Staistical property of the selection by the plant type index given by quotient of two traits. Jap. J. Breed. 21 (1971), 106–113

Illmensee, K.; Hoppe, P. C., Nuclear Transplantation in Mus musculus: developmental potential of nuclei from preimplantation embryos. Cell 23 (1981), 9–18

Inomata, N., Production of interspecific hybrids between Brassica campestris and Brassica oleracea by culture in vitro of excised ovaries. II. Effects of coconut milk and casein hydrolysate on the development of excised ovaries. Jap. J. Genet. 53 (1978), 1–11

Iosifescu, M.; Taulu, P., Stochastic processes and applications in biology and medicine. Part. 1 Theory Part. 2 Models. Springer Berlin, Heidelberg, New York, Tokyo (1973)

Islam, A. K. M. R.; Shepherd, K. W., Production of disomic wheat-barley chromosome addition lines using Hordeum bulbosum crosses. Genet. Res. Camb. 37 (1981), 215–219

Islam, A. K. M. R.; Shepherd, K. W.; Sparrow, D. H. B., Addition of individual barley chromosomes to wheat. Barley Genetics III, Proc. 3 rd. Intern. Barley Genet. Symp. (1976), 260–270

Jaaska, V.; Jaaska, V., Isoenzymes of aromatic alcohol dehydrogenese in rye and triticale. Biochem. Physiol. Pflanzen 179 (1984), 21–30

Jäger, B.; Biebler, K.-E., Schätzung von Allelwahrscheinlichkeiten aus Eltern-Nachkommen-Daten. Unveröffentlichtes Manuskript (1986)

Jäger, B.; Biebler, K.-E.; Knopp, A., Panmixie-Hypothesen, Pi-System und Hp-Eiweißtypen-Möglichkeiten und Grenzen des χ^2-Anpassungstests. Z. ärztl. Fortbildung 77 (1983), 1033–1036

Jahr, W., Befruchtungsbiologie und Allopolyploidie bei der Artkreuzung Sommerraps X Chinakohl (Brassica napus f. typica Pospichal X B. pekinensis Rupr. var. cylindrica Tsen et Lee). Züchter 32 (1962), 216–225

Jahr, W.; Senf, G.; Stein, M.; Skiebe, K., Zum Polyploidieproblem unter besonderer Berücksichtigung von neuen Prinzipien der Polyploidiezüchtung auf intra- und interspezifischer Basis. Diss. (B) AdL der DDR Berlin (1973), 517 S.

Jain, H. K.; Kulshrestha, V. P., Dwarfing genes and breeding for yield in bread wheat. Z. Pflanzenzüchtung 76 (1976), 102–112

Jain, J. P.; Amble, V. N., Improvement through selection at successive stages, J. Indian Soc. Agr. Stat. 14 (1962) 88–109

Jakubec, V.; Fewson, D., Ökonomische und genetische Grundlagen für die Planung von Gebrauchskreuzungen beim Schwein 1. Konstruktion der Gewinnfunktion. Z. f. Tierz. und Züchtungsbiol. 87 (1970a) 1, 2–13

Jakubec, V.; Fewson, D., Ökonomische und genetische Grundlagen für die Planung von Gebrauchskreuzungen beim Schwein. 2. Modellrechnungen über die Wirksamkeit verschiedener Formen von Gebrauchskreuzungen beim Schwein. Züchtungskde. 42 (1970b), 294–309

JAKUBEC, V.; HYANEK, J., Quantitative analysis of components of hybridization. Livestock Production Science 9 (1982), 639–651

JALANI, B. S.; MOSS, J. P., The site of action of the crossability genes (Kr_1, Kr_2) between Triticum and Secale. I. Pollen germination, pollen tube growth, and number of pollen tubes. Euphytica 29 (1980), 571–579

JENKINS, M. T., Methods of estimating the performance of double crosses in corn. Journal Amer. Soc. Agron. 26 (1934), 199–204

JENKINS, M. T., The effect of inbreeding and of selection within inbred lines of maize upon the hybrids made after successive generations of selfing. Iowa State Coll. J. Sci. (Ames) 9 (1935), 429–450

JENNINGS, H. S., The numerical results of diverse systems of breeding with respect to two pairs of characters linked or independent, with special relation to the effects of linkage. Genetics 2 (1917), 97–154

JINKS, J.; JONES, R. H., Estimation of the components of heterosis. Genetics 43 (1958), 223–234

JOHNSON, G. R., Effectiveness of index selection relative to selection on yield alone at several levels of soil phosphorus. Crop Sci. 7 (1967), 257–259

JOHNSON, H. W.; ROBINSON, H. F.; COMSTOCK, R. E., Genotypic and phenotypic correlations in soyabeans and their implications in selection. Agron. J. 47 (1955), 477–483

JONES, H. A.; EMSWELLER, S. L., A male sterile onion. Proc. Amer. Soc. Hort. Sci. 34 (1936), 582–585

JORGENSEN, J. H., Spectrum of resistance conferred by ml-o powdery mildew resistance genes in barley. Euphytica 26 (1977), 55–62

JUNG, C.; LELLY, T., Hybrid necrosis in triticale caused by gene-interaction between its wheat and rye genomes. Z. Pflanzenzüchtg. 94 (1985), 344–347

JUST, M., Selektion und Zuchtwertschätzung von Bullenmüttern bei Anwendung des Embryotransfers. Arch. Tierzucht 27 (1984), 481–490

KACZMAREK, Z.; SURMA, M.; ADAMSKI, T., Parametry genetyczne – ich interpretacja i sposoby wyznaczania/Some genetic parameters – their interpretation and estimation/. Listy Biometryczne XXI (1984), 3–20

KACZMAREK, Z.; SURMA, M.; SWIECICKI, W. K., Wyznaczanie współczynnika odziedziczalnośi w waskim sensie w aspekcie addytywno-dominującego modelu działania genów/Estimation of narrow-sense heritability coefficient with respect to the additive-dominance model of gene action/. Zeszyty Problemowe Postępów Nauk Rolniczych 290 (1983), 24–31

KALASHNIK, N. A.; KHVOSTVA, V. V.; CHERNY, I. V., Genetic nature of spring wheat mutants. Genetika 8 (1972), 5–12

KANWAR, J. S.; KERR, E. A.; HARNEY, P. M., Linkage of cf 1 to cf 11 genes for resistance to tomato leaf mold, Cladosporium fulvum Cke. Tomato Genet. Crop. Rep. 30 (1980), 20–21

KAPPEL, W., Maiszüchtung in der DDR – Entwicklung, Methoden, Ergebnisse sowie Erfahrungen und Schlußfolgerungen. Diss. B, Bernburg (1984)

KAPPERT, H., Untersuchungen über den Mechanismus des Immerspaltens bei der Kulturlevkoje (Matthiola incana). Züchter 21 (1951), 205–211

KAPPERT, H., Die vererbungswissenschaftlichen Grundlagen der Züchtung. Paul Parey Berlin–Hamburg (1953), 335 S.

KARASEK, E.; SCHÜLER, L., Die genetische Charakterisierung und Überwachung von Versuchsmäusepopulationen. II. Genetische Überwachung. (1986)

KASHA, K. J., Haploids from somatic cells. Proc. Internat. Symp. on haploids in higher plants, Univ. Guelph (1974), 67–87

KASHA, K. J.; KAO, K. N., High frequency haploid produktion in barley (Hordeum vulgare L.). Nature 225 (1970), 874–876

KAUL, M. L. H., Erbsen mit mehr Protein. Umschau 78 (1978), 792–793

KEMPTHORNE, O., An introduction to genetic statistics. John Wiley, New York (1957)

KEMPTHORNE, O.; NORDSKOG, A. W., Restricted selection indices. Biometrics 15 (1959), 10–19

KEMPTHORNE, O.; TANDON, O. B., The estimation of heritability by regression of offspring on parent. Biometrics 9 (1953), 90–101

KIESSLING, D., Untersuchungen zum Rassenspektrum von Cladosporium fulvum cooke bei der Tomate Lycopersicon esculentum Mill. und dessen Bedeutung für die Resistenzzüchtung. Akad. Landwirtsch.-Wiss. Berlin Diss. (1979), 127 S.

KIHARA, H., Substitution of nucleus and its effects on genome manifestations. Cytologia 16 (1951), 177–193

KIMURA, M., Diffusion Models in population Genetics. Methuen and Co. London (1964)

KINGHORN, B., A model for the optimization of genetic improvement by the introduction of novel breeds into a native population. Z. Tierzüchtg. Züchtungsbiol. 97 (1980), 95–100

KINGHORN, B., Genetic effects in crossbreeding II. Multibreed selection indices. Z. Tierzüchtg. Züchtungsbiol. 99 (1982), 315–320

KISON, H.-U., Pollenlebensfähigkeit und Reproduktionsgrad bei Weizen/Roggen-Allopolyploiden. AdL der DDR Berlin Diss. (1979), 200 S.

KISON, H.-U.; SKIEBE, K.; FECHNER, M.; NOTHNAGEL, TH., Über Ergebnisse von Pollenuntersuchungen mit Hilfe des Fluoresclindiacetat-Testes an verschiedenen Kulturpflanzen und abzuleitende Konsequenzen für züchterische Arbeiten. Arch. Züchtungsforsch. 16 (1986), 293–302

KISS, A., Neue Richtungen in der Triticale-Züchtung. Z. Pflanzenzücht. 55 (1966), 309–329

KISTNER, G., Cytogenetische Probleme bei der Schaffung leistungsfähiger Allopolyploider. Diss. Martin-Luther-Univ. Halle (1974), 137 S.

KLAUTSCHEK, G., Genotyp-Umwelt-Interaktionen bei Mast- und Schlachtleistungsmerkmalen von Fleischrindern und deren Kreuzungen. Dissertation B, Wilhelm-Pieck-Universität Rostock (1985)

KOBYLJANSKIJ, V. D., Die Erscheinung der männlichen Sterilität bei Roggen (russ.). Selekcija semenovodstvo 27 (1962), 71 S.

KOBYLJANSKIJ, V. D., On genetics of the dominant factor of short-strawed rye (russ.). Gentika 8 (1972), 12–17

KÖCHLING, J., Entwicklungstendenzen der Zuchtmethoden bei Winterroggen. Tag.-Ber. Akad. Landwirtsch.-Wiss. DDR 225 (1984), 83–90

KOJIMA, K., Mathematical Topics in Population Genetics. Springer Verlag Berlin, Heidelberg, New York (1970)

KOURILSKY, P.; GACHELIN, G., L'organisation de l'information génétique. La Recherche 15 (1984), 642–651

KOVACIK, A.; SKALOUD, V., Untersuchungen der Ertragsfaktoren des Samenertrages bei der Heterosiszüchtung der Sonnenblume (Helianthus annuus L.). Arch. Züchtungsforsch. 10 (1980), 145–153

KRÄUSSLICH, H., Neue Techniken in der Tierzucht und ihre Anwendungsmöglichkeiten. Züchtungskunde 57 (1985), 381–393

KRAUSE, J.; RITTER, E.; AREND, H., Genetische und phänotypische Parameter der Erst- und Zweitwurfleistung von Sauen sowie Ergebnisse einer Selektionssimulation nach Erst- und Zweitwurfleistungen. Arch. Tierzucht 26 (1983), 451–463

KRAUSE, J.; RITTER, E.; FALKENBERG, H.; THOMS, D.; DRÖBIG, M.; AREND, H., Genetische Determination der reproduktiven Fitness und Fruchtbarkeit bei Modelltieren und beim Schwein. Anlage III zum F/E-Bericht, FZ Dummerstorf-Rostock der AdL der DDR (1980)

KRAUSE, J.; RITTER, E.; ZSCHORLICH, B.; BRETSCHNEIDER, A.; HAMMER, H.; SEYER, D.; THOMS, D.; SCHÜLER, L.; DROBIG, M., Erhöhung der Leistungen bei Merkmalen der reproduktiven Fitness beim weiblichen Schwein. Anlage zum F/E-Bericht, FZ Dummerstorf-Rostock der AdL der DDR (1984)

KRESS, D. D.; HAUSER, E. R.; CHAPMAN, A. B., Genetic-environmental interactions in identical and fraternal twin beef cattle I. Growth from 7 to 24 month of age. J, of Animal Science 33 (1971), 1177–1185

KRETZSCHMAR, B.; ROß, K., Methodische Untersuchungen zur Charakterisierung der Genauigkeit der Zuchtwertschätzung von Besamungsbullen. Arch. Tierz. 19 (1976), 63–73

KROH, M., Genetische und entwicklungsphysiologische Untersuchungen über die Selbststerilität von Raphanistrum. Z. ind. Abst. Vererbungsl. 83 (1956), 365–384

KRÜGER, J., Beweis, daß die zufällige Variable $N(A_1) = 2N(A_1A_1) + N(A_1A_2)$ einer Binomialverteilung folgt. Institut für Anthropologie und Humangenetik der Universität Heidelberg, persönliche Mitteilung an Biebler, K.-E. und Jäger, B. (1986)

KRUSE, A., An in vivo/vitro embryo culture technique. Hereditas 77 (1974), 219–224

KRZYMUSKI, J., Zoning within the Cereal Cultivars Testing System. Biuletyn Oceny Odmian 7 (1975), 5–130

KUBICKI, B., Investigations on sex determination in cucumbers (Cucumis sativus L.) I. The influence of l-naphtaleneacetic acid and gibberellin on sex differentiation of flowers in monoecious cucumbers. Genet. Polon. 6 (1965), 153–176

KUCKUCK, G. K.; KOBABE, G.; WENZEL, G., Grundzüge der Pflanzenzüchtung. de Gruyter. Berlin, New York, 1985, 245 S.

KÜNZEL, G.; SCHOLZ, F., Development and utilization of multiple translocations in Barley. Experimental Mutagenesis in Plants, Varna (1976), 112–118

KUKADIA, M. U.; SINGHANIA, D. L.; ASAWA, B. M., Factor analysis in sorghum for forage yield. Indian J. Agric. Sci. 54 (1984), 1001–1003

KUMMER, M., Neue Möglichkeiten zur verbesserten züchterischen Nutzbarkeit von Artkreuzungen durch die Kombination von autopolyploiden mit allopolyploiden Partnern bestimmter Genomstruktur, dargestellt am Beispiel einer Artkreuzung innerhalb der Gattung Brassica. Arch. Züchtungsforsch. 3 (1973), 263–273

KUNERT, R.; PETERKA, H., Effectivily of embryo culture in haploid barley production in relation to embryo differentiation and size. Intern. Symp. Plant Tissiuce and Cell Culture-Application to Crop Improvement (1984), 99 S.

KUSCHNER, CH, F. Untersuchungen zum Problem der Genotyp-Umwelt-Interaktionen bei landwirtschaftlichen Nutztieren. Internationale Zeitschrift für Landwirtschaft, Moskau/ Berlin (1975), 204–209

LAMPRECHT, H., Weitere Koppelungsstudien an Phaseolus vulgaris mit einer Übersicht über die Koppelungsgruppen. Agri. Hort. Genet. 19 (1961a), 319–332

LAMPRECHT, H., Die Genkarte von Pisum bei normaler Struktur der Chromosomen. Agr. Hort. Genet. 19 (1961 b), 360–401

LAPINSKI, B., Methodische Aspekte der Triticale-Züchtung. Arch. Züchtungsforsch. 15 (1985), 83–86

LEE, J. A., An example of increased recombination in Gossypium. Crop. Sci. 12 (1972), 114–116

LEIKE, H.; LABES, R.; OERTEL, C.; PETERSDORFF, M., Nutzung der Gewebe- und Organkultur für die Pflanzenzüchtung und Pflanzgutproduktion. Fortschr. Ber. der AdL der DDR 16 (1978) 8, 48 S.

LERNER, I. M., The genetic basis of selection. J. Wiley & Sons New York (1958)

LEUKKUNEN, A., Progeny testing A. I. boars on the basis of their daughter's farrowing results. Acta. Agric. Scand. 34 (1984) 3, 300–312

LI, C. C., Population genetics. The University of Chicago Press. (1955)

LI, W. H., Stochastic Models in Population Genetics. Dowton, Hutchinson & Ross Stroudsburg Penns. (1977), 471 S.

LINDE, B., Model Simulation of Al-Breeding within a Dual Purpose Breed of Cattle. Acta agr. Scand. 18 (1968), 33–41

LINDNER, A.; MELZ, G.; MÜLLER, H. W.; BUSCHBECK, R., Genetic analysis of rye (Secale cereale, L.) II. Leaf proxidase isoenzymes in trisomic and telotrisomics of chromosome of 1 R. Genet. Polon. 25 (1984), 345–348

LINSKENS, H. F., Incompatibility in Petunia. Proc. R. Soc. London B. 188 (1975), 299–311

LÖHLE, K., Zur künstlichen Besamung beim Geflügel. Tierzucht 38 (1984), 514–516

LÖNNIG, W. E., Dominance, overdominance and epistasis in pisum sativum L. Theor. Appl. Genet. 63 (1982), 255–264

LONNQUIST, J. H., Recurrent selection as a means of modifying combining ability in corn. Agronomy Journal 43 (1951), 311–315

LU, H. J.; ZHENG, Y. Y.; CHEN, S. J., Studies of gene interaction and multiple alleles in Jute. XV. Intern. Genet. Congress Contr. Papers abstr. (1983), 562 S.

ŁUBKOWSKI, Z., Metodyka doswiadczalnictwa rolniczego. Pwril Warszawa (1968)

LUDWIG, D. A., Stochastic population theories Lect. Notes Biomath. vo 3. Springer Verlag Berlin, Heidelberg, New York (1974)

LUKASZEWSKI, A. J.; GUSTAFSON, J. P., The effect of Rye chromosomes on Heading Date of Triticale × wheat Hybrids. Z. Pflanzen Züchtg. 93 (1984), 246–250

LUNDQVIST, A., Self-incompatibility in rye I. Genetic control in the diploid. Hereditas 42 (1956), 293–348

LUNDQVIST, A., Some effects of continued inbreeding in a autotetraploid highbred strain of rye. Hereditas 61 (1969), 361–399

LUNDQVIST, A., Complex self-incompatibility systems in angiosperms. Proc. R. Soc. London B. 188 (1975), 235–245

MA, Y.; NELSON, O. E., Amino acid composition and storage proteins in two new high lysine mutants in maize. Cereal chem. 52 (1975), 412–419

MAAN, S. S.; LUCKEN, K. A., Male sterile wheat with rye cytoplasm. J. Hered. 62 (1971), 353–355

MACE, A. E., Sample size determination. Reinhold Publishing Company, New York (1964)

MAC KEY, J., Genetic and evolutionary principles of heterosis. VII. Congr. Eucarpia Budapest (1974), Abstr. S. I. 1–1a

Mac Key, J., Genetics of race-spezific phytoparasitism on plants. MIR Publishers Moscow 1 (1980), 363–381

Madej, L., Genetische Charakterisierung dreier Quellen von männlicher Sterilität bei Roggen (Secale cereale L.) (poln.) Hodowla roslin 20 (1976), 157–174

Maheshwari, S. C.; Rashid, A.; Tyagi, A. K., Haploids from pollen grains – retrospect and prospect. Amer. J. Bot. 69 (1982), 865–879

Malecot, G., Les Mathématiques de l'Heérėditeé. Masson et Cie Paris (1948)

Manning, H. L., Yield improvement from a selection index technique with cotton. Heredity 10 (1956), 303–322

Martin, A.; Sanchez-Mongé-Laguna, E., Cytology and morphology of the amphiploid Hordeum chilensex Triticum turgidum conv. durum. Euphytica 31 (1982), 261–267

Martynov, S. P.; Krupnov, V. A., Postroenie selekcionnych indeksov metodom Linejnoj diskriminantnoj funkcii. Selekcionno-geneticeskie issledovanija psenic. Ufa (1977), 127–136

Maruyama, T., Stochastic Problems in Population Genetics. LN Biomath 17 Springer (1977)

Mason, J. L., Genetic relations between milk and beef characters in dual purpose cattle breeds. Animal Produktion 10 (1964), 31–45

Mather, K., The balance of polygenic combinations. J. Genet 43 (1942), 309–336

Mather, K., Biometrical genetics. Methuen & Co. London (1949), 162 S.

Mather, K., Complementary and duplicate gene interactions in biometrical genetics. Heredity 22 (1967), 97–103

Mather, K.; Jinks, J. L., (Introduction to) Biometrical Genetics London, Chapman and Hall 1st ed. (1971), 2nd ed. (1977), 3rd ed. (1982)

Matschew, M., Proučvanie vorchukla (1984) 224–267

Mayo, O., The theory of plant breeding. Clarondon Press. Oxford (1987)

Mayo, O.; Hopkins, A. M., Problems in estimating the minimum number of genes contributing to quantitative variation. Biom. J. 27 (1985), 181–187

Mayr, E., Wie weit sind die Grundprobleme der Evolution gelöst? Nova Acta Leopoldina 42 (1975), 171–179

McCain, F. S.; Schultz, E. F., A method for determining areas for corn varietal recommendations. Agronomy Journal 51 (1959), 476–479

McClintock, B., Intranuclear systems controlling gene action and mutation. Brookhaven Symp. in Biol. 8 (1955), 58–74

McGrath, J.; Solter, D., Completion of mouse embryogenesis requires both maternal and paternal. genomes. Cell 37 (1984), 179–183

McNaughton, I. H., Synthesis and sterility of Raphanobrassica. Euphytica 22 (1973), 70–88

McNew, R. W.; Bell, A. E., The nature of the purebred-crossbred genetic covariance. Genet. Research 18 (1971), 1–7

Meinecke-Tillmann, S., Gegenwärtiger Stand der Biotechnologie in der Tierzucht. Naturwissenschaften 72 (1985) 592–598

Mettin, D., Wege und Möglichkeiten der Chromosomen-Substitution beim Saatweizen (T. aestivium s sp vulgare (Vill.) MK). Tag.-Ber. Df. Akad. Landwirtsch.-Wiss. 101 (1970), 171–196

Michaelis, P., Plasmavererbung und Heterosis. Z. Pflanzenzücht. 30 (1951) 250–275

Mielenz, N., Construction of Selection indexes with restrictions. Biom. J., Berlin 26 (1984), 3–12

Mielenz, N.; Müller, J., Konstruktion und Wirksamkeit von Indizes mit Restriktionen in der

Legehennenzucht. 1. Mitteilung: Konstruktionsprinzip eines Index mit Restriktionen. Arch. f. Tierz., Berlin 28 (1985) 1, 75–82

MIELENZ, N.; MÜLLER, I., Zweistufenselektion bei endlicher Kandidatenzahl. Archiv für Tierzucht 29 (1986) 6, 439–448

MILLER, D. A.; WILLIAMS, T. C.; ROBINSON, H. F.; COMSTOCK, R. E., Estimation of genotypic and environmental variance and covariance in upland cotton and their implication in selection. Agron. J. 50 (1958) 126–131

MIRKIN, B. G.; RODIN, S. N., Graphs and Genes. Springer Verl. Berlin, Heidelberg, New York, Tokyo, 1984

MIZUSHIMA, U., Studies on some auto- and allopolyploids made in Brassica, Sinapis, Eruca and Raphanus. Agric. and Hort. 19 (1944) 743–744

MOAV, R., Specialised sire and dam lines, I. Economic evaluation of crossbreds. Anim. Prod. 8 (1966) 193–202

MODE, C. J.; ROBINSON, H. F., Pleiotropism and the genetic variance and covariance. Biometrics 15 (1959) 406–425

MOLDENHAUER, R., Untersuchungen zur Anwendung eines phänotypisch begründeten linearen Selektionsindex in den selbstbefruchtenden Getreidearten Sommergerste und Sommerweizen. Diss. Akad. Landw.-Wiss. DDR, Hadmersleben 1973, 99 S.

MORAN, P. A. P., The statistical processes of evolutionary theory. Clarendon Press, Oxford, 1962

MOREE, R., An effect of negativ assortative mating on gene frequency. Science 118 (1953) 600–601

MOSTAGEER, A., A Note on the use of Inbred young bulls in Progeny testing schemes. Z. Tierzücht. Züchtungsbiologie 88 (1971) 194–196

MOURANT, A. E.; KOPEĆ, A. C.; DOMANIE WSKASOBCZAK, K., The distribution of the human blood groups and other polymorphisms. Oxford University Press, London, 2 nd edition, 1976

MUDRA, K.; CONRAD, F., Bedeutung und Stand der künstlichen Besamung beim Schwein. Tierzucht 38 (1984) 508–511

MÜLLER, J., Persönliche Mitteilung. 1986

MÜLLER, I.; MIELENZ, N., Zweistufenselektion von Hähnen in der Hybridzucht. Archiv für Tierzucht 29 (1986) 1, 31–41

MUJEEB-KAZI, A.; RODRIQUEZ, R., Cytogenetics of intergeneric hybrids involving genera within the Triticale. Cer. Res. Comm. 9 (1981) 39–45

MUNCK, L., Improvement of nutritional value in cereals. Hereditas 72 (1972) 1–128

MURAWSKI, H., Fruchtbare amphidiploide Bastarde aus der Kreuzung von Stachelbeere (Ribes uva crispa L.) mit schwarzer Johannisbeere (Ribes unigrum L.). Arch. Züchtungsforsch. 7 (1977) 299–304

MUSIIKO, A. S.; MEL'NIK, V. S., Prognozirovanije urožainosti dvoinych i trechlinejnych gibridov kukuruzy. Naučno-techničeskij bjulletenj Vsesojuznogo selkcionno-geneticeskogo instituta. Ausgabe 18 (1972) 8–11

NAETHER, J., Verfahren für die genetische Analyse der sporophytisch bedingten Selbstinkompatibilität auf diploider Stufe und ihre Anwendung in der Hybridzüchtung. AdL der DDR Berlin Diss. (1971) 137 S.

NAGYLAKI, T., Selection in One- and Two-Locus Systems Lecture Notes in Biomathematics 15. Springer 1977

NAKATA, N.; SASAKI, M.; MOCHIDA, M.; KISHI, Y.; YASUMORU, Y., Genome composition of 42-chromosome lines spontaneously derived from octoploid triticale. J. Fac. Agricult. Tottori Univ. 19 (1984) 1–7

NANDA, D. K.; CHASE, S. S., An embryo marker for detecting monoploids of maize (Zea mays L.). Crop Science 6 (1966) 213–215

NELSON, O. E.; MERTZ, E.; BATES, L., Second mutant gene affecting the amino acid patterns of maize endosperm proteins. Science 150 (1965) 1469–1470

NETZBAND, K.; WACKER, G., Ergebnisse von Art- und Gattungsbastardierungen von Lolium und Festuca XIII. Intern. Graslandkongr. Leipzig Sekt. 1–2 (1977) 322–328

NEUMANN, H.; CLEMENS, M., Programmsystem zur automatischen Auswertung von Kombinationseffekten nach diallelen Kreuzungen. Information der ZG Winterroggen 9 (1984) Heft 3

NEUMANN, M., Zur postgamen Incompatibilität bei Brassica. Arch. Züchtungsforsch. 3 (1973) 133–140

NEUMANN, M.; NAETHER, J., Erfassung des Inkompatibilitätsverhaltens bei intergenomatischen Getreidekreuzungen. Tag.-Ber. Akad. Landwirtsch.-Wiss. DDR 171 (1980) 23–28

NEUMANN, W.; FIEGENBAUM, G.; KLAUTSCHEK, G.; ROHDE, E., Untersuchungen über Genotyp-Umwelt-Interaktionen bei Nachkommen der Gebrauchskreuzung. WPU Rostock Sekt. Tierproduk. Forschungsber. (1977)

NEUMANN, W.; MATTHES, W., Aspekte der Fleischrindzüchtung. Arch. Tierzucht 23 (1980) 89–94

NICHOLAS, F. W.; SMITH, C., Increased rates of genetic change in dairy cattle by embryo transfer and splitting. Anim. Prod. 36 (1983) 341–353

NIEBEL, E., Selektionsindizes mit Nebenbedingungen. Hohenheimer Arbeiten, Heft 131 (1985) 69–95

NIELSEN, G.; FRYDENBERG, O., Chromosome localization of the esterase loci Est-1 and Est-2 in barley by means of trisomics. Hereditas 67 (1971) 152–154

NISBET, R. M.; GURNEY, W. S. C., Modelling fluctuating populations. Wiley & Sons, New York 1982

NISHI, S., F_1 seed production in Japan. Proceed. XVII Int. Hort. Congr. 3 (1967) 231–257

NISHIO, T.; HINATA, K., Analysis of S-specific proteins in stigma of Brassica oleracea L. by isoelectric focusing. Heredity 38 (1977) 391–396

NITTER, G.; JAKUBEC, V., Zuchtplanung für Gebrauchskreuzungen in der Schafzucht. Züchtungskde., 42 (1970) 436–446

NITZSCHE, G.; SCHÖNMUTH, G., Eine experimentelle Studie über Genotyp-Umwelt-Wechselwirkungen bei Schweinen. Wissenschaftl. Z. HU-Berlin, math. nat. Reihe, Berlin 20 (1971) 415–429

NITZSCHE, W.; HESSELBACH, J., Sortenmischungen statt Viellinien-Sorten. 2. Wintergerste (Hordeum vulgare L.) und Winterweizen (Triticum aestivum L.). Z. Pflanzenzüchtung 92 (1984) 151–158

NÜRNBERG, G., Beiträge zur Versuchsplanung für die Schätzung von Varianzkomponenten und Robustheitsuntersuchungen zum Vergleich zweier Varianten. Probleme der angewandten Statistik, Heft 6, 1982, FZ f. Tierprod. Dummerstorf-Rostock

OCKENDON, D. J., Dominance relationships between S-alleles in the stigmas of brussels sprouts (Brassica oleracea var. Gemmifera). Euphytica 24 (1975) 165–172

OEHLKERS, F., Außerkaryotische Vererbung. Naturw. 40 (1953) 78–85

Olsson, G., Induced polyploids in Brassica. In: Recent Plant' Breeding Research. John Wiley und Sons (1963) 179–192

Orton, T. J.; Arus, P., Outcrossing in celery (Apium graveolens). Euphytica 33 (1984) 471–480

Ottaviano, E.; Sari Gorly, M., Hybrid prediction in maize. Genetical effects and environmental variations. Tag 42 (1972) 346–350

Owen, F. V.,. Cytoplasmatically inherited male-sterility in sugar beets. J. Agric. Res. 71 (1945) 423–440

Pachner, J., Handbook of numerical analysis and applications; With programs for engineers and scientists. McGraw-Hill Book Company New York (1983)

Padalka, N. M., Metodika sozdanija sterilnych analogov samoopyljonnych linii i sortov kukuruzy. Bjulletenj Vsesoj. naučno-issl. inst-ta kukuruzy 5–6 (1972) 28–29

Palmiter, R. D.; Brinster, R. L.; Hammer, R. E.; Trumbauer, M. E.; Rosenfeld, M. G.; Birnberg, N. C.; Evans, R. M., Dramatic growth of mice that developed from eggs microinjected with metallothionein-growth hormon fusion genes.
Nature 300 (1982) 611–615

Panse, V. G.; Khargonkar, S. A., A discriminant function for selection of yield in cotton. Indian Cotton Grow. Rev 3 (1949) 179–185

Paroda, D. S.; Joshi, A. B., Correlations, path coefficients and the implication of discriminant function for selection in wheat (Triticum aestivum), Heredity 25 (1970) 383–392

Pavate, M. V.; Murty, G. S., Adequacy of the linear model in discriminatory analysis for plant selection. Indian J. Genet. Plant Breed. 23 (1963) 331–336

Pavitran, K.; Mohandas, C., Genetics of male sterility in rice. J. Hered. 67 (1976) S. 252

Pelletier, G.; Primard, C.; Vedel, F.; Chetrit, P.; Remy, R.; Renard, R.; Renard, M., Intergeneric cytoplasmic hybridization in cruciferae by protoplast fusion. Mol. Gen. Genet. 191 (1983) 244–250

Pešek, J.; Baker, R. J., Desired improvement in relation to selection indices. Canad. J. Plant Sci. 49 (1969) 803–804

Peter, W., Bedeutung, Entwicklung und Stand der künstlichen Besamung beim Rind (KBR). Tierzucht 38 (1984) 506–508

Peterka, H., Entwicklung neuer Prinzipien zur Erfassung der genetischen Grundlagen quantitativer Merkmale. AdL der DDR Berlin, Diss. (1973) 141 S.

Peterka, H.; König, S.; Kunert, R., Einfluß des Genotyps der Eltern auf die Häufigkeit von Haploiden und Bastarden nach Kreuzungen von Hordeum vulgare L. (2x) mit H. bulbosum L. (2x). Arch. Züchtungsforsch. 13 (1983) 403–411

Peterka, H.; Kunert, R., Genotypic effects of both parents on embryo differentiation in vitro growing rate and frequency of hybrids in barley haploid production with interspecific crosses. Intern Sympos. „Plant tissue and cell culture-application to crop improvement" Abstracts, Olomouc, Czechoslovakia, 1984, 253–254

Peterka, H.; Thärigen, A.; König, S., Gametenselektion am Hordein-Komplex bei der Haploidenerzeugung. Arch. f. Züchtungsforschung (in Vorber.)

Petersen, P. H.; Christensen, L. G. J.; Bechandersen, B.; Ovesen, E., Economic Optimization of the Breeding Structure within a Dual-purpose Cattle Population. Acta Agr. Scand. 24 (1974) 247–258

Peterson, P. A., The En mutable system in maize. Theor. Appl. Genet. 40 (1970) 367–377

PICKERING, R. A., The location of a gene for incompatibility between Hordeum vulgare L. and H. bulbosum L. Heredity 51 (1983) 455–459

PILARCZYK, W., Optimum size of series of trials. in VII. Colloquium Metodologiczne z Agro-Biometrii (1977) 272–282

PIRCHNER, F., Einkreuzungspläne. Der Förderungsdienst 17 (1969) 337–340

PIRCHNER, F., Populationsgenetik in der Tierzucht. Verlag Paul Parey, Hamburg und Berlin 1. Auflage 1964, 2. Auflage 1979

PLARRE, W., Die Bedeutung der introgressiven Hybridisation bei der Evolution der Kulturpflanzen. Ber. Arb. Gem. Saatzuchtleiter (1974) 160–192

POHLER, W., Meioseuntersuchungen an Triticale II. Meioseaberrationen, Pollenfärbbarkeit und Fertilität bei amphidiploiden Weizen-Roggen-Bastarden. Biol. Zbl. 96 (1977) 579–597

POHLHEIM, F., Über Schichten-Translokationen an periklinalchimärischen Sproßscheiteln von Euphorbia pulcherrima WILLD. Archiv Züchtungsforschung 16 (1986) 133–141

POILEY, S. M., A systematic method for breeder rotation for noninbred laboratory colonies. Proc. Anim. Care Panel 10 (1960) 159–166

PŘIBYL, J.; VACHAL, J., Improvement of the method of estimation of breeding value and organization of progeny tests of bulls. Závěrečna zpráva; VÚŽV Praha-Uhřineves, 1982

PRÖSELER, M., Zur Auswertung einer Serie von Diallelen mit Hilfe eines Modelles mit endlichen Stufengesamtheiten. EDV in Medizin und Biologie 16 (1985) 100–107

PROKOP, O.; GÖHLER, W., Die menschlichen Blutgruppen. VEB Gustav-Fischer Verlag Jena, 5. Auflage, 1986

PROUT, T., The error variance of the heritability estimate obtained from selection response. Biometrics 18 (1962) 404–407

QUINBY, J. R.; KARPER, R. E., Heterosis in sorghum resulting from the heterozygous condition of a single gene that affects duration of growth. Amer. J. Bot. 33 (1946) 716–721

RADAM, G., Einige Bemerkungen zum Schätzen von Genfrequenzen an untersuchten Stichproben. Sitzungsber. der AdW der DDR, Mathematik-Naturwissenschaften-Technik 18N 1982, Akademie-Verlag Berlin, 2. Auflage, 1985

RAMACHANDER, P. R.; BAVAPPA, K. V. A., Selection index in arecanut. Indian J. Genet. Plant Breed. 32 (1972) 1, 73–76

RAMIREZ, L.; PISABARRO, G., Isozyme electrophoretic patterns as a tool to characterize and classify rye (Secale oreale L.) seld samples. Euphytica 34 (1985) 793–799

RAPP, K., Han-Rotation, a new system for rigorous out-breeding. Z. Versuchstierk. 14 (1972) 133–142

RASCH, D., Einführung in die Mathematische Statistik Bd. I. Wahrscheinlichkeitsrechnung und Grundlagen der Mathematischen Statistik, 2. Auflage, VEB Deutscher Verlag der Wissenschaften, Berlin, 1978

RASCH, D., Einführung in die Mathematische Statistik Bd. II. Varianzanalyse, Regressionsanalyse und weitere Anwendungen 2. Aufl. VEB Deutscher Verlag der Wissenschaften, Berlin, 1984

RASCH, D., Further investigations of the Robustness of the standardized selection difference, Biometrical Journal 28 (1986) 407–416

RASCH, D. (Federf.), Biometrisches Wörterbuch Bd. I, II, 3. Auflage VEB Deutscher Landwirtschaftsverlag Berlin, 1987

RASCH, D. (Federf.) Einführung in die Biostatistik. VEB Deutscher Landwirtschaftsverlag, 3. Auflage, Berlin 1989

RASCH, D., Einführung in die Mathematische Statistik Bd. I. Wahrscheinlichkeitstheorie und Grundlagen der Mathematischen Statistik. völlig neu bearb. 3. Aufl., VEB Deutscher Verlag der Wissenschaften, Berlin, 1988

RASCH, D.; HERRENDÖRFER, G., Heuristisches Vorgehen bei der Beurteilung von Zuchtsystemen. Biom. Z. 14 (1872) 42–49

RASCH, D.; HERRENDÖRFER, G., Statistische Versuchsplanung. VEB Deutscher Verlag der Wissenschaften, Berlin, 1982

RASCH, D.; HERRENDÖRFER, G., Statistical Experimental Design Sample Size Determination and Block Designs. Reidel Publ. Co. Dortrecht, Boston, Lancaster, Tokyo 1986

RASCH, D.; HERRENDÖRFER, G.; BOCK, J.; BUSCH, K., Verfahrensbibliothek Versuchsplanung- und -auswertung. Berlin: VEB Deutscher Landwirtschaftsverlag, 1978 und 1981, Vol. I–III

RASCH, D. und JANSCH, S. (Federf.), CADEMO-Handbuch Bd. I und II, H. A. N. D. Computer GmbH, Wiesbaden 1989

RASCH, D.; PIERER, H., Die Robustheit des Selektionserfolges. Archiv für Tierzucht 28 (1984) 465–479

RASCH, D.; PIERER, H., ROSE- A robust procedure for computing selection differences. Zeitschrift für Tierzüchtung und Züchtungsbiologie 103 (1986) 87–96

RASCH, D.; TIKU, M. L., Robustness of Statistical Methods and Nonparametric Statistics. VEB Deutscher Verlag der Wissenschaften. Reidel Publ. Co. Dortrecht, Lancaster, Boston, Tokyo, 1984 und 1985

RATHO, S. N., Genetic divergence in scented varieties of rice. Indian J. agric. Sci. 54 (1984) 699–701

RAWLINGS, J. O.; COCKERHAM, C. C., Triallel analysis. Crop. Sci. 2 (1962) 228–231

REES, H., Developmental variation in the expressivity of genes causing chromosome breakage in rye. Heredity 17 (1962) 427–437

REEVE, E. C., The variance of the genetic correlation coefficient. Biometrics 11 (1955) 357

REINBERGS, E.; PARK, S.; KASHA, K. J., The haploid technique in comparison with conventional methods in barley breeding. Barley Genetics III, Proc. Third Intern. Barley Genetics Symp., Garching (1975) 346–350

REN, Z. L., Genetik der Hybridnekrose in Roggen und Triticale. Georg-August-Universität Göttingen, Dissertation 1988

RENNER, O., Versuche über die gametische Konstitution der Oenotheren. Z. Vererbungsl. 18 (1917) 121–294

RHOADES, M. M., Cytoplasmic inheritance of male sterility in Zea mays. Science 73 (1931) 340–341

RICH, S. S.; BELL, A. E.; WILSON, S. P., Genetic drift in small populations of Tribolium. Evolution 33 (1974) 579–584

RICH, S. S.; BELL, A. E.; MILES, D. A.; WILSON, S. P., An experimental study of genetic drift for two quantitative traits in Tribolium. J. Heredity 75 (1984) 191–195

RIEGER, R.; MICHAELIS, A., Chromosomenmutationen. VEB Gustav Fischer Verlag, Jena, (1967) 433 S.

RIEGER, R.; MICHAELIS, A.; SCHUBERT, I.; KAINA, B., Effects of chromosome repathering in Vicia faba L. II. Aberration clustering after treatment with chemical mutagens and x-rays as affected by segment transposition. Biol. Zbl. 96 (1977) 161–182

ROBERTSON, A., The effect of inbreeding on the variation due to recessive genes. Genetics 37 (1952) 189–207

ROBERTSON, A., A. I. and livestock improvement. Advances in Genetics 6 (1954) 45

ROBERTSON, A., Experimental design in the evaluation of genetic parameters. Biometrics 15 (1959) 219–225

ROBERTSON, B. A.; RENDEL, J. M., The performance by heifers got by artifical in semination. J. Agric. Camb. 44 (1954) 184–192

ROBINSON, H. F.; COMSTOCK, R. E.; HARVEY, P. H., Genotypic and phenotypic correlations in corn and their implications in selection. Agron. J. 43 (1951) 282–287

ROD, J., Význam genetické vyhraněnosti komponent při kříženi jílku mnohokvětého. Sbor. ÚVTIZ, Genet. a Šlecht., 10 (1974) 297–305. (Die Bedeutung genetischer Ausgeprägtheit einzelner Komponenten bei Weidelgraskreuzungen)

ROD, J., Zu den Möglichkeiten der Vereinigung mehrerer Merkmale zur Bildung eines Wertungs- und Auslesekriteriums bei den mehrjährigen Futterpflanzen. Ber. Arb. Gem. Saatzuchtleiter Gumpenstein 1982, 191–212

ROD, J.; TOŠOVSKÝ, J.; PELIKÁN, J., Řešení sérií zkoušek výkonu u vojtěšky diskriminační analýzou. In: Sbor. Biometr. genet. metody ve šlecht, rostlin, Lednice, 1978, 107–115.
(Lösung von Serien von Leistungsprüfungen bei der Luzerne mittels Diskriminanzanalyse)

ROD, J.; VONDRÁČEK, J., Polní pokusnictví- Pokusnická technika se základy biometriky (Vys. uc. text.) Praha, SPN, 1975. (Feldversuchswesen-Versuchstechnik mit Grundlagen der Biometrie)

ROD, J.; VONDRÁČEK, J., Contribution to Components Selection for Synthetic Varieties of Lucerne. Quantitative Genetics and Breeding Methods. In: Proceedings of the fourth Meeting of the Section „Biometrics in Plant Breeding", Poitiers, France, September 1981, 2–4, 179–186

ROD, J.; VONDRÁČEK, J., Tvorba syntetickych odrůd jako jedna z cest progresivniko šlechtěni picnin. Sbor. UVTIZ, Genet. a Šlecht. m 18. 1982, 4, I–XVI

ROD, J.; WEILING, F., Untersuchungen zur Analyse der Ertragsstruktur bei Sommergerste mit besonderer Berücksichtigung der Stabilität der Einzelmerkmale. Z. Pfl. Zücht. 66 (1971) 93–129

ROD, J.; WEILING, F., Hodnocení výnosové dynamiky víceletých vícesencných pícnin. Sbor. UVTIZ, Genet. a Šlecht., 17 (1981) 4, 287–296. (Schätzung der Ertragsdynamik mehrjähriger mehrschnittiger Futterpflanzen)

RÖBBELEN, G., Beiträge zur Analyse des Brassica-Genoms. Chromosoma 11 (1960) 205–228

RÖNNINGER, K., The effect of selection of progeny performance on the heritability estimated by half-sib correlation. Acta Agric. Scand. 22 (1972) 90–92

ROMMEL, P.; KARWATH, H., Ergebnisse und Perspektiven des Embryotransfers beim Rind. Tagungsbericht der AdL der DDR, Berlin (1984) 218, 153–157

ROTHE, H., Morphologisch-entwicklungsgeschichtliche und genetische Analyse einer sich variabel manifestierenden Mutation von Antirrhinum majus L. Z. Ind. Abst. Vererbungsl. 84 (1951) 74–132

ROTTMANN, O. J., New perspectives in animal breeding by embryo manipulation. Livestock Production Science 10 (1983) 215–221

RUDOLPH, W., Genreserven – Notwendig für die Erhaltung genetischer Variation. 3. Symp. Populationsgenetische Grundlagen und ihre Umsetzung in die praktische Tierzucht. KMU Leipzig, WB Haustiergenetik, (1985) 43–47

Ruebenbauer, T., Role of plasmon in the phenomenon of heterosis. Genet. Polon. 8 (1967) 31–44

Ruebenbauer, T.; Wegrzyn, S., Die Bedeutung einfacher haxonanischer Methoden für die Pflanzenselektion. Züchter 33 (1963) 167–168

Saar, W.; Brandsch, H.; Wussow, J., Genetische Grundlagen der Tierzüchtung In: Genetische Grundlagen der Tierzüchtung. VEB Gustav Fischer Verl. Jena (1983) 30–183

Salamini, F.; DiFonzo, N.; Gentinetta, E.; Soave, C., A dominant mutation interferring with protein accumulation in maize seeds. JAEA, Seed Protein Improvement in cereals and Grain Legumes I (1979) 97–108

Salinas, J.; Benito, C., Chromosomal Location of Peroxidase Structural Genes in Rye (Secale cereale L.). Z. Pflanzenzüchtung 93 (1984), 291–308

Salinas, J.; Benito, C., Chromosomal Location of Malate Dehydrogenase Structural Genes in Rye, (Secale cereale L.) Z. Pflanzenzücht. 94 (1985), 208–217

Sarhan, A. E. and B. G. Greenberg, Contributions to order statistics, Wiley & Sons, New York, 1962

Sasakuma, T.; Maan, S. S.; Williams, N. D., EMS-induced male – sterile mutants in euplasmic and alloplasmic common wheat. Crop. Sci. 18 (1978), 850–853

Satterthwaite, F. E., An approximate distribution of estimates of variance components. Biometrics Bull. 2 (1946) 110–114

Savčenko, B. K., Inbriding v populacijach autopoliploidov. In: Genetičeskije osnovy selekcii geterozisnych populacii, Minsk 1971, 71–86

Schaaf, A.; Herrendörfer, G., Anwendung von Selektionsindizes für die Selektion von Ebern in zwei Stufen. Arch. Tierzucht 27 (1984), 263–272

Schaaf, A.; Herrendörfer, G.; Ritter, E., Selektionsmerkmale, Zuchtziele und Zuchtprogramme in der Schweinezucht. Arch. Tierz. 28 (1985), 217–228

Schaaf, A.; Hischer, K.; Herrendörfer, G., Zur Informativität von Selektionsmerkmalen und Informationsquellen für die Erzielung von Zuchtfortschritt beim Schwein. Arch. Tierz. 30 (1987), 355–365

Schlegel, R.; Scholz, I.; Fischer, K., Aneusomie als Ursache für Meiosestörungen beim tetraploiden Roggen? Biol. Zbl. 104 (1985), 375–384

Schmidt, H., Untersuchungen zur modifikativen Geschlechtsverschiebung bei Lycopersicon esculentum Mill. unter Verwendung pollensteriler Mutanten. Halle, Martin-Luther-Univ. Diss. (1977), 203 S.

Schmidt, J., La valeur de l'individue a titre degénérateur appréciéé suivant la methode du croisement diallele. Comt. Rend. Lab.-Carlsberg 14 (1919), 2, 33–41

Schmidt, J.-Ch.; Seliger, P.; Schlegel, R., Isoenzyme als biochemische Markerfaktoren für Roggenchromosomen. Biochem. Physiol. Pflanzen 179 (1984), 197–210

Schmiechen, U., Ergebnisse zur Ermittlung von Hybrideffekten bei Roggen und Möglichkeiten der Anwendung für die Züchtung von synthetischen Sorten. Tag.-Ber. Akad. Landwirtschaftswiss. DDR 175 (1979), 183–189

Schnell, F. W., Type of variety and average performance in hybrid maize. Z. Pflanzenzücht. 74 (1975), 177–188

Schnell, F. W., Züchtung von synthetischen Sorten, I. Begriff und Methodik. Vortr. Pflanzenzücht. 1 (1982), 5–21

Schönmuth, G., Inzucht und Heterosis in der Haustiergenetik und Tierzüchtung. Wissensch. Zeitschr. der Humboldt-Universität zu Berlin, Mathem.-Nat. R. XVIII (1969)

Schönmuth, G. (Federf.), Tierzucht-züchterische und ökologische Grundlagen. VEB Deutscher Landwirtschaftsverl. 1985

Schönmuth, G.; Flade, D.; Seeland, G., Tierproduktion – Genetisch und phylogenetische Grundlagen. VEB Dtsch. Landwirtschaftsverl. Berlin, 1984

Schönmuth, G.; Wilke, A.; Seeland, G., Ergebnisse genetischer Analysen innerhalb von Teilpopulationen der Milchrindzüchtung. F/E-Bericht der Humboldt-Universität Berlin (1978)

Scholz, F., Erfahrungen mit induzierten eiweißreichen Mutanten der Gerste. Ber. Pflanzenzüchter 4 (1971), 37–42

Schrader, O., Der Einfluß von Homozygotie und Heterozygotie auf die Ausprägung und Stabilität von quantitativen Merkmalen unter besonderer Berücksichtigung der multiplen Allelie. Halle, Martin-Luther-Univ., Dissert. (1975), 216 S.

Schreiber, F., Die Genetik der Teilfärbung der Bohnensamen (Phaseolus vulgaris), Z. induct. Abst. Vererbungsl. 78 (1940), 59–114

Schreiber, F., Genetische Probleme der Resistenzzüchtung bei Bohnen. Ber. Arb. Gem. Saatzuchtleiter Gumpenstein (1968), 222–235

Schreiber, H., Entwicklung von Prinzipien zur Einschränkung negativer Pleiotropieeffekte, Halle, Martin-Luther-Univ. Diss. (1976), 176 S.

Schüler, L., Selektion auf Komponenten der reproduktiven Fitness bei der Laboratoriumsmaus zur Analyse der direkten und korrelierten Selektionserfolge in den Merkmalskomplexen der reproduktiven Fitness des Wachstums und der Belastbarkeit. AdL der DDR, Berlin (1982a) Dissertation B

Schüler, L.; Bünger, L.; Renne, U.; Kupatz, B.; Krause, J.; Thoms, D.; Dietl, G., Optimale Merkmalskombination von reproduktiver Fitness und Wachstum sowie Berücksichtigung von Maternaleffekten bei Modelltieren und beim Schwein. Anlage I, F/E-Bericht, FZ Dummerstorf Rostock der AdL der DDR (1982)

Schüler, L.; Herrendörfer, G.; Schätzung genetischer Parameter. Genetische Probleme in der Tierzucht, Dummerstorf (1984) Heft 2

Schüler, L.; Herrendörfer, G., Genetische Aspekte der Selektion auf Umweltstabilität-Selektion und Genotyp-Umwelt-Wechselwirkung. In: Populationsgenetische Grundlagen und ihre Umsetzung in die prakt. Tierzucht, Karl-Marx-Universität Leipzig (1984), 12–19

Schüler, L.; Herrendörfer, G., Die genetische Drift in Auszuchtpopulationen. Z. Versuchstierk. 26 (1984), 181–184

Schüler, L.; Herrendörfer, G., Selektionsexperimente. Genetische Probleme in der Tierzucht, Dummerstorf (1985) Heft 5

Schüler, L.; Herrendörfer, G.; Nürnberg, G., Populationsgenetische Grundlagen der GUW und deren Auswirkungen auf Selektion und Zuchtwertschätzung. Genetische Probleme in der Tierzucht, Heft 10, (1986) Schriftenreihe des FZ für Tierproduktion Dummerstorf-Rostock

Schüler, L.; Wessely, Ch., Experimentelle Untersuchungen zur disruptiven Selektion mit negativ assortativer Paarung (Drosophila). 1. Mitt.: Einfluß auf den gerichteten Selektionserfolg und die Merkmalsvarianz. Arch. Tierzucht 26 (1983), 85–99

Schwetlick, H., Numerische Lösung nichtlinearer Gleichungen. VEB Deutscher Verlag der Wissenschaften, Berlin/R. Oldenburgverlag, München–Wien, 1979

Searle, S. R., Phenotypic, genetic and environmental correlation. Biometrics 17 (1961), 474–488

Searle, S. R., Linear Models. John Wiley & Sons, New York, 1971

SEELAND, G.; SCHÖNMUTH, G.; WILKE, A., Schätzung genetischer Parameter des Schwarzbunten Milchrindes. In: Die Tierzüchtung als Intensivierungsfaktor zur Schaffung hochleistungsfähiger, umweltstabiler Tierbestände. 15. Jahrestag der Sektion TP und VM der KMU Leipzig (1984a), 80–87

SEELAND, G.; SCHÖNMUTH, G.; WILKE, A., Heritabilitäts- und genetische Korrelationskoeffizienten von Milchleistungsmerkmalen der Rasse „Schwarzbuntes Milchrind". Tierzucht 38 (1984b), 91–94

SELIGER, P., Genetische Charakterisierung von Weizen-Roggen-Allopolyploiden (Triticale) mittels Analysen ausgewählter Isoenzymsysteme. Akad. Landwirtsch.-Wiss. DDR, Diss. 1985, 160 S.

SELLIER, P., The basis of crossbreeding in pigs: A review. Livestock Prod. Sci. 3 (1976), 203–226

SEVKOV, I. A., (Selbstinkompatibilität bei Autopolyploiden). Citologija i. Genetika 7 (1973), 175–178

SEYFFERT, W., Untersuchungen über interallele Wechselwirkungen. I. Die unvollständige Dominanz des El-faktors von A. majus. Z. indukt. Abst. Vererbungsl. 88 (1957), 56–77

SEYFFERT, W., Untersuchungen über interallele Wechselwirkungen. II. „Superdominanz" bei Silene Armeria L..
Z. Vererbungsl. 90 (1959), 231–243

SHARMA, A. K.; WILLMS, L., HARDIN, R. T.; BERG, R. T., Selection Response in a Purebred Hereford and a Multibreed Synthetic Population of Beef Cattle. Can. J. Anim. Sci. 65 (1985), 1–9

SHOFFNER, R. N., Usefulness of chromosomal aberrations in animal breeding. 1. Weltkongress Angew. Genet. Landwirtsch. Nutztiere, Madrid 1 (1974), 135–149

SHORAN, J.; TANDOU, J. P.; JOSHI, H. C., Hybrid necrosis in wheat. Ind. J. Genet. 43 (1983), 239–240

SHORTER, R.; FREY, K. J., Relative Yields of Mixtures and Monocultures of oat genotypes. Crop. Sci. 19 (1979), 548–553

SHUKLA, G. K.; SINGH, D. P., Studies on heritability, correlation and discriminant function selection in jute.
Indian J. Genet. Plant Breed. 27 (1967), 220–225

SHUMNY, V. K.; BELOVA, L. J.; SHAROVA, L. A., Cases of monohybrid heterosis in pea. Genetika 7 (1971), 36–41

SIKKA, S. M.; JAIN, K. B. L., Correlation studies and the implication of discriminant function in aestivum wheats for varietal selection under rainfed conditions. Indian J. Genet. Plant Breed. 18 (1958), 178–186

SIMIANER, M., Das Tiermodell in der Zuchtwertschätzung mit BLUP. Institut für Tierzucht und Haustiergenetik der Justus-Liebig Universität zu Gießen, Diss. (1985)

SIMLOTE, K. M., An application of discriminant function for selection in durum wheats. Indian J. Agric. Sci. 17 (1947), 269–280

SIMMONDS, N. W., Principles of crop improvement. Longman, London and New York, 1979

SIMON, D., Haben Rotationskreuzungen in der Tierzucht eine Chance? Tierzüchter, 31 (1970) 178–180

SIMON, J.; SAJO, Z., A new radiomutant rice variety in Hungarian rice production. Genetika (Beograd) 8 (1976), 223–226

SINGH, D.; GUPTA, P. K., Selection of diverse genotypes for heterosis in yield and response in toria (Brassica campestris L.). Theor. Appl. Genet. 69 (1985), 515–517

Singh, D. P., Estimates of correlation, heritability and discriminant function in jute (Corchorus olitorius L.). Indian J. Heredity 2 (1970), 65–68

Singh, R. K., Untersuchungen zur Einführung der Indexselektion in der Pflanzenzüchtung. Diss. Univ. Rostock 1969, 124 S.

Singh, R. K.; Chandhary, B. D., Biometrical methods in quantitative genetic analysis. Kalayani Publ., New Dehli Ludhiana, 1979

Singh, R. P.; Singh, S., Detection and estimation of components of genetic variation for some metric traits in tomata (Lycopersicon esculutum Mill). Theor. Appl. Genet. 70 (1985) 80–84

Singh, S. P.; Gutierrez, J. A., Geographical distribution of the DL1 and DL2 genes causing hybrid dwarfism in Phaseolus vulgaris L., their association with seed size, and their significance to breeding. Euphytica 33 (1984), 337–345

Skiebe, K., Artbastardierung und Polyploidie in der Gattung Cheiranthus L. Züchter, 26 (1956), 353–363

Skiebe, K., Methodische Möglichkeiten für die Züchtung auf Eiweißqualität beim Gemüse. Qual. Plant. 13 (1966), 181–189

Skiebe, K., Polyploidie und Fertilität. Z. Pflanzenzücht. 56 (1966), 301–342

Skiebe, K., Die züchterische Entwicklung von Begonia semperflorens-cultorum Krauss in Deutschland. Züchter 36 (1966), 168–171

Skiebe, K., Polyploidie bei Begonia semperflorens-cultorum Krauss. Tag.-Ber. Deutsch-Akad. Landwirtsch. 101 (1970), 109–119

Skiebe, K., Polyploidie und Idiotyp. Tag.-Ber. Dtsch. Akad. Landwirtsch.-Wiss. 101 (1970), 27–50

Skiebe, K., Der Einfluß eines Allelunterschiedes auf das Auftreten von unreduzierten Gameten. Biol. Zbl. 91 (1972), 111–119

Skiebe, K., Genetische Voraussetzungen für die Samenbildung nach intergenomatisch verschiedenen Kreuzungen. Arch. Züchtungsforsch. 3 (1973), 183–202

Skiebe, K., Vererbung und Manipulation des Geschlechts bei Pflanzen. Biol. Rundschau 12 (1974), 255–263

Skiebe, K., Die multiple Allelie und ihre Bedeutung für die Züchtungsforschung und Züchtung. Tag.-Ber. Akad. Landwirtsch.-Wiss. DDR Nr. 145 (1975), 33–52

Skiebe, K., Probleme der Hybridforschung. Tag.-Ber. Akad. Landwirtsch.-Wiss. DDR 191 (1981), 3–18

Skiebe, K., Über die Kreuzbarkeit von neuen 6x-Triticale-Formen mit 4x-Roggen. Arch. Züchtungsforsch. 12 (1982), 71–77

Skiebe, K., Zur Entwicklung von neuartigen Allopolyploiden am Beispiel von Triticale. Biol. Zbl. 101 (1982), 617–632

Skiebe, K., Pleiotrope Merkmalsausprägung von Halmlängen-Allelen bei Triticale. Arch. Züchtungsforsch. 13 (1983), 323–329

Skiebe, K., Ausgewählte Probleme und Methoden zur Züchtung von Synthetics oder Semihybriden., Arch. Züchtungsforschung 19 (1989), 243–255

Skiebe, K.; Neumann, M., Über die Einbeziehung des A-Genoms von Triticum monococum L. zur Erweiterung der genetischen Variabilität für die Züchtung von Weizen/Roggen-Allopolyploiden. Arch. Zücht.forsch. 10 (1980), 163–169

Skiebe, K.; Neumann, M., Möglichkeiten zur Generationsbeschleunigung bei Winter-Triticale in Züchtungsforschung und Züchtung. Arch. Züchtungsforsch. 15 (1985), 1–5

Skiebe, K.; Kiessling, D., Untersuchungen zur Genetik der unvollständigen Resistenz von

Lycopersicon esculentum Mill. gegen Cladosporium fulvum Cooke. Arch. Züchtungsforsch. 16 (1986), 179–187

SKIEBE, K.; SCHMELZER, K., Zur Züchtung virusresistenter Hybridsorten beim Spinat (Spinacia oleracea L.), Z. Pflanzenzücht. 58 (1967), 323–342

SKIEBE, K.; SCHMIDT, J. G.; SELIGER, P.; SENF, G., Intergenomatische Rekombinationen, insbesondere Substitutionen bei 6x-Weizen-Roggen-Allopolyploiden. Arch Züchtungsforsch. 11 (1981), 251–262

SKIEBE, K.; SCHREIBER, H., Genetische Grundlagen der Kreuzung von Triticale mit Roggen und ihre Berücksichtigung bei der Selektion verbesserter 6x-Triticale. Arch. Züchtungsforsch. 16 (1986), 105–115

SKIEBE, K.; SCHREYER, L., Zur Genetik der Samenfarbe bei der Saaterbse (Pisum sativum L.) und sich daraus ableitende Konsequenzen für die Züchtung. Arch. Züchtungsforsch. 20 (1990), 61–67

SKIEBE, K.; WIEDERHOLD, G.; KÖHLER, H., Geschwisterkreuzungen unter Einbeziehung von in-vitro-Methoden zur Verklonung bei sporophytisch determinierter Inkompatibilität. Bio. Zbl. (109), 291–302

SKJERVOLD, H., Züchtungsplanung beim Rind innerhalb der Rasse; Sonderdruck aus der Wissensch. Zeitschrift der HU Berlin, Mathematisch-Naturwissenschaftliche Reihe, 16 (1967) 4, 547–564

SKJERVOLD, H., Züchterische Konsequenzen einer Geschlechtskontrolle in der künstlichen Besamung beim Rind. Kongreß Intern. Repr. Anim. Insem. Artif. München (1972), 201–206

SKJERVOLD, H., Die Bildung einer synthetischen Rasse. Arch. Tierzucht, Berlin 25 (1982), 1–12

SKJERVOLD, H.; JAMES, J. W., Causes of variation in the sex ratio in dairy cattle. Z. Tierzüchtg. Züchtungsbiologie. 95 (1978), 293–305

SKJERVOLD, H.; LANGHOLZ, H. J., Factors affecting the optimum structure of A. I. breeding in dairy cattle. Z. Tierzüchtg. Züchtungsbiol. 80 (1964), 25–40

SMITH, CH., Estimation of genetic change in farm livestock using field records. Anim. Prod. 4 (1962), 239–251

SMITH, CH., The use of specialised sire and dam lines in selection for meat production. Anim. Prod. 6 (1964), 337–344

SMITH, CH., Economic benefits of conserving animal genetic resources. Animal genetic resources information FAO, Rom (1984), 10–14

SMITH, CH., Inheritance of dimensions of flower parts in Tobacco. Proc. Intern. Symp. Biometrical Genetics, Ottawa, (1979)

SMITH, H. F., A discriminant function for plant selection. Ann. Eugenics 7 (1936), 240–250

SMOČEK, J., Prediction of relative efficiency of some selection indices used in winter wheat. Biol. plant, Acad. Sci. Bohemosl., 12 (1970), 216–223

SMOČEK, J.; SIGMUNDOVA, J., Selection indexes and their use in prediction of the most yielding genotypes in winter wheat. Contemporary Agriculture, Novi Sad. 12 (1967), 933–942

SNAPE, J. W.; BENNETT, M. D.; SIMPSON, E., Post-pollinations events in crosses of hexaploid wheat with tetraploid Hordeum bulbosum. Z. Pflanzenzüchtg. 85 (1980), 200–204

SNAPE, J. W., CHAPMAN, V.; MOSS, J.; BLANCHARD, C. E.; MILLER, T. E., The crossabilities of wheat varieties with Hordeum bulbosum. Heredity 42 (1979), 291–298

SNAPE, J. W.; SIMPSON, E., The genetical expectations of doubled haploid lines derived from different filial generations. Theor. Appl. Genet. 60 (1981), 123–128

SODKIEWICZ, W.; KASICKI, E.; RYBCZYNSKI, J., Successful crossing of diploid wheat and rye. Incompatibility Newsletter 12 (1980), 7–10

SOGAARD, B.; NILAN, R. A.; WETTSTEIN, D. v., Master list of barley genes. Barley Genet. Newsl. 13 (1983), 122–151

SOKAL, R. R.; SNEATH, P. H. A., Principles of Numerical Taxonomy. W. H. Freeman and Company San Francisco (1963)

SPILKE, J., Genetische und mathematisch-statistische Gesichtspunkte zu Kombinationseignungsprüfungen, dargestellt am Beispiel der Legehuhnzucht, Dissertation zur Promotion B, KMU Leipzig, 1985

SPILKE, J.; MÜLLER, J.; MIELENZ, N., Der Einfluß einer Vergleichsmaßstabbildung auf die Schätzwerte genetischer Parameter und die realisierten Selektionserfolge von Legeleistung und Einzeleimasse. Arch. Tierz. Berlin 29 (1986) 1, 21–30

SPRAGUE, G. F.; TATUM, L. A., General vs. specific combining ability in single crosses of corn. Journal Amer. Soc. Agric. 34 (1942), 923–932

SRIVASTAVA, H. K., Heterosis for chiasma frequency and quantitative traits in common beans (Phaseolus vulgaris L.). Theor. Appl Genet. 56 (1980), 25–29

STAHL, W., RASCH, D.; ŠILER, R.; VÁCHEL, J., Populationsgenetik für Tierzüchter. (1969). Berlin: VEB Deutscher Landwirtschaftsverlag (Prag 1970, Moskau 1973, Budapest 1974).

STERN, C., Grundlagen der Humangenetik. Fischer, Jena 1968

STEUCKHARDT, R., Die Ausnutzung allgemeiner und spezifischer Kombinationseffekte bei pollenfertilen und -sterilen Luzerneklonen. Arch. Züchtungsforsch. 1 (1971), 259–274

STRANZINGER, G., Verfahren der Geschlechtskontrolle. Züchtungskunde 49 (1977), 426–434

STRAUB, J., Neue Ergebnisse der Selbststerilitätsforschung. Naturwissenschaften 35 (1948), 23–26

STRICKBERGER, M. W., Genetik. Carl Hanser Verl. München, Wien 1988

STUBBE, H., Über mono- und di-gen bedingte Heterosis bei Antirrhinum majus L. Z. indukt. Abst.-Vererbungsl. 85 (1953), 450–478

STUBBE, H., Über die Stabilisierung des sich variabel manifestierenden Merkmals „Polycotylie" von Antirrhinum majus L. Kulturpflanze 11 (1963), 250–263

STUBBE, H., Genetik und Zytologie von Antirrhinum L. sect. Antirrhinum. VEB G. Fischer-Verl. Jena (1966), 421 S.

STUBBE, H., On the relationships between spontaneous and experimentally induced form diversity and on some experiments on the evolution of cultivated plants. Abhandl. DAW Berlin Kl. Medizin 1967 Nr. 2, 99–121

STUBBE, W., Über die Bedingungen der Komplexheterozygotie und die beiden Wege der Evolution komplexheterozygotischer Arten bei Oenothera. Ber. Dt. Bot. Ges. 93 (1980), 441–447

STUBER, C. W.; WILLIAMS, W. P.; MOLL, R. H., Epistasis in maize (Zea mays L.). III. Significance in prediction of hybrid performances. Crop Science 13 (1973), 195–200

SUBANDI; COMPTON, W. A.; EMPIG, L. T., Comparison of the efficiencies of selection indices for three traits in two variety crosses of corn.
Crop Sci. 13 (1973), 184–186

SULIMA, V.; LUK'JANJUK, S. F.; IGNATOVA, S. A., Gewinnung von Haploiden bei Triticale mit Verfahren der in-vitro-Kultur der Antheren.-In: Tag.-Ber. Akad. Landwirtsch.-Wiss. DDR – Berlin (1980) 171, 17–21

SULYNDIN, A. F., Synthesis of three-species wheat-rye amphidiploids (Russ.) Genetika 6 (1970), 23–35

SUMPF, D., Korrelationsmaße bei rangkategorialen Schwellenmerkmalen. Dissertation B (1986), AdL Berlin

SURIKOV, J. M., (Successful cloning of winter wheat-rye hybrids) (Russ.). Genetika 8 (1972), 142–144

SURMA, M.; ADAMSKI, T.; KACZMAREK, Z., The use of doubled haploid lines for estimation of genetic parameters. Genetica Polonica 25 (1984), 27–32

SVÁB, J., A populációgenetika alapjei. Mg. Kiadó, Budapest, 1971, pp. 191

SWAMY RAO, T.; GOUD, J. V., Recent trends in rice breeding in Mysore state. IV. Correlations. coheritability and selection indices for yield and yield components in three environments. Z. Pflanzenzücht. 65 (1971), 121–128

SWARUP, V.; CHANGALE, D. S., Studies on genetic variability in Sorghum. II. Correlation of some important quantitative characters contributing towards yield and application of some selection indices for varietal selection. Indian J. Genet. Plant. Breed. 22 (1962), 37–44

SWIRESCHEW, JU. M.; PASEKOW, W. P., Osnowi matematitscheskoj genetiki. Nauka, Moskau 1982

SYBENGA, J., Meiotic Configurations. Monographs on Theor. and Appl Genetics 1, Springer 1975

TALLIS, G. M., A selection index for optimum genotype. Biometrics, 18 (1962), 120–122

TALLIS, G. M., Plane Truncation in Normal Populations. J. Roy. Stat. Soc. B 27 (1965), 301–307

TANKSLEY, St. D., Gene mapping. In: Isozymes in plant genetics and breeding, Part A. Elsevier Amsterdam, Oxford, New York (1983), 109–138

TEEHAN, T. J.; BOYLAN, W. J.; REMPEL, W. E.; WINDELS, H. F., Estimation and estimates of individual heterosis, maternal heterosis and recombination loss from a crossbreeding experiment with sheep. 30th Annual Meeting of the EAAP, Harrogate, England, 23.–26. 7. 1979

TERASAWA, Y., Polyploide Bastarde von Brassica chinensis, L. X Raphanus sativus L. Jap. J. Genet. 7 (1932), 183–185

THIELE, H.-H., Modellsimulation verschiedener kontinuierlicher und diskontinuierlicher Kreuzungsverfahren. Wissenschaftliches Symposium der KMU Leipzig, 1. und 2. 12. 1983

THODAY, J. M., Polygenic mapping: Uses and limitations. In: Quantitative Genetic Variation, ed. by Thompson, J. N. jr. and Thoday, J. M., Academic Press, New York, 1979, 219–233

THOMPSON, J. N. jr.; THODAY, J. M., Introduction. In: Quantitative Genetic Variation, ed. by Thompson, J. N. jr. and Thoday, J. M., Academic Press, New York, 1979, 1–4

TILSCH, K.; LADEGAST, H.; WOLLERT, J., Untersuchungen zur Genauigkeit der Zuchtwertschätzung in der Nachkommenprüfung von Fleischrindbullen. AdL der DDR, Forschungsbericht des FZ für Tierproduktion Dummerstorf-Rostock (1985), Anlage 3

TIMOFEEFF-RESSOVSKY, N. W.; VORONCOV, N. N.; JABLOKOV, A. N., Kurzer Grundriß der Evolutionstheorie. VEB G. Fischer-Verl., Jena (1975), 360 S.

TITZLER, H., Entwicklung einer rationellen EDV-Lösung zur Schätzung des genetischen Trends bei Rindern. Promotionsarbeit aus dem FZT Dummerstorf-Rostock (1984)

TRIEBLER, G., Inzucht- und Verwandtschaftsanalysen beim Schwein. Dissertation B, HU Berlin, 1969

Triebler, G.; Gregor, G.; Gerasch, G., Experimentelle Ergebnisse der Anwendung von Inzucht, Inzuchtlinienkreuzung und Topcross beim Schwein und ihre Bedeutung für die Hybridzüchtung. 1. Mitt.: Experimentelle Inzuchtergebnisse, Arch. Tierzucht 23 (1980), 169–182

Tsvetkov, S. M., A study on the genes-carriers of hybrid necrosis in certain winter common and durum wheat varieties. Dokl. bulg. Akad. Nauk (Sofija) 24 (1971), 1251–1254

Tsvetkov, St., Winter Triticale variety Vihren for grain. Cer. Res. Com. 13 (1985), 405–412

Turbin, N. N.; Silko, T. S., Einfluß der vorangehenden Sortenhybridisation auf die Ergebnisse der Kreuzung von Hartweizen mit Weichweizen (russ.). Otdalen, gibridizaija rast. (1970), 143–148

Turner, H. N.; Young, S. S., Quantitative genetics in sheep breeding. Macmillan of Australia, 1969

Utz, H. F., Mehrstufenselektion in der Pflanzenzüchtung. Hohenheim: Ldw. Fakultät, Dissertation 1969

Vanderplank, J. E., Genetic and molecular basis of plant pathogenesis. Springer-Verlag, Berlin, Heidelberg, New York 1978

Van der Veen, J. H., Test of non-allelic interaction and linkage for quantitative characters in generations derived from two diploid pure lines. Genetics 30 (1959), 201–232

Van Raden, P. M.; Freeman, E. A., Potential Genetic Gains from Producing Bulls with only Sires as Parents. J. Dairy Sci. 68 (1985), 1425–1431

Van Vleck, L. D., Potentical Genetic Impact of Artificial Insemination, Sex Selection, Embryo Transfer, Cloning, and Selfing in Dairy Cattle. In: New Technologies in Animal Breeding, Brackett, B. G. (ed), New York, (1981), 221–241

Van Vleck, L. D.; Henderson, C. R., Empirical sampling estimates of genetic correlations. Biometrics 17 (1961), 359–371

Vasil, I. K.; Ahuja, M. R.; Vasil, V., Plant tissue cultures in genetics and plant breeding. Ado. Genetics 20 (1979), 127–215

Vettel, F.; Plarre, W., Mehrjährige Heterosisversuche mit Winterroggen. Z. Pflanzenzüchtg. 34 (1955), 233–248

Vondráček, J.; Rod, J.; Chloupek, O., Racionální výběr komponent pro syntetiky u vojtěšky. Sbor. UVTIZ, Genet. a Slecht., 20 (1984), 157–162

Vondráček, J.; Rod, J., Improvement of Selection Decisions in Lucerne Breeding. Scientia Agriculturae Bohemoslovaca, 18 (1986) 3, p. 181–184

Walther, F., Modellversuche zur Erzeugung synthetischer Sorten. Z. Pflanzenzüchtg. 42 (1960), 9, 11–24

Wandelt, W.; Albrecht, B., Ergebnisse zur Abhängigkeit der Triticalemerkmalsausprägung vom Merkmalsniveau der Weizen- und Roggenausgangsformen. Bd. 1–3, Akademie d. Landwirtschaftswissenschaften d. DDR Berlin, Diss. B und A 1985, 365 S.

Wangenheim, K.-H., Zur Ursache der Abortion von Samenanlagen in Diploid-Polyploid-Kreuzungen. II. Unterschiedliche Differenzierung von Endospermen mit gleichem Genom. Z. Vererbungsl. 93 (1962), 319–334

Weber, E., Mathematische Grundlagen der Genetik. G. Fischer-Verlag Jena 1978

Weber, E., Grundriß der biologischen Statistik. VEB Gustav-Fischer-Verlag Jena, 8. A., 1980

WEHLING, P.; SCHMIDT-STOHN, G.; WRICKE, G., Chromosomal location of esterase, peroxidase and phosphogluco-mutase isozyme structural genes in cultivated rye (Secale cereale L.) Theor. Appl. Genet. 70 (1985), 377–382

WEINBERG, W., Über den Nachweis der Vererbung beim Menschen. Ver. vaterl. Naturk. Württ. 64 (1908). 369–382

WELLENSIEK, S. J., Rational methods for breeding cross-fertilizers. Meded. Landbouwhogeschool Wageningen 48 (1947), 229–262

WESSELY, E.; KUPATZ, B.; SCHREIBER, U.; BRÜSCH, R., Experimenteller Vergleich zwischen Rotation und Dreiwegkreuzung.
Arch. f. Tierz. 18 (1975), 259–272

WEXELSEN, H., Studies on fertility, inbreeding and heterosis in red clover (Trifolium pratense L.). Sk. Norske Videnskaps Akad., Mat.-Naturv. Kl., (1945), 1–141

WIENAND, U.; SOMMER, H.; SCHWARZ, Z., A general method to identify plant structural genes among genomic DNA clones using transposable element induced mutations. Molec. Gen. Genetics 187 (1982) 195–201

WILHAM, R. L., The role of maternal effects in animal breeding: III. Biometrical aspect of maternal effects in animals. J. of Animal Science 35 (1972) 1288

WILSON, J. A.; ROSS, W. M., Male sterility interaction of the Triticum aestivum nucleus and Triticum timopheevi cytoplasm. Wheat Inf. Serv. 14 (1962), 29

WILSON, P.; DRISCOLL, C. J., Hybrid wheat. In: Frankel, R.: Heterosis, Reappraisal of Theorie and Practice. Monographs Theor. Appl. Genet. 6, Springer-Verl. Berlin Heidelberg New York Tokyo (1983), 94–123

WILSON, S. P., Genotype by environment interaction in the context of animal breeding. 2 nd World Congress on Genetics Applied to Livestock Production, Madrid 1 (1974), 393–412

WÖLBING, L., Die Erzeugung und Verwendung künstlich induzierter Mutanten in der Winterroggenzüchtung. Akad. Landwirtsch.-Wiss. DDR Berlin, Diss. 1980, 133 S.

WOLF, J., Ein Modell der Triallelanalyse mit einem Umweltfaktor. Arch. Züchtungsforsch., Berlin 15 (1985), a, 65–72

WOLF, J., Schätzen von Effekten in der Triallelanalyse. Z. Pflanzenzüchtg., (1985)

WOLLERT, J.; TILSCH, K.; HERRENDÖRFER, G.; TUCHSCHERER, A., Untersuchungen zur Verbesserung der Zuchtwertschätzung in der Eigenleistungsprüfung von Fleischrindjungbullen. Archiv für Tierzucht 31 (1988), 19–26

WOLSKI, T., Studies on the inbreeding of rye. Genet. Polon. 11 (1970), 1–26

WRICKE, G., Die Erfassung der Wechselwirkung zwischen Genotyp und Umwelt bei quantitativen Eigenschaften. Zeitschrift für Pflanzenzüchtung, Berlin–Hamburg 53 (1965), 266–343

WRICKE, G., Inzuchtdepression und Genwirkung beim Roggen (Secale cereale). Theor. Appl. Genet., 43 (1973), 83–87

WRICKE, G., Hybridzüchtung beim Roggen mit Hilfe der Inkompatibilität. Vortr. Pflanzenzüchtg. 5 (1984), 43–54

WRICKE, G.; WEBER, W. E., Quantitative Genetics and Selection in Plant Breeding. De Gruyter, Berlin, New York, 1986

WRIEDT, C.; MOHR, O. L., Amputated, a recessive lethal in cattle with a discussion on the bearing of lethal factors on the principles of the live stocks breeding. J. Genet. 20 (1928), 187–215

WRIGTH, S., System of mating. Genetics 6 (1921), 111–178

WRIGTH, S., Coefficients of inbreeding and relationship. The Americ. Naturalist 56 (1922), 330–338

YAMANE, J., Über die „Atresia coli" eine letale, erbliche Darmmißbildung beim Pferde, und ihre Kombination mit Gehirngliomen. Abst. Vererbungsl. 46 (1928), 188–207

YOKOO, M.; KIKUCHI, F., Multiple allelism of the locus controlling heading time of rice, detected using the close linkage with blast resistance. Japan J. Breed. 27 (1977), 123–130

YORDANOV, M., Heterosis in the Tomato. In: Heterosis, Reappraisal of Theorie and Practice. Monographs Theor. Appl. Genet. 6 (1983), 189–219

YOUNG, S. S. Y., Multi-stage selection for genetic gain. Heredity, London 19 (1964), 131–145

ZALI, A. A.; ALLARD, R. W., The effect of level of heterozygosity on the performance of hybrids between isogenic lines of barley. Genetics 84 (1976), 765–775

ZENIŠČEVA, L. S.; LEKEŠ, J., Ispolzovanie formuly ustojčivosti pri ocenke sortov jarovogo jacmenja protiv poleganija. Vestnik s.-ch. nauki 11 (1966) 4, 120–123

ZEVEN, A. C., Seventh Supplementary list of wheat varieties classified according to their genotype for hybrid necrosis and geographical distribution of Ne-genes. Euphytica 25 (1976), 255–276

ZILLINSKY, F. J.; BORLAUG, N. S., Progress in developing Triticale as an economic crop. Res. Bull. Cimmyt 17 (1971), 1–27

ŽUTSCHENKO, A. A., Genetik der Tomate. (russ.) Izdatel'stvo Steivnca, Kischinov 1973, 663 S.

ŽUTSCHENKO, A. A.; KOROL, A. B.; ANDRJUSCHTSCHENKO, V. K., Sceplenije meždu lokusami kolitschestvennych priznakov i markernymi lokusami. Genetika 14 (1978), 771–778

Ergänzungen

ALBRECHT, R.; LÜHE, W.; WURL, G.: Untersuchungen zur Genom-Plasmon-Interaktion am Beispiel der Fertilitätsrestoration des Saatweizens (Triticum aestivum L.). AdL der DDR, Berlin Diss. B. 1986, 592 S.

AVERDUNK, G.: pers. Mitteilung, 1986

BAUER, R.: Protoplastenmanipulation in the genus Brassica. II. Biol. Zentralbl. 109 (1990), 63–69

CHADZINOV, M. J.: Selekcija linii-vosstanovitelej fertilnosti. Kukuruza 6 (1961), 19–22

CHEN, B. Y.; HENEEN, W. K.; JÖNSSON, R.: Resynthesis of Brassica napus L. throug interspecific hybridization between B. alboglabra Baily and B. campestris L. with special emphasis of seed color. Plant Breeding 101 (1988), 52–59

CONGER, B. V.: Cloning agricultural plants via in vitro techniques. CRC Press Inc. Boca Rator Florida 1981, 273 S.

CRAUE, M. B.; LAWRENCE, W. J. C.: Studies in sterility. Proc. 9th Internat. Hortic. congr. (1931), 100–116

DATTA, S. K.; WENZEL, G.: Single Microspore Derived Embryogenesis and Plant Formation in Barley (Hordeum vulgare L.). Arch. Züchtungsforsch., 18 (1988) 3, 125–131

DEHNE, J.; SKIEBE, K.; STEIN, M.; HERDAM, H.; FRANKE, R.; LEIKE, H.: Genetische Variabilität. Kulturpflanze 36 (1988), 247–274

DEHNE, J.; SKIEBE, K.; KUNERT, R.; PETERKA, H.; SCHRADER, O.; NEUMANN, M.; KISON, H. U.; SCHMIDT, J.-C.: Ausgewählte Beiträge der Züchtungsforschung für die Züchtung von Weizen und Gerste. Tag. Ber. Akademie d. Landwirtschaftsw. DDR 1990 (im Druck)

DOROFEJEW, W. F.; AUGUSCHOWA, E. F.: Evolution und Klassifikation der Gattung Triticum L. 1. Mitt.: Die Abstammung des polyploiden Weizens. Arch. Züchtungsforsch. 13 (1983) 5, 299–312

FIEDLER, W.: Erblichkeitsverhältnisse bei einer tetraploiden „immerspaltenden" Levkoje. Züchter 27 (1957), 193–203

FISCHBECK, G.; PLARRE, W.; SCHUSTER, W.: Lehrbuch der Züchtung landwirtschaftlicher Kulturpflanzen Bd. 2, 2. Aufl. Verlag Paul Parey Berlin und Hamburg 1985, 434 S.

FOROUGLI-WEHR, B.; FRIEDT, W.; WENZEL, G.: On the Genetic improvement of androgenetik haploid formation in Hordeum vulgare L. Theor. Appl. Genet. 62 (1982), 233–239

GLEDDIE, S.; KELLER, W. A.; SETTERFIELD, G.: Production and characterization of somatic hybrids between Solanum melongena L. and S. Sizymbrii folium Lam. Theor. Appl. Genet. 71 (1986), 613–621

GUNDEL, M.: pers. Mitteilung 1986

HAGEMANN, R.; HAGEMANN, M.: Transponible Elemente bei höheren Pflanzen. Biol. Zentralbl. 106 (1987), 505–531

HAMILL, J. D.; PENTAL, D.; COCKING, E. C.: Analysis of fertility in somatic hybrids of Nicotiana rustica and N. tabacum and progeny ower two sexual generations. Theor. Appl. Genet. 71 (1985), 486–490

HAMMER, K.: Vorarbeiten zur monographischen Darstellung von Wildpflanzensortimenten. Aegilops L. Kulturpflanze, 28 (1980), 33–180

HANDLEY, L. W.; NICKELS, R. L.; CAMERON, M. W.; MOORE, P. P.; SINK, K. C.: Somatic hybrid plants between Lycopersicon esculentum and Solanum lycopersicoides. Theor. Appl. Genet. 71 (1986), 691–697

HOHENBOKEN, W. D.: The manipulation of variation in quantitative traits: a review of possible genetic strategies. J. Anim. Sci. 60 (1985), 101–110

HORN, A.: Welt-Integration und genetische Möglichkeiten in der Milch- und Rindfleischproduktion. Tagungsbericht 173 der AdL der DDR, Band 2, (1979), 19–25

HOSEMANS, D.; BOSSOUTROT, D.: Induction of haploid plants from in vitro culture of unpollinated beet ovules (Beta vulgaris L.). Z. Pflanzenzüchtg. 91 (1983), 74–77

JOHNSON, B. L.: Seed protein profiles and the origin of the hexaploid wheats. Amer. J. Bot. 59 (1972), 952–960

KOOISTRA, E.: Bohnen (Phaseolus vulgaris L., Phaseolus coccineus L.). Hdb. Pflanzenzüchtung 2. Aufl., Paul Parey Berlin und Hamburg, Bd. 6 (1962), 369–407

KOTHARI, S. L.; MONTE, D. S.; WIDHOLM, J. M.: Selection of Daucus carota somatic hybrids using drug resistance markers and characterization of their mitochondrial genomes. Theor. Appl. Genet. 72 (1986), 494–502

KÜHN, A.: Grundriß der Vererbungslehre. Quelle & Meyer Heidelberg 1950, 251 S.

LINDHE, B.: Model simulation of Al-Breeding within dual purpose breed of cattle. Acta Agr. Scand. 18 (1986), 33–41

MARTON, L.; BIASINI, G.; MALIGA, P.: Co segregation of nitrate-reductase activity and normal regeneration ability in selfed sibs of Nicotiana plumbaginifolia somatic hybrids, heterozygotes for nitrate-reductase deficiency. Theor. Appl. Genet. 70 (1985), 340–344

MÜLLER, H. J.: Zur weiteren Analyse der Ökomorphosen von Euscelis plebejus Fall. (Homoptera Auchenorrhyncha) I. Zool. Beitr. 11 (1965), 151–182

MÜLLER, A. J.; METTIN, D.: Ergebnisse und Probleme bei der züchterischen Nutzung transgener Pflanzen. Kulturpflanze 36 (1988), 275–288

O'CONELL, M. A.; HANSON, M. R.: Regeneration of somatic hybrid plants formed between Lycopersicon esculentum an L. Pennellii. Theor. Appl. Genet. 75 (1987), 83–89

PIRCHNER, F.: Populationsgenetik in der Tierzucht, 2. Aufl. Paul Parey Hamburg und Berlin 1979

POWELL, W.; CALIGARI, P. D. S.; THOMAS, W. T. B.: Comparison of spring barley lines produced by single seed descent, pedigree inbreeding and doubled haploidy. Plant Breeding 97 (1986), 138–146

PŘIBYL, J.; VÁCHAL, J.: Zdokonaleni metody odhadu plemenné hodnoty a organizace kontroly dědičnosti býku (Improvement of the method of estimation of breeding valuw and organization of progeny tests of bulls). Závěrečná zpráva. VÚŽV Praha – Uhřinéves 1982

REIMANN-PHILIPP, R.: Vererbung des grandiflora-Merkmals bei Petunsia × hybrida Vilm. II. Theor. Appl. Genet. 38 (1968), 58–65

RIEGER, R.; MICHAELIS, A.; GREEN, M. M.: Glossary of genetics and cytogenetics. G. Fischer Verl. Jena 1976, 647 S.

RODDICKE, J. G.; MELCHERS, G.: Steroidal glycoalkaloid content of potato, tomato and their somatic hybrids. Theor. Appl. Genet. 70 (1985), 655–660

SCHNABELRAUCH, L. S.; KLOC-BAUCHAN, F.; SINK, K. C.: Expression of nuclear-cytoplasmic genomic incompatibility in interspezific Petunia somatic hybrid plants. Theor. Appl. Genet. 70 (1985), 57–65

SCHRADER, O.; POHLER, W.: Seed set from a colchicine-treated trigeneric hybrid of the cross Hordeum chilense (2×) × triticale (6×). Cer. Res. Com. 13 (1985), 63–69

SCHUMANN, G.: Untersuchungen zum Albinismus in Antherenkulturen von Triticale. Arch. Züchtungsforsch., 18 (1988), 115–122

SCHUSTER, W.: Die Auswirkungen der fortgesetzten Inzüchtung von I_0 bis I_{18} auf verschiedene Merkmale der Sonnenblume. Z. Pflanzenzüchtg., 64 (1970), 310–334

SCHWARZBACH, E.: Der Aufbau polygener Krankheitsresistenz bei Selbstbefruchtern mit Hilfe optimierter, aus Simulationsversuchen entwickelten Züchtungsverfahren. Ber. Arbeitsgem. Saatzuchtleiter Gumpenstein (1981), 13–19

SKIEBE, K.: Über die genetischen Ursachen der Samenbildung. Züchter 37 (1967), 75–82

SKIEBE, K.; SELIGER, P.: Isoenzymes and their importance for breeding autopolyploids. Plant Breeding (1990), im Druck

SKIEBE, K.; KISON, H.-U.; NEUMANN, M.: Möglichkeiten der züchterischen Verbesserung von Getreide unter besonderer Berücksichtigung der Ährenstruktur. Arch. Züchtungsforsch., 10 (1980), 287–293

SKIEBE, K.; FECHNER, M.; ARNDT, H.: Zur Einschätzung der potentiellen Kombinationseignung von Hybridpartnern am Beispiel der Tomate Lycopersicon esculentum Mill. Arch. Züchtungsforsch. 18 (1988), 91–103

SMITH, M. A.; PAY, A.; DUDITZ, D.: Analysis of chloroplast and mitochondrial DNA s m. asymmetric somatic hybrids between tobacco and carrots. Theor. Appl. Genet. 77 (1989), 641–644

SOLTHO, H.: persönliche Mitteilung 1986

WACKER, G.; NETZBAND, K.; KALTOFEN, H.: Neue Futtergräser. Arch. Acker- und Pflanzenbau und Bodenkunde 28 (1984), 429–433

WELLENSICK, S. J.: The breeding of Cyclamens. Rep. 13. Intern. Hort. Congr. (1952), 1–6
WOLFE, M. S.: The current status and prospects of multiline cultivars and variety mixtures for disease resistance. Ann. Rev. Phytopathol. 23 (1985), 251–273
ZSILINSKY, L.: persönliche Mitteilung 1986

8

Sachwortverzeichnis